中文版 AutoCAD 2011 室内装饰装潢

史宇宏 张传记 编著

科学出版社
北京

内 容 简 介

本书以中文版 AutoCAD 2011 为平台，全面、详细地讲解了 AutoCAD 2011 在建筑室内装饰装潢设计领域的应用知识，通过学习本书，使读者真正掌握 AutoCAD 2011 的基本操作技能与实际应用技能。

全书分为 16 章，主要讲解 AutoCAD 2011 在建筑室内装饰装潢设计领域的专业知识和操作技能，内容包括建筑室内装饰装潢设计基础、住宅建筑室内装饰装潢设计、公共建筑室内装饰装潢设计以及建筑室内装饰装潢设计图纸的输出四部分，具体包括 AutoCAD 2011 制图基础、建筑室内装饰装潢设计基础知识、现代风格普通住宅建筑室内设计、欧式风格别墅室内设计、混合风格跃层住宅设计、KTV 包厢和宾馆套房建筑室内设计以及设计图纸的输出等。

本书语言通俗易懂，内容丰富，讲解到位，可以作为高等学校、高职高专院校的教材，还可以作为各类 AutoCAD 培训班的教材，同时也可作为从事 CAD 工作的技术人员的学习参考书。

本书配套光盘中提供了近 45 小时的视频教学，以及实例所用的图块文件和最终效果文件。读者可以随时调用图块进行制作，或者跟随视频讲解进行学习，以加深理解和记忆，提高学习效率，把学习成果尽快应用到实际工作中。

需要本书或技术支持的读者，请与北京清河 6 号信箱（邮编：100085）发行部联系，电话：010-62978181（总机）转发行部、010-82702675（邮购），传真：010-82702698，E-mail：tbd@bhp.com.cn。

图书在版编目（CIP）数据

中文版 AutoCAD 2011 室内装饰装潢应用大全/史宇宏，张传记编著．—北京：科学出版社，2011.8
ISBN 978-7-03-030804-7

Ⅰ.①中… Ⅱ.①史…②张… Ⅲ.①室内设计：计算机辅助设计－AutoCAD 软件 Ⅳ.①TU201.4

中国版本图书馆 CIP 数据核字（2011）第 067481 号

责任编辑：焦昭君　　　/责任校对：刘　伟
责任印刷：密　东　　　/封面设计：深度文化

科学出版社 出版
北京东黄城根北街 16 号
邮政编码：100717
http://www.sciencep.com

北京市密东印刷有限公司印刷

科学出版社发行　各地新华书店经销

*

2011 年 8 月第 1 版　　开本：787mm×1092mm 1/16
2011 年 8 月第 1 次印刷　　印张：37
印数：1-3 500 册　　字数：860 千字

定价：68.00 元（配 1 张 DVD 光盘）

AutoCAD绘图软件是美国Autodesk公司推出的计算机辅助设计软件，它以功能强大、界面友好、操作简便、易学易用而深受广大设计人员的喜爱，广泛应用于各种制图领域。

本书特点

本书以中文版AutoCAD 2011为平台，分别从家装和工装两个室内装修设计领域入手，通过对普通住宅、别墅、跃层住宅、KTV包厢、宾馆套房等多个室内装修实例的具体设计和操作，详细讲解了不同功能房间的设计要素、特点、方法和技巧，同时还讲解了不同空间设计图纸的形成、作用、表现内容、绘图方法等知识。

在内容安排上，本书打破了其他同类图书只注重实例操作过程而不注重设计理念和设计方法讲解的写作模式，在力求做到实例内容丰富、知识全面，写作步骤精炼、准确的同时，还讲解了室内装饰装潢设计中读者必须掌握的室内设计理论知识，如室内空间的处理方法、室内空间的表现形式、室内装修常用材料、室内装修灯具的选择、室内家具的摆放形式、室内绿化植物的选择、室内设计常用尺寸，以及不同风格的室内空间设计的要素、特点等，使读者在掌握AutoCAD 2011软件操作的同时，掌握室内设计理论知识，做到“手脑结合”，理论与实践相结合，从而更加全面地掌握AutoCAD 2011室内装饰装潢设计的实质内容，最终成为一个真正的AutoCAD室内装饰装潢设计师。

本书内容

全书共分16章内容，其具体内容如下。

第1章：建筑室内装饰装潢设计基础知识。本章主要讲解了室内设计基础知识，具体包括：室内设计的内容、室内设计与相关学科、室内空间的组成与类型、室内空间设计的表现形式与处理方法，室内装修材料、灯具、家具、室内绿化植物的选择以及室内设计常用尺寸等。

第2章：AutoCAD 2011制图基础。本章主要讲解了AutoCAD 2011室内设计的基础知识，例如AutoCAD 2011界面、操作技能、常用图元的绘制与编辑等。

第3章：建筑室内装饰装潢图块设计。本章主要讲解了AutoCAD 2011建筑室内装饰装潢设计中所需图块的设计，包括门、窗图块，床、沙发图块，橱柜图块以及洁具图块的设计。

第4章：建筑室内装饰装潢绘图样板文件。本章主要讲解了绘图样板文件的作用和功能，绘图样板的环境设置、室内绘图样板图层的设置，绘图样式、绘图样板边框设置以及样板图的页面布局等知识。

第5章：建筑室内装饰装潢图纸的组成。本章主要讲解了建筑室内装饰装潢制图规范与图纸的组成和作用，包括建筑平面图、室内布置图、地面材质图、吊顶图、灯具图、立面图等图纸的形成、作用与绘制方法等。

第6章：住宅建筑室内装饰装潢设计。本章主要讲解了住宅建筑室内装饰装潢设计的理念、方法、特点等，包括住宅建筑室内设计的内容、住宅建筑室内设计的风格、住宅建筑室内设计的特点等。

第7章：绘制现代风格普通住宅室内布置图。本章通过绘制现代风格普通住宅室内装修设计图，主要讲解了现代风格普通住宅室内设计的要素、特点以及普通住宅墙体结构图、室内布置图、地面材质图、吊顶装修图的绘制方法和技巧。

第8章：绘制现代风格普通住宅装修立面图。本章主要讲解了现代风格普通住宅装修立面图的绘制方法和技巧，包括客厅、卧室、儿童房和厨房等立面图。

第9章：欧式风格别墅一层室内设计。本章通过欧式风格别墅一层室内设计的实例操作，主要讲解了欧式风格室内设计的特点以及别墅一层室内设计的方法和技巧。

第10章：绘制别墅一层吊顶图和立面图。本章主要讲解了别墅一层吊顶图和立面图的设计理念、绘制方法和技巧。

第11章：欧式风格别墅二层室内设计。本章主要讲解了欧式风格别墅二层室内设计理念、绘图方法和设计技巧等。

第12章：跃层住宅一层室内设计。本章主要讲解了跃层住宅的特点，以及绘制跃层住宅一层室内设计图的方法和技巧等内容。

第13章：跃层住宅二层室内设计。本章主要讲解了跃层住宅二层室内设计的方法和技巧等内容，具体包括跃层住宅二层平面布置图、地面材质图、吊顶图和灯具图等。

第14章：KTV包厢室内设计。本章主要讲解了KTV包厢平面布置图、天花装修图以及B向、D向立面装修图等的绘制方法和技巧。

第15章：宾馆套房室内设计。本章主要讲解了宾馆套房装修布置图、天花装修图以及A向、C向立面装修图等的绘制方法和技巧。

第16章：室内设计图纸的打印输出。本章主要讲解了室内设计图纸的打印输出，包括模型空间出图、图纸空间出图和多视口精确出图等。

》随书光盘内容

为了使广大读者更方便、更快捷地学习和使用本书，随书附有1张DVD光盘，光盘中收录了本书所有调用的样板文件、图块文件、实例最终效果文件，本书实例操作教学视频以及附赠的软件基础知识教学视频，读者可以随时调用进行学习。

光盘内容如下。

- “样板文件”目录下存放的是本书实例所用的样板文件。
- “图块文件”目录下存放的是本书实例所用的图块文件。
- “效果文件”目录下存放的是本书实例的最终效果文件。
- “视频文件”目录下存放的是本书实例的视频教学文件。
- “附赠视频”目录下存放的是本书附赠的软件基础知识教学视频。

》其他声明

本书由史宇宏、张传记编写。陈玉蓉、张伟、姜华华、车宇、刘海芹、卢春洁、付曙光、史小虎、王莹、林永、张伟、白春英、唐美灵、赵明富、张恒立、夏小寒、赵卉亓、边金良等也参与了本书的资料整理和光盘制作工作。由于水平所限，书中如有不妥之处，恳请广大读者批评指正，请发电子邮件至bhpbangzhu@163.com。如果希望知悉图书的更多信息，请浏览北京希望电子出版社的网站www.bhp.com.cn。

编著者

CONTENTS 目录

Chapter 01 建筑室内装饰装潢设计基础知识

Chapter 02 AutoCAD 2011制图基础

Chapter 03 建筑室内装饰装潢图块设计

Chapter 04 建筑室内装饰装潢绘图样板文件

Chapter 05 建筑室内装饰装潢图纸的组成

Chapter 06 住宅建筑室内装饰装潢设计

Chapter 07 绘制现代风格普通住宅室内布置图

Chapter 08 绘制现代风格普通住宅装修立面图

Chapter 09 欧式风格别墅一层室内设计

Chapter 10 绘制别墅一层吊顶图和立面图

Chapter 11 欧式风格别墅二层室内设计

Chapter 12 跃层住宅一层室内设计

Chapter 13 跃层住宅二层室内设计

Chapter 14 KTV包厢室内设计

Chapter 15 宾馆套房室内设计

Chapter 16 室内设计图纸的打印输出

Chapter 01

建筑室内装饰装潢设计基础知识

了解室内装饰装潢设计基础知识，对室内装饰装潢初学者非常重要。本章将重点讲解室内装饰装潢设计的相关基础知识，从而为初学者提供必要的理论基础知识支持。

重点知识导读

- 室内设计概述
- 室内设计与相关学科
- 室内空间的组成与类型
- 室内空间的关系
- 室内空间的处理方法
- 室内空间设计的表现形式
- 室内装饰装潢材料介绍
- 室内装修灯具介绍
- 室内装修家具介绍
- 室内绿化植物的布置与选择
- 室内设计常用尺寸

1.1 室内设计概述

1.1.1 室内设计的概念

随着人们生活和物质水平的不断提高，人们对居住和工作环境的要求也越来越高，室内设计这一行业便应运而生了。室内设计是指设计师根据建筑物的使用性质、建筑物所处环境以及建筑物拥有者与使用者的相关要求，结合相关行业标准，运用现代物质技术手段，对建筑物内部进行一系列的装饰设计，以创造功能更合理、环境更优美、生活和工作更舒适的室内环境。

室内设计要能满足人们的物质和精神生活需要，要使室内环境更具有使用价值，满足相应的功能要求，同时也要能反映历史文脉、建筑风格、人文环境等精神因素。室内设计的前提是要创造满足人们物质和精神生活需要的室内环境。

室内设计其实是综合的室内环境设计，它包括视、声、光、热等多方面，既有物理环境，也有心理环境以及文化内涵等内容。

总体来说，室内设计是指为了创造满足人们不同的行为需求，在建筑内部空间进行的内部空间组织和创造活动。

1.1.2 室内设计的分类

在建筑室内设计中，具体可以分为以下几类。

1. 人居环境空间室内设计

人居环境空间室内设计是指为满足人们生活需要而进行的室内设计，具体包括各种公寓、住宅楼、别墅以及集合式住宅等的室内设计，如图1-1所示为某别墅空间室内设计效果。

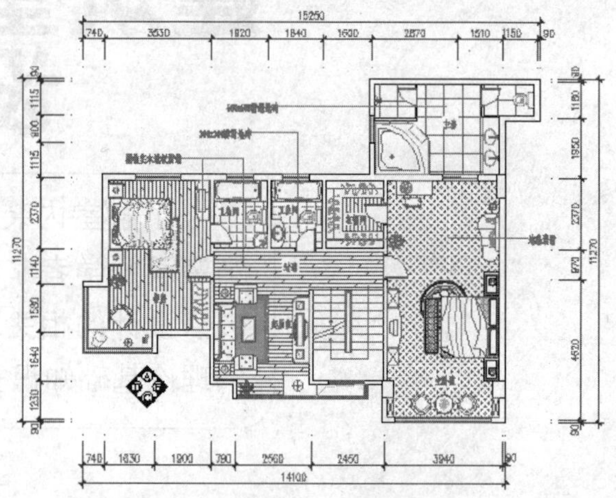

图1-1　某别墅空间室内设计效果

2. 办公环境空间室内设计

办公环境空间室内设计主要是为了满足工作需要而进行的室内设计，具体包括各政府办公楼、写字楼等的室内设计，如图1-2所示为某售楼部办公空间室内设计效果。

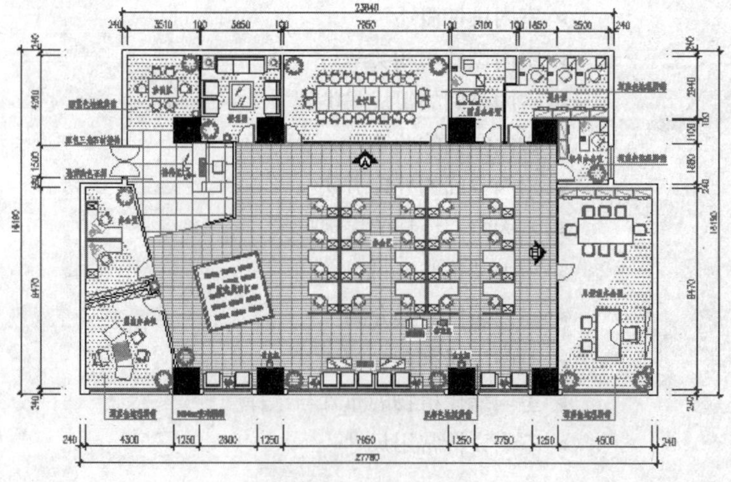

图1-2　某售楼部办公空间室内设计效果

3. 盈利性环境空间室内设计

盈利性环境空间室内设计是为了满足营业需要而进行的室内设计，具体包括宾馆、酒店、娱乐厅、影剧院、图书馆、车站以及一些综合性商业设施等的室内设计，如图1-3所示为某宾馆套房空间室内设计效果。

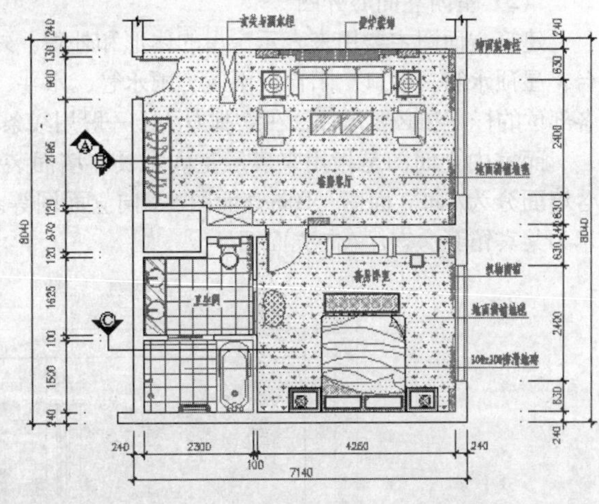

图1-3 某宾馆套房空间室内设计效果

4. 非盈利性公益事业环境空间室内设计

非盈利性公益事业环境空间主要是由国家和政府部门所承办的一些服务机构，这些机构不以盈利为目的，主要是为满足部分特殊人群的生活和学习而设立的一些机构，包括学校、幼儿园、老年公寓和教堂等。

在以上几类室内空间设计中，又分为限定性公共空间和非限定性公共空间。限定性公共空间包括学校、幼儿园、教堂以及各种办公空间；非限定性公共空间包括宾馆、饭店、娱乐厅、影剧院、图书馆、车站和综合商业设施等。

在建筑室内设计中，不同类型的建筑空间之间存在一些使用功能相同的室内空间，例如：门厅、过道、电梯间、中庭、盥洗间、浴厕，以及一般功能的门卫室、办公室、会议室、接待室等。当然在具体工程项目的设计任务中，这些室内空间的规模、标准和相应的使用要求还会有不少差异，需要具体分析具体对待。

1.1.3 室内设计的程序

在建筑室内设计中，室内设计的程序通常可以分为以下四个阶段。

1. 设计准备阶段

设计准备阶段主要是接受委托任务书，明确设计期限并制定设计计划和进度安排，以及明确设计任务和要求，熟悉设计相关规范和定额标准，收集分析必要的资料和信息，包括对现场的调查勘测以及对同类型实例的参观等，为签订合同或制定投标文件做准备，在签订合同或制定投标文件时，还需要提交设计进度表和设计费率标准等。

2. 方案设计阶段

方案设计阶段是在设计准备阶段的基础上进一步收集、分析、运用与设计任务有关的资料与信息，构思立意，进行初步方案设计以及对方案的分析与比较，确定初步设计方案，提供设计文件。

室内初步设计方案的文件通常包括如下内容。

（1）室内平面图

平面图也叫平面布置图，就是各房间的家具布置情况，包括各房间的家具样式、摆放位置、地板材质等。平面图图纸常用比例为1：50，1：100。如图1-4所示为某普通住宅平面布置图。

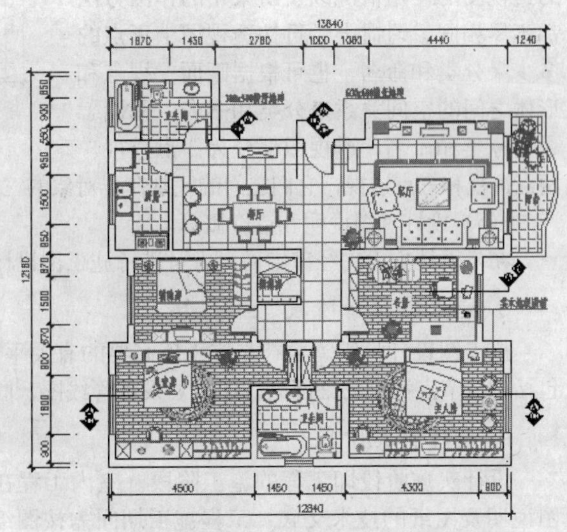

图1-4 某普通住宅平面布置图

（2）室内立面展开图

建筑立面图主要用来表示房屋的体形和外貌、外墙装修、门窗的位置与形式，以及遮阳板、窗台、屋顶水箱、檐口、阳台、雨蓬、雨水管、水斗、引条线、勒脚、平台、台阶、花坛构造和配件各部位的标高和必要尺寸，在绘制方法上一般用线条白描，也可添加明暗以表示一定的立体感。

而室内立面图是指用来表示室内家具、墙面装饰物、灯具、门、窗等的体形和外貌，可按照各墙面分为A向立面图、B向立面图、C向立面图等。立面图常用比例为1：20，1：50。如图1-5所示为某宾馆套房客厅A向立面图。

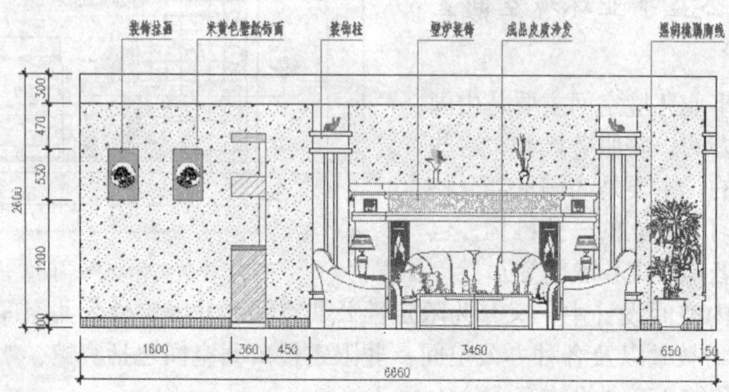

图1-5　某宾馆套房客厅A向立面图

（3）平顶图或仰视图

平顶图或仰视图主要用来表达室内顶面造型和照明布置等，例如吊顶形状、装修材料、灯具样式、数量、位置等。平顶图或仰视图常用比例为1：50，1：100。如图1-6所示为某普通住宅吊顶装修图。

（4）室内透视图

在人与建筑物之间设立一个透明的铅垂面K作为投影面，人的视线（投射线）透过投影面与投影面相交所得的图形，称为透视图，或称为透视投影，简称透视。室内透视图就是根据透视的原理绘制的室内空间图。

当视点、画面和物体的相对位置不同时，物体的透视形象将呈现不同的形状，从而产生了各种形式的透视图。这些形式不同的透视图的使用情况以及所采用的作图方法都不尽相同。习惯上，可按透视图上灭点的多少来分类和命名，也可根据画面、视点和形体之间的空间关系来分类和命名。无论怎么样分类和命名，透视图都分为一点透视、两点透视和三点透视，它们之间的区别在于对象的三个主视方向与投影平面的平行个数不同。

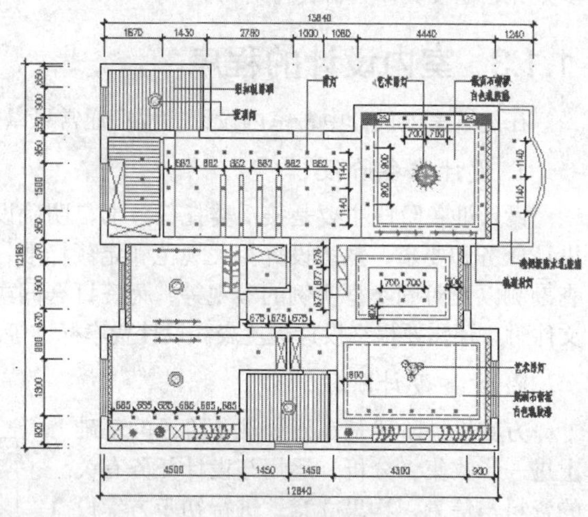

图1-6　某普通住宅吊顶装修图

（5）设计意图说明和造价概算

初步设计方案需经审定后，方可进行施工图设计。

3. 施工图设计阶段

施工图设计阶段需要补充施工所必要的有关平面布置图、室内立面图和平顶图等图纸，还需包括构造节点详细的细部大样图以及设备管线图，同时编制施工说明和造价预算等。

4. 设计实施阶段

设计实施阶段即工程的施工阶段。室内工程在施工前，设计人员应向施工单位进行设计意图说明及图纸的技术交底；工程施工期间需按图纸要求核对施工实况，有时还需根据现场实况提出对图纸的局部修改或补充，施工结束时，会同质检部门和建设单位进行工程验收。

1.2 室内设计与相关学科

1.2.1 室内设计与建筑设计

室内设计与建筑设计的关系，广义地讲，室内设计和建筑设计都属于建筑设计范畴，它们之间不可能截然分开，室内设计是在建筑设计基础上，由室内装饰装潢设计师根据建筑物的使用性质、建筑物所处环境以及建筑物拥有者和使用者的相关要求，结合相关行业标准，运用现代物质技术手段，对建筑物内部进行一系列的装饰设计，以创造功能更合理、环境更优美、生活和工作更舒适的室内环境。

室内设计是建筑设计的延续、继承和发展，建筑设计是室内设计的环境依据，建筑设计制约了室内设计，而室内设计又在一定程度上改变建筑空间，室内设计是建筑设计的深化，是对空间和环境的再创造。因此，室内设计要能够满足人们物质和精神生活需要，要使室内环境更具有使用价值，满足相应的功能要求，同时也要能反映历史文脉、建筑风格、人文环境等精神因素。

美国前室内设计师协会主席亚当指出，“室内设计涉及的工作比单纯的装饰广泛得多，他们关心的范围已扩展到生活的每一方面，例如：住宅、办公、旅馆、餐厅的设计，提高劳动生产率，无障碍设计，编制防火规范和节能指标，提高医院、图书馆、学校和其他公共设施的使用率。总之一句话，给予各种处在室内环境中的人以舒适和安全”。因此可以看出，室内设计并不是单纯的装饰，是要有创造性地对建筑物进行再造，但是，再造要适度，不能破坏建筑物的结构，尤其是建筑物承重墙体以及一些代表建筑物结构特点的部分不能被破坏。

1.2.2 室内设计与人体工程学

人体工程学又称之为“人类工程学”、“人体工学”和“人类工学”等。它涉及的范围很广，只要是有人参与的活动，都与该学科有关。

从室内设计的角度来讲，运用人体工程学的目的，就是从人的生理和心理方面出发，使室内环境能够充分满足人的生活和活动的需要，从而提高室内的使用性能。而如何最大限度地提高人的活动效率，正是建筑室内装饰设计者们研究人体工程学的意义所在。主要从以下几方面去研究。

1. 人体尺度

建筑装饰设计的最终目的是以人为本，为人服务。而人在工作生活中无论坐卧、行走，都具有一定的方式和距离。所以，人体尺度是建筑装饰设计中最基本的参数，只有客观掌握了人体的尺寸和四肢活动的范围，才能更准确地把握人在活动过程中的变化情况。

人体的尺度从形式上可分为两类：一类为静态尺度，一类为动态尺度。

- 静态尺度：是指静止的人体尺寸，即人在立、坐、卧时的尺寸。人的生活行动基本上是按立、坐、卧、行这四种方式中的一种进行的。人体的高度与种族、性别以及所处的地区相关。一般来说，人体工程学中的尺寸是按人体平均尺寸确定的。
- 动态尺度：是指人在空间中作业或活动时所发生的尺寸。人的活动分为手足活动和身体移动两大类。手足活动，是人在原姿势下只活动手足部分，身躯位置并没有变化，手动、足动各为一种；身体移动包括姿势改换、步行等。其中，姿势改换、步行等动作，又集中体现在正立姿势与其他可能的姿势之间的改换，也就是手足活动的过程。

2. 人体尺度与空间关系

人体尺度与空间的关系由人和家具、人和墙壁、人和人之间的关系来决定。而人的休息空间、活动空间也是由室内空间的家具多少、人员多少来决定的。人体工程学在室内空间中的作用主要表现在以下两个方面。

- 为确定空间范围提供依据。在确定空间范围之前要清楚人员的多少、家具的多少等。

- 为家具设计提供依据。家具是构成室内环境的基本要素，是为人提供实用、安全、美观功效的一切器皿。它设计的基准点就在人体上，即根据人体各部分的不同需要以及使用活动范围来确定。

3. 人体尺度与家具

家具设计的最终目的是要满足要求，使其符合人体的基本尺寸和人们从事各种活动所需要的尺寸。如设计椅子时首先要考虑人的舒适感，其次才是它的美观和实用功能。一般情况下，椅子坐面的高度应以400mm为宜，高于或低于400mm都会使人的腰部产生疲劳，椅子的靠背高度宜在肩胛以下，这样既不影响人的上肢活动，又能使背部肌肉得到充分的休息，椅子脚踏板的位置应摆放在脚的前方或上方，以方便脚的活动，而椅子的扶手的倾角以90±20° 为宜。

1.2.3 室内设计与环境心理学

室内设计与环境心理学也有着密不可分的关系，环境即为周围的情况，相对于室内设计来说，环境就是指室内的一切。当设计创造了简洁、明亮、高雅、有序的办公室室内环境，而处在这一环境中工作的人们才能有良好的心理感受，才能诱导人们更为文明、有序地工作，相反，如果设计创造了一个无序、局促、昏暗的住宅环境，那么处在这个环境中的人心里则会感觉烦乱、急躁、生活无序、心情郁闷，严重的还会产生心理疾病。因此，对于室内设计来说，认知环境和人的行为的关系、环境和空间的利用、环境的感知等，是必不可少的。

1.3 室内空间的组成与类型

1.3.1 室内空间的组成

室内空间是由界面围合而成的，室内装饰装潢设计其实就是指对基面、垂直面和顶面进行相关的再造和装饰。通过对这三个面的处理与装饰，可以使室内空间富有变化，重点突出。

1. 基面

基面通常是指室内空间的底界面或底面，在建筑上称为“地面”或“楼地面”。基面一般又分为水平基面、抬高基面和降低基面。在室内装饰装潢设计中，对基面的处理其实就是指使用不同的装修材料对地面进行铺装，常用的装修材料有天然或人造大理石、各种地板砖、实木或复合地板以及各种织物，例如地毯等。对家装而言，一般情况下，客厅、卧室、书房等空间地面通常使用实木或复合地板铺装，而厨房、卫生间以及走廊等，多使用地板砖铺装，而对于工装，地面则多为大理石或地板砖铺装。

如图1-7所示为某套三户型地板铺装效果。

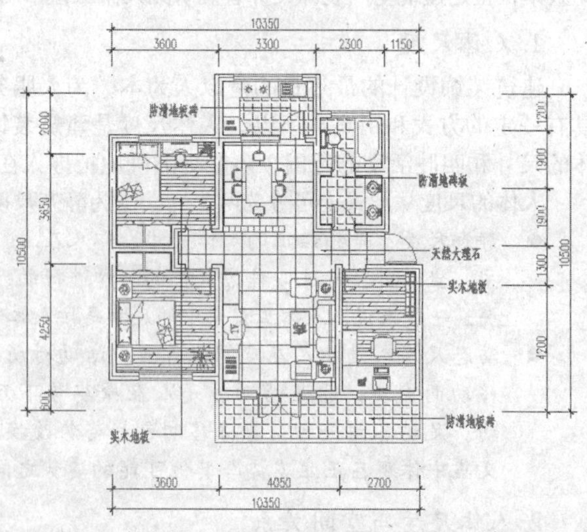

图1-7 某套三户型地板铺装效果

2. 顶面

顶面是指室内空间的顶界面，在建筑上称为“天花”、“顶棚”、“吊顶”等，顶面不需承担结构载荷，在设计时可以采用多种多样的形式，并设置各式灯具，以取得丰富的室内空间效果。在住宅装修设计中，厨房、卫生间等空间的顶面多采用铝塑板或铝扣板进行处理，而卧室、客厅、书房等顶面空间多采用石膏板材进行处理，而在办公空间设计中，顶面则多采用铝扣板材进行处理。

顶面的高低直接影响人的感受，因此，对于房屋层高较矮的空间，一般不做吊顶处理，只是在顶面设置相关灯具，进行进行简洁处理即可。

如图1-8所示为某住宅空间吊顶处理效果。

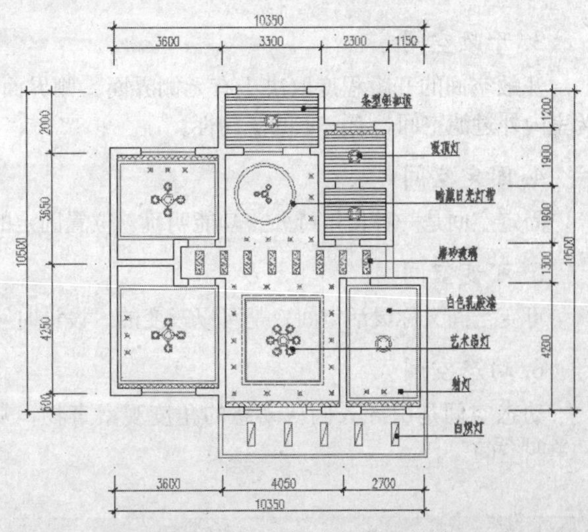

图1-8 某住宅空间吊顶处理效果

3. 垂直面

垂直面主要是指室内空间的墙面，也包括隔断。它主要给人一种围合空间的感觉。根据墙面的朝向，分为A向、B向、C向和D向等，垂直面根据功能不同，其所使用的装修材料也不同，一般情况下，垂直面的装修材料有环保涂料、壁纸、软包、玻璃以及贴面瓷砖等。垂直面是室内装饰装潢设计中的难点，也是室内装饰装潢设计中的重要部分，在垂直面上除了必要的门、窗之外，靠近垂直面的位置往往还会陈列有各种家具用品等，对于没有陈列家具的垂直面，可以适当进行处理，例如使用实木条进行分割或设置搁物架，放置一些小饰物，悬挂挂毯、设置灯饰等，这样可以打破墙面单一的局面，使其具有一定的变化，以营造一个丰富多变的室内空间。

如图1-9所示为某住宅空间餐厅墙面处理效果。

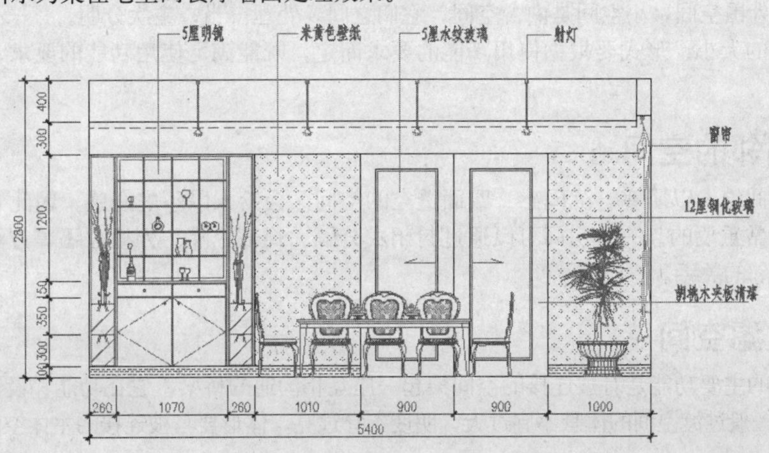

图1-9 某住宅空间餐厅墙面处理效果

1.3.2 室内空间的类型

室内空间主要有16种类型，这里着重介绍以下6种常见类型。

1. 结构空间

结构空间即建筑物的室内结构构件暴露于外的空间，是现代派建筑具有的一个显著特征。由于暴露的结构构件容易出现粗劣感，因此在设计时必须注意细节部分的完美设计。

2. 封闭空间

封闭空间是指用限定性较高的围护结构包围，即形成与外部空间隔离的“封闭空间”。设计时可以采用人造景窗、镜面、灯窗等来增强空间的层次感，但应以不破坏特定机能为前提。

3. 开敞空间

开敞空间的开敞程度取决于有无侧界面、侧界面的围合程度、开洞的大小等。该空间经常作为室内外过滤空间，有一定的流动性。

4. 固定空间

固定空间是一种使用持久、功能明确、位置固定的空间，可用固定不变的界面围合而成。

5. 可变空间

可变空间又称灵活空间，是可以改变的。设计时可以根据使用功能的不同而改变空间形式。

6. 动态空间

动态空间是引导人们从动态的角度观察事物，从而将自己置身于一个由空间和时间结合的“第四空间”。

1.4 室内空间的关系

室内空间并不是单独存在的，它和周围的其他空间发生着一定的关系，比如相互包含、相互沟通、相互衬托等。

1.4.1 包含的空间

包含的空间，又称“空间中的空间”或“母子空间”，是指一个大空间中包含着另一个小空间。大空间是外围空间，小空间是内含空间，它们之间要处理得当，主次分明。

内含空间的大小、形式要根据使用功能的要求而定，既能满足使用功能的要求，又能丰富空间层次。

1.4.2 相邻的空间

封闭的空间给人以阻塞、沉闷感；四面透空的空间又会给人以不安全感，因此处理好空间的相互关联是非常重要的。一个房间可以通过封闭式分隔、局部分隔、列柱分隔等方法，使其与周围空间产生相邻的关系。

1.4.3 过滤空间

过渡空间的主要功能是对被连接的空间架起一座互相沟通的桥梁，它在功能和设计创作上有着独特的地位。一般过渡空间的体量不宜过大，明度不宜过亮，体形要与被连接的主体空间相协调。

1.4.4 组合空间

若干个空间根据它们的功能、体量、采光、交通、景观等不同要求，组织在一起成为一个空间群，这种空间群就是“组合空间”。

组合式空间的布置形式主要有集中式组合空间、线式组合空间、组团式组合空间。

1.5 室内空间的处理方法

室内空间处理要根据房间功能、面积大小等进行处理，室内空间处理是室内设计中的重要设计内容，也是室内设计中的核心部分，在室内设计中具有决定性的重要地位。

1.5.1 通透处理

通透处理是一种空间扩展或再造，通过通透处理可以使原来狭小、局促的空间显得更明亮、宽敞。视野开阔，使光线、视线、空气无阻碍地自由融合，消除人的窒息感和压迫感，使空间更具延伸性、互动性和流畅性。

通透处理要将原来分割空间的界面全部或部分除去，对结构不合理的空间进行重新分割，但不能破坏建筑物的承重结构。

1.5.2 裁剪处理

大家都知道，大多数的建筑室内空间都是方方正正的矩形空间，这种空间给人一种“四平八稳”的感觉，但对于有个性的户主来说，则显得呆板、死气沉沉，缺少活力。这时可以采用裁剪的手法进行室内空间设计。所谓裁剪，是指使用弧线、折线、曲线、斜线或三角形、圆形、倾斜界面、穹顶等多种方式，对矩形的空间进行处理，打破其“四平八稳”的感觉，创造一个独具个性的室内空间。

1.5.3 凹凸处理

凹凸处理一般是在垂直界面上进行的，通过在垂直面上进行凹凸处理，不仅可以满足特定功能要求，例如，制作古董、雕塑、工艺品的陈设架；设置特殊照明；隐藏取暖、通风、给排水、电源线路等设备、以及制作杂物的储藏空间等。凹凸既可以满足功能要求，又能丰富空间视觉效果，可达到形式与内容的完美统一，但是，在进行凹凸处理时，要注意不能破坏房屋的承重结构，例如不能在承重墙上制作杂物储藏空间。

1.5.4 高差处理

高差处理是指对顶面和底面的处理，一般是部分抬高或降低地面，和部分抬高或降低顶面。部分抬高或降低地面，可以产生错落有致的空间效果，也可界定使用功能，例如抬高客厅地面的高度，使其与其他地面出现高度差。而部分抬高或降低顶面，不仅可增强空间立体层次感，同时也可丰富灯光的艺术效果，例如吊顶的处理，多采用这种形式。

1.5.5 借景处理

借景处理是室内装饰装潢设计中较常用的设计手法。借景处理是指在垂直界面上创建门、窗、洞等，最大限度地使室内空间能更多的向室外扩展，以吸收室外的景色、气候、光线等，产生室内外相互交融的空间效果。

1.5.6 分割和切断处理

分割和切断处理常应用在面积较大的室内空间处理中，分割处理一般有三种形式：第一种形式是实体性分割，它包括使用不到顶的墙、家具或其他实体性界面来划分空间。这种分割形式既可形成一定的视觉范围，又具有开放性。第二种是象征性分割，它包括使用栏杆、玻璃、悬垂物或光线、色彩等非实体的手段来划分空间。这种分割空间界面模糊，限定度低、空间更开放。第三种是弹性分割，如推拦门、升降帘幕和可移动的室内阵设等。这种分割形式灵活性强、简单实用。分割处理一般适用于客厅、办公区等私密性不高的公共空间。

而切断处理则是使用到顶的家具和墙体等限定度高的实体来划分空间。切断处理可排除噪音和干扰，营造私密度和独立性较高的空间，但同时也降低了与周围环境的交融性，它适用于书房、卧室等私密性要求高的空间。

1.6 室内空间设计的表现形式

说到室内空间表现形式，就可能要联系到构图，如果构图不好可能会影响到整个室内设计效果，所以，室内空间构图的好坏会影响到整个室内装饰装潢效果。

所谓构图也称为布局，是指在二维空间的画面内对画面结构和各种成分进行组织、安排、研究、分析归纳的结果，任何完美的画面结构总是遵循一定的规律，以完善画面各部分之间的内在联系。

室内空间设计中的构图形式主要有：形式构图、位图构图和透视构图三种，这一节主要来了解室内空间设计中的这三种构图。

1.6.1 形式构图

形式构图就是在设计表现中根据已有的设计形态进行构图处理，设计师要善于发掘设计形态自身所具有的形式美的潜力。例如建筑的高低错落、景观的层次变化、室内家具集合形态的构成感等，这种由设计本身引出的构图原则往往最合理、自然，同时也更加契合完成设计最终目标的要求。

设计形态是指点、线、面等形态要素，点、线、面作为平面构成的重要语汇，是二维平面设计中重要的基础性要素。

1.6.2 位图构图

借鉴绘画构图中的“图-底”关系，即中国画中所谓“经营位置”的理念，运用到环境艺术设计表现图的构图中，即为位图构图。设计师依据自己的审美感觉，确定画面、大小、位置、比例，解决画面构图问题。在具体的使用中要注意以下三个关系。

- 主体物同附属物之间的位置关系。
- 主体物同背景之间的位置关系。
- 主体物同地面之间的面积关系。

注意把握这三者之间的关系是处理好构图的重要因素。设计表现图中主体部（形态轮廓）被称为“图形部分”，两者之间是一个相互转化且互相利用的关系，设计者通过对图形区域与地形区域合理安排组织，以创造构图中“你中有我，我中有你”的交融形式，使构图语言更加丰富，形式更为多样，但也应避免在设计中对这两者的过分追求，以防止出现主要物体的堆砌和附属物体零乱的现象。从这个层面上讲，这是绘画技巧中主要、次要关系在构图表现中的运用，也只有主次分明，才能相得益彰，最终达到最佳表现效果。

1.6.3 透视构图

选择合适的视点和透视角度，用以作为设计表现构图的原则。透视构图包括一点透视构图和两点透视构图。

一点透视构图是指主体物同视平面保持平行位置的构图方式，这种方式容易使用人联想到经典的对称式构图，它的优点是能充分显示设计对象的正面细节，并且在整体上营造庄严、宏大的氛围，但也应避免平行透视构图中出现的呆板和僵化的毛病。如图1-10所示为一点透视构图的客厅效果。

两点透视是由两点透视的视角角度而来的构图形式，分为水平线移动视角和前后移动视角两种，主体对象以一定的角度呈现，由于同视平面产生角度而形成强烈的立体感和角度处理的灵活性，使其对于设计对象的表达更加细微、精确。物体的形态、空间感觉以及周边环境因素都能得到很好的表达。视点的前后推移还可形成近实远虚的景深层次感，但实际运中要注意远近距离的控制和主侧面面积和位置经营，以避免构图中“满”、“乱”、“偏”、“小”的问题。如图1-11

所示为两点透视构图的餐厅效果。

图1-10 一点透视构图的客厅效果

图1-11 两点透视构图的餐厅效果

1.7 室内装饰装潢材料介绍

室内装饰装潢的目的就是要为在室内生活和工作的人们营造一个舒适、安逸的生活环境，室内装饰装潢成败的关键，不仅在于室内布局是否合理，室内设施是否齐全，设施使用是否方便，更在于室内装饰装潢所选用的材料。

在室内装饰装潢所用材料上，要从实用效果、经济效益以及是否环保等多方面去考虑，要能使装饰材料同时具有满足使用功能和人们身心感受两方面的要求。室内装饰装潢设计毕竟不能停留于一幅设计图纸上，设计中的形、色等，最终必须和所选“载体”——材料这一物质构成相统一，因此，了解室内装饰装潢材料对室内装饰装潢设计至关重要。

这一节来了解室内装饰装潢设计中装饰材料的使用和相关知识。

1.7.1 地面常用装修材料

在室内空间中，地面和天花是相对应的，也是室内空间的一个重要界面。当人们走进居室时，地面会最先被人的视觉所感知，因此地面的色彩、质地和图案能直接影响室内的气氛。在室内装饰装潢设计中，不同的室内空间，选择不同的地面装饰材料，各地面装饰材料多钟多样，下面介绍几种常见地面的装修材料。

1. 大理石地面

大理石地面具有大理石的质地坚硬、纹理自然美观、抗耐磨等特点，主要用于人流量比较大的公共场所，也用于居室中客厅的地面装饰。如图1-12所示为几种常见的大理石材料。

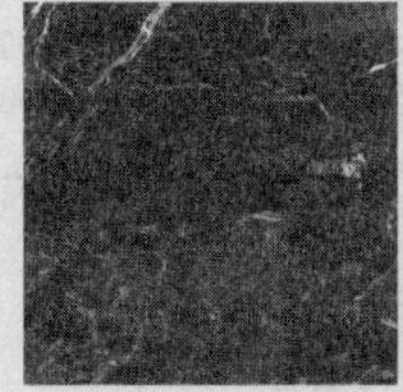

紫罗红大理石

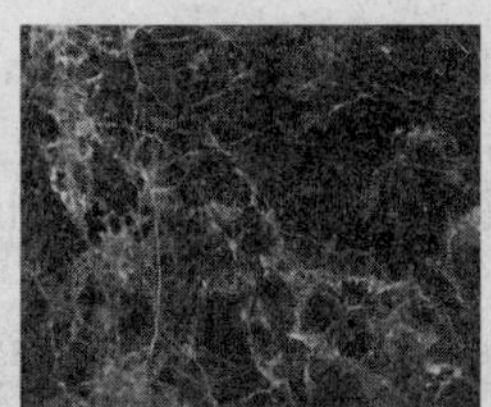

啡网纹大理石

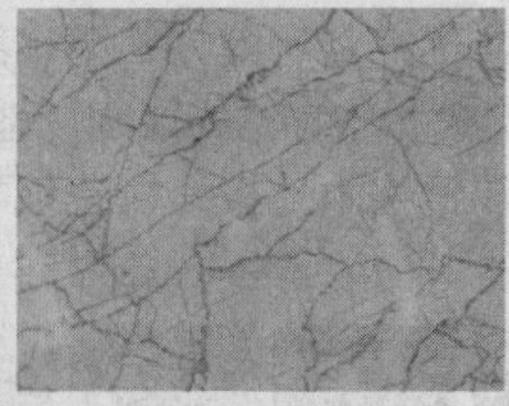

金线米黄大理石

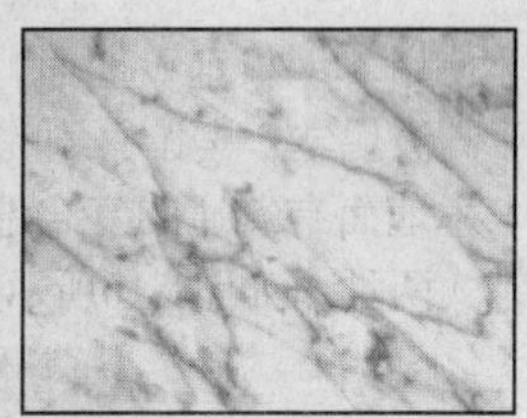

大花白大理石

图1-12 常见的大理石材料

如果拼镶碎大理石，接缝处可填水泥砂浆或水磨石，其拼镶形式可以把有规律的纹样拼接在一起，也可以用不同颜色的大理石拼出有规律的图案，呈现另一种美。如图1-13所示为几种拼花大理石材料。

    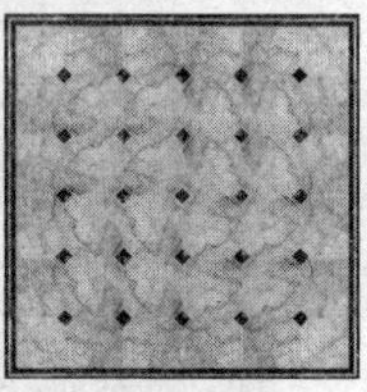

图1-13　拼花大理石材料

2. 水磨石地面

水磨石是用白水泥、颜料和大理石渣制成的。石渣的色彩、粒径、形状和配比直接影响地面的处理效果，分格方法的变化可以组成各种各样的图案。

水磨石地面的艺术处理较灵活，不受材料的限制，可由人工做出各种图案。水磨石地面坚固、光滑、美观，但是效果档次可能比大理石的效果逊色很多，其造价也比较低，一般用于大厅、走廊、广场等处。如图1-14所示为几种水磨石地面材料。

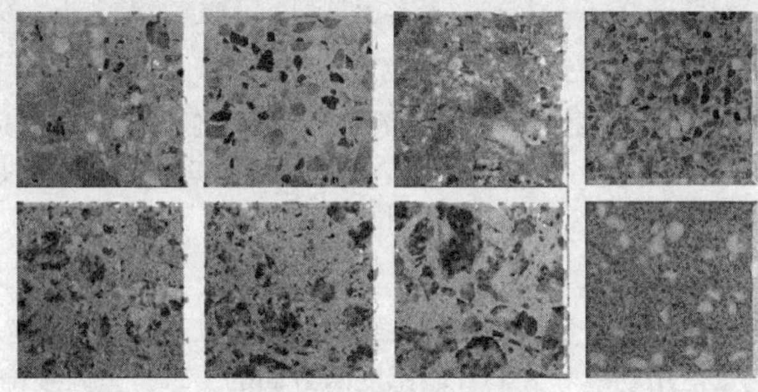

图1-14　水磨石地面材料

3. 陶瓷锦砖地面（马赛克）

马赛克地面坚实、美观、易透水、耐腐蚀，是高级地面装修材料。马赛克的规格分别为19mm×19mm×4mm和39mm×39mm×4mm，马赛克地面的图案是很多的，根据不同的要求可拼镶出各种图案来，是卫生间内墙、地面上装修比较常用的一种装修材料。如图1-15所示为常见的几种马赛克装修材料。

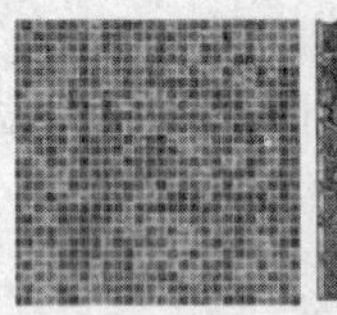   

图1-15　马赛克装修材料

4. 木地板

使用木地板铺设地面，其优点是有弹性、不反潮、易清扫、不起灰尘、蓄热系数小，因此常用于高级住宅、宾馆、剧院舞台和体育馆的比赛场地。

木地面有普通的复合地板、实木地板、拼花地板三种。从装修方法上讲，又可分为架空式和实铺式两种，如图1-16所示。

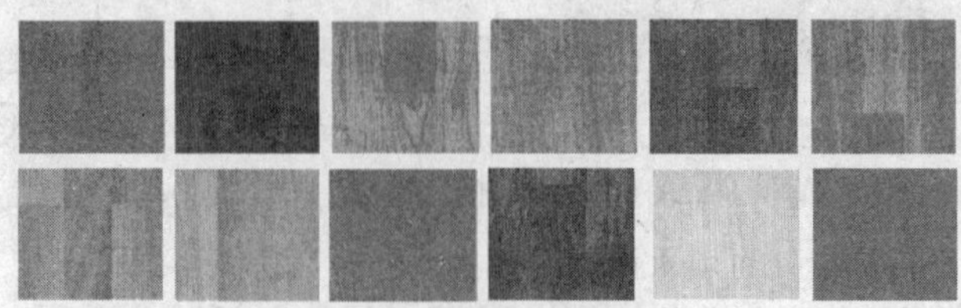

图1-16　木地板装修材料

5. 地毯

地毯是一种有悠久历史的产品。它原是以动物毛（主要为羊毛）为原始原料，用手工编织的一种既有实用价值又具欣赏价值的纺织品。随着时代的发展，地毯也逐渐成为以毛、麻、丝及人造纤维材料为主要原料，是现代建筑中地面或墙面装饰的纺织品。地毯根据用料，分纯毛地毯、混纺地毯和化纤地毯。

- 纯毛地毯：纯毛地毯分平织与机织两种，前者价格昂贵，后者便宜，纯毛的质与量是决定地毯耐磨性的主要因素，其用量常以纯毛密度表示。即1cm2地毯上有多少纯毛。纯毛毯在现代已较少用于民用，而主要作为艺术品在室内设计中应用。
- 混纺地毯：混纺地毯品种极多，常以毛纤维和各种合成纤维混纺。如在纯羊毛纤维中加20%的尼龙纤维，耐磨性可提高五倍。也可和压克力（聚丙烯腈纤维）等合成纤维混纺。混纺地毯可以克服纯毛不耐虫蛀及易腐蚀等缺点。
- 化纤地毯：化纤地毯是以丙纶、腈纶（聚丙稀腈）纤维为原料，经机织法制成面层，再与麻布底层加工制成地毯。品质与触感极似羊毛，耐磨而富有弹性。经过特殊处理，可具有防火燃烧、防污、防静电、防虫等优点（防火尼龙熔点达37℃，防污处理使厂家可放心生产纯白色地毯）。可以说纯毛地毯的优点，化纤地毯均有；纯毛地毯的缺点，化纤地毯均无。所以，化纤地毯是现代地毯业的主要产品。

如图1-17所示为各种样式的地毯装修材料。

  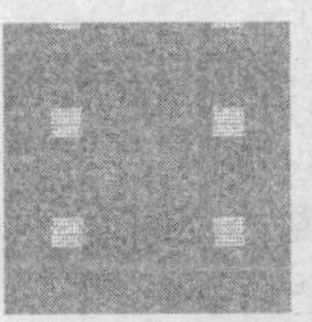  

图1-17　地毯装修材料

6. 塑胶地板

塑胶地板的装饰效果比较好，脚感舒适，不易沾灰，噪音小，耐磨，塑胶地板现在在很多高档大商场里的用途已经很广泛。如图1-18所示为各种塑胶地板装修材料。

图1-18　各种样式的塑胶地板装修材料

7. 鹅卵石

鹅卵石在场景中一般不是大面积的应用，而是用在局部一些小的区域，制作一些有趣的小景观，起到画龙点睛的效果。如图1-19所示为几种常见的鹅卵石装饰材料。

图1-19　鹅卵石装饰材料

1.7.2 吊顶常用装修材料

吊顶也是室内装饰装潢设计中不可忽略的一个界面，尽管吊顶与地面相呼应，但吊顶位于房间的最顶部，在进行室内吊顶装修时，如果选择的装修材料不当，其装修结果则会给人压抑感，严重影响人的情绪和生活质量。这一节继续介绍吊顶常用装修材料。

1. 石膏板

石膏板是以熟石膏为主要原料掺入适量添加剂与纤维制成，具有质轻、绝热、吸声、阻燃和可锯可钉等性能。石膏板与轻钢龙骨（由镀锌薄钢压制而成）的结合，便构成轻钢龙骨石膏板体系（QST体系）。

石膏板有纸面石膏板、装饰石膏板、纤维石膏板等。

- 纸面石膏板：纸面石膏板是在熟石灰中加入适量的轻质填料、纤维、发泡剂、缓凝剂等，加水拌成料浆，浇注在重磅纸上，成型后覆以上层面纸，经过凝固、切断、烘干而成。上层面纸经特殊处理后，可制成防火或防水纸面石膏板，另外石膏板芯材内亦含有防火或防水成份。防水纸面石膏不需再做抹灰饰面，但不适于用在雨篷、檐口板或其他高湿部位。
- 装饰石膏板：装饰石膏板在熟石膏中加入占石膏重量0.5%～2%的纤维材料和少量胶料，加水搅拌、成型、修边而成，通长为正方形，有平板、多孔板、花纹板等。
- 纤维石膏板：纤维石膏板是将玻璃纤维、纸浆或矿棉等纤维在水中“松懈”，在离心机中与石膏混合制成料浆，然后在长网成型机上经铺浆、脱水制得的无纸面石膏板。它的抗弯强度和弹性高于其它石膏板。除隔墙、吊顶外，亦可制成家具。

2. 玻璃

玻璃作为建筑装修材料已由过去单纯作为采光材料，而向控制光线、调节热量、节约能源、控制噪音以及降低建筑结构自重、改善环境等方向发展，同时用着色、磨光、刻花等办法提高装饰效果。玻璃在现在室内装修当中也是比较常用的装饰材料。尤其与金属材料的搭配使用或者玻璃配合灯光的使用效果，也是别具一格。如图1-20所示为使用玻璃装修的吊顶效果。

图1-20　玻璃材料的应用效果

玻璃材料包括：磨砂玻璃、花纹玻璃、压花玻璃、喷花玻璃、刻花玻璃、彩色玻璃等多种。

- 磨砂玻璃：磨砂玻璃又称毛玻璃、暗玻璃，采用机械喷砂、手工研磨或氢氟酸溶液磨蚀等方法将普通平板玻璃表面处理成均匀毛面。由于表面粗糙，使光线产生漫射，只有透光性而不能透视，并能使室内光线柔和而不刺目。常用研磨材料有硅砂、金刚砂、石榴石粉等。磨砂玻璃的规格除透明度外同窗用玻璃无区别。
- 花纹玻璃：花纹玻璃是将玻璃依设计图案加以雕刻、印刻等无彩色处理，使表面有各式图案，花样及不同质感，依加工方法分为压花玻璃、喷花玻璃、刻花玻璃三种。
- 压花玻璃：压花玻璃又称滚花玻璃，是在玻璃硬化前，经过刻有花纹的滚筒，在玻璃单面或两面压有深浅不同的各种花纹图案。由于花纹凸凹不同使光线漫射而失去透视性，成低透光度。透光率为60%~70%。产品规格：3mm，宽度200~300mm，长度600~800mm。
- 喷花玻璃：喷花玻璃又称胶花玻璃，是在平板玻璃表面贴以花纹图案，抹以护面层，经喷砂处理而成。最大加工厂尺寸2200mm × 1000mm，厚度一般为6mm。
- 刻花玻璃：刻花玻璃由平板玻璃经涂漆、雕刻、围腊与酸蚀、研磨而成。
- 彩色玻璃：彩色玻璃分透明和不透明两种。透明颜色玻璃是在原料中加入一定的金属氧化物使玻璃带色。不透明颜色玻璃是在一定形状的平板玻璃的一面，喷以色釉，烘烤而成。彩色玻璃的色泽有多种，最大规格为1000mm × 800mm，厚度为5mm~6mm。

如图1-21所示为各种样式的玻璃材料。

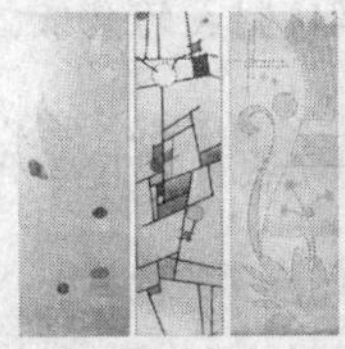

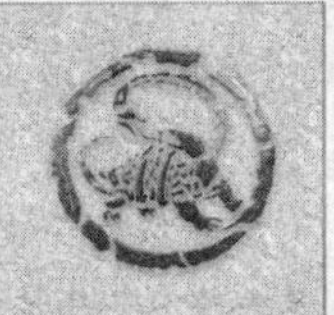

图1-21 玻璃材料

3. 效果漆

效果漆是近几年刚刚开始流行的装饰材料，表现的肌理质感比较强，效果更加真实，经常在一些高档空间里使用。如图1-22所示为效果漆效果。

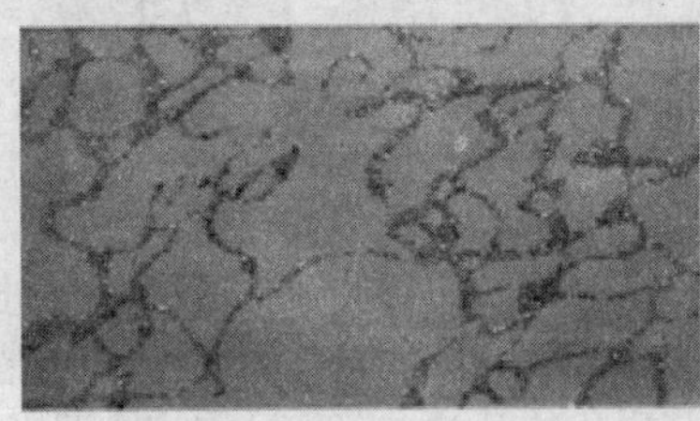
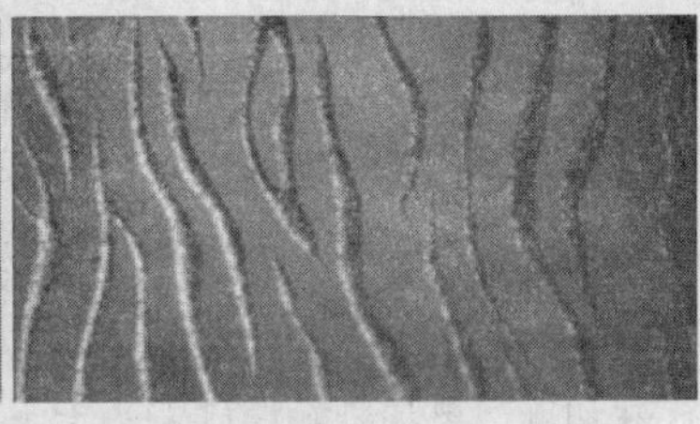

图1-22 效果漆效果

4. 扣板

扣板主要分为铝扣板、塑扣板，主要用于卫生间、厨房以及比较大的场景（如影剧院、地下人行通道等共公场所）的吊顶。它具有吸音、防水、防潮等功能。如图1-23所示为各种样式的扣板装修材料。

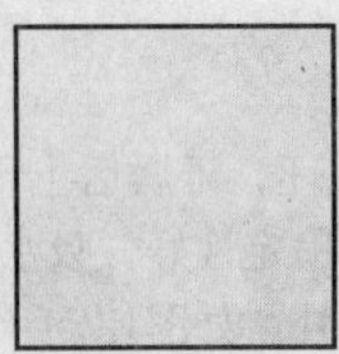

图1-23 各种样式的扣板材料

1.7.3 墙面常用装修材料

墙面是室内所占面积最大的界面，也是目光随时能触及的地方，墙面装修的好坏会对整个室内空间产生极大的影响。因此，在选择墙面装修材料时，要根据房间功能、主人性格、喜好等精心挑选，切不可马虎大意。

在现代居室空间装饰设计中，常用墙面装修材料有：壁纸、木材、墙砖、乳胶漆、文化石等，各墙面装饰修料用途不同，所表达的装饰意义也不同。

1. 壁纸

壁纸（布）是室内装修中使用最为广泛的壁面、天花板面等的装饰材料，其图案变化多端，色泽丰富。通过印花、压花、发泡可以仿制许多传统材料的外观，甚至达到以假乱真的地步。壁纸（布）除了美观外，也有耐用，易清洗，寿命长，施工方便等特点。例如壁纸有纸壁纸、纺织物壁纸、天然材料面壁纸、风景壁纸、金属壁纸等多种。

- 纸壁纸：纸壁纸是发展最早的壁纸。纸面可印图案或压花，基底透气性好，使墙体基层中的水分向外散发，不致引起变色、鼓包等现象。这种壁纸比较便宜，但性能差，不耐水，不能清洗，也不便于施工，易断裂，现已较少生产。
- 纺织物壁纸：纺织物壁纸是用丝、羊毛、棉、麻等纤维织成的壁纸。用这种壁纸装饰的环境给人以高尚、雅致、柔和而舒适的感觉。

- 天然材料面壁纸：天然材料面壁纸是用草、麻、木材、树叶、草席制成的壁纸，也有用珍贵树种木材切成薄片制成壁纸的，其特点是风格淳朴自然。
- 风景壁纸：风景壁纸是将风景或油画、图画经摄影放大印刷成一定视觉尺度，代替其他壁纸张贴于墙面。风景壁纸较一般壁纸厚，张贴工艺一样。
- 金属壁纸：金属壁纸是在基层上涂金属膜制成的。这种壁纸给人一种金碧辉煌、庄重大方的感觉，适合使用于气氛热烈的场所，如舞厅、酒吧厅等。

如图1-24所示为各种样式的壁纸装修材料。

图1-24　壁纸装修材料

2. 木材

木材是在室内装修中最常用的一种装饰材料。在不同的时期流行的饰面材料也是不一样的，例如，在20世纪八九十年代期间比较流行带米黄色的榉木饰面板材。但是近几年主要的饰面材料多数是以柚木、红胡桃、黑胡桃和樱桃木为主，与现代的简洁、沉稳风格相协调。如图1-25所示为各种样式的木材装修材料。

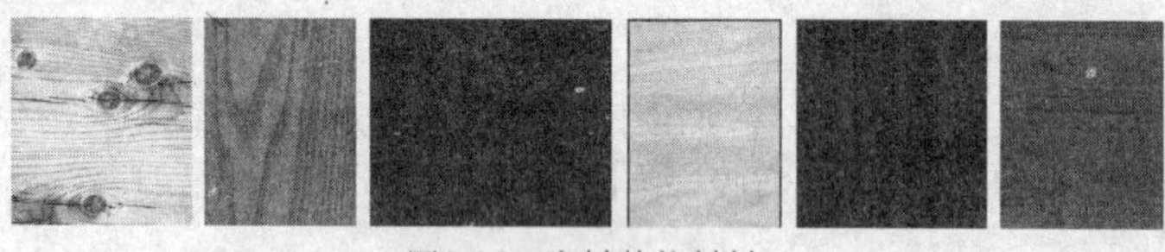

图1-25　木材装修材料

3. 墙砖（瓷砖）

内墙瓷面砖系用瓷土压制成坯，干燥后上釉焙烧而成，因釉料颜色多样，故有黑白瓷砖、彩色瓷砖、印花图案砖等品种，其热稳定性好，吸水率小于18%，表面光滑，易于清洗，内墙面砖因本质上与外墙砖不同，故不可用于室外。如图1-26所示为各种样式的墙砖装修材料。

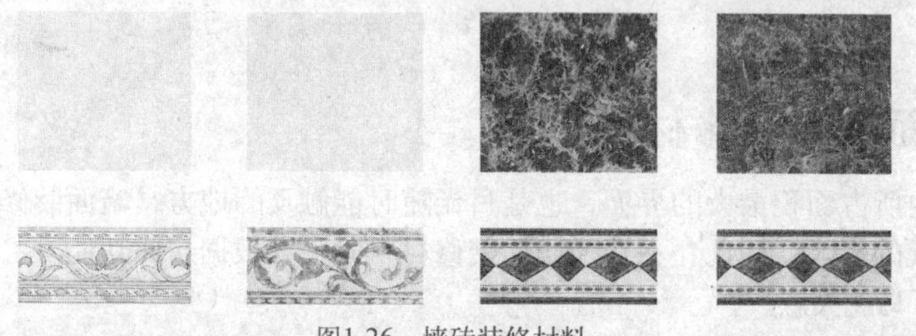

图1-26　墙砖装修材料

4. 乳胶漆

乳胶漆是现在室内墙面中使用最为广泛的装饰材料，比壁纸价格便宜，而且施工工艺简单、快捷、方便。如图1-27所示为各种墙面乳胶漆装修材料。

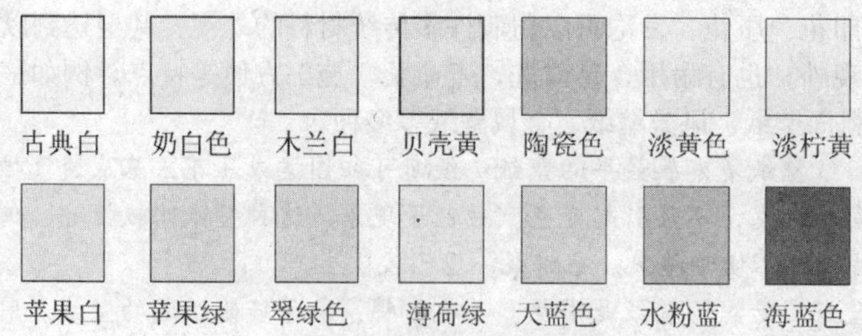

图1-27　墙面乳胶漆材料

01 Chapter
02 Chapter
03 Chapter
04 Chapter
05 Chapter
06 Chapter
07 Chapter
08 Chapter
09 Chapter
10 Chapter

5. 文化石

文化石的应用主要是表现一些自然、个性的自由空间，例如酒吧、休闲餐厅等这些场所的墙面装饰，有时也会应用到客厅电视墙面的装饰。如图1-28所示为各种文化石装修材料。

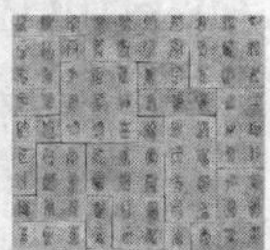

图1-28 文化石装修材料

1.8 室内装修灯具介绍

在室内空间环境创造中，灯具除了发挥它的基本功能照明作用外，更起到了创造光环境和造型的装饰作用，从这个意义上看，室内设计的照明设计应扩展为更全面的灯饰设计，即在满足空间照明质量的前提下注重它的装饰作用。

这一节来了解室内空间设计中灯具的设计与应用知识。

1.8.1 灯饰类型与特点

灯具的装饰作用首先体现在它的造型上，从台灯的千姿百态到吊灯的金碧辉煌，都给人美好的视觉感受。灯具的安装方式主要有吊挂式、吸顶式、壁式、落地式、地台式、镶嵌式等。不同的空间形状与大小、功能与格调都对灯具造型的选择产生影响，同时，单一灯具的选型与其群体的组合形式对室内设计也产生着影响，它同时成为表面造型的一部分。如图1-29所示为常见的室内各种样式的灯具。

图1-29 常见的室内各种样式的灯具

1.8.2 灯具的作用

室内空间照明分为人工照明和自然照明，灯具是人工照明必不可少的媒介，灯具的照明作用分为整体照明、局部照明、特殊照明和装饰照明4种。

- 整体照明：整体照明是最常用的一种照明方式，整体照明是指对整个室内空间进行照明，每一个室内空间都会有整体照明的灯具。整体照明所用灯具一般为吊灯，从安装方式上来说，吊灯的安装方式一般有悬挂式和吸顶式两种，例如客厅、卧室中的吊灯。
- 局部照明：局部照明是指对室内空间某局部进行照明，局部照明的灯具有台灯、落地灯、壁灯等，例如书房书桌和卧室床头柜上的台灯、卧室床头上方的壁灯、客厅沙发旁的落地灯等，这些都是局部照明灯具。
- 特殊照明：特殊照明是指对某局部或某物体进行重点照明，特殊照明的灯具一般为射灯，例如墙壁挂画上方的射灯，歌厅中的镁光灯等就是特殊照明。

- 装饰照明：装饰照明主要用于为室内营造特殊气氛，例如安装在吊顶内部的暗藏日光灯、安装在走廊墙壁上的其他彩色灯具等都是装饰照明。

1.8.3 光环境的创造

光环境是通过光源与作为媒介的室内要素或群体组合变化表现出来的。光源有自然光源和人工光源之分。通过自然光源表现光环境，可利用房间不同朝向及日出日落的光线角度和强弱的变化，显示出自然光线的变换效果。通过人工光源表现光环境，其组合变化更灵活丰富，表现出光影、光形、光色和光动感等效果。

灯具在创造光环境的效果上大致有以下作用：发光体造型、光源漫射效果、光源投射与反射效果、光源强调主体造型、照明形成虚拟空间、特殊灯饰效果以及光源与家具陈设组合等。如图1-30所示为通过灯具和自然照明所创造的光影效果。

图1-30　光影效果

1.9 室内装修家具介绍

家具是人类生活中不可缺少的设施，也是室内空间构成的重要要素，注重对家具的选择与设置有着特别的意义。从某种角度来讲，家具是室内可移动的界面，家具与人身体的接触最为密切，所以考虑人对家具的触觉感受就显得特别重要。

家具的主要功能包括：贮藏作用、起居作用、展示作用、装饰作用和组织空间的作用。人们的特定活动要求有特定的空间完成特定的行为、动作，要求有满足一定功能要求的家具和家具组合的方式，家具本身对其所在空间的功能质量和艺术效果有重要的影响。这一节主要来了解室内装饰装潢中家具的相关知识。

1.9.1 家具的种类

家具既可能是手工艺作品，也可以是现代工业产品。家具的设计与生产历经了数千年的变革，发展至今已成为举世瞩目的工业产品行业。在现代社会中，以工业化方式生产的家具已经成为室内设计中的主要运用对象。

从家具的制作材料来看，仅结构材料就可分为石材、木材、钢材、塑料、竹、藤等，面料则更是五花八门，除了常见的传统纺织品之外，还有海绵、人造纤维、橡胶等。近代又出现了装配式的板式家具、塑料一次成形整体式家具和充气家具等。由于人们生活质量的提高，对家具的款式也提出了多样化的要求，现代的家具产品样式从仿古样式到登月舱的座椅，应有尽有，所用的材料从石材到空气，家具的功能从固定到折叠、堆砌、拆卸，也极尽其变化。

如图1-31所示为几款常见的家具类型。

图1-31 几种常见家具类型

1.9.2 家具布置的一般规律

在室内空间设计中，家具的布置非常重要，除了具有使用功能之外，还有装饰室内空间、划分室内空间、调节室内空间、组织室内交通以及构成空间气氛等作用，因此，家具的布置要有一般规律，才能真正发挥家具在室内的作用。这里所说的规律，并非传统观念上只顾及视觉要求的形式美原则，而是要兼顾到室内空间在使用功能上的要求，同时还能满足视觉美感的需求。

现代室内空间千变万化，而固定不变的比例关系、单纯的轴线、对称平衡要求在实际生活中已很难适应现代生活方式和工作方式的变化。通过对人的活动、心理和不同的行为方式的研究，已经使室内设计师认识到不可能用某种统一的模式来限定家具的陈设。因此，在布置室内家具时，一般要遵循以下三点原则。

- 要研究人们在室内活动的“流线”，在人们运动和从事某种活动的“流线节点”上，即可能停留或必须停留处布置相应的家具，并满足特定功能使用的家具的使用过程。大多数功能性很强的家具都是以这种方式来布置的。
- 研究不同空间部位对人的心理影响，创造能感染和影响人的视觉心理的空间，在这些关键的位置布置对人们具有明确心理暗示效果的家具，满足使用者对家具和室内空间的心理要求，如按照一般的心理规律，在人们从事某种仪式的地方设置家具。一般对满足使用者心理需求的家具都采用这样的方式来陈列。
- 为了充分利用空间，有利于方便生活，在可能情况下设置家具，并使家具起到空间的“拾余补缺”的作用。

1.9.3 家具布置的一般类型和方法

从室内空间的位置上来区分，家具在室内的布置有下列几种类型：周边式、岛式（中心式）、单边式和走道式。

1. 周边式

家具沿四周墙布置，留出中间的空间位置，空间相对集中，易于组织交通，为举行其他活动提供较大的面积，便于布置中心陈设。

家具的周边式布置效果如图1-32所示。

图1-32 家具的周边式布置效果

2. 岛式

将家具布置在室内中心部位，留出周边空间，强调家具的中心地位，显示其重要性和独立性，而周边的交通活动，保证了中心区不受干扰和影响。家具的岛式布置效果如图1-33所示。

3. 单边式

将家具集中在一侧，留出另一侧空间（常成为走廊）。工作区和交通区截然分开，功能分区明确，干扰小，交通成为线形，当交通线布置在房间的短边时，交通面积最为节约。家具的单边式布置效果如图1-34所示。

4. 走道式

将家具布置在室内两侧，中间留出走道，节约交通面积，这种布置方式使交通对两边都有干扰。一般客房活动人数少，其家具布置多为这种方式，如图1-35所示。

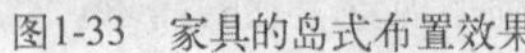

图1-33　家具的岛式布置效果

图1-34　家具的单边式布置效果

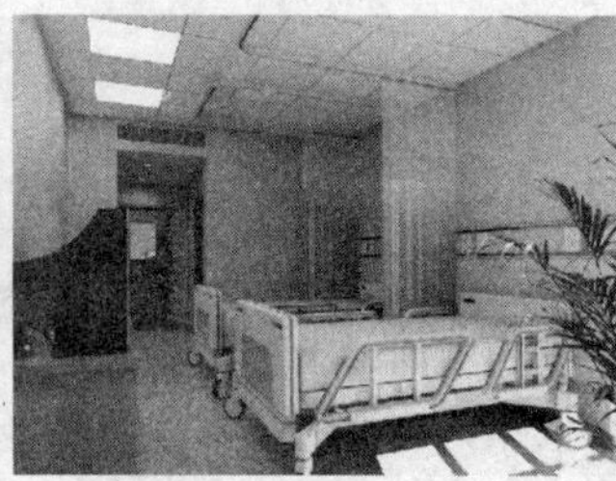

图1-35　走道式家具布置效果

1.10 室内绿化植物的布置与选择

室内绿化在现代室内设计中具有不可代替的特殊作用，它具有改善室内小气候和吸附粉尘的功能，更为主要的是，室内绿化使室内环境生机勃勃，带来自然气息，令人赏心悦目，起到柔化室内人工环境，在高节奏的现代社会生活中具有协调人们心理、使之平衡的作用。这一节主要来了解室内绿化植物的布置方法和选择技巧。

1.10.1 室内绿化植物的布置

室内绿化植物的布置运用在不同的场所，如酒店宾馆的门厅、大堂、中庭、休息厅、会议室、办公室、餐厅以及住宅的居室等，根据室内的功能不同，室内绿化均有不同的要求，应根据不同的任务、目的和作用，采取不同的布置方式来进行室内绿化设计。随着空间位置的不同，绿化的作用和地位也随之变化，一般分为以下几种。

- 处于重要地位的中心位置，如大厅中央。
- 处于较为主要的关键部位，如出入口处。
- 处于一般的边级地带，如墙边角隅。

1.10.2 室内植物的选择

室内植物的选择是双向的，一方面对室内来说，是选择什么样的植物较为合适；另一方面对植物来说，应该有什么样的室内环境才能适合于生长。因此，在设计之初，就应该和其他功能一样，拟出一个“绿色计划”。

在室内选用植物时，应首先考虑如何更好地为室内植物创造良好的生长环境，如加强室内外空间联系，尽可能创造开敞和半开敞空间，提供更多的日照条件，采用多种自然采光方式，尽可能挖掘和开辟更多的地面或楼层的绿化种植面积，布置花园、增设阳台，选择在适当的墙面上悬置花槽等等，创造具有绿色空间特色的建筑体系，并在此基础上再考虑选择室内植物的目的、用途、意义等问题。

如图1-36所示为各种室内植物和小盆景。

图1-36 各种室内植物和小盆景

1.11 室内设计常用尺寸

在室内装修设计中，涉及到各种尺寸，例如墙面踢脚线尺寸、墙裙尺寸、餐桌餐椅尺寸以及各种家具尺寸等，这些尺寸并非一成不变，在具体的实施中，要根据房屋面积灵活运用，切不可死搬硬套。下面列举了室内设计中一些常用的基本尺寸，以供大家参考，单位为毫米（mm）。

1.11.1 墙面设计的尺寸

- 踢脚板高：80~200mm。
- 墙裙高：800~1500mm。
- 挂镜线高：1600~1800（画中心距地面高度）mm。

1.11.2 餐厅用具尺寸

- 餐桌高：750~790mm。
- 餐椅高：450~500mm。
- 圆桌直径：二人500mm、三人800mm、四人900mm、五人1100mm、六人1100~1250mm、八人1300mm、十人1500mm、十二人1800mm。
- 方餐桌尺寸：二人700mm×850mm、四人1350mm×850mm、八人2250mm×850mm。
- 餐桌转盘直径：700~800mm。
- 餐桌间距：（其中座椅占500mm）应大于500mm。
- 主通道宽：1200~1300mm。
- 内部工作道宽：600~900mm。
- 酒吧台高：900~1050mm、宽500mm。
- 酒吧凳高：600~750mm。

1.11.3 商场营业厅背部装修细部尺寸

- 单边双人走道宽：1600mm。
- 双边双人走道宽：2000mm。
- 双边三人走道宽：2300mm。
- 双边四人走道宽：3000mm。

- 营业员柜台走道宽：800mm。
- 营业员货柜台：厚600mm、高800~1000mm。
- 单背立货架：厚300~500mm、高1800~2300mm。
- 双背立货架：厚600~800mm、高1800~2300mm。
- 小商品橱窗：厚500~800mm、高400~1200mm。
- 陈列地台高：400~800mm。
- 敞开式货架：400~600mm。
- 放射式售货架：直径2000mm。
- 收款台：长1600mm、宽600mm。

1.11.4 饭店客房内部装修细部尺寸

- 标准面积：大型客房为25m^2、中型客房为16~18m^2、小型客房为16m^2。
- 床高：400~450mm。
- 床头高：850~950mm。
- 床头柜：高500~700mm、宽500~800mm。
- 写字台：长1100~1500mm、宽450~600mm、高700~750mm。
- 行李台：长910~1070mm、宽500mm、高400mm。
- 衣柜：宽800~1200mm、高1600~2000mm、深500mm。
- 沙发：宽600~800mm、高350~400mm、背高1000mm。
- 衣架高：1700~1900mm。

1.11.5 卫生间用具尺寸

- 卫生间面积：3~5m^2。
- 浴缸：长度一般有1220、1520、1680mm三种、宽720mm、高450mm。
- 坐便：750mm × 350mm。
- 冲洗器：690mm × 350mm。
- 盥洗盆：550mm × 410mm。
- 淋浴器高：2100mm。
- 化妆台：长1350mm、宽450 mm。

1.11.6 会议室装修细部尺寸

- 中心会议室客容量：会议桌边长600mm。
- 环式高级会议室客容量：环形内线长700~1000mm。
- 环式会议室服务通道宽：600~800mm。

1.11.7 室内交通空间常用尺寸

- 楼梯间休息平台净空：等于或大于2100mm。
- 楼梯跑道净空：等于或大于2300mm。
- 客房走廊高：等于或大于2400mm。
- 两侧设座的综合式走廊宽度：等于或大于2500mm。
- 楼梯扶手高：850~1100mm。
- 门的常用尺寸：宽850~1000mm。
- 窗的常用尺寸：宽400~1800mm（不包括组合式窗子）。
- 窗台高：800~1200mm。

1.11.8 灯具常用尺寸

- 大吊灯最小高度：2400mm。
- 壁灯高：1500~1800mm。
- 反光灯槽最小直径：等于或大于灯管直径两倍。
- 壁式床头灯高：1200~1400mm。
- 照明开关高：1000mm。

1.11.9 办公空间办公用具尺寸

- 办公桌：长1200~1600mm、宽500~650mm 、高700~800mm。
- 办公椅：高400~450mm、长和宽均为450mm。
- 沙发：宽600~800mm、高350~400mm、背面1000mm。
- 茶几：前置型900mm × 400mm × 400mm、中心型900mm × 900mm × 400mm、左右型600mm × 400mm × 400mm。
- 书柜：高1800mm、宽1200~1500mm、深450~500mm。
- 书架：高1800mm 、宽1000~1300mm 、深350~450mm。

1.11.10 室内家具尺寸

- 衣橱：深度600~650mm；推拉门700mm，衣橱门宽度400~650mm。
- 推拉门：宽750~1500mm、高度1900~2400mm。
- 矮柜：深度350~450mm、柜门宽300~600mm。
- 电视柜：深450~600 mm、高度600~700 mm。
- 单人床：宽度有900mm、1050mm、1200mm三种；长度有1800mm、1860mm、2000mm、2100mm。
- 双人床：宽度有1350mm、1500mm、1800mm三种；长度有1800mm、1860mm、2000mm、2100mm。
- 圆床：直径1860mm、2125mm、2424mm（常用）。
- 室内门：宽800~950mm；高度有1900mm、2000mm、2100mm、2200mm、2400mm。
- 厕所、厨房门：宽800mm、900mm；高度有1900mm、2000mm、2100mm三种。
- 窗帘盒：高120~180mm；深度：单层布120mm、双层布160~180mm（实际尺寸）。
- 单人沙发：长度800~950mm、深度850~900mm、坐垫高350~420mm、背高700~900mm。
- 双人沙发：长1260~1500mm、深度800~900mm。
- 三人沙发：长1750~1960mm、深度800~900mm。
- 四人沙发：长2320~2520mm、深度800~900mm。
- 小型茶几（长方形）：长度600~750mm，宽度450~600mm，高度380~500mm（380mm最佳）。
- 中型茶几（长方形）：长度1200~1350mm；宽度380~500mm或者600~750mm。
- 中型茶几（正方形）：长度750~900mm，高度430~500mm。
- 大型茶几（长方形）：长度1500~1800mm、宽度600~800mm，高度330~420mm（330mm最佳）。
- 大型茶几（圆形）：直径750mm、900mm、1050mm、1200mm；高度330~420mm。
- 大型茶几（正方形）：宽度900mm、1050mm、1200mm、1350mm、1500mm；高度330~420mm。
- 书桌（固定式）：深度450~700mm（600mm最佳）、高度750mm。

- 书桌（活动式）：深度650~800mm、高度750~780mm。
- 书桌：下缘离地至少580mm；长度最少900mm（1500~1800mm最佳）。
- 餐桌：高度750~780mm（一般）、西式高度680~720mm、一般方桌宽度1200mm、900mm、750mm。
- 长方桌：宽度800mm、900mm、1050mm、1200mm；长度1500mm、1650mm、1800mm、2100mm、2400mm。
- 圆桌：直径900mm、1200mm、1350mm、1500mm、1800mm。
- 书架：深度250~400mm（每一格）、长度600~1200mm、下大上小型下方深度350~450mm、高度800~900mm。
- 活动未及顶高柜：深度450mm，高度1800~2000mm。

Chapter 02

AutoCAD 2011 制图基础

AutoCAD 2011是一款优秀的制图软件，也是Autodesk家族的最新版本，本章首先来了解AutoCAD 2011在建筑室内装饰装潢设计中的基础应用知识，为后面学习室内装饰装潢知识奠定基础。

重点知识导读

- 了解AutoCAD 2011操作界面与工作空间
- 设置室内设计绘图环境
- 几何图形的绘制技能
- 图形的多重复制技能
- 图形的修整完善技能
- 文字注解与尺寸标注
- 图形资源的组织与共享

2.1 了解AutoCAD 2011操作界面与工作空间

AutoCAD是由美国Autodesk公司开发的计算机辅助设计绘图软件之一，本节将简单了解AutoCAD 2011操作界面与工作空间两大内容。

2.1.1 AutoCAD 2011经典操作界面

当成功安装AutoCAD 2011软件之后，通过双击桌面上的图标，或者单击“开始”|“程序”|“Autodesk”|“AutoCAD 2011”中的AutoCAD 2011选项，即可启动该软件，进入如图2-1所示的“AutoCAD经典”操作界面，此界面主要包括标题栏、菜单栏、工具栏、绘图区、命令行和状态栏六大部分。

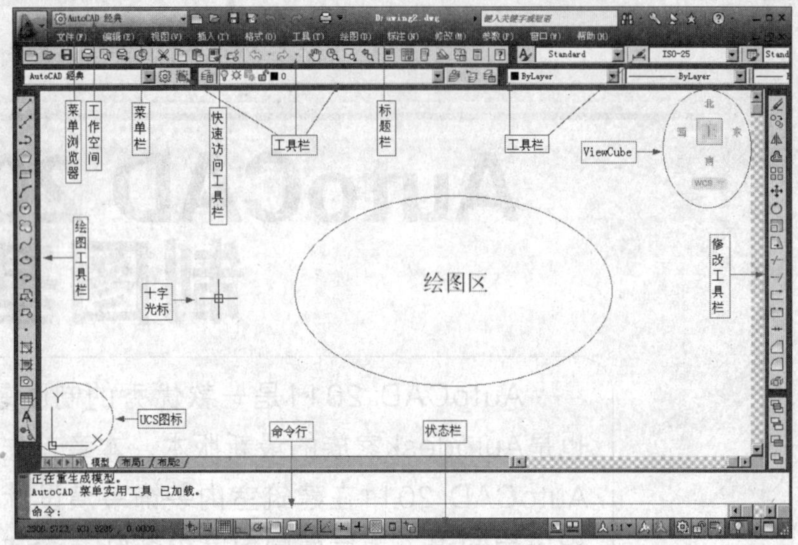

图2-1 “AutoCAD经典”界面

1. 标题栏

标题栏位于AutoCAD操作界面的最顶部，主要包括应用程序菜单、快速访问工具栏、程序名称显示区、信息中心和窗口控制按钮五部分内容。

- “应用程序菜单”：用于访问常用工具、搜索菜单和浏览最近的文档。
- “快速访问工具栏”：用于访问某些命令以及自定义快速访问工具栏等。
- “程序名称显示区”：用于显示当前正在运行的程序名称和文件名称。
- “信息中心”：可以快速获取所需信息、搜索所需资源等。
- “窗口控制按钮”：位于标题栏最右端，主要有“最小化”、“恢复”/“最大化”、“关闭”，分别用于控制AutoCAD窗口的大小和关闭。

2. 菜单栏

AutoCAD为用户提供了“文件”、“编辑”、“视图”、“插入”、“格式”、“工具”、“绘图”、“标注”、“修改”、“参数”、“窗口”和“帮助”12个主菜单，AutoCAD常用的制图工具都分门别类地排列在这些主菜单中，用户可以非常方便地启动各主菜单中的相关菜单项，以进行必要的图形绘图工作。

用户可以使用变量MENUBAR控制菜单栏的显示状态，变量值为1时，显示菜单栏；变量值为0时，隐藏菜单栏。

菜单栏左端的图标就是“菜单浏览器”图标，菜单栏最右端的图标按钮是AutoCAD文件的窗口控制按钮，如“最小化”▁、“还原”🗗/“最大化”☐、“关闭”☒，用于控制图形文件窗口的显示。

3. 工具栏

工具栏位于菜单栏的下侧和绘图区的两侧，将光标移至工具按钮上稍做停留，屏幕上就会出现相应的命令名称，在图标按钮上单击，即可激活相应的命令。在任一工具栏上右击，可打开如图2-2所示的工具栏菜单，在此菜单中共包括48种工具栏，其中带有“勾号”的表示当前已经被打开的工具栏，不带有此符号，表示该工具栏是关闭的。如果用户需要打开其他工具栏，只需在相应工具栏选项上单击，即可打开所需工具栏。

由于AuoCAD的工作窗口有限，用户不可能将所有的工具栏都显示在工作界面内，只需将随时用到的一些工具栏打开，暂时不用的工具栏关闭，以扩大绘图区域。

在工具栏快捷菜单上选择“锁定位置”|“固定的工具栏/面板”命令，可以将绘图区四侧的工具栏固定，如图2-3所示，工具栏一旦被固定后，是不可以被拖动的。

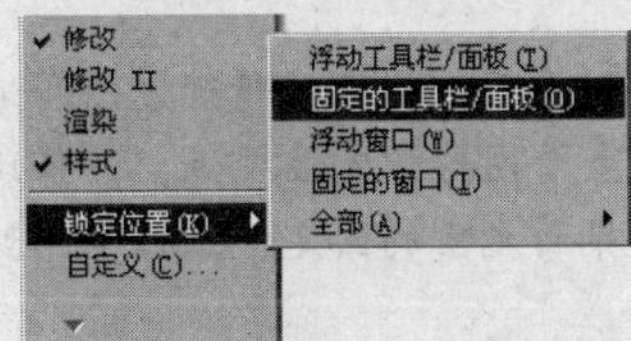

图2-3 固定工具栏

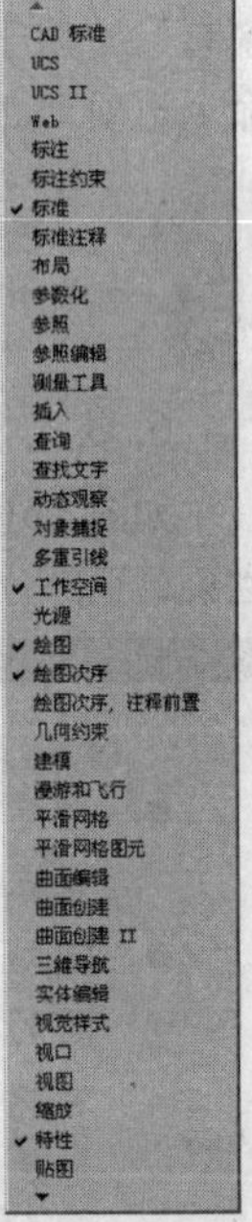

图2-2 工具栏菜单

单击状态栏上的按钮，从弹出的按钮菜单中可以控制工具栏和窗口的固定状态。

4. 绘图区

绘图区位于界面的正中央，图形的设计与修改工作就是在此区域内进行的。默认状态下绘图区是一个无限大的电子屏幕，无论尺寸多大或多小的图形，都可以在绘图区中绘制和灵活显示。

- 十字光标：绘图区中的十符号即为十字光标，它由“拾取点光标”和“选择光标”叠加而成，当执行绘图命令时，显示为拾取点光标；“选择光标”是对象拾取器，当选择对象时，显示为选择光标；当无任何命令执行的前提下，显示为十字光标，如图2-4所示。

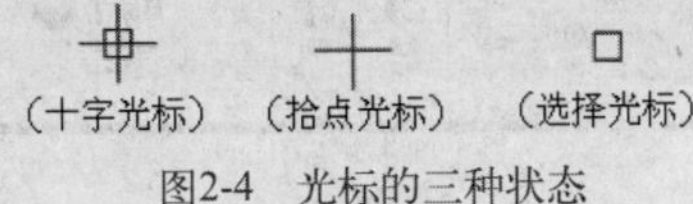

图2-4 光标的三种状态

- 绘图区标签：绘图区左下部有三个标签，即“模型”、“布局1”和“布局2”。“模型”标签代表模型空间，是图形的主要设计空间；“布局1”和“布局2”分别代表了两种布局空间，主要用于图形的打印输出。

默认设置下，绘图区背景色的RGB值为（254、252、240），用户可以执行菜单栏中的“工具”|“选项”命令更改背景色。

5. 命令行

命令行位于绘图区的下侧，它是用户与AutoCAD软件进行数据交流的平台，主要功能就是用于提示和显示用户当前的操作步骤，如图2-5所示。

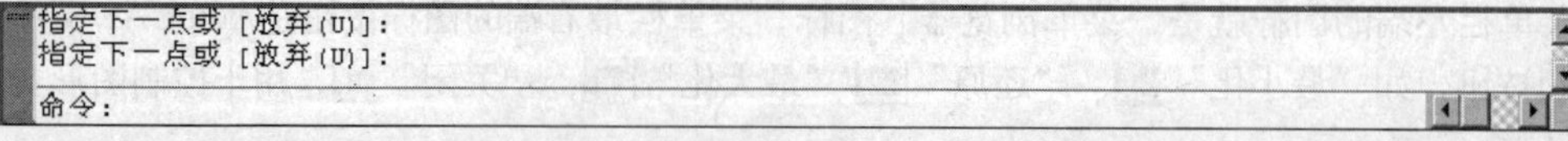

图2-5　命令行

“命令行”可以分为“命令历史窗口”和“命令输入窗口”两部分，上面两行为“命令历史窗口”，用于记录执行过的操作信息；下面一行是“命令输入窗口”，用于提示用户输入命令或命令选项。

通过按功能键F2，系统则会以“文本窗口”的形式显示更多的历史信息，再次按功能键F2，即可关闭文本窗口。

6. 状态栏

如图2-6所示的状态栏位于AutoCAD操作界面的最底部，它由坐标读数器、辅助功能区、状态栏菜单三部分组成，具体如下。

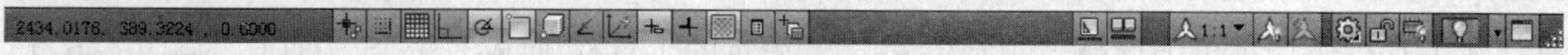

图2-6　状态栏

- 坐标读数器：状态栏左端为坐标读数器，用于显示十字光标所处位置的坐标值。
- 辅助功能区：辅助功能区左端的按钮用于控制点的精确定位和追踪；中间的按钮主要用于快速查看布局、查看图形、定位视点、注释比例等；右端的按钮用于对工具栏、窗口等界面元素的固定、工作空间切换等，都是一些辅助绘图的功能。
- 状态栏菜单：单击状态栏右侧的小三角，将打开如图2-7所示的状态栏快捷菜单，菜单中的各命令与状态栏上的各按钮功能一致，用户也可以通过各菜单项以及菜单中的各功能键控制各辅助按钮的开关状态。

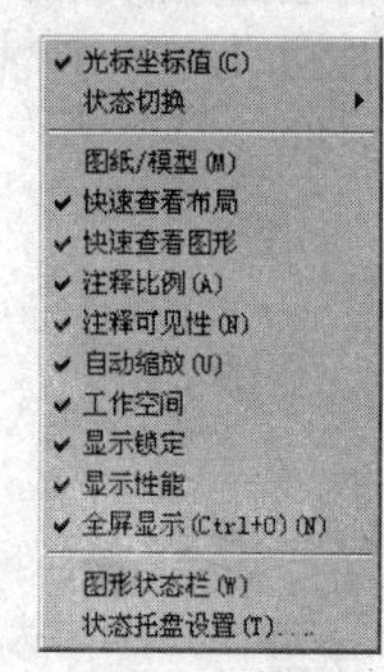

图2-7　状态栏菜单

2.1.2　AutoCAD 2011工作空间及切换

为了方便不同用户高效率绘图，AutoCAD 2011版本为用户提供了多种工作空间，如图2-1所示的经典界面是一种传统的工作空间，即“AutoCAD 经典”空间，如果用户为AutoCAD初始用户，那么在启动AutoCAD 2011后，则会进入如图2-8所示的“初始设置工作空间”，此工作空间在三维制图方面比较方便。

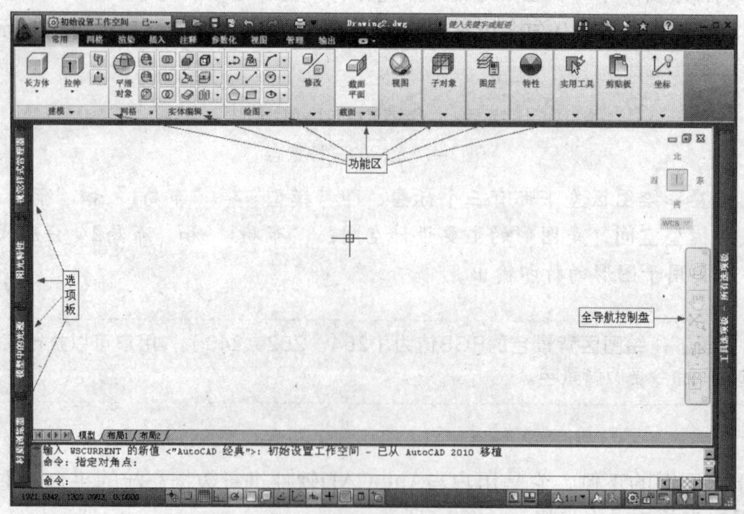

图2-8　初始设置工作空间

除“AutoCAD经典”和“初始设置工作空间”两种工作空间外，AutoCAD 2011软件还提供了“二维草图与注释”、“三维基础”和“三维建模”三种工作空间，分别适用于AutoCAD初级用户、平面设计用户和立体设计用户。另外，用户不仅可以根据自己的绘图习惯和需要选择相应的工作空间，还可以自定义、完善并保存自己的工作空间。

工作空间的相互切换主要有以下几种方式。

- 单击标题栏上的 AutoCAD 经典 按钮，在展开的按钮菜单中即可选择相应的工作空间，如图2-9所示。
- 选择“工具”菜单中的“工作空间”下一级菜单选项，如图2-10所示。

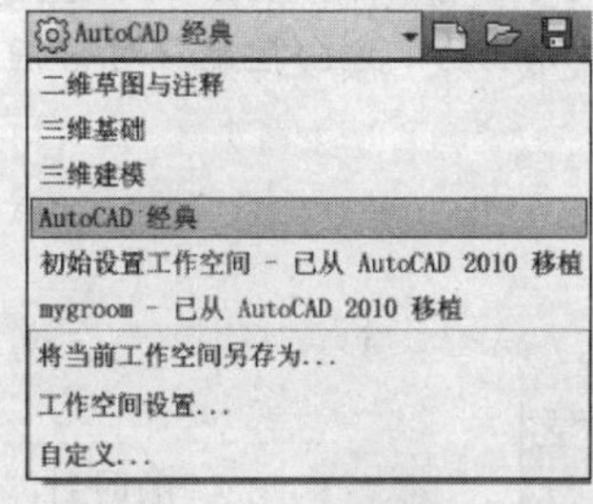

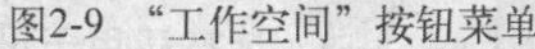

图2-9 “工作空间”按钮菜单

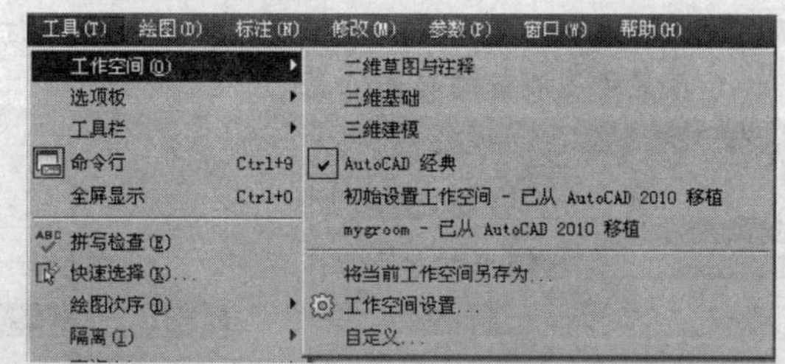

图2-10 “工作空间”级联菜单

- 展开“工作空间”工具栏上的“工作空间控制”下拉列表，选用相应的工作空间，如图2-11所示。
- 单击状态栏上的 AutoCAD 经典 按钮，在弹出的按钮菜单中选择所需的工作空间，如图2-12所示。

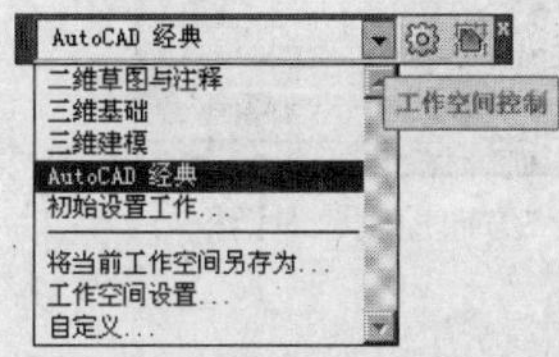

图2-11 “工作空间控制”下拉列表

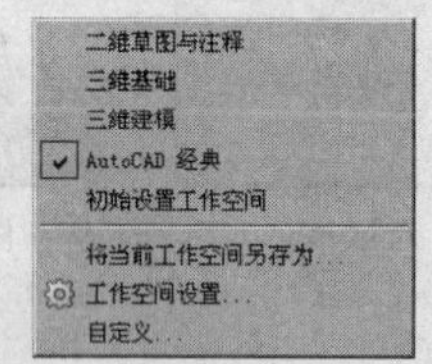

图2-12 按钮菜单

无论选择何种工作空间，用户都可以在日后对其进行更改，也可以自行设置并保存自定义的工作空间。

2.2 设置室内设计绘图环境

在绘制室内设计图之前，一般需要了解并设置相关的绘图环境，为此，本节主要简单概述与绘图环境相关的一些操作技能。

2.2.1 设置绘图单位与图形界限

本小节主要学习“单位”和“图形界限”两个命令，以方便设置绘图单位与绘图界限等基本绘图环境。

1. 设置图形单位

使用“单位”命令可以设置绘图的长度单位、角度单位、角度方向以及各自的精度等参数。执行此命令主要有以下几种方式。

- 执行菜单栏中的“格式”|“单位”命令。
- 在命令行输入Units或UN。

执行“单位”命令后，可打开如图2-13所示的“图形单位”对话框，此对话框主要用于设置如下内容。

- 设置长度单位及精度。在“长度”选项组中展开“类型”下拉列表，设置长度的类型，默认为“小数”；展开“精度”下拉列表，设置单位的精度，默认为“0.000”。

AutoCAD提供了“建筑”、“小数”、“工程”、“分数”和“科学”5种长度类型，单击下拉按钮，可以从中选择需要的长度类型。

- 设置角度单位及精度。在“角度”选项组中展开“类型”下拉列表，设置角度的类型，默认为“十进制度数”；展开“精度”下拉列表，设置角度的精度，默认为“0”。
- 设置缩放单位。“插入时的缩放单位”选项组用于确定拖放内容的单位，默认为“毫米”。
- 设置角度的基准方向。单击 方向(D)... 按钮，打开如图2-14所示的“方向控制”对话框，用于设置角度测量的起始位置。

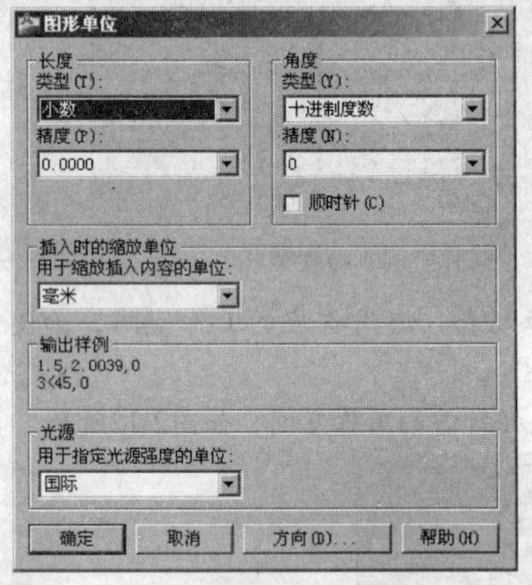

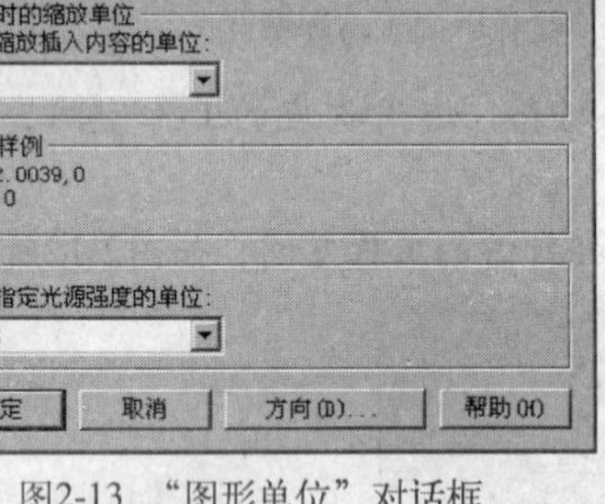

图2-13 “图形单位”对话框

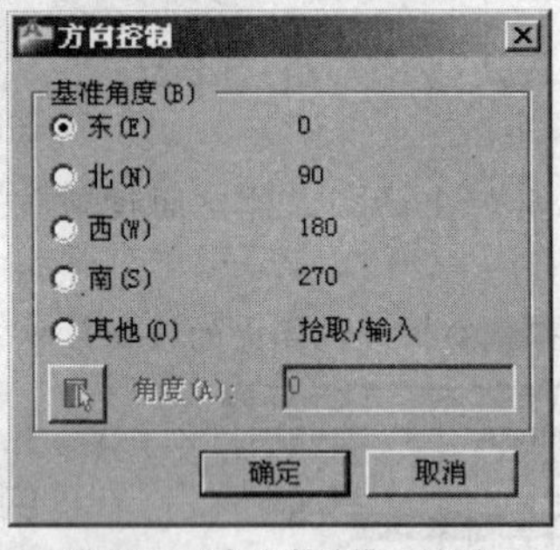

图2-14 “方向控制”对话框

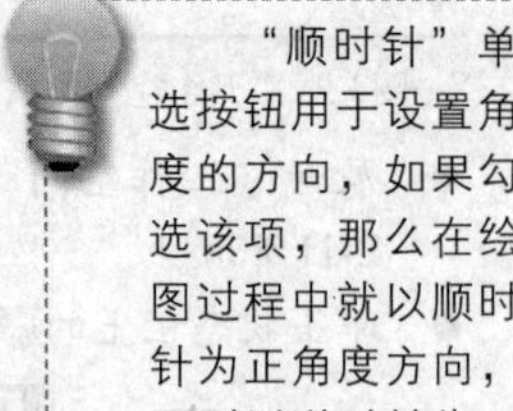

“顺时针”单选按钮用于设置角度的方向，如果勾选该项，那么在绘图过程中就以顺时针为正角度方向，否则以逆时针为正角度方向。

2. 设置图形界限

“图形界限”命令用于设置图形的界限，而“图形界限”指的就是绘图的范围，它相当于手工绘图时事先准备的图纸。执行“图形界限”主要有以下几种方式。

- 执行菜单栏中的“格式”|“图形界限”命令。
- 在命令行输入Limits后按Enter键。

默认设置下图形界限是一个矩形区域，长度为490、宽度为270，其左下角点位于坐标系原点上。下面通过将图形界限设为300×150，学习图形界限的设置技能，操作步骤如下。

Step 01 执行菜单栏中的“图形界限”命令，在命令行“指定左下角点或[开(ON)/关(OFF)] <0.0000,0.0000>:”提示下按Enter键，以默认原点作为左下角点。

Step 02 继续在命令行“指定右上角点<420.0000,297.0000>:”提示下，输入“300,150”，并按Enter键，定位图形界限的右上角点。

Step 03 执行菜单栏中的“视图”|“缩放”|“全部”命令，将图形界限最大化显示。

Step 04 当设置了图形界限之后，可以开启状态栏上的“栅格”功能，通过栅格点，可以将图形界限直观地显示出来，如图2-15所示。也可以使用栅格线显示图形界限，如图2-16所示。

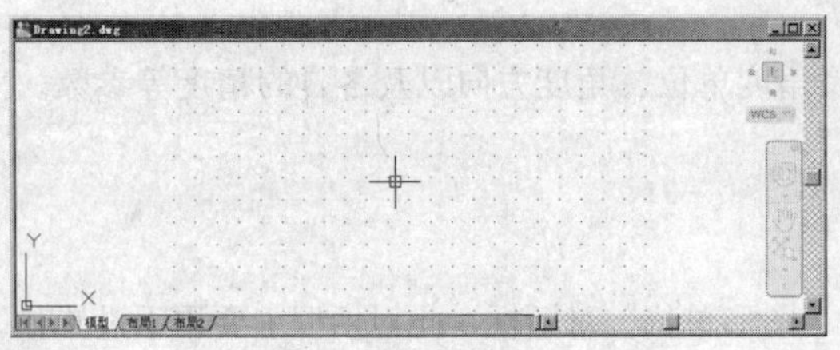

图2-15 图形界限的栅格点显示

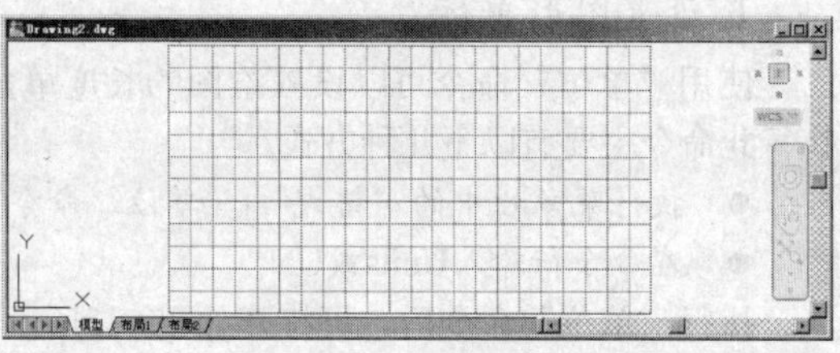

图2-16 图形界限的栅格线显示

设置“图形界限”最实用的一个目的，就是为了满足不同范围的图形在有限窗口中的恰当显示，以方便于视窗的调整及用户的观察编辑等。

2.2.2 设置对象的捕捉模式

AutoCAD共提供了13种对象的捕捉模式，以“对话框”形式出现的对象捕捉模式为“自动捕捉”，如图2-17所示。在此对话框中一旦设置了某种捕捉模式后，系统将一直保持着这种捕捉模式，只到用户取消为止。自动对象捕捉主要有以下几种启动方式。

- 使用快捷键F3。
- 单击状态栏上的□按钮或对象捕捉按钮。
- 在如图2-17所示的“草图设置”对话框中勾选“启用对象捕捉”复选框。

按住Ctrl键或Shift键右击，可以打开如图2-18所示的捕捉菜单，此菜单中的各选项功能属于对象的临时捕捉功能。用户一旦激活了菜单栏上的某一捕捉功能之后，系统仅允许捕捉一次，用户需要重复捕捉对象特征点时，需要反复地执行临时捕捉功能。13种对象的捕捉模式如下。

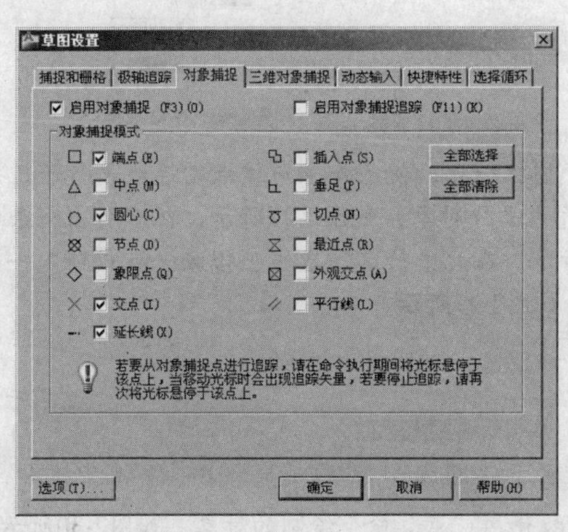

图2-17 “草图设置”对话框

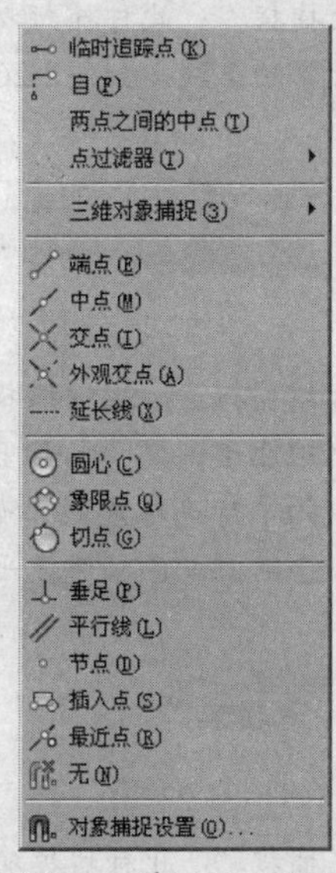

图2-18 临时捕捉菜单

- 端点捕捉：此种捕捉功能用于捕捉线、弧的两侧端点和矩形、多边形等的角点。在命令行“指定点:”提示下激活此功能，然后将光标放在对象上，系统会在距离光标最近处显示出矩形状的端点标记符号，如图2-19所示，此时单击即可捕捉到该对象的端点。
- 中点捕捉：此种捕捉功能用于捕捉线、弧等对象的中点。激活此功能后将光标放在对象上，系统会在对象中点处显示出中点标记符号，如图2-20所示，此时单击即可捕捉到对象的中点。
- 交点捕捉：此种捕捉功能用于捕捉对象之间的交点。激活此功能后，只需将光标放到对象的交点处，系统自动显示出交点标记符号，如图2-21所示，单击就可以捕捉到该交点。

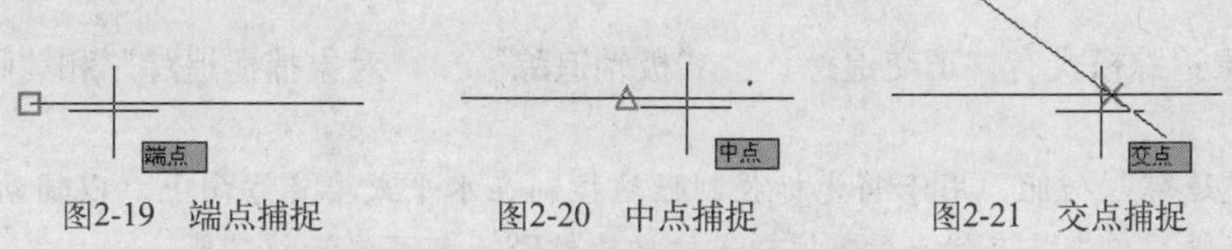

图2-19 端点捕捉　　图2-20 中点捕捉　　图2-21 交点捕捉

- 外观交点：此种捕捉功能用于捕捉三维空间中对象在当前坐标系平面内投影的交点，也可用于在二维制图中捕捉各对象的相交点或延伸交点。

- 延长线捕捉：此种捕捉功能主要用于捕捉线、弧等延长线上的点。激活此功能后，将光标放在对象的一端，然后沿着延长线方向移动光标，系统会自动在延长线位置引出一条追踪虚线，如图2-22所示，此时输入一个数值或单击，即可在对象延长线上捕捉点。
- 圆心捕捉：此种捕捉功能用于捕捉圆、弧等对象的圆心。激活此功能后，将光标放在圆、弧对象的边缘上或圆心处，系统会自动在圆心处显示出圆心标记符号，如图2-23所示，此时单击即可捕捉到圆心。

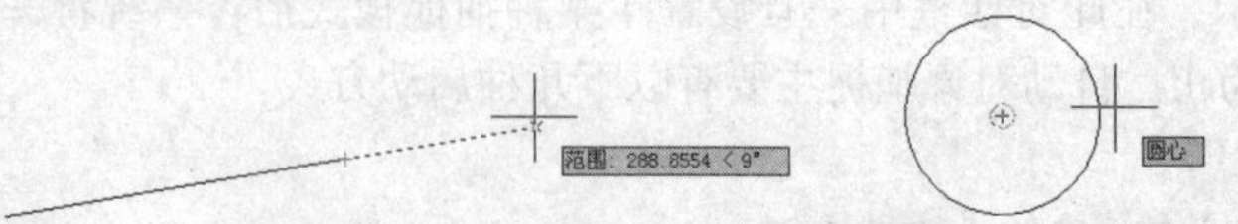

图2-22　延长线捕捉　　图2-23　圆心捕捉

- 象限点捕捉：此种捕捉功能用于捕捉圆、弧等的象限点，如图2-24所示。
- 切点捕捉：此种捕捉功能用于捕捉到圆弧、圆、椭圆、椭圆弧或样条曲线的切点，以绘制对象的切线，如图2-25所示。
- 垂足捕捉：此种捕捉功能用于捕捉到与圆、弧、直线、多段线等对象上的垂足点，以绘制对象的垂线，如图2-26所示。

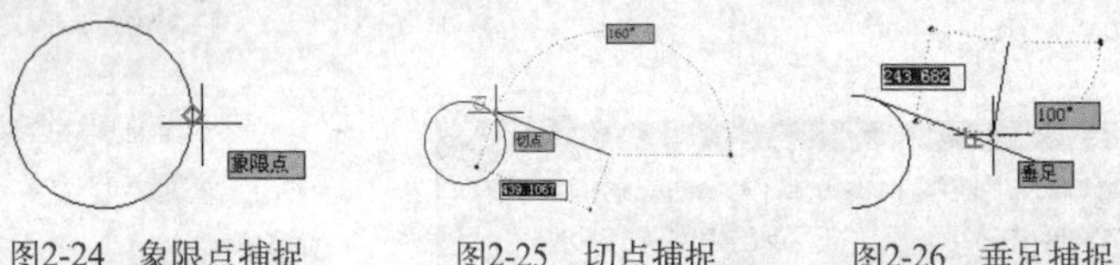

图2-24　象限点捕捉　　图2-25　切点捕捉　　图2-26　垂足捕捉

- 平行线捕捉：此种捕捉功能用于捕捉一点，使已知点与该点的连线平行于已知直线。激活此功能后，需要拾取已知对象作为平行对象，如图2-27所示，然后引出一条向两方无限延伸的平行追踪虚线，如图2-28所示。在此平行追踪虚线上拾取一点或输入一个距离值，即可绘制出与已知线段平行的线，如图2-29所示。

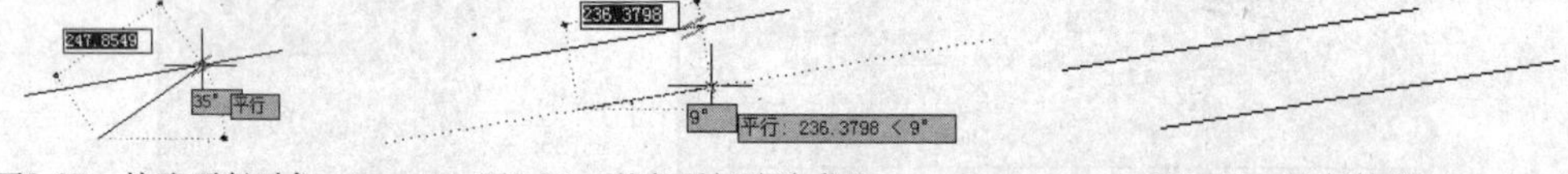

图2-27　拾取平行对象　　图2-28　引出平行追踪虚线　　图2-29　绘制结果

- 节点捕捉：此种捕捉功能用于捕捉使用“点”命令绘制的对象，如图2-30所示。
- 插入点捕捉：此种捕捉功能用来捕捉图块、参照、文字、属性或属性定义等的插入点。
- 最近点捕捉：此种捕捉功能用来捕捉光标距离图形对象上的最近点，如图2-31所示。

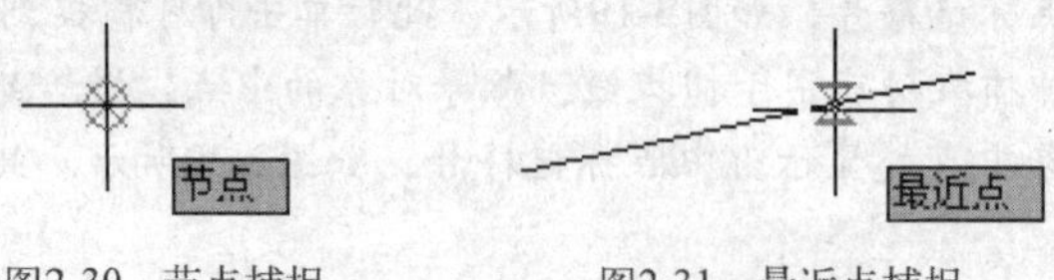

图2-30　节点捕捉　　图2-31　最近点捕捉

2.2.3 设置对象的追踪模式

常用的对象追踪模式有“正交追踪”、“极轴追踪”、“对象捕捉追踪”和“临时追踪点”4种，分别如下。

- “正交追踪”功能：用于将光标强制性地控制在水平或垂直方向上，以辅助绘制水平和垂直的线段。单击状态栏上的按钮或按功能键F8，都可激活该功能。
- “极轴追踪”功能：用于按照事先给定的极轴角及其倍数显示相应的方向追踪虚线，进行精确跟踪目标点。单击状态栏上的按钮，或按功能键F10，都可激活此功能。

另外，在如图2-32所示的“草图设置”对话框中勾选“启用极轴追踪”复选框，也可激活此功能，同时也可设置增量角。

- “对象捕捉追踪”功能：用于按照与对象的某种特定关系进行追踪，也就是控制光标沿着基于对象特征点的对象追踪虚线进行追踪。按F11键或单击状态栏上的按钮，都可激活此功能。

“对象捕捉追踪”功能只有在自动对象捕捉和对象捕捉追踪同时打开的情况下才可使用，而且只能追踪自动对象捕捉类型中设置的自动对象捕捉点。

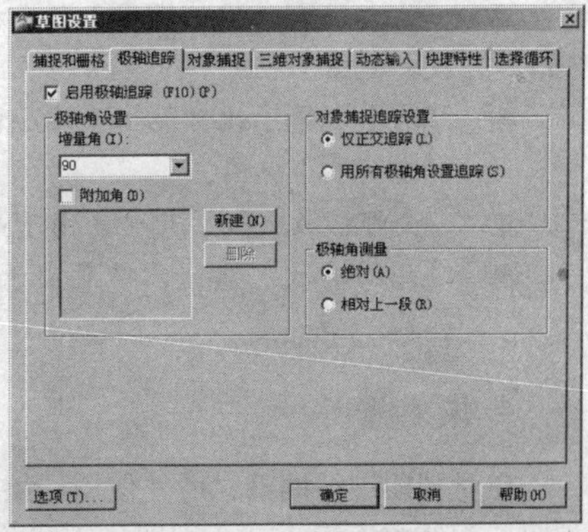

图2-32 “极轴追踪”选项卡

- “临时追踪点”功能：用于捕捉临时追踪点外的x轴方向、y轴方向上的点。单击工具栏上的按钮，或在命令行输入“_tt”，都可以激活此功能。

2.2.4 视图的实时控制功能

AutoCAD为用户提供了多种视图控制功能，用于方便、直观地控制视图，便于用户观察和编辑视图内的图形，常用调整功能如下。

1. 平移视图

由于屏幕窗口有限，有时图形并不能完全显示在屏幕窗口内，此时使用“实时平移”工具对视图进行适当的平移，就可以显示出屏幕外被遮挡住的图形。激活该工具后，光标变为形状，此时可以按住鼠标左键向需要的方向进行平移，而且在任何时候都可以按Enter键或Esc键结束命令。

2. 实时缩放

“实时缩放”是一个简捷实用的视图缩放工具，此工具可以实时地放大或缩小视图。激活该工具后，屏幕上将出现一个放大镜形状的光标，此时按住鼠标左键向下拖动鼠标，可缩小视图；向上拖动鼠标，则可放大视图。

3. 缩放视图

- “窗口缩放”：此功能用于缩放由两个角点定义的矩形窗口内的区域，使位于选择窗口内的图形尽可能被放大。
- “动态缩放”：此功能用于动态地缩放视图。激活该工具后，屏幕将临时切换到虚拟状态，同时出现三种视图框，其中“蓝色虚线框”代表图形界限视图框，用于显示图形界限和图形范围中较大的一个；“绿色虚线框”代表当前视图框，也就是在缩放视图之前的窗口区域；“选择视图框”是一个黑色的实线框，它有平移和缩放两种功能，缩放功能用于调整缩放区域，平移功能用于定位需要缩放的图形。
- “比例缩放”：此功能是按照指定的比例进行放大或缩小视图，在缩放过程中，视图的中心点保持不变。当在输入的比例数值后加X，表示相对于当前视图的缩放倍数；当直接输入比例数字，表示相对于图形界限的倍数；当在比例数字后加字母XP，表示根据图纸空间单位确定缩放比例。
- “中心缩放”：此功能用于根据指定的点作为新视图的中心点进行缩放视图。确定中心点后，AutoCAD要求用户输入放大系数或新视图的高度。如果在输入的数值后加一个X，则为放大倍数，否则AutoCAD将这一数值作为新视图的高度。
- “缩放对象”：此功能主要用于最大化显示所选择的图形对象。

- “放大”：此功能用于放大视图，单击一次，视图被放大一倍显示，连续单击，则连续放大视图。
- “缩小”：此功能用于缩小视图，单击一次，视图被缩小为二分之一显示，连续单击，则连续缩小视图。
- “全部缩放”：此功能用于最大化显示当前文件中的图形界限。
- “范围缩放”：此功能用于最大化显示视图内的所有图形，使其最大限度地充满整个屏幕。

4. 恢复视图

在对视图进行调整之后，使用“缩放上一个”工具，可以恢复显示到上一个视图。单击一次按钮，系统将返回上一个视图，连续单击，可以连续恢复视图。AutoCAD一般可恢复最近的10个视图。

2.2.5 坐标点的精确输入技能

AutoCAD软件支持点的坐标输入功能，用户可以使用此功能输入定位坐标点，具体内容如下。

1. 绝对点的坐标输入

“绝对点的坐标输入”是以坐标系原点（0,0）作为参考点定位其他的点，具体包括“绝对直角坐标输入”和“绝对极坐标输入”两种。

- “绝对直角坐标输入”表示某点分别沿x轴水平方向与y轴垂直方向偏移原点的距离，其表达式为（x,y），坐标值之间用逗号“,”隔开。
- “绝对极坐标输入”是以原点作为极点，通过相对于原点的极长和角度表示其他点，其表达式为（L<α）。其中极长L表示某点与当前坐标系原点的距离，角度α表示极长与坐标系x轴正方向的夹角。

2. 相对点的坐标输入

“相对点的坐标输入”是以任意点作为参考点定位其他的点，具体包括“相对直角坐标输入”和“相对极坐标输入”两种。

- “相对直角坐标输入”表示某点相对于参照点的x、y、z轴三个方向上的坐标差，其表达式为（@x,y,z），其中，符号“@”表示“相对于”。
- “相对极坐标输入”表示某点相对于参照点的极长距离和偏移角度，其表达式为（@L<α），其中L表示目标点与参照点之间的距离，α表示目标点与参照点连线与x轴正方向的夹角。

2.3 几何图形的绘制功能

本节主要讲述各类几何图元的绘制功能，具体有点、线、曲线、折线以及闭合图形等。

2.3.1 绘制点

1. 绘制点

“单点”命令用于绘制单个点对象。执行此命令后，单击或输入点的坐标，即可绘制单个点，然后系统会自动结束命令。执行“单点”命令主要有以下几种方式。

- 执行菜单栏中的“绘图”|“点”|“单点”命令。
- 在命令行输入Point或PO。

执行菜单栏中的“格式”|“点样式”命令，在打开的“点样式”对话框中可以选择点的样式，如图2-33所示，那么绘制的点就会以当前选择的点样式进行显示，如图2-34所示。

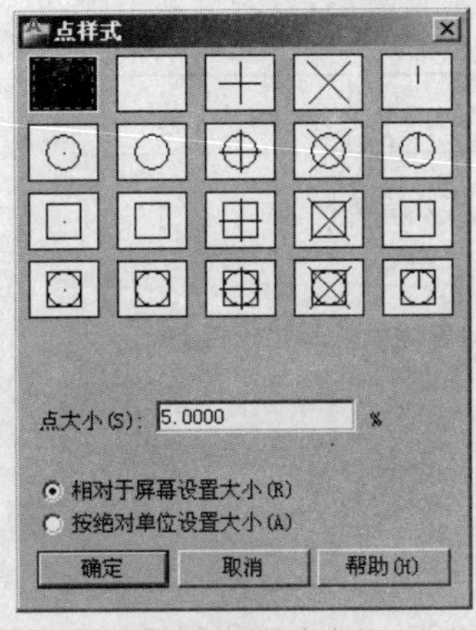

图2-33 设置点参数

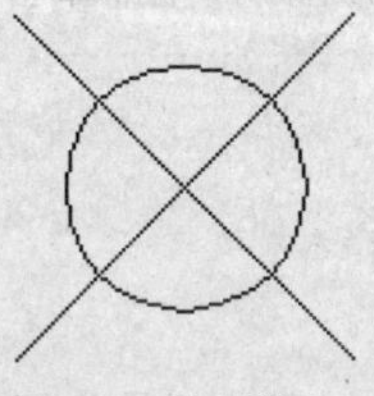

图2-34 绘制单点

“多点”命令可以连续地绘制多个点对象，直至按下Esc键为止。执行“多点”命令主要有以下几种方式。

- 执行菜单栏中的“绘图”|“点”|“多点”命令。
- 单击“绘图”工具栏上的按钮。

2. 绘制定数等分点

“定数等分”命令用于将图形按照指定的等分数目进行等分，并在等分点处放置点标记符号。执行“定数等分”命令主要有以下几种方式。

- 执行菜单栏中的“绘图”|“点”|“定数等分”命令。
- 在命令行输入Divide或DIV。

绘制长度为100的水平线段，然后执行“定数等分”命令对其等分，命令行操作如下。

```
命令: _divide
    选择要定数等分的对象:          //单击刚绘制的线段
    输入线段数目或 [块(B)]:        //5 Enter，等分结果如图2-35所示
```

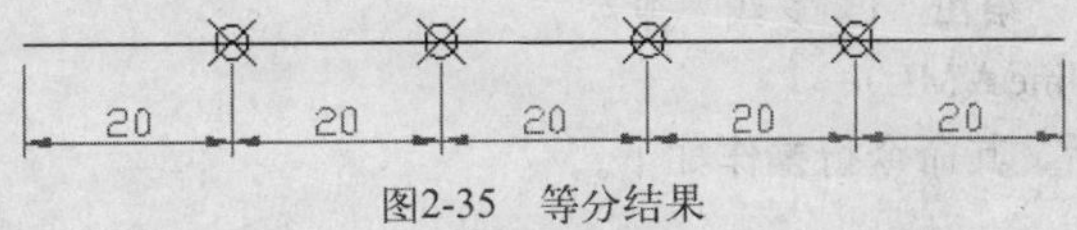

图2-35 等分结果

对象被等分以后，并没有在等分点处断开，而是在等分点处放置了点的标记符号。

3. 绘制定距等分点

“定距等分”命令用于将图形按照指定的等分间距进行等分，并在等分点处放置点标记符号。执行“定距等分”命令主要有以下几种方式。

- 执行菜单栏中的“绘图”|“点”|“定距等分”命令。
- 在命令行输入Measure或ME。

使用画线命令绘制长度为100的水平线段，然后执行“定距等分”命令将其等分，命令行操作如下。

```
命令: _measure
    选择要定距等分的对象:        //在绘制的线段左侧单击
    指定线段长度或 [块(B)]:      //25 Enter，等分结果如图2-36所示
```

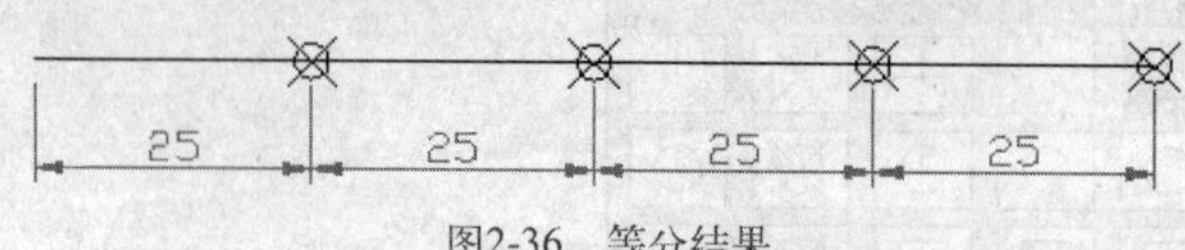

图2-36　等分结果

在选择等分对象时，鼠标单击的位置即是对象等分的起始位置。

01 Chapter
02 Chapter
03 Chapter
04 Chapter
05 Chapter
06 Chapter
07 Chapter
08 Chapter
09 Chapter
10 Chapter

2.3.2　绘制线

1. 绘制直线

“直线”命令是最简单、最常用的一个绘图工具，常用于绘制闭合或非闭合图线。执行此命令主要有以下几种方式。

- 执行菜单栏中的“绘图”|“直线”命令。
- 单击“绘图”工具栏上的按钮。
- 在命令行输入Line或L。

执行“直线”命令后，命令行操作如下。

```
命令: _line
    指定第一点:
    指定下一点或 [放弃(U)]:
    指定下一点或 [放弃(U)]:
    指定下一点或 [闭合(C)/放弃(U)]:
```

2. 绘制多线

“多线”命令用于绘制两条或两条以上的平行元素构成的复合线对象。执行“多线”命令主要有以下几种方式。

- 执行菜单栏中的“绘图”|“多线”命令。
- 在命令行输入Mline或ML。

执行“多线”命令后，其命令行操作如下。

```
命令: _mline
    当前设置: 对正 = 上，比例 = 20.00，样式 = STANDARD
    指定起点或 [对正(J)/比例(S)/样式(ST)]:        //S Enter，激活“比例”选项
```

“比例”选项用于设置多线的比例，即多线宽度。另外，如果用户输入的比例值为负值，这多条平行线的顺序会产生反转。

```
    输入多线比例 <20.00>:                       //40 Enter，设置多线比例
    当前设置: 对正 = 上，比例 = 50.00，样式 = STANDARD
    指定起点或 [对正(J)/比例(S)/样式(ST)]:        //在绘图区拾取一点作为起点
```

指定下一点: //@500,0 Enter

指定下一点或 [放弃(U)]: // Enter，绘制结果如图2-37所示

"对正"选项用于设置多线的对正方式，AutoCAD共提供了三种对正方式，即上对正、下对正和中心对正，如图2-38所示。

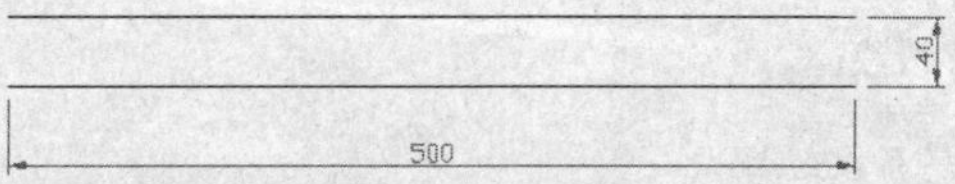

图2-37 绘制多线

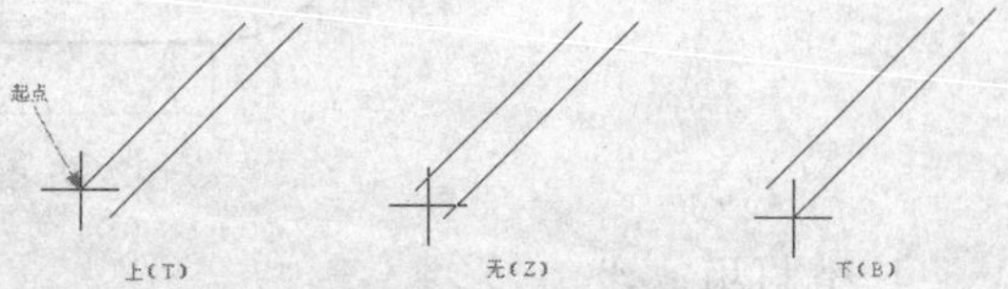

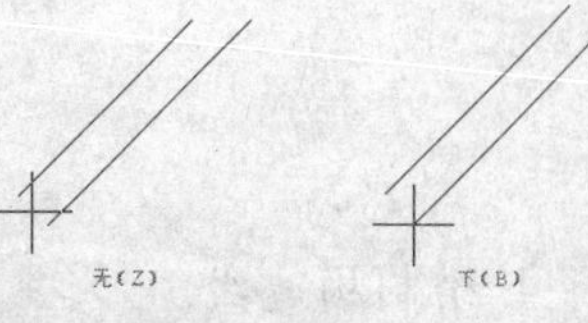

图2-38 三种对正方式

3. 绘制多段线

"多段线"命令用于绘制由直线段或弧线段组成的图形，无论包含有多少条直线段或弧线段，系统都将其作为一个独立对象。执行"多段线"命令主要有以下几种方式。

- 执行菜单栏中的"绘图"|"多段线"命令。
- 单击"绘图"工具栏上的按钮。
- 在命令行输入Pline或PL。

执行"多段线"命令后，其命令行操作如下。

命令: _pline

指定起点: //单击定位起点

当前线宽为 0.0000

指定下一个点或 [圆弧(A)/半宽(H)/长度(L)/放弃(U)/宽度(W)]: //W Enter

"长度"选项用于定义下一段多段线的长度，如果需要绘制闭合的多段线，可以使用"闭合"选项。

指定起点宽度 <0.0000>: //10 Enter，设置起点宽度

指定端点宽度 <10.0000>: // Enter，设置端点宽度

指定下一个点或 [圆弧(A)/半宽(H)/长度(L)/放弃(U)/宽度(W)]:

//@2000,0 Enter

"半宽"选项用于设置多段线的半宽，"宽度"选项用于设置多段线的起始宽度值，起始点的宽度值可以相同也可以不同。

指定下一点或 [圆弧(A)/闭合(C)/半宽(H)/长度(L)/放弃(U)/宽度(W)]: //A Enter

指定圆弧的端点或[角度(A)/圆心(CE)/闭合(CL)/方向(D)/半宽(H)/直线(L)/半径(R)/第二个点(S)/放弃(U)/宽度(W)]: //@0,-1200 Enter

指定圆弧的端点或[角度(A)/圆心(CE)/闭合(CL)/方向(D)/半宽(H)/直线(L)/半径(R)/第二个点(S)/放弃(U)/宽度(W)]: //L Enter，转入画线模式

指定下一点或 [圆弧(A)/闭合(C)/半宽(H)/长度(L)/放弃(U)/宽度(W)]: //@-2000,0 Enter

指定下一点或 [圆弧(A)/闭合(C)/半宽(H)/长度(L)/放弃(U)/宽度(W)]: //A Enter

指定圆弧的端点或[角度(A)/圆心(CE)/闭合(CL)/方向(D)/半宽(H)/直线(L)/半径(R)/第二个点(S)/放弃(U)/宽度(W)]: //CL Enter，闭合图形，绘制结果如图2-39所示

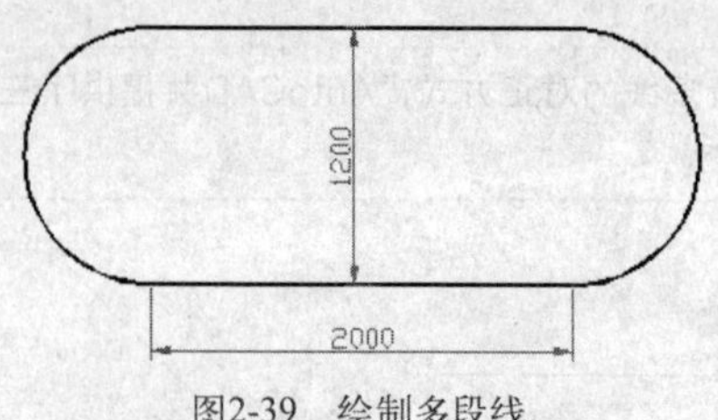

图2-39 绘制多段线

4. 绘制构造线

“构造线”命令用于绘制向两方无限延伸的直线。执行“构造线”命令主要有以下几种方式。

- 执行菜单栏中的“绘图”|“构造线”命令。
- 单击“绘图”工具栏上的按钮。
- 在命令行输入Xline或XL。

执行“构造线”命令后，其命令行操作如下。

```
命令: _xline
    指定点或 [水平(H)/垂直(V)/角度(A)/二等分(B)/偏移(O)]:    //在绘图区拾取一点
    指定通过点:                    //@1,0 Enter，绘制水平构造线
    指定通过点:                    //@0,1 Enter，绘制垂直构造线
    指定通过点:                    //@1<45 Enter，绘制45° 构造线
    指定通过点:                    // Enter，结束命令，绘制结果如图2-40所示
```

下面来介绍一下命令行中的各选项。

- “水平”选项：用于绘制水平构造线。激活该选项后，系统将定位出水平方向矢量，用户只需要指定通过点就可以绘制水平构造线。
- “垂直”选项：用于绘制垂直构造线。激活该选项后，系统将定位出垂直方向矢量，用户只需要指定通过点就可以绘制垂直构造线。
- “角度”选项：用于绘制具有一定角度的倾斜构造线。
- “二等分”选项：用于在角的二等分位置上绘制构造线，如图2-41所示。
- “偏移”选项：用于绘制与所选直线平行的构造线，如图2-42所示。

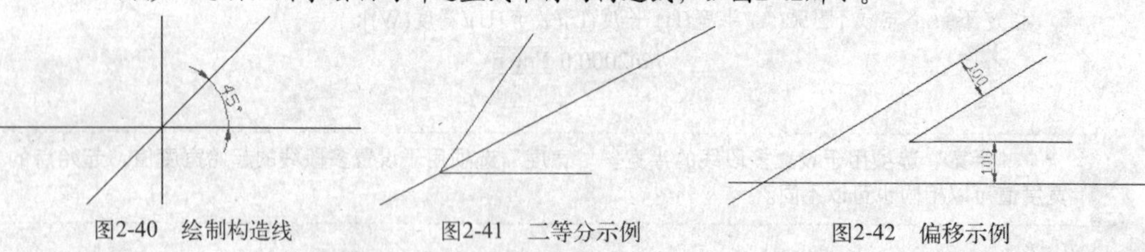

图2-40 绘制构造线　　图2-41 二等分示例　　图2-42 偏移示例

5. 绘制样条曲线

“样条曲线”命令用于绘制由某些数据点拟合而成的光滑曲线，选择“样条曲线”命令主要有以下几种方式。

- 执行菜单栏中的“绘图”|“样条曲线”命令。
- 单击“绘图”工具栏上的按钮。
- 在命令行输入Spline或SPL。

选择“样条曲线”命令，根据AutoCAD命令行的步骤提示绘制样条曲线，具体操作过程如下。

```
命令: _spline
    当前设置: 方式=拟合  节点=弦
    指定第一个点或 [方式(M)/节点(K)/对象(O)]:                    //捕捉点1
    输入下一个点或 [起点切向(T)/公差(L)]:                        //捕捉点2
    输入下一个点或 [端点相切(T)/公差(L)/放弃(U)/闭合(C)]:        //捕捉点3
    输入下一个点或 [端点相切(T)/公差(L)/放弃(U)/闭合(C)]:        //捕捉点4
    输入下一个点或 [端点相切(T)/公差(L)/放弃(U)/闭合(C)]:        // Enter, 结果如图2-43所示
```

下面来讲解一下命令行中的各个选项。

- "节点"选项：用于指定节点的参数化，以影响曲线通过拟合点时的形状。
- "对象"选项：用于把样条曲线拟合的多段线转变为样条曲线。
- "闭合"选项：用于绘制闭合的样条曲线。
- "公差"选项：用于控制样条曲线对数据点的接近程度。
- "方式"选项：用于设置样条曲线的创建方式，即使用拟合点或使用控制点，两种方式下样条曲线的夹点示例如图2-44所示。

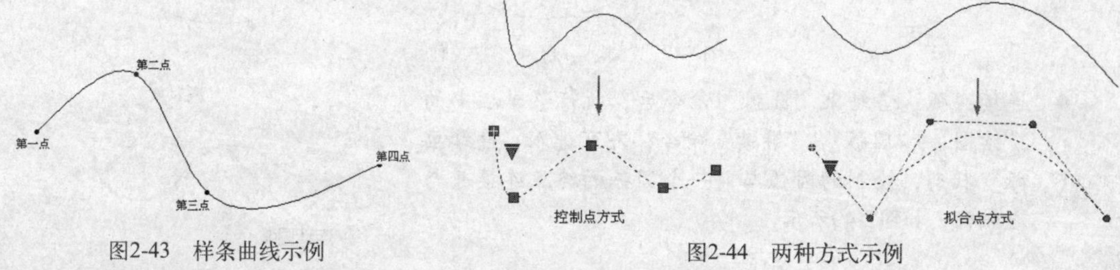

图2-43 样条曲线示例　　图2-44 两种方式示例

6. 绘制圆弧

"圆弧"命令是用于绘制弧形曲线的工具，AutoCAD共提供了11种画弧功能，如图2-45所示。执行此命令主要有以下几种方式。

- 执行菜单栏"绘图"|"圆弧"级联菜单中的各命令。
- 单击"绘图"工具栏上的按钮。
- 在命令行输入Arc或A。

默认设置下的画弧方式为"三点画弧"，用户只需指定三个点，即可绘制圆弧。除此之外，其他10种画弧方式可以归纳为以下4类，具体内容如下。

- "起点、圆心"画弧方式分为"起点、圆心、端点"、"起点、圆心、角度"和"起点、圆心、长度"三种，如图2-46所示。当用户指定了弧的起点和圆心后，只需定位弧端点或角度、长度等，即可精确画弧。

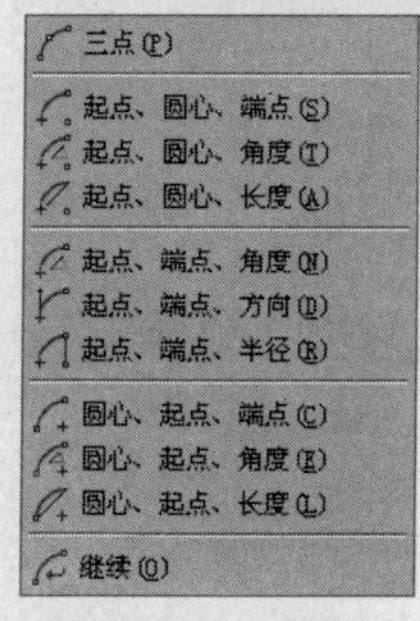

图2-45 11种画弧方式

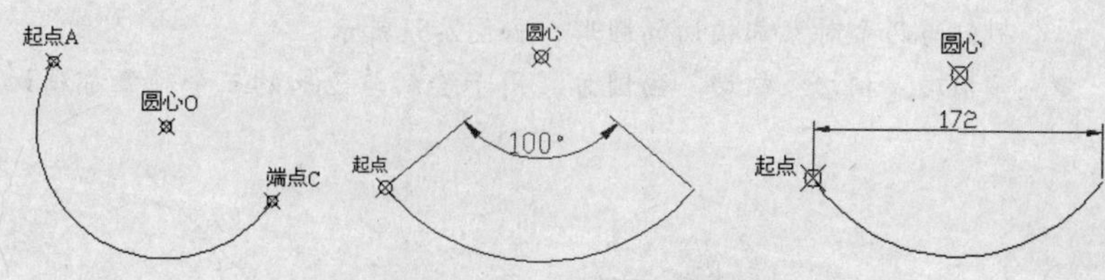

图2-46 "起点、圆心"方式画弧

- "起点、端点"画弧方式分为"起点、端点、角度"、"起点、端点、方向"和"起点、端点、半径"三种，如图2-47所示。当用户指定了圆弧的起点和端点后，只需定位出弧的

角度、切向或半径，即可精确画弧。

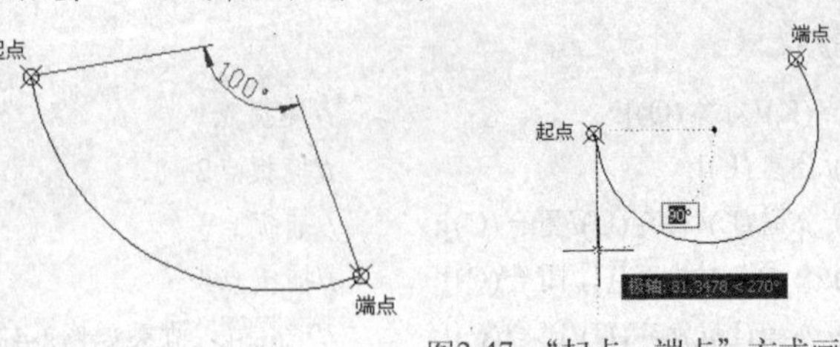

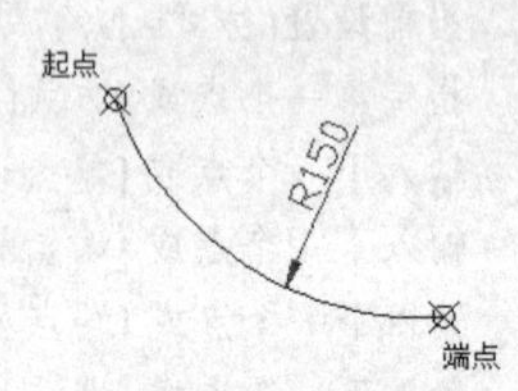

图2-47 “起点、端点”方式画弧

- “圆心、起点”画弧方式分为“圆心、起点、端点”、“圆心、起点、角度”和“圆心、起点、长度”三种，如图2-48所示。当指定了弧的圆心和起点后，只需定位出弧的端点、角度或长度，即可精确画弧。

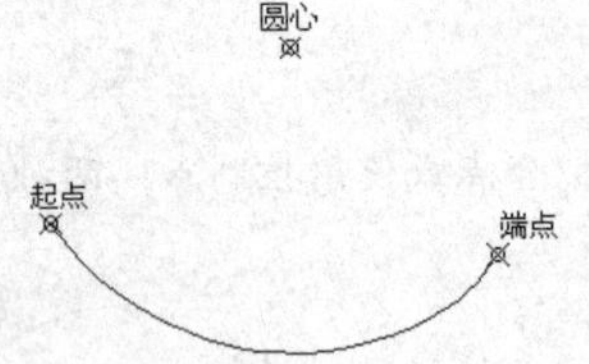

图2-48 “圆心、起点”方式画弧

- 连续画弧。当结束“圆弧”命令后，执行菜单栏中的“绘图”|“圆弧”|“继续”命令，即可进入“连续画弧”状态，绘制的圆弧与前一个圆弧的终点连接并与之相切，如图2-49所示。

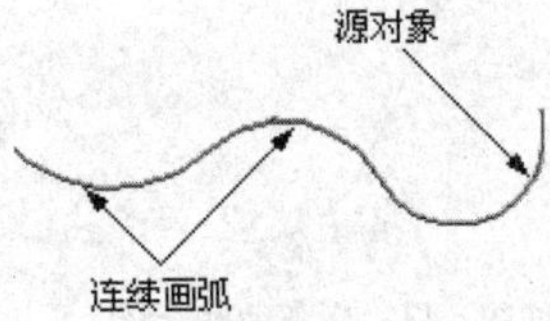

源对象

连续画弧

图2-49 连续画弧方式

2.3.3 绘制闭合图形

1.“圆”命令

AutoCAD为用户提供了6种画圆命令，如图2-50所示，执行这些命令一般有以下几种方式。

- 执行菜单栏“绘图”|“圆”级联菜单中的各种命令。
- 单击“绘图”工具栏上的⊙按钮。
- 在命令行输入Circle或C。

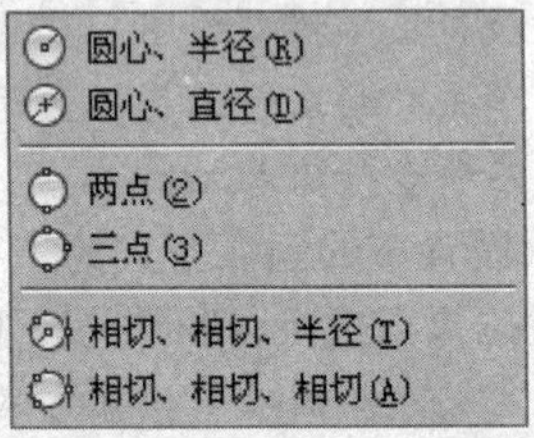

圆心、半径(R)
圆心、直径(D)
两点(2)
三点(3)
相切、相切、半径(T)
相切、相切、相切(A)

图2-50 6种画圆方式

各种画圆方式如下。

- “圆心、半径”画圆方式为系统默认方式，当用户指定圆心后，直接输入圆的半径，即可精确画圆。
- “圆心、直径”画圆方式用于输入圆的直径，以精确画圆。
- “两点”画圆方式用于指定圆直径的两个端点，以精确画圆。
- “三点”画圆方式用于指定圆周上的任意三个点，以精确画圆。
- “相切、相切、半径”画圆方式用于通过拾取两个相切对象，然后输入圆的半径，即可绘制出与两个对象都相切的圆形，如图2-51所示。
- “相切、相切、相切”画圆方式用于绘制与已知的三个对象都相切的圆，如图2-52所示。

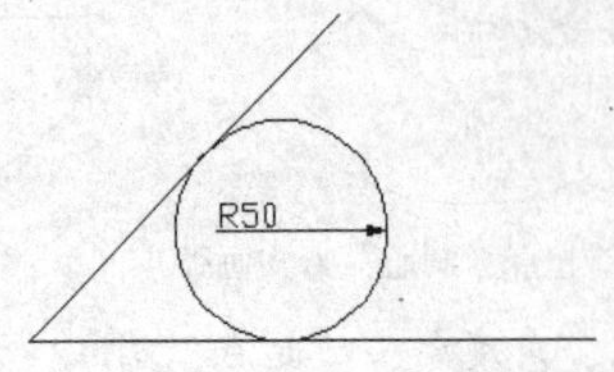

图2-51 “相切、相切、半径”画圆

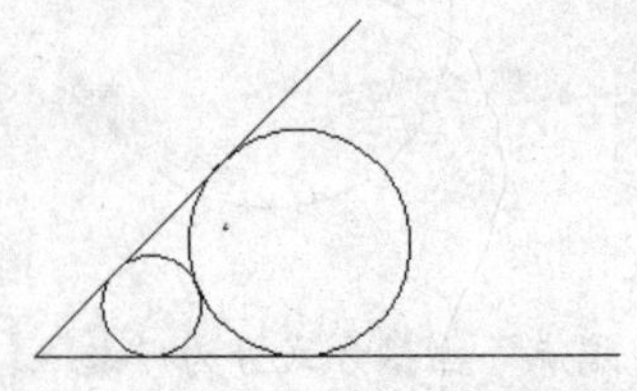

图2-52 “相切、相切、相切”画圆

2.“椭圆”命令

“椭圆”命令用于绘制由两条不等的轴所控制的闭合曲线，它具有中心点、长轴和短轴等几何特征。执行此命令主要有以下几种方式。

- 执行菜单栏中的“绘图”|“椭圆”命令，如图2-53所示。
- 单击“绘图”工具栏上的按钮。
- 在命令行输入Ellipse或EL。

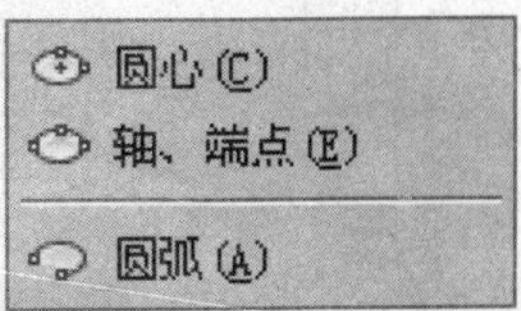

图2-53 椭圆子菜单

下面通过绘制长度为150、短轴为60的椭圆，学习使用“椭圆”命令，命令行操作如下。

```
命令: _ellipse
    指定椭圆轴的端点或 [圆弧(A)/中心点(C)]:        //拾取一点，定位椭圆轴的一个端点
    指定轴的另一个端点:                            //@150,0 Enter
    指定另一条半轴长度或 [旋转(R)]:                //30 Enter，绘制结果如图2-54所示
```

另外一种画椭圆的方式为“中心点”方式，此种方式需要首先定位椭圆中心，然后再指定椭圆轴的一个端点和椭圆另一半轴的长度，命令行操作如下。

```
命令: _ellipse
    指定椭圆轴的端点或 [圆弧(A)/中心点(C)]:        //C Enter
    指定椭圆的中心点:                              //捕捉大椭圆的圆心
    指定轴的端点:                                  //@0,30 Enter
    指定另一条半轴长度或 [旋转(R)]:                //20 Enter，绘制结果如图2-55所示
```

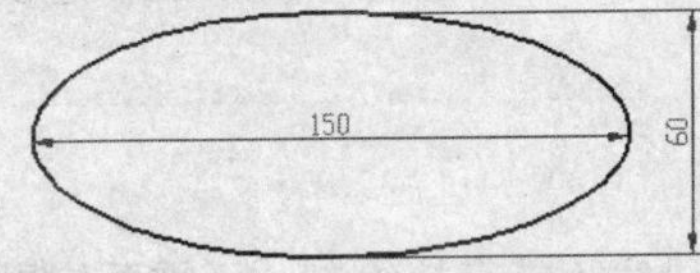

图2-54 绘制椭圆

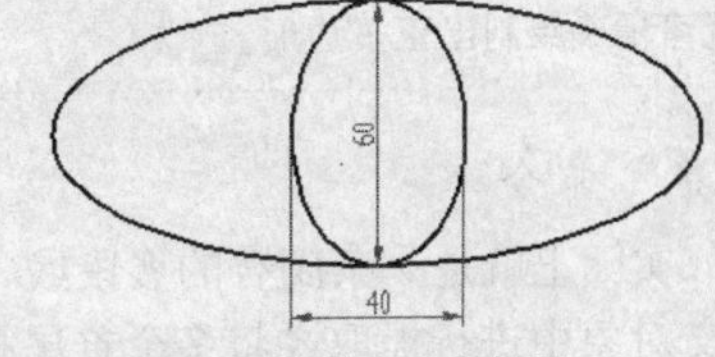

图2-55 绘制内部椭圆

3.“矩形”命令

“矩形”命令用于创建4条直线围成的闭合图形，执行此命令主要有以下几种方式。

- 执行菜单栏中的“绘图”|“矩形”命令。
- 单击“绘图”工具栏上的按钮。
- 在命令行输入Rectang或REC。

默认设置下，画矩形的方式为“对角点”方式，用户只需定位出矩形的两个对角点，即可精确绘制矩形，命令行操作如下。

```
命令: _rectang
    指定第一个角点或 [倒角(C)/标高(E)/圆角(F)/厚度(T)/宽度(W)]: //拾取一点
    指定另一个角点或 [面积(A)/尺寸(D)/旋转(R)]:          //@200,100 Enter，结果如图2-56所示
```

下面来介绍命令行中各选项的含义。

- “倒角”选项：用于绘制具有一定倒角的特征矩形，如图2-57所示。
- “圆角”选项：用于绘制圆角矩形，如图2-58所示。在绘制圆角矩形之前，需要事先设置好圆角半径。
- “厚度”和“宽度”选项：用于设置矩形各边的厚度和宽度，以绘制具有一定厚度和宽度的矩形。

- “标高”选项：用于设置矩形在三维空间内的基面高度，即距离当前坐标系的xoy坐标平面的高度。

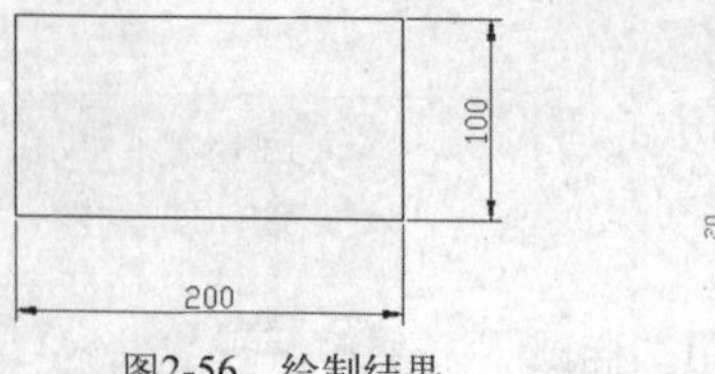

图2-56　绘制结果

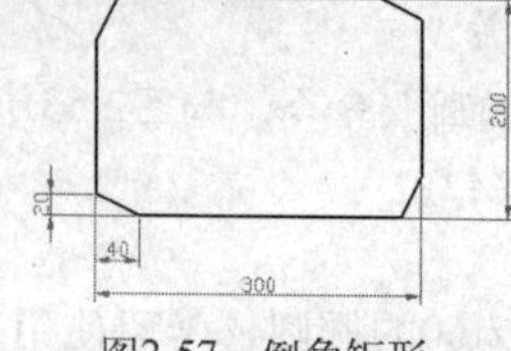

图2-57　倒角矩形

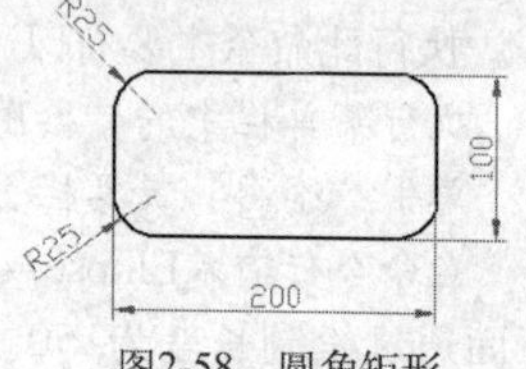

图2-58　圆角矩形

4.“正多边形”命令

“正多边形”命令用于绘制等边、等角的封闭几何图形。执行此命令主要有以下几种方式。

- 执行菜单栏中的“绘图”|“正多边形”命令。
- 单击“绘图”工具栏上的按钮。
- 在命令行输入Polygon或POL。

执行“正多边形”命令后，命令行操作如下。

```
命令: _polygon
    输入边的数目 <4>:                              //5 Enter，设置正多边形的边数
    指定正多边形的中心点或 [边(E)]:                //拾取一点作为中心点
    输入选项 [内接于圆(I)/外切于圆(C)] <I>:        //I Enter，激活“内接于圆”选项
    指定圆的半径:                                  //100 Enter，绘制结果如图2-59所示
```

当确定了正多边形的边数和中心点之后，使用“外切于圆”选项只需输入正多边形内切圆的半径，就可精确绘制出正多边形。

5.“边界”命令

“边界”实际上就是一条闭合的多段线，此种多段线不能直接绘制，而需要使用“边界”命令从多个相交对象中进行提取或将多个首尾相连的对象转换成边界。执行“边界”命令主要有以下几种方式。

- 执行菜单栏中的“绘图”|“边界”命令。
- 在命令行Boundary或BO。

下面通过从多个对象中提取边界，学习“边界”命令的使用方法，操作步骤如下。

Step 01 根据图示尺寸，绘制如图2-60所示的矩形和圆。

Step 02 执行“边界”命令，打开如图2-61所示的“边界创建”对话框。

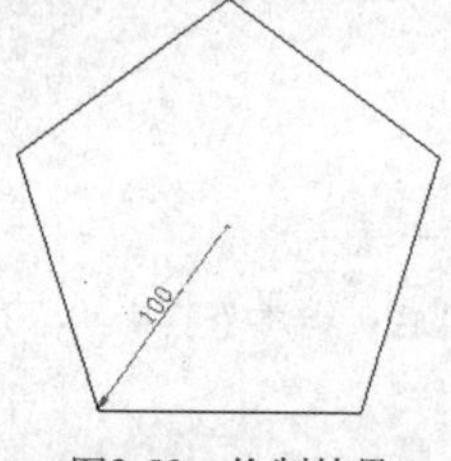

图2-59　绘制结果

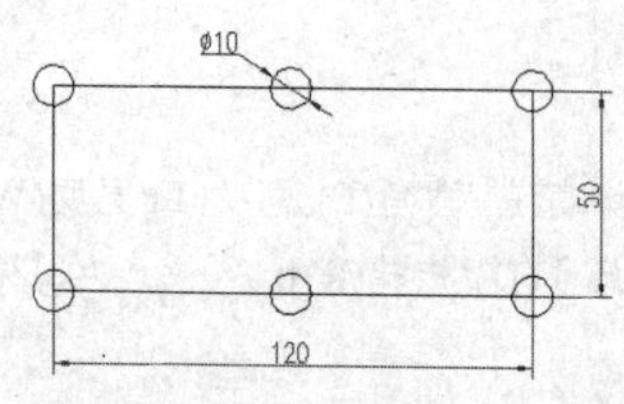

图2-60　绘制结果

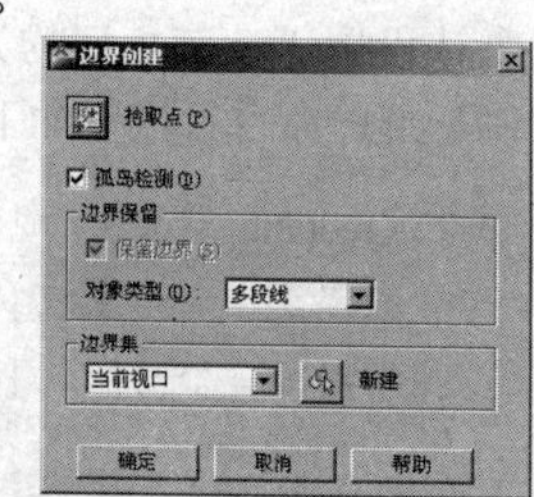

图2-61　“边界创建”对话框

Step 03 采用默认设置，单击左上角的“拾取点”按钮，返回绘图区在矩形内部拾取一点，此时系统自动分析出一个闭合的虚线边界，如图2-62所示。

Step 04 继续在命令行“拾取内部点:”提示下，按Enter键，结束命令，结果创建出一个闭合的多段线边界。

Step 05 使用命令简写M激活“移动”命令，选择刚创建的闭合边界，将其外移，结果如图2-63所示。

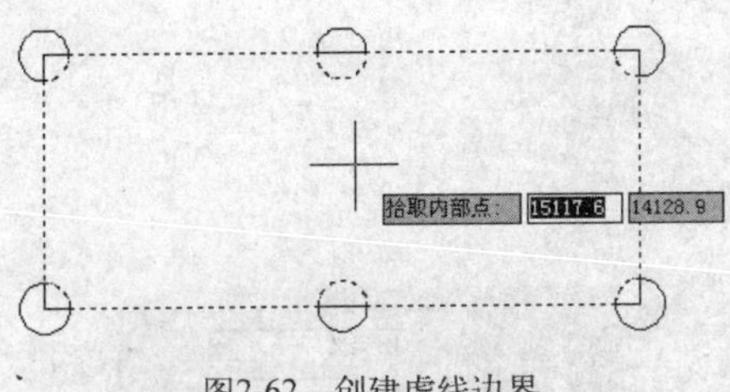

图2-62 创建虚线边界

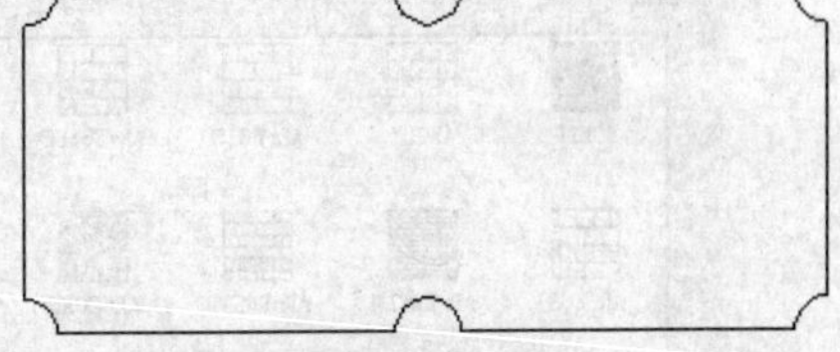

图2-63 移出边界

2.3.4 绘制图案填充

“图案”是由各种图线进行不同的排列组合而构成的一种图形元素，此类元素作为一个独立的整体被填充到各种封闭的区域内，以表达各自的图形信息，如图2-64所示。执行“图案填充”命令主要有以下几种方式。

- 执行菜单栏中的“绘图”|“图案填充”命令。
- 单击“绘图”工具栏上的▦按钮。
- 在命令行输入Bhatch或H或BH。

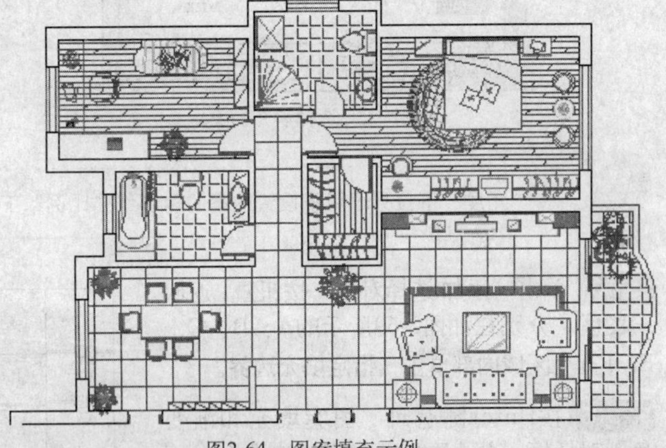

图2-64 图案填充示例

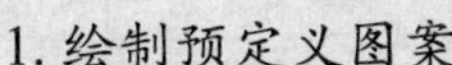

1. 绘制预定义图案

执行“图案填充”命令后，可打开如图2-65所示的“图案填充和渐变色”对话框，在此对话框中，AutoCAD共为用户提供了“预定义图案”和“用户定义图案”两种现有图案，下面学习预定义图案的具体填充过程。

Step 01 打开随书光盘中的文件“图块文件”\“填充图案示例.dwg”，如图2-66所示。

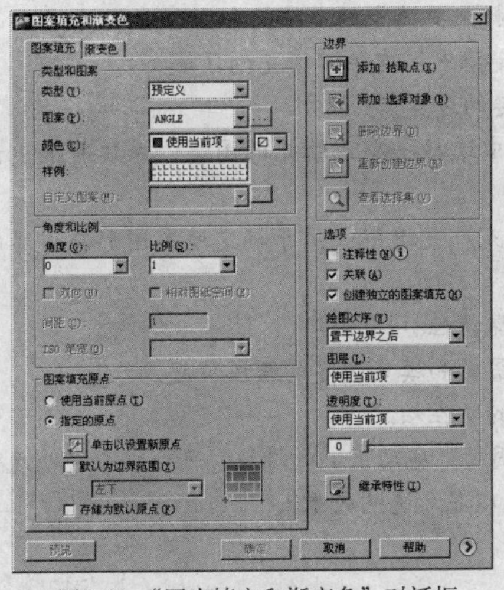

图2-65 “图案填充和渐变色”对话框

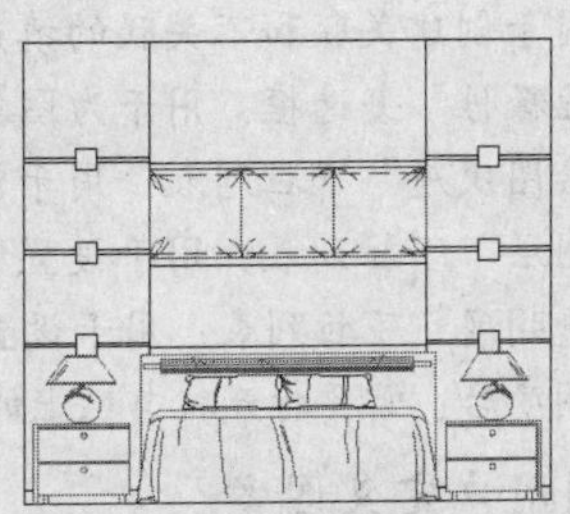

图2-66 打开结果

Step 02 执行“图案填充”命令，打开“图案填充和渐变色”对话框，单击“样例”文本框中的图案，或单击“图案”列表右端的按钮▭，打开“填充图案选项板”对话框，选择如图2-67所示的填充图案。

Step 03 返回“图案填充和渐变色”对话框，设置填充比例为2、填充角度为0，如图2-68所示。

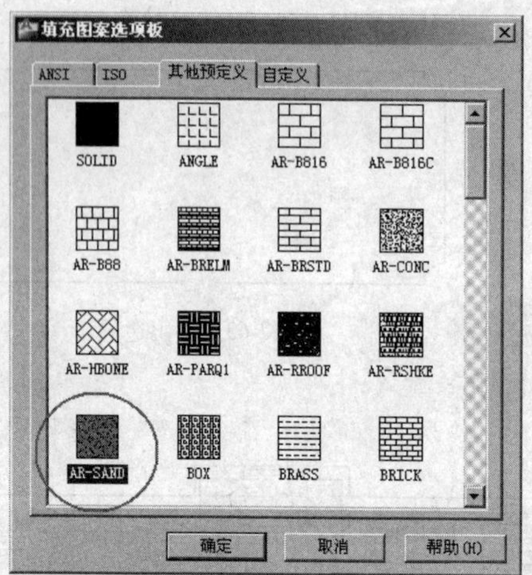

图2-67 选择填充图案

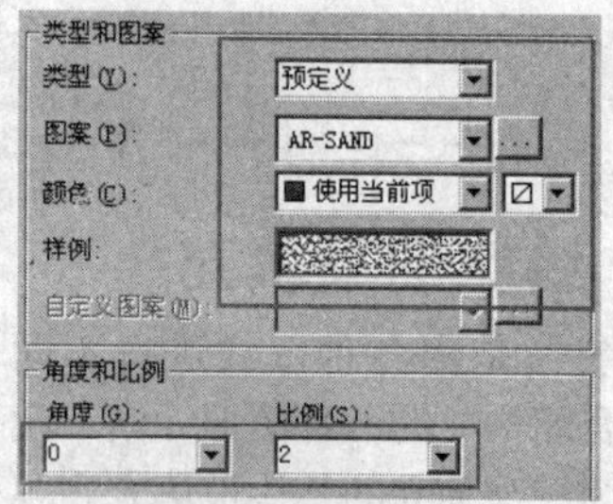

图2-68 设置填充参数

“角度”下拉列表用于设置图案的角度；“比例”下拉列表用于设置图案的填充比例。

Step 04 单击“添加:选择对象”按钮，返回绘图区，分别在如图2-69所示的A、B、C、E、F五个区域内部单击，指定填充边界。

Step 05 按Enter键返回“图案填充和渐变色”对话框，单击确定按钮结束命令，填充结果如图2-70所示。

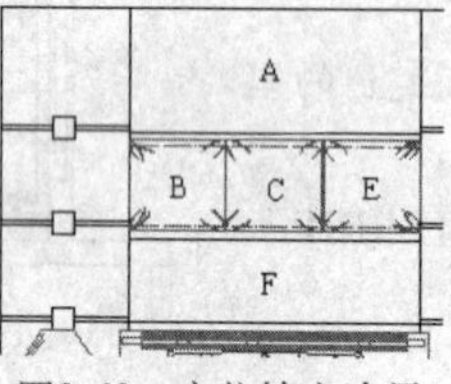

图2-69 定位填充边界

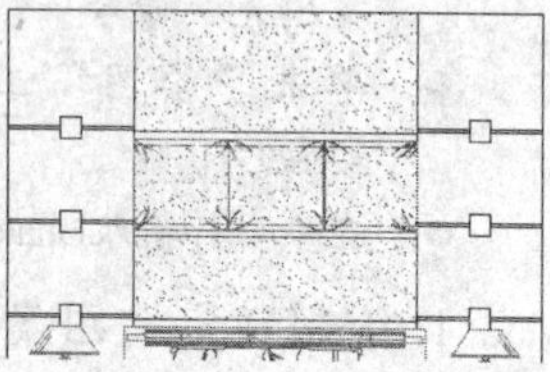

图2-70 填充结果

在该对话框中包括如下选项。

- “添加:拾取点”按钮：用于在填充区域内部拾取任意一点，AutoCAD将自动搜索到包含该内点的区域边界，并以虚线显示边界。
- “添加:选择对象”按钮：用于直接选择需要填充的单个闭合图形。
- “删除边界”按钮：用于删除位于选定填充区内但不填充的区域。
- “查看选择集”按钮：用于查看所确定的边界。
- “继承特性”按钮：用于在当前图形中选择一个已填充的图案，系统将继承该图案类型的一切属性，并将其设置为当前图案。
- “关联”复选框与“创建独立的图案填充”复选框：用于确定填充图形与边界的关系，分别用于创建关联和不关联的填充图案。
- “注释性”复选框：用于为图案添加注释特性。
- “绘图次序”下拉列表：用于设置填充图案和填充边界的绘图次序。
- “图层”下拉列表：用于设置填充图案的所在层。
- “透明度”下拉列表：用于设置图案透明度，拖动下侧的滑块，可以调整透明度值。当指定透明度后，需要打开状态栏上的按钮，以显示透明效果。

2. 绘制用户定义图案

下面通过为卧室立面墙填充墙面装饰线条图案，学习用户定义图案的填充过程，具体操作步骤如下。

Step 01 在“图案填充和渐变色”对话框中展开“类型”下拉列表，选择“用户定义”图案类型，然后设置填充比例等参数如图2-71所示。

Step 02 单击“添加:选择对象”按钮，返回绘图区指定填充边界，填充如图2-72所示的图案。

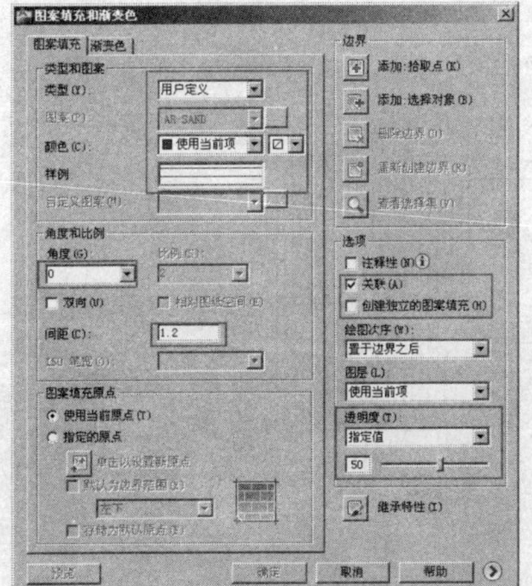

图2-71 设置填充图案和参数

如果在“图案填充和渐变色”对话框中勾选了“双向”复选框，系统则为边界填充双向图案，如图2-73所示。

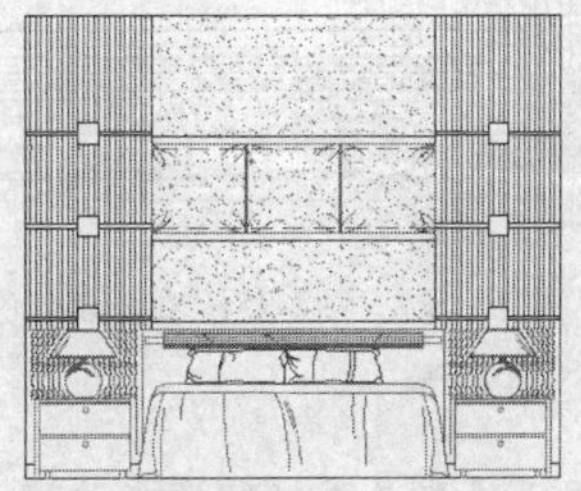

图2-72 填充结果

图2-73 双向填充示例

“图案填充”选项卡用于设置填充图案的类型、样式、填充角度及填充比例等，各常用选项如下。

- “类型”下拉列表内包含“预定义”、“用户定义”和“自定义”三种类型。“预定义”只适用于封闭的填充边界；“用户定义”可以使用当前线型创建填充图样；“自定义”图样是使用自定义的PAT文件中的图样进行填充。
- “图案”下拉列表用于显示预定义类型的填充图案名称，用户可从其中选择所需的图案。
- “相对于图纸空间”复选框仅用于布局选项卡，它是相对图纸空间单位进行图案的填充。运用此选项，可以根据适合于布局的比例显示填充图案。
- “间距”文本框可设置用户定义填充图案的直线间距，只有激活了“类型”下拉列表中的“用户定义”选项，此选项才可用。
- “双向”复选框仅适用于用户定义图案，勾选该复选框，将增加一组与原图线垂直的线。
- “ISO笔宽”选项决定运用ISO剖面线图案的线与线之间的间隔，它只在选择ISO线型图案时才可用。

3. 绘制渐变色图案

下面通过为灯罩和灯座填充渐变色，主要学习渐变色图案的填充过程，操作步骤如下。

Step 01 展开“渐变色”选项卡，然后选择“双色”单选按钮。

Step 02 将“颜色1”设置为211号色；将“颜色2”设置为黄色，然后设置渐变方式等，如图2-74所示。

Step 03 单击“添加:选择对象”按钮，返回绘图区指定填充边界，填充如图2-75所示的渐变色。

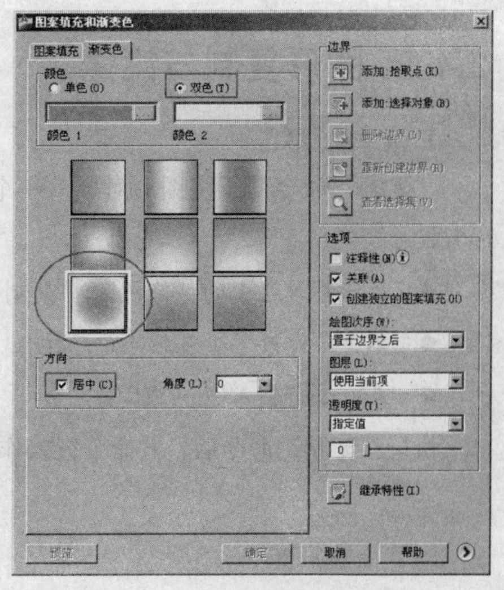

图2-74 设置渐变色

在“渐变色”选项卡中包括如下选项。

- “单色”单选按钮用于以一种渐变色进行填充；显示框用于显示当前的填充颜色，双击该颜色框或单击其右侧的按钮，可以打开“选择颜色”对话框，用户可根据需要选择所需的颜色。

- “暗——明”滑动条：拖动滑块可以调整填充颜色的明暗度，如果用户激活“双色”单选按钮，此滑动条自动转换为颜色显示框。
- “双色”单选按钮：用于以两种颜色的渐变色作为填充色。
- “角度”选项：用于设置渐变填充的倾斜角度。

图2-75　填充渐变色

4. 孤岛检测与其他

- “边界保留”选项：用于设置是否保留填充边界。默认为不保留填充边界。
- “允许间隙”选项：用于设置填充边界的允许间隙值，处在间隙值范围内的非封闭区域也可填充图案。
- “继承选项”选项组：用于设置图案填充的原点，即使用当前原点还是使用源图案填充的原点。
- “孤岛显示样式”选项组：提供了“普通”、“外部”和“忽略”三种方式，如图2-76所示。其中“普通”方式是从最外层的外边界向内边界填充，第一层填充，第二层不填充，如此交替进行；“外部”方式只填充从最外边界向内第一边界之间的区域；“忽略”方式忽略最外层边界以内的其他任何边界，以最外层边界向内填充全部图形。

图2-76　孤岛填充样式

2.4 图形的多重复制技能

本节主要学习多重图形结构的快速创建功能，具体有“复制”、“镜像”、“偏移”、“阵列”以及夹点编辑等。

2.4.1 图形复制与镜像

1. 复制图形

“复制”命令用于将图形对象从一个位置复制到其他位置。执行“复制”命令主要有以下几种方式。

- 执行菜单栏中的“修改”|“复制”命令。
- 单击“修改”工具栏上的按钮。
- 在命令行输入Copy或CO。

执行“复制”命令后，其命令行操作如下。

```
命令: _copy
    选择对象:                    //选择内部的小圆
    选择对象:                    //Enter，结束选择
```

```
当前设置: 复制模式 = 多个
指定基点或 [位移(D)/模式(O)] <位移>:                //捕捉圆心作为基点
指定第二个点或 <使用第一个点作为位移>:             //捕捉圆上象限点
指定第二个点或 [退出(E)/放弃(U)] <退出>:           //捕捉圆下象限点
指定第二个点或 [退出(E)/放弃(U)] <退出>:           //捕捉圆左象限点
指定第二个点或 [退出(E)/放弃(U)] <退出>:           //捕捉圆右象限点
指定第二个点或 [退出(E)/放弃(U)] <退出>:           // Enter，复制结果如图2-77所示
```

2. 镜像图形

“镜像”命令用于将图形沿着指定的两点进行对称复制，源对象可以保留，也可以删除。执行“镜像”命令主要有以下几种方式。

- 执行菜单栏中的“修改”|“镜像”命令。
- 单击“修改”工具栏上的按钮。
- 在命令行输入Mirror或MI。

执行“镜像”命令后，其命令行操作如下。

```
命令: _mirror
    选择对象:                                   //选择单开门图形
    选择对象:                                   // Enter，结束选择
    指定镜像线的第一点:                         //捕捉弧线的下端点
    指定镜像线的第二点:                         //@0,1 Enter
    要删除源对象吗? [是(Y)/否(N)] <N>:          // Enter，镜像结果如图2-78所示
```

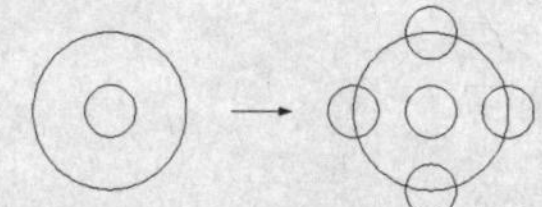

图2-77 复制结果

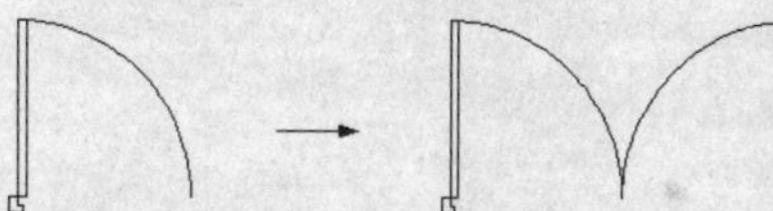

图2-78 镜像结果

2.4.2 距离偏移与定点偏移

1. 距离偏移

“偏移”命令用于将图形按照指定的距离或目标点进行偏移复制。执行“偏移”命令主要有以下几种方式。

- 执行菜单栏中的“修改”|“偏移”命令。
- 单击“修改”工具栏上的按钮。
- 在命令行输入Offset或O。

绘制半径为30的圆和长度为130的直线段，然后执行“偏移”命令对其距离偏移，命令行操作如下。

```
命令: _offset
    当前设置: 删除源=否  图层=源  OFFSETGAPTYPE=0
    指定偏移距离或 [通过(T)/删除(E)/图层(L)] <10.0000>:              //20 Enter，设置偏移距离
    选择要偏移的对象，或 [退出(E)/放弃(U)] <退出>:                    //单击圆形作为偏移对象
    指定要偏移的那一侧上的点，或 [退出(E)/多个(M)/放弃(U)] <退出>:  //在圆的外侧拾取一点
```

选择要偏移的对象，或 [退出(E)/放弃(U)] <退出>: //单击直线作为偏移对象
指定要偏移的那一侧上的点，或 [退出(E)/多个(M)/放弃(U)] <退出>: //在直线上侧拾取一点
选择要偏移的对象，或 [退出(E)/放弃(U)] <退出>: // Enter，结果如图2-79所示

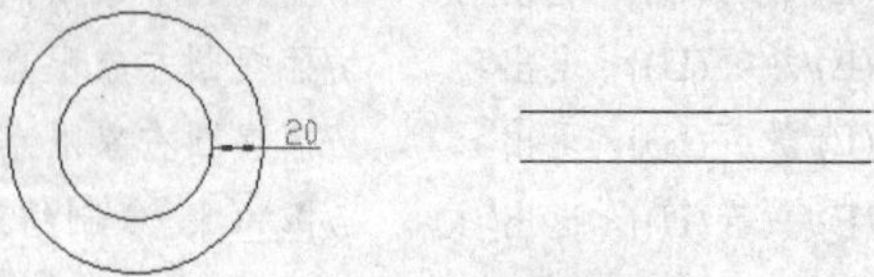

图2-79 偏移结果

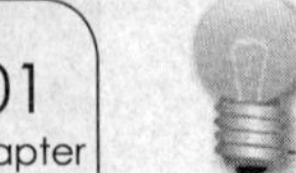

"删除"选项用于将源偏移对象删除；"图层"选项用于设置偏移后的对象所在图层。

2. 定点偏移

使用命令中的"通过"选项，可以指定偏移后目标对象的通过点偏移源对象。下面学习此种功能。

Step 01 首先随意绘制一个圆与一条直线，如图2-80所示。

Step 02 执行"偏移"命令，对圆进行偏移，使偏移出的圆通过直线的左端点，命令行操作如下。

命令: _offset
当前设置: 删除源=否 图层=源 OFFSETGAPTYPE=0
指定偏移距离或 [通过(T)/删除(E)/图层(L)] <通过>: //T Enter
选择要偏移的对象，或 [退出(E)/放弃(U)] <退出>: //选择圆
指定通过点或 [退出(E)/多个(M)/放弃(U)] <退出>: //捕捉直线的左端点
选择要偏移的对象，或 [退出(E)/放弃(U)] <退出>: // Enter，偏移结果如图2-81所示

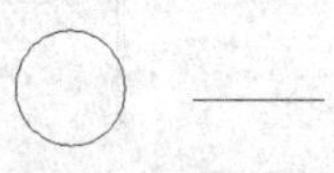

图2-80 绘制结果

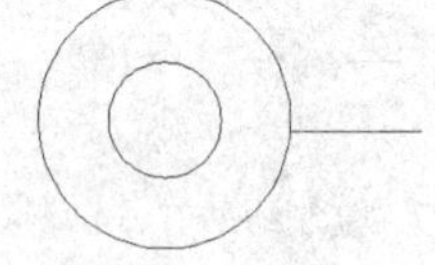

图2-81 偏移结果

2.4.3 矩形阵列与环形阵列

"阵列"命令用于创建有规则的复合图形结构，执行"阵列"命令主要以下几种方式。

- 执行菜单栏中的"修改"|"阵列"命令。
- 单击"修改"工具栏上的按钮。
- 在命令行输入Array或AR。

1. 矩形阵列

"矩形阵列"用于将图形按照指定的行数和列数，成矩形的排列方式进行大规模复制，矩形阵列操作过程如下。

Step 01 绘制长为100、宽为50的矩形，并打开如图2-82所示的"阵列"对话框。

Step 02 设置行数和列数。确保"矩形阵列"单选按钮处于勾选状态，然后将阵列的行数设置为3，列数设置为3，如图2-83所示。

Step 03 设置行偏移和列偏移。在"行偏移"文本框中输入100、在"列偏移"文本框中输入150，如图2-83所示。

Step 04 单击“选择对象”按钮，返回绘图区选择绘制的矩形，作为阵列对象。

Step 05 按Enter键返回“阵列”对话框，单击 确定 按钮结束命令，阵列结果如图2-84所示。

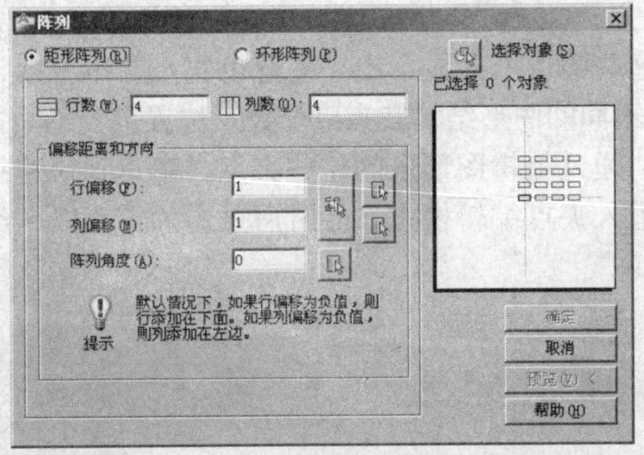

图2-82 “阵列”对话框

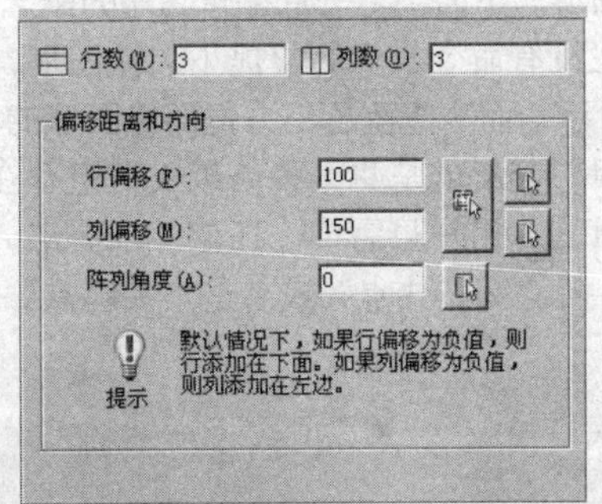

图2-83 设置阵列参数

当“行偏移”为正值时，系统将在源对象的上侧阵列，反之向下阵列；当“列偏移”为正值时，系统将在源对象的右侧阵列，反之向左阵列。

2. 环形阵列

“环形阵列”用于将图形按照指定的中心点和阵列数目，成圆形排列，环形阵列的操作过程如下。

Step 01 绘制如图2-85所示的圆和矩形，并打开如图2-86所示的对话框。

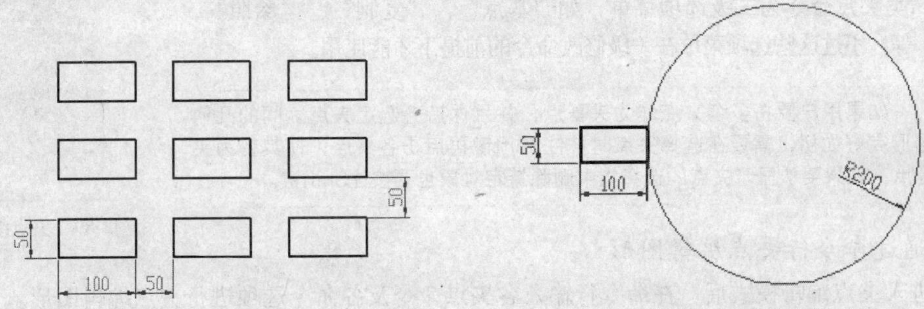

图2-84 矩形阵列　　图2-85 绘制圆和矩形

Step 02 单击“中心点”右侧的按钮，返回绘图区，捕捉圆的圆心作为阵列中心点。

Step 03 此时系统返回对话框，然后设置阵列数目为12，其他参数采用默认设置。

Step 04 单击“选择对象”按钮，返回绘图区选择矩形作为阵列对象。

Step 05 按Enter键返回“阵列”对话框，单击 确定 按钮，阵列结果如图2-87所示。

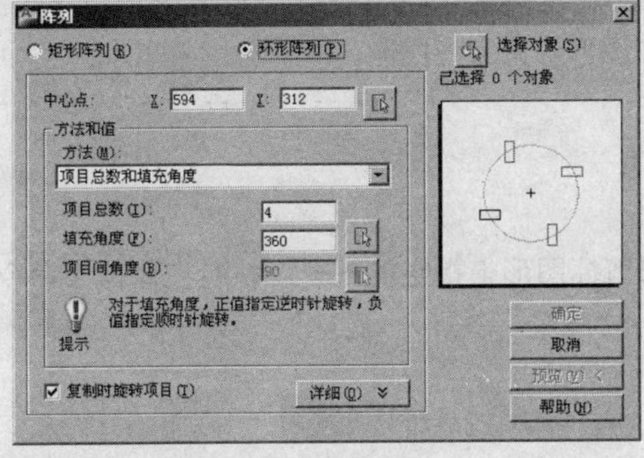

图2-86 环形阵列

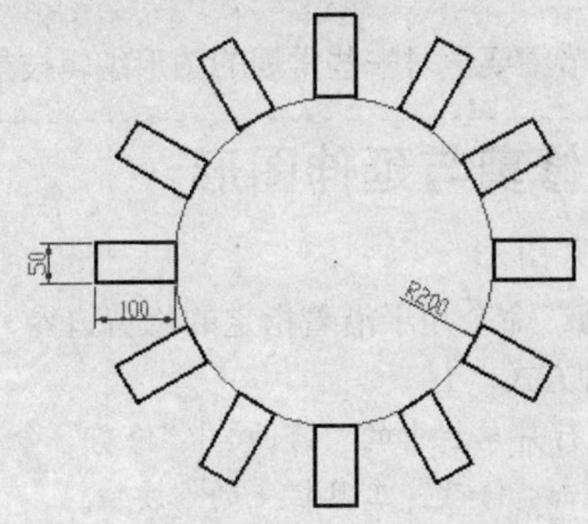

图2-87 阵列结果

2.4.4 图形对象的夹点编辑

夹点编辑功能是一种比较特殊而且方便实用的编辑功能，使用此功能，可以非常方便地进行编辑图形。下面学习夹点编辑功能的概念及使用方法。

在没有命令执行的前提下选择图形，那么这些图形上会显示出一些蓝色实心的小方框，如图2-88所示，而这些蓝色小方框即为图形的夹点，不同的图形结构其夹点个数及位置也会不同。“夹点编辑”功能就是将多种修改工具组合在一起，通过编辑图形上的这些夹点，来达到快速编辑图形的目的。用户只需单击任何一个夹点，即可进入夹点编辑模式，此时所单击的夹点以“红色”亮显，称之为“热点”或者是“夹基点”。

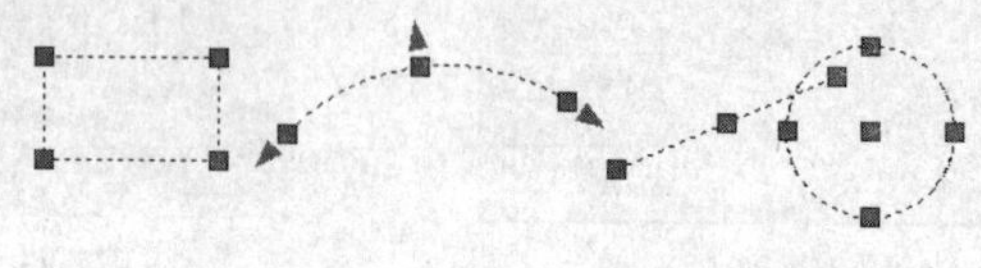

图2-88 图形的夹点

1. 使用夹点菜单编辑图形

当进入夹点编辑模式后，在绘图区右击，可打开夹点编辑菜单，如图2-89所示。用户可以在夹点快捷菜单中选择一种夹点模式或在当前模式下可用的任意选项。

此夹点菜单中共有两类夹点命令，第一类夹点命令为一级修改菜单，包括“移动”、“旋转”、“比例”、“镜像”、“拉伸”命令，这些命令是平级的，用户可以通过执行菜单中的各修改命令进行编辑。

第二类夹点命令为二级选项菜单，如“基点”、“复制”、“参照”、“放弃”等，不过这些选项菜单在一级修改命令的前提下才能使用。

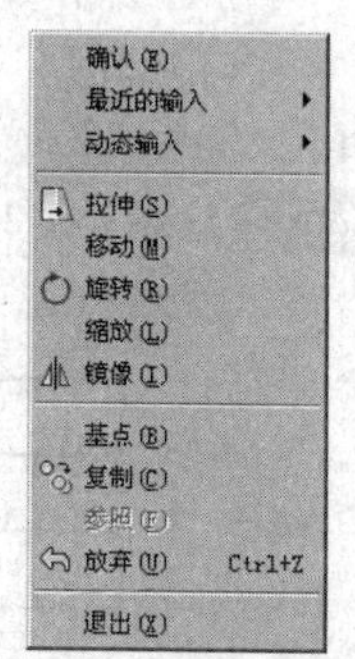

图2-89 夹点编辑菜单

如果用户要将多个夹点作为夹基点，并且保持各选定夹点之间的几何图形完好如初，需要在选择夹点时按住Shift键再点击各夹点，使其变为夹基点；如果要从显示夹点的选择集中删除特定对象也要按住Shift键。

2. 通过命令行夹点编辑图形

当进入夹点编辑模式后，在命令行输入各夹点命令及各命令选项进行夹点编辑图形。另外，用户也可以通过连续按Enter键，系统即可在“移动”、“旋转”、“比例”、“镜像”、“拉伸”这5种命令及各命令选项中循环执行，也可以通过命令简写MI、MO、RO、ST、SC循环选取这些模式。

2.5 图形的修整完善技能

本节主要学习一些常规的图形编辑技能和图形修饰完善技能。

2.5.1 修剪与延伸图形

1. 修剪图形

“修剪”命令用于沿着指定的修剪边界，修剪掉图形上指定的部分。执行“修剪”命令主要有以下几种方式。

- 执行菜单栏中的“修改”|“修剪”命令。
- 单击“修改”工具栏上的按钮。
- 在命令行输入Trim或TR。

执行“修剪”命令后，命令行操作如下。

命令: _trim
当前设置:投影=UCS，边=无
选择剪切边...
选择对象或 <全部选择>: //选择直线
选择对象: // Enter，结束选择
选择要修剪的对象，或按住 Shift 键选择要延伸的对象，或[栏选(F)/窗交(C)/投影式(P)/边(E)/删除(R)/放弃(U)]: //在圆的上侧单击，定位需要修剪的部分
选择要修剪的对象，或按住 Shift 键选择要延伸的对象，或[栏选(F)/窗交(C)/投影(P)/边(E)/删除(R)/放弃(U)]: // Enter，修剪结果如图2-90所示

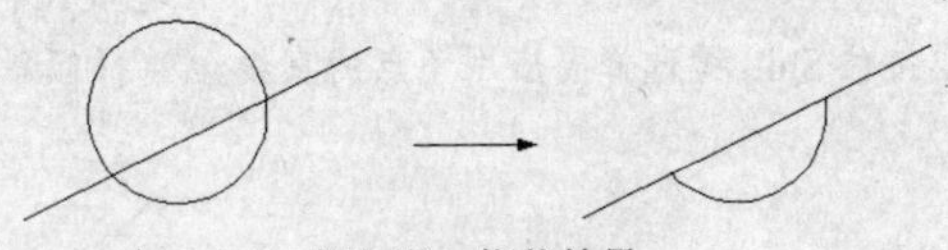

图2-90 修剪结果

当修剪多个对象时，可以使用“栏选”和“窗交”两种选项功能，而“栏选”方式需要绘制一条或多条栅栏线，所有与栅栏线相交的对象都会被修剪掉。

2. 延伸图形

“延伸”命令用于延长对象至指定的边界上。执行“延伸”命令主要有以下几种方式。

- 执行菜单栏中的“修改”|“延伸”命令。
- 单击“修改”工具栏上的按钮。
- 在命令行输入Extend或EX。

执行“延伸”命令时，命令行操作如下。

命令: _extend
当前设置:投影=UCS，边=无
选择边界的边...
选择对象或 <全部选择>: //选择水平线段
选择对象: // Enter，结束选择
选择要延伸的对象，或按住 Shift 键选择要修剪的对象，或[栏选(F)/窗交(C)/投影(P)/边(E)/放弃(U)]: //在垂直线段的下端单击
选择要延伸的对象，或按住 Shift 键选择要修剪的对象，或[栏选(F)/窗交(C)/投影(P)/边(E)/放弃(U)]: // Enter，延伸结果如图2-91所示

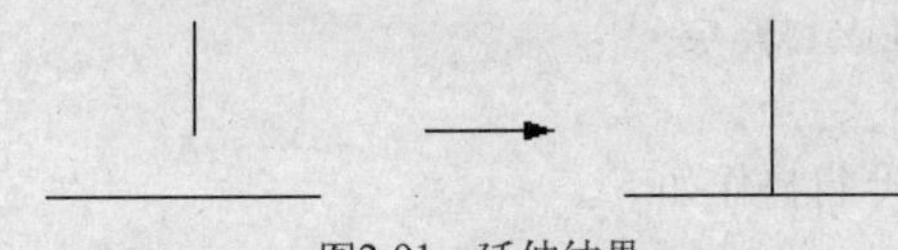

图2-91 延伸结果

2.5.2 倒角与圆角图形

1. 倒角图形

“倒角”命令主要是使用一条线段连接两个非平行的图线。执行“倒角”命令主要有以下几种方式。

- 执行菜单栏中的“修改”|“倒角”命令。
- 单击“修改”工具栏上的□按钮。
- 在命令行输入Chamfer或CHA。

执行“倒角”命令后，命令行操作如下。

命令: _chamfer

("修剪"模式) 当前倒角距离 1 = 0.0000，距离 2 = 0.0000

选择第一条直线或 [放弃(U)/多段线(P)/距离(D)/角度(A)/修剪(T)/方式(E)/多个(M)]: //D Enter

指定第一个倒角距离 <0.0000>: //150 Enter，设置第一倒角长度

指定第二个倒角距离 <25.0000>: //100 Enter，设置第二倒角长度

选择第一条直线或 [放弃(U)/多段线(P)/距离(D)/角度(A)/修剪(T)/方式(E)/多个(M)]:
//选择水平线段

选择第二条直线，或按住 Shift 键选择要应用角点的直线: //选择倾斜线段，结果如图2-92所示

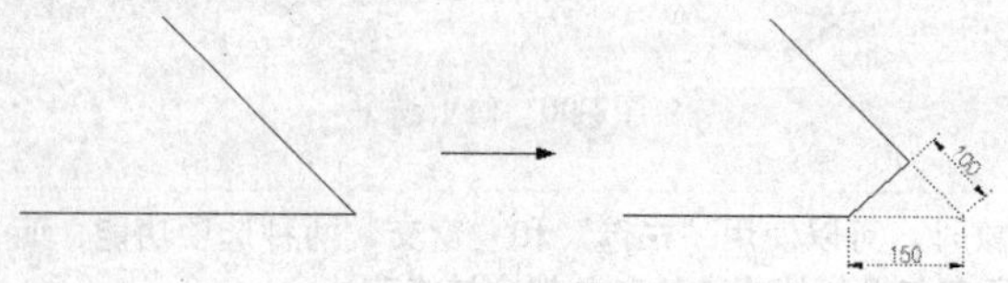

图2-92 倒角结果

- "角度"选项：用于指定倒角长度和倒角角度，以对两图线倒角。
- "多段线"选项：用于为整条多段线的所有相邻元素边同时进行倒角操作。
- "方式"选项：用于确定倒角的方式。变量Chammode控制着倒角的方式，当变量值为0时，为距离倒角；当变量值为1时，则为角度倒角。
- "修剪"选项：用于设置倒角的修剪模式，如"修剪"和"不修剪"。当倒角模式为"修剪"时，被倒角的图线将被修剪；当倒角模式为"不修剪"时，那么用于倒角的图线将不被修剪，如图2-93所示。

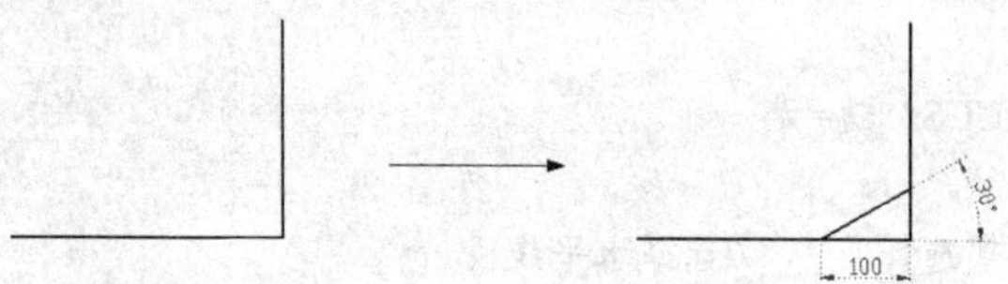

图2-93 非修剪模式下的倒角

2. 圆角图形

"圆角"命令主要是使用一段圆弧光滑地连接两条图线。执行"圆角"命令主要有以下几种方式。

- 执行菜单栏中的"修改"|"圆角"命令。
- 单击"修改"工具栏上的□按钮。
- 在命令行输入Fillet或F。

执行"圆角"命令后，命令行操作如下。

命令: _fillet

当前设置: 模式 = 修剪，半径 = 0.0000

选择第一个对象或 [放弃(U)/多段线(P)/半径(R)/修剪(T)/多个(M)]: //R Enter

指定圆角半径 <0.0000>: //100 Enter，设置圆角半径

选择第一个对象或 [放弃(U)/多段线(P)/半径(R)/修剪(T)/多个(M)]: //选择倾斜线段

选择第二个对象，或按住 Shift 键选择要应用角点的对象: //选择圆弧，结果如图2-94所示

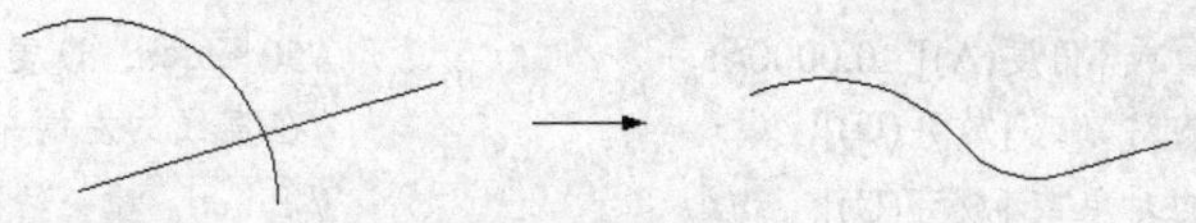

图2-94 圆角结果

- “多段线”选项：用于对多段线每相邻元素进行圆角处理。
- “多个”选项：用于为多个对象进行圆角处理，不需要重复执行命令。
- “修剪”选项：用于设置圆角模式，即“修剪”和“不修剪”，“非修剪”模式下的圆角效果如图2-95所示。

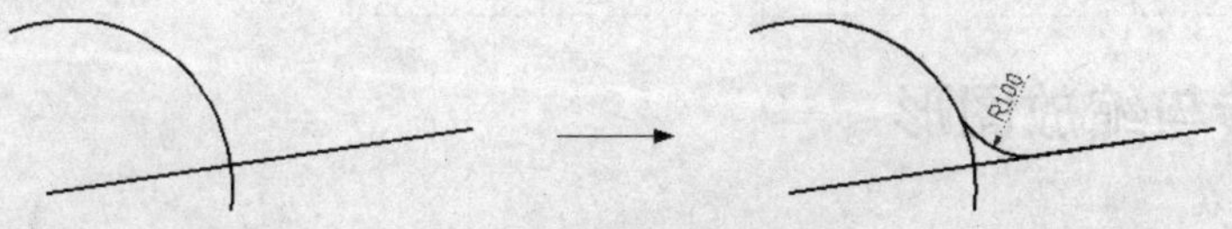

图2-95 非修剪模式下的圆角

2.5.3 拉伸与拉长图形

1. 拉伸图形

“拉伸”命令用于通过拉伸图形中的部分元素，达到修改图形的目的。执行“拉伸”命令主要有以下几种方式。

- 执行菜单栏中的“修改”|“拉伸”命令。
- 单击“修改”工具栏上的按钮。
- 在命令行输入Stretch或S。

执行“拉伸”命令时，命令行操作如下。

```
命令: _stretch
    以交叉窗口或交叉多边形选择要拉伸的对象...
    选择对象:                                   //拉出如图2-96所示的窗交选择框
    选择对象:                                   //Enter，结束选择
    指定基点或 [位移(D)] <位移>:                 //捕捉矩形的左下角点
    指定第二个点或 <使用第一个点作为位移>:        //捕捉矩形的右下角点
```

拉伸结果如图2-97所示。

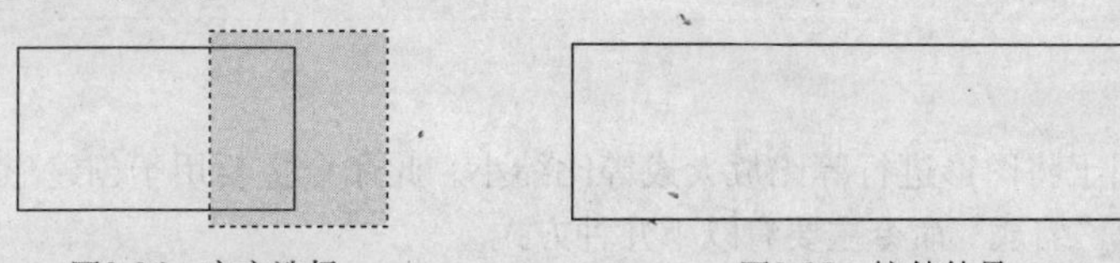

图2-96 窗交选择　　图2-97 拉伸结果

如果图形完全处于选择框内时，拉伸的结果只能是图形对象相对于原位置上的平移。

2. 拉长图形

“拉长”命令主要用于更改直线的长度或弧线的角度。执行“拉长”命令主要有以下几种方式。

- 执行菜单栏中的“修改”|“拉长”命令。
- 在命令行输入Lengthen或LEN。

绘制长度为200的直线段，然后执行“拉长”命令，将线段拉长50个单位，命令行操作如下。

```
命令: _lengthen
    选择对象或 [增量(DE)/百分数(P)/全部(T)/动态(DY)]:   //DE Enter
```

输入长度增量或 [角度(A)] <0.0000>: //50 Enter，设置长度增量
选择要修改的对象或 [放弃(U)]: //在直线的左端单击
选择要修改的对象或 [放弃(U)]: // Enter，拉长结果如图2-98所示

如果把增量值设置为正值，系统将拉长对象；反之则缩短对象。另外，“百分数”选项是以总长的百分比值进行拉长或缩短对象，长度的百分数值必须为正且非零；“全部”选项用于指定一个总长度或者总角度进行拉长或缩短对象。

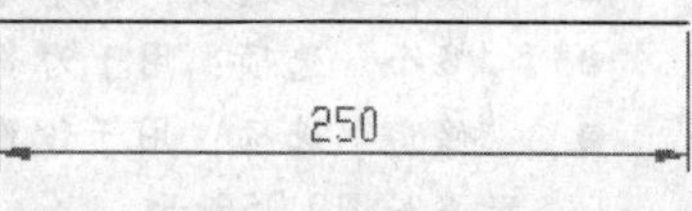

图2-98 拉长线段

2.5.4 旋转与缩放图形

1. 旋转图形

“旋转”命令用于将图形围绕指定的基点进行旋转。执行“旋转”命令主要有以下几种方式。

- 执行菜单栏中的“修改”|“旋转”命令。
- 单击“修改”工具栏上的按钮。
- 在命令行输入Rotate或RO。

执行“旋转”命令，将矩形旋转30°放置，命令行操作如下。

命令: _rotate
UCS 当前的正角方向: ANGDIR=逆时针 ANGBASE=0
选择对象: //选择矩形
选择对象: // Enter，结束选择
指定基点: //捕捉矩形左下角点作为基点
指定旋转角度，或 [复制(C)/参照(R)] <0>: //30 Enter，旋转结果如图2-99所示

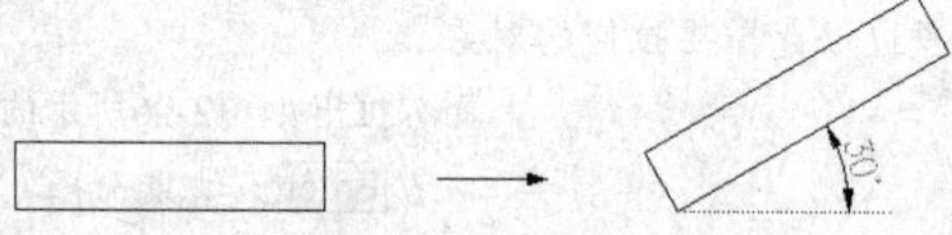

图2-99 旋转结果

输入的角度为正值，系统将按逆时针方向旋转；输入的角度为负值，按顺时针方向旋转。

2. 缩放图形

“缩放”命令用于将图形进行等比放大或等比缩小。此命令主要用于创建形状相同、大小不同的图形结构。执行“缩放”命令主要有以下几种方式。

- 执行菜单栏中的“修改”|“缩放”命令。
- 单击“修改”工具栏上的按钮。
- 在命令行输入Scale或SC。

执行“缩放”命令后，命令行操作如下。

命令: _scale
选择对象: //选择如图2-100（左）所示的图形
选择对象: // Enter，结束选择
指定基点: //捕捉会议桌一侧的中点
指定比例因子或 [复制(C)/参照(R)] <1.0000>: //0.5 Enter，结果如图2-100（右）所示

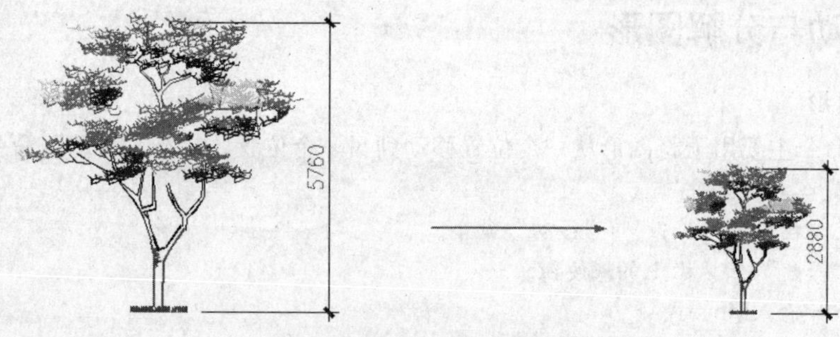

图2-100 缩放示例

2.5.5 打断与合并图形

1. 打断图形

“打断”命令用于打断并删除图形上的一部分，或将图形打断为相连的两部分。执行“打断”命令主要有以下几种方式。

- 执行菜单栏中的“修改”|“打断”命令。
- 单击“修改”工具栏上的按钮。
- 在命令行输入Break或BR。

执行“打断”命令后，命令行操作如下。

```
命令: _break
    选择对象:                              //选择上侧的线段
    指定第二个打断点 或 [第一点(F)]:        //F Enter，激活“第一点”选项
    指定第一个打断点:                       //捕捉线段中点作为第一断点
    指定第二个打断点:                       //@50,0 Enter，打断结果如图2-101所示
```

2. 合并图形

“合并”命令用于将同角度的两条或多条线段合并为一条线段，还可以将圆弧或椭圆弧合并为一个整圆和椭圆。执行此命令主要有以下几种方式。

- 执行菜单栏中的“修改”|“合并”命令。
- 单击“修改”工具栏上的按钮。
- 在命令行输入Join或J。

执行“合并”命令，将两条线段合并为一条线段，命令行操作如下。

```
命令: _join
    选择源对象:                            //选择左侧线段
    选择要合并到源的直线:                   //选择右侧线段
    选择要合并到源的直线:                   // Enter，合并结果如图2-102所示
    已将 1 条直线合并到源。
```

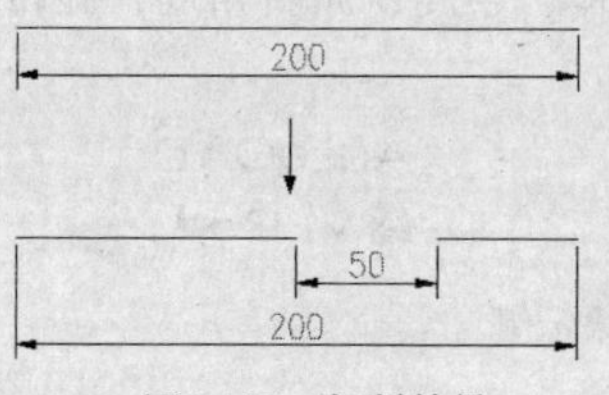

图2-101 打断结果

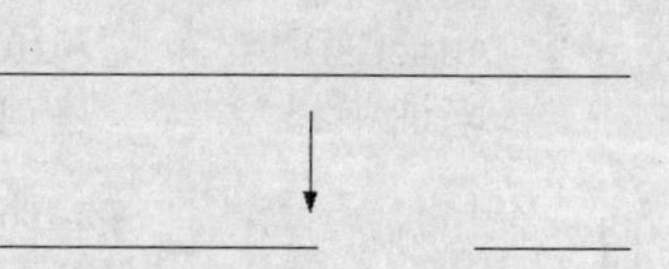

图2-102 合并线段

2.5.6 移动与分解图形

1. 移动图形

“移动”命令主要用于将图形从一个位置移动到另一个位置。执行“移动”命令主要有以下几种方式。

- 执行菜单栏中的“修改”|“移动”命令。
- 单击“修改”工具栏上的按钮。
- 在命令行输入Move或M。

执行“移动”命令后，命令行操作如下。

```
命令: _move
    选择对象:                                  //选择如图2-103所示的矩形
    选择对象:                                  // Enter，结束对象的选择
    指定基点或 [位移(D)] <位移>:               //捕捉矩形左侧垂直边的中点
    指定第二个点或 <使用第一个点作为位移>:     //捕捉直线的右端点，结果如图2-104所示
```

图2-103　定位基点 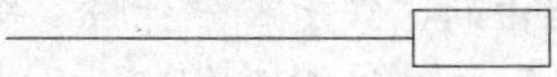　　图2-104　移动结果

2. 分解图形

“分解”命令主要用于将组合对象分解成各自独立的对象，以方便对各对象进行编辑。执行“分解”命令主要有以下几种方式。

- 执行菜单栏中的“修改”|“分解”命令。
- 单击“修改”工具栏上的按钮。
- 在命令行输入Explode或X。

例如，矩形是由4条直线元素组成的单个对象，如果用户需要对其中的一条边进行编辑，则首先将矩形分解还原为4条线对象，如图2-105所示。

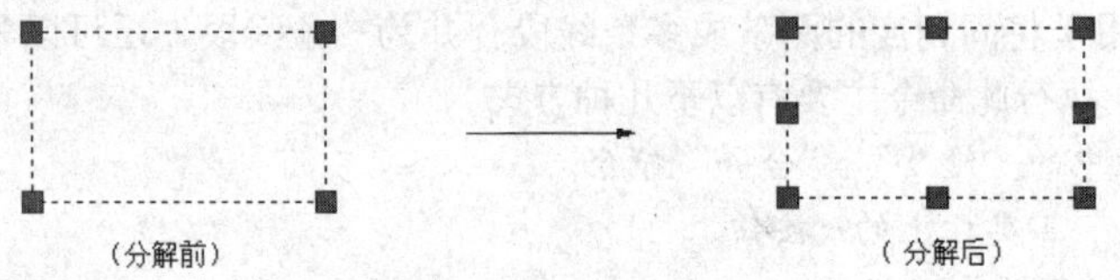

图2-105　分解示例

2.6 文字注解与尺寸标注

2.6.1 设置文字样式

使用“文字样式”命令可以为文字设置不同的字体、字高、倾斜角度、旋转角度以及一些其他的特殊效果，如图2-106所示。

AutoCAD　AutoCAD　AutoCAD
培训中心　培训中心　培训中心

图2-106　文字效果示例

执行“文字样式”命令主要有以下几种方式。

- 执行菜单栏中的“格式”|“文字样式”命令。
- 单击“样式”工具栏上的A按钮。
- 在命令行输入Style或ST。

文字样式的设置、修改及效果的预览等一些操作，是在如图2-107所示的“文字样式”对话框中进行的，使用上述4种方式中的任意一种，都可打开此对话框。

Step 01 执行“文字样式”命令，在打开的“文字样式”对话框中单击新建(N)...按钮，为新样式命名，如图2-108所示。

Step 02 单击确定按钮，然后在“字体”选项组中展开“字体名”下拉列表，选择所需的字体，如图2-109所示。

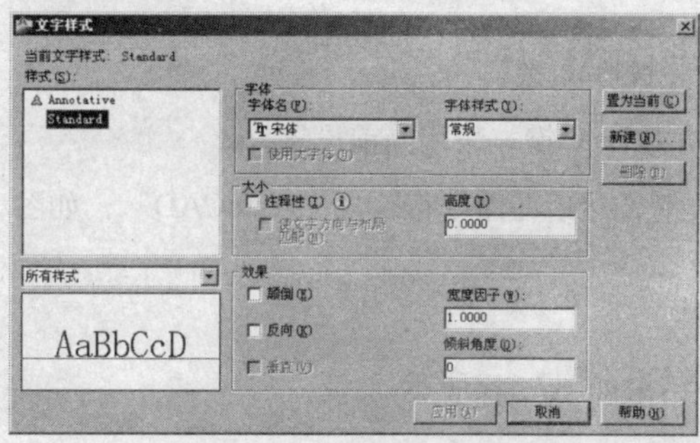

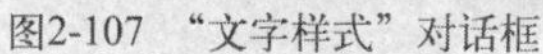

图2-107 “文字样式”对话框

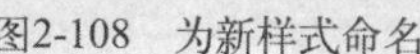

图2-108 为新样式命名

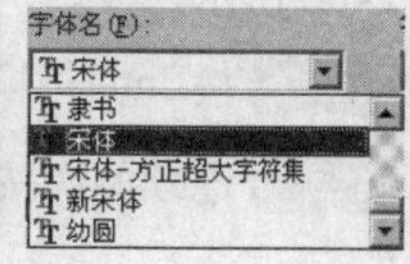

图2-109 设置字体

文字样式的设置步骤如下。

Step 01 取消选择“使用大字体”复选框，结果所有AutoCAD编译型（.SHX）字体和已注册的TrueType字体都显示在此列表框内，用户可以选择某种字体作为当前样式的字体。

Step 02 在“高度”文本框中设置文字的高度。

如果设置高度后，那么当创建文字时，命令行就不会再提示输入文字的高度，建议在此不设置字体的高度。

Step 03 选择“颠倒”复选框设置文字为倒置状态；选择“反向”复选框设置文字为反向状态；选择“垂直”复选框文字呈垂直排列状态；“倾斜角度”文本框用于控制文字的倾斜角度，如图2-110所示。

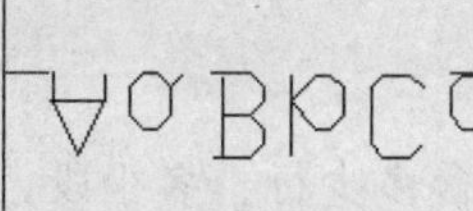

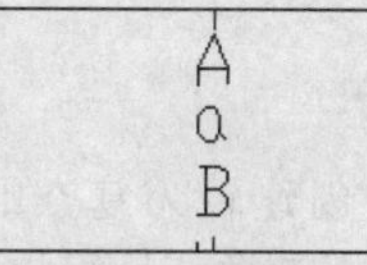

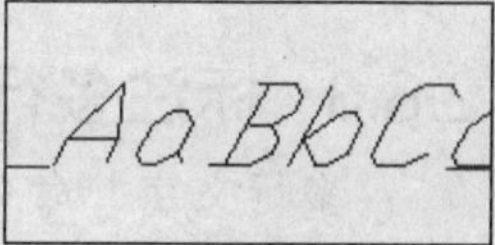

颠倒状态　反向状态　垂直状态　倾斜状态

图2-110 设置字体效果

Step 04 设置宽度比例。在“宽度因子”文本框中设置字体的宽高比。

国标规定工程图样中的汉字应采用长仿宋体，宽高比为0.7，当此比值大于1时，文字宽度放大，否则将缩小。

Step 05 单击预览(P)按钮，在“预览”选项组中可直观地预览文字的效果；单击删除(D)按钮，可以将多余的文字样式删除掉。

Step 06 单击应用(A)按钮，结果最后设置的文字样式被看作当前样式。

2.6.2 标注单行文字

“单行文字”命令主要用于创建单行或多行的文字对象，所创建的每一行文字都被看作是一个独立的对象。执行“单行文字”命令主要有以下几种方式。

- 执行菜单栏中的“绘图”|“文字”|“单行文字”命令。
- 单击“文字”工具栏上的A按钮。
- 在命令行输入Dtext或DT。

下面通过创建高度为10的两行文字，学习使用“单行文字”命令，操作步骤如下。

Step 01 执行“单行文字”命令，在命令行“指定文字的起点或[对正(J)/样式(S)]:”提示下，在绘图区拾取一点作为文字的插入点。

Step 02 在命令行“指定高度<2.5000>:”提示下输入10并按Enter键。

Step 03 在命令行“指定文字的旋转角度<0>:”提示下并按Enter键，采用当前设置。

Step 04 此时绘图区出现如图2-111所示的单行文字输入框，然后在命令行输入“AutoCAD”，如图2-112所示。

Step 05 按Enter键换行，然后输入“培训中心”。

Step 06 连续两次按Enter键，结束“单行文字”命令，结果如图2-113所示。

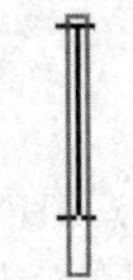

图2-111 单行文字输入框

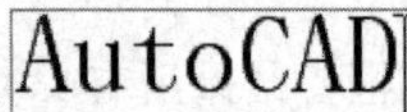

图2-112 输入文字

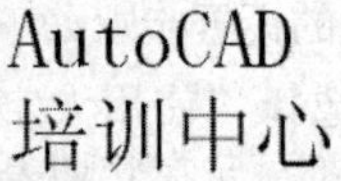

AutoCAD
培训中心

图2-113 创建文字

使用“对正”选项可以设置文字的对正方式，而所谓“对正方式”，指的就是文字对象的哪一位置与插入点对齐。文字的各种对正方式如图2-114所示。

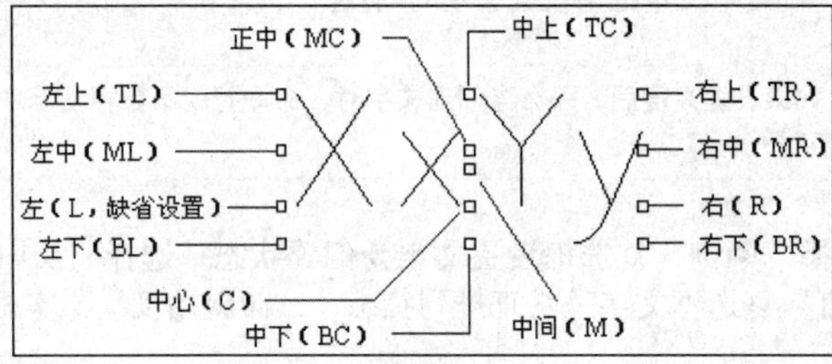

图2-114 文字的对正方式

2.6.3 标注多行文字

“多行文字”命令用于创建较为复杂的文字，无论创建的文字包含多少行、多少段，AutoCAD都将其作为一个独立的对象。执行此命令主要有以下几种方式。

- 执行菜单栏中的“绘图”|“文字”|“多行文字”命令。
- 单击“绘图”工具栏上的A按钮。
- 在命令行输入Mtext或T或MT。

下面通过创建如图2-115所示的设计要求，主要学习段落文字的创建方法和技巧。

设计要求

1.本建筑物为现浇钢筋混凝土框架结构。

2.室内地面标高:室内外高差0.15m。

3.在窗台下加砼扁梁，并设4根12钢筋。

图2-115 创建段落文字

Step 01 执行“多行文字”命令，在命令行“指定第一角点:”提示下，在绘图区拾取一点。

Step 02 在命令行“指定对角点或[高度(H)/对正(J)/行距(L)/旋转(R)/样式(S)/宽度(W)/栏(C)]:”提示下，在绘图区拾取对角点，打开“文字格式”编辑器。

Step 03 单击“字体”下拉按钮，在弹出的下拉列表中选择“宋体”作为当前字体；在“文字高度”文本框中输入12。

Step 04 在下侧的文字输入框中单击，指定文字的输入位置，然后输入“设计要求”等字样作为标题内容，如图2-116所示。

Step 05 按Enter键进行换行，以输入其他文字内容。

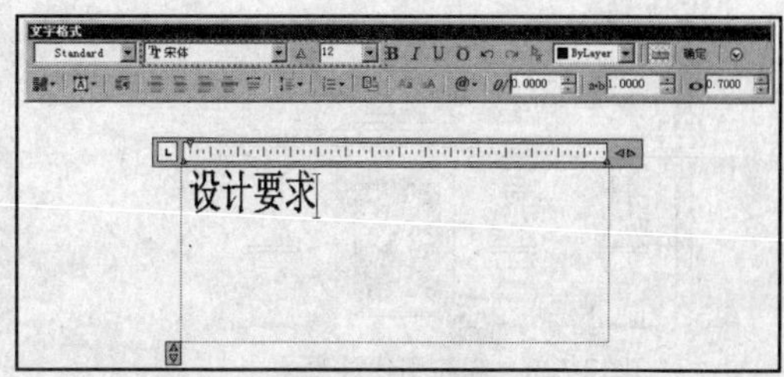

图2-116 输入标题

Step 06 在“文字高度”下拉列表中修改字体高度为9，然后输入如图2-117所示的三行文字内容。

Step 07 将光标放在标题前，然后连续按空格键，向右移动标题内容，结果如图2-118所示。

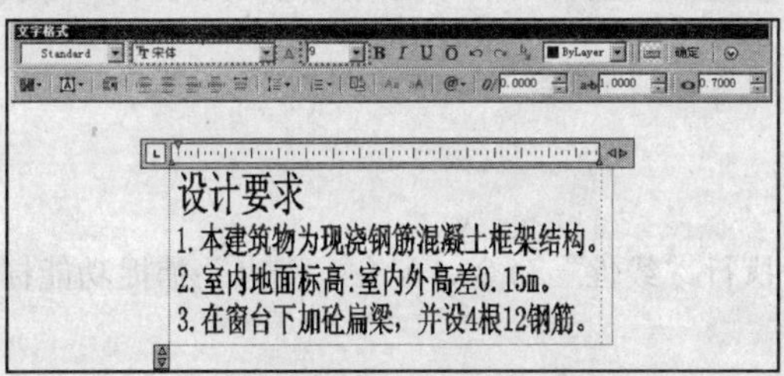

图2-117 输入段落文字

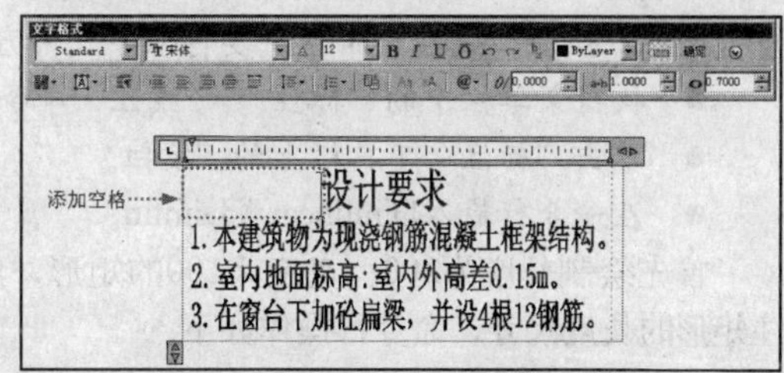

图2-118 添加空格

2.6.4 标注引线文字

“快速引线”命令主要用于创建一端带有箭头、另一端带有文字注释的引线尺寸，其中，引线可以为直线段，也可以为平滑的样条曲线，如图2-119所示。

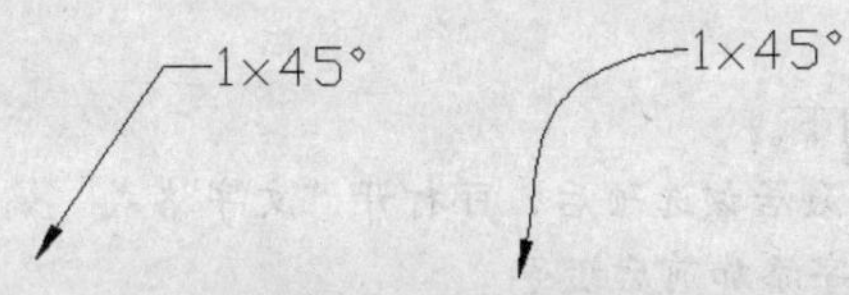

图2-119 引线尺寸示例

在命令行输入Qleader或LE按Enter键，即可激活“快速引线”命令，命令行操作如下。

命令: LE //Enter，激活“快速引线”命令

QLEADER指定第一个引线点或 [设置(S)] <设置>: //在所需位置拾取第一个引线点

指定下一点: //在所需位置拾取第二个引线点

指定下一点: //在所需位置拾取第三个引线点

指定文字宽度 <0>: //Enter

输入注释文字的第一行 <多行文字(M)>: //庭院灯 Enter

输入注释文字的下一行: //Enter，标注结果如图2-120所示

激活“设置”选项后，可打开如图2-121所示的“引线设置”对话框，在其中可修改和设置引线点数、注释类型以及注释文字的附着位置等。

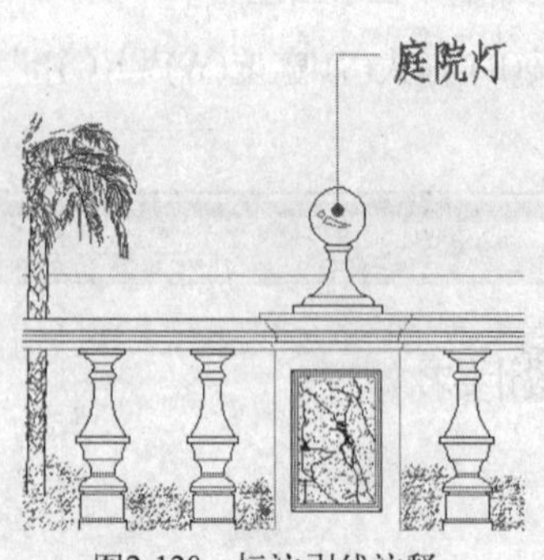

图2-120 标注引线注释

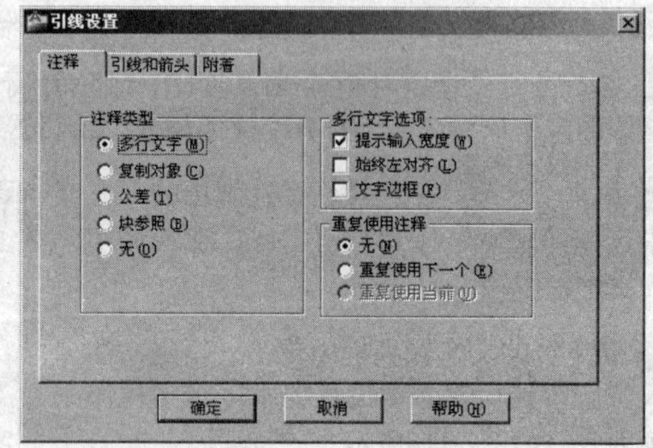

图2-121 “引线设置”对话框

01 Chapter
02 Chapter
03 Chapter
04 Chapter
05 Chapter
06 Chapter
07 Chapter
08 Chapter
09 Chapter
10 Chapter

2.6.5 标注常用尺寸

1. 标注线性尺寸

“线性”命令是一个较为常用的尺寸标注工具，此工具主要用于标注两点之间的水平尺寸或垂直尺寸。执行“线性”命令主要有以下几种方式。

- 执行菜单栏中的“标注”|“线性”命令。
- 单击“标注”工具栏上的按钮。
- 在命令行输入Dimlinear或Dimlin。

首先绘制长度为200、宽度为100的矩形，然后执行“线性”命令，配合“端点”捕捉功能标注矩形的长度尺寸，命令行操作如下。

```
命令: _dimlinear
    指定第一条延伸线原点或 <选择对象>:    //捕捉矩形的左下角点
    指定第二条延伸线原点:                  //捕捉矩形的右下角点
    指定尺寸线位置或[多行文字(M)/文字(T)/角度(A)/水平(H)/垂直(V)/旋转(R)]:
                                          //在适当位置拾取一点，结果如图2-122所示
    标注文字 = 200
```

命令行中各选项的含义如下。

- “多行文字”选项：激活该选项后，可打开“文字格式”编辑器，以手动编辑尺寸的文字内容，或者为尺寸文字添加前后缀等。
- “文字”选项：用于通过命令行手动编辑尺寸文字的内容。
- “角度”选项：用于设置尺寸文字的旋转角度，如图2-123所示。
- “水平”选项：用于标注两点之间的水平尺寸，当激活该选项后，无论如何移动光标，所标注的始终是对象的水平尺寸。
- “垂直”选项：用于标注两点之间的垂直尺寸，当激活该选项后，无论如何移动光标，所标注的始终是对象的垂直尺寸。
- “旋转”选项：用于设置尺寸线的旋转角度，如图2-124所示。

2. 标注对齐尺寸

“对齐”命令用于标注平行于所选对象或平行于两延伸线原点连线的直线型尺寸，此命令比较适合于标注倾斜图线的尺寸。执行“对齐”命令主要有以下几种方式。

- 执行菜单栏中的“标注”|“对齐”命令。
- 单击“标注”工具栏上的按钮。
- 在命令行输入Dimaligned或Dimali。

执行“对齐”命令后，其命令行操作如下。

```
命令: _dimaligned
    指定第一条延伸线原点或 <选择对象>:                    //捕捉矩形的左上角点
    指定第二条延伸线原点:                                //捕捉矩形的右下角点
    指定尺寸线位置或[多行文字(M)/文字(T)/角度(A)]:       //指定位置，结果如图2-125所示
    标注文字 = 223.613
```

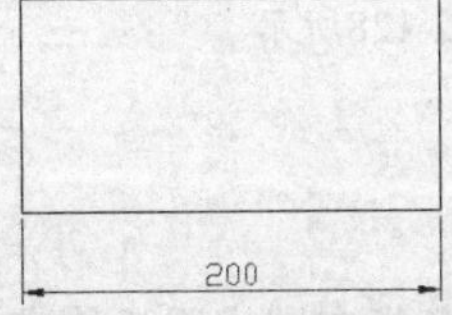
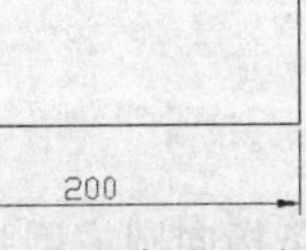

图2-122 标注长度尺寸

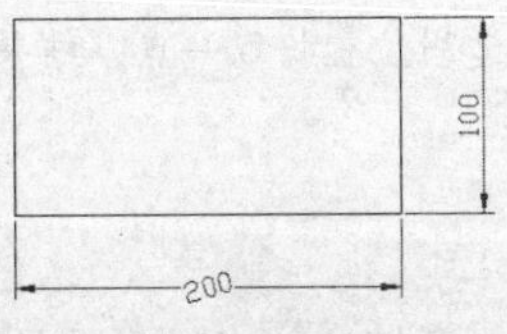
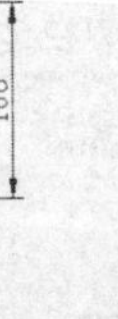

图2-123 角度示例

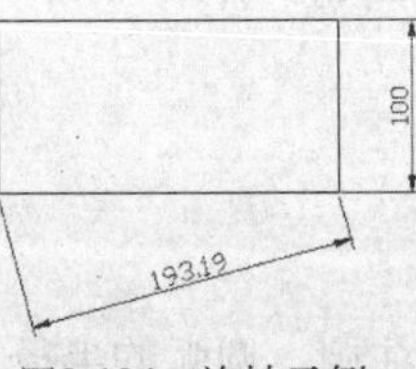

图2-124 旋转示例

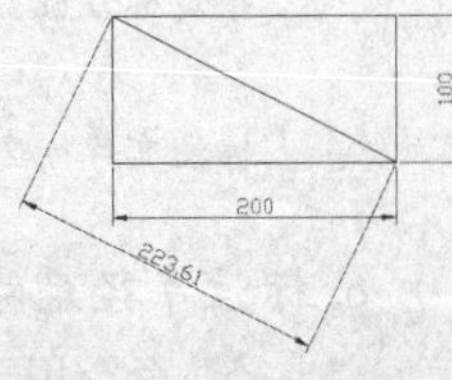

图2-125 标注对齐尺寸

3. 标注点的坐标

“坐标”命令用于标注点的x坐标值和y坐标值，所标注的坐标为点的绝对坐标，如图2-126所示。执行“坐标”命令主要有以下几种方式。

- 执行菜单栏中的“标注”|“坐标”命令。
- 单击“标注”工具栏上的按钮。
- 在命令行输入Dimordinate。
- 使用命令简写Dimord。

4. 标注弧长尺寸

“弧长”命令用于标注圆弧或多段线弧的长度尺寸，执行“弧长”命令主要有以下几种方式。

- 执行菜单栏中的“标注”|“弧长”命令。
- 单击“标注”工具栏上的按钮。
- 在命令行输入Dimarc。

执行“弧长”命令后，命令行操作如下。

```
命令: _dimarc
    选择弧线段或多段线弧线段:            //选择需要标注的弧线段
    指定弧长标注位置或 [多行文字(M)/文字(T)/角度(A)/部分(P)/引线(L)]:
                                        //指定弧长尺寸的位置，结果如图2-127所示
    标注文字 = 160
```

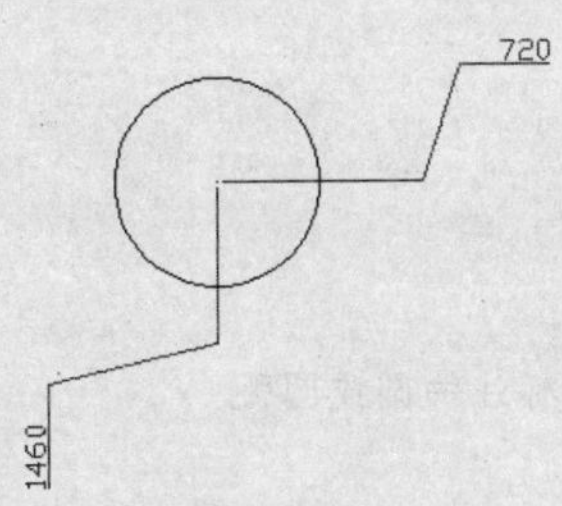

图2-126 点坐标标注示例

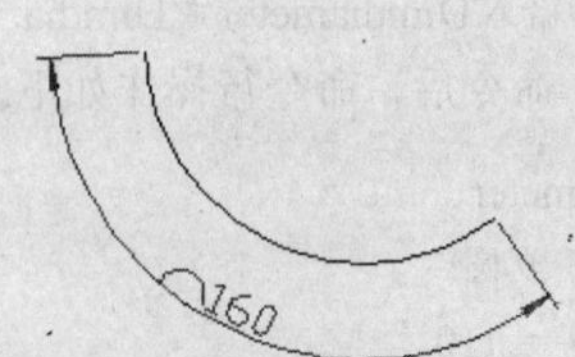

图2-127 弧长标注示例

5. 标注角度尺寸

“角度”命令主要用于标注图线间的角度尺寸或者是圆弧的圆心角等。执行“角度”命令主要有以下几种方式。

- 执行菜单栏中的“标注”|“角度”命令。

- 单击“标注”工具栏上的按钮。
- 在命令行输入Dimangular或Angular。

执行“角度”命令后，命令行操作如下。

```
命令: _dimangular
    选择圆弧、圆、直线或 <指定顶点>:    //单击矩形的对角线
    选择第二条直线:                    //单击矩形的下侧水平边
    指定标注弧线位置或 [多行文字(M)/文字(T)/角度(A) /象限点(Q)]:
                                       //在适当位置拾取一点，结果如图2-128所示
    标注文字 = 27
```

6. 标注半径尺寸

“半径”命令用于标注圆、圆弧的半径尺寸，所标注的半径尺寸是由一条指向圆或圆弧的带箭头的半径尺寸线组成。执行“半径”命令主要有以下几种方式。

- 执行菜单栏中的“标注”|“半径”命令。
- 单击“标注”工具栏上的按钮。
- 在命令行输入Dimradius或Dimrad。

执行“半径”命令后，命令行操作如下。

```
命令: _dimradius
    选择圆弧或圆:                      //选择需要标注的圆或弧对象
    标注文字 = 55
    指定尺寸线位置或 [多行文字(M)/文字(T)/角度(A)]:
                                       //指定尺寸位置，结果如图2-129所示
```

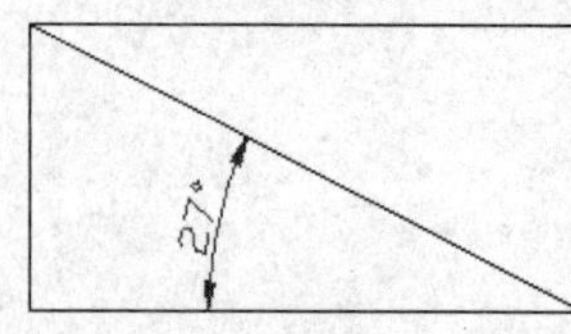

图2-128　标注角度尺寸

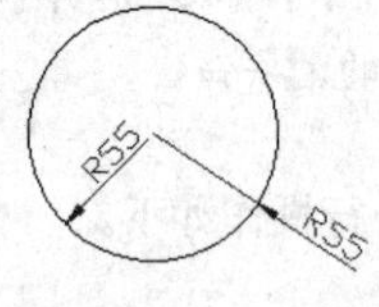

图2-129　半径尺寸示例

7. 标注直径尺寸

“直径”命令用于标注圆或圆弧的直径尺寸。执行“直径”命令主要有以下几种方式。

- 执行菜单栏中的“标注”|“直径”命令。
- 单击“标注”工具栏上的按钮。
- 在命令行输入Dimdiameter或Dimdia。

执行“直径”命令后，命令行操作如下。

```
命令: _dimdiameter
    选择圆弧或圆:                      //选择需要标注的圆或圆弧
    标注文字 = 110
    指定尺寸线位置或 [多行文字(M)/文字(T)/角度(A)]:
                                       //指定尺寸的位置，如图2-130所示
```

8. 标注折弯尺寸

“折弯”命令主要用于标注含有折弯的半径尺寸，执行“折弯”命令主要有以下几种方式。

- 执行菜单栏中的“标注”|“折弯”命令。
- 单击“标注”工具栏上的按钮。
- 在命令行输入Dimjogged。

执行“折弯”命令后，命令行操作如下。

```
命令: _dimjogged
    选择圆弧或圆:                          //选择弧或圆作为标注对象
    指定图示中心位置:                      //指定中心线位置
    标注文字 = 175
    指定尺寸线位置或 [多行文字(M)/文字(T)/角度(A)]:
                                           //指定尺寸线位置，结果如图2-131所示
```

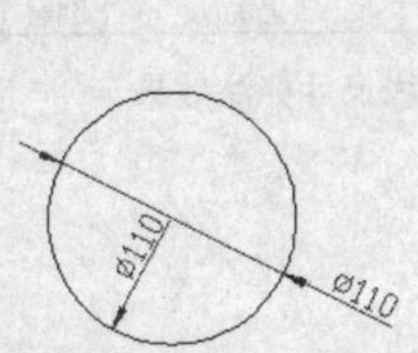

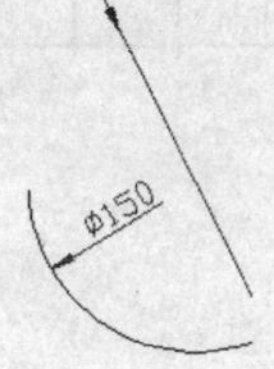

图2-130 直径尺寸示例

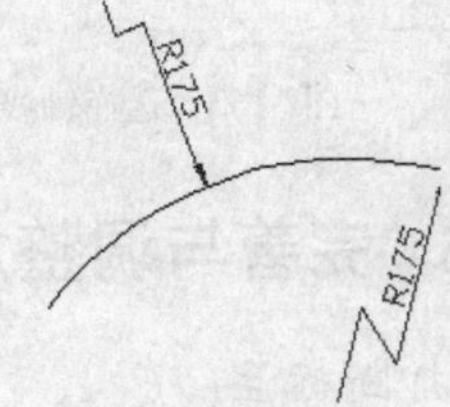

图2-131 折弯尺寸

9. 创建基线尺寸

“基线”命令需要在现有尺寸的基础上，以所选的尺寸界限作为基线尺寸的尺寸界限，进行创建基线尺寸。执行“基线”命令主要有以下几种方式。

- 执行菜单栏中的“标注”|“基线”命令。
- 单击“标注”工具栏上的按钮。
- 在命令行输入Dimbaseline或Dimbase。

10. 创建连续尺寸

“连续”命令也需要在现有的尺寸基础上创建连续的尺寸对象，所创建的连续尺寸位于同一个方向矢量上，如图2-132所示。执行“连续”命令主要有以下几种方式。

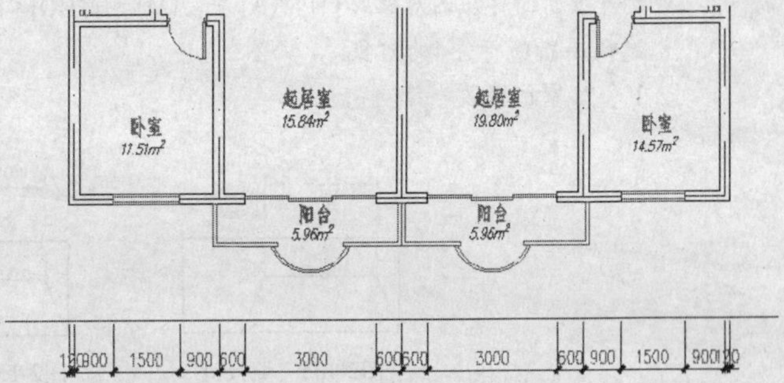

- 执行菜单栏中的“标注”|“连续”命令。
- 单击“标注”工具栏上的按钮。
- 在命令行输入Dimcontinue或Dimcont。

图2-132 连续尺寸

11. 快速标注尺寸

“快速标注”命令用于一次标注多个对象间的水平尺寸或垂直尺寸，执行“快速标注”命令主要有以下几种方式。

- 执行菜单栏中的“标注”|“快速标注”命令。
- 单击“标注”工具栏上的按钮。
- 在命令行输入Qdim。

执行“快速标注”命令后，其命令行操作如下。

01 Chapter 02 Chapter 03 Chapter 04 Chapter 05 Chapter 06 Chapter 07 Chapter 08 Chapter 09 Chapter 10 Chapter

命令: _qdim

关联标注优先级 = 端点

选择要标注的几何图形:　　　　//选择如图2-133所示的7条垂直轴线

选择要标注的几何图形:　　　　// Enter ，退出对象的选择状态

指定尺寸线位置或 [连续(C)/并列(S)/基线(B)/坐标(O)/半径(R)/直径(D)/基准点(P)/编辑(E)/设置(T)] <连续>: //向下移动光标，在距离细部尺寸850单位的位置上，定位轴线尺寸，结果如图2-134所示

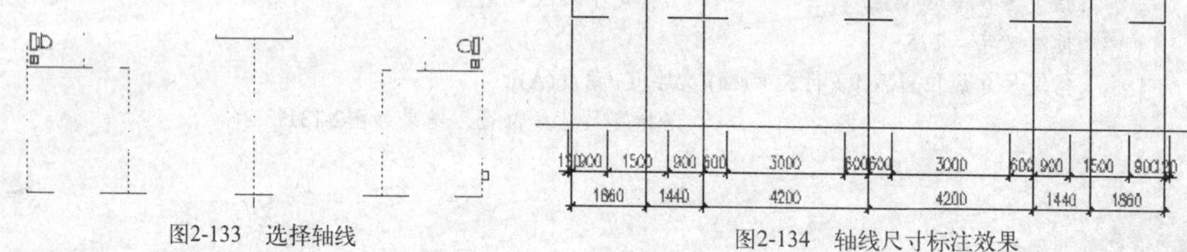

图2-133　选择轴线

图2-134　轴线尺寸标注效果

2.6.6　完善与调整尺寸

1. 打断标注

“标注打断”命令可以在尺寸线、延伸线与几何对象或其他标注相交的位置将其打断。执行“标注打断”命令主要有以下几种方式。

- 执行菜单栏中的“标注”|“标注打断”命令。
- 单击“标注”工具栏上的按钮。
- 在命令行输入Dimbreak。

执行“标注打断”命令后，命令行操作如下。

命令: _DIMBREAK

选择要添加/删除折断的标注或 [多个(M)]:　　　　//选择如图2-135所示的尺寸对象

选择要折断标注的对象或 [自动(A)/手动(M)/删除(R)] <自动>: //选择矩形

选择要折断标注4的对象:　　　　// Enter，打断结果如图2-136所示

1 个对象已修改

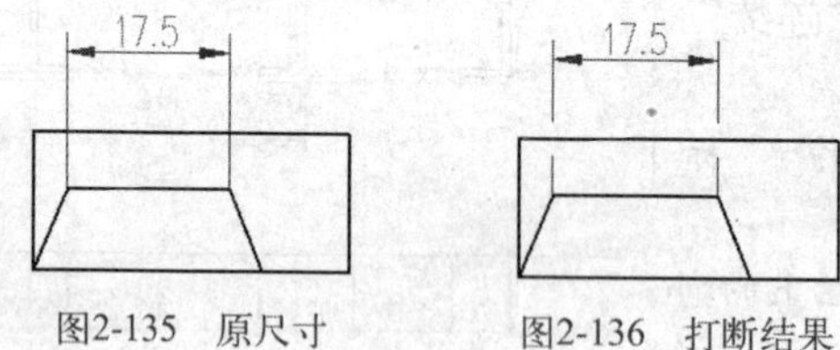

图2-135　原尺寸　　　　图2-136　打断结果

“手动”选项用于手动定位打断位置；“删除”选项用于恢复被打断的尺寸对象。

2. 标注间距

“标注间距”命令用于调整平行的线性标注和角度标注之间的间距，或根据指定的间距值进行调整。执行“等距标注”命令主要有以下几种方式。

- 执行菜单栏中的“标注”|“标注间距”命令。
- 单击“标注”工具栏上的按钮。
- 在命令行输入Dimspace。

执行“等距标注”命令，将如图2-137所示的尺寸线间的距离调整为10个单位，命令行操作如下。

命令: _DIMSPACE
选择基准标注:　　　　//选择尺寸文字为16.0的尺寸对象
选择要产生间距的标注:　　　　//选择其他三个尺寸对象
选择要产生间距的标注:　　　　// Enter，结束对象的选择
输入值或 [自动(A)] <自动>:　　　　// 10 Enter，结果如图2-138所示

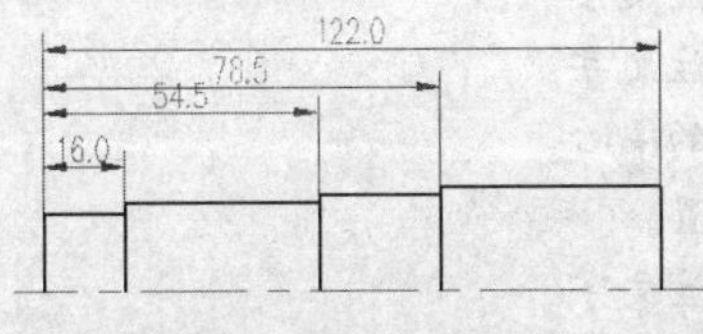

图2-137　源尺寸

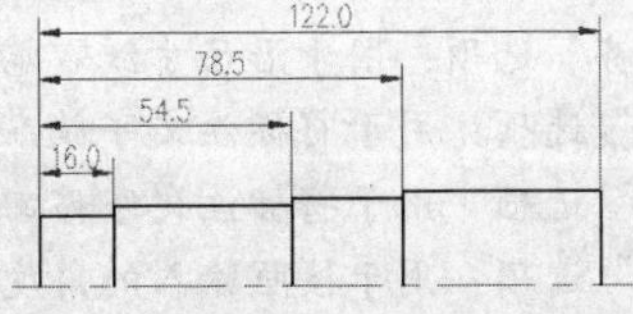

图2-138　调整结果

“自动”选项用于根据现有的尺寸位置，自动调整各尺寸对象的位置，使之间隔相等。

3. 编辑标注

“编辑标注”命令主要用于修改尺寸文字的内容、旋转角度以及延伸线的倾斜角度等。执行“编辑标注”命令主要有以下几种方式。

- 执行菜单栏中的“标注”|“倾斜”命令。
- 单击“标注”工具栏上的按钮。
- 在命令行输入Dimedit。

4. 编辑标注文字

“编辑标注文字”命令主要用于重新调整尺寸文字的放置位置以及尺寸文字的旋转角度。执行“编辑标注文字”命令主要有以下几种方式。

- 执行菜单栏“标注”|“对齐文字”级联菜单中的各命令。
- 单击“标注”工具栏上的按钮。
- 在命令行输入Dimtedit。

下面通过更改某尺寸标注文字的位置及角度，学习“编辑标注文字”命令的使用方法和技巧。

Step 01 任意标注一个线性尺寸，如图2-139所示。

Step 02 单击“标注”工具栏上的按钮，执行“编辑标注文字”命令，根据命令行提示编辑尺寸文字，命令行操作如下。

命令: _dimtedit
选择标注:　　　　//选择刚标注的尺寸对象
为标注文字指定新位置或 [左对齐(L)/右对齐(R)/居中(C)/默认(H)/角度(A)]:
　　　　//A Enter，激活“角度”选项
指定标注文字的角度:　　　　//15 Enter，结果如图2-140所示

Step 03 重复“编辑标注文字”命令，修改尺寸文字的位置，命令行操作如下。

命令: _dimtedit
选择标注:　　　　//选择如图2-140所示的尺寸

为标注文字指定新位置或 [左对齐(L)/右对齐(R)/居中(C)/默认(H)/角度(A)]:

//L Enter，修改结果如图2-141所示

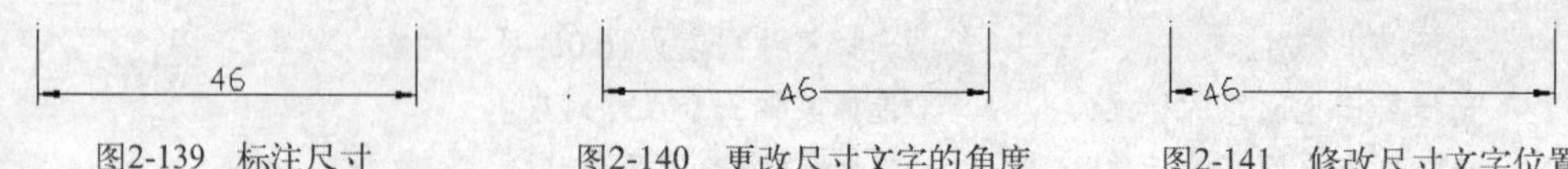

图2-139　标注尺寸　　　图2-140　更改尺寸文字的角度　　　图2-141　修改尺寸文字位置

命令行中各选项的含义如下。

- “左对齐”选项：用于沿尺寸线左端放置标注文字。
- “右对齐”选项：用于沿尺寸线右端放置标注文字。
- “居中”选项：用于将标注文字放在尺寸线的中心。
- “默认”选项：用于将标注文字移回默认位置。
- “角度”选项：用于按照输入的角度放置标注文字。

2.7 图形资源的组织与共享

2.7.1 使用块组织图形资源

“创建块”命令用于将单个或多个图形对象组合成为一个整体图形单元，保存于当前图形文件内，以供重复引用。执行“创建块”命令主要有以下几种方式。

- 执行菜单栏中的“绘图”|“块”|“创建”命令。
- 单击“绘图”工具栏上的按钮。
- 在命令行输入Block或Bmake或B。

下面通过创建名为“平面椅”的图块，学习“创建块”命令的使用方法和技巧，操作步骤如下。

Step 01 打开随书光盘中的文件“图块文件”\“平面椅.dwg”。

Step 02 执行“创建块”命令，打开如图2-142所示的“块定义”对话框，然后在“名称”文本框中输入块名“平面椅”，在“对象”选项组中选择“保留”单选按钮，其他参数采用默认设置。

Step 03 在“基点”选项组中，单击“拾取点”按钮，返回绘图区捕捉如图2-143所示的中点作为块的基点。

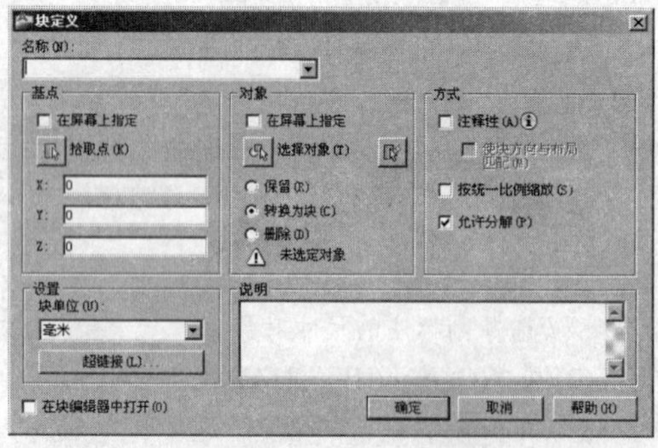

图2-142　“块定义”对话框

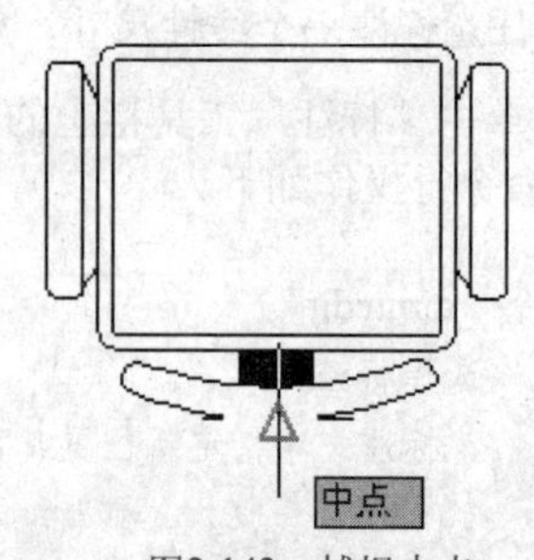

图2-143　捕捉中点

Step 04 单击“选择对象”按钮，返回绘图区选择平面椅图形，然后按Enter键返回到“块定义”对话框。

“转换为块”单选按钮用于将创建块的源图形转换为图块；“删除”单选按钮用于将组成图块的图形对象从当前绘图区中删除。

Step 05 单击 确定 按钮关闭“块定义”对话框，结果所创建的图块存在于文件内部，将会与文件一起进行保存。

2.7.2 使用插入块共享图形资源

使用“插入块”命令，可以将图块或已保存的图形文件引用到当前文件中，以组合更加复杂的图形。在引用的过程中，不仅可以更改源图块的缩放比例，还可以更改源图块的旋转角度，如图2-144所示，执行“插入块”命令主要有以下几种方式。

- 执行菜单栏中的“插入”|“块”命令。
- 单击“绘图”工具栏上的按钮。
- 在命令行输入Insert或I。

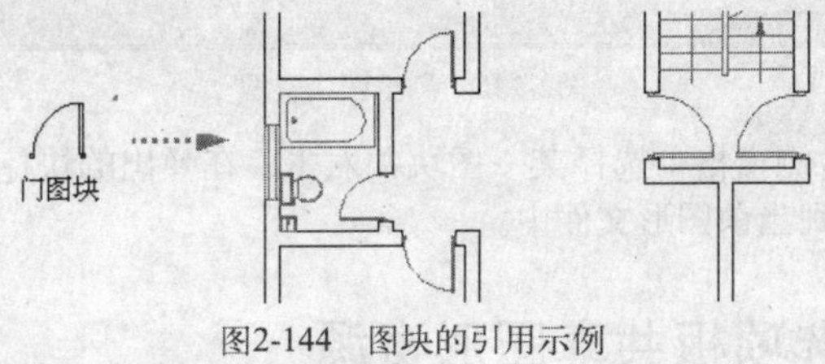

图2-144 图块的引用示例

2.7.3 使用设计中心共享图形资源

“设计中心”是AutoCAD软件的一个高级制图工具，主要用于CAD图形资源的管理、查看与共享等，与Windows的资源管理器界面功能相似，是一个直观、高效的制图工具。执行“设计中心”命令主要有以下几种方式。

- 执行菜单栏中的“工具”|“选项板”|“设计中心”命令。
- 单击“标准”工具栏上的按钮。
- 在命令行输入Adcenter或ADC。
- 按组合键Ctrl+2。

用户不但可以随意查看本机上的所有设计资源，还可以将有用的图形资源以及图形的一些内部资源应用到自己的图纸中，具体操作过程如下。

Step 01 执行“设计中心”命令，打开“设计中心”窗口，在左侧树状窗格中查找并定位所需文件的上一级文件夹，然后在右侧窗格中定位所需文件。

Step 02 此时在此文件图标上右击，从弹出的快捷菜单中选择“插入为块”命令，如图2-145所示。

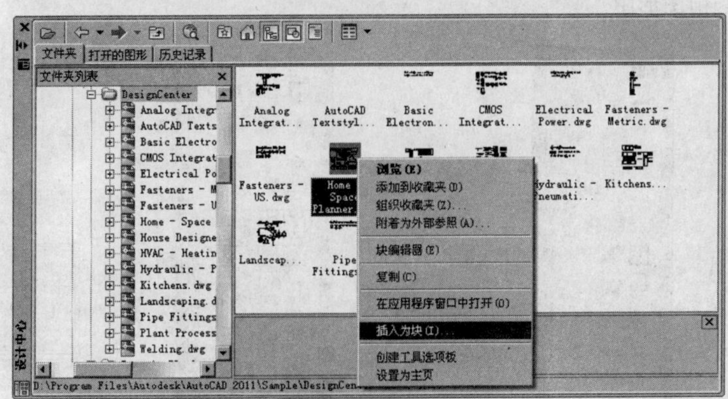

图2-145 共享文件

Step 03 此时系统弹出“插入”对话框，根据实际需要，在此对话框中设置所需参数，单击 确定 按钮，即可将选择的图形共享到当前文件中。

Step 04 共享文件内部的资源，首先定位并打开所需文件中的内部资源，如图2-146所示。

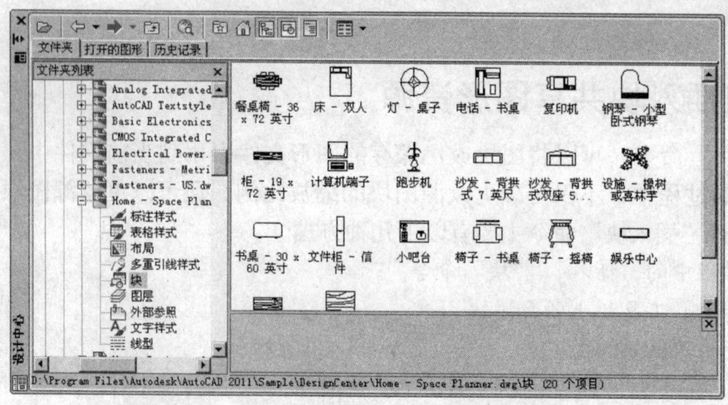

图2-146　浏览图块资源

Step 05 在“设计中心”右侧窗格中选择某一图块并右击，在弹出的快捷菜单中选择“插入块”命令，就可以将此图块插入到当前图形文件中。

2.7.4 使用工具选项板共享图形资源

工具选项板主要有组织、共享图形资源和高效执行命令的功能，其窗口则包含一系列选项板，这些选项板以选项卡的形式分布在“工具选项板”窗口中。执行“工具选项板”命令主要有以下几种方式。

- 执行菜单栏中的“工具”|“选项板”|“工具选项板”命令。
- 单击“标准”工具栏上的按钮。
- 在命令行输入Toolpalettes。
- 按组合键Ctrl+3。

下面以向文件中插入图块为例，学习“工具选项板”的使用方法和技巧，操作步骤如下。

Step 01 执行“工具选项板”命令，在打开的“工具选项板”窗口中展开“建筑”选项卡，如图2-147所示。

Step 02 在“建筑”选项卡中单击“车辆-公制”图标，然后在命令行“指定插入点或 [基点(B)/比例(S)/X/Y/Z/旋转(R)]:”提示下，在绘图区拾取一点，将图例插入到当前文件内，结果如图2-148所示。

Step 03 另外，用户也可以将光标定位到“铝窗（立面图）-公制”图例上，然后按住鼠标左键不放，将其拖入到当前图形中。

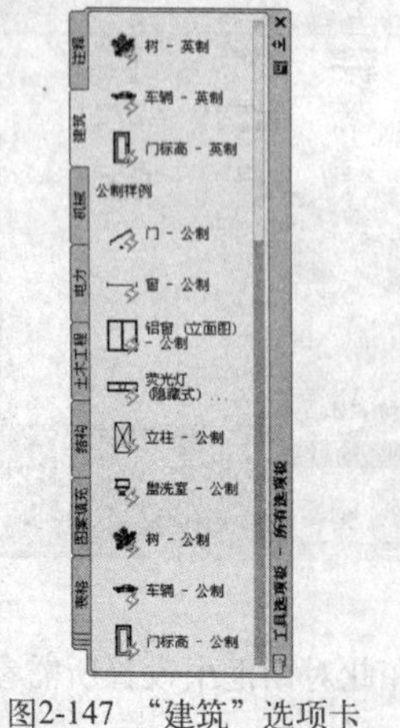

图2-147　“建筑”选项卡

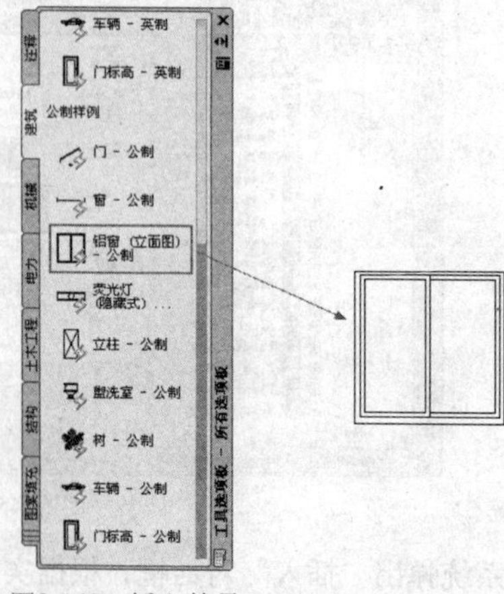

图2-148　插入结果

Chapter

建筑室内装饰装潢图块设计

在建筑室内装饰装潢设计中，常常需要很多建筑图块，这些图块包括门、窗、家具（床组合、沙发组合、橱柜组合、桌椅组合等）、灯具（吊灯、壁灯、台灯、射灯等各种照明设施）、电器（电视、音响等）、厨房用具（锅碗瓢盆、灶具等）、卫生间洁具（马桶、洗手池、淋浴器、浴池等）以及各种摆件等，从表现形式上来分，这些构件有平面图和立面图。一般情况下，可以根据具体尺寸要求，事先绘制出这些建筑构件的平面图或立面图，将其创建为图块，再直接插入到室内装饰装潢平面布置图中，这样不仅提高了作图速度，同时也能保证绘制的设计图更精准。

这一章主要来学习常用建筑构件的绘制方法和技巧，为后面绘制大型建筑室内装饰装潢设计图纸奠定基础。

重点知识导读

- 绘制门图例
- 绘制窗图例
- 绘制床、沙发图例
- 绘制橱柜图例
- 绘制洁具图例

3.1 绘制门图例

在建筑室内装饰装潢中，门是必不可少的建筑设计构件，门不仅有其使用功能，例如便于通行、分割空间等，同时门还具有装点室内环境、表现居住品位等作用。

门的种类很多，从样式上来分，常见的有单开门、双开门、推拉门、隐形门等；从制造材料和工艺上来说，有玻璃工艺门、实木门、复合实木门、膜压木门、雕花实木门、铁艺工艺门、塑钢门、铝合金门等。根据室内空间大小和用途，不同空间使用不同类型和工艺的门，不同空间所用门的尺寸也有所不同，各空间门的常用尺寸如下。

- 室内门：宽800~950mm；高度有1900mm、2000mm、2100mm、2200mm、2400mm等。
- 厕所、厨房门：宽800mm、900mm；高度有1900mm、2000mm、2100mm三种。

在建筑室内装饰装潢设计中，常用的门图例有平面门图例、立面门图例和三维造型门图例。如图3-1所示，依次是平面门图例、立面门图例和三维造型门图例。

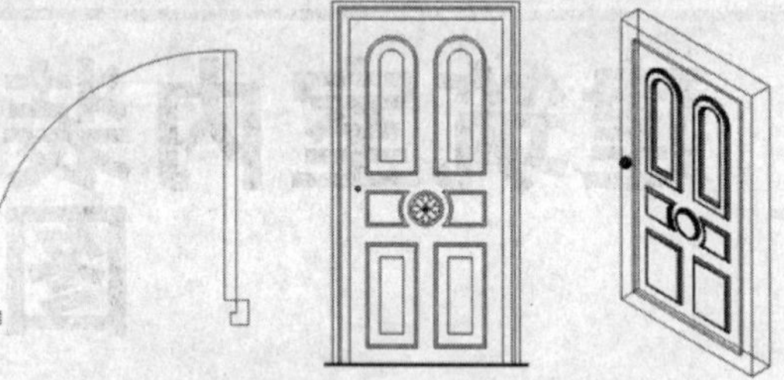

图3-1　建筑室内装饰装潢设计中常用的门图例

这一节学习绘制玻璃工艺双开门立面图例、实木工艺单开门立面图例、中式单开门立面图例和三扇推拉门立面图例。

3.1.1 绘制单开门平、立面图例

这一节学习绘制单开门平、立面图例，该单开门尺寸为：宽度950mm、高度2200mm，绘制结果如图3-2所示。

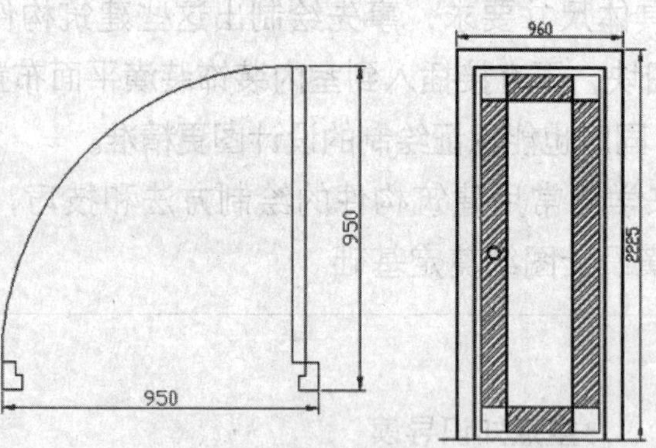

图3-2　单开门平面和立面图例

1. 绘制单开门平面图例

下面学习绘制单开门平面图例。

- 知识要点："分解"、"镜像"、"圆弧"命令。
- 操作要点：创建新图形并设置绘图界限；运用"矩形"、"镜像"等命令绘制并镜像门垛；运用"矩形"、"圆弧"等命令绘制门扇和门扇的开启方向。

在绘制单开门平面图例时，可参照如下操作步骤。

Step 01 执行菜单栏中的“文件”|“新建”命令，在打开的“新建”对话框中选择“acadISO-Named Plot Styles.dwt”文件，快速创建新图形文件。

Step 02 执行菜单栏中的“格式”|“图形界限”命令，将绘图界限设置为1200×1200，命令行操作如下。

命令: '_limits
重新设置模型空间界限:
指定左下角点或 [开(ON)/关(OFF)] <260.6014,161.0531>:　//在绘图区拾取一点
指定右上角点 <420.0000,297.0000>:　//1200,1200 Enter

Step 03 继续执行菜单栏中的“视图”|“缩放”|“全部”命令，将绘图区域最大化显示。

Step 04 执行菜单栏中的“工具”|“草图设置”命令，在打开的“草图设置”对话框中进入“对象捕捉”选项卡，然后设置捕捉模式为“端点”和“中点”捕捉，并启用状态栏上的对象捕捉功能。

Step 05 单击“绘图”工具栏上的“矩形”按钮，执行“矩形”命令，在绘图区绘制矩形，命令行操作如下。

命令: _rectang
指定第一个角点或 [倒角(C)/标高(E)/圆角(F)/厚度(T)/宽度(W)]:　//在绘图区拾取一点
指定另一个角点或 [面积(A)/尺寸(D)/旋转(R)]: //@60,80 Enter，绘制一个矩形，如图3-3所示

Step 06 单击“修改”工具栏上的“分解”按钮，激活“分解”命令，将绘制的矩形分解成4条独立的线段，命令行操作如下。

命令: _explode
选择对象:　//单击绘制的矩形
选择对象:　// Enter，将矩形分解

Step 07 单击“修改”工具栏上的“偏移”按钮，执行“偏移”命令，将矩形左垂直边和下水平边分别向右边和上边偏移40个绘图单位，命令行操作如下。

命令: _offset
当前设置: 删除源=否 图层=源 OFFSETGAPTYPE=0
指定偏移距离或 [通过(T)/删除(E)/图层(L)] <1.0000>:　//40 Enter
选择要偏移的对象，或 [退出(E)/放弃(U)] <退出>:　//选择矩形的左垂直边
指定要偏移的那一侧上的点，或 [退出(E)/多个(M)/放弃(U)] <退出>:　//在其右侧拾取一点
选择要偏移的对象，或 [退出(E)/放弃(U)] <退出>:　//选择矩形的下水平边
指定要偏移的那一侧上的点，或 [退出(E)/多个(M)/放弃(U)] <退出>:　//在其上侧拾取一点
选择要偏移的对象，或 [退出(E)/放弃(U)] <退出>:　// Enter，偏移结果如图3-4所示

Step 08 单击“修改”工具栏上的“修剪”按钮，执行“修剪”命令，对偏移的图线进行修剪，以修剪出门垛，结果如图3-5所示。

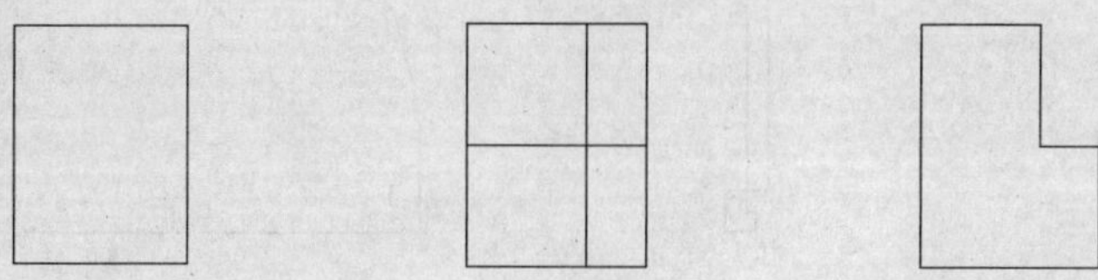

图3-3　绘制的矩形　　图3-4　偏移结果　　图3-5　修剪结果

01 Chapter
02 Chapter
03 Chapter
04 Chapter
05 Chapter
06 Chapter
07 Chapter
08 Chapter
09 Chapter
10 Chapter

有关修剪图线的操作方法，请参阅本书2.5.1节的相关讲解，在此不做详细介绍。

Step 09 单击“修改”工具栏上的“镜像”按钮，激活“镜像”命令，对修剪后的门垛进行镜像，命令行操作如下。

命令: _mirror
选择对象:　　　　//使用窗口选择方式选取所有门垛图线
选择对象:　　　　// Enter，结束对象的选择
指定镜像线的第一点: _from 基点:<偏移>:　　　　//按住Shift键右击，在弹出的快捷菜单中选择“自”命令，然后在绘图区捕捉门垛左下角点，输入@475,0 Enter
指定镜像线的第二点:　　　　//@0,1 Enter
是否删除源对象？[是(Y)/否(N)] <N>:　　　　// Enter，镜像结果如图3-6所示

Step 10 再次执行“矩形”命令，配合“端点”捕捉功能，捕捉左门垛的端点1和右门垛的端点2，绘制矩形作为门框，如图3-7所示。

图3-6　镜像后的门垛

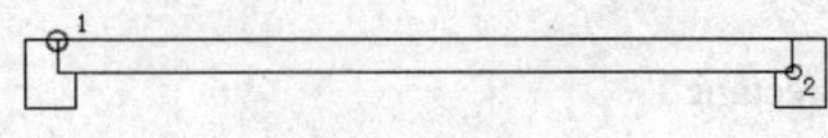

图3-7　绘制门框

Step 11 单击“修改”工具栏上的“旋转”按钮，激活“旋转”命令，将绘制的门框进行旋转，命令行操作如下。

命令: _rotate
UCS 当前的正角方向: ANGDIR=逆时针 ANGBASE=0
选择对象: 指定对角点: 找到 1 个　　　　//单击绘制的矩形门框
选择对象:　　　　// Enter，结束对象的选择
指定基点:　　　　//捕捉矩形右上角点
指定旋转角度或 [参照(R)]:　　　　//-90 Enter，旋转结果如图3-8所示

Step 12 执行菜单栏中的“绘图”|“圆弧”|“起点、圆心、端点”命令，执行“圆弧”命令，绘制单开门的开启方向，命令行操作如下。

命令: _arc
指定圆弧的起点或 [圆心(C)]:　　　　//捕捉矩形的左上角点
指定圆弧的第二个点或 [圆心(C)/端点(E)]: _c 指定圆弧的圆心:　　　　//捕捉矩形的左角点
指定圆弧的端点或 [角度(A)/弦长(L)]:　　　　//捕捉左侧门垛的左上角点，绘制结果如图3-9所示

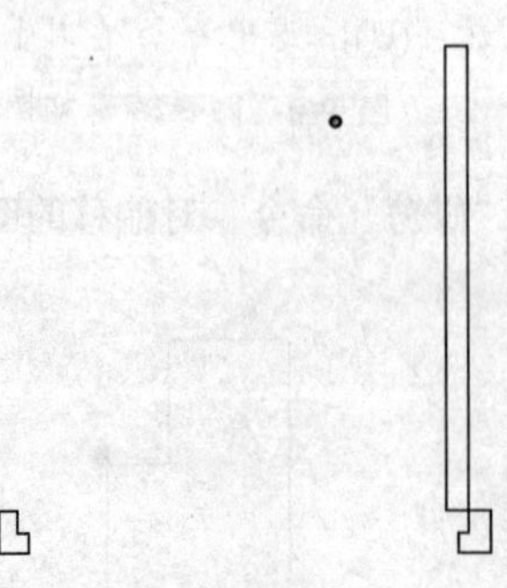
图3-8　旋转门框

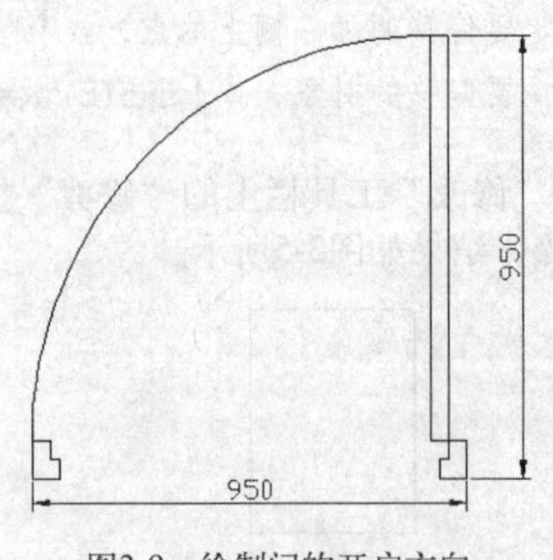

图3-9　绘制门的开启方向

Step 13 至此平面单开门图例绘制完毕，使用“另存为”命令将该图形命名为“单开门平面图例.dwg”文件并保存。

2. 绘制单开门立面图例

下面继续学习绘制单开门立面图例。

- 知识要点：“多线”、“矩形”、“圆环”、“图案填充”、“偏移”和“修剪”等命令的综合运用。
- 操作要点：运用“多线”命令绘制单开门的门套及门的边外框；运用“矩形”命令绘制单开门的内边框；运用“圆环”命令绘制单开门的拉手；运用“图案填充”、“偏移”、“修剪”等命令对门进行综合编辑。

操作步骤

Step 01 重新创建新的图形文件，设置图形界限为3500×1500，并启用状态上的“正交”功能。

Step 02 执行菜单栏中的“绘图”|“多线”命令，配合“正交”功能，绘制门套边框，命令行操作如下。

```
命令: _mline
    当前设置: 对正 = 上，比例 = 20.00，样式 = STANDARD
    指定起点或 [对正(J)/比例(S)/样式(ST)]:        //S Enter
    输入多线比例 <20.00>:                        //5 Enter
    当前设置: 对正 = 上，比例 = 5.00，样式 = STANDARD
    指定起点或 [对正(J)/比例(S)/样式(ST)]:        //在绘图区任取一点 Enter
    指定下一点:                                  //向上引导光标，输入2225 Enter
    指定下一点或 [放弃(U)]:                       //向右引导光标，输入960 Enter
    指定下一点或 [闭合(C)/放弃(U)]:               //向下引导光标，输入2225 Enter
    指定下一点或 [闭合(C)/放弃(U)]:               // Enter，绘制结果如图3-10所示
```

Step 03 直接按键盘上的Enter键，重复执行“多线”命令，配合“自”功能和“正交”功能，绘制门扇外边框，命令行操作如下。

```
命令: MLINE
    当前设置: 对正 = 上，比例 = 5.00，样式 = STANDARD
    指定起点或 [对正(J)/比例(S)/样式(ST)]: _from 基点: <偏移>:        //按住Shift键右击，选择快
捷菜单中的“自”命令，然后捕捉门套边框的左下侧的外角点，输入@100,0 Enter
    指定下一点:                          //@0,2125 Enter
    指定下一点或 [放弃(U)]:               //@760,0 Enter
    指定下一点或 [闭合(C)/放弃(U)]:       //@0,-2125 Enter
    指定下一点或 [闭合(C)/放弃(U)]:       // Enter，绘制结果如图3-11所示
```

Step 04 在命令行输入REC并按Enter键，激活“矩形”命令，配合“自”功能，继续绘制门扇的内边框，命令行操作如下。

```
命令: _rectang
    指定第一个角点或 [倒角(C)/标高(E)/圆角(F)/厚度(T)/宽度(W)]: _from 基点: <偏移>:
                        //激活“自”功能，捕捉门扇内边框的左下侧外角点，输入@40,40 Enter
    指定另一个角点或 [尺寸(D)]:       //@680,2045 Enter，结果如图3-12所示
```

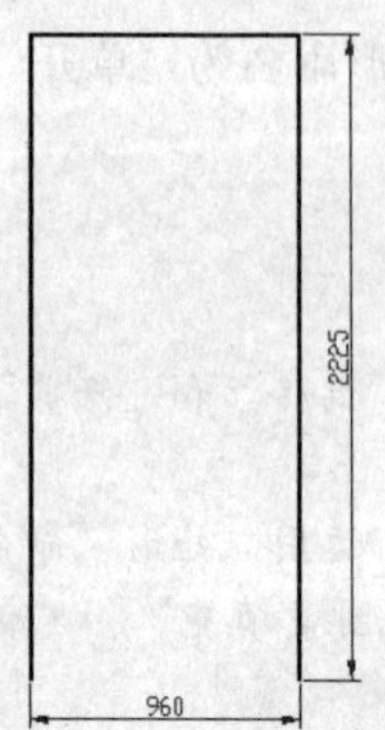

图3-10　绘制门套边框

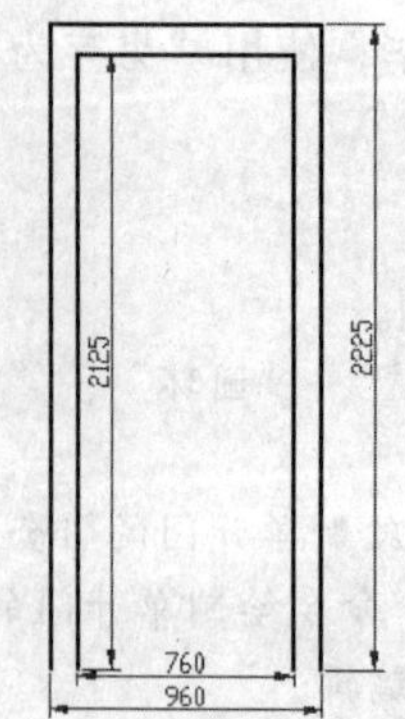

图3-11　绘制门扇外边框

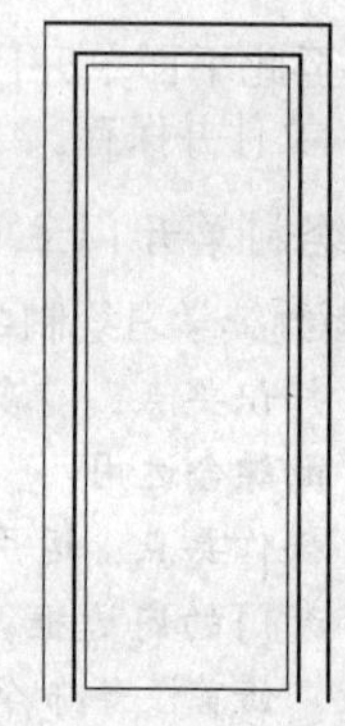

图3-12　绘制门扇内边框

Step 05 使用“分解”命令将绘制的矩形分解，然后在命令行中输入ML并按Enter键，再次执行“多线”命令，并配合“自”功能绘制门扇下部的水平拉槽，命令行操作如下。

```
命令: ML                    // Enter
    MLINE
    当前设置: 对正 = 上，比例 = 5.00，样式 = STANDARD
    指定起点或 [对正(J)/比例(S)/样式(ST)]: _from 基点: <偏移>:
                            //激活“自”功能，捕捉矩形的左下角点，输入@0,150 Enter
    指定下一点:              //@680,0 Enter，结果如图3-13所示
```

Step 06 参照上述方法，根据相同参数，配合“自”功能，绘制其余的拉槽，结果如图3-14所示。

Step 07 单击“绘图”工具栏上的“圆”按钮，激活“圆”命令，配合“自”功能和“中点”捕捉功能，绘制门扇的拉手外环，命令行操作如下。

```
命令: _circle
    指定圆的圆心或 [三点(3P)/两点(2P)/相切、相切、半径(T)]: _from基点: <偏移>:
                            //激活“自”功能，捕捉矩形左垂直边的中点，输入@75,0 Enter
    指定圆的半径或 [直径(D)]: //40 Enter
```

Step 08 单击“修改”工具栏上的“偏移”按钮，激活“偏移”命令，将圆向内侧偏移10个绘图单位，作为门扇拉手的内环。

Step 09 执行菜单栏中的“修改”|“对象”|“多线”命令，在打开的“编辑多线工具”对话框中选择“十字打开”选项，返回到绘图区，单击水平多线，再次单击垂直多线，对多线进行编辑。

Step 10 在命令行中输入PL并按Enter键，激活“多段线”命令，设置线宽为5个绘图单位，连接门套外边框的两个下角点，作为地平示意线，命令行操作如下。

```
命令: PL                    // Enter
    PLINE
    指定起点:                //捕捉门外套左下外角点
    当前线宽为 5.0000
    指定下一个点或 [圆弧(A)/半宽(H)/长度(L)/放弃(U)/宽度(W)]:
                            //W Enter，激活“宽度”选项
    指定起点宽度 <5.0000>:   // Enter
    指定端点宽度 <5.0000>:   // Enter
    指定下一个点或 [圆弧(A)/半宽(H)/长度(L)/放弃(U)/宽度(W)]:   //捕捉门外套右下外角点
```

```
指定下一点或 [圆弧(A)/闭合(C)/半宽(H)/长度(L)/放弃(U)/宽度(W)]:
                                  // Enter，结束操作，效果如图3-15所示
```

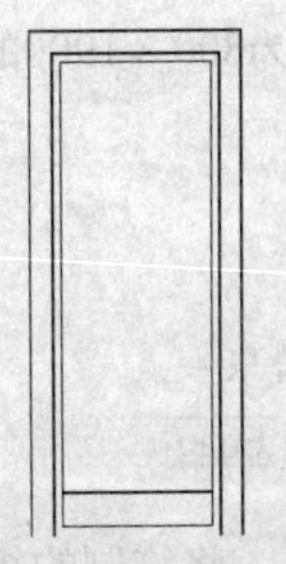
图3-13 绘制水平拉槽

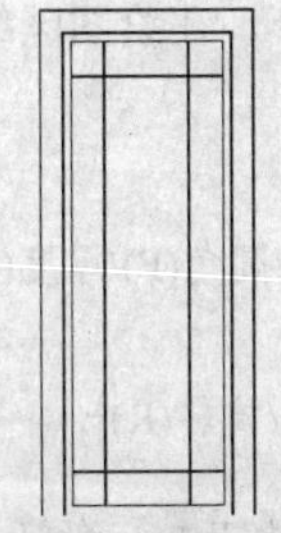
图3-14 绘制其他拉槽

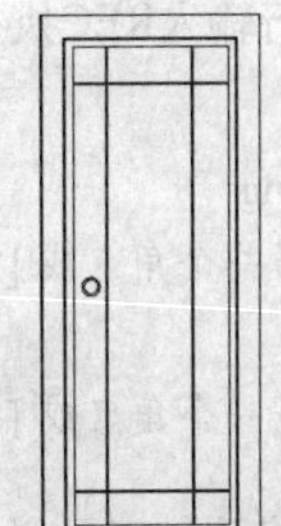
图3-15 绘制地平示意线

Step 11 执行菜单栏中的“修改”|“拉长”命令，将地平示意线两端分别拉长100个绘图单位，命令行操作如下。

```
命令: LENGTHEN
  选择对象或 [增量(DE)/百分数(P)/全部(T)/动态(DY)]:   //DE Enter
  输入长度增量或 [角度(A)] <0.0000>:                  //100 Enter
  选择要修改的对象或 [放弃(U)]:                       //在地面示意线的左端单击
  选择要修改的对象或 [放弃(U)]:                       //在地面示意线的右端单击
  选择要修改的对象或 [放弃(U)]:                       // Enter，结果如图3-16所示
```

Step 12 单击“绘图”工具栏上的“图案填充”按钮，激活“图案填充”命令，在打开的“图案填充和渐变色”对话框中选择填充图案为“STEEL”，设置“比例”为12。

Step 13 单击对话框中的“添加:拾取点”按钮返回到绘图区，在门扇要填充的区域单击拾取填充区域，然后按Enter键回到“图案填充和渐变色”对话框，单击确定按钮确认，填充结果如图3-17所示。

Step 14 至此，单开门立面图例绘制完毕，使用“另存为”命令将该图形命名为“单开门立面图例.dwg”文件并保存。

图3-16 拉长地平示意线 图3-17 填充结果

3.1.2 绘制玻璃工艺单开门立面图例

这一节继续学习绘制玻璃工艺单开门立面图例，该立面门尺寸为：宽度800mm、高度1900mm，绘制结果如图3-18所示。

- 知识要点：“矩形”、“偏移”、“阵列”和“修剪”命令。
- 操作要点：运用“矩形”与“偏移”命令绘制内外门框；运用“矩形”和“阵列”命令绘制支撑；运用“修剪”命令编辑支撑。

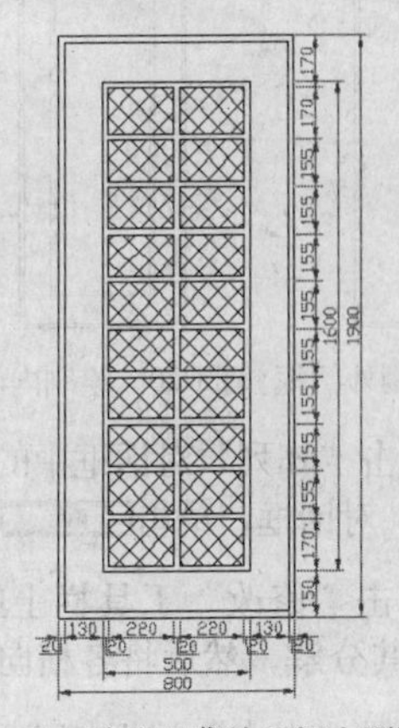
图3-18 玻璃工艺单开门立面图例

操作步骤

Step 01 执行菜单栏中的“文件”|“新建”命令，快速创建一个新图形文件，然后设置图形界限为1500×3000，并将绘图区域最大化显示。

有关设置图形界限与视图最大化显示的方法，请参阅本书第2章相关章节的详细讲解，在此不做详细介绍。

Step 02 在命令行输入REC执行“矩形“命令，在绘图区绘制一个尺寸为800×1900的矩形，命令行操作如下。

```
命令: _rectang
    指定第一个角点或 [倒角(C)/标高(E)/圆角(F)/厚度(T)/宽度(W)]:
                                              //在绘图区拾取一点
    指定另一个角点或 [面积(A)/尺寸(D)/旋转(R)]:      //@800,1900 Enter
```

Step 03 单击“修改”工具栏上的“偏移”按钮，激活“偏移”命令，将绘制的矩形向内侧偏移20个绘图单位作为外门框，命令行操作如下。

```
命令: _offset
    当前设置: 删除源=否  图层=源  OFFSETGAPTYPE=0
    指定偏移距离或 [通过(T)/删除(E)/图层(L)] <1.0000>:      //20 Enter
    选择要偏移的对象，或 [退出(E)/放弃(U)] <退出>:      //单击绘制的矩形
    指定要偏移的那一侧上的点，或 [退出(E)/多个(M)/放弃(U)] <退出>: //在矩形内部拾取一点
    选择要偏移的对象，或 [退出(E)/放弃(U)] <退出>:
                                    // Enter，偏移后的外门框结果如图3-19所示
```

Step 04 重复运用“偏移”命令，将组成外门框的两个矩形再次向内侧偏移150个绘图单位作为内门框，结果如图3-20所示。

Step 05 再次在命令行输入REC执行“矩形”命令，配合“自”功能绘制横向支撑，命令行操作如下。

```
命令: _rectang
    指定第一个角点或 [倒角(C)/标高(E)/圆角(F)/厚度(T)/宽度(W)]: _from 基点: <偏移>:
                    //激活“自”功能，捕捉内门框内侧的左下角点，输入@0,150 Enter
    指定另一个角点或 [面积(A)/尺寸(D)/旋转(R)]:      //@460,20 Enter，绘制效果如图3-21所示
```

Step 06 单击“修改”工具栏上的“阵列”按钮，打开“阵列”对话框，设置参数如图3-22所示。

图3-19 绘制外门框 图3-20 绘制内门框 图3-21 绘制横向支撑

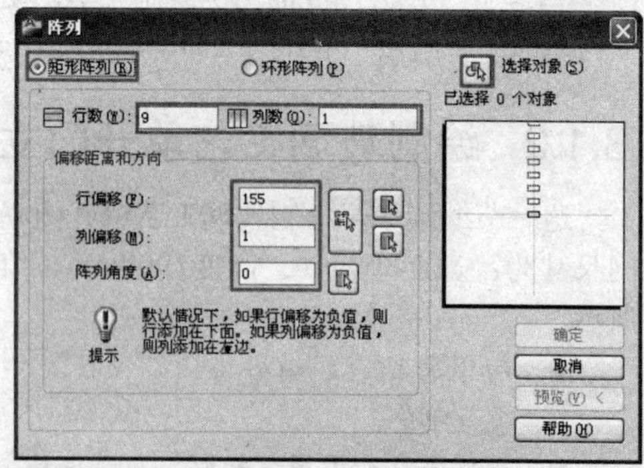

图3-22 设置阵列参数

Step 07 单击“阵列”对话框中的“选择对象”按钮返回到绘图区，单击选择横向支撑，按Enter键回到“阵列”对话框，单击 确定 按钮确认，将横向支撑向上阵列9个，结果如图3-23所示。

Step 08 单击“修改”工具栏上的“分解”按钮，激活“分解”命令，选择所有横向支撑，按Enter键将其分解，然后将各横向支撑两边的垂直边删除。

Step 09 设置“中点”捕捉模式，在命令行输入L并按Enter键执行“直线”命令，以内门框内侧矩

形上、下边的中点作为起始点，绘制一条直线，如图3-24所示。

Step 10 激活“偏移”命令，将绘制的直线向两侧分别偏移10个绘图单位，然后将该直线删除，结果如图3-25所示。

Step 11 在命令行输入TR激活“修剪”命令，以两条垂直直线作为修剪边，对横向支撑的水平边和内门框内侧的矩形水平边进行修剪。

Step 12 继续使用“修剪”命令，以横向支撑的水平边作为修剪边，对两条垂直直线和内门框内侧的矩形垂直边进行修剪，以修剪出玻璃。

Step 13 单击“绘图”工具栏上的“图案填充”按钮，在打开的“图案填充和渐变色”对话框中选择“ANSI37”填充图案，设置“比例”为15。

Step 14 单击“添加:拾取点”按钮返回到绘图区，分别在修剪后形成的矩形区域内单击拾取填充范围，对玻璃进行填充，结果如图3-26所示。

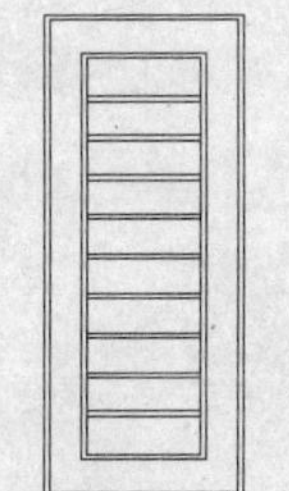

图3-23 阵列横向支撑

图3-24 绘制直线

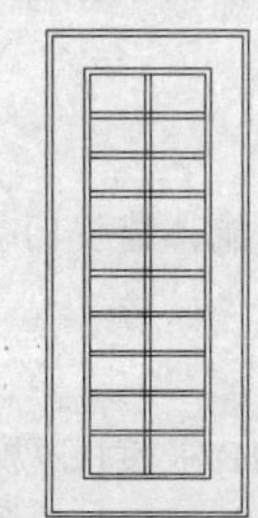

图3-25 偏移直线

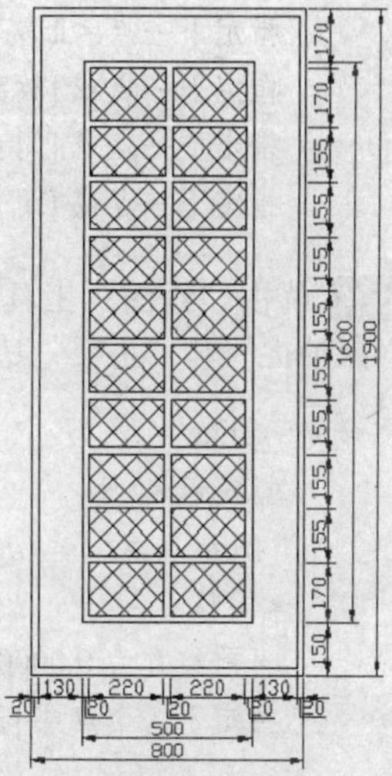

图3-26 填充结果

Step 15 激活“保存”命令，将图形保存为“玻璃工艺单开门立面图例.dwg”文件。

3.1.3 绘制实木工艺单开门立面图例

这一节继续学习绘制实木工艺单开门立面图例，该立面门尺寸为：宽度1100mm、高度2100mm，绘制结果如图3-27所示。

- 知识要点：“矩形”、“多段线”、“椭圆”、“圆”、“圆环”、“阵列”、“镜像”、“偏移”和“修剪”等命令的综合运用。
- 操作要点：运用“矩形”和“偏移”命令绘制门套的内、外边框；运用“多段线”命令绘制木艺门上部的实木线条；运用“圆”、“椭圆”和“阵列”命令绘制木艺门实木雕花的花瓣；运用“圆环”命令绘制木艺门的拉手；运用“镜像”、“偏移”、“修剪”等命令对门进行综合编辑。

操作步骤

Step 01 单击“标准”工具栏上的“新建”按钮，创建新图形文件，然后设置图形界限为2000×4000，并将绘图区域最大化显示。

图3-27 实木工艺单开门立面图例

Step 02 在命令行中输入命令简写REC激活“矩形”命令，在绘图区绘制1100×2100的矩形作为门套的外边框。

Step 03 执行菜单栏中的“绘图”|“多线”命令，配合“自”功能、“对象捕捉”和“正交”功能，绘制门套的装饰线条，命令行操作如下。

```
命令: _mlin
    当前设置: 对正 = 上，比例 = 20.00，样式 = STANDARD
    指定起点或 [对正(J)/比例(S)/样式(ST)]:            //S Enter
    输入多线比例 <20.00>:                          //15 Enter
    当前设置: 对正 = 上，比例 = 15.00，样式 = STANDARD
    指定起点或 [对正(J)/比例(S)/样式(ST)]:
    _from 基点:                                  //激活"自"功能，捕捉门套外边框左下角点
    <偏移>:                                      //@30,0 Enter
    指定下一点:<正交 开>                           //向上引导光标，输入2070 Enter
    指定下一点或 [放弃(U)]:                        //向右引导光标，输入1040 Enter
    指定下一点或 [闭合(C)/放弃(U)]:                 //向下引导光标，输入2070 Enter
    指定下一点或 [闭合(C)/放弃(U)]:                 // Enter，绘制结果如图3-28所示
```

Step 04 单击"绘图"工具栏上的"多段线"按钮，激活"多段线"命令，配合"自"功能、"对象捕捉"和"正交"功能，绘制门套的内边框，命令行操作如下。

```
命令: _pline
    指定起点:
    _from 基点:        //激活"自"功能，捕捉门套外边框左下角的角点
    <偏移>:            //@55,0 Enter
    当前线宽为 0.0000
    指定下一个点或 [圆弧(A)/半宽(H)/长度(L)/放弃(U)/宽度(W)]:
                      //向上引导光标，输入2000 Enter
    指定下一点或 [圆弧(A)/闭合(C)/半宽(H)/长度(L)/放弃(U)/宽度(W)]:
                      //向右引导光标，输入900 Enter
    指定下一点或 [圆弧(A)/闭合(C)/半宽(H)/长度(L)/放弃(U)/宽度(W)]:
                      //向下引导光标，输入2000 Enter
    指定下一点或 [圆弧(A)/闭合(C)/半宽(H)/长度(L)/放弃(U)/宽度(W)]:
                      // Enter，结果如图3-29所示
```

Step 05 单击"绘图"工具栏上的"矩形"按钮，激活"矩形"命令，配合"自"功能，以距A点坐标为"@100,100"的点作为起点，绘制300×600的矩形作为门扇下部的装饰木线，如图3-30所示。

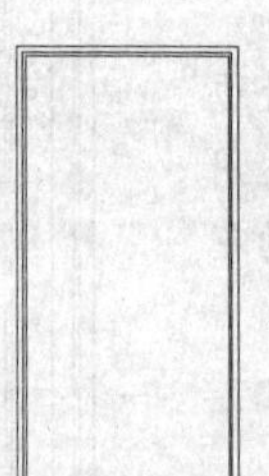

图3-28　绘制门套装饰线

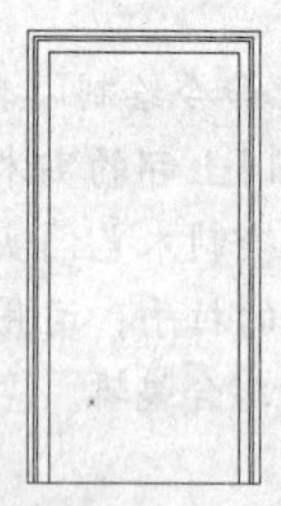

图3-29　绘制门套内边框

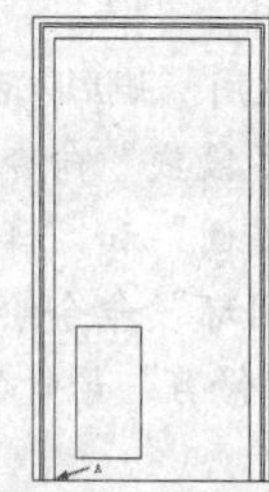

图3-30　绘制矩形

Step 06 在命令行中输入命令简写O激活"偏移"命令，将绘制的矩形分别向内侧偏移15和80个绘图单位。

Step 07 继续使用"矩形"命令，配合"自"功能，以距B点坐标为"@0,100"的点作为起点，绘制300×200的矩形作为门扇中部的装饰木线，如图3-31所示。

Step 08 使用"偏移"命令，将绘制的矩形向内侧偏移15个绘图单位，然后激活"多段线"命令，

配合“自”功能绘制门扇上部装饰线的外边框，命令行操作如下。

命令: _pline
指定起点: //激活“自”功能，捕捉中部装饰线左上角点
_from 基点: <偏移>: //@0,100 Enter
当前线宽为 0.0000
指定下一个点或 [圆弧(A)/半宽(H)/长度(L)/放弃(U)/宽度(W)]: //向右引导光标，输入300 Enter
指定下一点或 [圆弧(A)/闭合(C)/半宽(H)/长度(L)/放弃(U)/宽度(W)]:
//向上引导光标，输入650 Enter
指定下一点或 [圆弧(A)/闭合(C)/半宽(H)/长度(L)/放弃(U)/宽度(W)]:
//A Enter，激活画弧模式
指定圆弧的端点或[角度(A)/圆心(CE)/闭合(CL)/方向(D)/半宽(H)/直线(L)/半径(R)/第二个点(S)/放弃(U)/ 宽度(W)]: //A Enter，激活“角度”选项
指定包含角: //180 Enter
指定圆弧的端点或 [圆心(CE)/半径(R)]: //R Enter，激活“半径”选项
指定圆弧的半径: //150 Enter
指定圆弧的弦方向 <90>: //180 Enter
指定圆弧的端点或[角度(A)/圆心(CE)/闭合(CL)/方向(D)/半宽(H)/直线(L)/半径(R)/第二个点(S)/放弃(U)/ 宽度(W)]: //L Enter，转入画线模式
指定下一点或 [圆弧(A)/闭合(C)/半宽(H)/长度(L)/放弃(U)/宽度(W)]:
//C Enter，闭合图线，结果如图3-32所示

Step 09 激活“偏移”命令，将绘制的多段线向内侧分别偏移15和80个绘图单位，作为门扇上部装饰线的外边框，效果如图3-33所示。

Step 10 在命令行输入C激活“圆”命令，配合对象追踪功能和“中点”捕捉功能，分别由中点D和中点E引出追踪虚线，以追踪虚线的交点作为圆心，绘制半径为100个绘图单位的圆，作为实木雕花的外边框，结果如图3-34所示。

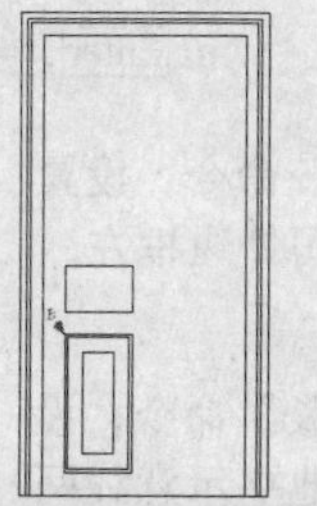
图3-31 绘制矩形

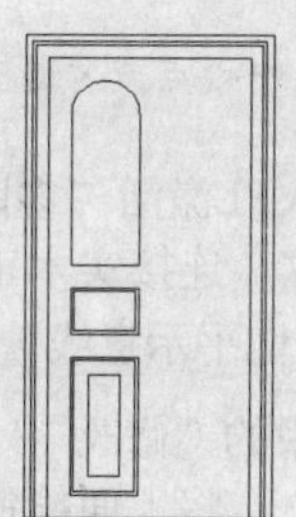
图3-32 绘制多段线

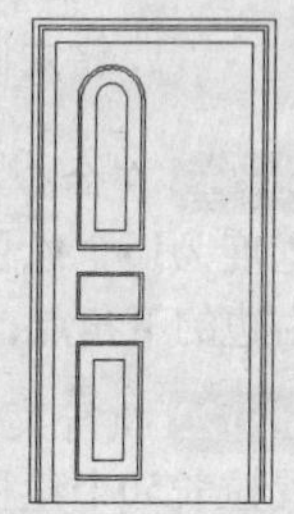
图3-33 偏移多段线

Step 11 执行“偏移”命令，将绘制的圆向内侧偏移15个绘图单位，向外侧偏移40和55个绘图单位，结果如图3-35所示。

Step 12 单击“修改”工具栏上的“修剪”按钮，对中部的矩形框和圆进行修剪，结果如图3-36所示。

Step 13 在命令行输入MI激活“镜像”命令，以门套边框的上、下边中点为镜像基点，将门扇左侧图形进行镜像复制。

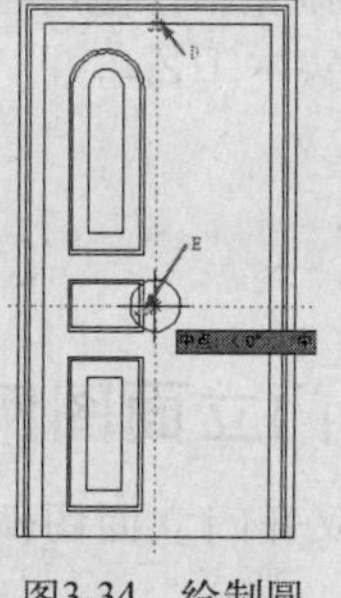
图3-34 绘制圆

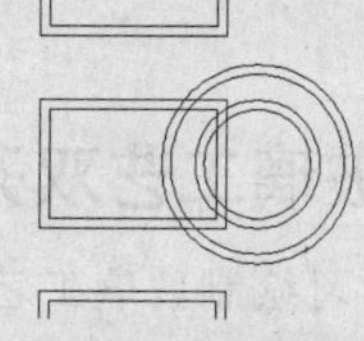
图3-35 偏移圆

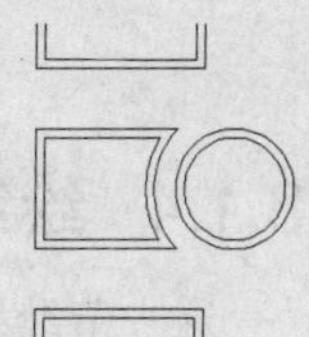
图3-36 修剪图形

Step 14 单击“绘图”工具栏上的“椭圆”按钮，激活“椭圆”命令，配合“象限点”捕捉和“圆心”捕捉，在修剪后的圆内绘制椭圆，命令行操作如下。

命令: _ellipse
指定椭圆的轴端点或 [圆弧(A)/中心点(C)]: //捕捉内侧圆的上象限点

指定轴的另一个端点: //捕捉圆心

指定另一条半轴长度或 [旋转(R)]: //20 Enter，绘制椭圆如图3-37所示

Step 15 在命令行输入命令简写AR激活“阵列”命令，在打开的“阵列”对话框中选择“环形阵列”单选按钮，然后单击“中心点”右侧的“拾取中心点”按钮，返回到绘图区，捕捉圆心。

Step 16 此时系统再次返回到“阵列”对话框，设置“数目”为8，单击“阵列”对话框中的“选择对象”按钮返回到绘图区，单击选择绘制的椭圆，按Enter键返回到“阵列”对话框，单击 确定 按钮确认，对绘制的椭圆进行阵列，结果如图3-38所示。

Step 17 在命令行输入命令简写TR激活“修剪”命令，对阵列后的椭圆进行修剪，以制作出实木雕花图案效果，结果如图3-39所示。

图3-37 绘制椭圆

图3-38 阵列椭圆

图3-39 修剪后的效果

Step 18 执行菜单栏中的“绘图”|“圆环”命令，配合“自”功能，绘制门的拉手，命令行操作如下。

命令: _donut

指定圆环的内径 <10.0000>: //20 Enter

指定圆环的外径 <20.0000>: //30 Enter

指定圆环的中心点或 <退出>:

_from 基点: //激活“自”功能，捕捉门套内边框左边的中点

<偏移>: //@50,15 Enter

指定圆环的中心点或 <退出>: // Enter，绘制结果如图3-40所示

Step 19 在命令行输入PL激活“多段线”命令，设置宽度为15个绘图单位，连接实木工艺门外边框左、右边的下角点，绘制地平示意线。

Step 20 执行菜单栏中的“修改”|“拉长”命令，设置拉长50个绘图单位，将上面绘制的地平示意线两端分别拉长，最终结果如图3-41所示。

Step 21 至此，实木工艺单开立面门绘制完毕，使用“另存为”命令，将该图形存储为“实木工艺单开门立面图例.dwg”文件。

图3-40 绘制拉手

图3-41 绘制地平线

3.1.4 绘制玻璃工艺双开门立面图例

这一节继续学习绘制玻璃工艺双开门立面图例，该立面门尺寸为：宽度1600mm、高度2000mm，绘制结果如图3-42所示。

- 知识要点：“矩形”、“圆”、“圆弧”、“偏移”、“修剪”、“镜像”和“图案填充”命令的综合运用。
- 操作要点：运用“矩形”和“偏移”命令绘制门扇内部的外、内边框；运用“圆”命令绘制装饰圆环；运用“圆弧”命令绘制圆弧部分；运用“图案填充”命令综合编辑图形；运

用“镜像”命令复制门扇。

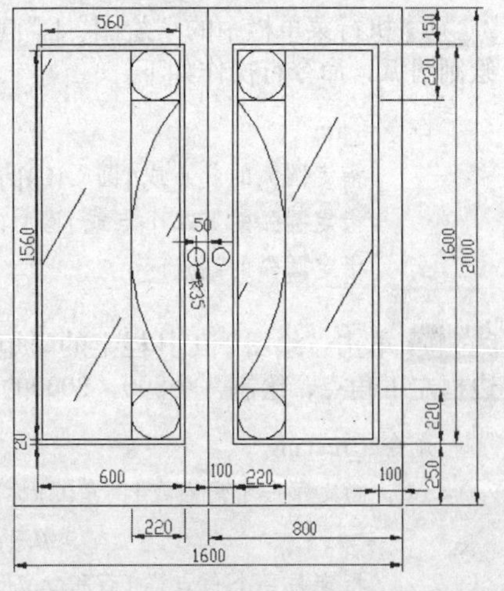

图3-42 玻璃工艺双开门立面图例一

操作步骤

Step 01 单击“标准”工具栏上的“新建”按钮，快速创建一个新的图形文件，然后设置图形界限为2500×3000，并将绘图区域最大化显示。

Step 02 激活“矩形”命令，在绘图区绘制一个600×1600的矩形，作为左侧门扇内部的装饰边框，然后激活偏移命令，将绘制的矩形向内侧偏移20个绘图单位，作为内边框，如图3-43所示。

Step 03 使用“分解”命令将内边框分解，然后重复运用“偏移”命令，将分解后的矩形右侧的垂直边向左偏移200个绘图单位，将上、下水平边各向内侧偏移200个绘图单位，结果如图3-44所示。

Step 04 在无任何命令执行的情况下，选中上侧偏移后的水平直线使其夹点显示，然后再单击左侧夹点使其进入夹基点，使用夹点拉伸功能将其拉伸到垂直边上，效果如图3-45所示。

Step 05 采用相同的方法，对下边偏移的水平直线进行夹点编辑。

Step 06 执行菜单栏中的“绘图”|“圆”|“相切、相切、相切”命令，分别单击夹点编辑后的水平直线、偏移出的垂直直线的上部和内边框的任意一边，作为圆的相切边界，绘制一个相切圆作为装饰圆环，效果如图3-46所示。

图3-43 偏移矩形

图3-44 偏移图线

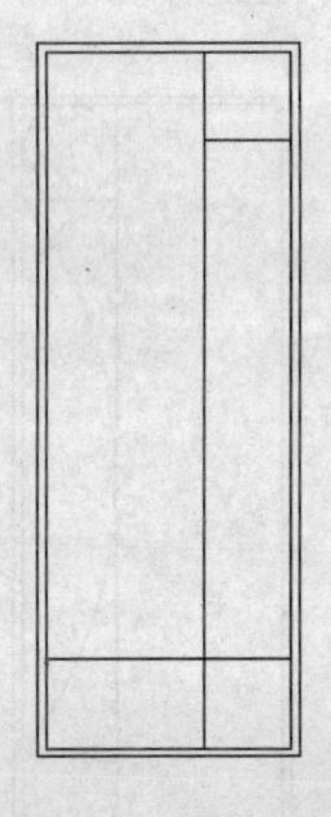
图3-45 夹点编辑

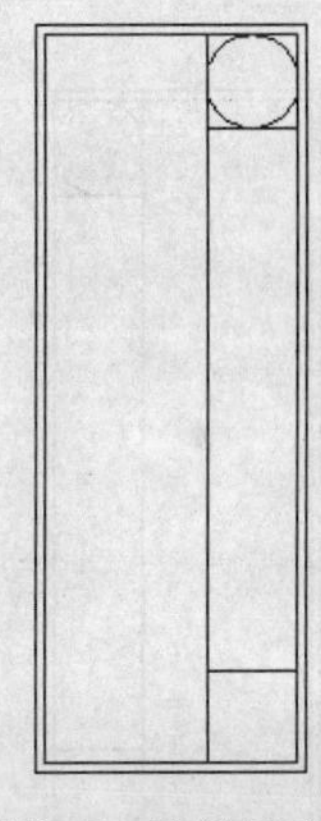
图3-46 绘制相切圆

有关夹点编辑的操作，请参阅本书2.4.4节相关章节的详细讲解，在此不做详细介绍。

Step 07 在命令行输入MI，激活“镜像”命令，配合“中点”捕捉功能，将绘制的相切圆镜像复制到下部，命令行操作如下。

```
命令: _mirror
    选择对象:                              //选择相切圆
    选择对象:                              //Enter
    指定镜像线的第一点:                    //捕捉内框右垂直边的中点
    指定镜像线的第二点:                    //@1,0 Enter
    要删除源对象吗? [是(Y)/否(N)] <N>:     //Enter，镜像结果如图3-47所示
```

Step 08 执行菜单栏中的“绘图”|“圆弧”|“三点”命令，配合“端点”捕捉和“中点”捕捉功能绘制圆弧，命令行操作如下。

```
命令: _arc
    指定圆弧的起点或 [圆心(C)]:                    //捕捉端点1
    指定圆弧的第二个点或 [圆心(C)/端点(E)]:        //捕捉中点2
    指定圆弧的端点:                                //捕捉端点3，绘制结果如图3-48所示
```

Step 09 单击“绘图”工具栏上的“矩形”按钮，激活“矩形“命令，配合”自”功能，捕捉外边框左下角点，绘制一个800×2000的矩形作为门扇的边框，命令行操作如下。

```
命令: _rectang
    指定第一个角点或 [倒角(C)/标高(E)/圆角(F)/厚度(T)/宽度(W)]: _from 基点: <偏移>:
                    //激活“自”功能，捕捉外边框左下角点，输入@-100,-250 Enter
    指定另一个角点或 [面积(A)/尺寸(D)/旋转(R)]:      //@800,2000 Enter，结果如图3-49所示
```

Step 10 单击“绘图”工具栏上的“圆”按钮，激活画圆命令，配合“自”功能，以距离门扇右边框垂直边中点水平向左50个绘图单位的点为圆心，绘制一个半径为35个绘图单位的圆，作为门扇的一个拉手，命令行操作如下。

```
命令: _circle
    指定圆的圆心或 [三点(3P)/两点(2P)/切点、切点、半径(T)]: _from 基点: <偏移>:
                    //激活“自”功能，捕捉门扇右垂直边的中点，输入@-50,0 Enter
    指定圆的半径或 [直径(D)] <100.0000>:        //35 Enter，结果如图3-50所示
```

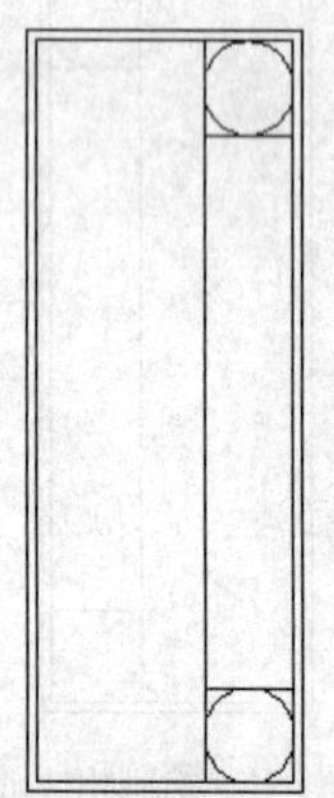

图3-47 镜像相切圆

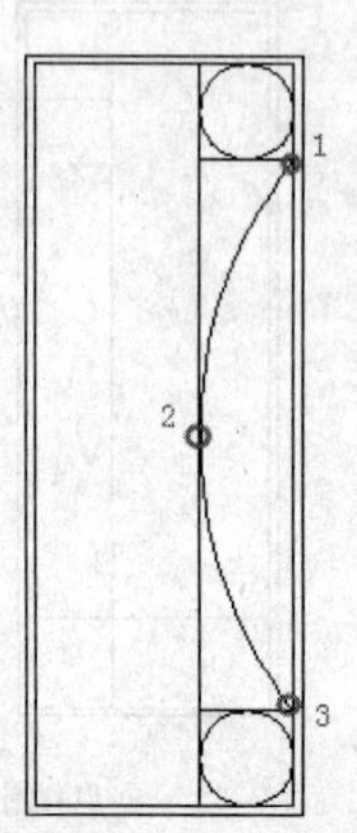

图3-48 绘制圆弧

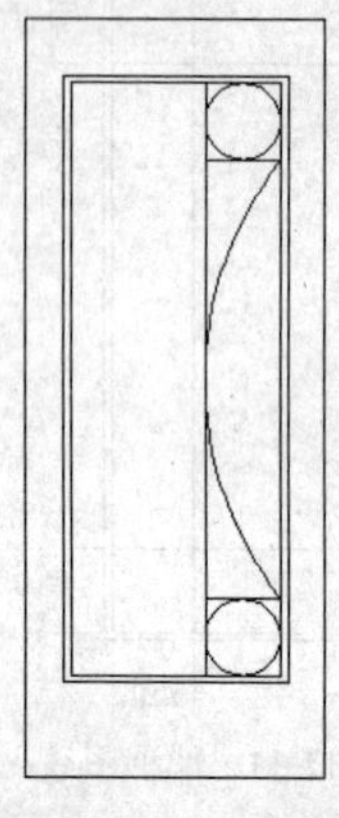

图3-49 绘制门扇

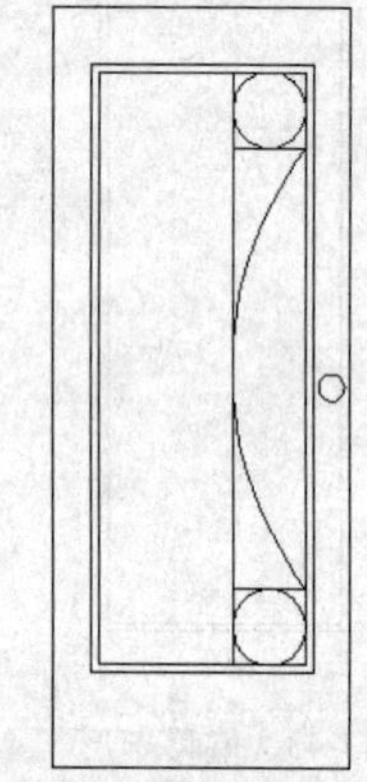

图3-50 绘制门拉手

Step 11 单击“修改”工具栏上的“镜像”按钮，激活“镜像“命令，以门扇边框的右垂直边作为镜像轴，将绘制的门扇整体镜像复制到右侧，以制作出右侧的门扇，命令行操作如下。

```
命令: _mirror
    选择对象:                           //使用窗口选择方式将门扇对象全部选择
    选择对象:                           // Enter，结束对象的选择
    指定镜像线的第一点:                 //捕捉门扇右垂直边的下端点
    指定镜像线的第二点:                 //捕捉门扇右垂直边的上端点
    要删除源对象吗? [是(Y)/否(N)] <N>:  // Enter，镜像结果如图3-51所示
```

Step 12 在命令行输入H并按Enter键，激活“图案填充”命令，在打开的“图案填充和渐变色”对话框中选择名称为“DASH”的填充图案，设置“比例”为120，“角度”为60°。

Step 13 单击“添加:拾取点”按钮返回到绘图区，分别在两个门扇的弧形和矩形内部单击，以拾取填充区域，按Enter键返回到“图案填充和渐变色”对话框，单击 确定 按钮确认进行填充，效果如图3-52所示。

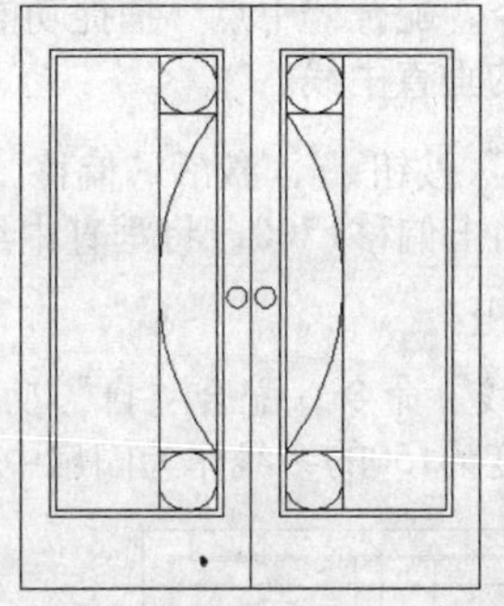

图3-51 镜像后的效果

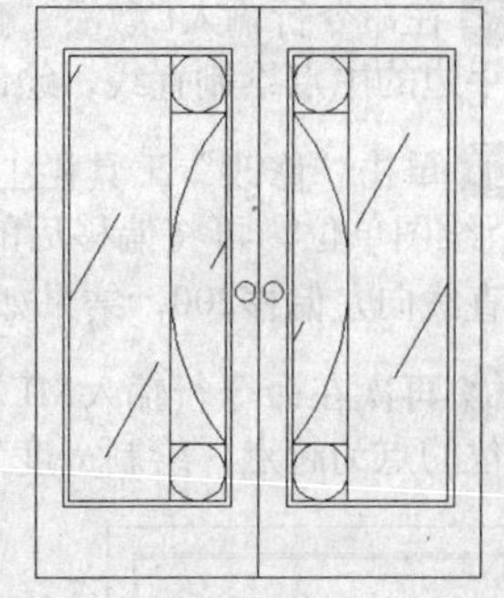

图3-52 玻璃工艺双开门立面图例一

Step 14 至此玻璃工艺双开门立面图绘制完成，按键盘上的Ctrl+S键，将该图形命名为“玻璃工艺双开门立面图例一.dwg”进行保存。

3.1.5 绘制玻璃工艺双开门立面图例二

这一节学习绘制玻璃工艺双开门立面图例，该立面门尺寸为：宽度1600mm、高度2000mm，绘制结果如图3-53所示。

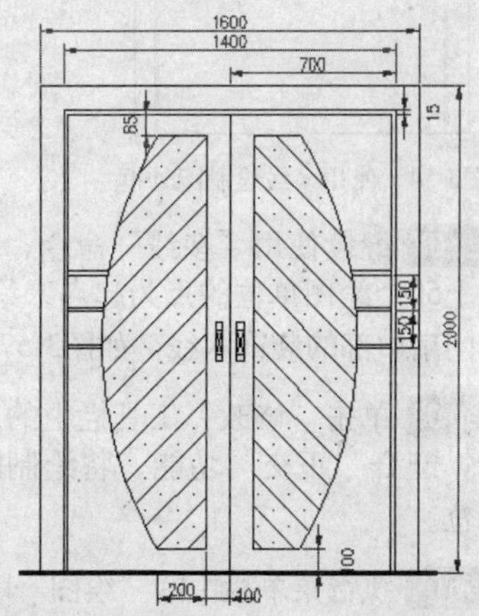

图3-53 玻璃工艺双开门立面图例二

- 知识要点：“多段线”、“矩形”、“圆弧”、“图案填充”、“偏移”和“修剪”等命令的综合运用。
- 操作要点：运用“多段线”命令绘制双开门门套和门扇的边外框；运用“矩形”`命令绘制双开门的内边框；运用“圆弧”命令绘制双开门的弧形部分；运用“图案填充”、“偏移”、“修剪”等命令对双开门进行综合编辑。

操作步骤

Step 01 快速创建空白文件，然后设置图形界限为3200×4200，并将绘图区域最大化显示。

Step 02 在命令行输入命令简写REC激活“矩形”命令，在绘图区绘制1600×2000的矩形作为门套的边框，然后使用“分解”命令将绘制的矩形进行分解。

Step 03 在命令行输入命令简写ML激活“多线”命令，配合“自”功能和“正交”功能，绘制门扇外边框，命令行操作如下。

```
命令: ML                                      // Enter
    MLINE
    当前设置: 对正 = 上，比例 = 20.00，样式 = STANDARD
    指定起点或 [对正(J)/比例(S)/样式(ST)]:       //S Enter
    输入多线比例 <20.00>:                      //15 Enter
    当前设置: 对正 = 上，比例 = 15.00，样式 = STANDARD
    指定起点或 [对正(J)/比例(S)/样式(ST)]:
    _from 基点:                                //激活“自”功能，捕捉矩形的左下角点
    <偏移>:                                    //@100,0 Enter
    指定下一点:                                //向上引导光标，输入1900 Enter
    指定下一点或 [放弃(U)]:                     //向右引导光标，输入1400 Enter
    指定下一点或 [闭合(C)/放弃(U)]:             //向下引导光标，输入1900 Enter
    指定下一点或 [闭合(C)/放弃(U)]:             // Enter，绘制结果如图3-54所示
```

Step 04 在命令行输入L激活“直线”命令，配合“中点”捕捉功能，捕捉多线上侧边的中点和矩形下水平边的中点绘制直线，绘制双开门的垂直中线。

Step 05 单击“修改”工具栏上的“偏移”按钮，激活“偏移”命令，将矩形下水平边向上偏移100个绘图单位，再将偏移后的水平边向上偏移1700，将垂直中线向左侧偏移100，再将偏移后的垂直直线向左偏移200，结果如图3-55所示。

Step 06 再次在命令行输入ML重复“多线”命令，配合“自”功能，以距离A点垂直向上825个绘图单位的点为起点，绘制宽度为15、长度为150的多线作为门扇中部的装饰木线，如图3-56所示。

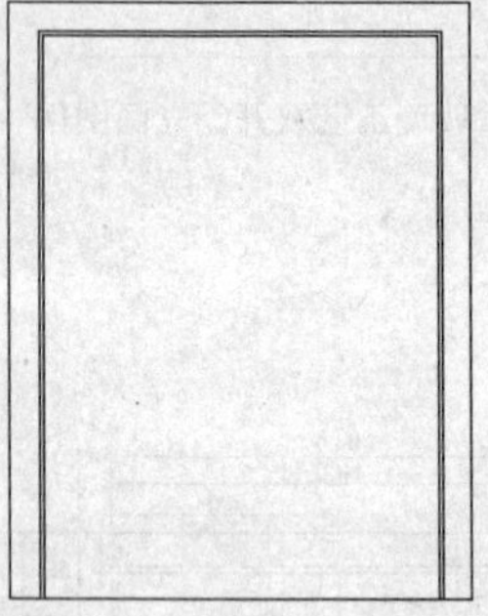
图3-54 使用多线绘制门外框

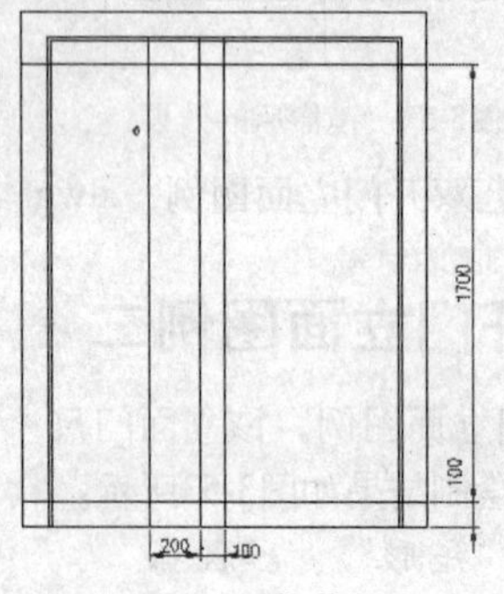

图3-55 偏移图线

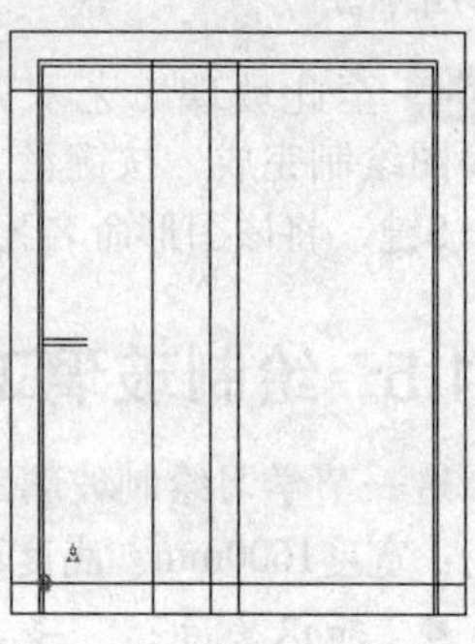

图3-56 绘制多线

Step 07 继续使用“多线”命令，配合“自”功能，以距离B点垂直向上50个绘图单位的点为起点，绘制宽度为15、长度为150的多线作为门扇中部的装饰木线，如图3-57所示。

Step 08 单击“修改”工具栏上的“复制”按钮，激活“复制”命令，配合“正交”功能，将绘制的第二条多线向上复制150个绘图单位。

Step 09 执行菜单栏中的“绘图”|“圆弧”|“三点”命令，配合“交点”捕捉和“两点之间的中点”功能，分别捕捉交点A、中间多线两条边的中点和交点B绘制圆弧，作为门扇的弧形部分，结果如图3-58所示。

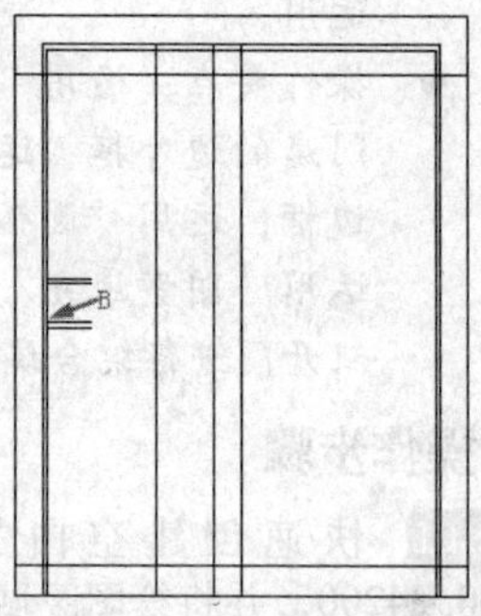

图3-57 绘制多线

Step 10 单击“修改”工具栏上的“分解”按钮，激活“分解”命令，将三条水平多线进行分解。

Step 11 单击“修改”工具栏上的“延伸”按钮，激活“延伸”命令，以圆弧作为延伸的边界，将分解后的水平多线依次延伸至圆弧。

有关延伸图线的方法，请参阅本书2.5.1节相关章节的详细讲解，在此不做详细介绍。

Step 12 在命令行输入命令简写TR激活“修剪”命令，以圆弧和垂直线A作为修剪边，对水平线B和C进行修剪，然后以修剪后的水平先B和C为修剪边，对垂直线A进行修剪，结果如图3-59所示。

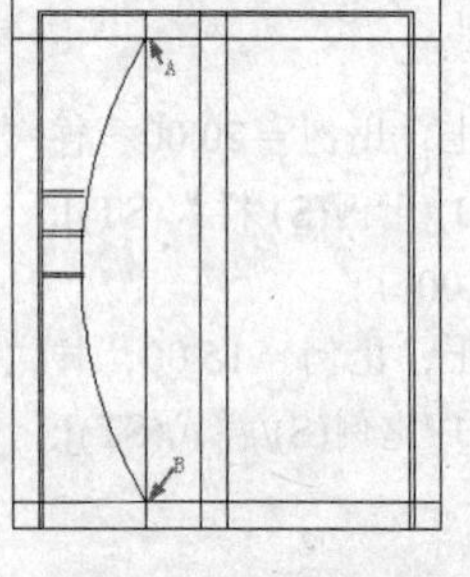

图3-58 绘制圆弧

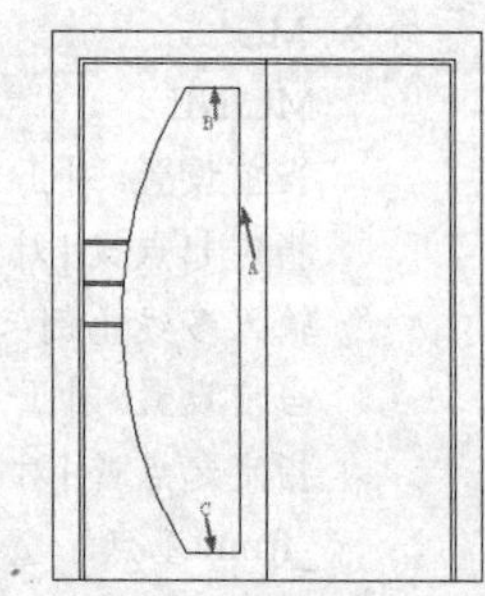

图3-59 修剪图线

Step 13 单击“修改”工具栏上的“镜像”按钮，激活“镜像”命令，以垂直中线A为镜像轴，将左侧门扇的弧形部分连同三条多线一起镜像复制到右侧门扇内，结果如图3-60所示。

Step 14 激活“矩形”命令，配合“自”功能和“正交”功能，以距双开门中线的中点“@-30,80”

的坐标点为起点，绘制30×160的矩形作为左侧拉手，然后将绘制的矩形分解。

Step 15 激活“偏移”命令，分别将拉手的上水平边依次向下偏移30和100个绘图单位，然后使用画线命令，配合“交点”捕捉功能绘制交叉连线。

Step 16 激活“镜像”命令，以双开门中线作为镜像轴，将绘制的拉手镜像复制到右侧门位置，结果如图3-61所示。

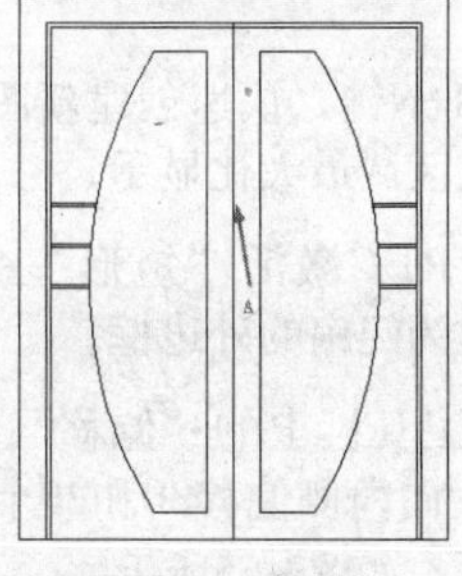
图3-60 镜像图形

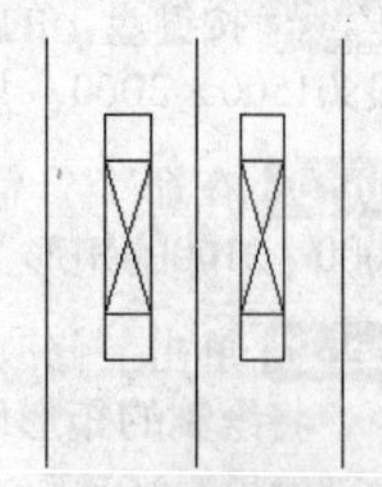
图3-61 镜像复制拉手

Step 17 在命令行输入PL激活“多段线”命令，配合“自”功能，绘制地平示意线，命令行操作如下。

```
命令: _pline
    指定起点:                                         //激活“自”功能，捕捉门框左下角点
    _from 基点: <偏移>:                               //@-80,0 Enter
    当前线宽为 1.0000
    指定下一个点或 [圆弧(A)/半宽(H)/长度(L)/放弃(U)/宽度(W)]:        //W Enter
    指定起点宽度 <1.0000>:                            //15 Enter
    指定端点宽度 <15.0000>:                           // Enter
    指定下一个点或 [圆弧(A)/半宽(H)/长度(L)/放弃(U)/宽度(W)]:
                                                      //激活“自”功能，捕捉门框右下角点
    _from 基点: <偏移>:                               //@80,0 Enter
    指定下一点或 [圆弧(A)/闭合(C)/半宽(H)/长度(L)/放弃(U)/宽度(W)]:
                                                      // Enter，绘制结果如图3-62所示
```

Step 18 单击“绘图”工具栏上的“图案填充”按钮，在打开的“图案填充和渐变色”对话框中选择“SACNCR”填充图案，设置填充“比例”为40，“角度”为0，其他设置默认。

Step 19 单击“图案填充和渐变色”对话框中的“添加:拾取点”按钮，返回到绘图区，在左侧门扇的弧形内部单击拾取填充区域，按Enter键回到“图案填充和渐变色”对话框，单击 确定 按钮确认进行填充。

Step 20 继续执行“图案填充”命令，使用相同的图案和比例，修改填充“角度”为90°，对右侧门扇内的弧形区域进行填充，结果如图3-63所示。

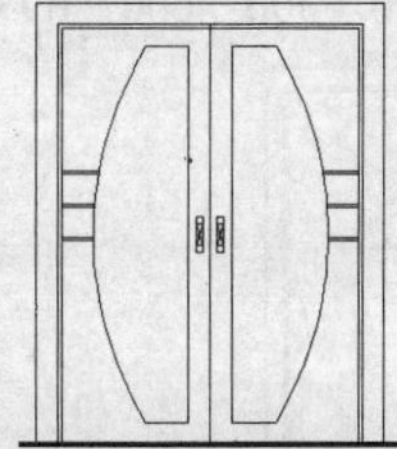
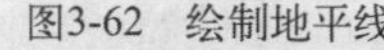
图3-62 绘制地平线

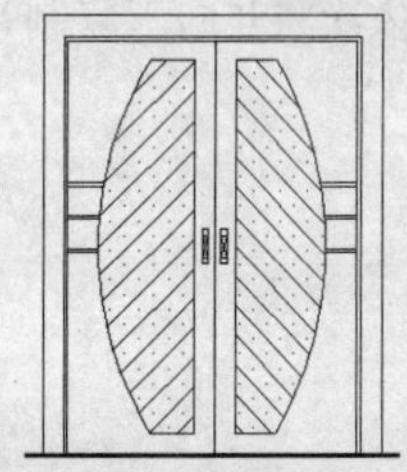
图3-63 填充门扇

Step 21 至此，玻璃工艺双开门图例绘制完毕，按键盘上的Ctrl＋S键，将该图形命名为“玻璃工艺双开门立面图例二.dwg”文件进行保存。

3.1.6 绘制中式单开门立面图例

这一节继续学习绘制中式单开立面门图例，该立面门尺寸为：宽度1000mm、高度2100mm，绘制结果如图3-64所示。

- 知识要点：“矩形”、“多线”、“圆”、“复制”、“镜像”、“分解”、“修剪”和“偏移”命令的综合运用。
- 操作要点：运用“矩形”和“偏移”命令绘制中式门的内、外边框；运用“多线”和“复制”命令绘制中式门的支撑；运用“分解”、“修剪”和“删除”命令综合编辑支撑；运用“镜像”命令复制编辑后的下部支撑；运用“圆”和“偏移”命令绘制中式门的拉手。

操作步骤

Step 01 按键盘上的Ctrl+N键，快速创建新图形文件，然后设置图形界限为1500×3000，并使区域最大化显示。

Step 02 在命令行输入REC激活“矩形”命令，在绘图区绘制一个1000×2100的矩形，作为门扇的外边框。

Step 03 单击“修改”工具栏上的“偏移”按钮，激活“偏移”命令，将绘制的矩形依次向内侧偏移80和20个绘图单位，分别作为门扇内部的外边框和内边框，如图3-65所示。

Step 04 在命令行输入命令简写ML激活“多线”命令，设置多线比例为15，对正方式为“无”，分别连接装饰内边框的左、右垂直边的中点，绘制作为一条水平辅助线。

Step 05 单击“修改”工具栏上的“复制”按钮，激活“复制”命令，配合“正交”功能将绘制的水平多线向上、向下各复制一条，作为门扇的横向支撑，命令行操作如下。

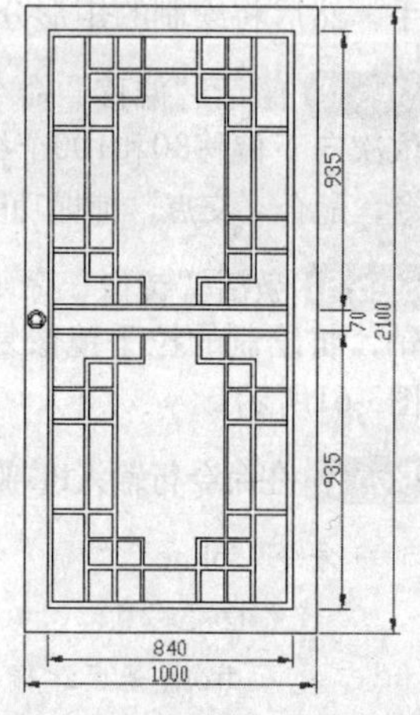

图3-64　中式单开门立面图例

```
命令: _copy
    选择对象: 找到 1 个                                        //选择绘制的水平多线
    选择对象:                                                  // Enter
    指定基点或位移，或者 [重复(M)]:                            //M Enter
    指定基点:                 //捕捉内边框左垂直边的中点
    指定位移的第二点或 <用第一点作位移>: <正交 开>             //向上引导光标，输入42.5 Enter
    指定位移的第二点或 <用第一点作位移>:                       //向下引导光标，输入42.5 Enter
    指定位移的第二点或 <用第一点作位移>:                       // Enter，结果如图3-66所示
```

Step 06 按Enter键，重复运用多重复制命令，以辅助线下侧的横向支撑左下角角点为复制的基点，依次将其向下复制95、190、300、600、695和790个绘图单位，结果如图3-67所示。

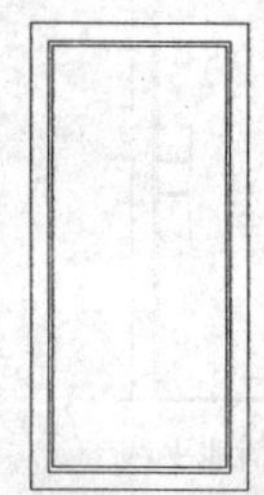

图3-65　偏移矩形

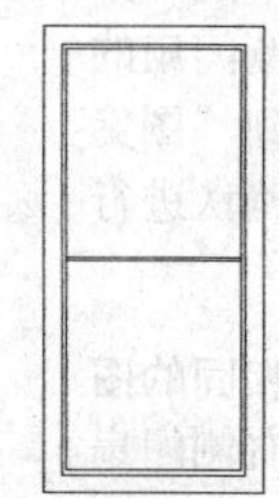

图3-66　绘制水平辅助线

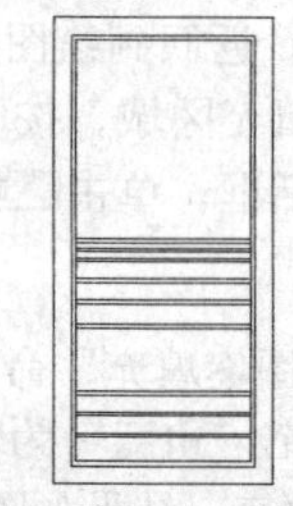

图3-67　复制辅助线

Step 07 在无任何命令执行的情况下，选择原辅助线，按Delete键将辅助线删除。

Step 08 再次在命令行输入ML激活“多线”命令，使用相同的参数设置，配合“正交”功能，以最内侧矩形的底边中点为起点，垂直向上绘制一条长度为900个绘图单位的多线，作为一条垂直辅助线，如图3-68所示。

Step 09 再次运用多重复制命令，参照上述复制横向支撑的方法，以垂直辅助线左上角角点为复制基点，将其向两侧对称复制95、190和285个绘图单位，命令行操作如下。

```
命令: _copy
    选择对象: 找到 1 个                    //选择垂直的辅助线
    选择对象:                              // Enter
    指定基点或位移，或者 [重复(M)]:        //M Enter
```

指定基点: //拾取垂直辅助线的左侧角点
指定位移的第二点或 <用第一点作位移>:
//水平引导光标到垂直辅助线的左侧，输入95 Enter
指定位移的第二点或 <用第一点作位移>: //190 Enter
指定位移的第二点或 <用第一点作位移>: //285 Enter
指定位移的第二点或 <用第一点作位移>: //水平引导光标到垂直辅助线的右侧，输入95 Enter
指定位移的第二点或 <用第一点作位移>: //190 Enter
指定位移的第二点或 <用第一点作位移>: //285 Enter
指定位移的第二点或 <用第一点作位移>: //Enter，结果如图3-69所示

Step 10 将垂直辅助多线删除，然后使用“分解”命令将其他所有的支撑分解，然后运用“修剪”和“删除”命令，对支撑进行修剪编辑，结果如图3-70所示。

Step 11 在命令行输入MI激活“镜像”命令，以门扇边框左右边的中点为镜像基点，将修剪后的所有支撑复制到上部。

Step 12 单击“绘图”工具栏上的“圆”按钮，激活“圆”命令，配合对象追踪功能，以距离门扇边框左边中点水平向右50个绘图单位的点为圆心，绘制半径为30个绘图单位的圆。

Step 13 将绘制的圆向内侧偏移10个绘图单位，作为拉手的内环。至此中式单开门绘制完毕，最终结果如图3-71所示。

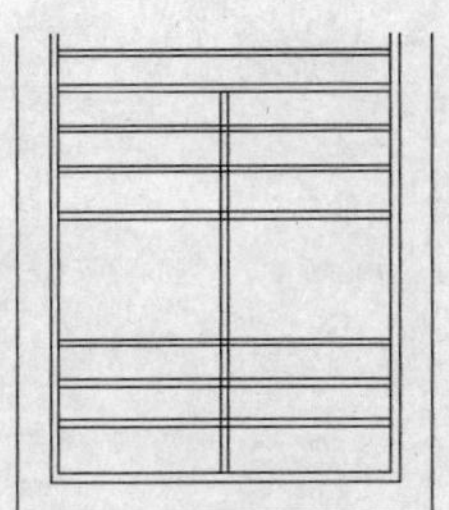
图3-68 绘制垂直辅助线

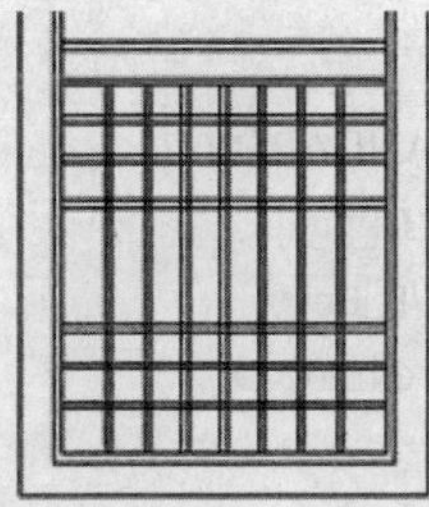
图3-69 复制垂直支撑

图3-70 修剪支撑后的效果

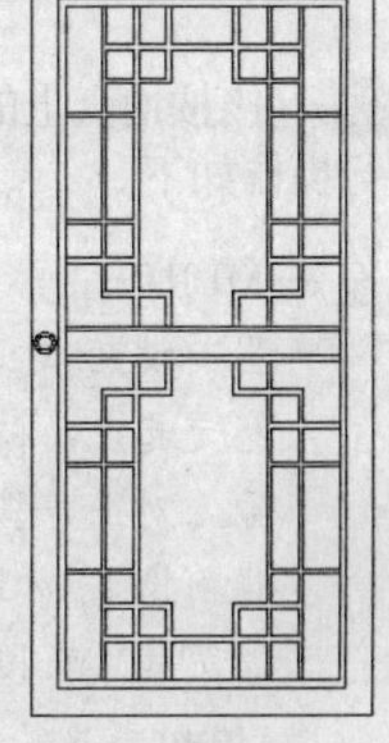
图3-71 中式单开门

Step 14 执行菜单栏中的“文件”|“保存”命令，将该图形命名为“中式单开门立面图例.dwg”文件进行保存。

3.1.7 绘制三扇推拉门立面图例

这一节继续学习绘制三扇推拉门立面图例，该立面门尺寸为：宽度2600mm、高度2100mm，绘制结果如图3-72所示。

- 知识要点：“多线”、“多段线”、“图案填充”、“阵列”、“偏移”和“修剪”等命令的综合运用。
- 操作要点：运用“多线”命令绘制推拉门的门套、门扇的边框；运用“夹点编辑”、“多线编辑工具”命令编辑推拉门门扇上部的支撑；运用“多段线”命令绘制推拉门的

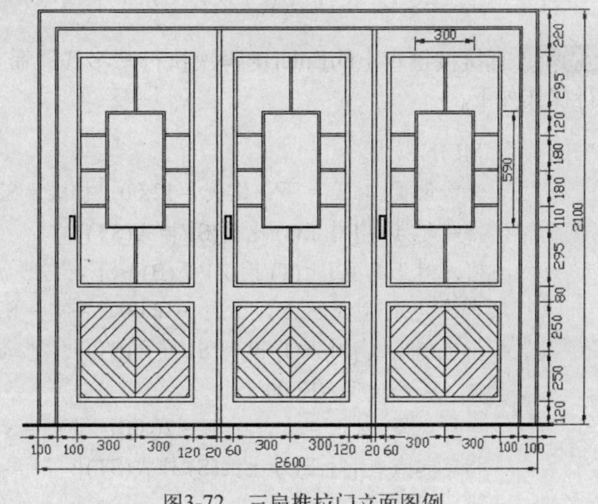

图3-72 三扇推拉门立面图例

拉手；运用“图案填充”、“阵列”、“修剪”等命令对推拉门进行综合编辑。

操作步骤

Step 01 快速创建新图形文件，设置图形界限为4000×3500，并将绘图区域最大化显示。

Step 02 执行菜单栏中的“绘图”|“多线”命令激活“多线”命令，配合“正交”功能，绘制推拉门门套的外边框，命令行操作如下。

```
命令: MLINE
    当前设置: 对正 = 上，比例 = 20.00，样式 = STANDARD
    指定起点或 [对正(J)/比例(S)/样式(ST)]:        //S Enter
    输入多线比例 <20.00>:                         //12 Enter
    当前设置: 对正 = 上，比例 = 12.00，样式 = STANDARD
    指定起点或 [对正(J)/比例(S)/样式(ST)]:        //在绘图区拾取一点
    指定下一点: <正交 开>                         //向上引导光标，输入2100 Enter
    指定下一点或 [放弃(U)]:                       //向右引导光标，输入2600 Enter
    指定下一点或 [闭合(C)/放弃(U)]:               //向下引导光标，输入2100 Enter
    指定下一点或 [闭合(C)/放弃(U)]:               // Enter
```

Step 03 直接按键盘上的Enter键，重复执行“多线”命令，配合“自”功能，绘制门套的内边框，命令行操作如下。

```
命令: MLINE
    当前设置: 对正 = 上，比例 = 12.00，样式 = STANDARD
    指定起点或 [对正(J)/比例(S)/样式(ST)]:        //J Enter
    输入对正类型 [上(T)/无(Z)/下(B)] <上>:        //B Enter
    当前设置: 对正 = 下，比例 = 12.00，样式 = STANDARD
    指定起点或 [对正(J)/比例(S)/样式(ST)]:
    _from 基点:                                 //激活“自”功能，捕捉门套外边框左下侧的外角点
    <偏移>:                                     //@100,0 Enter
    指定下一点:                                 //向上引导光标，输入2000 Enter
    指定下一点或 [放弃(U)]:                      //向右引导光标，输入2400 Enter
    指定下一点或 [闭合(C)/放弃(U)]:              //向下引导光标，输入2000 Enter
    指定下一点或 [闭合(C)/放弃(U)]:              // Enter，绘制结果如图3-73所示
```

Step 04 直接按键盘上的Enter键再次执行“多线”命令，参照上述方法，绘制门扇下部边框，命令行操作如下。

```
命令: MLINE
    当前设置: 对正 = 下，比例 = 12.00，样式 = STANDARD
    指定起点或 [对正(J)/比例(S)/样式(ST)]:        //J Enter
    输入对正类型 [上(T)/无(Z)/下(B)] <下>:        //T Enter
    当前设置: 对正 = 上，比例 = 12.00，样式 = STANDARD
    指定起点或 [对正(J)/比例(S)/样式(ST)]:        //S Enter
    输入多线比例 <12.00>:                         //20 Enter
    当前设置: 对正 = 上，比例 = 20.00，样式 = STANDARD
    指定起点或 [对正(J)/比例(S)/样式(ST)]:
```

```
_from 基点:                          //激活“自”功能，捕捉内边框内侧左下角点A
<偏移>:                              //@100,120 Enter
指定下一点:                          //向上引导光标，输入500 Enter
指定下一点或 [放弃(U)]:              //向右引导光标，输入600 Enter
指定下一点或 [闭合(C)/放弃(U)]:      //向下引导光标，输入500 Enter
指定下一点或 [闭合(C)/放弃(U)]:      //C Enter，闭合图形，结果如图3-74所示
```

Step 05 单击“绘图”工具栏上的“直线”按钮，激活“直线”命令，配合“中点”捕捉功能分别连接门扇下部内边框对边的中点。

Step 06 再次执行“多线”命令，以距图3-74所示的B点垂直向上80个绘图单位为起点，绘制611×1180的多线图形，效果如图3-75所示。

图3-73 绘制门套边框

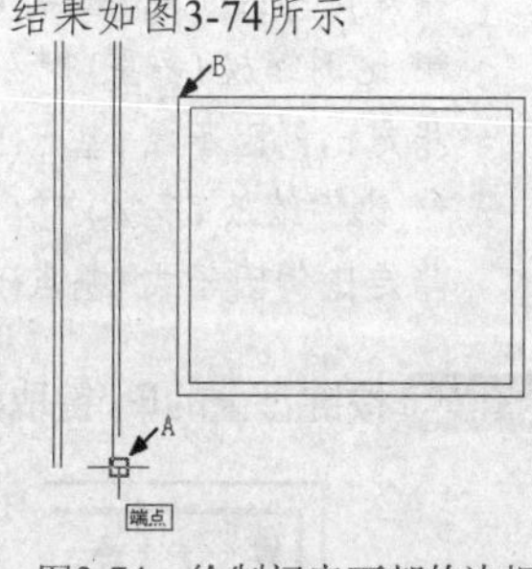

图3-74 绘制门扇下部的边框

Step 07 在命令行输入命令简写ML，继续执行“多线”命令，设置多线比例为10、对正方式为“无”，配合“中点”捕捉功能，分别捕捉上部门扇内边框各中点，绘制纵向和横向横撑，结果如图3-76所示。

Step 08 在无任何命令执行的情况下，选中横向支撑，使其呈夹点显示状态，单击左侧夹点，使其转换为夹基点然后右击，在弹出的快捷菜单中选择“移动”命令，对横向支撑进行移动复制，命令行操作如下。

```
** 移动 **
指定移动点或 [基点(B)/复制(C)/放弃(U)/退出(X)]:    //C Enter
** 移动 (多重) **
指定移动点或 [基点(B)/复制(C)/放弃(U)/退出(X)]:    //180 Enter
** 移动 (多重) **
指定移动点或 [基点(B)/复制(C)/放弃(U)/退出(X)]:    //-180 Enter
** 移动 (多重) **
指定移动点或 [基点(B)/复制(C)/放弃(U)/退出(X)]:    // Enter
```

Step 09 按键盘上的Esc键取消夹点显示状态，编辑效果如图3-77所示。

图3-75 绘制上部边框

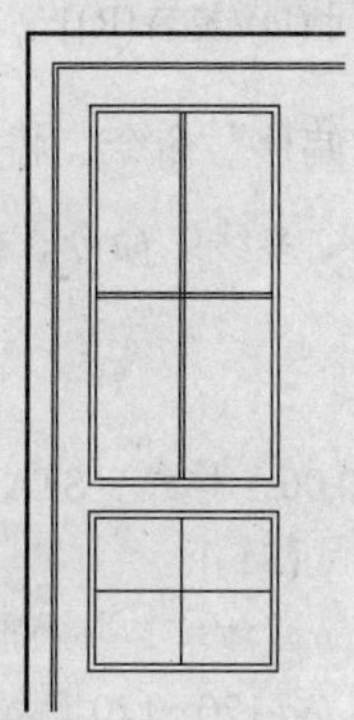
图3-76 编辑纵、横支撑

图3-77 复制横向支撑

Step 10 激活“直线”命令，在上部门扇内边框绘制一条对角线，作为下一步缩放的辅助线。

Step 11 在无任何命令执行的情况下，单击选择上部门扇内边框和辅助线使其夹点显示，单击辅助线的中点使其进入夹基点，如图3-78所示。

Step 12 单击鼠标右键，选择快捷菜单中的“缩放”命令，对图形进行缩放复制，命令行操作如下。

```
** 比例缩放 **
指定比例因子或 [基点(B)/复制(C)/放弃(U)/参照(R)/退出(X)]:        //C Enter
** 比例缩放 (多重) **
指定比例因子或 [基点(B)/复制(C)/放弃(U)/参照(R)/退出(X)]:        //0.5 Enter
** 比例缩放 (多重) **
指定比例因子或 [基点(B)/复制(C)/放弃(U)/参照(R)/退出(X)]:        // Enter，结果如图3-79所示
```

Step 13 按键盘上的Esc键取消夹点状态，同时选择并删除两条复制线，缩放复制结果如图3-80所示。

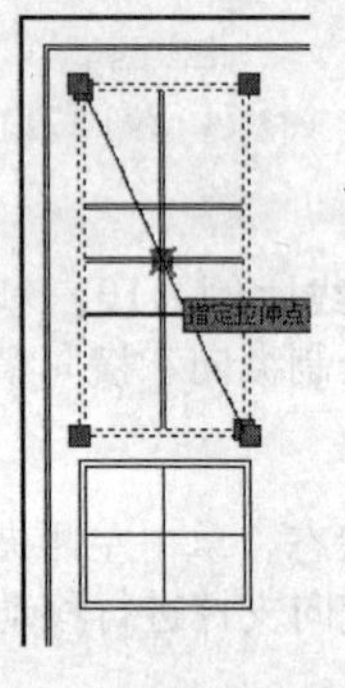

图3-78 夹点显示

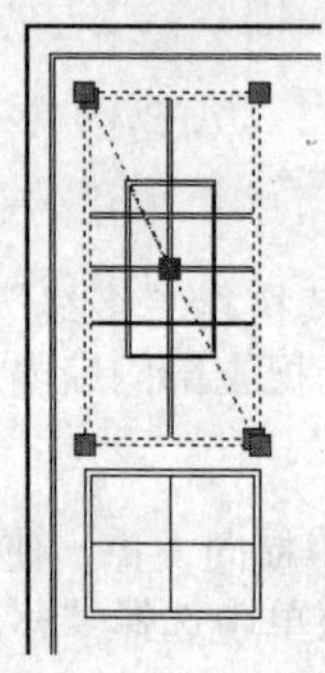
图3-79 缩放复制结果

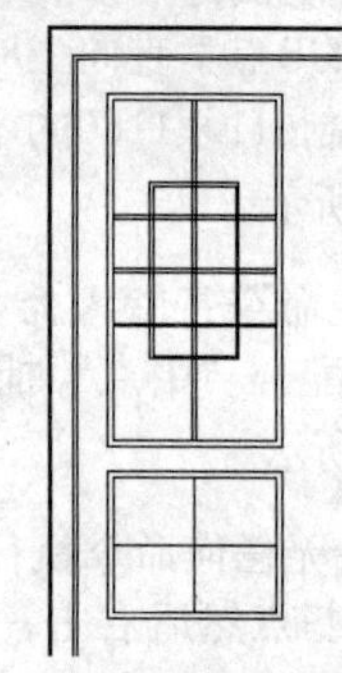
图3-80 删除辅助线

Step 14 单击“修改”工具栏上的“分解”按钮，选择所有的支撑和上部门扇内边框将其分解，然后单击“修改”工具栏上的“修剪”按钮，对分解后的支撑和边框进行修剪，结果如图3-81所示。

Step 15 单击“绘图”工具栏上的“矩形”按钮，激活“矩形”命令，配合“自”功能、捕捉追踪功能和“交点”捕捉功能绘制门扇的凹形拉手，命令行操作如下。

```
命令: _rectang
    指定第一个角点或 [倒角(C)/标高(E)/圆角(F)/厚度(T)/宽度(W)]: _from 基点:
    //激活“自”功能，由门套边框左边中点向右引出水平追踪虚线，捕捉追踪线与内边框的交点
    <偏移>:                                    //@-10,0 Enter
    指定另一个角点或 [面积(A)/尺寸(D)/旋转(R)]:    //@-30,120 Enter，结果如图3-82所示
```

Step 16 在命令行输入命令简写O激活“偏移”命令，将拉手向内偏移5个绘图单位。

Step 17 在命令行输入命令简写ML激活“多线”命令，配合“自”捕捉和“正交”功能，绘制一条垂直的多线，命令行操作如下。

```
命令: MLINE
    当前设置: 对正 = 上，比例 = 20.00，样式 = STANDARD
    指定起点或 [对正(J)/比例(S)/样式(ST)]:
    _from 基点:              //激活“自”功能，捕捉门扇下边框的右外侧角点
    <偏移>:                  //@120,-120 Enter
    指定下一点:               //向上引导光标，输入2000 Enter
    指定下一点或 [放弃(U)]:    // Enter，结果如图3-83所示
```

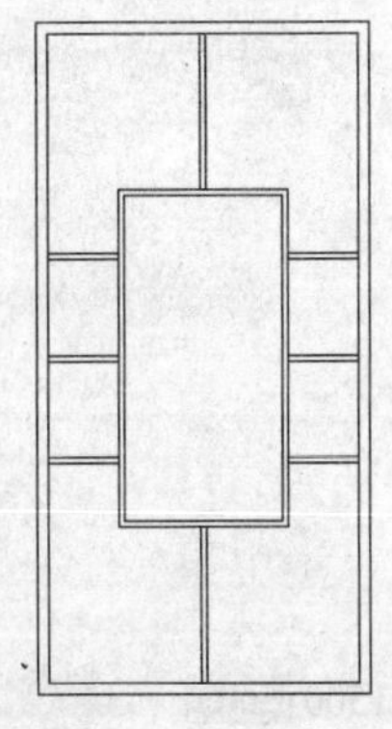
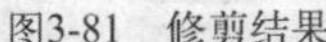

图3-81 修剪结果

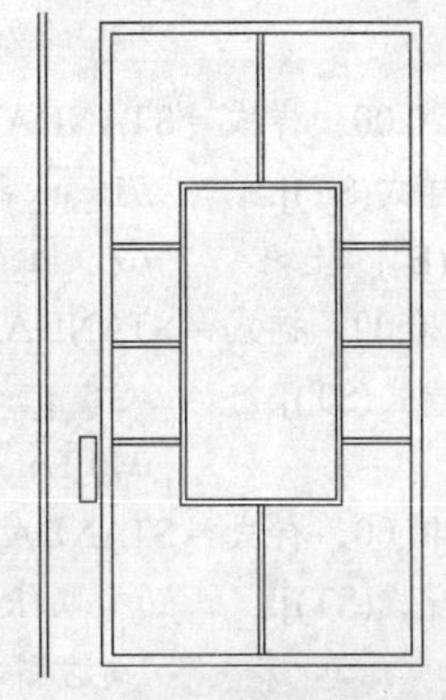

图3-82 绘制拉手

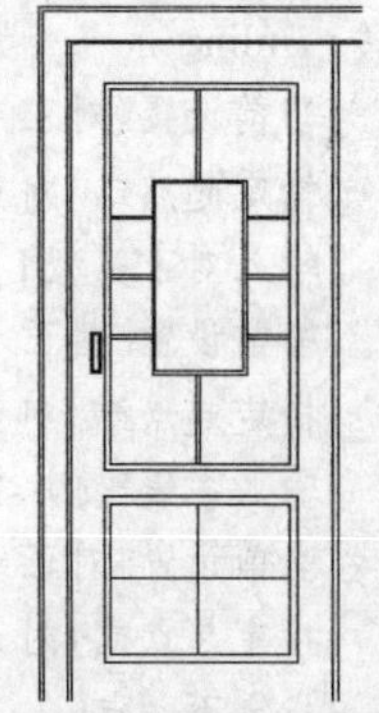

图3-83 绘制垂直多线

Step 18 单击“绘图”工具栏上的“图案填充”按钮，激活“填充”命令，选择“STEEL”图案，设置比例为30，对门扇下部的左上区域进行填充，然后使用“镜像”命令将填充的图案分别镜像到其他区域。

Step 19 输入命令简写AR激活“阵列”命令，选择“矩形阵列”方式，设置“行”为1、“列”为3，列偏移为“800”，将左侧门扇整体向右复制3个。

Step 20 选择阵列后右侧多余的垂直多线，按键盘上的Delete键，将其删除。

Step 21 再次执行“多段线”命令，设置宽度为“15”，分别连接门套外边框的端点，然后运用夹点拉伸的方法，将绘制的多段线分别向左、右侧拉伸80个绘图单位，作为地平示意线。

Step 22 至此，三门扇推拉立面门绘制完毕。单击标准工具栏上的按钮，将该图形命名为“三扇推拉门立面图例.dwg”文件进行保存。

3.2 绘制窗图例

窗构件也是建筑室内装饰装潢中不可缺少的建筑设计构件，窗的种类也很多，从样式上来分，有推拉窗、隐形窗、外翻窗、百叶窗、中式窗、欧式窗等；从制造材料和工艺上来分，有玻璃窗、实木窗、塑钢窗、铝合金窗、铁艺窗等。

在建筑室内装饰装潢设计中，窗构件主要有平面窗、立面窗和三维图例窗。平面窗的绘制比较简单，一般根据窗洞大小使用多线来绘制，而立面窗和三维窗的绘制比较复杂。这一节主要来学习绘制塑钢窗、弧形拱窗、欧式窗和中式古典木窗，其他窗的绘制方法比较简单，在此不做讲解。

3.2.1 绘制塑钢窗立面图例

这一节学习绘制塑钢窗立面图例，该塑钢窗尺寸为：宽度1540mm、高度1240mm，绘制结果如图3-84所示。

- 知识要点：“多线”、“多线编辑工具”命令的应用。
- 操作要点：运用“多线”命令绘制塑钢窗的外框与支撑；运用“多线编辑工具”命令中的“T形合并”功能编辑外框与支撑。

操作步骤

Step 01 快速新建图形文件，设置图形界限为2500×2500，并将视图[illegible]显示。

Step 02 执行菜单栏中的“绘图”|“多线”命令，配合“正交”功能[illegible]窗外边框，命令行操作如下。

命令: _mline

当前设置: 对正 = 上，比例 = 20.00，样式 = STANDARD

指定起点或 [对正(J)/比例(S)/样式(ST)]: //J Enter

输入对正类型 [上(T)/无(Z)/下(B)] <上>: //Z Enter

当前设置: 对正 = 无，比例 = 20.00，样式 = STANDARD

指定起点或 [对正(J)/比例(S)/样式(ST)]: //S Enter

输入多线比例 <20.00>: //40 Enter

当前设置: 对正 = 无，比例 = 40.00，样式 = STANDARD

指定起点或 [对正(J)/比例(S)/样式(ST)]: //拾取任意一点

指定下一点: //向右引导光标，输入1500 Enter

指定下一点或 [放弃(U)]: //向上引导光标，输入1200 Enter

指定下一点或 [闭合(C)/放弃(U)]: //向左引导光标，输入1500 Enter

指定下一点或 [闭合(C)/放弃(U)]: //C Enter

Step 03 直接按键盘上的Enter键，重复“多线”命令，配合“自”功能绘制横撑，命令行操作如下。

命令: _mline

当前设置: 对正 = 无，比例 = 40.00，样式 = STANDARD

指定起点或 [对正(J)/比例(S)/样式(ST)]:

_from 基点: //激活“自”功能，捕捉外框左上角的内侧角点

<偏移>: //@0,-400 Enter

指定下一点: //水平向右引导光标，输入1460 Enter

指定下一点或 [放弃(U)]: // Enter，结果如图3-85所示

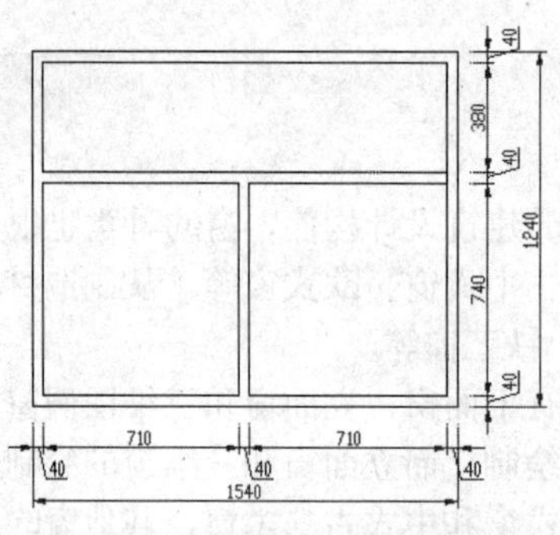

图3-84 塑钢窗立面图例

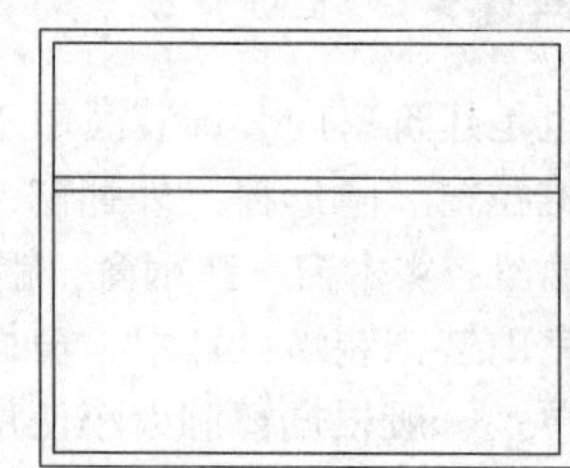

图3-85 绘制横撑

Step 04 继续运用“多线”命令，配合“中点”捕捉功能，捕捉横撑的中点与下边框的中点，绘制竖撑，如图3-86所示。

Step 05 执行菜单栏中的“修改”|“对象”|“多线”命令，在弹出的“多线编辑工具”对话框中，选择“T形合并”按钮，返回到绘图区，分别单击横向支撑，再单击竖向支撑和边框，对其进行合并，结果如图3-87所示。

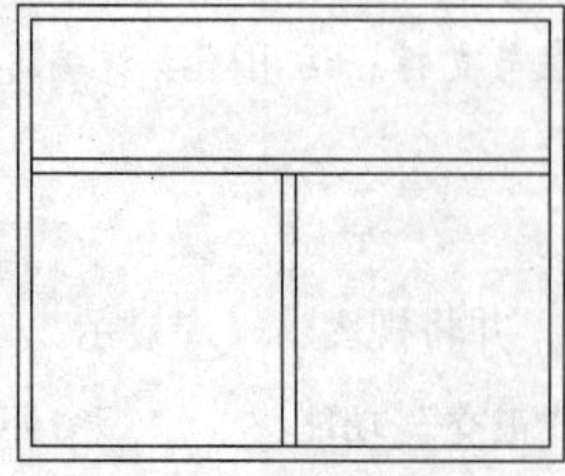

图3-86 绘制竖向支撑

图3-87 编辑多线后的效果

Step 06 至此，塑钢立面窗绘制完毕，执行菜单栏中的“文件”|“保存”命令，将该文件保存为“塑钢窗立面图例.dwg”。

3.2.2 绘制弧形拱窗立面图例

这一节继续学习绘制弧形拱窗立面图例，该弧形立面窗尺寸为：宽度1500mm、高度2350mm，绘制结果如图3-88所示。

- 知识要点：“矩形”、“多线”、“圆弧”、“偏移”、“镜像”和“修剪”等命令的综合运用。
- 操作要点：运用“矩形”、“圆弧”、“修剪”和“偏移”命令绘制拱窗外边框；运用“多线”命令绘制窗扇的边框和支撑；运用“镜像”命令复制左侧窗扇。

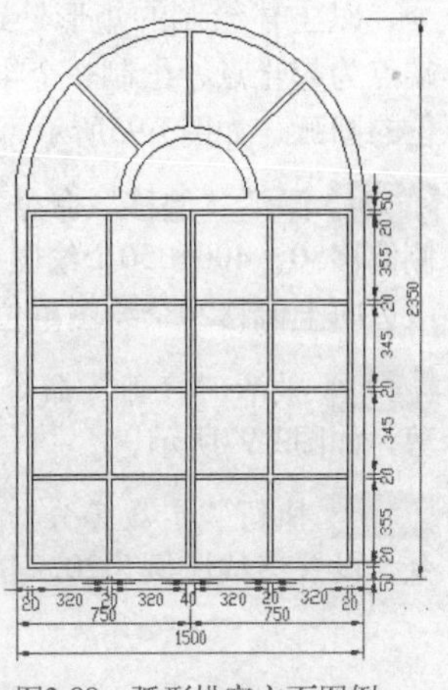

图3-88 弧形拱窗立面图例

操作步骤

Step 01 单击“标准”工具栏上的“新建”按钮，创建新的图形文件，设置图形界限为2500×3500，并将区域最大化显示。

Step 02 激活“矩形”命令，绘制一个尺寸为700×1500的矩形，并将其向内侧偏移20个绘图单位，分别作为窗扇的外、内边框，然后将内侧的矩形分解。

Step 03 执行菜单栏中的“格式”|“点样式”命令，在打开的“点样式”对话框中选择点样式，如图3-89所示。

Step 04 在命令行输入命令简写DIV，激活“定数等分”命令，将内边框的左边等分为4份，如图3-90所示。

Step 05 激活“多线”命令，设置多线样式为20，配合“节点”捕捉和“正交”功能，分别以等分点为起点，绘制长度为660个绘图单位的三条横向支撑，如图3-91所示。

Step 06 使用窗口选择方式选取三个点样式将其删除，然后重复执行“多线”命令，使用相同的参数设置，配合“中点”捕捉功能，捕捉内矩形上下两条水平边的中点，绘制竖向支撑，结果如图3-92所示。

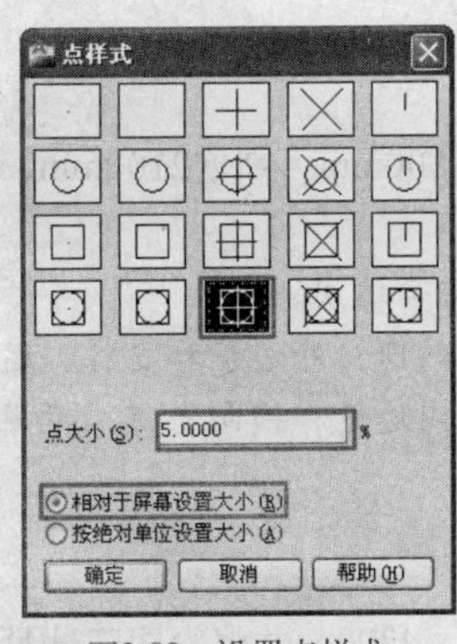

图3-89 设置点样式

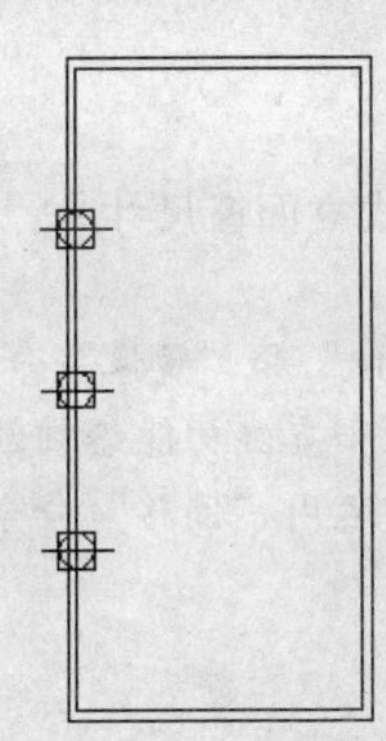
图3-90 等分边

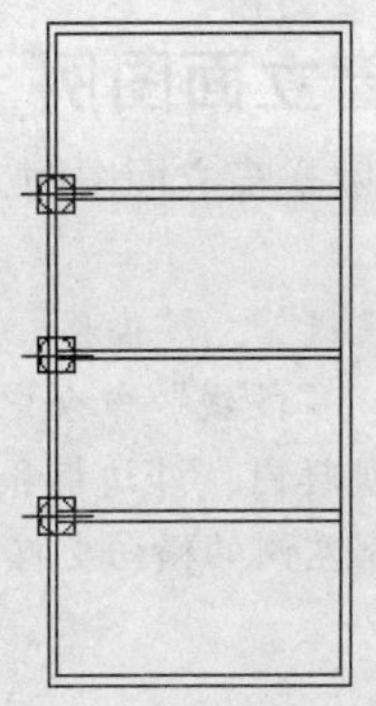
图3-91 绘制横向支撑

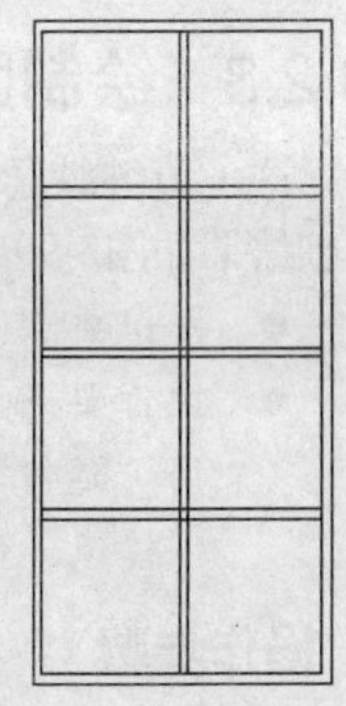
图3-92 绘制竖向支撑

Step 07 执行菜单栏中的“修改”|“对象”|“多线”命令，在弹出的“多线编辑工具”对话框中选择“十字打开”选项，对支撑的相交位置进行编辑，结果如图3-93所示。

Step 08 在命令行输入MI激活“镜像”命令，以外边框的右侧边为镜像轴，将窗扇整体复制到右侧，结果如图3-94所示。

Step 09 重复执行“矩形”命令，配合“自”功能，以距左侧窗扇外边框的左下端点水平向左和垂直向下各50个绘图单位的点为起点，绘制一个尺寸为1500×1600的边框，作为两个窗扇的外边框，并将其分解。

Step 10 在命令行输入A，激活“圆弧”命令，以上述绘制的矩形外边框上边的右、左端点为起止点，绘制一个半径为750个绘图单位的圆弧，如图3-95所示。

Step 11 激活“偏移”命令，将圆弧依次向内侧偏移50、400和50个绘图单位，将外边框的上边向上偏移20个绘图单位，如图3-96所示。

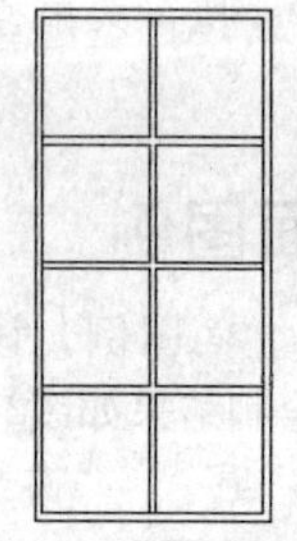
图3-93 编辑多线

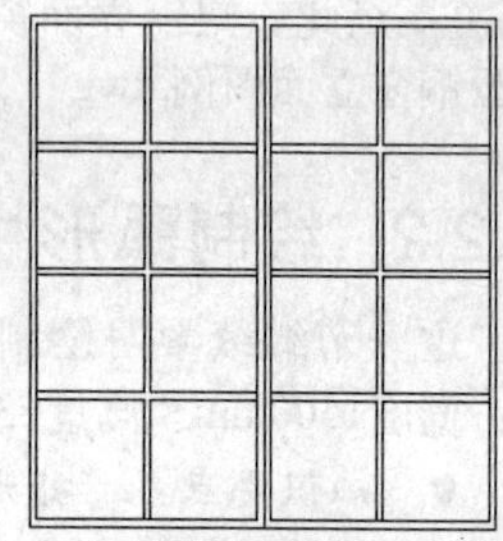
图3-94 镜像窗扇

Step 12 激活“修剪”命令，以偏移后的圆弧作为修剪边，对外边框和偏移后的水平直线进行修剪，如图3-97所示。

Step 13 执行“定数等分”命令，分别将第二和第三条圆弧等分为4份，然后再次运用“多线”命令，设置多线比例为20，分别连接第二和第三条圆弧的节点绘制支撑，结果如图3-98所示。

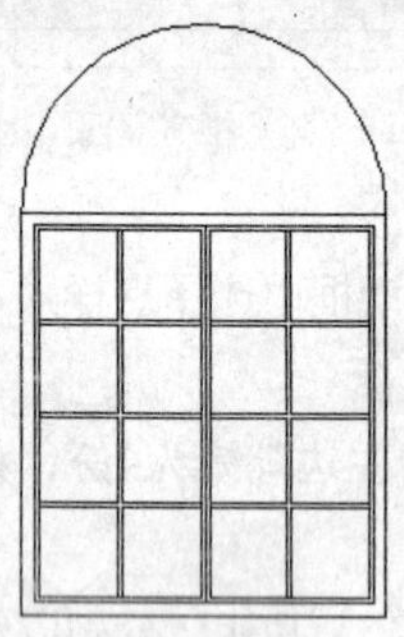
图3-95 绘制圆弧

图3-96 偏移圆弧和直线

图3-97 修剪结果

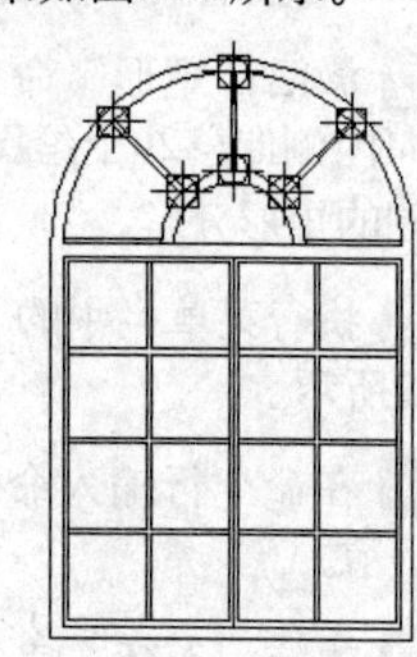
图3-98 等分圆弧并绘制支撑

Step 14 将等分圆弧的节点删除，然后以绘制的支撑作为修剪边，对圆弧再次进行修剪。

Step15 至此，弧形立面拱窗绘制完毕，使用“另存为”命令，将该图形存储为“弧形拱窗立面图例.dwg”文件。

3.2.3 绘制欧式窗立面图例

这一节继续学习绘制欧式窗立面图例，该欧式立面窗尺寸为：宽度1500mm、高度2100mm，绘制结果如图3-99所示。

- 知识要点：“多段线”、“偏移”、“延伸”和“镜像”命令的综合运用。
- 操作要点：运用“多段线”命令中的圆弧和直线功能绘制欧式窗的内、外边框和支撑；运用“延伸”命令编辑内、外边框和支撑；运用“偏移”命令偏移内边框和横向支撑；运用“镜像”命令复制左侧的横向支撑。

操作步骤

Step 01 按键盘上的Ctrl+N键，创建新的图形文件，设置图形界限为3000×4200，并将绘图区域最大化显示。

Step 02 激活“多段线”命令，配合“正交”功能，绘制欧式窗的外边框，命令行操作如下。

```
命令: _pline
    指定起点:                                               //在屏幕左下侧任意拾取一点
    当前线宽为 0.0000
    指定下一个点或 [圆弧(A)/半宽(H)/长度(L)/放弃(U)/宽度(W)]:   //W Enter
```

指定起点宽度 <0.0000>: //30 Enter

指定端点宽度 <30.0000>: // Enter

指定下一个点或 [圆弧(A)/半宽(H)/长度(L)/放弃(U)/宽度(W)]:<正交 开>

//向上引导光标，输入1600 Enter

指定下一点或 [圆弧(A)/闭合(C)/半宽(H)/长度(L)/放弃(U)/宽度(W)]: //A Enter

指定圆弧的端点或[角度(A)/圆心(CE)/闭合(CL)/方向(D)/半宽(H)/直线(L)/半径(R)/第二个点(S)/放弃(U)/ 宽度(W)]: //A Enter

指定包含角: //-90 Enter

指定圆弧的端点或 [圆心(CE)/半径(R)]: //R Enter

指定圆弧的半径: //500 Enter

指定圆弧的弦方向 <90>: //45 Enter

指定圆弧的端点或[角度(A)/圆心(CE)/闭合(CL)/方向(D)/半宽(H)/直线(L)/半径(R)/第二个点(S)/放弃(U)/ 宽度(W)]: //L Enter

指定下一点或 [圆弧(A)/闭合(C)/半宽(H)/长度(L)/放弃(U)/宽度(W)]:

//向右引导光标，输入500 Enter

指定下一点或 [圆弧(A)/闭合(C)/半宽(H)/长度(L)/放弃(U)/宽度(W)]: //A Enter

指定圆弧的端点或[角度(A)/圆心(CE)/闭合(CL)/方向(D)/半宽(H)/直线(L)/半径(R)/第二个点(S)/放弃(U)/ 宽度(W)]: //A Enter

指定包含角: //-90 Enter

指定圆弧的端点或 [圆心(CE)/半径(R)]: //R Enter

指定圆弧的半径: //500 Enter

指定圆弧的弦方向 <0>: //-45 Enter

指定圆弧的端点或[角度(A)/圆心(CE)/闭合(CL)/方向(D)/半宽(H)/直线(L)/半径(R)/第二个点(S)/放弃(U)/ 宽度(W)]: //L Enter

指定下一点或 [圆弧(A)/闭合(C)/半宽(H)/长度(L)/放弃(U)/宽度(W)]:

//向下引导光标，输入1600 Enter

指定下一点或 [圆弧(A)/闭合(C)/半宽(H)/长度(L)/放弃(U)/宽度(W)]:

//C Enter，结果如图3-100所示

Step 03 直接按Enter键，重复执行“多段线”命令，参照上述绘制外边框的方法，并配合“自”功能，以距外边框左下角点水平向右625个绘图单位的点为起点，绘制欧式窗的内边框，其宽度为250，高度为1225，圆弧半径为125，绘制结果如图3-101所示。

Step 04 单击“修改”工具栏上的按钮，运用“偏移”命令，将欧式窗的内边框向外侧偏移250个绘图单位，作为中间的边框。

Step 05 重复使用“多段线”命令，连接外边框上边中点和最内侧边框圆弧的中点，绘制一条纵向支撑。

图3-99 欧式窗立面图例

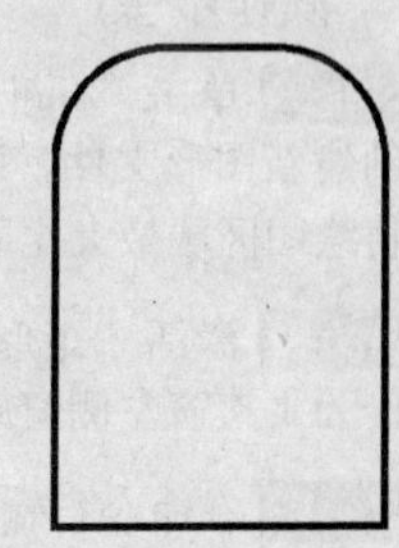

图3-100 绘制外边框

Step 06 再次运用“多段线”命令，分别连接左、右侧圆弧的中点和其圆心，绘制两条斜撑，然后单击“修改”工具栏上的“延伸”按钮，以中间圆弧为延伸边界，将两条斜撑分别延伸，结果如图3-102所示。

Step 07 以最内侧圆弧的左端点为起点，以其水平追踪虚线与欧式窗左边框的交点为止点，绘制一条多段线，作为横向支撑，如图3-103所示。

Step 08 在命令行中输入O，激活“偏移”命令，将上述绘制的横向支撑依次向下偏移三次，偏移尺寸为400个绘图单位。

Step 09 激活“镜像”命令，将三条横向支撑复制到右侧，欧式窗的最终效果如图3-104所示。

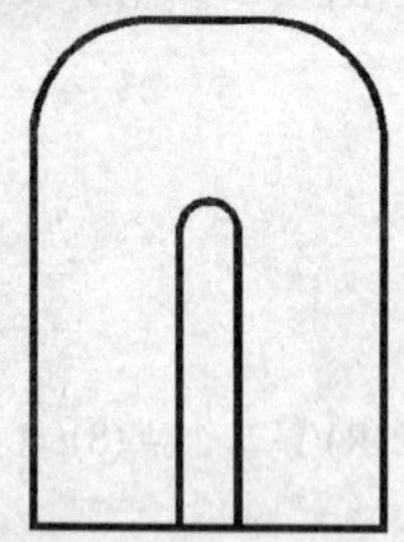

图3-101 绘制最内侧的边框

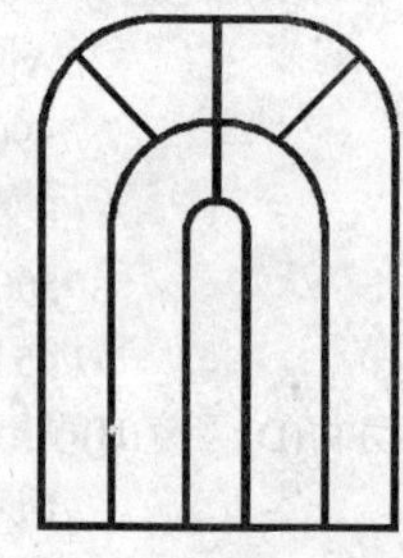

图3-102 绘制支撑

图3-103 绘制水平支撑

图3-104 欧式立面窗最终效果

Step 10 执行菜单栏中的“文件”|“保存”命令，将该图形命名为“欧式窗立面立面图例.dwg”进行保存。

3.2.4 绘制古典木窗立面图例

这一节继续学习绘制古典木窗立面图例，该古典木窗尺寸为：宽度1500mm、高度1800mm，绘制结果如图3-105所示。

- 知识要点：“矩形”、“多线”、“偏移”、“复制”、“修剪”、“分解”和“镜像”命令的综合运用。
- 操作要点：运用“矩形”和“偏移”命令绘制古典木窗左侧窗扇的边框；运用“多线”命令绘制古典窗左侧窗扇的内边框和支撑；运用“复制”命令复制支撑；运用“多线编辑工具”、“分解”、“修剪”和“删除”命令综合编辑支撑的相交部分；运用“镜像”命令复制左侧的窗扇。

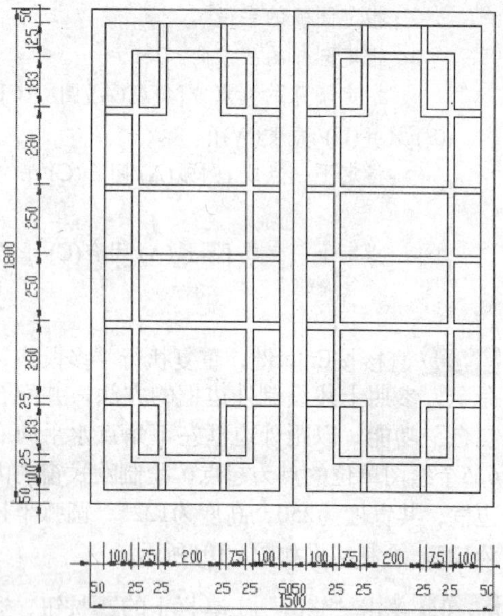

图3-105 古典木窗立面图例

操作步骤

Step 01 单击“标准”工具栏上的“新建”按钮，创建新图形文件，设置图形界限为2500×3000，并将绘图区域最大化显示。

Step 02 激活“矩形”命令，绘制750×1800的矩形作为古典窗左侧窗扇的外边框，并将其向内侧偏移50个绘图单位。

Step 03 在命令行输入ML，激活“多线”命令，设置多线比例为25，配合“自”和“正交”功能，以距离内矩形左下角点A向右和向上各100个绘图单位的点为起点，绘制450×1500的线框作为窗扇的内边框，结果如图3-106所示。

Step 04 直接按Enter键，重复执行“多线”命令，参照上述方法，以距离点A水平向右200个绘图单位的点为起点，垂直向上引导光标，绘制一条长度为1700个绘图单位的多线，作为窗扇左侧的纵向支撑，如图3-107所示。

Step05 再次执行“多线”命令，分别连接窗扇内边框左、右边的中点，绘制中间的横向支撑，结果如图3-108所示。

Step 06 激活“复制”命令，将中间的横向支撑向上和向下各复制两条，位移距离均依次为250和280个绘图单位，结果如图3-109所示。

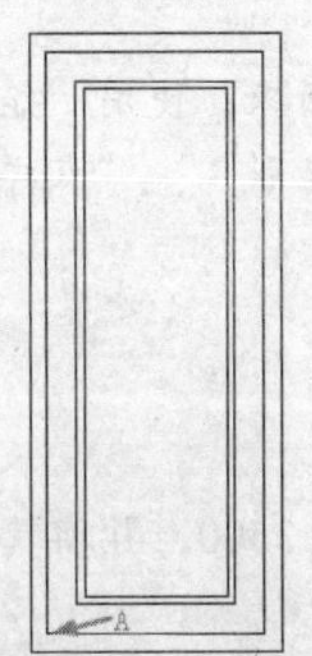

图3-106 绘制内外边框

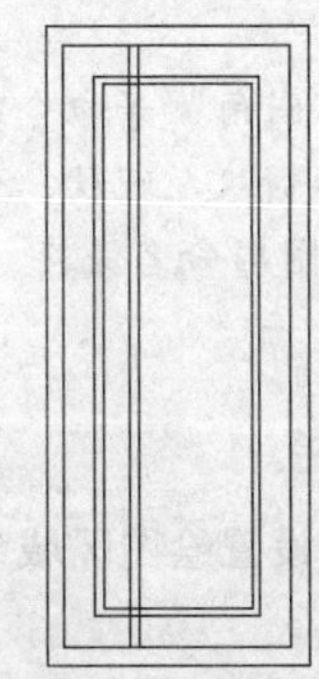
图3-107 绘制竖向支撑

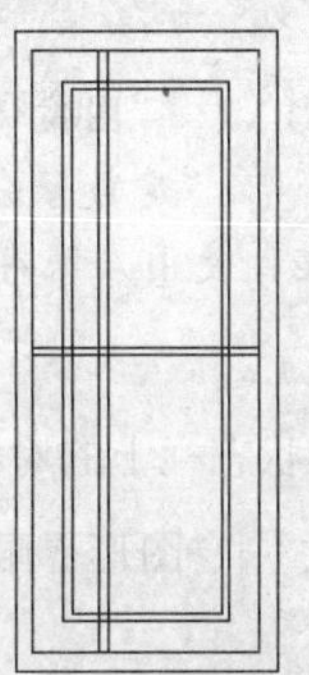
图3-108 绘制横向支撑

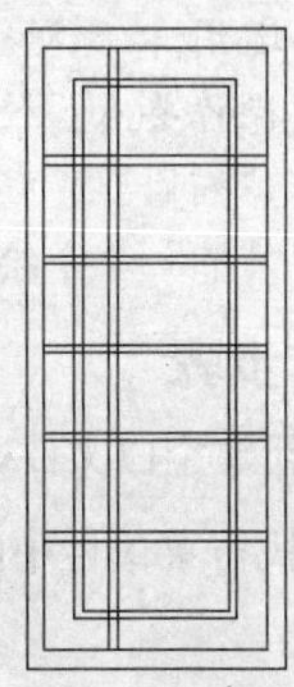
图3-109 复制横向支撑

Step 07 采用相同的方法，将纵向支撑向右侧水平复制一个，复制的位移距离为225个绘图单位。

Step 08 执行菜单栏中的“修改”|“对象”|“多线”命令，在弹出的“多线编辑工具”对话框中选择“十字打开”按钮，分别对支撑的相交部分进行编辑，结果如图3-120所示。

Step 09 将所有的支撑分解，综合运用“修剪”和“删除”命令，对窗扇内部进行编辑，效果如图3-121所示。

Step 10 在命令行输入MI，激活“镜像”命令，以左侧窗扇的右边为镜像轴，将窗扇镜像到右侧，效果如图3-122所示。

图3-120 编辑多线

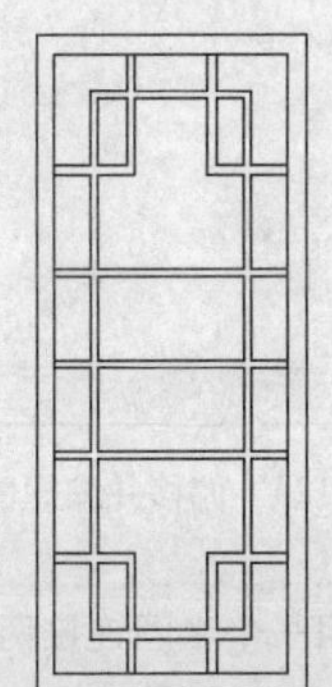
图3-121 修剪和删除左侧窗扇

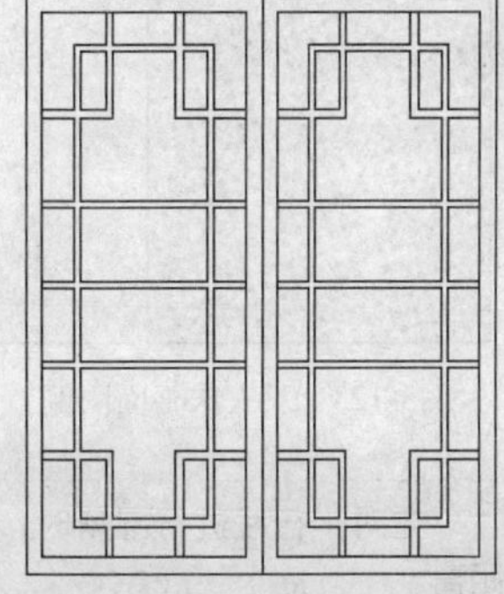
图3-122 镜像结果

Step 11 至此，古典木窗立面图例制作完毕，按键盘上的Ctrl+S键将图形命名为“古典木窗立面图例.dwg”进行保存。

3.3 绘制床、沙发图例

床和沙发是室内的重要家具，它们为人们坐、卧和休憩提供了无可替代的舒适和便利，同时还有营造室内气氛、美化室内环境的作用。

这一节学习绘制具有代表性的平面床、沙发图例和立面床、沙发图例，其他床和沙发图例的绘制比较简单，由于篇幅所限，在此不再介绍。

3.3.1 绘制双人床组合平面图例

这一节继续学习绘制双人床组合图例，该双人床尺寸为：宽度1500mm、长度2000mm，绘制结果如图3-123所示。

- 知识要点："点"、"创建块"、"圆角"、"定数等分"、"图案填充"等命令的综合运用。
- 操作要点：使用"矩形"、"图案填充"、"圆角"等命令绘制平面床；使用"矩形"、"椭圆"、"创建块"、"定数等分"命令绘制双人花枕；使用"矩形"、"点样式"、"点"命令绘制床头柜；使用"保存"命令将图形命名保存。

操作步骤

Step 01 新建空白文件，并启用状态栏上的对象捕捉功能。

Step 02 执行菜单栏中的"格式"|"图形界限"命令，设置绘图区域为4200×3500，并将其最大化显示。

Step 03 使用"矩形"命令，绘制长度为1500、宽度为2000的矩形作为平面床轮廓线，然后使用"分解"命令将矩形分解为4条独立的线段。

Step 04 激活"偏移"命令，将分解后的矩形上侧水平边向下偏移60个绘图单位，然后使用命令简写LEN激活"拉长"命令，将矩形两条垂直边缩短60个绘图单位，结果如图3-124所示。

Step 05 执行菜单栏中的"修改"|"圆角"命令，分别在上侧两条平行图线的两端单击对其进行圆角处理，结果如图3-125所示。

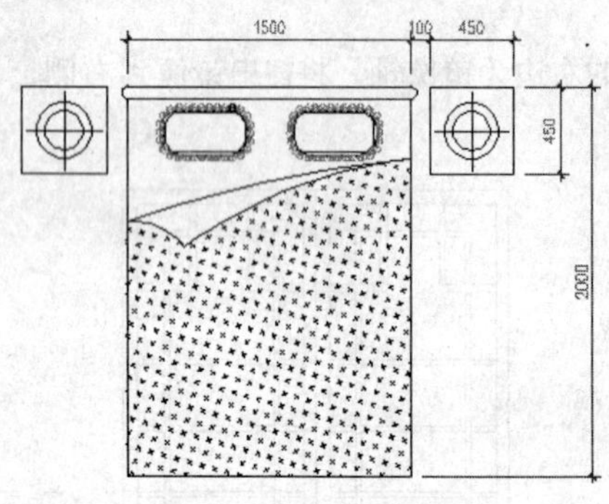

图3-123 双人床平面图例

图3-124 偏移并缩短图线

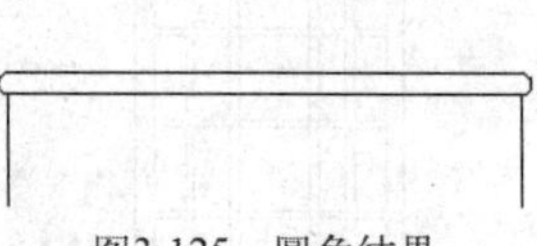
图3-125 圆角结果

在对平行线进行圆角时，系统将自动使用一个半圆连接两条平行线，半圆的直径为平行线间的距离。

Step 06 执行菜单栏中的"绘图"|"矩形"命令，绘制一个角半径为80、长度为440、宽度为225的圆角矩形作为枕头轮廓线，如图3-126所示。

Step 07 执行菜单栏中的"修改"|"偏移"命令，将刚绘制的矩形向内偏移10个绘图单位，结果如图3-127所示。

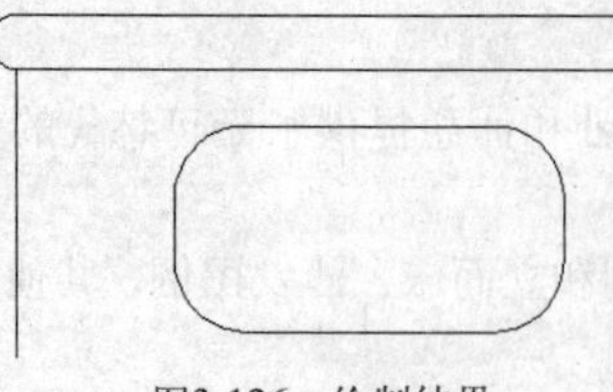
图3-126 绘制结果

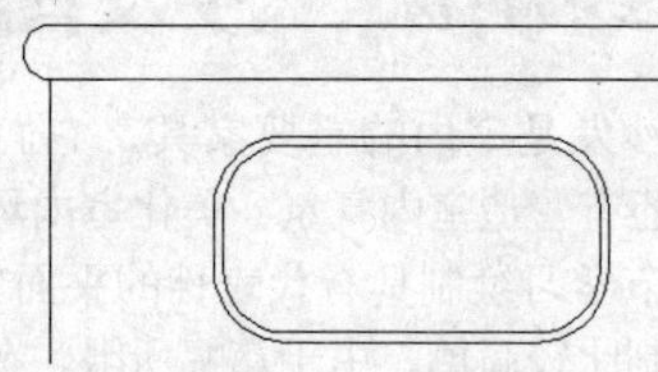
图3-127 绘制结果

Step 08 执行菜单栏中的“绘图”|“椭圆”命令，配合“象限点”捕捉功能，绘制两个椭圆，命令行操作如下。

```
命令: _ellipse
    指定椭圆的轴端点或 [圆弧(A)/中心点(C)]:    //在适当位置拾取一点
    指定轴的另一个端点:                          //@0,37 Enter
    指定另一条半轴长度或 [旋转(R)]:              //19 Enter
命令:                                            // Enter，重复命令
    ELLIPSE
    指定椭圆的轴端点或 [圆弧(A)/中心点(C)]:    //捕捉椭圆的下象限点
    指定轴的另一个端点:                          //@0,17 Enter
    指定另一条半轴长度或 [旋转(R)]:              //9 Enter，结果如图3-128所示
```

Step 09 使用命令简写B激活“创建块”命令，以椭圆的下象限点作为基点，将两个椭圆创建为名称为“11”的内部块。

Step 10 执行菜单栏中的“绘图”|“点”|“定数等分”命令，使用前面创建的名称为“11”的内部块，对外侧的圆角矩形进行定数等分，命令行操作如下。

```
命令: _divide
    选择要定数等分的对象:                        //选择外侧的圆角矩形
    输入线段数目或 [块(B)]:                      //B Enter，激活“块”选项
    输入要插入的块名:                            //11 Enter
    是否对齐块和对象？[是(Y)/否(N)] <Y>:         // Enter，
    输入线段数目:                                //28 Enter，等分结果如图3-129所示
```

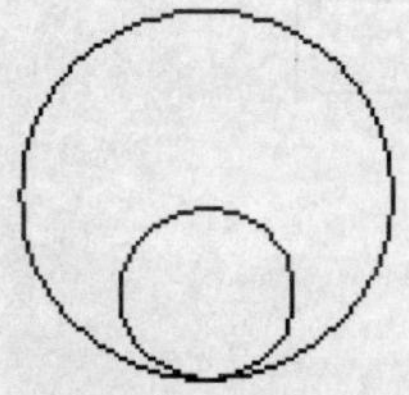

图3-128 绘制椭圆

图3-129 等分结果

使用“定数等分”命令进行等分对象时，系统将在等分点处放置点的标记符号，也可在等分点处放置内部块。

Step 11 使用命令简写MI激活“镜像”命令，配合“中点”捕捉功能，将枕头图例进行镜像，结果如图3-130所示。

Step 12 使用三点画弧功能，配合“最近点”捕捉功能，绘制如图3-131所示的三段闭合弧形轮廓线，作为床被示意线。

Step 13 执行菜单栏中的“绘图”|“图形填充”命令，在打开的“图案填充和渐变色”对话框中选择名称为“CROSS”的图案，设置“比例”为7.5，对床罩进行填充，结果如图3-132所示。

Step 14 执行“插入”命令，将随书光盘“图块文件”目录下的“床头柜平面.dwg”图块文件插入到双人床左边合适的位置，然后将其镜像到双人床右边位置，结果如图3-133所示。

Step 15 至此，双人床平面图例绘制完毕，使用“保存”命令，将该图形命名存储为“双人床平面图例.dwg”文件。

图3-130 镜像结果

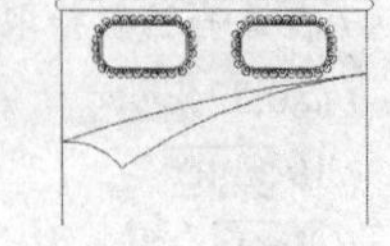
图3-131 绘制示意线

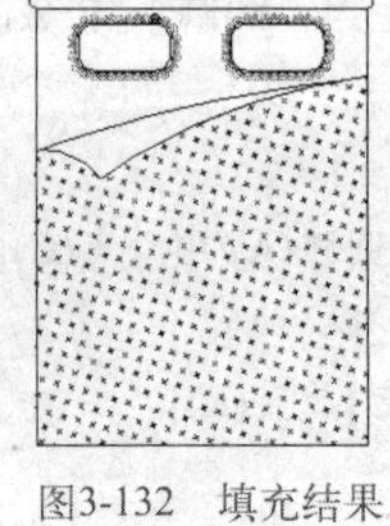
图3-132 填充结果

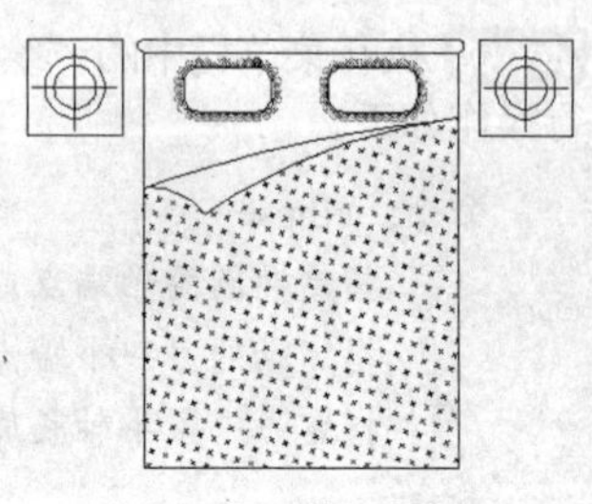
图3-133 插入床头柜

3.3.2 绘制双人床组合立面图例

这一节继续学习绘制双人床组合立面图例，该双人床尺寸为：宽度1600mm、长度2000mm、高度370mm，绘制结果如图3-134所示。

- 知识要点：“多线”、“圆弧”、“样条曲线”、“图案填充”等命令的运用。
- 操作要点：使用“多线”、“圆弧”等命令绘制床柜组合轮廓线；使用“图案填充”、“样条曲线”等命令绘制其他附属轮廓线。

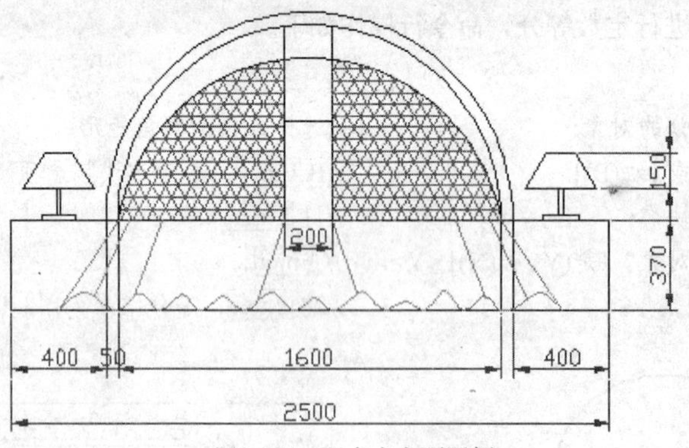

图3-134 双人床立面图例

操作步骤

Step 01 新建文件，并启用对象捕捉和对象追踪功能。

Step 02 执行菜单栏中的“格式”|“多线样式”命令，分别设置“style-01”和“style-02”两种多线样式，其中“style-01”的设置如图3-135所示，“style-02”的设置如图3-136所示。

Step 03 将“style-01”设置为当前样式，输入ML激活“多线”命令，设置多线比例为1700，绘制高度为370的多线，作为床和半圆形靠背的外轮廓线，如图3-137所示。

Step 04 复复执行“多线”命令，设置多线比例为1600，配合“中点”捕捉功能，捕捉窗轮廓下边的中点，绘制高度为370的多线，作为床和半圆形靠背的内轮廓线，效果如图3-138所示。

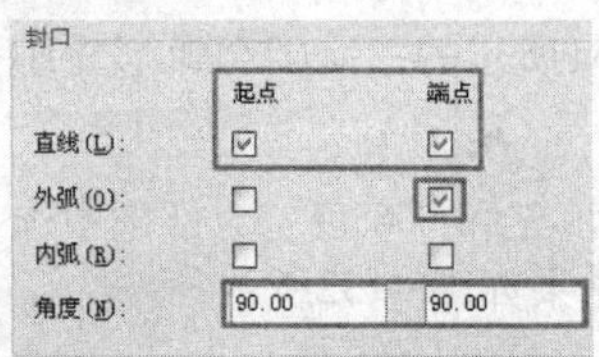

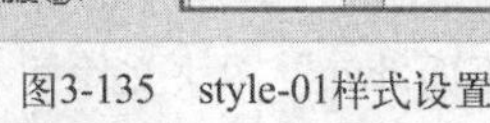
图3-135 style-01样式设置

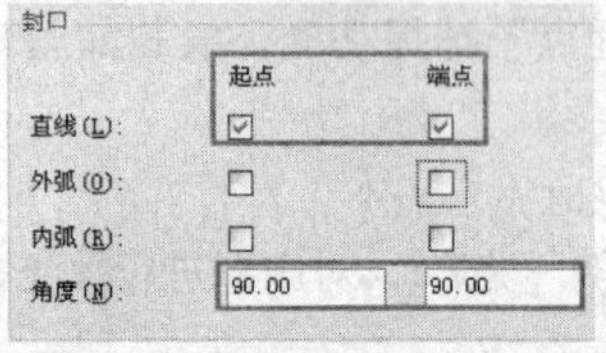

图3-136 style-02样式设置

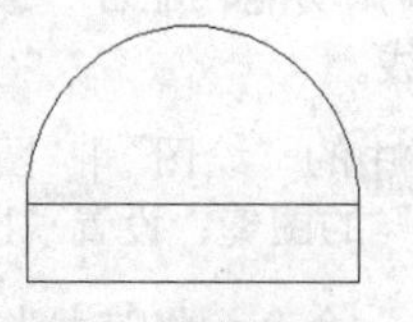
图3-137 绘制外轮廓

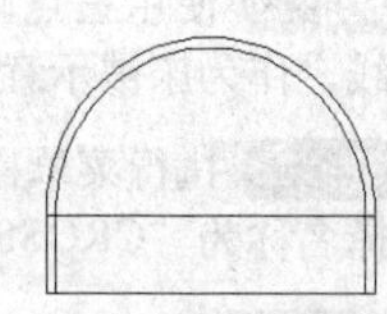
3-138 绘制内轮廓

Step 05 激活“直线”命令，配合“中点”捕捉功能，捕捉上方水平线的中点和内轮廓圆弧的中点绘制一条直线，然后使用“偏移”命令将直线对称偏移100个绘图单位，并将中线删除，结果如图3-139所示。

Step 06 继续使用“直线”命令，并配合捕捉和追踪功能，根据图示尺寸绘制水平轮廓线，结果如图3-140所示。

Step 07 激活“偏移”命令，将水平轮廓线向上偏移260个绘图单位，然后使用“三点”画弧命令，配合“端点”捕捉功能，分别捕捉端点1、中点2和端点3绘制圆弧，结果如图3-141所示。

Step 08 删除偏移的水平轮廓线，然后执行“图案填充”命令，在弹出的对话框中设置填充图案为“NET3”，设置“比例”为15，对靠背填充图案，结果如图3-142所示。

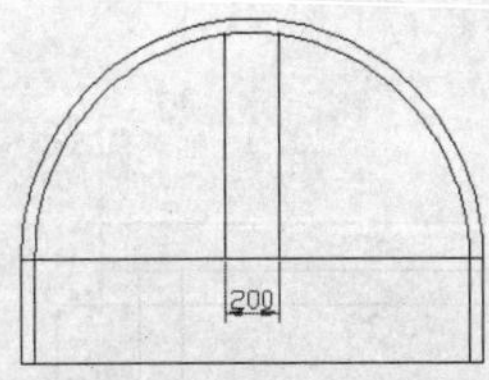

图3-139 绘制直线并偏移

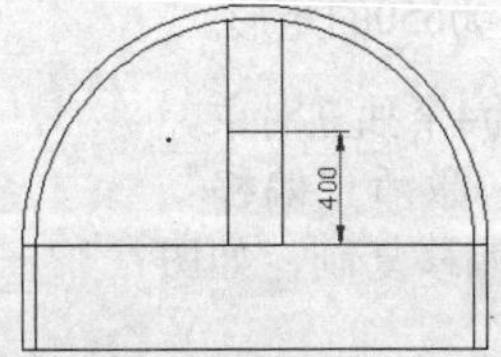

图3-140 绘制水平轮廓线

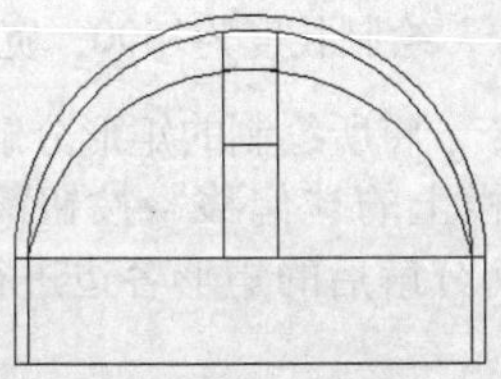
图3-141 绘制圆弧

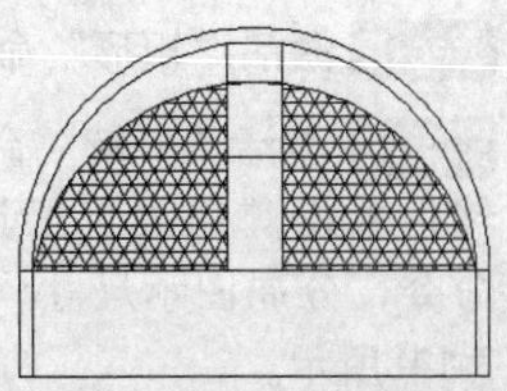
图3-142 填充图案

Step 09 激活“矩形”命令，以床头外轮廓线左下交点为起点，在床头轮廓左边绘制400 × 370的矩形作为床头柜，然后将其复制到床头右边位置，结果如图3-143所示。

Step 10 激活“插入”命令，配合“中点”捕捉功能，将随书光盘“图块文件”目录下的“台灯立面.dwg”图块文件分别插入到床头柜位置，结果如图3-144所示。

Step 11 激活“样条曲线”命令，配合“最近点”捕捉功能，绘制如图3-145所示的样条曲线作为床单皱褶示意线。

Step 12 使用“直线”命令，配合“最近点”捕捉功能，绘制其他位置的示意线，如图3-146所示。

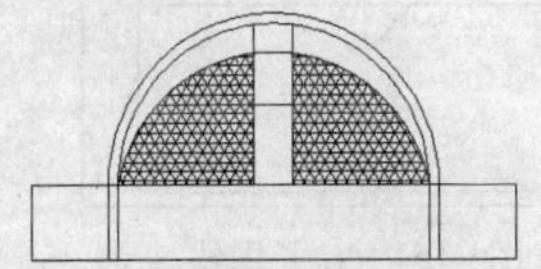
图3-143 绘制床头柜

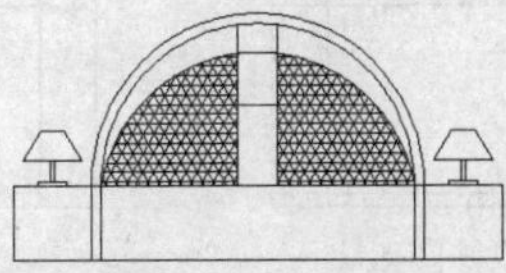
图3-144 插入台灯

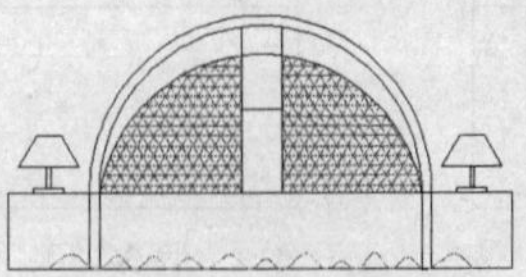
图3-145 绘制褶皱线

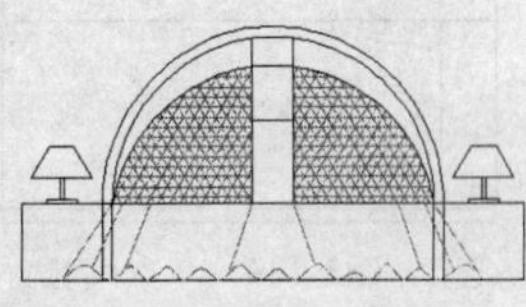
图3-146 绘制其他示意线

Step 13 至此，双人床立面图例绘制完毕，使用“保存”命令，将该图形命名存储为“双人床立面图例.dwg”文件。

3.3.3 绘制组合沙发平面图例

这一节继续学习绘制组合沙发平面图例，该沙发尺寸为：三人沙发1800mm，单人沙发600mm，如图3-147所示。

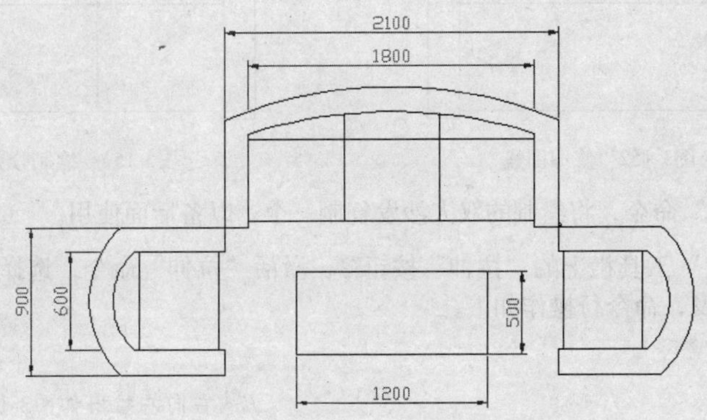

图3-147 组合沙发平面图例

- 知识要点：“拉伸”、“复制”、“旋转”、“镜像”等命令的综合练习。
- 操作要点：使用“复制”命令将双人沙发进行复制；使用“拉伸”命令将沙发拉伸为三人沙发单人沙发；使用“旋转”、“移动”命令对双人沙发进行编辑；使用“镜像”命令对单人沙发进行镜像。

操作步骤

Step 01 新建图形文件，设置图形界限为3000×2000，并将视图最大化显示。

Step 02 激活“矩形”命令，绘制长度为1500、宽度为650的矩形。

Step 03 激活“分解”命令，将所绘制的矩形分解为4个独立对象，然后单击“修改”工具栏上的“偏移”按钮，激活“偏移”命令，分局图示尺寸，将分解后的矩形各边进行偏移复制，如图3-148所示。

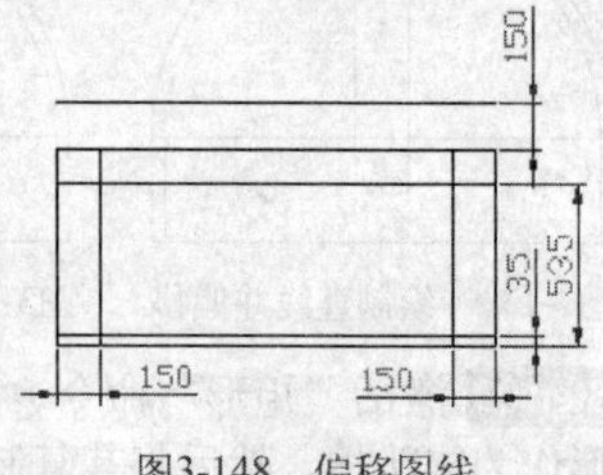

图3-148 偏移图线

Step 04 执行菜单栏中的“绘图”|“圆弧”|“三点”命令，配合“中点”和“端点”捕捉功能，捕捉端点A、中点B和端点C绘制上侧的弧形轮廓线，结果如图3-149所示。

Step 05 使用命令简写O激活“偏移”命令，将所绘制的圆弧向内偏移150个绘图单位，同时删除最上侧的两条水平线段，结果如图3-150所示。

Step 06 执行菜单栏中的“修改”|“拉长”命令，设置“增量”为-150，分别在图线L和K的两端单击将其缩短，结果如图3-151所示。

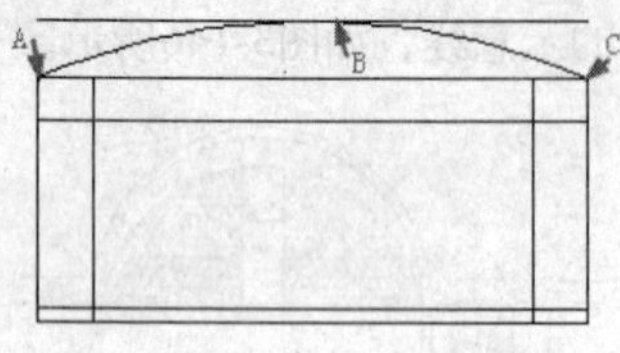

图3-149 三点画弧

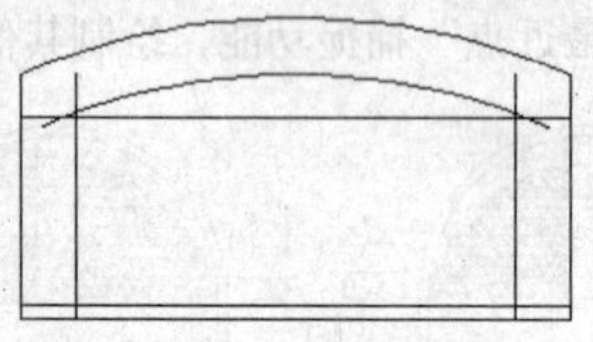
图3-150 偏移圆弧

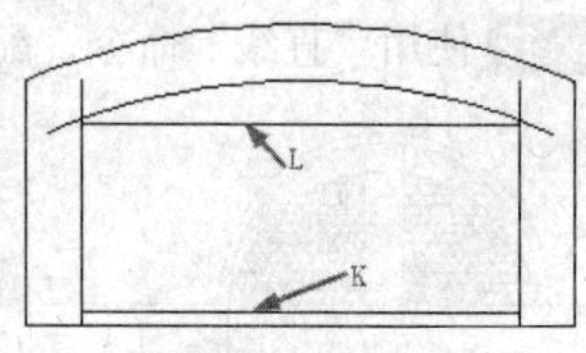

图3-151 拉长图线

Step 07 单击“修改”工具栏上的“修剪”按钮，以线段Q和S作为剪切边界，分别对偏移后的圆弧和矩形最下侧的水平边进行修剪，然后以修剪后的圆弧作为修剪边，对线段Q和S进行修剪，结果如图3-152所示。

Step 08 激活“直线”命令，配合“中点”捕捉功能，捕捉圆弧和下水平线的中点，绘制双人沙发的分界线，结果如图3-153所示。

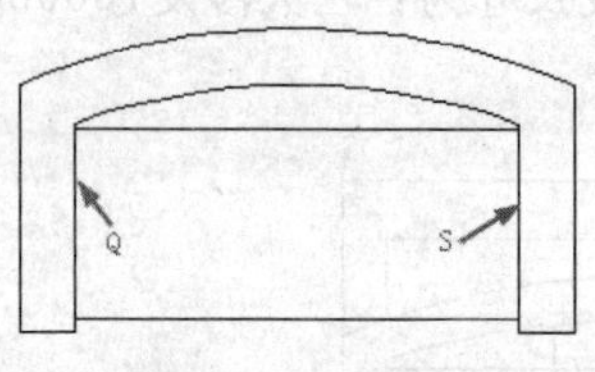

图3-152 修剪图线

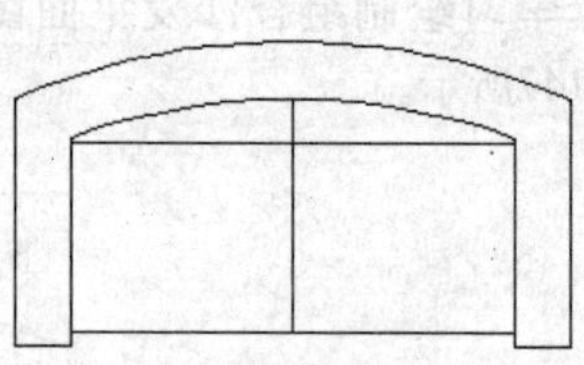
图3-153 绘制分界线

Step 09 激活“复制”命令，将绘制的双人沙发复制一个，以备后面使用。

Step 10 单击“修改”工具栏上的“拉伸”按钮，激活“拉伸”命令，选择所绘制的双人沙发，将其拉伸为三人沙发，命令行操作如下。

```
命令: _stretch
    选择对象:                          //从右向左拉出如图3-154所示的选择框
    选择对象:                          // Enter，结束选择
```

指定基点或位移: //捕捉沙发分界线的下端点
指定位移的第二个点或 <用第一个点作位移>: //@600,0 Enter，拉伸结果如图3-155所示

Step 11 使用命令简写O激活“偏移”命令，将偏移距离设置为600，选择分界线将其向右偏移复制，然后使用“修剪”命令，以内侧的弧形轮廓线作为剪切边界，修剪掉位于其上侧的部分界线，结果如图3-156所示。

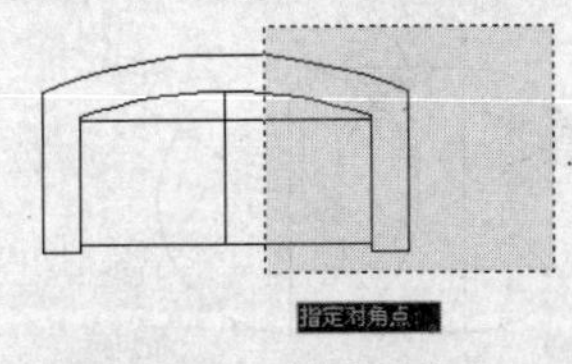

图3-154 选取对象

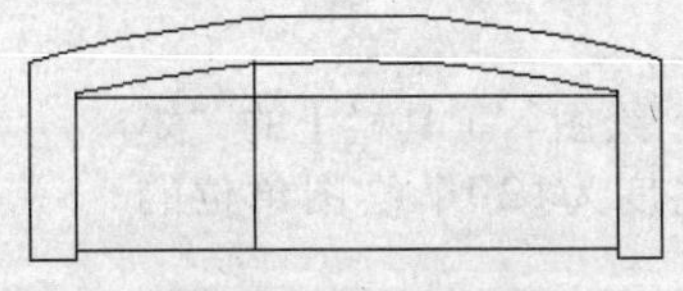
图3-155 拉伸结果

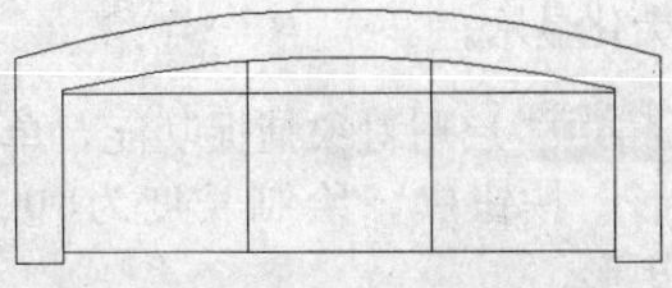
图3-156 绘制三人沙发分界线

Step 12 重复执行“拉伸”命令，将另一双人沙发拉伸成为单人沙发，命令行操作如下。

命令: _stretch
选择对象: //从右向左拉出如图3-154所示的选择框选取对象
选择对象: // Enter，结束选择
指定基点或位移: //捕捉如图3-157所示的端点
指定位移的第二个点或 <用第一个点作位移>: //捕捉分界线的端点，拉伸结果如图3-158所示

Step 13 使用命令简写E激活“删除”命令，选择分界线将其删除，然后单击“修改”工具栏上的“旋转”按钮，激活“旋转”命令，将单人沙发旋转90°。

Step 14 使用命令简写M激活“移动”命令，选择旋转后的单人沙发，以单人沙发的右上角点作为基点，以三人沙发的左下角点作为目标点，对单人沙发进行移动，结果如图3-159所示。

Step 15 单击“修改”工具栏上的“镜像”按钮，激活“镜像”命令，选择单人沙发，然后捕捉三人沙发下边线的中点，输入“@0,1”并按Enter键，对单人沙发进行对称复制，结果如图3-160所示。

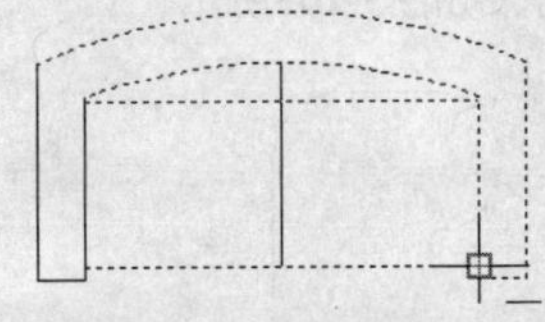
图3-157 捕捉端点

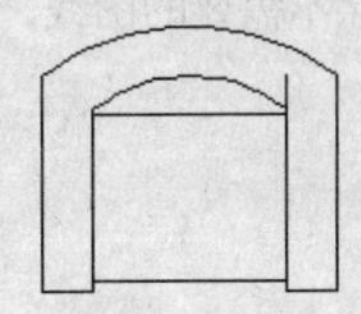
图3-158 拉伸结果

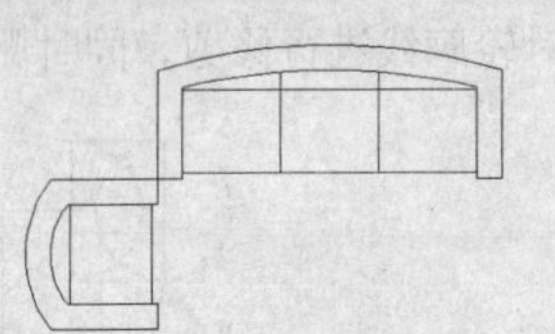
图3-159 旋转并移动单人沙发

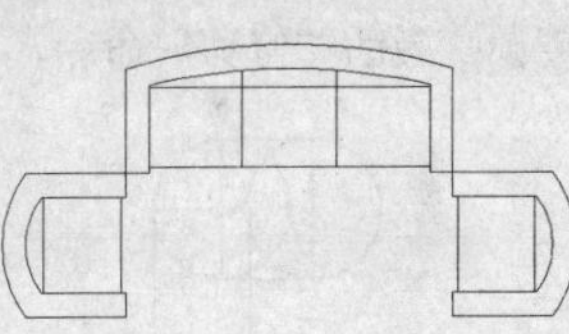
图3-160 镜像单人沙发

Step 16 使用“矩形”命令，在沙发组内绘制长度为1200、宽度为500的矩形作为茶几图形。

Step 17 执行“另存为”命令，将该图形存储为“组合沙发平面图例.dwg”文件。

3.3.4 绘制组合沙发立面图例

这一节继续学习绘制组合沙发立面图例，其最终结果如图3-161所示。

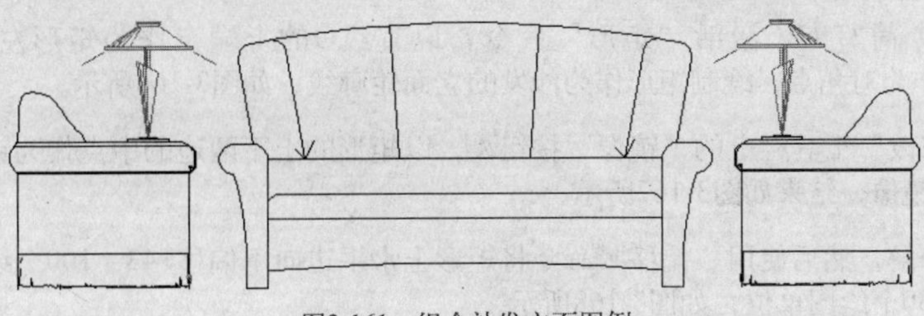
图3-161 组合沙发立面图例

- 知识要点："圆角"、"修剪"、"延伸"、"拉伸"、"镜像"等命令的综合练习。
- 操作要点：使用"直线"、"矩形"、"圆弧"、"修剪"等命令绘制单人沙发；使用"拉伸"、"直线"等命令创建三人沙发；使用"插入块"、"镜像"命令创建两侧的台灯和沙发图例。

操作步骤

Step 01 新建文件，设置图形界限为4200×2970，并将其最大化显示。

Step 02 启用对象捕捉功能，单击"绘图"工具栏上的"矩形"按钮，绘制长度为80、宽度为120个绘图单位的矩形。

Step 03 单击"绘图"工具栏上的"圆"按钮，以矩形左右两侧边的中点为圆心，绘制两个直径为120个绘图单位的圆，如图3-162所示。

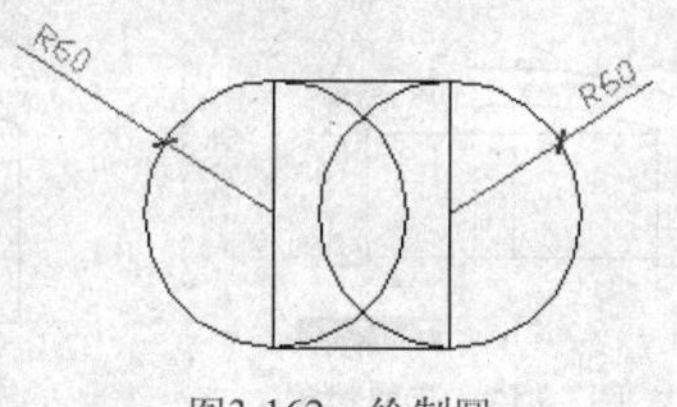

图3-162　绘制圆

Step 04 重复执行"矩形"命令，配合"象限点"捕捉功能，以右侧圆的右象限点作为矩形角点，以"@-85,-520"作为对角点，绘制矩形作为沙发腿轮廓线，如图3-163所示。

Step 05 执行菜单栏中的"绘图"|"圆弧"|"起点、端点、半径"命令，绘制半径为1500个绘图单位的圆弧轮廓线，命令行操作如下。

```
命令: _arc
    指定圆弧的起点或 [圆心(C)]:                    //捕捉端点M
    指定圆弧的第二个点或 [圆心(C)/端点(E)]: _e
    指定圆弧的端点:                                //捕捉端点N
    指定圆弧的圆心或 [角度(A)/方向(D)/半径(R)]: _r 指定圆弧的半径:
                                                   //1500 Enter，绘制结果如图3-164所示
```

Step 06 激活"修剪"命令，对轮廓线进行修剪，同时删除不需要的图线，结果如图3-165所示。

图3-163　绘制沙发腿轮廓线

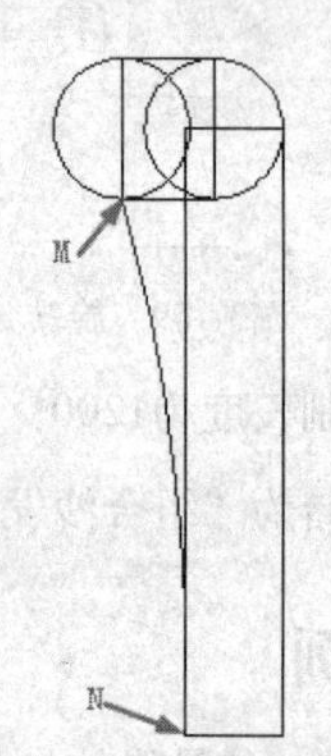

图3-164　绘制弧形轮廓线

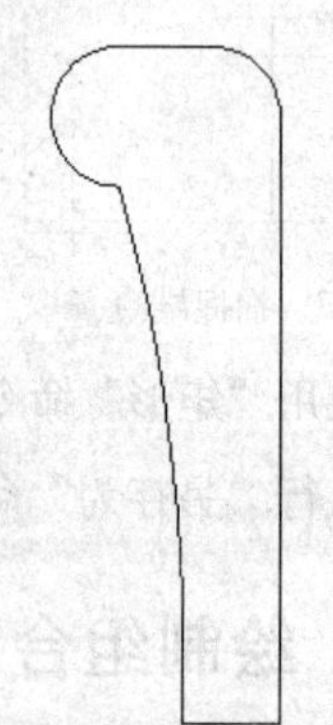
图3-165　修剪结果

Step 07 使用命令简写REC激活"矩形"命令，以直线Q的上端点作为矩形左上角点，以点"@540,-450"作为对角点，绘制矩形作为沙发的立面轮廓线，如图3-166所示。

Step 08 单击"修改"工具栏上的"镜像"按钮，以矩形的上下两边的中点作为镜像点，对左侧的沙发扶手进行镜像，结果如图3-167所示。

Step 09 将矩形分解，然后使用"偏移"命令将矩形上水平边向下偏移143、100个绘图单位，将下水平边向上偏移30个绘图单位，如图3-168所示。

Step 10 执行菜单栏中的“绘图”|“圆弧”|“三点”命令，配合“端点”和“中点”捕捉功能，捕捉端点A、中点B和端点C绘制弧形轮廓线，结果如图3-169所示。

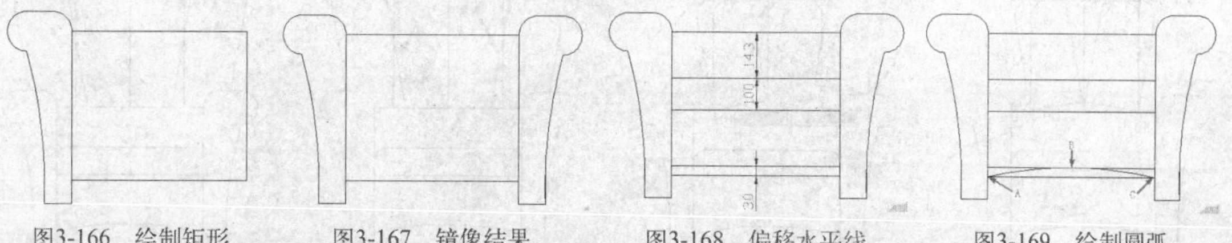

图3-166 绘制矩形　　图3-167 镜像结果　　图3-168 偏移水平线　　图3-169 绘制圆弧

Step 11 删除下方的两条水平线，然后执行菜单栏中的“修改”|“圆角”命令，设置“修剪”模式，并设置圆角半径为45，将水平线C与垂直线A和B进行圆角处理，结果如图3-170所示。

“圆角”命令的操作方法请参阅本书第2章相关章节的介绍或参阅本书随书光盘的详细讲解，由于篇幅所限，在此不做详细讲解。

Step 12 激活“偏移”命令，将沙发上水平边依次向上偏移400和145，然后激活“直线”命令，配合“中点”捕捉功能捕捉上水平边的中点绘制直线，再将直线对称偏移200个绘图单位，如图3-171所示。

Step 13 使用命令简写F激活“圆角”命令，将模式设置为“不修剪”，圆角半径设置为60，分别对水平直线O和三条垂直直线进行圆角，结果如图3-172所示。

Step 14 使用命令简写BO激活“边界”命令，分别在如图3-173所示的虚线显示区域内单击，创建两个多段线边界作为皮质沙发两侧的靠背。

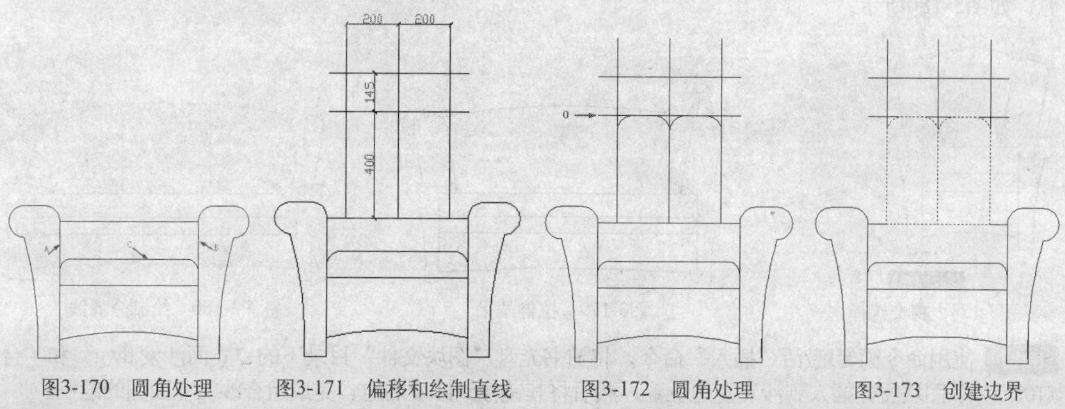

图3-170 圆角处理　　图3-171 偏移和绘制直线　　图3-172 圆角处理　　图3-173 创建边界

Step 15 单击“修改”工具栏上的“旋转”按钮，以左侧边界的左下角点为基点，将左侧的边界旋转10°，再以右侧边界的右下角点为基点，将右侧的边界旋转-10°，结果如图3-174所示。

Step 16 使用“移动”命令将左侧边界向左位移，基点为边界左下角点，目标点为中点A，如图3-175所示。

Step 17 采用相同的方法将右侧的边界向右位移，然后将位移后的两条边界分解，同时删除不需要的图线。

Step 18 激活“延伸”命令，以水平线E作为延伸边界，分别对直线W和Q进行延伸，结果如图3-176所示。

Step 19 使用命令简写A激活“圆弧”命令，使用“三点”功能，捕捉中点A、交点B和中点C绘制靠背顶部的弧形轮廓线，如图3-177所示。

Step 20 删除水平和垂直的辅助线，并使用画线命令对皮质沙发进行完善。

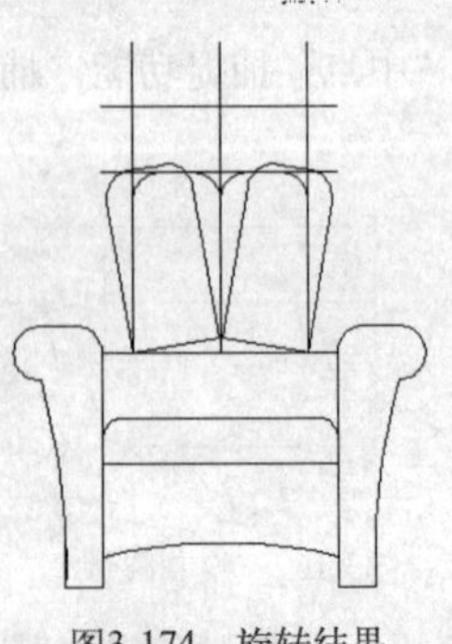

图3-174 旋转结果

图3-175 位移左边界

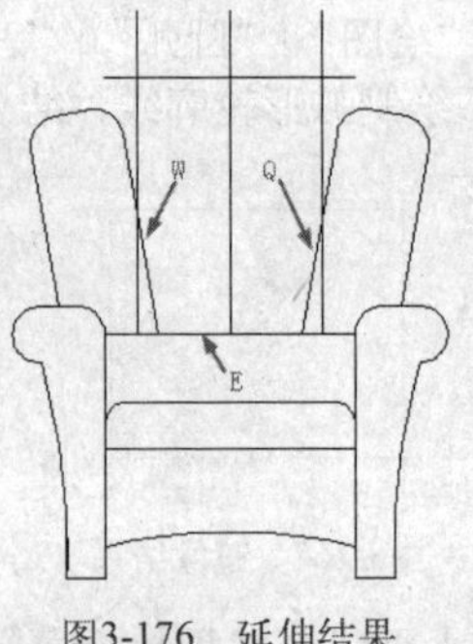

图3-176 延伸结果

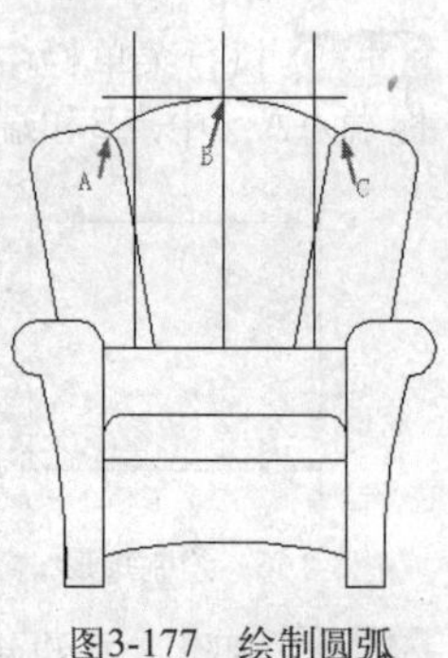

图3-177 绘制圆弧

Step 21 单击“修改”工具栏上的“拉伸”按钮，激活“拉伸”命令，对沙发立面图进行拉伸，命令行操作如下。

```
命令: _stretch
    选择对象:                                    //由右向左拉出如图3-178所示的窗交选择框
    选择对象:                                    //Enter，结束选择
    指定基点或 [位移(D)] <位移>:                  //拾取任意一点
    指定第二个点或 <使用第一个点作为位移>:         //@1080,0 Enter，结果如图3-179所示
```

Step 22 使用画线命令，配合“中点”捕捉功能，捕捉沙发面的中点和靠背的弧形中点绘制一条直线，然后将该直线对称偏移270个绘图单位作为沙发的分界线。

Step 23 删除绘制的直线，使用“修剪”命令，以靠背弧形边作为修剪边，对偏移的分界线进行修剪，如图3-180所示。

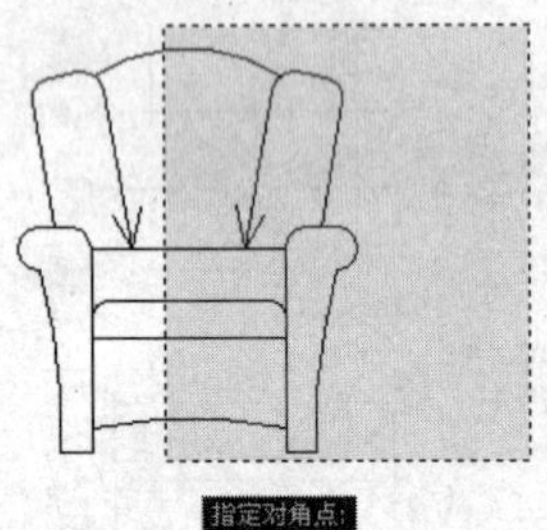

图3-178 窗交选择

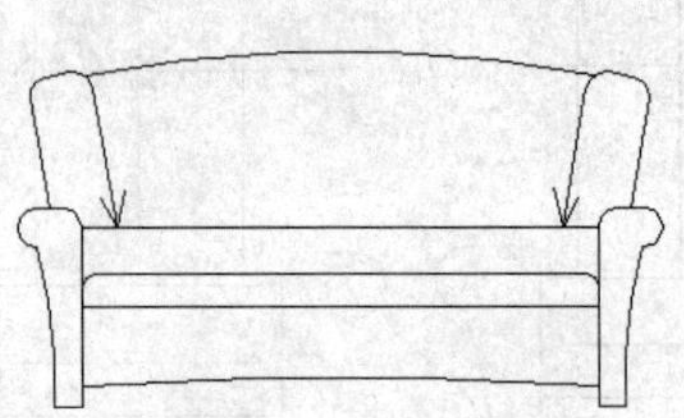

图3-179 拉伸结果

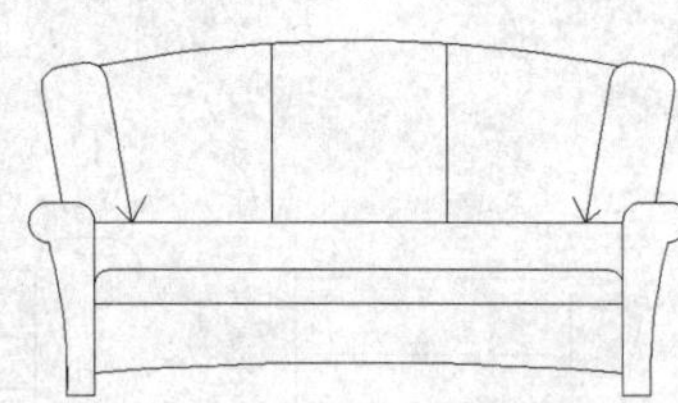

图3-180 绘制分界线

Step 24 使用命令简写I激活“插入”命令，将随书光盘“图块文件”目录下的“立面沙发.dwg”和“台灯02.dwg”图块文件插入到沙发左边位置，然后将其镜像到沙发右边，完成组合沙发立面图的绘制。

Step 25 使用“保存”命令，将该图形命名存储为“组合沙发立面图例.dwg”文件。

3.4 绘制橱柜图例

橱柜家具也是建筑室内装饰装潢设计中不可缺少的装饰构件，这一节继续学习绘制具有代表性的电视柜、衣柜和吊柜图例，其他橱柜图例的绘制比较简单，读者可以自己尝试绘制，由于篇幅所限，在此不再介绍。

3.4.1 绘制电视柜立面图例

这一节继续学习绘制电视柜立面图例，该电视柜尺寸为：宽度1600mm、高度520mm，如图3-181所示。

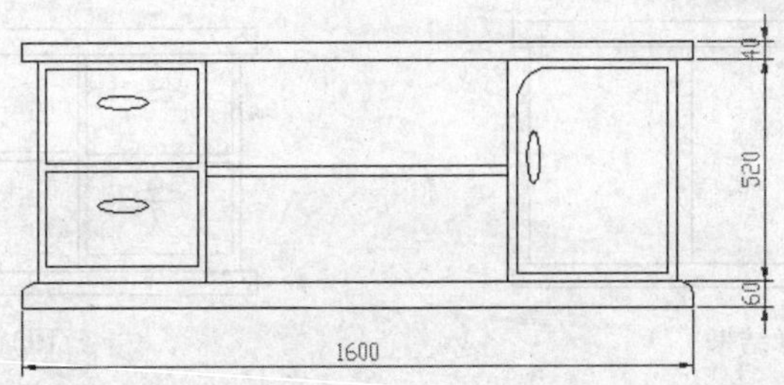

图3-181 电视柜立面图例

- 知识要点："椭圆"、"矩形"、"复制"、"偏移"、"圆角"等命令的综合应用。
- 操作要点：使用"矩形"命令绘制抽屉、门扇和隔板的边框；使用"椭圆"、"复制"、"旋转"命令绘制拉手；使用"镜像"、"偏移"、"圆角"命令对图形进行编辑完善。

操作步骤

Step 01 新建文件，设置图形界限为2500×1500，并将视图最大化显示。

Step 02 启用对象捕捉功能，在命令行输入命令简写REC激活"矩形"命令，在绘图区绘制长度为1600、宽度为60的矩形作为电视柜基座边框。

Step 03 重复"矩形"命令，配合"自"功能，以矩形左上角点作为参照点，绘制长度为400、宽度为520的矩形，如图3-182所示。

Step 04 重复执行"矩形"命令，配合"自"功能，根据图示尺寸在左边矩形内绘制长度为360、宽度为220的矩形，如图3-183所示。

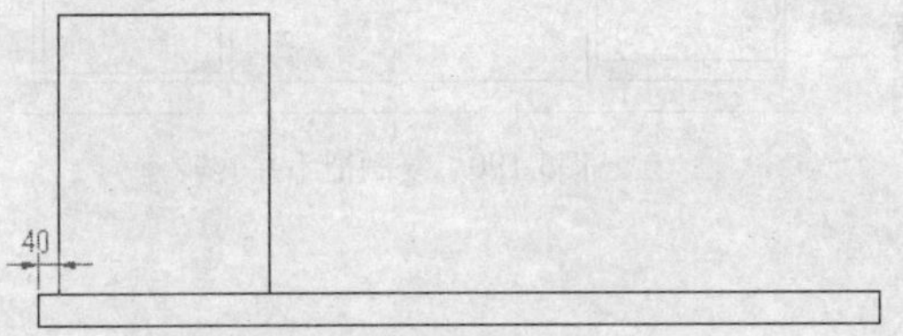

图3-182 绘制矩形

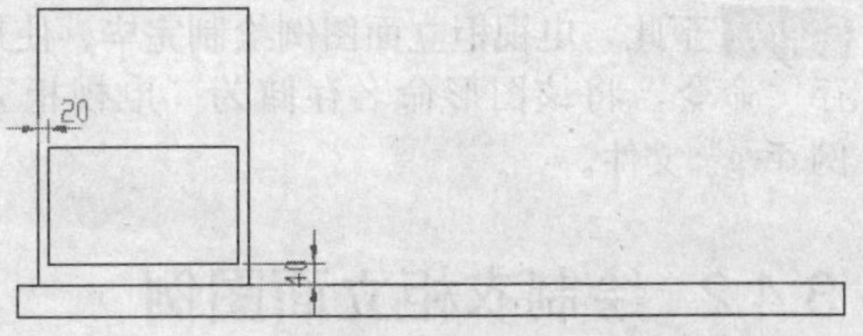

图3-183 绘制结果

Step 05 在命令行输入EL激活"椭圆"命令，配合"自"功能和"中点"捕捉功能，以距离小矩形上水平边中点向下80个绘图单位的点作为椭圆的圆心，绘制长轴为60，短轴为15的椭圆，如图3-184所示。

Step 06 激活"复制"命令，配合"自"功能，根据图示尺寸，将内部的矩形和椭圆向上进行复制，结果如图3-185所示。

图3-184 绘制椭圆

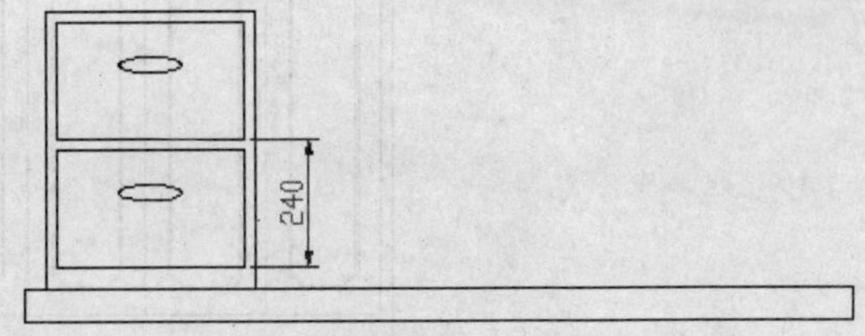

图3-185 复制结果

Step 07 在命令行输入MI激活"镜像"命令，配合"中点"捕捉功能将下侧的矩形向上镜像，将左侧的大矩形向右进行镜像，结果如图3-186所示。

Step 08 激活"矩形"命令，配合"自"功能绘制长度为720、宽度为20的矩形隔板，如图3-187所示。

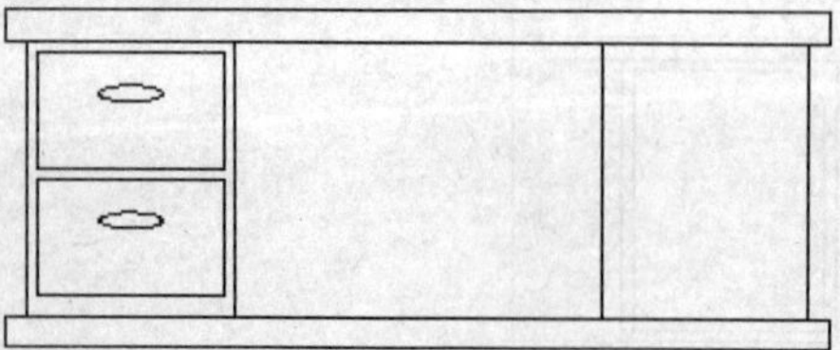

图3-186　镜像结果

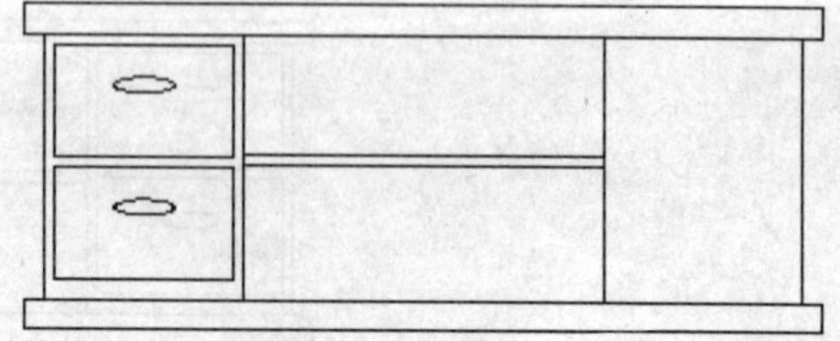

图3-187　绘制结果

Step 09 使用命令简写O激活“偏移”命令，将右侧的矩形向内偏移20个绘图单位，然后使用“圆角”命令，设置圆角半径为80，将偏移出的矩形左上角进行圆角处理，结果如图3-188所示。

Step 10 重复执行“圆角”命令，设置圆角半径为30，对下侧的矩形进行圆角编辑，结果如图3-189所示。

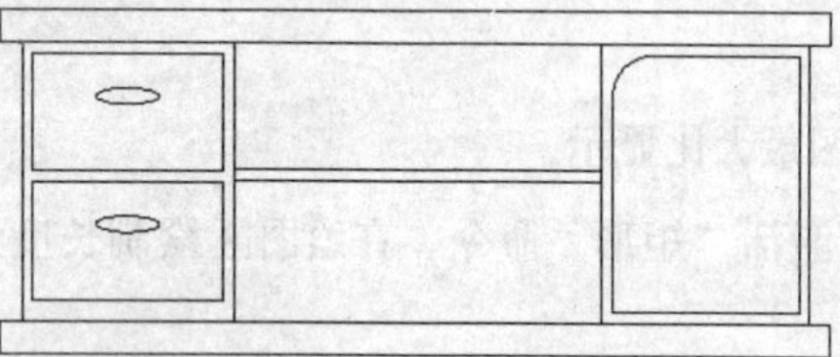

图3-188　圆角结果

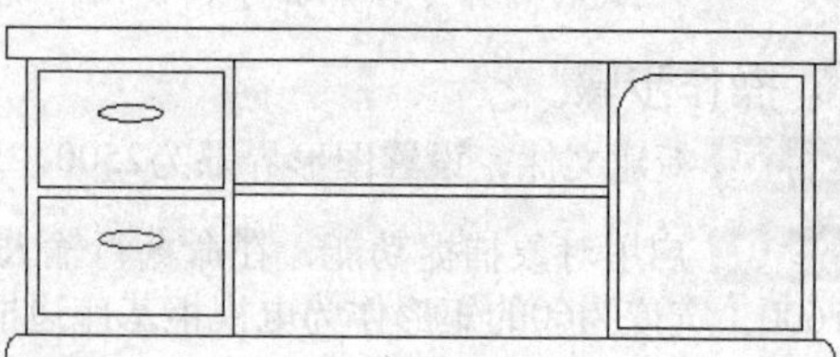

图3-189　圆角结果

Step 11 使用“复制”命令，将左侧的椭圆形把手复制到右侧位置，并将复制出的椭圆旋转90°，结果如图3-190所示。

Step 12 至此，电视柜立面图例绘制完毕，使用“保存”命令，将该图形命名存储为“电视柜立面图例.dwg”文件。

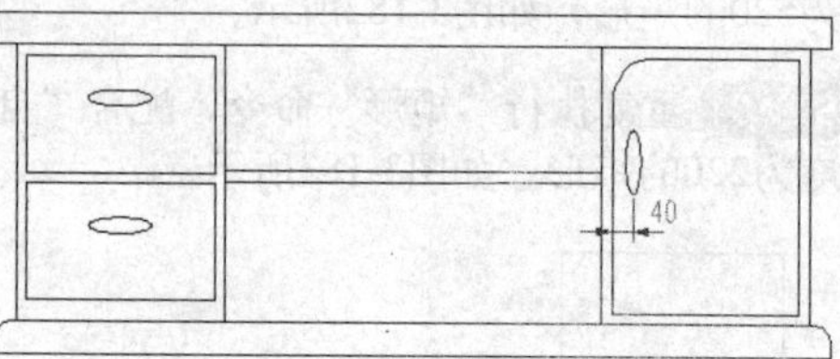

图3-190　复制把手并旋转

3.4.2　绘制衣柜立面图例

这一节继续学习绘制衣柜立面图例，该衣柜尺寸为：宽度3100mm、高度2500mm，如图3-191所示。

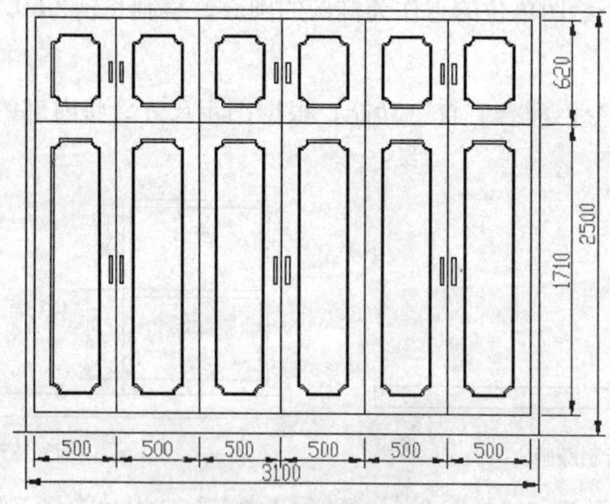

图3-191　衣柜立面图例

- 知识要点：“矩形”、“多段线”、“边界”、“镜像”和“阵列”等命令的综合应用。
- 操作要点：使用“矩形”命令绘制外边框和拉手；使用“镜像”、“阵列”、“修剪”等命令进行编辑。

✎ 操作步骤

Step 01 新建文件，设置图形界限为4000×3000，并最大化显示。

Step 02 启用对象捕捉功能，单击“绘图”工具栏上的“矩形”按钮▭，绘制长度为3100、宽度为2500的矩形。

Step 03 重复执行“矩形”命令，根据图示尺寸，配合“自”功能，绘制长度为3000、宽度为2330的内边框，如图3-192所示。

Step 04 将两个矩形分解，然后使用“偏移”命令，将内部矩形的上侧水平边向下偏移620个单位。

Step 05 单击“修改”工具栏上的“阵列”按钮▦，在弹出的对话框中选择“矩形阵列”方式，并设置“行”为1、“列”为6，“列偏移”为500，将内矩形的左侧垂直边向右阵列6份，结果如图3-193所示。

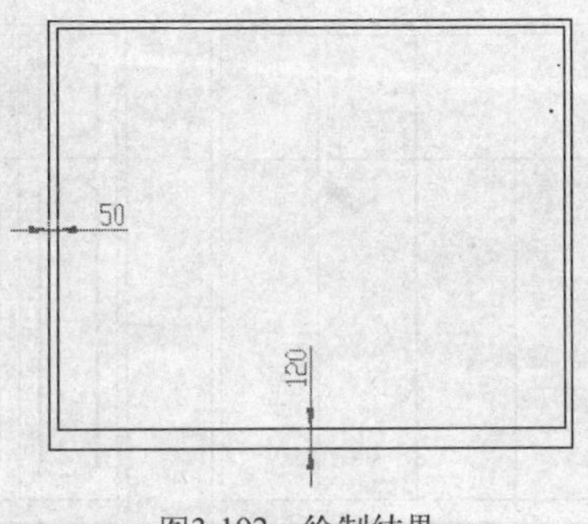

图3-192 绘制结果

图3-193 阵列结果

Step 06 使用命令简写REC激活“矩形”命令，配合“自”功能，根据图示尺寸绘制长度为300、宽度为1500的内框，如图3-194所示。

Step 07 单击“绘图”工具栏上的“圆”按钮⊙，分别以刚绘制的矩形4个角点为圆心，绘制半径为50的圆，如图3-195所示。

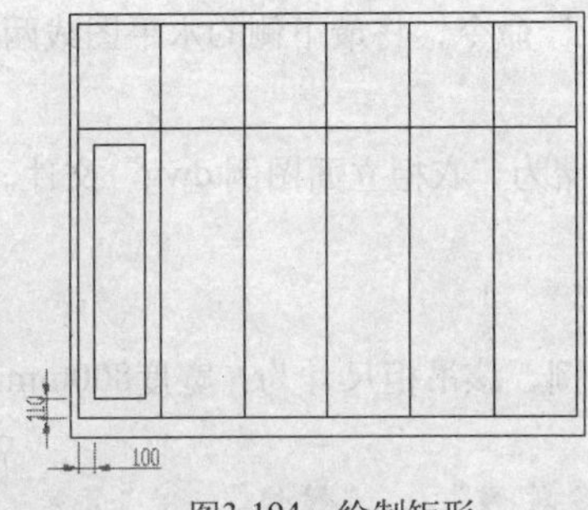

图3-194 绘制矩形

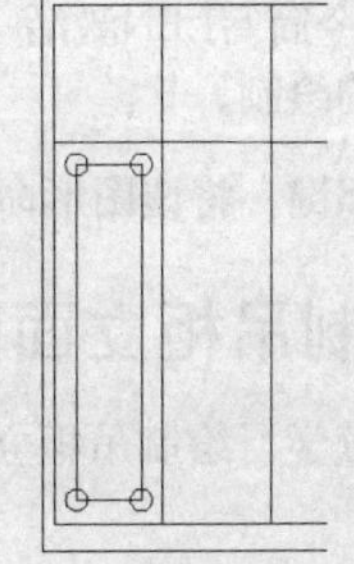
图3-195 绘制圆

Step 08 执行菜单栏中的“绘图”|“边界”命令，在内框小矩形区域内拾取一点，创建一条闭合的多段线边界，如图3-196所示。

Step 09 将4个圆和矩形删除，然后将创建的边界向内偏移10个绘图单位，结果如图3-197所示。

Step 10 参照以上操作步骤，配合“自”功能，根据图示尺寸绘制上侧的内框，如图3-198所示。

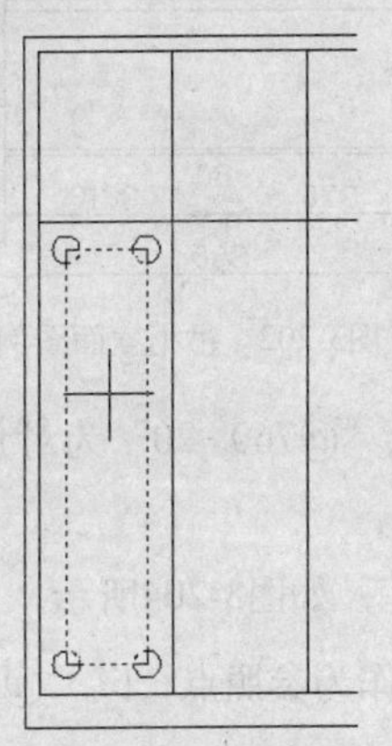
图3-196 创建边界

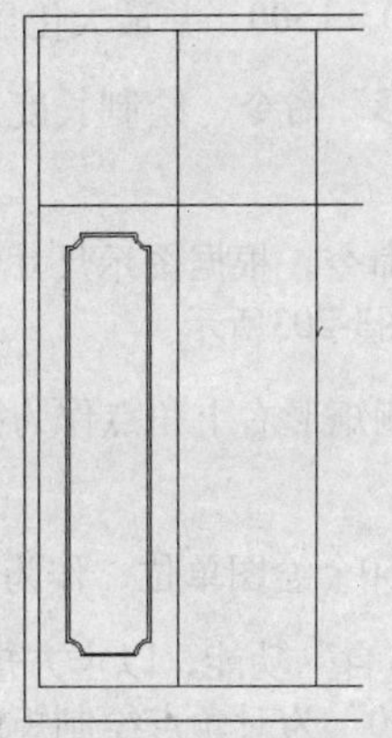
图3-197 偏移边界

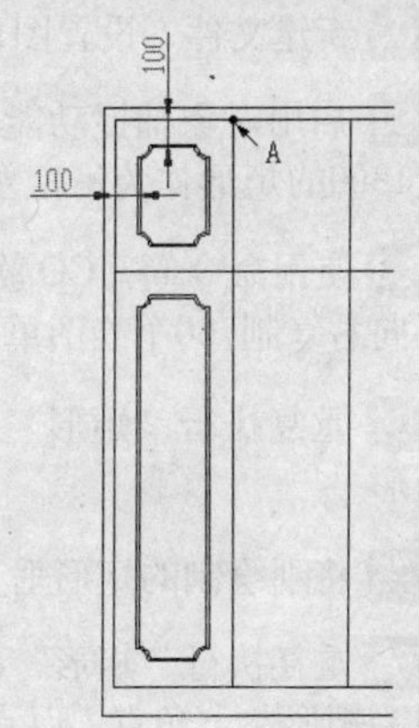

图3-198 绘制上部内框

Step 11 使用“矩形”命令，以如图3-198所示的端点A作为参照点，以“@-25,-260”的点作为右下角点，配合“自”功能绘制长度为20、宽度为120的矩形作为上侧的把手。

Step 12 重复使用“矩形”命令，以如图3-199所示的端点B作为参照点，以“@-25,-765”的点作为右下角点，配合“自”功能绘制长度为20、宽度为160的矩形作为下侧把手。

Step 13 激活“镜像”命令，配合对象捕捉功能，对内框及把手进行镜像，结果如图3-200所示。

Step 14 使用命令简写AR激活“阵列”命令，在弹出的对话框中选择“矩形阵列”方式，设置“行”为1、“列”为3、“列偏移”为1000，单击“选择对象”按钮返回到绘图区，框选左侧的所有内框和把手，按Enter键回到“阵列”对话框，单击 确定 按钮确认进行阵列，结果如图3-201所示。

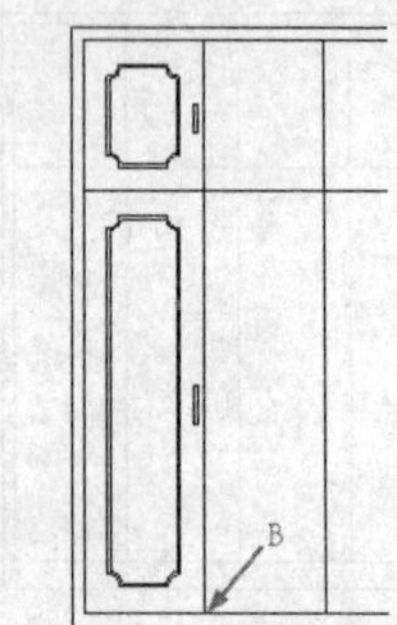

图3-199 绘制下侧把手

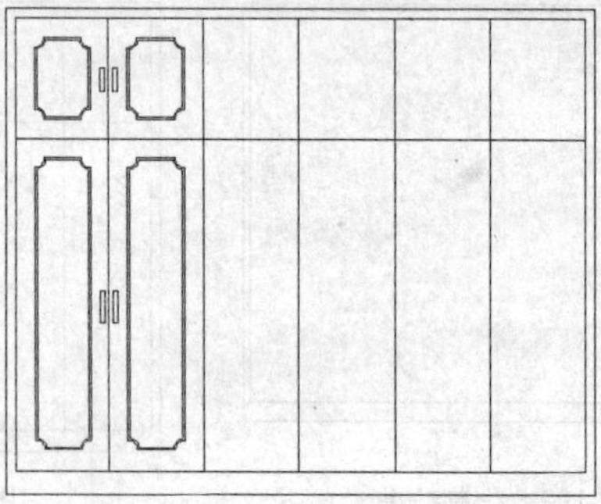

图3-200 镜像结果

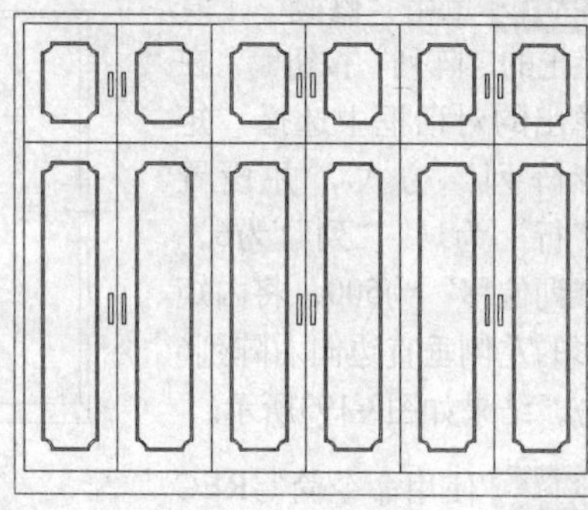

图3-201 阵列结果

Step 15 使用命令简写LEN激活“拉长”命令，将最下侧的水平图线两端拉长100个绘图单位，完成衣柜立面图例的绘制。

Step 16 按Ctrl+S键，将该图形命名存储为“衣柜立面图例.dwg”文件。

3.4.3 绘制吊柜立面图例

这一节继续学习绘制吊柜立面图例，该吊柜尺寸为：宽度800mm、高度1230mm，绘制结果如图3-202所示。

- 知识要点：“矩形”、“多段线”、“镜像”、“复制”等命令的综合练习。
- 操作要点：使用“矩形”、“复制”等命令绘制支撑和门扇；使用“多段线”、“镜像”等命令绘制柜门磨砂玻璃的压饰。

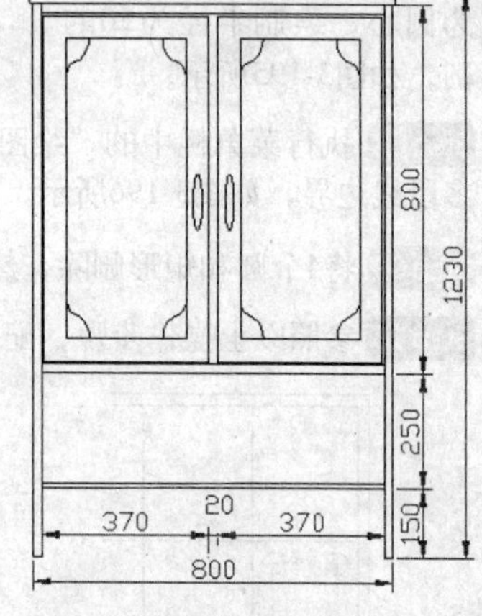

图3-202 吊柜立面图例

操作步骤

Step 01 新建文件，设置图形界限为2500×1500，并最大化显示。

Step 02 启用对象捕捉功能，激活“矩形”命令，绘制长度为20、宽度1300的矩形作为吊柜左侧的边框。

Step 03 使用命令简写CO激活“复制”命令，根据图示尺寸将矩形水平向右复制760个绘图单位，结果如图3-203所示。

Step 04 重复执行“矩形”命令，以左侧矩形右上角点作为第一角点，以“@760,-20”为对角点绘制矩形。

Step 05 将刚绘制的矩形垂直向下复制760个绘图单位，作为吊柜下部边框，如图3-204所示。

Step 06 重复执行“矩形”命令，配合“自”功能，以上方矩形左下角点作为参照点，以“@5,-5”的点为矩形左上角点，以点“@365,-750”为对角点绘制矩形。

Step 07 使用命令简写O激活"偏移"命令，将刚绘制的矩形向内偏移50个单位，如图3-205所示。

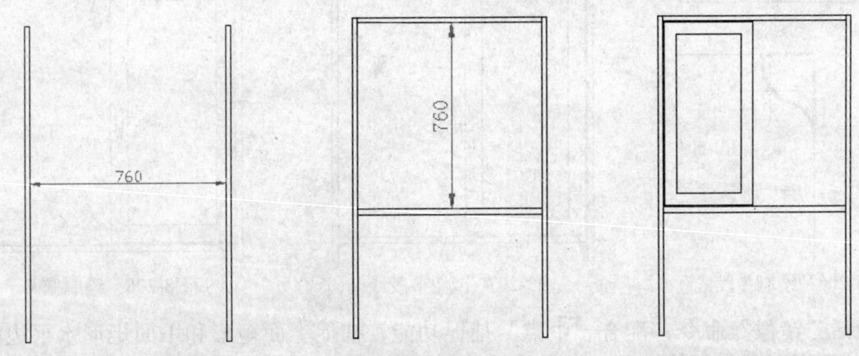

图3-203 复制结果　　图3-204 绘制并复制矩形　　图3-205 绘制并偏移矩形

Step 08 使用命令简写PL激活"多段线"命令，以偏移后的内侧矩形左上端点作为起点，绘制多段线1，命令行操作如下。

命令: _pline
　　指定起点:　　//选择最内侧矩形左上端点
　　当前线宽为 0.0000
　　指定下一个点或 [圆弧(A)/半宽(H)/长度(L)/放弃(U)/宽度(W)]:　　//@50,0 Enter
　　指定下一点或 [圆弧(A)/闭合(C)/半宽(H)/长度(L)/放弃(U)/宽度(W)]:　　//A Enter
　　指定圆弧的端点或[角度(A)/圆心(CE)/闭合(CL)/方向(D)/半宽(H)/直线(L)/半径(R)/第二个点(S)/放弃(U)/ 宽度(W)]:　　//A Enter
　　指定包含角:　　//-60 Enter
　　指定圆弧的端点或 [圆心(CE)/半径(R)]:　　//@50<245 Enter
　　指定圆弧的端点或[角度(A)/圆心(CE)/闭合(CL)/方向(D)/半宽(H)/直线(L)/半径(R)/第二个点(S)/放弃(U)/ 宽度(W)]:　　//A Enter
　　指定包含角:　　//80 Enter
　　指定圆弧的端点或 [圆心(CE)/半径(R)]:　　//选择追踪虚线和极轴的交点
　　指定圆弧的端点或[角度(A)/圆心(CE)/闭合(CL)/方向(D)/半宽(H)/直线(L)/半径(R)/第二个点(S)/放弃(U)/ 宽度(W)]:　　//L Enter
　　指定下一点或 [圆弧(A)/闭合(C)/半宽(H)/长度(L)/放弃(U)/宽度(W)]:
　　　　//C Enter，绘制闭合多段线，如图3-206所示

Step 09 使用命令简写MI激活"镜像"命令，配合"中点"捕捉功能，捕捉矩形各边的中点，将闭合多段线镜像到矩形其他角位置，如图3-207所示。

Step 10 使用命令简写EL激活"椭圆"命令，配合"自"功能绘制椭圆作为门扇的拉手边框，命令行操作如下。

命令: EL　　//C Enter
　　ELLIPSE
　　指定椭圆的轴端点或 [圆弧(A)/中心点(C)]:　　//C Enter
　　指定椭圆的中心点:　　//激活"自"功能
　　_from 基点:　　//捕捉矩形右垂直边的中点
　　<偏移>:　　//@25,-30 Enter
　　指定轴的端点:　　//@0,60 Enter
　　指定另一条半轴长度或 [旋转(R)]:　　//10 Enter，结果如图3-208所示

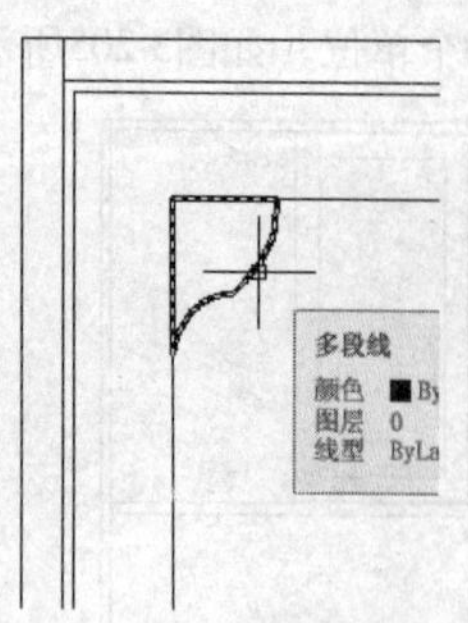

图3-206 绘制多段线

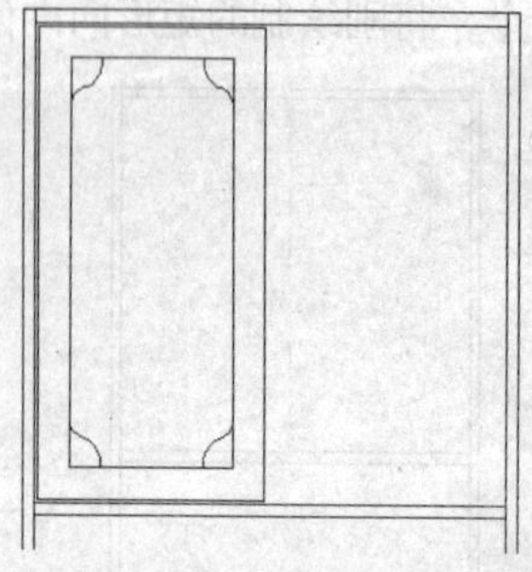
图3-207 镜像多段线

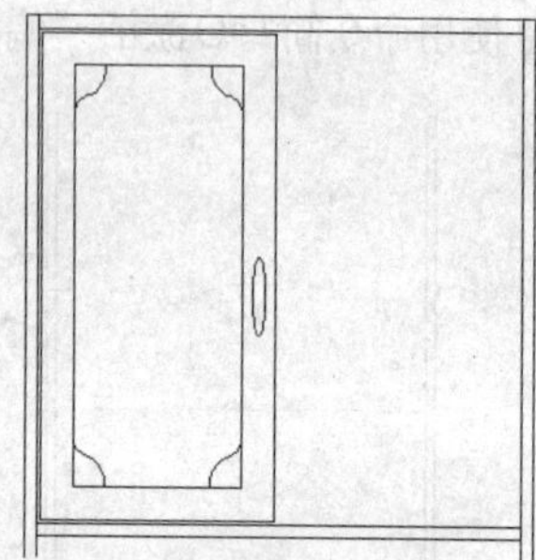
图3-208 绘制椭圆

Step 11 激活“镜像”命令，配合“中点”捕捉功能，捕捉上面矩形和下面矩形水平边的中点，将刚绘制的椭圆以及内部的矩形、多段线等图形镜像到右边位置，结果如图3-209所示。

Step 12 在命令行输入REC激活“矩形”命令，配合“自”功能，以吊柜左垂直边框的右下角点为参照点，以点“@0,150”为起点，以点“@760,10”为对角点绘制矩形，如图3-210所示。

Step 13 使用“直线”命令，配合“自”功能，以吊柜左垂直边框的左上角点为参照点，以点“@0,30”为起点，以点“@800,0”为端点绘制直线。

图3-209 镜像结果

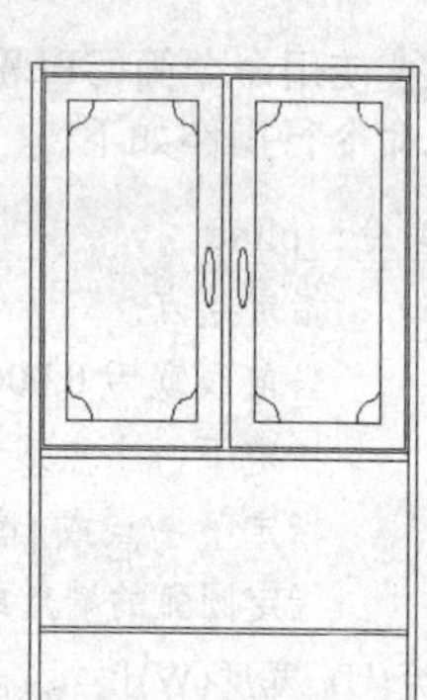
图3-210 绘制结果

Step 14 在命令行输入命令简写PL激活“多段线”命令，绘制吊柜顶面的弧形边框，命令行操作如下。

```
命令: PL                                                          // Enter
    PLINE
    指定起点:                                                     //捕捉直线的左端点
    当前线宽为0.0000
    指定下一个点或 [圆弧(A)/半宽(H)/长度(L)/放弃(U)/宽度(W)]:      //A Enter
    指定圆弧的端点或[角度(A)/圆心(CE)/方向(D)/半宽(H)/直线(L)/半径(R)/第二个点(S)/放弃
(U)/宽度(W)]:                                                     //A Enter
    指定包含角:                                                   //150 Enter
    指定圆弧的端点或 [圆心(CE)/半径(R)]:                          //@15<240 Enter
    指定圆弧的端点或[角度(A)/圆心(CE)/闭合(CL)/方向(D)/半宽(H)/直线(L)/半径(R)/第二个点
(S)/放弃(U)/宽度(W)]:                                              //@10<265 Enter
    指定圆弧的端点或[角度(A)/圆心(CE)/闭合(CL)/方向(D)/半宽(H)/直线(L)/半径(R)/第二个点(S)/放
弃(U)/ 宽度(W)]:                                                   //A Enter
    指定包含角:                                                   //100 Enter
    指定圆弧的端点或 [圆心(CE)/半径(R)]:  //捕捉左侧矩形的左上角点，绘制结果如图3-211所示
```

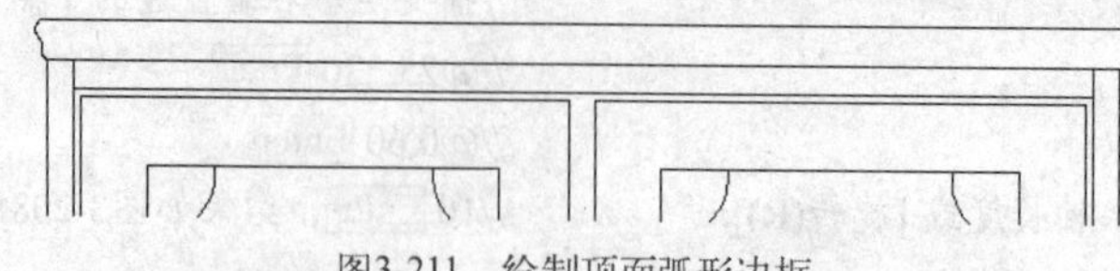
图3-211 绘制顶面弧形边框

Step 15 使用命令简写MI激活“镜像”命令，将刚绘制的弧形轮廓线镜像到右边顶面位置，完成吊柜的绘制，最终结果如图3-202所示。

Step 16 使用“保存”命令，将该图形保存为“吊柜立面图例.dwg”文件。

3.5 绘制洁具图例

在建筑装饰装潢设计中，洁具也是不可缺少的装饰构件，这一节主要学习绘制几种具有代表性的马桶平面图例、马桶立面图例和洗面盆平面图例，其他洁具图例读者可自行绘制，由于篇幅所限，在此不再讲解。

3.5.1 绘制马桶平面图例

这一节学习绘制马桶平面图例，其最终效果如图3-212所示。

- 知识要点：“矩形”、“椭圆”、“偏移”、“修剪”等命令的综合练习。
- 操作要点：使用“矩形”命令绘制上侧的矩形结构；使用“椭圆”、“偏移”命令绘制下侧的椭形结构；使用“修剪”、“删除”命令进行完善。

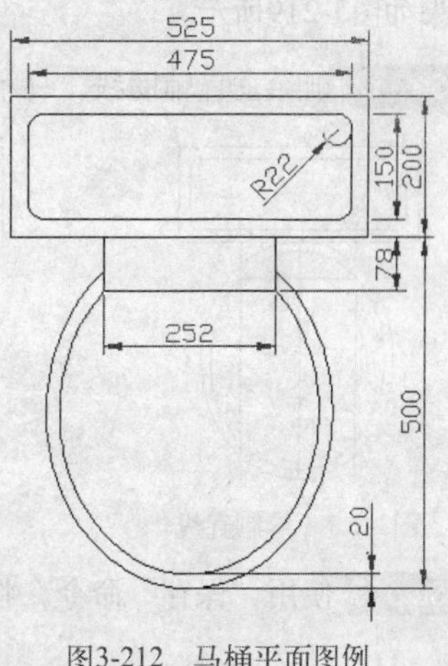

图3-212 马桶平面图例

操作步骤

Step 01 创建空白文件，设置图形界限为594×840，并将图形界限最大化显示。

Step 02 启用捕捉功能，设置“端点”、“中点”和“交点”捕捉模式。

Step 03 单击“绘图”工具栏上的“矩形”按钮，绘制长度为525、宽度为200的矩形。

Step 04 重复执行“矩形”命令，配合“自”功能，以刚绘制的矩形左下角点作为参照点，以点“@25,25”作为第一角点，以点“475,150”作为对角点，绘制圆角半径为22的圆角矩形，结果如图3-213所示。

Step 05 单击“绘图”工具栏上的“直线”按钮，激活“直线”命令，以大矩形下侧边中点为起点，绘制长度为500的垂直线段作为辅助线。

Step 06 单击“绘图”工具栏上的“椭圆”按钮，激活“椭圆”命令，配合“端点”捕捉功能绘制椭圆，命令行操作如下。

```
命令: _ellipse
    指定椭圆的轴端点或 [圆弧(A)/中心点(C)]:    //捕捉辅助线的上端点
    指定轴的另一个端点:                        //捕捉辅助线的下端点
    指定另一条半轴长度或 [旋转(R)]:            //210 Enter，绘制结果如图3-214所示
```

Step 07 单击“修改”工具栏上的“偏移”按钮，激活“偏移”命令，将刚绘制的椭圆向内偏移复制20个绘图单位，结果如图3-215所示。

Step 08 重复“偏移”命令，将偏移距离设置为126，对辅助线进行对称偏移，结果如图3-216所示。

01 Chapter
02 Chapter
03 Chapter
04 Chapter
05 Chapter
06 Chapter
07 Chapter
08 Chapter
09 Chapter
10 Chapter

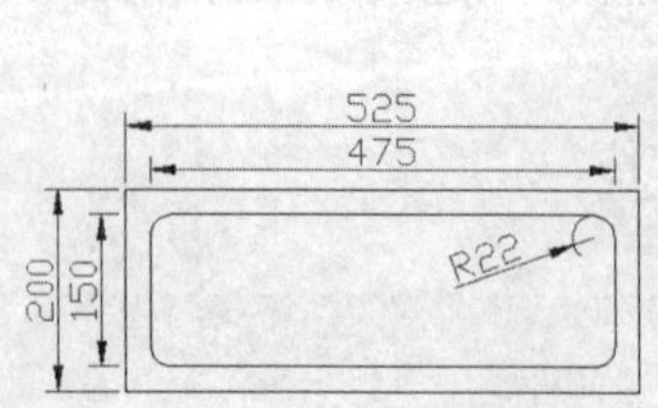

图3-213 绘制圆角矩形

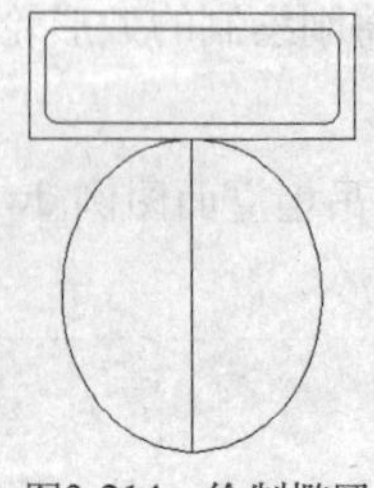

图3-214 绘制椭圆

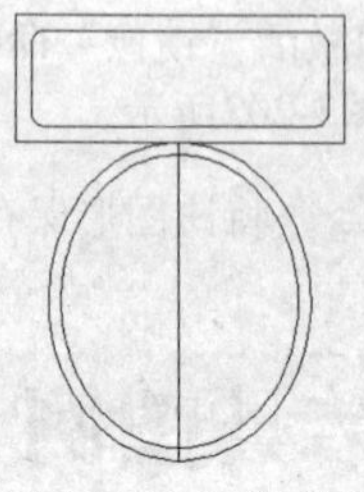

图3-215 偏移椭圆

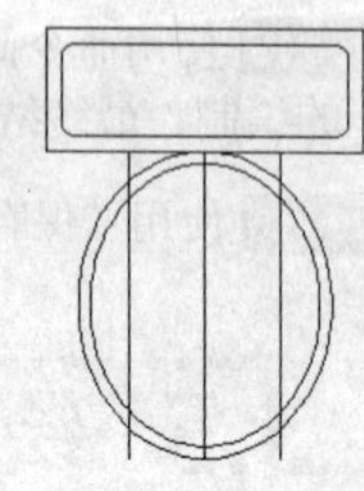

图3-216 偏移辅助线

Step 09 单击“绘图”工具栏上的“直线”按钮，激活“直线”命令，配合“交点”捕捉功能捕捉内部椭圆与左右两条辅助线的交点绘制水平直线，如图3-217所示。

Step 10 单击“修改”工具栏上的“修剪”按钮，激活“修剪”命令，以刚绘制的水平直线作为剪切边界，对辅助线进行修剪，结果如图3-218所示。

Step 11 重复执行“修剪”命令，以修剪后的两条辅助线作为剪切边界，对椭圆进行修剪，修剪结果如图3-219所示。

Step 12 删除垂直辅助线，马桶平面图例最终结果如图3-220所示。

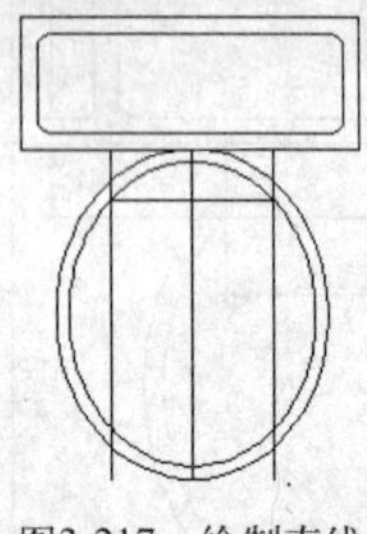

图3-217 绘制直线

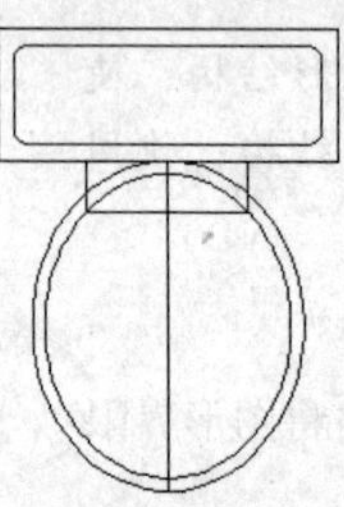

图3-218 修剪结果

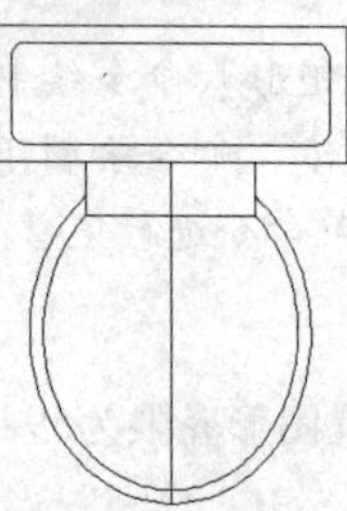

图3-219 修剪结果

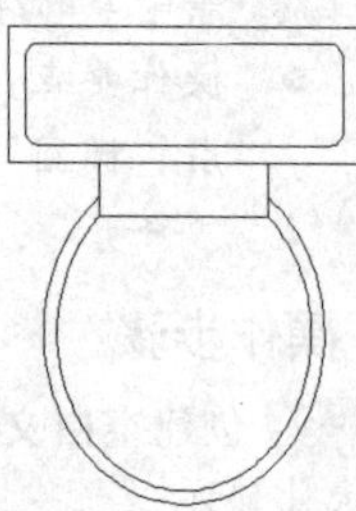

图3-220 最终结果

Step 13 使用“保存”命令，将该图形命名存储为“马桶平面图例.dwg”文件。

3.5.2 绘制马桶立面图例

这一节继续学习绘制马桶立面图例，最终结果如图3-221所示。

- 知识要点：“多线”、“多线样式”、“圆弧”以及“自”等功能的综合练习。
- 操作要点：使用“多线样式”命令修改当前多线样式；使用“多线”、“圆弧”命令绘制主体轮廓线；使用“圆”、“直线”、“修剪”等命令绘制附件轮廓线。

操作步骤

Step 01 新建文件，设置图形界限为2000×2200，并将其最大化显示。

Step 02 启用对象捕捉功能，然后执行菜单栏中的“格式”|“多线样式”命令，在打开的“多线样式”对话框中单击 新建(N)... 按钮，新建名称为“样式1”的多线，单击 继续 按钮，进入“新建多线样式:样式1”对话框，设置多线样式的封口形式，如图3-222所示。

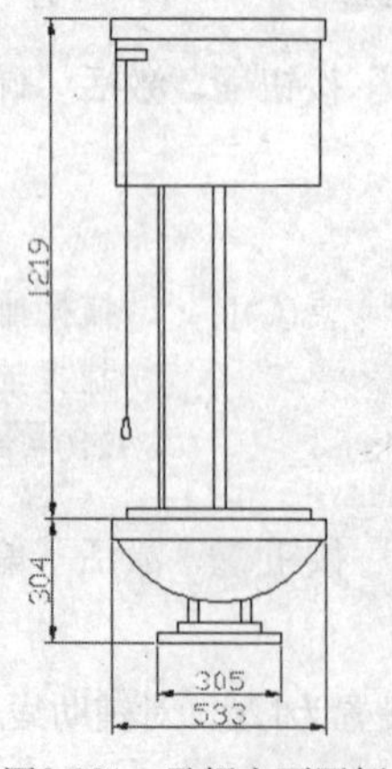

图3-221 马桶立面图例

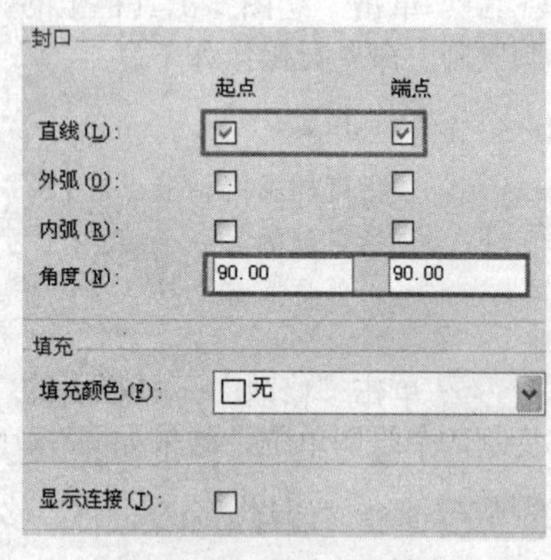

图3-222 修改多线样式

Step 03 将“样式1”设置为当前多线样式，执行菜单栏中的“绘图”|“多线”命令，设置多线比例为51，在绘图区拾取一点，水平向右引导光标输入533 并按Enter键，绘制一条多线作为水箱盖。

Step 04 继续执行“多线”命令，设置多线比例为508，捕捉多线下水平边的中点，向下引导光标输入356并按Enter键，绘制多线作为水箱，如图3-223所示。

Step 05 重复执行“多线”命令，设置多线比例为32，捕捉下方多线下水平边的中点，向下引导光标，输入787并按Enter键，绘制多线作为下水管，结果如图3-224所示。

Step 06 重复执行“多线”命令，设置比例为457，捕捉下水管下水平边的中点，绘制长度为25的多线作为马桶盖。

Step 07 继续使用“多线”命令，设置比例为533，捕捉马桶盖下水平边的中点，绘制长度为51的多线作为马桶边，结果如图3-225所示。

Step 08 再次执行“多线”命令，分别设置比例为102和152，捕捉马桶边下水平边的中点，绘制长度均为203的两条多线作为马桶内部的下水通道，结果如图3-226所示。

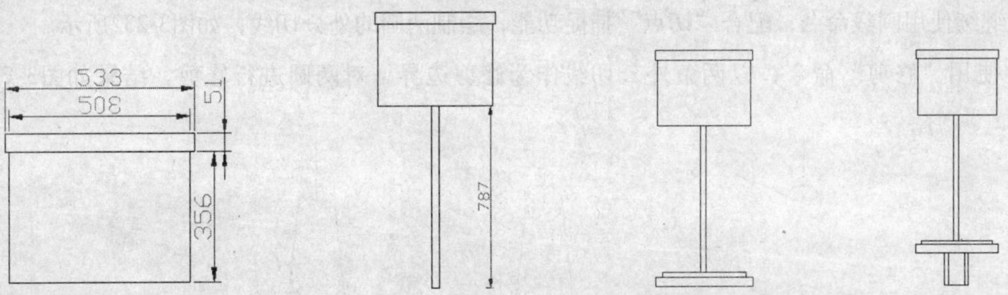

图3-223 绘制水箱 图3-224 绘制下水管 图3-225 绘制马桶盖和马桶边 图3-226 绘制下水通道

Step 09 重复执行“多线”命令，配合“中点”捕捉功能，根据图示尺寸继续绘制马桶底层的轮廓线，如图3-227所示。

Step 10 执行菜单栏中的“绘图”|“圆弧”|“三点”命令，配合“端点”捕捉功能绘制圆弧，命令行操作如下。

```
命令: _arc
    指定圆弧的起点或 [圆心(C)]:                  //捕捉水箱左上角点
    指定圆弧的第二个点或 [圆心(C)/端点(E)]:      //@254,-152 Enter
    指定圆弧的端点:                              //捕捉水箱右上角点，结果如图3-228所示
```

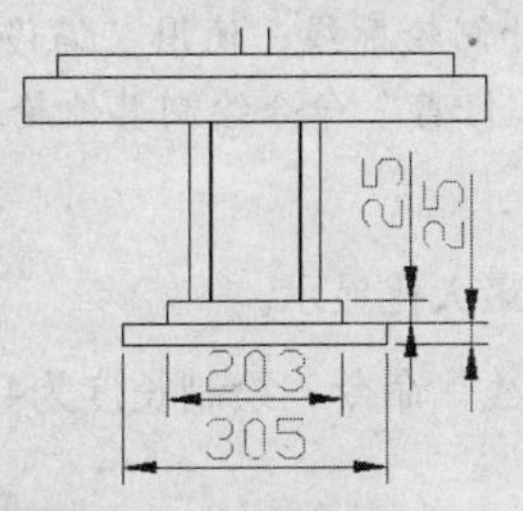

图3-227 绘制底层轮廓

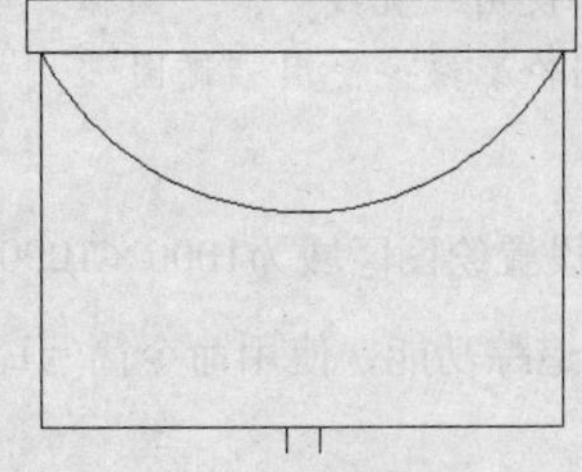

图3-228 绘制圆弧

Step 11 使用“移动”命令，以水箱上水平边的中点作为基点，以马桶边下水平边的中点作为目标点，对刚绘制的圆弧进行位移，结果如图3-229所示。

Step 12 将马桶内部的下水通道分解，然后激活“修剪”命令，以圆弧作为修剪边界，对分解后的马桶内部下水通道进行修剪，结果如图3-230所示。

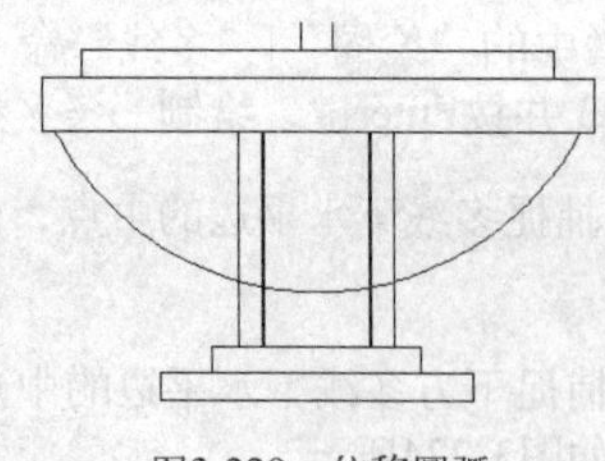
图3-229　位移圆弧

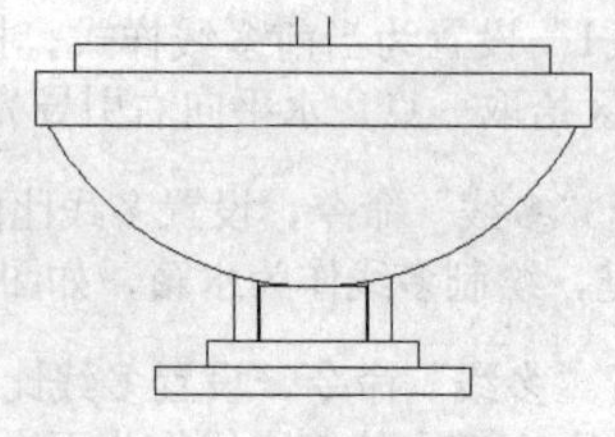
图3-230　修剪下水通道

Step 13 激活“矩形”命令，配合“自”功能，以水箱左上角点作为参照点，以点“@0,-37.5”作为起点，以点“@76,-25”作为对角点，在水箱位置绘制矩形作为阀门。

Step 14 激活“直线”命令，配合“最近点”捕捉功能，在阀门下水平边上拾取一点绘制一条垂直直线作为阀门拉链。

Step 15 使用“圆”命令，配合“象限点”捕捉功能，在直线下方绘制半径分别为6和10的两个圆，如图3-231所示。

Step 16 继续使用画线命令，配合“切点”捕捉功能，绘制两圆的外分切线，如图3-232所示。

Step 17 使用“修剪”命令，以两条外公切线作为修剪边界，对两圆进行修剪，结果如图3-233所示。

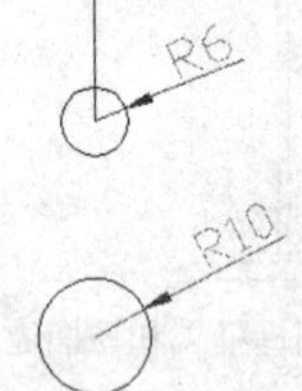

图3-231　绘制圆

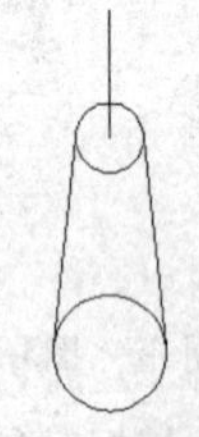
图3-232　绘制切线

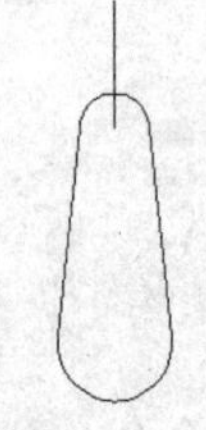
图3-233　修剪结果

Step 18 至此，马桶立面图绘制完毕，结果如图3-221所示。使用“保存”命令，将该图形命名存储为“马桶立面图例.dwg”文件。

3.5.3　绘制洗面盆平面图例

这一节继续学习绘制洗面盆平面图例，最终结果如图3-234所示。

- 知识要点：“直线”、“圆”、“圆弧”、“椭圆”、“偏移”、“修剪”等命令的综合练习。
- 操作要点：使用“直线”、“圆弧”命令绘制外侧轮廓线；使用“偏移”、“修剪”等命令绘制内侧轮廓线；使用“椭圆”、“圆”、“修剪”命令绘制其他轮廓线。

操作步骤

Step 01 新建文件，设置绘图区域为1000×1000，并将其最大化显示。

Step 02 设置捕捉和追踪功能，使用命令简写L激活“直线”命令，绘制长度为480个绘图单位的水平线段。

Step 03 执行菜单栏中的“绘图”|“圆弧”|“起点、端点、角度”命令，分别捕捉水平直线的左端点和右端点，绘制角度为255的圆弧，结果如图3-235所示。

在配合“角度”绘制圆弧时，如果输入的中心角为正值，系统将按逆时针方向绘制圆弧；如果中心角为负值，系统将按顺时针方向绘制圆弧。

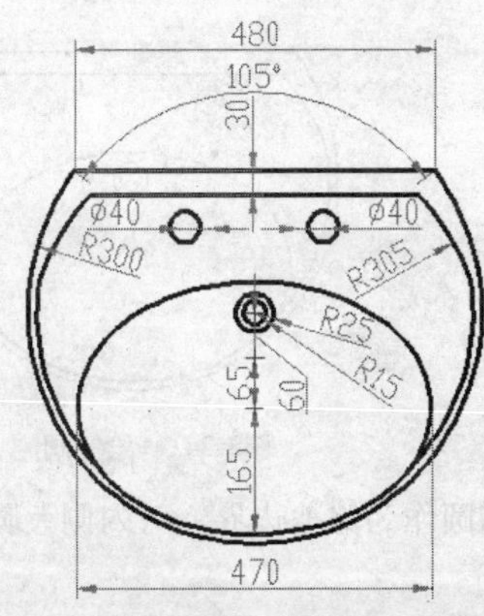

图3-234 洗面盆平面图例

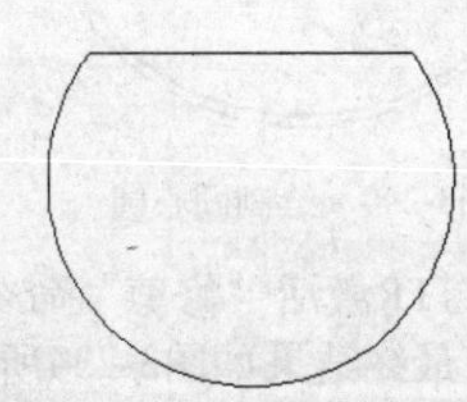

图3-235 绘制弧形

Step 04 单击“绘图”工具栏上的“圆”按钮，配合“圆心”捕捉、对象追踪功能和“自”功能，以圆弧的圆心作为参照点，以点“@0,-60”为圆心，绘制半径为305个绘图单位的圆，结果如图3-236所示。

Step 05 执行菜单栏中的“修改”|“偏移”命令，将水平轮廓线向下偏移30个绘图单位，将圆弧向内偏移12个绘图单位，结果如图3-237所示。

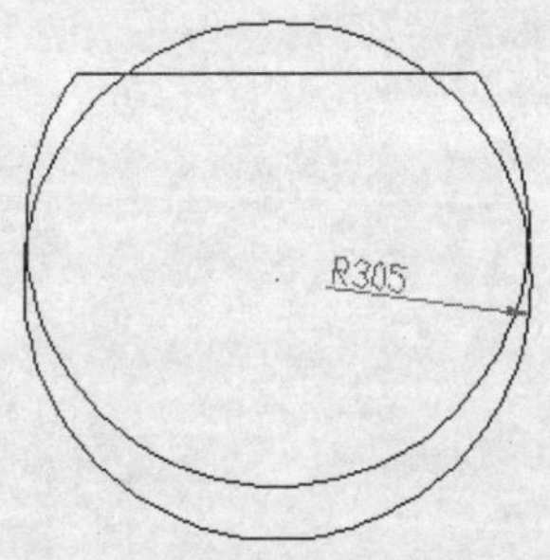

图3-236 绘制圆

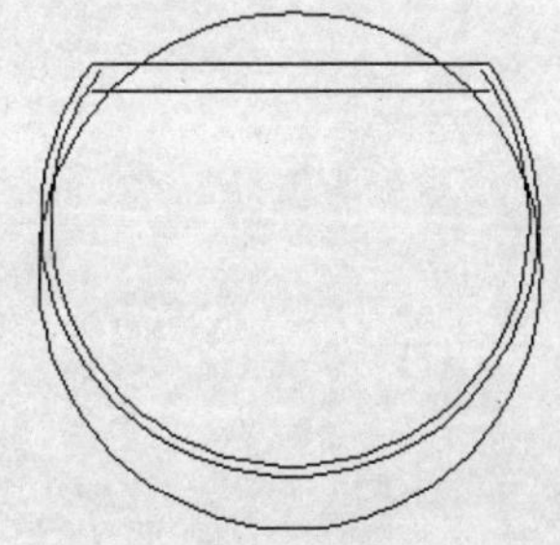

图3-237 偏移图线

Step 06 执行菜单栏中的“修改”|“修剪”命令，对偏移出的轮廓线进行修剪，修剪出洗面盆的轮廓，结果如图3-238所示。

Step 07 执行菜单栏中的“绘图”|“椭圆”|“圆心”命令，配合“自”功能，以圆弧的圆心为参照点，以点“@0,-125”为中心点，绘制长轴和短轴分别为470和330的椭圆，结果如图3-239所示。

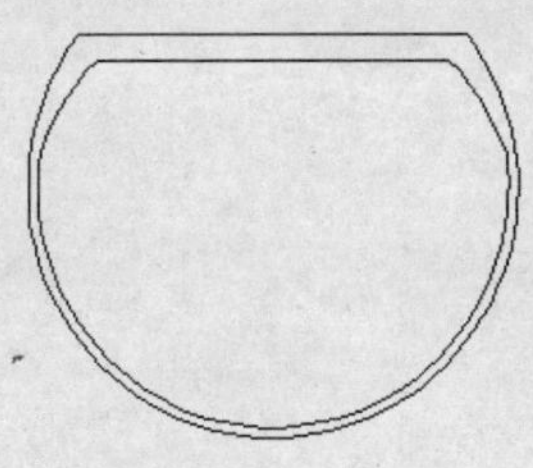

图3-238 修剪图线

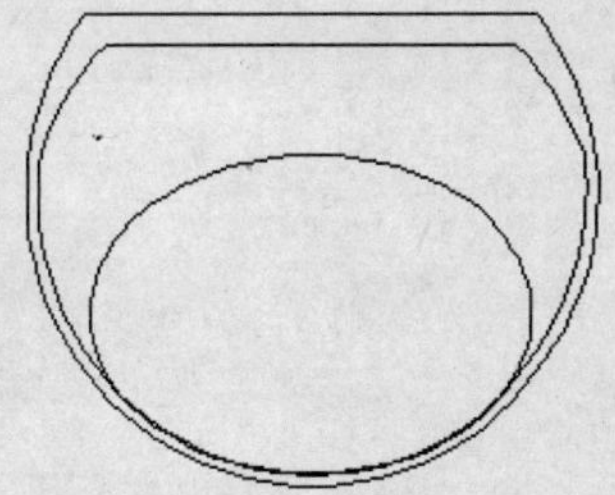

图3-239 绘制椭圆

Step 08 执行菜单栏中的“绘图”|“圆”|“圆心、半径”命令，捕捉圆弧的圆心，绘制半径分别为15和25的两个圆，作为漏水孔，如图3-240所示。

Step 09 继续使用画圆命令，绘制两个直径为40的圆作为圆形阀门，并将其移动到合适位置，结果如图3-241所示。

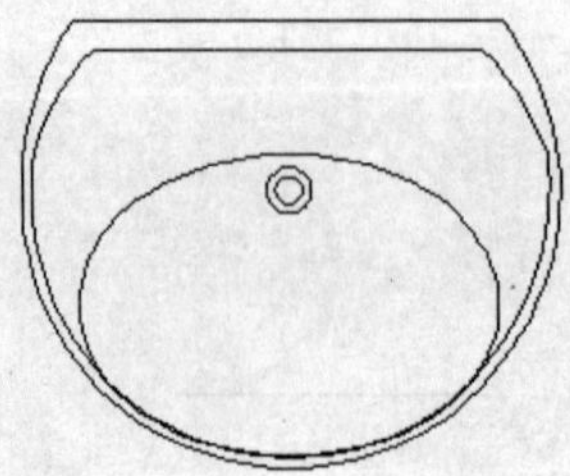
图3-240　绘制同心圆

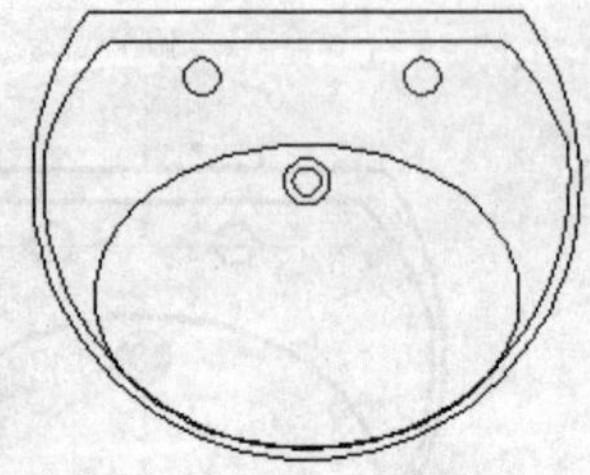
图3-241　绘制阀门

Step 10 使用命令简写TR激活“修剪”命令，以椭圆作为修剪边界，对内侧大圆弧进行修剪，同时删除多余的轮廓线，最终结果如图3-234所示。

Step 11 使用“保存”命令，将该图形命名存储为“洗面盆平面图例.dwg”文件。

Chapter

建筑室内装饰装潢绘图样板文件

在AutoCAD建筑室内装饰装潢设计中，样板文件是非常重要的一个文件，样板文件也叫“绘图样板”或“样板文件”等，此类文件指的就是包含一定的绘图环境、参数变量、绘图样式、页面设置等内容，但并未绘制图形的空白文件，当将此空白文件保存为“.dwt”格式后，就成为了样板文件。样板文件为绘制建筑室内装饰装潢制图提供了无比便利，本章首先来学习样板文件的绘制技能。

重点知识导读

- 绘图样板的功能、绘制思路与调用方法
- 设置室内样板绘图环境
- 设置室内样板图层及特性
- 设置室内样板绘图样式
- 绘制和填充图纸边框
- 制作常用符号属性块
- 室内样板图的页面布局

01 Chapter
02 Chapter
03 Chapter
04 Chapter
05 Chapter
06 Chapter
07 Chapter
08 Chapter
09 Chapter
10 Chapter

4.1 绘图样板的功能、绘制思路与调用方法

在AutoCAD制图中，“绘图样板”也称“样板文件”，此类文件指的就是包含一定的绘图环境、参数变量、绘图样式、页面设置等内容，但并未绘制图形的空白文件，当将此空白文件保存为“.dwt”格式后，就成为了样板文件。

用户在样板文件基础上绘图，可以避免许多参数的重复性设置，大大节省了绘图时间，不但提高了绘图效率，还可以使绘制的图形更符合规范、更标准，保证图面、质量的完整统一。

那么如何在此类样板文件的基础上绘图呢？操作非常简单，只需要执行“新建”命令，在打开的“选择样板”对话框中选择并打开事先定制的样板文件即可，如图4-1所示。

图4-1 “选择样板”对话框

用户一旦定制了绘图样板文件，此样板文件会自动被保存在AutoCAD安装目录下的“Template”文件夹下。

绘图样板文件的制作思路，具体如下。

（1）首先根据绘图需要，设置相应单位的空白文件。

（2）设置模板文件的绘图环境，包括绘图单位、单位精度、绘图区域、捕捉模式、追踪模式以及常用系统变量等。

（3）设置模板文件的系列图层以及图层的颜色、线型、线宽、打印等特性，以便规划管理各类图形资源。

（4）设置模板文件的系列绘图样式，具体包括各类文字样式、标注样式、墙线样式、窗线样式等。

（5）为绘图样板配置并填充标准图框。

（6）为绘图样板配置打印设备、设置打印页面等。

（7）最后将包含上述内容的文件存储为绘图样板文件。

4.2 设置室内样板绘图环境

下面以设置一个A2-H式的绘图样板文件为例，学习室内装潢绘图样板文件的详细制作过程和制作技巧。下面首先从设置绘图样板的绘图环境开始，具体内容包括绘图单位、图形界限、捕捉模式、追踪功能以及各种常用变量的设置等。

4.2.1 设置图形单位

Step 01 单击“快速访问”或“标准”工具栏上的□按钮，执行“新建”命令，打开“选择样板”对话框。

Step 02 在“选择样板”对话框中选择“acadISO-Named Plot Styles”作为基础样板，新建空白文件，如图4-2所示。

“acadISO-Named Plot Styles”是一个命令打印样式样板文件，如果用户需要使用“颜色相关打印样式”作为样板文件的打印样式，可以选择“acadISO”基础样式文件。

Step 03 执行菜单栏中的“格式”|“单位”命令，或使用命令简写UN激活“单位”命令，打开“图形单位”对话框。

Step 04 在“图形单位”对话框中设置长度类型、角度类型以及单位、精度等参数，如图4-3所示。

图4-2 “选择样板”对话框

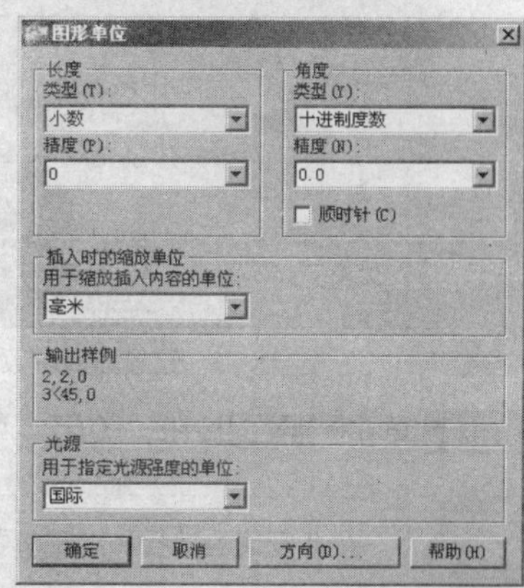

图4-3 设置单位与精度

在系统默认设置下，是以逆时针作为角的旋转方向，其基准角度为“东”，也就是以坐标系x轴正方向作为起始方向。

4.2.2 设置图形界限

Step 01 继续上一节的操作。

Step 02 执行菜单栏中的“格式”|“图形界限”命令，设置默认绘图区域为59400×42000，命令行操作如下。

```
命令:'_limits
    重新设置模型空间界限:
    指定左下角点或 [开(ON)/关(OFF)] <0.0,0.0>:     // Enter
    指定右上角点 <420.0,297.0>:                    //59400,42000 Enter
```

Step 03 执行菜单栏中的“视图”|“缩放”|“全部”命令，将设置的图形界限最大化显示。

如果用户想直观地观察到设置的图形界限，可按下F7键，打开“栅格”功能，通过坐标的栅格点，直观形象地显示出图形界限，如图4-4所示。

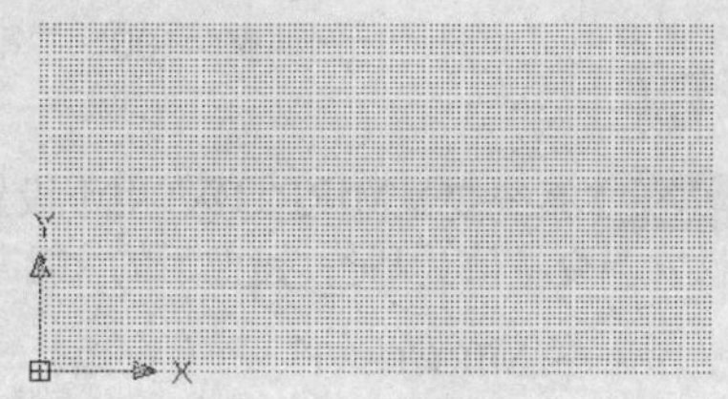

图4-4 栅格显示界限

4.2.3 设置捕捉追踪

Step 01 继续上一节的操作。

Step 02 执行菜单栏中的“工具”|“草图设置”命令，或使用命令简写DS激活“草图设置”命令，打开“草图设置”对话框。

Step 03 在“草图设置”对话框中激活“对象捕捉”选项卡，启用和设置一些常用的对象捕捉功能，如图4-5所示。

Step 04 展开“极轴追踪”选项卡，设置追踪角参数如图4-6所示。

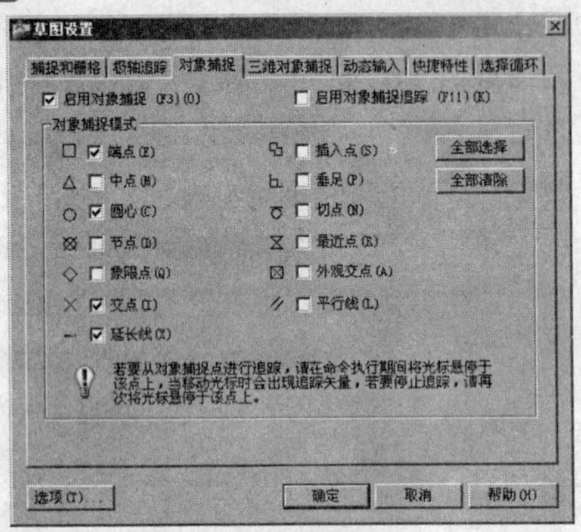

图4-5 设置捕捉参数

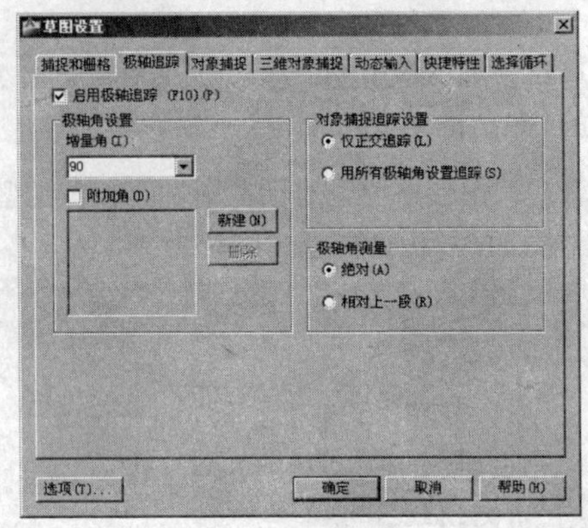

图4-6 设置追踪参数

Step 05 单击 确定 按钮，关闭“草图设置”对话框。

在此设置的捕捉和追踪参数，并不是绝对的，用户可以在实际操作过程中随时进行更改。

Step 06 按下F12键，打开状态栏上的动态输入功能。

4.2.4 设置系统变量

Step 01 继续上一节的操作。

Step 02 在命令行输入系统变量LTSCALE，以调整线型的显示比例，命令行操作如下。

```
命令: LTSCALE                          // Enter
    输入新线型比例因子 <1.0000>:        //100 Enter
    正在重生成模型。
```

Step 03 使用系统变量DIMSCALE设置和调整尺寸标注样式的比例，具体操作如下。

```
命令: DIMSCALE                         // Enter
    输入 DIMSCALE 的新值 <1>:           //100 Enter
```

将尺寸比例调整为100，并不是绝对参数值，用户也可根据实际情况进行修改。

Step 04 系统变量MIRRTEXT用于设置镜像文字的可读性。当变量值为0时，镜像后的文字具有可读性；当变量值为1时，镜像后的文字不可读，具体设置如下。

```
命令: MIRRTEXT                         // Enter
    输入 MIRRTEXT 的新值 <1>:           //0 Enter
```

Step 05 由于属性块的引用一般有“对话框”和“命令行”两种，可以使用系统变量ATTDIA，以控制属性值的输入方式，具体操作如下。

命令: ATTDIA //Enter

输入 ATTDIA 的新值 <1>: //0 Enter

当变量值ATTDIA为0时，系统将以“命令行”形式提示输入属性值；当变量值ATTDIA为1时，以“对话框”形式提示输入属性值。

Step 06 最后使用“保存”命令，将当前文件命名存储为“设置绘图环境.dwg”

4.3 设置室内样板图层及特性

下面通过为绘图样板设置常用的图层及图层特性，讲述层及层特性的设置方法和技巧，以方便用户对各类图形资源进行组织和管理。

4.3.1 设置常用图层

Step 01 执行“打开”命令，打开上例存储的“设置绘图环境.dwg”文件。

Step 02 单击“图层”工具栏上的按钮，执行“图层”命令，打开如图4-7所示的“图层特性管理器”面板。

Step 03 单击“新建图层”按钮，在如图4-8所示的“图层”位置上输入“尺寸层”，创建一个名为“尺寸层”的新图层。

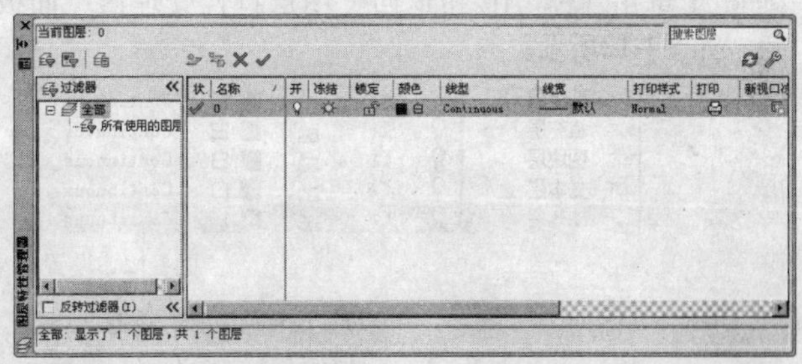

图4-7 “图层特性管理器”面板

图层名最长可达255个字符，可以是数字、字母或其他字符；图层名中不允许含有大于号（>）、小于号（<）、斜杠（/）、反斜杠（\）以及标点等符号；另外，为图层命名时，必须确保图层名的唯一性。

状.	名称	开	冻结	锁..	颜色	线型	线宽	打印...	打.	新.	说明
✔	0				■白	Conti...	—— 默认	Normal			
	图层1				□白	Conti...	—— 默认	Normal			

图4-8 新建图层

Step 04 连续按Enter键，分别创建“灯具层”、“吊顶层”、“家具层”、“楼梯层”等图层，如图4-9所示。

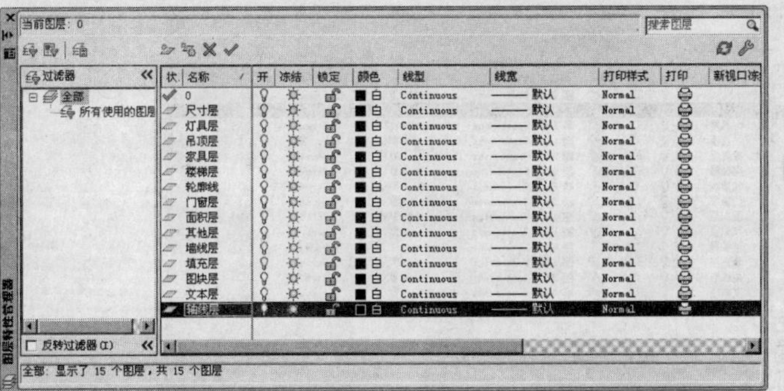

图4-9 设置图层

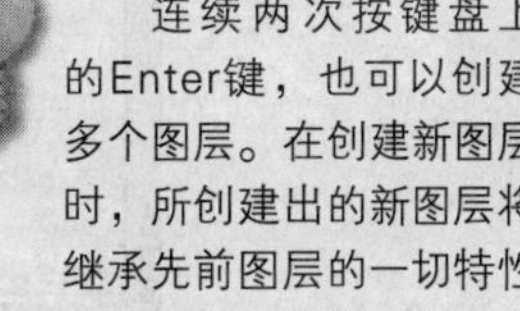

连续两次按键盘上的Enter键，也可以创建多个图层。在创建新图层时，所创建出的新图层将继承先前图层的一切特性（如颜色、线型等）。

4.3.2 设置图层颜色

Step 01 继续上一节的操作。

Step 02 选择“轴线层”，在如图4-10所示的颜色图标上单击，打开“选择颜色”对话框。

Step 03 在“选择颜色”对话框的“颜色”文本框中输入126，为所选图层设置颜色值，如图4-11所示。

状	名称	开	冻结	锁定	颜色	线型	线宽	打印样式	打印	新视口冻
	0				白	Continuous	默认	Normal		
	尺寸层				白	Continuous	默认	Normal		
	灯具层				白	Continuous	默认	Normal		
	吊顶层				白	Continuous	默认	Normal		
	家具层				白	Continuous	默认	Normal		
	楼梯层				白	Continuous	默认	Normal		
	轮廓线				白	Continuous	默认	Normal		
	门窗层				白	Continuous	默认	Normal		
	面积层				白	Continuous	默认	Normal		
	其他层				白	Continuous	默认	Normal		
	墙线层				白	Continuous	默认	Normal		
	填充层				白	Continuous	默认	Normal		
	图块层				白	Continuous	默认	Normal		
	文本层				白	Continuous	默认	Normal		
	轴线层				白	Continuous	默认	Normal		

图4-10 修改图层颜色

选择颜色
索引颜色 真彩色 配色系统
AutoCAD 颜色索引 (ACI):
索引颜色: 126 RGB: 0,38,26
ByLayer(L) ByBlock(K)
颜色(C):
126
确定 取消 帮助(H)

图4-11 “选择颜色”对话框

Step 04 单击 确定 按钮返回“图层特性管理器”面板，结果“轴线层”的颜色被设置为126号色，如图4-12所示。

名称	开	冻结	锁定	颜色	线型	线宽	打印样式	打印
墙线层				白	Continuous	默认	Normal	
填充层				白	Continuous	默认	Normal	
图块层				白	Continuous	默认	Normal	
文本层				白	Continuous	默认	Normal	
轴线层				126	Continuous	默认	Normal	

图4-12 设置结果

用户也可以单击对话框中的“真彩色”和“配色系统”两个选项卡，如图4-13和图4-14所示，进行定义自己需要的色彩。

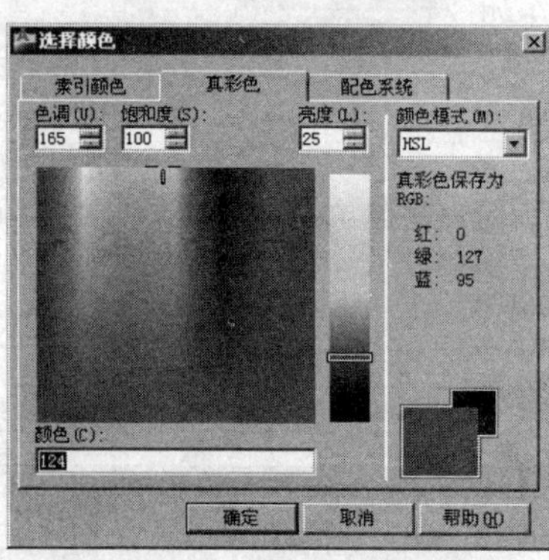

图4-13 “真彩色”选项卡

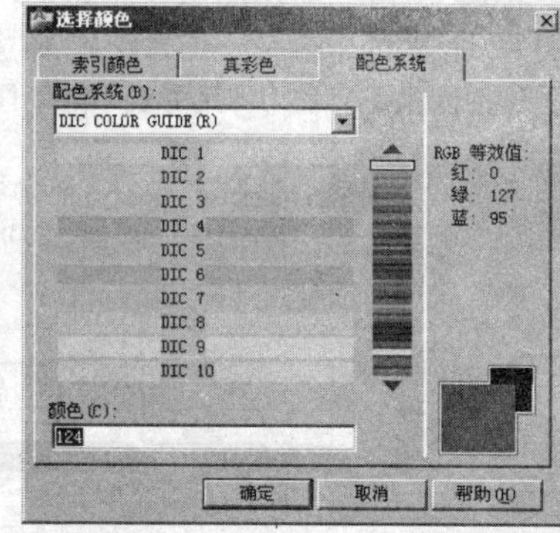

图4-14 “配色系统”选项卡

Step 05 参照步骤2~4的操作步骤，分别为其他图层设置颜色特性，设置结果如图4-15所示。

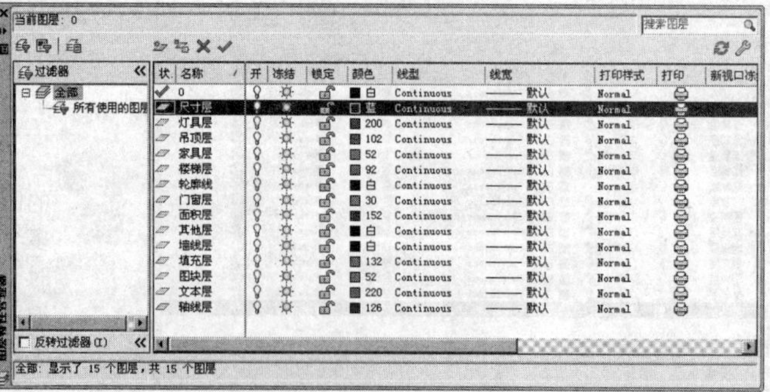

图4-15 设置颜色特性

4.3.3 设置与加载线型

Step 01 继续上一节的操作。

Step 02 选择“轴线层”，在如图4-16所示的“Continuous”位置上单击，打开“选择线型”对话框。

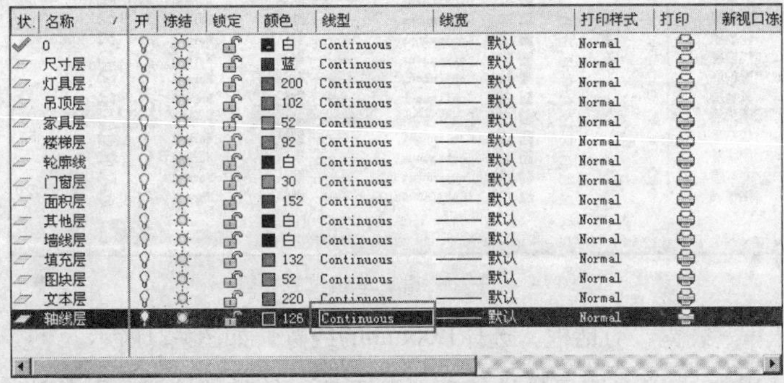

图4-16 指定位置

Step 03 在“选择线型”对话框中单击[加载...]按钮，打开“加载或重载线型”对话框，选择如图4-17所示的“ACAD_ISO04W100”线型。

Step 04 单击[确定]按钮，结果选择的线型被加载到“选择线型”对话框中，如图4-18所示。

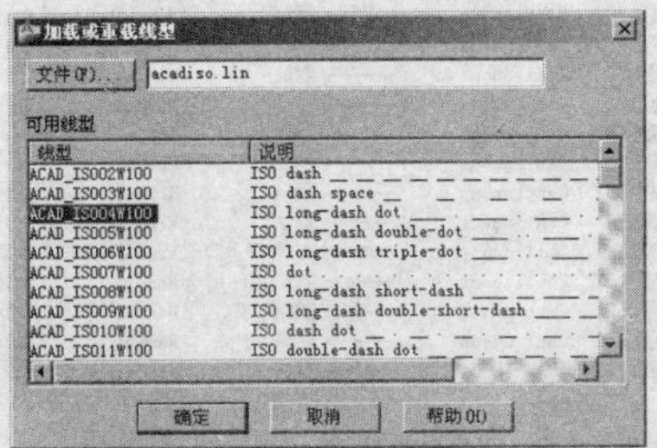

图4-17 选择线型

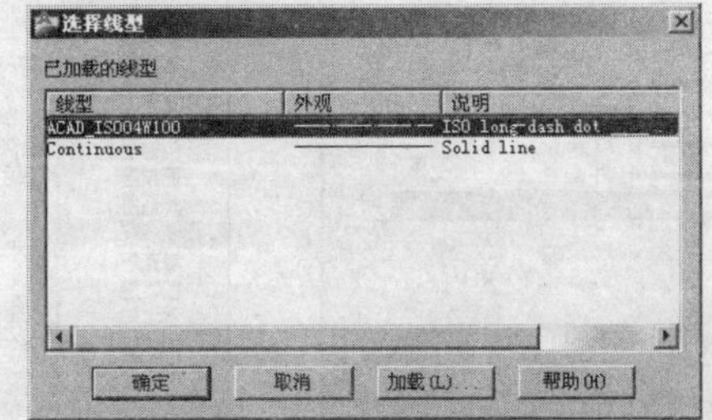

图4-18 加载线型

Step 05 选择刚加载的线型，单击[确定]按钮将加载的线型附予当前被选择的“轴线层”，结果如图4-19所示。

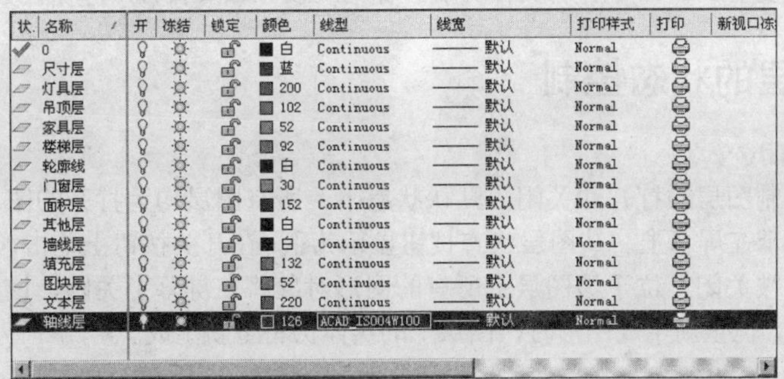

图4-19 设置图层线型

在默认设置时，系统将为用户提供一种“Continuous”线型，用户如果需要使用其他的线型，必须进行加载。

4.3.4 设置与显示线宽

Step 01 继续上一节的操作。

Step 02 选择“墙线层”，在如图4-20所示的位置上单击，以对其设置线宽。

状	名称	开	冻结	锁定	颜色	线型	线宽	打印样式	打印	新视口冻
✓	0				白	Continuous	—— 默认	Normal		
	尺寸层				蓝	Continuous	—— 默认	Normal		
	灯具层				200	Continuous	—— 默认	Normal		
	吊顶层				102	Continuous	—— 默认	Normal		
	家具层				52	Continuous	—— 默认	Normal		
	楼梯层				92	Continuous	—— 默认	Normal		
	轮廓线				白	Continuous	—— 默认	Normal		
	门窗层				30	Continuous	—— 默认	Normal		
	面积层				152	Continuous	—— 默认	Normal		
	其他层				白	Continuous	—— 默认	Normal		
	墙线层				白	Continuous	—— 默认	Normal		
	填充层				132	Continuous	—— 默认	Normal		
	图块层				52	Continuous	—— 默认	Normal		
	文本层				220	Continuous	—— 默认	Normal		
	轴线层				126	ACAD_ISO04W100	—— 默认	Normal		

图4-20　指定单击位置

Step 03 此时系统打开“线宽”对话框，选择1.00mm的线宽，如图4-21所示。

Step 04 单击 确定 按钮返回“图层特性管理器”面板，结果“墙线层”的线宽被设置为1.00毫米，如图4-22所示。

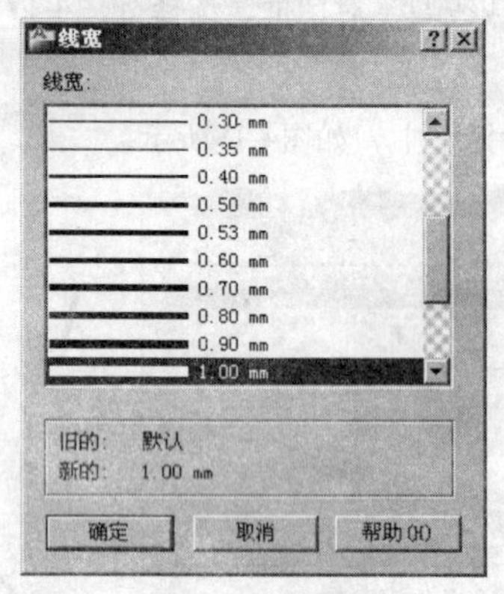

图4-21　选择线宽

状	名称	开	冻结	锁定	颜色	线型	线宽	打印样式	打印	新视口冻
✓	0				白	Continuous	—— 默认	Normal		
	尺寸层				蓝	Continuous	—— 默认	Normal		
	灯具层				200	Continuous	—— 默认	Normal		
	吊顶层				102	Continuous	—— 默认	Normal		
	家具层				52	Continuous	—— 默认	Normal		
	楼梯层				92	Continuous	—— 默认	Normal		
	轮廓线				白	Continuous	—— 默认	Normal		
	门窗层				30	Continuous	—— 默认	Normal		
	面积层				152	Continuous	—— 默认	Normal		
	其他层				白	Continuous	—— 默认	Normal		
	墙线层				白	Continuous	—— 1.00 毫米	Normal		
	填充层				132	Continuous	—— 默认	Normal		
	图块层				52	Continuous	—— 默认	Normal		
	文本层				220	Continuous	—— 默认	Normal		
	轴线层				126	ACAD_ISO04W100	—— 默认	Normal		

图4-22　设置线宽

Step 05 在“图层特性管理器”面板中单击×按钮，关闭对话框。

Step 06 最后执行“另存为”命令，将文件另名存储为“设置层及特性.dwg”。

延伸知识：层的状态控制

（1）打开/关闭

该按钮用于控制图层的打开和关闭。默认状态下，所有图层均为打开的图层，即位于所有图层上的图形都被显示在屏幕上。其图层状态按钮显示为 。在开关按钮上单击，按钮显示为 （按钮变暗），该图层被关闭，位于该图层上所有的图形对象将在屏幕上关闭，该层的内容不能被打印或由绘图仪输出，但重新生成图形时，图层上的实体仍将重新生成。

（2）在所有视口中冻结/解冻

该按钮用于在所有视图窗口中冻结或解冻图层。默认状态下图层是被解冻的，按钮显示为 。在按钮上单击，显示为 时，表示该图层被冻结，位于该层上的内容不能在屏幕上显示或由绘图仪输出，不能进行重生成、消隐、渲染和打印等操作。

关闭与冻结的图层都是不可见和不可以输出的。但是被冻结图层不参加运算处理，可以加快视窗缩放、视窗平移和许多其他操作的处理速度，增强对象选择的性能并减少复杂图形的重生成时间。建议冻结长时间不用看到的图层。

（3）在当前视口中冻结/解冻

此按钮的功能与上一个相同，用于冻结或解冻当前视口中的图形对象，不过它在模型空间内是不可用的，只能在图纸空间内使用此功能。

（4）锁定/解锁

此按钮用于锁定图层或解锁图层。默认状态下图层是解锁的，按钮显示为。在该按钮上单击，按钮显示为，表示该图层被锁定，用户只能观察该层上的图形，不能对其编辑和修改，但该层上的图形仍可以显示和输出。

当前图层不能被冻结，但可以被关闭和锁定。

（5）各功能的启用方式

- 展开“图层控制”下拉列表，然后单击各图层左端的状态控制按钮。
- 使用“图层”命令，在打开的“图层特性管理器”面板中选择要操作的图层，然后单击相应的控制按钮。

4.4 设置室内样板绘图样式

本节主要学习样板图中各种常用样式的具体设置过程和设置技巧，如文字样式、尺寸样式、墙线样式、窗线样式等。

4.4.1 设置墙线窗线样式

Step 01 打开上例存储的“设置层及特性.dwg”文件。

Step 02 执行菜单栏中的“格式”|“多线样式”命令，打开“多线样式”对话框。

Step 03 单击 新建(N)... 按钮，打开“创建新的多线样式”对话框，为新样式命名，如图4-23所示。

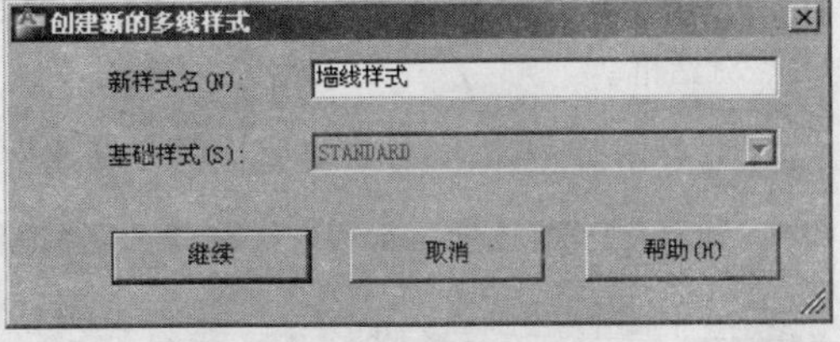

图4-23 为新样式命名

Step 04 单击 继续 按钮，打开“新建多线样式:墙线样式”对话框，设置多线样式的封口形式，如图4-24所示。

Step 05 单击 确定 按钮返回“多线样式”对话框，结果设置的新样式显示在预览框内，如图4-25所示。

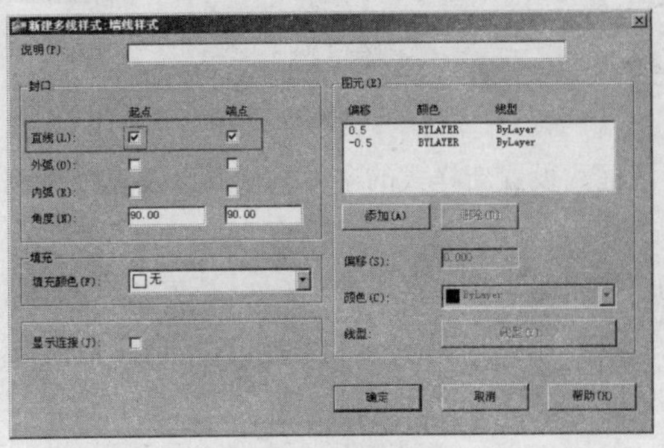

图4-24 设置封口形式

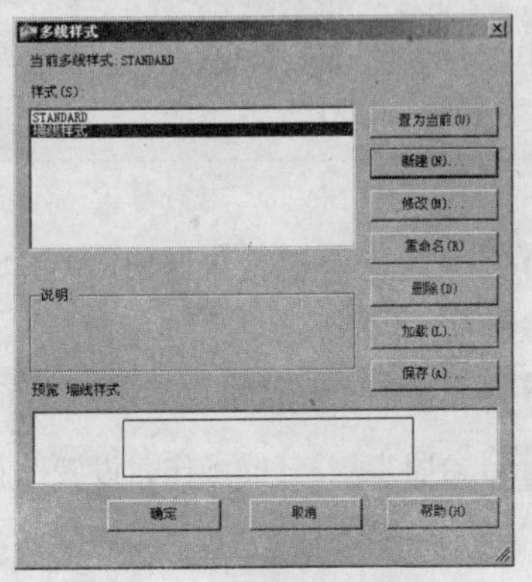

图4-25 设置墙线样式

Step 06 参照上述操作步骤，设置“窗线样式”样式，其参数设置和效果预览分别如图4-26和图4-27所示。

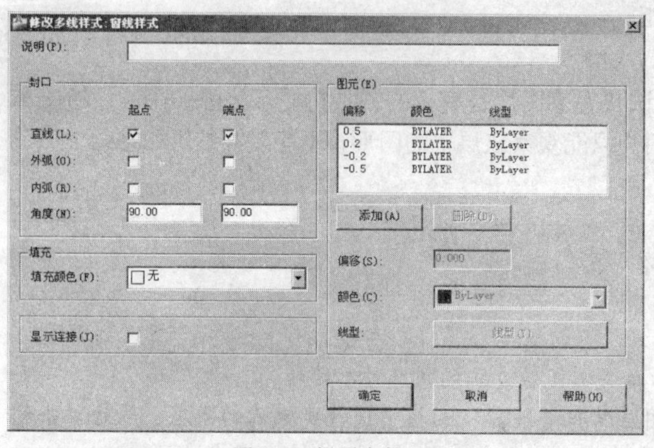

图4-26 设置参数

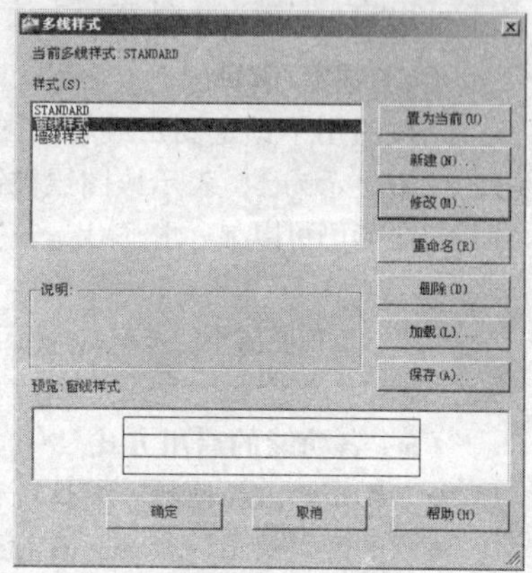

图4-27 窗线样式预览

如果用户需要将新设置的样式应用在其他图形文件中，可以单击保存按钮，在弹出的对话框中以“*mln”格式进行保存，在其他文件中使用时，仅需要加载即可。

Step 07 选择“墙线样式”，单击置为当前按钮，将其设置为当前样式，并关闭对话框。

4.4.2 设置汉字字体样式

Step 01 继续上一节的操作。

Step 02 单击“样式”工具栏上的A按钮，激活“文字样式”命令，打开如图4-28所示的“文字样式”对话框。

Step 03 单击新建按钮，在弹出的“新建文字样式”对话框中为新样式命名，如图4-29所示。

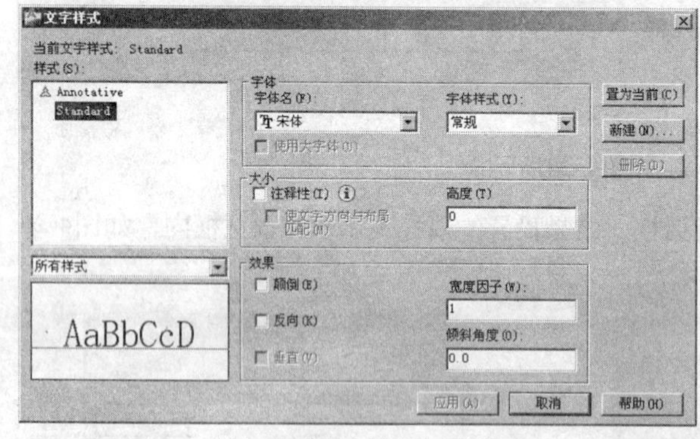

图4-28 “文字样式”对话框

图4-29 为新样式命名

Step 04 单击确定按钮返回“文字样式”对话框，设置新样式的字体、字高以及宽度比例等参数，如图4-30所示。

Step 05 单击应用按钮，至此创建了一种名为“仿宋体”文字样式。

Step 06 参照步骤3~5的操作，设置一种名称为“宋体”的文字样式，其参数设置如图4-31所示。

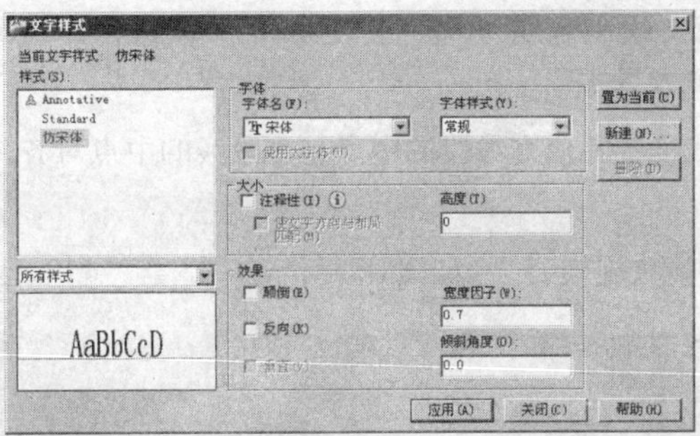

图4-30　设置“仿宋体”样式

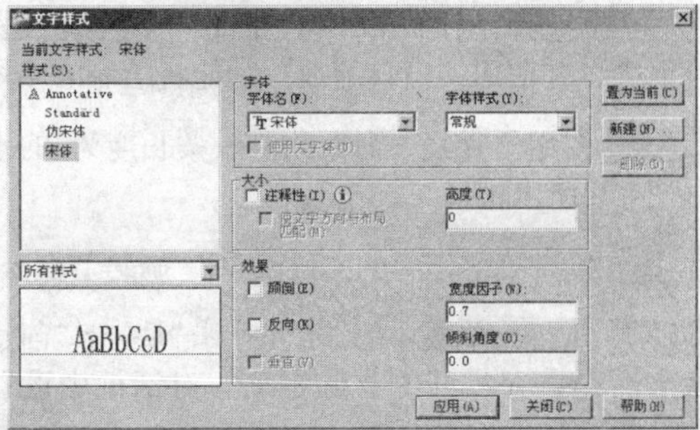

图4-31　设置“宋体”样式

当创建完一种新样式后，需要单击 应用(A) 按钮，然后再创建下一种文字样式。

4.4.3　设置符号字体样式

Step 01 继续上一节的操作。

Step 02 参照上节汉字样式的设置过程，重复使用“文字样式”命令，设置一种名称为“COMPLEX”的轴号字体样式，其参数设置如图4-32所示。

Step 03 单击 应用(A) 按钮，结束文字样式的设置过程。

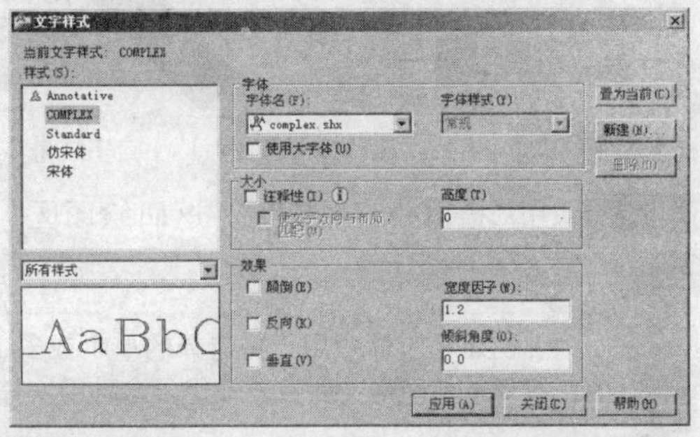

图4-32　设置“COMPLEX”样式

4.4.4　设置尺寸数字样式

Step 01 继续上一节的操作。

Step 02 参照上节汉字样式的设置过程，重复使用“文字样式”命令，设置一种名为“SIMPLEX”的文字样式，其参数设置如图4-33所示。

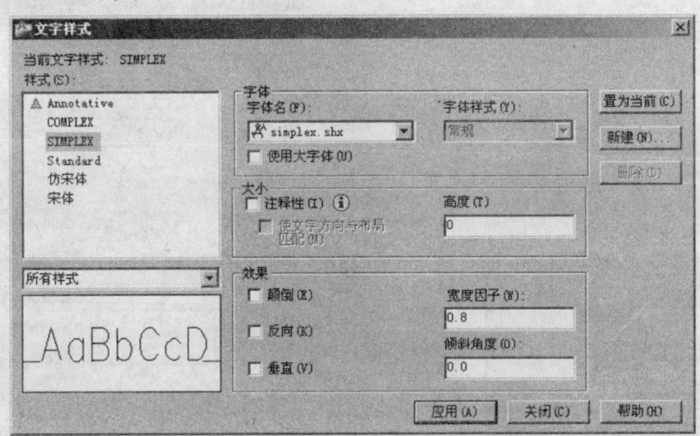

图4-33　设置“SIMPLEX”样式

Step 03 单击 应用(A) 按钮，结束文字样式的设置过程。

Step 04 单击 关闭 按钮，关闭“文字样式”对话框。

4.4.5　设置尺寸标注样式

Step 01 继续上一节的操作。

Step 02 单击“绘图”工具栏上的“多段线”按钮，绘制宽度为0.5、长度为2的多段线，作为尺寸箭尖，并使用“窗口缩放”功能将绘制的多段线放大显示。

Step 03 使用“直线”命令绘制一条长度为3的水平线段，并使直线段的中点与多段线的中点对齐，如图4-34所示。

Step 04 执行菜单栏中的“修改”|“旋转”命令，将箭头旋转45°，如图4-35所示。

Step 05 执行菜单栏中的“绘图”|“块”|“创建块”命令，在打开的“块定义”对话框中设置块参数如图4-36所示。

图4-34 绘制细线

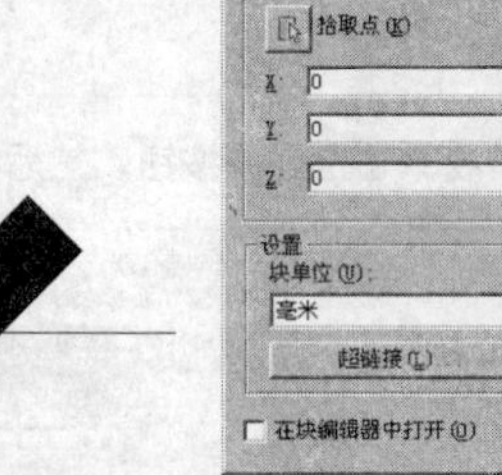

图4-35 旋转结果

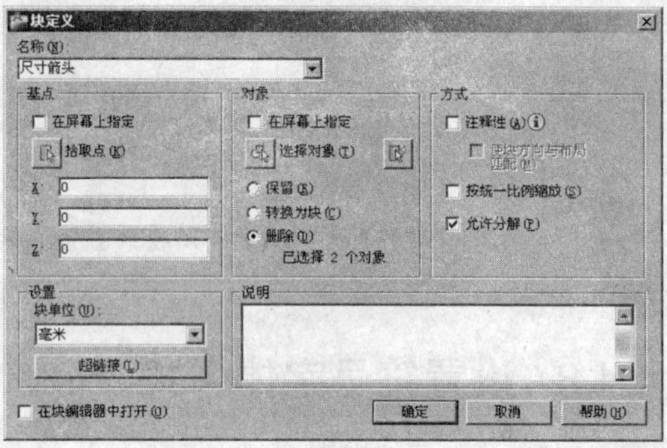

图4-36 设置块参数

Step 06 单击“拾取点”按钮，返回绘图区，捕捉多段线中点作为块的基点，然后将其创建为图块。

“创建块”命令用于将选择的单个或多个图形对象创建为一个整体单元，保存于当前图形文件内，以供当前图形文件重复使用，这种图块被称为内部块。

Step 07 单击“样式”工具栏上的按钮，打开“标注样式管理器”对话框。

Step 08 单击该对话框中的 新建(N)... 按钮，为新样式命名，如图4-37所示。

Step 09 单击 继续 按钮，打开“新建标注样式:建筑标注”对话框，设置基线间距、起点偏移量等参数，如图4-38所示。

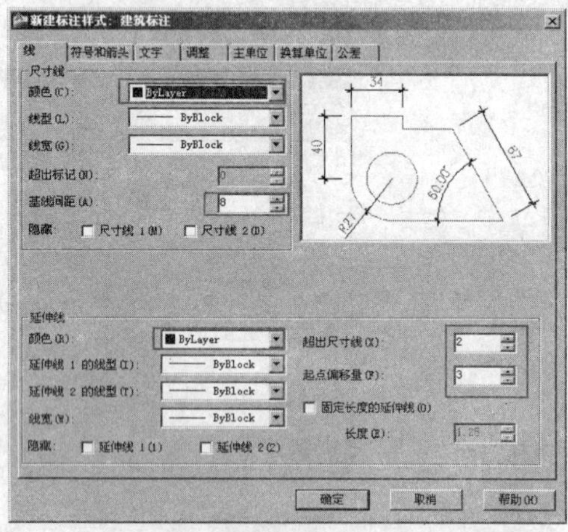

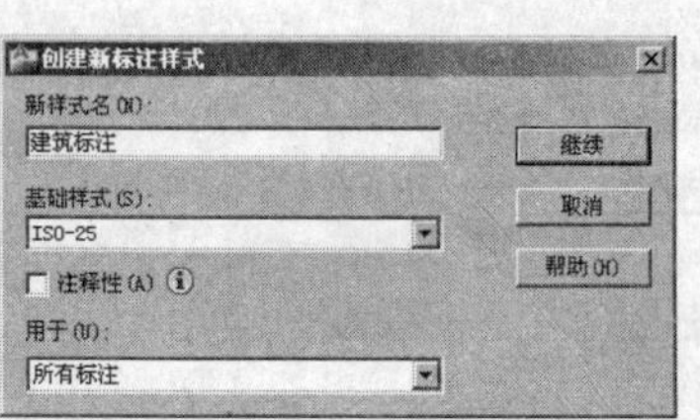

图4-37 “创建新标注样式”对话框

图4-38 设置“线”参数

Step 10 展开“符号和箭头”选项卡，然后单击“箭头”选项组中的“第一个”列表框，选择列表中的“用户箭头”选项，如图4-39所示。

Step 11 此时系统弹出“选择自定义箭头块”对话框，然后选择“尺寸箭头”块作为尺寸箭头，如图4-40所示。

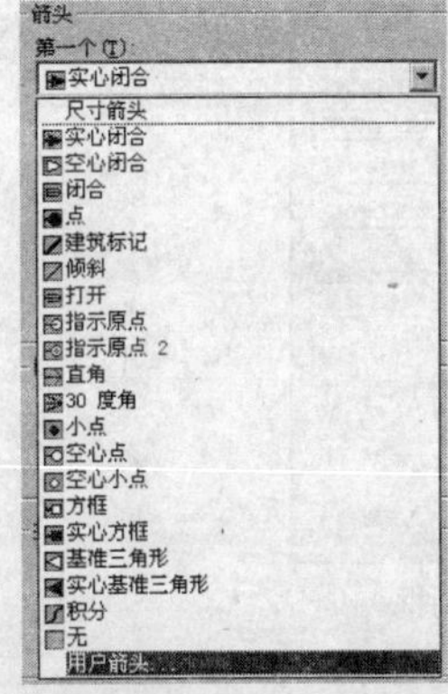

图4-39 选择箭头样式

图4-40 设置尺寸箭头

Step 12 单击 确定 按钮返回“符号和箭头”选项卡，然后设置参数如图4-41所示。

Step 13 在该对话框中展开“文字”选项卡，设置尺寸字本的样式、颜色、大小等参数，如图4-42所示。

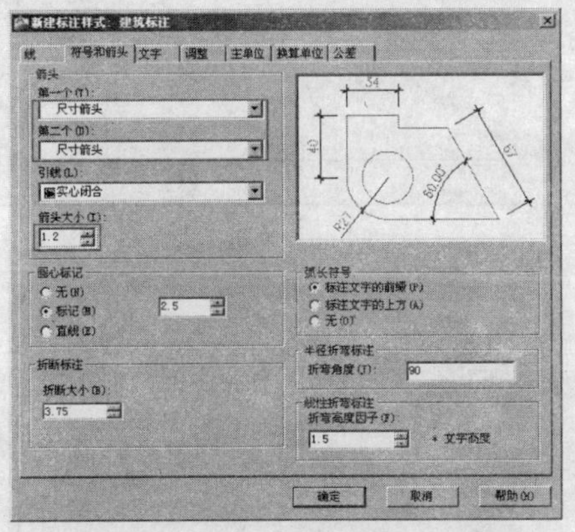

图4-41 设置“符号和箭头”参数

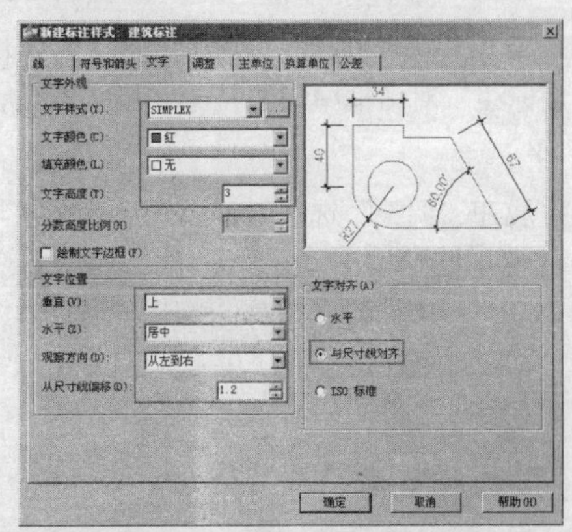

图4-42 设置“文字”参数

Step 14 展开“调整”选项卡，调整文字、箭头与尺寸线等的位置如图4-43所示。

Step 15 展开“主单位”选项卡，设置线型参数和角度标注参数如图4-44所示。

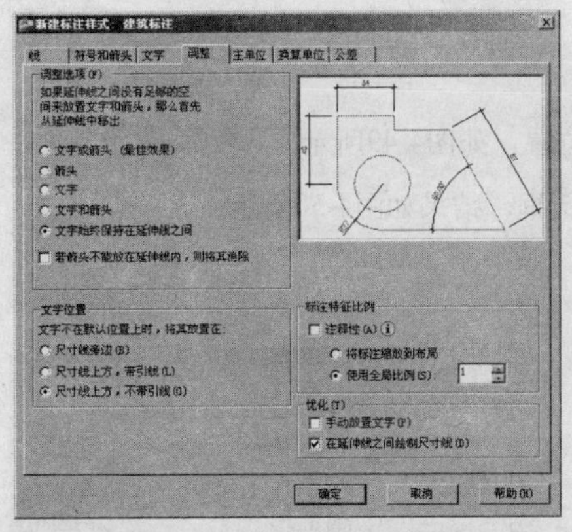

图4-43 “调整”选项卡

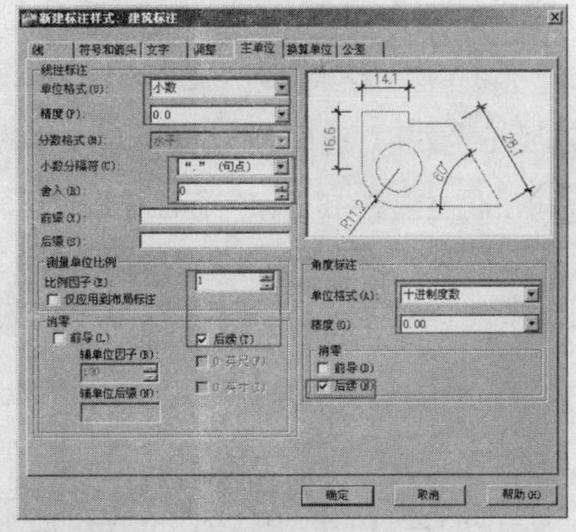

图4-44 “主单位”选项卡

Step 16 单击 确定 按钮返回“标注样式管理器”对话框，结果新设置的尺寸样式出现在此对话框中，如图4-45所示。

Step 17 单击 置为当前(U) 按钮，将“建筑标注”设置为当前样式。

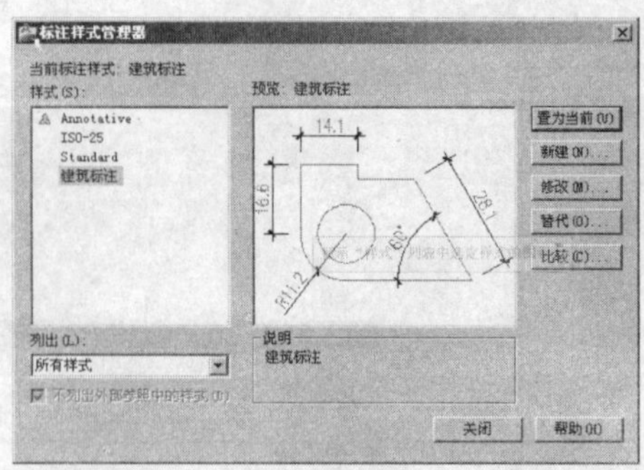

图4-45 “标注样式管理器”对话框

4.4.6 设置角度标注样式

Step 01 继续上一节的操作。

Step 02 在“标注样式管理器”对话框中单击 新建(N)... 按钮，为新样式命名，如图4-46所示。

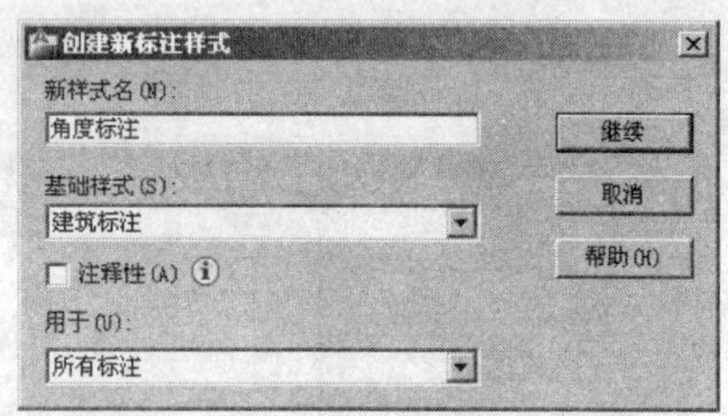

图4-46 为新样式命名

Step 03 单击 继续 按钮，在打开的“新建标注样式:角度标注”对话框中设置符号和箭头参数，如图4-47所示。

Step 04 展开“调整”选项卡，设置尺寸文字与箭头的位置，如图4-48所示。

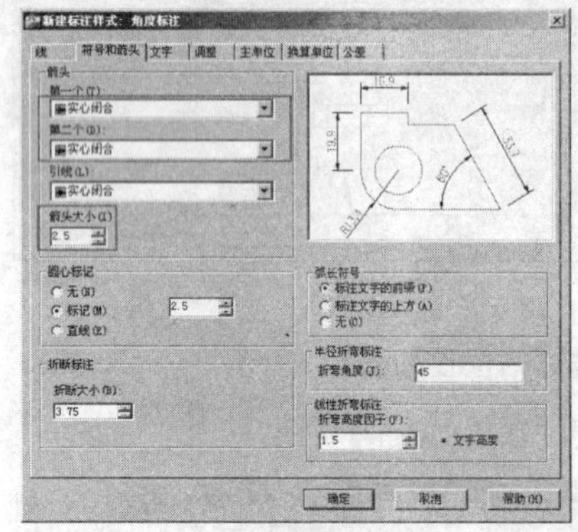

图4-47 “符号和箭头”选项卡

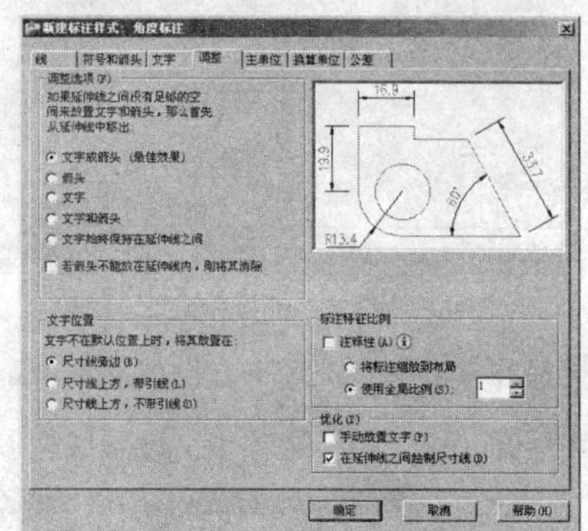

图4-48 “调整”选项卡

Step 05 展开“文字”选项卡，设置尺寸文字的对齐位置，如图4-49所示。

Step 06 单击 确定 按钮返回“标注样式管理器”对话框，结果如图4-50所示。

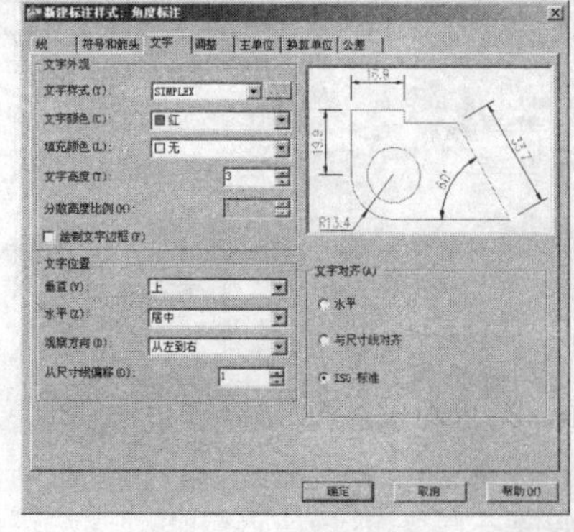

图4-49 “文字”选项卡

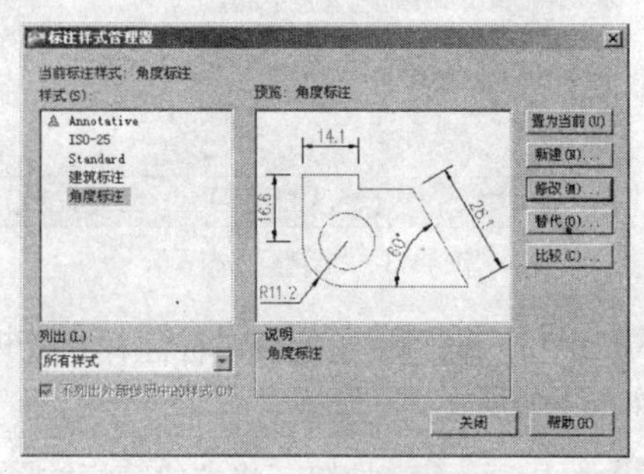

图4-50 设置文字对齐

4.4.7 设置快速引线样式

Step 01 继续上一节的操作。

Step 02 在“标注样式管理器”对话框中单击新建(N)...按钮，为新样式命名，如图4-51所示。

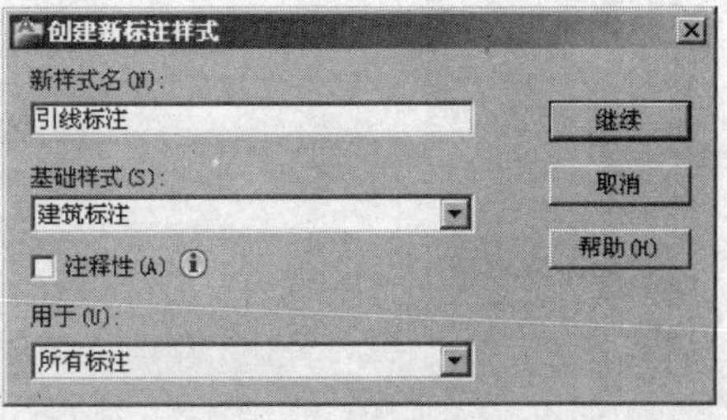

图4-51 设置样式名

Step 03 单击继续按钮，在打开的“新建标注样式:引线标注”对话框中设置符号和箭头参数，如图4-52所示。

Step 04 展开“文字”选项卡，设置文字样式如图4-53所示。

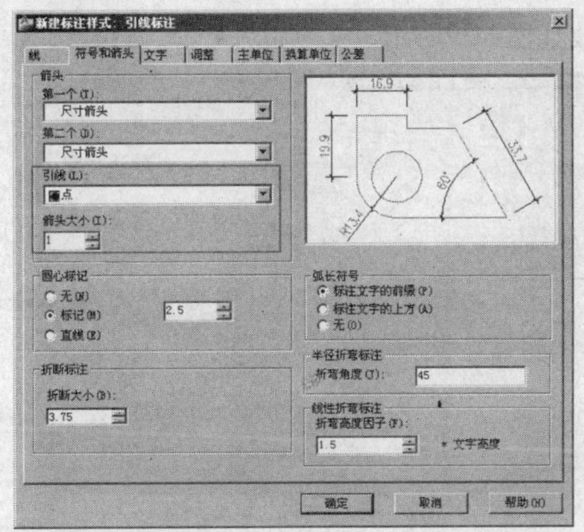

图4-52 设置符号和箭头

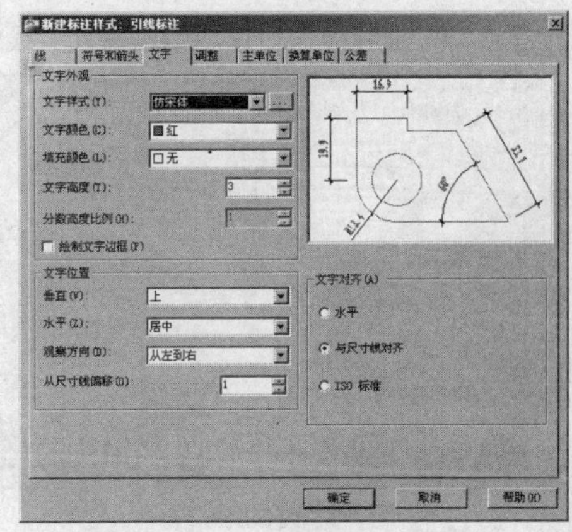

图4-53 设置文字样式

Step 05 单击确定按钮返回“标注样式管理器”对话框，观看新样式的设置结果，如图4-54所示。

Step 06 选择“建筑标注”样式，将其设置为当前标注样式，如图4-55所示。

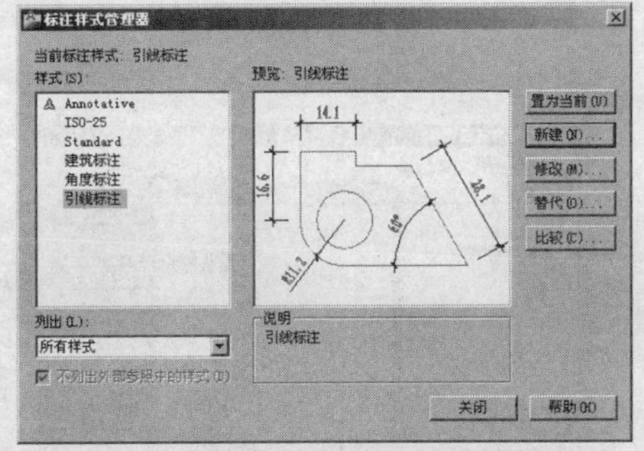

图4-54 设置新样式

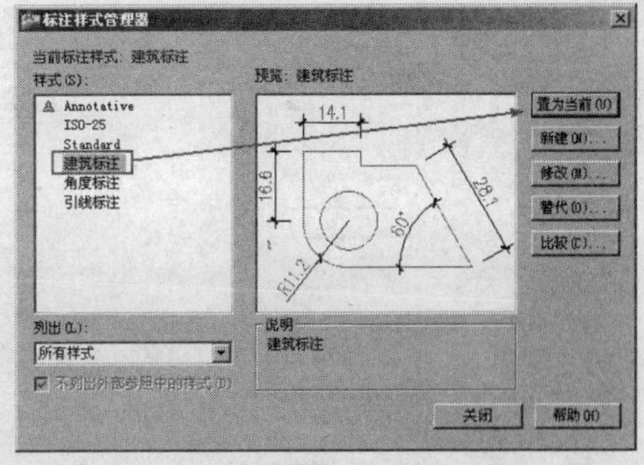

图4-55 设置当前标注样式

Step 07 单击关闭按钮，关闭“标注样式管理器”对话框。

4.4.8 设置多重引线样式

Step 01 继续上一节的操作。

Step 02 执行菜单栏中的“格式”|“多重引线样式”命令，打开如图4-56所示的“多重引线样式管理器”对话框。

Step 03 在“多重引线样式管理器”对话框中单击新建(N)按钮，为新样式命名，如图4-57所示。

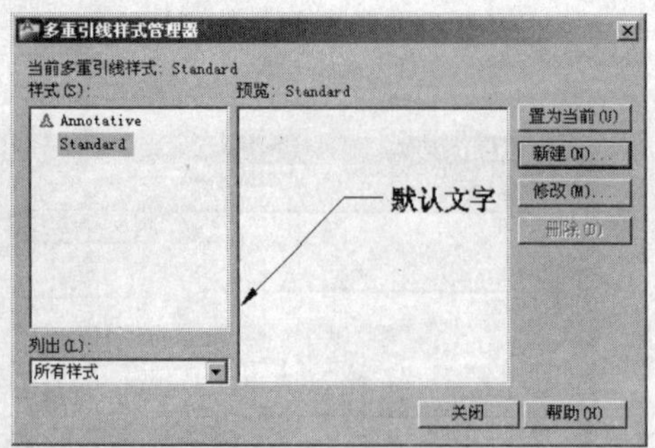

图4-56 “多重引线样式管理器”对话框

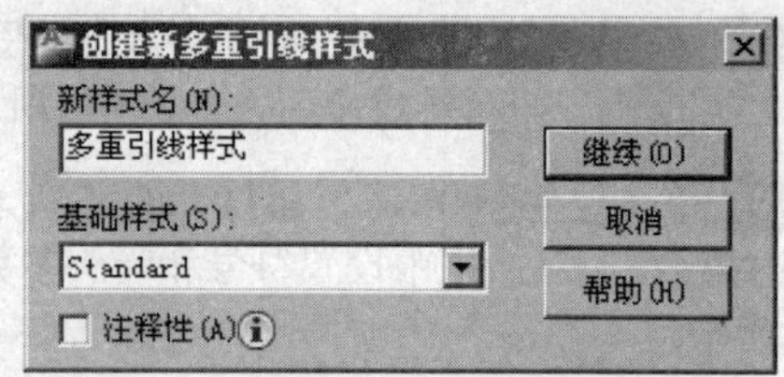

图4-57 为新样式命名

Step 04 单击继续按钮，在打开的对话框中展开“引线格式”选项卡，设置引线样式如图4-58所示。

Step 05 展开“引线结构”选项卡，设置引线的结构参数如图4-59所示。

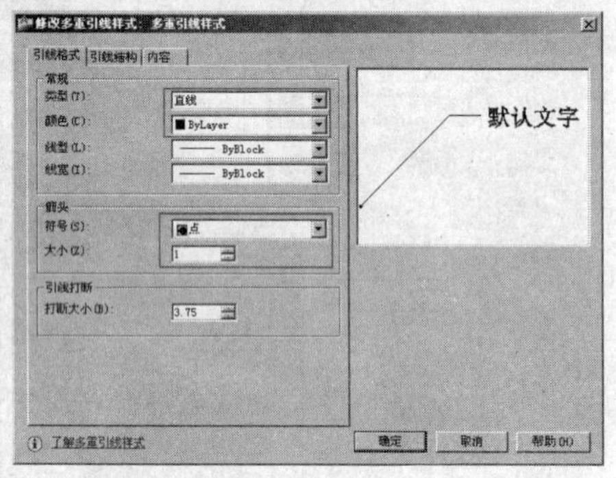

图4-58 设置引线格式

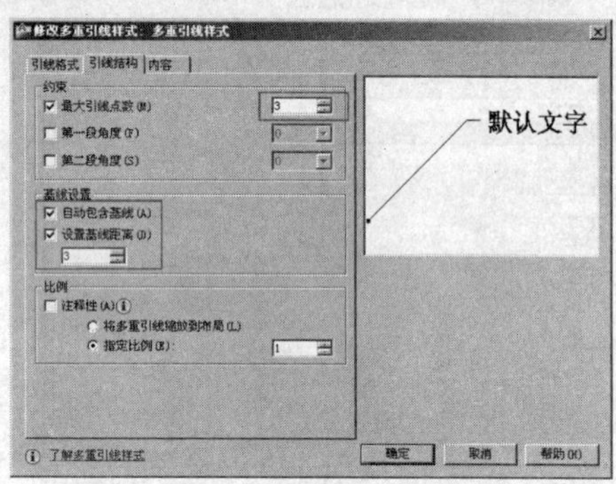

图4-59 设置引线结构

Step 06 展开“内容”选项卡，设置多重引线样式的类型及基线间隙参数如图4-60所示。

Step 07 单击确定按钮，返回“多重引线样式管理器”对话框，将刚设置的新样式置为当前样式，如图4-61所示。

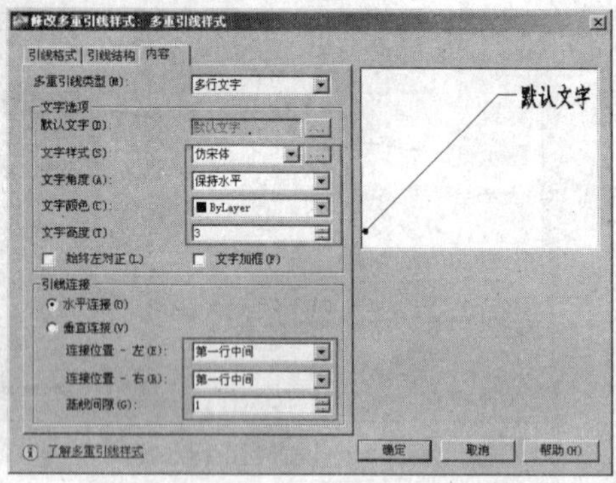

图4-60 设置引线类型

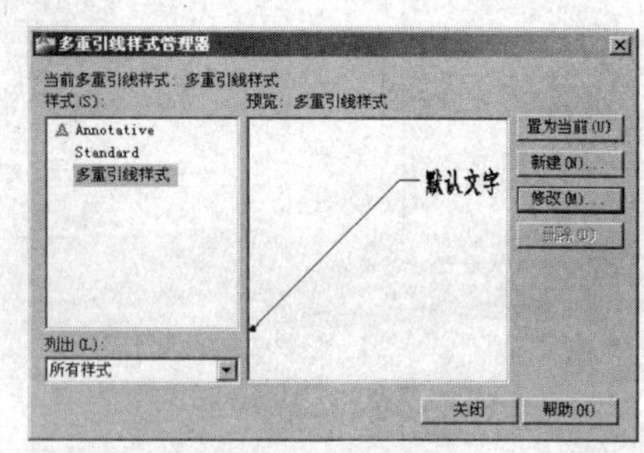

图4-61 设置当前样式

Step 08 单击关闭按钮，关闭“多重引线样式管理器”对话框。

Step 09 最后执行“另存为”命令，将当前文件另名存储为“设置绘图样式.dwg”。

4.5 绘制和填充图纸边框

本节主要学习样板图中2号图纸标准图框的绘制技巧以及图框标题栏的文字填充技巧。

4.5.1 绘制图纸边框

Step 01 以上例存储的“设置绘图样式.dwg”作为当前文件。

Step 02 单击“绘图”工具栏上的□按钮，绘制长度为594、宽度为420的矩形，作为2号图纸的外边框，如图4-62所示。

Step 03 按Enter键，重复执行“矩形”命令，配合“捕捉自”功能绘制内框，命令行操作如下。

```
命令:                                                    // Enter
    RECTANG
    指定第一个角点或 [倒角(C)/标高(E)/圆角(F)/厚度(T)/宽度(W)]: //W Enter
    指定矩形的线宽 <0>:                                   //2 Enter，设置线宽
    指定第一个角点或 [倒角(C)/标高(E)/圆角(F)/厚度(T)/宽度(W)]: //激活“捕捉自”功能
    _from 基点:                                           //捕捉外框的左下角点
    <偏移>:                                               //@25,10 Enter
    指定另一个角点或 [面积(A)/尺寸(D)/旋转(R)]:            //激活“捕捉自”功能
    _from 基点:                                           //捕捉外框右上角点
    <偏移>:                        //@-10,-10 Enter，绘制结果如图4-63所示
```

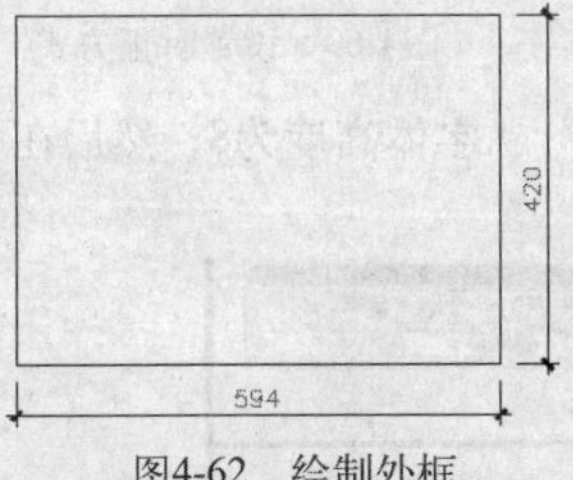

图4-62 绘制外框

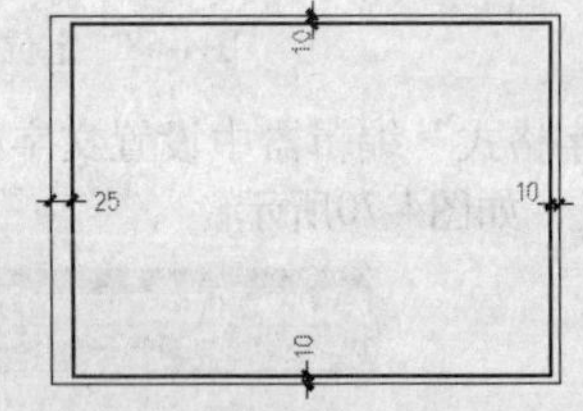

图4-63 绘制内框

Step 04 重复执行“矩形”命令，配合“端点”捕捉功能绘制标题栏外框，命令行操作如下。

```
命令: _rectang
    当前矩形模式: 宽度=2.0
    指定第一个角点或 [倒角(C)/标高(E)/圆角(F)/厚度(T)/宽度(W)]:   //W Enter
    指定矩形的线宽 <2.0>:                                    //1.5 Enter，设置线宽
    指定第一个角点或 [倒角(C)/标高(E)/圆角(F)/厚度(T)/宽度(W)]:   //捕捉内框右下角点
    指定另一个角点或 [面积(A)/尺寸(D)/旋转(R)]:   //@-240,50 Enter，绘制结果如图4-64所示
```

Step 05 重复执行“矩形”命令，配合“端点”捕捉功能绘制会签栏的外框，命令行操作如下。

```
命令: _rectang
    当前矩形模式: 宽度=1.5
    指定第一个角点或 [倒角(C)/标高(E)/圆角(F)/厚度(T)/宽度(W)]:   //捕捉内框的左上角点
    指定另一个角点或 [面积(A)/尺寸(D)/旋转(R)]:   //@-20,-100 Enter，绘制结果如图4-65所示
```

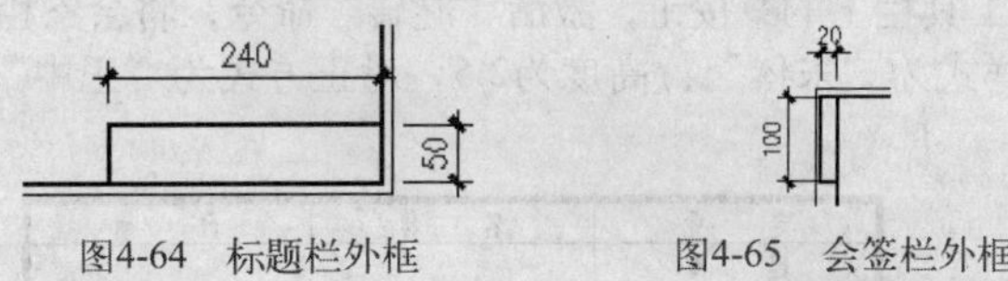

图4-64 标题栏外框　　图4-65 会签栏外框

Step 06 执行菜单栏中的“绘图”|“直线”命令，参照图中所示尺寸，绘制标题栏和会签栏内部的分格线，如图4-66和图4-67所示。

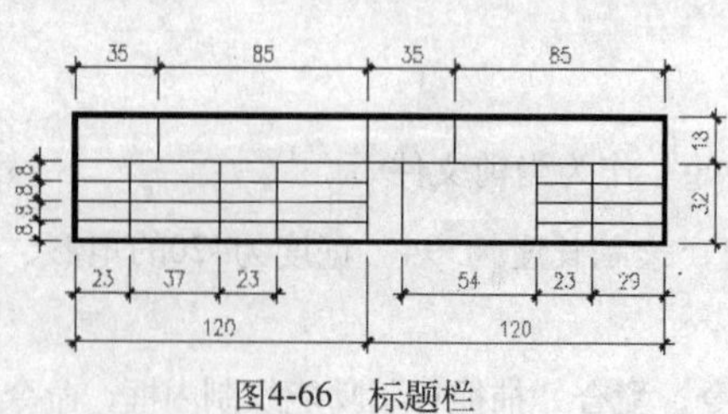

图4-66　标题栏

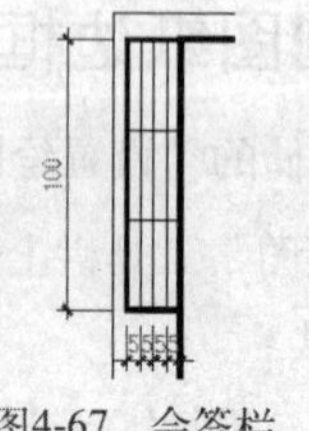

图4-67　会签栏

4.5.2　填充图纸边框

Step 01 继续上一节的操作。

Step 02 单击"绘图"工具栏上的A按钮，分别捕捉如图4-68所示的方格对角点A和B，打开"文字格式"编辑器，然后设置文字的对正方式，如图4-69所示。

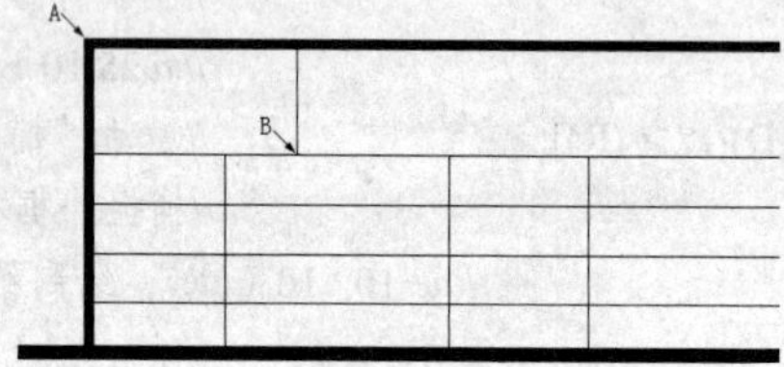

图4-68　定位捕捉点

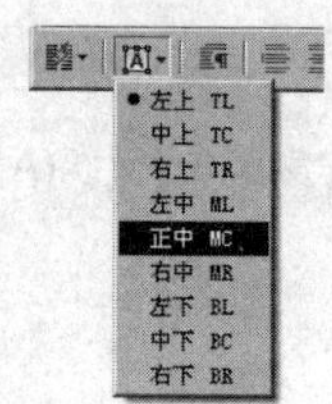

图4-69　设置对正方式

Step 03 在"文字格式"编辑器中设置文字样式为"宋体"、字体高度为8，然后在文字输入框中输入"设计单位"，如图4-70所示。

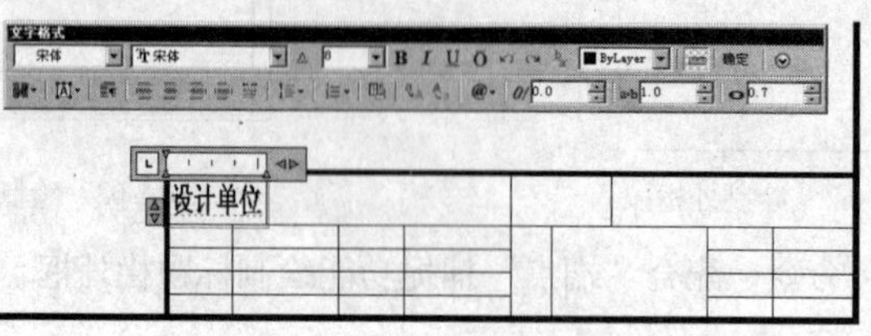

图4-70 输入文字

Step 04 单击确定按钮关闭"文字格式"编辑器，观看文字的填充结果，如图4-71所示。

Step 05 重复执行"多行文字"命令，设置文字样式、高度和对正方式不变，填充如图4-72所示的文字。

Step 06 重复执行"多行文字"命令，设置字体样式为"宋体"、字体高度为4.6、对正方式为"正中"，填充标题栏其他文字，如图4-73所示。

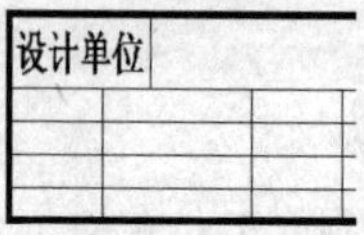

设计单位

图4-71　填充结果

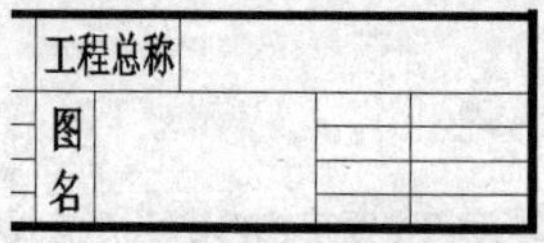

工程总称
图
名

图4-72　填充结果

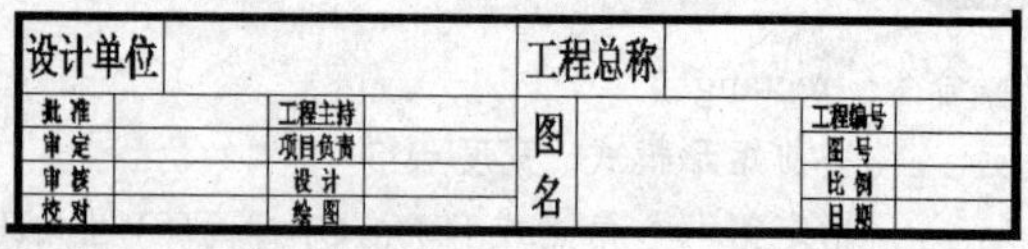

设计单位
批准
审定
审核
校对
工程主持
项目负责
设计
绘图
工程总称
图
名
工程编号
图号
比例
日期

图4-73　标题栏填充结果

Step 07 单击"修改"工具栏上的按钮，激活"旋转"命令，将会签栏旋转-90°，然后使用"多行文字"命令，设置样式为"宋体"、高度为2.5，对正方式为"正中"，为会签栏填充文字，结果如图4-74所示。

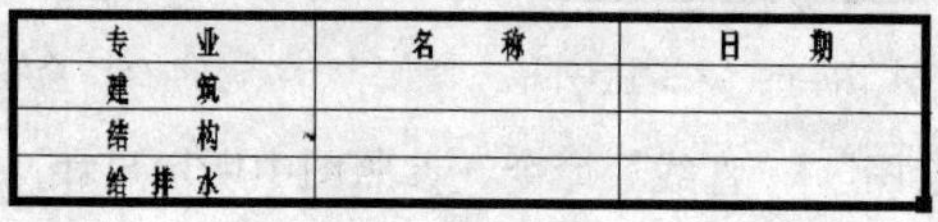

专　业	名　称	日　期
建　筑		
结　构		
给 排 水		

图4-74　填充文字

Step 08 重复执行“旋转”命令，将会签栏及填充的文字旋转-90°，基点不变。

4.5.3 制作图框图块

Step 01 继续上一节的操作。

Step 02 单击“绘图”工具栏上的按钮，或使用命令简写B激活“创建块”命令，打开“块定义”对话框。

Step 03 在“块定义”对话框中设置块名为“A2-H”，基点为外框左下角点，其他块参数如图4-75所示，将图框及填充文字创建为内部块。

Step 04 执行“另存为”命令，将当前文件另名存储为“创建并填充图框.dwg”。

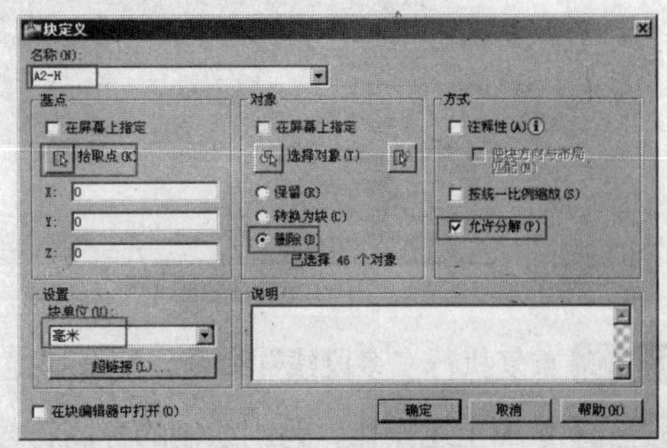

图4-75 设置块参数

4.6 制作常用符号属性块

本节主要学习室内装饰装潢样板文件中各种常用符号属性块的具体设置过程和设置技巧，具体有轴线标号、标高符号和投影符号等。

4.6.1 制作标高符号属性块

Step 01 打开上例存储的“创建并填充图框.dwg”文件。

Step 02 执行菜单栏中的“绘图”|“多段线”命令，配合捕捉与追踪功能，在“0图层”上绘制如图4-76所示的标高符号。

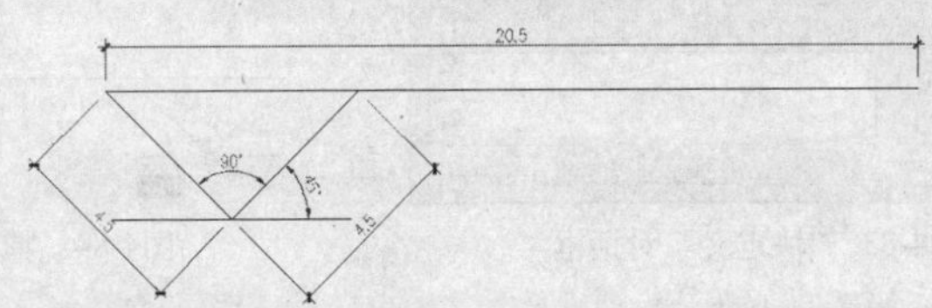

图4-76 绘制标高

Step 03 执行菜单栏中的“绘图”|“块”|“定义属性”命令，为标高符号定义如图4-77所示的文字属性。

Step 04 单击 确定 按钮，返回绘图区捕捉标高符号右侧的端点，作为属性的插入点，结果如图4-78所示。

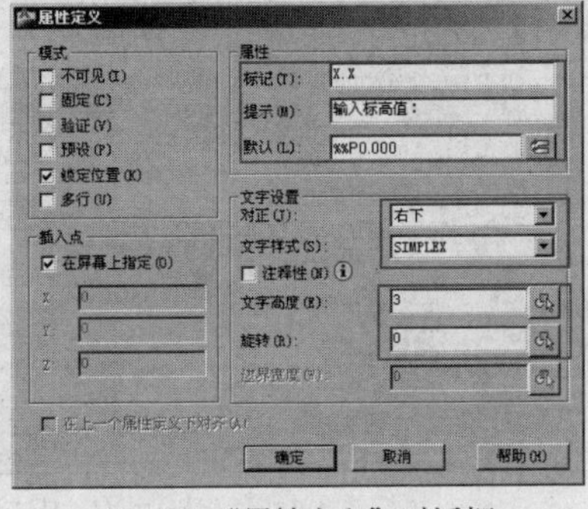

图4-77 “属性定义”对话框

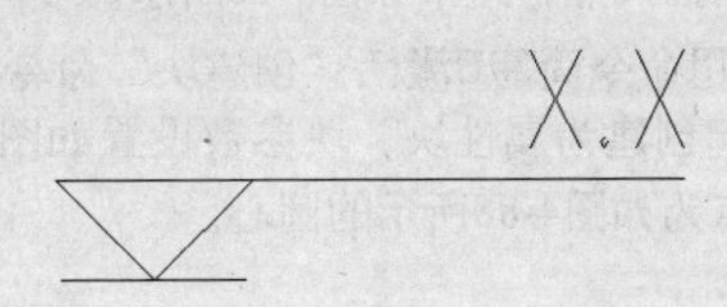

图4-78 定义属性结果

01 Chapter
02 Chapter
03 Chapter
04 Chapter
05 Chapter
06 Chapter
07 Chapter
08 Chapter
09 Chapter
10 Chapter

Step 05 使用命令简写B激活“创建块”命令，将标高符号与属性一起创建为属性块，块参数设置如图4-79所示，块基点为如图4-80所示的中点。

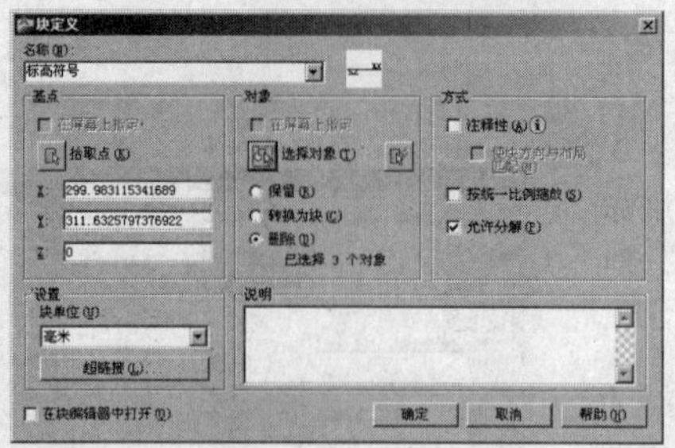

图4-79 “块定义”对话框

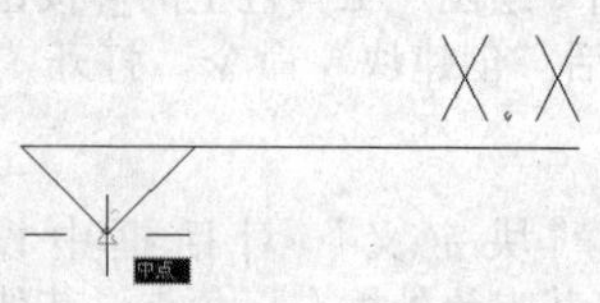

图4-80 捕捉中点

Step 06 重复执行“多段线”命令，配合捕捉与追踪功能绘制如图4-81所示的标高符号02。

Step 07 参照上述操作，为刚绘制的标高符号定义文字属性，参数设置如图4-77所示，定义结果如图4-82所示。

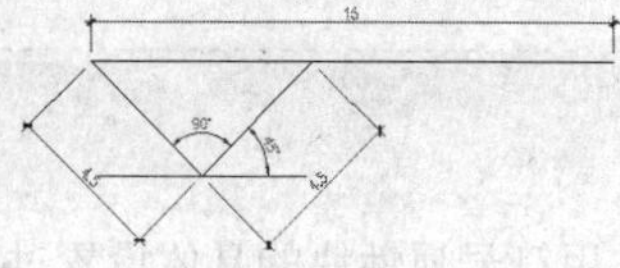

图4-81 绘制结果

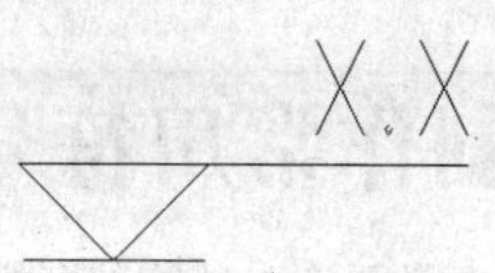

图4-82 定义属性

Step 08 使用“创建块”命令，将标高符号与属性一起创建为属性块，块参数设置如图4-83所示，块基点为如图4-84所示的中点。

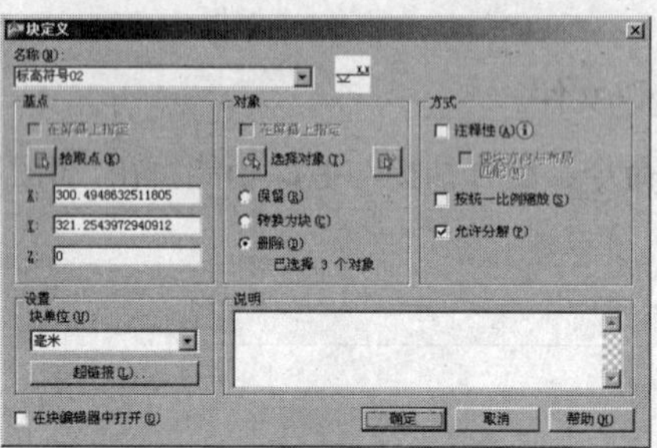

图4-83 “块定义”对话框

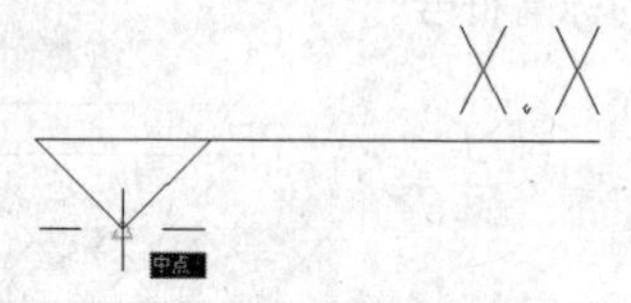

图4-84 捕捉中点

4.6.2 制作轴线标号属性块

Step 01 继续上一节的操作。

Step 02 执行画圆命令，在“0图层”上绘制直径为8的圆，作为轴标号。

Step 03 使用命令简写ATT激活“定义属性”命令，为轴标号圆定义文字属性，如图4-85所示。

Step 04 单击 确定 按钮，返回绘图区捕捉圆心，作为属性的插入点，结果如图4-86所示。

Step 05 使用命令简写B激活“创建块”命令，将圆与属性一起创建为属性块，块参数设置如图4-87所示，块基点为如图4-88所示的圆心。

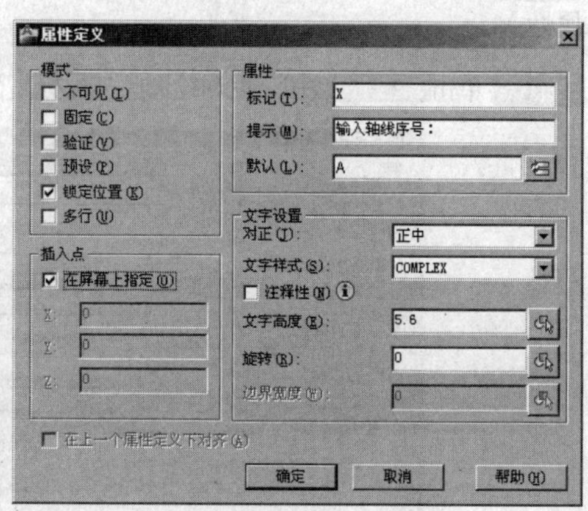

图4-85 “属性定义”对话框

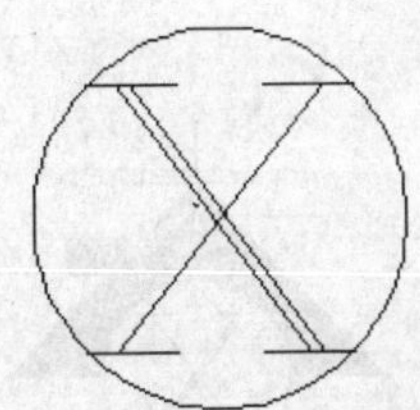

图4-86 定义属性

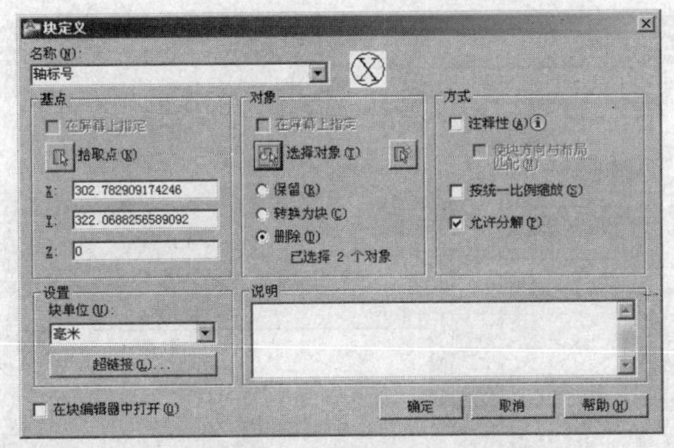

图4-87 “块定义”对话框

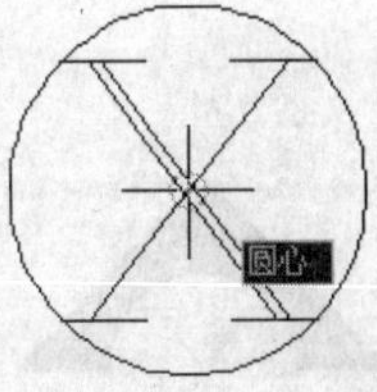

图4-88 捕捉圆心

4.6.3 制作投影符号属性块

Step 01 继续上一节的操作。

Step 02 使用命令简写PL激活“多段线”命令，在“0图层”内绘制直角三角形，命令行操作如下。

```
命令: _pline
    指定起点:                                              //在绘图区单击，指定起点
    当前线宽为 0
    指定下一个点或 [圆弧(A)/半宽(H)/长度(L)/放弃(U)/宽度(W)]:           //@10<45 Enter
    指定下一点或 [圆弧(A)/闭合(C)/半宽(H)/长度(L)/放弃(U)/宽度(W)]:    //@10<315 Enter
    指定下一点或 [圆弧(A)/闭合(C)/半宽(H)/长度(L)/放弃(U)/宽度(W)]:
                                                         //C Enter，结果如图4-89所示
```

Step 03 使用命令简写C激活“圆”命令，以三角形的斜边中点作为圆心，绘制一个半径为3.5的圆。

Step 04 使用命令简写TR激活“修剪”命令，以圆作为边界，将位于内部的线段修剪掉，结果如图4-90所示。

Step 05 使用命令简写H激活“图案填充”命令，为投影符号填充如图4-91所示的“SOLID”实体图案。

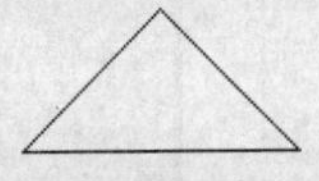

图4-89 绘制三角形

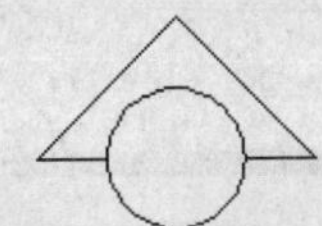

图4-90 投影符号

图4-91 填充实体图案

Step 06 执行菜单栏中的“绘图”|“块”|“定义属性”命令，打开“属性定义”对话框，为投影符号定制文字属性，如图4-92所示。

Step 07 单击 确定 按钮返回绘图区，在命令行“指定起点:”提示下，捕捉投影符号的圆心作为属性的插入点，为其定义属性，如图4-93所示。

Step 08 使用命令简写B激活“创建块”命令，将投影符号与属性一起创建为属性块，块参数设置如图4-94所示，块基点为如图4-95所示的端点。

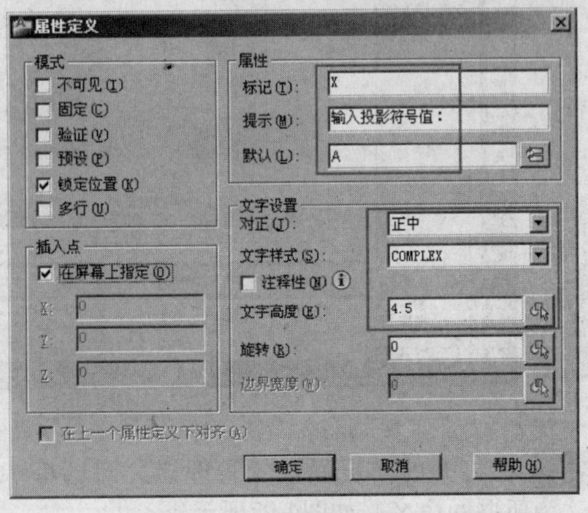

图4-92 设置属性参数

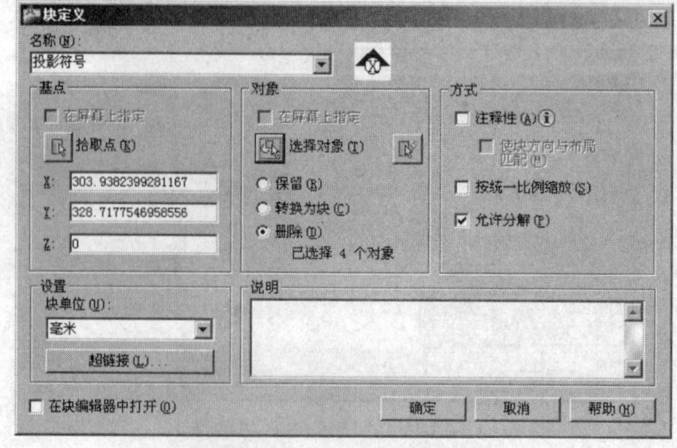

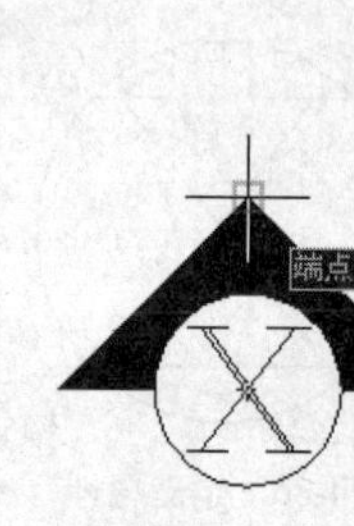

图4-93　定义属性　　图4-94　“块定义”对话框　　图4-95　捕捉圆心

Step 09 最后执行“另存为”命令，将当前文件另名存储为“制作常用符号属性块.dwg”。

4.7 室内样板图的页面布局

本节主要学习室内装饰装潢样板的页面设置、图框配置以及样板文件的存储方法和具体的操作过程等内容。

4.7.1 设置图纸打印页面

Step 01 打开4.5.3小节保存的“创建并填充图框.dwg”文件。

Step 02 单击绘图区底部的“布局1”标签，进入到如图4-96所示的布局空间。

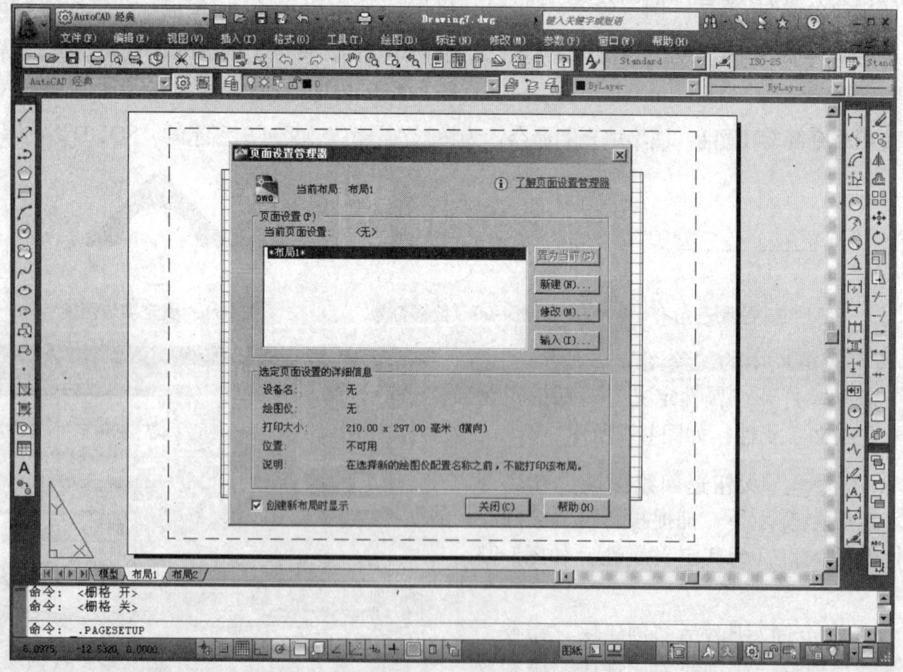

图4-96　布局空间

Step 03 在打开的“页面设置管理器”对话框中单击 新建(N)... 按钮，打开“新建页面设置”对话框，为新页面命名，如图4-97所示。

Step 04 单击确定按钮进入“页面设置-布局1”对话框，然后设置打印设备、图纸尺寸、打印样式、打印比例等各页面参数，如图4-98所示。

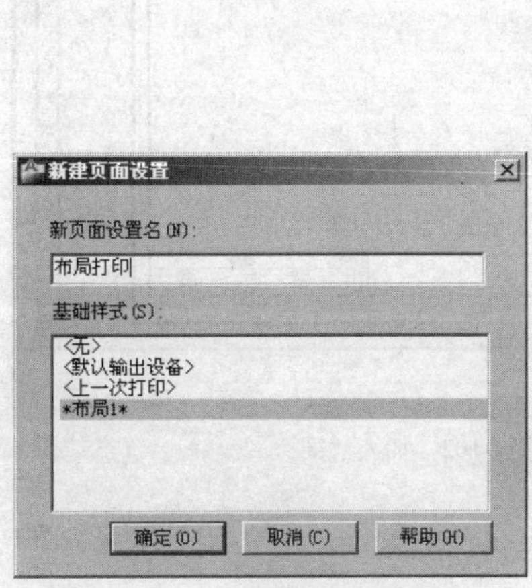

图4-97 为新页面命名

图4-98 设置页面参数

Step 05 单击确定按钮返回“页面设置管理器”话框，将刚设置的新页面设置为当前，如图4-99所示。

Step 06 单击关闭按钮，结束命令，新布局的页面设置效果如图4-100所示。

Step 07 使用“删除”命令，选择布局内的矩形视口边框进行删除。

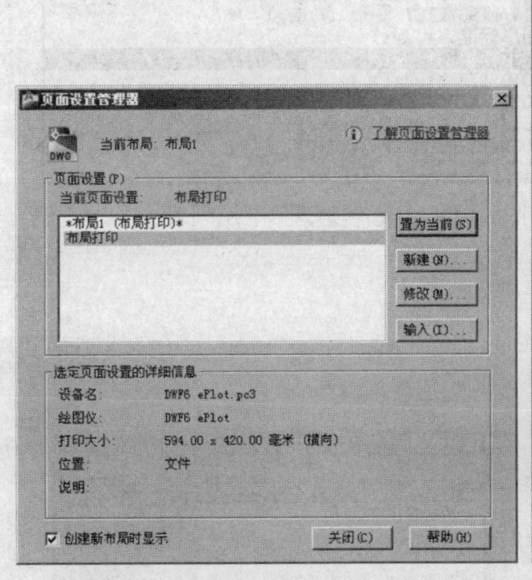

图4-99 “页面设置管理器”对话框

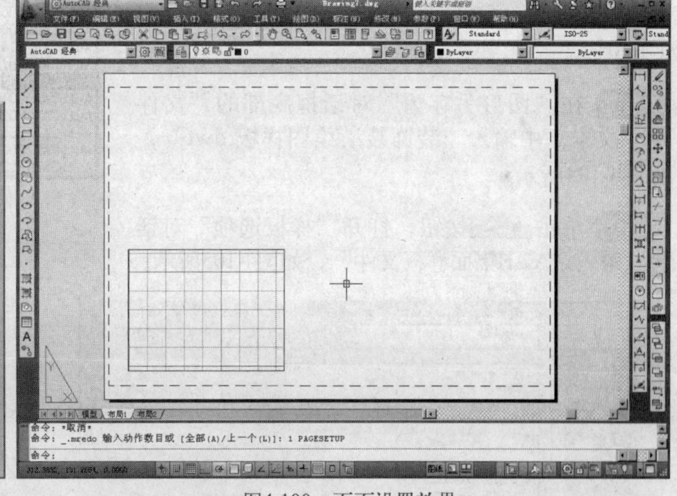

图4-100 页面设置效果

4.7.2 配置标准图纸边框

Step 01 继续上一节的操作。

Step 02 单击“绘图”工具栏上的按钮，或使用命令简写I激活“插入块”命令，打开“插入”话框。

Step 03 在“插入”对话框中设置插入点、轴向的缩放比例等参数，如图4-101所示。

Step 04 单击确定按钮，结果A2-H图表框被插入到当前布局中的原点位置上，如图4-102所示。

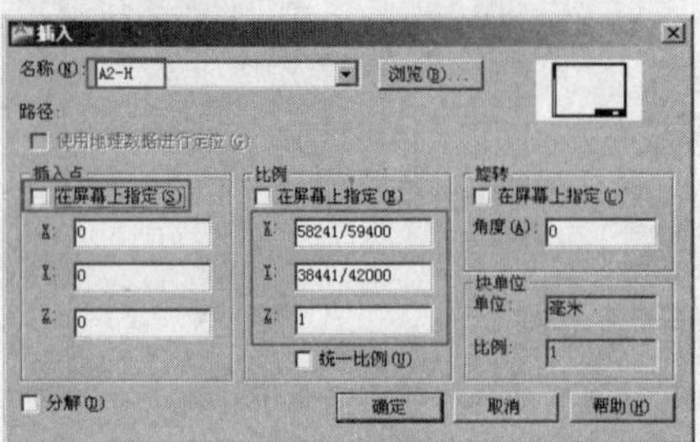

图4-101　设置块参数

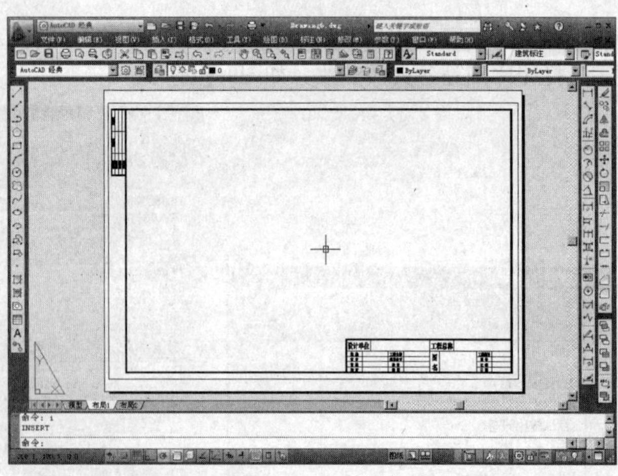

图4-102　插入结果

4.7.3　存储室内样板图

Step 01 继续上一节的操作。

Step 02 单击状态栏上的图纸按钮，返回模型空间。

Step 03 执行菜单栏中的“文件”|“另存为”命令，或按Ctrl+Shift+S键，打开“图形另存为”对话框。

Step 04 在“图形另存为”对话框中设置文件的存储类型为“AutoCAD 图形样板（*dwt）”，如图4-103所示。

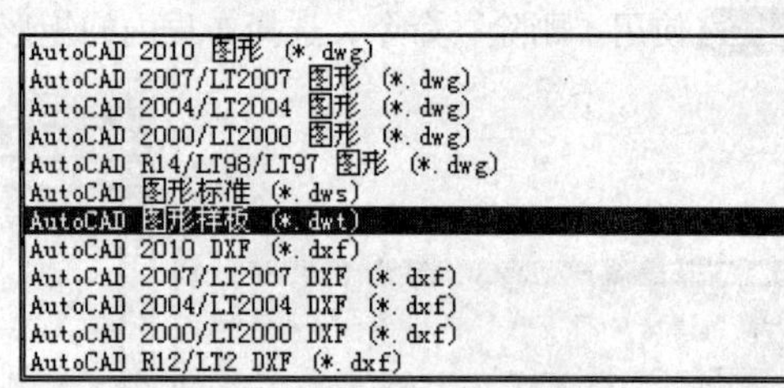

图4-103　“文件类型”下拉列表

Step 05 在“图形另存为”对话框底部的“文件名”文本框中输入“装饰装潢绘图样板.dwt”，如图4-104所示。

Step 06 单击保存按钮，打开“样板选项”对话框，输入“A2-H幅面样板文件”，如图4-105所示。

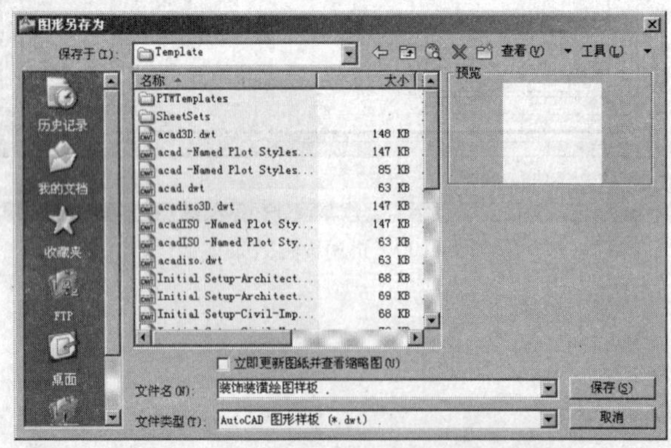

图4-104　样板文件的创建

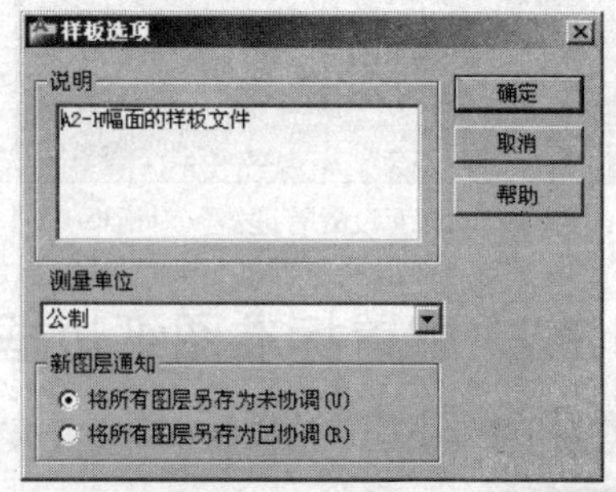

图4-105　“样板选项”文本框

Step 07 单击确定按钮，结果创建了制图样板文件，保存于AutoCAD安装目录下的“Template”文件夹目录下。

Step 08 最后使用“另存为”命令，将当前图形另名存储为“页面布局.dwg”。

Chapter 05

建筑室内装饰装潢图纸的组成

在建筑室内装修中，装修图纸非常重要，它能直观地将设计意图、装修结果表现出来，以供装修人员作为施工的依据。因此，在进行室内装修前，首先要绘制各种设计图纸，这些设计图纸主要有建筑户型图（也叫建筑平面图）、室内布置图、地面材质图、装修吊顶图、装修立面图、电器图、给排水图等，所绘制的这些图纸必须符合相关制图规范和要求。

本章主要来介绍室内装饰装潢设计图纸的制图规范、图纸的组成、各图纸的形成特点、作用和绘制方法。

重点知识导读

- 建筑室内装饰装潢图纸的制图规范
- 建筑平面图及其作用
- 室内布置图及其作用
- 地面材质图及其作用
- 吊顶装修图及其作用
- 装修立面图及其作用
- 电气图与给排水图

5.1 建筑室内装饰装潢图纸的制图规范

室内装修施工图与建筑施工图一样，一般都是按照正投影原理以及视图、剖视和断面等的基本图示方法绘制的，其制图规范也应遵循建筑制图和家具制图中的图标规定。这一节首先介绍室内装饰装潢制图的相关规范。

5.1.1 图纸与图框尺寸

CAD工程图要求图纸的大小必须按照规定图纸幅面和图框尺寸裁剪。在建筑施工图中，经常用到的图纸幅面如表5-1所示。

表5-1 图纸幅面和图框尺寸（mm）

尺寸代号	A0	A1	A2	A3	A4
L × B	1188 × 841	841 × 594	594 × 420	420 × 297	297 × 210
c	10			5	
a	25				
e	20			10	

表5-1中的L表示图纸的长边尺寸，B为图纸的短边尺寸，图纸的长边尺寸L等于短边尺寸B的2倍。当图纸带有装订边时，a为图纸的装订边，尺寸为25mm；c为非装订边，A0~A2号图纸的非装订边边宽为10mm，A3、A4号图纸的非装订边边宽为5mm；当图纸为无装订边图纸时，e为图纸的非装订边，A0~A2号图纸边宽尺寸为20mm，A3、A4号图纸边宽为10mm。

各种图纸图框尺寸如图5-1所示。

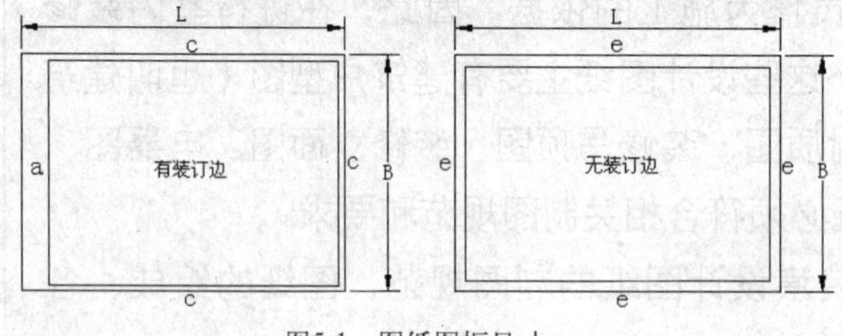

图5-1 图纸图框尺寸

图纸的长边可以加长，短边不可以加长，但长边加长时须符合标准：对于A0、A2和A4幅面可按A0长边的1/8的倍数加长，对于A1和A3幅面可按A0短边的1/4的整数倍进行加长。

5.1.2 标题栏与会签栏

在一张标准的工程图纸上，总有一个特定的位置用来记录该图纸的相关信息资料，这个特定的位置就是标题栏。标题栏的尺寸是有规定的，但是各行各业却可以有自己的规定和特色。一般来说，常见的CAD工程图纸标题栏有4种形式，如图5-2所示。

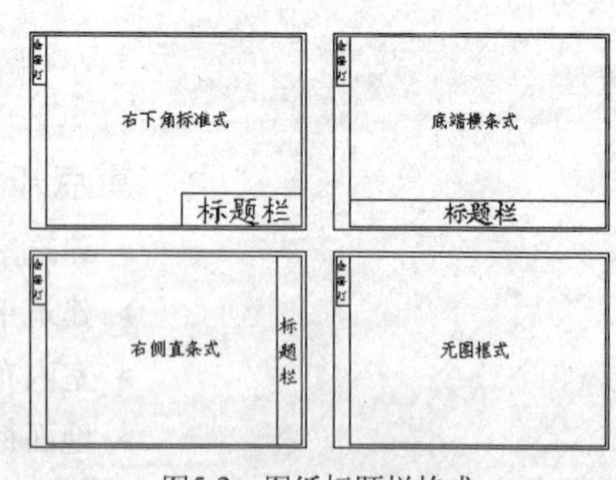

图5-2 图纸标题栏格式

一般从0号图纸到4号图纸的标题栏尺寸均为40mm × 180mm，也可以是30mm × 180mm或40mm × 180mm。另外，需要会签栏的图纸要在图纸规定的位置绘制出会签栏，作为图纸会审后签名使用，会签栏的尺寸一般为20mm × 75mm，如图5-3所示。

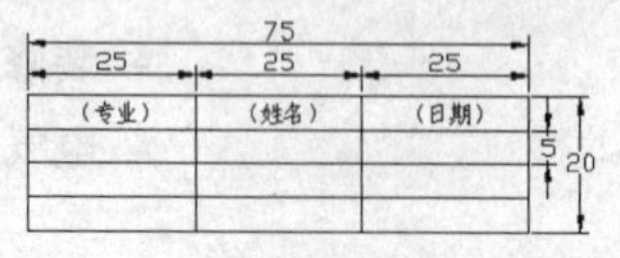

图5-3 会签栏

5.1.3 比例

建筑物形体庞大，必须采用不同的比例来绘制。对于整幢建筑物、构筑物的局部和细部结构都分别予以缩小绘制，特殊细小的线脚等有时不缩小，甚至需要放大绘制。

建筑施工图中，各种图样常用的比例见表5-2所示。

表5-2 施工图比例

图 名	常用比例	备 注
总平面图	1∶500、1∶1000、1∶2000	
平面图 立面图 剖视图	1∶50、1∶100、1∶200	
次要平面图	1∶300、1∶400	次要平面图指屋面平面 图、工具建筑的地面平面图等
详图	1∶1、1∶2、1∶5、1∶10、1∶20、1∶25、1∶50	1∶25仅适用于结构构件详图

5.1.4 图线

在建筑施工图中，为了表明不同的内容并使层次分明，须采用不同线型和线宽的图线绘制。每个图样应根据复杂程度与比例大小，首先要确定基本线宽b，然后再根据制图需要确定各种线型的线宽。

图线的线型和线宽按表5-3的说明来选用。

表5-3 图线的线型、线宽及用途

名 称	线 宽	用 途
粗实线	b	1．平面图、剖视图中被剖切的主要建筑构造（包括构配件）的轮廓线
		2．建筑立面图的外轮廓线
		3．建筑构造详图中被剖切的主要部分的轮廓线
		4．建筑构配件详图中构配件的外轮廓线
中实线	0.5b	1．平面图、剖视图中被剖切的次要建筑构造（包括构配件）的轮廓线
		2．建筑平面图、立面图、剖视图中建筑构配件的轮廓线
		3．建筑构造详图及建筑构配件详图中的一般轮廓线
细实线	0.35b	小于0.5b的图形线、尺寸线、尺寸界线、图例线、索引符号、标高符号等
中虚线	0.5b	1．建筑构造及建筑构配件不可见的轮廓线
		2．平面图中的起重机轮廓线
		3．拟扩建的建筑物轮廓线
细实线	0.35b	图例线、小于0.5b的不可见轮廓线
粗点画线	b	起重机轨道线
细点画线	0.35b	中心线、对称线、定位轴线
折断线	0.35b	不需绘制全的断开界线
波浪线	0.35b	不需绘制全的断开界线、构造层次的断开界线

5.1.5 字体

图纸上所标注的文字、字符和数字等，应做到排列整齐、清楚正确，尺寸大小要协调一致。当汉字、字符和数字并列书写时，汉字的字高要略高于字符和数字；汉字应采用国家标准规定的矢量汉字，汉字的高度应不小于2.5mm，字母与数字的高度应有小于1.8mm；图纸及说明中汉字的字体应采用长仿宋体，图名、大标题、标题栏等可选用长仿宋体、宋体、楷体或黑体等；汉字的最小行距应不小于2mm，字符与数字的最小行距应不小于1mm，当汉字与字符数字混合时，最小行距应根据汉字的规定使用。

5.1.6 尺寸

图纸上的尺寸应包括尺寸界线、尺寸线、尺寸起止符号和尺寸数字等。尺寸界线是表示所度量图形尺寸的范围边限，应用细实线标注；尺寸线是表示图形尺寸度量方向的直线，它与被标注的对象之间的距离不宜小于10mm，且互向平行的尺寸线之间的距离要保持一致，一般为7~10mm；尺寸数字一律使用阿拉伯数字注写，在打印出图后的图纸上，字高一般为2.5~3.5mm，同一张图纸上的尺寸数字大小应一致，并且图样上的尺寸单位，除建筑标高和总平面图等建筑图纸以m为单位之外，均应以mm为单位。

5.2 建筑平面图及其作用

建筑平面图也叫建筑户型图，一般包括平面图、立面图、剖面图等多种，建筑平面图是其中最重要、最基础的一种图纸，建筑平面图是假想用一个水平的剖切平面，沿房屋门、窗洞口处把整幢房屋剖开，然后移去剖切平面以上的部分，向下投影所形成的一种水平剖面图，此种水平剖面图被称为建筑平面图，简称平面图，平面图是室内装修中不可缺少的重要图纸。

5.2.1 建筑平面图的表达内容和绘制流程

建筑平面图主要用于表达房屋建筑的平面形状、房间布置、内外交通联系，以及墙、柱、门窗构配件的位置、尺寸、材料和做法等，是施工过程中房屋的定位放线、砌墙、设备安装、装修以及编制预算、备料等的重要依据。

一般在平面图上需要表达出如下内容。

1. 轴线与编号

定位轴线网是用来控制建筑物尺寸和模数的基本手段，是墙体定位的主要依据，它能表达出建筑物纵向和横向墙体的位置关系。定位轴线有“纵向定位轴线”与“横向定位轴线”之分。“纵向定位轴线”自下而上用大写拉丁字母A、B、C……表示（I、O、Z三个拉丁字母不能使用，避免与数字1、0、2相混），“横向定位轴线”由左向右使用阿拉伯数字1、2、3……顺序编号，如图5-4所示，平面图中的纵、横轴线编号。

2. 内部结构和朝向

平面图的内部布置和朝向应包括各种房间的分布及结构间的相互关系、入口、走道、楼梯的位置等。一般平面图均注明房间的名称或编号，层平面图还需要表明建筑的朝向。在平面图中应表明各层楼梯的形状、走向和级数。在楼梯段中部，使用带箭头的细实线表示楼梯的走向，并注明“上”或“下”字样。

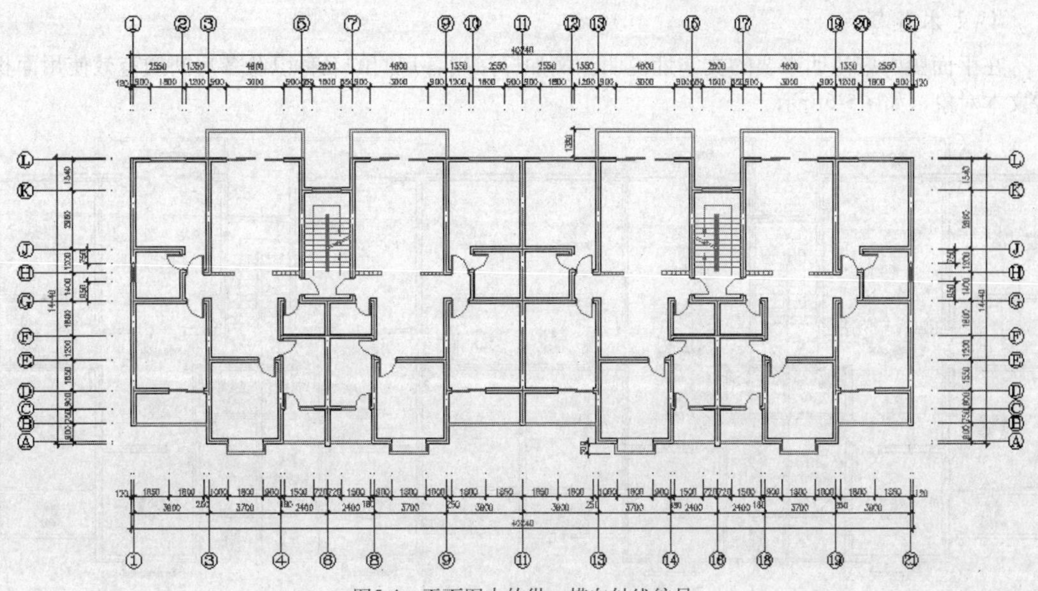

图5-4 平面图中的纵、横向轴线编号

3. 施工尺寸

建筑尺寸主要用于反映建筑物的长、宽及内部各结构的相互位置关系，是施工的依据。它主要包括外部尺寸和内部尺寸两种，其中“内部尺寸”就是在施工平面图内部标注的尺寸，主要表现外部尺寸无法表明的内部结构的尺寸，比如门洞及门洞两侧的墙体尺寸等。而“外部尺寸”就是在施工平面图的外围所标注的尺寸，它在水平方向和垂直方向上各有三道尺寸，由里向外依次为细部尺寸、轴线尺寸和外包尺寸。

- 细部尺寸：细部尺寸也叫定形尺寸，它表示平面图内的门窗距离、窗 间墙、墙体等细部的详细尺寸。
- 轴线尺寸：轴线尺寸表示平面图的开间和进深，一般情况下两横墙之间的距离称为“开间”，两纵墙之间的距离为“进深”。
- 总尺寸：总尺寸也叫外包尺寸，它表示平面图的总宽和总长，通常标在平面图的最外部。

如图5-5所示为建筑平面图中的各种施工尺寸。

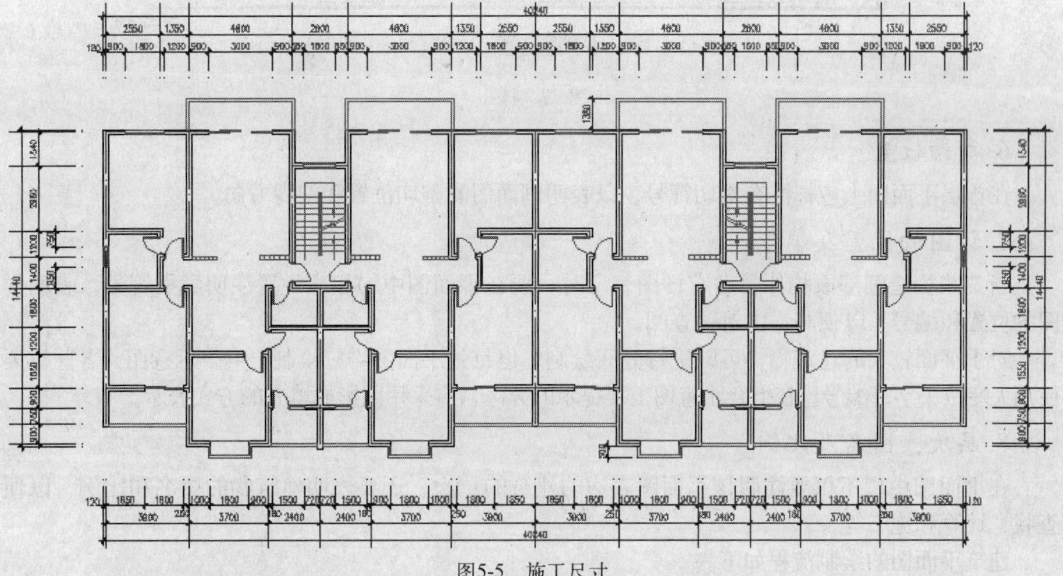

图5-5 施工尺寸

4. 文本注释

在平面图中应注明必要的文字性说明。例如标注出各房间的名称以及各房间的有效使用面积等文本对象，如图5-6所示。

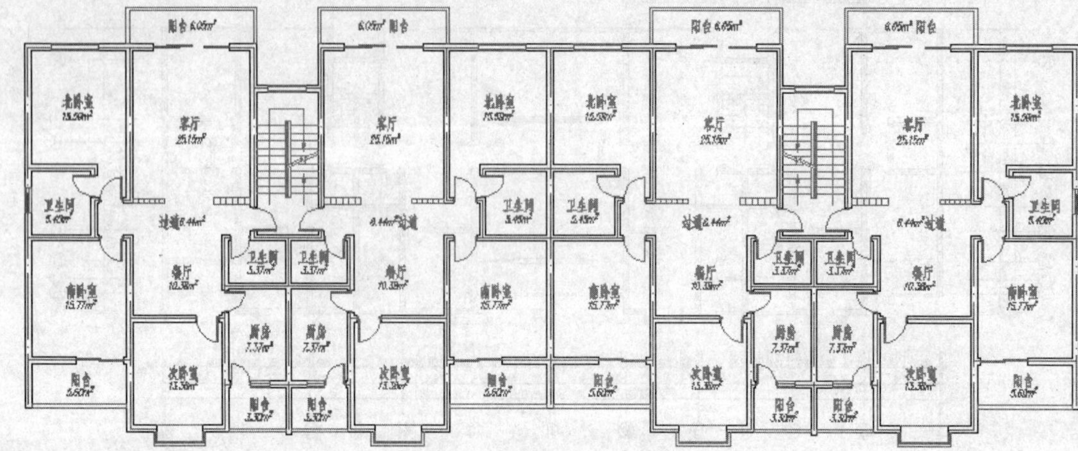

图5-6　建筑平面图中的文本注释

5. 标高

在平面图中应标注不同楼地面标高，表示各层楼地面距离相对标高零点的高差，除此之外还应标注各房间及室外地坪、台阶等的标高，如图5-7所示。

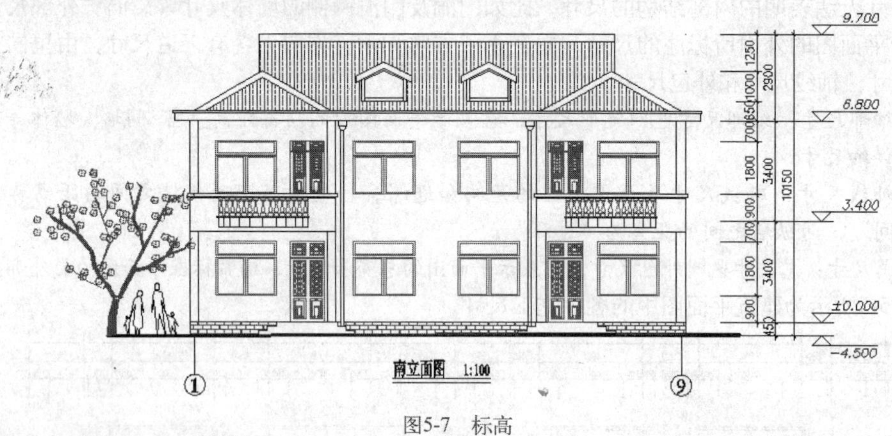

图5-7　标高

6. 剖切位置

在首层平面图上应标注有剖切符号，以表明剖面图的剖切位置和剖视方向。

7. 详图的位置及编号

当某些构造细部或构件另画有详图表示时，要在平面图中的相应位置注明索引符号，表明详图的位置和编号，以便与详图对照查阅。

对于平面较大的建筑物，可以进行分区绘制，但每张平面图均应绘制出组合示意图。各区需要使用大写拉丁字母编号。在组合示意图上要提示的分区，应采用阴影或填充的方式表示。

8. 层次、图名及比例

在平面图中，不仅要注明该平面图表达的建筑的层次，还要表明建筑物的图名和比例，以便查找、计算和施工等。

建筑平面图的绘制流程如下。

(1) 首先绘制施工图轴线网。
(2) 根据施工轴线网来绘制墙体结构图。
(3) 在墙体结构图的基础上绘制建筑构件。
(4) 标注各房间功能和面积，以表明房价的功能和面积大小。
(5) 在施工图上标注出施工图总尺寸、墙体尺寸和细部尺寸、
(6) 为各墙体编写墙体编号、标高等。

5.2.2 绘制建筑平面图

这一节学习绘制中小户型建筑平面图的方法。

1. 绘制施工图轴线网

施工图的轴线网是墙体定位的主要依据，是控制建筑物尺寸和模数的基本手段，下面首先绘制定位轴线网，学习施工图轴线的绘制方法与绘制技巧。

操作步骤

Step 01 执行菜单栏中的“文件”|“新建”命令，打开随书光盘中的文件“样板文件”\“装饰装潢绘图样板.dwt”作为基础样板，新建空白文件。

Step 02 在命令行中输入Ltscale，设置线型比例为1。

Step 03 单击“图层”工具栏上的按钮，在打开的“图层特性管理器”面板中双击“轴线层”，将其设置为当前图层。

Step 04 单击“绘图”工具栏上的“矩形”按钮，绘制长度为16970、宽度为16020的矩形，作为定位基准线。

Step 05 将矩形分解，使用“偏移”命令，根据图示尺寸，对矩形垂直边和水平边进行偏移，偏移结果如图5-8所示。

Step 06 使用“删除”命令，将矩形的左侧垂直边和下侧水平边删除，然后激活“修剪”命令，以垂直轴线2作为剪切边界，分别对水平轴线A、B、G、H、J、K进行修剪，以轴线3作为剪切边界，分别对轴线C、D、E、F进行修剪，修剪结果如图5-9所示。

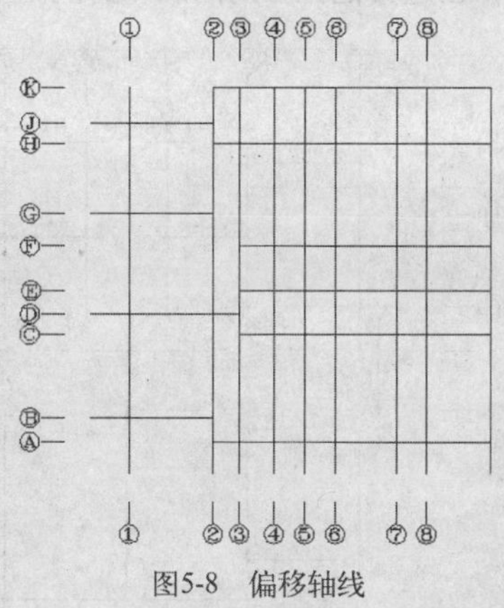

图5-8 偏移轴线

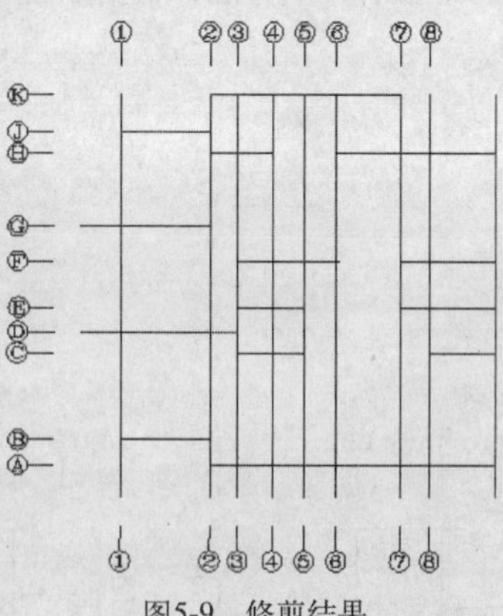

图5-9 修剪结果

Step 07 重复使用“修剪”命令，分别对其他相应的轴线进行剪切，以修剪出墙线的定位轴线，结果如图5-10所示。

Step 08 激活“偏移”命令，将垂直轴线1分别向右偏移1050和2550个绘图单位，然后使用“修剪”命令，以刚偏移的两条垂直轴线作为剪切边，修剪掉位于两条辅助轴线之间的水平轴线J，然后将偏移出的辅助轴线删除，以创建出窗洞，结果如图5-11所示。

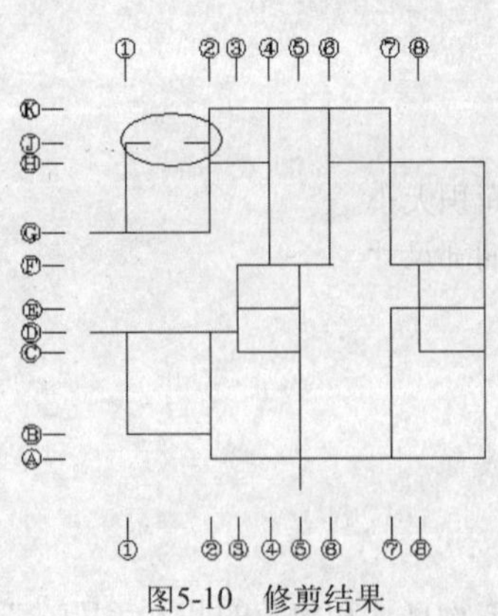

图5-10　修剪结果

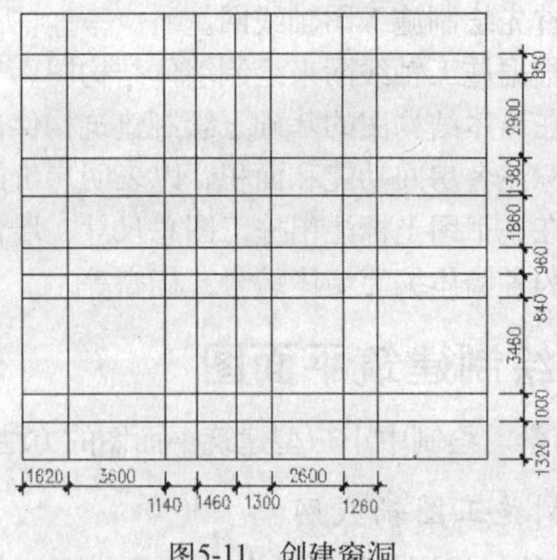

图5-11　创建窗洞

Step 09 单击“修改”工具栏上的“打断”按钮，在轴线K上创建宽度为1200的窗洞，命令行操作如下。

```
命令: _break
    选择对象:                                //选择水平轴线K3
    指定第二个打断点 或 [第一点(F)]:          //F Enter，重新指定第一断点
    指定第一个打断点:                        //激活“自”功能
    _from 基点:                              //捕捉轴线K的左端点
    <偏移>:                                  //@700,0 Enter
    指定第二个打断点:                        //@1200,0 Enter，打断结果如图5-12所示
```

Step 10 在没有任何命令执行的前提下，选择左侧的一段轴线H，使其夹点显示，并单击右侧的夹点，进入夹点编辑模式，向左移动光标，在命令行中输入1600，并按Enter键。

Step 11 按Enter键，退出夹点编辑命令，并按键盘上的Esc键，取消轴线的夹点显示，结果如图5-13所示。

Step 12 综合以上3种开洞方法，根据如图5-14所示的尺寸，创建其他位置的门洞和窗洞。

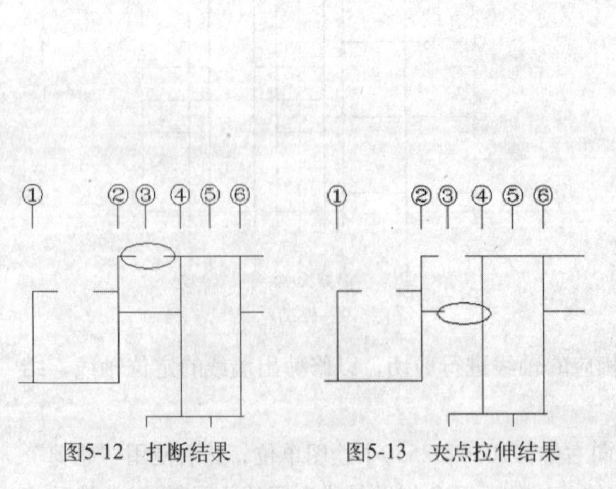

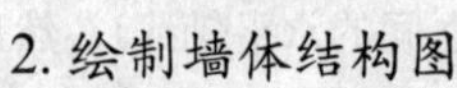

图5-12　打断结果　　图5-13　夹点拉伸结果　　图5-14　各门、窗洞尺寸

2. 绘制墙体结构图

墙体结构图表明了建筑物的布局、朝向、空间结构等。当绘制好轴线网后，在轴线网的基础

上再绘制墙体结构图，在墙体结构图中要绘制出墙线和窗线。通常情况下，墙线和窗线都使用多线进行绘制。

Step 01 继续上例的操作。

Step 02 使用命令简写TR激活“镜像”命令，以最右侧的垂直轴线作为镜像轴，将轴线网进行垂直镜像。

Step 03 在“图层控制”下拉列表中，将“墙线层”设置为当前图层，使用“多线样式”命令设置名称为“墙线”的多线样式，并将其设置为当前样式。

有关墙线样式的设置方法，请参阅本书4.5.1节相关内容的详细讲解，在此不再赘述。

Step 04 执行菜单栏中的“绘图”|“多线”命令，设置多线“比例”为240，对正方式为“无”，配合“端点”捕捉功能绘制承重墙线，结果如图5-15所示。

Step 05 重复“多线”命令，设置“对正”方式不变，将多线“比例”修改为120，绘制卫生间处的非承重墙线，结果如图5-16所示。

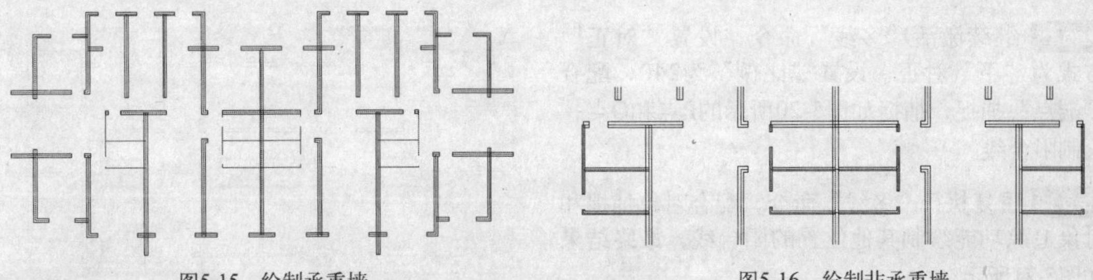

图5-15 绘制承重墙　　图5-16 绘制非承重墙

Step 06 在“图层控制”下拉列表中将“轴线层”暂时关闭，然后执行菜单栏中的“修改”|“对象”|“多线”命令，在打开的“多线编辑工具”对话框中单击“T形合并”按钮。

Step 07 单击“确定”按钮返回到绘图区，对T型墙线进行T型合并，合并结果如图5-17所示。

在对T形多线进行编辑时要注意两点：第一是多线的选择次序。当两条多线的位置为T形时，要先点选下方的那条多线；为⊥形时，点选上方的那条多线；为⊣形时，点选左方的那条多线；为⊢形时，先点选右方的那条多线。第二是如果在操作过程中不慎操作错误，可在命令行内输入U，撤销上一步操作。

Step 08 再次执行菜单栏中的“修改”|“对象”|“多线”命令，在打开的“多线编辑工具”对话框中单击“十字合并”按钮。

Step 09 返回到绘图区，对十字型墙线进行十字合并，合并结果如图5-18所示。

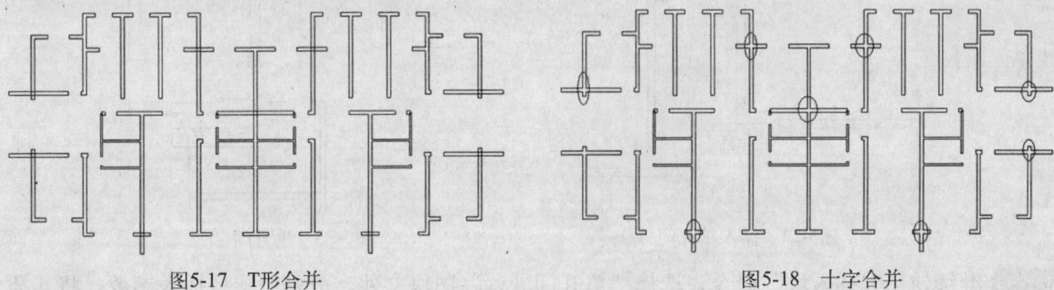

图5-17 T形合并　　图5-18 十字合并

Step 10 继续打开“多线编辑工具”对话框，选择“角点结合”按钮，返回到绘图区，对L型墙线进行角点结合，结果如图5-19所示。

Step 11 使用“多线样式”命令设置名称为“窗线”的多线样式，并将其设置为当前样式。

有关窗线样式的设置方法，请参阅本书4.5.1节相关内容的详细讲解，在此不再赘述。

Step 12 在“图层控制”下拉列表中将“门窗层”设置为当前图层，使用命令简写ML激活“多线”命令，设置多线“比例”为240，配合“中点”捕捉功能绘制窗线，绘制结果如图5-20所示。

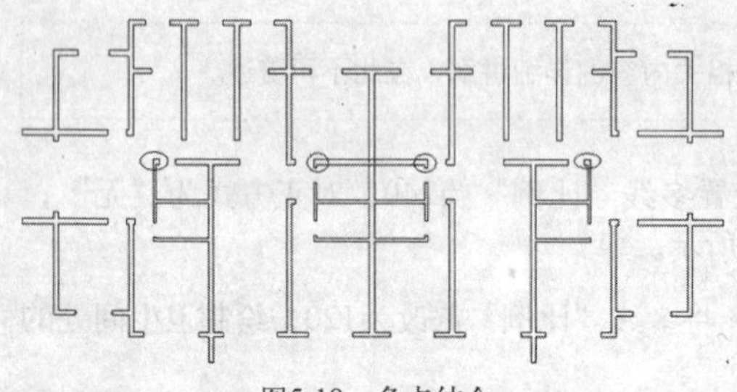

图5-19　角点结合

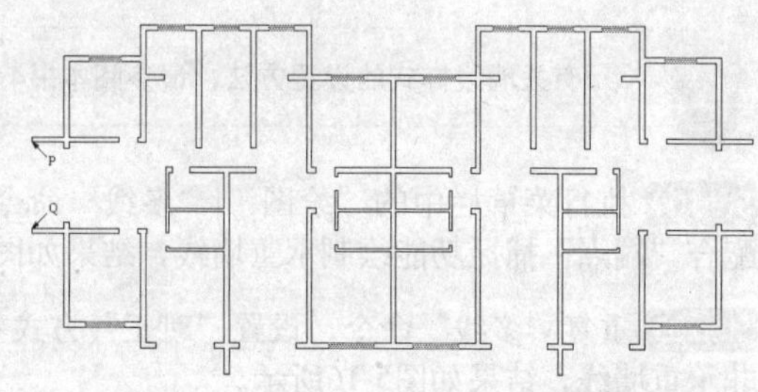

图5-20　绘制窗线

Step 13 继续激活“多线”命令，设置“对正”方式为“下”对正，设置“比例”为240，配合“端点”捕捉，捕捉如图5-20所示的P点和Q点，绘制阳台线。

Step 14 重复执行“多线”命令，配合对象捕捉和对象追踪功能绘制其他位置的阳台线，最终结果如图5-21所示。

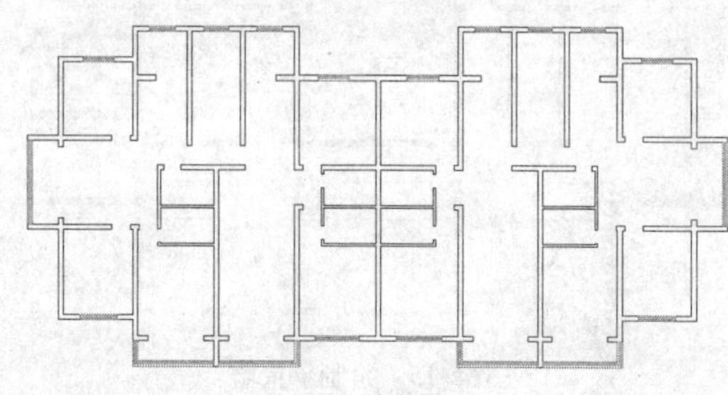

图5-21　绘制阳台线

3. 绘制建筑构件

对于建筑施工图而言，建筑构件主要有门和楼梯。门和楼梯主要表明了建筑物各空间的进出通道。当绘制好墙体结构图后，在其中插入已有的门和楼梯构件，或直接在墙体结构图中绘制门和楼梯构件。

Step 01 继续上一节的操作。在“图层控制”下拉列表中，将“门窗层”设置为当前图层。

Step 02 单击“绘图”工具栏上的“插入”按钮，选择随书光盘中的文件“图块文件”\“单开门.dwg”，采用默认参数，将其插入到如图5-22所示的门洞位置。

Step 03 重复执行“插入块”命令，选择“单开门.dwg”图块文件，设置“角度”为-90。其他设置默认，将其插入到如图5-23所示的门洞位置。

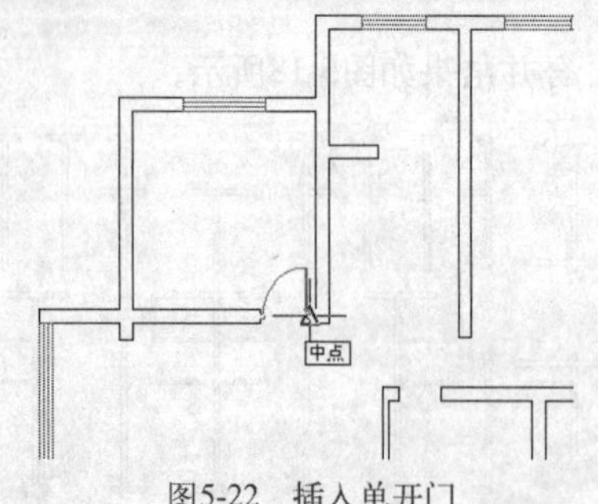

图5-22　插入单开门

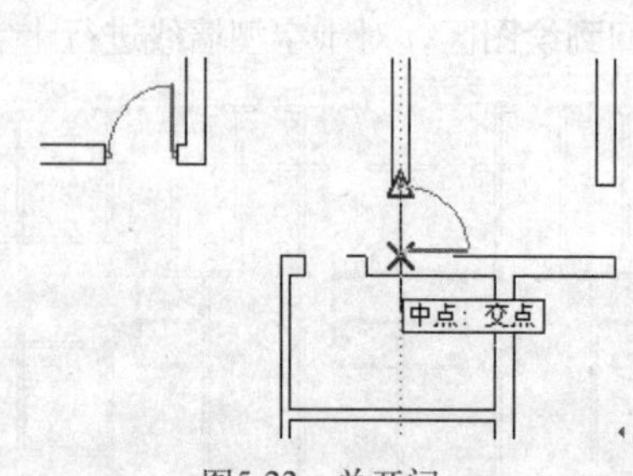

图5-23　单开门

Step 04 继续使用“插入块”命令，选择“单开门.dwg”图块文件，分别设置各插入参数，将其插入到各门洞位置，如图5-24所示。

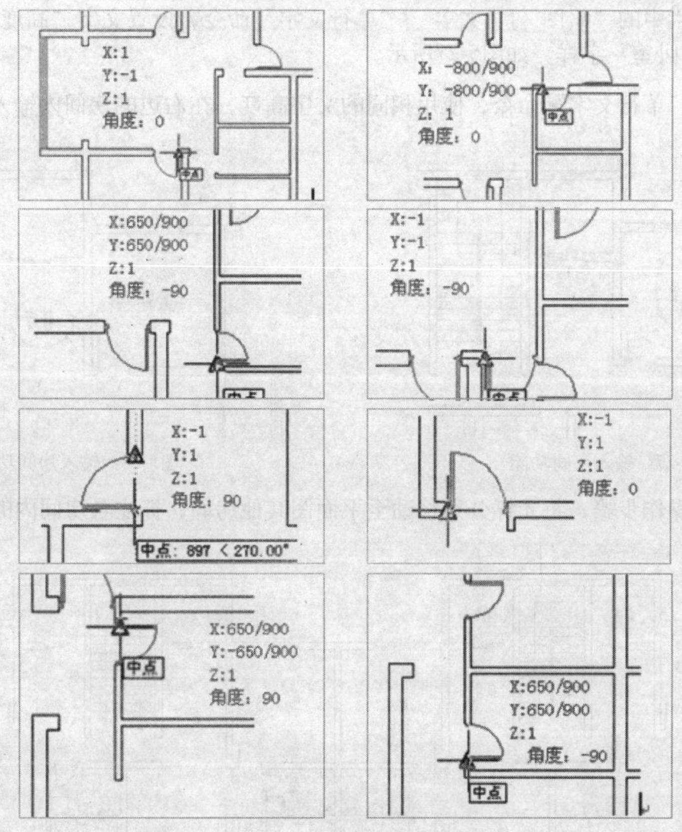

图5-24　插入单开门的设置

Step 05 重复使用“插入块”命令，继续插入“四扇推拉门.dwg”、“二扇推拉门.dwg”、“洗衣机.dwg”、“便器.dwg”、“便器二.dwg”、“浴盆dwg”和“平面楼梯.dwg”文件。

Step 06 执行菜单栏中的“视图”|“缩放”|“范围”命令，对图形进行范围缩放，使其全部显示，结果如图5-25所示。

Step 07 激活“镜像”命令，配合“中点”捕捉功能，捕捉中点Q和中点W，将插入的构件镜像到平面图右边位置，结果如图5-26所示。

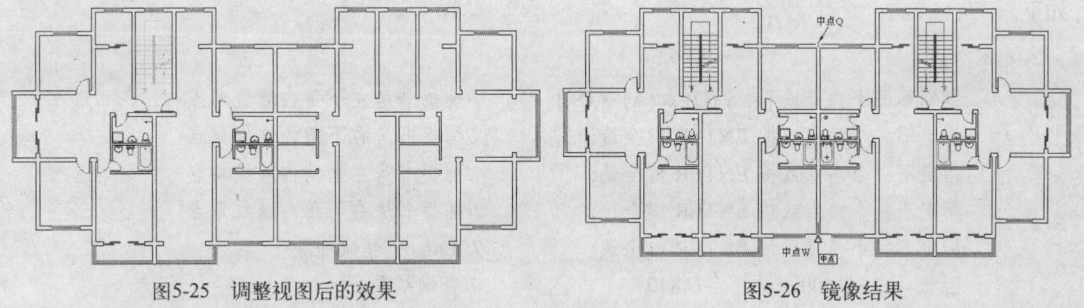

图5-25　调整视图后的效果　　　　图5-26　镜像结果

4. 标注房间功能和面积

Step 01 继续上例操作。

Step 02 在“图层控制”下拉列表中，将“文本层”设置为当前图层。

Step 03 单击“样式”工具栏上的“文字样式控制”下拉按钮，在展开的“文字样式”下拉列表中选择“仿宋体”为当前样式。

Step 04 执行菜单栏中的“绘图”|“文字”|“单行文字”命令，设置文字“高度”为400，在左上角的房间内输入“卧室”字样，如图5-27所示。

Step 05 重复执行“单行文字”命令，使用相同的文字高度，在右边的房间内输入“餐厅”字样，如图5-28所示。

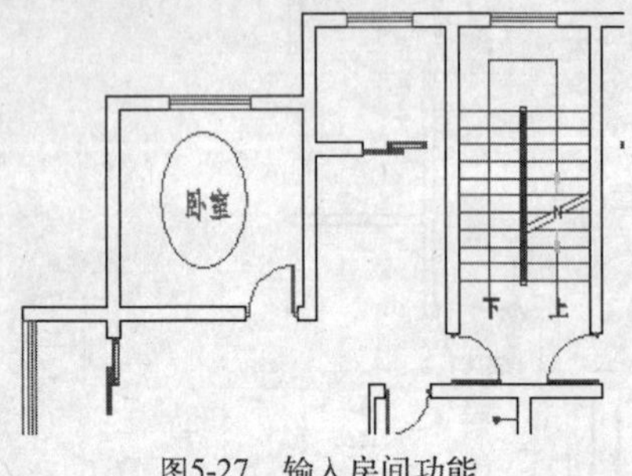

图5-27　输入房间功能

图5-28　输入房间功能

Step 06 参照上述操作步骤，将光标分别移动至平面图其他房间，标注各房间内的文字对象，结果如图5-29所示。

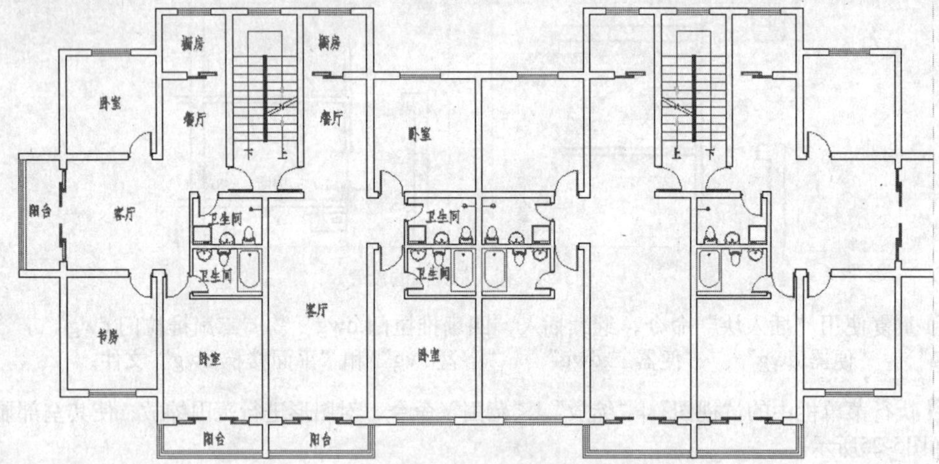

图5-29　标注房间功能的结果

Step 07 执行菜单栏中的“工具”|“查询”|“面积”命令，查询“书房”的使用面积，命令行操作如下。

```
命令: _area
    指定第一个角点或 [对象(O)/加(A)/减(S)]:      //捕捉书房左下角内墙线角点
    指定下一个角点或按 ENTER 键全选:            //捕捉书房右下角内墙线角点
    指定下一个角点或按 ENTER 键全选:            //捕捉书房左上角内墙线角点
    指定下一个角点或按 ENTER 键全选:            //捕捉书房右下角内墙线角点
    指定下一个角点或按 ENTER 键全选:            // Enter，结束命令
    面积 = 13641600，周长 = 14840              //查询结果
```

在查询区域的面积时，需要按照一定的方向顺序依次拾取区域的各个角点，否则测量出来的结果是错误的。

Step 08 重复执行“面积”命令，配合“端点”捕捉功能，分别查询出其他各房间的使用面积。

Step 09 使用命令简写ST激活“文字样式”命令，在打开的对话框中新建名称为“面积”的文字样式，其参数设置如图5-30所示。

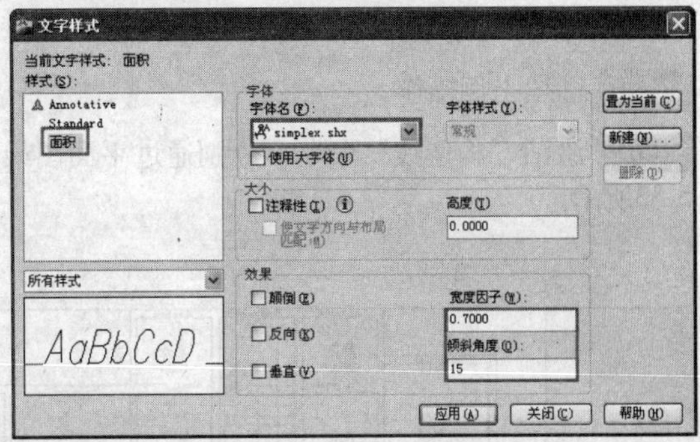

图5-30 设置“面积”样式

Step 10 单击“绘图”工具栏上的“多行文字”按钮，在“书房”字样的下面拉出矩形边界框，在弹出的“文字格式”编辑器中选择“文字样式”为“面积”、设置“文字高度”为300，“对正”方式为“正中”，然后输入面积为“13.64m2^”。

在输入“^”符号时，需要按下键盘上的Shift键，再单击数字6键即可输入该符号。

Step 11 在文本编辑框中选择“2^”字样，使其反白显示，然后单击编辑器工具栏上的“堆叠”按钮，使其堆叠，然后单击 确定 按钮确认，完成书房面积的标注。

Step 12 激活“复制”命令，将刚标注的面积复制到其他房间功能的下方，然后执行菜单栏中的“修改”|“对象”|“文字”|“编辑”命令，根据查询出的各房间的面积，分别对各房间面积进行修改，完成面积的标注，如图5-31所示。

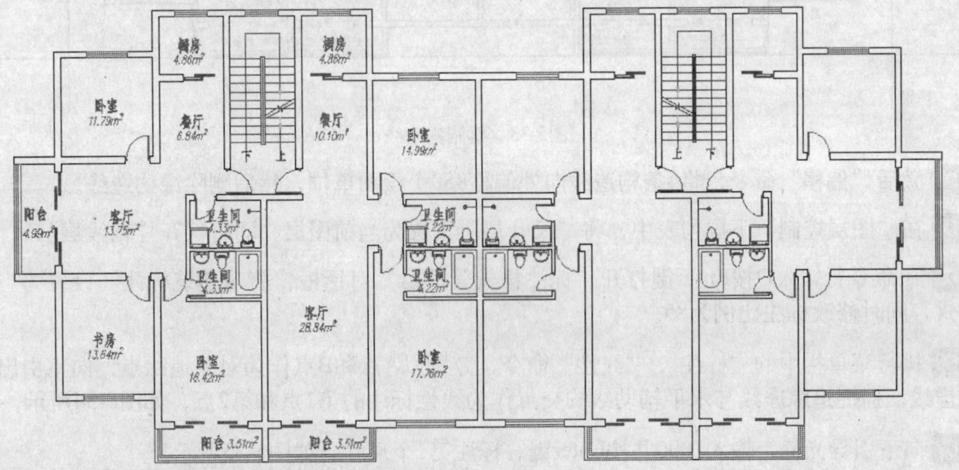

图5-31 修改结果

Step 13 激活“镜像”命令，配合“中点”捕捉功能，捕捉中点A和中点B，将左边各房间的功能和面积镜像到右边房间内，效果如图5-32所示。

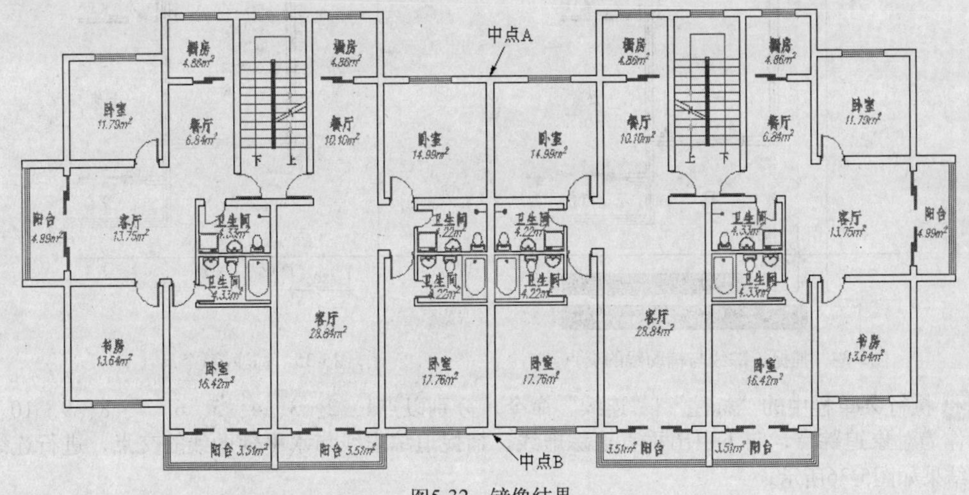

图5-32 镜像结果

5. 标注尺寸和轴标号

Step 01 继续上例操作。

Step 02 激活“构造线”命令，分别通过平面图最外侧端点，绘制4条构造线作为标注辅助线，如图5-33所示。

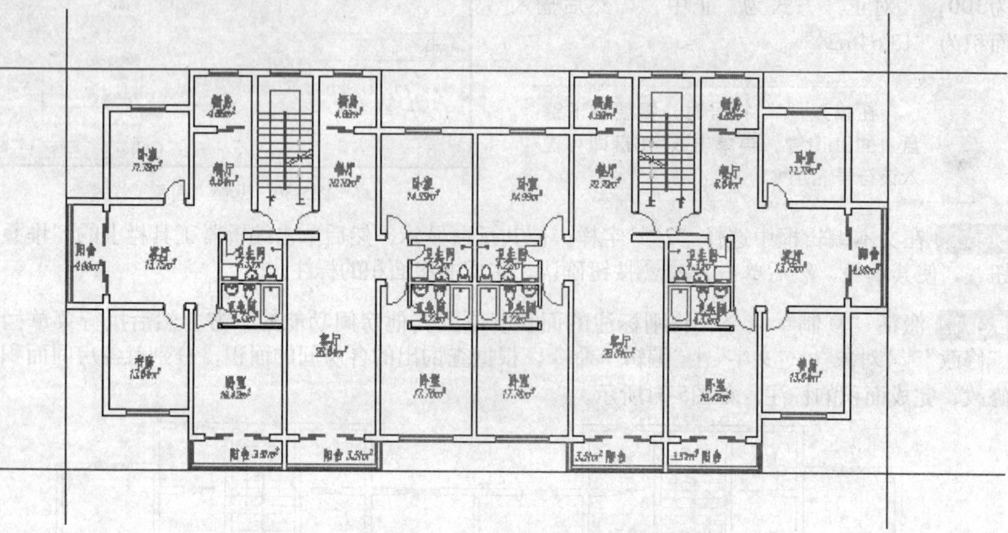

图5-33　绘制构造线

Step 03 激活“偏移”命令，将4条构造线向外偏移850个绘图单位，然后删除源构造线。

Step 04 在“图层控制”下拉列表中，将“尺寸层”设置为当前图层，同时打开“轴线层”。

Step 05 在命令行输入D按Enter键打开“标注样式管理器”对话框，将“建筑标注”设置为当前标注样式，同时修改标注比例为85。

Step 06 执行菜单栏中的“标注”|“线性”命令，分别以A点和B点作为对象追踪点，向下引出垂直追踪虚线，捕捉追踪虚线与水平辅助线的交点作为线性标注的第1点和第2点，如图5-34所示。

Step 07 向下引导光标，输入1000并按Enter键，标注第1个尺寸，如图5-35所示。

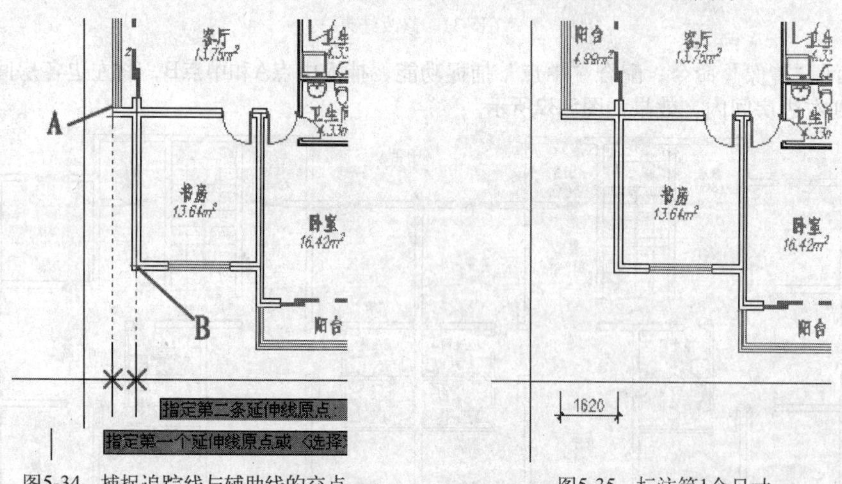

图5-34　捕捉追踪线与辅助线的交点　　　图5-35　标注第1个尺寸

Step 08 执行菜单栏中的“标注”|“连续”命令，分别以点1、2、3、4、5、6、7、8、9、10、11和12作为对象追踪点，向下引出垂直追踪虚线，捕捉追踪虚线与水平辅助线的交点，进行连续标注，结果如图5-36所示。

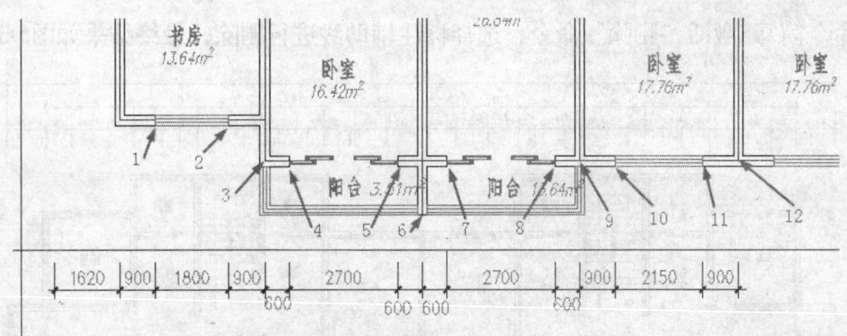

图5-36　连续标注结果

Step 09 在“图层控制”下拉列表中关闭“墙线层”、“图块层”和“文本层”，执行菜单栏中的“标注”|“快速标注”命令，依次选取垂直轴线1、2、3、4、5、6、7，按Enter键结束选择，以辅助线左下角点A作为追踪点，垂直向下引出追踪虚线，输入19000并按Enter键，以确定轴线尺寸的位置，标注结果如图5-37所示。

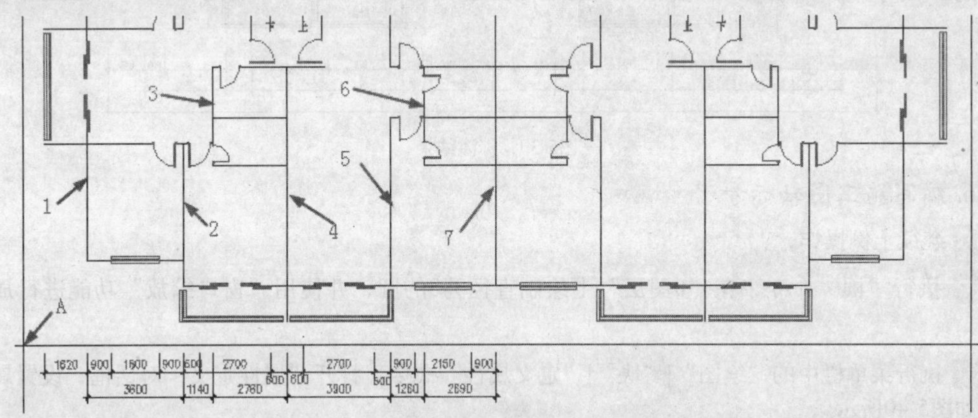

图5-37　标注轴线尺寸

Step 10 激活“镜像”命令，配合“交点”捕捉功能，捕捉点A和B，将所有轴线尺寸和细部尺寸镜像到平面图另一单元，然后使用“线性”命令，捕捉点C和D标注总尺寸，结果如图5-38所示。

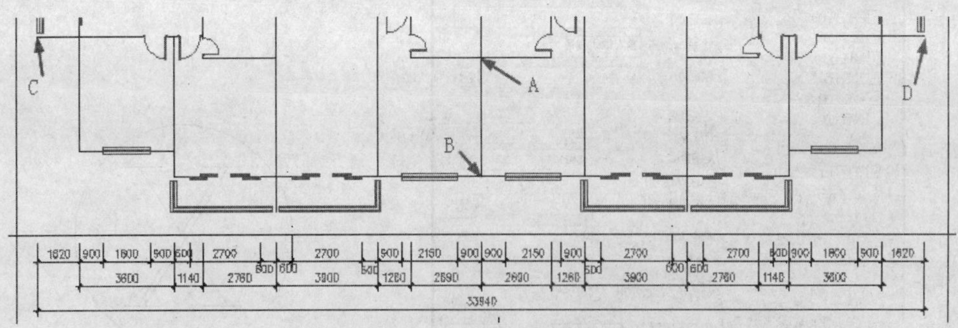

图5-38　标注总尺寸和另一单元尺寸

Step 11 打开所有被关闭的图层，参照上述操作步骤，分别标注平面图其他三侧的细部尺寸、轴线尺寸和总尺寸。

当标注完其他三面细部尺寸、轴线尺寸和总尺寸后，继续使用“线性”命令，标注各墙体的半宽尺寸和各阳台尺寸，最后使用“编辑标注文字”命令，对尺寸线进行调整。这些操作比较简单，在此不再赘述，读者可以自己尝试操作。

Step 12 使用命令简写E激活“删除”命令，选择标注辅助线进行删除，最终结果如图5-39所示。

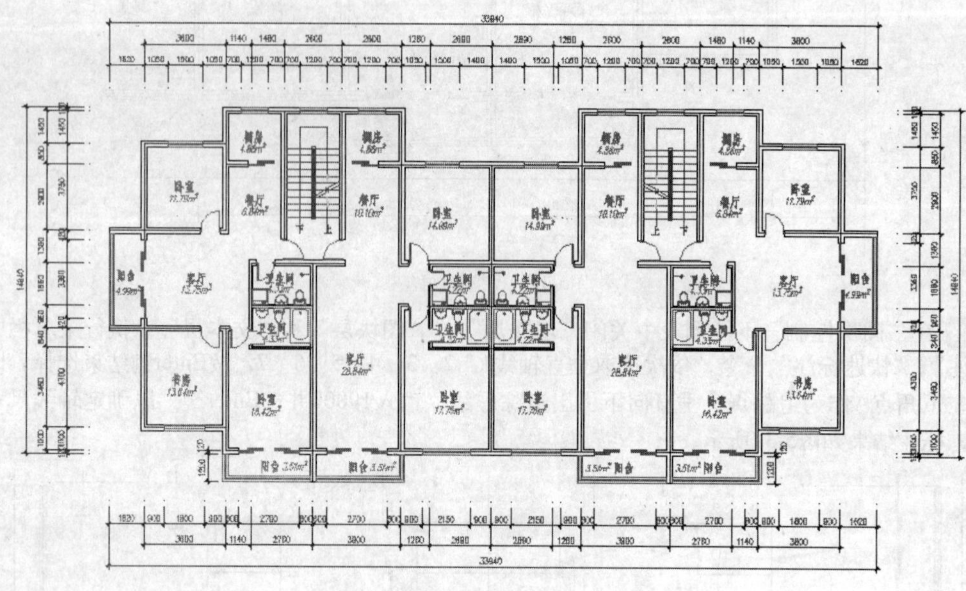

图5-39 标注结果

6. 编写施工图轴标号

Step 01 继续上例操作。

Step 02 执行“圆”命令，在“0图层”上绘制直径为8的圆，并使用“窗口缩放”功能进行放大显示。

Step 03 执行菜单栏中的“绘图”|“块”|“定义属性”命令，打开“属性定义”对话框，设置属性参数如图5-40所示。

Step 04 单击 确定 按钮返回绘图区，在命令行“指定起点:”提示下，捕捉圆的圆心作为属性的插入点，结果如图5-41所示。

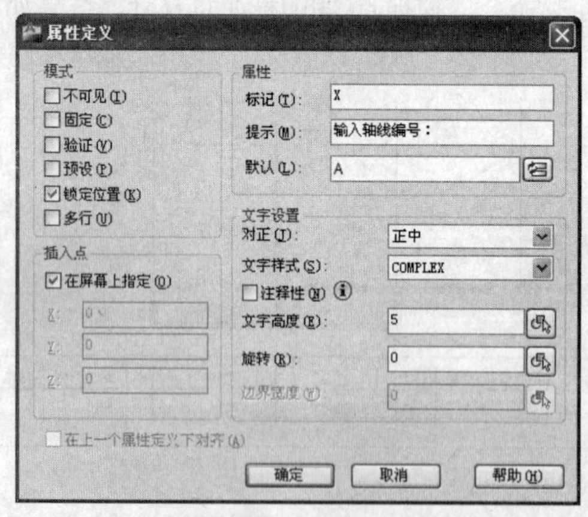

图5-40 设置参数

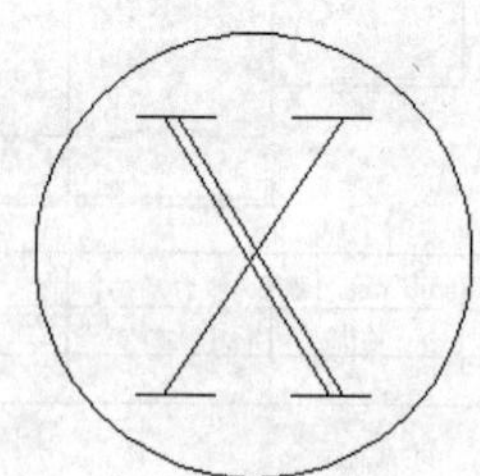

图5-41 定义属性

Step 05 单击“绘图”工具栏上的“创建块”按钮，在打开的“创建块”对话框中输入名称为“轴标号”，勾选“删除”复选框，然后单击“拾取点”按钮返回到绘图区，捕捉圆心作为插入基点。

Step 06 回到“块定义”对话框，单击“选择对象”按钮，再次返回到绘图区，将圆及定义的属性一起选择，按Enter键回到“块定义”对话框，单击 确定 按钮定义内部块。

Step 07 在无命令执行的前提下，选择平面图的一个轴线尺寸，使其夹点显示。

Step 08 按下键盘上的Ctrl+1键打开“特性”面板，在“直线和箭头”选项组中修改尺寸界线超出尺寸线的长度为24。

Step 09 关闭“特性”面板，并按下Esc键取消对象的夹点显示，然后单击“标准”工具栏上的“特性匹配”按钮，选择被延长的轴线尺寸作为匹配的源对象，将其尺寸界线的特性复制给其他位置的轴线尺寸，匹配结果如图5-42所示。

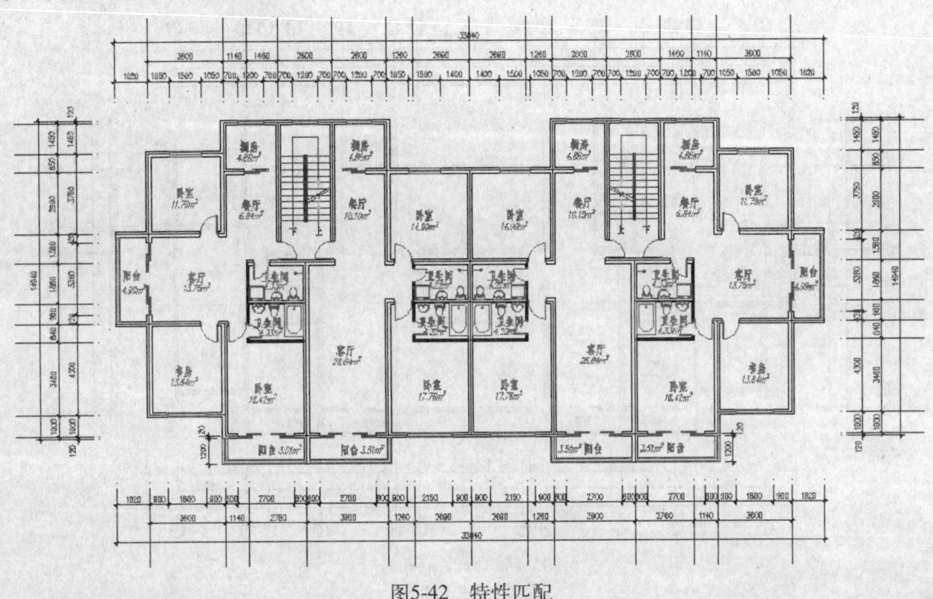

图5-42　特性匹配

Step 10 设置“其他层”作为当前图层。激活“插入块”命令，在打开的“插入”对话框的“名称”下拉列表中选择“轴标号”，设置X值为100，单击 确定 按钮，将“轴标号”的属性块插入到延伸后的轴线上。

Step 11 激活“复制”命令，以轴标号圆心为基点，将插入的轴线标号复制到其他轴线的外端点，结果如图5-43所示。

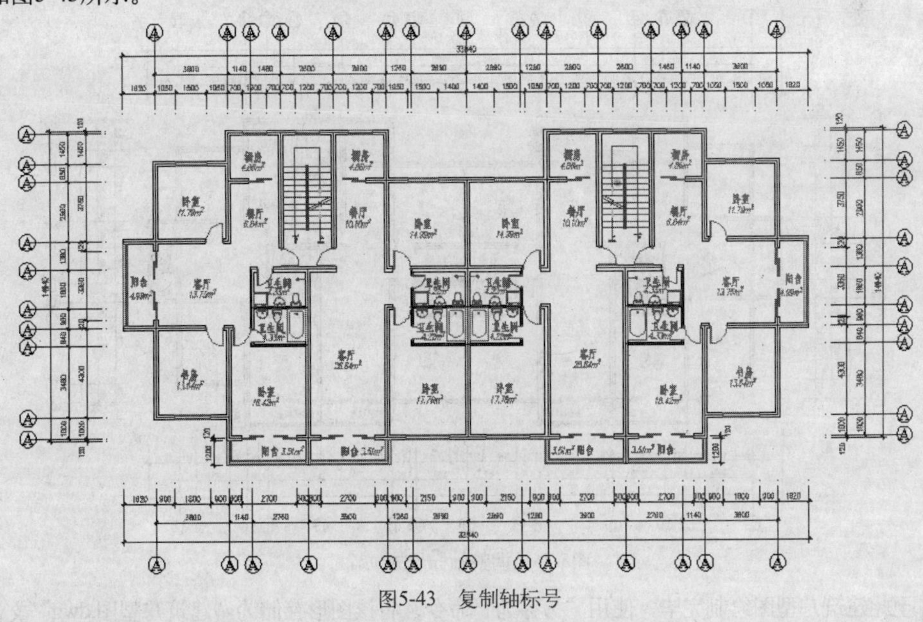

图5-43　复制轴标号

Step 12 执行菜单栏中的“修改”|“对象”|“属性”|“单个”命令，在命令行“选择块:”提示下选择左侧第二个轴标号（从下向上），此时系统弹出“增强属性编辑器”对话框。

Step 13 进入“属性”选项卡，修改“值”为“B”，单击左下角的 应用(A) 按钮，则平面图此轴标号的值被修改为“B”。

Step 14 单击对话框右上角的“选择块”按钮返回到绘图区，分别选择其他位置的轴线编号进行修改，结果如图5-44所示。

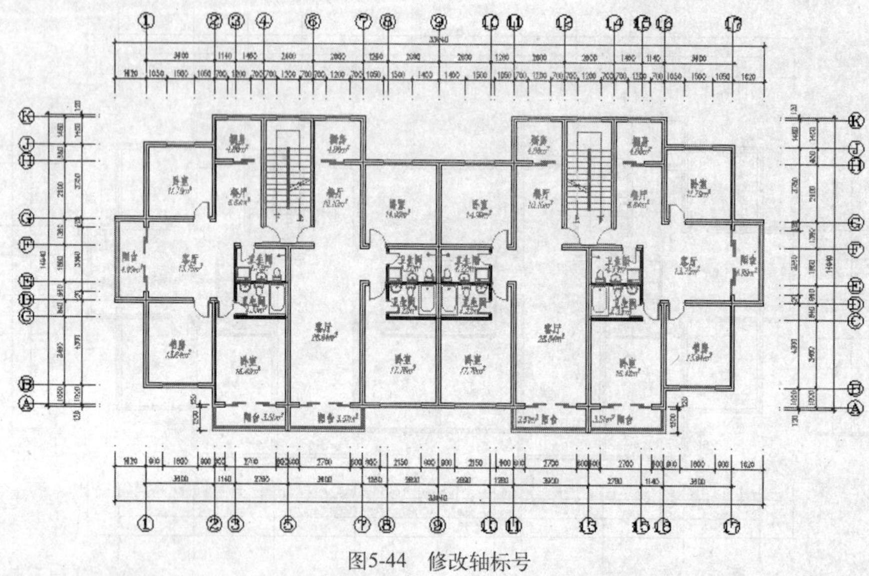

图5-44 修改轴标号

Step 15 在编号为双位数字的轴标号上双击，再次打开“增强属性编辑器”对话框，进入“文字选项”选项卡，修改属性文本的宽度比例为0.8，其他设置默认。

Step 16 依次选择所有位置的双位编号修改宽度比例，使双位数字编号完全处于轴标符号内。

Step 17 激活“移动”命令，配合“象限点”捕捉和“端点”捕捉功能将轴标号进行外移，最终结果如图5-45所示。

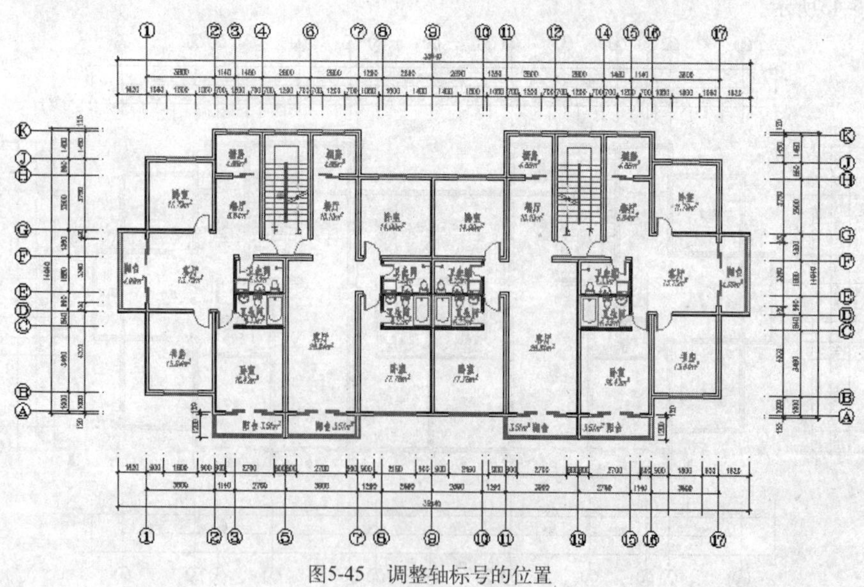

图5-45 调整轴标号的位置

Step 18 至此建筑户型图绘制完毕，使用“另存为”命令，将该图形存储为“建筑户型图.dwg”文件。

5.3 室内布置图及其作用

室内布置图是假想用一个水平的剖切平面在窗台上方位置，将经过室内外装修的房屋整个剖开，移去以上部分向下所做的水平投影图。

与建筑平面图不同，室内布置图是装修行业中的一种重要的图纸，主要内容包括建筑平面设计和空间组织，结构内表面（墙面、地面、顶棚、门和窗等）的处理，自然光和照明的运用以及室内家具、灯具、陈设的选型与布置，以及植物、摆设和用具等配置，如图5-46所示。

室内布置图有时细分为家具布置图和地面材质图两种，也可以将两种图纸合并为一种图纸，即在布置图中既能体现室内陈设的各种布置，又可体现出地面的铺装、材料及施工说明等。如图5-47所示，是将家具布置图和地面材质图合并为一种图纸。

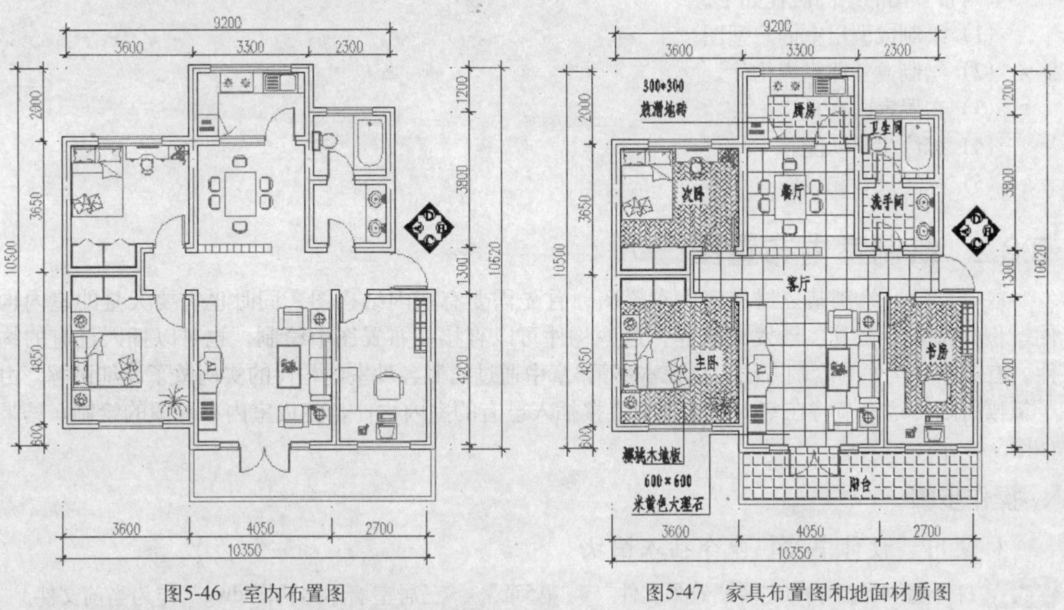

图5-46 室内布置图

图5-47 家具布置图和地面材质图

室内布置图是在建筑平面图的基础上进行设计的，是装修施工中的首要图纸之一。

5.3.1 室内布置图设计的内容和绘图流程

室内布置图主要用于表明室内外装修布置的平面形状、具体位置、大小和所用材料，表明这些布置与建筑主体结构之间以及这些布置之间的相互位置及关系等。在具体设计时，需要兼顾以下内容。

1. 功能布局

室内空间的合理利用，在于不同功能区域的合理分割、巧妙布局，充分发挥居室的使用功能。例如：卧室、书房要求静，可设置在靠里边一些的位置以不被其他室内活动干扰；起居室、客厅是对外接待、交流的场所，可设置靠近入口的位置；卧室、书房与起居室、客厅相连处又可设置过渡空间或共享空间，起间隔调节作用。此外，厨房应紧靠餐厅，卧室与卫生间贴近。

2. 空间设计

空间设计主要包括区域划分和交通流线两个内容。区域划分是指室内空间的组成，交通流线是指室内各活动区域之间以及室内外环境之间的联系，它包括有形和无形两种，有形的指门厅、走廊、楼梯、户外的道路等；无形的指其他可能供作交通联系的空间。设计时应尽量减少有形的交通区域，增加无形的交通区域，以达到空间充分利用且自由、灵活和缩短距离的效果。

另外，区域划分与交通流线是居室空间整体组合的要素，区域划分是整体空间的合理分配，交通流线寻求的是个别空间的有效连接。唯有两者相互协调作用，才能取得理想的效果。

3. 含物的布置

内含物主要包括家具、陈设、灯具、绿化等设计内容，这些室内内含物通常要处于视觉中显著的位置，它可以脱离界面布置于室内空间内，不仅具有实用和观赏的作用，对烘托室内环境气氛，形成室内设计风格等方面也起到举足轻重的作用。

4. 整体上的统一

“整体上的统一”指的是将同一空间的许多细部以一个共同的有机因素统一起来，使它变成一个完整而和谐的视觉系统。设计构思时，就需要根据业主的职业特点、文化层次、个人爱好、家庭成员构成、经济条件等做综合的设计定位。

室内布置图的绘图流程如下。

（1）绘制或调用室内户型图。

（2）绘制或整理室内构件。

（3）布置室内家具。

（4）标注房间功能。

（5）标注尺寸和投影。

5.3.2 绘制室内布置图

这一节学习绘制某三居室室内布置图。首先需要有室内结构图，同时也需要大量的室内构件，例如家具、洁具、沙发桌椅等，这些构件可以直接在布置图中绘制，也可以插入已有的构件。有关室内构件的绘制方法，已在本书第3章中通过绘制各种室内构件的实例做了详细讲解，由于篇幅所限，这一节将在室内结构图中直接插入已有的室内构件，完成室内布置图的绘制。结果如图5-46所示。

操作步骤

1. 使用“设计中心”命令插入图块

Step 01 打开随书光盘中的文件“效果文件”\“第5章”\“三居室墙体结构图.dwg”作为当前文件。

Step 02 使用命令简写LA激活“图层”命令，在打开的“图层特性管理器”面板中将“尺寸层”暂时隐藏，将“图块层”设置为当前图层。

Step 03 激活状态栏上的对象捕捉功能，并设置“中点”捕捉和“最近点”捕捉模式。

Step 04 执行菜单栏中的“工具”|“选项板”|“设计中心”命令，打开“设计中心”窗口，在左侧窗格中定位随书光盘中的“图块文件”文件夹，并展开此文件夹中的所有图块资源。

Step 05 向下拖动右侧窗格中的滑块，将光标定位在“双人床.dwg”图形文件上，按住鼠标左键将此图形拖动至绘图区，然后松开左键，在命令行“指定插入点或 [基点(B)/比例(S)/X/Y/Z/旋转(R)]:”提示下，捕捉卧室左侧内墙线的中点作为图块的插入点，如图5-48所示。

Step 06 在命令行“输入X比例因子，指定对角点，或[角点(C)/XYZ(XYZ)] <1>:”提示下，按Enter键。

Step 07 在命令行“输入Y比例因子或 <使用 X 比例因子>:”提示下，按Enter键。

Step 08 在命令行“指定旋转角度<0>:”提示下，在命令行中输入90°，并按Enter键结束命令，结果此双人床图形被插入到当前图形中，如图5-49所示。

2. 以复制、粘贴的方式插入图例

Step 01 再次在“设计中心”窗口中将光标定位在“床头柜.dwg”文件上右击，在弹出的快捷菜单中选择“复制”命令，将“床头柜.dwg”文件复制。

Step 02 单击“标准”工具栏上的“粘贴”按钮，在命令行“指定插入点或[基点(B)/比例(S)/X/Y/Z/旋转(R)]:”提示下，配合“最近点”捕捉功能捕捉卧室左侧内墙线上的一点作为图块的插入点，如图5-50所示。

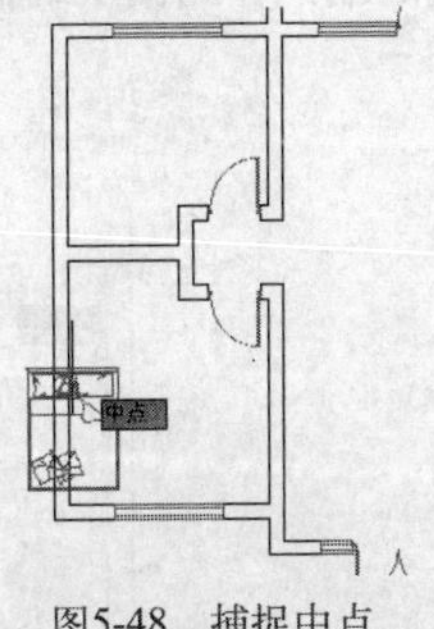

图5-48 捕捉中点

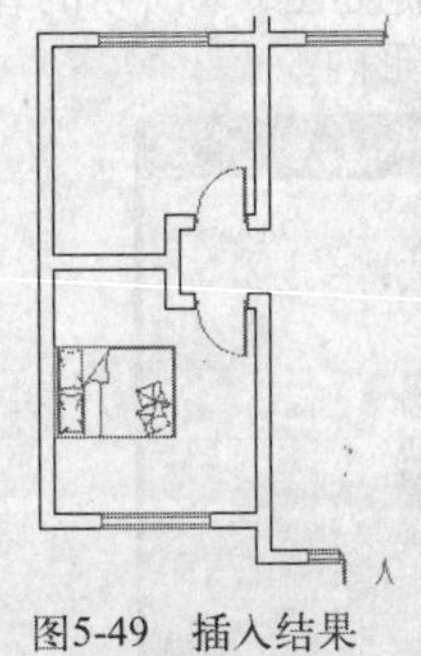
图5-49 插入结果

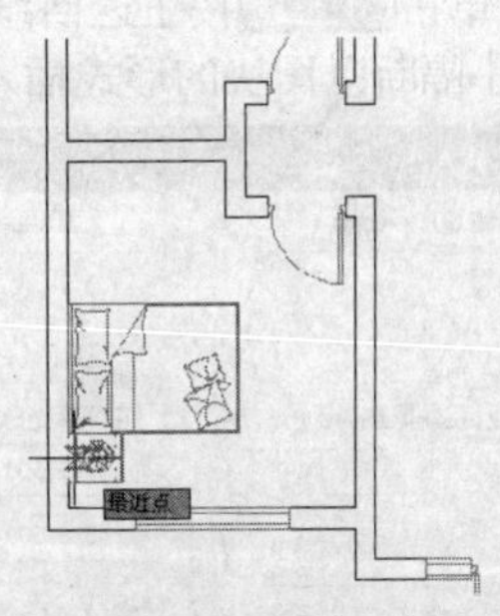

图5-50 捕捉最近点

Step 03 继续在命令行“输入X比例因子，指定对角点，或[角点(C)/XYZ(XYZ)] <1>:”提示下输入x轴方向上的缩放比例为“550/500”，并按Enter键确认。

Step 04 继续在命令行“输入 Y 比例因子或 <使用 X 比例因子>:”提示下，输入y轴方向上的缩放比例微“550/500”并按Enter键。

Step 05 继续在命令行“指定旋转角度 <0>:”提示下按Enter键，插入结果如图5-51所示。

Step 06 使用命令简写MI激活“镜像”命令，配合“中点”捕捉功能，将床头柜镜像到双人床另一边，镜像结果如图5-52所示。

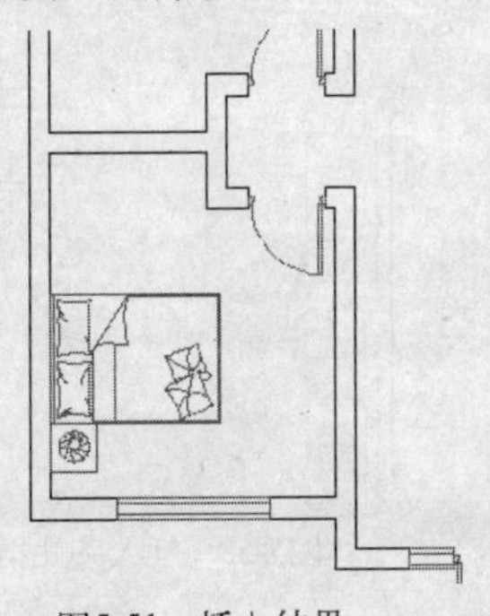
图5-51 插入结果

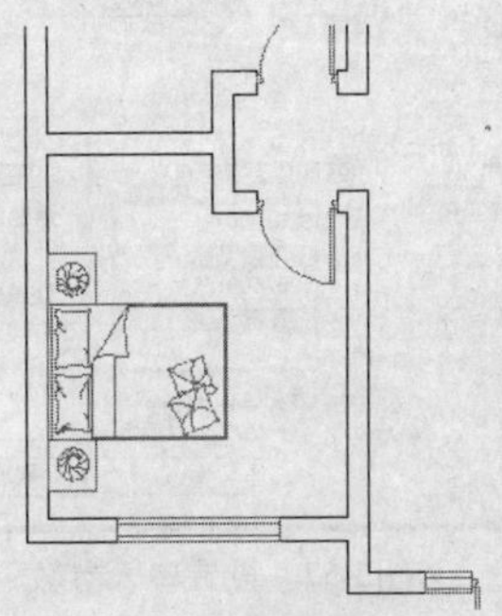
图5-52 镜像床头柜

3. 以块的形式插入其他图例

Step 01 在“设计中心”窗口右侧窗格中，将光标定位在“电视柜与暖气包.dwg”文件上并右击，选择快捷菜单中的“插入为块”命令，此时系统弹出“插入”对话框，在该对话框中可设置各项参数，如图5-53所示。

Step 02 单击 确定 按钮返回绘图区，捕捉客厅左侧墙线的中点作为插入点，将电视柜与暖气包插入到当前图形内，如图5-54所示。

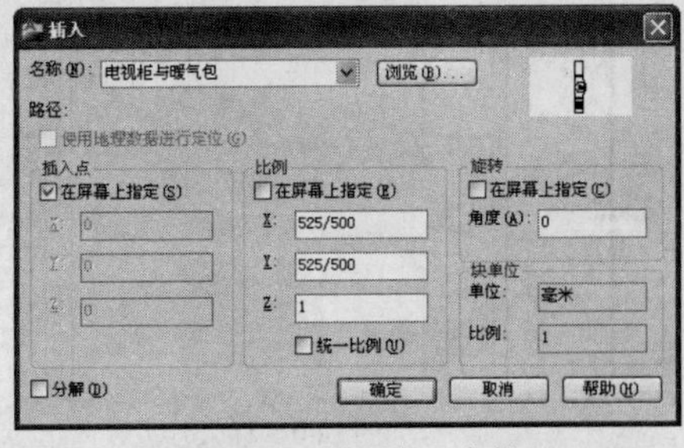

图5-53 设置参入参数

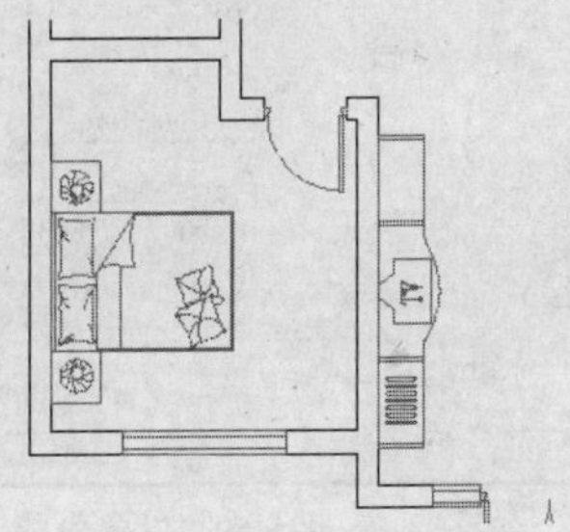
图5-54 插入电视柜与暖气包

01 Chapter
02 Chapter
03 Chapter
04 Chapter
05 Chapter
06 Chapter
07 Chapter
08 Chapter
09 Chapter
10 Chapter

Step 03 继续在“设计中心”窗口右侧窗格中选择“小隔断.dwg”文件并右击，在弹出的快捷菜单中选择“插入为块”命令，在打开的“插入”对话框中设置各项参数，如图5-55所示。

Step 04 单击 确定 按钮返回绘图区，捕捉如图5-56所示的客厅左侧墙线的端点作为图块的插入基点，将小隔断以图块的形式插入到当前图形内。

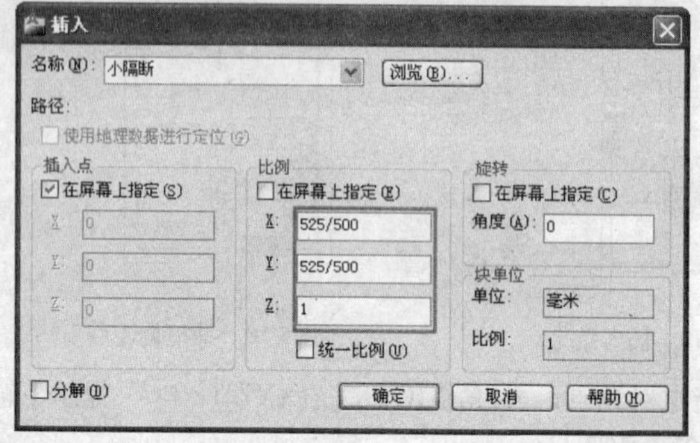

图5-55 设置参入参数

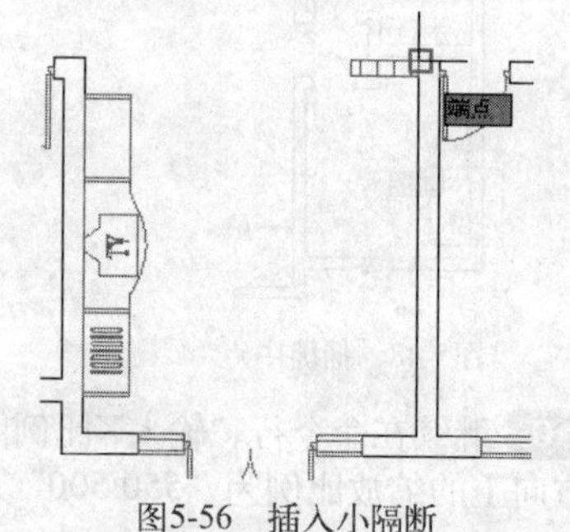

图5-56 插入小隔断

Step 05 继续在“设计中心”窗口右侧窗格中选择“茶几柜.dwg”文件然后右击，在弹出的快捷菜单中选择“插入为块”命令，在打开的“插入”对话框中设置参数，如图5-57所示。

Step 06 单击 确定 按钮返回绘图区，在客厅如图5-58所示的位置拾取一点作为插入点，插入茶几柜。

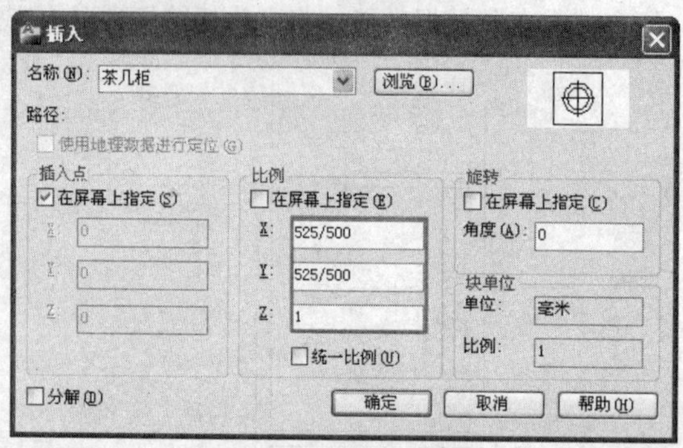

图5-57 设置参入参数

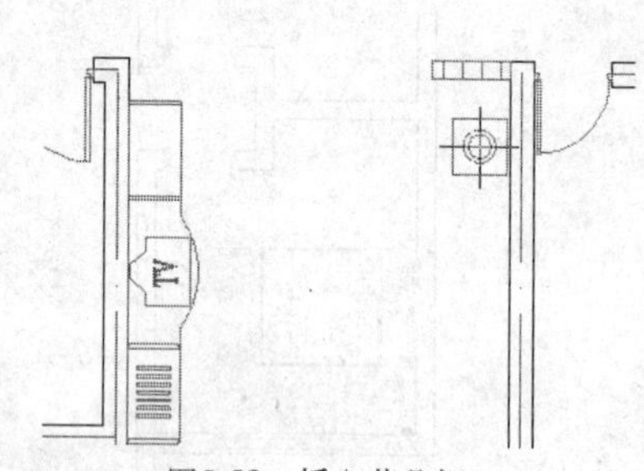

图5-58 插入茶几柜

Step 07 继续在“设计中心”窗口右侧窗格中选择“沙发.dwg”文件并右击，在弹出的快捷菜单中选择“附着为外部参照”命令，此时系统弹出“附着外部参照”对话框，设置各项参数，如图5-59所示。

Step 08 单击 确定 按钮返回绘图区，在茶几柜左侧位置拾取一点作为插入点，将沙发插入，如图5-60所示。

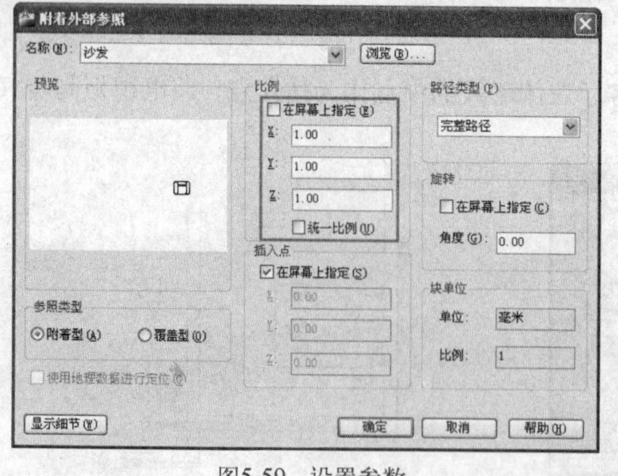

图5-59 设置参数

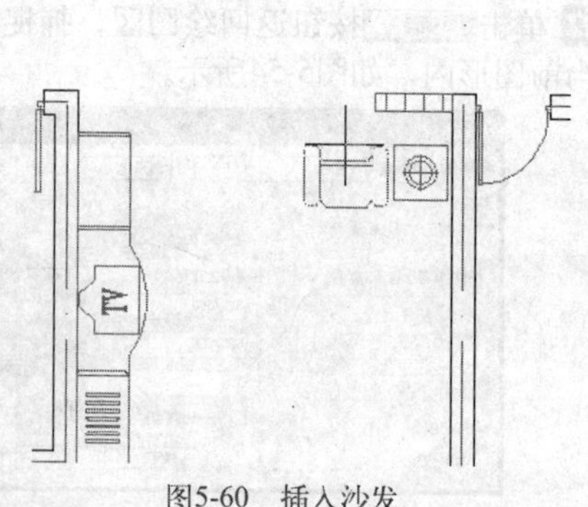

图5-60 插入沙发

Step 09 单击“修改”工具栏上的“旋转”按钮，激活“旋转”命令，对沙发进行旋转复制，命令行操作如下。

```
命令: Rotate
    选择对象:                                   //选择插入的沙发图块
    选择对象:                                   // Enter
    指定基点:                                   //捕捉如图5-61所示的中点
    指定旋转角度，或 [复制(C)/参照(R)] <270.00>:    //C Enter，激活“复制”选项
    指定旋转角度，或 [复制(C)/参照(R)] <270.00>:  //-90 Enter，将沙发旋转复制，效果如图5-62所示
```

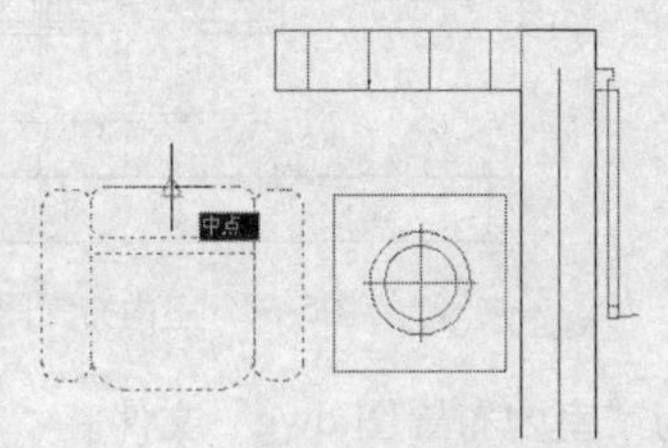

图5-61 捕捉中点

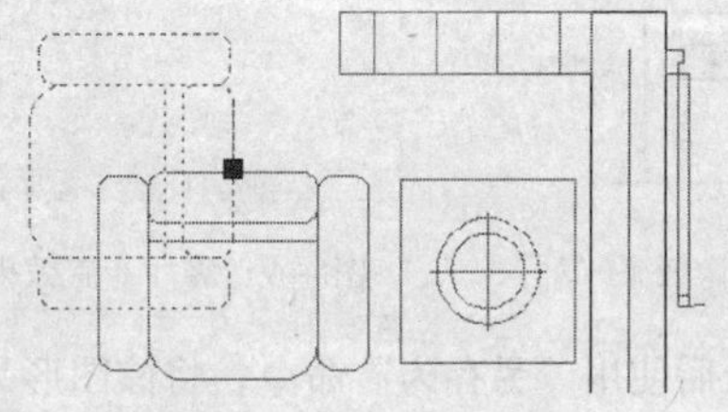
图5-62 旋转复制沙发

Step 10 单击“修改”工具栏上的“移动”按钮，激活“移动”命令，配合“中点”捕捉和“最近点”捕捉功能，以沙发靠背的中点作为基点，以客厅墙线上的一点作为插入点，将其移动到茶几下方位置，如图5-63所示。

Step 11 执行菜单栏中的“修改”|“分解”命令，将旋转复制的沙发分解，然后将沙发下侧的扶手轮廓线进行删除，结果如图5-64所示。

Step 12 使用命令简写AR激活“阵列”命令，选择“矩形阵列”方式，设置“行”为3、“列”为1、“行”偏移为-525，其他设置默认，将沙发进行阵列，结果如图5-65所示。

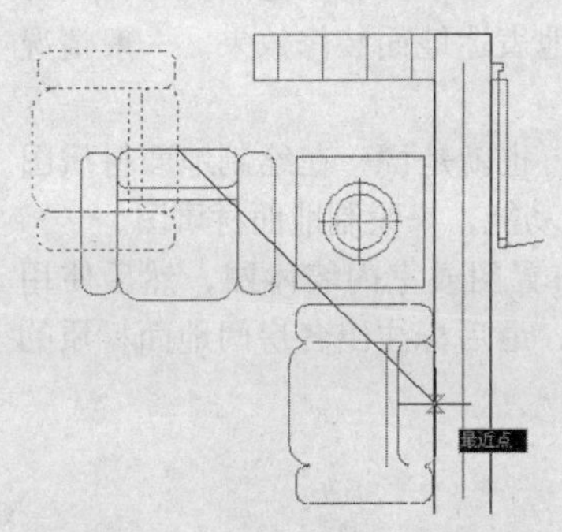

图5-63 移动沙发位置

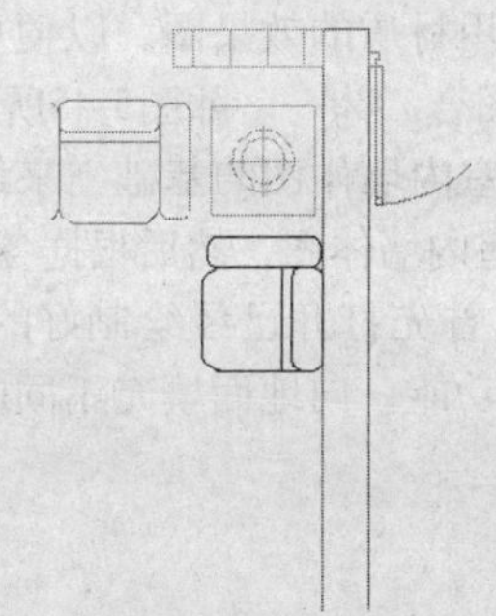
图5-64 删除沙发下侧扶手

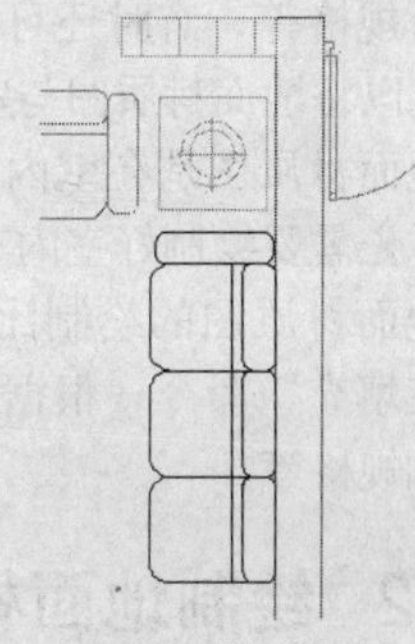
图5-65 阵列复制

Step 13 激活“镜像”命令，选择沙发、茶几柜和沙发扶手等图形，配合“中点”捕捉功能，将这些对象进行镜像，结果如图5-66所示。

Step 14 使用“矩形”和“偏移”命令绘制总长度为1200、宽度为650的茶几平面图形。

Step 15 插入随书光盘“图块文件”目录下的“植物-03.dwg”和“电话.dwg”文件，这样客厅布置完毕，结果如图5-67所示。

Step 16 综合以上各种操作方式，为其他房间插入随书光盘“图块文件”目录下的各家具用品及绿化植物等图块文件，完成室内布置图的绘制。

Step 17 在“图层控制”下拉列表中打开隐藏的“尺寸层”，最终结果如图5-68所示。

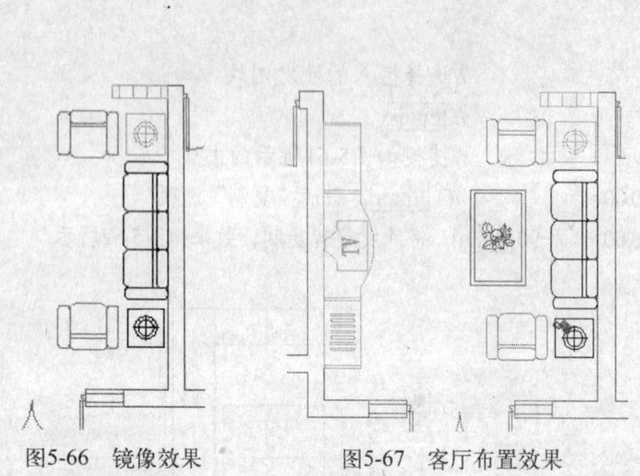

图5-66　镜像效果　　图5-67　客厅布置效果

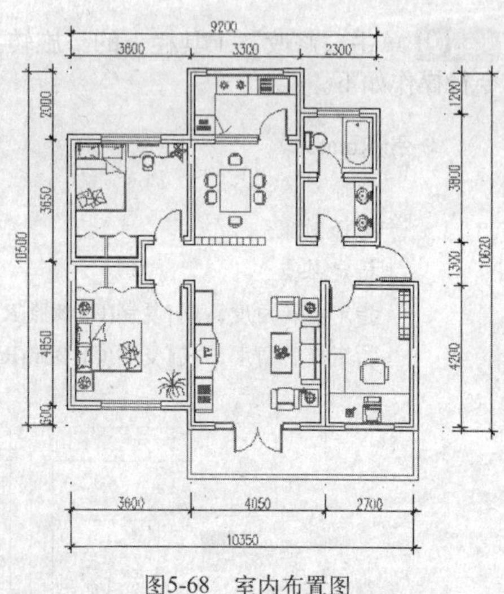

图5-68　室内布置图

Step 18 最后使用“另存为”命令，将该图形另名保存为“室内布置图.dwg”文件。

5.4 地面材质图及其作用

地面材质图也是室内装修中不可缺少的图纸之一，这一节主要来了解地面材质图的作用、绘制地面材质图的流程以及学习绘制地面材质图。

5.4.1 地面材质图的作用与绘图流程

地面材质图主要用于表达室内装修地面所用的材料，在地面材质图中要表明地面所用材质的名称、规格等，有时还可以附上所用材质的效果图，以便更清楚地表达地面装修效果。一般情况下，可以将地面材质图与室内布置图合二为一，如图5-45所示。

地面材质图是在室内布置图或室内墙体图的基础上来绘制的，也就是说，在绘制地面材质图时，首先需要绘制好室内布置图或室内墙体图，然后根据各房间的功能，来绘制地面材质图。

地面材质图的绘制比较简单，首先打开已经绘制好的室内布置图或室内墙体图，然后使用“图案填充”命令，根据各房间的功能，向地面填充不同的图案，最后标注出各房间地面材质的名称和规格等。

5.4.2 绘制地面材质图

这一节绘制三居室地面材质图。首先调用上一节绘制的三居室室内布置图，使用画线命令配合捕捉功能，封闭各房间，使其形成一个封闭的区域，这样便于进行填充，然后根据各房间的功能，向各房间地面填充不同的图案，以表示装修材质，绘制完成地面材质图，其最终结果如图5-69所示。

操作步骤

1. 填充图案

Step 01 打开随书光盘中的文件“效果文件”\“第5章”\“室内布置图.dwg”作为当前文件。

Step 02 在“图层控制”下拉列表中，将“剖面线”设置为当前图层，同时关闭“尺寸层”。

Step 03 使用命令简写L激活“直线”命令，配合“端点”捕捉功能，分别连接各房间两侧的门洞，以创建封闭区域，如图5-70所示。

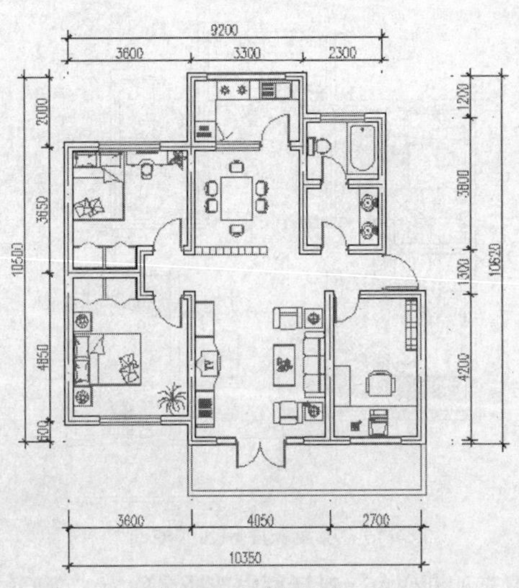

图5-69 地面材质图

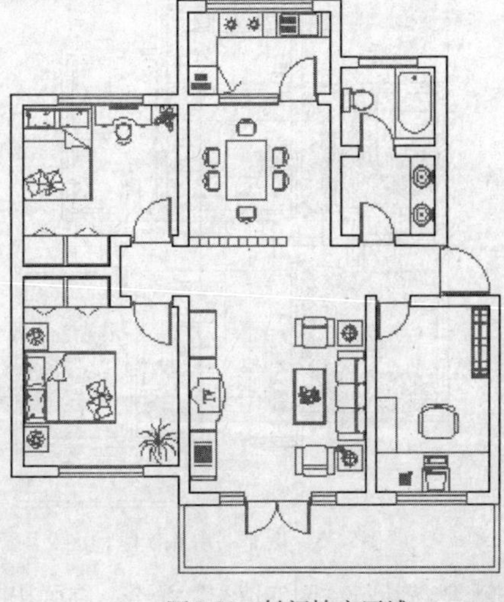

图5-70 封闭填充区域

Step 04 使用“窗口缩放”和“实时平移”工具，将主卧区域放大显示，以便进行图案填充。

Step 05 单击“绘图”工具栏上的“图案填充”按钮，激活“图案填充”命令，打开“图案填充和渐变色”对话框，单击“图案”右侧的按钮，打开“填充图案选项板”对话框，在“其他预定义”选项卡下选择名称为“AR-HBONE”的图案。

Step 06 返回到“图案填充和渐变色”对话框，设置“角度”为0、“比例”为1，其他设置默认。

Step 07 单击对话框右上角的“添加:拾取点”按钮，返回到绘图区，将光标移动到主卧地面空白位置，主卧地面显示填充的图案，如图5-71所示。

Step 08 在主卧地面空白位置单击拾取填充区域，填充区域以虚线显示，按Enter键回到“图案填充和渐变色”对话框，单击确定按钮进行填充，填充结果如图5-72所示。

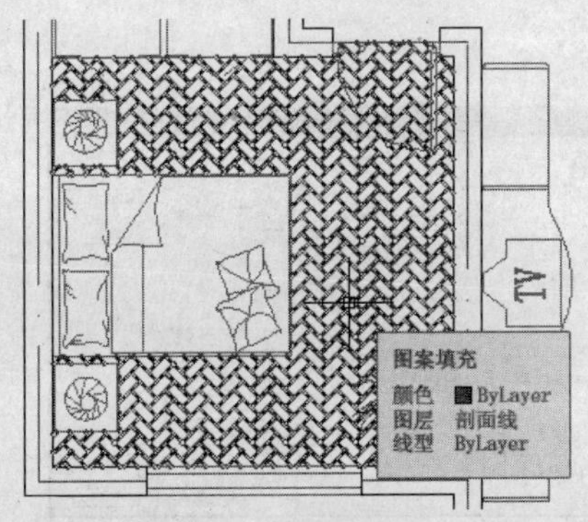

图5-71 显示填充图案

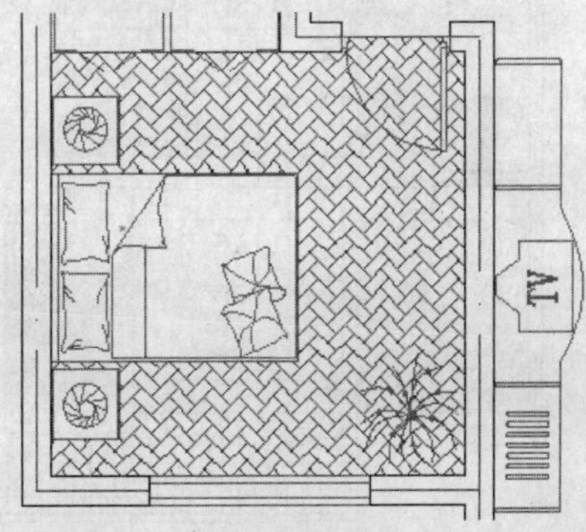

图5-72 填充结果

在拾取填充区域后，系统会自动对填充区域内部的孤岛进行分析，该过程会因内部空间的复杂程度不同而所用时间也不同，此时可耐心等待，分析完成后，填充区域将以虚线显示。

Step 09 重复执行“图案填充”命令，设置相同的填充图案和参数，对书房和次卧地面进行填充，结果如图5-73所示。

Step 10 重复执行“图案填充”命令，在弹出的“图案填充编辑”对话框中选择“ANSI37”的图案，设置“角度”为45，设置“比例”为190，其他设置默认，依照前面的操作方法对客厅、过道以及餐厅地面进行填充，结果如图5-74所示。

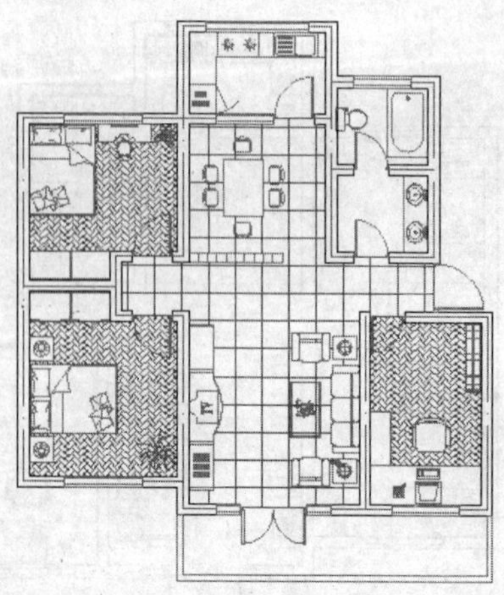
图5-73　填充书房和次卧地面

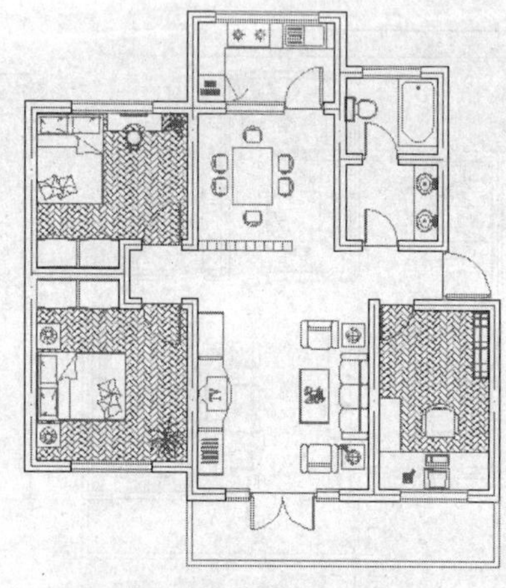
图5-74　填充餐厅和客厅地面

Step 11 继续执行“图案填充”命令，在弹出的“图案填充和渐变色”对话框中选择名称为“ANGLE”的图案，设置“角度”为0，设置“比例”为1，对阳台、卫生间以及厨房地面进行填充，填充结果如图5-75所示。

2. 标注房间功能

Step 01 继续上一节的操作。

Step 02 在“图层控制”下拉列表中，将“文本层”设置为当前图层。

Step 03 执行菜单栏中的“格式”|“文字样式”命令，在打开的“文字样式”对话框中单击 新建(N)... 按钮，新建名称为“汉字”的文字样式，并设置新样式的字体和宽度比例等，如图5-76所示。

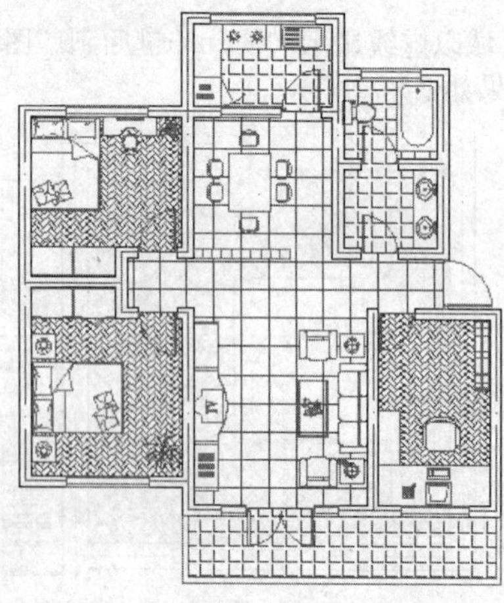
图5-75　填充阳台、卫生间和厨房地面

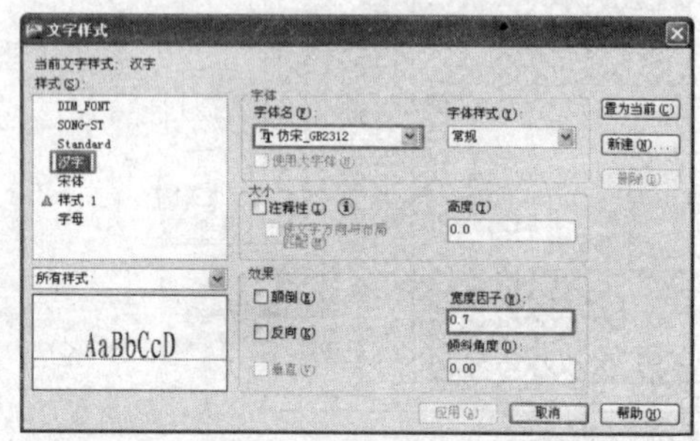

图5-76　设置文字样式

Step 04 单击 置为当前(C) 按钮将“汉字”样式设置为当前，然后单击 确定 按钮关闭“文字样式”对话框。

Step 05 执行菜单栏中的“绘图”|“文字”|“单行文字”命令，为平面图标注房间功能，命令行操作如下。

```
命令: _dtext
    当前文字样式: “汉字”  文字高度: 350.0  注释性: 否
    指定文字的起点或 [对正(J)/样式(S)]:        //在主卧内单击，指定文字的插入点
    指定高度 <2.5>:                          //350 Enter
```

指定文字的旋转角度 <0.00>:　　　　　　// Enter，此时系统将显示出单行文字输入框

Step 06 在单行文字输入框中输入“主卧”文字，然后按两次Enter键结束命令，在主卧内标注房间功能，如图5-77所示。

Step 07 激活“复制”命令，将刚标注的文字复制到其他房间内，结果如图5-78所示。

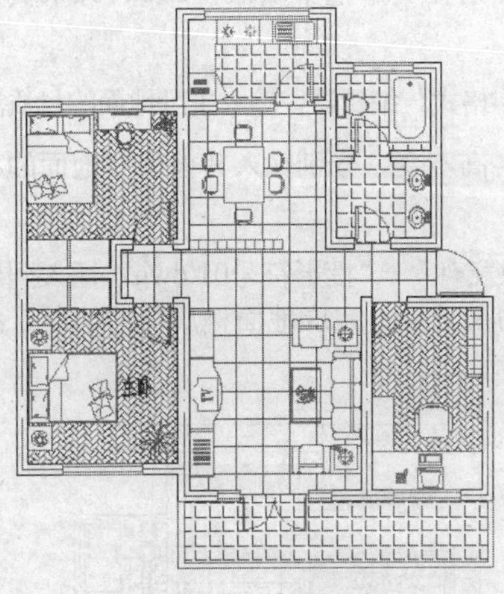

图5-77　标注文字

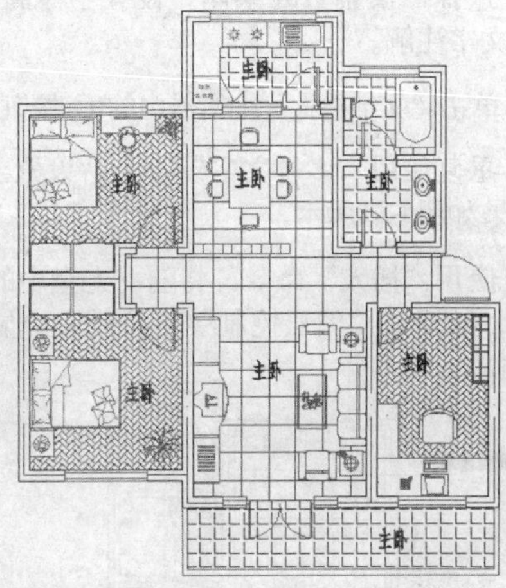

图5-78　复制文字

Step 08 执行菜单栏中的“修改”|“对象”|“文字”|“编辑”命令，在命令行“选择注释对象或[放弃(U)]:”提示下，选择客厅中的文字对象，将其修改为“客厅”。

Step 09 按Enter键，继续在命令行“选择注释对象或[放弃(U)]:”提示下，分别选择其他房间的文字，根据各房间的功能修改其内容，结果如图5-79所示。

Step 10 在无任何命令执行的情况下，选择主卧中的填充图案并右击，在弹出的快捷菜单中选择“图案填充编辑”命令，打开“图案填充编辑”对话框，在“孤岛”选项组中勾选“外部”复选框，然后单击“添加:选择对象”按钮返回到绘图区，单击选择“主卧”文字注释。

Step 11 按Enter键返回到“图案填充编辑”对话框，单击 确定 按钮确认，将文字注释下方的图案删除。

Step 12 采用相同的方法，对其他房间内的填充图案进行编辑，将文字下方的图案删除，结果如图5-80所示。

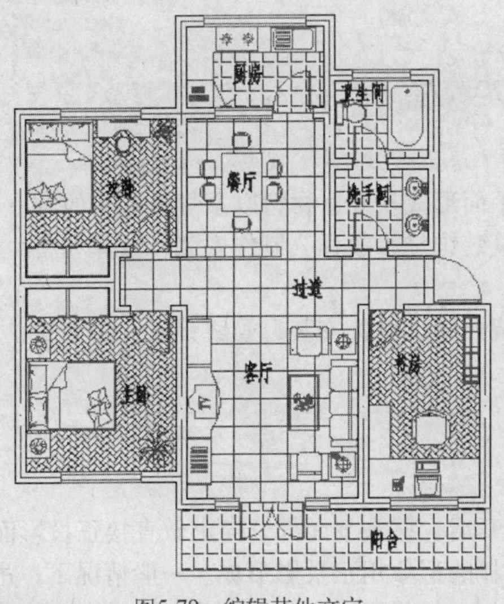

图5-79　编辑其他文字

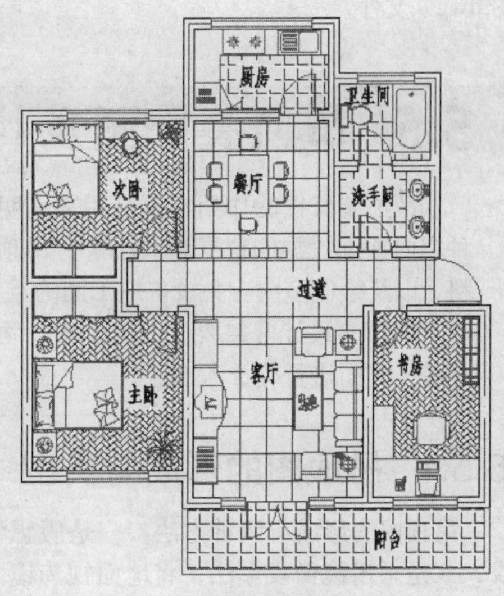

图5-80　编辑图案

3. 标注材质规格、名称和投影符号

Step 01 激活“直线”命令，在材质图中绘制材质注释文字指示线。

Step 02 执行菜单栏中的“绘图”|“文字”|“多行文字”命令，根据命令行的提示，在客厅材质的指示线一端拉出矩形框，同时打开“文字格式”编辑器。

Step 03 选择“汉字”的字体，设置字体高度为350，然后在文本框中输入“600x600米黄色大理石”的文字注解。

Step 04 单击“文字格式”编辑器中的确定按钮，关闭“文字格式”编辑器，输入主卧地面的材质注释。

Step 05 重复使用“多行文字”命令，设置字体样式、字高不变，分别输入其他房间地面的材质注释，结果如图5-81所示。

Step 06 使用“插入”命令，将随书光盘中的文件“图块文件”\“投影符号01.dwg”插入到地面材质图中，然后在“图层控制”下拉列表中显示被隐藏的尺寸层，完成地面材质图的绘制，结果如图5-82所示。

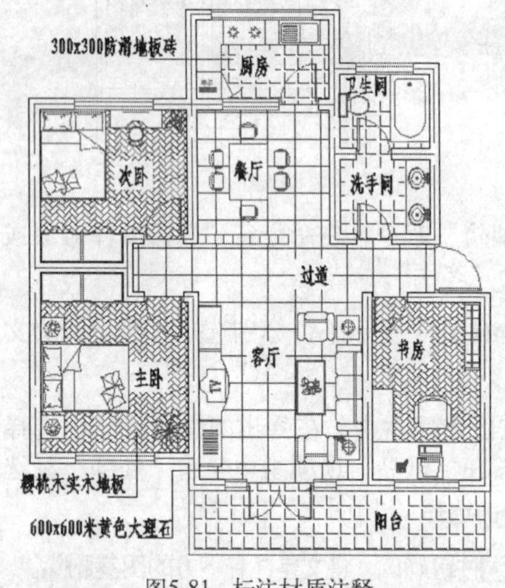

图5-81 标注材质注释

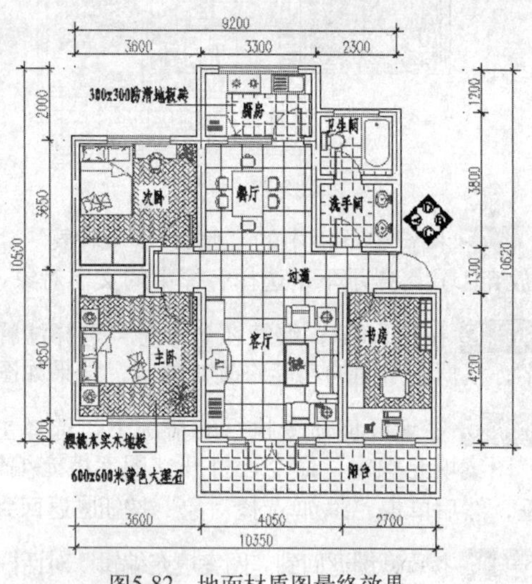

图5-82 地面材质图最终效果

Step 07 按键盘上的Ctrl+Shift+S键，激活“另存为”命令，将当前图形另名存储为“地面材质图.dwg”文件。

5.5 吊顶装修图及其作用

吊顶装修图的作用主要是用来表明吊顶装饰的平面形成尺寸、材料以及灯具和其他各种室内顶部设施的位置和大小等。吊顶装修图是建筑装饰施工放样、制作安装、预算和备料，以及绘制室内有关设备施工图的重要依据。

吊顶的设计常常要从审美要求、物理功能、建筑照明、设备安装、管线铺设、防火安全等多方面进行综合考虑。

5.5.1 吊顶图的形成与类型

吊顶图的形成有两种方法：一是假想将房屋水平剖开后，移去下面部分向上做直接正投影而成；二是采用镜像投影法，将地面视为镜面，对镜中顶棚的形象用正投影形成。一般情况下，吊顶图都是采用镜像投影法绘制的，在吊顶图中既要标明灯具的位置、名称、形状，同时还要标明吊顶装修材质的名称等。

按装修材料来分，常用的吊顶有以下几种。

- 石膏板吊顶：该吊顶是以熟石膏为主要原料掺入添加剂与纤维制成，具有质轻、绝热、吸声、阻燃和可锯等性能。多用于商业空间科学，一般采用600x600规格，有明骨和暗骨之分，龙骨常用铝或铁。
- 轻钢龙骨石膏板吊顶：石膏板与轻钢龙骨相结合，便构成轻钢龙骨石膏板。轻钢龙骨石膏板天花有纸面石膏板、装饰石膏板、纤维石膏板、空心石膏板条多种。从目前来看，使用轻钢龙骨石膏板天花作隔断墙的较多，而用来做造型天花的则比较少。
- 夹板吊顶：夹板，也称胶合板，具有材质轻、强度高、良好的弹性和韧性，耐冲击和振动、易加工和涂饰、绝缘等优点。它还能轻易地创造出弯曲的、圆的、方的等各种各样的造型吊顶。
- 方形镀漆铝扣吊顶：此种吊顶在厨房、厕所等容易脏污的地方使用，是目前的主流产品。
- 彩绘玻璃天花：这种吊顶具有多种图形图案，内部可安装照明装置，但一般只用与局部装饰。

按照设计手法来分，常见的吊顶设计手法有以下几种。

- 平板吊顶：此种吊顶一般是以PVC板、铝扣板、石膏板、矿棉吸音板、玻璃纤维板、玻璃等作为主要装修材料，照明灯卧于顶部平面之内或吸于顶上。此种类型的吊顶多适用于卫生间、厨房、阳台和玄关等空间。
- 异型吊顶：异型吊顶是局部吊顶的一种，使用平板吊顶的形式，把顶部的管线遮挡在吊顶内，顶面可嵌入筒灯或内藏日光灯，使装修后的顶面形成两个层次，不会产生压抑感。此种吊顶比较适用用于卧室、书房等房间。异型吊顶采用的云型波浪线或不规则弧线，一般不超过整体顶面面积的三分之一，超过或小于这个比例，就难以达到好的效果。
- 格栅式吊项：此种吊顶需要使用木材作成框架，镶嵌上透光或磨沙玻璃，光源在玻璃上面。这也属于平板吊顶的一种，但是造型要比平板吊顶生动和活泼，装饰的效果比较好。一般适用于餐厅、门厅、中厅或大厅等大空间，它的优点是光线柔和、轻松自然。
- 藻井式吊顶：藻井式吊顶是在房间的四周进行局部吊顶，可设计成一层或两层，装修后的效果有增加空间高度的感觉，还可以改变室内的灯光照明效果。这类吊顶需要室内空间具有一定的高度，而且房间面积较大。
- 局部吊顶：局部吊顶是为了避免室内的顶部有水、暖、气管道，而且空间的高度又不允许进行全部吊顶的情况下，采用的一种局部吊顶的方式。

另外，由于城市的住房普遍较低，吊顶后会使人感到压抑和沉闷。随着装修的时尚，无顶装修开始流行起来。所谓无顶装修就是在房间顶面不加修饰的装修。无吊顶装修的方法是，顶面做简单的平面造型处理，采用现代的灯饰灯具，配以精致的角线，也给人一种轻松自然的怡人风格。什么样的室内空间选用相应的吊顶，不但可以弥补室内空间的缺陷，还可以给室内增加个性色彩。

5.5.2 绘制吊顶装修图

这一节主要来学习绘制某三居室吊顶装修图。该三居室吊顶装修以简单、朴实为主。卧室、书房的吊顶抛开了错综复杂的吊顶造型，采用了白色乳胶漆直接涂刷的方法，使整个天花给人一种自然、简洁、大方的装饰效果；次卧室、餐厅的吊顶，则运用矩形与圆形，其硬朗的线条、工整的块面、简单的形状，无一不呈现出简约、现代的装修风格；厨房和卫生间的吊顶使用了铝扣板材质，易清洁，又大方，而灯具则选择了吸顶灯、射灯、筒灯和工艺吊灯等造型。另外，在卫生间的镜面上方还布置了日光灯带，以增强光照效果。在装饰材料的选择上主要使用了原木色材质、白色乳胶漆、硅钙板防水乳胶漆、铝扣板等。

吊顶装修图最终效果如图5-83所示。

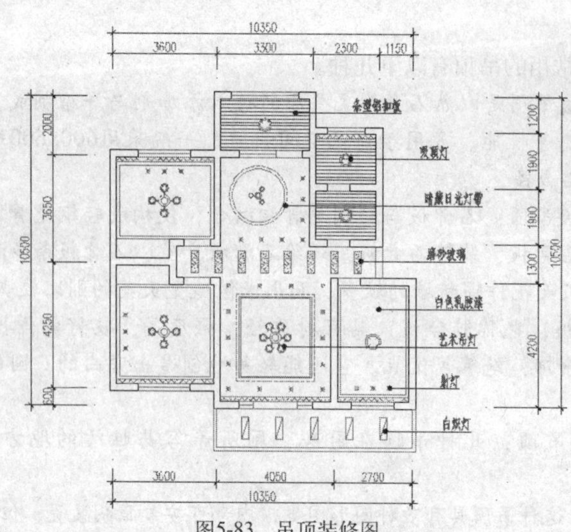

图5-83 吊顶装修图

✎ 操作步骤

1. 绘制吊顶轮廓图

Step 01 打开随书光盘中的文件“效果文件”\“第5章”\“室内布置图.dwg”作为当前图形文件。

Step 02 打开“图层特性管理器”面板，新建名称为“吊顶层”的新图层，并将该层设置为当前图层。

Step 03 在“图层控制”下拉列表中关闭“轴线层”、“剖面线”、“其他层”、“图块层”和“尺寸层”，然后在无命令执行的前提下，选择平面图中的文字注解和单开门，按Delete键将其删除，结果如图5-84所示。

Step 04 在无命令执行的前提下，选择所有窗线和下侧的阳台轮廓线，将其放入“吊顶层”，然后激活“直线”命令，在门洞位置绘制过梁底面的轮廓线，如图5-85所示。

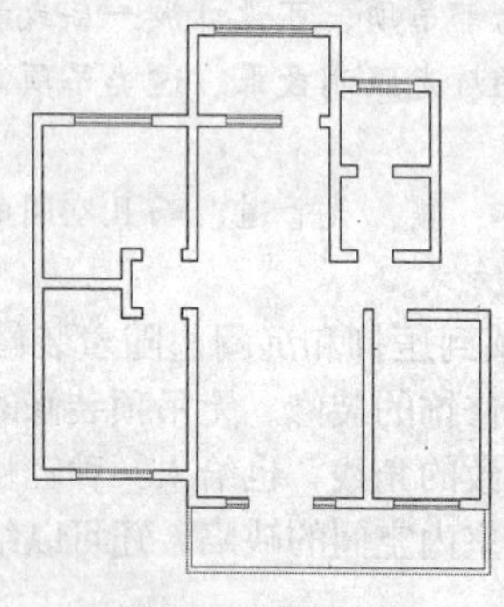

图5-84 删除结果

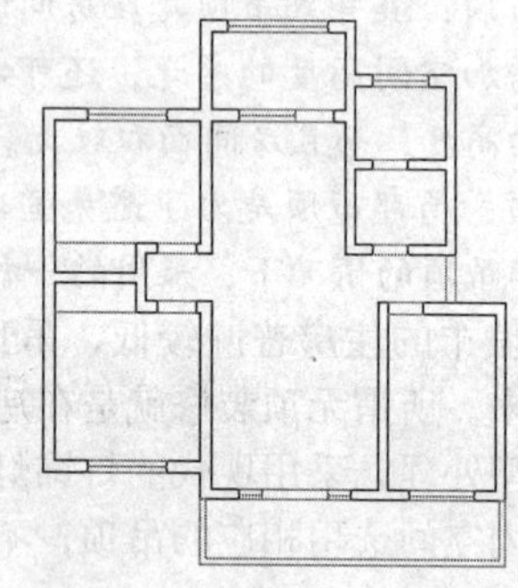

图5-85 创建天花墙体轮廓图

2. 绘制窗帘

Step 01 设置当前颜色为洋红色。

Step 02 激活“直线”命令，配合“自”功能，以次卧左上内墙角的点为参照点，以点“@0,-75”为基点，绘制水平线作为窗帘轮廓线，如图5-86所示。

Step 03 激活“偏移”命令，将窗帘轮廓线向下偏移75个绘图单位，作为窗帘盒轮廓线，然后执行菜单栏中的“格式”|“线型”命令，打开“线型管理器”对话框。

Step 04 单击 加载(L)... 按钮，在弹出的“加载或重载线型”对话框中选择“ZOGZAG”线型，同时设置其线型比例因子为10。

Step 05 关闭“线型管理器”对话框，在绘图区选择所绘制的窗帘轮廓线，在“特性”工具栏中修改窗帘的线型为加载的“ZOGZAG”线型，结果如图5-87所示。

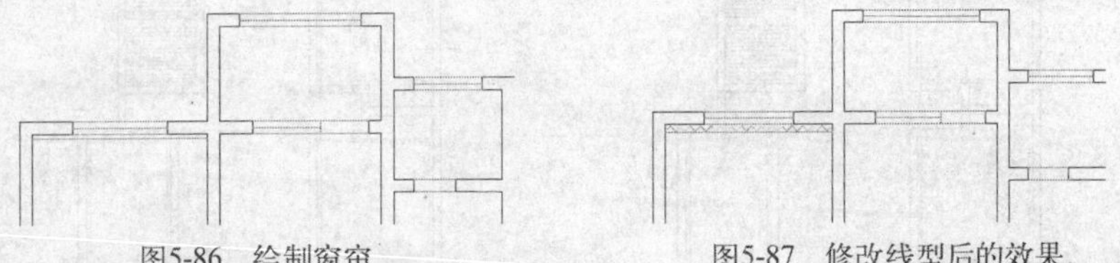

图5-86 绘制窗帘　　图5-87 修改线型后的效果

Step 06 参照上述操作步骤，综合“直线”和“偏移”等命令，分别绘制其他位置的窗帘及窗帘盒轮廓线，并修改窗帘线的线型，结果如图5-88所示。

3. 填充吊顶图案

Step 01 设置当前颜色为144号色，使用命令简写H激活“图案填充”命令，打开“图案填充和渐变色”对话框，在“类型”下拉列表中选择“用户定义”选项，设置“间距”为120，其他设置默认。

Step 02 单击“图案填充和渐变色”对话框中的“添加:拾取点”按钮返回绘图区，在厨房位置单击拾取填充区域，按Enter键返回“图案填充和渐变色”对话框，单击确定按钮确认，为厨房吊顶填充图案，如图5-89所示。

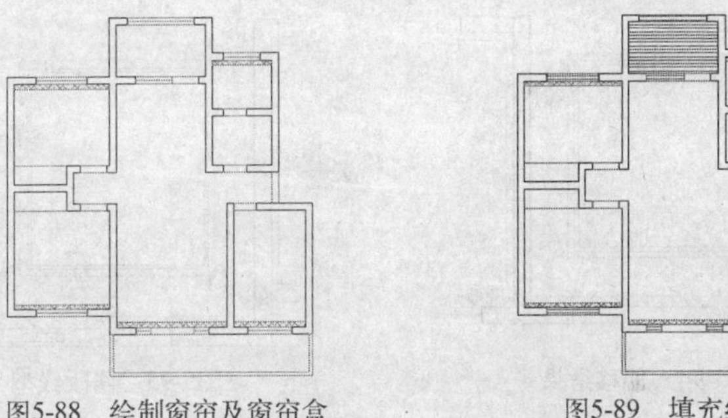

图5-88 绘制窗帘及窗帘盒　　图5-89 填充结果

Step 03 重复执行“图案填充”命令，使用相同的图案和参数，分别对卫生间和洗手间进行图案填充，结果如图5-90所示。

Step 04 将当前颜色恢复为随层，激活“矩形”命令，在次卧房间内沿着内墙线及窗帘盒绘制矩形。

Step 05 激活“偏移”命令，将绘制的矩形向内偏移100个绘图单位，同时删除源矩形，结果如图5-91所示。

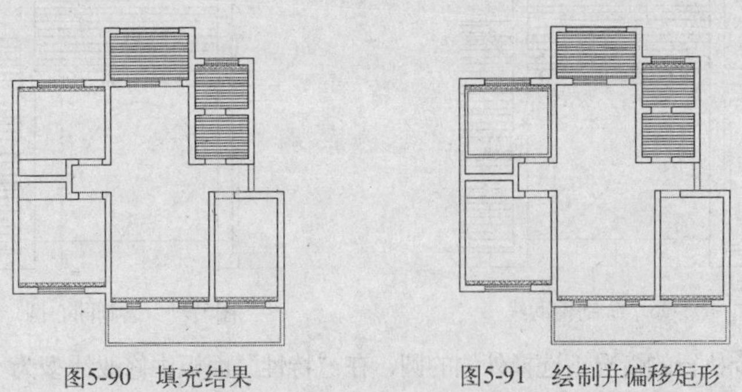

图5-90 填充结果　　图5-91 绘制并偏移矩形

Step 06 继续使用“矩形”和“偏移”命令，在主卧和书房内绘制吊顶轮廓，结果如图5-92所示。

4. 绘制灯带辅助线

Step 07 继续使用“矩形”命令，配合“端点”捕捉功能，以客厅墙体的A点和B点为矩形的对角点绘制辅助矩形，如图5-93所示。

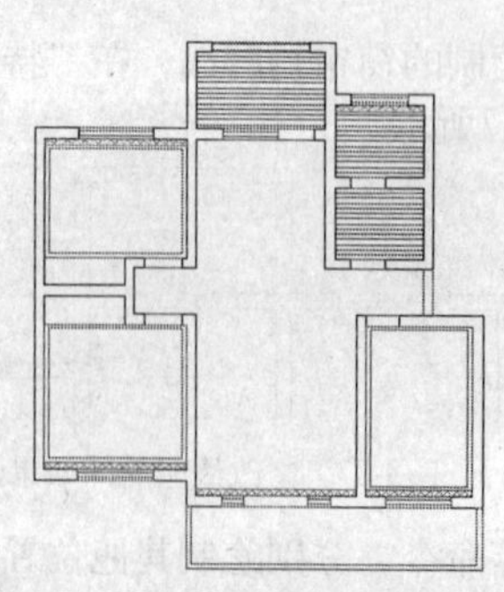

图5-92 绘制主卧和书房辅助线

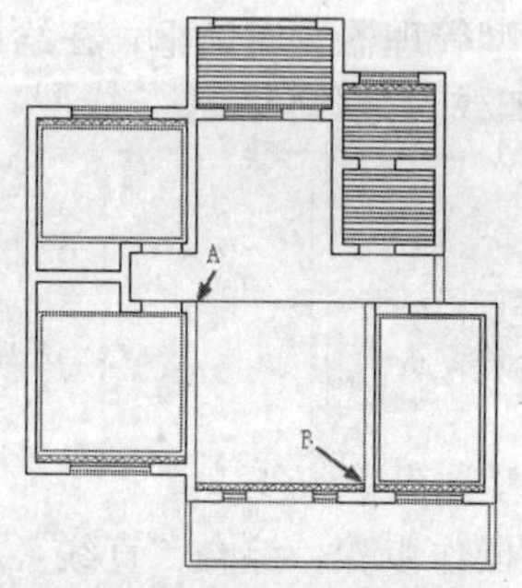

图5-93 绘制客厅辅助线

Step 08 激活“偏移”命令，首先将客厅辅助矩形向内偏移550个绘图单位，然后删除源矩形，再将偏移后的矩形向内偏移100和150个绘图单位，结果如图5-94所示。

Step 09 执行“线型”命令，在打开的“线型管理器”对话框中加载名称为“DASHED”的线型，并设置线型比例因子为10。

Step 10 在无命令执行的前提下，选择客厅中最外侧的矩形，在“特性”面板中修改矩形的线型为DASHED，结果如图5-95所示。

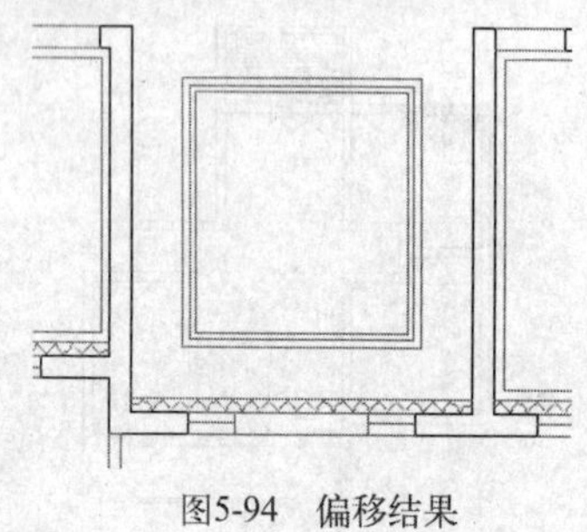

图5-94 偏移结果

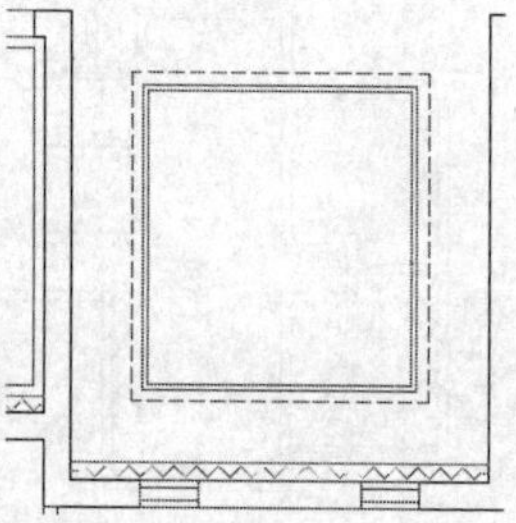

图5-95 修改线型

Step 11 激活“直线”命令，配合捕捉和追踪功能，根据图示尺寸在餐厅位置绘制3条直线段作为辅助线，如图5-96所示。

Step 12 激活“圆”命令，以倾斜直线的中点作为圆心，绘制半径分别为900和1000的同心圆，作为灯池和灯带轮廓线，如图5-97所示。

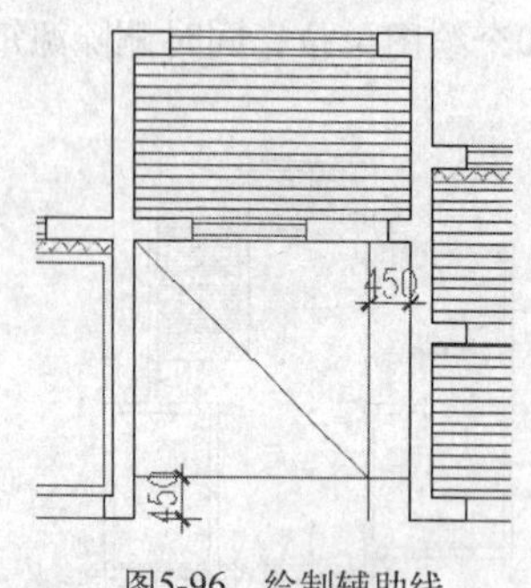

图5-96 绘制辅助线

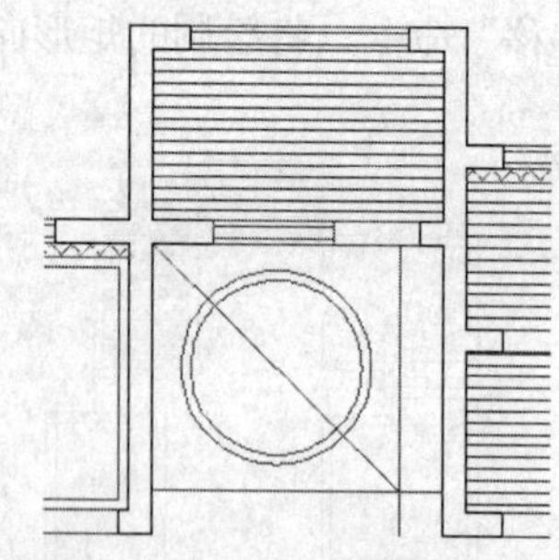

图5-97 绘制同心圆

Step 13 在无任何命令执行的情况下选择外侧的圆，在“特性”面板中修改线型为“DASHED”。

Step 14 删除倾斜的辅助线，然后将水平的辅助线向下位移225个绘图单位，将垂直的辅助线向右位移225个单位，结果如图5-98所示。

5. 插入灯具

Step 01 激活“插入块”命令，选择随书光盘中的文件“图块文件”\“艺术吊灯-01.dwg”，采用默认参数，配合“中点”捕捉和捕捉追踪功能将其插入到客厅灯带中间位置，如图5-99所示。

Step 02 继续使用“插入块”命令，将随书光盘中的文件“图块文件”\“艺术吊灯-02.dwg”插入到主卧吊灯内，结果如图5-100所示。

Step 03 使用“复制”命令，将主卧中的灯具复制到次卧中，然后重复执行“插入块”命令，配合“圆心”捕捉功能，为餐厅插入“艺术吊灯-03.dwg”图块文件，结果如图5-101所示。

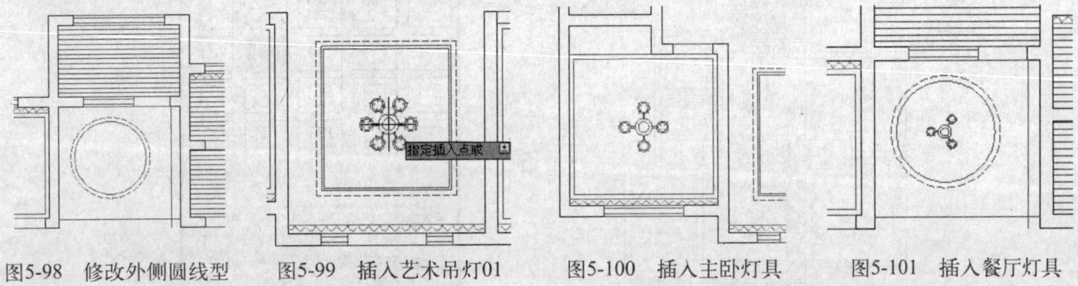

图5-98 修改外侧圆线型　图5-99 插入艺术吊灯01　图5-100 插入主卧灯具　图5-101 插入餐厅灯具

Step 04 继续激活“插入块”命令，选择随书光盘中的文件“图块文件”\“吸顶灯.dwg”，将其插入到书房吊灯位置。

Step 05 激活“复制”命令，配合捕捉和追踪功能，将书房中的吸顶灯分别复制到厨房、卫生间和洗手间内，结果如图5-102所示。

Step 06 选择厨房吊顶图案并右击，在弹出的快捷菜单中选择“图案填充编辑”命令，打开该对话框，展开隐藏面板，设置孤岛检测样式为“外部”，然后单击“添加:选择对象”按钮返回绘图区，选择厨房吸顶灯图块。

Step 07 按Enter键返回“图案填充编辑”对话框，单击 确定 按钮，对填充图案进行编辑。

Step 08 参照以上方法，分别对卫生间、洗手间和厨房吊顶图案进行编辑，结果如图5-103所示。

Step 09 继续使用“插入”命令，选择随书光盘中的文件“图块文件”\“白炽灯.dwg”，配合“中点”捕捉和追踪功能将其插入到阳台中间位置。

Step 10 激活“复制”命令，将插入的白炽灯图块分别向左和向右复制1200和2400个绘图单位，结果如图5-104所示。

Step 11 继续使用“插入”命令，选择随书光盘中的文件“图块文件”\“磨砂玻璃.dwg”，配合“端点”捕捉和“自”功能，以过道中的点A为参照点，以点“@505,150”为插入点将其插入。

Step 12 激活“阵列”命令，选择“矩形”阵列，并设置“行”为1、“列”为8、“行偏移”为1、“列偏移”为800，对磨砂玻璃进行阵列，结果如图5-105所示。

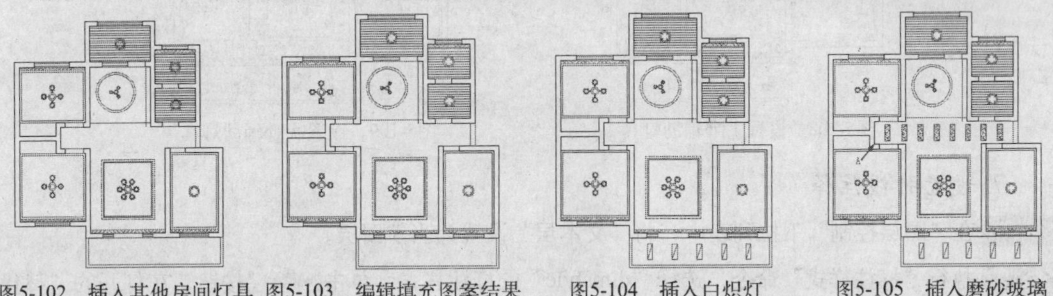

图5-102 插入其他房间灯具　图5-103 编辑填充图案结果　图5-104 插入白炽灯　图5-105 插入磨砂玻璃

6. 设置辅助灯具

Step 01 使用“偏移”命令，将客厅处的矩形灯带向外偏移275个绘图单位，并将偏移出的矩形分解。

Step 02 使用“直线”命令，配合“捕捉自”功能，以书房窗帘盒左端点为参照点，以点

“@0,220”为线的端点，在窗户上方绘制一条水平直线作为灯具定位辅助线1，然后使用“圆角”命令，对餐厅中的两条辅助线2和3进行圆角处理，结果如图5-106所示。

Step 03 执行菜单栏中的“格式”|“点样式”命令，在打开的“点样式”对话框中选择点标记符号，并设置其尺寸参数如图5-107所示。

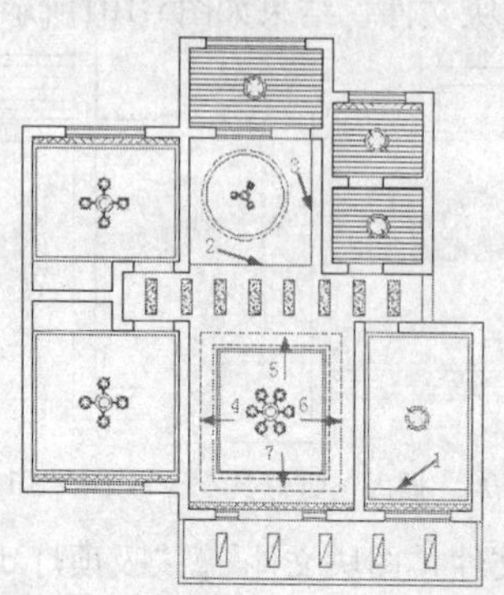

图5-106 绘制辅助线并圆角处理

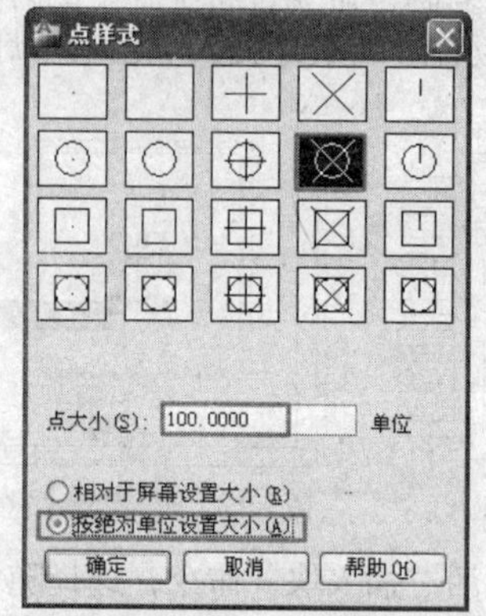

图5-107 设置点样式

Step 04 执行菜单栏中的“绘图”|“点”|“定数等分”命令，将辅助线1、2、3、4和6等分为4，将辅助线5和7等分为3，然后激活“多点”命令，配合“端点”捕捉功能，分别在各辅助线交点处绘制单点。

Step 05 将各位置的定位辅助线删除，然后激活“旋转”命令，将书房内的辅助线等旋转90°，并将其复制。

Step 06 设置“中点”和“节点”捕捉功能，激活“移动”命令，以旋转复制后的中间辅助灯的节点为基点，以主卧吊顶做垂直边的中点为参照点，以点“@220,0”为定位点，将旋转复制的辅助灯移动到主卧吊顶位置，如图5-108所示。

Step 07 激活“复制”命令，配合“节点”和“中点”捕捉功能，再次将书房内的辅助灯具复制到次卧吊顶位置，结果如图5-109所示。

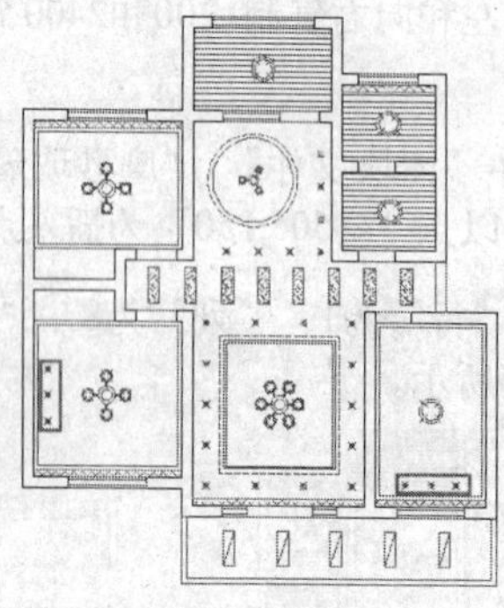

图5-108 设置主卧辅助灯具

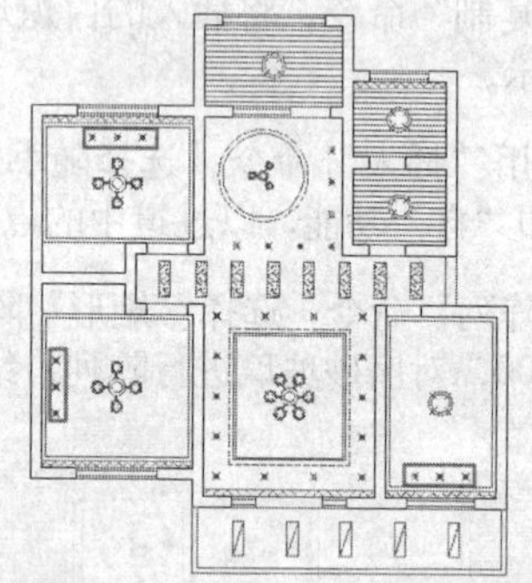

图5-109 设置次卧辅助灯具

7. 设置引线注释

Step 01 在“图层控制”下拉列表中，将“文本层”设置为当前图层。

Step 02 执行“标注样式”命令，选择“dimstyle”的标注样式，单击 替代(O)... 按钮，在打开的“替代当前样式:dimstyle”对话框中激活“文字”选项卡，设置“文字样式”为“汉字”、“文字颜色”为红色、“文字高度”为3.5，然后确认并关闭该对话框。

Step 03 使用命令简写LE激活“引线”线命令，在命令行“指定第一个引线点或[设置(S)]<设置>:”提示下输入S并按Enter键，打开“引线设置”对话框。

Step 04 在“引线设置”对话框中进入“引线和箭头”选项卡，设置“最大值”为2、“箭头”为“点”、“第1段”为“水平”、“第2段”为“任意角度”，其他设置默认。

Step 05 单击[确定]按钮关闭“引线设置”对话框，在命令行“指定第一个引线点或[设置(S)]<设置>:”提示下，在厨房吊顶区域内单击，拾取一点作为第一个引线点，在命令行“指定下一点:”提示下，水平向右移动光标，在适当位置拾取引线的第二个点。

Step 06 在命令行“指定文字宽度<0>:”提示下直接按Enter键，在命令行“输入注释文字的第一行<多行文字(M)>:”提示下再次按Enter键，打开“文字格式”编辑器。

Step 07 在“文字格式”编辑器中设置字体为“汉字”，设置文字高度为350，然后在文本输入框中输入“条形铝扣板”字样，单击[确定]按钮。

Step 08 按Enter键重复执行“引线”命令，设置引线参数不变，分别标注其他位置的引线注释。

Step 09 在“图层控制”下拉列表中打开关闭的“尺寸层”，完成吊顶图的绘制，最终效果如图5-83所示。

Step 10 使用“另存为”命令，将当前图形另名存储为“吊顶装修图.dwg”文件。

5.6 装修立面图及其作用

装修立面图也是室内装饰装潢设计中不可缺少的重要图纸，这一节主要来了解装修立面图的图示内容、形成方式以及绘制装修立面图的方法。

5.6.1 装修立面图的作用与形成方式

装修立面图主要用于表明建筑内部某一装修空间的立面形式、尺寸及室内配套布置等内容，其图示内容如下。

- 在装饰立面图中，具体需要表现出室内立面上各种装饰品，如壁画、壁挂、金属等的式样、位置和大小尺寸。
- 在装饰立面图上还需要体现出门窗、花格、装修隔断等构件的高度尺寸和安装尺寸以及家具和室内配套产品的安放位置和尺寸等内容。
- 如果采用剖面图形表示的装饰立面图，还要表明顶棚的选级变化以及相关的尺寸。
- 最后有必要时需配合文字说明其饰面材料的品名、规格、色彩和工艺要求等。

装修立面图的形成，规纳起来主要有以下三种方式。

（1）假想将室内空间垂直剖开，移去剖切平面前的部分，对余下的部分作正投影而成。这种立面图实质上是带有立面图示的剖面图。它所示图像的进深感比较强，并能同时反映顶棚的选级变化。但此种形式的缺点是剖切位置不明确（在平面布置上没有剖切符号，仅用投影符号表明视向），其剖面图示安排较难与平面布置图和顶棚平面图应。

（2）假想将室内各墙面沿面与面相交处拆开，移去暂时不予图示的墙面，将剩下的墙面及其装饰布置，向铅直投影面做投影而成。这种立面图不出现剖面图像，只出现相邻墙面及其上装饰构件与该墙面的表面交线。

（3）设想将室内各墙面沿某轴阴角拆开，依次展开，直至都平等于同一铅直投影面，形成立面展开图。这种立面图能将室内各墙面的装饰效果连贯地展示在人们眼前，以便人们研究各墙面之间的统一与反差及相互衔接关系，对室内装饰设计与施工有着重要作用。

5.6.2 绘制卧室装修立面图

这一节来绘制卧室装修立面图，学习立面图的绘制方法和绘制技巧。卧室装修立面图最终效果如图5-110所示。

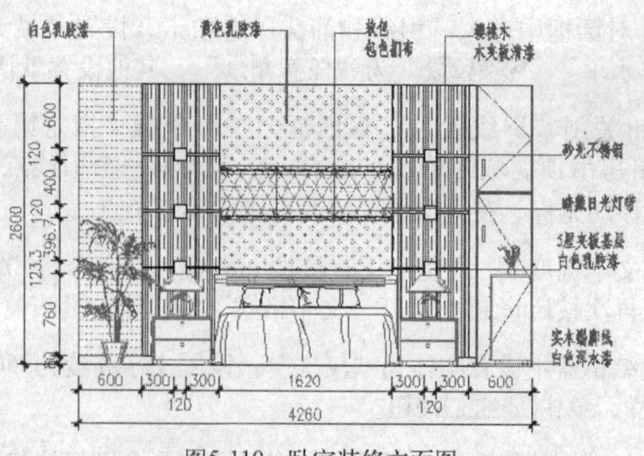

图5-110　卧室装修立面图

操作步骤

1. 绘制轮廓图

Step 01 调用随书光盘中的文件"样板文件"\"装饰装潢绘图模板.dwt"。

Step 02 在"图层控制"下拉列表中，将"轮廓线"设置为当前图层。

Step 03 激活"矩形"命令，在绘图区绘制长度为4260、宽度为2600的矩形作为主体轮廓，然后使用"分解"命令将矩形分解为4条独立的线段。

Step 04 激活"偏移"命令，根据图示尺寸将矩形的垂直边向内偏移，创建立面图纵向定位轮廓线，如图5-111所示。

Step 05 重复执行"偏移"命令，将下侧的水平边向上偏移80和840个绘图单位，结果如图5-112所示。

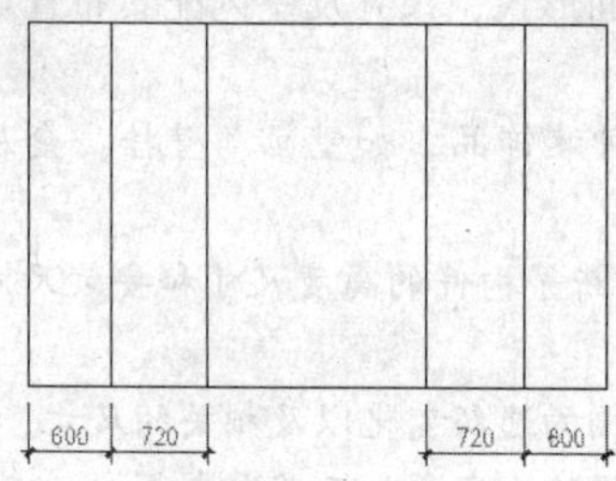

图5-111　偏移垂直边

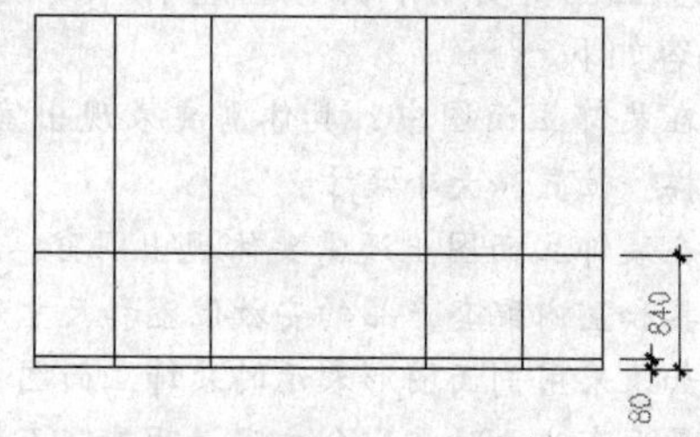

图5-112　偏移水平边

Step 06 使用命令简写TR激活"修剪"命令，对偏移后的各图线进行修剪，以修剪出卧室墙面轮廓线，结果如图5-113所示。

Step 07 使用命令简写O激活"偏移"命令，将修剪后的水平轮廓线向上偏移40个绘图单位，然后激活"复制"命令，将这两条水平轮廓线依次沿y轴正方向复制500和960个绘图单位，结果如图5-114所示。

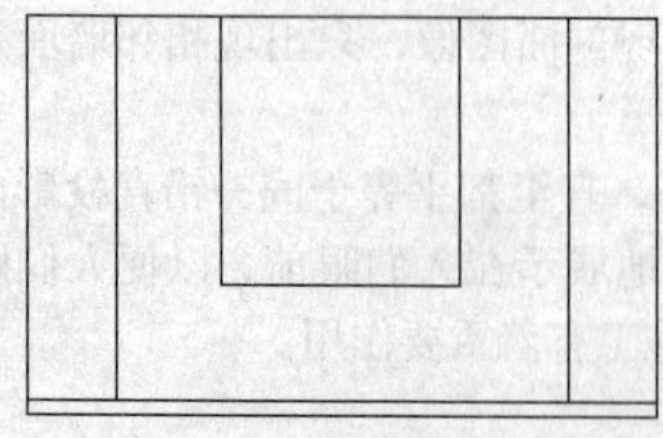

图5-113　修剪结果

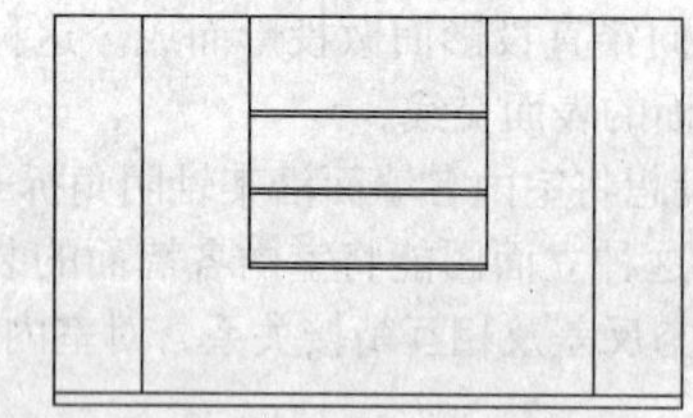

图5-114　偏移和复制结果

Step 08 执行菜单栏中的"绘图"|"多线"命令，设置"比例"为20，配合"自"功能，以如图5-115所示的点A为参照点，以"@0,-660"为基点，绘制长度为720的水平多线。

Step 09 激活“正多边形”命令，配合“两点之间的中点”功能，分别捕捉所绘制的多线上侧边和下侧边的中点，绘制外切于圆、边长为120的正四边形，结果如图5-115所示。

Step 10 使用命令简写TR激活“修剪”命令，以正四边形作为修剪边界，将位于正四边形内部的多线修剪掉，结果如图5-116所示。

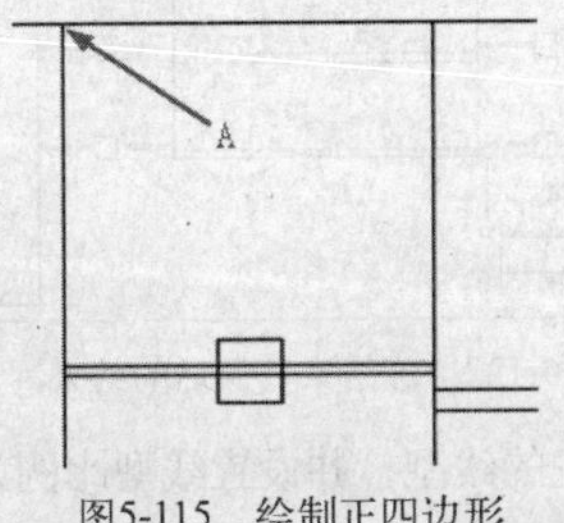

图5-115 绘制正四边形

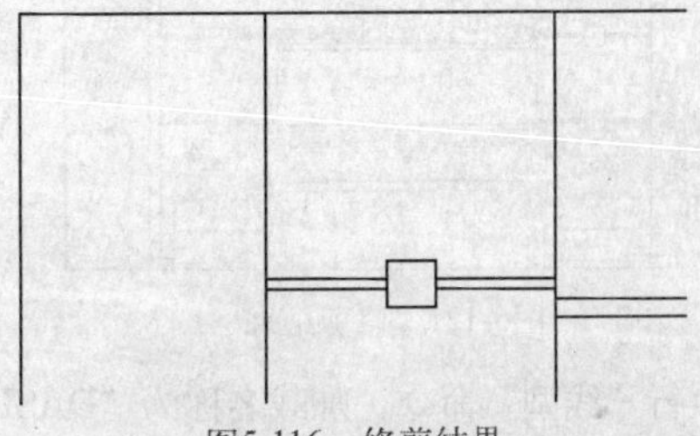

图5-116 修剪结果

Step 11 激活“复制”命令，将正四边形和多线进行多重复制，基点为任意一点，目标点为“@0,-520”和“@0,-1040”，复制结果如图5-117所示。

Step 12 激活“镜像”命令，配合“中点”捕捉功能，将多线和正四边形镜像复制到轮廓线右边位置，结果如图5-118所示。

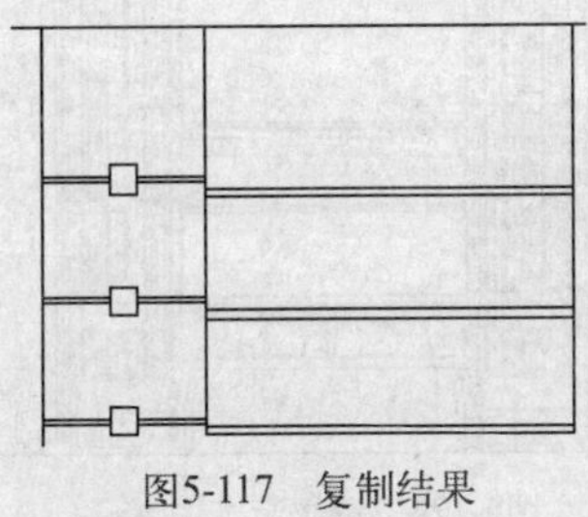

图5-117 复制结果

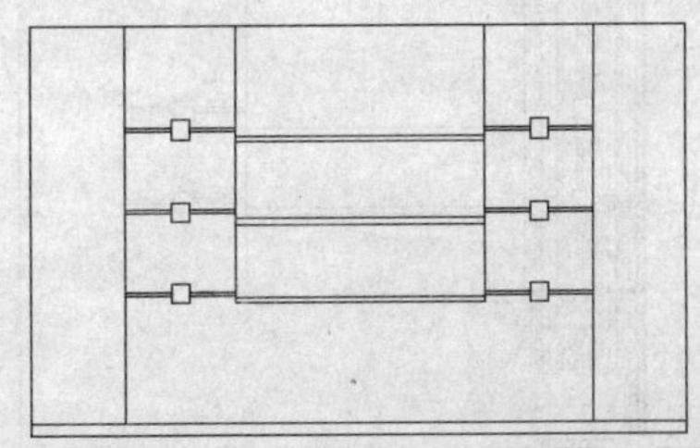

图5-118 镜像结果

2. 绘制构件

Step 01 将“家具层”设置为当前层，激活“插入”命令，配合“中点”捕捉功能，将随书光盘中的文件“图块文件”\“立面床.dwg”插入到如图5-119所示的位置。

Step 02 重复执行“插入”命令，分别插入随书光盘“图块文件”目录下的“床头柜01.dwg”、“台灯.dwg”、“侧面衣柜.dwg”、“立面植物01.dwg”、“矮柜立面图.dwg”、“花-3.dwg”和“软包.dwg”图例，结果如图5-120所示。

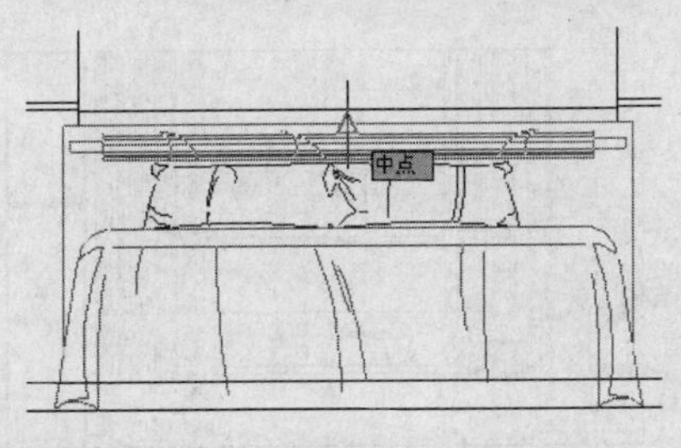

图5-119 插入立面床

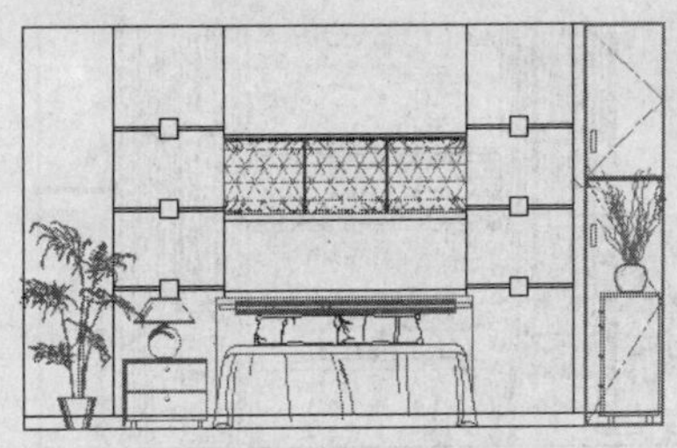

图5-120 布置其他图例

Step 03 激活“镜像”命令，将床头柜和台灯立面图例镜像到床的右边位置，然后使用“修剪”命令将被遮挡住的踢脚线修剪掉，结果如图5-121所示。

3. 绘制装饰线

Step 01 新建名称为“装饰线”的图层，并将此图层设置为当前操作层。

Step 02 修改左侧的床头柜和台灯图层为“装饰线”层，然后使用画线工具沿着立面床与床头柜之间的位置上画线，以封闭填充区域，然后冻结“家具层”，结果如图5-122所示。

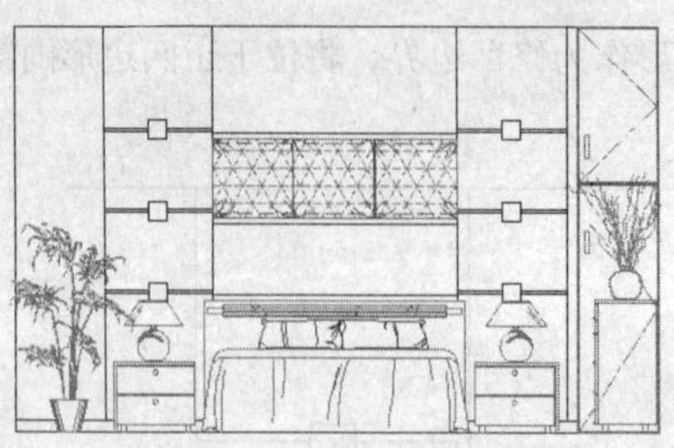
图5-121 修剪结果

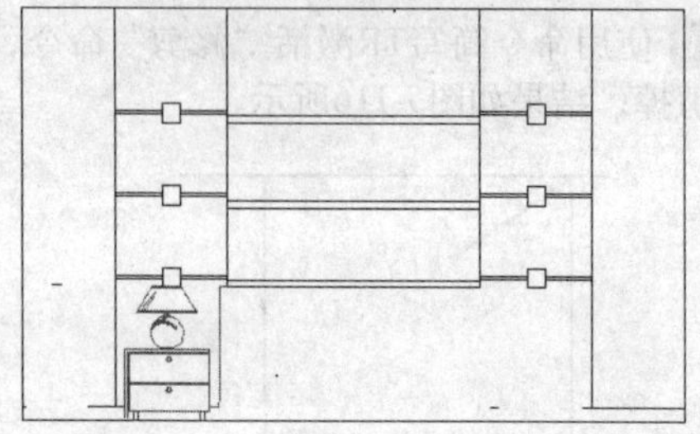
图5-122 冻结家具层后的结果

Step 03 执行“线型”命令，加载名称为“DASHED”和“DOT”的线型，并设置线型比例为100。

Step 04 将“DASHDE”线型设置为当前线型，激活“图案填充”命令，选择 “CLAY”的图案，设置“角度”为90，“比例”为25，为立面图左边墙面填充装饰图案，结果如图5-123所示。

Step 05 激活“镜像”命令，配合“中点”捕捉功能将填充图案镜像到右面墙面位置，然后解冻“家具层”，结果如图5-124所示。

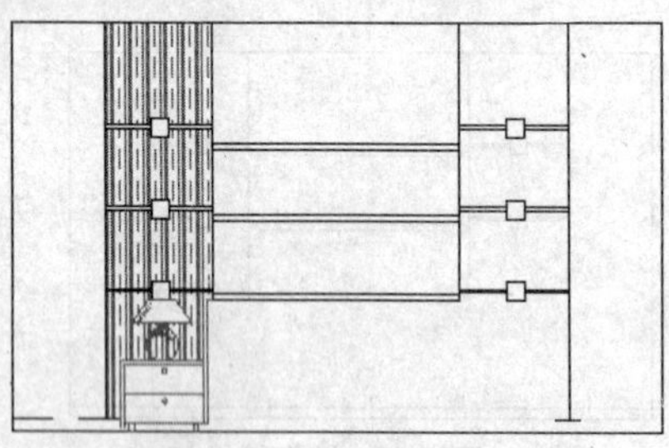
图5-123 填充装饰图案

图5-124 镜像装饰图案

Step 06 在“线型控制”下拉列表中将“TOT”线型设置为当前线型，再次激活“图案填充”命令，选择“CROSS”图案，设置“角度”为0，“比例”为10，继续为立面图中间墙面填充装饰图案，结果如图5-125所示。

Step 07 将“家具层”冻结，将当前颜色设置为132号色，再次激活“图案填充”命令，选择“BRASS”图案，设置“角度”为90，“比例”为20，为立面图左边墙面填充装饰图案，然后解冻“家具层”，立面图填充效果如图5-126所示。

图5-125 填充图案

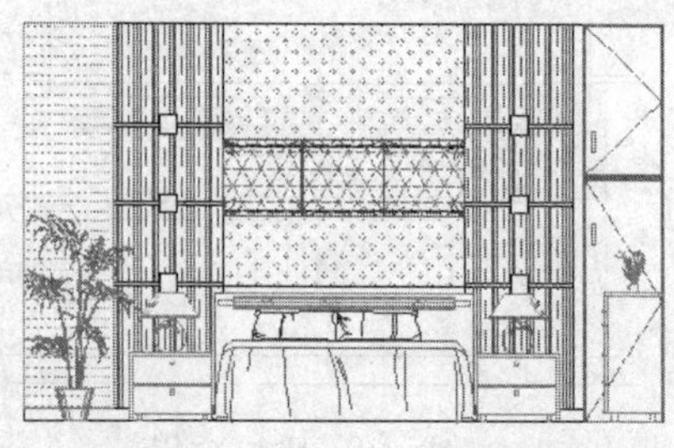
图5-126 立面图填充结果

4. 标注材质说明

Step 01 在“图层控制”下拉列表中，将“文本层”设置为当前图层。

Step 02 使用命令简写ST激活“文字样式”命令，在弹出的“文字样式”对话框中，设置“仿宋体”为当前文字样式。

Step 03 使用命令简写PL激活“多段线”命令，绘制如图5-127所示的多段线作为文本注释的指示线。

Step 04 执行菜单栏中的“绘图”|“文字”|“单行文字”命令，设置“左中”对正方式，设置文字高度为120，在如图5-128所示的指示线右端输入“砂光不锈钢”文字。

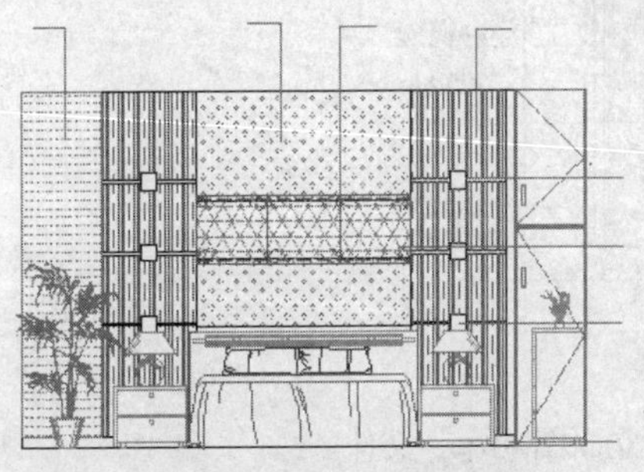
图5-127 绘制指示线

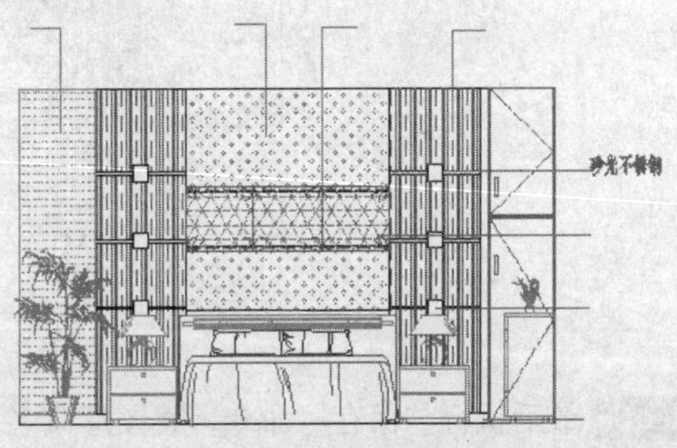

图5-128 输入注释文字

Step 05 重复执行“单行文字”命令，设置对正方式、文字高度及旋转角度不变，分别标注其他位置的文字注释，结果如图5-129所示。

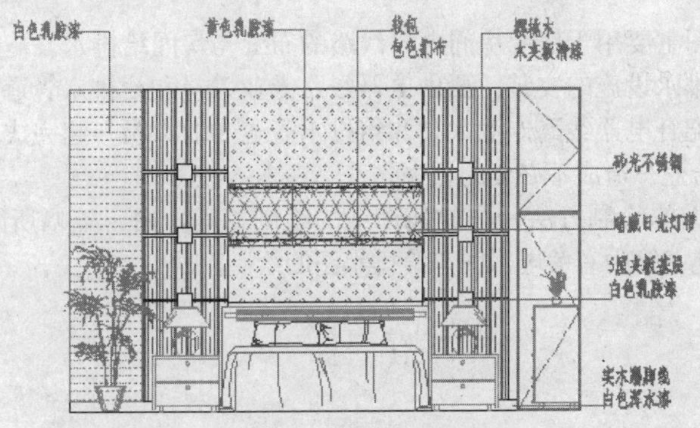

图5-129 标注材质说明

5. 标注C立面尺寸

Step 01 在“图层控制”下拉列表中，将“尺寸层”设置为当前图层。

Step 02 在“标注样式控制”下拉列表中，将“建筑标注”设置为当前尺寸样式，并设置尺寸标注的全局比例为35。

Step 03 执行菜单栏中的“标注”|“线性”命令，配合捕捉与追踪功能标注如图5-130所示的线性尺寸作为基准尺寸。

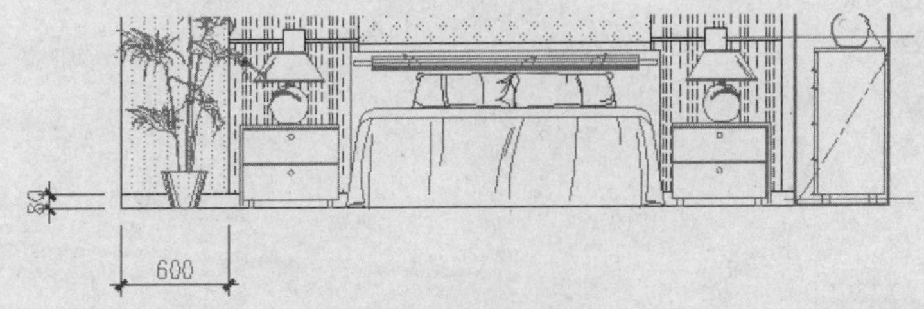

图5-130 标注线性尺寸

Step 04 执行菜单栏中的“标注”|“连续”命令，配合捕捉功能标注连续尺寸，然后使用“编辑标注”命令对重叠的尺寸进行调整。

Step 05 继续使用“线性标注”命令标注总尺寸，完成立面图尺寸的标注，最终效果如图5-131所示。

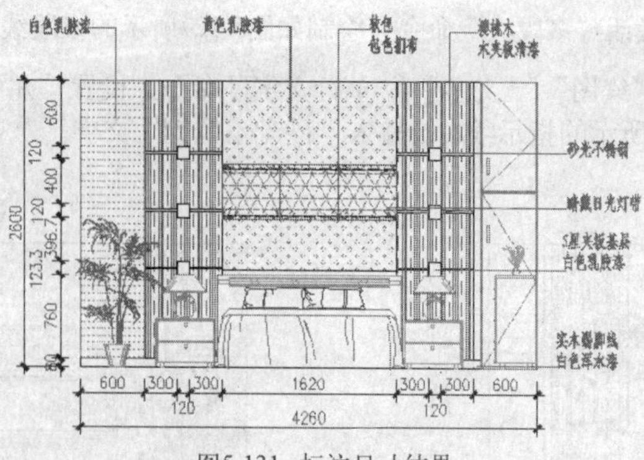

图5-131　标注尺寸结果

Step 06 最后执行“保存”命令，将图形命名存储为“装修立面图.dwg”文件。

5.7　电气图与给排水图

电气图与给排水图主要用于标明房间电器线路的布置与房间给排水设施的安装等，室内电器线路的布置与室内给排水设施的安装，要由电器线路专业人员和给排水管道专业人员来进行，作为室内设计人员，要配合电器线路专业人员和给排水管道专业人员一起完成，切不可自行安装，以免留下安全隐患，给业户造成不必要的损失。

电气图与给排水图的绘制方法，与其他图纸的绘制相同，由于篇幅所限，在此不再详细讲解，读者可以参阅其他书籍中有关电器图与给排水图的绘制。

Chapter 06

住宅建筑室内装饰装潢设计

在建筑室内装饰装潢设计中，住宅空间设计主要是针对室内居住环境的设计，即家装设计或住宅空间设计。住宅空间不同于其他的室内空间，住宅空间是人们生活的重要场所，它不仅为人们提供了工作之外的休息、学习和生活的空间，同时也是人们心灵的避风港，是具有一定私密性的特殊空间，在室内装饰装潢设计中有着特殊地位。本章主要来了解住宅空间设计的相关知识。

重点知识导读

- 住宅建筑空间设计概述
- 住宅建筑空间设计的内容
- 住宅建筑空间设计的风格
- 住宅建筑空间设计的特点

6.1 住宅建筑空间设计概述

住宅建筑空间设计是主要针对人居室内环境的设计，也叫家装设计。家装设计是在住宅建筑的基础上，根据居住者的要求，结合相关行业标准，运用现代物质技术手段，对住宅空间内部进行一系列的装饰设计，以创造功能更合理、环境更优美、生活和工作更舒适的住宅室内环境。这一节主要来了解住宅建筑空间设计的原则与相关要求。

6.1.1 住宅建筑空间设计的目的

在经济不发达的时期，住宅建筑空间首先要满足于“吃住”的基本要求，但随着人们物质水平的不断提高，人们开始追求精神享受，此时住宅建筑空间的意义已不仅仅限于“吃住”的基本要求，而更追求其功能合理、环境优美、舒适、生活便利等多方面的需求。住宅空间设计的目的就是使原来仅仅满足“吃住”的室内空间环境不仅能满足这些基本要求，同时还要能满足人们物质和精神生活需要，要使室内环境更能反映居住者的个人品味、文化修养与艺术涵养等，为居住者营造一个舒适、温馨、惬意的居住环境。

总体来说，住宅建筑空间设计的目的就是为了创造满足人们不同的行为需求，在住宅内部空间进行的内部空间组织和创造活动。

6.1.2 住宅建筑空间设计的原则要求

住宅建筑空间设计其实就是对“家”的设计，“家”是人们在奔波劳累之后的一个休息场所，是一个完全属于私人的私密空间。基于“家”所具有的私密性、分散性和个性化特点，在进行家装室内设计时，要满足以下原则要求。

（1）满足使用功能的原则和要求

住宅空间设计要以人为本，要以创造良好的室内空间环境为宗旨，把满足人们在室内的生活、工作、休息的要求置于首位，以使室内环境合理化、舒适化、科学化为前提，切忌赶潮流、追时髦而不考虑使用功能要求。

（2）满足空间布局、通风、采光的原则要求

住宅空间设计满足空间布局要求，要考虑主人的活动规律，处理好空间关系、空间尺寸、空间比例等，合理配置陈设与家具，妥善解决室内通风，采光与照明等。

（3）满足精神功能的原则要求

住宅空间设计在考虑使用功能要求的同时，还必须考虑精神功能的要求。室内空间设计的精神就是要为主人营造一个舒适、安逸的生活和休息的空间环境，使其能影响主人的情感，使其有恬静、惬意的精神享受。所以在进行设计前，要多和主人进行沟通、交流，要研究主人的喜好、品味和精神世界，同时要研究人和环境的相互作用，最终运用各种现代技术手段营造一个理想的住宅空间环境，从而达到预期的设计效果。

（4）满足现代技术的原则要求

住宅空间设计要最大限度地融合现代科学技术元素和最新技术成果，使人们能充分享受到现代科学技术成果带给人们的便利与舒适，这样才能使置身室内的人们的精神得到最大的满足和享受。

（5）满足美学与艺术创新的原则要求

住宅空间设计要满足美学与艺术创新要求，还要协调好室内空间的创新和结构造型的创新，充

分考虑结构造型中美的形象，把艺术和技术融合在一起，只有这样，才能设计出既能满足日常生活、工作的需要，又不失艺术美的空间环境。因此，室内设计者除了具备必要的艺术修养，同时也必须具备必要的结构类型知识，熟悉和掌握结构体系的性能、特点等。

(6) 满足主人个性特点的原则要求

住宅空间设计除了在最大程度上满足日常生活起居的基本要求的同时，要根据不同人群的文化修养、兴趣爱好、审美情趣等进行独居特色的设计，使住宅空间真正体现出居住者自己的品味与涵养。

(7) 满足统一与和谐的变化要求

住宅空间设计要注意在强调局部富于变化的同时，还要考虑整体趋于和谐，在求“同”存“异”的基础上，做到变化中求统一，在丰富与简洁、对比与协调、实与虚等矛盾间达到理性的均衡，而不能一味地追求新、奇、变，最终使住宅空间失去了“家”的真正意义。

(8) 符合地域特点与民族风格要求

我国是一个多民族国家，各民族聚居在祖国各地，他们又有自身的生活习惯、地域特点、文化传统等，因此，对于各民族在建筑风格、室内设计方面也有所不同。住宅空间设计中要兼顾各自不同的风情特点，以体现出民族风格和地区特点。

6.2 住宅建筑空间设计的内容

住宅建筑空间组织其实就是指对室内的布置，设计师首先需要对原有建筑设计的意图充分理解，并对建筑物的总体布局、功能分析、人流动向以及结构体系等有深入的了解，然后再对室内空间予以完善、调整或再创造。

基于住宅建筑空间设计的目的，住宅建筑空间设计的内容包括住宅建筑空间界面设计、住宅建筑空间家具设计、住宅建筑空间织物设计、住宅建筑空间陈设设计、住宅建筑空间色彩设计、住宅建筑空间照明设计和住宅建筑空间绿化设计等内容。本节主要来了解住宅建筑空间设计的相关内容。

6.2.1 住宅建筑空间界面设计

住宅建筑空间界面是指对室内空间的各种围合，包括地面、墙面、顶面，住宅空间界面设计是对各界面的处理，包括铺装材质、涂料、色彩、顶面形状以及角线，界面肌理构成、界面和结构的连接构造、界面通风、供水、用电等管线设施的协调配合等方面的处理，它是确定室内环境基本形体和风格的设计，住宅空间界面设计要以物质功能和精神功能为依据，考虑相关的客观环境因素和主观的身心感受。

图6-1 小客厅界面设计

如图6-1所示的小客厅界面设计中，地面铺装实木地板，顶面采用局部石膏板吊顶装修，墙面和顶面大面积采用环保白色乳胶漆涂层，而另一侧墙面则安装大开间落地玻璃窗，最大限度地接收阳光的照射。这种界面设计营造了一个简洁、明亮、舒适的居住空间。

6.2.2 住宅建筑空间家具设计

家具是住宅建筑空间设计中的一个重要组成部分，家具与住宅空间环境形成一个有机的统一整体空间，为人们的日常工作和生活提供便利。

家具在住宅建筑空间环境中有以下作用。

（1）家具为人们的日常工作、生活行为提供必要的支持和方便。如图6-2所示的小卧室住宅空间中，休闲沙发为主人提供了坐的支持和便利，而床则为主人提供了睡眠和休息的支持和便利。

图6-2　小卧室内的家具

（2）通过家具来组织、分割和限定空间。如图6-3所示，居室中设置沙发、茶几等家具，限定了该居室空间是用于待客、休息、聊天的场所，而居室中设置床等家具，则限定了该居室空间是用于供主人睡觉休闲的场所。

图6-3　居室内的家具

（3）家具能装饰渲染气氛，陶冶审美情趣。如图6-4所示，卫生间独居个性的洁具设计，营造了一个富有情趣、浪漫、独具个性的洗漱空间。

（4）家具反映文化传统，表达个人信息。如图6-5所示，书房搁物架上的瓷器、装饰画和电脑桌等，都反映了主人的文化修养和思想境界。

图6-4　卫生间内的家具

图6-5　书房内的家具

最后需要说明的是，在设计家具时需要考虑人的行为方式、人体工效学、功能性、形态、工艺与技术、经济等多方面的因素。

6.2.3 住宅建筑空间织物设计

织物作为一种生活用品，已经渗透到居室空间设计的方方面面，成为了居室空间设计中不可缺少的元素，例如地毯、窗帘、家具的蒙面织物、陈设覆盖织物、靠垫、壁挂等，其材质多为棉麻纤维。织物不仅具有实用性，同时可以对室内的气氛、格调、意境等起到调节作用。具体来说，织物在室内的作用主要体现在以下三方面。

第一是实用性，实用性是织物在室内的主要作用，如图6-6所示客厅中的窗帘以及沙发蒙面、靠垫蒙面等均使用织物。

第二是分隔性，使用织物来对空间进行分割，使其形成具有一定私密性的单独空间，这种分隔其实是一种可变空间，去掉织物，空间也会发生变化。最典型的是布帘，如图6-7所示的卫生间中使用布帘来分隔空间。

图6-6 织物的实用性

图6-7 织物的分隔性

第三是装饰性，使用织物进行室内装饰，是现代室内设计中最常用的表现手法，最典型的有挂毯、挂画以及各种衬布等。如图6-8所示，小卧室墙壁上的挂毯和床上的衬布，为卧室增添了温馨、浪漫的色彩。

6.2.4 住宅建筑空间陈设设计

陈设设计是住宅空间室内设计中不可缺少的一项内容，室内陈设品多种多样，主要有古玩瓷器、毛绒玩具以及使用其他材质制作的各种挂件、各种摆件以及盆景、插花等。陈设品放置的方式主要有壁面装饰陈设、台面摆放陈设、橱架展示陈设和空中悬吊陈设4种。

室内陈设品的布置原则主要有以下几个方面。

一是满足布景要求，可在适当的、必要的位置摆放。例如在卧室的窗台、客厅的电视柜以及床头等位置适当摆放一些陈设品，以增添室内景色，满足室内布景效果。如图6-9所示，儿童房墙面悬挂的相框、床架位置摆放的布绒玩具以及盆栽花卉等，这些陈设品既可填补界面的空白，满足布景要求，同时也为儿童房增添了许多天真、活泼的气息。

图6-8 织物的装饰性

图6-9 陈设品的布景作用

二是构图要求。我们知道，现在大多数的房间大部分是矩形空间，这种空间有时会给人一种四平八稳的感觉，显得太呆板，为了打破这种太规则的空间，可以通过摆放陈设品使太过规则的空间不规则，达到构图要求。

三是功能要求，这是一种最常见的陈设，这种陈设不仅增添了房间的生活气息，同时具有一定的实用性和观赏性。如图6-10所示，客厅茶几上陈设的茶具、插花等，既满足了使用功能的要求，同时也具有一定的观赏性。

图6-10　满足功能要求的陈设品

四是动态要求，这种陈设较少使用，主要是视季节性或具体的情况增减和调整一些陈设品。

6.2.5 住宅建筑空间色彩设计

在住宅空间设计中，色彩占有相当大的比例，色彩可以强烈而直接地影响人的感觉。在设计中较好地运用色彩，不仅对视觉环境产生影响，还会对人们的情绪和心理产生影响。总体来说，色彩在住宅空间中的作用有以下几个方面。

（1）色彩的物理作用

色彩的物理作用是指通过人的视觉系统所带来的物理性能上的一系列主观感觉的变化。它又分为温度感、距离感、体量感和重量感4种主观感受，具体如冷热、远近、轻重、大小等。例如客厅的色彩宜用浅黄、浅绿等较具亲和力的浅色进行装修，以增加主客之间的亲和力。

（2）色彩的心理作用

色彩的心理作用主要表现在它的悦目性和情感性两个方面，它可以给人以美感，引起人的联想，影响人的情绪，因此它具有象征的作用，如兴奋、热情、消沉、抑郁、镇静等。例如医务工作者常会看到红色的鲜血，这会使医务工作者的心理产生极大的惶恐感，为了调节医务人员的心理作用，使他们心理能平静，在医院的装修中常用白色、中性色或浅绿色。

（3）色彩的生理作用

色彩的生理作用主要表现在对人的视觉本身的影响，同时也对人的脉搏、心率、血压等产生明显的影响。因此，卧室常采用乳白、淡蓝等侧重安静感的色彩进行装修。

（4）色彩的光线调节作用

不同的色彩具有不同的光线反射率，因此，色彩对光线的强弱有着较大的影响。一般情况下，狭小的空间或书房等对光线的亮度要求较高的空间，宜采用乳白色等对光线折射率较高的颜色进行装修，以获得较明亮的空间效果。

（5）色彩的点缀作用

住宅空间如果大量使用单一色彩，势必会使居住者心情过于平淡、沉静，甚至郁闷，脾气暴躁，同时也会使整个住宅空间缺少生活气息和活力。为了打破这种平淡无奇的生活环境，可以使用不同的色彩进行适当的点缀，以增添一些生活乐趣。如图6-11所示为客厅大面积使用白色与采用色彩点缀后的装饰效果比较。

图6-11　色彩点缀效果比较

另外，室内色彩设计不仅仅只是各界面的色彩设计，还应包括各家具的色彩设计，使其与各界面的色彩协调、形成一个统一的整体，营造一个温馨、舒适的生活空间。如图6-12所示，女孩房间中的家具采用淡雅的天蓝色与白色搭配设计，很符合女孩的心理特点，而在右图的小卧室中，家具色彩使用了橙色与白色搭配进行设计，使小卧室更感温馨和浪漫。

图6-12 住宅空间家具色彩设计

总之，在住宅空间色彩设计中，不同的界面和家具采用的色彩各不相同，甚至同一界面和家具也可以采用几种不同的色彩，如何使不同的色彩交接自然，这是一个很关键的问题，一般情况下，可遵循以下原则。

墙面与顶棚：墙面是室内面积较大的界面，色彩可以明快、淡雅为主，而顶棚是室内空间的顶盖，一般采用明度高的色彩，以免产生压抑感。

墙面与地面：地面的明度可以设计得较低，这样使整个地面具有较好的稳定性，而墙面的色彩较亮，这时可以设置踢角来进行色彩的过渡。

如图6-13所示为客厅墙面、顶棚与地面的色彩设计效果和餐厅墙面、顶棚与地面的色彩设计效果。

图6-13 墙面、顶棚和地面的色彩设计效果

6.2.6 住宅建筑空间照明设计

住宅空间照明包括自然光照明和人工光照明两种，光照除了能满足正常的工作、生活的采光、照明要求外，光照和光影效果还能有效地起到烘托室内环境气氛的作用。没有光也就没有空间、没有色彩、没有造型了，光可以使室内的环境得以显现和突出， 光影给居室带来了生命，加强了空间的容量和感觉，同时，光影的质和量也对空间环境和人的心理产生影响。

自然光可以向人们提供室内环境中时空变化的信息，可以消除人们在六面体内的窒息感，它随着季节、昼夜的不断变化，使室内生机勃勃，而人工照明可以恒定地描述室内环境，随心所欲地变换光色明暗。如图6-14所示为客厅自然光照明和人工光照明的效果比较。

图6-14 自然光照明和人工光照明

人工照明在室内设计中主要有光源组织空间、塑造光影效果、利用光突出重点、光源演绎色彩等作用，其照明方式主要有整体（普通）照明、局部（重点）照明、装饰照明、综合（混合）照明，如图6-15所示为客厅局部（重点）照明和装饰照明。

另外，人工照明的安装方式可分为台灯、落地灯、吊灯、吸顶灯、壁灯、嵌入式灯具、投射灯等。

图6-15 客厅局部照明和装饰照明

6.2.7 住宅建筑空间绿化设计

住宅空间绿化设计是指把自然界中的植物、水体和山石等景物移入室内，经过科学设计和组织而形成具有多种功能的自然景观。

住宅空间绿化设计也是室内设计的重要组成部分，在住宅空间设计中具有不能代替的特殊作用，已成为改善住宅室内环境的重要手段。住宅空间绿化可以吸附室内粉尘，改善室内环境条件，美化室内环境，组织室内空间，满足人们的心理需求。更为主要的是，住宅空间绿化使室内环境生机勃勃，带来自然气息，令人赏心悦目，进而柔化室内人工环境，在快节奏的现代生活中具有协调人们心理使之平衡的作用。

在进行住宅空间室内绿化时，首先应考虑室内空间主题气氛等的要求，通过室内绿化的布置，充分发挥其强烈的艺术感染力，加强和深化室内空间所要表达的主要思想，其次还要充分考虑使用者的生活习惯和审美情趣。

住宅空间室内绿化按其内容大致分为三个层次。一个层次是盆景和插花，这是一种以桌、几、架为依托的绿化，这类绿化一般尺度较小，主要作为室内局部配景，如图6-16所示为玻璃茶几上的插花。

图6-16 餐桌上的插花

另一个层次是室内盆栽绿色花卉、植物，这类绿化在尺度上与所在空间相协调，较盆景、插花尺度较大，一般是以地板为依托的绿化，这类绿化不仅能吸附室内粉尘，改善室内环境条件，美化室内环境，满足人们的心理需求，更为主要的是，还可以分割空间，打破规整的室内空间环境，营造一个充满生活和自然气息、令人赏心悦目、生机勃勃的居住环境，这是家居室内设计中较常用的一种绿化设计。如图6-17所示为小卧室中的盆栽绿化植物和客厅中的盆栽绿化植物。

最后一种是水景和山石景设计，这也属于绿化范畴，这类绿化设计适合室内面积较大的空间，一般在工装室内设计中较常用。典型代表有室内喷泉、假山、大型植物以及小桥、水榭等，这类设计人们既可静观又可游玩其中。

图6-17 盆栽绿化植物

6.3 住宅建筑空间设计的风格

住宅空间设计的风格和流派，属于室内环境中的艺术造型和精神功能范畴。住宅空间设计的风格和流派往往与住宅建筑以至室内家具的风格和流派紧密结合，有时也以相应时期的绘画、造型艺术，甚至文学、音乐等风格和流派为渊源，并相互影响。这一节主要介绍几种常见的住宅空间设计的风格。

6.3.1 传统中式风格

传统中式风格的住宅空间设计，受中国传统木结构建筑厚重规整、中轴对称等理论的影响较深远，注重传统装饰“形”、“神”的特征，以传统文化内涵为设计元素，在家具的选择上，多选择明清式古典家具；在空间的装饰布置上，使用具有古典元素造型的博古架、玄关、装饰酒柜、梭拉门等构件对居室空间进行分割，在需要隔绝视线的地方，则使用中式的屏风或窗棂；在墙面的装饰上，频繁运用古玩瓷器、字画、匾额以及对联等装饰品丰富墙面，在摆设上讲求对称、均衡。

尽管传统中式风格装修的历史悠久，但由于其在色彩上讲究稳重，所以有时难免会给人一些沉闷感，可以适当配置一些色彩活跃、质地柔顺的布艺装饰品置于装修构件和家具上，这样会让人感觉到清新明快。如图6-18所示为典型的传统中式风格的餐厅装修效果。

图6-18 传统中式风格的餐厅

6.3.2 现代中式风格

现代中式风格又称为新中式风格，与传统中式风格不同，现代中式在设计上继承了唐代、明清时期住宅的设计理念，将传统中式风格中的经典元素提炼并加以丰富，空间装饰多采用简洁、硬朗的直线条，在家具的选择上，常采用具有西方工业设计色彩的板式家具与中式风格古典家具相搭配。

直线装饰在现代中式风格空间中的使用，不仅反映出现代人追求简单生活的居住要求，更迎合了中式家居追求内敛、质朴的设计风格，使中式风格更加实用、更富现代感。另外，在现代中式风格装修设计中，多借鉴中国古典园林设计风格，装饰品多是绿色植物、布艺、中国画、瓷器、陶器以及不同样式的宫灯等，这些装饰品会给空间带来丰富的视觉效果。

如图6-19所示为典型的现代中式风格的客厅装修效果。

图6-19 现代中式风格的客厅

总之，无论是传统中式风格还是现代中式风格，其最大的特点是，室内家具往往取材于自然，像木材、石头等。尤其是木材，从古至今更是中式风格质朴的象征。

6.3.3 欧式风格

与中式风格不同，欧式风格豪华、富丽，充满强烈的动感和浪漫主义色彩。欧式风格多以大理石、色彩华丽的织物、精美的地毯等装点居室。在中式风格中，硬朗的直线条占据了装修的主导地位，而在欧式风格中，完美的典线、精益求精的细节处理在整个欧式居室中随处可见，将其豪华大气、富丽堂皇体现得淋漓尽致，可以说“造型”是欧式风格最大的特点，这些特点主要体现在门窗、柱、壁炉、灯饰、家具、挂画等各居室构件中。

- 门窗：在欧式风格中，门窗的造型设计包括房间的门窗和各种柜门、窗等，既要突出凹凸感，又要有优美的弧线，两种造型相映成趣，风情万种。
- 柱：在欧式风格中，柱造型随处可见，常见的多以典型的罗马柱造型为主，这些柱不仅造型优美，又能使整体空间具有更强烈的西方传统审美气息。
- 壁炉：壁炉是欧式风格居室中最具代表性的构件，壁炉既有装饰性，同时具有实用性，在现代欧式风格居室中，壁炉多以装饰性为主。
- 灯饰：在欧式风格的居室空间中，灯饰同样具有浓郁的西方情调，比如欧式壁灯、欧式吊灯，在整体居室空间中，欧式壁灯和吊灯传承着西方浓厚的文化底蕴。如图6-20所示为常见的欧式壁灯和欧式吊灯。
- 家具：欧式风格的家具大多宽大厚重、豪华大气，其颜色多为白色，有时会配金色点缀，具有强烈的时代感。
- 挂画：在欧式风格的家居空间里，西方艺术家的油画作品、抽象画作品以及摄影作品是不可缺少的装饰品，这些装饰品都配有精美的画框，营造出浓郁的欧式艺术氛围。

需要注意的是，欧式装饰风格适用于面积较大的居室空间，且主人要具有一定的美学素养，如果空间太小，不但无法展现欧式风格的气势，反而会对生活在其间的人造成一种压迫感。如图6-21所示为具有欧式装饰风格的客厅和卧室。

图6-20 欧式壁灯和吊灯

图6-21 欧式装修风格

6.3.4 日式风格

传统日式居室设计风格受日本和式建筑风格的影响较大，与中式设计风格有异曲同工之处，日式居室的装饰不求豪华奢侈、金碧辉煌，只求淡雅节制、深邃静谧，比较重视使用功能。在装饰材料的选择上，特别注重自然质感，同时能借用外在自然风光，为居室带来无限生机，使其与大自然融为一体。

传统日式居室空间的流动与分隔较突出，推开线条清晰的格子门窗与半透明樟子纸所组成的隔断，则为一室，关闭隔断则会分隔出几个功能不同的空间，各个空间互不影响，静谧淡雅、充满禅意。

传统日式家具受古代中国文化和古代中国家具的影响很大，清新自然、简洁淡雅是日式家具独特的品味和风格，相对跪坐、低柜矮床以及极富特点的“榻榻米”，这些都留给我们深刻的印象。而现代日式居室设计中，受欧美国家影响较大，即使在较为传统的日式风格设计中，居室空间中总有欧美设计风格的影子，例如客厅、饭厅等公共空间，沙发、椅子等家具则使用欧美现代家具，而卧室等相对私密和独立的空间内部，则仍然使用榻榻米、灰砂墙、杉板、糊纸格子拉门等传统装饰，全西式或全传统日式的设计现在很少见。如图6-22所示为现代日式设计风格的客厅。

图6-22 现代日式设计风格的客厅

6.3.5 现代风格

现代风格的居室设计，讲究简洁、明了，从空间构成、色彩变化、立体形态等进行充分挖掘，运用现代装饰材料、色彩、灯光效果等，使空间具有很强的实用性和灵活性，各居室空间相互渗透，但又注重各空间的功能和相互间的逻辑关系，通过家具、吊顶、地面材料、陈列品以及光线的变化来表达不同功能空间的划分，这种划分具有很强的灵活性、兼容性和流动性。

在装饰材料的选择上，已不再局限于传统的石材、木材、面砖等天然材料，而是强调金属、涂料、玻璃、塑料以及合成材料在居室空间装饰中的运用。

在居室色彩设计上，现代风格的居室色彩设计更是有别于传统风格，棕色系列(浅茶色、棕色、象牙色)或灰色系列(白色、灰色、黑色)色彩的运用是现代风格居室色彩设计的最突出体现，以白色表现简单，以黑色、银色、灰色表现明快，而强烈的色彩对比效果，是现代风格中特立独行的性格表现的代表作。

此外，现代风格的居室特别重视个性和创造性的表现，根据个人的兴趣、爱好，会设置家庭视听中心、迷你酒吧、健身角、家庭电脑工作室等，力求表现个性化，同时也完全区别于传统风格的居室空间气氛。

6.3.6 其他风格

居室空间设计的风格多种多样，除了以上所介绍的几种具有代表性的居室设计风格之外，还有古埃及风格、希腊古典风格、古罗马风格、哥特式风格、伊斯兰风格、意大利风格、巴洛克风格、洛可可风格等，这些室内设计风格不太常见，在此不做介绍。

另外，随着社会经济的快速发展和生活节奏的加快，人们对居室空间的要求也发生了根本变化，已不再局限于各种传统风格的限制，而更注重于居室的清新、自然、舒适、个性、随意，由此又出现了一些更符合现代年轻人生活态度的新的设计风格，这些风格有朴素型、简约型、精致型、自然型、轻快型、柔和型、优雅型、都市型、清新型等，这些类型的居室设计看似简约，但绝不简单，看似朴素但绝不寒酸，从一束花、一盏灯，乃至一个沙发靠垫、一个杯托等，都无不充分体现了现代人尤其是现代年轻人或随心、或豪放、或优雅、或恬静、或质朴、或超越、或怀古的性格和思想境界，这类居室空间设计风格是目前较流行的居室设计风格。

6.4 住宅建筑空间设计的特点

在建筑室内空间划分中，一般将住宅空间划分为客厅、卧室、厨房、餐厅、书房、卫生间等空间。这些空间是人们生活的重要场所，它为人们提供了工作之外的休息、团聚、娱乐、交流、学习等生活空间，是建筑室内空间设计中重要组成部分。本节主要来了解住宅建筑各空间设计的特点。

6.4.1 客厅空间设计

客厅也叫起居室，是家人起居、聚集、交谈、会客、视听、学习等活动的重要公共场所，客厅的使用频率较高，它的好坏直接影响着整个居室设计的成败，在居室装潢中占有重要地位。

客厅的装修风格多种多样，可以根据个人的喜好来选择不同的装修风格，一般情况下，可以将客厅划分为会客区、用餐区、学习区等，会客区应适当靠外一些，以方便人员进入或离去，用餐区应靠近厨房，方便用餐，而学习区应选择靠客厅一角的地方，既可以节省空间，同时客厅一角也较安静，适合学习。

在对客厅进行设计时，要在满足客厅多功能需要的同时，注意整个空间的协调统一，客厅各个功能区域的局部美化装饰，要服从整体的视觉美感。另外，客厅的色彩设计应有一个基调，采用什么色彩作为基调，应体现主人的爱好。一般情况下，客厅色调采用较淡雅或偏冷的色调，但也要注意客厅的朝向，向南的客厅有充足的阳光照射，可采用偏冷的色调，而朝北的客厅则可以用偏暖的色调。客厅色调主要是通过界面来体现的，家具和装饰品等只起调剂、补充的作用。

客厅空间设计中主要包括界面设计、陈设设计和照明设计。

1. 客厅的界面设计

客厅界面设计包括地面、墙面和顶面。

- 客厅地面：地面是人们脚部接触最频繁的地方，客厅地面装饰材料一般采用木地板、地砖、地毯、天然大理石等装修材料，各装修材料根据质地、色泽等造价不同。如图6-23所示为地面常用装修材料。
- 客厅墙面：客厅墙面可以用粉刷、壁纸、喷绘、文化石、玻璃等材料进行装修，也可以悬挂字画、挂毯，设置搁物架摆放摆件等进行装饰。如图6-24所示为客厅墙面常用装修材料。

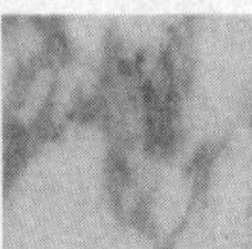

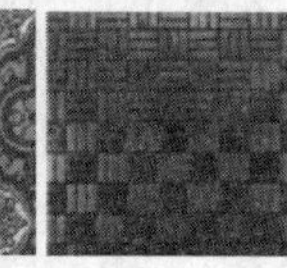

图6-23　客厅地面常用装修材料

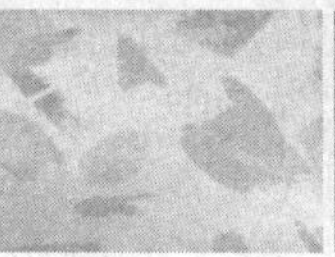

图6-24　客厅墙面常用装修材料

- 客厅顶面（天花）：客厅顶面的色彩可以综合考虑家具、墙面的颜色，一般采用和墙面相协调的色彩。

2. 客厅的陈设设计

客厅陈设设计主要是家具，而风格、功能和面料各不相同的各式沙发组合是客厅中的主要家具之一。沙发按照功能来分有固定背沙发、无级自控沙发、气动沙发、电动沙发等；按照用料来分有皮质沙发、布艺沙发、曲木沙发、藤沙发等；按照风格来分有中式沙发、欧式沙发和日式沙发等。可以根据个人喜好、经济状况等选择合适的沙发，另外，也可以根据主人的特殊爱好在客厅适当位置布置一些附属装饰小品，以营造浓厚的个性气息。

3. 客厅的照明设计

由于客厅是生活的中心，活动内容丰富多彩，因此对于采光的要求也变化多样。在日常生活或会客时用全面照明，使整个房间亮度均匀，相反在聚会或开舞会时整个照度则需要降低，只在局部空间采取必要的照明，使其形成明暗对比，在听音乐时用低照度的间接光，看电视时使用微弱的照明。因此在各个照明器具或不同组合的线路上要设置开关或调光器，以便控制灯光开关和调节亮度。

根据客厅的各种用途，客厅中需要安装以下几种灯光。

- 背景灯：为整个房间提供一定亮度，烘托气氛。
- 展示灯：为客厅某个特殊部位提供照明，如一幅画、一件雕塑或者一组饰品。
- 照明灯：为某项具体的任务提供照明，如阅读报纸、看电视、玩电脑等。

- 荧光灯：亮度高，可以放在灯盒内作为泛光照明使用，但无法调节亮度。
- 低压卤化钨灯：价格贵，但是照明质量高，是最接近日光照明的灯。
- 钨丝灯：使用最广泛，但是使用寿命相对较短，而且功耗大。

在设计客厅照明系统时，可以根据客厅的功能以及个人喜好进行设计，切不可一味追求时尚、外形而忽略了功能。如图6-25所示为典型的具有现代设计理念的客厅效果。

图6-25 现代风格的客厅装修效果

6.4.2 卧室空间设计

与居室的其他空间不同，卧室是人们睡眠休息的场所，又是居室中相对最私密也最私人化的空间，因此卧室应与住宅内的其他房间分隔开来，形成一个独立的封闭空间，如果有多间卧室，则卧室门尽量不要相互正对，以满足卧室的私密要求。另外，卧室应能直接采光、自然通风。

卧室空间设计包括界面设计、陈设设计和照明设计。

1. 卧室的界面设计

卧室界面设计同样包括地面、墙面和顶面。卧室的地面最好铺设地毯，墙面应采用有温度感和高贵感的材料，这样既能使卧室显得温馨、浪漫，又能给人一种温度感，卧室的天花应采用吸音性能好的装饰材料，更能增强卧室的私密性。

2. 卧室陈设设计

卧室的主要功能是用来睡眠和休息的，因此床是卧室中必不可少的家具，四脚木床和席梦思床是最常见的床。以床为中心的家具陈设应尽可能简洁实用。卧室面积不大时，床一般靠墙角布置；面积较大时，床可安排在房间的中间。床位不宜放在临窗部位，因为靠窗处冬天较冷，夏天又太热，而且开关窗户不便。一般的习惯是将床安排在光线较暗的部位。

另外，还可以设置床头柜、衣柜及梳妆台等家具。为了增加卧室的生活气息，可以在卧室中适当布置一些家庭生活中带有感情色彩的陈设品、艺术品及插花等，以增加卧室的浪漫色彩。

3. 卧室照明设计

为了营造一种宁静、安详的气氛，卧室的灯光不宜过于明亮，灯具的色彩应与室内色彩基调相协调，样式也应与卧室的风格相协调，但卧室的灯光应当选用可调节亮度的灯具，以满足喜欢在昏暗的灯光下入睡和喜欢在柔和的灯光下阅读的人员的生活习惯。

如图6-26所示为现代简约风格的卧室装修效果。

图6-26 现代简约风格的卧室装修效果

6.4.3 书房空间设计

在现代家装设计中，书房已经成为居室空间中非常重要的一个空间，书房最能体现主人的文化修养、生活品味和精神境界，书房不仅可以供主人收藏书籍、阅读、写作和思考，对于志同道合、关系密切的宾朋，主人也常常会在书房单独接待，因此，书房的设计要力求做到“明”、“静”、“雅”、“序”。

所谓“明”，是指要明亮清爽、窗明几净；所谓“静”是指要安静舒适、无干扰；所谓“雅”是指要风雅别致、充满书香韵味；所谓“序”是指各摆设要有秩序，不能杂乱无章。只有这样，书房才能真正体现出其功能和用途。

1. 书房界面设计

书房是供主人阅读、写作、思考或待客的相对独立的空间，“静”对于书房空间来说是十分必要的。因此，在书房界面设计中，要选用隔音吸音效果好、环保无污染的装饰材料，例如石油PVC吸音板或软包装饰布等装饰。天棚可采用吸音石膏板吊顶，地面可采用吸音效果佳的地毯，窗帘要选择较厚的材料，以阻隔窗外的噪音。

2. 书房陈设设计

书房，顾名思义就是藏书、读书的房间，另外也是思考或接待特殊客人的房间，因此，在书房内要划分出阅读、写作区与待客休息区。

在阅读、写作区，要设置写字桌、电脑和电脑桌以及舒适的椅子等家具。在待客和休息区要设置沙发、茶几等家具。写字台、坐椅的色彩和形状要精心设计，做到坐姿合理舒适，操作方便自然。在色调方面应尽量使用冷色调，风格要典雅、古朴、清幽、庄重。另外，书橱也是必不可少的家具，书橱不仅用于摆放书籍，同时也可以摆放一些艺术收藏品、字画、照片以及古朴简单的工艺品等，这些可以为书房增添几分淡雅、清新，以打破书房中略显单调的氛围。

3. 书房照明设计

书房作为主人阅读、写作的场所，对于照明和采光的要求很高，因此，书房的照明不仅仅是指人工照明，更应该注意自然照明，书房光线的强弱，对于主人阅读和写作影响非常大，因为人眼在过强或过弱的光线下用眼，都会对视力产生很大的影响。因此，在自然照明方面，要尽量使写字台靠近阳光充足但不直射的窗边，必要时可以在窗户上设置百叶窗或能遮挡强光但不影响亮度的窗帘，这样不仅光线适中，同时主人在长时间用眼后，可以凭窗放眼远眺，以使眼睛得到休息。在考虑人工照明方面，在书房内一定要设有台灯和书柜用射灯，便于主人阅读和查找书籍，但要注意台灯的光线要均匀地照射在读书写字的地方，不宜离人太近，以免强光刺眼。

如图6-27所示为书房局部和书房一角效果。

图6-27　书房局部和书房一角装修设计效果

6.4.4 儿童房空间设计

人们常说“儿童是未来、是希望”。儿童健康快乐地成长，不仅关系到一个家庭的和睦，同时也关系到一个国家的未来，为儿童创造安全、可弹性利用的居住空间，是居室空间设计中非常重要的设计内容。

儿童不同于成年人，儿童各生理机能、智力等都处于生长发育阶段，即使很小的危害，对儿童一生都可能产生无法弥补的创伤，因此，在进行儿童房设计时，要从界面、陈设和照明三方面认真考虑，切不可将儿童房与一般房间同等对待。

1. 儿童房界面设计

安全性是儿童房首要的设计目的，儿童各生理机能正处于生长发育阶段，加上儿童阶段，正是好动、好奇的阶段，因此，在儿童房界面设计中，地面应具有抗磨、耐用、易清洁等特点。可采用刷无毒环保漆的木质地板或其他一些更富有弹性的材料，如软木、橡木、塑料、油布等进行铺装。另外，在床周围、桌子下边和周围可以铺设地毯，这样可以避免孩子在上、下床时因意外摔倒在地而磕伤，也可以避免床上的东西掉在地上时摔破或摔裂，从而对孩子形成伤害。

在儿童房墙面装饰上，应选择无毒、环保且色彩亮丽的涂料进行涂刷，或使用卡通图案进行喷涂、贴卡通壁纸或悬挂布帘等，以营造一个色彩绚丽、充满儿童情趣的空间。在靠近地板的部分，可以使用软包、软木等进行装饰，以免墙壁对孩子造成伤害。

2. 儿童房陈设设计

由于儿童正处于活泼好动、好奇心强的阶段，容易发生意外，在儿童房的陈设设计上，要格外费心，除了为窗户设护栏、家具尽量避免棱角的出现、采用圆弧收边等外，在家具材料的选择上也应采用耐用、能承受一定的破坏力，同时无毒、环保的安全建材为佳，家具的颜色要明亮、活泼，色泽上多点对比色。

另外，儿童房的家具不要太多，可以多为孩子准备一些毛绒玩具或卡通玩具，尽量留出一定空间供孩子玩耍，在条件允许的情况下，可以保留一片空白墙面或设置一块大面板供孩子涂鸦，以开发儿童的想象力，培养儿童乐观向上的性格。

总之，儿童房家具设计上，要综合考虑儿童心理、生理等因素，在家具的色彩选择上，可分别选择适合男、女儿童的颜色搭配。

3. 儿童房照明设计

儿童房的照明要充足，以让房间温暖，使孩子有安全感，消除孩子独处时的恐惧感和孤独感，但光线不要过强，过强的灯光对孩子的眼睛伤害很大。

如图6-28所示为女孩房间设计效果。

图6-28 女孩房间设计效果

6.4.5 餐厅空间设计

餐厅在现代家庭中占有重要地位，它不仅供家人日常进餐，而且也是家人与亲朋好友之间感情交流与休闲享乐的场所，其整洁与否直接影响着家庭成员的身体健康和就餐心情。

1. 餐厅界面设计

由于餐厅往往是起居室的一部分，因此，餐厅的整体风格和基调应与起居室一致，但是，餐厅又是就餐的地方，其地面容易沾染上油污和水渍，因此，餐厅地面常采用易于清洁、不易污染的材料，如防滑地板砖、实木地板等。餐厅墙面的装修不易太花哨，应与起居室墙面色调一致，可在墙面悬挂能引起人们食欲的挂画等，对墙面稍做装饰即可。如果餐厅与厨房相通，则餐厅天花应选择不易粘染油烟污染，同时便于清洗和维护的材料，例如铝塑板、玻璃等。

2. 餐厅陈设设计

餐厅是家庭成员用来进餐的场所，所以餐桌、餐椅是必不可少的家具。另外，可以根据主人的不同爱好设计小型酒柜、吧台之类的陈设，同时可以在餐厅合适位置摆放绿色植物，以营造清新、自然的就餐环境。

3. 餐厅照明设计

餐厅照明设计应以暖色调为主，可以设置一般照明，以使整个餐厅区域有一定照度，也可以在餐桌上方设置悬挂式灯具，用以强调餐桌的位置。

如图6-29所示为是具有浓郁现代风格的简洁的餐厅装修效果。

图6-29　现代风格的餐厅装修效果

6.4.6 厨房空间设计

厨房是住宅生活设施密度和使用频率较高的空间部位，也是家庭活动的重要场所，是调理饭菜的操作空间，厨房应符合方便、高效、卫生、安全和美观的基本要求。

《住宅设计规范》中对住宅的厨房设计规定：采用管道煤气、液化石油气为燃料的厨房，净高应不低于2.20米，厨房内应设置炉灶、洗涤池、案台、固定式碗柜（或搁式、壁龛）等设备或预留其位置，为满足采光、通风及电气化的需要，厨房应有外窗或开向走廊的窗户，为排油烟和电炊具的使用创造条件。

按照人们从事烹调劳动空间尺度和人体工程学的要求，厨房平面一般应为正方形或矩形，不能过于狭长，应有一个最小的宽度，该宽度与厨房内部各种设计的布置形式有关，不同的布置形式要求厨房的最小宽度也不同。

厨房设计中，应遵循以下设计原则。

原则一：空间决定形式原则。依据厨房空间大小来决定厨房的形式，依据厨房空间的大小，厨房的形式可分为I字型、L字型、凹字型与中岛型。

- I字型厨房：I字型厨房结构简单明了，通常需要7m²的面积，长度为2m的空间。只要依照使用者的习惯将烹调设备由左至右或由右至左摆放即可。如果空间条件许可，也可将与厨房相邻的空间部分墙面打掉，改为吧台式的矮柜，如此便可形成半开放式的空间，增加使用面积。
- L字型厨房：L字型厨房的两边至少需要1.5m的长度，其特色就是将各项配备依据烹调顺序置于L型的两条轴线上。但为了避免水火太近，造成作业上的不便，最好将冰箱与水槽并排于一直线，而炉具则置于另一轴线。如果想要在烹调上更加便利，可以在L型转角靠墙的一面加装一个置物柜，既可增加收藏物品的容量，也不占用平面空间；也可在L型的轴线上继续延伸，设计一个可以折叠或拉出式的置物台面，平时不用时可收起，待烹调料理多时再开启使用。
- 凹字型厨房：凹字型厨房是在L型厨房内再加设一个橱柜即成为凹字型。凹字型厨房可以在转角处与左右两边多规划些高深的橱柜，以增加收纳功能。凹字型有两个转角空间，往往被人们忽略其置物的功能性，其实可以加装可180°或360°旋转的转角旋转柜，当门开启时，里面放置的物品会随之旋转而出。
- 中岛型厨房：中岛型厨房其实是在L字型厨房和凹字型厨房的中央增设一张独立的桌台，可作为餐前准备区，也可兼做餐桌的功能。中岛型厨房其实是将厨房与餐厅合二为一，但厨房面积至少需要在16m²左右。

原则二：符合人体工程学原则。人们在厨房进行烹调时，必须长时间弯腰、倾身、转身等运动，长时间会使人感到腰酸背痛，容易产生疲劳感，在进行厨房设计时应运用人体工程学原理，对厨房各设施进行合理设计，以避免这些问题。例如，厨具的台面高度距离操作人员手腕的距离为15cm，壁柜与层架的高度为170~180cm等。

原则三：操作流程原则。在设计厨房空间时，应该根据各厨具的使用频率和使用顺序来设置物品的放置位置，例如在水槽附近应设置滤网、抹布的放置位置，在炉灶附近应设置锅具位置，而食物柜的位置最好远离厨具与冰箱的散热孔，并保持干燥和清洁。

原则四：能源照明原则。厨房的照明首先要考虑安全，其次是效率。厨房灯光应从前方投射，以免产生阴影妨碍工作。除利用可调式的吸顶灯作为普遍式照明外，在橱柜与工作台上方装设集中式光源，可以让切菜与找物更为方便安全。在一些玻璃储藏柜内可加装投射灯，特别是内部储放一些有色彩的餐具时，能达到很好的装饰效果。

原则五：采光通风原则。厨房的采光主要是避免阳光的直射，防止室内贮藏的粮食、干货、调味品因受光热而变质。另外，厨房必须通风。但在灶台上方切不可有窗，否则燃气灶具的火焰受风影响不能稳定，甚至会被大风吹灭酿成大祸。

原则六：高效排污原则。厨房是居室污染的重灾区，目前灶具上方普遍安装有抽油烟机，或直接在灶台上方的最高处加装换气扇等通风排污设施。

1. 厨房界面设计

厨房是从事炊事劳动的主要场所，因此整个空间的污染非常大。所以界面的材料应选择不易污染、易清洁的材料。

厨房地面应选择瓷砖地板，瓷砖地板分为上釉及无釉两种，无釉材质较为粗糙，不仅有防滑功能，而且耐用、不易受污染、容易清理，非常适合厨房的地面铺装。

厨房的墙面装修材料应以不易受污、耐水、耐火、抗热、表面柔软，又具有视觉效果的材料为佳。塑胶壁纸、有光泽的木板、经过加工处理或涂上透明塑胶漆的木材，都是比较适合的材质，但在活动较频繁的区域，如水槽、炉台等处，可用瓷砖、黏土陶砖、玻璃砖、不锈钢等材料进行装修，这样既安全又结实。

厨房天花的装修材料应首选防火、抗热，不易污染、防褪色等的装修材料，防火的塑胶壁材和化石棉等都是不错的选择，

2. 厨房陈设设计

厨房是制作美味佳肴的空间，因此，锅碗瓢盆、油盐酱醋、橱柜、冰箱、灶具等都是厨房必不可少的陈设品。另外，抽油烟机、排风扇也是不可缺少的陈设品。

厨柜的陈设品中，橱柜台面承担着洗涤、料理、烹饪、存储等重要任务，因此，台面材料应具有防水、防火、易清洗等特点，例如天然石、人造石、防火板以及不锈钢等。

3. 厨房照明设计

由于厨房空间内蒸汽、油烟气等较大，在灯具的选择方面应侧重于宜拆换、易维修的简便灯具，同时应在橱柜内部设置暗藏灯具，便于对。

总之，厨房的空间虽小，但设计难度大，设计要求多，不可马虎，在厨房设计中要禁忌以下四点。

- 忌装修材料不防水火。厨房是潮湿易积水的地方，所有表面装饰材料都应防水且耐擦洗，同时厨房又有明火，因此厨房装修材料也要防火，尤其是炉灶周围要注意材料的防火性。
- 忌餐具暴露在外。厨房家具尽量采用封闭式，将各种用具物品分类储藏于柜内，这样既卫生又整洁。
- 忌夹缝多。厨房是个容易藏污纳垢的地方，如果夹缝太多，在日后清洁时会成为死角或难点，因此厨房橱柜与天花板、橱柜与橱柜之间尽量不要有太多的夹缝。
- 忌地面铺马赛克。马赛克规格较小，缝隙多，同样不易清洁，而且容易脱落。

如图6-30所示为凹字型厨房与L字型厨房的设计效果。

图6-30　厨房设计效果

6.4.7 卫生间的环境设计

卫生间虽在居室中面积不大，但是随着人们生活水平的不断提高，卫生间已由过去的单一用厕发展到集如厕、洗脸、洗衣等多功能于一体的场所，因此，卫生间的装饰设计不应影响采光、通风效果，卫生间电线和电器设备的选用和设置应符合电器安全规程的规定。

1. 卫生间界面设计

卫生间的界面设计包括各种装饰材料的选择和颜色的搭配。卫生间的色彩选择应具有清洁感的冷色调，并与同色调的搭配，低彩度、高明度的色彩为佳。

卫生间的墙面一般采用光洁的瓷砖等防水材料做贴面，色彩多选用素净的浅色；天花采用既卫生又不易结露的材料，也可使用塑料板材、玻璃和半透明板材或防水涂料装饰。地面应采用防水、耐脏、防滑的地砖、花岗岩等材料，地坪应向排水口倾斜，以便水流能顺利流向排水口。

另外，在卫生间的一面墙上应安装一面较大的镜子，可使视觉变宽，而且便于梳妆打扮，卫生间门口的缝隙应由平常的下方通风改为上方通风，这样可避免大量冷风吹到身上。

2. 卫生间陈设设计

卫生间是集如厕、洗脸、洗衣等多功能于一体的场所，因此，卫生间内设置马桶、浴缸、洗脸池等卫生用具是必然的，卫生间的浴具应有冷热水龙头，浴缸或淋浴宜用活动或固定隔断分隔，淋浴器的高度应在205~210cm之间，盥洗盆高度（上沿口）在70~74cm之间为宜，站立空间宽度不得少于50cm。卫生间壁镜底部不得低于90cm，顶部不能超过200cm。另外也可以设置洗衣机等家电，洗衣机的放置空间宽度不能少于35cm。

3. 卫生间照明设计

卫生间是属于潮湿、多水汽的空间，因此，卫生间的照明应选择防潮、防水型的灯具，可采用小型埋入式的射灯和防潮吸顶灯。洗脸池的上方由于要满足洁面等功能可以单独设置重点光源。

4. 卫生间装修建议

卫生间的设计基本上以方便、安全、易于清洗及美观得体为主，由于其水气很重，内部装潢用料必须以防水物料为主。

在地板方面，天然石料或人工大理石做成的各种地砖，既防水耐用，又方便清洗，同时容易保持干爽，或者选择塑料地板，塑料地板加上饰钉后，其防滑作用更显著，实用价值也更高。

浴缸是卫生间内的主角，其形状、颜色、大小都是在选购时要考虑的问题。另外，镜子是化妆打扮的必需品，在卫生间中自然相当重要，至于卫生间的照明，一般以柔和的亮度就足够了。

卫生间窗户的采光功用并不重要，其重点在于通风透气。另外，卫生间内温度高，放置盆栽十分适合，湿气能滋润植物，使之生长茂盛，同时盆栽植物也能净化卫生间的空气，同时增添卫生间生气。

如图6-31所示为两种不同装修风格的卫生间效果。

图6-31　卫生间装修效果

Chapter 07

绘制现代风格普通住宅室内布置图

在住宅建筑中，从消费理念、住宅环境等角度来说，住宅建筑一般分为普通住宅建筑和高档住宅建筑两种。普通住宅建筑是指建筑容积率在1.0以上、单套建筑面积约在140m^{2}以下、按一般民用住宅标准建造的居住用住宅建筑。此类建筑主要有多层和高层两种，多层建筑是指2～6层的楼房；高层建筑多是指6层以上的楼房。

本章将通过绘制现代风格普通住宅室内装修布置图，了解现代风格普通住宅室内设计的要素、设计内容、绘图技巧和设计手法等相关知识。

重点知识导读

- 现代风格普通住宅室内设计要素
- 绘制普通住宅墙体结构图
- 绘制普通住宅室内布置图
- 绘制普通住宅地面材质图
- 标注普通住宅室内布置图
- 绘制普通住宅吊顶装修图

7.1 现代风格普通住宅室内设计要素

现代风格的居室设计，讲究简洁、明了，从空间构成、色彩变化、立体形态等进行充分挖掘，运用现代装饰材料、色彩、灯光效果等，使空间具有很强的实用性和灵活性，各居室空间相互渗透，但又注重各空间的功能和相互间的逻辑关系，通过家具、吊顶、地面材料、陈列品以及光线的变化来表达不同功能空间的划分，这种划分具有很强的灵活性、兼容性和流动性。

而作为现代风格的普通住宅，其用户大多为工薪阶层的年轻夫妇或单身贵族，这类人群经济条件有限，但喜欢追求新事物，尤其是对居室的要求，既要有具有现代感和新潮感的试听设备、电脑操作室、迷你酒吧等，同时还要使居室简而不陋、杂而不乱，宽敞而不空旷。要做到这点，就必须对现代居室设计的要素及其空间组织方式有一定的了解，否则会使整个室内空间杂乱无章，达不到设计要求。

现代风格普通住宅室内设计要素主要体现在以下几个方面。

（1）空间组合与划分要素

现代风格的室内设计追求的是空间的实用性、灵活性和随意性，能使空间的利用率达到最高，各空间相互渗透又互不干扰。要做到这点，空间组织就不再是以房间组合为主，除了较私密的卧室空间之外，空间的划分也不能再局限于硬质墙体，而是以较灵活的家具、吊顶、地面材料划分出会客、餐饮、学习、娱乐和睡眠等功能空间。这种划分具有很强的灵活性、流动性和随意性。

（2）装饰材料与色彩设计要素

现代风格室内设计中，装修材料不再局限于单一的木材，天然石材、面砖、塑料、金属、涂料、玻璃以及其他合成材料的运用，已经为现代风格室内设计打上了时代的烙影，另外，装修材料的色彩和结构之间的夸张对比，也是现代风格室内设计的特点。

（3）家具、灯具以及陈列品的个性设计要素

现代风格室内家具、陈设品以及照明设备等的设计，不管是色彩还是造型，都已不再完全服从整体空间的设计主题，而是以个性为主。

（4）整体空间个性设计要素

现代风格的居室空间设计，特别重视个性的张扬和表现，即，不主张追求高档豪华，而着力表现区别于其他住宅的东西。另外，住宅空间的多功能性也是现代室内设计的重要特征。

7.2 绘制普通住宅墙体结构图

建筑墙体结构图也叫建筑户型图，它是建筑物的主体结构，也是绘制室内装饰装潢设计图的基础。

这一节主要来学习绘制普通住宅墙体结构图，在绘制墙体结构图时，首先需要绘制墙体结构图轴线网，然后在墙体轴线网上创建门洞和窗洞，最后再绘制主墙体、次墙体、创建门、窗、阳台等构件。普通住宅墙体结构图如图7-1所示。

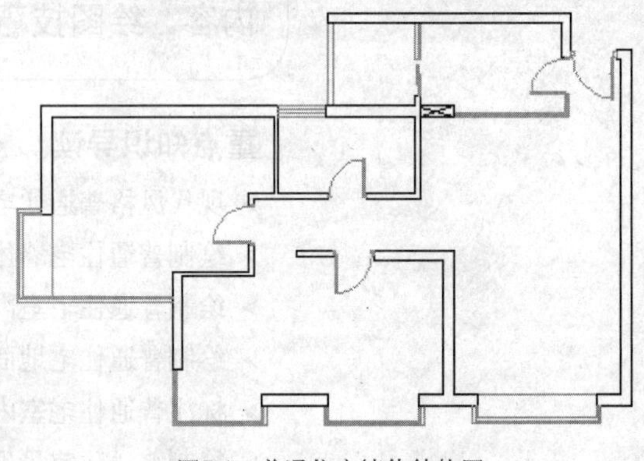

图7-1 普通住宅墙体结构图

7.2.1 绘制墙体结构图轴线网

轴线网是定位建筑墙体的依据，是控制建筑物尺寸和模数的基本手段。这一节首先来绘制套三厅墙体结构图轴线网，如图7-2所示。

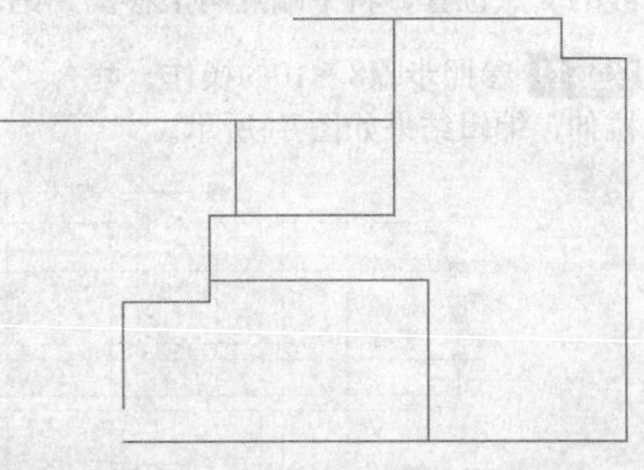

图7-2 墙体结构图轴线网

操作步骤

Step 01 执行菜单栏中的“文件”|“新建”命令，打开随书光盘中的文件“样板文件”\“装饰装潢绘图样板.dwt”。

Step 02 执行菜单栏中的“格式”|“图层”命令，在打开的“图层特性管理器”面板中双击“轴线层”，将其设置为当前图层。

Step 03 在命令行输入Ltscale，将线型比例暂时设置为1，命令操作如下。

```
命令: Ltscale                                   //Enter，激活命令
    输入新线型比例因子 <100.0000>:              //1 Enter
```

Step 04 单击状态栏上的按钮或按下F8键，打开“正交”功能。

Step 05 单击“绘图”工具栏中的“直线”按钮，激活“直线”命令，绘制两条垂直相交的直线作为基准轴线，命令行操作如下。

```
命令: _line
    指定第一点:                                 //在绘图区指定起点
    指定下一点或 [放弃(U)]:                     //向下引导光标，输入7400 Enter
    指定下一点或 [放弃(U)]:                     //向右引导光标，输入11650 Enter
    指定下一点或 [闭合(C)/放弃(U)]:             // Enter，结束绘制
```

Step 06 单击“修改”工具栏上的“偏移”按钮，激活“偏移”命令，将水平基准轴线依次向上偏移600、1850、350、800、350、1650、1100和700个绘图单位。

Step 07 重复执行“偏移”命令，继续将垂直基线依次向右偏移2600、1500、500、1050、1800、600、2400和1200个绘图单位，结果如图7-3所示。

Step 08 在无命令执行的前提下，选择最上侧的水平轴线，使其呈现夹点显示状态，然后单击左侧的夹点进入夹基点。

Step 09 在命令行“** 拉伸 **指定拉伸点或[基点(B)/复制(C)/放弃(U)/退出(X)]:”提示下捕捉最左侧的夹点，使用夹点移动功能将其移动到第5条（由左向右）垂直轴线的交点位置，如图7-4所示。

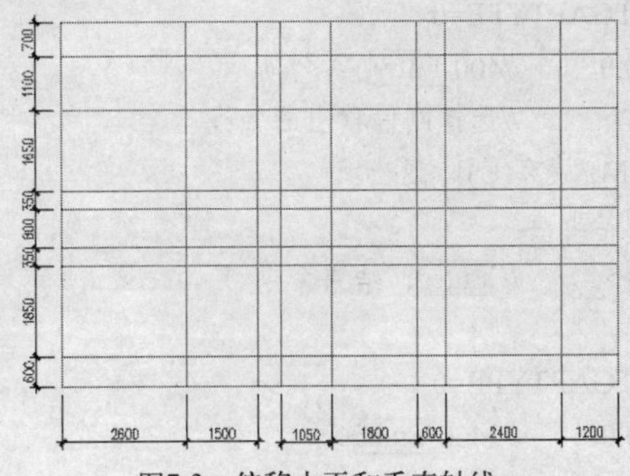

图7-3 偏移水平和垂直轴线

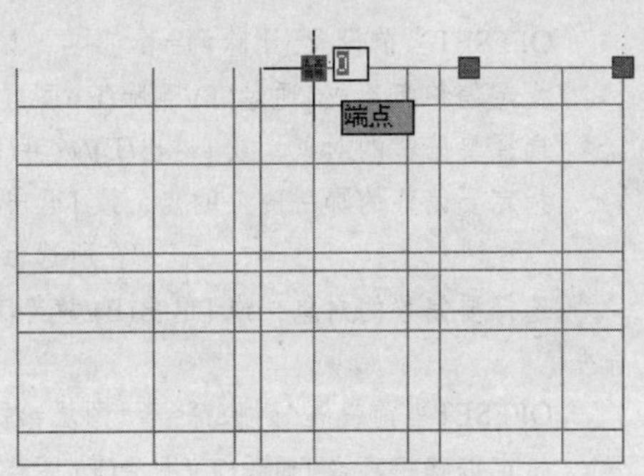

图7-4 调整水平轴线

Step 10 继续使用夹点移动功能，将左侧的垂直轴线的上端点向下移动到第3条（由上往下）水平轴线的交点位置，将下端点向上移动到第5条（由上往下）水平轴线的交点位置，如图7-5所示。

Step 11 参照步骤8～10的操作，配合“端点”捕捉和“交点”捕捉功能，分别对其他轴线进行夹点拉伸，编辑结果如图7-6所示。

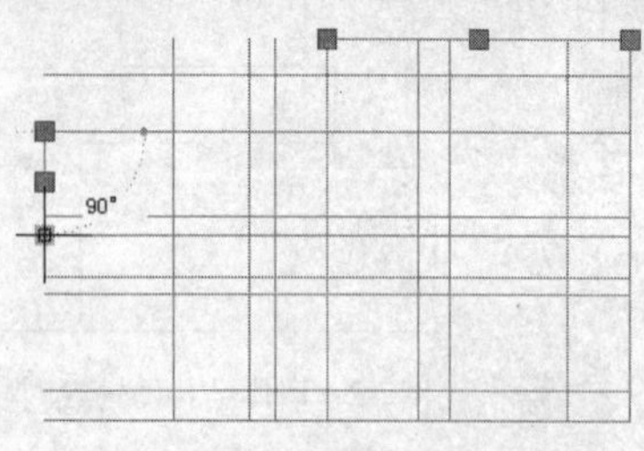

图7-5 调整垂直轴线

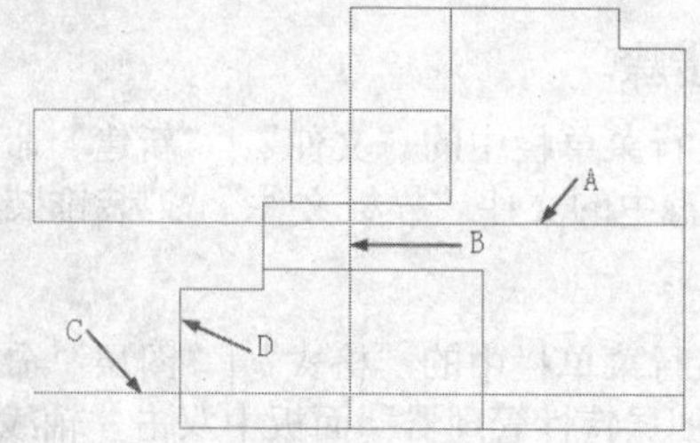

图7-6 夹点编辑其他轴线

Step 12 将水平轴线A和垂直轴线B删除，然后激活“修剪”命令，以水平轴线C作为修剪边，对垂直轴线D的下端进行修剪，最后将水平轴线C也删除，完成轴线网的绘制，结果如图7-2所示。

至此，普通住宅墙体定位轴线绘制完毕，下一小节将学习门窗洞口的开洞方法和开洞技巧。

7.2.2 创建门洞、窗洞

在轴线上创建门洞和窗洞的目的是为了在绘制墙线时能预留出门构件、窗构件的位置，以便最后在墙体结构图中插入这些构件。

创建门洞和窗洞的方法很多，常用的方法有修剪和打断，这一节就在绘制好的轴线上创建门洞和窗洞，其结果如图7-7所示。

操作步骤

Step 01 继续上一节的操作。

Step 02 执行菜单栏中的“修改”|“偏移”命令，将最右侧的垂直轴线向左偏移200、400和2400个绘图单位，以创建辅助线，命令行操作如下。

命令: _offset
当前设置: 删除源=否 图层=源 OFFSETGAPTYPE=0
指定偏移距离或 [通过(T)/删除(E)/图层(L)] <1800.0>: //200 Enter
选择要偏移的对象，或 [退出(E)/放弃(U)] <退出>: //选择最右侧的垂直轴线
指定要偏移的那一侧上的点，或 [退出(E)/多个(M)/放弃(U)] <退出>:
//在所选轴线的左侧拾取点
选择要偏移的对象，或 [退出(E)/放弃(U)] <退出>: // Enter，结束命令
命令:
OFFSET当前设置: 删除源=否 图层=源 OFFSETGAPTYPE=0
指定偏移距离或 [通过(T)/删除(E)/图层(L)] <900.0>: //400 Enter
选择要偏移的对象，或 [退出(E)/放弃(U)] <退出>: //选择刚偏移出的轴线
指定要偏移的那一侧上的点，或 [退出(E)/多个(M)/放弃(U)] <退出>:
//在所选轴线的左侧拾取点
选择要偏移的对象，或 [退出(E)/放弃(U)] <退出>: // Enter，结束命令
命令:
OFFSET当前设置: 删除源=否 图层=源 OFFSETGAPTYPE=0
指定偏移距离或 [通过(T)/删除(E)/图层(L)] <900.0>: //2400 Enter
选择要偏移的对象，或 [退出(E)/放弃(U)] <退出>: //选择刚偏移出的轴线

指定要偏移的那一侧上的点，或 [退出(E)/多个(M)/放弃(U)] <退出>: //在所选轴线的左侧拾取点

选择要偏移的对象，或 [退出(E)/放弃(U)] <退出>: //Enter，结束命令，偏移结果如图7-8所示

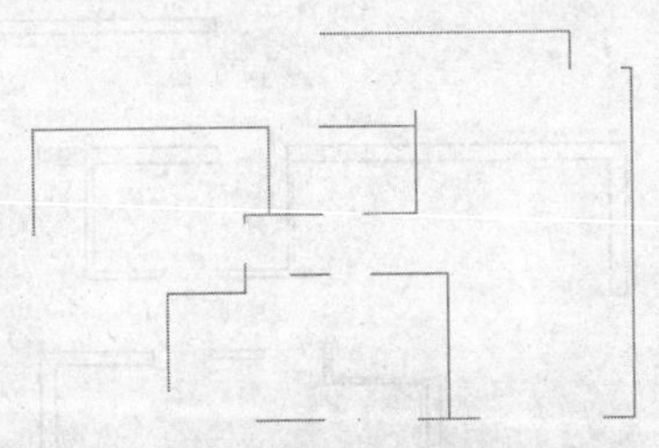

图7-7 创建门洞和窗洞后的轴线网

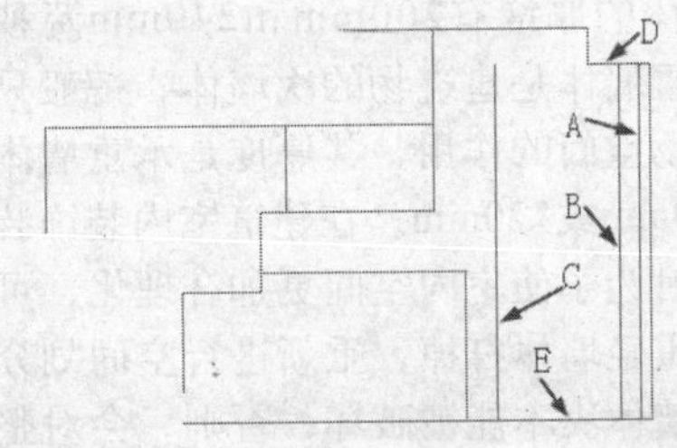

图7-8 偏移轴线

Step 03 单击"修改"工具栏上的"修剪"按钮，以刚偏移出的辅助轴线A作为边界，对水平轴线D左端进行修剪，以创建宽度为1000的窗洞。

Step 04 继续使用"修剪"命令，以辅助轴线B和C作为边界，对水平轴线E进行修剪，以创建宽度为2400的窗洞，最后将3条辅助线删除，结果如图7-9所示。

Step 05 单击"修改"工具栏上的"打断"按钮，激活"打断"命令，在最下侧的水平轴线上创建宽度为1825的窗洞，命令行操作如下。

```
命令: _break
  选择对象:                              //选择最下侧的水平轴线
  指定第二个打断点 或 [第一点(F)]:          //F Enter，重新指定第一断点
  指定第一个打断点:                        //激活"自"功能
  _from 基点:                            //捕捉如图7-10所示的交点
  <偏移>:                                //@-600,0 Enter
  指定第二个打断点:                        //@-1825,0 Enter，结果如图7-11所示
```

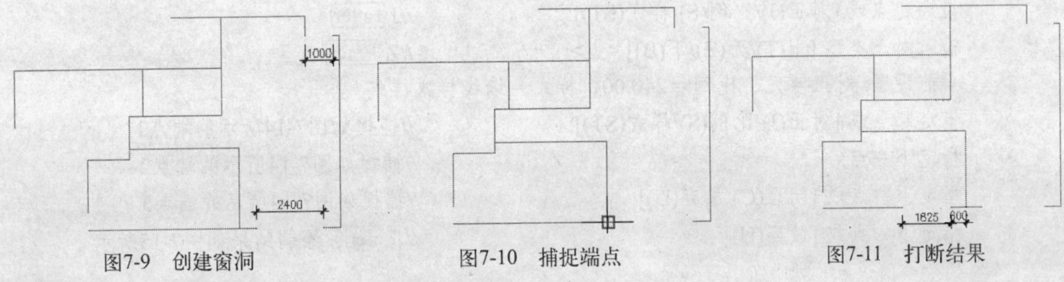

图7-9 创建窗洞　　图7-10 捕捉端点　　图7-11 打断结果

Step 06 参照上述打洞方法，综合使用"偏移"、"修剪"和"打断"命令，根据图示尺寸，分别创建其他位置的门洞和窗洞，如图7-12所示。

至此，门窗洞口创建完毕，下一小节将学习主墙线和次墙线的快速绘制过程和绘制技巧。

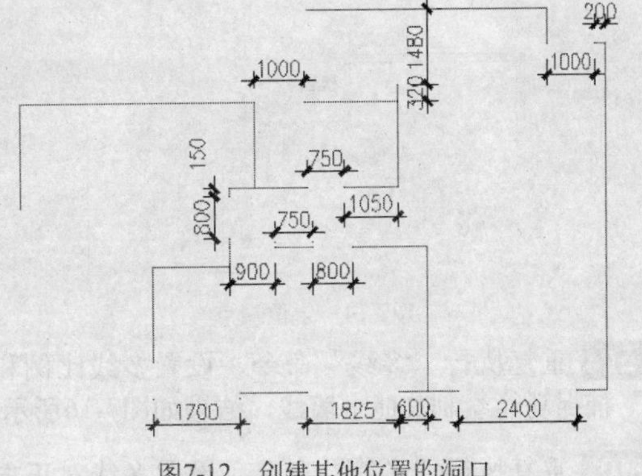

图7-12 创建其他位置的洞口

7.2.3 绘制和编辑主、次墙线

在建筑结构图中，墙体包括承重墙体和非承重墙体，承重墙体是建筑物的主墙体，它承担着建筑物的整体重量和结构，是巩固建筑整体结构、抗震、抗压、抗外力的主要墙体。一般情况下，承重墙体的厚度有200mm和240mm两种规格，而非承重墙体是建筑物的次墙体，一般只承担分割建筑物空间的作用，其厚度是承重墙体的一半，即100mm或120mm。在建筑室内装饰装潢设计中，有时为了使室内空间更加合理化，可以将部分非承重轻墙体打掉，重新进行空间划分，但是，承重墙体决不能被破坏，否则，会对整个建筑物造成安全隐患。

这一节来绘制和编辑建筑户型图中的主墙体和次墙体，学习建筑户型图中主墙体和次墙体的绘制方法和技巧，绘制完成的主、次墙体结果如图7-13所示。

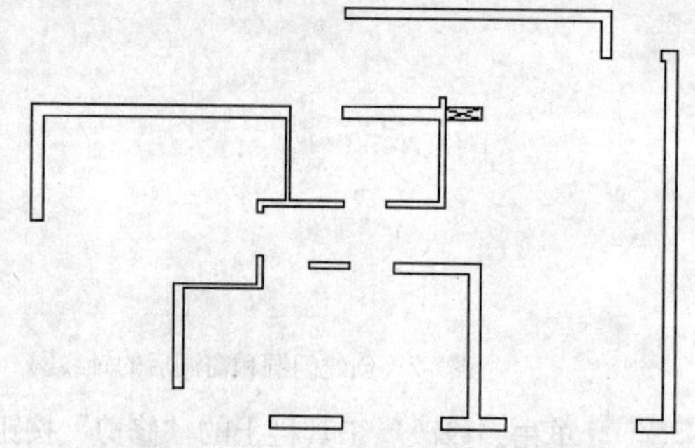

图7-13　绘制完成的主、次墙线

操作步骤

Step 01 继续上一节的操作。

Step 02 展开“图层”工具栏上的“图层控制”下拉列表，将“墙线层”设置为当前图层。

Step 03 执行菜单栏中的“绘图”|“多线”命令，配合“端点”捕捉功能绘制主墙线，命令行操作如下。

```
命令: _mline
    当前设置: 对正 = 上，比例 = 20.00，样式 = 墙线样式
    指定起点或 [对正(J)/比例(S)/样式(ST)]:              //S Enter
    输入多线比例 <20.00>:                               //200 Enter
    当前设置: 对正 = 上，比例 = 240.00，样式 = 墙线样式样式
    指定起点或 [对正(J)/比例(S)/样式(ST)]:              //J Enter
    输入对正类型 [上(T)/无(Z)/下(B)] <上>:              //Z Enter
    当前设置: 对正 = 无，比例 = 240.00，样式 = 墙线样式样式
    指定起点或 [对正(J)/比例(S)/样式(ST)]:              //捕捉如图7-14所示的端点1
    指定下一点:                                         //捕捉如图7-14所示的端点2
    指定下一点或 [闭合(C)/放弃(U)]:                     //捕捉如图7-14所示的端点3
    指定下一点或 [放弃(U)]:                             // Enter，绘制结果如图7-15所示
```

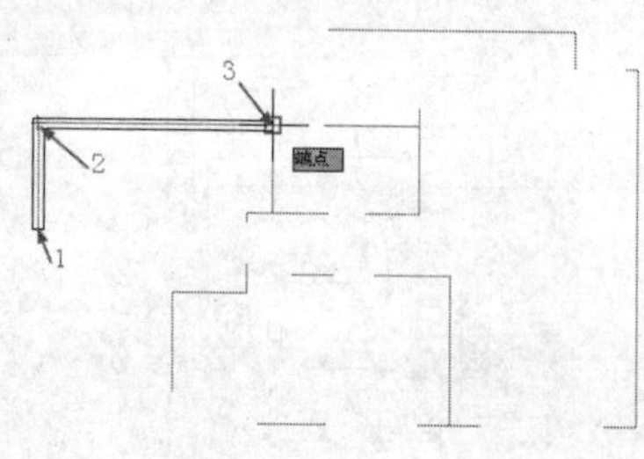

图7-14　定位端点

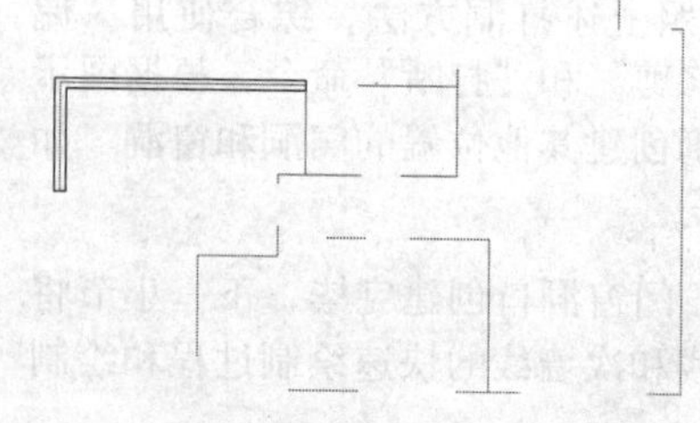

图7-15　绘制结果

Step 04 重复执行“多线”命令，设置多线比例和对正方式保持不变，配合“端点”捕捉和“交点”捕捉功能绘制其他主墙线，结果如图7-16所示。

Step 05 重复执行“多线”命令，设置多线对正方式不变，配合“端点”捕捉和“交点”捕捉功

能，绘制宽度为100的非承重墙线，绘制结果如图7-17所示。

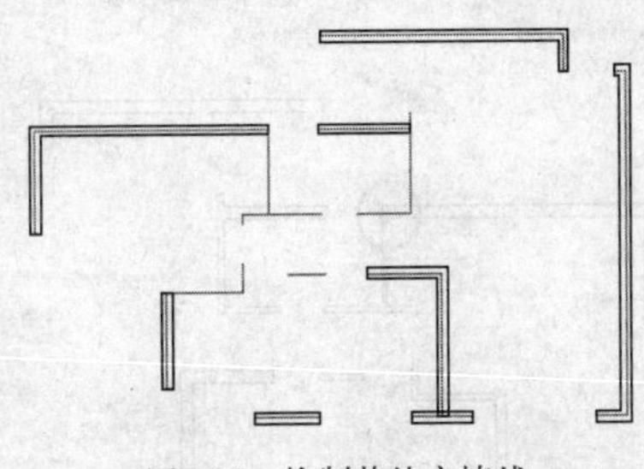
图7-16 绘制其他主墙线

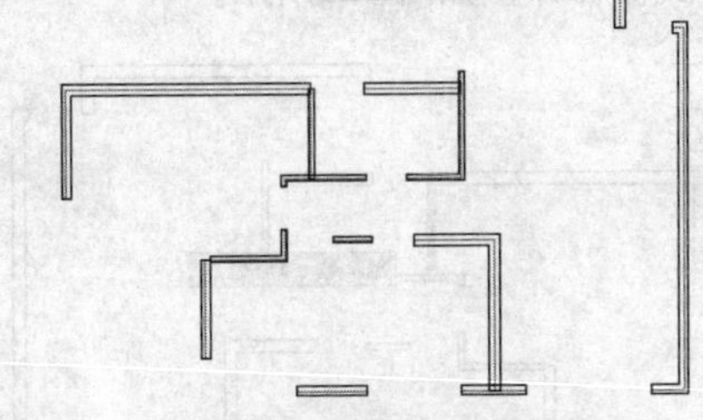
图7-17 绘制非承重墙线

Step 06 展开“图层”工具栏上的“图层控制”下拉列表，关闭“轴线层”，结果如图7-18所示。

Step 07 执行菜单栏中的“修改”|“对象”|“多线”命令，在打开的“多线编辑工具”对话框中单击按钮，激活“T形合并”功能。

Step 08 返回绘图区，在命令行“选择第一条多线:”提示下，选择如图7-19所示的墙线。

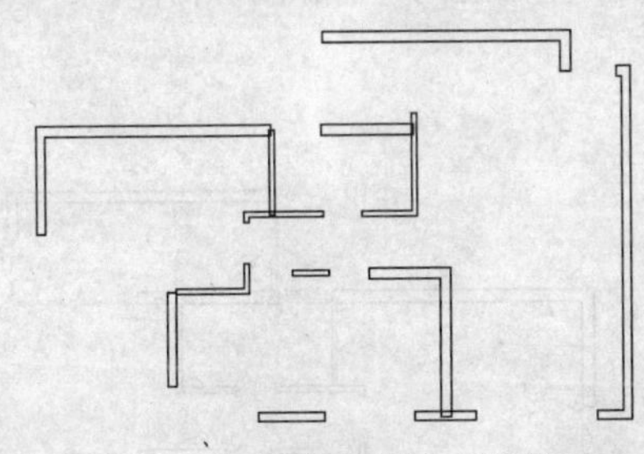
图7-18 关闭“轴线层”后的显示

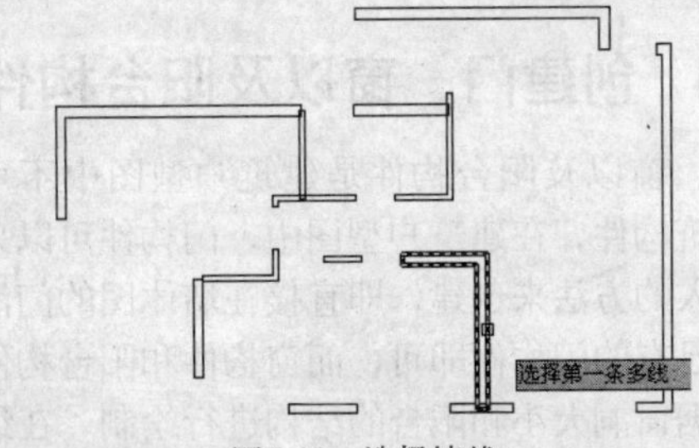

图7-19 选择墙线

Step 09 在命令行“选择第二条多线:”提示下，选择如图7-20所示的墙线，结果这两条T形相交的多线被合并，如图7-21所示。

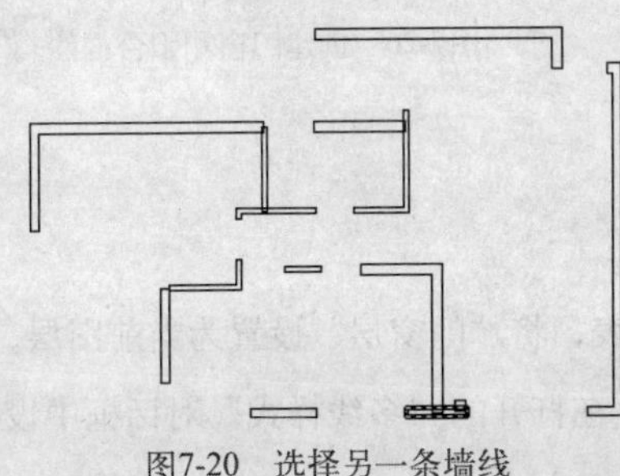
图7-20 选择另一条墙线

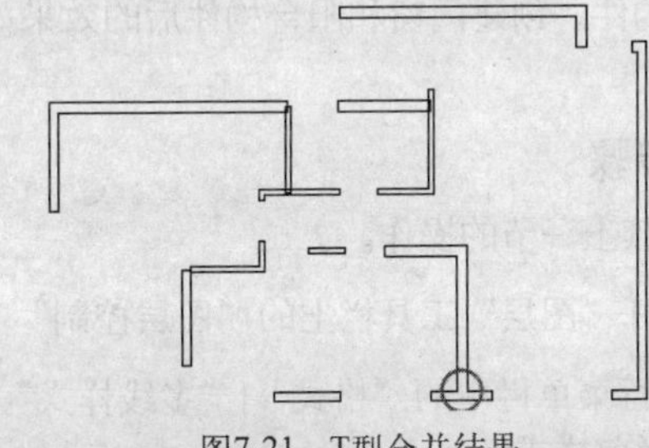
图7-21 T型合并结果

Step 10 采用相同的方法，分别对其他T型墙线进行合并，合并后的结果如图7-22所示。

Step 11 在任一墙线上双击，再次打开“多线编辑工具”对话框，单击“角点结合”按钮。

Step 12 返回绘图区，在命令行“选择第一条多线或[放弃(U)]:”提示下，单击如图7-23所示的墙线。

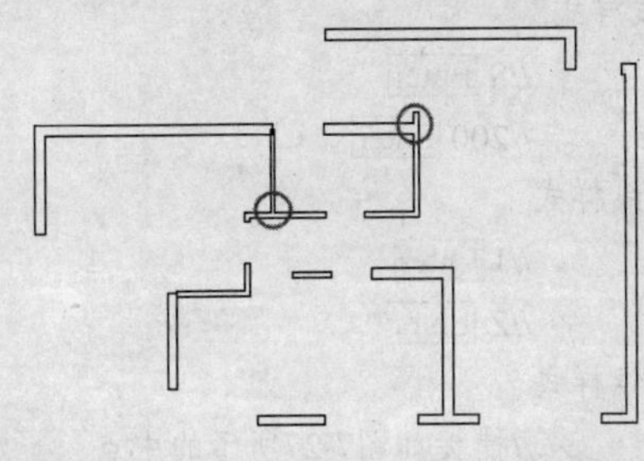
图7-22 T型合并墙线的结果

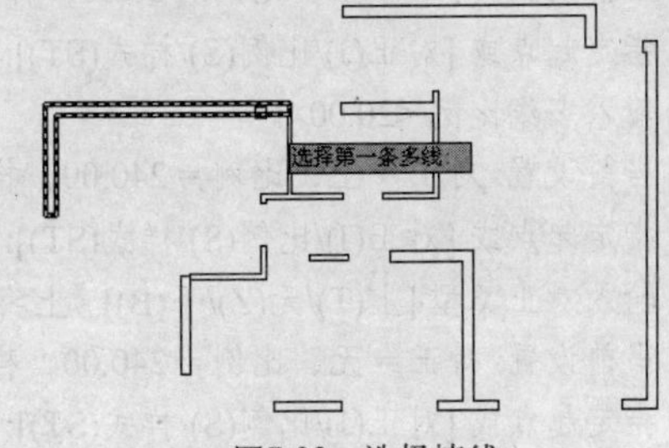

图7-23 选择墙线

Step 13 在命令行“选择第二条多线:”提示下，选择如图7-24所示的墙线，结果这两条墙线以角点结合的方式被合并，如图7-25所示。

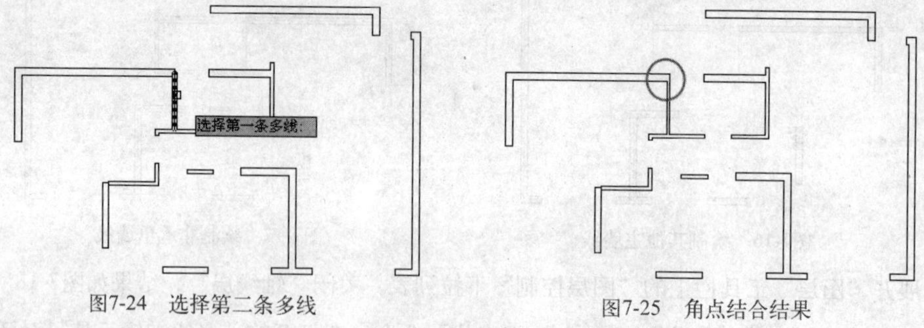

图7-24　选择第二条多线　　图7-25　角点结合结果

Step 14 继续根据命令行的提示，分别对其他位置的拐角墙线进行编辑，完成主、次墙体的绘制，结果如图7-13所示。

至此，建筑户型图墙线绘制完毕，下一小节将绘制户型图的门、窗和阳台构件。

7.2.4 创建门、窗以及阳台构件

门、窗以及阳台构件是建筑户型图中不可缺少的建筑构件，在建筑户型图中，门构件可以采用直接插入的方法来创建，即直接在墙体图的门洞位置插入已有的门构件即可，而窗构件和阳台构件则需要根据窗洞大小和阳台的结构进行绘制，在绘制前，需要使用“多线样式”命令设置窗和阳台的多线样式，再根据窗洞大小和阳台结构绘制。

这一节继续在建筑户型墙体图中创建门、窗以及阳台构件。创建门窗和阳台构件后的效果如图7-26所示。

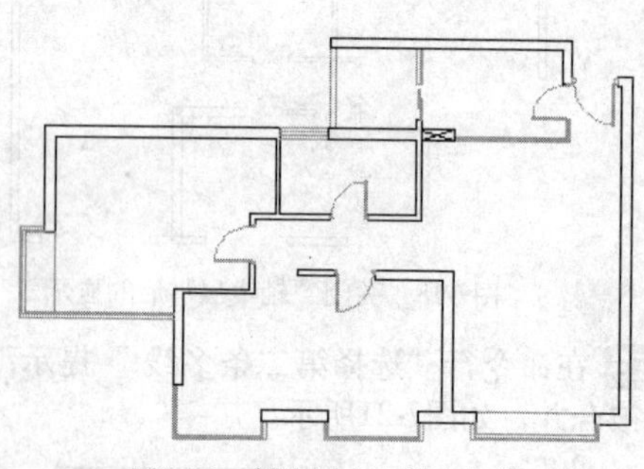

图7-26　创建门窗和阳台构件

操作步骤

Step 01 继续上一节的操作。

Step 02 展开“图层”工具栏上的“图层控制”下拉列表，将“门窗层”设置为当前图层。

Step 03 执行菜单栏中的“格式”|“多线样式”命令，在打开的“多线样式”对话框中设置“窗线样式”为当前样式。

Step 04 执行菜单栏中的“绘图”|“多线”命令，配合“中点”捕捉和对象捕捉追踪功能绘制窗线，命令行操作如下。

```
命令: _mline
    当前设置: 对正 = 上, 比例 = 20.00, 样式 = 窗线样式
    指定起点或 [对正(J)/比例(S)/样式(ST)]:              //S Enter
    输入多线比例 <20.00>:                               //200 Enter
    当前设置: 对正 = 上, 比例 = 240.00, 样式 = 窗线样式
    指定起点或 [对正(J)/比例(S)/样式(ST)]:              //J Enter
    输入对正类型 [上(T)/无(Z)/下(B)] <上>:              //Z Enter
    当前设置: 对正 = 无, 比例 = 240.00, 样式 = 窗线样式
    指定起点或 [对正(J)/比例(S)/样式(ST)]:              //捕捉如图7-27所示的中点
```

指定下一点:　　　　　　　　　　//向左引导光标，捕捉追踪线与墙线的交点，如图7-28所示
指定下一点或 [放弃(U)]:　　　　// Enter，绘制结果如图7-29所示

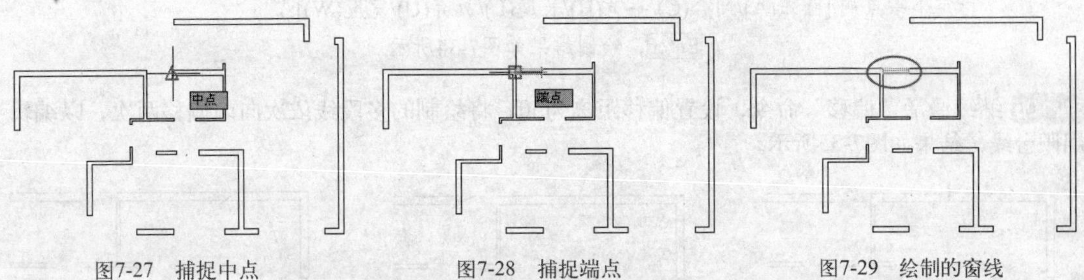

图7-27　捕捉中点　　　　图7-28　捕捉端点　　　　图7-29　绘制的窗线

Step 05 下面绘制阳台线。单击“绘图”工具栏上的“多段线”按钮，激活“多段线”命令，配合“正交”功能绘制左侧的阳台线，命令行操作如下。

命令: _pline
指定起点:　　　　　　//捕捉如图7-30所示的墙线的左端点
当前线宽为 0.5
指定下一个点或 [圆弧(A)/半宽(H)/长度(L)/放弃(U)/宽度(W)]:
　　　　　　　　　　//向左引导光标，输入400 Enter
指定下一点或 [圆弧(A)/闭合(C)/半宽(H)/长度(L)/放弃(U)/宽度(W)]:
　　　　　　　　　　//向下引导光标，输入1600 Enter
指定下一点或 [圆弧(A)/闭合(C)/半宽(H)/长度(L)/放弃(U)/宽度(W)]:
　　　　　　　　　　//向右引导光标，输入3000 Enter
指定下一点或 [圆弧(A)/闭合(C)/半宽(H)/长度(L)/放弃(U)/宽度(W)]:
　　　　　　　　　　// Enter，绘制结果如图7-31所示

Step 06 单击“修改”工具栏上的“偏移”按钮，激活“偏移”命令，设置偏移距离为50，将绘制的多段线依次向外偏移两次，以编辑出阳台线，结果如图7-32所示。

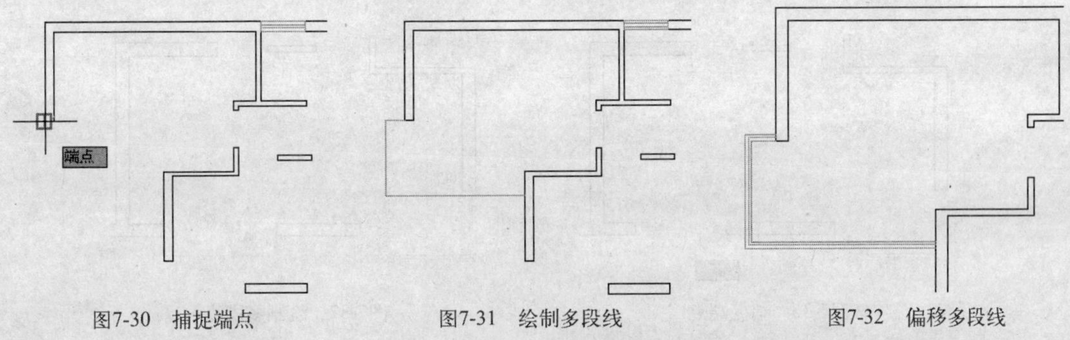

图7-30　捕捉端点　　　　图7-31　绘制多段线　　　　图7-32　偏移多段线

Step 07 继续激活“多段线”命令，配合“正交”功能绘制下侧的阳台线，命令行操作如下。

命令: _pline
指定起点:　　　　　　//捕捉如图7-33所示的墙线的左端点
当前线宽为 0.5
指定下一个点或 [圆弧(A)/半宽(H)/长度(L)/放弃(U)/宽度(W)]:
　　　　　　　　　　//向下引导光标，输入1100 Enter
指定下一点或 [圆弧(A)/闭合(C)/半宽(H)/长度(L)/放弃(U)/宽度(W)]:
　　　　　　　　　　//向右引导光标，输入1900 Enter

01 Chapter
02 Chapter
03 Chapter
04 Chapter
05 Chapter
06 Chapter
07 Chapter
08 Chapter
09 Chapter
10 Chapter

指定下一点或 [圆弧(A)/闭合(C)/半宽(H)/长度(L)/放弃(U)/宽度(W)]:

//向上引导光标，输入400 Enter

指定下一点或 [圆弧(A)/闭合(C)/半宽(H)/长度(L)/放弃(U)/宽度(W)]:

// Enter，绘制结果如图7-34所示

Step 08 继续激活“偏移”命令，设置偏移距离为50，将绘制的多段线依次向内偏移两次，以编辑出阳台线，结果如图7-35所示。

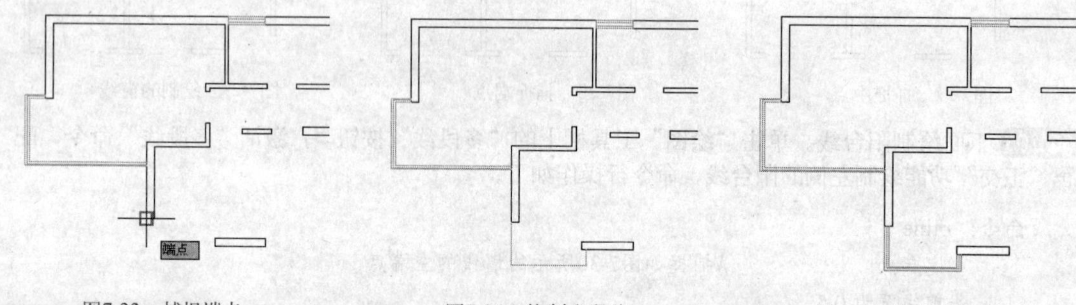

图7-33 捕捉端点　　图7-34 绘制多段线　　图7-35 偏移多段线

Step 09 继续激活“多段线”命令，配合点的坐标输入功能绘制下侧的另一个凸窗轮廓线，命令行操作如下。

命令: _pline

指定起点: //捕捉如图7-36所示的端点

当前线宽为 0

指定下一个点或 [圆弧(A)/半宽(H)/长度(L)/放弃(U)/宽度(W)]: //@0,-300 Enter

指定下一点或 [圆弧(A)/闭合(C)/半宽(H)/长度(L)/放弃(U)/宽度(W)]: //@1800,0 Enter

指定下一点或 [圆弧(A)/闭合(C)/半宽(H)/长度(L)/放弃(U)/宽度(W)]: //@0,300 Enter

指定下一点或 [圆弧(A)/闭合(C)/半宽(H)/长度(L)/放弃(U)/宽度(W)]:

// Enter，结束命令，绘制结果如图7-37所示

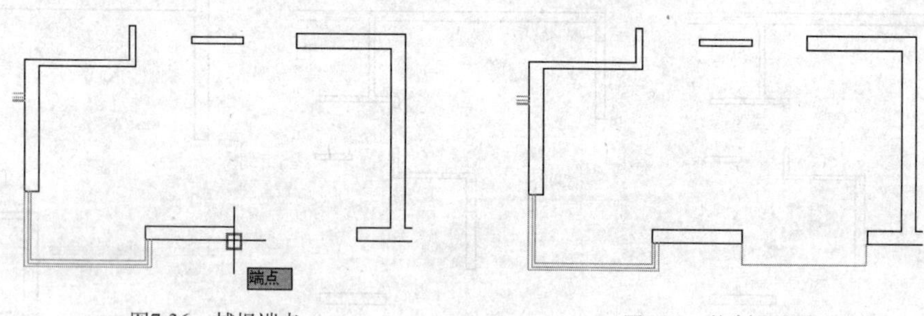

图7-36 捕捉端点　　图7-37 绘制多段线

Step 10 使用命令简写O激活“偏移”命令，将刚绘制的凸窗轮廓线向外偏移50个单位，完成凸窗的绘制，结果如图7-38所示。

Step 11 继续激活“多段线”命令，配合点的坐标输入功能绘制下侧的另一个凸窗轮廓线，命令行操作如下。

命令: _pline

指定起点: //捕捉如图7-39所示的端点A

当前线宽为 0

指定下一个点或 [圆弧(A)/半宽(H)/长度(L)/放弃(U)/宽度(W)]: //@0,-300 Enter

指定下一点或 [圆弧(A)/闭合(C)/半宽(H)/长度(L)/放弃(U)/宽度(W)]: //@2400, 0 Enter
指定下一点或 [圆弧(A)/闭合(C)/半宽(H)/长度(L)/放弃(U)/宽度(W)]: //@0,300 Enter
指定下一点或 [圆弧(A)/闭合(C)/半宽(H)/长度(L)/放弃(U)/宽度(W)]: // Enter，结束命令

Step 12 使用命令简写O激活“偏移”命令，将刚绘制的凸窗轮廓线向外偏移50个单位，完成凸窗的绘制，结果如图7-39所示。

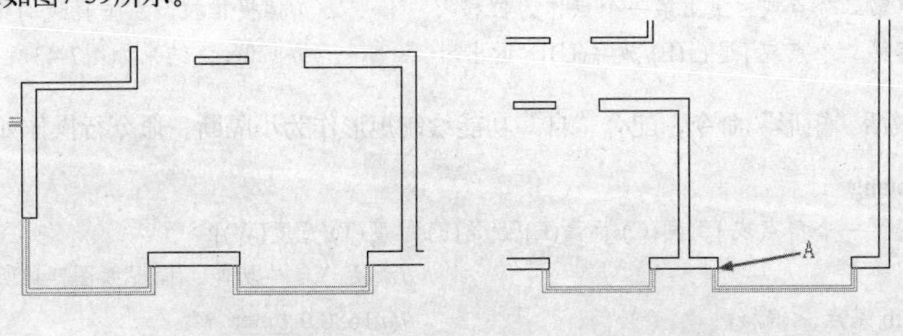

图7-38 偏移多段线　　图7-39 绘制另一个凸窗

Step 13 激活“直线”命令，配合“端点”捕捉和对象捕捉追踪功能，在左侧阳台和下方阳台位置绘制直线A和B作为阳台线，如图7-40所示。

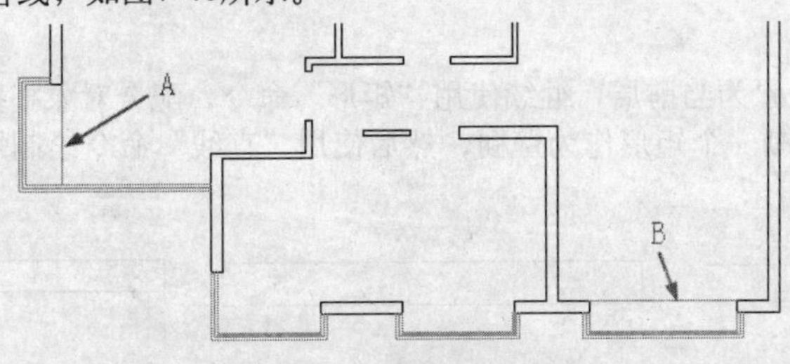

图7-40 绘制阳台线

Step 14 执行菜单栏中的“绘图”|“矩形”命令，配合“端点”捕捉和坐标输入功能绘制隔断和推拉门轮廓线，命令行操作如下。

命令: _rectang
指定第一个角点或 [倒角(C)/标高(E)/圆角(F)/厚度(T)/宽度(W)]: //捕捉如图7-41所示的端点
指定另一个角点或 [面积(A)/尺寸(D)/旋转(R)]: //@100,-1600 Enter，绘制矩形
命令: _rectang
指定第一个角点或 [倒角(C)/标高(E)/圆角(F)/厚度(T)/宽度(W)]: //捕捉如图7-42所示的端点
指定另一个角点或 [面积(A)/尺寸(D)/旋转(R)]: //@-40,380 Enter，绘制矩形

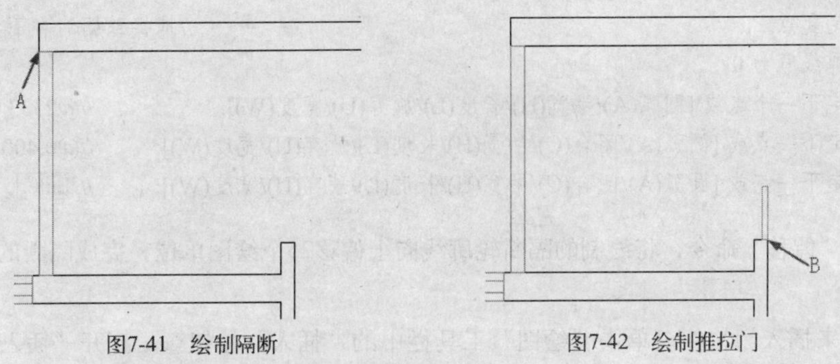

图7-41 绘制隔断　　图7-42 绘制推拉门

Step 15 单击“修改”工具栏上的“复制”按钮，激活“复制”命令，配合“端点”和“中点”捕捉功能将推拉门轮廓线进行复制，命令行操作如下。

```
命令: _copy
    选择对象:                                         //单击绘制的推拉门
    选择对象:                                         // Enter
    当前设置: 复制模式 = 多个
    指定基点或 [位移(D)/模式(O)] <位移>:                //捕捉推拉门右下角点
    指定第二个点或 <使用第一个点作为位移>:               //捕捉推拉门左垂直边的中点
    指定第二个点或 [退出(E)/放弃(U)] <退出>:             // Enter，结果如图7-43所示
```

Step 16 继续激活“矩形”命令，配合“自”功能绘制矩形作为小隔断，命令行操作如下。

```
命令: _rectang
    指定第一个角点或 [倒角(C)/标高(E)/圆角(F)/厚度(T)/宽度(W)]:
                                        //激活“自”功能，捕捉如图7-44所示的端点A
    _from 基点: <偏移>:                  //@1680,0 Enter
    指定另一个角点或 [面积(A)/尺寸(D)/旋转(R)]:        // @100,-680 Enter，绘制矩形
```

Step 17 将绘制的小隔断分解，然后使用“偏移”命令将矩形左垂直边向右偏移50个绘图单位，完成小隔断的绘制。

Step 18 将“墙线层”设置为当前层，继续使用“矩形”命令，配合对象捕捉追踪功能和坐标输入功能，根据图示尺寸绘制一个矩形作为壁橱，然后使用“直线”命令绘制矩形对角线，完成壁橱的绘制，结果如图7-45所示。

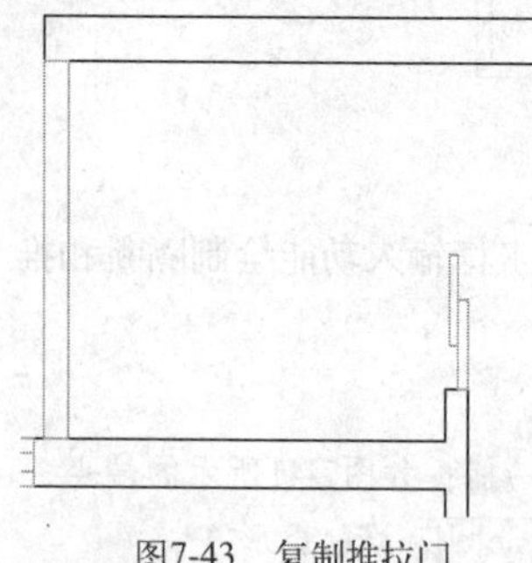

图7-43　复制推拉门

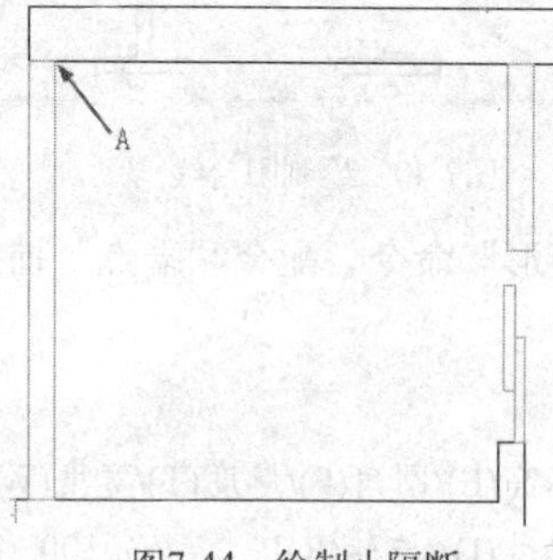

图7-44　绘制小隔断

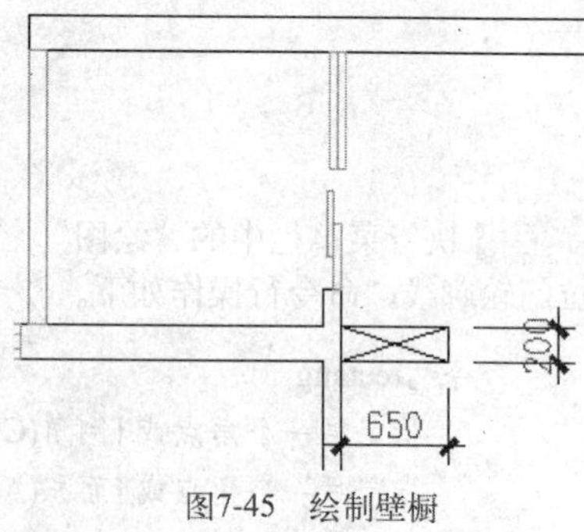

图7-45　绘制壁橱

Step 19 将“门窗层”设置为当前层，再次激活“多段线”命令，配合点的坐标输入功能绘制另一个隔断轮廓线，命令行操作如下。

```
命令: _pline
    指定起点:                                                    //捕捉壁橱的右下角点
    当前线宽为 0
    指定下一个点或 [圆弧(A)/半宽(H)/长度(L)/放弃(U)/宽度(W)]:            //@2333,0 Enter
    指定下一点或 [圆弧(A)/闭合(C)/半宽(H)/长度(L)/放弃(U)/宽度(W)]:      //@0,400 Enter
    指定下一点或 [圆弧(A)/闭合(C)/半宽(H)/长度(L)/放弃(U)/宽度(W)]:      // Enter，结束操作
```

Step 20 使用“偏移”命令，将绘制的隔断轮廓线向上偏移25个绘图单位，完成隔断的绘制，结果如图7-46所示。

Step 21 下面来插入门构件。单击“绘图”工具栏中的“插入”按钮，打开“插入”对话框，选择随书光盘中的文件“图块文件”\“单开门.dwg”，并设置插入参数如图7-47所示，将“单开门”图块插入到如图7-48所示的门洞位置。

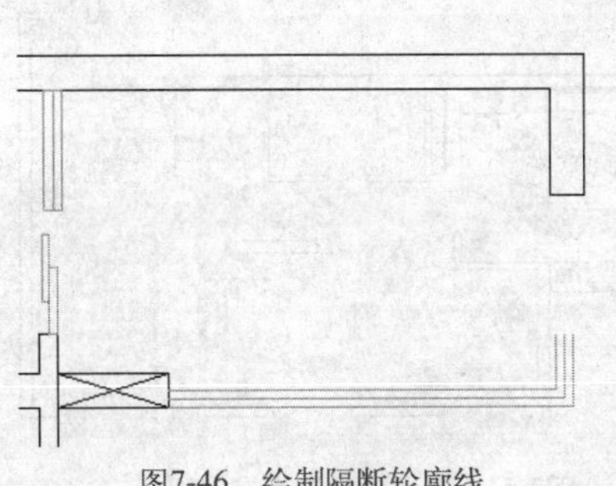

图7-46 绘制隔断轮廓线

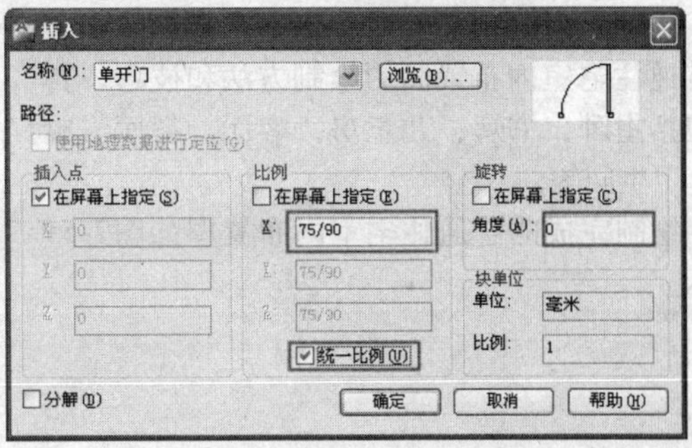

图7-47 设置参数

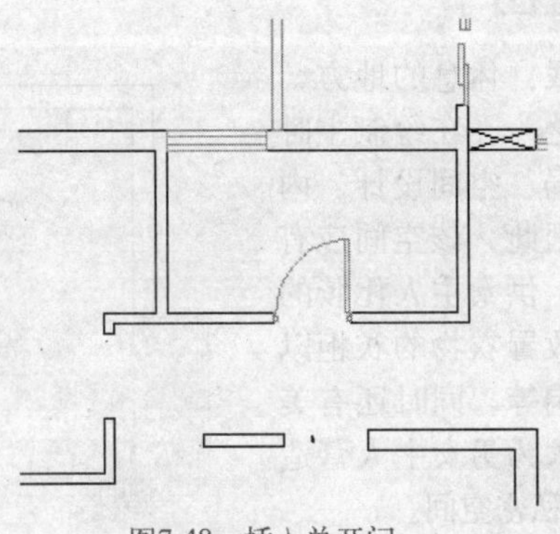

图7-48 插入单开门

Step 22 重复执行“插入块”命令，设置插入参数如图7-49所示，插入点如图7-50所示。

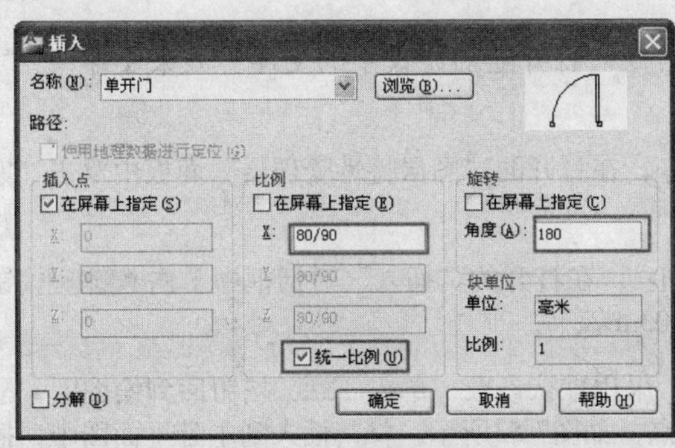

图7-49 设置参数

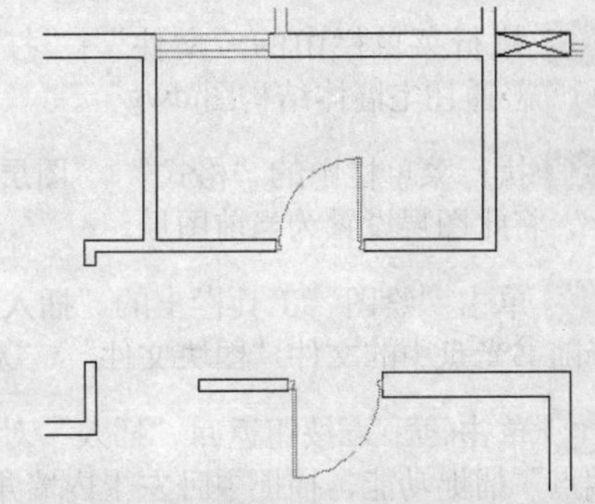

图7-50 插入单开门

Step 23 综合运用“镜像”、“旋转”、“复制”等功能，将插入的单开门图块镜像复制到其他门洞位置，完成门图块的插入，效果如图7-26所示。

Step 24 至此，创建门、窗以及阳台构件的操作完毕，执行菜单栏中的“文件”|“另存为”命令，将该图形命名存储为“普通住宅墙体结构图.dwg”文件。

7.3 绘制普通住宅室内布置图

室内布置图是假想用一个水平的剖切平面，沿窗台上方位置，将经过室内装修的房屋整个剖开，移去以上部分向下所做的水平投影图。

室内布置图主要用于表明室内外装修布置的平面形状、具体位置、大小和所用材料，表明这些布置与建筑主体结构之间，以及这些布置之间的相互位置及关系等。

这一节来绘制某普通住宅室内布置图，学习普通住宅室内布置图的绘制方法和技巧，具体包括主卧、书房、儿童房、客厅、餐厅、厨房、卫生间等。

绘制完成的普通住宅室内布置图如图7-51所示。

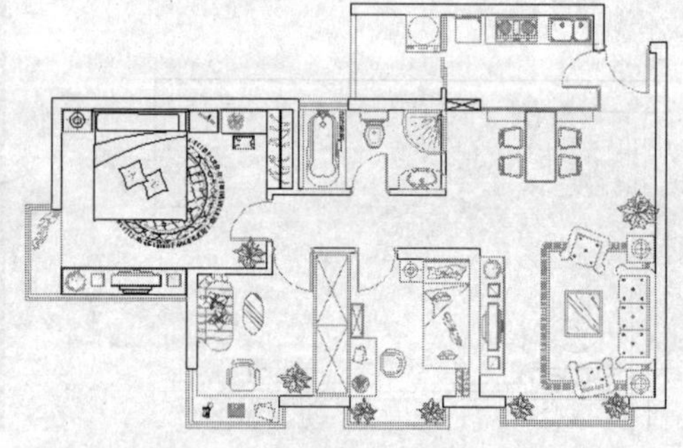

图7-51 普通住宅室内布置图

7.3.1 绘制主卧布置图

主卧一般是男女主人睡眠、休息的地方，也是室内空间最私密的区域之一，在绘制主卧室内布置图时，要从功能布局、空间设计、内含物的布置等多方面考虑，因此，该空间应有供主人睡眠的舒适的双人床、供女主人化妆的梳妆台、照明使用的台灯、放置衣物的衣柜以及供男女主人娱乐的电视音响等，同时还有美化空间的盆栽花卉植物，力求为男女主人营造一个安逸、舒适、温馨浪漫的私密空间。

主卧布置图如图7-52所示。

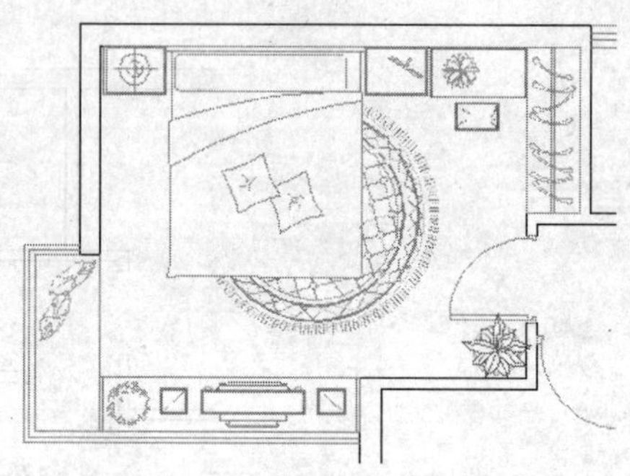

图7-52 主卧布置图

操作步骤

Step 01 执行菜单栏中的“文件”|“打开”命令，打开随书光盘中的文件“效果文件”\“第7章”\“普通住宅墙体结构图.dwg”。

Step 02 执行菜单栏中的“格式”|“图层”命令，在打开的“图层特性管理器”面板中双击“家具层”，将此图层设置为当前图层。

Step 03 单击“绘图”工具栏上的“插入”按钮，在打开的“插入”对话框中单击“浏览(B)...”按钮，选择随书光盘中的文件“图块文件”\“双人床03.dwg”。

Step 04 单击“打开(O)”按钮返回“插入”对话框，采用默认参数，单击“确定”按钮回到绘图区，配合“端点”捕捉功能，捕捉主卧左上内墙角的端点，如图7-53所示，将其插入到主卧平面图中，插入结果如图7-54所示。

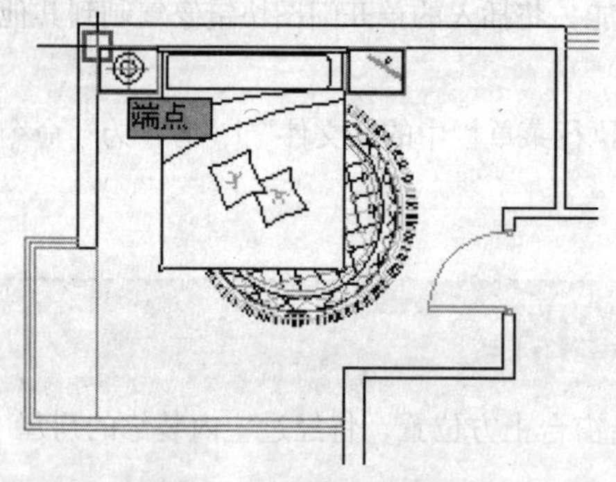

图7-53 捕捉内墙角的端点

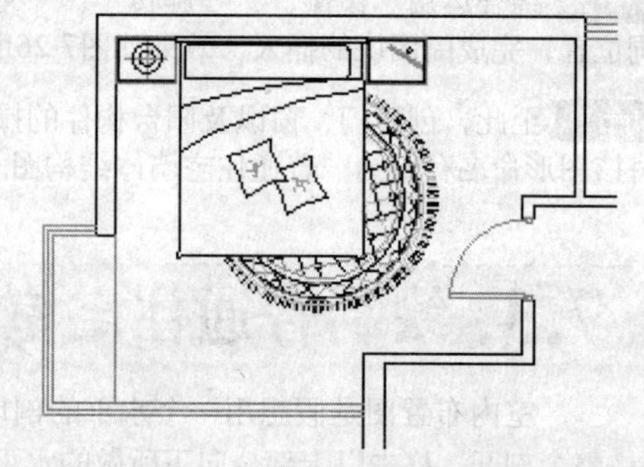

图7-54 插入双人床图块

Step 05 重复执行“插入块”命令，在打开的“插入”对话框中单击“浏览(B)...”按钮，选择随书光盘中的文件“图块文件”\“梳妆台03.dwg”。

Step 06 单击[打开(O)]按钮返回“插入”对话框，采用默认参数，单击[确定]按钮回到绘图区，配合“自”功能，捕捉卧室右上内墙角的端点，将其插入到主卧平面图中，命令行操作如下。

```
命令: _insert
    指定插入点或 [基点(B)/比例(S)/旋转(R)]:          //激活“自”功能，捕捉如图7-55所示的端点
    _from 基点: <偏移>:                            //@-500,0 Enter，插入结果如图7-56所示
```

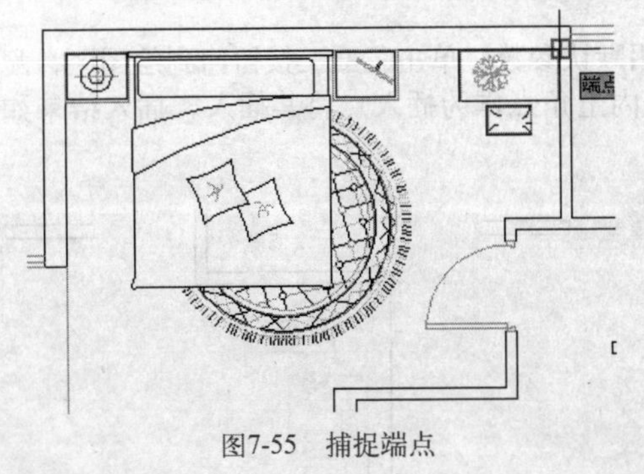

图7-55 捕捉端点

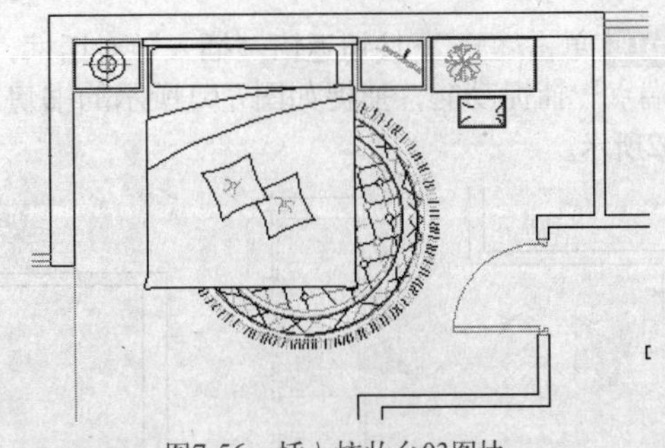

图7-56 插入梳妆台03图块

Step 07 重复执行“插入”命令，选择随书光盘中的文件“图块文件”\“衣柜01.dwg”，采用默认参数设置，配合“端点”捕捉功能，捕捉如图7-55所示的卧室右上内墙角的端点将其插入，结果如图7-57所示。

Step 08 继续执行“插入”命令，选择随书光盘中的文件“图块文件”\“电视柜03.dwg”，采用默认参数设置，配合“端点”捕捉功能，捕捉卧室下墙角的端点A，将其插入，结果如图7-58所示。

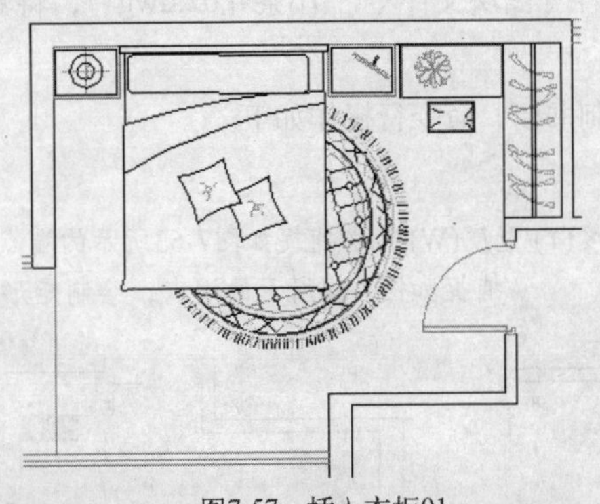

图7-57 插入衣柜01

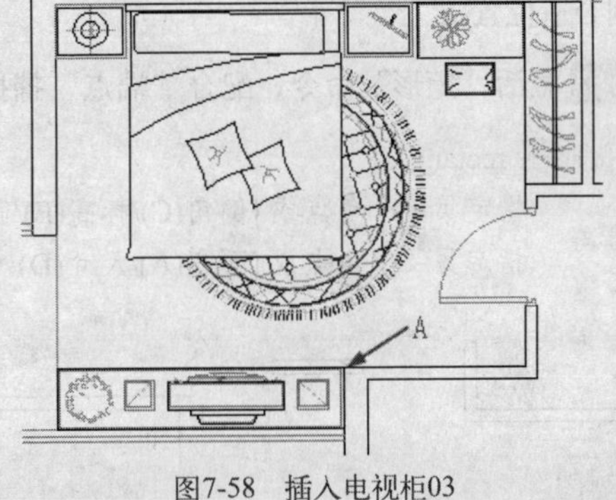

图7-58 插入电视柜03

Step 09 继续执行“插入”命令，选择随书光盘 “图块文件”目录下的“抱枕01.dwg”和“绿化植物01.dwg”图块文件，将其插入到主卧相关位置，完成主卧布置图的绘制，最终结果如图7-52所示。

7.3.2 绘制书房布置图

书房已经成为现代居室空间中非常重要的一个空间，书房最能体现主人的文化修养、生活品味和精神境界，书房不仅可以供主人收藏书籍、阅读、写作和思考，也可以作为主人接见朋友的场所，因此，书房中不仅有供主人读书、写作的桌椅、书架、电脑以及照明所用的灯具等，同时也应该有供主人会客的沙发等设施，总之，书房的设计应满足“明”、“静”、“雅”、“序”四点要求。

这一节继续绘制书房布置图，其结果如图7-59所示。

✎ 操作步骤

Step 01 继续上一节的操作。

Step 02 单击“绘图”工具栏上的“插入”按钮，在打开的“插入”对话框中单击浏览(B)...按钮，选择随书光盘中的文件“图块文件”\“办公桌椅03.dwg”。

Step 03 单击打开(O)按钮返回“插入”对话框，采用默认参数，单击确定按钮回到绘图区，配合“端点”捕捉功能，捕捉书房阳台位置的端点A，将其插入到书房阳台位置，插入结果如图7-60所示。

Step 04 继续执行“插入”命令，在打开的“插入”对话框中单击浏览(B)...按钮，选择随书光盘中的文件“图块文件”\“沙发床02.dwg”。

Step 05 单击打开(O)按钮返回“插入”对话框，采用默认参数，单击确定按钮回到绘图区，配合“端点”捕捉功能，捕捉如图7-61所示的书房左墙内上角点作为插入点将其插入，插入结果如图7-62所示。

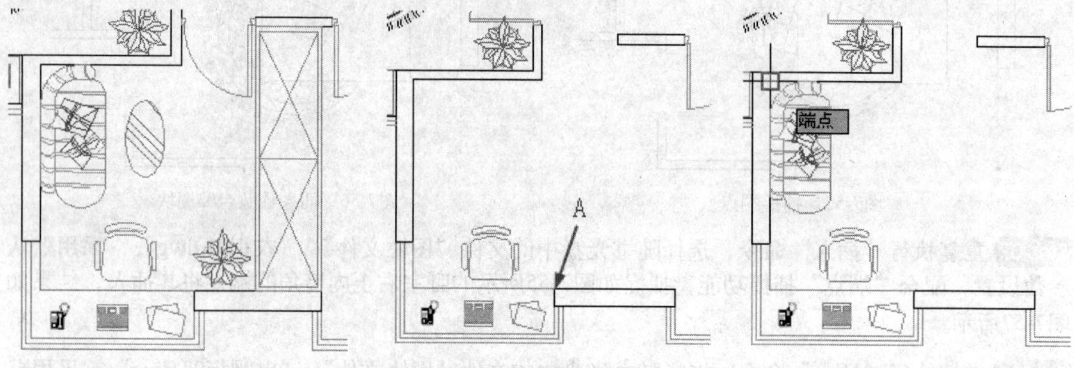

图7-59　书房布置效果　　图7-60　插入办公桌椅图块　　图7-61　捕捉左墙内上角点

Step 06 继续使用“插入”命令，选择随书光盘中的文件“图块文件”\“小茶几02.dwg”，将其插入到合适位置。

Step 07 激活“矩形”命令，配合“端点”捕捉功能绘制书橱，命令行操作如下。

```
命令: _rectang
    指定第一个角点或 [倒角(C)/标高(E)/圆角(F)/厚度(T)/宽度(W)]:  //捕捉如图7-63所示的端点
    指定另一个角点或 [面积(A)/尺寸(D)/旋转(R)]:        //捕捉如图7-64所示的端点，绘制矩形
```

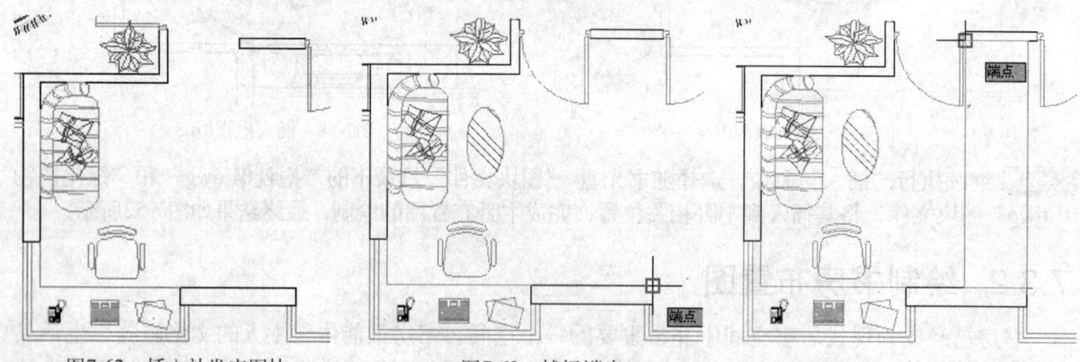

图7-62　插入沙发床图块　　图7-63　捕捉端点　　图7-64　捕捉端点

Step 08 激活“偏移”命令，将绘制的矩形向内偏移50个绘图单位，然后单击“修改”工具栏上的“分解”按钮，激活“分解”命令，选择内侧矩形，按Enter键确认将内侧矩形分解。

Step 09 继续使用“偏移”命令，将分解后的矩形上水平边向下偏移1300个绘图单位，结果如图7-65所示。

Step 10 激活“直线”命令，配合“端点”捕捉功能，捕捉内侧矩形的各角点绘制对角线，完成书橱的绘制，结果如图7-66所示。

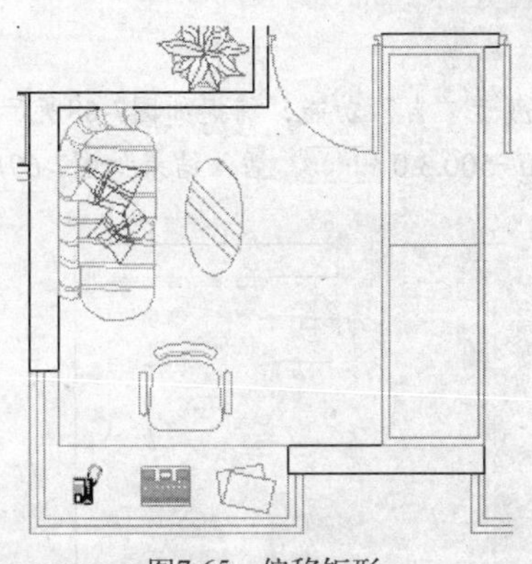
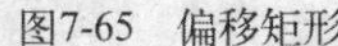

图7-65 偏移矩形

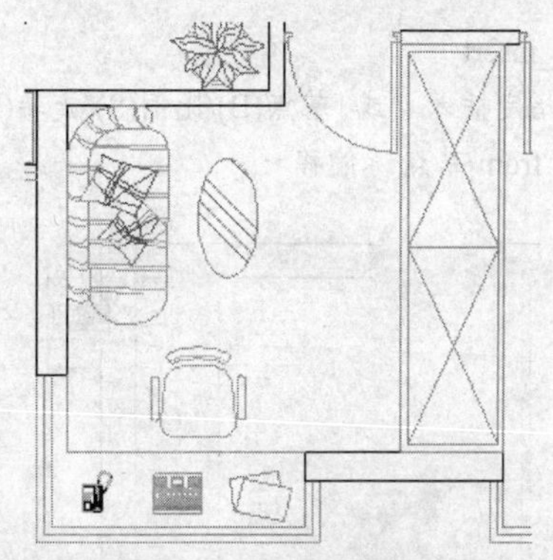

图7-66 绘制对角线

Step 11 单击"修改"工具栏上的"复制"按钮，激活"复制"命令，将主卧中的"绿化植物01.dwg"图块复制到书房右下方位置，完成书房布置图的绘制，最终效果如图7-59所示。

7.3.3 绘制少儿房布置图

少儿属于未成年人，他们不同于成年人，未成年人的各生理机能、智力等都处于成长发育阶段，因此，在进行未成年人房间设计时，要认真研究未成年人的心理等要素，要从界面、陈设、照明等多方面认真考虑，为未成年人营造一个充满活力、富有想象力的独立、自由的生活和学习的空间环境。

如果条件允许，可为未成年人尽量选择面积在18~20m^{2}的房间，如果房间面积太大，会使未成年人感到空旷、孤独；如果面积太小，又使未成年人感到压抑、对其健康成长不利。另外，未成年人的房间内除了必要的睡眠和学习的家具外，尽量不要摆放太多的家具，以便使他们有独自玩耍、嬉闹和想象的空间，有利于他们的健康成长。

这一节继续来绘制未成年人房间布置图，该房间布置比较简单，除了单人床、学习桌、书橱和一个衣橱外，再无其他家具，其结果如图7-67所示。

图7-67 未成年人房间布置效果

操作步骤

Step 01 继续上一节的操作。

Step 02 单击"绘图"工具栏上的"插入"按钮，在打开的"插入"对话框中单击 浏览(B)... 按钮，选择随书光盘中的文件"图块文件"\"单人床03.dwg"。

Step 03 单击 打开(O) 按钮返回"插入"对话框，设置"角度"为90°，其他设置默认。

Step 04 单击 确定 按钮回到绘图区，配合"端点"捕捉和"自"功能，将其插入到房间内，命令行操作如下。

命令: _insert

指定插入点或 [基点(B)/比例(S)/旋转(R)]: //激活“自”功能，捕捉如图7-68所示的端点

_from 基点: <偏移>: //@-500.3,0 Enter，插入结果如图7-69所示

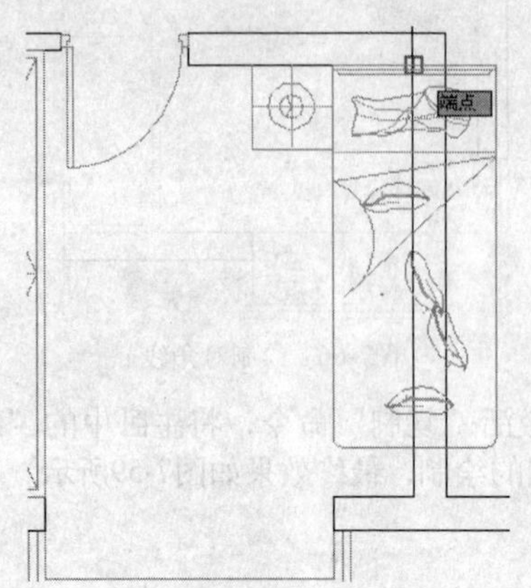

图7-68 捕捉端点

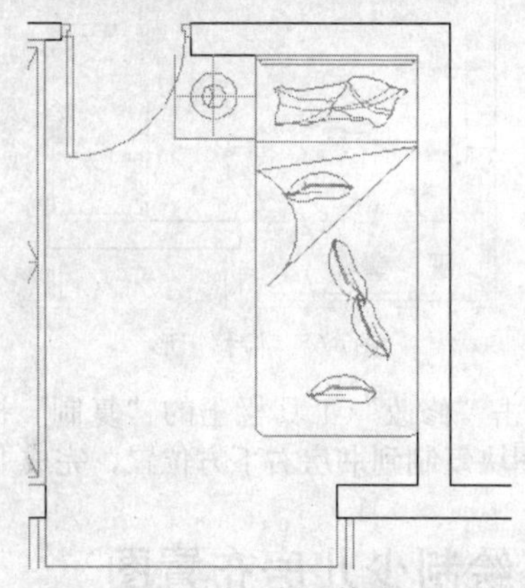
图7-69 插入结果

Step 05 单击“修改”工具栏中的“缩放”按钮，激活“缩放”命令，对复制的“单人床03”图块进行缩放，命令行操作如下。

命令: _scale

选择对象: //单击“单人床03”图块

选择对象: // Enter，结束对象的选择

指定基点: //捕捉“单人床03”的右上角点

指定比例因子或 [复制(C)/参照(R)]: //0.9 Enter，缩放结果如图7-70所示

Step 06 继续执行“插入”命令，在打开的“插入”对话框中单击 浏览(B)... 按钮，选择随书光盘中的文件“图块文件”\“小衣橱.dwg”。

Step 07 单击 打开(O) 按钮返回“插入”对话框，采用默认参数，单击 确定 按钮回到绘图区，配合“端点”捕捉功能，捕捉房间右下墙内角点将其插入，插入结果如图7-71所示。

Step 08 继续执行“插入”命令，在打开的“插入”对话框中单击 浏览(B)... 按钮，选择随书光盘中的文件“图块文件”\“学习桌02.dwg”。

Step 09 单击 打开(O) 按钮返回“插入”对话框，设置“角度”为180°，其他采用默认设置。

Step 10 单击 确定 按钮回到绘图区，配合“端点”捕捉功能，捕捉如图7-72所示的下墙体的右上端点作为插入点将其插入，插入结果如图7-73所示。

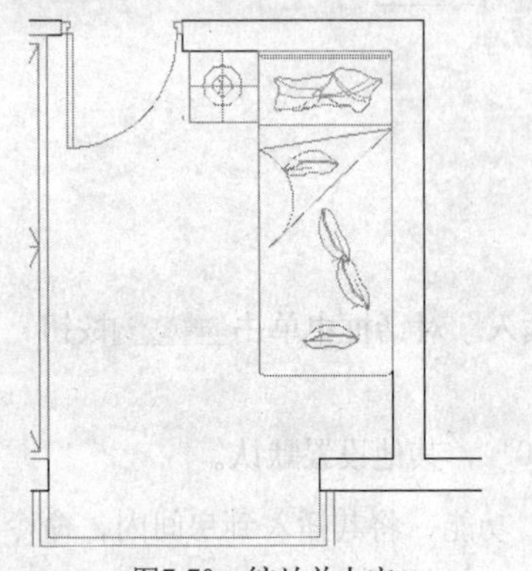
图7-70 缩放单人床

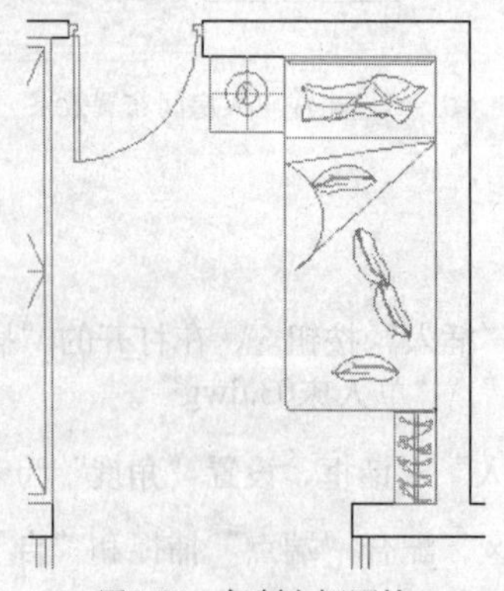
图7-71 复制衣橱图块

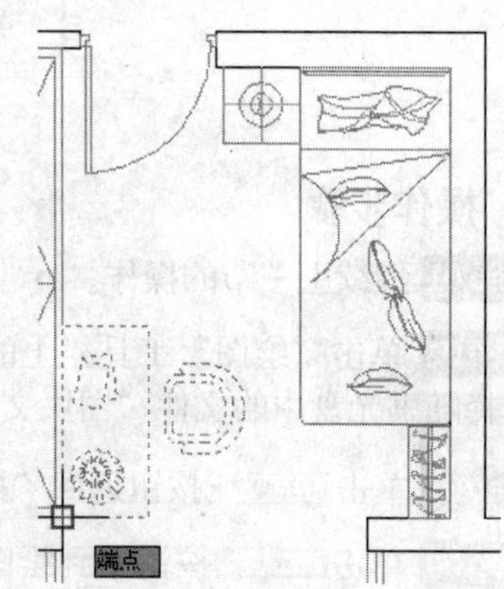

图7-72 捕捉下墙右上端点

Step 11 激活“矩形”命令，配合“端点”捕捉功能捕捉学习桌的左上角点，绘制250×655的矩形作为书橱。

Step 12 使用“偏移”命令，将绘制的矩形向内偏移25个绘图单位，然后使用“直线”命令绘制内侧矩形的对角线，结果如图7-74所示。

Step 13 使用“复制”命令，将书房中的植物复制到未成年人房间阳台位置，然后使用“缩放”工具将其缩小0.85，完成未成年人房间的布置，结果如图7-75所示。

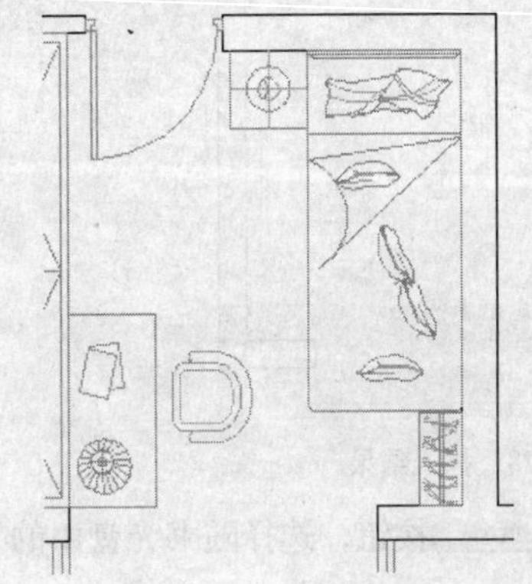

图7-73 插入学习桌图块

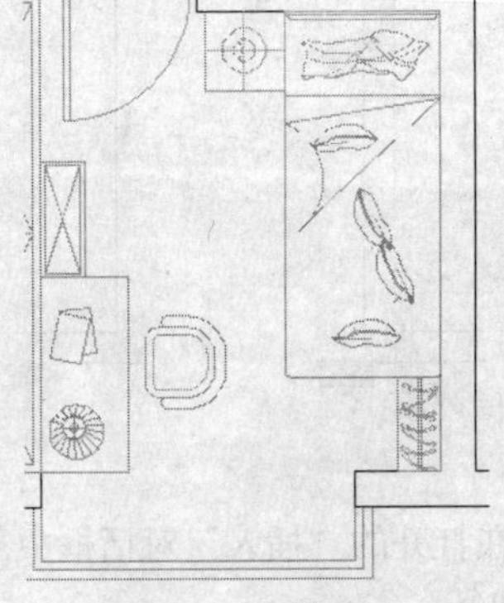

图7-74 绘制书橱

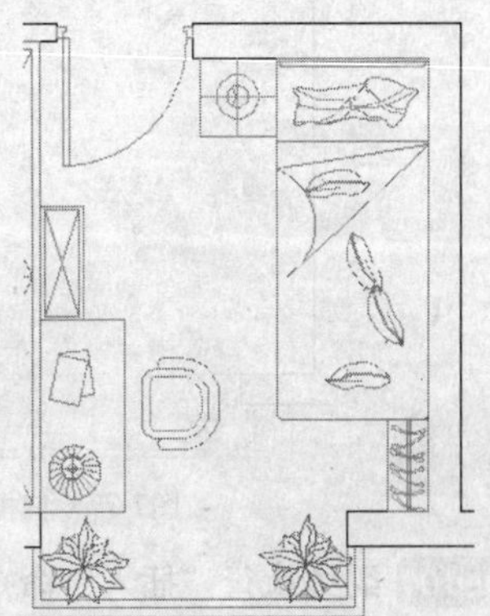

图7-75 复制植物

至此，未成年人房间布置完毕，下一节继续布置客厅和餐厅。

7.3.4 绘制客厅和餐厅布置图

客厅用于家人团聚、娱乐和接待客人，而餐厅用于家人用餐，因此客厅和餐厅属于居室中的公共空间，在客厅中应根据主人爱好和需要，设置相关的娱乐设置，在餐厅要布置餐桌，同时要根据用餐人数布置相关的餐椅。

总之，客厅和餐厅的布置要给人一种舒适、祥和的聚会和用餐的环境氛围。客厅和餐厅布置结果如图7-76所示。

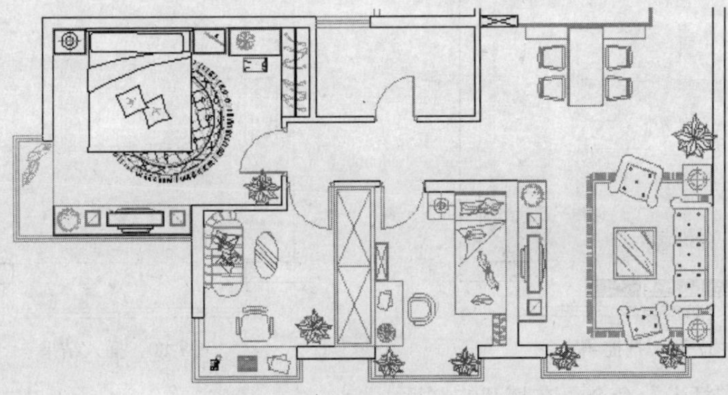

图7-76 客厅和餐厅布置图效果

操作步骤

Step 01 继续上一节的操作。

Step 02 单击“绘图”工具栏上的“插入”按钮，在打开的“插入”对话框中单击 浏览(B)... 按钮，选择随书光盘中的文件“图块文件”\“组合沙发03.dwg”。

Step 03 单击 打开(O) 按钮返回“插入”对话框，采用默认设置，单击 确定 按钮回到绘图区，配合“端点”捕捉和“自”功能，将其插入到房间内，命令行操作如下。

命令: _insert

指定插入点或 [基点(B)/比例(S)/旋转(R)]:

//激活“自”功能，捕捉如图7-77所示的右下墙角的角点

_from 基点: <偏移>: //@0,1516.2 Enter，插入结果如图7-78所示

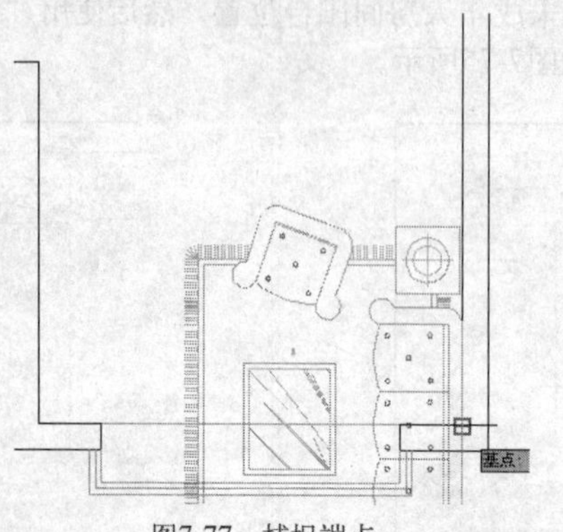

图7-77 捕捉端点

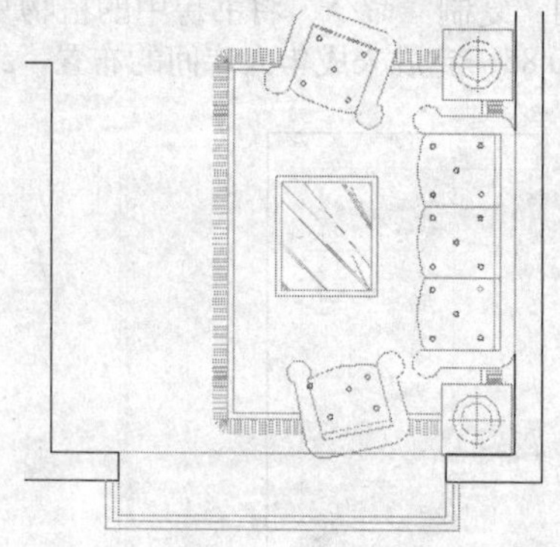

图7-78 插入结果

Step 04 继续执行“插入”命令，在打开的“插入”对话框中单击浏览(B)...按钮，选择随书光盘中的文件“图块文件”\“电视柜03.dwg”。

Step 05 单击打开(O)按钮返回“插入”对话框，设置“角度”为-90°，其他设置默认，单击确定按钮回到绘图区，配合“端点”捕捉和“自”功能，将其插入到客厅位置，命令行操作如下。

命令: _insert

指定插入点或 [基点(B)/比例(S)/旋转(R)]:

//激活“自”功能，捕捉如图7-79所示的右墙右上角点

_from 基点: <偏移>: //@0,400 Enter，插入结果如图7-80所示

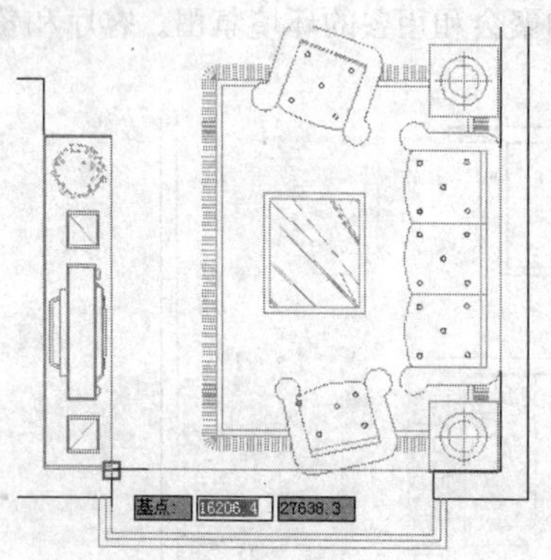

图7-79 捕捉角点

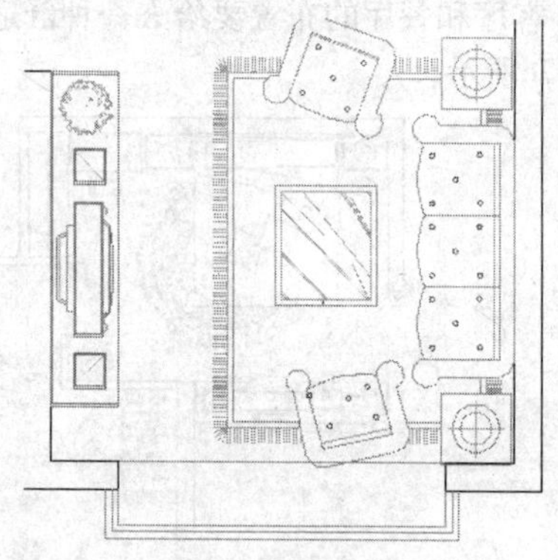

图7-80 插入结果

Step 06 继续执行“插入”命令，在打开的“插入”对话框中单击浏览(B)...按钮，选择随书光盘中的文件“图块文件”\“餐桌椅03.dwg”。

Step 07 单击打开(O)按钮返回“插入”对话框，采用默认设置，单击确定按钮回到绘图区。

Step 08 配合“中点”捕捉功能，捕捉如图7-81所示的隔断的中点将其插入到餐厅位置，如图7-82所示。

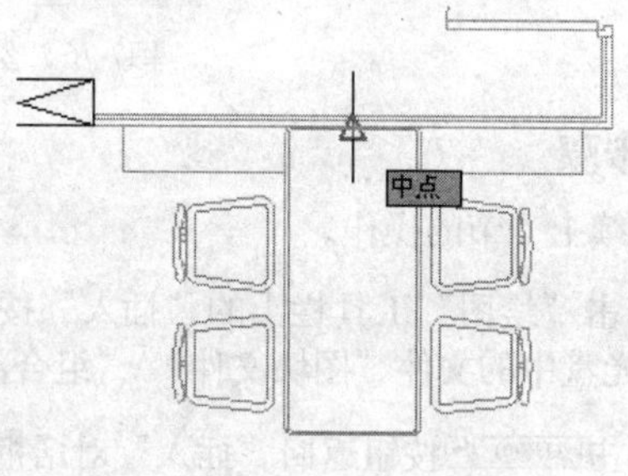

图7-81 捕捉中点

Step 09 使用“复制”命令，将未成年人房间中的植物复制到客厅阳台位置和沙发上方位置，然后使用“缩放”工具将沙发位置的植物放大1.5倍，完成客厅和餐厅的布置，结果如图7-76所示。

至此，客厅和餐厅房间布置完毕，下一节继续布置其他房间。

图7-82 插入餐桌椅

7.3.5 其他房间的布置

其他房间包括厨房和卫生间，厨房和卫生间的布置比较简单，只要在相关房间内布置相关设施即可，例如在卫生间中布置洗手池、马桶、浴池等，在厨房布置冰箱、厨房操作台等。这些图块文件都保持在随书光盘“图块文件”目录下，且操作比较简单，由于篇幅所限，在此不再一一讲解，读者可以自己尝试操作，最终完成该居室室内布置图的绘制，其最终效果如图7-83所示。

最后使用“另存为”命令，将该图形存储为“普通住宅室内布置图.dwg”文件。

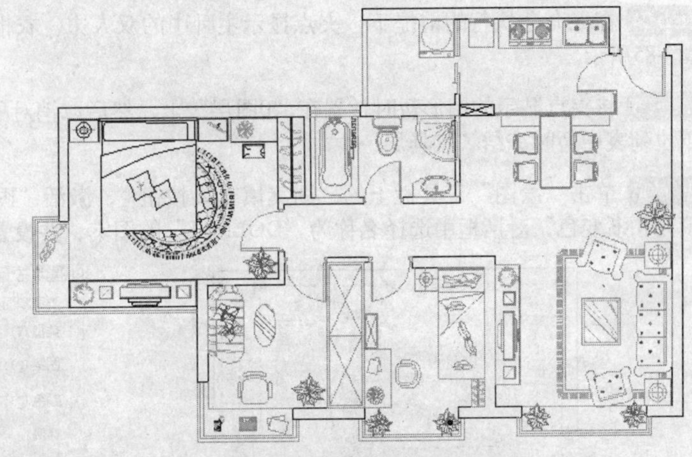

图7-83 普通住宅室内布置图

7.4 绘制普通住宅地面材质图

地面材质图主要用于表达室内装修地面所用材料，在地面材质图中要表明地面所用材质的名称、规格等，有时还可以附上所用材质的效果图，以便更清楚地表达地面装修效果。

这一节来绘制普通住宅地面材质图，其结果如图7-84所示。

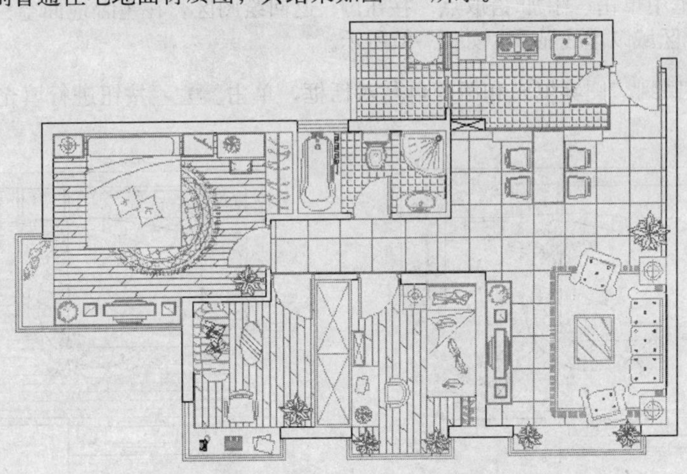

图7-84 普通住宅地面材质图

7.4.1 绘制主卧地面材质图

主卧是主人睡眠和休息的场所，是比较私密的个人空间，主卧地面一般使用实木地板铺装较好，这样不仅可以使卧室保持干净整洁，在冬季还能保持室内温度。下面首先绘制主卧地面材质图。

操作步骤

Step 01 打开随书光盘中的文件“效果文件”\“第7章”\“普通住宅室内布置图.dwg”。

Step 02 执行“图层”命令，在打开的“图层特性管理器”面板中双击“填充层”，将其设置为当前层。

Step 03 使用命令简写L激活“直线”命令，配合捕捉功能分别将各房间两侧门洞连接起来，以形成封闭区域。

Step 04 在无命令执行的前提下，夹点显示主卧中的双人床、衣柜、电视柜以及梳妆台等图例，如图7-85所示。

Step 05 将夹点显示的图形暂时放置在“0图层”上，然后取消对象的夹点显示，并在“图层控制”下拉列表中暂时冻结“家具层”。

Step 06 单击“绘图”工具栏上的“图案填充”按钮，激活“图案填充”命令，在打开的“图案填充和渐变色”对话框中选择名称为“DOLMIT”的图案，并设置填充参数，如图7-86所示。

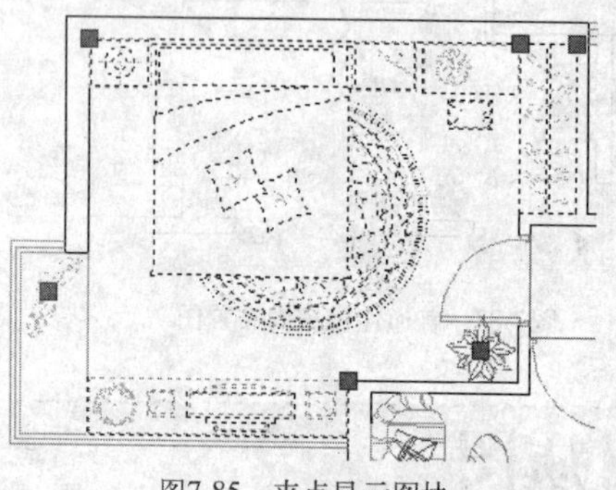

图7-85 夹点显示图块

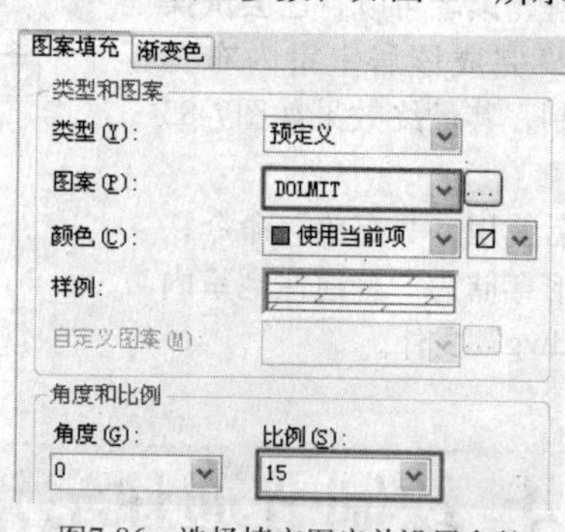

图7-86 选择填充图案并设置参数

更改图层及冻结“家具层”的目的就是为了方便地面图案的填充，如果不关闭图块层，由于图块太多，会大大影响图案的填充速度。

Step 07 在该对话框中单击“添加:拾取点”按钮，返回绘图区，在主卧地面空白区域上单击，拾取填充区域，填充区域以虚线显示，如图7-87所示。

Step 08 按Enter键回到“图案填充和渐变色”对话框，单击 确定 按钮进行填充，填充结果如图7-88所示。

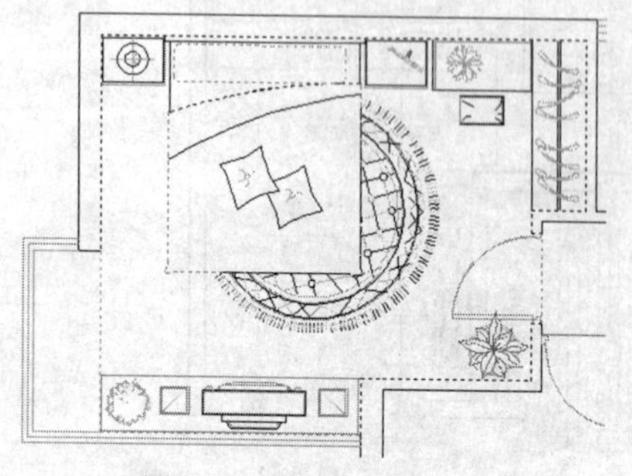

图7-87 显示填充区域

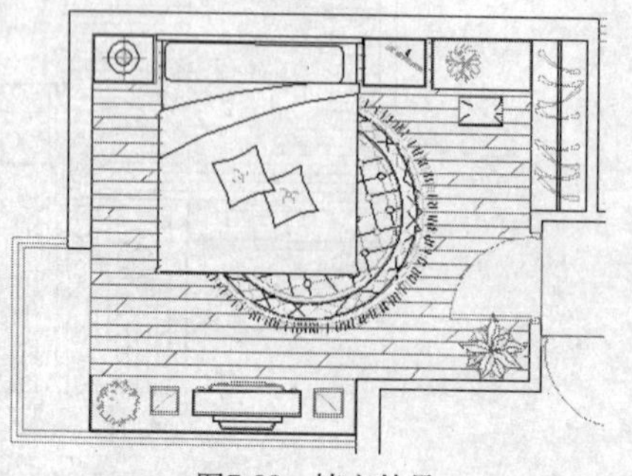

图7-88 填充结果

Step 09 再次选择主卧中的双人床、梳妆台、电视柜以及衣橱等家具图块，然后将其重新放到“家具层”，并将“家具层”解冻。至此，主卧地面材质图绘制完毕。

7.4.2 绘制客厅地面材质图

客厅、餐厅与过道是家人通行、团聚、聚餐、娱乐和接待客人的区域，属于公共空间，公共空间一般人流较大，对地面磨损也较大，同时也容易产生污渍，因此，客厅、餐厅和过道的地面应使用容易清洁，同时抗磨损的材质进行铺装，例如使用大理石材质进行铺装为佳。下面来绘制客厅、餐厅和过道地面材质图。

操作步骤

Step 01 继续上一节的操作。

Step 02 执行“多段线”命令，配合“最近点”捕捉功能，分别沿客厅、餐厅各家具边缘绘制外轮廓，然后将家具层冻结，此时平面图效果如图7-89所示。

Step 03 继续执行“图案填充”命令，打开“图案填充和渐变色”对话框，在“类型”下拉列表中选择“用户定义”选项，并设置其他参数如图7-90所示。

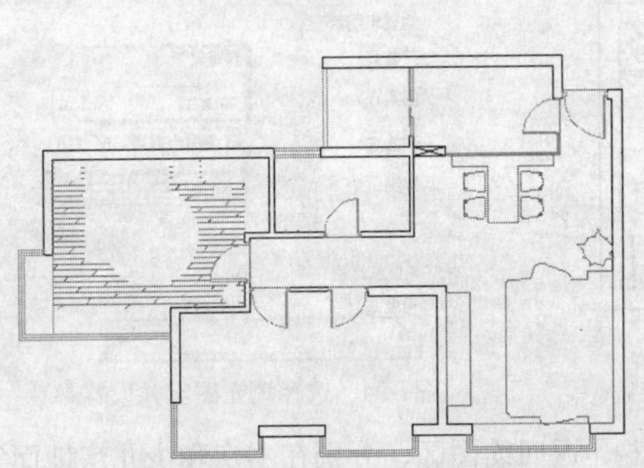

图7-89 绘制客厅家具轮廓线并冻结家具层

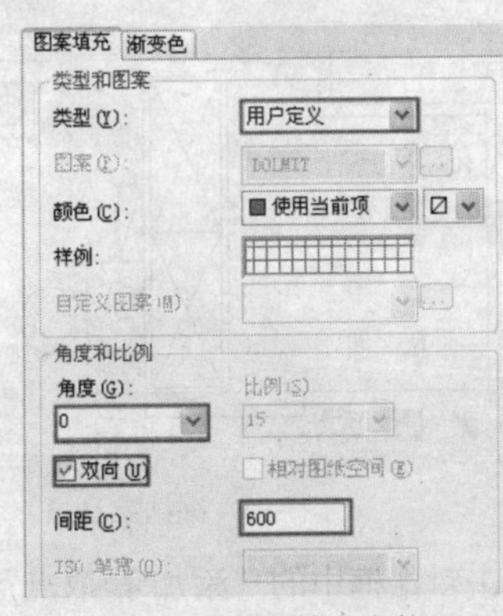

图7-90 设置填充参数

Step 04 单击对话框中的“添加:拾取点”按钮返回绘图区，在客厅地面空白区域单击拾取填充区域，填充区域以虚线显示。

Step 05 按Enter键回到“图案填充和渐变色”对话框，单击 确定 按钮进行填充，填充结果如图7-91所示。

Step 06 选择客厅中绘制的各家具的轮廓线将其删除，然后在“图层控制”下拉列表中解冻“家具层”，此时客厅效果如图7-92所示。

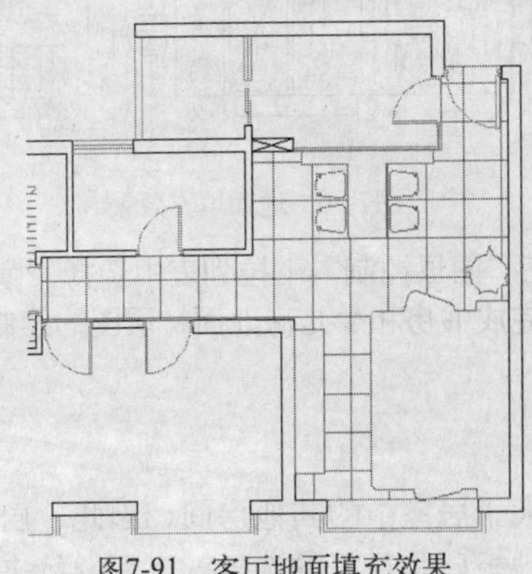

图7-91 客厅地面填充效果

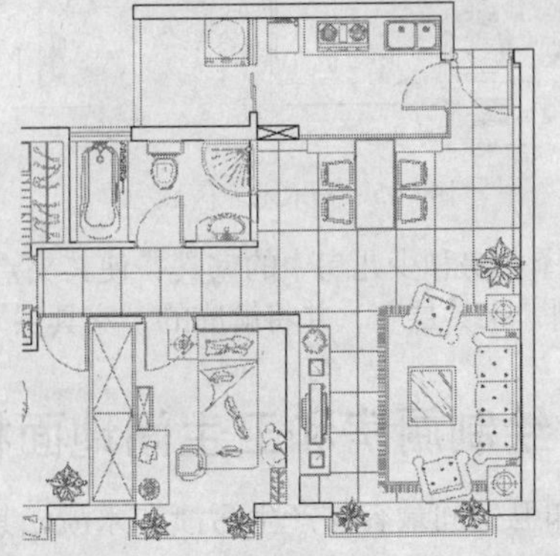

图7-92 解冻家具层后的客厅效果

至此，客厅、餐厅和过道地面材质图绘制完毕。

7.4.3 绘制书房和少儿房地面材质图

书房和少儿房都是属于较私密的个人空间，书房是主人看书、写作和接待特殊宾朋的地方，书房地面最好使用实木地板铺装，这样不仅可以很好地体现书房的“明”、“静”、“雅”，同时还能保持书房的干净整洁。而对于少儿房，如果少儿年龄稍小，建议地面使用软实木地板铺装，另外在靠近床的位置再铺设地毯；如果是年龄稍大的少男或少女，则地面直接使用实木铺装即可。

下面继续绘制书房和少儿房地面材质图。

操作步骤

Step 01 继续上一节的操作。

Step 02 夹点显示书房和少儿房中的所有家具图块，将其放入“0图层”，然后冻结“家具层”，平面图显示效果如图7-93所示。

Step 03 执行“图案填充”命令，在打开的“图案填充和渐变色”对话框中选择名称为“DOLMIT”的图案，然后设置其他参数如图7-94所示。

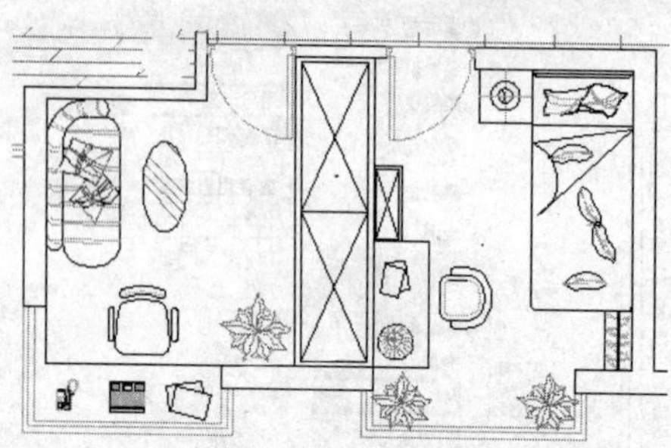

图7-93 冻结家具层

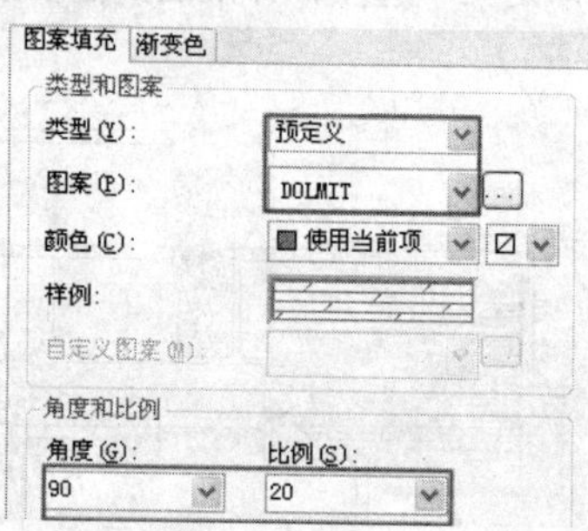

图7-94 选择填充图案并设置参数

Step 04 单击对话框中的“添加:拾取点”按钮，返回绘图区，分别在书房和少儿房地面空白区域上单击拾取填充区域，填充区域以虚线显示，如图7-95所示。

Step 05 按Enter键回到“图案填充和渐变色”对话框，单击 确定 按钮进行填充，填充结果如图7-96所示。

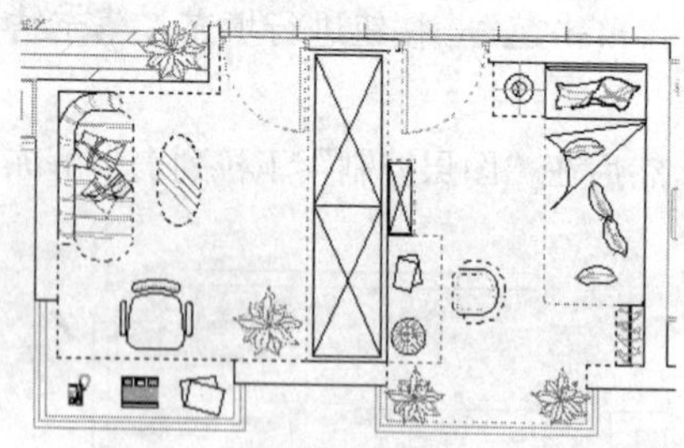

图7-95 拾取填充区域

图7-96 地面填充效果

Step 06 选择书房和少儿房中的家具，使其夹点显示，在“图层控制”下拉列表中选择“家具层”，将其还原到“家具层”，并将解冻的“家具层”解冻，完成书房和少儿房地面材质图的绘制。

7.4.4 绘制厨房和卫生间地面材质图

厨房和卫生间最容易产生污渍和水渍，其湿度要大于居室中的其他房间，因此，厨房和卫生间地面铺装应选择防水、防滑和易清洗的材质，防滑地板砖是最好的选择。下面继续来绘制厨房和卫生间地面材质图。

操作步骤

Step 01 继续上一节的操作。

Step 02 依照前面的操作，夹点显示厨房和卫生间中的所有洁具和卫生用具图块，将其放入“0图层”，然后冻结家具层，平面图显示效果如图7-97所示。

Step 03 执行“图案填充”命令，在打开的“图案填充和渐变色”对话框中选择名称为“ANGLE”的图案，然后设置其他参数如图7-98所示。

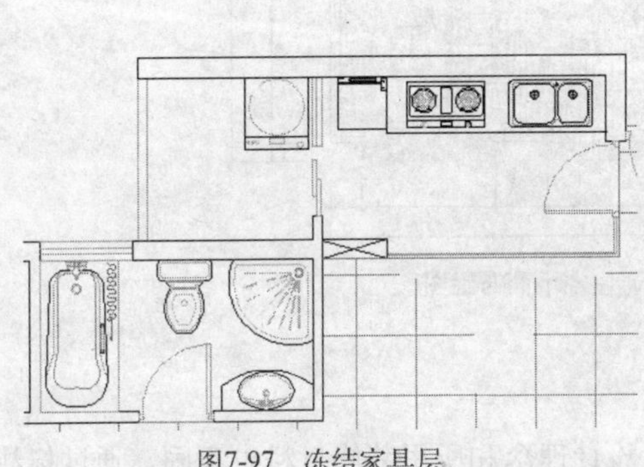

图7-97 冻结家具层

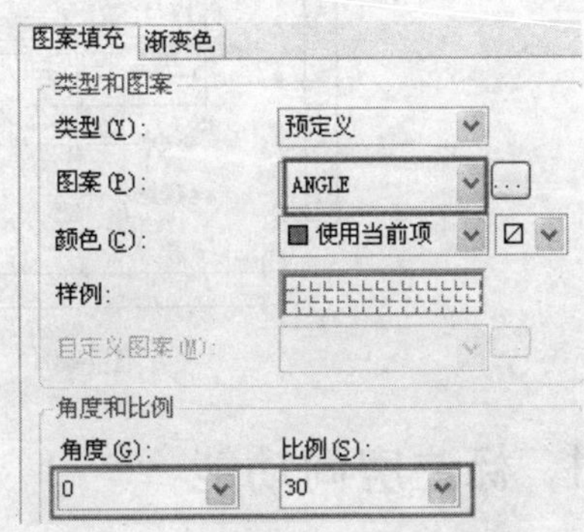

图7-98 选择填充图案并设置参数

Step 04 单击对话框中的“添加:拾取点”按钮返回绘图区，分别在厨房和卫生间地面空白区域单击拾取填充区域，填充区域以虚线显示，如图7-99所示。

Step 05 按Enter键回到“图案填充和渐变色”对话框，单击确定按钮进行填充，填充结果如图7-100所示。

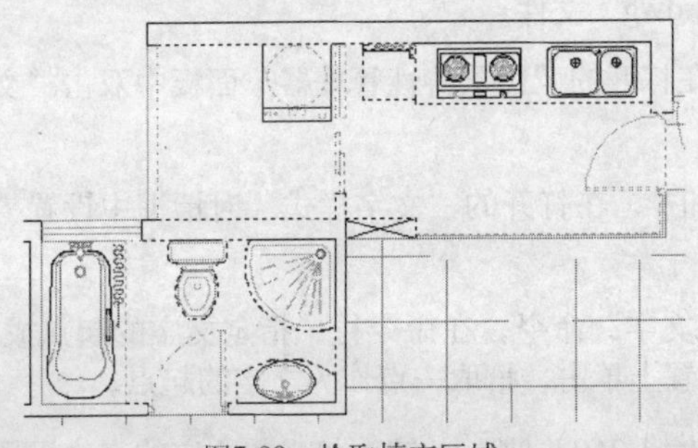

图7-99 拾取填充区域

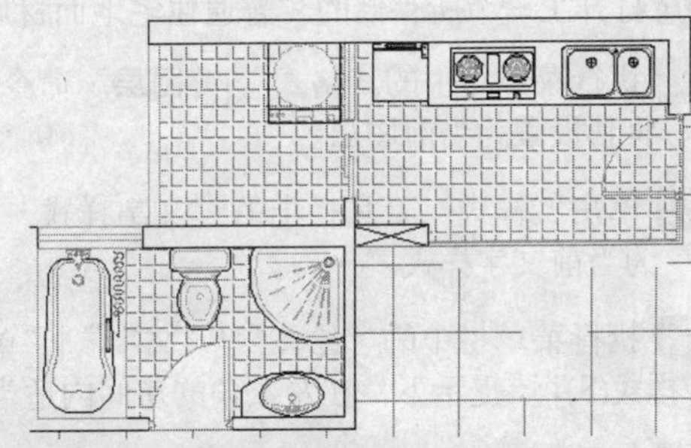

图7-100 厨房和卫生间地面填充结果

Step 06 选择厨房和卫生间中的厨房用具和洁具图块，使其夹点显示，在“图层控制”下拉列表中选择“家具层”，将其还原到“家具层”，并将解冻的“家具层”解冻，完成厨房和卫生间地面材质图的绘制。

Step 07 至此，普通住宅地面材质图绘制完毕，最终效果如图7-84所示。

Step 08 最后使用“另存为”命令，将该图形存储为“普通住宅地面材质图.dwg”文件。

7.5 标注普通住宅室内布置图

标注室内装饰装潢布置图是非常重要的操作，室内布置图中所标注的施工尺寸、装修材料名称以及装修面积等，是施工人员进行施工和预算的依据。

这一节继续来对普通住宅室内布置图的尺寸、装修材质和装修面积等进行标注，其标注结果如图7-101所示。

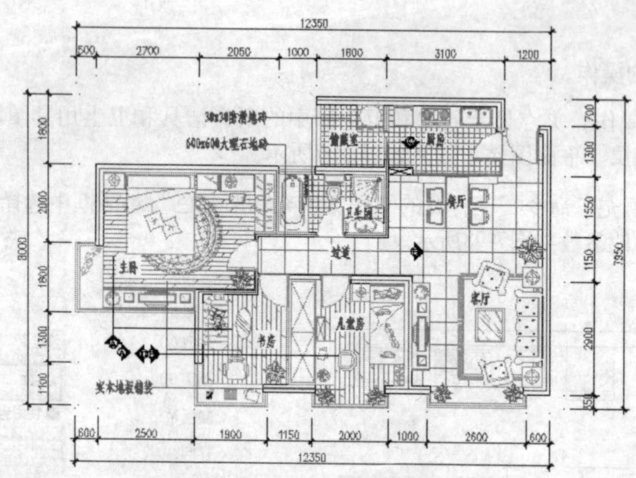

图7-101　标注普通住宅平面布置图

7.5.1　标注房间功能

在居室室内设计中，不同房间的功能不同，设计理念和所用装修材料也不同，通过标注房间功能，可以使施工人员根据各房间不同的使用功能来进行装修，因此，标注房间功能是室内布置图中不可缺少的内容。

这一节来标注普通住宅室内布置图房间功能。

操作步骤

Step 01 打开上一节所存储的“普通住宅地面材质图.dwg”文件。

Step 02 执行菜单栏中的“格式”|“图层”命令，在打开的“图层特性管理器”面板中双击“文本层”，将其设置为当前图层。

Step 03 单击“样式”工具栏上的“文字样式”按钮，在打开的“文字样式”对话框中设置“仿宋体”为当前文字样式。

Step 04 执行菜单栏中的“绘图”|“文字”|“单行文字”命令，在命令行“指定文字的起点或[对正(J)/样式(S)]:”提示下，在左上角的房间内适当位置上单击，拾取一点作为文字的起点。

Step 05 继续在命令行“指定高度<2.5>:”提示下，输入260并按Enter键，将当前文字的高度设置为260个绘图单位。

Step 06 在命令行“指定文字的旋转角度<0.00>:”提示下，直接按Enter键，表示不旋转文字，此时绘图区会出现一个单行文字输入框，如图7-102所示。

Step 07 在单行文字输入框中输入“主卧”字样，然后按两次Enter结束操作，完成对该房间功能的标注，结果如图7-103所示。

图7-102　单行文字输入框

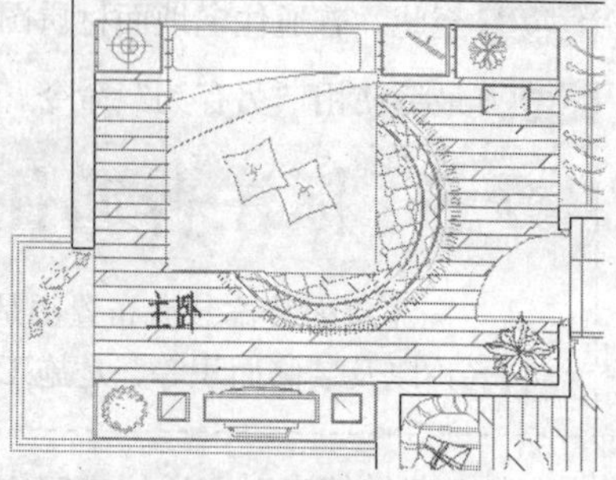

图7-103　输入文字

Step 08 采用相同的方法，继续使用“单行文字”命令，采用相同的文字样式和字体大小，标注其他各房间的房间功能，标注结果如图7-104所示。

Step 09 选择主卧中的地面填充图案，使其夹点显示然后右击，选择快捷菜单中的“图案填充编辑”命令。

Step 10 在打开的“图案填充编辑”对话框中，单击右下角的“更多选项”按钮展开其他选项。

Step 11 在“孤岛”选项组中勾选“外部”复选框，然后单击“添加:选择对象”按钮返回到绘图区，在命令行“选择对象或[拾取内部点(K)/删除边界(B)]:”提示下，选择“主卧”文字对象，如图7-105所示。

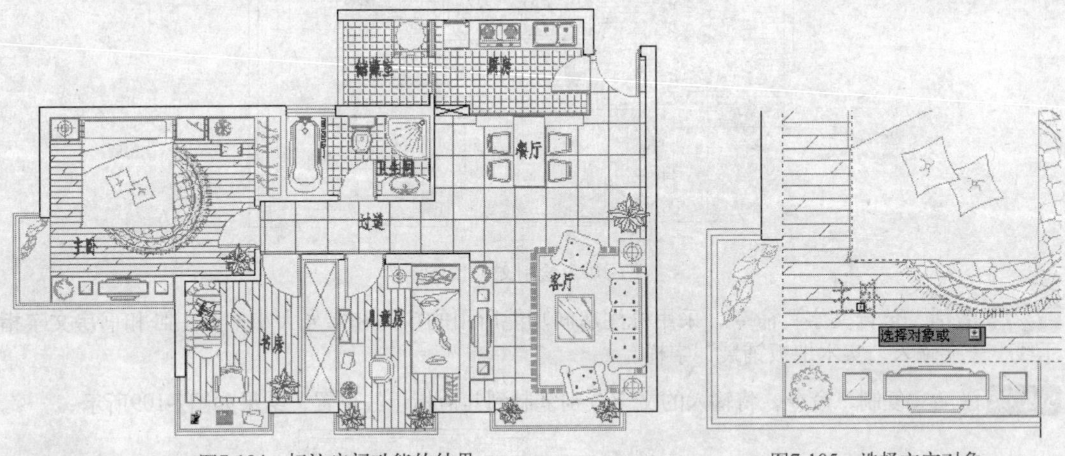

图7-104　标注房间功能的结果　　图7-105　选择文字对象

Step 12 按Enter键，返回到“图案填充编辑”对话框，单击确定按钮确认，结果被选择文字对象区域的图案被删除，如图7-106所示。

Step 13 参照步骤9~12的操作，分别修改书房、儿童房、过道和储藏室内的地面填充图案，结果如图7-107所示。

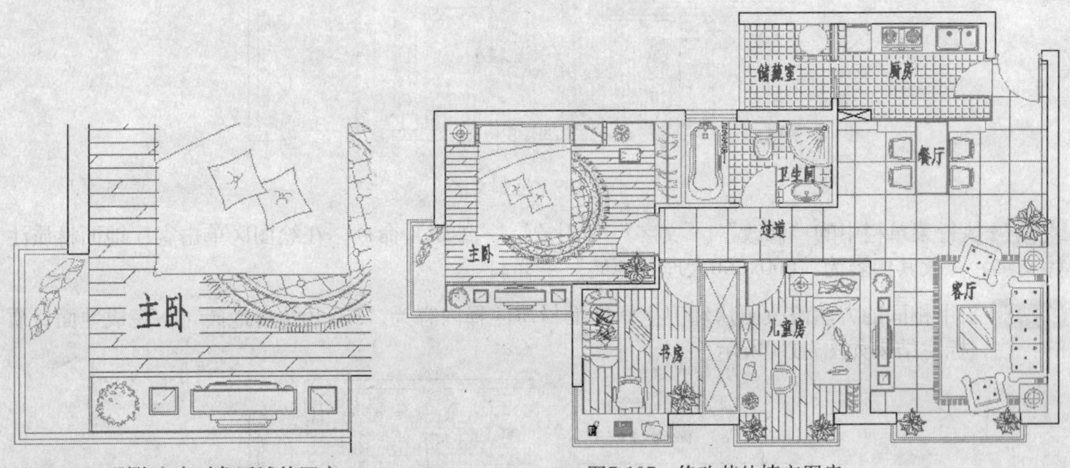

图7-106　删除文字对象区域的图案　　图7-107　修改其他填充图案

至此，普通住宅布置图的房间功能标注完毕，下一小节将学习地面材质注解的标注过程。

7.5.2 标注地面材质

标注地面材质，用于标明地面所用装修材质的名称和规格，使施工人员能够按照装修设计要求选择地面装修材质，因此标注地面材质也是室内布置图中不可缺少的内容。这一节继续来标注普通住宅地面材质。

操作步骤

Step 01 继续上一节的操作。

Step 02 使用命令简写L激活“直线”命令，在布置图中绘制各地面材质指示线，如图7-108所示。

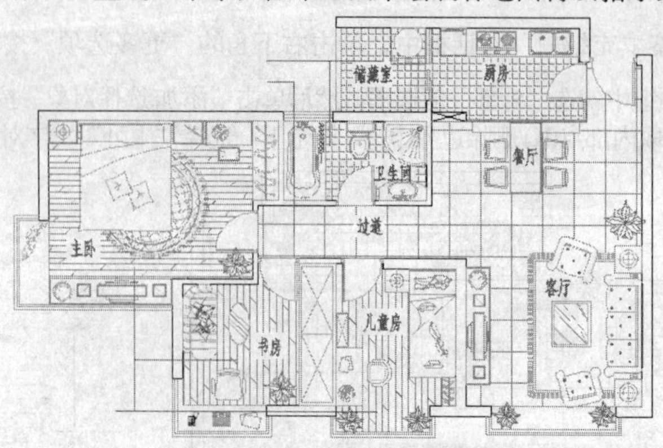

图7-108　绘制文字指示线

Step 03 激活“单行文字”命令，采用标注房间功能所用的字体和字号大小，在主卧和书房文字指示线上一端输入“实木地板铺装”字样。

Step 04 激活“复制”命令，将输入的文字分别复制到其他指示线位置，结果如图7-109所示。

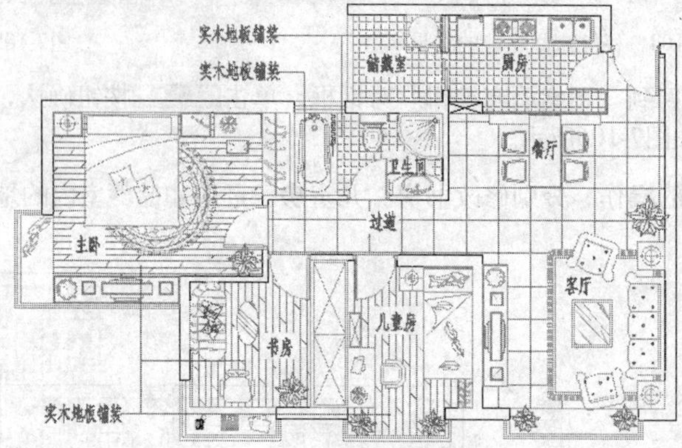

图7-109　复制文字

Step 05 执行菜单栏中的“修改”|“文字”|“对象”|“编辑”命令，在绘图区单击客厅地面材质注释文字，修改其内容为“600x600大理石地砖”字样。

Step 06 采用相同的方法修改厨房和卫生间地面材质注释内容为“30x30防滑地砖”，完成地面材质的标注，标注结果如图7-110所示。

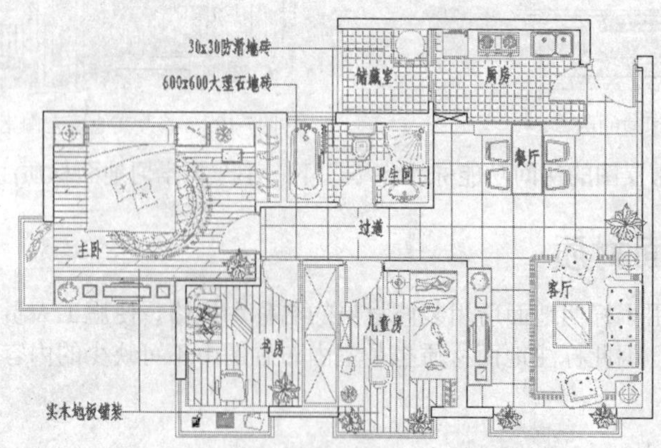

图7-110 地面材质标注结果

至此，普通住宅地面材质注解标注完毕，下一小节将标注普通住宅布置图墙面投影符号。

7.5.3 标注平面布置图投影和尺寸

墙面投影符号标明了平面图的墙面投影，而尺寸则标明了平面图的装修施工尺寸，这两个内容都是不可缺少的。这一节继续来标注普通住宅室内布置图的投影符号和尺寸。

操作步骤

Step 01 继续上一节的操作。

Step 02 展开“图层控制”下拉列表，将“其他层”设置为当前图层。

Step 03 使用命令简写L激活“直线”命令，分别在主卧、书房以及儿童房内引出投影符号指示线。

Step 04 使用命令简写I激活“插入块”命令，选择随书光盘中的文件“图块文件”\“投影符号02.dwg”，采用默认参数将其插入到儿童房投影符号指示线上，结果如图7-111所示。

Step 05 激活“镜像”命令，配合“象限点”捕捉功能，将插入的投影符号镜像复制到左边位置，如图7-112所示。

Step 06 双击复制的投影符号，在打开的“增强属性编辑器”对话框中进入“属性”选项卡，修改“值”为“D”并确认，结果如图7-113所示。

图7-111 插入投影符号　　图7-112 镜像复制投影符号　　图7-113 编辑投影符号

Step 07 综合使用“复制”、“镜像”、“移动”、“旋转”等命令，将刚插入的投影符号复制到其他指示线和房间内，然后编辑其属性，完成投影符号的标注，结果如图7-114所示。

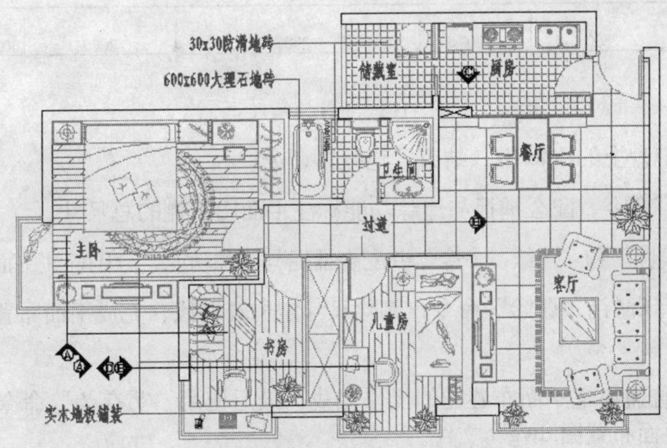

图7-114 插入投影符号的效果

Step 08 下面标注布置图尺寸。在“图层控制”下拉列表中打开“轴线层”，然后设置“尺寸层”为当前图层。

Step 09 执行菜单栏中的“绘图”|“构造线”命令，配合捕捉功能在布置图四周绘制构造线，然后将构造线向外偏移1000个绘图单位作为尺寸定位线。

Step 10 执行菜单栏中的“格式”|“标注样式”命令，将“建筑标注”设置为当前样式，同时修改标注比例为65。

Step 11 单击“标注”工具栏上的□按钮，在命令行“指定第一条延伸线原点或<选择对象>:”提示下，由A点向下引出追踪线，捕捉追踪线与辅助线的交点作为第一条延伸线的起点，如图7-115所示。

Step 12 在命令行“指定第二条延伸线原点:”提示下，由B点向下引出追踪线，捕捉追踪线与辅助线的交点作为第二条延伸线的起点，如图7-116所示。

Step 13 在命令行“指定尺寸线位置或[多行文字(M)/文字(T)/角度(A)/水平(H)/垂直(V)/旋转(R)]:”提示下，向下移动光标，输入800并按Enter键，表示尺寸线距离延伸线原点的距离为800个绘图单位，如图7-117所示。

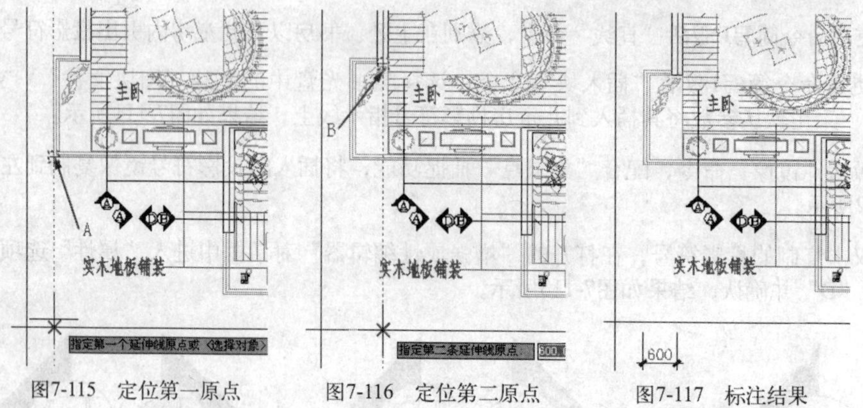

图7-115　定位第一原点　　图7-116　定位第二原点　　图7-117　标注结果

Step 14 单击“标注”工具栏上的“连续标注”按钮⊞，激活“连续”命令，在命令行“指定第二条延伸线原点或[放弃(U)/选择(S)]<选择>:”提示下，分别捕捉点C、D、E、F、G、H和R标注连续尺寸，如图7-118所示。

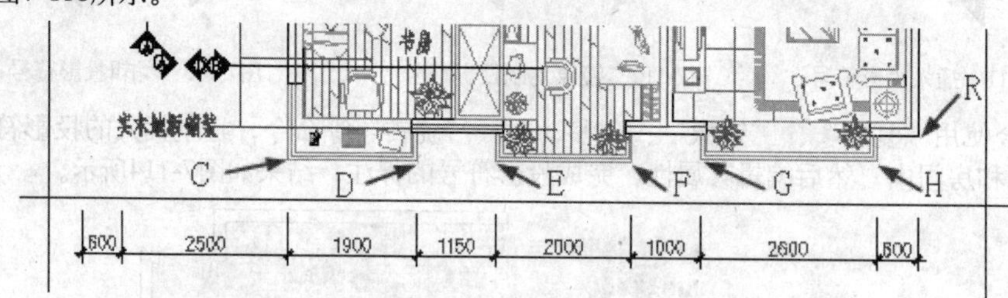

图7-118　标注连续尺寸

Step 15 连续两次按键盘上的Enter键，结束“连续”命令。

Step 16 执行“线性”命令，配合捕捉与追踪功能标注平面图下侧的总尺寸。

Step 17 综合使用“线性”和“连续”命令，并配合捕捉与追踪功能，分别标注平面图其他侧的尺寸。

Step 18 使用命令简写E激活“删除”命令，删除尺寸定位辅助线，完成平面布置图尺寸的标注，结果如图7-101所示。

Step 19 至此，标注普通住宅平面布置图的操作完成，最后使用“另存为”命令，将当前图形另存为“标注普通住宅平面布置图.dwg”文件。

7.6 绘制普通住宅吊顶装修图

吊顶装修图的作用主要是用来标明吊顶装饰的平面形成尺寸、材料以及灯具和其他各种室内顶部设施的位置和大小等。吊顶装修图是建筑装饰施工放样、制作安装、预算和备料，以及绘制室内有关设备施工图的重要依据。

吊顶的设计常常要从审美要求、物理功能、建筑照明、设备安装、管线铺设、防火安全等多方面进行综合考虑。

这一节绘制普通住宅吊顶装修图，结果如图7-119所示。

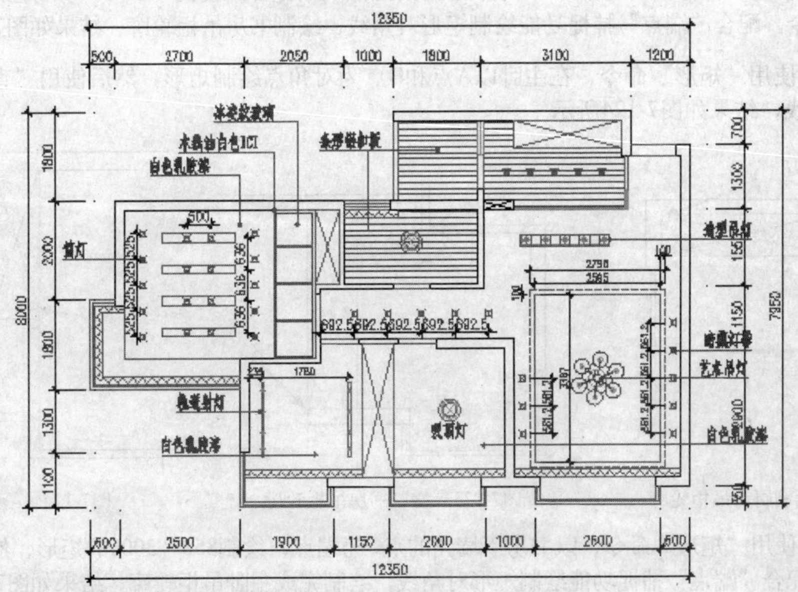

图7-119　普通住宅吊顶装修图

7.6.1　绘制吊顶轮廓线和吊柜轮廓线

这一节来绘制吊顶轮廓线和房间吊柜轮廓线。

✎ 操作步骤

Step 01 打开随书光盘中的文件“效果文件”\“第7章”\“标注普通住宅室内布置图.dwg”作为当前图形文件。

Step 02 在“图层控制”下拉列表中，将“吊顶层”设置为当前图层。

Step 03 在“图层控制”下拉列表中，关闭“轴线层”、“尺寸层”、“家具层”、“其他层”和“填充层”，然后在无命令执行的前提下，选择平面图中的文字注解和单开门，按Delete键将其删除，结果如图7-120所示。

Step 04 在无命令执行的前提下，选择所有窗线和阳台轮廓线，将其放入“吊顶层”，然后激活“直线”命令，在门洞位置绘制过梁底面的轮廓线，如图7-121所示。

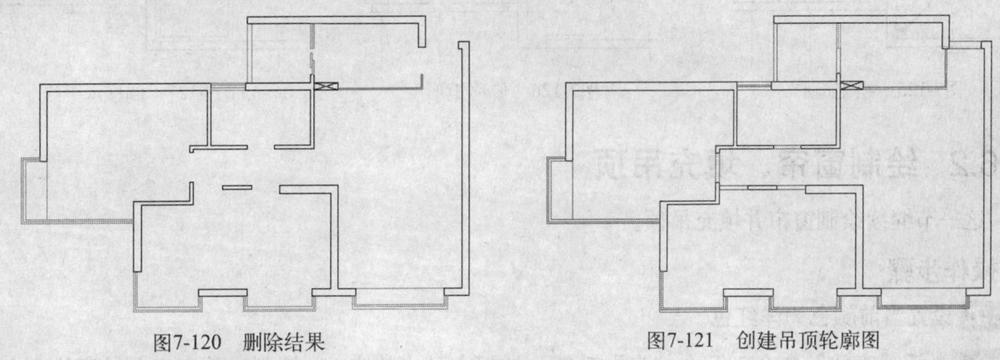

图7-120　删除结果　　　　图7-121　创建吊顶轮廓图

Step 05 这样吊顶轮廓图绘制完毕，下面绘制吊柜轮廓线和窗帘线。

01 Chapter
02 Chapter
03 Chapter
04 Chapter
05 Chapter
06 Chapter
07 Chapter
08 Chapter
09 Chapter
10 Chapter

Step 06 激活“矩形”命令，以厨房右上内墙角的点A为端点，绘制2200×550的矩形，然后使用“直线”命令，配合“端点”捕捉功能绘制矩形对角线，绘制吊柜轮廓，结果如图7-122所示。

Step 07 继续使用“矩形”命令，以书房下墙的右上点B为端点，绘制650×2700的矩形，然后使用“直线”命令，配合“端点”捕捉功能绘制矩形对角线，绘制书房吊柜轮廓，结果如图7-123所示。

Step 08 继续使用“矩形”命令，在主卧以A点和B点为对角点绘制矩形，然后使用“直线”命令绘制矩形对角线，结果如图7-124所示。

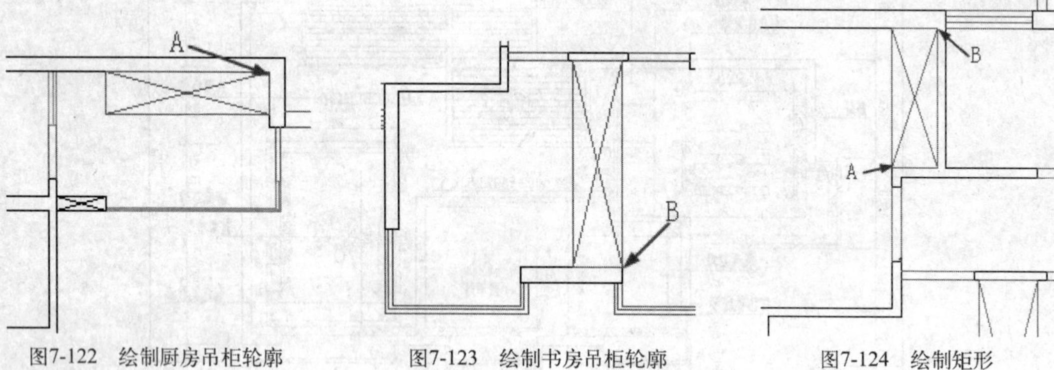

图7-122 绘制厨房吊柜轮廓　　图7-123 绘制书房吊柜轮廓　　图7-124 绘制矩形

Step 09 继续使用“矩形”命令，以书房下墙角的点C为端点，绘制850×3000的矩形，然后使用“直线”命令，配合“端点”捕捉功能绘制矩形对角线，绘制完成主卧吊柜轮廓，结果如图7-125所示。

Step 10 激活“偏移”命令，将绘制的矩形向内偏移50个绘图单位，然后修改该矩形的颜色为红色，如图7-126所示。

Step 11 将内部的红色矩形分解，然后使用“偏移”命令，将矩形下水平边向上偏移712.5和742.5个绘图单位。

Step 12 修改偏移后的水平线颜色为绿色，激活“复制”命令，选择偏移的两条水平线，将其向上复制并移动742.5和1495个绘图单位，结果如图7-127所示。

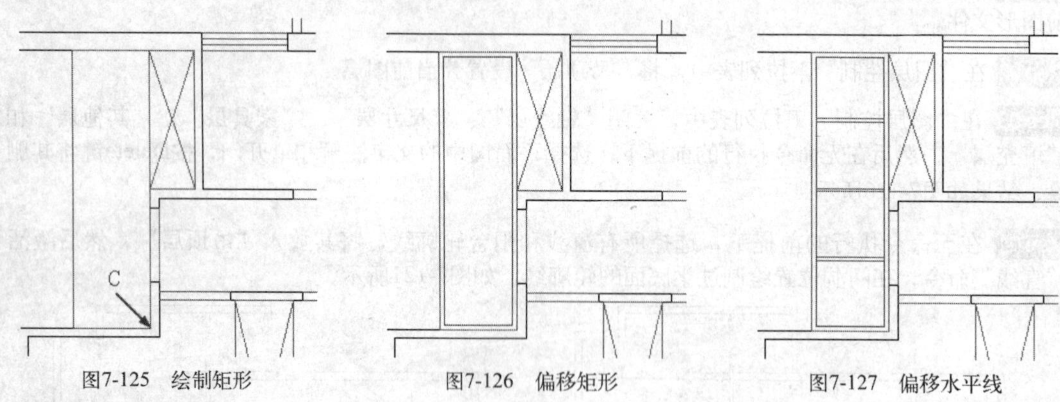

图7-125 绘制矩形　　图7-126 偏移矩形　　图7-127 偏移水平线

7.6.2 绘制窗帘、填充吊顶

这一节继续绘制窗帘并填充吊顶。

操作步骤

Step 01 设置当前颜色为洋红色。

Step 02 激活“直线”命令，配合“自”功能，捕捉主卧中的点A，绘制主卧窗帘盒轮廓线，命令行操作如下。

命令: _line

指定第一点: _from 基点: <偏移>:

//激活“自”选项，捕捉如图7-128所示的角点A，输入@0,-150 Enter

指定下一点或 [放弃(U)]: _from 基点: <偏移>:

//激活“自”选项，捕捉如图7-128所示的角点B，输入@150,-150 Enter

指定下一点或 [放弃(U)]: _from 基点: <偏移>:

//激活“自”选项，捕捉如图7-128所示的角点C，输入@150,150 Enter

指定下一点或 [闭合(C)/放弃(U)]: //向右引导光标，捕捉追踪线与右墙线的交点

指定下一点或 [闭合(C)/放弃(U)]: // Enter，结束操作，绘制的窗帘盒轮廓线如图7-128所示

Step 03 激活“偏移”命令，将窗帘轮廓线向内偏移75个绘图单位，作为窗帘轮廓线，然后执行菜单栏中的“格式”|“线型”命令，打开“线型管理器”对话框。

Step 04 单击 加载(L)... 按钮，在弹出的“加载或重载线型”对话框中选择“ZOGZAG”线型，同时设置其线型比例因子为10。

Step 05 关闭“线型管理器”对话框，在绘图区选择偏移的窗帘轮廓线，在“特性”工具栏中修改窗帘的线型为加载的“ZOGZAG”线型，结果如图7-129所示。

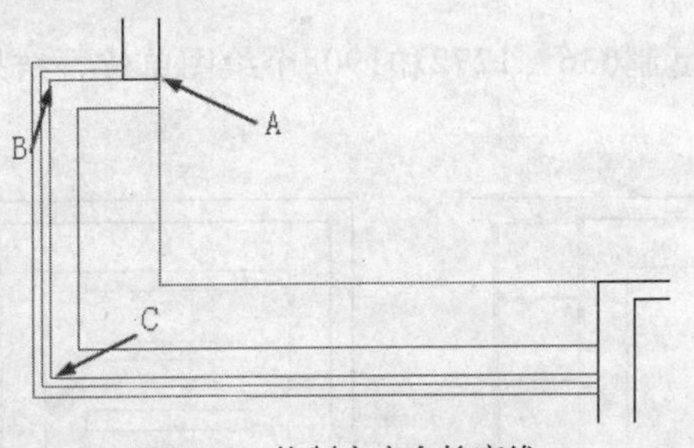

图7-128 绘制窗帘盒轮廓线

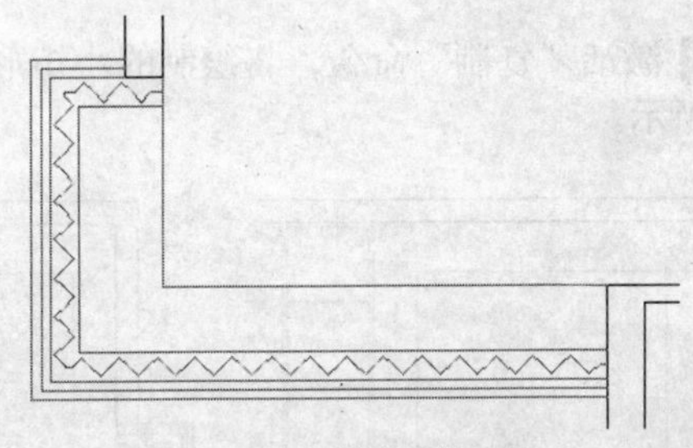
图7-129 绘制窗帘轮廓线

Step 06 采用相同的方法，绘制其他房间的窗帘盒轮廓线和窗帘轮廓线，结果如图7-130所示。

Step 07 下面绘制吊顶图案。设置当前颜色为144号色，使用命令简写H激活“图案填充”命令，打开“图案填充和渐变色”对话框，在“类型”下拉列表中选择“用户定义”选项，设置“间距”为120，其他设置默认。

Step 08 单击“图案填充和渐变色”对话框中的“添加:拾取点”按钮返回绘图区，分别在厨房和卫生间吊顶位置单击拾取填充区域，按Enter键返回“图案填充和渐变色”对话框，单击 确定 确认，为厨房和卫生间吊顶填充图案，如图7-131所示。

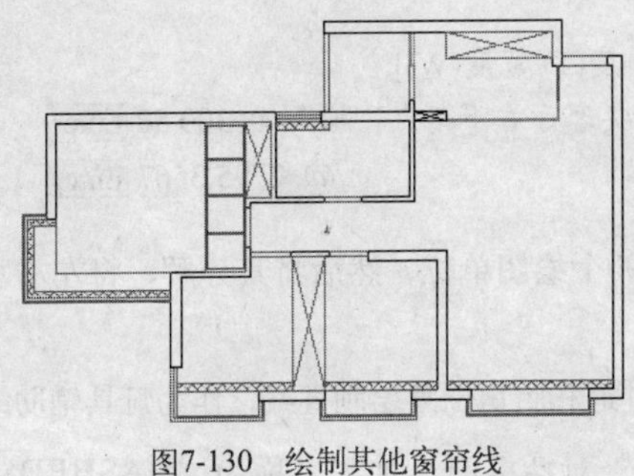
图7-130 绘制其他窗帘线

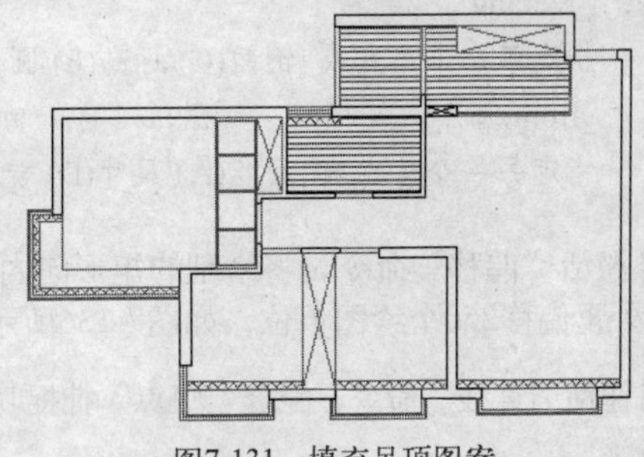
图7-131 填充吊顶图案

7.6.3 布置灯具

这一节继续来布置吊顶图灯具。

操作步骤

Step 01 激活“矩形”命令，配合“自”功能在主卧绘制矩形，命令行操作如下。

```
命令: _rectang
    指定第一个角点或 [倒角(C)/标高(E)/圆角(F)/厚度(T)/宽度(W)]:
                                //激活“自”选项，捕捉主卧内墙左上角点
    _from 基点: <偏移>:          //@400,-450 Enter
    指定另一个角点或 [面积(A)/尺寸(D)/旋转(R)]:
                                //@2300,-2100 Enter，绘制的矩形如图7-132所示
```

Step 02 继续激活“矩形”命令，配合“自”功能，在该矩形内再次绘制矩形，命令行操作如下。

```
命令: _rectang
    指定第一个角点或 [倒角(C)/标高(E)/圆角(F)/厚度(T)/宽度(W)]:
                                //激活“自”选项，捕捉矩形左下角点
    _from 基点: <偏移>:          //@400,0 Enter
    指定另一个角点或 [面积(A)/尺寸(D)/旋转(R)]:
                                //@1500,180 Enter，绘制的矩形如图7-133所示
```

Step 03 激活“复制”命令，将绘制的小矩形向上复制636、1272和1908个绘图单位，结果如图7-134所示。

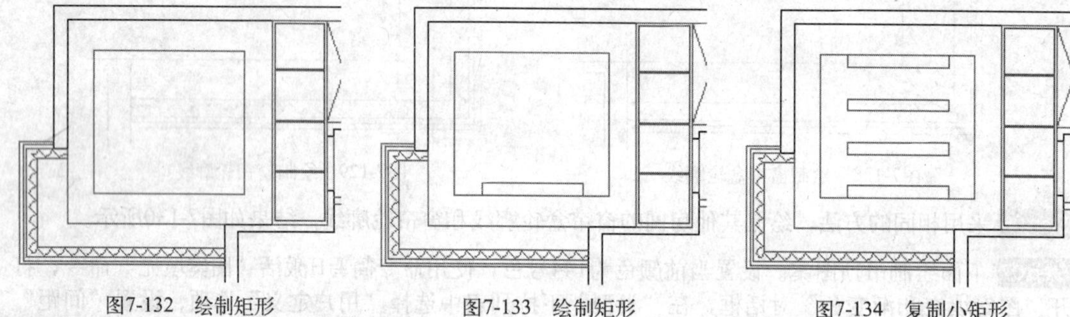

图7-132 绘制矩形　　图7-133 绘制矩形　　图7-134 复制小矩形

Step 04 使用“分解”命令，将外侧的大矩形和复制的小矩形全部分解，然后将矩形上下两条水平边选择并删除，将小矩形的水平边向内偏移90个绘图单位，结果如图7-135所示。

Step 05 激活“矩形”命令，配合“自”功能在客厅绘制矩形，命令行操作如下。

```
命令: _rectang
    指定第一个角点或 [倒角(C)/标高(E)/圆角(F)/厚度(T)/宽度(W)]:
    _from 基点: <偏移>:    //激活“自”功能，捕捉客厅右下角点，输入@-300,50 Enter
    指定另一个角点或 [面积(A)/尺寸(D)/旋转(R)]:                //@-2795,3567 Enter
```

Step 06 激活“偏移”命令，将绘制的矩形向内偏移100个绘图单位，然后将其分解，将左右垂直边分别向外再偏移250个绘图单位，如图7-136所示。

Step 07 激活“直线”命令，配合“中点”捕捉功能在过道和厨房位置绘制直线，作为灯具辅助线。

Step 08 执行“线型”命令，在打开的“线型管理器”对话框中，加载名称为“DASHED”的线型，并设置线型比例因子为10。

Step 09 在无命令执行的前提下，选择客厅中最外侧的矩形，在“特性”窗口中修改矩形的线型为“DASHED”，结果如图7-137所示。

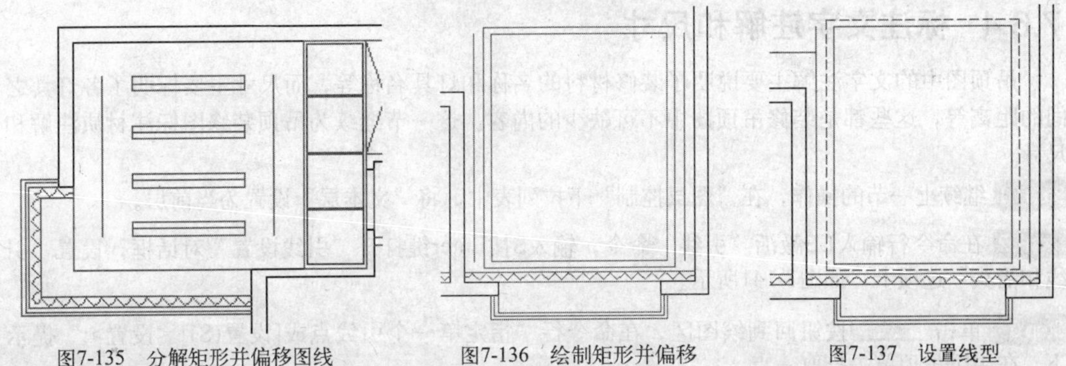

图7-135 分解矩形并偏移图线　　图7-136 绘制矩形并偏移　　图7-137 设置线型

Step 10 执行“插入”命令，向书房插入“轨道射灯03.dwg”，向儿童房插入“吸顶灯02.dwg”，向客厅插入“艺术吊灯01.dwg ”图块文件，这些图块文件都保存在随书光盘“图块文件”目录下，插入结果如图7-138所示。

Step 11 执行菜单栏中的“格式”|“点样式”命令，在打开的“点样式”对话框中选择⊠点标记，并设置“点大小”为100，勾选“按绝对单位设置大小”复选框。

Step 12 执行菜单栏中的“绘图”|“点”|“定数等分”命令，将主卧中的两条垂直辅助线等分为4，将水平辅助线等分为3，将过道的辅助线等分为6，将厨房的辅助线等分为5，将客厅的两条垂直辅助线等分为6，结果如图7-139所示。

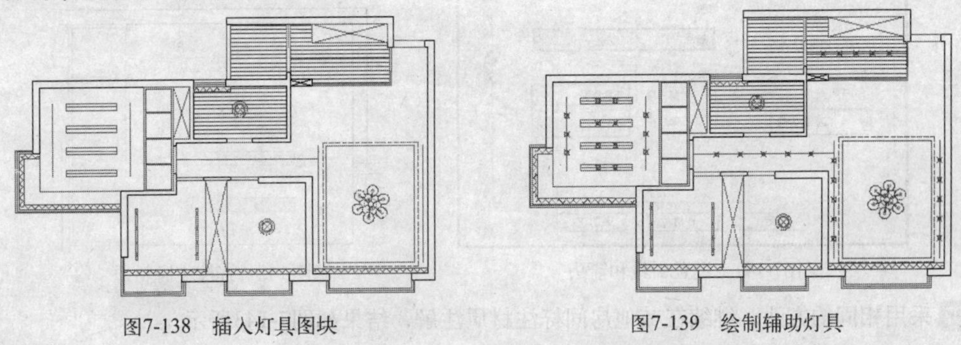

图7-138 插入灯具图块　　图7-139 绘制辅助灯具

Step 13 激活“多点”命令，配合“端点”捕捉功能，在主卧垂直辅助线端点位置绘制单点，然后将客厅左侧上方两盏辅助灯连同其他所有辅助灯定位线选择并删除。

Step 14 使用“插入”命令，向餐厅插入随书光盘中的文件“图块文件”\“造型吊灯.dwg”，完成灯具的布置，结果如图7-140所示。

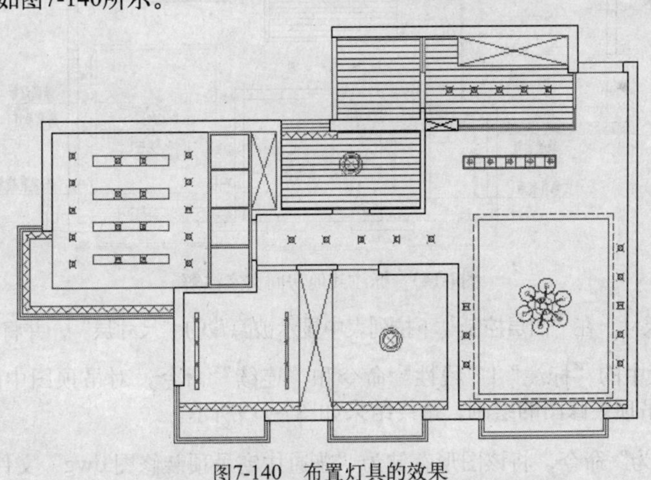

图7-140 布置灯具的效果

7.6.4 标注文字注解和尺寸

吊顶图中的文字注解主要说明了装修材料的名称和灯具名称等，而尺寸主要标明了各灯具之间的距离等，这些都是装修吊顶图中不可缺少的内容。这一节继续为吊顶装修图标注材质注解和尺寸。

Step 01 继续上一节的操作，在“图层控制”下拉列表中，将“文本层”设置为当前层。

Step 02 在命令行输入LE激活“引线”命令，输入S按Enter键打开“引线设置”对话框，设置“引线和箭头”选项卡，如图7-141所示。

Step 03 单击 确定 按钮回到绘图区，在命令行“指定第一个引线点或[设置(S)] <设置>:”提示下，在主卧吊顶单击拾取一点。

Step 04 继续在命令行“指定下一点:”提示下向上引导光标，在合适位置单击拾取第2点，继续在命令行“指定下一点:”提示下向左引导光标，在合适位置单击拾取第3点。

Step 05 继续在命令行“指定文字宽度<0>:”提示下按两次Enter键打开“文字格式”编辑器，选择“仿宋体”，并设置文字大小为260，然后输入“白色乳胶漆”字样。

Step 06 单击“文字格式”编辑器中的 确定 按钮确认，为主卧标注材质注解，如图7-142所示。

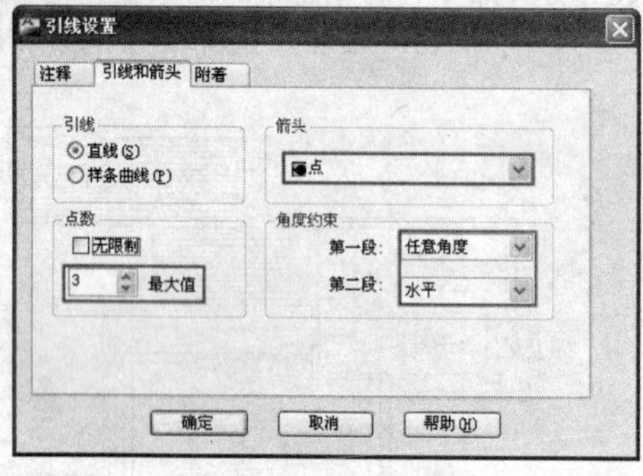

图7-141 设置引线和箭头

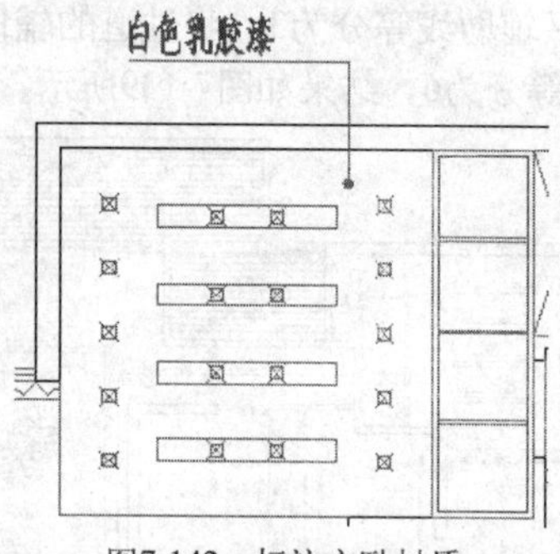

图7-142 标注主卧材质

Step 07 采用相同的方法，继续在其他房间标注材质注解，结果如图7-143所示。

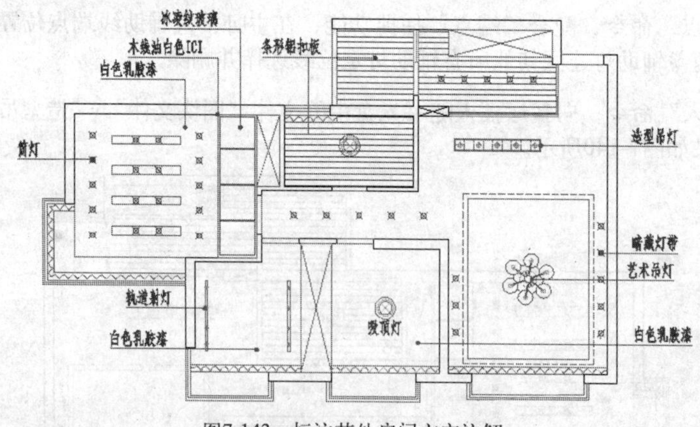

图7-143 标注其他房间文字注解

Step 08 下面来标注尺寸。在“图层控制”下拉列表中显示被隐藏的“尺寸层”，并将其设置为当前层。

Step 09 执行菜单栏中的“标注”|“线性”命令和“连续”命令，对吊顶图中的灯具进行尺寸标注，完成普通住宅吊顶装修图的绘制，最终结果如图7-119所示。

Step 10 使用“另存为”命令，将该图形存储为“普通住宅吊顶装修图.dwg”文件。

绘制现代风格普通住宅装修立面图

在室内装饰装潢设计中，平面布置图只能表明室内家具的位置、大小和平面形状，而不能表明室内家具的立体形态以及墙面装修效果，而装修立面图则可以表明室内某一装修空间的立面形式、尺寸及室内配套布置等内容，同时还反映房屋的体型和外貌、门窗的形式和位置、墙体的材料和装修做法等，是室内装饰装潢设计中不可缺少的重要图纸之一，也是装修施工的主要依据。

本章来绘制现代风格普通住宅装修立面图，有关立面图的形成、特点等内容，请参阅本书第5章相关章节的详细讲解。

重点知识导读

- 绘制客厅B向立面图
- 绘制卧室A向立面图
- 绘制卧室B向立面图
- 绘制儿童房B向立面图
- 绘制厨房C向立面图

8.1 绘制客厅B向立面图

客厅是家人聚会、娱乐和待客的区域，属于居室中的公共空间，同时也是居室中最引人注目的区域，客厅的装修效果和风格也体现了居室的整体装修效果和风格，因此，客厅的装修千万不能马虎。

这一节来绘制现代风格的普通住宅客厅B向立面图。在该立面图中，清楚地展现了该客厅的B向立面装修风格和效果，例如胡桃木实木踢脚线、亚麻墙纸的墙裙、仿皮墙纸硬包的墙面，以及墙面装饰画、屋顶悬挂的艺术吊灯和射灯、地面摆放的组合沙发和绿化植物等，无不体现的是现代装修风格，如图8-1所示。

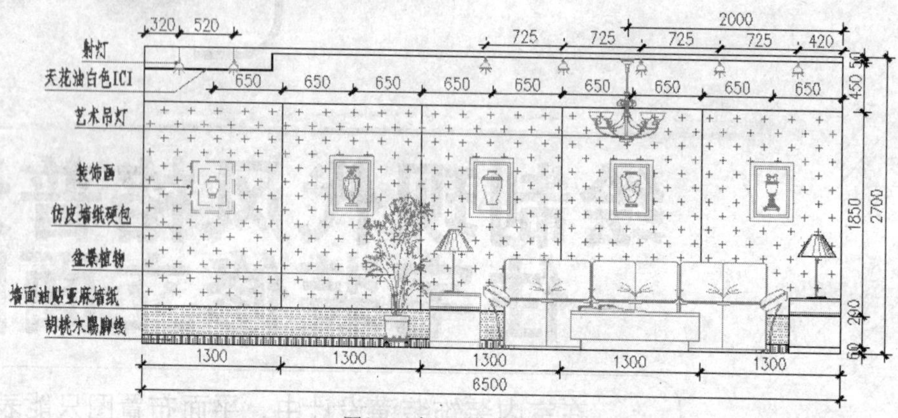

图8-1 客厅B向立面图

8.1.1 绘制客厅B向立面图轮廓

这一节首先绘制客厅B向立面图轮廓。客厅B向立面图轮廓，是指将客厅空间垂直剖开，移去剖切平面前的其他墙面轮廓部分，对余下的墙面轮廓部分做正投影绘制。在绘制客厅B向立面图轮廓时，要严格按照客厅墙面的投影尺寸来绘制，这样才能绘制出精确的立面图轮廓。

操作步骤

Step 01 执行菜单栏中的“文件”|“新建”命令，打开随书光盘中的文件“样板文件”\“装饰装潢绘图样板.dwt”。

Step 02 执行菜单栏中的“格式”|“图层”命令，在打开的“图层特性管理器”面板中双击“轮廓线”层，将其设置为当前图层。

Step 03 单击状态栏上的按钮或按下F8键，打开“正交”功能。

Step 04 单击“绘图”工具栏上的“直线”按钮，激活“直线”命令，绘制立面图外轮廓，命令行操作如下。

```
命令: _line
    指定第一点:                          //在绘图区指定起点
    指定下一点或 [放弃(U)]:              //向右引导光标，输入6500 Enter
    指定下一点或 [放弃(U)]:              //向上引导光标，输入2700 Enter
    指定下一点或 [放弃(U)]:              //向左引导光标，输入6500 Enter
    指定下一点或 [闭合(C)/放弃(U)]:      //C Enter，闭合图形，结果如图8-2所示
```

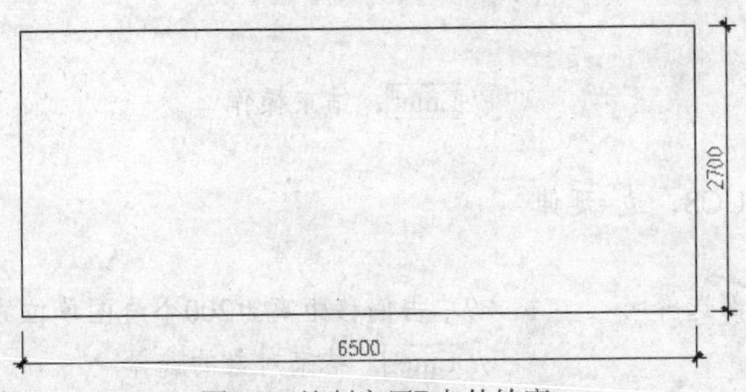

图8-2 绘制客厅B向外轮廓

Step 05 单击“修改”工具栏上的“偏移”按钮，激活“偏移”命令，将绘制的外轮廓的上水平边向下偏移50、190和500个绘图单位，将下水平边向上偏移80和350个绘图单位，结果如图8-3所示。

图8-3 偏移水平图线

Step 06 重复执行“偏移”命令，继续将左垂直边依次向右偏移1300、2600、3900、5200和6500个绘图单位，结果如图8-4所示。

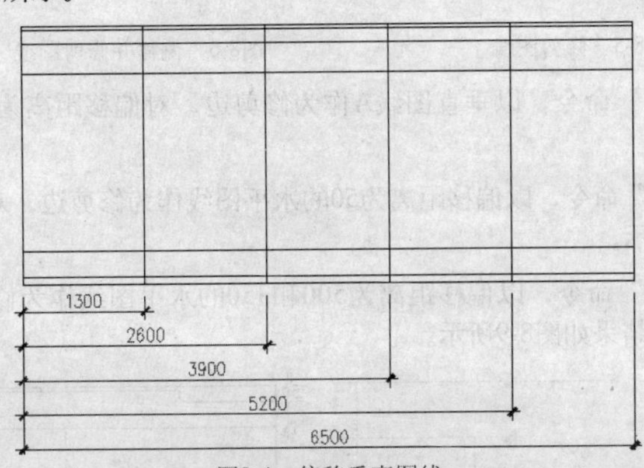

图8-4 偏移垂直图线

Step 07 继续使用“偏移”命令，将左垂直边向右偏移1200个绘图单位，然后激活“修剪”命令，对偏移出的图线进行修剪，命令行操作如下。

命令: _trim

当前设置:投影=UCS，边=延伸

选择剪切边...

选择对象或 <全部选择>: //单击偏移距离为1200个绘图单位的垂直图线

选择对象: // Enter，结束对象的选择

选择要修剪的对象，或按住 Shift 键选择要延伸的对象，或[栏选(F)/窗交(C)/投影(P)/边(E)/删除(R)/放弃(U)]:

//单击偏移距离为200个绘图单位的水平图线

选择要修剪的对象，或按住 Shift 键选择要延伸的对象，或[栏选(F)/窗交(C)/投影(P)/边(E)/

删除(R)/放弃(U)]:

//Enter，结束操作

命令: TRIM

当前设置:投影=UCS，边=延伸

选择剪切边...

选择对象或 <全部选择>: //单击偏移距离为200个绘图单位的水平图线

选择对象: //Enter，结束对象的选择

选择要修剪的对象，或按住 Shift 键选择要延伸的对象，或[栏选(F)/窗交(C)/投影(P)/边(E)/删除(R)/放弃(U)]:

//单击偏移距离为1200个绘图单位的垂直图线

选择要修剪的对象，或按住 Shift 键选择要延伸的对象，或[栏选(F)/窗交(C)/投影(P)/边(E)/删除(R)/放弃(U)]:

//Enter，结束操作，修剪结果如图8-5所示

Step 08 继续激活"偏移"命令，将修剪后的水平图线向上偏移10个绘图单位，将修剪后的垂直图线向左偏移10个绘图单位。

Step 09 再次激活"修剪"命令，以偏移后的垂直图线A作为修剪边，对偏移后的水平图线B进行修剪，修剪结果如图8-6所示。

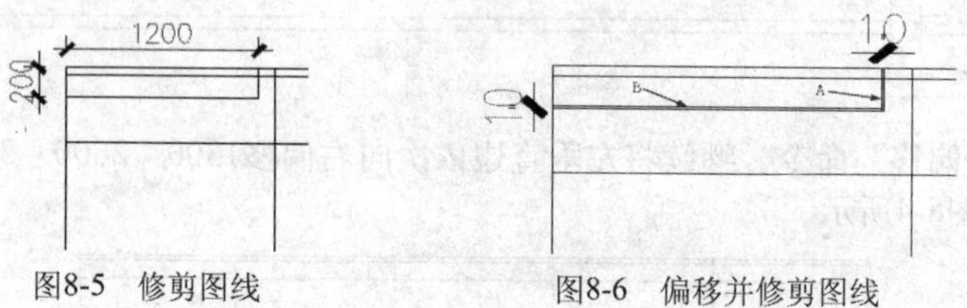

图8-5 修剪图线　　图8-6 偏移并修剪图线

Step 10 继续使用"修剪"命令，以垂直图线A作为修剪边，对偏移距离为50的水平图线E进行修剪，如图8-7所示。

Step 11 继续使用"修剪"命令，以偏移距离为50的水平图线作为修剪边，对垂直图线A和D进行修剪，修剪结果如图8-8所示。

Step 12 继续激活"修剪"命令，以偏移距离为500和350的水平图线作为修剪边，对垂直图线a、b、c和d进行修剪，修剪结果如图8-9所示。

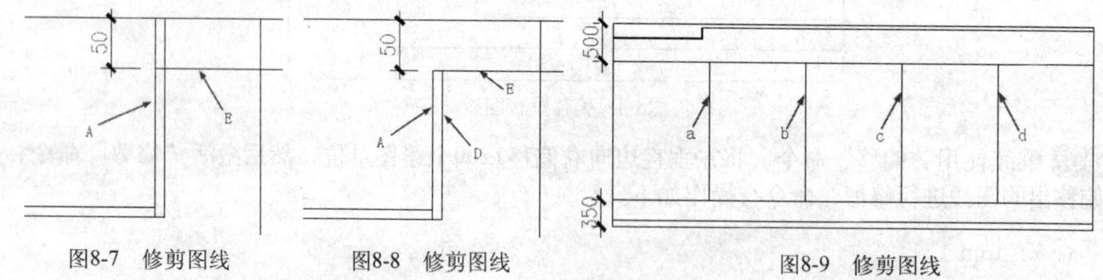

图8-7 修剪图线　　图8-8 修剪图线　　图8-9 修剪图线

至此，客厅B向立面图轮廓绘制完毕，下一节继续绘制客厅B向立面图家具构件。

8.1.2 绘制墙面装饰和布置立面家具等构件

这一节继续来绘制客厅B向立面图墙面装饰、家具构件，同时布置立面灯具、挂画、立面绿化植物等，这些操作都必须在立面图轮廓内部进行绘制。

操作步骤

Step 01 继续上一节的操作。

Step 02 在“图层控制”下拉列表中，将“图块层”设置为当前层。

Step 03 设置“端点”捕捉模式，单击“绘图”工具栏上的“插入”按钮，激活“插入”命令，同时打开“插入”对话框，单击[浏览(B)...]按钮，选择随书光盘中的文件“图块文件”\“立面沙发组03.dwg”，单击[打开(O)]按钮返回到“插入”对话框。

Step 04 使用默认设置，单击[确定]按钮回到绘图区，配合“端点”捕捉功能，捕捉客厅右下角点作为插入点，将“立面沙发组03.dwg”图块插入到客厅，如图8-10所示。

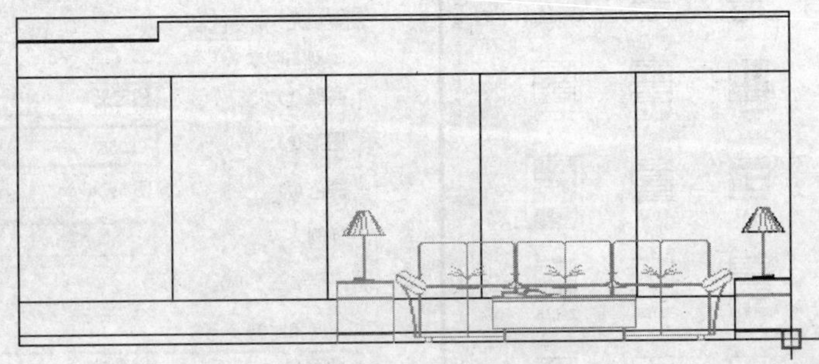

图8-10　插入“立面沙发组03.dwg”图块

Step 05 继续使用“插入”命令，配合“自”功能，将随书光盘中的文件“图块文件”\“装饰画01.dwg”插入到客厅墙面位置，命令行操作如下。

```
命令: _insert
    指定插入点或 [基点(B)/比例(S)/旋转(R)]:      //激活“自”功能，捕捉如图8-11所示的端点A
    _from 基点: <偏移>:                          //@-650,-1000 Enter，插入结果如图8-12所示
```

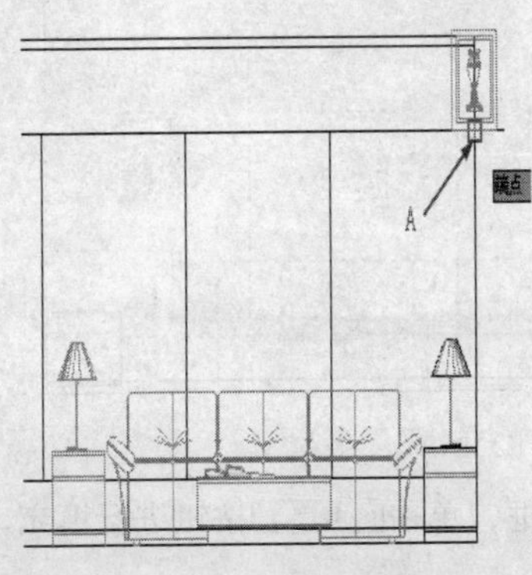

图8-11　捕捉点A

图8-12　插入装饰画01

Step 06 继续使用“插入”命令，采用相同的参数设置，向客厅立面图中插入“装饰画02.dwg”至“装饰画05.dwg”图块文件，结果如图8-13所示。

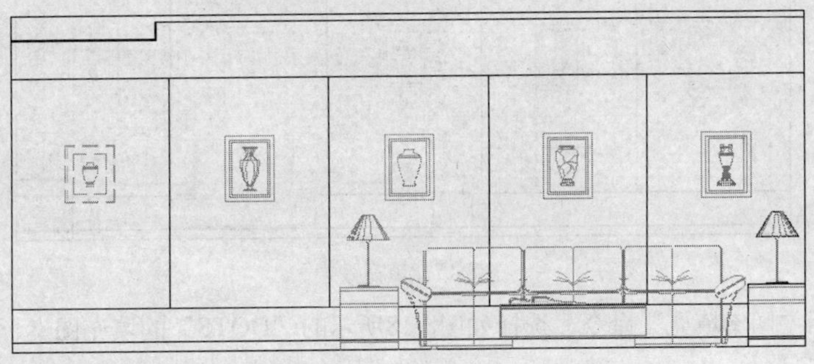

图8-13　插入其他装饰画

Step 07 在“图层控制”下拉列表中，将“填充层”设置为当前层。

Step 08 单击“绘图”工具栏上的“填充”按钮，在打开的“图案填充和渐变色”对话框中单击“图案”右边的按钮，在打开的“填充图案选项板”对话框中选择如图8-14所示的图案。

Step 09 单击确定按钮返回到“图案填充和渐变色”对话框，设置其他参数如图8-15所示。

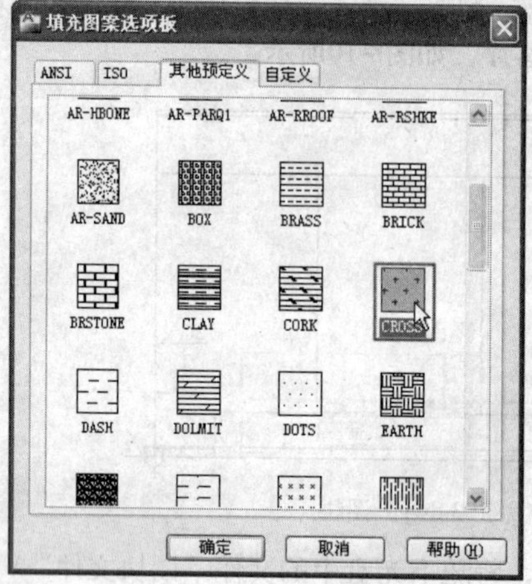

图8-14　选择填充图案

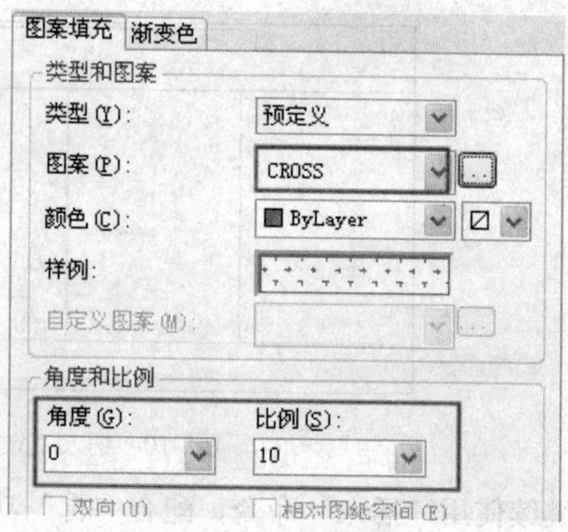

图8-15　设置填充参数

Step 10 单击“添加:拾取点”按钮返回到绘图区，分别在客厅墙面各填充区域单击，填充区域显示虚线，如图8-16所示。

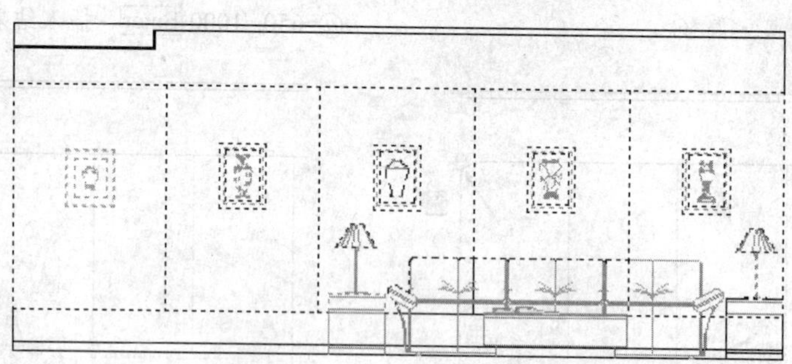

图8-16　拾取填充区域

Step 11 按Enter键回到“图案填充和渐变色”对话框，单击确定按钮进行填充，填充结果如图8-17所示。

图8-17　填充效果

Step 12 继续激活“图案填充”命令，选择如图8-18所示的“DOTS”的填充图案，并设置其参数如图8-19所示。

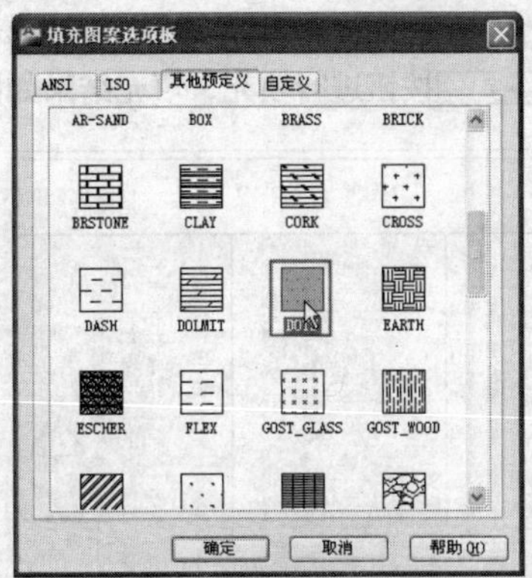

图8-18 选择填充图案

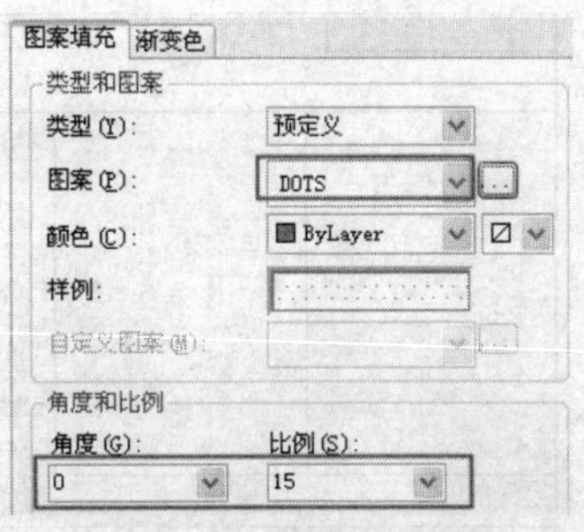

图8-19 设置填充参数

Step 13 单击“添加:拾取点”按钮返回到绘图区，分别在客厅墙面下方各区域单击拾取填充区域，填充区域显示虚线，如图8-20所示。

图8-20 拾取填充区域

Step 14 按Enter键回到“图案填充和渐变色”对话框，单击确定按钮进行填充，填充结果如图8-21所示。

图8-21 填充效果

Step 15 继续激活“填充”命令，选择如图8-22所示的图案，并设置填充参数如图8-23所示。

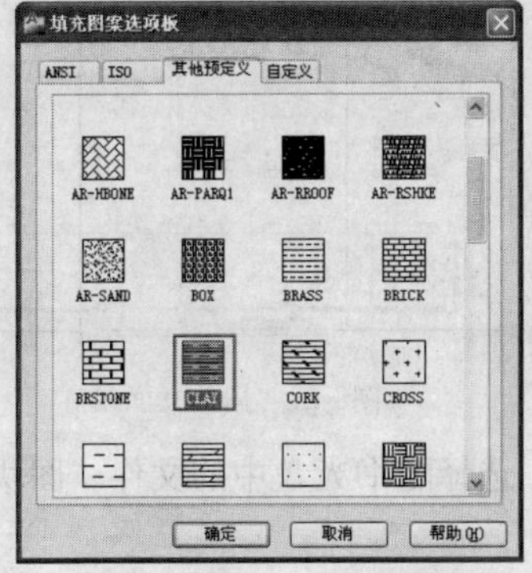

图8-22 选择填充图案

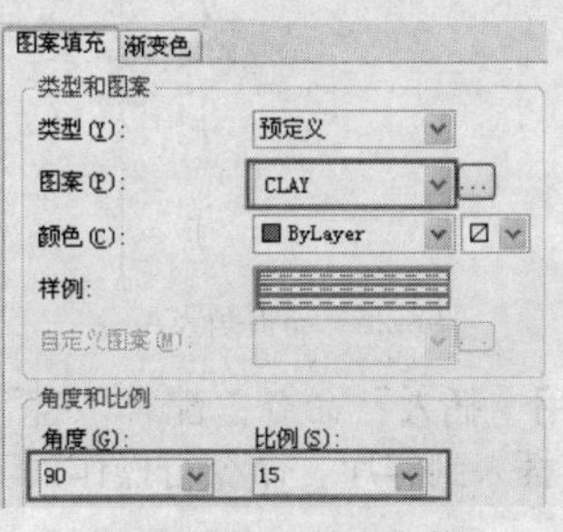

图8-23 设置填充参数

Step 16 单击“添加:拾取点”按钮返回到绘图区，在客厅墙面最下方踢脚线位置单击拾取填充区域，按Enter键回到“图案填充和渐变色”对话框，单击 确定 按钮进行填充，填充结果如图8-24所示。

图8-24 填充结果

Step 17 将“图块层”设置为当前层。执行“插入”命令，选择随书光盘中的文件“图块文件”\“立面盆景03.dwg”，使用默认设置，将其插入到沙发左边位置，结果如图8-25所示。

图8-25 插入“立面盆景03”图块

Step 18 继续使用“插入”命令，配合“自”功能，选择随书光盘中的文件“图块文件”\“立面吊灯03.dwg”，将其插入到客厅，命令行操作如下。

```
命令: _insert
    指定插入点或 [基点(B)/比例(S)/旋转(R)]:
                                  //激活“自”功能，捕捉如图8-26所示的客厅的右上角点
    _from 基点: _from 基点: <偏移>:   //@-2000,0 Enter，插入结果如图8-27所示
```

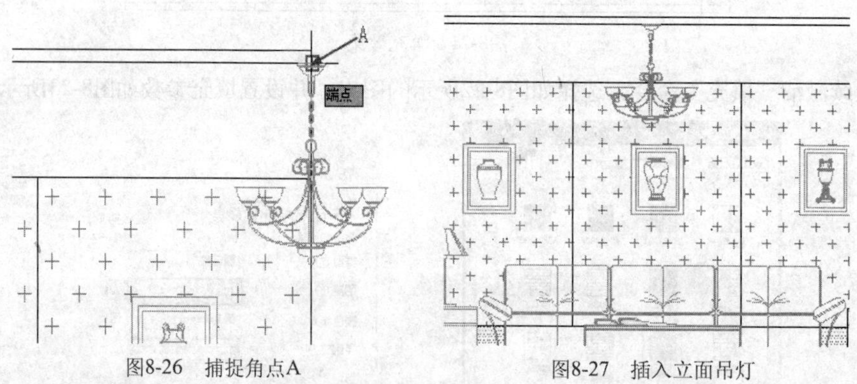

图8-26 捕捉角点A　　图8-27 插入立面吊灯

Step 19 继续使用“插入”命令，配合“自”功能，选择随书光盘中的文件“图块文件”\“射灯03.dwg”，将其插入到客厅，命令行操作如下。

命令: _insert

指定插入点或 [基点(B)/比例(S)/旋转(R)]:

//激活“自”功能，捕捉如图8-26所示的客厅的右上角点

_from 基点: _from 基点: <偏移>: //@-420,0 Enter

Step 20 激活“复制”命令，将插入的“射灯03.dwg”图块文件向左进行复制，复制距离分别为-725、-1450、-2175和-2900个绘图单位，结果如图8-28所示。

图8-28 复制射灯

Step 21 激活“直线”命令，在过道位置绘制两条垂直直线作为过道吊灯的灯线，然后使用“复制”命令将插入的射灯复制到过道位置，结果如图8-29所示。

图8-29 设置过道立面灯具

Step 22 综合运用“修剪”和“删除”命令，将立面图中被沙发挡住的墙裙线和踢脚线修剪掉，将被植物挡住的图案删除，结果如图8-30所示。

图8-30 修剪和删除结果

8.1.3 标注立面图尺寸和材质注解

标注立面图尺寸和材质注解是立面图中的重要内容，也是施工人员进行装修施工的依据，这一节继续来标注客厅B向立面图尺寸和材质注解。

操作步骤

Step 01 继续上一节的操作。

Step 02 在“图层控制”下拉列表中，将“尺寸层”设置为当前层。

Step 03 执行菜单栏中的“格式”|“标注样式”命令，将“建筑标注”设置为当前标注样式，并设置标注比例为35。

Step 04 综合运用“线性”和“连续”标注命令，配合“端点”捕捉功能标注立面图尺寸，结果如图8-31所示。

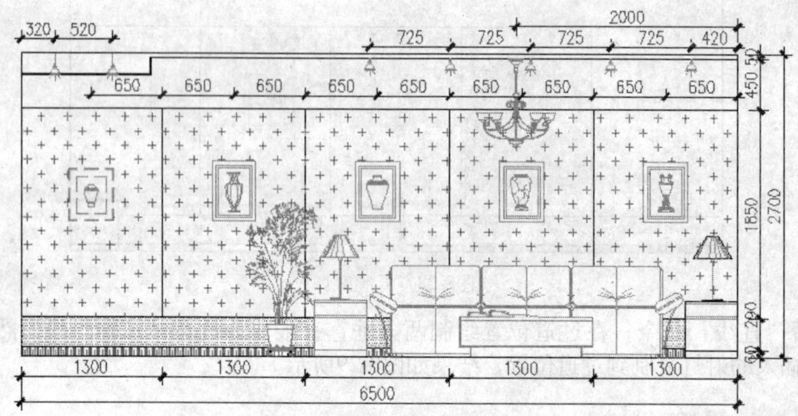

图8-31 标注尺寸

Step 05 在“图层控制”下拉列表中，将“文本层”设置为当前层，然后执行菜单栏中的“格式”|“文字样式”命令，将“仿宋体”设置为当前文字样式。

Step 06 在命令行输入LE激活“引线”命令，输入S按Enter键打开“引线设置”对话框，设置相关参数如图8-32所示。

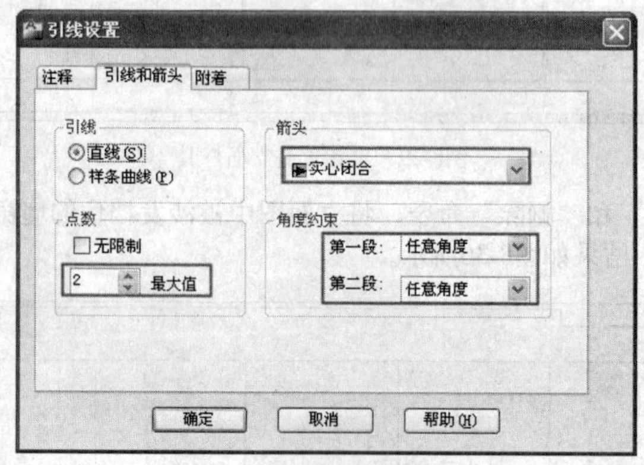

图8-32 设置引线参数

Step 07 单击 确定 按钮返回到绘图区，在过道射灯位置拾取一点，向左引导光标，在合适位置拾取第2点，在打开的“文字格式”编辑器中设置字体、大小等参数，如图8-33所示。

图8-33 “文字格式”编辑器

Step 08 在下方的文本输入框中输入“射灯”字样，单击“文字格式”编辑器中的 确定 按钮确认，标注第1个材质注解。

Step 09 重复执行“引线”命令，使用相同的字体和字体大小，在立面图中标注其他材质注解，标注结果如图8-34所示。

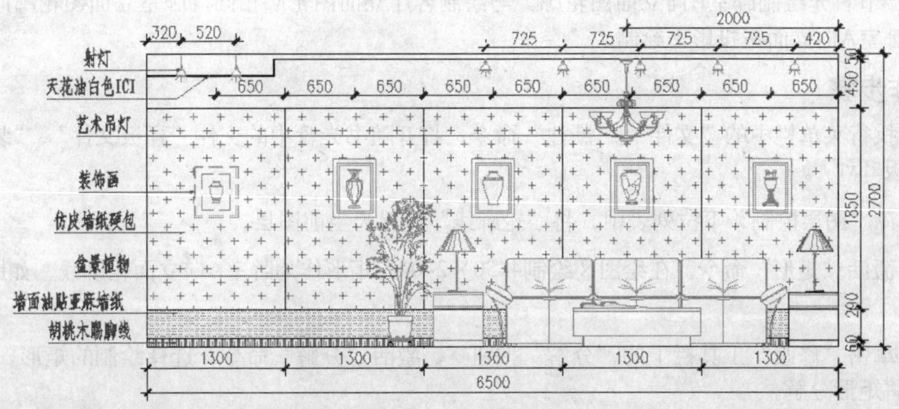

图8-34 标注材质注解

Step 10 至此，客厅B向立面图绘制完毕，执行“另存为”命令，将该图形存储为“客厅B向立面图.dwg ”文件。

8.2 绘制卧室A向立面图

卧室是供主人睡眠和休息的空间，也是居室空间中较私密的空间，属于私人空间，在进行卧室装修设计时，除了要考虑其装修风格是否服从于居室的整体装修风格，更重要的一点还要考虑人为因素，例如，其装修风格是否适合主人的生活习惯等，否则会严重影响主人的生活和精神状态。

这一节来绘制现代风格的普通住宅卧室A向立面图，在该立面图中，供主人睡眠使用的宽大的双人床、供女主人化妆的梳妆台、存放衣物的衣柜等家具样样俱全。另外，卧室墙面大面积采用米黄色壁纸贴面，起到了很好的保温效果，靠近双人床的墙面上方使用实木制作的木格装饰框，以及悬挂在装饰框中央的装饰画、墙壁设置的射灯和小灯管等，营造了一个温馨、舒适、浪漫的现代风格的卧室空间，如图8-35所示。

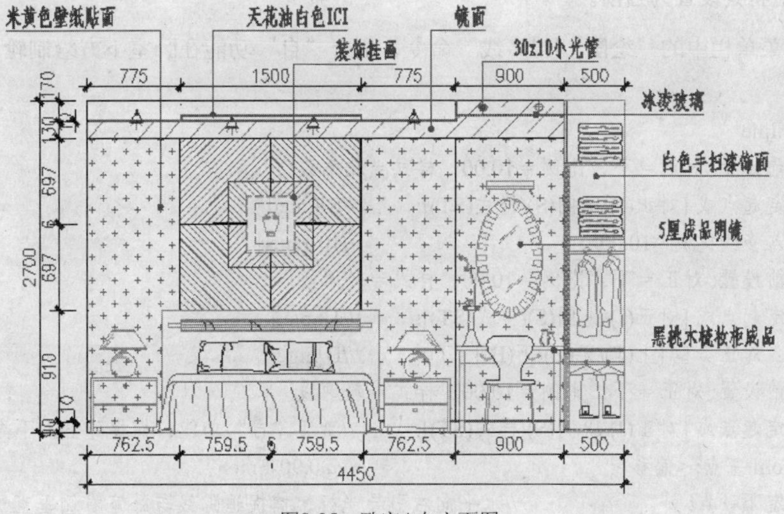

图8-35 卧室A向立面图

8.2.1 绘制卧室A向立面图轮廓

这一节首先绘制卧室A向立面图轮廓。与绘制客厅立面图轮廓相同，卧室立面图轮廓同样要严格按照卧室A向立面正投影去绘制。

操作步骤

Step 01 执行菜单栏中的“文件”|“新建”命令，打开随书光盘中的文件“样板文件”\“装饰装潢绘图样板.dwt”。

Step 02 在“图层控制”下拉列表中，将“轮廓线”设置为当前图层。

Step 03 激活“矩形”命令，在绘图区绘制4450×2700的矩形作为卧室A向立面轮廓线，如图8-36所示。

Step 04 单击“修改”工具栏上的“分解”按钮，激活“分解”命令，选择绘制的矩形，按Enter键确认将矩形分解。

Step 05 单击“修改”工具栏上的“偏移”按钮，激活“偏移”命令，将分解后的矩形的上水平边向下偏移300个绘图单位，将右垂直边向左偏移500和1400个绘图单位，结果如图8-37所示。

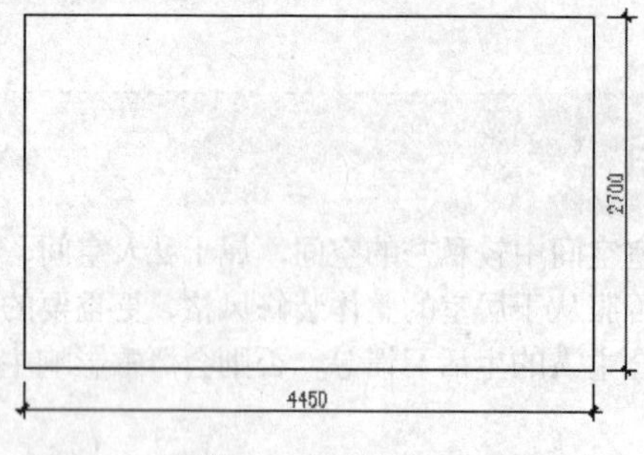

图8-36 绘制矩形

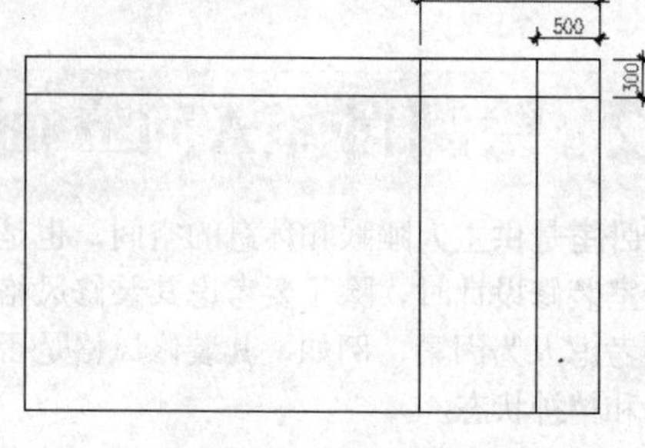

图8-37 偏移图线

Step 06 执行菜单栏中的“格式”|“多线样式”命令，打开“多线样式”对话框，单击[新建(N)...]按钮打开“创建新的多线样式”对话框，在“新样式名”文本框中输入新样式的名称为“轮廓线”。

Step 07 单击[继续]按钮进入“新建多线样式:轮廓线”对话框，设置多线样式参数如图8-38所示。

Step 08 单击[确定]按钮回到“多线样式”对话框，选择新建的“轮廓线”的多线样式，单击[置为当前(U)]按钮将其设置为当前。

Step 09 执行菜单栏中的“绘图”|“多线”命令，配合“自”功能在卧室下方绘制轮廓线，命令行操作如下。

```
命令: _mline
    当前设置: 对正 = 下，比例 = 10.00，样式 = 轮廓线
    指定起点或 [对正(J)/比例(S)/样式(ST)]:          //S Enter
    输入多线比例 <10.00>:                           //10 Enter
    当前设置: 对正 = 下，比例 = 10.00，样式 = 轮廓线
    指定起点或 [对正(J)/比例(S)/样式(ST)]:          //J Enter
    输入对正类型 [上(T)/无(Z)/下(B)] <下>:          //B Enter
    当前设置: 对正 = 下，比例 = 10.00，样式 = 轮廓线
    指定起点或 [对正(J)/比例(S)/样式(ST)]:          //激活“自”功能，捕捉卧室左下方的角点
    _from 基点: <偏移>:                             //@0,90 Enter
    指定下一点:                    //水平向右引导光标，捕捉追踪线与卧室右侧垂直边的交点
    指定下一点或 [放弃(U)]:                         // Enter，结束操作
```

Step 10 继续激活“多线”命令，设置比例不变，设置对正方式为“上”对正，以卧室左上角点为参照点，以点“@0,-170”为第1点，以点“@3050,0”为第2点，以点“@0,170”为第3点绘制多线，结果如图8-39所示。

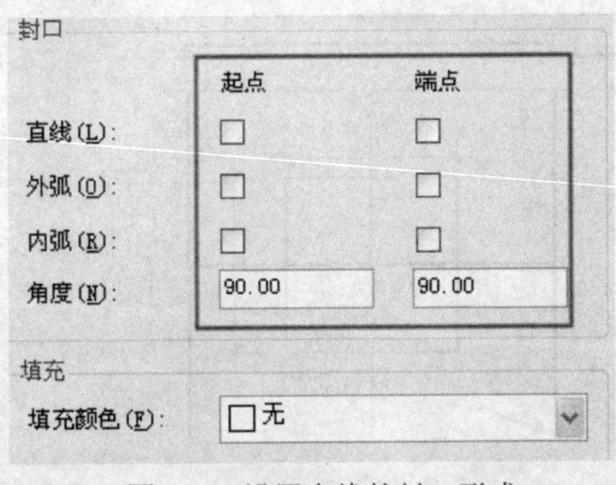

图8-38 设置多线的封口形式

图8-39 绘制轮廓线

Step 11 继续激活“多线”命令，设置比例不变，设置对正方式为“无”对正，以卧室左上角点为参照点，以点“@775,-170”为第1点，以点“@0,60”为第2点，以点“@1500,0”为第3点，以点“@0,-60”为第4点绘制多线，结果如图8-40所示。

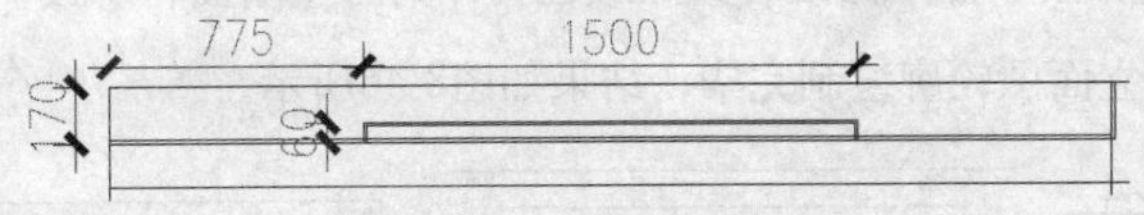

图8-40 绘制轮廓线

Step 12 继续激活“多线”命令，设置比例不变，设置对正方式为“下”对正，以卧室中的点A为参照点，以点“@762.5, 0”为起点，以点“@0,-1400”为端点绘制多线。

Step 13 激活“复制”命令，将绘制的多线水平向右复制，复制距离为1500个绘图单位，结果如图8-41所示。

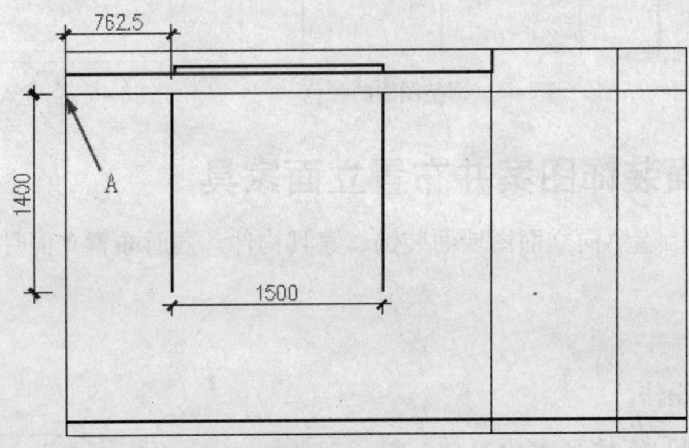

图8-41 绘制多线

Step 14 重复使用“多线”命令，设置比例为5，设置对正方式为“无”对正，配合“中点”捕捉和“两点之间的中点”功能，在卧室内绘制多线作为轮廓线，结果如图8-42所示。

Step 15 激活“多边形”命令，配合“自”功能和“端点”捕捉功能，绘制边数为4的正多边形，命令行操作如下。

```
命令: _polygon
    输入侧面数 <4>:                          //4 Enter
    指定正多边形的中心点或 [边(E)]:          //E Enter
    指定边的第一个端点:                      //激活“自”功能，捕捉点A
```

_from 基点: <偏移>:　　　　//@395,350 Enter
指定边的第二个端点:　　　　//水平引导光标，输入700 Enter，绘制结果如图8-43所示

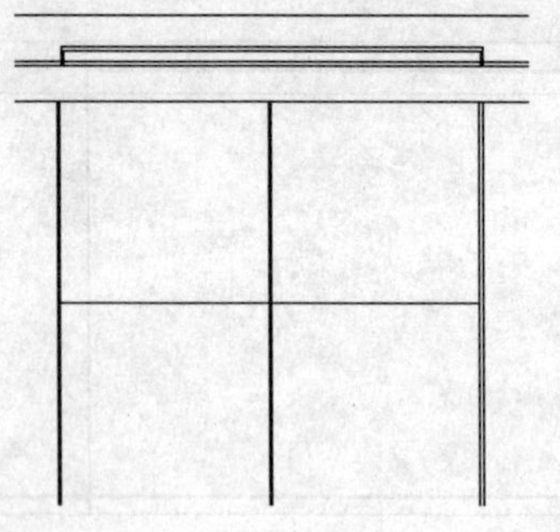
图8-42　绘制多线

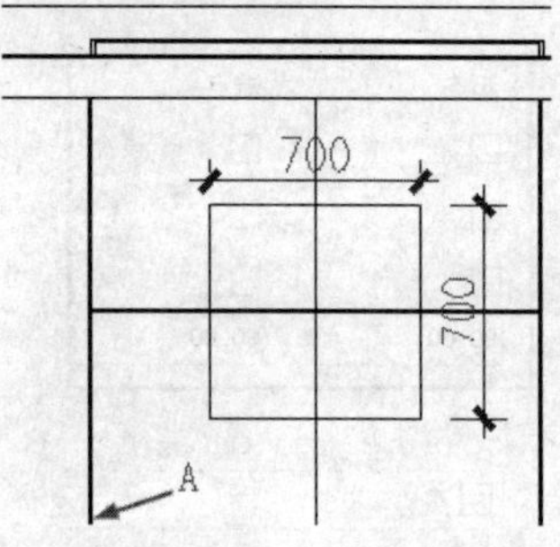

图8-43　绘制正多边形

Step 16 使用“偏移”命令，将绘制的矩形向内偏移120个绘图单位，然后以偏移出的矩形作为修剪边，对内部的多线进行修剪，结果如图8-44所示。

Step 17 将所有多线进行分解，然后修改各线的颜色，作为卧室墙面轮廓线，结果如图8-45所示。

Step 18 至此，卧室A向立面图轮廓绘制完毕，结果如图8-46所示。

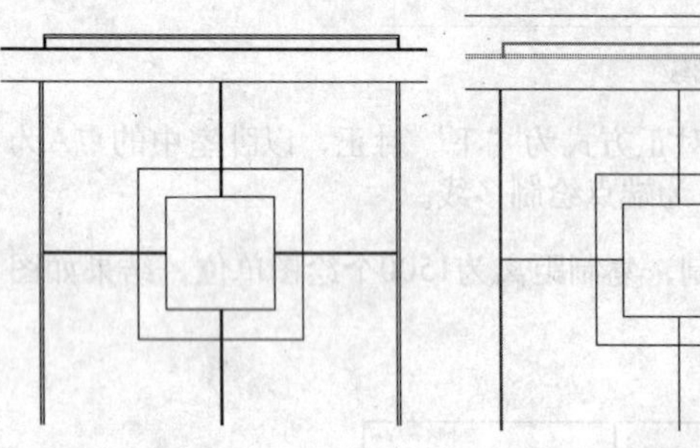
图8-44　偏移矩形并修剪图线

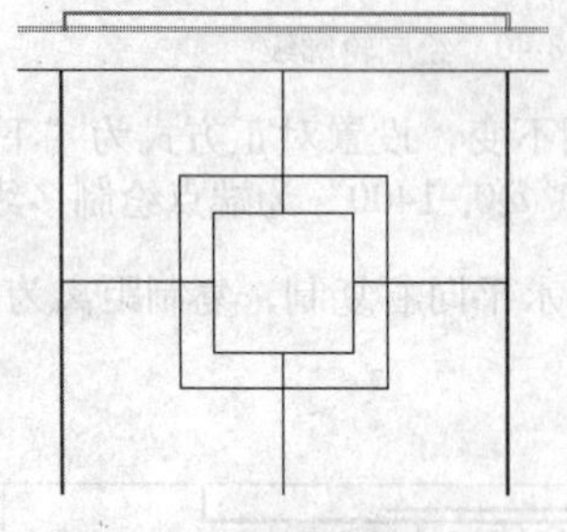
图8-45　调整图线的颜色

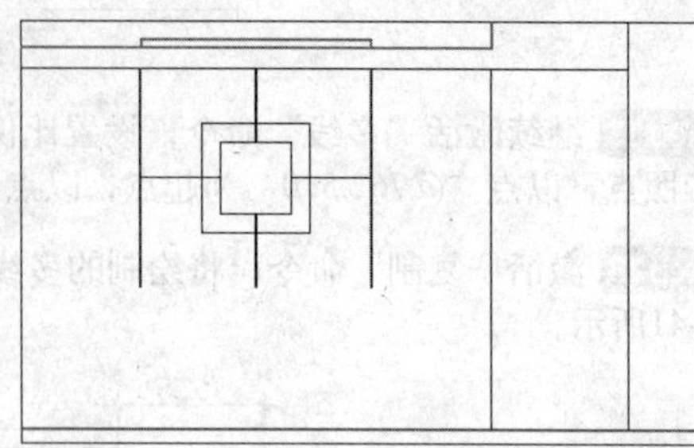
图8-46　卧室A向立面图轮廓

8.2.2　绘制墙面装饰图案并布置立面家具

这一节继续来绘制卧室A向立面图墙面装饰、家具构件，同时布置立面灯具、挂画、立面绿化植物等。

操作步骤

Step 01 继续上一节的操作。

Step 02 在“图层控制”下拉列表中，将“图块层”设置为当前层。

Step 03 单击“绘图”工具栏上的“插入”按钮，激活“插入”命令，选择随书光盘中的文件“图块文件”\“立面床03.dwg”。

Step 04 使用默认设置，单击 确定 按钮回到绘图区，配合“端点”捕捉功能，捕捉点A作为插入点，将“立面床03.dwg”插入到卧室，如图8-47所示。

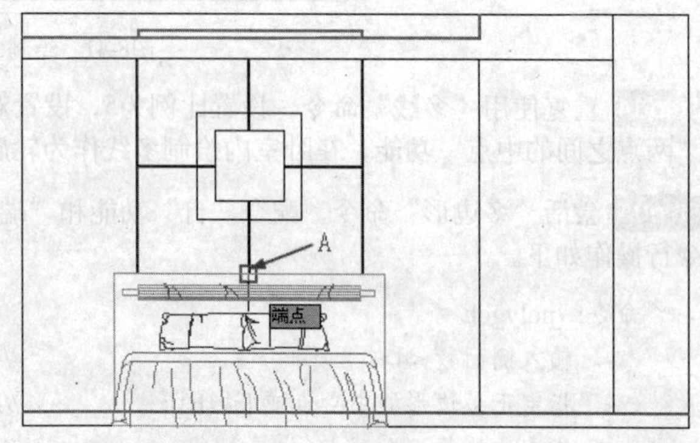

图8-47　插入“立面床03.dwg”图块

Step 05 继续使用“插入”命令，配合“自”功能，将随书光盘中的文件“图块文件”\“床头柜和台灯02.dwg”插入到立面床左边位置，命令行操作如下。

```
命令: _insert
    指定插入点或 [基点(B)/比例(S)/旋转(R)]:      //激活“自”功能，捕捉卧室左下角的端点
    _from 基点: <偏移>:                        //@25,0 Enter
```

Step 06 激活“镜像”命令，配合“中点”捕捉功能，将插入的“床头柜和台灯02.dwg”图块镜像复制到立面床的右边位置，结果如图8-48所示。

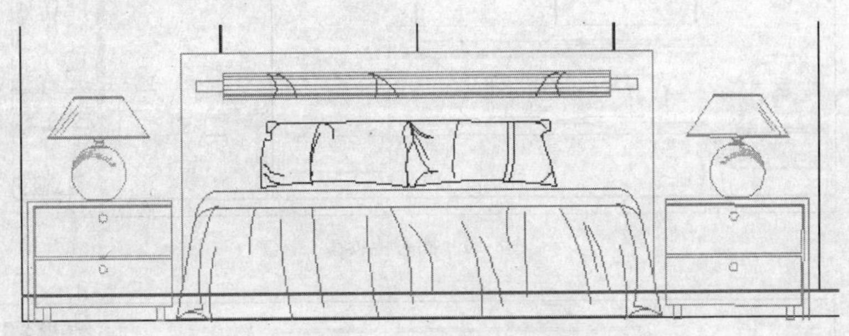

图8-48 插入床头柜图块

Step 07 继续使用“插入”命令，采用相同的参数设置，向卧室立面图中插入“梳妆台与椅子03.dwg”和“衣柜05.dwg”图块文件，结果如图8-49所示。

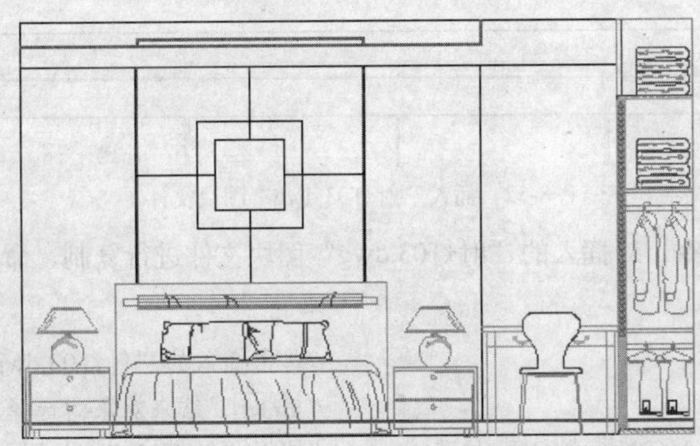

图8-49 插入梳妆台和衣柜图块

Step 08 继续使用“插入”命令，配合“两点之间的中点”和“自”功能，向卧室立面图中插入“梳妆镜03.dwg”图块文件，命令行操作如下。

```
命令: _insert
    指定插入点或 [基点(B)/比例(S)/旋转(R)]:
                                    //激活“自”选项，同时激活“两点之间的中点”功能
    _ from 基点: _m2p 中点的第一点:      //捕捉点A
    中点的第二点:                       //捕捉点B
    <偏移>:                            //@0,-350 Enter，结果如图8-50所示
```

Step 09 继续使用“插入”命令，选择随书光盘中的文件“图块文件”\“射灯03.dwg”，将其插入到卧室中，命令行操作如下。

```
命令: _insert
    指定插入点或 [基点(B)/比例(S)/旋转(R)]:   //激活“自”功能，捕捉如图8-51所示的端点
    from 基点: _from 基点: <偏移>:          //@-340,-72.7 Enter，结果如图8-52所示
```

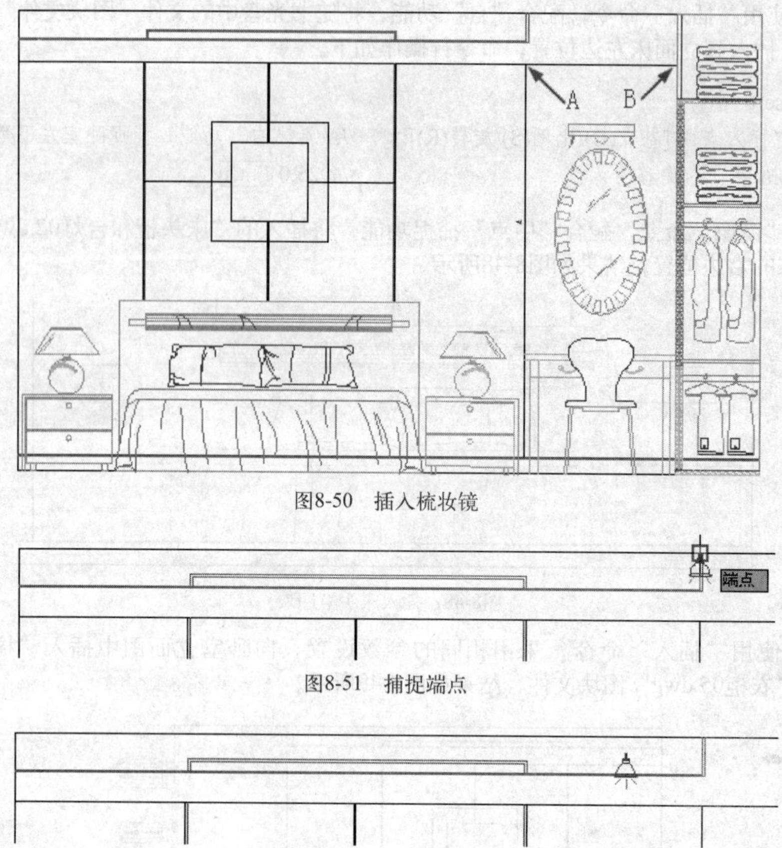

图8-50　插入梳妆镜

图8-51　捕捉端点

图8-52　插入“射灯03.dwg”图块文件

Step 10 激活“复制”命令，对插入的“射灯03.dwg”图块文件进行复制，命令行操作如下。

```
命令: _copy
    选择对象:                                          //单击插入的“射灯03.dwg”图块
    选择对象:                                          // Enter，结束对象的选择
    指定基点或 [位移(D)/模式(O)] <位移>:                //捕捉“射灯03.dwg”图块的插入点
    指定第二个点或 <使用第一个点作为位移>:              //@-840,-50 Enter
    指定第二个点或 [退出(E)/放弃(U)] <退出>:            //@-1510,-50 Enter
    指定第二个点或 [退出(E)/放弃(U)] <退出>:            //@-2300,0 Enter
    指定第二个点或 [退出(E)/放弃(U)] <退出>:            // Enter，复制结果如图8-53所示
```

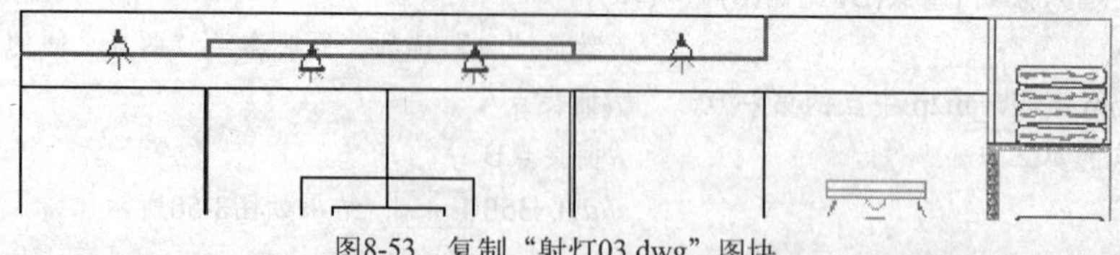

图8-53　复制“射灯03.dwg”图块

Step 11 继续执行“插入”命令，选择随书光盘“图块文件”目录下的“花瓶03.dwg”、“花瓶04.dwg”、“灯管01.dwg”和“装饰画05.dwg”图块文件，使用默认设置，将其插入到卧室其他位置，结果如图8-54所示。

Step 12 在“图层控制”下拉列表中，将“填充层”设置为当前层。

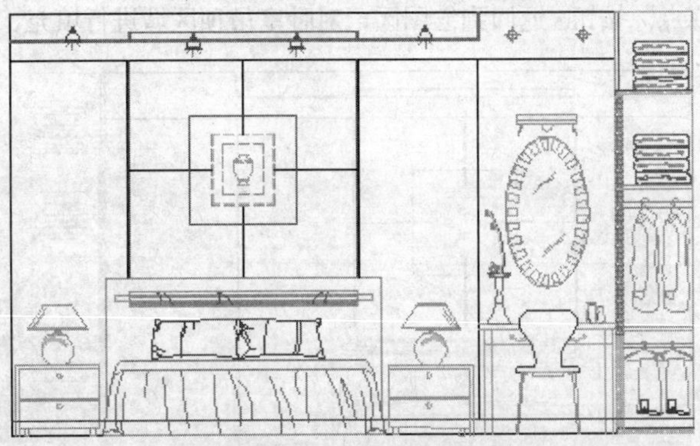

图8-54 插入其他图块

Step 13 执行菜单栏中的“格式”|“线型”命令，在打开的“线型管理器”对话框中单击加载(L)...按钮，打开“加载或重载线型”对话框，选择名称为“DOT2”的线型，如图8-55所示。

Step 14 单击确定按钮，则将该线型加载到“线型管理器”对话框，选择加载的该线型，设置其“全局比例因子”为6，单击当前(C)按钮将该线型设置为当前线型，如图8-56所示。

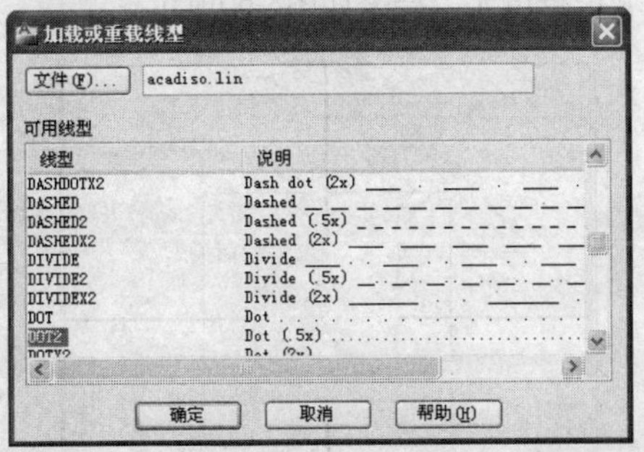

图8-55 加载线型

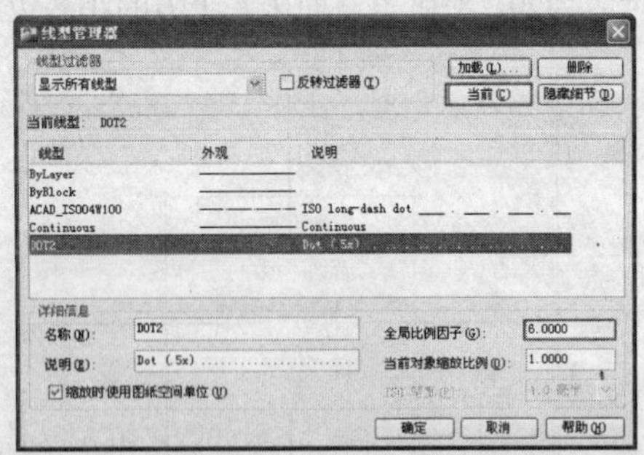

图8-56 设置当前线型和比例因子

Step 15 单击确定按钮，关闭“线型管理器”对话框。单击“绘图”工具栏上的“填充”按钮，打开“图案填充和渐变色”对话框，选择名称为“CROSS”的图案，并设置“比例”为15，其他设置默认。

Step 16 单击“添加:拾取点”按钮返回到绘图区，分别在卧室墙面各填充区域单击进行填充，结果如图8-57所示。

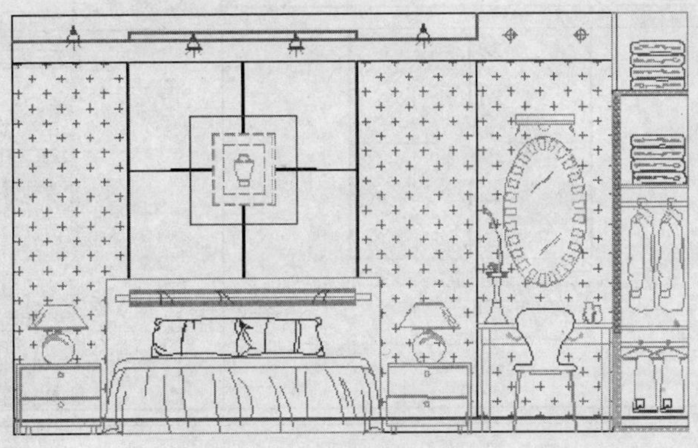

图8-57 填充卧室墙面

Step 17 继续激活“图案填充”命令，选择名称为“JIS_STN_1E”的填充图案，并设置“比例”为300，其他设置默认。

01 Chapter
02 Chapter
03 Chapter
04 Chapter
05 Chapter
06 Chapter
07 Chapter
08 Chapter
09 Chapter
10 Chapter

Step 18 单击“添加:拾取点”按钮返回到绘图区，对卧室吊顶区域进行填充，结果如图8-58所示。

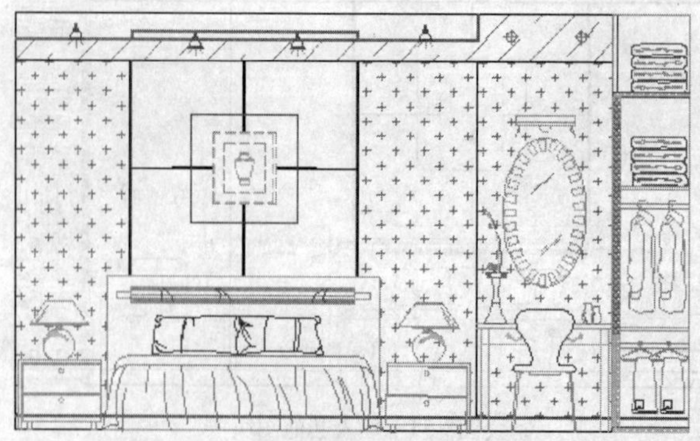

图8-58 填充吊顶区域

Step 19 继续激活“图案填充”命令，选择名称为“JIS_LC_20”的填充图案，并设置“比例”为2，对卧室立面床左上方的多边形区域进行填充，结果如图8-59所示。

Step 20 继续使用“图案填充”命令，选择名称为“JIS_LC_20”的填充图案，设置“比例”为2，“角度”为90，对卧室立面床左上方的小多边形区域进行填充，结果如图8-60所示。

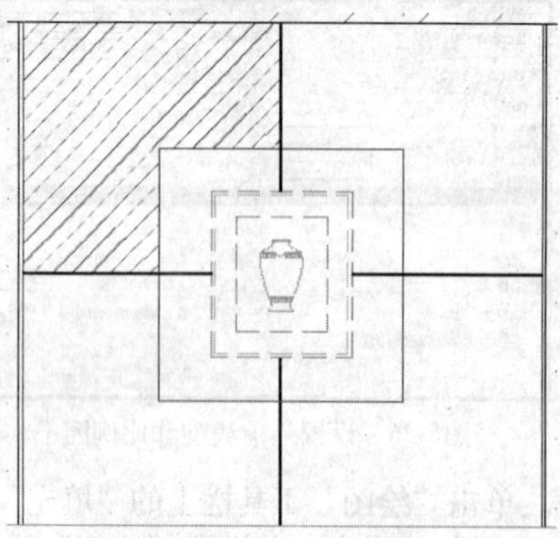

图8-59 填充大多边形区域

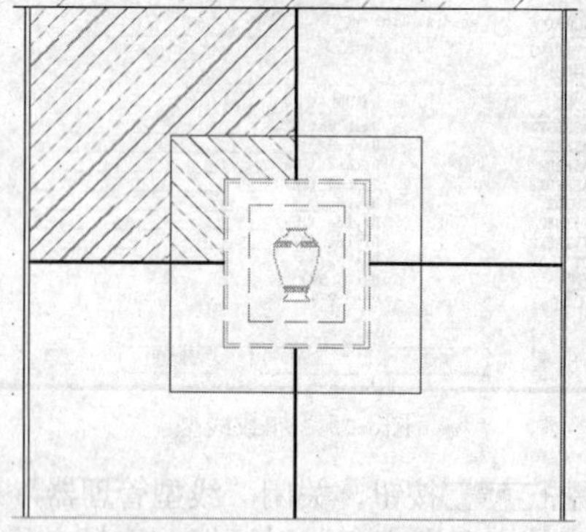

图8-60 填充小多边形区域

Step 21 使用相同的图案，设置相同的“比例”值，使用不同的“角度”值，对卧室立面床上方的其他区域进行填充，结果如图8-61所示。

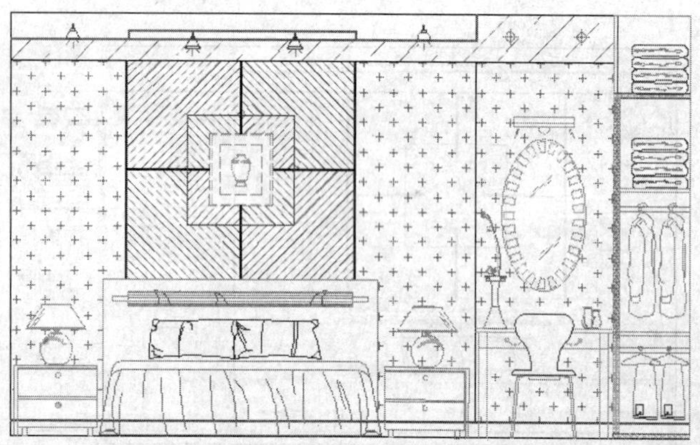

图8-61 填充其他区域

Step 22 运用“修剪”命令，以卧室中各家具的边作为修剪边，将被家具挡住的踢脚线修剪掉，完成卧室立面家具的布置，最终结果如图8-62所示。

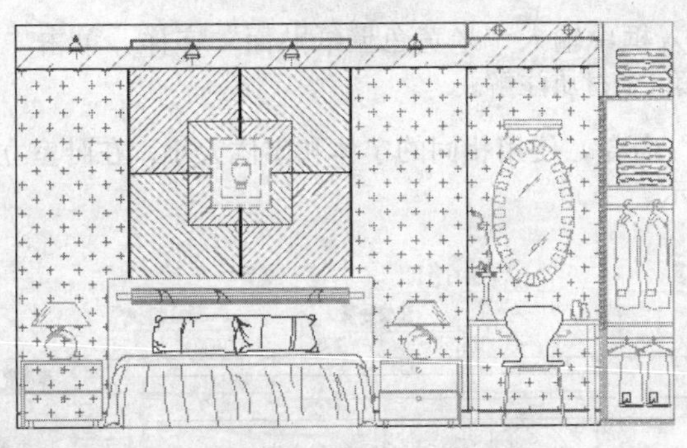

图8-62 修剪踢脚线的结果

8.2.3 标注卧室A向立面图尺寸和材质注解

这一节继续来标注卧室A向立面图尺寸和材质注解，以标明卧室装修尺寸和装修使用的装修材料名称等。

操作步骤

Step 01 继续上一节的操作。

Step 02 在“图层控制”下拉列表中，将“尺寸层”设置为当前层。

Step 03 执行菜单栏中的“格式”|“标注样式”命令，将“建筑标注”设置为当前标注样式，并设置标注比例为35。

Step 04 综合运用“线性”和“连续”标注命令，配合“端点”捕捉功能标注立面图尺寸，结果如图8-63所示。

Step 05 在“图层控制”下拉列表中，将“文本层”设置为当前层，然后执行菜单栏中的“格式”|“文字样式”命令，将“仿宋体”设置为当前文字样式。

Step 06 在命令行输入LE激活“引线”命令，输入S按Enter键打开“引线设置”对话框，设置相关参数如图8-64所示。

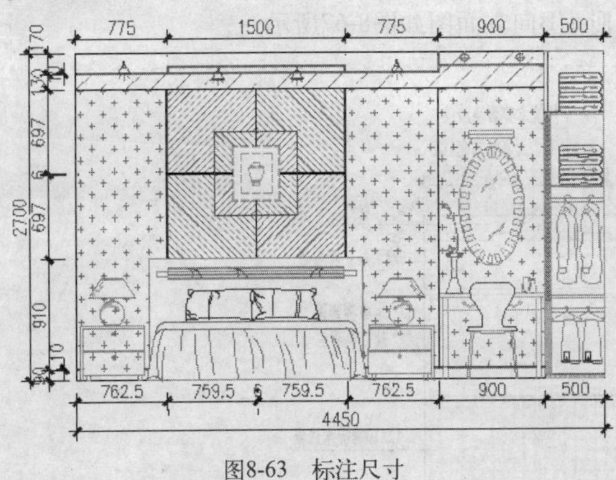

图8-63 标注尺寸

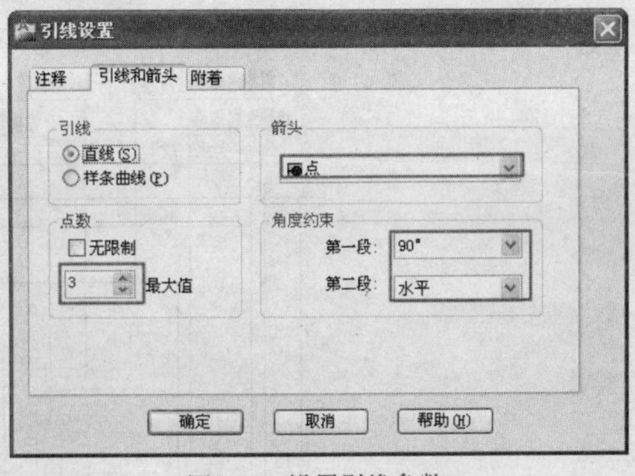

图8-64 设置引线参数

Step 07 单击确定按钮回到绘图区，在卧室左墙面拾取一点，向上引导光标，在合适位置拾取第2点，向左引导光标拾取第3点，在打开的“文字格式”编辑器中设置字体、大小等参数，如图8-65所示。

图8-65 “文字格式”编辑器设置

Step 08 在下方的文本输入框中输入“米黄色壁纸贴面”字样，单击“文字格式”编辑器中的 确定 按钮确认，标注第1个材质注解。

Step 09 重复执行“引线”命令，使用相同的字体和字体大小，在卧室立面图中标注其他材质注解，标注结果如图8-66所示。

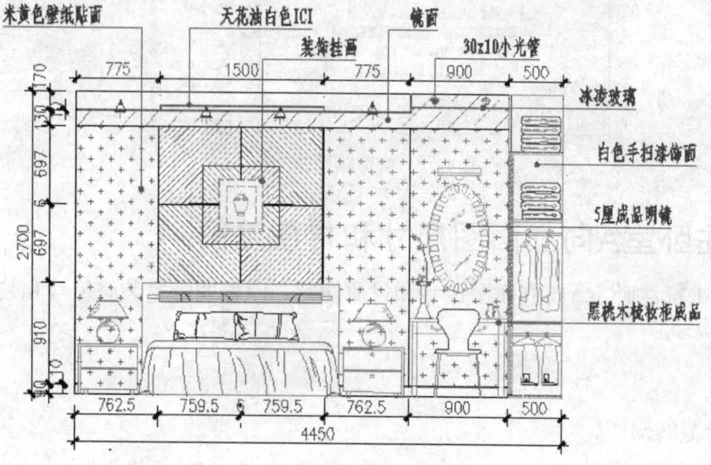

图8-66 标注材质注解

Step 10 至此，卧室A向立面图绘制完毕，执行“另存为”命令，将该图形存储为“卧室A向立面图.dwg”文件。

8.3 绘制卧室B向立面图

在上一节中绘制了卧室A向立面图，这一节继续绘制卧室B向立面图，由于卧室B向墙面主要是门，其余大部分墙面被衣柜所占据，因此，卧室B向立面图墙面装修所用材料与卧室A立面图墙面装修所用材料略有不同，卧室B向立面图的墙面主要使用了亚麻墙纸粘贴，因此，装修风格与卧室A向立面图风格一致。卧室B向立面图如图8-67所示。

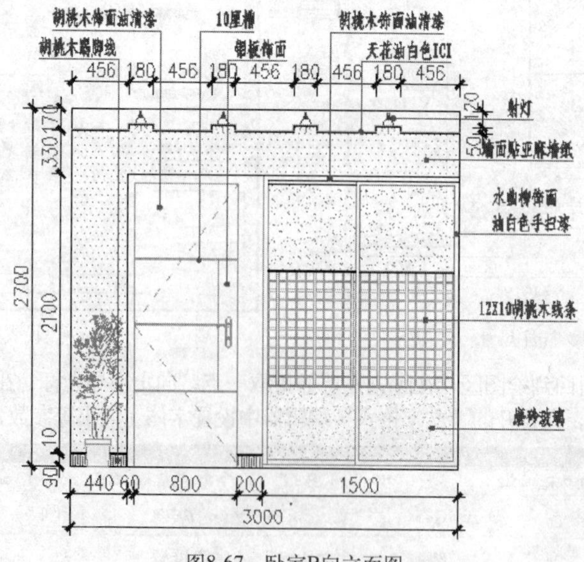

图8-67 卧室B向立面图

8.3.1 绘制卧室B向立面图轮廓

这一节首先绘制卧室B向立面图轮廓，该立面图轮廓比较简单，主要包括B向墙面投影图和内部的射灯灯槽。另外，在墙面位置预留出立面门和衣柜的位置即可。

操作步骤

Step 01 执行菜单栏中的“文件”|“新建”命令，打开随书光盘中的文件“样板文件”\“装饰装潢绘图样板.dwt”。

Step 02 在“图层控制”下拉列表中，将“轮廓线”设置为当前图层。

Step 03 激活“矩形”命令，在绘图区绘制3000×2700的矩形作为卧室B向立面轮廓线，如图8-68所示。

Step 04 单击“修改”工具栏上的“分解”按钮，激活“分解”命令，选择绘制的矩形，按Enter键确认将矩形分解。

Step 05 单击“修改”工具栏上的“偏移”按钮，激活“偏移”命令，将分解后的矩形的下水平边向上偏移90、100个绘图单位，将上水平边向下偏移500个绘图单位，将左垂直边向右偏移440个绘图单位，结果如图8-69所示。

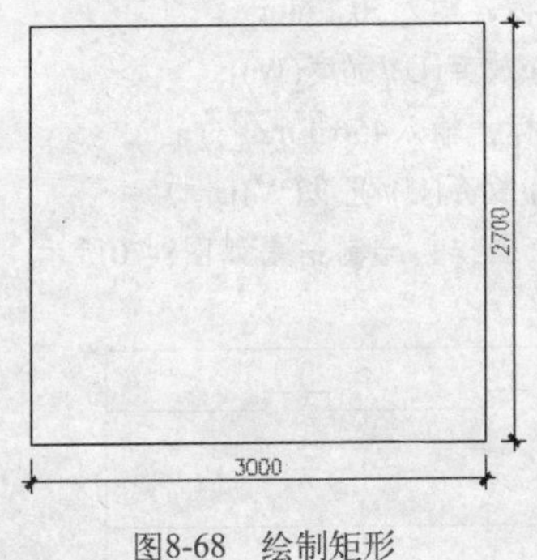

图8-68 绘制矩形

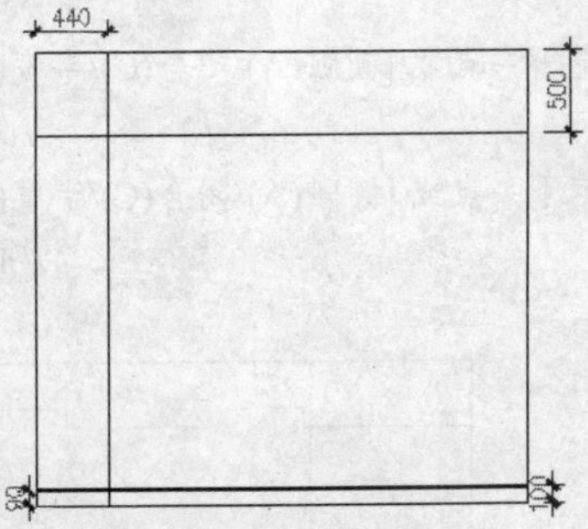

图8-69 偏移图线

Step 06 激活“多段线”命令，配合“正交”功能绘制吊顶轮廓线，命令行操作如下。

命令: _pline

指定起点: _from 基点: <偏移>: //激活“自”功能，捕捉左上角点，输入 @0,-170 Enter

当前线宽为 0.0

指定下一个点或 [圆弧(A)/半宽(H)/长度(L)/放弃(U)/宽度(W)]: //向右引导光标，输入456 Enter

指定下一点或 [圆弧(A)/闭合(C)/半宽(H)/长度(L)/放弃(U)/宽度(W)]: //向上引导光标，输入50 Enter

指定下一点或 [圆弧(A)/闭合(C)/半宽(H)/长度(L)/放弃(U)/宽度(W)]: //向右引导光标，输入180 Enter

指定下一点或 [圆弧(A)/闭合(C)/半宽(H)/长度(L)/放弃(U)/宽度(W)]: //向下引导光标，输入50 Enter

指定下一点或 [圆弧(A)/闭合(C)/半宽(H)/长度(L)/放弃(U)/宽度(W)]: //向右引导光标，输入456 Enter

指定下一点或 [圆弧(A)/闭合(C)/半宽(H)/长度(L)/放弃(U)/宽度(W)]: //向上引导光标，输入50 Enter

指定下一点或 [圆弧(A)/闭合(C)/半宽(H)/长度(L)/放弃(U)/宽度(W)]: //向右引导光标，输入180 Enter

指定下一点或 [圆弧(A)/闭合(C)/半宽(H)/长度(L)/放弃(U)/宽度(W)]: //向下引导光标，输入50 Enter

01 Chapter
02 Chapter
03 Chapter
04 Chapter
05 Chapter
06 Chapter
07 Chapter
08 Chapter
09 Chapter
10 Chapter

指定下一点或 [圆弧(A)/闭合(C)/半宽(H)/长度(L)/放弃(U)/宽度(W)]:
//向右引导光标，输入456 Enter
指定下一点或 [圆弧(A)/闭合(C)/半宽(H)/长度(L)/放弃(U)/宽度(W)]:
//向上引导光标，输入50 Enter
指定下一点或 [圆弧(A)/闭合(C)/半宽(H)/长度(L)/放弃(U)/宽度(W)]:
//向右引导光标，输入180 Enter
指定下一点或 [圆弧(A)/闭合(C)/半宽(H)/长度(L)/放弃(U)/宽度(W)]:
//向下引导光标，输入50 Enter
指定下一点或 [圆弧(A)/闭合(C)/半宽(H)/长度(L)/放弃(U)/宽度(W)]:
//向右引导光标，输入456 Enter
指定下一点或 [圆弧(A)/闭合(C)/半宽(H)/长度(L)/放弃(U)/宽度(W)]:
//向上引导光标，输入50 Enter
指定下一点或 [圆弧(A)/闭合(C)/半宽(H)/长度(L)/放弃(U)/宽度(W)]:
//向右引导光标，输入180 Enter
指定下一点或 [圆弧(A)/闭合(C)/半宽(H)/长度(L)/放弃(U)/宽度(W)]:
//向下引导光标，输入50 Enter
指定下一点或 [圆弧(A)/闭合(C)/半宽(H)/长度(L)/放弃(U)/宽度(W)]:
//向右引导光标，输入456 Enter
指定下一点或 [圆弧(A)/闭合(C)/半宽(H)/长度(L)/放弃(U)/宽度(W)]:
// Enter，结束操作，绘制结果如图8-70所示

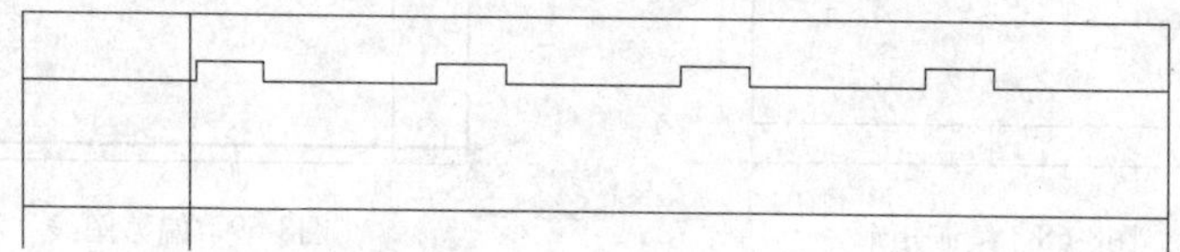

图8-70 绘制轮廓线

Step 07 激活“偏移”命令，将绘制的轮廓线向上偏移10个绘图单位，然后修改偏移图线的颜色为青色，并将其分解，如图8-71所示。

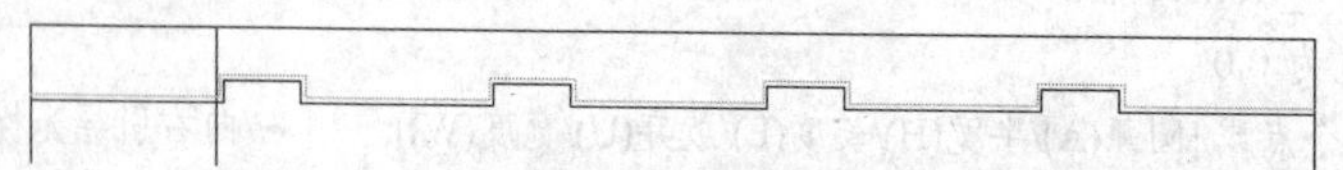

图8-71 偏移、分解图线并修改颜色

Step 08 单击“修改”工具栏上的“延伸”按钮，激活“延伸”命令，将分解后的各水平边进行延伸，使其与原多段线的垂直边相交，然后使用“直线”命令补画其他水平图线，如图8-72所示。

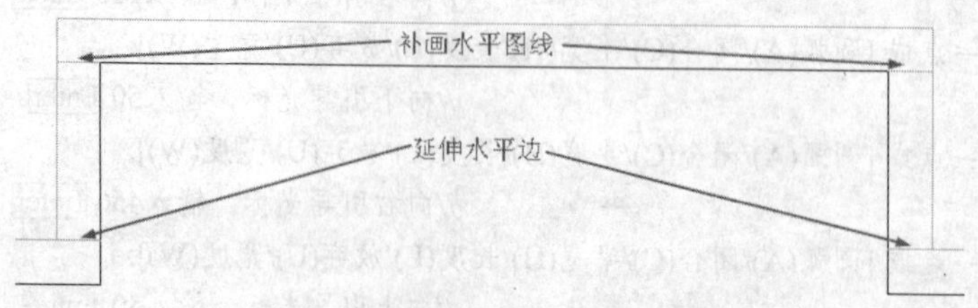

图8-72 延伸水平边并补画水平图线

Step 09 最后使用“修剪”命令，对其他两条图线进行修剪，完成卧室B向立面图轮廓的绘制，如图8-73所示。

至此，卧室B向立面图轮廓绘制完毕，下一节绘制墙面装饰并布置家具。

8.3.2 绘制墙面装饰图案并布置立面家具

这一节继续来绘制卧室B向立面图墙面装饰、家具构件，同时布置立面灯具、挂画、立面绿化植物等。

操作步骤

Step 01 继续上一节的操作。

Step 02 在“图层控制”下拉列表中，将“图块层”设置为当前层。

Step 03 单击“绘图”工具栏上的“插入”按钮，激活“插入”命令，配合“自”功能，将随书光盘中的文件“图块文件”\“立面门03.dwg”插入到立面图中，命令行操作如下。

```
命令: _insert
    指定插入点或 [基点(B)/比例(S)/旋转(R)]:    //激活“自”功能，捕捉如图8-74所示的交点A
    _from 基点: <偏移>:                        //@60,0 Enter，插入结果如图8-74所示
```

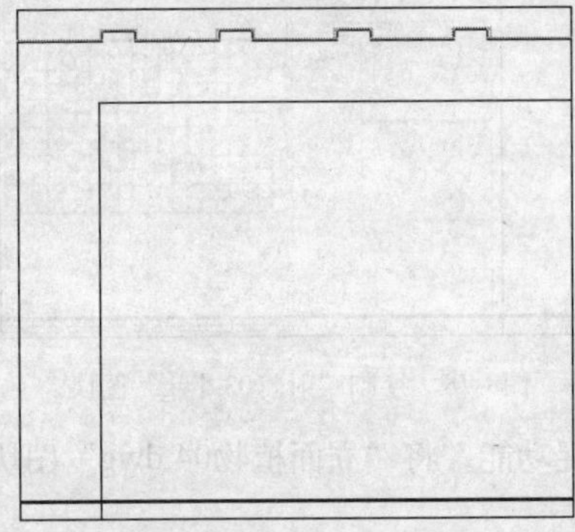

图8-73 修剪图线

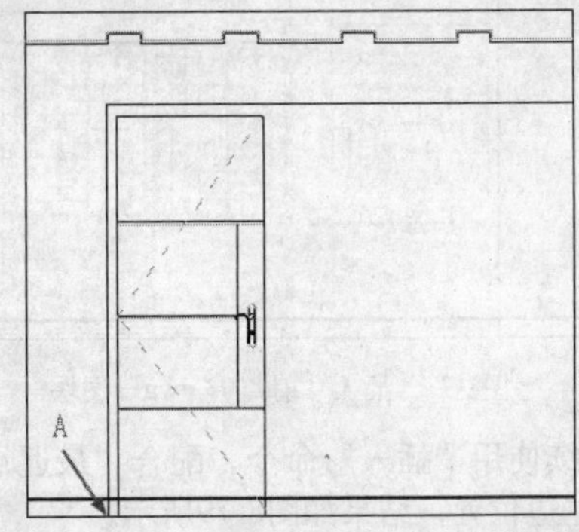

图8-74 插入“立面门03.dwg”图块

Step 04 继续使用“插入”命令，配合“端点”捕捉功能，将随书光盘中的文件“图块文件”\“衣柜06.dwg”插入到立面图右边位置，插入点为立面图右下角点，如图8-75所示。

Step 05 激活“直线”命令，配合“端点”捕捉功能补画衣柜的其他图线，结果如图8-76所示。

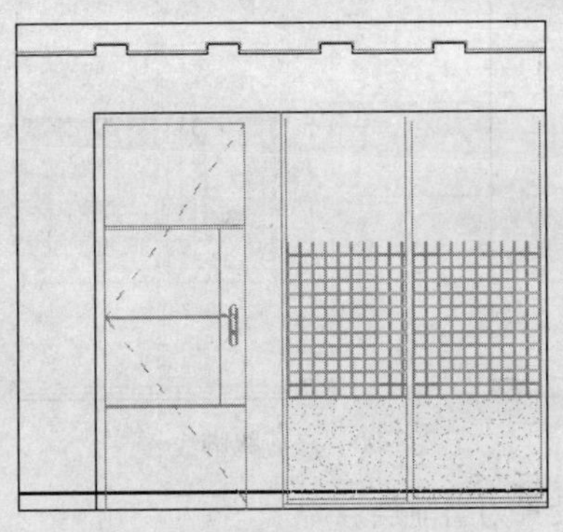

图8-75 插入“衣柜06.dwg”图块

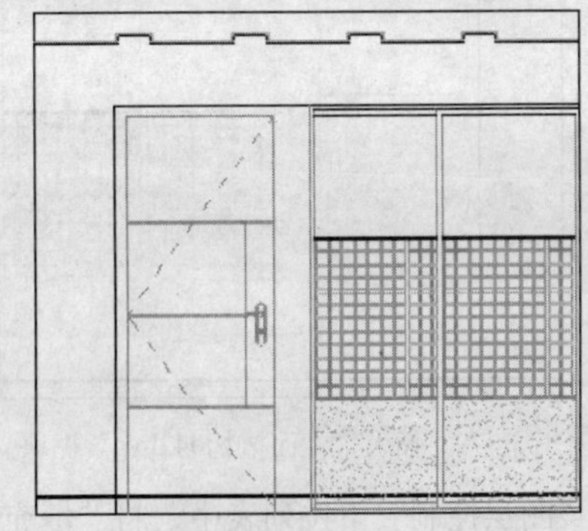

图8-76 补画图线

Step 06 继续使用“插入”命令，配合“自”功能，向卧室B向立面图中插入“射灯03.dwg”图块文件，命令行操作如下。

```
命令: _insert
    指定插入点或 [基点(B)/比例(S)/旋转(R)]:    //激活“自”功能，捕捉卧室右上角点
    _from 基点: <偏移>:                        //@-546,-22.7 Enter，插入结果如图8-77所示
```

Step 07 激活“复制”命令，将插入的“射灯03.dwg”图块文件水平复制，命令行操作如下。

```
命令: _copy
    选择对象:                                        //单击插入的“射灯03.dwg”图块
    选择对象:                                        //Enter，结束选择
    指定基点或 [位移(D)/模式(O)] <位移>:              //捕捉“射灯03.dwg”的插入点
    指定第二个点或 <使用第一个点作为位移>:            //@--636,0 Enter
    指定第二个点或 [退出(E)/放弃(U)] <退出>:          //@--1272,0 Enter
    指定第二个点或 [退出(E)/放弃(U)] <退出>:          //@--1908,0 Enter
    指定第二个点或 [退出(E)/放弃(U)] <退出>:          //Enter，复制结果如图8-78所示
```

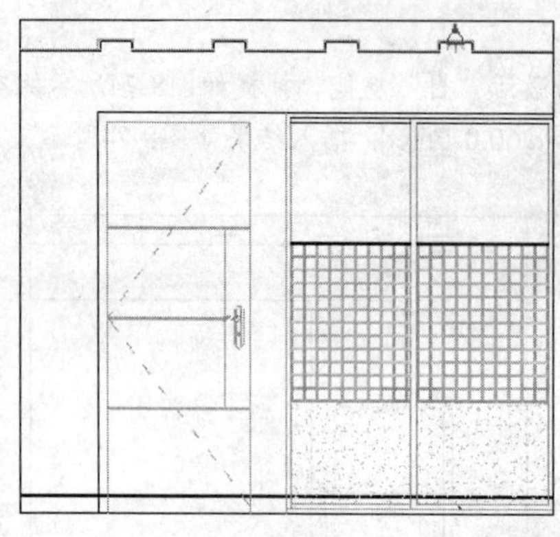
图8-77　插入“射灯03.dwg”图块

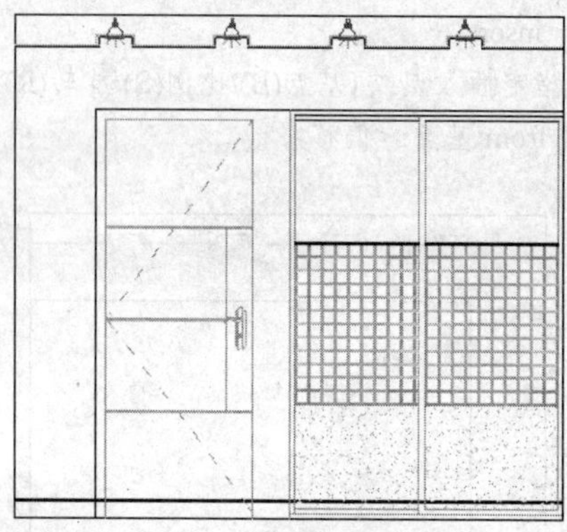
图8-78　复制“射灯03.dwg”图块

Step 08 继续使用“插入”命令，配合“最近点”捕捉功能，将“立面植物04.dwg”图块文件插入到立面门左边位置，结果如图8-79所示。

Step 09 激活“修剪”命令，以家具轮廓边作为修剪边，将立面图中被家具挡住的踢脚线修剪掉，结果如图8-80所示。

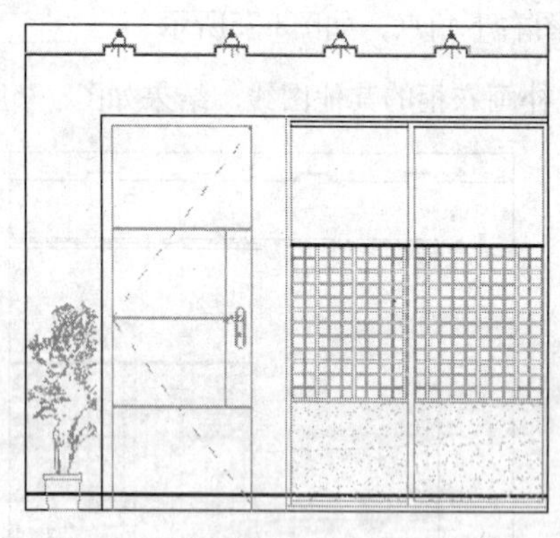
图8-79　插入“立面植物04.dwg”图块

图8-80　修剪踢脚线

Step 10 在“图层控制”下拉列表中，将“填充层”设置为当前层。

Step 11 单击“绘图”工具栏上的“填充”按钮，打开“图案填充和渐变色”对话框，选择名称为“DOTS”的图案，并设置“比例”为30，其他设置默认。

Step 12 单击“添加:拾取点”按钮返回到绘图区，在卧室墙面空白区域单击进行填充，结果如图8-81所示。

Step 13 继续激活“图案填充”命令，选择名称为“AR-SAND”的填充图案，并设置“比例”为2，其他设置默认。

Step 14 单击“添加:拾取点”按钮返回到绘图区，对卧室衣柜上方空白区域进行填充，结果如图8-82所示。

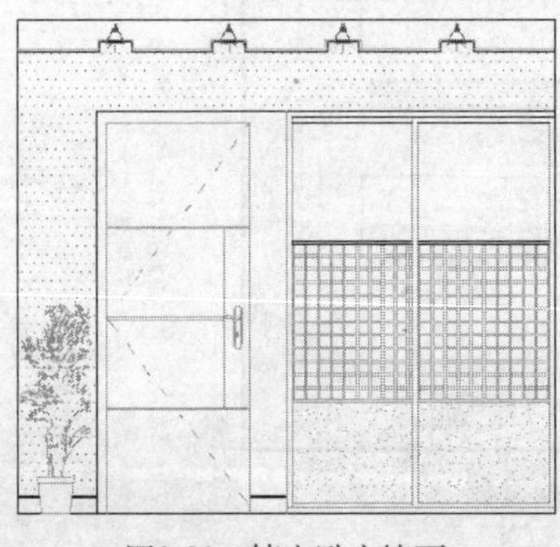
图8-81 填充卧室墙面

图8-82 填充衣柜区域

Step 15 继续激活“图案填充”命令，选择名称为“GOST-WOOD”的填充图案，并设置“比例”为10，对卧室踢脚线进行填充，结果如图8-83所示。

图8-83 填充踢脚线

8.3.3 标注卧室B向立面图尺寸和材质注解

这一节继续来标注卧室B向立面图尺寸和材质注解，以对卧室B向立面图进行完善。

操作步骤

Step 01 继续上一节的操作。

Step 02 在“图层控制”下拉列表中，将“尺寸层”设置为当前层。

Step 03 执行菜单栏中的“格式”|“标注样式”命令，将“建筑标注”设置为当前标注样式，并设置标注比例为35。

Step 04 综合运用“线性”和“连续”标注命令，配合“端点”捕捉功能标注立面图尺寸，结果如图8-84所示。

Step 05 在“图层控制”下拉列表中，将“文本层”设置为当前层，然后执行菜单栏中的“格式”|“文字样式”命令，将“仿宋体”设置为当前文字样式。

Step 06 在命令行输入LE激活“引线”命令，输入S按Enter键打开“引线设置”对话框，设置相关参数如图8-85所示。

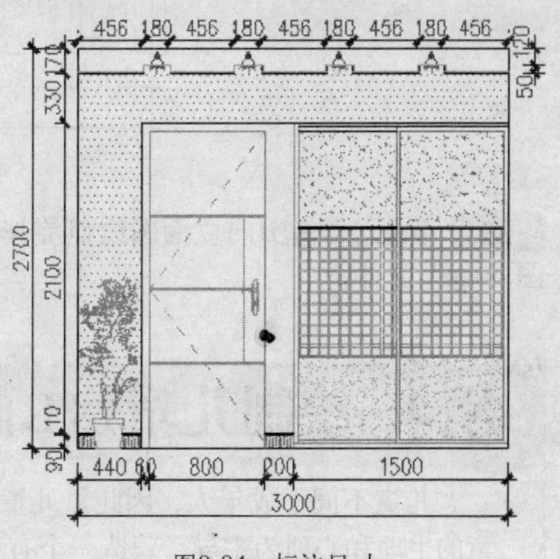

图8-84 标注尺寸

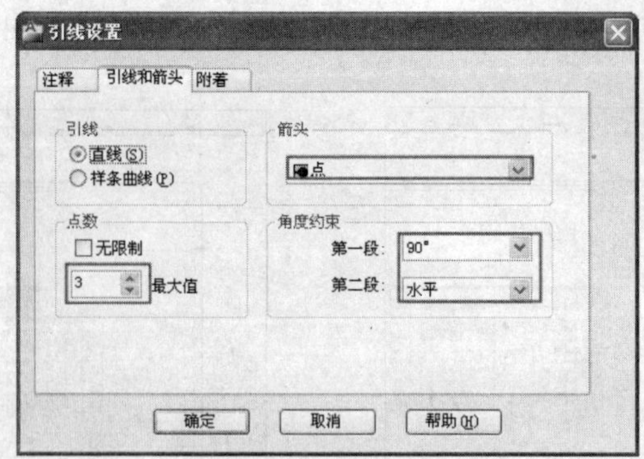

图8-85　设置引线参数

Step 07 单击 确定 按钮回到绘图区，在卧室踢脚线拾取一点，向上引导光标，在合适位置拾取第2点，向左引导光标拾取第3点，在打开的“文字格式”编辑器中设置字体、大小等参数如图8-86所示。

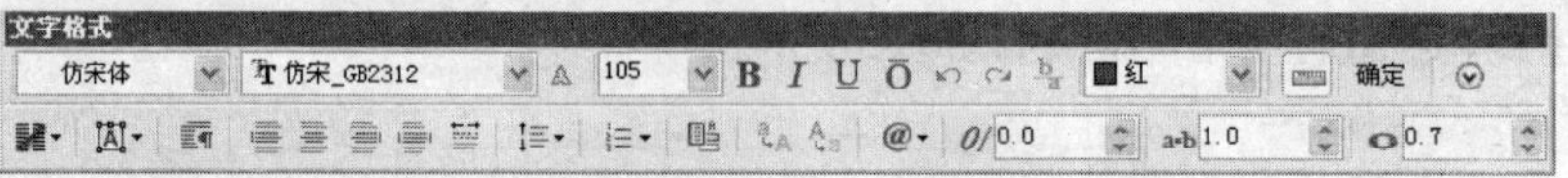

图8-86 “文字格式”编辑器

Step 08 在下方的文本输入框中输入“胡桃木踢脚线”字样，单击“文字格式”编辑器中的 确定 按钮确认，标注第1个材质注解。

Step 09 重复执行“引线”命令，使用相同的字体和字体大小，在卧室立面图中标注其他材质注解，标注结果如图8-87所示。

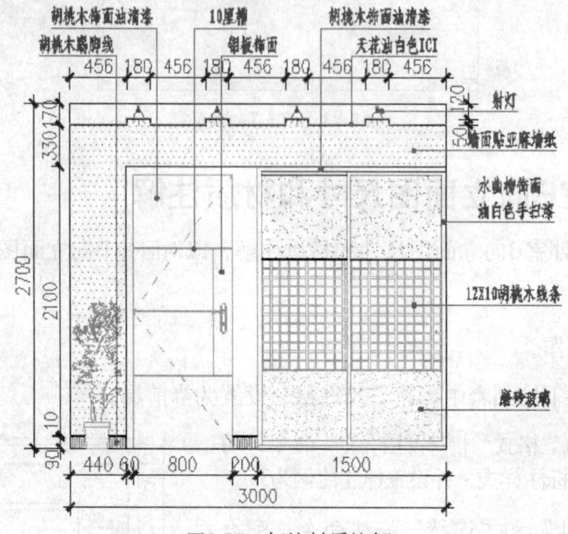

图8-87　标注材质注解

Step 10 至此，卧室B向立面图绘制完毕，执行“另存为”命令，将该图形存储为“卧室B向立面图.dwg”文件。

8.4 绘制儿童房B向立面图

儿童不同于成年人，因此，儿童房是整个居室中比较特殊的空间，儿童房的装修要以儿童的生理和心理为主导，营造一个有利于儿童健康成长的空间环境。

这一节继续来绘制现代风格普通住宅儿童房立面图。该儿童房在设计上主要考虑儿童的生理和心理作用，在墙面装饰上使用了浅蓝色环保乳胶漆涂刷，浅蓝色会给儿童无限想象的空间，乳胶漆又利于清洁。另外，墙面上还设计了异型搁物架，放置了儿童喜欢的各种玩具，还有儿童床、学习桌和放置衣物的衣柜等，这些看似简单的摆设，实际上为儿童营造了一个自由、宽广的生活空间，如图8-88所示。

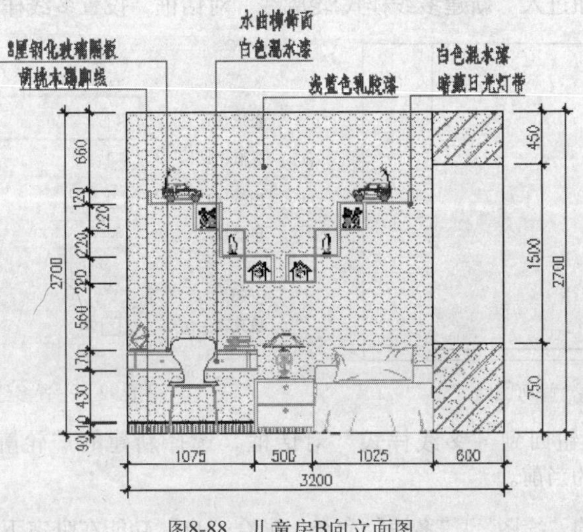

图8-88 儿童房B向立面图

8.4.1 绘制儿童房B向立面图轮廓

这一节首先绘制儿童房B向立面图轮廓。

操作步骤

Step 01 执行菜单栏中的“文件”|“新建”命令，打开随书光盘中的文件“样板文件”\“装饰装潢绘图样板.dwt”。

Step 02 在“图层控制”下拉列表中，将“轮廓线”设置为当前图层。

Step 03 激活“矩形”命令，在绘图区绘制3200×2700的矩形作为儿童房B向立面轮廓线，如图8-89所示。

Step 04 单击“修改”工具栏上的“分解”按钮，激活“分解”命令，选择绘制的矩形，按Enter键确认将矩形分解。

Step 05 单击“修改”工具栏上的“偏移”按钮，激活“偏移”命令，将分解后矩形的下水平边向上偏移90、100和750个绘图单位，将上水平边向下偏移450个绘图单位，将右垂直边向左偏移600个绘图单位，结果如图8-90所示。

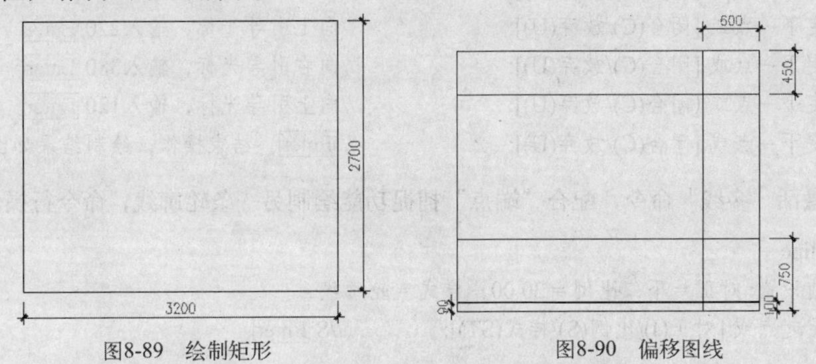

图8-89 绘制矩形　　图8-90 偏移图线

Step 06 激活“修剪”命令，以偏移的垂直边作为修剪边界，对偏移的水平边进行修剪，结果如图8-91所示。

Step 07 执行菜单栏中的“格式”|“多线样式”命令，打开“多线样式”对话框，单击[新建(N)...]按钮打开“创建新的多线样式”对话框，在“新样式名”文本框中输入新样式的名称为“轮廓线”。

Step 08 单击[置为当前(U)]按钮进入“新建多线样式:轮廓线”对话框，设置多线样式参数如图8-92所示。

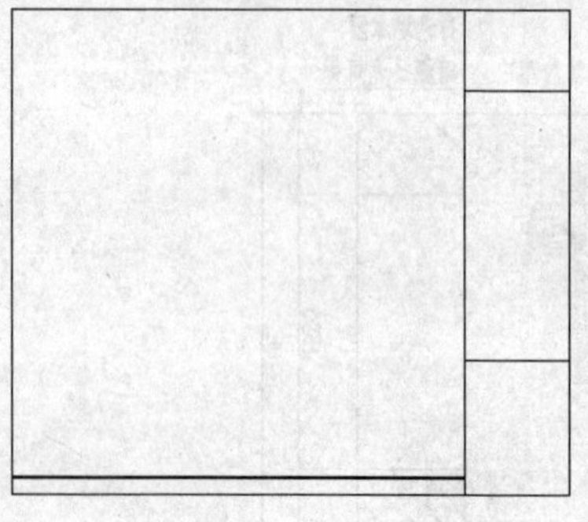
图8-91 修剪图线

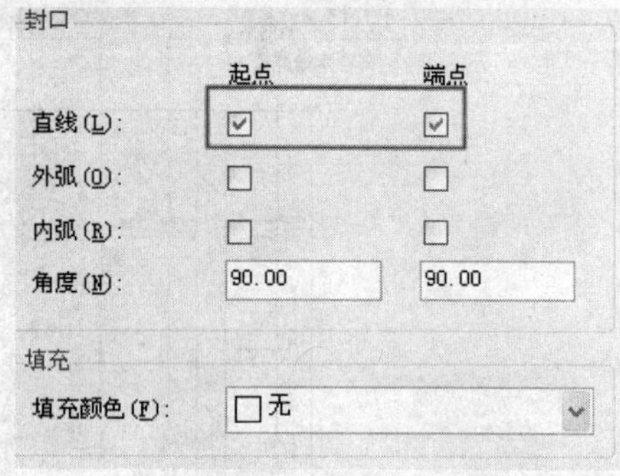

图8-92 设置多线样式

Step 09 单击[确定]按钮回到“多线样式”对话框，选择新建的“轮廓线”多线样式，单击[置为当前(U)]按钮将其设置为当前。

Step 10 执行菜单栏中的“绘图”|“多线”命令，配合“自”功能在卧室下方绘制轮廓线，命令行操作如下。

```
命令: _mline
    当前设置: 对正 = 下, 比例 = 20.00, 样式 = 轮廓线
    指定起点或 [对正(J)/比例(S)/样式(ST)]:          //S Enter
    输入多线比例 <20.00>:                          //20 Enter
    当前设置: 对正 = 下, 比例 = 20.00, 样式 = 轮廓线
    指定起点或 [对正(J)/比例(S)/样式(ST)]:   _from 基点: <偏移>:
                        //激活“自”功能，捕捉左上角点，输入@190,-660 Enter
    指定下一点:                                    //向下引导光标，输入120 Enter
    指定下一点或 [放弃(U)]:                        //向右引导光标，输入380 Enter
    指定下一点或 [闭合(C)/放弃(U)]:                //向下引导光标，输入220 Enter
    指定下一点或 [闭合(C)/放弃(U)]:                //向右引导光标，输入420 Enter
    指定下一点或 [闭合(C)/放弃(U)]:                //向下引导光标，输入440 Enter
    指定下一点或 [闭合(C)/放弃(U)]:                //向右引导光标，输入620 Enter
    指定下一点或 [闭合(C)/放弃(U)]:                //向上引导光标，输入440 Enter
    指定下一点或 [闭合(C)/放弃(U)]:                //向右引导光标，输入420 Enter
    指定下一点或 [闭合(C)/放弃(U)]:                //向上引导光标，输入220 Enter
    指定下一点或 [闭合(C)/放弃(U)]:                //向右引导光标，输入380 Enter
    指定下一点或 [闭合(C)/放弃(U)]:                //向上引导光标，输入120 Enter
    指定下一点或 [闭合(C)/放弃(U)]:                // Enter，结束操作，绘制结果如图8-93所示
```

Step 11 继续激活“多线”命令，配合“端点”捕捉功能绘制另一条轮廓线，命令行操作如下。

```
命令: _mline
    当前设置: 对正 = 下, 比例 = 20.00, 样式 = 轮廓线
    指定起点或 [对正(J)/比例(S)/样式(ST)]:          //S Enter
```

输入多线比例 <20.00>: //20 Enter

当前设置: 对正 = 下，比例 = 20.00，样式 = 轮廓线

指定起点或 [对正(J)/比例(S)/样式(ST)]: //J Enter

输入对正类型 [上(T)/无(Z)/下(B)] <下>: //T Enter

当前设置: 对正 = 上，比例 = 20.00，样式 = 轮廓线

指定起点或 [对正(J)/比例(S)/样式(ST)]: //捕捉如图8-94所示的端点

指定下一点: //向右引导光标，输入220 Enter

指定下一点或 [放弃(U)]: //向下引导光标，输入440 Enter

指定下一点或 [闭合(C)/放弃(U)]: //向右引导光标，输入440 Enter

指定下一点或 [闭合(C)/放弃(U)]: //向下引导光标，输入240 Enter

指定下一点或 [闭合(C)/放弃(U)]: // Enter，结果如图8-94所示

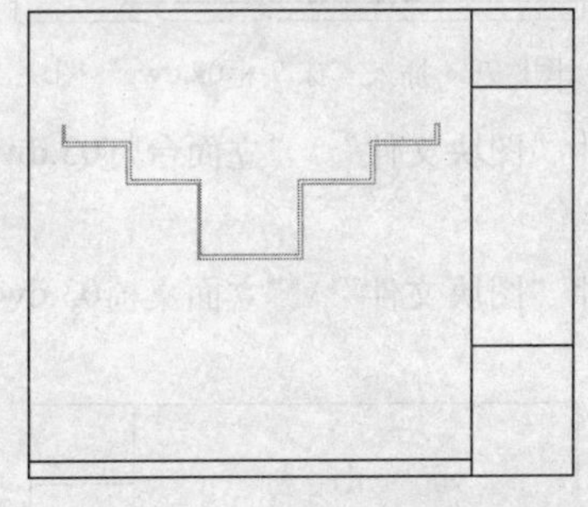

图8-93 绘制轮廓线

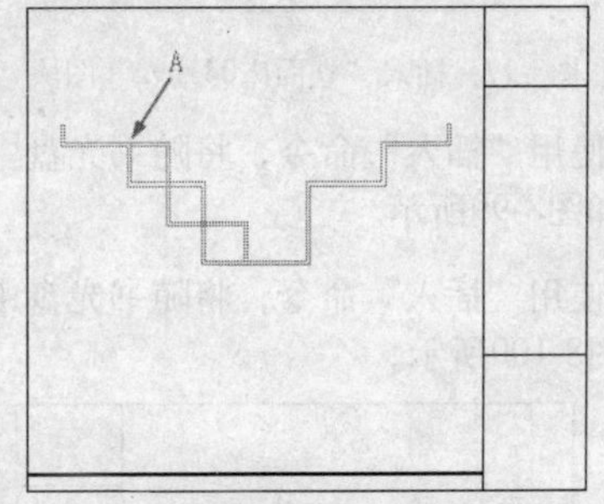

图8-94 绘制轮廓线

Step 12 激活“镜像”命令，配合“中点”捕捉功能，将绘制的多线轮廓线镜像复制到右边位置，结果如图8-95所示。

Step 13 执行菜单栏中的“修改”|“对象”|“多线”命令，在打开的“多线编辑工具”对话框中分别单击“十字打开”按钮，返回到绘图区，对十字相交的多线进行编辑，结果如图8-96所示。

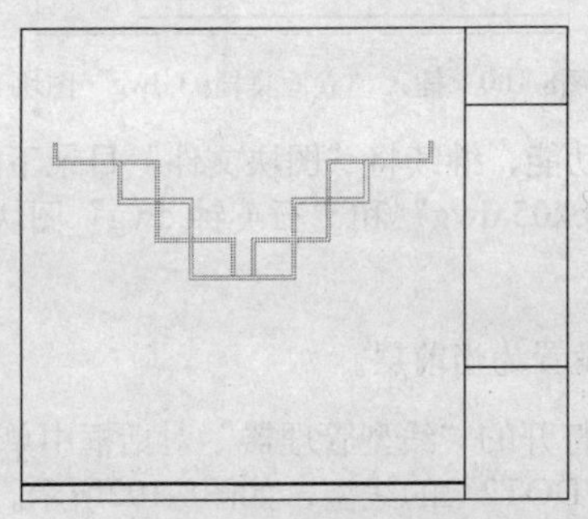

图8-95 镜像复制多线

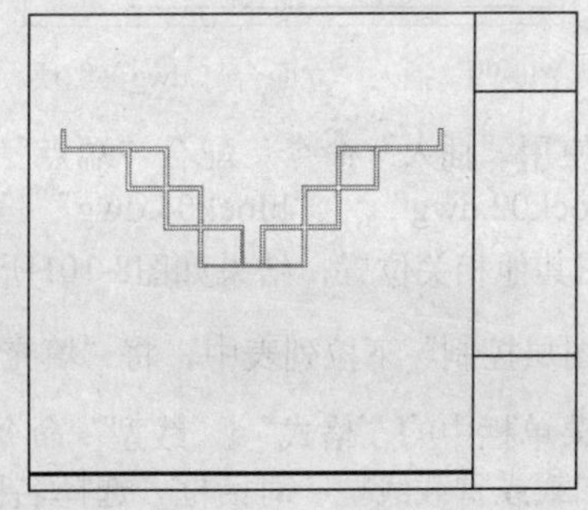

图8-96 编辑多线

至此，儿童房B向立面图轮廓绘制完毕，下一节绘制墙面装饰并布置家具。

8.4.2 绘制墙面装饰图案并布置立面家具

这一节继续来绘制儿童房B向立面图墙面装饰、家具构件，同时布置立面灯具、挂画、立面绿化植物等。

操作步骤

Step 01 继续上一节的操作。

Step 02 在“图层控制”下拉列表中，将“家具层”设置为当前层。

Step 03 单击“绘图”工具栏上的“插入”按钮，激活“插入”命令，配合捕捉功能，将随书光盘中的文件“图块文件”\“立面床04.dwg”插入到立面图中，插入点为点A，结果如图8-97所示。

Step 04 继续使用“插入”命令，配合“最近点”捕捉功能，将随书光盘中的文件“图块文件”\“床头柜02.dwg”插入到立面床左边位置，结果如图8-98所示。

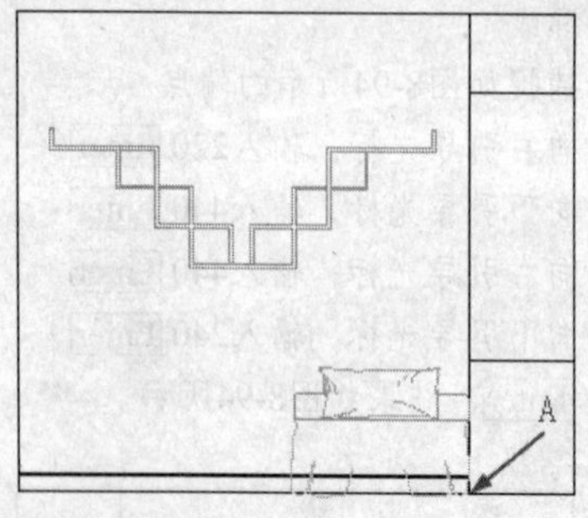

图8-97 插入“立面床04.dwg”图块

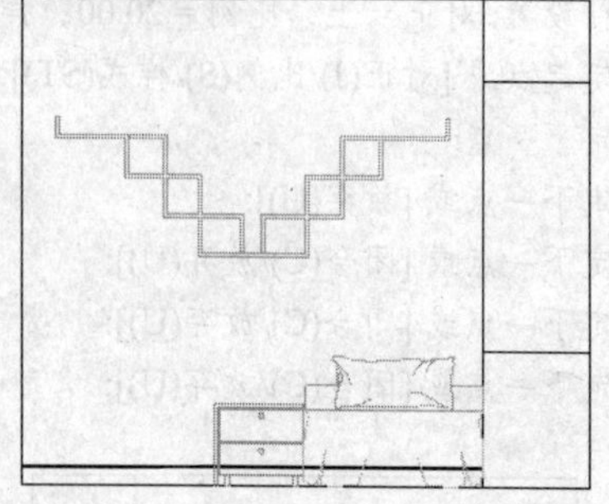
图8-98 插入“床头柜02.dwg”图块

Step 05 继续使用“插入”命令，将随书光盘中的文件“图块文件”\“立面台灯03.dwg”插入到床头柜上方，如图8-99所示。

Step 06 继续使用“插入”命令，将随书光盘中的文件“图块文件”\“立面桌椅03.dwg”插入到左边位置，如图8-100所示。

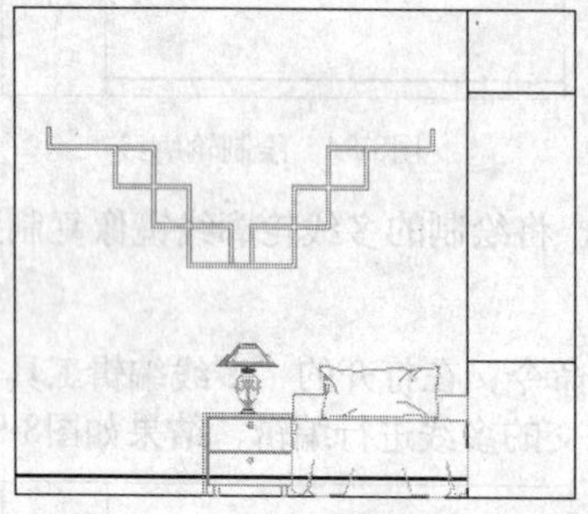
图8-99 插入“立面台灯.dwg”图块

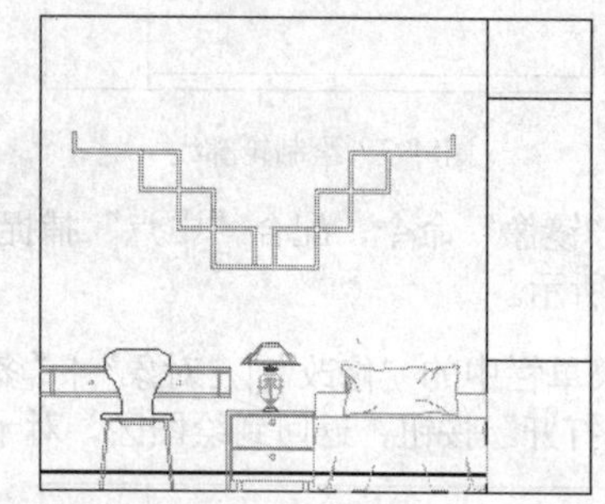
图8-100 插入“立面桌椅03.dwg”图块

Step 07 继续使用“插入”命令，配合“端点”捕捉功能，继续将“图块文件”目录下的“block01.dwg”、“block02.dwg”、“block04.dwg”、“block05.dwg”和“石英钟.dwg”图块文件插入到儿童房立面图其他相关位置，结果如图8-101所示。

Step 08 在“图层控制”下拉列表中，将“填充层”设置为当前层。

Step 09 执行菜单栏中的“格式”|“线型”命令，在打开的“线型管理器”对话框中单击加载(L)...按钮，打开“加载或重载线型”对话框，选择名称为“DOT2”的线型，如图8-102所示。

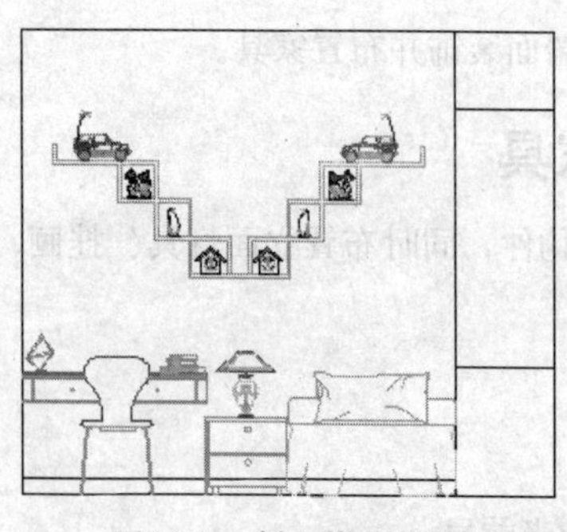
图8-101 插入其他图块

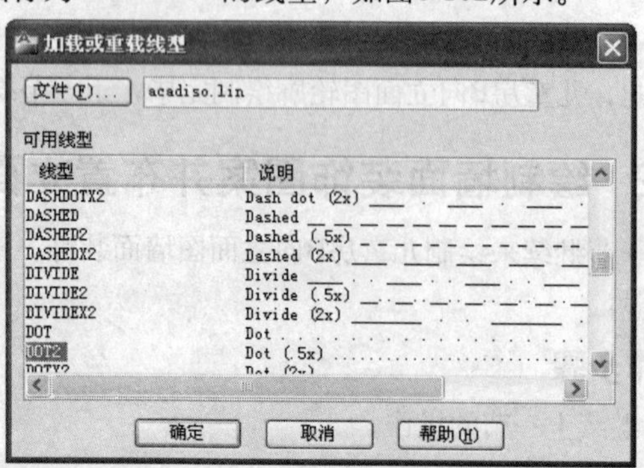

图8-102 加载线型

Step 10 单击[确定]按钮，将该线型加载到“线型管理器”对话框，选择加载的线型，设置其“全局比例因子”为6，单击[当前(C)]按钮将该线型设置为当前线型，如图8-103所示。

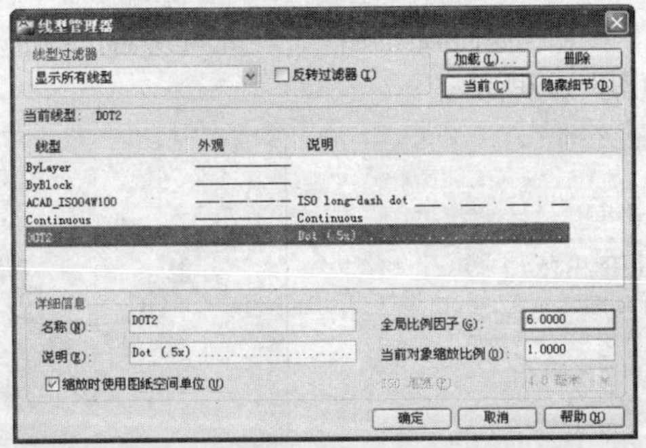

图8-103 设置当前线型和比例因子

Step 11 单击[确定]按钮，关闭“线型管理器”对话框。

Step 12 单击“绘图”工具栏上的“填充”按钮，打开“图案填充和渐变色”对话框，选择名称为“HONEY”的图案，如图8-104所示。

Step 13 单击[确定]按钮回到“图案填充和渐变色”对话框，设置其他参数如图8-105所示。

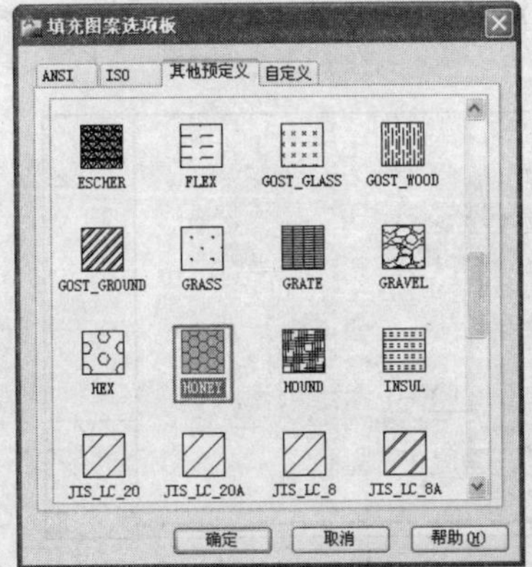

图8-104 选择填充图案

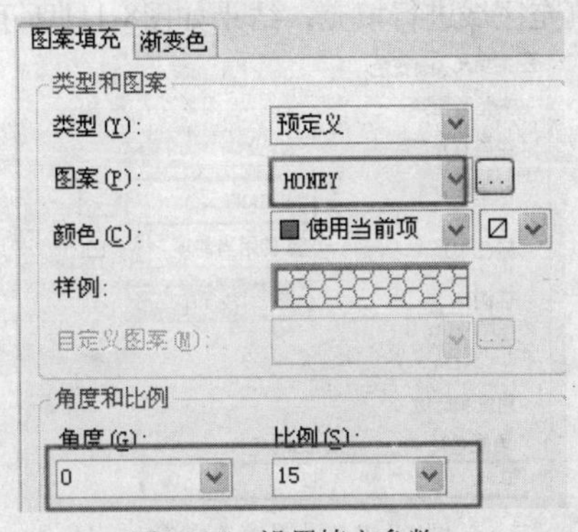

图8-105 设置填充参数

Step 14 单击“添加:拾取点”按钮返回到绘图区，在儿童房墙面如图8-106所示的空白位置单击拾取填充区域，此时填充区域显示虚线。

Step 15 按Enter键返回到“图案填充和渐变色”对话框，单击[确定]按钮对儿童房墙面进行填充，填充结果如图8-107所示。

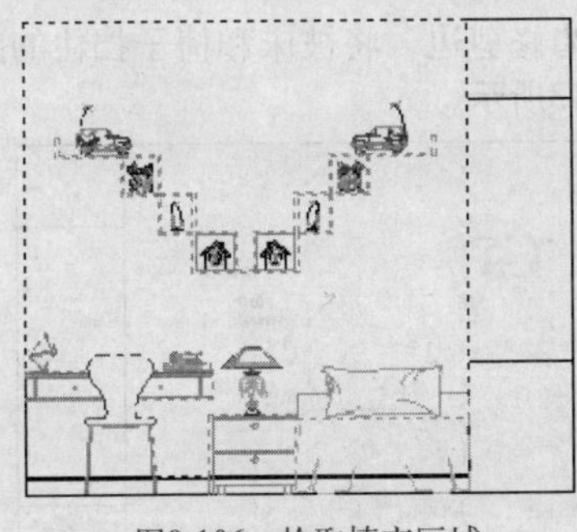

图8-106 拾取填充区域

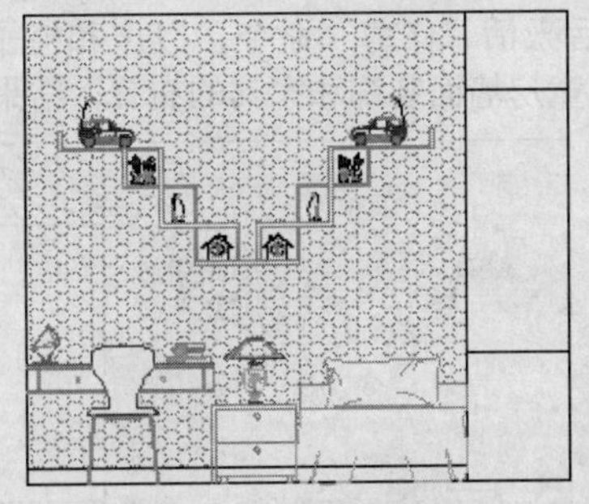

图8-107 填充结果

Step 16 执行菜单栏中的“格式”|“线型”命令，在打开的“线型管理器”对话框中选择名称为“Bylayer”的线型，单击[当前(C)]按钮，将该线型设置为当前线型，然后关闭“线型管理器”对话框。

Step 17 继续激活“图案填充”命令，选择名称为“JIS_LC_8A”的填充图案，并设置“比例”为15，其他设置默认，如图8-108所示。

Step 18 单击“添加:拾取点”按钮返回到绘图区，在儿童房右边墙面上下两个空白位置单击拾取填充区域进行填充，结果如图8-109所示。

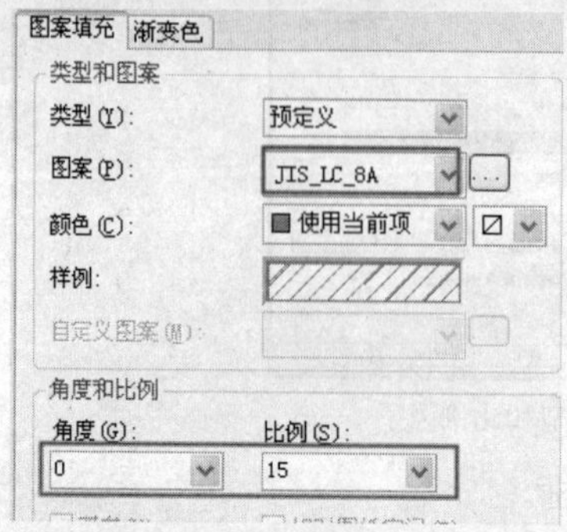

图8-108　设置填充参数

图8-109　填充结果

Step 19 继续激活“图案填充”命令，选择名称为“AR-SAND”的填充图案，并设置“比例”为2，其他设置默认，如图8-110所示。

Step 20 单击“添加:拾取点”按钮返回到绘图区，再次在儿童房右边墙面上下两个空白位置单击，拾取填充区域进行填充，结果如图8-111所示。

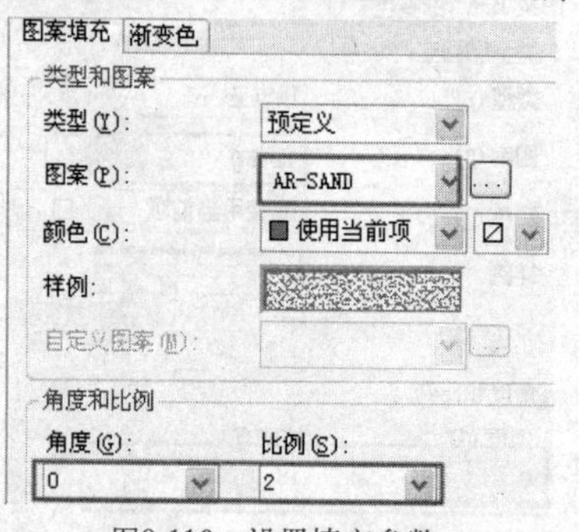

图8-110　设置填充参数

图8-111　填充结果

Step 21 继续激活“图案填充”命令，选择名称为“GOST_WOOD”的填充图案，并设置“比例”为10，其他设置默认。

Step 22 单击“添加:拾取点”按钮返回到绘图区，在儿童房踢脚线位置单击拾取填充区域进行填充，结果如图8-112所示。

Step 23 最后激活“修剪”命令，以床和椅子的边作为修剪边，将被床和椅子挡住的踢脚线修剪掉，完成儿童房墙面装饰和家具的布置，结果如图8-113所示。

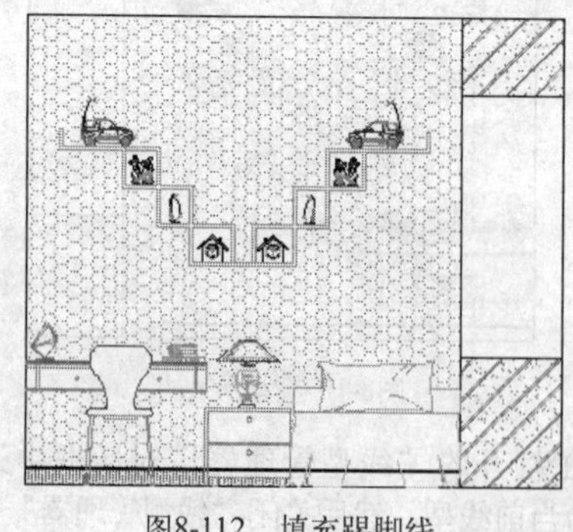

图8-112　填充踢脚线

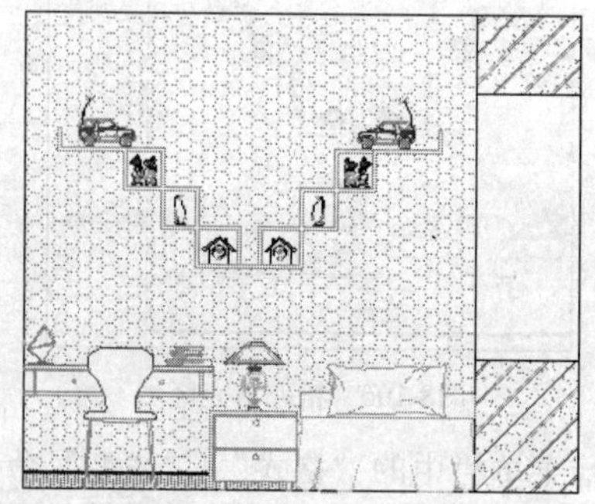

图8-113　修剪踢脚线

8.4.3 标注卧室立面图尺寸和材质注解

这一节继续来标注儿童房B向立面图尺寸和材质注解，对儿童房B向立面图进行完善。

操作步骤

Step 01 继续上一节的操作。

Step 02 在“图层控制”下拉列表中，将“尺寸层”设置为当前层。

Step 03 执行菜单栏中的“格式”|“标注样式”命令，将“建筑标注”设置为当前标注样式，并设置标注比例为30。

Step 04 执行菜单栏中的“标注”|“线性”命令，配合“端点”捕捉功能，标注儿童房立面图侧面和正面第1个尺寸，如图8-114所示。

Step 05 执行“连续标注”命令，配合“端点”捕捉功能标注立面图其他尺寸，结果如图8-115所示。

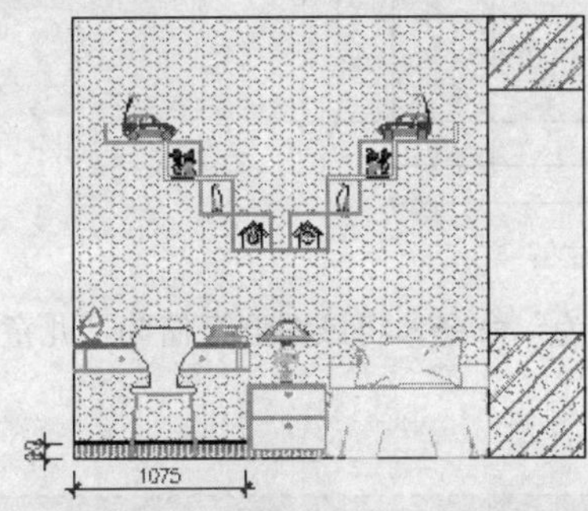

图8-114 标注侧面和正面第1个尺寸

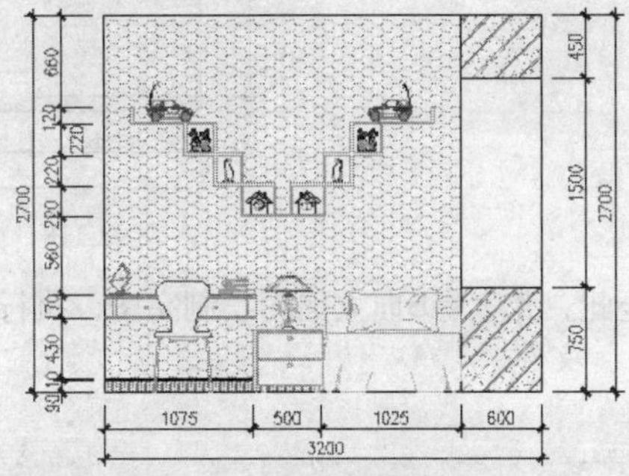

图8-115 标注其他尺寸

Step 06 下面来标注材质注解。在“图层控制”下拉列表中，将“文本层”设置为当前层，执行菜单栏中的“格式”|“文字样式”命令，将“仿宋体”设置为当前文字样式。

Step 07 在命令行输入LE激活“引线”命令，输入S按Enter键打开“引线设置”对话框，设置相关参数如图8-116所示。

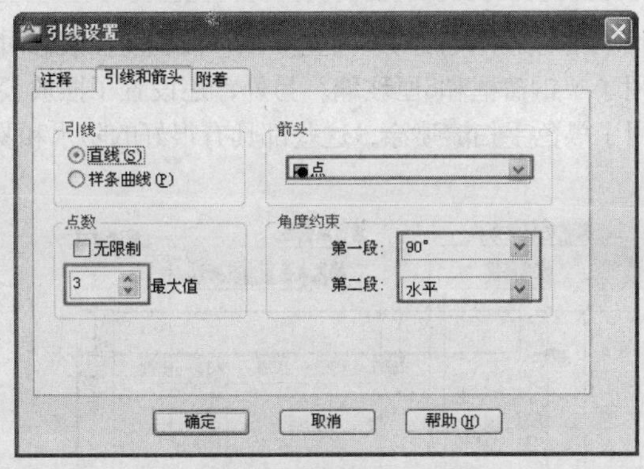

图8-116 设置引线参数

Step 08 单击 确定 按钮回到绘图区，在儿童房踢脚线上拾取一点，向上引导光标，在合适位置单击拾取第2点，向左引导光标拾取第3点，在打开的“文字格式”编辑器中设置字体、大小等参数如图8-117所示。

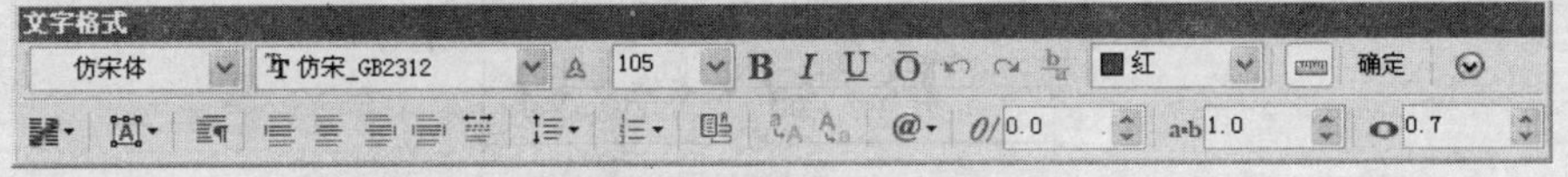

图8-117 “文字格式”编辑器

Step 09 在下方的文本输入框中输入“胡桃木踢脚线”字样，单击“文字格式”编辑器中的 确定 按钮确认，标注第1个材质注解。

Step 10 重复执行“引线”命令，使用相同的字体和字体大小，在卧室立面图中标注其他材质注解，标注结果如图8-118所示。

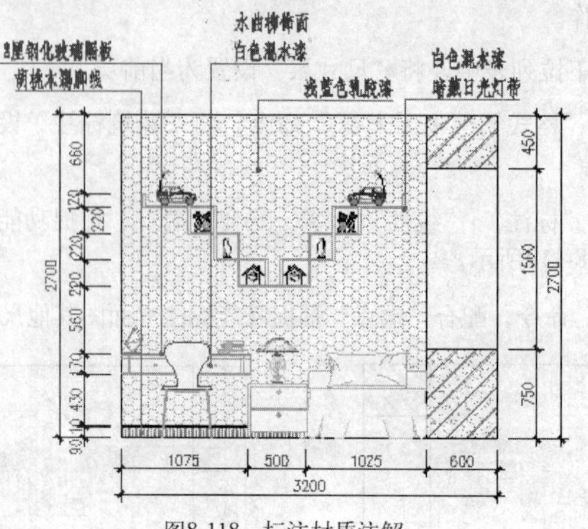

图8-118　标注材质注解

Step 11 至此，儿童房B向立面图绘制完毕，执行“另存为”命令，将该图形存储为“儿童房B向立面图.dwg”文件。

8.5　绘制厨房C向立面图

厨房是制作美食的空间，同时厨房中也会产生很多油烟、污渍和水渍等，在对厨房进行装修时，卫生、清洁、通风、干爽是首先要考虑的因素，因此，厨房装修材料的选择尤为重要。一般情况下，厨房装修都会选择易清洁、耐摩擦以及防水、防火和防滑的材料。

这一节继续来绘制现代风格普通住宅厨房C向立面图，该厨房在装修时墙面使用了防水和易清洁的瓷砖进行贴面，窗户使用了塑钢窗框和8厘玻璃。另外，还设置了摆放餐具的橱柜，橱柜隔板使用了玻璃，橱柜框架材料使用了黑色手扫漆喷涂，这些都具有很好的防水和易清洁的特点。厨房C向立面图如图8-119所示。

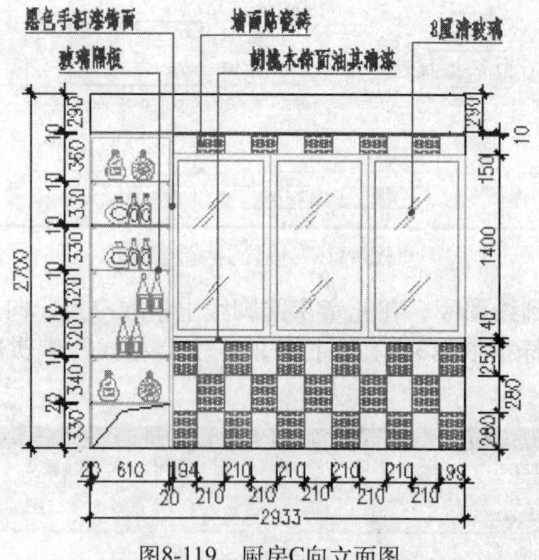

图8-119　厨房C向立面图

8.5.1 绘制厨房C向立面图轮廓

这一节首先绘制厨房C向立面图轮廓。

✎ 操作步骤

Step 01 执行菜单栏中的“文件”|“新建”命令，打开随书光盘中的文件“样板文件”\“装饰装潢绘图样板.dwt”。

Step 02 在“图层控制”下拉列表中，将“轮廓线”设置为当前图层。

Step 03 激活“矩形”命令，在绘图区绘制2933×2700的矩形作为厨房C向立面轮廓线，如图8-120所示。

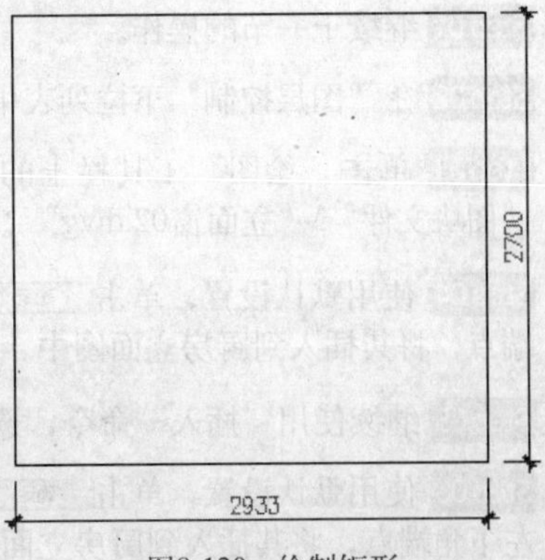

Step 04 单击“修改”工具栏上的“分解”按钮，激活“分解”命令，选择绘制的矩形，按Enter键确认将矩形分解。

Step 05 单击“修改”工具栏上的“偏移”按钮，激活“偏移”命令，将分解后矩形的下水平边向上偏移810和850个绘图单位，将上水平边向下偏移290、300和450个绘图单位，将左垂直边向右偏移650个绘图单位，结果如图8-121所示。

2700

2933

图8-120 绘制矩形

Step 06 激活“修剪”命令，以偏移的垂直边A作为修剪边界，对偏移的水平边B、C、D和E进行修剪，然后以水平线F作为修剪边，对垂直边A进行修剪，结果如图8-122所示。

Step 07 再次激活“偏移”命令，将垂直边A向右偏移194、404、614、824、1034、1244、1454、1664、1874和2084个绘图单位；将水平边B向下偏移250和530个绘图单位，如图8-123所示。

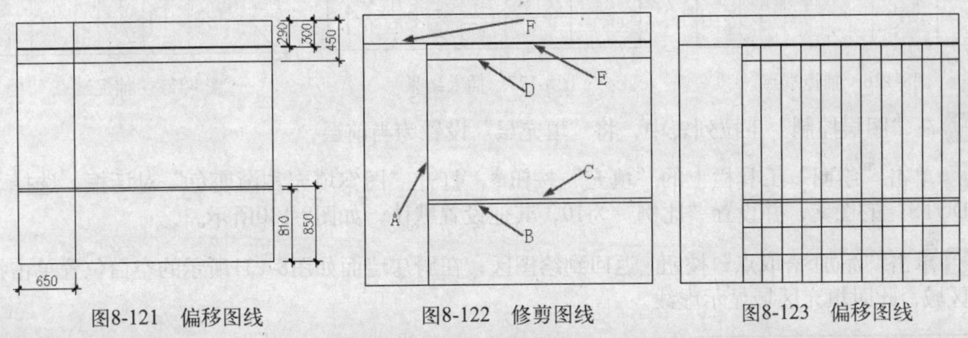

图8-121 偏移图线　　图8-122 修剪图线　　图8-123 偏移图线

Step 08 再次激活“修剪”命令，以水平边D、B和E作为修剪边界，对偏移的垂直边进行修剪，结果如图8-124所示。

Step 09 在无任何命令执行的情况下，单击修剪后的图线使其夹点显示，然后在“颜色控制”下拉列表中修改为122号颜色，之后取消夹点显示。

Step 10 采用相同的方法，夹点显示水平图线E和F，修改其颜色为红色，取消夹点显示，结果如图8-125所示。

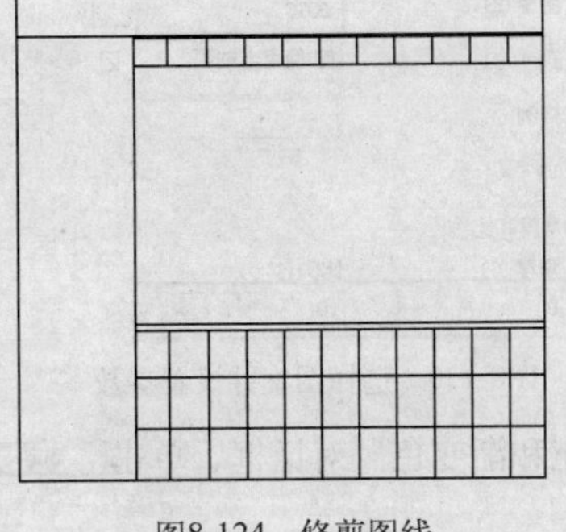

图8-124 修剪图线

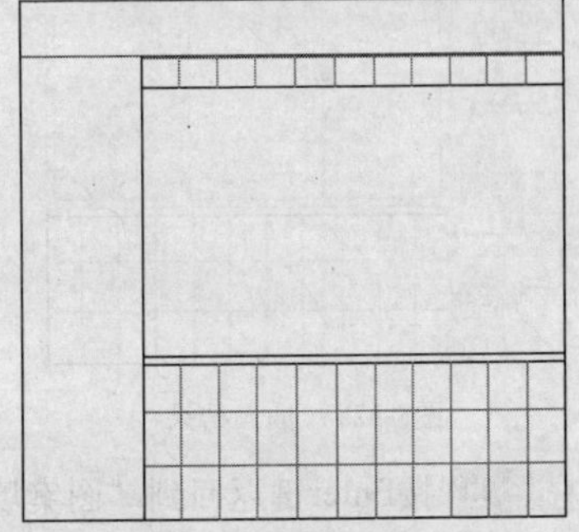

图8-125 修改图线颜色

至此，厨房C向立面图轮廓绘制完毕，下一节绘制墙面装饰并布置厨具。

8.5.2 绘制墙面装饰图案并布置厨具

这一节继续来绘制厨房C向立面图墙面装饰并布置厨具等构件。

操作步骤

Step 01 继续上一节的操作。

Step 02 在“图层控制”下拉列表中，将“图块层”设置为当前层。

Step 03 单击“绘图”工具栏上的“插入”按钮，激活“插入”命令，选择随书光盘中的文件“图块文件”\“立面窗02.dwg”。

Step 04 使用默认设置，单击 确定 按钮回到绘图区，配合“端点”捕捉功能捕捉如图8-126所示的端点，将其插入到厨房立面图中，插入结果如图8-127所示。

Step 05 继续使用“插入”命令，选择随书光盘中的文件“图块文件”\“立面柜05.dwg”。

Step 06 使用默认设置，单击 确定 按钮回到绘图区，配合“端点”捕捉功能捕捉如图8-128所示的左下角端点，将其插入到厨房立面图中，结果如图8-129所示。

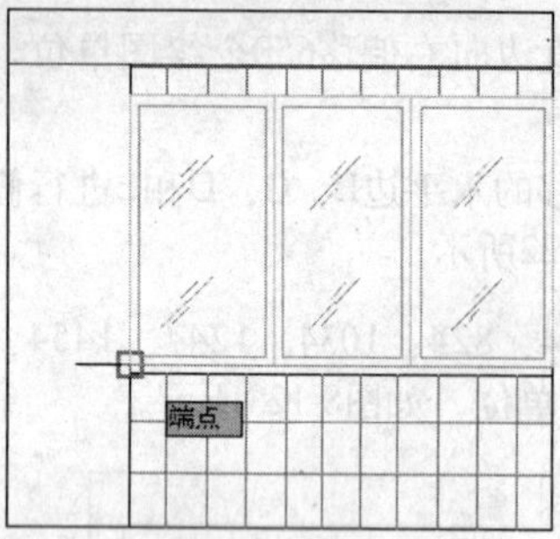

端点

图8-126 捕捉端点

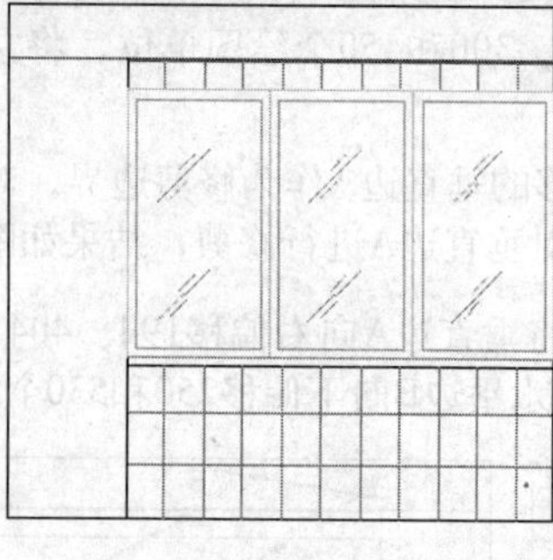

图8-127 插入结果

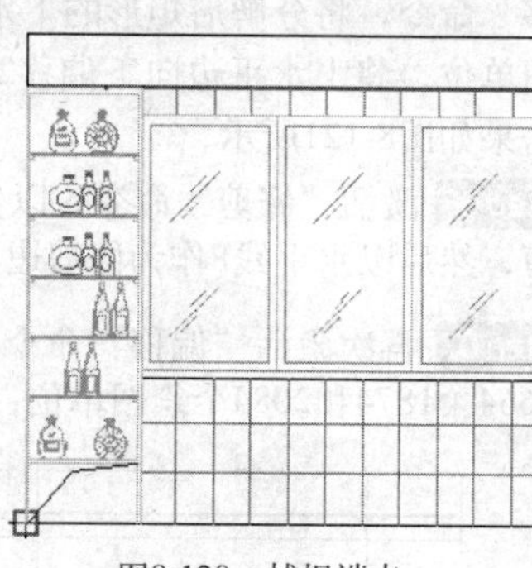

图8-128 捕捉端点

Step 07 在“图层控制”下拉列表中，将“填充层”设置为当前层。

Step 08 单击“绘图”工具栏上的“填充”按钮，打开“图案填充和渐变色”对话框，选择名称为“DOTS”的图案，并设置“比例”为10，其他设置默认，如图8-130所示。

Step 09 单击“添加:拾取点”按钮返回到绘图区，在厨房墙面如图8-131所示的空白位置单击拾取填充区域，此时填充区域显示虚线。

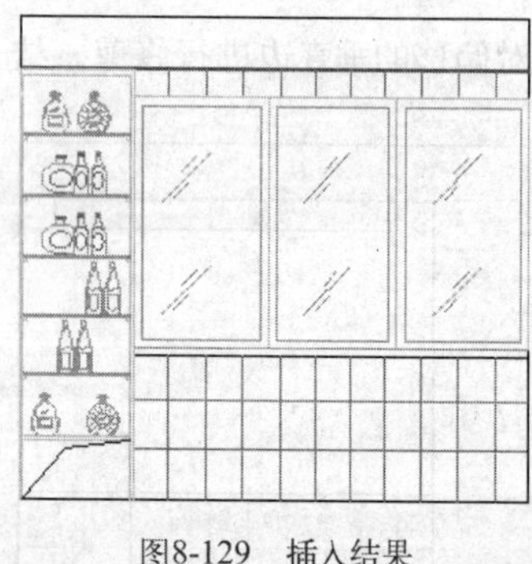

图8-129 插入结果

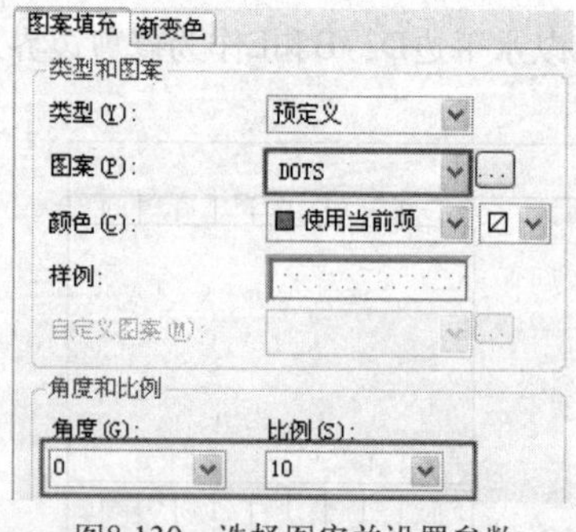

图8-130 选择图案并设置参数

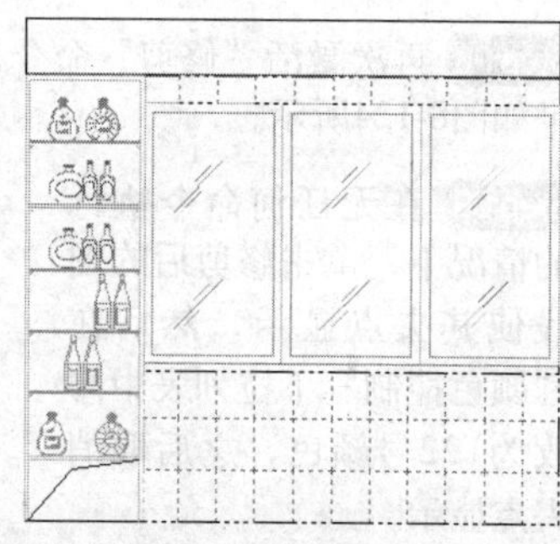

图8-131 拾取填充区域

Step 10 按Enter键返回到“图案填充和渐变色”对话框，单击 确定 按钮对厨房墙面进行填充，填充结果如图8-132所示。

至此，厨房C向立面图墙面装饰和家具布置完毕，在下一节将标注厨房C向立面图尺寸和材质注解。

8.5.3 标注厨房C向立面图尺寸和材质注解

这一节继续来标注厨房C向立面图尺寸和材质注解。

操作步骤

Step 01 继续上一节的操作。

Step 02 在“图层控制”下拉列表中，将“尺寸层”设置为当前层。

Step 03 执行菜单栏中的“格式”|“标注样式”命令，将“建筑标注”设置为当前标注样式，并设置标注比例为30。

Step 04 执行菜单栏中的“标注”|“线性”命令，配合“端点”捕捉功能，标注厨房C向立面图侧面和正面第1个尺寸，如图8-133所示。

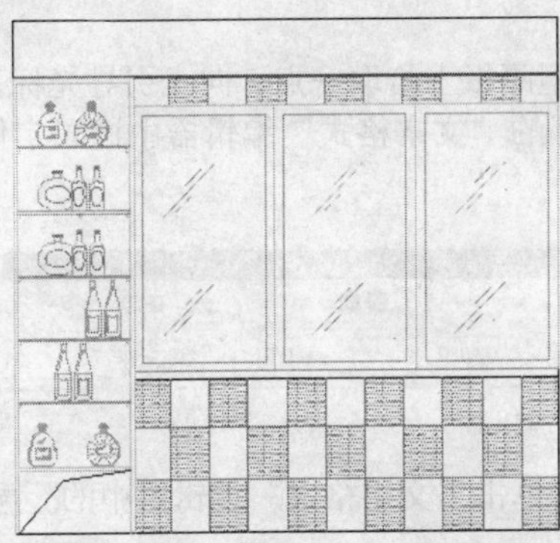

图8-132 填充结果

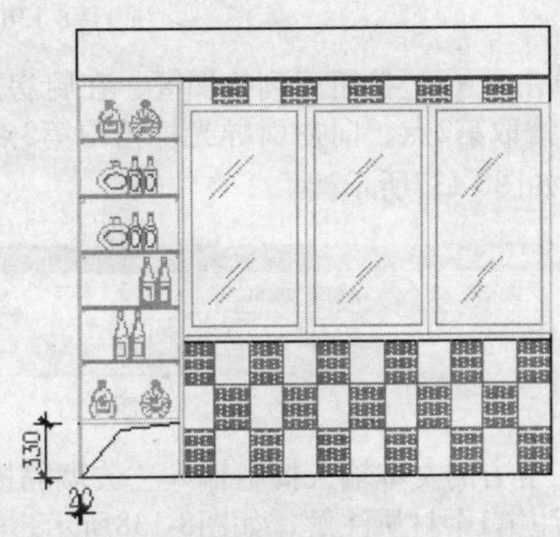

图8-133 标出侧面和正面第1个尺寸

Step 05 执行“连续标注”命令，配合“端点”捕捉功能，标注厨房C向立面图其他细部尺寸和总尺寸，标注结果如图8-134所示。

Step 06 将光标移动到主工具栏空白位置右击，选择快捷菜单中的“标注”命令，打开“标注”工具栏。

Step 07 单击“编辑标注”按钮将其激活，分别对各重叠的尺寸文字进行调整，调整结果如图8-135所示。

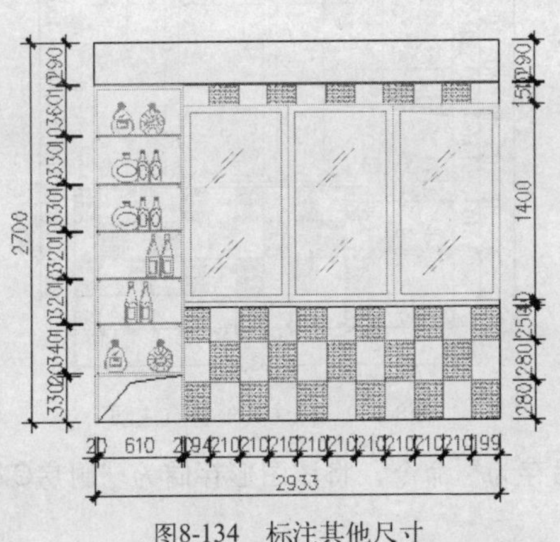

图8-134 标注其他尺寸

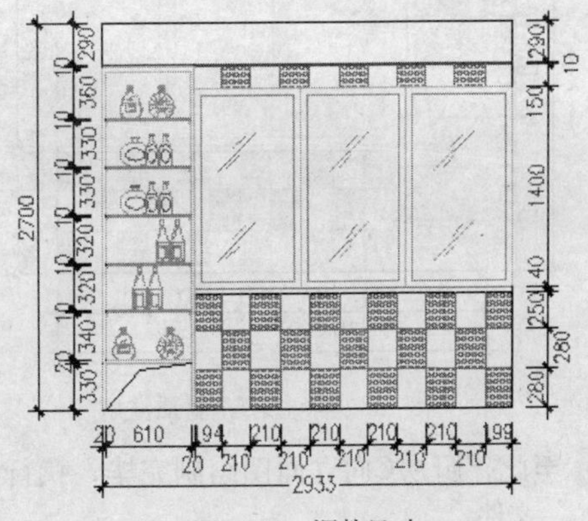

图8-135 调整尺寸

Step 08 下面来标注材质注解。在“图层控制”下拉列表中，将“文本层”设置为当前层。

Step 09 执行菜单栏中的“格式”|“文字样式”命令，将“仿宋体”设置为当前文字样式。

Step 10 在命令行输入LE激活“引线”命令，输入S按Enter键打开“引线设置”对话框，设置相关参数如图8-136所示。

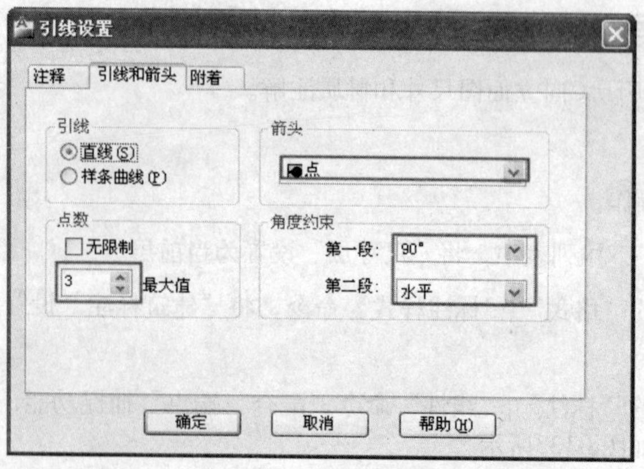

图8-136 设置引线参数

Step 11 单击确定按钮回到绘图区，在厨房左侧的立柜隔板上拾取一点，向上引导光标，在合适位置单击拾取第2点，向左引导光标拾取第3点，在打开的“文字格式”编辑器中设置字体、大小等参数，如图8-137所示。

图8-137 “文字格式”编辑器

Step 12 在下方的文本输入框中输入“玻璃隔板”字样，单击“文字格式”编辑器中的确定按钮确认，标注第1个材质注解，如图8-138所示。

Step 13 重复执行“引线”命令，使用相同的字体和字体大小，在卧室立面图中标注其他材质注解，标注结果如图8-139所示。

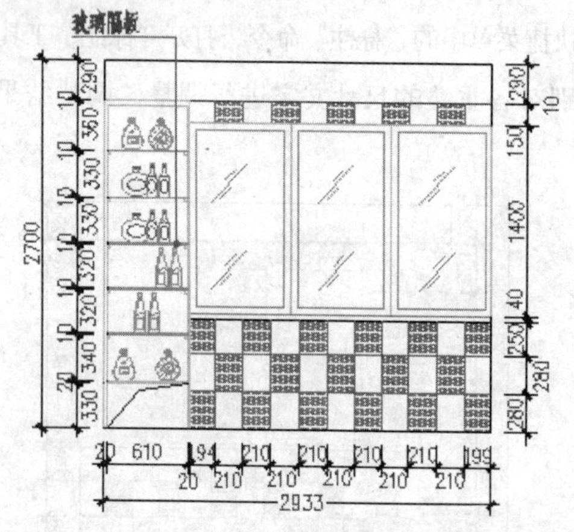

图8-138 标注第1个材质注解

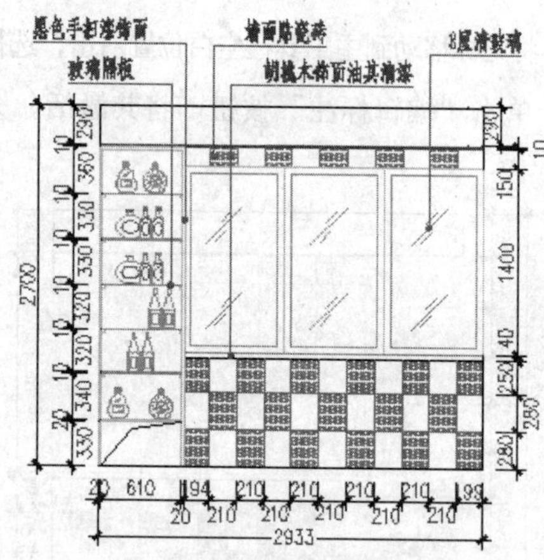

图8-139 标注其他材质注解

Step 14 至此，厨房C向立面图绘制完毕，执行“另存为”命令，将该图形存储为“厨房C向立面图.dwg”文件。

Chapter 09

欧式风格别墅一层室内设计

别墅有单体别墅和联排别墅之分，别墅属于高档住宅，一般情况下，别墅面积都在300~500m^{2}左右，是普通住宅面积的好几倍，其内部装修更是豪华、奢侈，是一般普通住宅装修所无法相比的。

本章通过绘制欧式风格别墅一层室内布置图，了解欧式风格别墅室内空间设计的要素、设计内容、绘图技巧和设计手法等相关知识。

重点知识导读

- 欧式风格室内设计特点
- 绘制别墅一层墙体结构图
- 绘制别墅一层室内布置图
- 绘制别墅一层地面材质图
- 标注别墅一层室内布置图

9.1 欧式风格室内设计特点

按照不同的地域文化，欧式风格可分为北欧、简欧和传统欧式。欧式风格强调线形流动的变化，色彩华丽、雍容华贵，充满浪漫主义色彩，给人豪华大气、惬意、浪漫的感觉。

欧式风格设计特点主要表现在以下几点。

- 地面装修材料常用大理石和精美的地毯，织物则使用多彩的织物，墙面多用壁纸，或选用优质乳胶漆，同时悬挂精致的油画或法国壁挂，以及随处可见的制作精良的雕塑工艺品摆件等，都是欧式风格不可缺少的元素。
- 门、窗、柱、家具、灯饰等造型都经过精心设计和细节处理，体现完美典线，例如，门、窗上半部多做成圆弧形，并用带有花纹的石膏线勾边。
- 欧式客厅的大部分处在挑空结构之下，客厅顶部常用大型灯池，并用华丽的枝形吊灯营造气氛。另外，客厅四周大面积的玻璃窗，以及宽大、华丽的落地窗帘等。
- 使用家具和软装饰来营造整体效果是欧式风格最显著的特点之一，家具的主要特色是强调力度、变化和动感，沙发华丽的布面与精致的雕刻互相配合，将高贵的造型与地面铺饰融为一体。
- 在配饰上，欧式风格大多采用白色、淡色为主，可以采用白色或者色调比较跳跃的靠垫配白木家具。

9.2 绘制别墅一层墙体结构图

建筑墙体结构图也叫建筑户型图，这是建筑物的主体结构，也是绘制室内装饰装潢设计图的基础。

这一节主要来学习绘制普通住宅墙体结构图，在绘制墙体结构图时，首先需要绘制墙体结构图轴线网，然后在墙体轴线网上创建门洞和窗洞，最后再绘制主墙体、次墙体、创建门、窗、阳台等构件。别墅一层墙体结构图如图9-1所示。

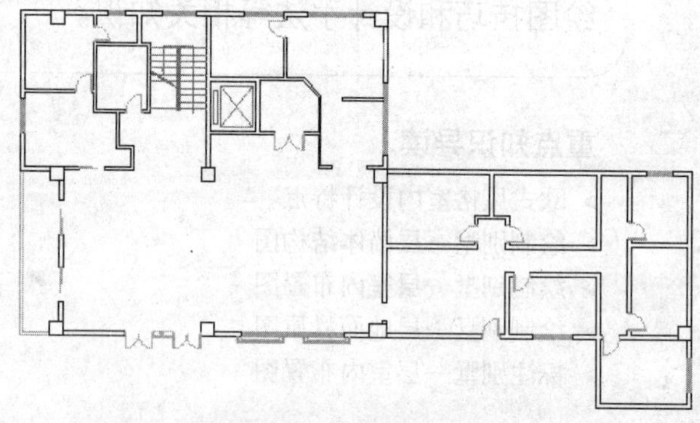

图9-1　别墅一层墙体结构图

9.2.1 绘制别墅一层墙体结构图轴线网

这一节首先来绘制别墅一层墙体结构图轴线网，绘制结果如图9-2所示。

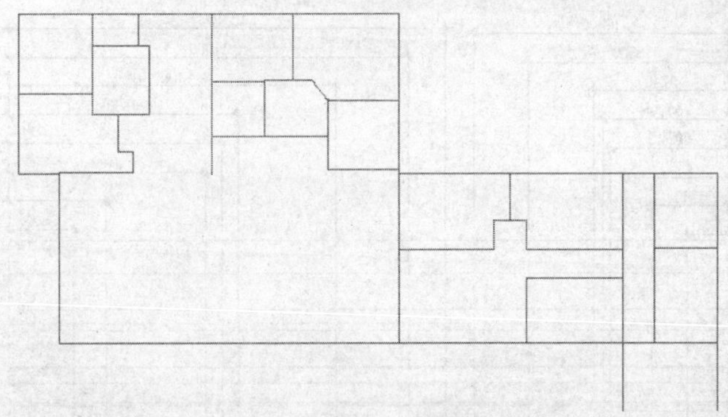

图9-2 别墅一层墙体轴线网

✎ 操作步骤

Step 01 执行菜单栏中的“文件”|“新建”命令，打开随书光盘中的文件“样板文件”\“装饰装潢绘图样板.dwt”。

Step 02 执行菜单栏中的“格式”|“图层”命令，在打开的“图层特性管理器”面板中双击“轴线层”，将其设置为当前图层。

Step 03 在命令行输入Ltscale，将线型比例暂时设置为1，命令行操作如下。

```
命令: Ltscale                                      //Enter，激活命令
    输入新线型比例因子 <100.0000>:                 //1 Enter
```

Step 04 激活“矩形”命令，在绘图区绘制矩形作为轴线网外轮廓线，命令行操作如下。

```
命令: _rectang
    指定第一个角点或 [倒角(C)/标高(E)/圆角(F)/厚度(T)/宽度(W)]: //在绘图区拾取一点
    指定另一个角点或 [面积(A)/尺寸(D)/旋转(R)]:                //@30660,17200 Enter
```

Step 05 单击“修改”工具栏上的“分解”按钮，激活“分解”命令，选择绘制的矩形，按Enter键将绘制的矩形分解。

Step 06 单击“修改”工具栏上的“偏移”按钮，激活“偏移”命令，将矩形上水平边分别向下偏移1360、2860、2900、3440、3730、4340、5275、5290和5950；将矩形下水平边分别向上偏移3000、5800、7000、7100、8300、10300、10340和10460，结果如图9-3所示。

图9-3 偏移水平图线

Step 07 重复执行“偏移”命令，继续将矩形左垂直边分别向右偏移1750、3260、4360、5031.5、5300、5740、8500和10800，将右垂直边向左偏移2800、4200、8400、9100、9800、14000、17060和18640，结果如图9-4所示。

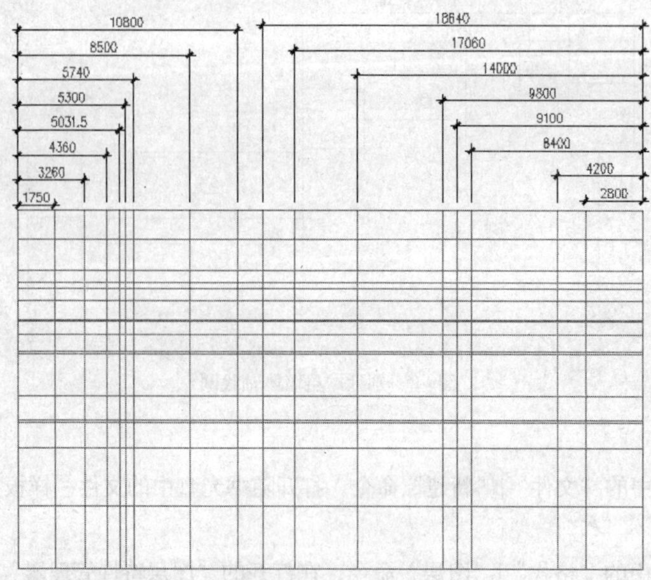

图9-4　偏移垂直图线

Step 08 激活“修剪”命令，在命令行“选择对象:”提示下，单击第2条（由左向右）垂直线，然后按Enter键确认，将该线作为修剪边。

Step 09 继续在命令行“选择要修剪的对象，或按住Shift键选择要延伸的对象，或[栏选(F)/窗交(C)/投影(P)/边(E)/删除(R)/放弃(U)]: *取消*”提示下，单击水平线（由下向上）2的左端，对其进行修剪。

Step 10 继续使用“修剪”命令，以水平线2（由下向上）为修剪边，将垂直边2（由左向右）的下端修剪掉，结果如图9-5所示。

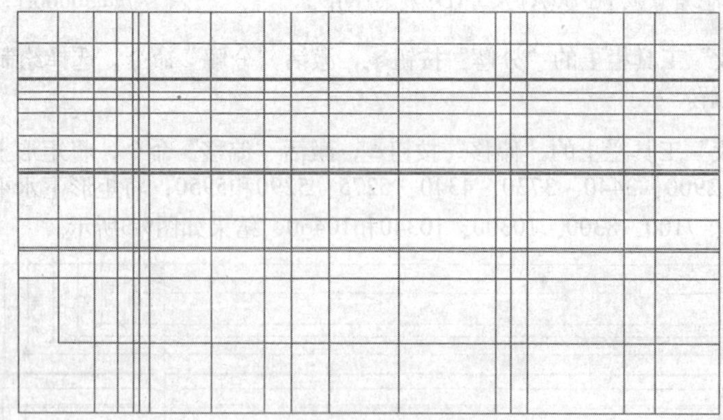

图9-5　修剪图线

Step 11 继续使用“修剪”命令，以水平边13（由上向下）作为修剪边，将垂直线1（由左向右）的下端修剪掉；以垂直线（由右向左）3作为修剪边，将水平线（由下向上）1的左端修剪掉；以水平线（由下向上）2作为修剪边，将垂直线（由右向左）4和7的下端修剪掉；以水平线（由上向下）13作为修剪边，将垂直线（由右向左）1、2、3和5的上端修剪掉；以垂直线（由右向左）7作为修剪边，将水平线（由上向下）1~12的右端修剪掉；以水平线（由上向下）14作为修剪边，将垂直线（由右向左）4和6的上端修剪掉，将垂直线（由右向左）5的下端修剪掉；以水平线（由上向下）13作为修剪边，将垂直线（由左向右）3~11的下端修剪掉；以垂直线（由右向左）7作为修剪边，将水平线（由下向上）3~6的左端修剪掉，结果如图9-6所示。

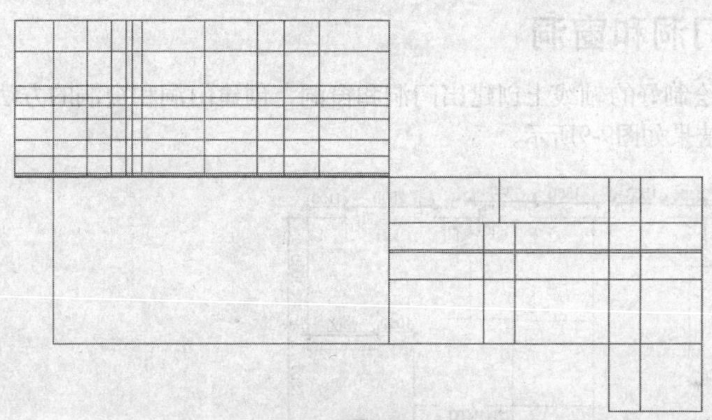

图9-6 修剪图线

Step 12 在无任何命令执行的前提下，选择第2条（由右向左）垂直线，使其呈现夹点显示状态，然后单击下侧的夹点进入夹基点。

Step 13 在命令行“**拉伸** 指定拉伸点或 [基点(B)/复制(C)/放弃(U)/退出(X)]:”提示下捕捉最下侧的夹点，使用夹点移动功能将其移动到第2条（由下向上）水平线的交点位置。

Step 14 综合运用夹点移动和“修剪”命令，对其他图线进行夹点移动和修剪，结果如图9-7所示。

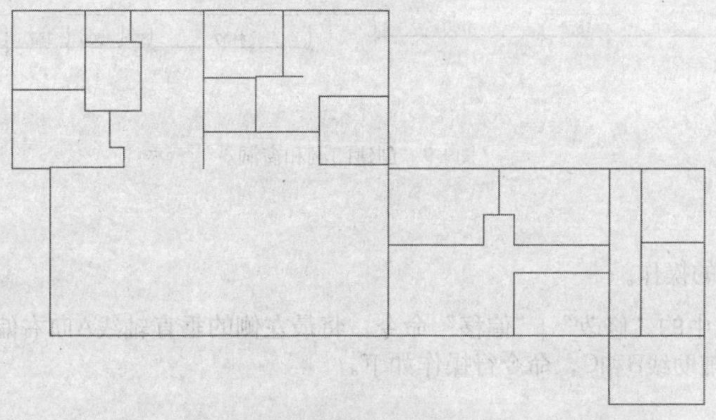

图9-7 绘制完成的轴线网

Step 15 激活“直线”命令，配合“端点”捕捉功能，捕捉端点A和端点B补画其他轴线，如图9-8所示。

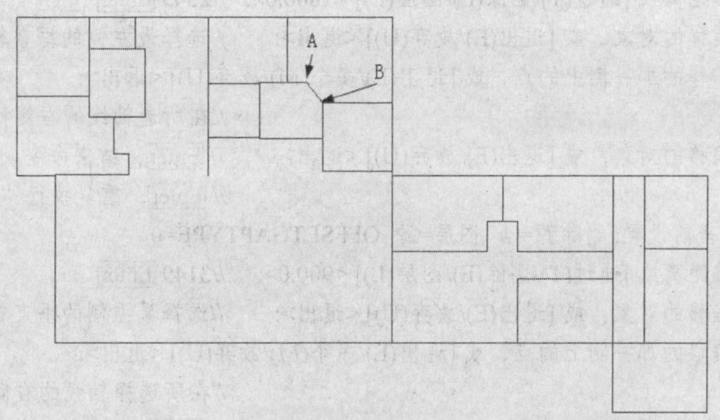

图9-8 补画轴线

Step 16 最后执行菜单栏中的“文件”|“另存为”命令，将该图形存储为“别墅一层墙体轴线网.dwg”文件。

至此，普通住宅墙体定位轴线绘制完毕，下一小节在轴线网上创建门洞和窗洞。

9.2.2 创建门洞和窗洞

这一节继续在绘制好的轴线上创建出门洞和窗洞，创建门洞和窗洞的方法很多，常用的方法有修剪和打断，其结果如图9-9所示。

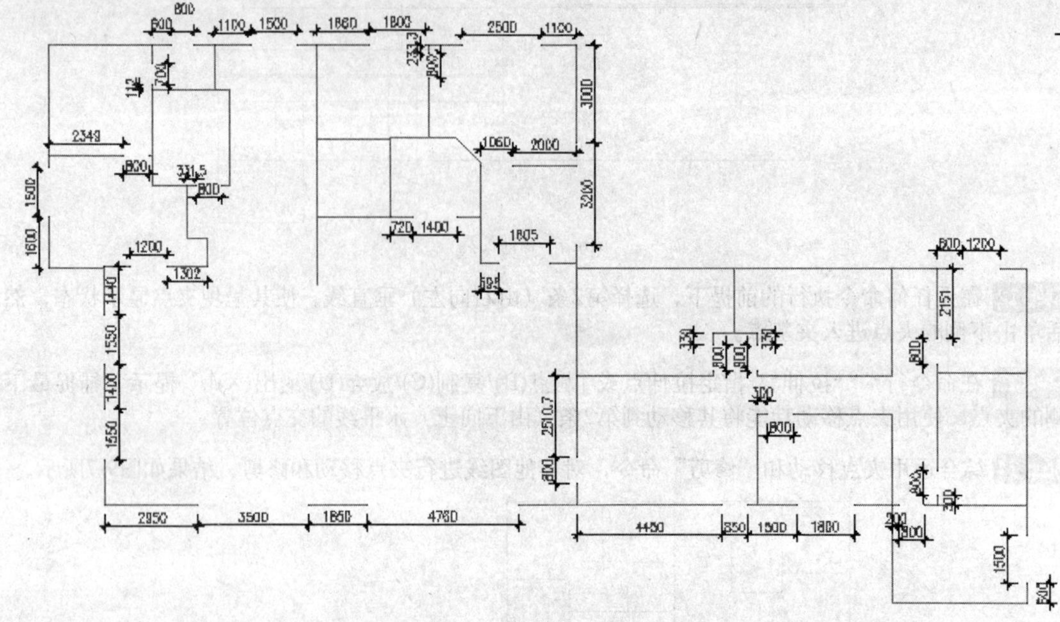

图9-9　创建门洞和窗洞

操作步骤

Step 01 继续上一节的操作。

Step 02 执行菜单栏中的“修改”|“偏移”命令，将最左侧的垂直轴线A向右偏移2349和3149个绘图单位，以创建出辅助线B和C，命令行操作如下。

```
命令: _offset
    当前设置: 删除源=否  图层=源  OFFSETGAPTYPE=0
    指定偏移距离或 [通过(T)/删除(E)/图层(L)] <1800.0>:  //2349 Enter
    选择要偏移的对象，或 [退出(E)/放弃(U)] <退出>:      //选择最左侧的垂直轴线
    指定要偏移的那一侧上的点，或 [退出(E)/多个(M)/放弃(U)] <退出>:
                                                      //在所选轴线的右侧拾取点
    选择要偏移的对象，或 [退出(E)/放弃(U)] <退出>:      // Enter，结束命令
命令:                                                 // Enter，重复执行“偏移”命令
    OFFSET当前设置: 删除源=否  图层=源  OFFSETGAPTYPE=0
    指定偏移距离或 [通过(T)/删除(E)/图层(L)] <900.0>:   //3149 Enter
    选择要偏移的对象，或 [退出(E)/放弃(U)] <退出>:      //选择最左侧的垂直轴线
    指定要偏移的那一侧上的点，或 [退出(E)/多个(M)/放弃(U)] <退出>:
                                                      //在所选择轴线的右侧拾取点
    选择要偏移的对象，或 [退出(E)/放弃(U)] <退出>:      // Enter，结束命令，如图9-10所示
```

Step 03 单击“修改”工具栏上的“修剪”按钮，以刚偏移出的辅助轴线B和C作为修剪边界，对水平轴线D进行修剪，以创建宽度为800的窗洞，如图9-11所示。

Step 04 选择偏移的辅助线B和C将其删除，创建的门洞结果如图9-12所示。

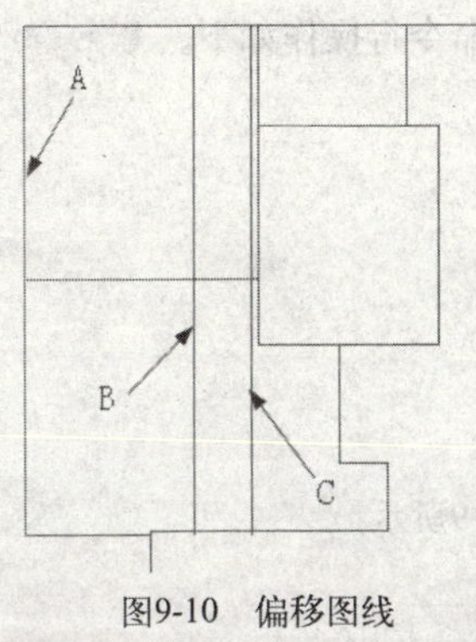

图9-10 偏移图线

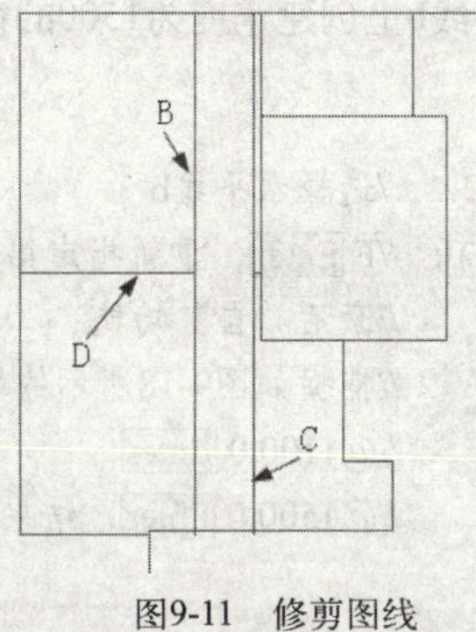

图9-11 修剪图线

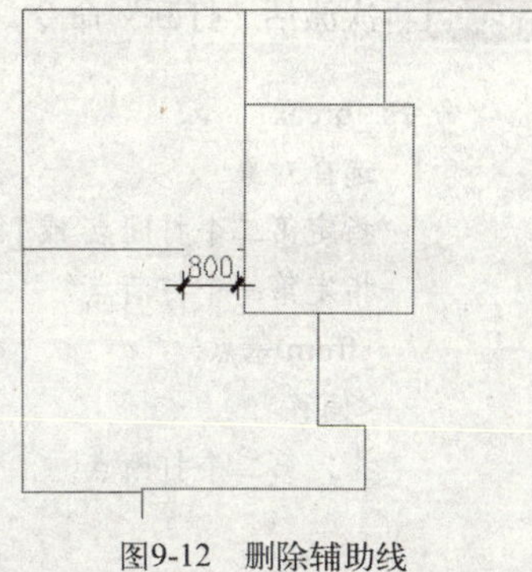

图9-12 删除辅助线

Step 05 继续使用“偏移”命令，将垂直线a向右偏移600和1400个绘图单位，以创建出辅助线b和c，如图9-13所示。

Step 06 激活“修剪”命令，以辅助轴线b和c作为边界，对水平轴线d进行修剪，以创建宽度为800的窗洞，结果如图9-14所示。

Step 07 选择偏移的辅助线b和c将其删除，创建的窗洞结果如图9-15所示。

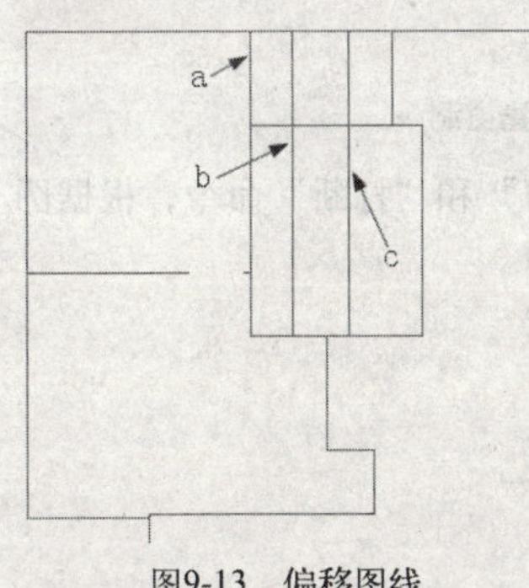

图9-13 偏移图线

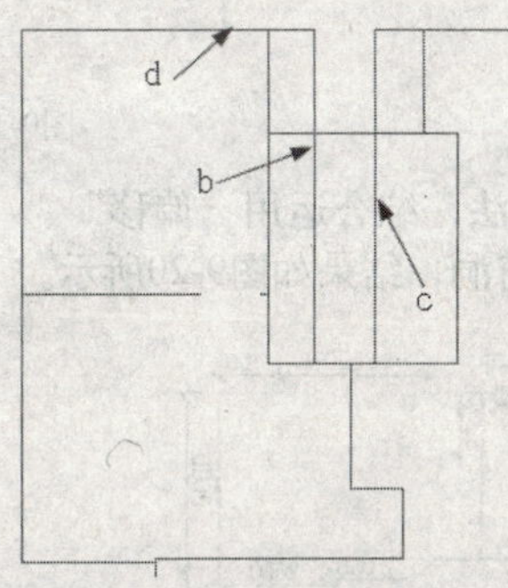

图9-14 修剪图线

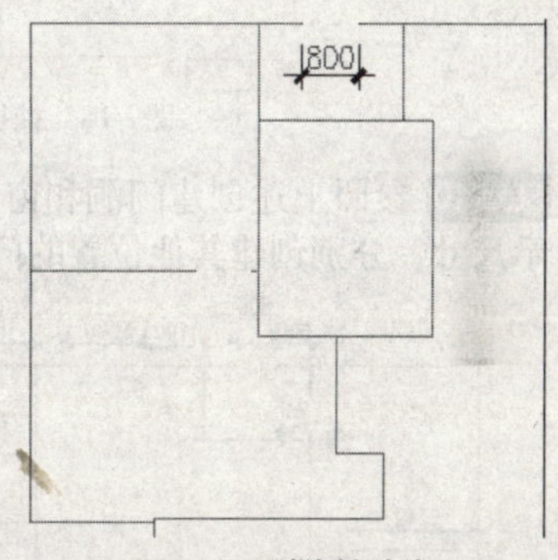

图9-15 删除辅助线

Step 08 单击“修改”工具栏上的“打断”按钮，激活“打断”命令，在垂直线a上创建宽度为700的门洞，命令行操作如下。

```
命令: _break
    选择对象:                              //选择垂直线a
    指定第二个打断点 或 [第一点(F)]:        //F Enter，重新指定第一断点
    指定第一个打断点:                       //激活“自”功能
    _from 基点:                            //捕捉如图9-16所示的端点
    <偏移>:                                //@0,112 Enter
    指定第二个打断点:                       //@0,700 Enter，结果如图9-17所示
```

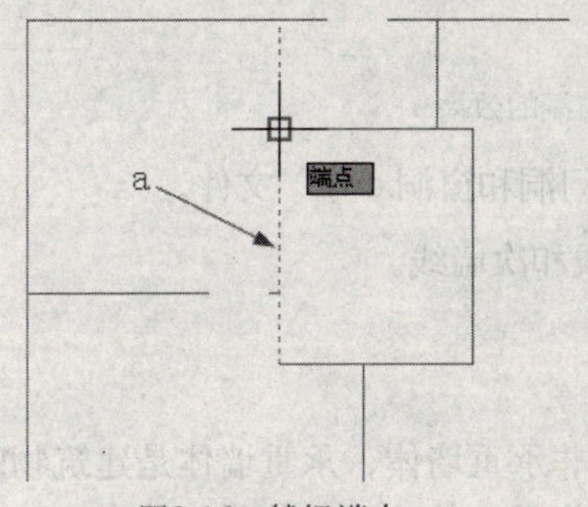

图9-16 捕捉端点

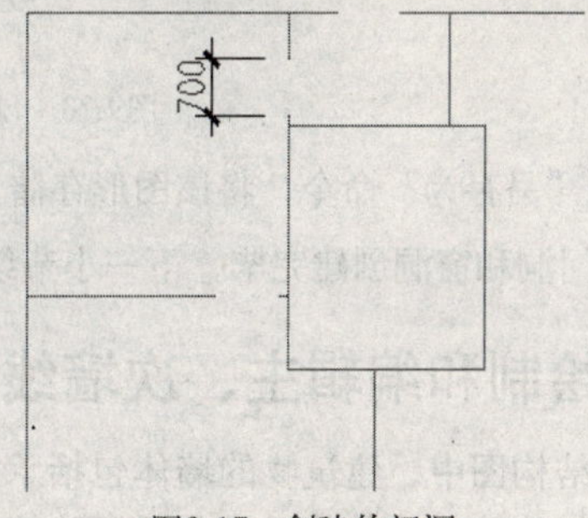

图9-17 创建的门洞

Step 09 再次激活“打断”命令，在水平线b上创建宽度为1500的窗洞，命令行操作如下。

```
命令: _break
    选择对象:                          //选择水平线b
    指定第二个打断点 或 [第一点(F)]:     //F Enter，重新指定第一断点
    指定第一个打断点:                   //激活“自”功能
    _from 基点:                        //捕捉如图9-18所示的端点
    <偏移>:                            //@1100,0 Enter
    指定第二个打断点:                   //@1500,0 Enter，结果如图9-19所示
```

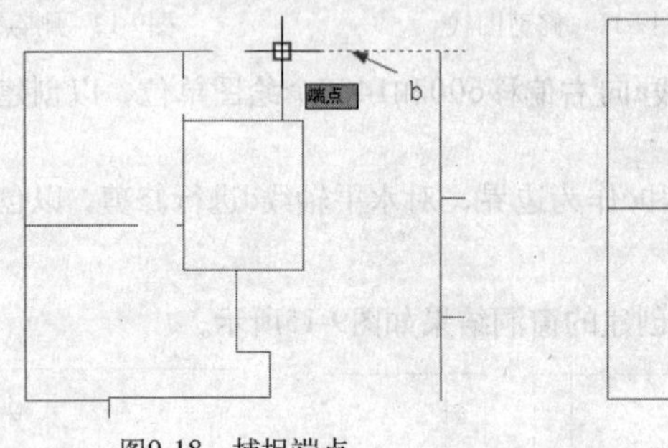

图9-18　捕捉端点

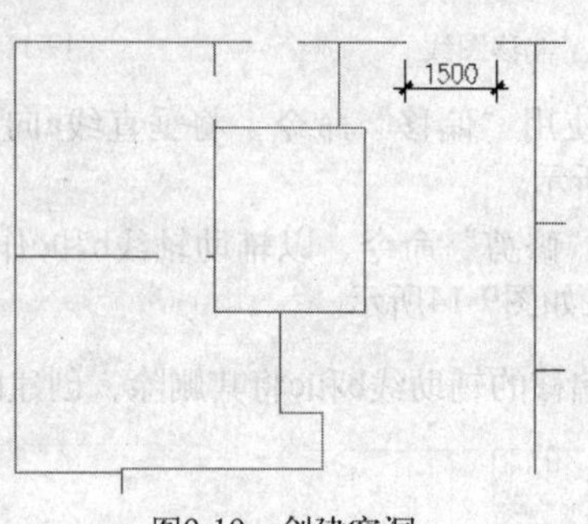

图9-19　创建窗洞

Step 10 参照上述创建门洞和窗洞的方法，综合运用“偏移”、“修剪”和“打断”命令，根据图示尺寸，分别创建其他位置的门洞和窗洞，结果如图9-20所示。

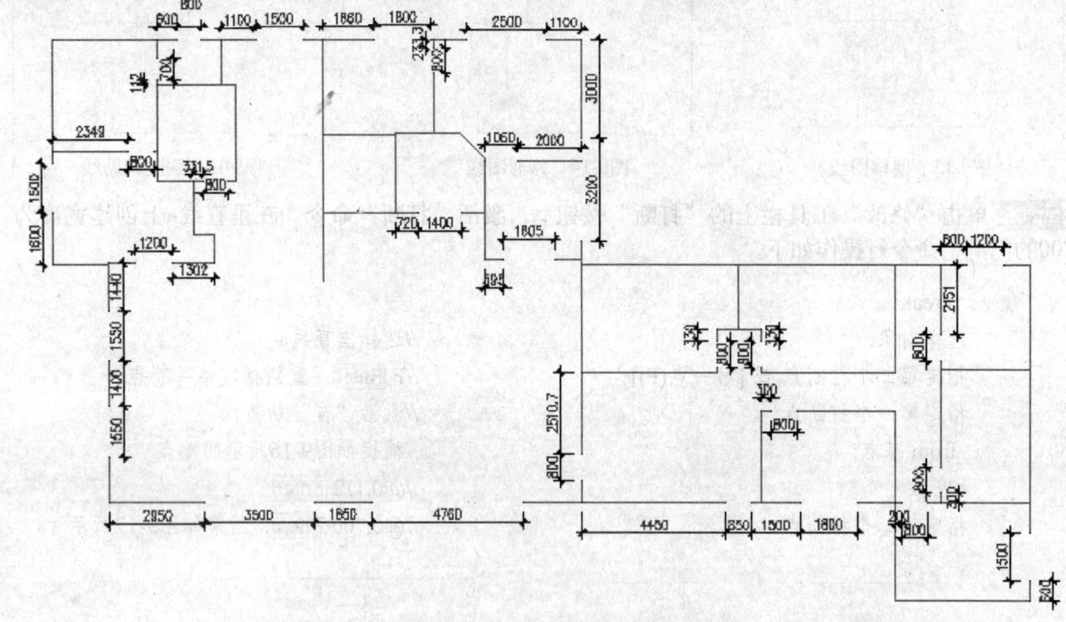

图9-20　创建门洞和窗洞的效果

Step 11 执行“另存为”命令，将该图形存储为“创建门洞和窗洞.dwg”文件。

至此，门洞和窗洞创建完毕，下一小节绘制主墙线和次墙线。

9.2.3 绘制和编辑主、次墙线

在建筑结构图中，建筑物的墙体包括承重墙体和非承重墙体，承重墙体是建筑物的主墙体，它起到了承担建筑物的整体重量和巩固建筑物结构的作用，是建筑物防震、抗压、抗外力的主要

墙体。一般情况下，承重墙体的厚度有200mm和240mm两种规格，而非承重墙体是建筑物的次墙体，一般只承担分割建筑物空间的作用，其厚度是承重墙体的一半，即100mm或120mm。

这一节来绘制如图9-21所示的别墅一层墙体。该别墅一层墙体主要有200mm的主墙体和120mm的次墙体，另外，在建筑物节点位置还有连接墙体结构和支撑整个建筑物的柱。

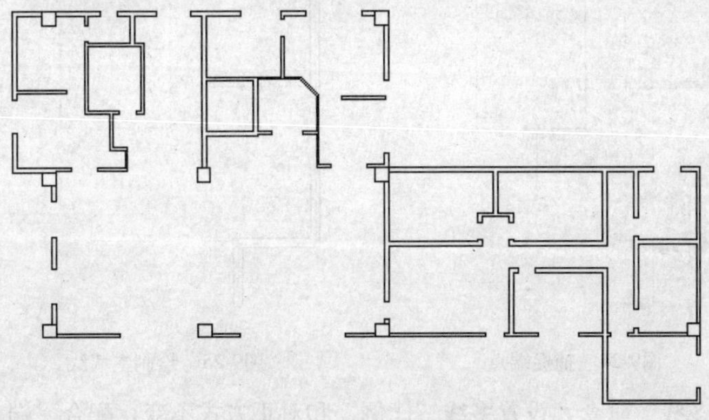

图9-21 别墅一层墙体

✎ 操作步骤

Step 01 继续上一节的操作。

Step 02 展开“图层”工具栏上的“图层控制”下拉列表，将“墙线层”设置为当前图层。

Step 03 执行菜单栏中的“格式”|“多线样式”命令，将“墙线样式”设置为当前样式。

Step 04 执行菜单栏中的“绘图”|“多线”命令，配合“端点”捕捉功能绘制主墙线，命令行操作如下。

```
命令: _mline
    当前设置: 对正 = 上，比例 = 20.00，样式 = 墙线样式
    指定起点或 [对正(J)/比例(S)/样式(ST)]:          //S Enter
    输入多线比例 <20.00>:                          //200 Enter
    当前设置: 对正 = 上，比例 = 240.00，样式 = 墙线样式样式
    指定起点或 [对正(J)/比例(S)/样式(ST)]:          //J Enter
    输入对正类型 [上(T)/无(Z)/下(B)] <上>:          //Z Enter
    当前设置: 对正 = 无，比例 = 240.00，样式 = 墙线样式样式
    指定起点或 [对正(J)/比例(S)/样式(ST)]:          //捕捉如图9-22所示的端点1
    指定下一点:                                    //捕捉如图9-22所示的端点2
    指定下一点或 [闭合(C)/放弃(U)]:                 //捕捉如图9-22所示的端点3
    指定下一点或 [放弃(U)]:                         // Enter，绘制结果如图9-23所示
```

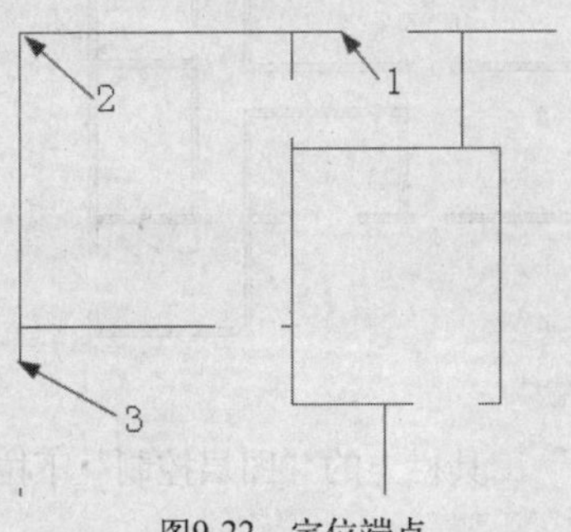

图9-22 定位端点

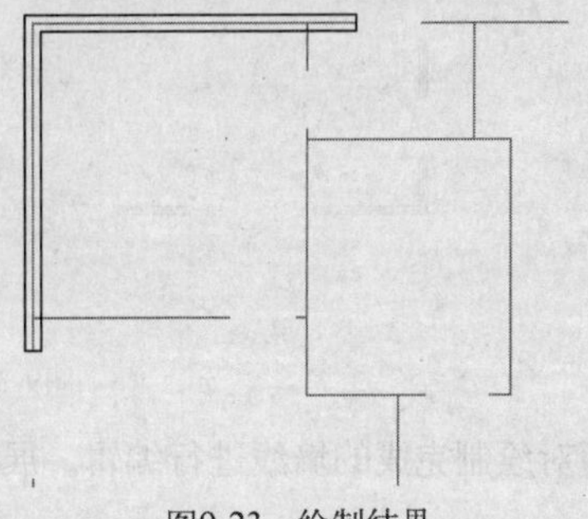

图9-23 绘制结果

Step 05 重复执行“多线”命令，设置多线比例和对正方式保持不变，配合“端点”捕捉功能，分别捕捉如图9-24所示的端点a、b、c、d和e、f绘制主墙线，绘制结果如图9-25所示。

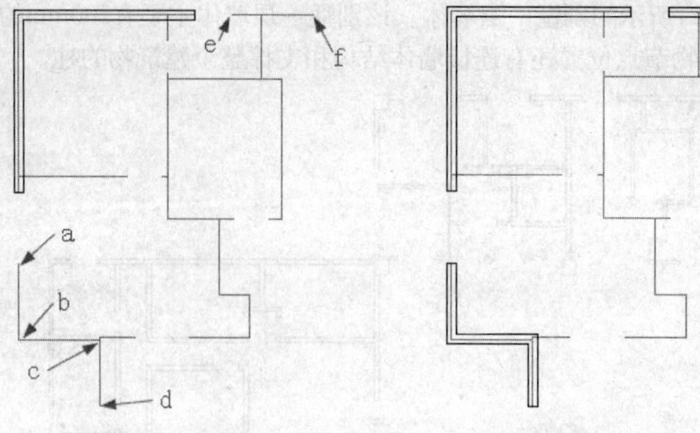

图9-24　捕捉端点　　图9-25　绘制主墙线

Step 06 重复执行“多线”命令，设置多线“比例”和对正方式不变，配合“端点”捕捉功能，绘制其他主墙线，绘制结果如图9-26所示。

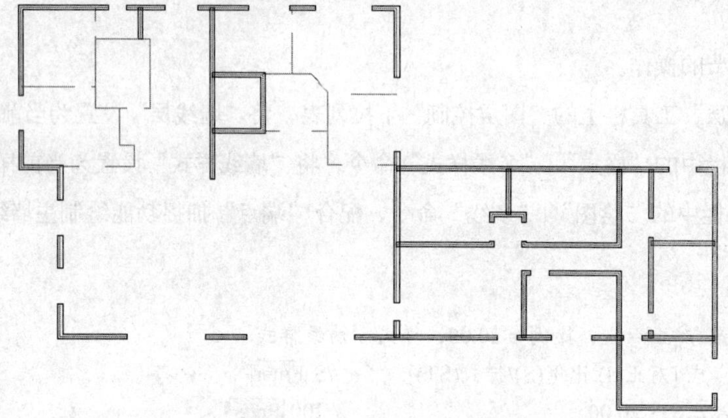

图9-26　绘制其他主墙线

Step 07 继续执行菜单栏中的“绘图”|“多线”命令，设置多线“比例”为120，配合“端点”捕捉功能绘制次墙线，结果如图9-27所示。

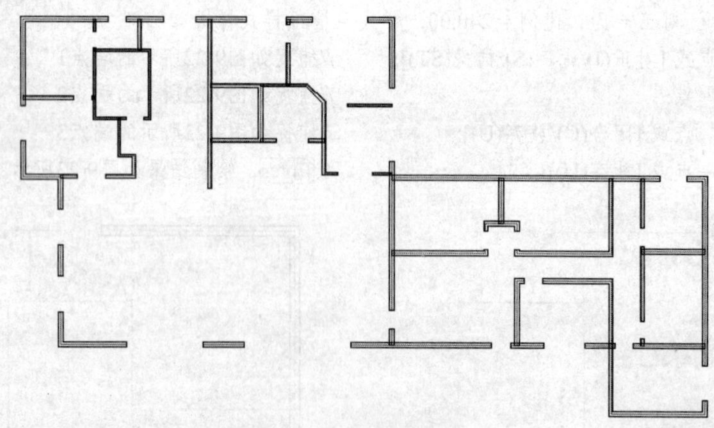

图9-27　绘制次墙线

Step 08 下面对绘制完成的墙线进行编辑。展开“图层”工具栏上的“图层控制”下拉列表，关闭“轴线层”。

Step 09 执行菜单栏中的“修改”|“对象”|“多线”命令，在打开的“多线编辑工具”对话框中单击“T形合并”按钮，激活“T形合并”功能。

Step 10 返回绘图区，在命令行“选择第一条多线:”提示下，选择如图9-28所示的垂直墙线。

Step 11 继续在命令行“选择第二条多线:”提示下，选择如图9-29所示的水平墙线。

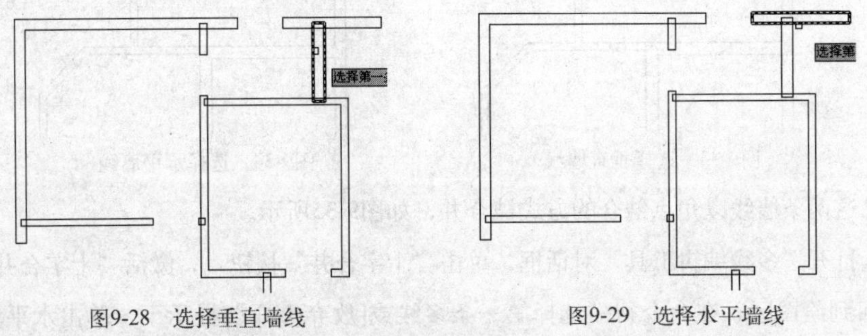

图9-28 选择垂直墙线　　图9-29 选择水平墙线

Step 12 结果这两条T形相交的多线被合并，合并结果如图9-30所示。

Step 13 按Enter键结束操作，再次按Enter键，在打开的“多线编辑工具”对话框中单击“T形合并”按钮，激活“T形合并”功能。

Step 14 返回绘图区，单击垂直墙线A，再单击水平墙线B，对其进行T形合并，合并结果如图9-31所示。

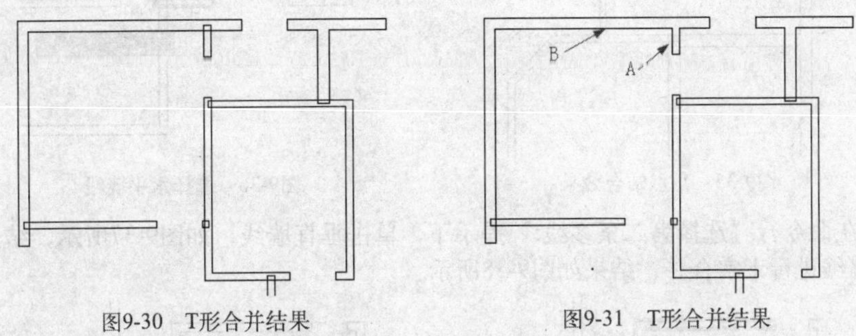

图9-30 T形合并结果　　图9-31 T形合并结果

Step 15 采用相同的方法，分别对其他T形墙线进行合并，合并后的结果如图9-32所示。

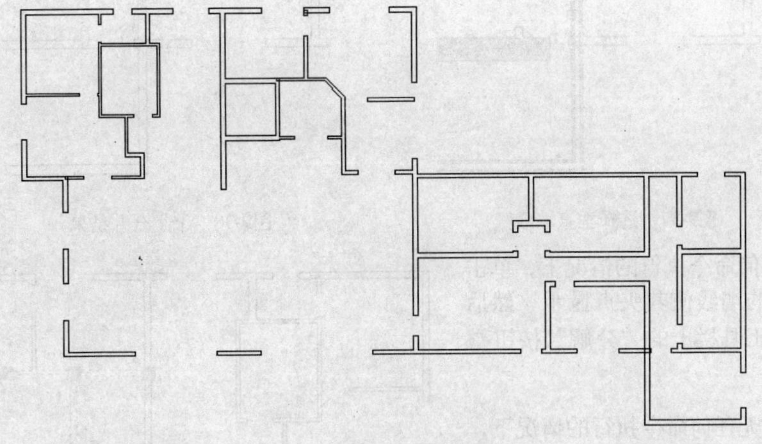

图9-32 T形合并后的墙线效果

Step 16 在任一墙线上双击，再次打开“多线编辑工具”对话框，单击“角点结合”按钮，激活“角点结合”功能。

Step 17 返回绘图区，在命令行“选择第一条多线或[放弃(U)]:”提示下，单击如图9-33所示的垂直墙线。

Step 18 继续在命令行“选择第二条多线:”提示下，选择如图9-34所示的水平墙线。

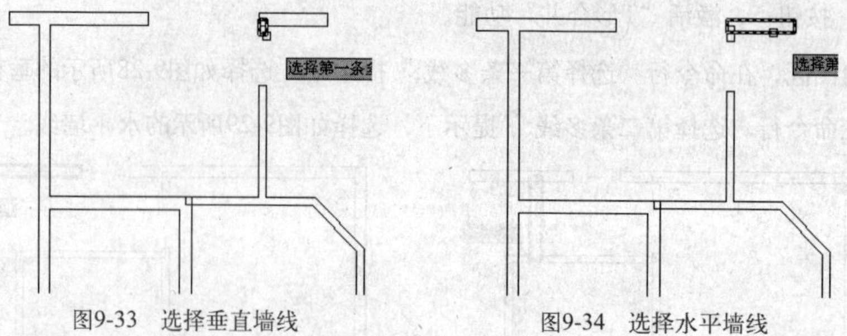

图9-33 选择垂直墙线　　图9-34 选择水平墙线

Step 19 结果这两条墙线以角点结合的方式被合并，如图9-35所示。

Step 20 继续打开“多线编辑工具”对话框，单击“十字合并”按钮，激活“十字合并”功能。

Step 21 返回到绘图区，在命令行“选择第一条多线或[放弃(U)]:”提示下，单击水平墙线，如图9-36所示。

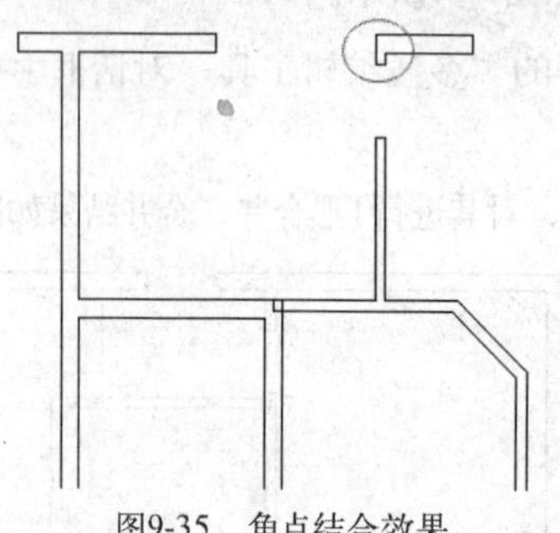

图9-35 角点结合效果

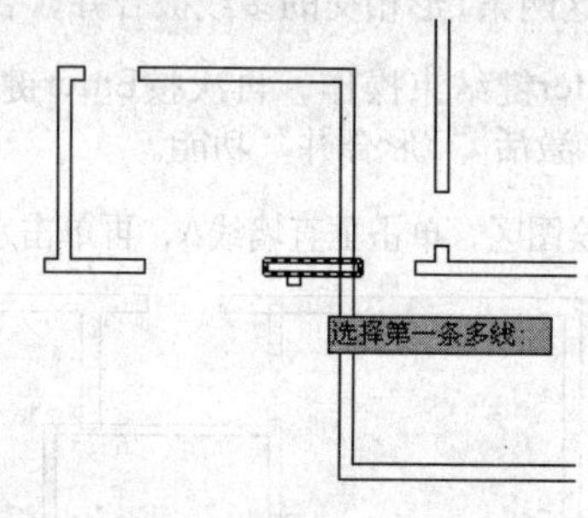

图9-36 选择水平墙线

Step 22 继续在命令行“选择第二条多线:”提示下，单击垂直墙线，如图9-37所示，结果将这两个十字相交的墙线进行十字合并，结果如图9-38所示。

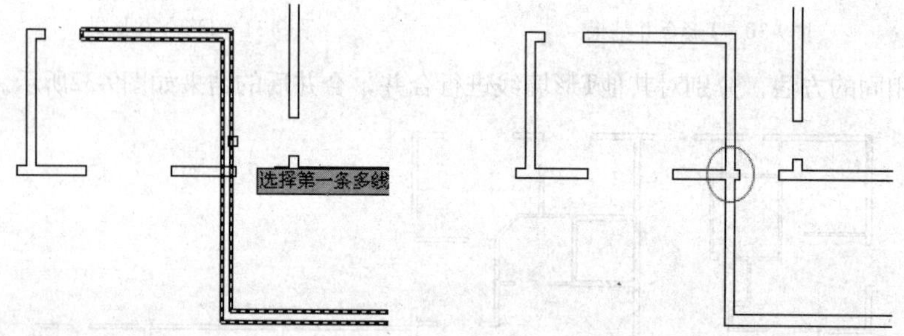

图9-37 选择垂直墙线　　图9-38 十字合并结果

Step 23 在无任何命令执行的情况下，单击如图9-39所示的墙线使其夹点显示，然后单击“修改”工具栏上的“分解”按钮将其分解。

Step 24 继续在无任何命令执行的情况下，将如图9-40所示的墙线上的部分线段选择并删除，结果如图9-40所示。

Step 25 使用夹点拉伸功能，对删除线段之后的墙线进行编辑完善，结果如图9-41所示。

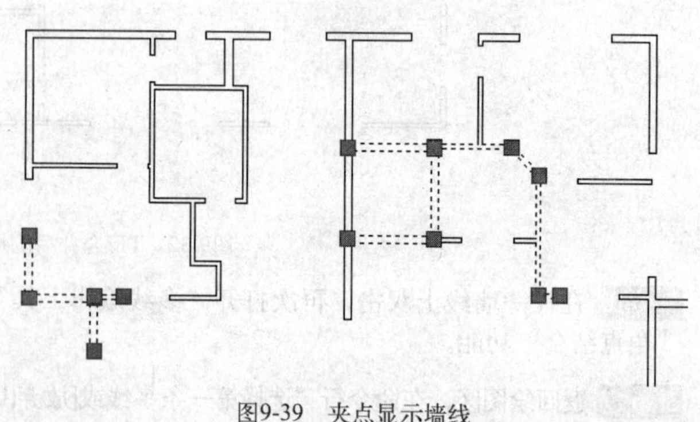

图9-39 夹点显示墙线

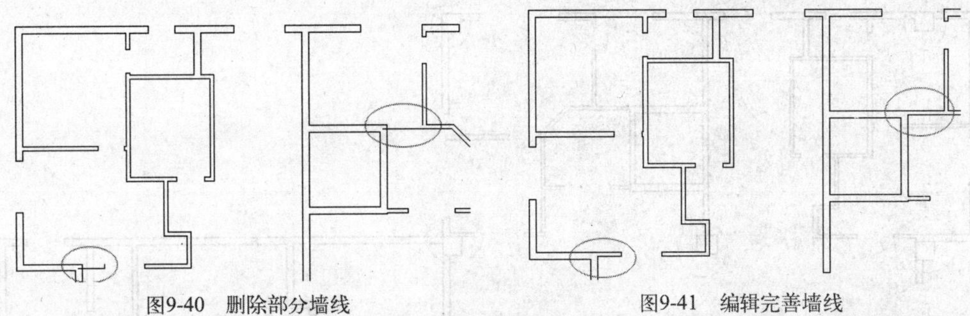
图9-40 删除部分墙线　　图9-41 编辑完善墙线

Step 26 下面绘制柱轮廓。激活"矩形"命令，配合"自"功能在墙线上绘制柱轮廓，命令行操作如下。

命令: _rectang
指定第一个角点或 [倒角(C)/标高(E)/圆角(F)/厚度(T)/宽度(W)]:
//激活"自"功能，捕捉如图9-42所示的端点
_from 基点: <偏移>: //@1350,0 Enter
指定另一个角点或 [面积(A)/尺寸(D)/旋转(R)]:
//@600,-600 Enter，结果如图9-43所示

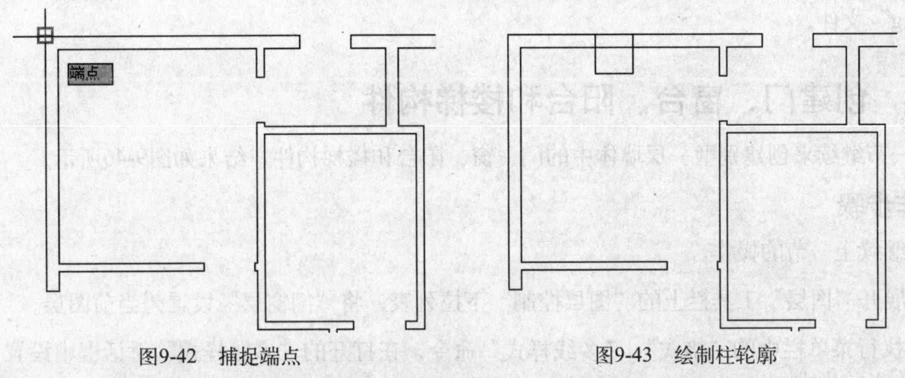

图9-42 捕捉端点　　图9-43 绘制柱轮廓

Step 27 激活"复制"命令，配合"端点"捕捉功能，将柱轮廓复制到其他位置，如图9-44所示。

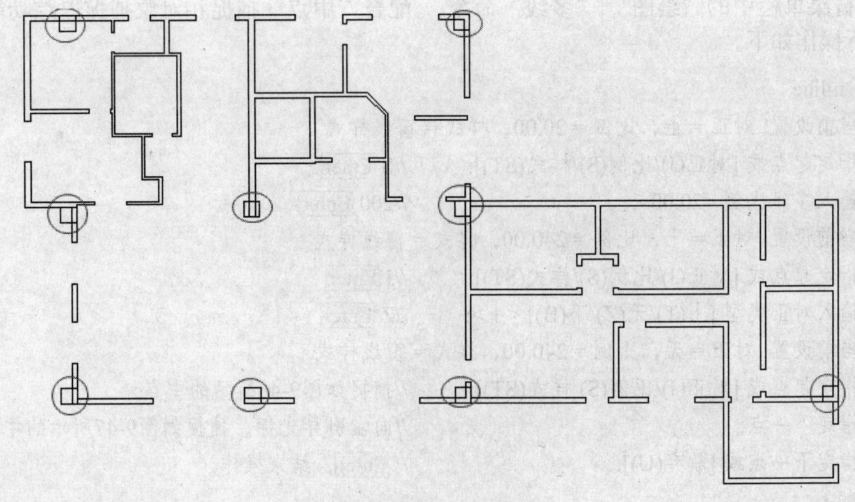
图9-44 复制柱轮廓

Step 28 激活"修剪"命令，以柱轮廓作为修剪边界，对墙线进行修剪，结果如图9-45所示。

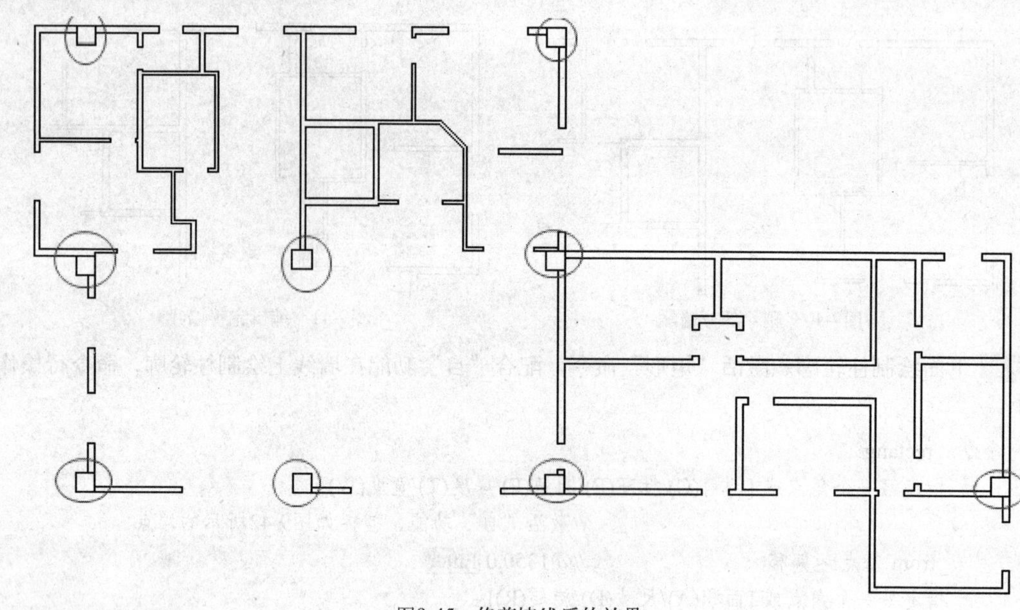

图9-45 修剪墙线后的效果

Step 29 至此，别墅一层主、次墙体编辑完成，执行“另存为”命令，将该图形存储为“别墅一层墙体.dwg”文件。

9.2.4 创建门、窗台、阳台和楼梯构件

这一节继续来创建别墅一层墙体中的门、窗、阳台和楼梯构件，结果如图9-46所示。

操作步骤

Step 01 继续上一节的操作。

Step 02 展开“图层”工具栏上的“图层控制”下拉列表，将“门窗层”设置为当前图层。

Step 03 执行菜单栏中的“格式”|“多线样式”命令，在打开的“多线样式”对话框中设置“窗线样式”为当前样式。

Step 04 执行菜单栏中的“绘图”|“多线”命令， 配合“中点”捕捉和对象捕捉追踪功能绘制窗线，命令行操作如下。

```
命令: _mline
    当前设置: 对正 = 上，比例 = 20.00，样式 = 窗线样式
    指定起点或 [对正(J)/比例(S)/样式(ST)]:          //S Enter
    输入多线比例 <20.00>:                          //200 Enter
    当前设置: 对正 = 上，比例 = 240.00，样式 = 窗线样式
    指定起点或 [对正(J)/比例(S)/样式(ST)]:          //J Enter
    输入对正类型 [上(T)/无(Z)/下(B)] <上>:          //Z Enter
    当前设置: 对正 = 无，比例 = 240.00，样式 = 窗线样式
    指定起点或 [对正(J)/比例(S)/样式(ST)]:          //捕捉如图9-46所示的中点
    指定下一点:                                     //向左引导光标，捕捉如图9-47所示的中点
    指定下一点或 [放弃(U)]:                         // Enter，结束操作
```

Step 05 继续使用“多线”命令，配合“中点”捕捉功能绘制其他窗线，绘制结果如图9-48所示。

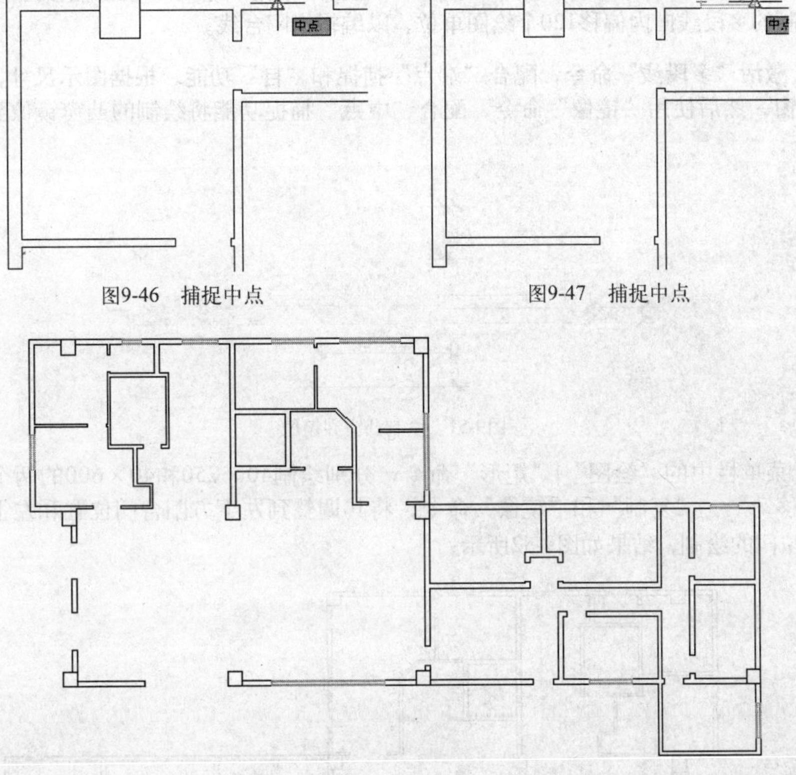

图9-46 捕捉中点　　　　图9-47 捕捉中点

图9-48 绘制窗线

Step 06 下面绘制阳台线。单击“绘图”工具栏上的“多段线”按钮，激活“多段线”命令，配合“端点”捕捉和捕捉追踪功能绘制左侧的阳台线，命令行操作如下。

命令: _pline

指定起点:　　//捕捉如图9-49所示的墙线的左端点

当前线宽为 0.5

指定下一个点或 [圆弧(A)/半宽(H)/长度(L)/放弃(U)/宽度(W)]:

//向下引导光标，输入7300 Enter

指定下一点或 [圆弧(A)/闭合(C)/半宽(H)/长度(L)/放弃(U)/宽度(W)]:

//向右引导光标，输入1350 Enter

指定下一点或 [圆弧(A)/闭合(C)/半宽(H)/长度(L)/放弃(U)/宽度(W)]:

// Enter，绘制结果如图9-50所示

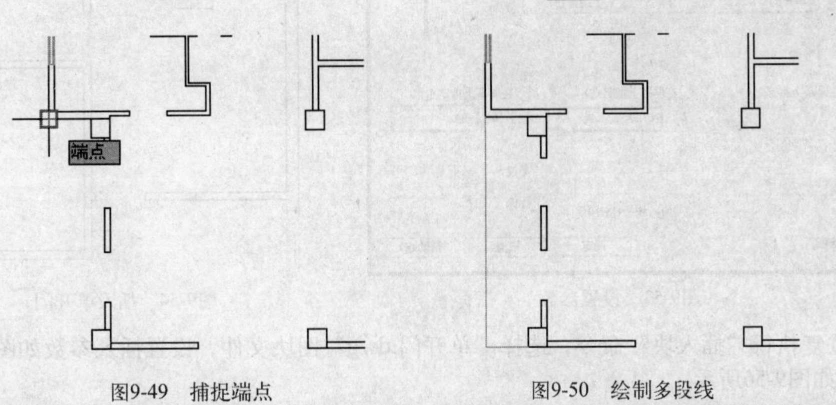

图9-49 捕捉端点　　　　图9-50 绘制多段线

Step 07 单击“修改”工具栏上的“偏移”按钮，激活“偏移”命令，设置偏移距离为120个绘图单位，将绘制的多段线向内偏移120个绘图单位，以编辑出阳台线。

Step 08 继续激活“多段线”命令，配合“端点”捕捉和“自”功能，根据图示尺寸，在下方窗户位置绘制凸窗，然后使用“镜像”命令，配合“中点”捕捉功能将绘制的凸窗镜像到右侧位置，如图9-51所示。

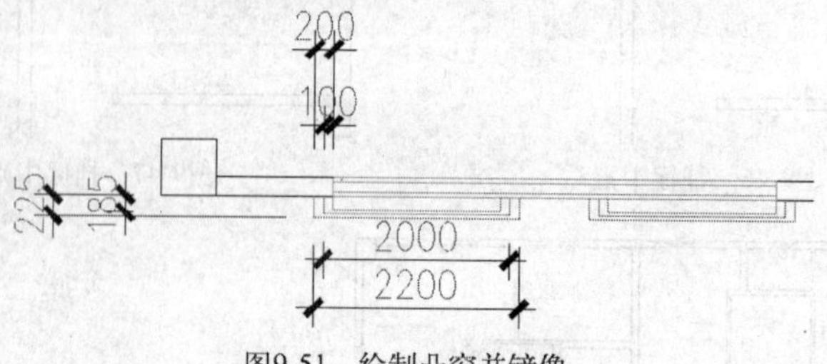

图9-51 绘制凸窗并镜像

Step 09 执行菜单栏中的“绘图”|“矩形”命令，分别绘制40×750和40×600的两个矩形，然后综合运用“移动”、“复制”和“镜像”命令，将其调整到左下方阳台门位置和左上方房间门位置，完成推拉门的绘制，结果如图9-52所示。

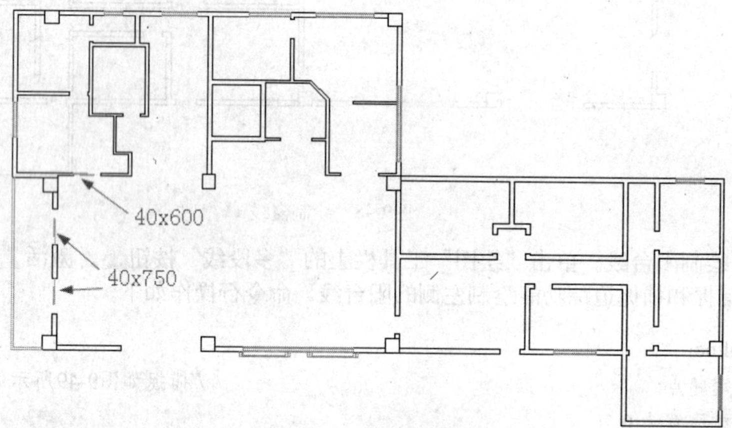

图9-52 绘制推拉门

Step 10 下面插入单开门。单击“绘图”工具栏上的“插入”按钮，打开“插入”对话框，选择随书光盘中的文件“图块文件”\“单开门.dwg”，并设置插入参数如图9-53所示，将“单开门”插入到如图9-54所示的门洞位置。

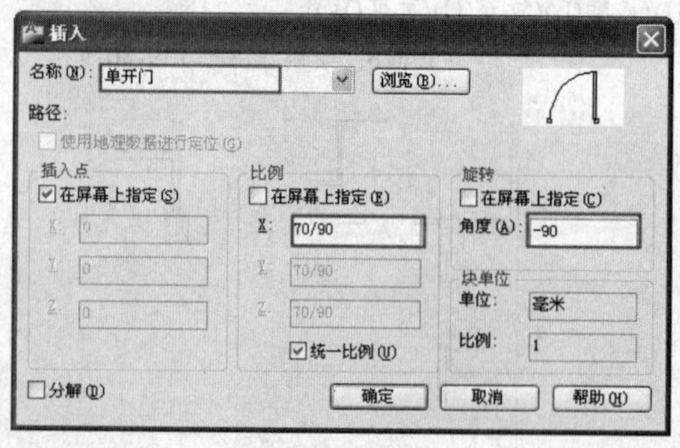

图9-53 设置参数

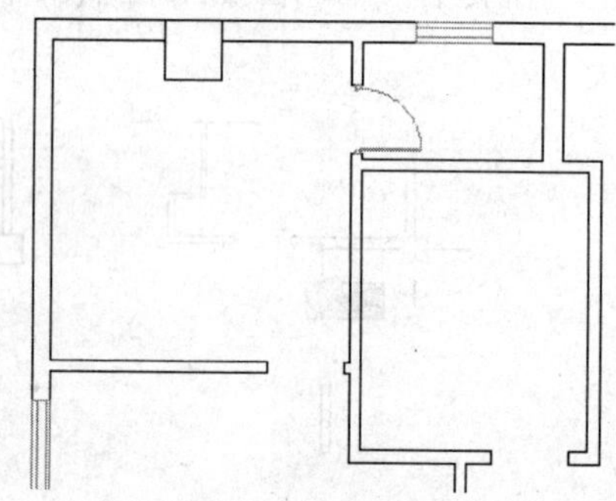

图9-54 插入单开门

Step 11 重复执行“插入块”命令，选择“单开门.dwg”图块文件，设置插入参数如图9-55所示，插入结果如图9-56所示。

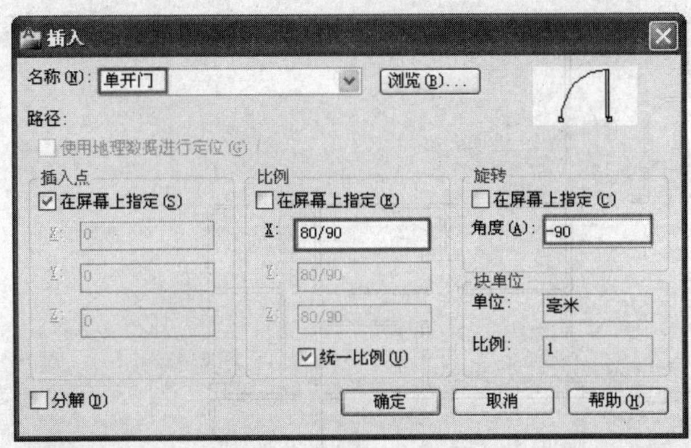

图9-55 设置参数

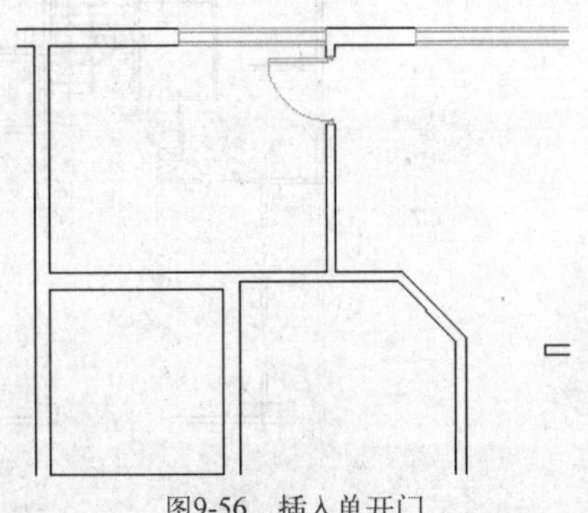

图9-56 插入单开门

Step 12 综合运用“镜像”、“旋转”、“复制”等功能，将插入的单开门图块镜像并复制到其他门洞位置，效果如图9-57所示。

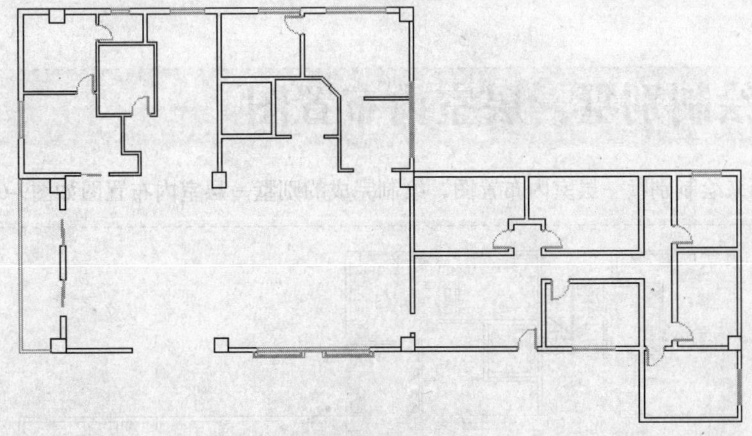

图9-57 复制单开门

Step 13 继续使用“插入”命令，将随书光盘中的文件“图块文件”\“双开门.dwg”插入到如图9-58所示的位置。

Step 14 使用“镜像”命令将下方的双开门进行镜像，然后使用“插入”命令将“图块文件”目录下的“门柱.dwg”图块文件插入到两个双开门之间，完成门图例的插入，结果如图9-59所示。

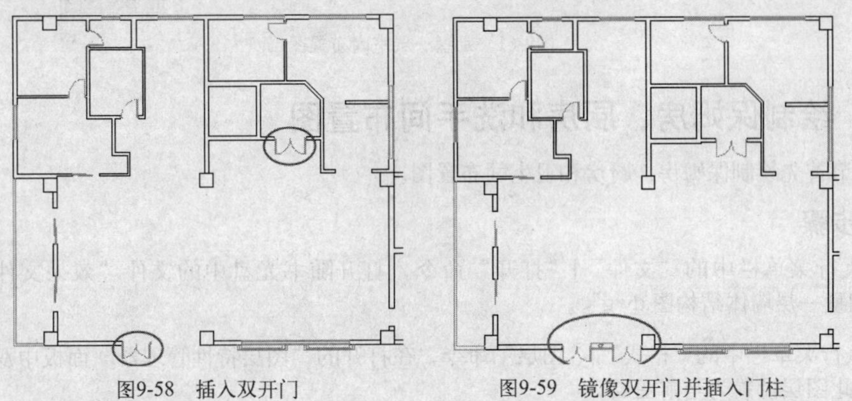

图9-58 插入双开门　　图9-59 镜像双开门并插入门柱

Step 15 继续使用“插入”命令将“前厅.dwg”和“楼梯.dwg”图块文件插入到墙体图楼梯和前厅位置，完成别墅一层墙体结构图的绘制，结果如图9-60所示。

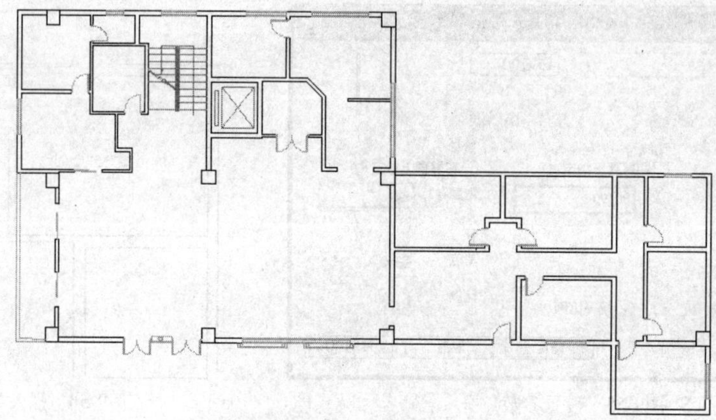

图9-60　别墅一层墙体结构图

Step 16 执行菜单栏中的“文件”|“另存为”命令，将该图形命名存储为“别墅一层墙体结构图.dwg”文件。

9.3 绘制别墅一层室内布置图

这一节来绘制别墅一层室内布置图，绘制完成的别墅一层室内布置图如图9-61所示。

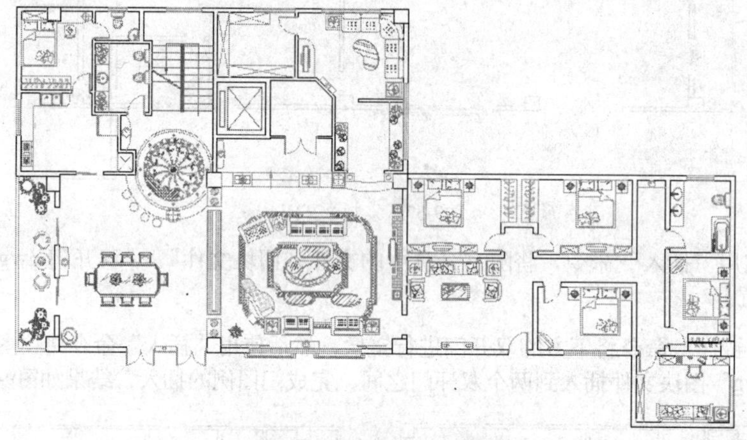

图9-61　别墅一层室内布置图

9.3.1 绘制保姆房、厨房和洗手间布置图

这一节首先绘制保姆房、厨房和卫生间布置图。

操作步骤

Step 01 执行菜单栏中的“文件”|“打开”命令，打开随书光盘中的文件“效果文件”\“第9章”\“别墅一层墙体结构图.dwg”。

Step 02 执行菜单栏中的“格式”|“图层”命令，在打开的“图层特性管理器”面板中双击“家具层”，将此图层设置为当前图层。

Step 03 单击“绘图”工具栏上的“插入”按钮，在打开的“插入”对话框中单击 浏览(B)... 按钮，选择随书光盘中的文件“图块文件”\“保姆床03.dwg”。

Step 04 单击[打开(O)]▾按钮返回“插入”对话框，采用默认参数，单击[确定]按钮回到绘图区，配合“端点”捕捉功能，捕捉如图9-62所示的端点，将保姆床插入到保姆房平面图中。

Step 05 重复执行“插入块”命令，在打开的“插入”对话框中单击[浏览(B)...]按钮，选择随书光盘中的文件“图块文件”\“保姆桌.dwg”，使用默认设置，捕捉如图9-63所示的端点，将其插入到保姆房平面图中。

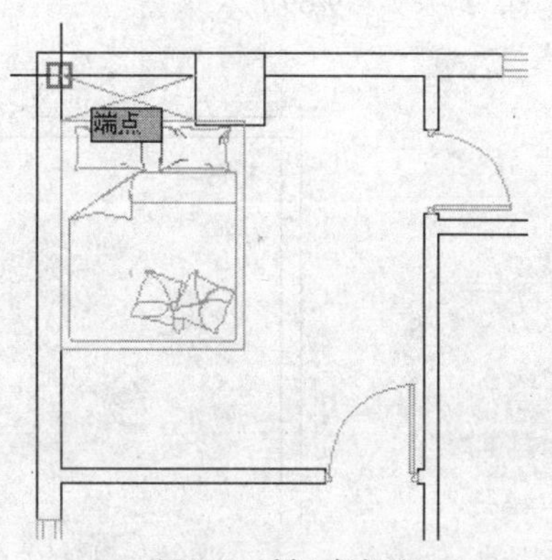

图9-62 插入保姆床

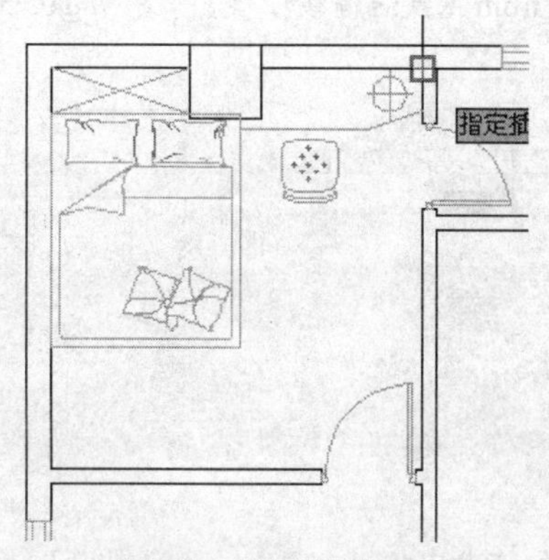

图9-63 插入保姆桌

Step 06 重复执行“插入”命令，选择随书光盘中的文件“图块文件”\“保姆衣柜.dwg”，采用默认参数设置，配合“端点”捕捉功能，捕捉保姆房左下墙角点将其插入。

Step 07 继续执行“插入”命令，选择随书光盘中的文件“图块文件”\“保姆马桶.dwg”，采用默认参数设置，配合“端点”捕捉功能，捕捉保姆卫生间窗线的中点将其插入，如图9-64所示。

Step 08 继续执行“插入”命令，选择随书光盘中的文件“图块文件”\“保姆洗手池.dwg”，采用默认参数设置，配合“端点”捕捉功能，捕捉保姆卫生间右下墙角点将其插入，如图9-65所示。

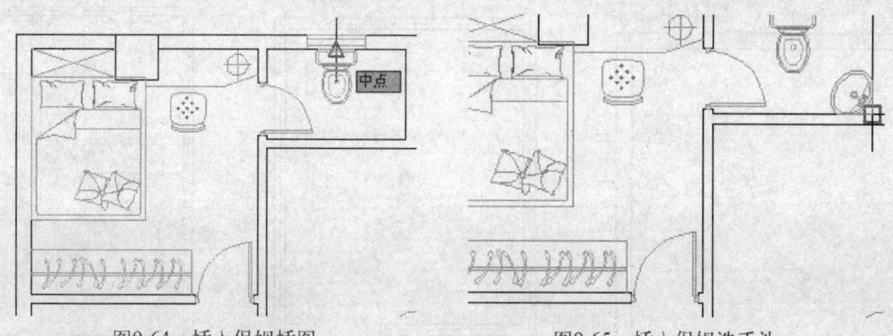

图9-64 插入保姆插图　　图9-65 插入保姆洗手池

Step 09 激活“旋转”命令，将保姆卫生间中的马桶进行旋转复制，命令行操作如下。

```
命令: _rotate
    UCS 当前的正角方向: ANGDIR=逆时针  ANGBASE=0.0
    选择对象:                                        //选择保姆房马桶
    选择对象:                                        //Enter，结束对象的选择
    指定基点:                                        //捕捉如图9-66所示的中点
    指定旋转角度，或 [复制(C)/参照(R)] <0.0>:        //C Enter，激活“复制”命令
    指定旋转角度，或 [复制(C)/参照(R)] <0.0>:        //-90 Enter，结果如图9-67所示
```

Step 10 激活“移动”命令，配合“中点”捕捉和“自”功能，将旋转复制的马桶移动到卫生间，命令行提提示如下。

```
命令: _move
    选择对象:                          //选择旋转复制的马桶 Enter
    指定基点或 [位移(D)] <位移>:         //捕捉马桶的插入点
    指定第二个点或 <使用第一个点作为位移>:
                                       //激活“自”功能，捕捉如图9-68所示的卫生间左上墙角点
    _from 基点: <偏移>:                 //@0,-530 Enter，结果如图9-69所示
```

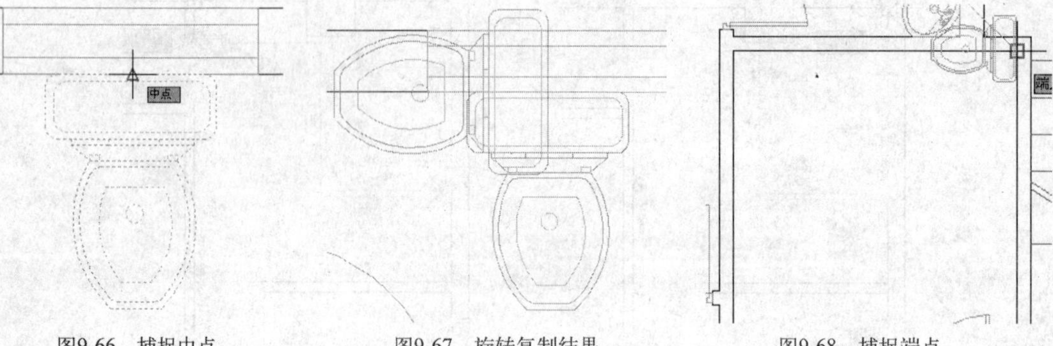

图9-66 捕捉中点　　图9-67 旋转复制结果　　图9-68 捕捉端点

Step 11 激活“复制”命令，将卫生间马桶沿y轴负方向移动复制900个绘图单位，然后执行“插入”命令，选择随书光盘中的文件“图块文件”\“别墅卫生间洗手池.dwg”，将其插入到卫生间相关位置，如图9-70所示。

Step 12 继续使用“插入”命令，将随书光盘“图块文件”目录下的“别墅厨具.dwg”和“冰箱03.dwg”图块文件插入到厨房相关位置。

Step 13 激活“直线”命令，在厨房右下角位置绘制一个储物柜轮廓，结果如图9-71所示。

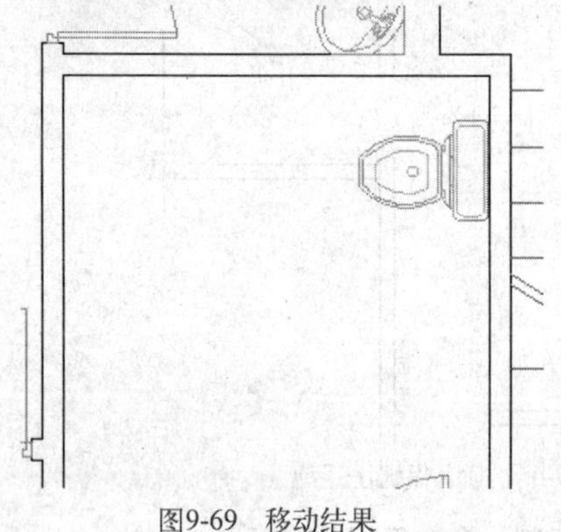

图9-69 移动结果

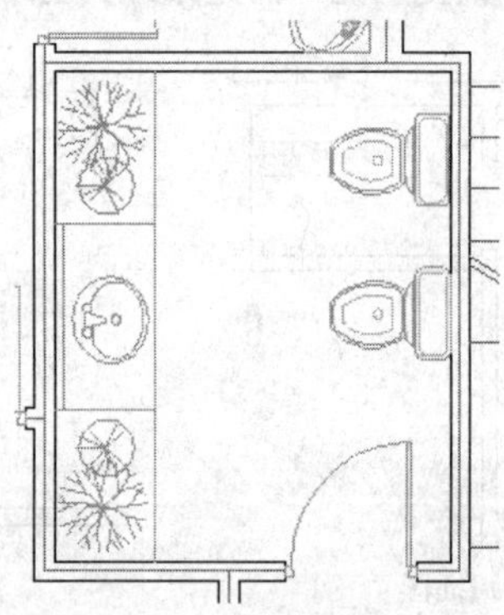

图9-70 插入卫生间图块

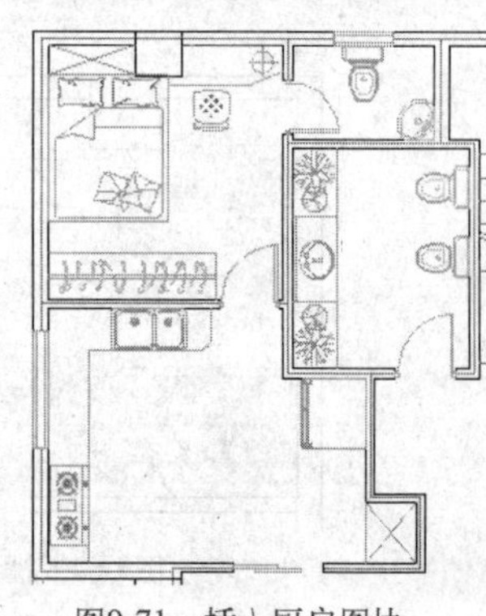

图9-71 插入厨房图块

9.3.2 绘制餐厅、客厅布置图

这一节继续绘制餐厅布置图。

操作步骤

Step 01 继续上一节的操作。

Step 02 单击“绘图”工具栏上的“插入”按钮，在打开的“插入”对话框中单击 浏览(B)... 按钮，选择随书光盘中的文件“图块文件”\“走廊柜子.dwg”。

Step 03 单击 打开(O) 按钮返回“插入”对话框，采用默认参数，单击 确定 按钮回到绘图区，配合“端点”捕捉功能，捕捉如图9-72所示的端点，将其插入到走廊位置。

Step 04 继续使用“插入”命令，选择随书光盘中的文件“图块文件”\“吧台.dwg”，配合“端点”捕捉和“自”功能，将其插入到餐厅位置，命令行操作如下。

命令: _insert

指定插入点或 [基点(B)/比例(S)/旋转(R)]:　　//捕捉如图9-73所示的端点

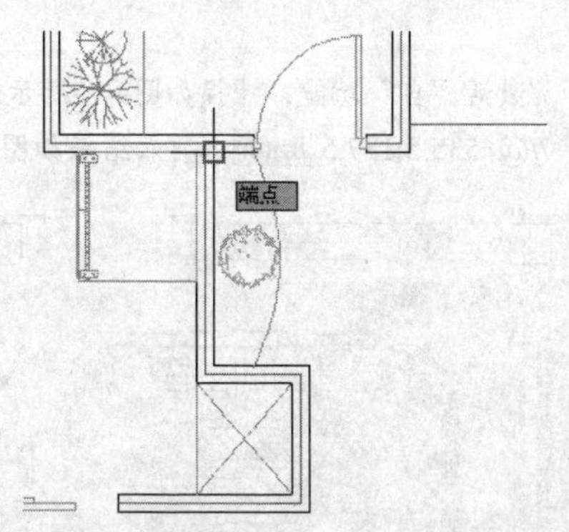

图9-72　插入走廊柜子

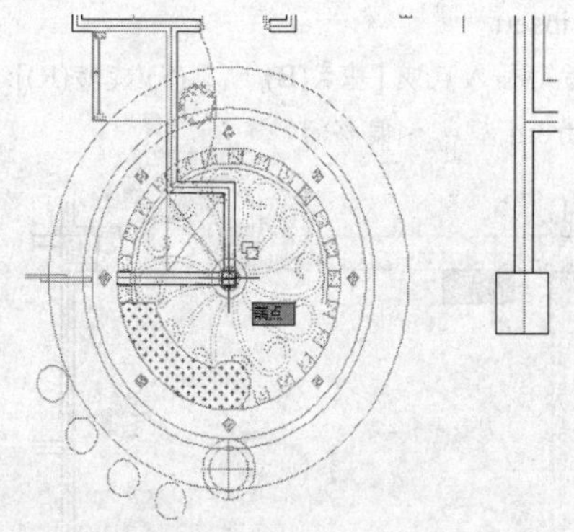

图9-73　捕捉端点

_from 基点: <偏移>:　　//@1655,235 Enter，插入结果如图9-74所示

Step 05 继续执行“插入”命令，将“图块文件”目录下的“别墅餐厅植物.dwg”、“别墅餐桌.dwg”、“别墅餐厅休闲椅.dwg”、“餐厅隔断.dwg”和“餐厅盆景.dwg”图块文件插入到餐厅相关位置，结果如图9-75所示。

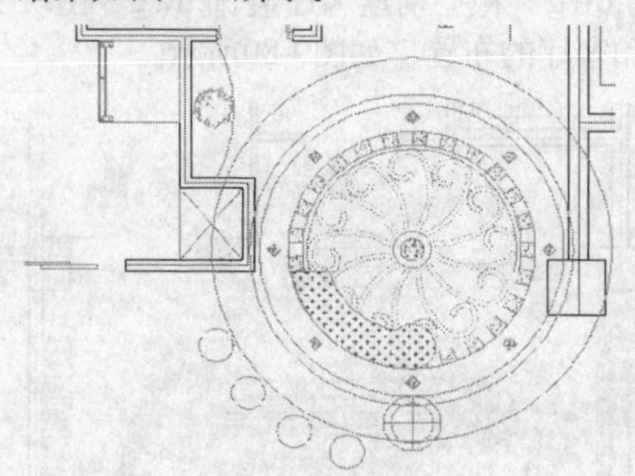

图9-74　插入吧台

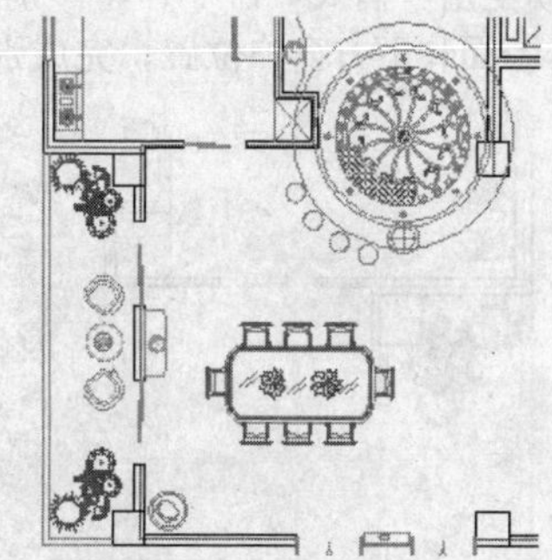

图9-75　插入餐厅其他用具

Step 06 继续执行“插入”命令，将随书光盘中的文件“图块文件”\“客厅隔断.dwg”插入到餐厅右侧墙体位置，插入点为餐厅右下柱的左上角点，如图9-76所示。

Step 07 使用“分解”命令，将“吧台.dwg”图块文件分解，然后激活“修剪”命令，以各墙体和“客厅隔断.dwg”为修剪边，对吧台进行修剪，结果如图9-77所示。

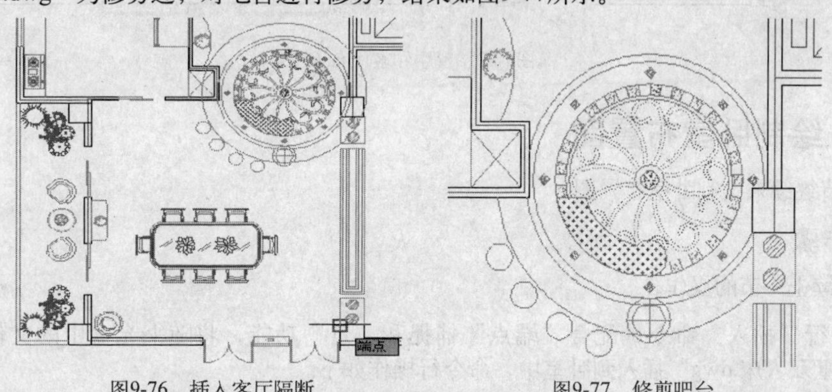

图9-76　插入客厅隔断　　图9-77　修剪吧台

Step 08 继续使用“插入”命令，选择随书光盘中的文件“图块文件”\“客厅隔断2.dwg”，捕捉如图9-78所示的端点将其插入到客厅上方位置。

Step 09 继续使用“插入”命令，选择随书光盘中的文件“图块文件”\“别墅组合沙发.dwg”，配合“自”功能，将其插入到客厅位置，命令行操作如下。

```
命令: _insert
    指定插入点或 [基点(B)/比例(S)/旋转(R)]:        //激活“自”功能，捕捉如图9-79所示的端点
    _from 基点: <偏移>:                          //@-535.5,187.5 Enter，插入结果如图9-79所示
```

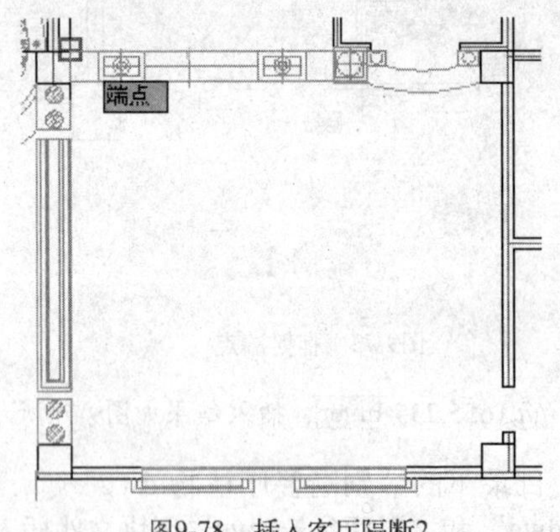

图9-78 插入客厅隔断2

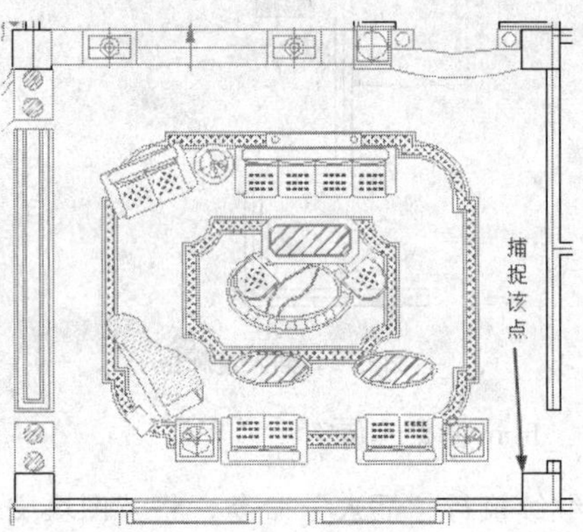

图9-79 插入别墅组合沙发

Step 10 继续使用“插入”命令，将“别墅电视墙.dwg”和“别墅客厅装饰.dwg”图块文件分别插入到客厅右墙面和下方窗户位置，完成别墅餐厅和客厅的布置，如图9-80所示。

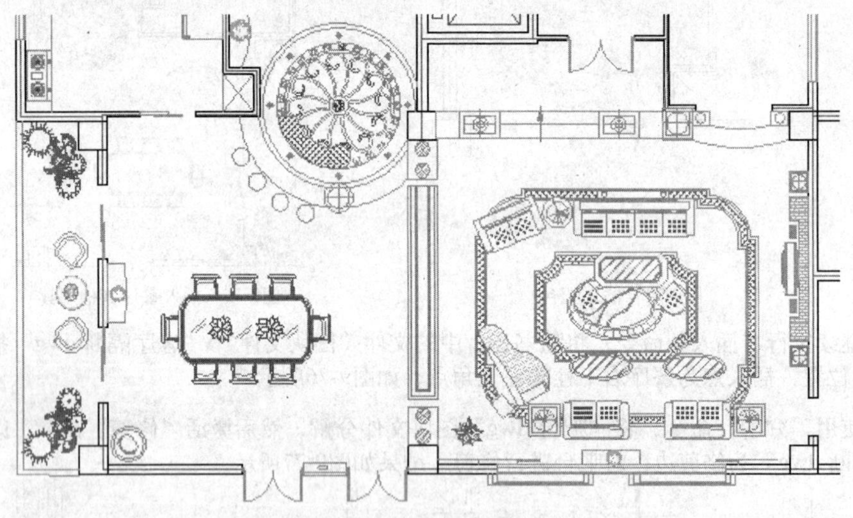

图9-80 餐厅和客厅布置图

9.3.3 绘制卧室布置图

这一节继续来绘制卧室布置图。

操作步骤

Step 01 继续上一节的操作。

Step 02 执行“插入”命令，配合“端点”捕捉和“自”功能，将随书光盘中的文件“图块文件”\“别墅双人床.dwg”插入到卧室中，命令行操作如下。

命令: _insert

指定插入点或 [基点(B)/比例(S)/旋转(R)]: //激活“自”功能，捕捉如图9-81所示的端点

_from 基点: <偏移>: //@1556,0 Enter

Step 03 继续执行“插入”命令，配合“端点”捕捉功能，分别将随书光盘“图块文件”目录下的“别墅卧室电视柜.dwg”和“别墅卧室衣柜.dwg”图块文件插入到卧室中，结果如图9-82所示。

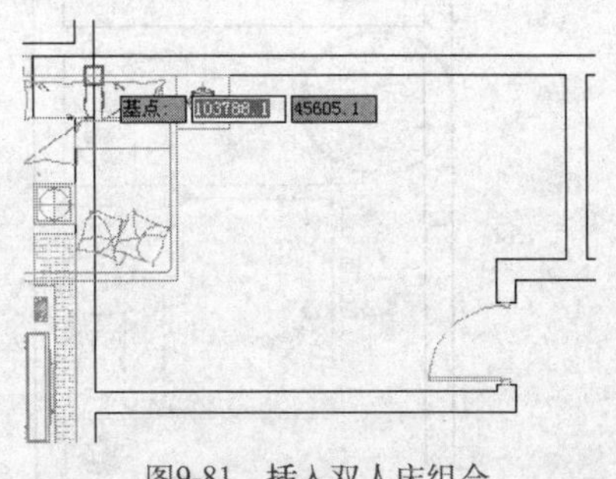

图9-81 插入双人床组合

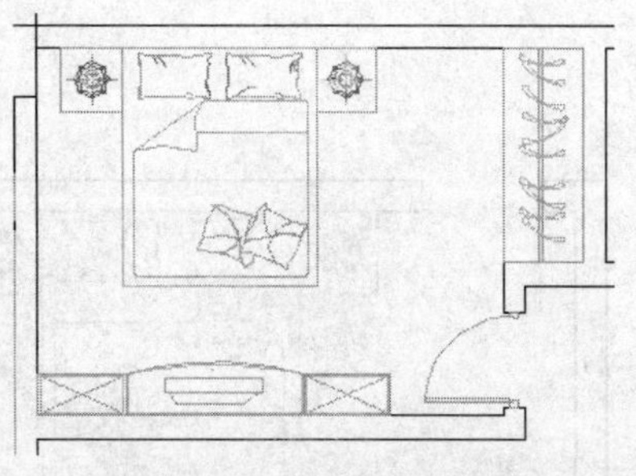
图9-82 插入电视柜和衣柜

Step 04 激活“镜像”命名，配合“中点”捕捉功能，将卧室中的双人床组合、电视柜和衣柜镜像到右边卧室中，命令行操作如下。

命令: _mirror

选择对象: //选择双人床组合、电视柜和衣柜 Enter

指定镜像线的第一点: //捕捉如图9-83所示的线的中点

指定镜像线的第二点: //@0,1 Enter

要删除源对象吗? [是(Y)/否(N)]<N>: // Enter，结束操作，镜像结果如图9-83所示

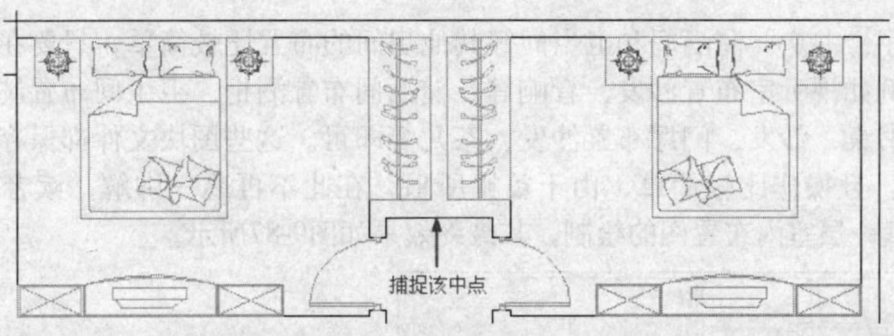

图9-83 镜像图块

Step 05 激活“复制”命令，配合“端点”捕捉、“中点”捕捉和“旋转”命令，将“别墅双人床.dwg”复制到下方两个卧室中，结果如图9-84所示。

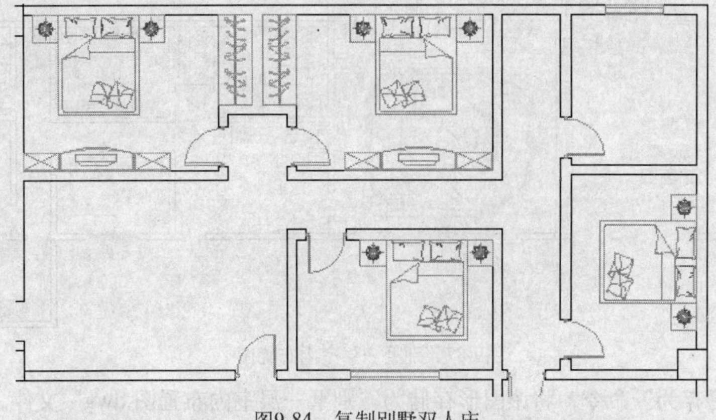
图9-84 复制别墅双人床

Step 06 继续执行“插入”命令，将“图块文件”目录下的“电视.dwg”的图块文件插入到左下方卧室左下墙角位置，如图9-85所示。

Step 07 激活“旋转”命令，将插入的“电视.dwg”和上方卧室中的“别墅卧室衣柜.dwg”图块旋转复制，然后使用“移动”命令将“电视.dwg”图块移动到右边卧室左上墙角位置，将“别墅卧室衣柜.dwg”图块移动到右边卧室右下墙位置，结果如图9-86所示。

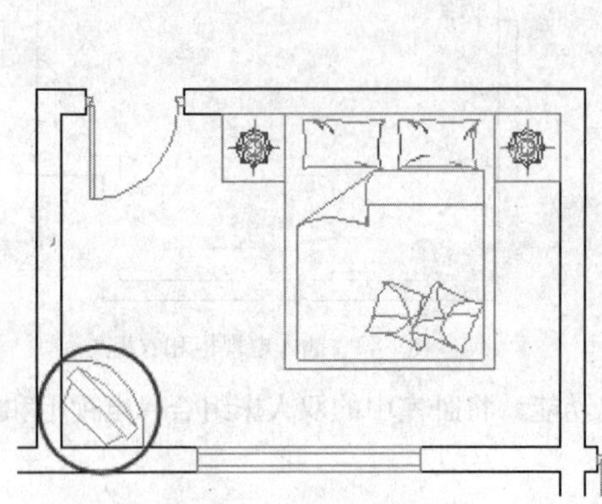

图9-85 插入电视图块

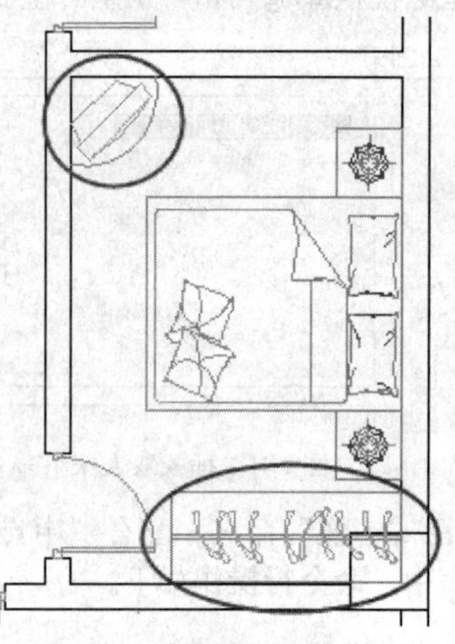

图9-86 复制电视和衣柜

Step 08 将复制的衣柜分解，激活“修剪”命令，以卧室右下墙角位置的柱轮廓作为修剪边，对衣柜进行修剪，完成卧室的布置。

9.3.4 绘制视听室、门厅、书房和储酒间等其他房间布置图

视听室、门厅、书房、储酒间和卫生间等其他房间的布置比较简单，只要在相关房间内布置相关设施即可，例如视听室布置沙发、音响等；储酒间布置酒柜、卫生间布置洗手池、马桶、浴池等，书房布置书桌、沙发、门厅布置沙发、茶几等即可。这些图块文件都保存在随书光盘“图块文件”目录下，且操作比较简单，由于篇幅所限，在此不再逐一讲解，读者可以自己尝试操作，最终完成别墅一层室内布置图的绘制，其最终效果如图9-87所示。

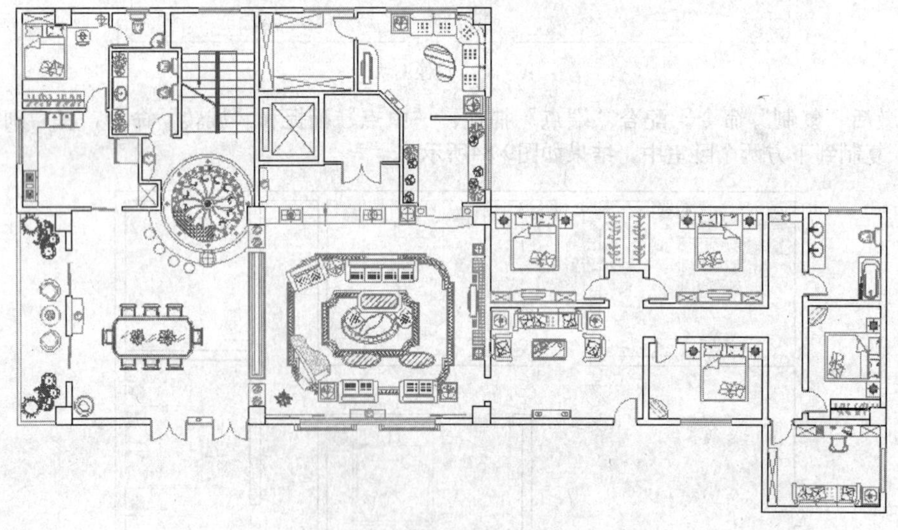

图9-87 别墅一层室内布置图

最后使用“另存为”命令，将该图形存储为“别墅一层室内布置图.dwg”文件。

9.4 绘制别墅一层地面材质图

地面材质图主要用于表达室内装修地面所用材料，在该别墅一层装修图中，地面材质主要有两种，一种是实木地板，主要用于铺装所有卧室地面和书房地面，另一种是400×400的天然大理石材质，主要用于铺装除卧室和书房之外的其他地面。另外，还有少量的其他材质，例如防滑地砖等，主要用于铺装卫生间和厨房地面。

这一节来绘制别墅一层地面材质图，其结果如图9-88所示。

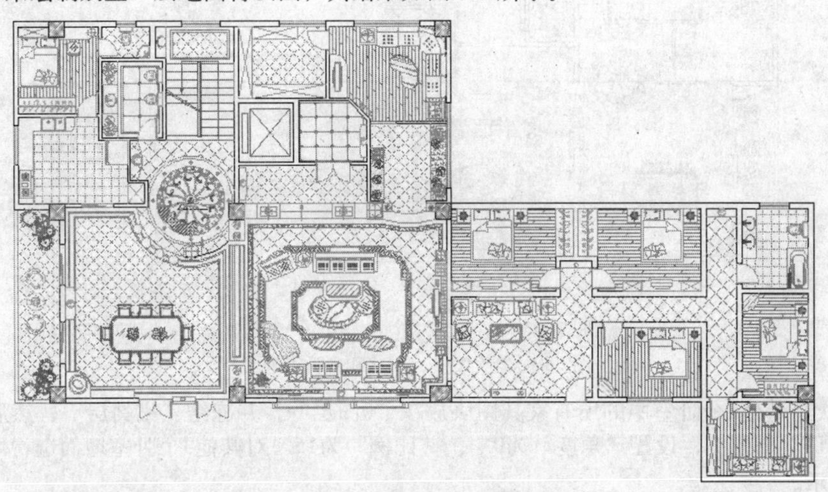

图9-88 别墅一层地面材质图

9.4.1 绘制卧室、书房和视听室地面材质图

别墅一层所有卧室地面、书房地面和视听室地面全部采用了实木地板铺装，这样既可以使这些房间地面能保持干净，同时也能起到很好的保温效果。这一节就来绘制别墅一层卧室、书房和视听室地面材质图。

操作步骤

Step 01 打开随书光盘中的文件“效果文件”\“第9章”\“别墅一层室内布置图.dwg”。

Step 02 执行“图层”命令，在打开的“图层特性管理器”面板中双击“填充层”，将其设置为当前层。

Step 03 使用命令简写L激活“直线”命令，配合捕捉功能分别将各房间两侧门洞连接起来，以形成封闭区域。

Step 04 在无命令执行的前提下，夹点显示保姆房、视听室、书房和左下方卧室中的所有家具图块，将其暂时放置在“0图层”上，然后取消对象的夹点显示，并在“图层控制”下拉列表中暂时冻结“家具层”。

Step 05 单击“绘图”工具栏上的“图案填充”按钮，激活“图案填充”命令，在打开的“图案填充和渐变色”对话框中选择名称为“DOLMIT”的图案，并设置“角度”为90°、“比例”为15，其他设置默认。

更改图层及冻结“家具层”的目的就是为了方便地面图案的填充，如果不关闭图块层，由于图块太多，会大大影响图案的填充速度。

Step 06 单击“图案填充和渐变色”对话框中的“添加:拾取点”按钮，返回绘图区，在保姆房、书房和左下方卧室地面空白区域单击，拾取填充区域，填充区域以虚线显示。

Step 07 按Enter键返回到“图案填充和渐变色”对话框，单击 确定 按钮进行填充。

Step 08 再次夹点显示保姆房、书房和左下方卧室中的所有家具图块，将其放置在“家具层”，并解冻“家具层”，效果如图9-89所示。

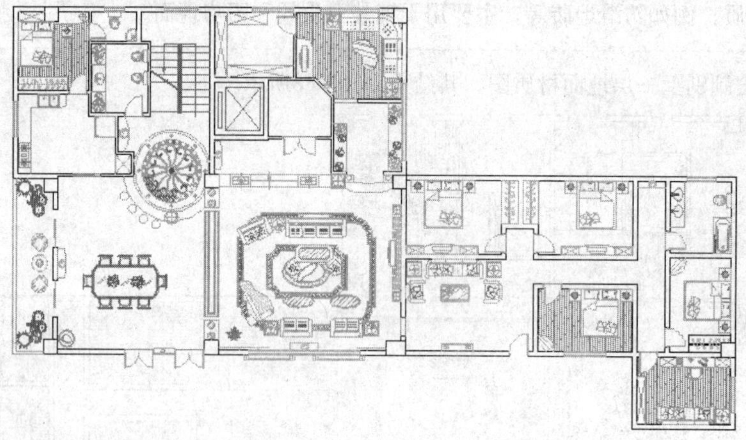

图9-89 填充卧室、书房和视听室地面

Step 09 再次将其他3个卧室中的所有家具图块放在“0图层”，并冻结“家具层”，然后选择名称为“DOLMIT”的图案，设置“角度”为0°、“比例”为15，对其他3个卧室地面进行填充，结果如图9-90所示。

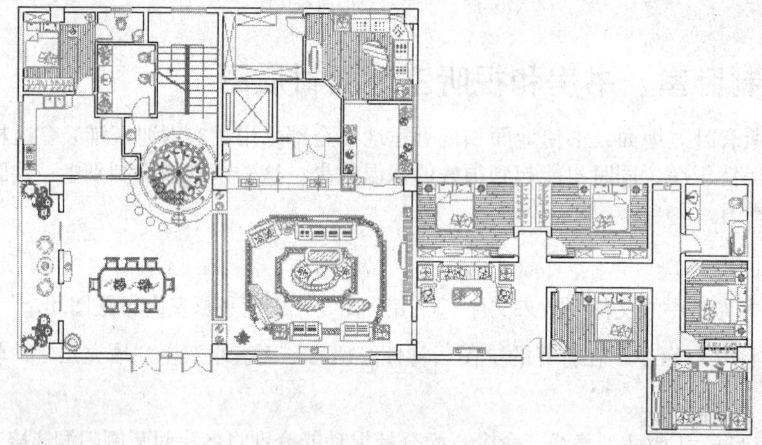

图9-90 填充其他卧室地面

至此，别墅一层卧室、书房和视听室地面材质图绘制完毕。

9.4.2 绘制厨房、卫生间、门厅等地面材质图

厨房是制作美食的地方，而卫生间是洗漱和淋浴的地方，这两个空间都是容易产生水渍、比较潮湿的空间，因此地面装修应该使用防水、防滑、易清洗的材料。另外，门厅和走廊等人员密集的地方，也应该使用耐磨的大理石材质。在该别墅空间中，厨房、卫生间、走廊等这些空间地面都使用了天然大理石材料进行装修，这样既保证了地面防水、易清洗和耐磨之外，也能和整个别墅的装修风格相融合。

这一节继续来绘制厨房、卫生间、门厅、走廊等地面材质图。

操作步骤

Step 01 继续上一节的操作。

Step 02 执行菜单栏中的“格式”|“线型”命令，在打开的“线型管理器”对话框中单击加载(L)...按钮，打开“加载或重载线型”对话框，选择名称为“DOT2”的线型，如图9-91所示。

Step 03 单击确定按钮，将该线型加载到“线型管理器”对话框，选择加载的线型，设置其“全局比例因子”为1，单击当前(C)按钮将该线型设置为当前线型，如图9-92所示。

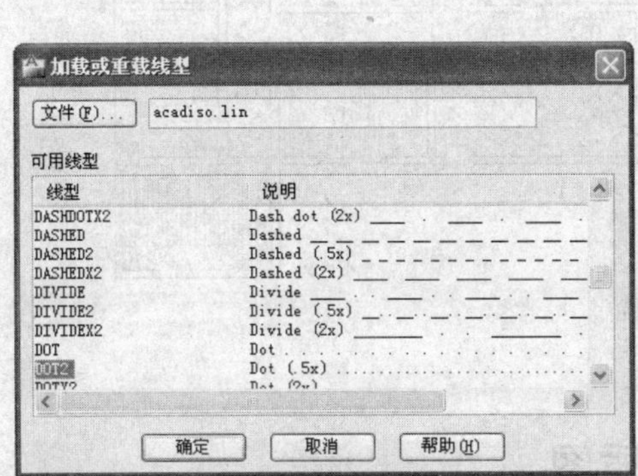

图9-91 选择线型

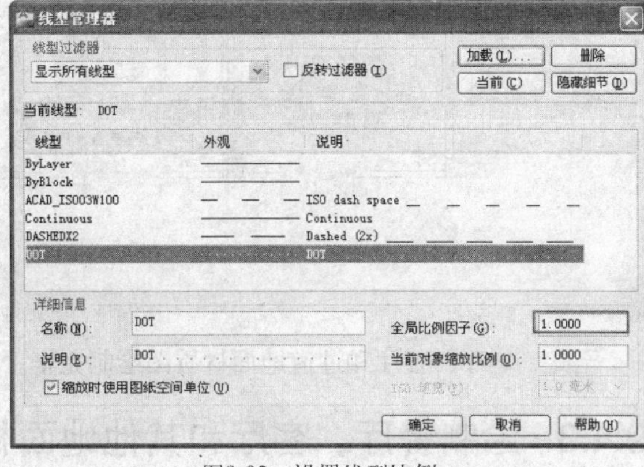

图9-92 设置线型比例

Step 04 执行“图案填充”命令，打开“图案填充和渐变色”对话框，在“类型”下拉列表中选择“用户定义”选项，然后勾选“双向”复选框，并设置“间距”为120，其他参数默认。

Step 05 单击“图案填充和渐变色”对话框中的“添加:拾取点”按钮，返回绘图区，在分别在厨房地面和右边的卫生间地面空白区域上单击拾取填充区域，填充区域以虚线显示。

Step 06 按Enter键回到“图案填充和渐变色”对话框，单击确定按钮进行填充，填充结果如图9-93所示。

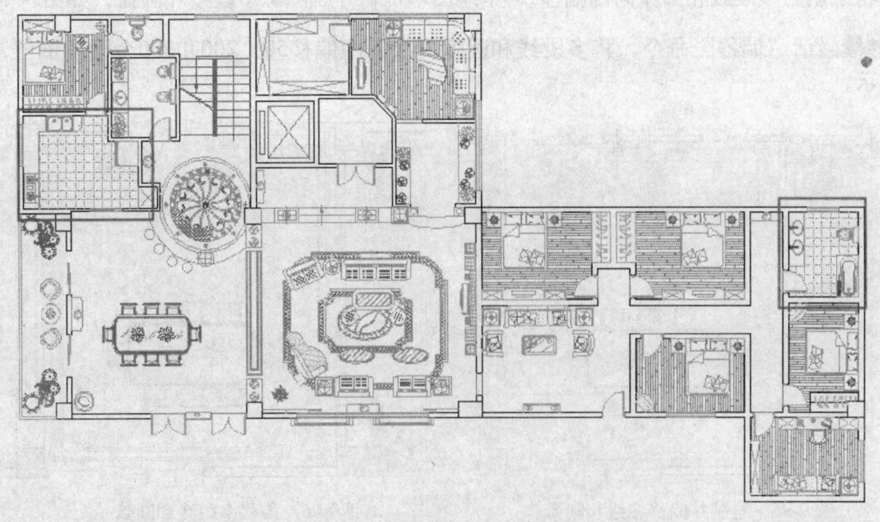

图9-93 填充厨房和卫生间地面

Step 07 继续执行“图案填充”命令，使用相同的图案，设置“角度”为45°，其他设置默认，分别在保姆卫生间地面、储酒间地面、吧台地面、电梯走廊地面、视听室走廊地面和门厅地面单击拾取填充区域，对这些区域进行填充，填充结果如图9-94所示。

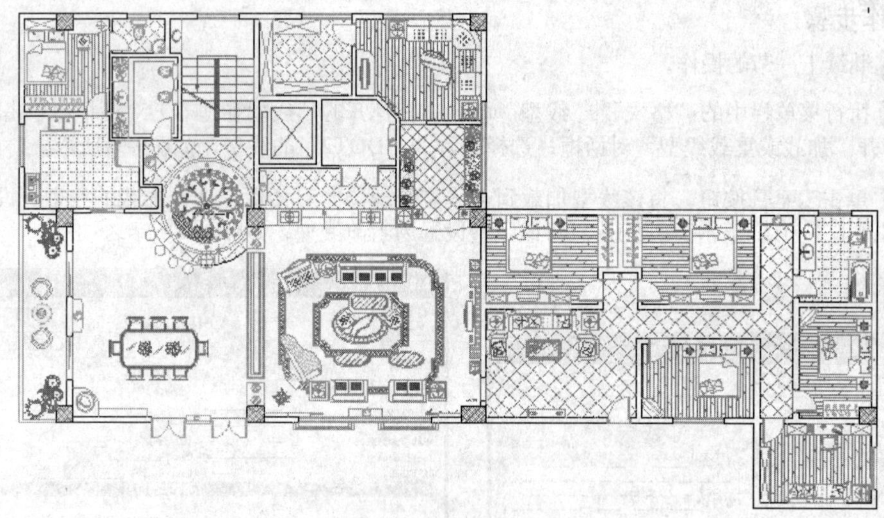

图9-94 填充地面材质

至此，客厅、餐厅和过道地面材质图绘制完毕。

9.4.3 绘制餐厅、客厅和其他地面材质图

餐厅和客厅是家人会餐、聚会、娱乐、待客的地方，这些地方同样人流较密集，对地面磨损也较大，因此，该别墅餐厅和客厅地面同样使用了天然大理石材质进行铺装。

下面继续绘制餐厅和客厅地面材质图。

操作步骤

Step 01 继续上一节的操作。

Step 02 激活“多段线”命令，配合“端点”捕捉功能，沿餐厅墙面以及吧台轮廓线绘制多段线和圆弧，然后将绘制的多段线和圆弧向内偏移150个绘图单位，并删除源多段线和圆弧，如图9-95所示。

Step 03 继续激活“偏移”命令，将多段线和圆弧再次向内偏移50、200和300个绘图单位，结果如图9-96所示。

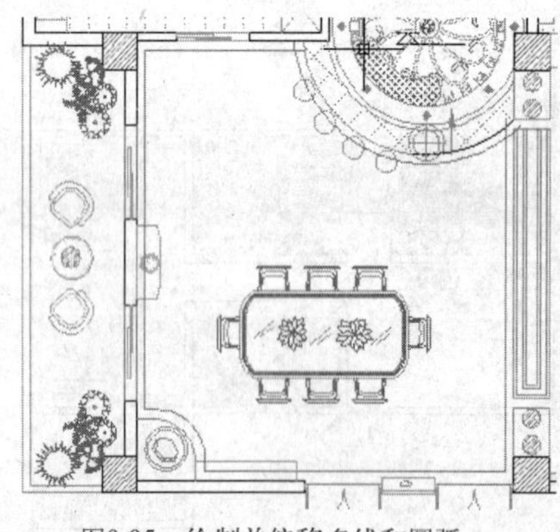

图9-95 绘制并偏移多线和圆弧

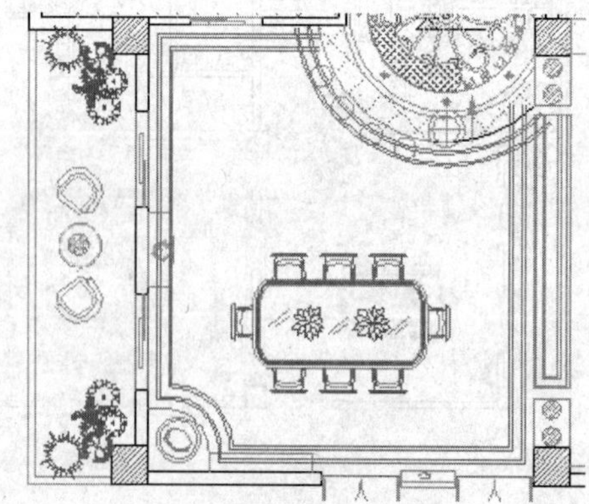

图9-96 偏移多段线和圆弧

Step 04 激活“修剪”命令，对偏移后的多段线和圆弧进行修剪，然后激活“直线”命令，补画其他图线，结果如图9-97所示。

Step 05 修改中间两条多段线和圆弧的颜色为144号颜色，然后执行“图案填充”命令，使用与填充门厅和走廊相同的图案和设置，对餐厅和阳台进行填充，填充结果如图9-98所示。

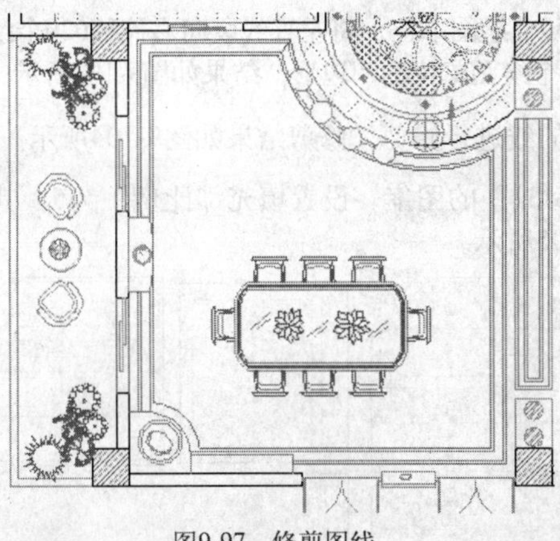
图9-97 修剪图线

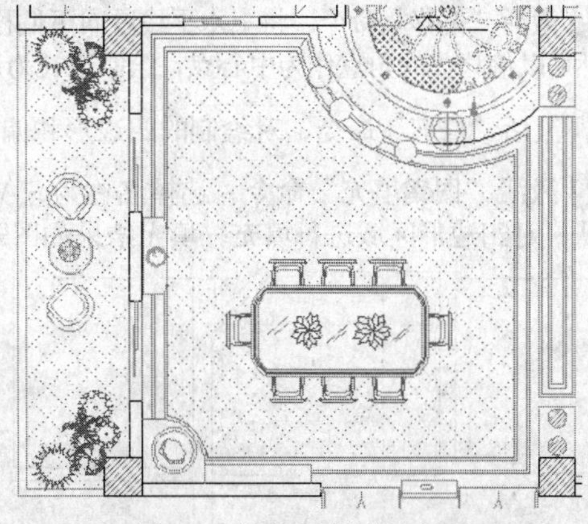
图9-98 填充餐厅和阳台地面

Step 06 继续激活“多段线”命令，配合“端点”捕捉功能，沿客厅墙面周围绘制多段线和圆弧，然后将绘制的多段线和圆弧向内偏移200个绘图单位，并删除源多段线和圆弧，如图9-99所示。

Step 07 继续激活“偏移”命令，将多段线和圆弧再次向内偏移200个绘图单位，然后使用“修剪”命令对其进行修剪，结果如图9-100所示。

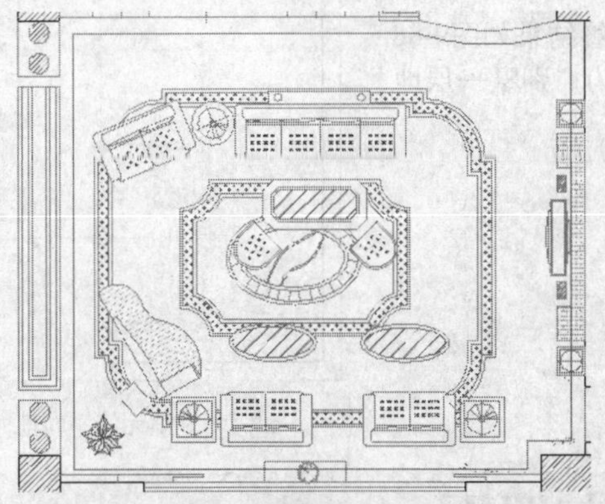
图9-99 绘制并偏移图线

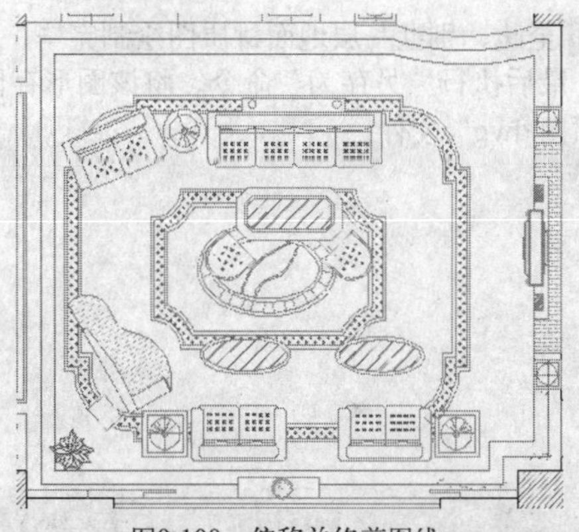
图9-100 偏移并修剪图线

Step 08 执行“图案填充”命令，选择名称为“AR-SAND”的图案，对客厅中两条多段线之间的区域进行填充，然后继续使用与填充门厅和走廊相同的图案和设置，对客厅地面进行填充，填充结果如图9-101所示。

Step 09 下面对前厅地面和洗手间地面进行填充。激活“直线”命令，配合“端点”捕捉功能，沿前厅墙面绘制多段线，并将其向内偏移50个绘图单位，然后删除源线段，如图9-102所示。

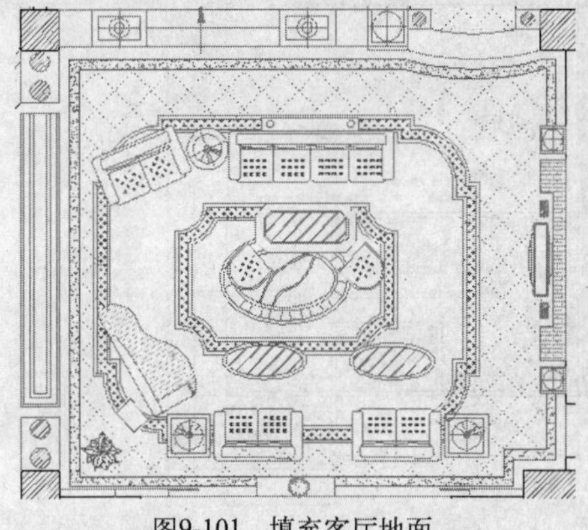
图9-101 填充客厅地面

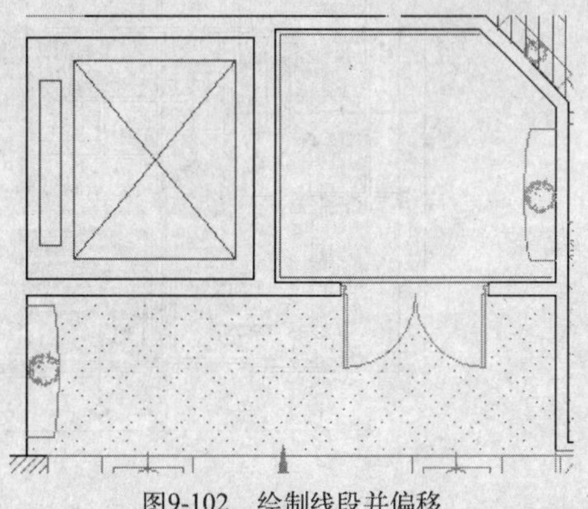
图9-102 绘制线段并偏移

01 Chapter
02 Chapter
03 Chapter
04 Chapter
05 Chapter
06 Chapter
07 Chapter
08 Chapter
09 Chapter
10 Chapter

Step 10 激活“偏移”命令，将上水平线段向下偏移550个绘图单位，将左直线段向右偏移620个绘图单位，然后以偏移线的角点作为中心点，绘制边长为100个绘图单位的四边形，结果如图9-103所示。

Step 11 激活“修剪”命令，对绘制的四边形和偏移的线进行修剪，修剪结果如图9-104所示。

Step 12 激活“图案填充”命令，选择名称为“ANSI31”的图案，设置填充“比例”为5，其他设置默认，对四边形区域进行填充，填充结果如图9-105所示。

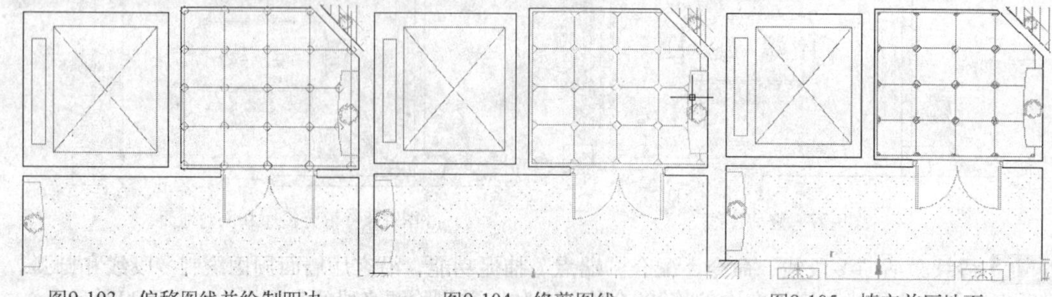

图9-103 偏移图线并绘制四边　　图9-104 修剪图线　　图9-105 填充前厅地面

Step 13 依照步骤10~13的操作，对楼梯左边的洗手间地面进行填充，结果如图9-106所示。

Step 14 至此，别墅一层地面材质图绘制完毕，最终结果如图9-88所示。最后执行“另存为”命令，将该图形存储为“别墅一层地面材质图.dwg”文件。

图9-106 填充洗手间地面

9.5 标注别墅一层室内布置图

标注室内装饰装潢布置图尺寸和材质注解等，是一幅完整的室内装饰装潢布置图不可缺少的内容。这一节继续来标注别墅一层室内布置图尺寸、材质注解和墙面投影等，其标注结果如图9-107所示。

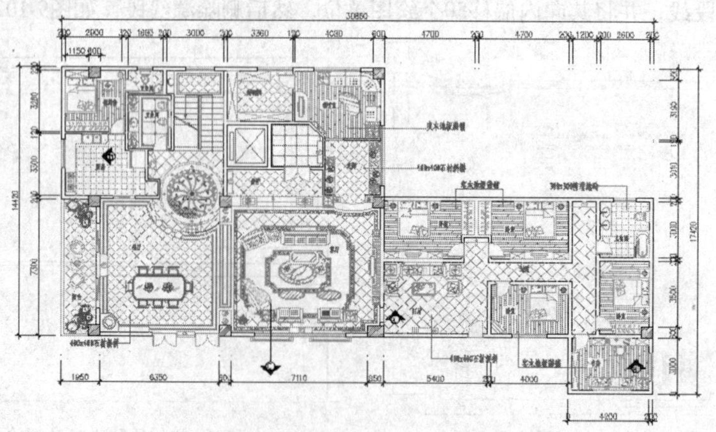

图9-107 标注别墅一层室内布置图

9.5.1 标注房间功能

这一节首先来标注别墅一层室内布置图房间功能。

操作步骤

Step 01 打开上一节所存储的“别墅一层地面材质图.dwg”文件。

Step 02 执行菜单栏中的“格式”｜“图层”命令，在打开的“图层特性管理器”面板中双击“文本层”，将其设置为当前图层。

Step 03 单击“样式”工具栏上的“文字样式”按钮，在打开的“文字样式”对话框中设置“仿宋体”为当前文字样式。

Step 04 执行菜单栏中的“绘图”｜“文字”｜“单行文字”命令，在命令行“指定文字的起点或[对正(J)/样式(S)]:”提示下，在左上角的保姆房间内适当位置上单击，拾取一点作为文字的起点。

Step 05 继续在命令行“指定高度<2.5>:”提示下，输入260并按Enter键，将当前文字的高度设置为260个绘图单位。

Step 06 在命令行“指定文字的旋转角度<0.00>:”提示下，直接按Enter键，表示不旋转文字。此时绘图区会出现一个单行文字输入框，如图9-108所示。

Step 07 在单行文字输入框中输入“保姆房”字样，然后按两次Enter键结束操作，完成对该房间功能的标注，结果如图9-109所示。

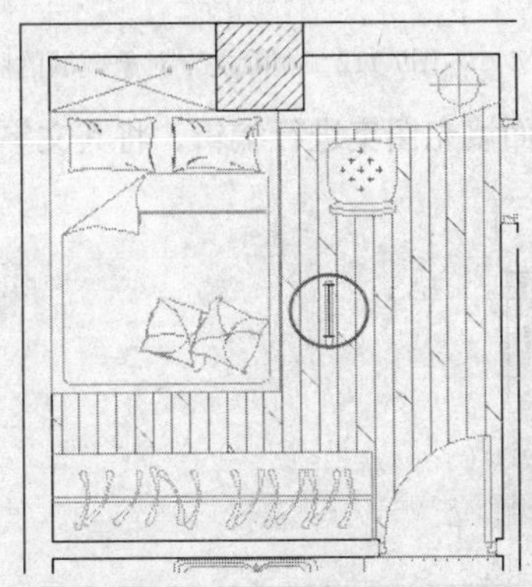

图9-108 单行文字输入框

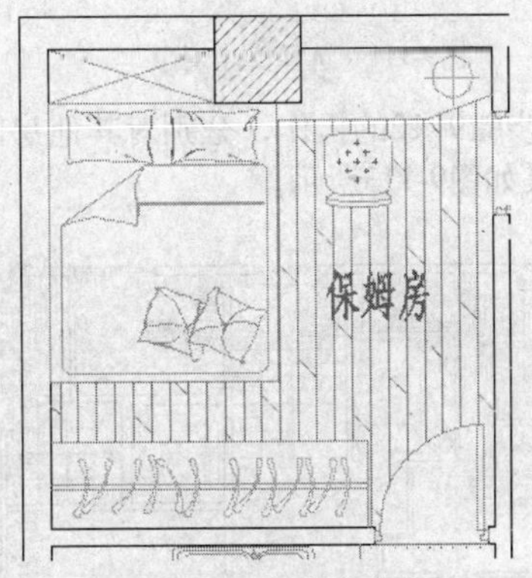

图9-109 输入文字

Step 08 采用相同的方法，继续使用“单行文字”命令，采用相同的文字样式和字体大小，标注其他各房间的房间功能，标注结果如图9-110所示。

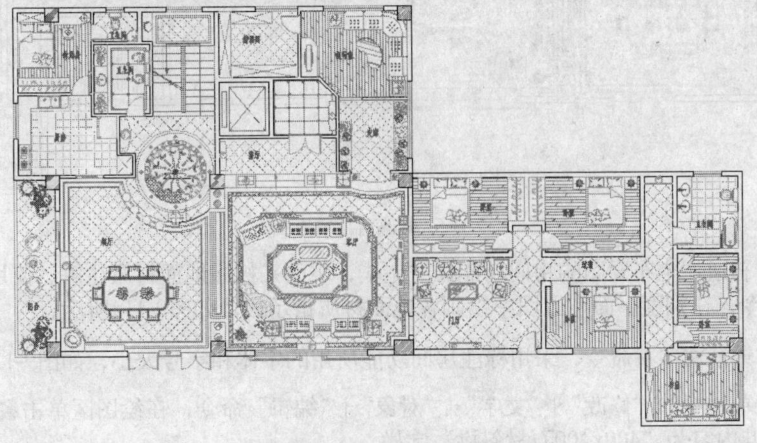

图9-110 标注房间功能的结果

Step 09 选择保姆房中的地面填充图案使其夹点显示然后右击，选择快捷菜单中的“图案填充编辑”命令。

Step 10 在打开的“图案填充编辑”对话框中单击右下角的“更多选项”按钮展开其他选项。

Step 11 在“孤岛”选项组中勾选“外部”复选框，然后单击“添加:选择对象”按钮返回到绘图区，在命令行“选择对象或[拾取内部点(K)/删除边界(B)]:”提示下，选择“保姆房”文字对象，如图9-111所示。

Step 12 按Enter键，返回到“图案填充编辑”对话框，单击确定按钮确认，结果被选择文字对象区域的图案被删除，如图9-112所示。

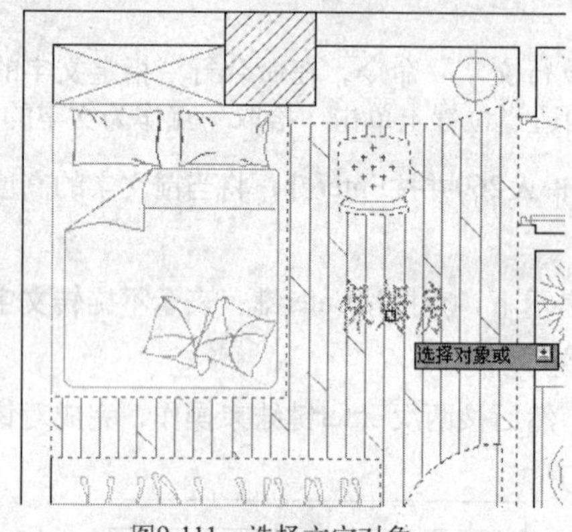

图9-111　选择文字对象

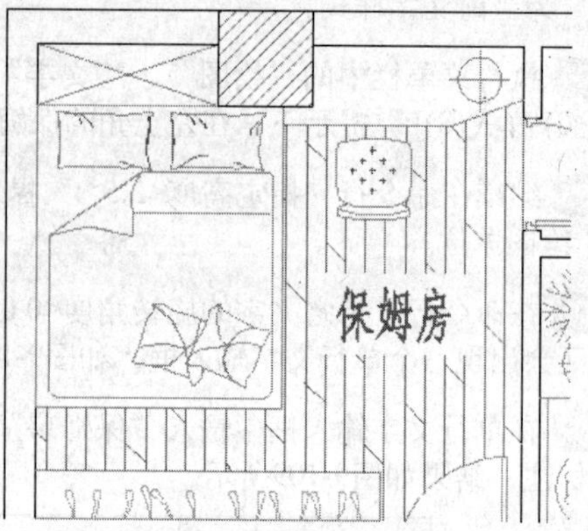

图9-112　删除文字对象区域的图案

Step 13 参照步骤9~12的操作，分别对其他房间的地面填充图案进行编辑，将其文字下方的填充图案删除，结果如图9-113所示。

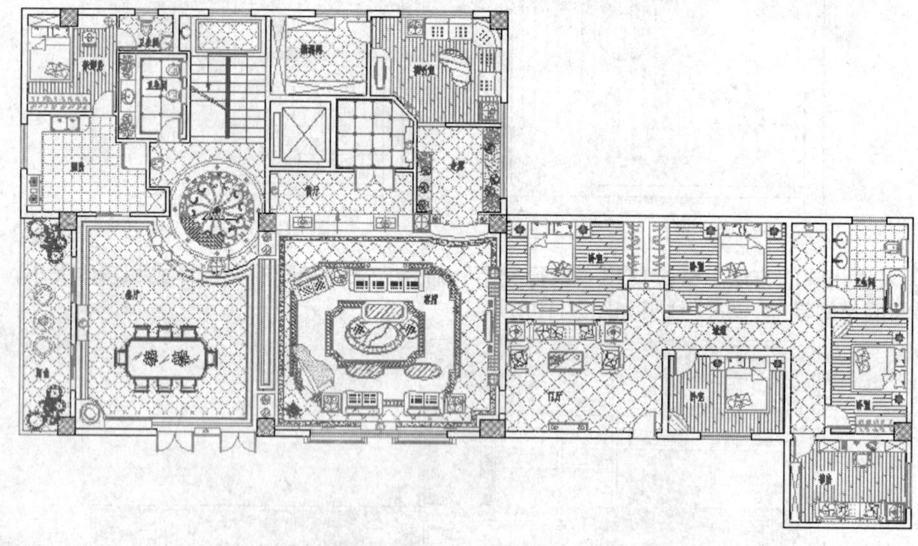

图9-113　修改其他填充图案

Step 14 至此，普通住宅布置图的房间功能标注完毕，下面来标注地面材质注解。使用命令简写L激活“直线”命令，在别墅平面布置图中绘制各地面材质指示线，如图9-114所示。

Step 15 激活“单行文字”命令，采用标注房间功能所用的字体和字号大小，如图9-115所示。

Step 16 执行菜单栏中的“修改”|“文字”|“对象”|“编辑”命令，在绘图区单击餐厅地面材质注释文字，修改其内容为“400x400石材斜拼”字样。

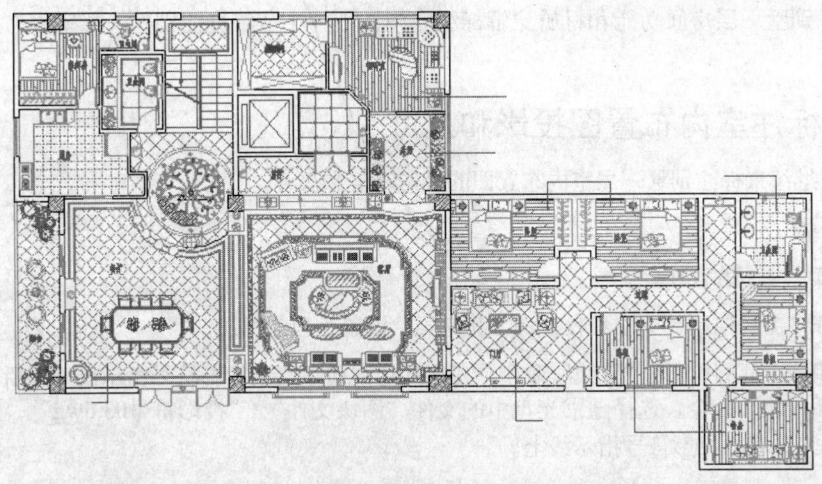

图9-114 绘制文字指示线

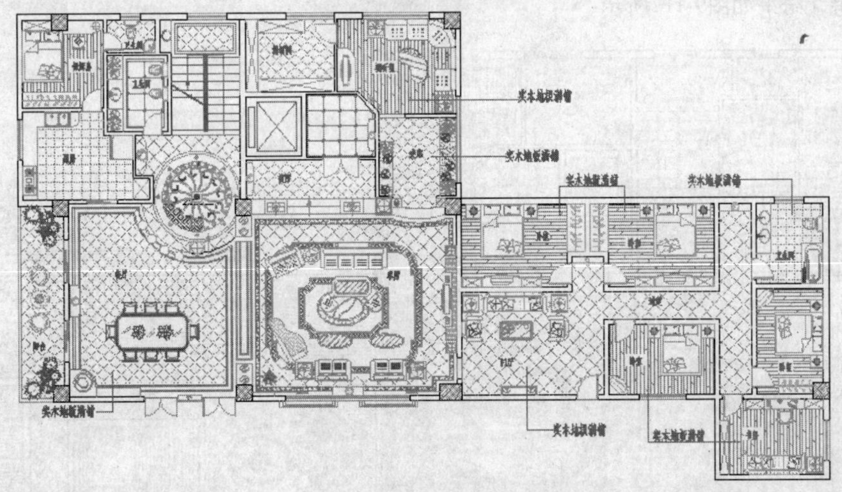

图9-115 复制文字

Step 17 采用相同的方法，修改卫生间地面材质注释内容为“300x300防滑地砖”，修改走廊材质注解内容为“400x400石材斜拼”，完成别墅一层地面材质的标注，标注结果如图9-116所示。

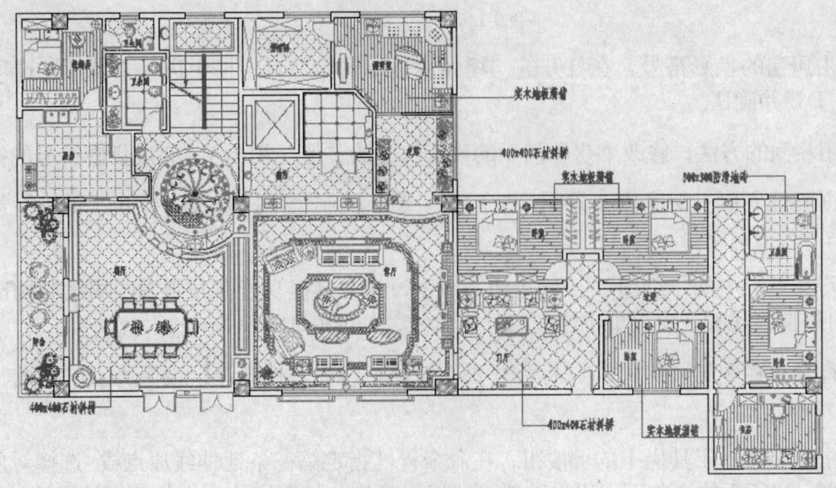

图9-116 地面材质标注结果

至此，别墅一层房间功能和材质注解标注完毕，下一小节将标注别墅一层室内布置图墙面投影符号和尺寸。

9.5.2 标注室内布置图投影和尺寸

这一节继续来标注别墅一层室内布置图的投影符号和尺寸。

操作步骤

Step 01 继续上一节的操作。

Step 02 展开“图层控制”下拉列表，将“其他层”设置为当前图层。

Step 03 使用命令简写L激活“直线”命令，在客厅房内向下绘制投影符号指示线，然后使用命令简写I激活“插入块”命令，选择随书光盘中的文件“图块文件”\“投影符号03.dwg”，采用默认参数，将其插入到客厅投影符号指示线上。

Step 04 综合应用“旋转”、“移动”和“镜像”等命令，将插入的投影符号镜像并复制到厨房、门厅和书房，结果如图9-117所示。

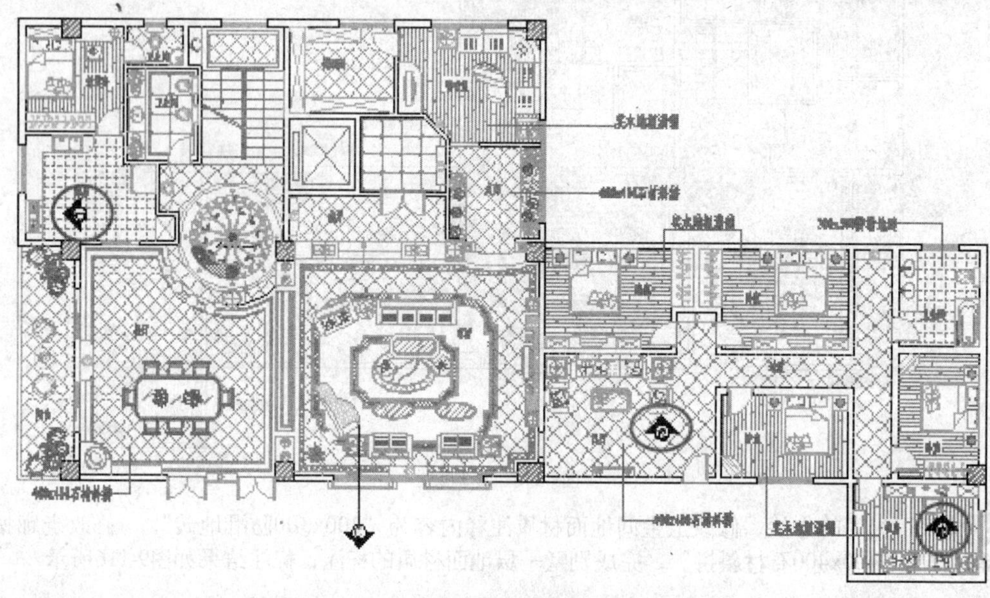

图9-117 插入投影符号

Step 05 双击厨房的投影符号，在打开的“增强属性编辑器”对话框中进入“属性”选项卡，修改“值”为“D”并确认。

Step 06 采用相同的方法，修改书房和门厅的投影符号的“值”均为A，完成投影符号的插入。

Step 07 下面标注别墅一层室内布置图尺寸。在“图层控制”下拉列表中打开“轴线层”，然后设置“尺寸层”为当前图层。

Step 08 执行菜单栏中的“绘图”|“构造线”命令，配合捕捉功能在布置图四周绘制构造线，然后将构造线向外偏移1000个绘图单位作为尺寸定位线，如图9-118所示。

Step 09 执行菜单栏中的“格式”|“标注样式”命令，将“建筑标注”设置为当前样式，同时修改标注比例为100。

Step 10 单击“标注”工具栏上的按钮，在命令行“指定第一条延伸线原点或<选择对象>:”提示下，由如图9-119所示的点向下引出追踪线，捕捉追踪线与辅助线的交点作为标注界线的起点。

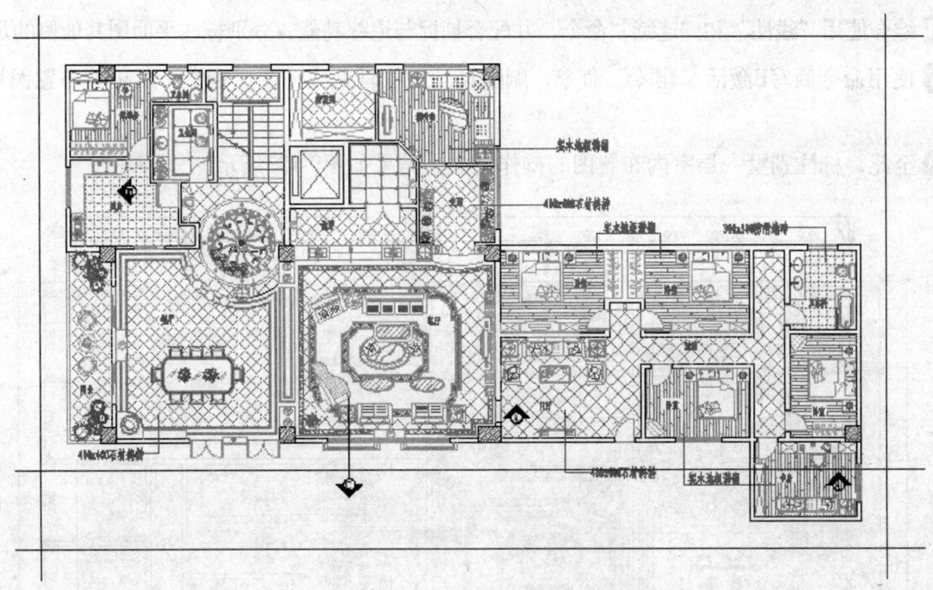

图9-118 绘制构造线

Step 11 在命令行“指定第二条延伸线原点:”提示下，由如图9-120所示的点向下引出追踪线，捕捉追踪线与辅助线的交点作为标注界线的端点。

Step 12 在命令行“指定尺寸线位置或[多行文字(M)/文字(T)/角度(A)/水平(H)/垂直(V)/旋转(R)]:”提示下，向下移动光标，输入800并按Enter键，表示尺寸线距离延伸线原点的距离为800个绘图单位，标注结果如图9-121所示。

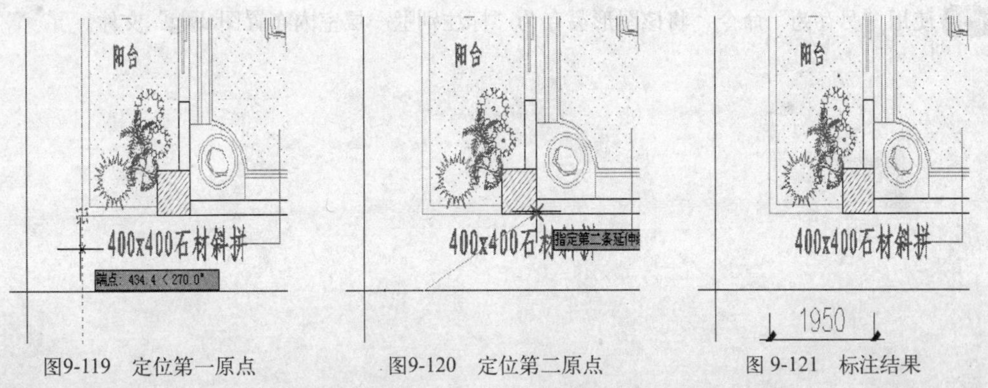

图9-119 定位第一原点　　图9-120 定位第二原点　　图 9-121 标注结果

Step 13 单击“标注”工具栏上的“连续”按钮，激活“连续”命令，在命令行“指定第二条延伸线原点或[放弃(U)/选择(S)]<选择>:”提示下，分别捕捉其他点标注连续尺寸，如图9-122所示。

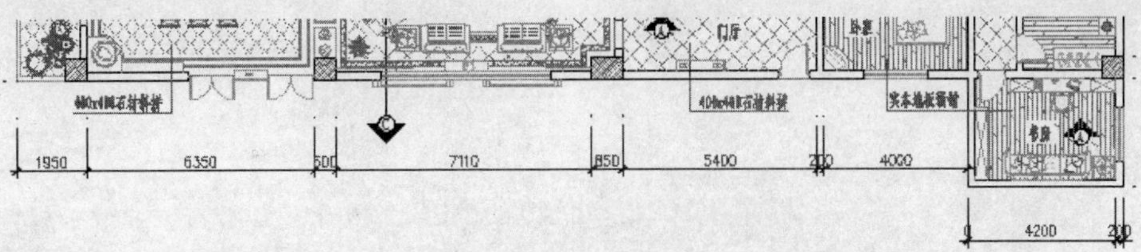

图9-122 标注连续尺寸

Step 14 连续两次按键盘上的Enter键，结束“连续”命令。

Step 15 执行“线性”命令，配合捕捉与追踪功能标注平面图下侧的总尺寸。

01 Chapter
02 Chapter
03 Chapter
04 Chapter
05 Chapter
06 Chapter
07 Chapter
08 Chapter
09 Chapter
10 Chapter

Step 16 综合使用“线性”和“连续”命令，并配合捕捉与追踪功能，分别标注平面图其他侧的尺寸。

Step 17 使用命令简写E激活“删除”命令，删除尺寸定位辅助线，完成别墅一层平面布置图尺寸的标注。

Step 18 至此，标注别墅一层室内布置图的操作完成，结果如图9-123所示。

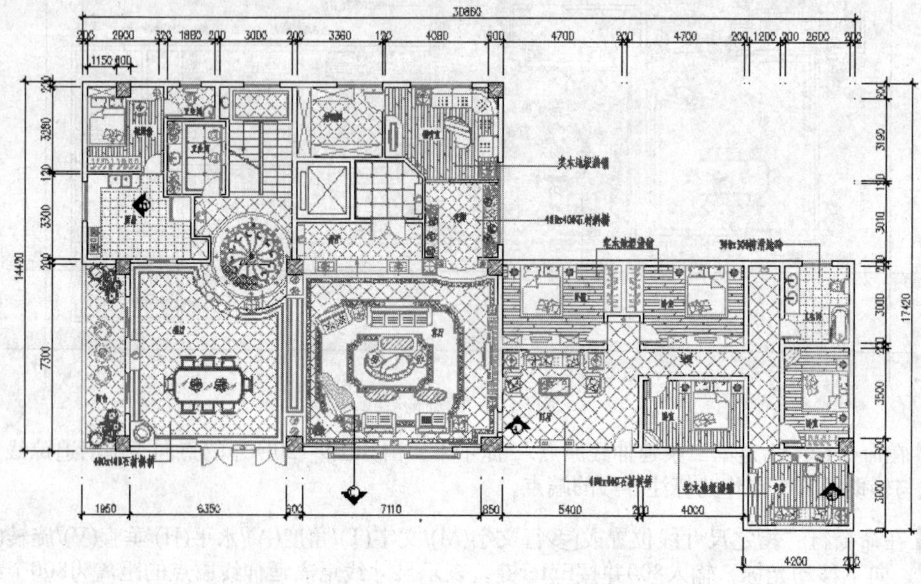

图9-123 标注别墅一层室内布置图

Step 19 使用“另存为”命令，将该图形另存为“标注别墅一层室内布置图.dwg”文件。

Chapter 10

绘制别墅一层吊顶图和立面图

吊顶图和装修立面图是室内装饰装潢中不可缺少的重要图纸，在第9章中绘制了欧式风格别墅一层室内布置图，这一章继续来绘制欧式风格别墅一层吊顶图和装修立面图，学习欧式风格别墅一层吊顶图和装修立面图的绘制方法和技巧。

重点知识导读

- 绘制别墅一层吊顶图
- 绘制别墅一层灯具图
- 绘制别墅一层餐厅立面图
- 绘制别墅一层客厅立面图

10.1 绘制别墅一层吊顶图

吊顶图与灯具图有着本质上的区别，吊顶图主要标明居室内吊顶装修所用材料以及顶棚的处理效果。在该别墅一层吊顶装修设计中，除了餐厅和卫生间吊顶使用了铝塑板材装修外，吊顶其他面积均大量使用了高档白色乳胶漆涂刷，在吊顶与墙面之间装饰了具有欧式风格的石膏装饰线条，除此再没有进行其他任何多余的修饰，整体效果简洁、明快，具有鲜明的时代感，如图10-1所示。

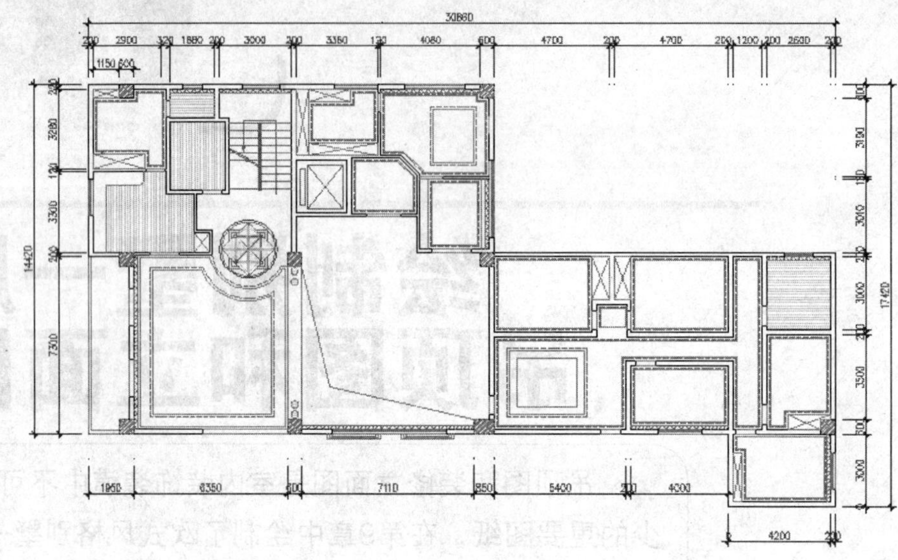

图10-1　别墅一层吊顶图

10.1.1 绘制别墅一层吊顶轮廓图

这一节首先来绘制如图10-2所示的别墅一层吊顶轮廓图。

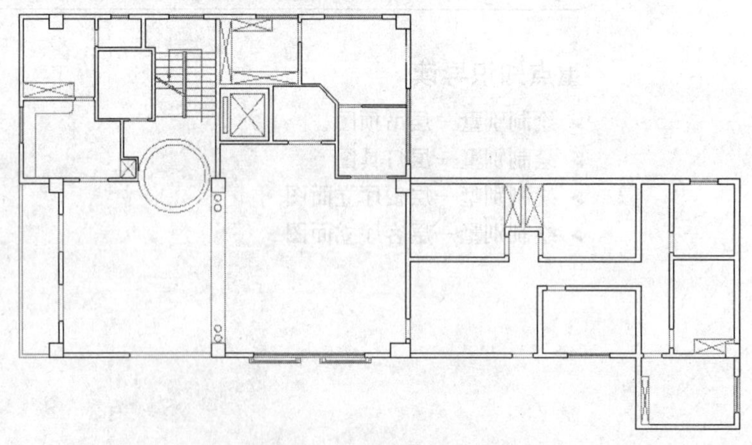

图10-2　别墅一层吊顶轮廓线

✎ 操作步骤

Step 01 打开随书光盘中的文件“效果文件”\“第9章”\“标注别墅一层室内布置图.dwg”作为当前图形文件。

Step 02 在无命令执行的前提下，选择平面图中的文字注解、单开门、双开门和推拉门，按Delete键将其删除，然后在“图层控制”下拉列表中将“吊顶层”设置为当前图层。

Step 03 激活“多段线”命令，配合“端点”捕捉功能，分别沿保姆房中的衣柜轮廓、卧室中的衣柜轮廓、书房中的书柜轮廓、储酒间中的酒柜轮廓、厨房中的灶具轮廓以及客厅和餐厅隔断轮廓绘制矩形。

Step 04 激活“圆”命令，配合“圆心”捕捉功能，在吧台位置绘制两个同心圆，然后在“图层控制”下拉列表中关闭“轴线层”、“尺寸层”、“家具层”、“其他层”和“填充层”，结果如图10-3所示。

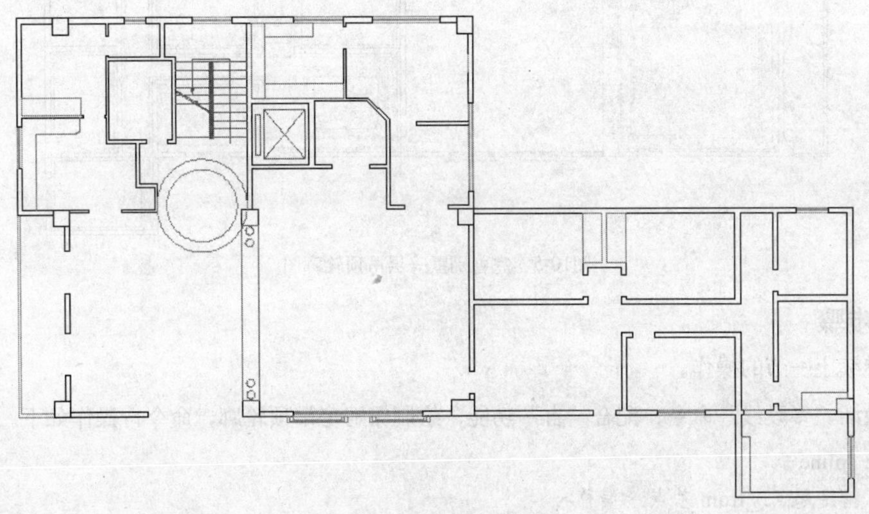

图10-3 绘制家具轮廓线

Step 05 继续在无任何命令执行的情况下，选择平面布置图中的窗线和阳台线，在“图层控制”下拉列表中选择“吊顶层”，将其放入吊顶处，结果如图10-4所示。

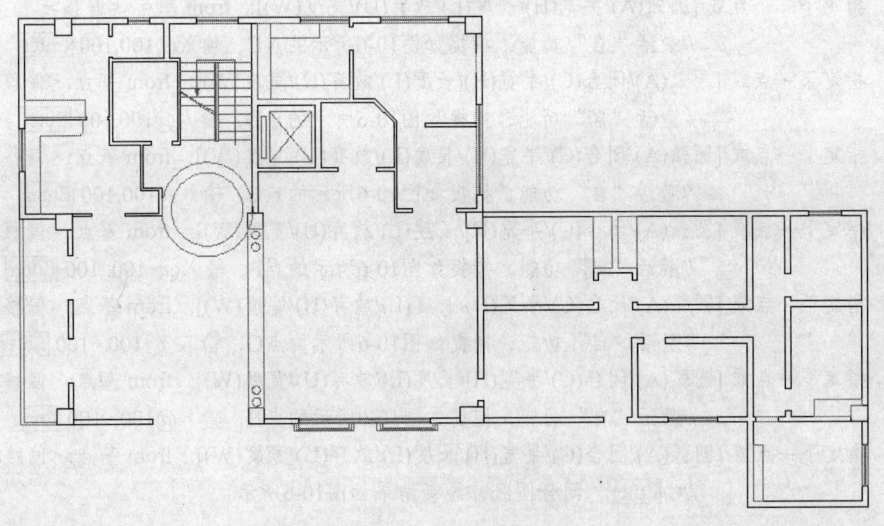

图10-4 将窗线放入吊顶层

Step 06 激活“直线”命令，配合“端点”捕捉功能，绘制衣柜、书柜和酒柜的对角线，然后在门洞位置绘制过梁底面的轮廓线，结果如图10-2所示。

至此，别墅一层吊顶轮廓图绘制完毕。

10.1.2 完善别墅一层吊顶轮廓图

这一节继续来完善别墅一层吊顶轮廓图，结果如图10-5所示。

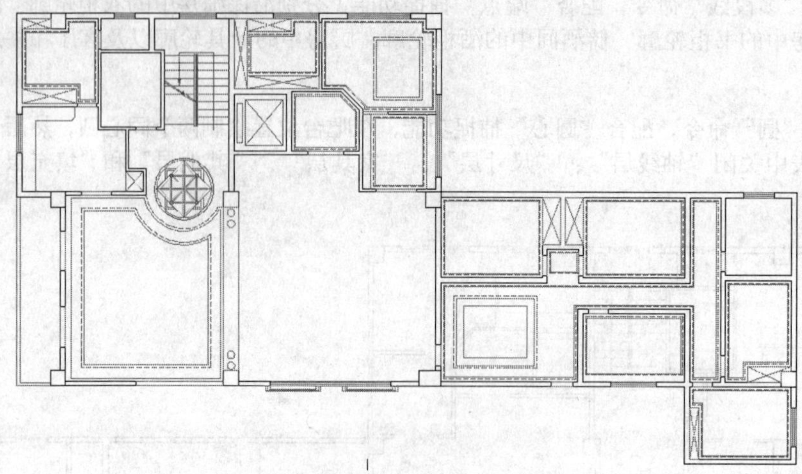

图10-5 完善别墅一层吊顶轮廓图

操作步骤

Step 01 继续上一节的操作。

Step 02 激活“多段线”命令，配合“自”功能，绘制保姆房吊顶轮廓，命令行操作如下。

命令: _pline
指定起点: _from 基点: <偏移>:
//激活“自”功能，捕捉如图10-6所示的点A，输入@100,-100 Enter
指定下一个点或 [圆弧(A)/半宽(H)/长度(L)/放弃(U)/宽度(W)]: _from 基点: <偏移>:
//激活“自”功能，捕捉如图10-6所示的点B，输入@100,-100 Enter
指定下一个点或 [圆弧(A)/半宽(H)/长度(L)/放弃(U)/宽度(W)]: _from 基点: <偏移>:
//激活“自”功能，捕捉如图10-6所示的点C，输入@100,100 Enter
指定下一点或 [圆弧(A)/闭合(C)/半宽(H)/长度(L)/放弃(U)/宽度(W)]: _from 基点: <偏移>:
//激活“自”功能，捕捉如图10-6所示的点D，输入@100,100 Enter
指定下一点或 [圆弧(A)/闭合(C)/半宽(H)/长度(L)/放弃(U)/宽度(W)]: _from 基点: <偏移>:
//激活“自”功能，捕捉如图10-6所示的点E，输入@100,100 Enter
指定下一点或 [圆弧(A)/闭合(C)/半宽(H)/长度(L)/放弃(U)/宽度(W)]: _from 基点: <偏移>:
//激活“自”功能，捕捉如图10-6所示的点F，输入@-100, 100 Enter
指定下一点或 [圆弧(A)/闭合(C)/半宽(H)/长度(L)/放弃(U)/宽度(W)]: _from 基点: <偏移>:
//激活“自”功能，捕捉如图10-6所示的点G，输入@-100,-100 Enter
指定下一点或 [圆弧(A)/闭合(C)/半宽(H)/长度(L)/放弃(U)/宽度(W)]: _from 基点: <偏移>:
//激活“自”功能，捕捉如图10-6所示的点H，输入@100,-100 Enter
指定下一点或 [圆弧(A)/闭合(C)/半宽(H)/长度(L)/放弃(U)/宽度(W)]: _from 基点: <偏移>:
//C Enter，闭合图线，绘制结果如图10-6所示

Step 03 继续激活“多段线”命令，配合“自”功能，绘制储酒间吊顶轮廓，命令行操作如下。

命令: _pline
指定起点: _from 基点: <偏移>:
//激活“自”功能，捕捉如图10-7所示的点1，输入@100,-100 Enter

指定下一个点或 [圆弧(A)/半宽(H)/长度(L)/放弃(U)/宽度(W)]: _from 基点: <偏移>:

//激活“自”功能，捕捉如图10-7所示的点2，输入@100,-100 Enter

指定下一个点或 [圆弧(A)/半宽(H)/长度(L)/放弃(U)/宽度(W)]: _from 基点: <偏移>:

//激活“自”功能，捕捉如图10-7所示的点3，输入@100,100 Enter

指定下一点或 [圆弧(A)/闭合(C)/半宽(H)/长度(L)/放弃(U)/宽度(W)]: _from 基点: <偏移>:

//激活“自”功能，捕捉如图10-7所示的点4，输入@100,100 Enter

指定下一点或 [圆弧(A)/闭合(C)/半宽(H)/长度(L)/放弃(U)/宽度(W)]: _from 基点: <偏移>:

//激活“自”功能，捕捉如图10-7所示的点5，输入@100,100 Enter

指定下一点或 [圆弧(A)/闭合(C)/半宽(H)/长度(L)/放弃(U)/宽度(W)]: _from 基点: <偏移>:

//激活“自”功能，捕捉如图10-7所示的点6，输入@-100, 100 Enter

指定下一点或 [圆弧(A)/闭合(C)/半宽(H)/长度(L)/放弃(U)/宽度(W)]: _from 基点: <偏移>:

//C Enter，闭合图线，绘制结果如图10-7所示

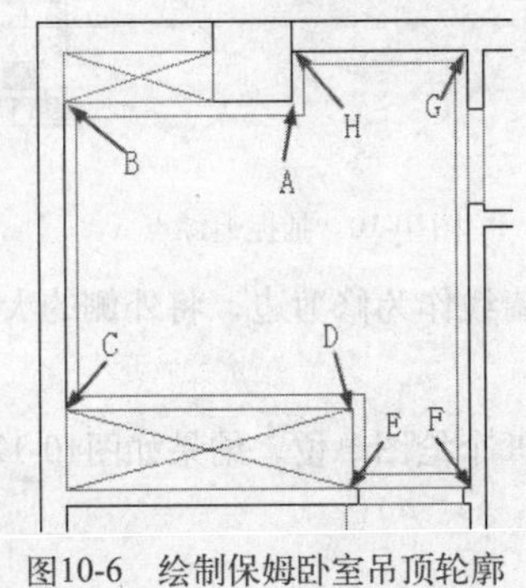

图10-6　绘制保姆卧室吊顶轮廓

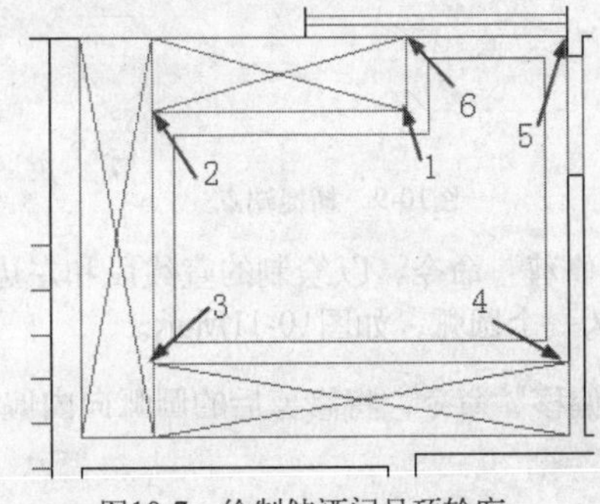

图10-7　绘制储酒间吊顶轮廓

Step 04 依照相同的方法，使用“多段线”命令，配合“自”功能，继续绘制视听室和右边的卧室中绘制吊顶轮廓。

Step 05 激活“偏移”命令，将绘制的保姆卧室、储酒间、视听室和右边卧室的吊顶轮廓分别向内偏移50个绘图单位。

Step 06 执行菜单栏中的“格式”|“线型”命令，在打开的“线型管理器”对话框中单击 加载(L)... 按钮，在打开的“加载或重载线型”对话框中加载名称为“DASHED”的线型，并设置其线型比例为15，然后关闭该对话框。

Step 07 在无任何命令执行的情况下，选择偏移出的吊顶轮廓使其夹点显示，在“线型控制”下拉列表中选择加载的“DASHED”线型，并设置线型颜色为洋红色，效果如图10-8所示。

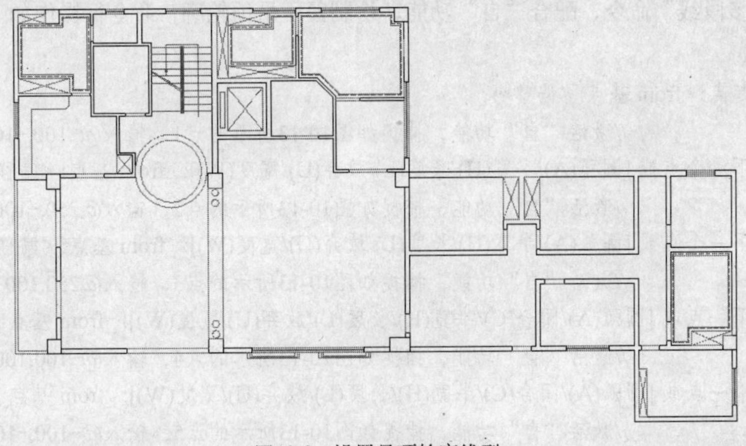

图10-8　设置吊顶轮廓线型

Step 08 下面继续来绘制餐厅吊顶轮廓。激活“直线”命令，配合“端点”捕捉和捕捉追踪功能，在吧台轮廓圆右边绘制直线，命令行操作如下。

命令: _line 指定第一点:
指定下一点或 [放弃(U)]: //捕捉如图10-9所示的端点
指定下一点或 [放弃(U)]: //向左引导光标，捕捉如图10-10所示的追踪点
指定下一点或 [放弃(U)]: //Enter，结束操作

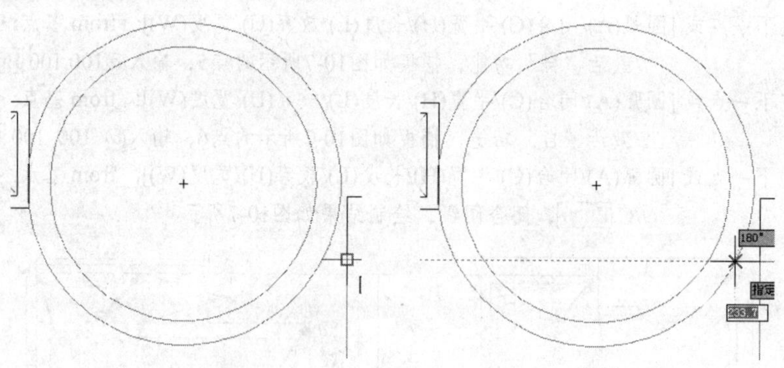

图10-9 捕捉端点 图10-10 捕捉追踪点

Step 09 激活“修剪”命令，以绘制的直线段和左边的墙线作为修剪边，将外侧的大圆上半边圆修剪掉，使其成为一个圆弧，如图10-11所示。

Step 10 激活“偏移”命令，将修剪后的圆弧向内偏移100个绘图单位，结果如图10-12所示。

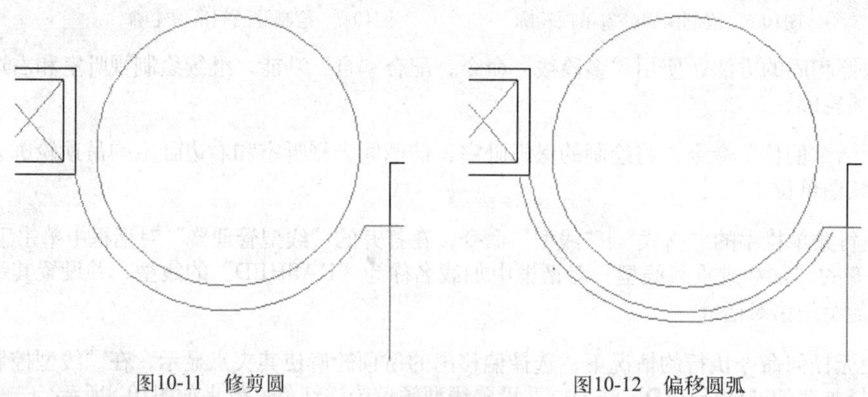

图10-11 修剪圆 图10-12 偏移圆弧

Step 11 激活“多段线”命令，配合“自”功能，绘制餐厅吊顶轮廓，命令行操作如下。

命令: _pline
指定起点: _from 基点: <偏移>:
//激活“自”功能，捕捉如图10-13所示的点1，输入@-100,-100 Enter
指定下一个点或 [圆弧(A)/半宽(H)/长度(L)/放弃(U)/宽度(W)]: _from 基点: <偏移>:
//激活“自”功能，捕捉如图10-13所示的点2，输入@250,-100 Enter
指定下一个点或 [圆弧(A)/半宽(H)/长度(L)/放弃(U)/宽度(W)]: _from 基点: <偏移>:
//激活“自”功能，捕捉如图10-13所示的点3，输入@250,100 Enter
指定下一点或 [圆弧(A)/闭合(C)/半宽(H)/长度(L)/放弃(U)/宽度(W)]: _from 基点: <偏移>:
//激活“自”功能，捕捉如图10-13所示的点4，输入@-100,100 Enter
指定下一点或 [圆弧(A)/闭合(C)/半宽(H)/长度(L)/放弃(U)/宽度(W)]: _from 基点: <偏移>:
//激活“自”功能，捕捉如图10-13所示的点5，输入@-100,-100 Enter

指定下一点或 [圆弧(A)/闭合(C)/半宽(H)/长度(L)/放弃(U)/宽度(W)]: _from 基点: <偏移>:

//向左引导光标，捕捉追踪线与偏移圆弧的交点

指定下一点或 [圆弧(A)/闭合(C)/半宽(H)/长度(L)/放弃(U)/宽度(W)]: _from 基点: <偏移>:

// Enter，结束操作，绘制结果如图10-13所示

Step 12 激活“偏移”命令，分别将多段线和圆弧向内偏移420和520个绘图单位，然后激活“修剪”命令，对偏移的图线进行修剪，最后设置偏移距离为420的多段线和圆弧的线型为“DASHED”，并设置线型颜色为洋红色，结果如图10-14所示。

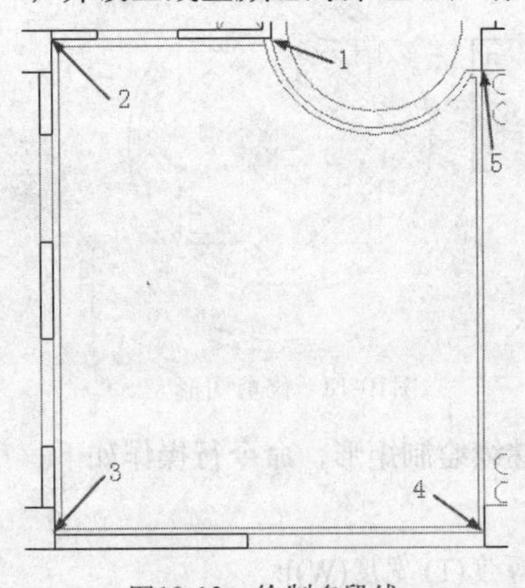

图10-13 绘制多段线

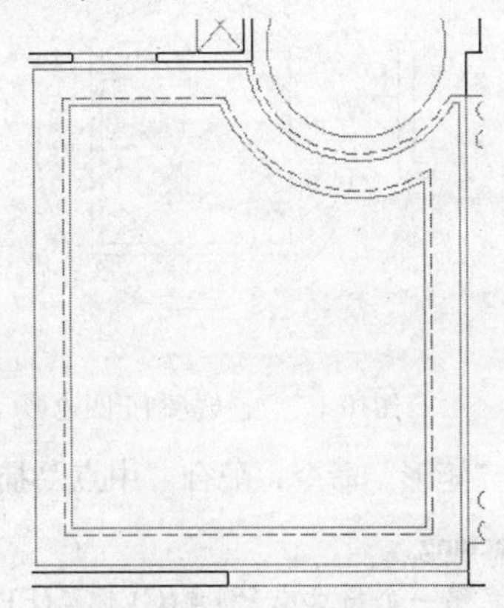
图10-14 修剪线型和颜色

Step 13 下面来绘制吧台吊顶。选择吧台位置的圆，修改其颜色为红色，然后激活“偏移”命令，将其向内偏移80个绘图单位，效果如图10-15所示。

Step 14 激活“多边形”命令，在同心圆内绘制正四边形，命令行操作如下。

命令: _polygon

输入侧面数 <4>:	// Enter
指定正多边形的中心点或 [边(E)]:	//捕捉同心圆的圆心
输入选项 [内接于圆(I)/外切于圆(C)] <I>:	// Enter
指定圆的半径:	//捕捉如图10-16所示的交点

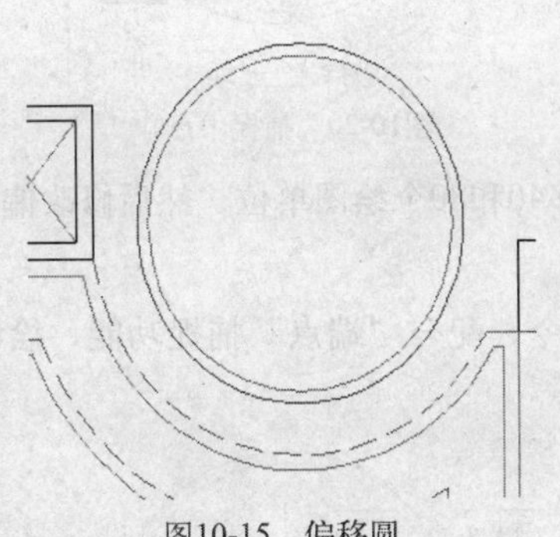
图10-15 偏移圆

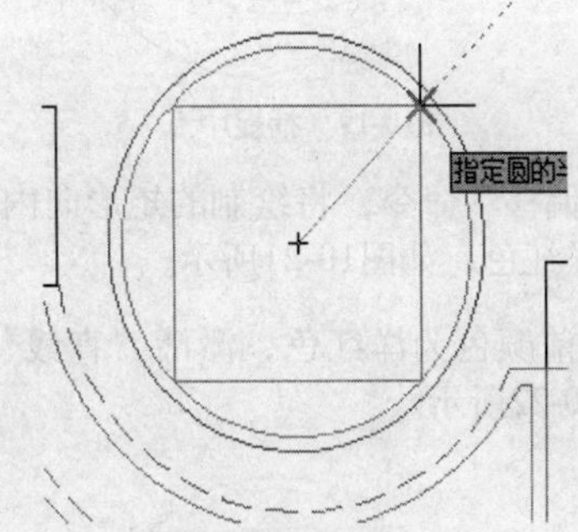

图10-16 绘制正四边形

Step 15 继续激活“偏移”命令，将绘制的正四边形向内偏移80个绘图单位，然后激活“旋转”命令，配合“圆心”捕捉功能，将两个正四边形旋转复制，命令行操作如下。

命令: _rotate

UCS 当前的正角方向: ANGDIR=逆时针 ANGBASE=0.0

选择对象: //单击选择两个正四边形

选择对象: //Enter，结束对象的选择
指定基点: //捕捉同心圆的圆心
指定旋转角度，或 [复制(C)/参照(R)] <0.0>: //C Enter
指定旋转角度，或 [复制(C)/参照(R)] <0.0>: //45 Enter，结果如图10-17所示

Step 16 激活“修剪”命令，以旋转复制的外侧正四边形作为修剪边，对源四边形进行修剪，结果如图10-18所示。

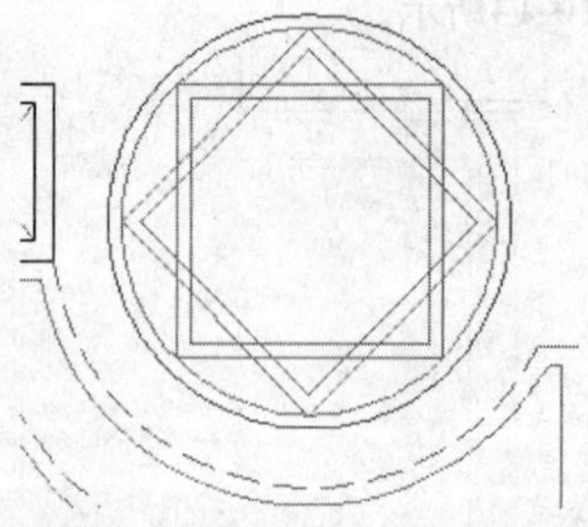
图10-17 旋转复制正四边形

图10-18 修剪图形

Step 17 激活“矩形”命令，配合“中点”捕捉功能继续绘制矩形，命令行操作如下。

命令: _rectang
指定第一个角点或 [倒角(C)/标高(E)/圆角(F)/厚度(T)/宽度(W)]:
//捕捉如图10-19所示的正四边形边的中点
指定另一个角点或 [面积(A)/尺寸(D)/旋转(R)]:
//捕捉如图10-20所示的正四边形另一条边的中点

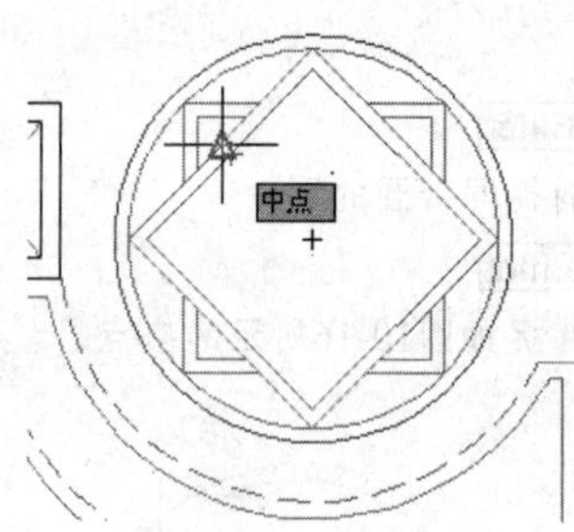

图10-19 捕捉中点

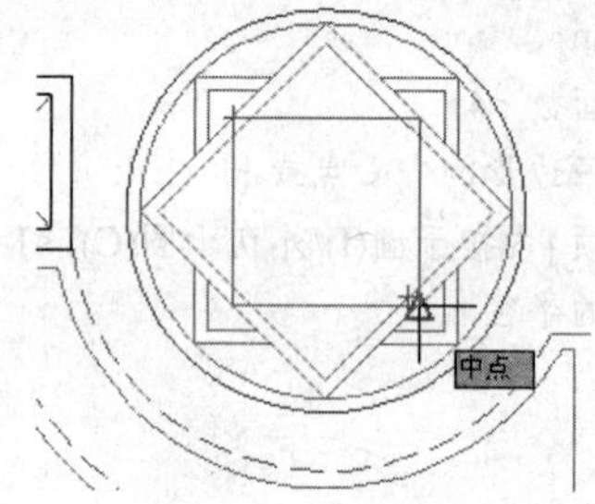

图10-20 捕捉中点

Step 18 激活“偏移”命令，将绘制的矩形向内偏移40和80个绘图单位，然后修改偏移距离为40的矩形的颜色为洋红色，如图10-21所示。

Step 19 设置当前颜色为洋红色，激活“直线”命令，配合“端点”捕捉功能，绘制图形的对角线，结果如图10-22所示。

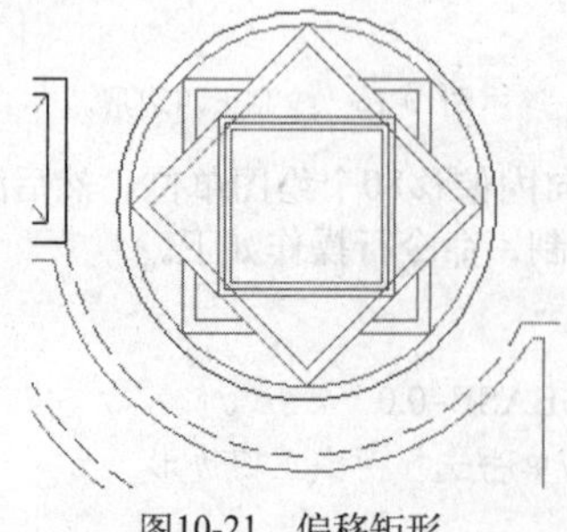
图10-21 偏移矩形

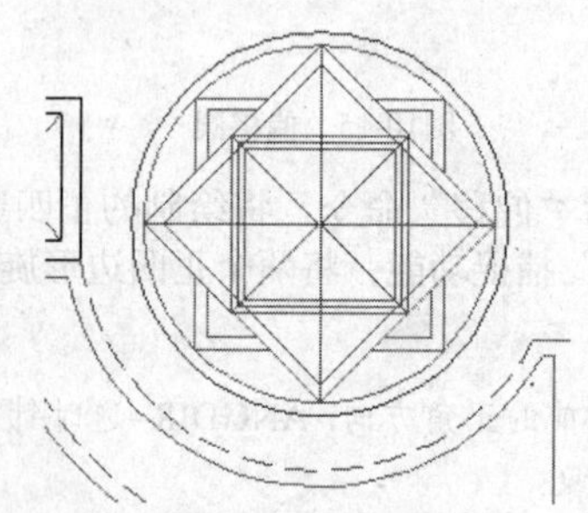
图10-22 绘制对角线

Step 20 继续激活“偏移”命令，将绘制的对角线对称偏移40个绘图单位，结果如图10-23所示。

Step 21 激活“圆”命令，配合“交点”捕捉功能，在图形上绘制半径为60的圆，命令行操作如下。

命令: _circle

指定圆的圆心或 [三点(3P)/两点(2P)/切点、切点、半径(T)]: //捕捉如图10-24所示的交点

指定圆的半径或 [直径(D)] <1190.4>: //60 Enter

图10-23 偏移对角线

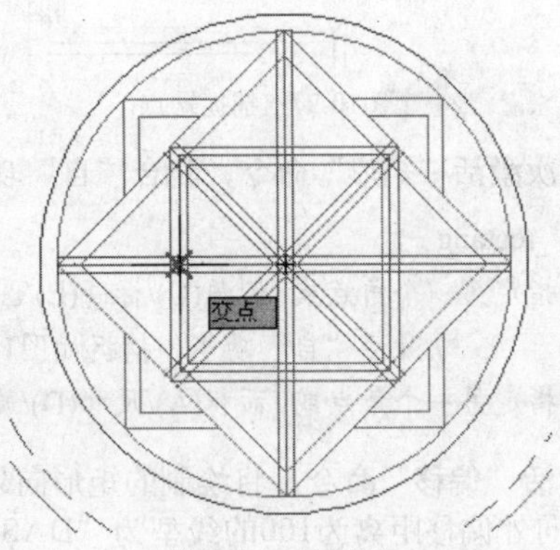

图10-24 绘制圆

Step 22 激活“复制”命令，配合“交点”捕捉功能，将绘制的圆复制到图形的其他位置，结果如图10-25所示。

Step 23 激活“修剪”命令，对图形进行修剪，然后使用“圆”命令，在图形的中心位置绘制半径为70的圆，并设置该圆的颜色与部分图线的颜色为40号颜色，修改图形中其他线型颜色为141，结果如图10-26所示。

图10-25 复制圆

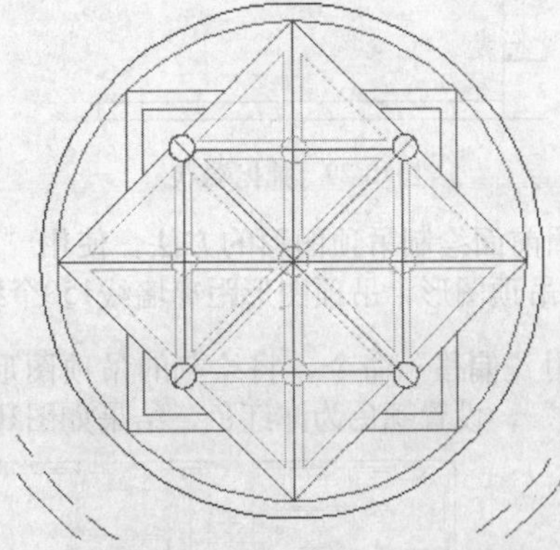

图10-26 修剪图形并设置颜色

Step 24 下面继续绘制视听室和门厅的吊顶图形。激活“矩形”命令，配合“自”功能，在视听室绘制矩形吊顶，命令行操作如下。

命令: _rectang

指定第一个角点或 [倒角(C)/标高(E)/圆角(F)/厚度(T)/宽度(W)]: _from 基点: <偏移>:

//激活“自”功能，捕捉如图10-27所示的端点，输入@0,-180 Enter

指定另一个角点或 [面积(A)/尺寸(D)/旋转(R)]: //@-1800,-2320 Enter

Step 25 激活“偏移”命令，将绘制的矩形向外偏移100个绘图单位，然后修改其线型为“DASHED”，修改线型颜色为洋红色，结果如图10-28所示。

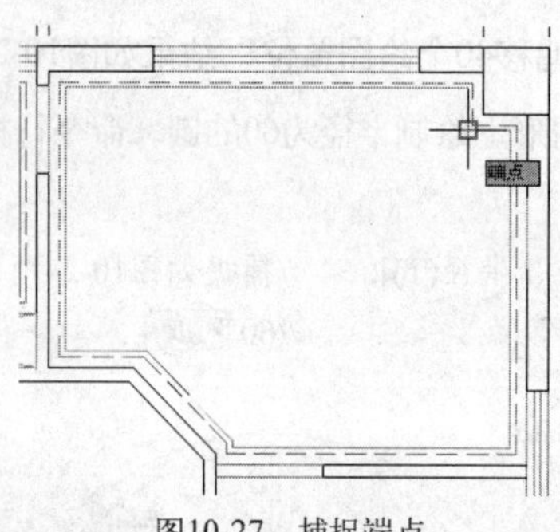

图10-27 捕捉端点

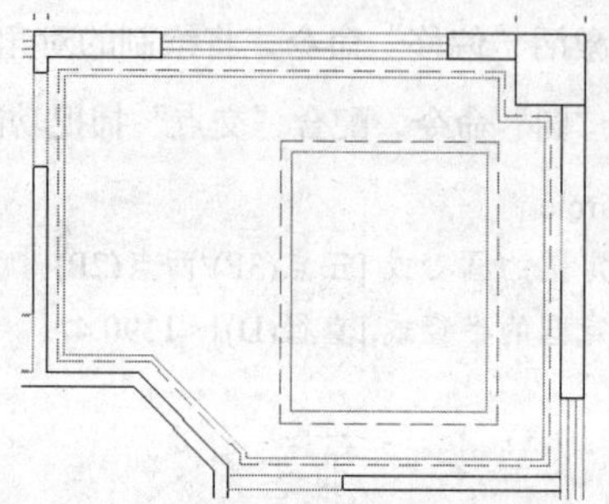

图10-28 偏移矩形并设置线型和颜色

Step 26 再次激活“矩形”命令，配合“自”功能，在门厅位置绘制矩形吊顶，命令行操作如下。

命令: _rectang

指定第一个角点或 [倒角(C)/标高(E)/圆角(F)/厚度(T)/宽度(W)]: _from 基点: <偏移>:

//激活“自”功能，捕捉如图10-29所示的端点，输入@600,-600 Enter

指定另一个角点或 [面积(A)/尺寸(D)/旋转(R)]: //@3180,-2700 Enter

Step 27 激活“偏移”命令，将绘制的矩形向外偏移100个绘图单位，并向内偏移300个绘图单位，然后修改向外偏移距离为100的线型为“DASHED”，修改线型颜色为洋红色，结果如图10-30所示。

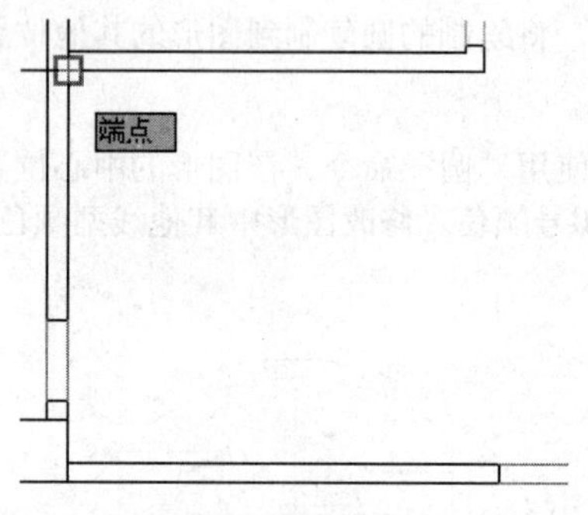

图10-29 捕捉端点

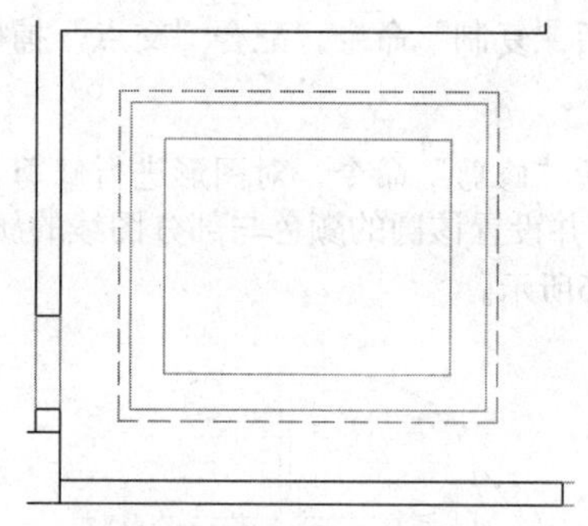

图10-30 偏移并设置线型和颜色

Step 28 依照前面绘制吊顶图形的方法，使用“矩形”和“多段线”命令，配合“自”功能，绘制其他房间的吊顶图形，吊顶图形距离墙线150个绘图单位。

Step 29 使用“偏移”命令，将绘制的吊顶图形向外偏移50个绘图单位，并设置偏移线的线型为“DASHED”，设置颜色为洋红色，结果如图10-31所示。

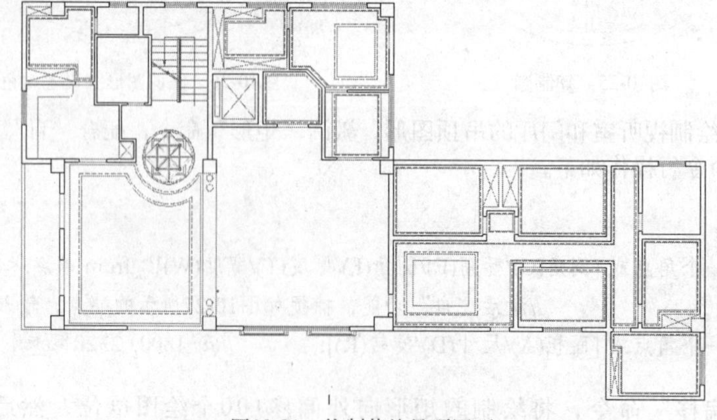

图10-31 绘制其他吊顶图形

至此，别墅一层吊顶轮廓图绘制完毕，在下一节将绘制窗帘、窗帘盒，并填充吊顶图案。

10.1.3 绘制窗帘并填充吊顶图案

这一节继续绘制别墅一层吊顶图中的窗帘，并为吊顶图填充图案。

操作步骤

Step 01 继续上一节的操作。

Step 02 激活“直线”命令，配合“自”功能，绘制餐厅窗帘盒轮廓线。命令行操作如下。

```
命令: _line
    指定第一点: _from 基点: <偏移>:
                        //激活“自”选项，捕捉如图10-32所示的端点，输入@150, 0 Enter
    指定下一点或 [放弃(U)]: _from 基点: <偏移>: //向下引导光标，捕捉追踪线与下墙线的交点
```

Step 03 激活“偏移”命令，将绘制的窗帘盒轮廓线向内偏移75个绘图单位，作为窗帘轮廓线。

Step 04 执行菜单栏中的“格式”|“线型”命令，打开“线型管理器”对话框，单击 加载(L)... 按钮，在弹出的“加载或重载线型”对话框中选择“ZOGZAG”线型，同时设置其线型比例因子为10。

Step 05 关闭“线型管理器”对话框，在绘图区选择偏移的窗帘轮廓线，在“特性”工具栏中修改窗帘的线型为加载的“ZOGZAG”线型，并设置线型颜色为洋红色，结果如图10-33所示。

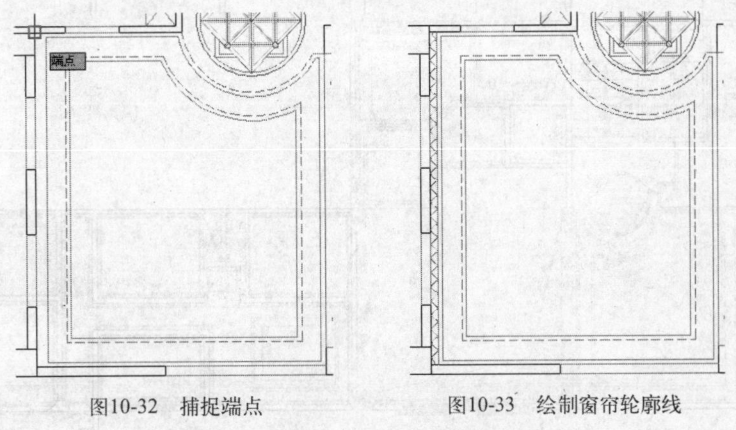

图10-32 捕捉端点　　图10-33 绘制窗帘轮廓线

Step 06 采用相同的方法，绘制其他房间的窗帘盒轮廓线和窗帘轮廓线，结果如图10-34所示。

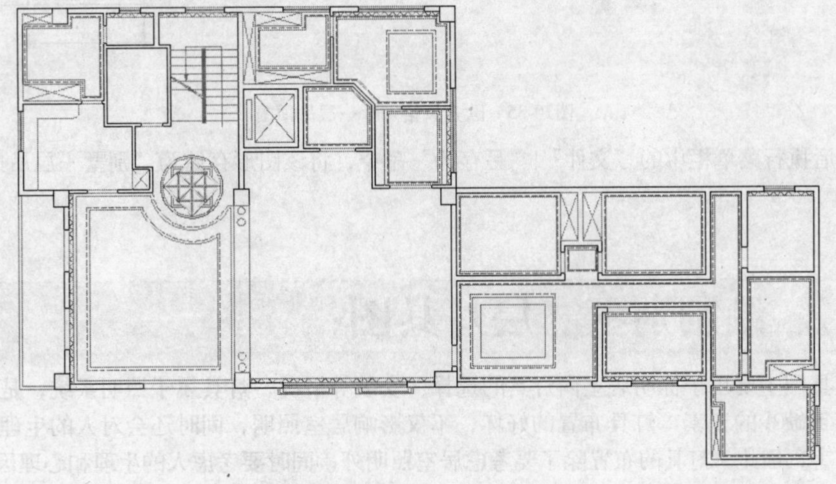

图10-34 绘制其他窗帘盒与窗帘

Step 07 下面绘制吊顶图案。设置当前颜色为141号色，使用命令简写H激活“图案填充”命令，打开“图案填充和渐变色”对话框，在“类型”下拉列表中选择“用户定义”选项，设置“间距”为120，其他设置默认。

Step 08 单击“图案填充和渐变色”对话框中的“添加:拾取点”按钮返回绘图区，分别在保姆卫生间和最右边的公用卫生间吊顶位置单击拾取填充区域，填充区域显示虚线。

Step 09 按Enter键返回“图案填充和渐变色”对话框，单击 确定 按钮确认，为保姆卫生间和该公用卫生间吊顶填充图案。

Step 10 继续执行“图案填充”命令，选择“用户定义”图案，设置“间距”为120，“角度”为90°，对厨房和另一个卫生间吊顶填充图案。

Step 11 继续使用“填充”命令，选择名称为“ANSI31”的图案，设置“比例”为15，其他设置默认，对立柱进行填充。

Step 12 激活“直线”命令，在客厅吊顶位置绘制吊顶示意线，最后在“图层控制”下拉列表中取消“尺寸层”的隐藏，完成欧式风格别墅一层吊顶图的绘制，结果如图10-35所示。

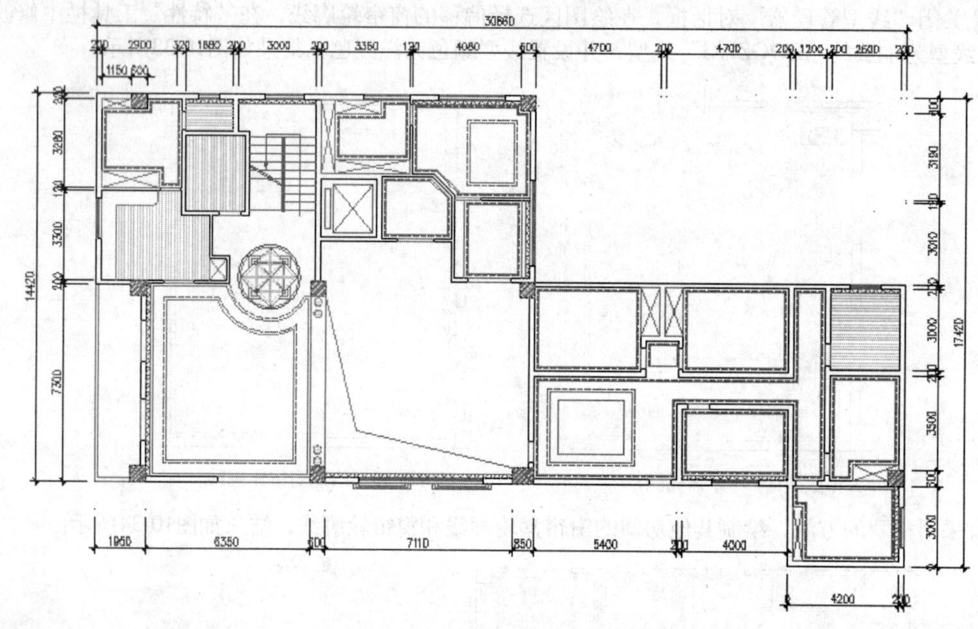

图10-35　欧式风格别墅一层吊顶图

Step 13 最后执行菜单栏中的“文件”|“另存为”命令，将该图形存储为“别墅一层吊顶图.dwg”文件。

10.2 绘制别墅一层灯具图

灯具图主要用于标明居室内灯具的选择、安装等情况，灯具属于照明系统，是室内装饰中不可缺少的元素，灯具布置的好坏，不仅影响居室照明，同时还会对人的生理和心理造成伤害，因此，灯具的布置除了要考虑居室照明外，同时要考虑人的生理和心理因素。

这一节继续来绘制如图10-36所示的别墅一层灯具图。

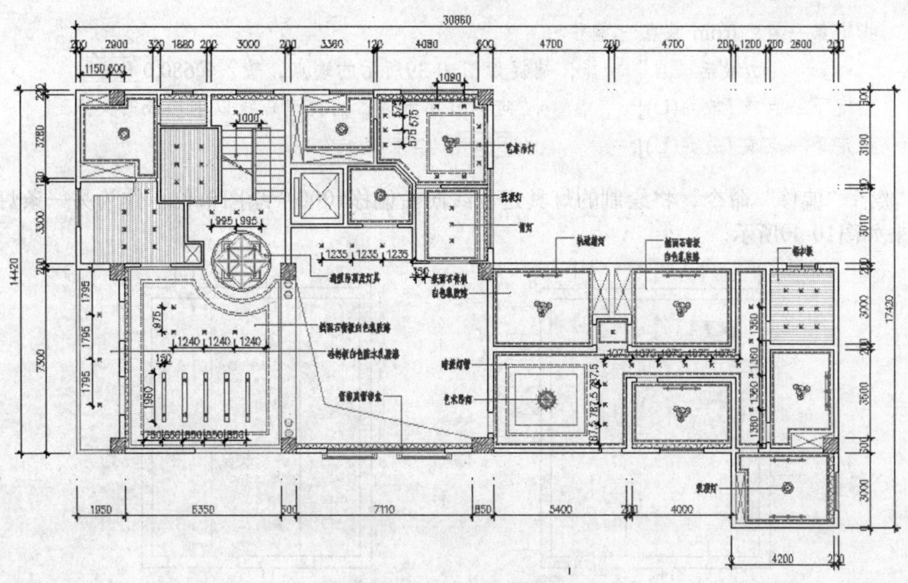

图10-36 别墅一层灯具图

10.2.1 绘制灯具定位线

在布置室内灯具时，可以首先绘制出灯具定位线，灯具定位线起到了为灯具定位的作用，是布置灯具时不可缺少的参照物。这一节首先来绘制灯具定位线。

操作步骤

Step 01 执行菜单栏中的“文件”|“打开”命令，打开随书光盘中的文件“效果文件”\“第10章”\“别墅一层吊顶图.dwg”。

Step 02 在“图层控制”下拉列表中将“尺寸层”暂时隐藏，新建名称为“灯具层”的新图层，设置其颜色为200号颜色，并将其设置为当前层。

Step 03 激活“直线”命令，配合“自”功能在楼梯平台位置绘制灯具定位线，命令行操作如下。

命令: _line

指定第一点: _from 基点: <偏移>:

//激活“自”功能，捕捉如图10-37所示的端点，输入@0,-525 Enter

指定下一点或 [放弃(U)]: //向右引导光标，捕捉如图10-38所示的交点

指定下一点或 [放弃(U)]: // Enter，结束操作

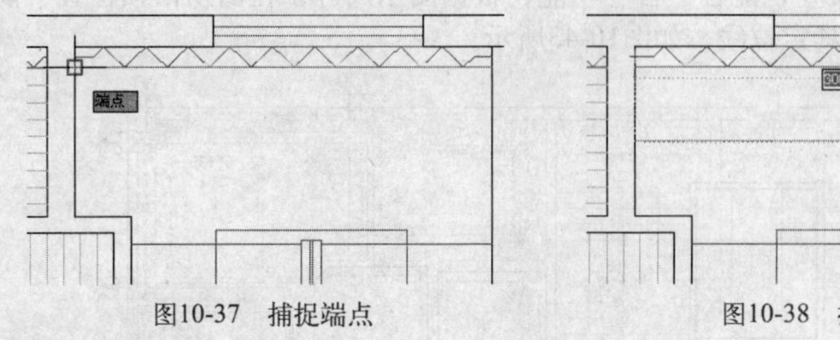

图10-37 捕捉端点　　图10-38 捕捉交点

Step 04 继续激活“直线”命令，配合“自”功能，在楼梯左边的卫生间内绘制灯具定位线，命令行操作如下。

命令: _line

指定第一点: _from 基点: <偏移>:

//激活“自”功能，捕捉如图10-39所示的端点，输入@680,0 Enter

指定下一点或 [放弃(U)]: //向下引导光标，捕捉追踪线以下墙线的交点

指定下一点或 [放弃(U)]: // Enter，结束操作

Step 05 激活“偏移”命令，将绘制的灯具定位线向右偏移1000个绘图单位，作为另一条灯具定位线，结果如图10-40所示。

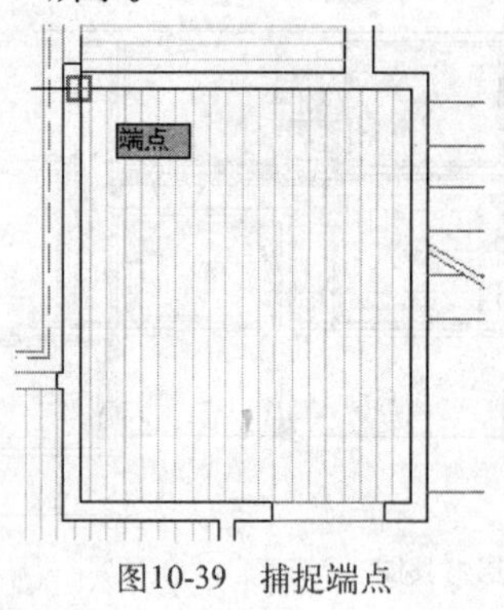

图10-39 捕捉端点

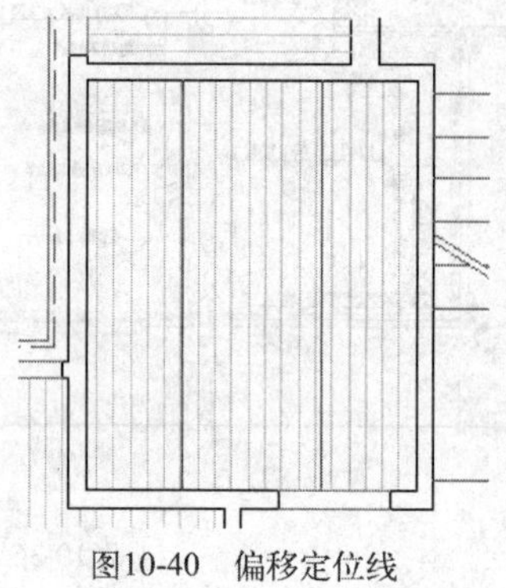

图10-40 偏移定位线

Step 06 继续激活“直线”命令，配合“自”功能，在吧台吊顶位置绘制灯具定位线，命令行操作如下。

命令: _line

指定第一点: _from 基点: <偏移>:

//激活“自”功能，捕捉如图10-41所示的端点，输入@0,-350 Enter

指定下一点或 [放弃(U)]: //向右引导光标，捕捉如图10-42所示的交点

指定下一点或 [放弃(U)]: // Enter，结束操作

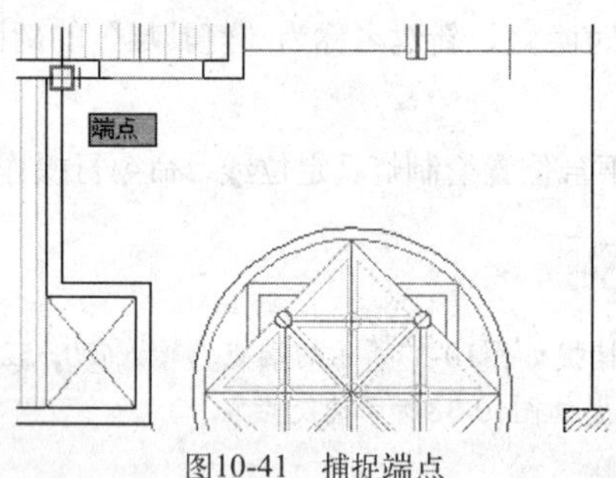

图10-41 捕捉端点

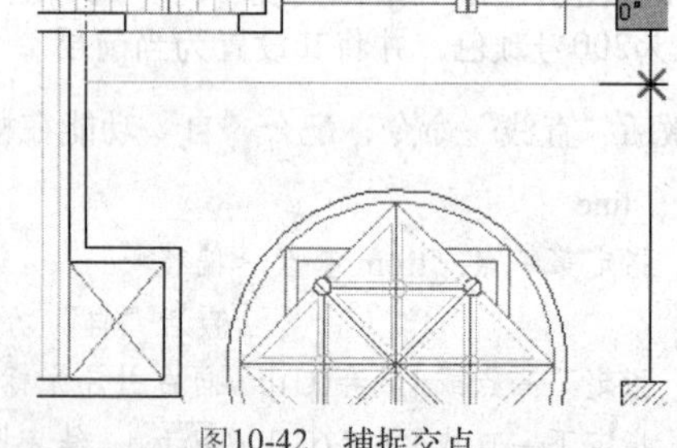

图10-42 捕捉交点

Step 07 继续激活“直线”命令，配合“自”功能，根据图示尺寸，在厨房吊顶位置、前厅吊顶位置和视听室吊顶位置绘制灯具定位线，如图10-43所示。

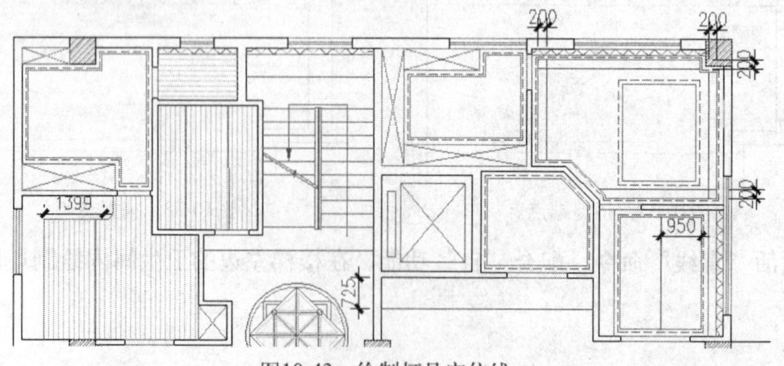

图10-43 绘制灯具定位线

Step 08 继续使用“直线”和“矩形”命令，配合“自”功能，根据图示尺寸，绘制餐厅吊顶灯具定位线，如图10-44所示。

Step 09 继续使用“直线”和“矩形”命令，配合“自”功能，根据图示尺寸，绘制门厅、过道和右侧卫生间吊顶灯具定位线，如图10-45所示。

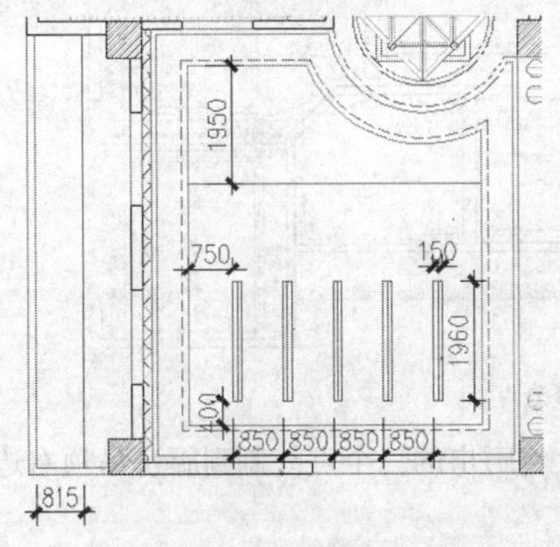

图10-44 绘制餐厅灯具定位线

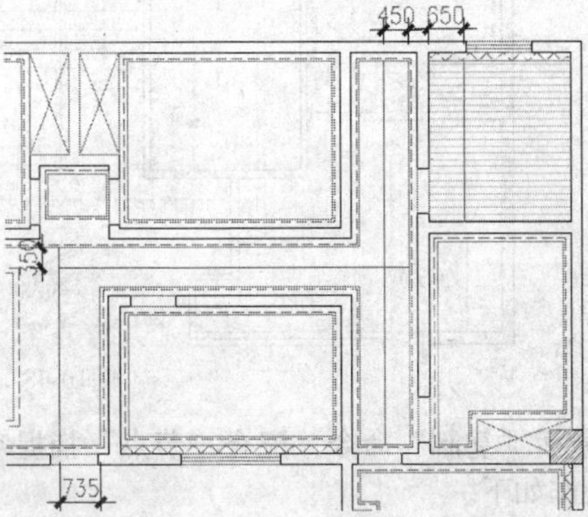

图10-45 绘制过道灯具定位线

至此，灯具定位线绘制完毕，下一节将布置辅助灯具。

10.2.2 布置辅助灯具

这一节继续来布置辅助灯具。尽管辅助灯具不属于室内主要照明系统，在大多数情况下，辅助灯具只充当营造室内气氛、渲染室内环境的作用，但辅助灯具的布置同样不能马虎，辅助灯具可以根据灯具定位线来布置，通过设置点样式，然后在灯具定位线上添加点来作为辅助灯具即可。

操作步骤

Step 01 继续上一节的操作。

Step 02 执行菜单栏中的“格式”|“点样式”命令，在打开的“点样式”对话框中选择⊠标记，并设置“点大小”为100、勾选“按绝对单位设置大小”复选框，如图10-46所示。

Step 03 执行菜单栏中的“绘图”|“点”|“定数等分”命令，在楼梯平台位置添加两盏辅助灯，命令行操作如下。

```
命令: _divide
    选择要定数等分的对象:        //单击楼梯平台位置的灯具定位线
    输入线段数目或 [块(B)]:      //3 Enter，结果如图10-47所示
```

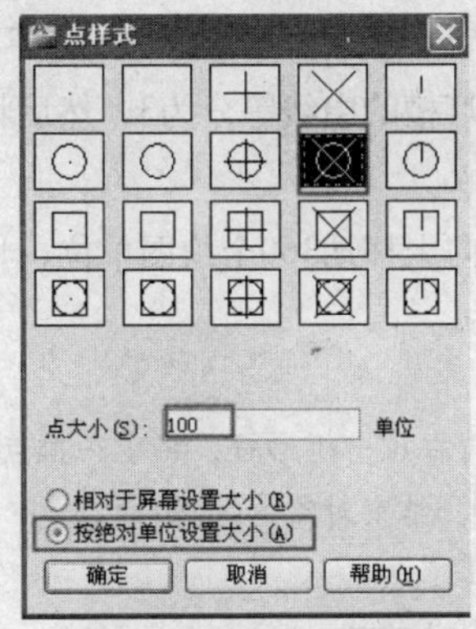

图10-46 设置点参数

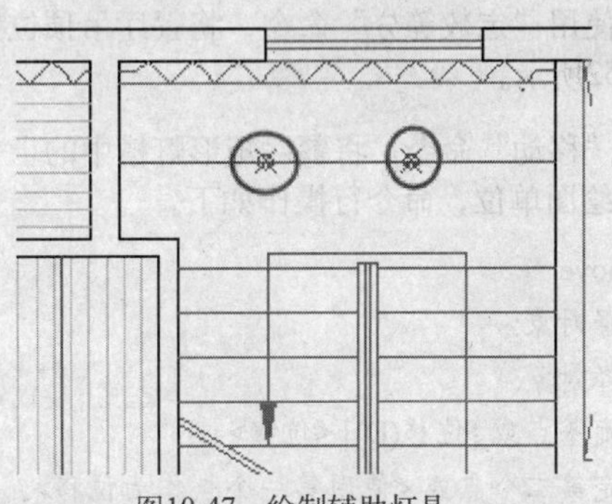

图10-47 绘制辅助灯具

Step 04 继续执行“定数等分”命令，将楼梯左边的卫生间灯具定位线、厨房灯具定位线、吧台灯具定位线、前厅灯具定位线、视听室灯具定位线分别等分为4，结果如图10-48所示。

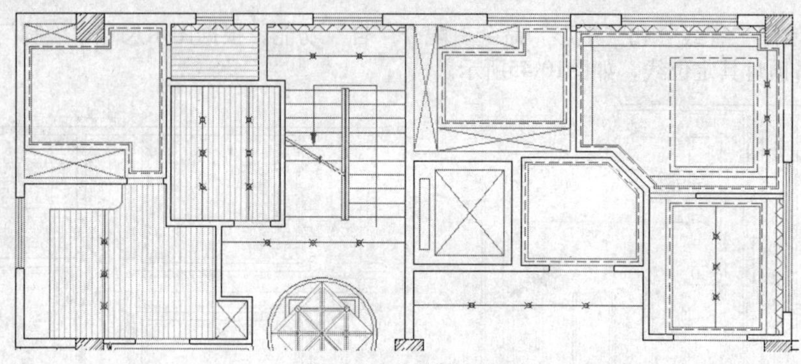

图10-48　定数等分点

Step 05 激活“复制”命令，配合“节点”捕捉功能，将厨房的三个点复制到厨房吊顶右边位置，命令行操作如下。

```
命令: _copy
    选择对象:                                    //选择厨房三个点
    选择对象:                                    // Enter，结束对象的选择
    指定基点或 [位移(D)/模式(O)] <位移>:          //捕捉任意一个点
    指定第二个点或 <使用第一个点作为位移>:        //@1216,0 Enter
    指定第二个点或 [退出(E)/放弃(U)] <退出>:      // Enter，结果如图10-49所示
```

Step 06 执行菜单栏中的“绘图”|“点”|“单点”命令，配合“中点”捕捉和捕捉追踪功能，在厨房上方位置绘制单点，如图10-50所示。

Step 07 继续使用“定数等分”命令，将餐厅阳台和餐厅吊顶位置的灯具定位线等位为4，然后使用“复制”命令，将餐厅吊顶位置左边的点向上复制975个绘图单位，结果如图10-51所示。

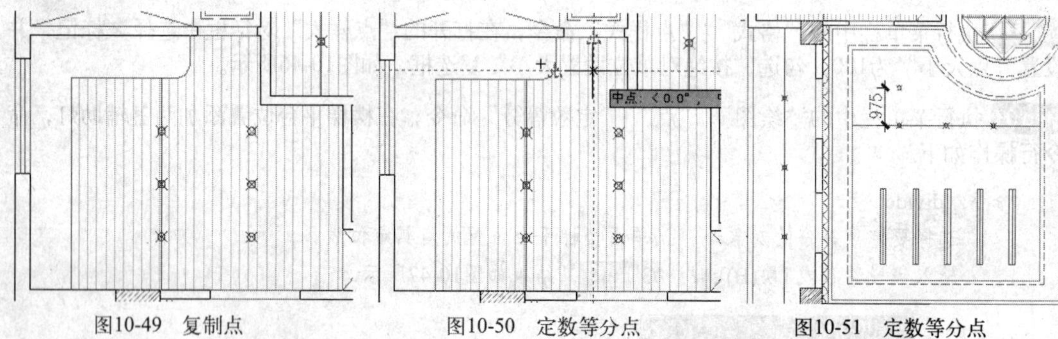

图10-49　复制点　　图10-50　定数等分点　　图10-51　定数等分点

Step 08 继续使用“定数等分”命令，将餐厅吊顶位置矩形灯槽的中线等分为3，然后将中线删除，结果如图10-52所示。

Step 09 激活“移动”命令，将餐厅矩形灯槽中的上一排点向上移动360个绘图单位，将下一排点向下移动360个绘图单位，命令行操作如下。

```
命令: _move
    选择对象:                                    //由左向右拉出矩形框，将上一排点选择
    选择对象:                                    // Enter，结束对象的选择
    指定基点或 [位移(D)] <位移>:                  //捕捉任意点
    指定第二个点或 <使用第一个点作为位移>:        //@0,360 Enter
```

命令: _move
选择对象:　　　　　　　　　　　　//由左向右拉出矩形框，将上一排点选择
选择对象:　　　　　　　　　　　　// Enter，结束对象的选择
指定基点或 [位移(D)] <位移>:　　　　//捕捉任意点
指定第二个点或 <使用第一个点作为位移>:　　//@0,-360 Enter

Step 10 执行菜单栏中的“绘图”|“点”|“多点”命令，配合“自”功能，在视听室吊顶位置绘制多点，命令行操作如下。

命令: _point
指定点: _from 基点: <偏移>:
//激活“自”选项，捕捉如图10-53所示的端点，输入@-405,0 Enter
指定点: _from 基点: <偏移>:
//激活“自”选项，捕捉如图10-53所示的端点，输入@-1495,0 Enter，结果如图10-54所示

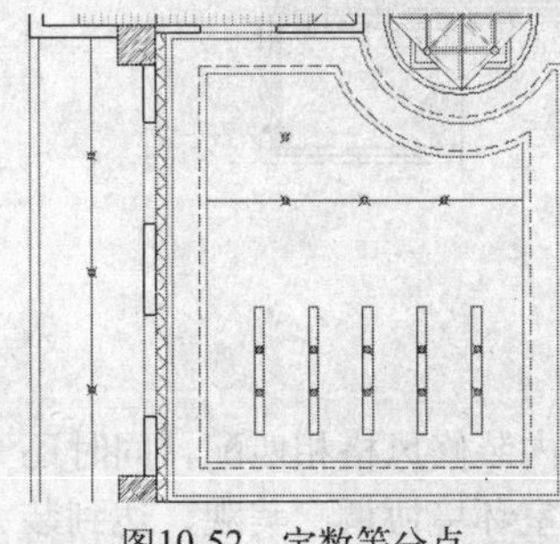
图10-52　定数等分点

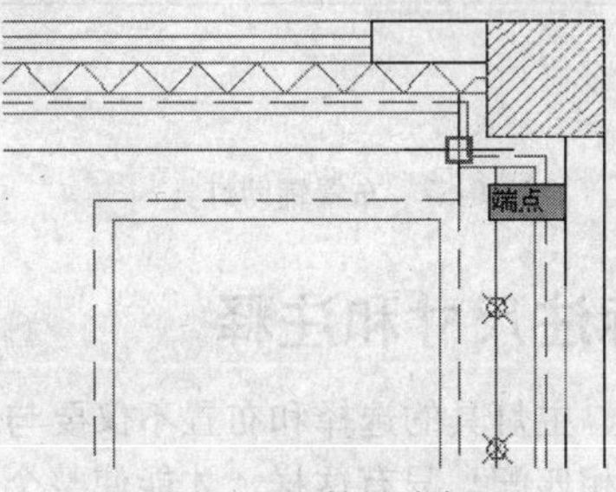

图10-53　捕捉端点

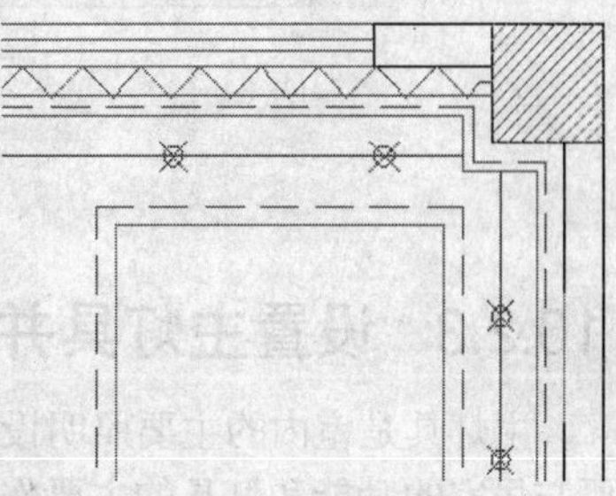
图10-54　绘制多点

Step 11 激活“复制”命令，配合“交点”捕捉功能，将绘制的两个点复制到下方灯具定位线上，然后激活“定数等分”命令，将视听室左边的垂直灯具定位线等分为4，如图10-55所示。

Step 12 继续使用“定数等分”命令，将卧室右边卫生间吊顶灯具等分线等分为4，然后激活“复制”命令，将等分点向右复制，命令行操作如下。

命令: _copy
选择对象:　　　　　　　　　　　　//选择单个点
选择对象:　　　　　　　　　　　　// Enter，结束对象的选择
指定基点或 [位移(D)/模式(O)] <位移>:　　//捕捉任意点
指定第二个点或 <使用第一个点作为位移>:　　//@650,0 Enter
指定第二个点或 [退出(E)/放弃(U)] <退出>:　　//@1300,0 Enter
指定第二个点或 [退出(E)/放弃(U)] <退出>:　　// Enter，结果如图10-56所示

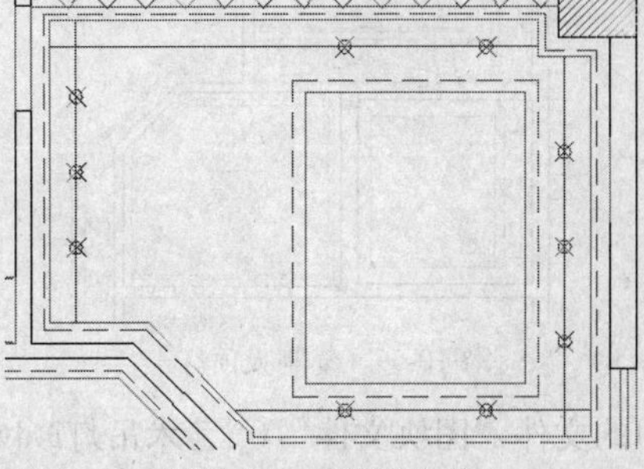

图10-55　定数等分点

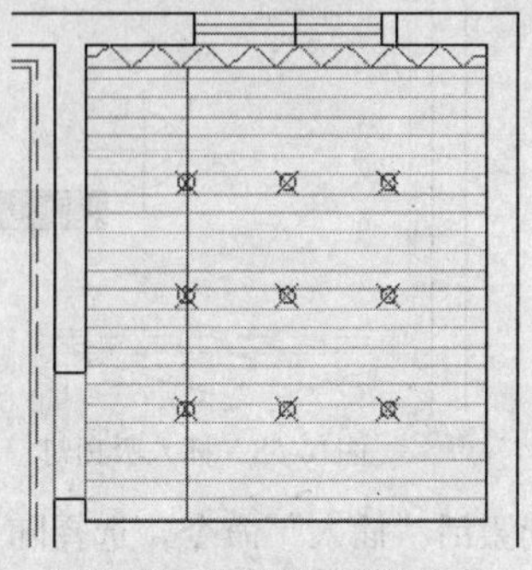
图10-56　绘制并复制等分点

Step 13 继续使用“定数等分”命令，将卧室走廊位置的灯具分别等分4、6和7，并使用“单点”命令补画其他点。

Step 14 最后选择所有灯具定位线将其删除，完成辅助灯具的设置，结果如图10-57所示。

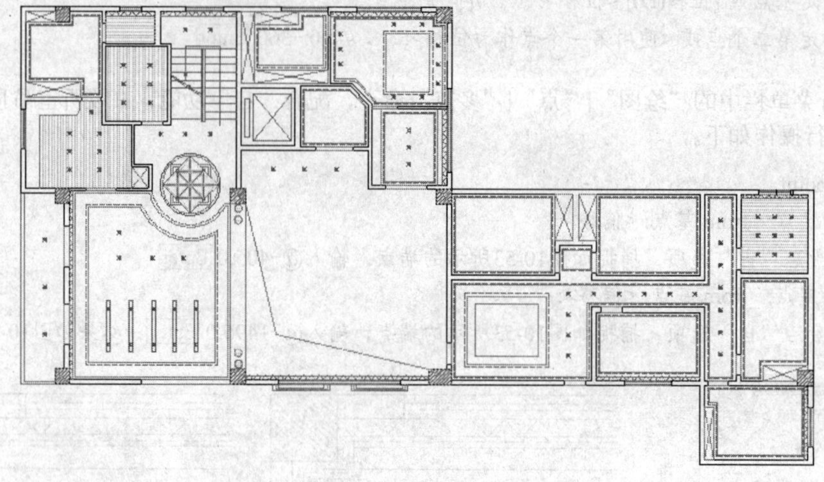

图10-57 布置辅助灯具

10.2.3 设置主灯具并标注尺寸和注释

主灯具是室内的主要照明设备，主灯具的选择和布置不仅要与室内装修风格相匹配，同时还要与居室的功能和灯具的主要作用相匹配，只有这样，才能使整个居室环境协调、美观，达到装修的真正目的。而标注尺寸和注释，对灯具的布置同样很重要，只有知道了灯具的样式、名称、灯具与灯具、灯具与墙面等之间的具体尺寸等，才能很好地布置灯具。

这一节继续来布置吊顶图中的主灯具，并标注出相关尺寸和文字注解。

操作步骤

Step 01 继续上一节的操作。

Step 02 激活“插入”命令，选择随书光盘中的文件“图块文件”\“吸顶灯01.dwg”，使用默认设置，配合“中点”捕捉和捕捉追踪功能，将其插入到保姆房吊顶位置，如图10-58所示。

Step 03 激活“复制”命令，配合“中点”捕捉和捕捉追踪功能，将保姆房吊顶位置的吸顶灯复制到储酒间、前厅和书房吊顶位置，如图10-59所示。

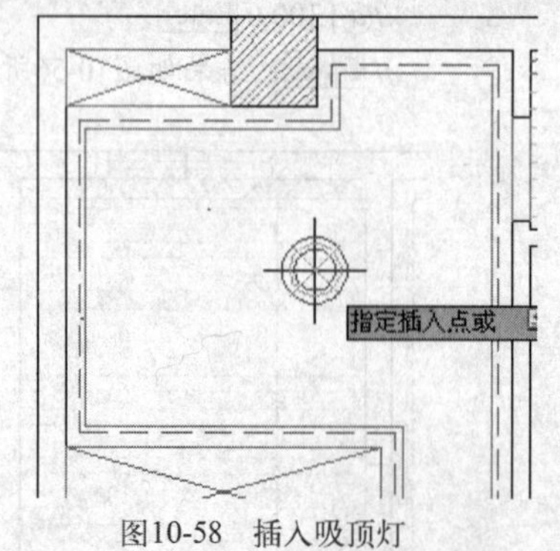

图10-58 插入吸顶灯

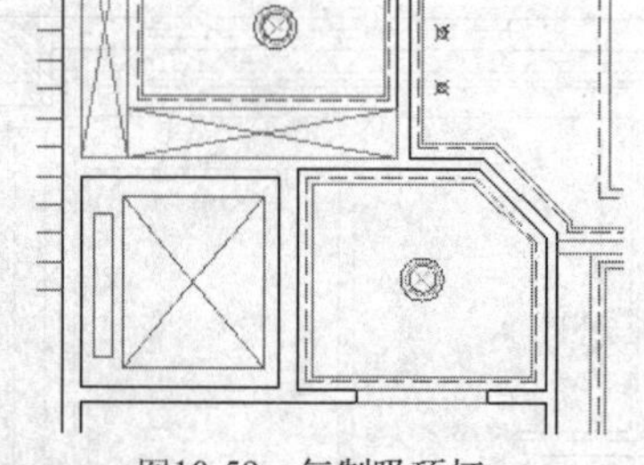

图10-59 复制吸顶灯

Step 04 继续激活“插入”命令，选择随书光盘中的文件“图块文件”\“艺术吊灯3.dwg”，使用默认设置，配合“中点”捕捉和捕捉追踪功能，将其插入到视听室吊顶位置，如图1-60所示。

Step 05 激活“复制”命令，配合“中点”捕捉和捕捉追踪功能，将视听室吊顶位置的“艺术吊灯3”复制到右边卧室吊顶位置，如图10-61所示。

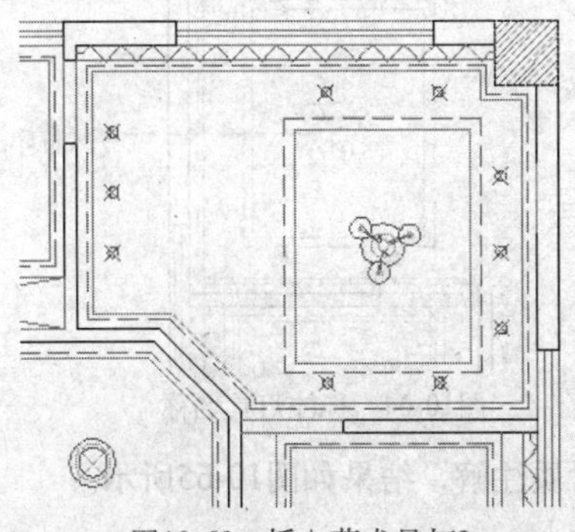

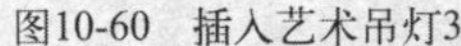

图10-60 插入艺术吊灯3

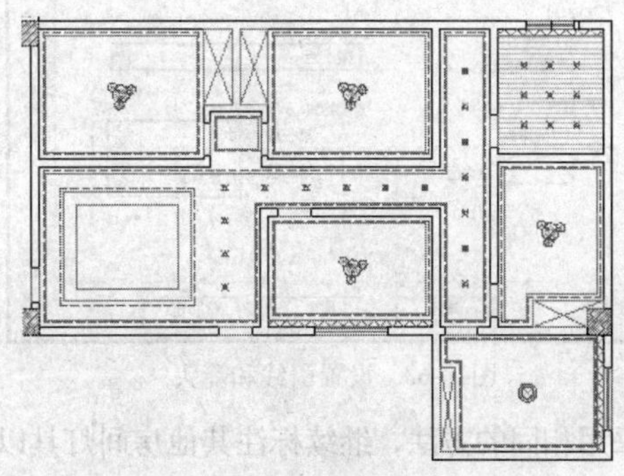

图10-61 复制艺术吊灯3

Step 06 继续激活“插入”命令，选择随书光盘中的文件“图块文件”\“艺术吊灯4.dwg”，使用默认设置，配合“中点”捕捉和捕捉追踪功能，将其插入到门厅吊顶位置。

Step 07 继续激活“插入”命令，选择随书光盘中的文件“图块文件”\“轨道射灯.dwg”，使用默认设置，配合“中点”捕捉功能，将其插入到各卧室和书房吊顶位置，完成主灯具的设置，如图10-62所示。

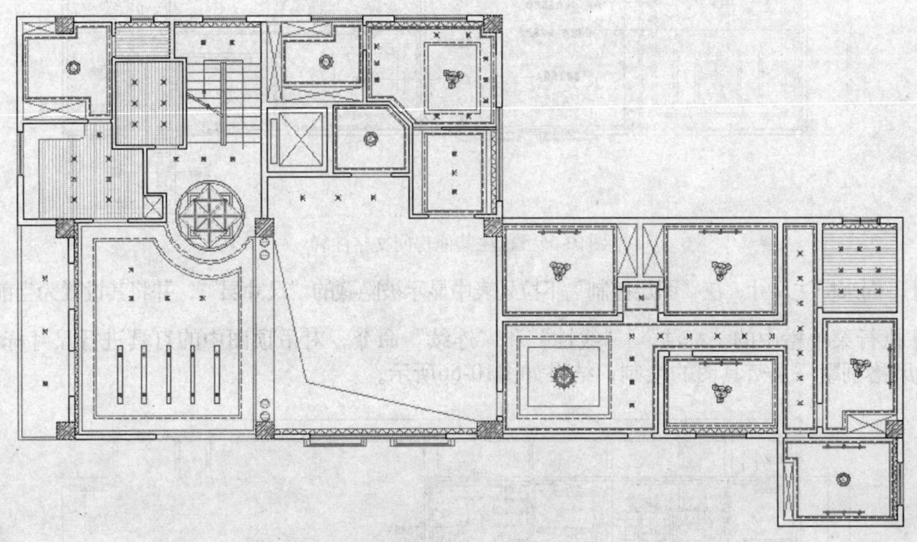

图10-62 设置主灯具

Step 08 下面来标注吊顶图尺寸和文字注释。在“图层控制”下拉列表中，将“文本层”设置为当前层。

Step 09 在命令行输入LE激活“引线”命令，输入S按Enter键打开“引线设置”对话框，设置引线和箭头如图10-63所示。

Step 10 单击 确定 按钮回到绘图区，在命令行“指定第一个引线点或[设置(S)]<设置>:”提示下，在视听室吊顶上单击拾取一点。

Step 11 继续在命令行“指定下一点:”提示下向右引导光标，在合适位置单击拾取第2点。

Step 12 继续在命令行“指定文字宽度<0>:”提示下按两次Enter键打开“文字格式”编辑器，选择“仿宋体”，并设置文字大小为260，然后输入“艺术吊灯”字样。

Step 13 单击“文字格式”编辑器中的 确定 按钮确认，为视听室标注灯具名称，如图10-64所示。

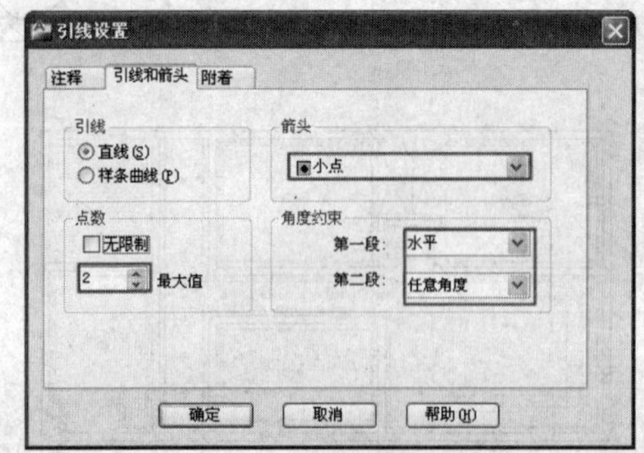

图10-63　设置引线和箭头

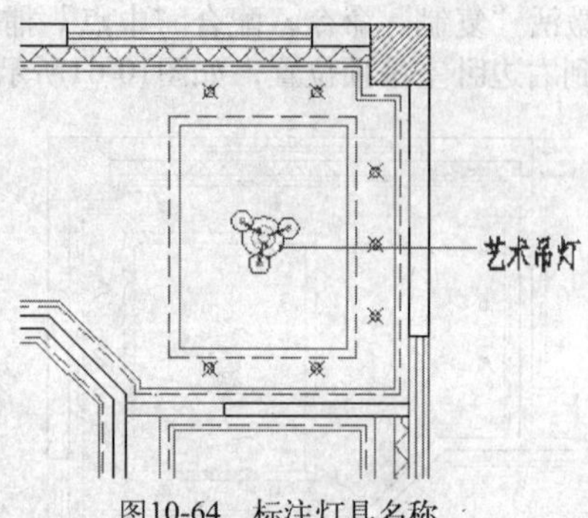

图10-64　标注灯具名称

Step 14 采用相同的方法，继续标注其他房间灯具以及材质注解，结果如图10-65所示。

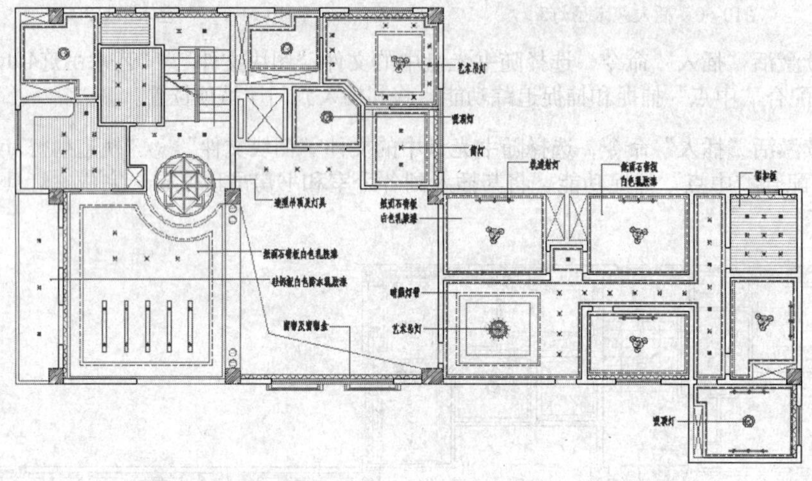

图10-65　标注其他房间文字注释

Step 15 下面来标注尺寸。在“图层控制”下拉列表中显示被隐藏的“尺寸层”，并将其设置为当前层。

Step 16 执行菜单栏中的“标注”|“线性”和“连续”命令，对吊顶图中的灯具进行尺寸标注，完成欧式风格别墅一层灯具图的绘制，结果如图10-66所示。

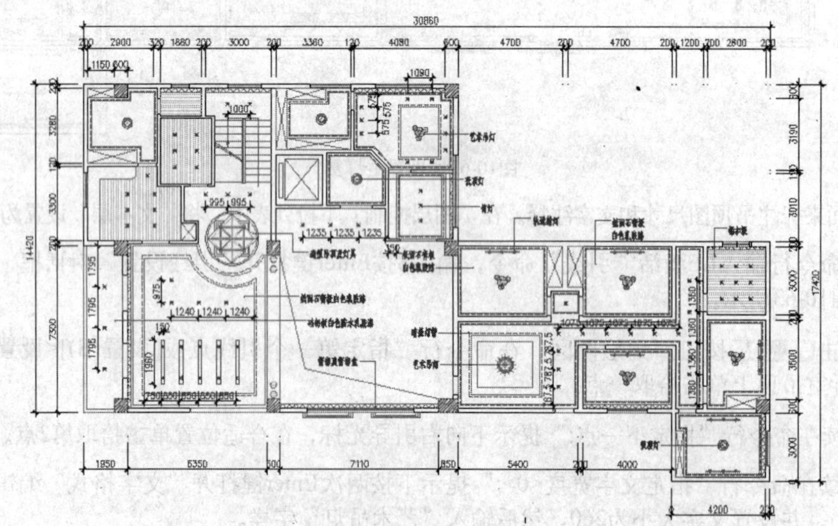

图10-66　别墅一层灯具图

Step 17 最后使用“另存为”命令，将该图形存储为“别墅一层灯具图.dwg”文件。

10.3 绘制别墅一层餐厅立面图

立面图可以很好地展现室内装修的立面效果，是室内装修中重要的图纸之一。这一节主要来绘制别墅一层餐厅立面图，如图10-67所示。

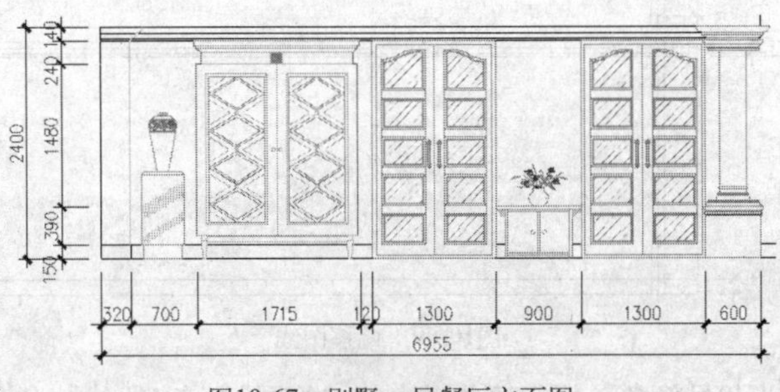

图10-67 别墅一层餐厅立面图

10.3.1 绘制餐厅立面图轮廓

这一节首先绘制餐厅立面图轮廓。

操作步骤

Step 01 执行菜单栏中的“文件”|“新建”命令，打开随书光盘中的文件“样板文件”\“装饰装潢绘图样板.dwt”。

Step 02 执行菜单栏中的“格式”|“图层”命令，在打开的“图层特性管理器”面板中双击“轮廓线”层，将其设置为当前图层。

Step 03 单击状态栏上的按钮或按下F8键，打开“正交”功能。

Step 04 单击“绘图”工具栏中的“直线”按钮，激活“直线”命令，绘制立面图外轮廓，命令行操作如下。

```
命令: _line
    指定第一点:                        //在绘图区指定起点
    指定下一点或 [放弃(U)]:            //向右引导光标，输入14915 Enter
    指定下一点或 [放弃(U)]:            //向上引导光标，输入5180 Enter
    指定下一点或 [放弃(U)]:            //向左引导光标，输入7960 Enter
    指定下一点或 [放弃(U)]:            //向下引导光标，输入2780 Enter
    指定下一点或 [放弃(U)]:            //向左引导光标，输入6955 Enter
    指定下一点或 [闭合(C)/放弃(U)]:    //C Enter，闭合图形，结果如图10-68所示
```

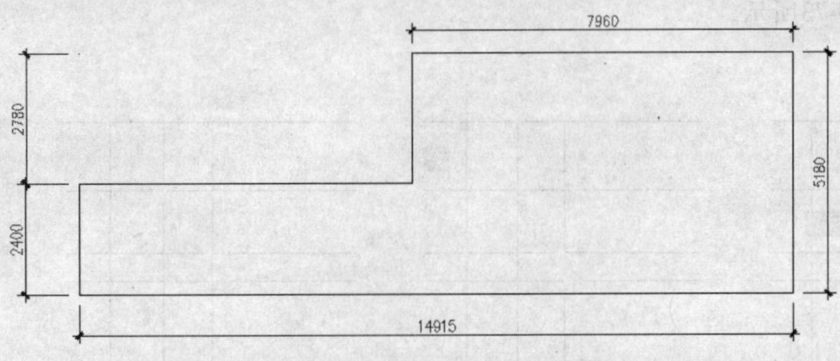

图10-68 餐厅和客厅立面轮廓

Step 05 首先绘制餐厅立面图。单击“修改”工具栏上的“偏移”按钮，激活“偏移”命令，将餐厅位置的上水平边向下偏移60、115和140个绘图单位，将下水平边向上偏移150个绘图单位，将左垂直边向右偏移320、375和435个绘图单位，结果如图10-69所示。

图10-69 偏移图线

Step 06 修改当前颜色为40号颜色，执行菜单栏中的“绘图”|“多段线”命令，绘制欧式立柱立面轮廓，命令行操作如下。

```
命令: _pline
    指定起点: _from 基点: <偏移>:
        //激活“自”功能，捕捉下水平偏移线与左垂直边的交点，输入@300,0 Enter
    当前线宽为 0.5
    指定下一个点或 [圆弧(A)/半宽(H)/长度(L)/放弃(U)/宽度(W)]:        //@0,2110 Enter
    指定下一点或 [圆弧(A)/闭合(C)/半宽(H)/长度(L)/放弃(U)/宽度(W)]: //@20,0 Enter
    指定下一点或 [圆弧(A)/闭合(C)/半宽(H)/长度(L)/放弃(U)/宽度(W)]: //@0,25 Enter
    指定下一点或 [圆弧(A)/闭合(C)/半宽(H)/长度(L)/放弃(U)/宽度(W)]: //A Enter
    指定圆弧的端点或[角度(A)/圆心(CE)/闭合(CL)/方向(D)/半宽(H)/直线(L)/半径(R)/第二个点
(S)/放弃(U)/宽度(W)]:                          //R Enter
    指定圆弧的半径:                            //60 Enter
    指定圆弧的端点或 [角度(A)]:                 //捕捉如图10-70所示的交点
    指定圆弧的端点或 [角度(A)/圆心(CE)/闭合(CL)/方向(D)/半宽(H)/直线(L)/半径(R)/第二个点
(S)/放弃(U)/宽度(W)]:                          //R Enter
    指定圆弧的半径:                            //60 Enter
    指定圆弧的端点或 [角度(A)]:                 //捕捉如图10-71所示的交点
    指定圆弧的端点或[角度(A)/圆心(CE)/闭合(CL)/方向(D)/半宽(H)/直线(L)/半径(R)/第二个点
(S)/放弃(U)/宽度(W)]:                          // Enter，结束操作，结果如图10-72所示
```

Step 07 激活“修剪”命令，以偏移出的下水平边作为修剪边，对偏移距离为320的垂直边进行修剪，然后将偏移距离为375和435的两条垂直边删除，修剪结果如图10-73所示。

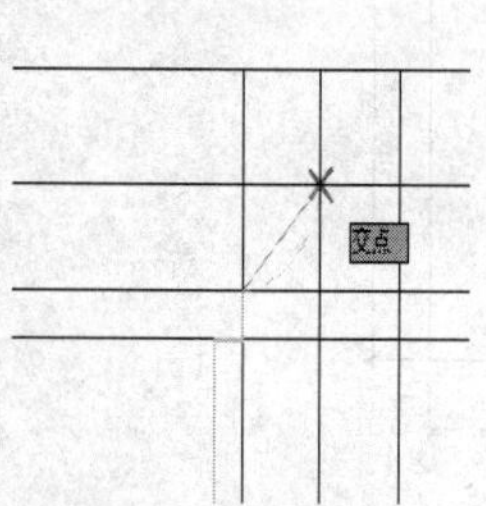

图10-70 捕捉交点

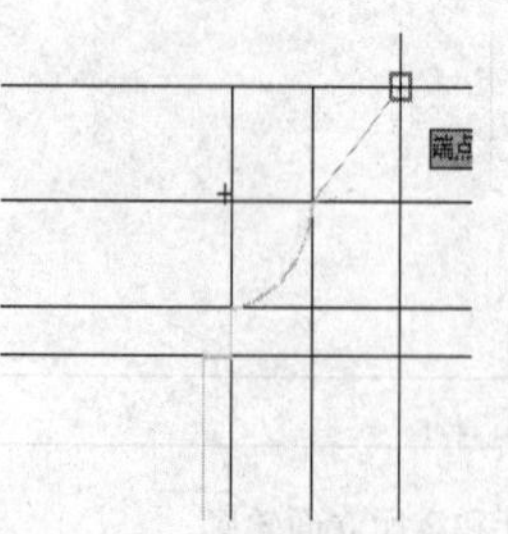

图10-71 捕捉端点

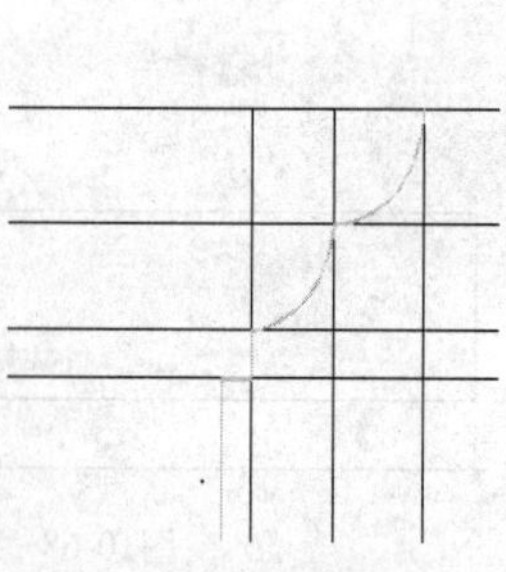
图10-72 绘制结果

图10-73 修剪图线

10.3.2 绘制餐厅立面橱柜造型

这一节继续绘制餐厅立面橱柜造型。

操作步骤

Step 01 继续上一节的操作。

Step 02 激活“偏移”命令，将餐厅左垂直边向右偏移985、1005、1055、1855、2655、2705和2725个绘图单位，将水平边A向下偏移50、80、120和240个绘图单位，将下水平边B向上偏移100个绘图单位，结果如图10-74所示。

Step 03 激活“修剪”命令，对偏移的图线进行修剪，修剪出橱柜的造型，如图10-75所示。

Step 04 激活“直线”命令，配合“端点”捕捉功能，补画橱柜的另两条图线A和B，结果如图10-76所示。

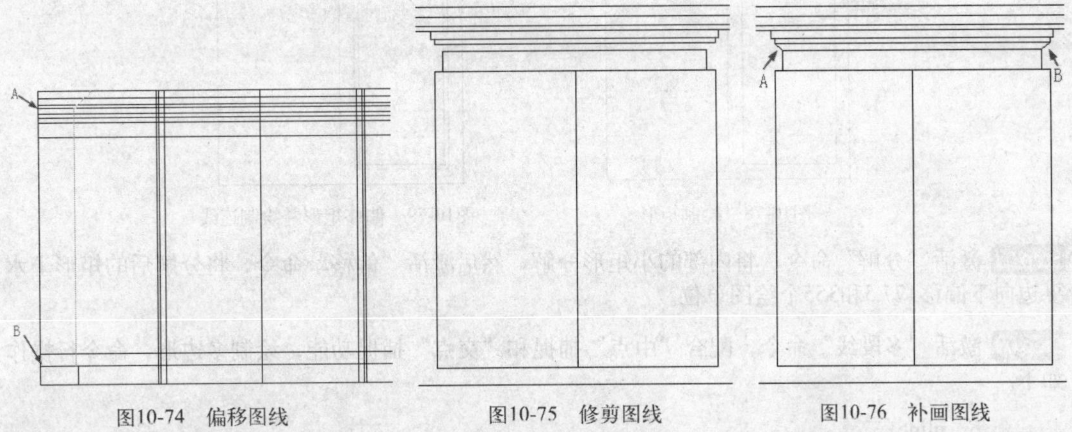

图10-74 偏移图线　　图10-75 修剪图线　　图10-76 补画图线

Step 05 激活“矩形”命令，配合“自”功能，在橱柜上方位置绘制一个矩形，并将其向内偏移8.7个绘图单位，命令行操作如下。

```
命令: _rectang
    指定第一个角点或 [倒角(C)/标高(E)/圆角(F)/厚度(T)/宽度(W)]: _from 基点: <偏移>:
                    //激活“自”功能，捕捉如图10-77所示的点A，输入@740,0 Enter
    指定另一个角点或 [面积(A)/尺寸(D)/旋转(R)]:        //@120,-120 Enter
命令: _offset
    当前设置: 删除源=否  图层=源  OFFSETGAPTYPE=0
    指定偏移距离或 [通过(T)/删除(E)/图层(L)] <100.0>:     //8.7 Enter
    选择要偏移的对象，或 [退出(E)/放弃(U)] <退出>:       //选择绘制的矩形
    指定要偏移的那一侧上的点，或 [退出(E)/多个(M)/放弃(U)] <退出>:
                                                  //在矩形内部拾取一点
    选择要偏移的对象，或 [退出(E)/放弃(U)] <退出>:       // Enter，结果如图10-77所示
```

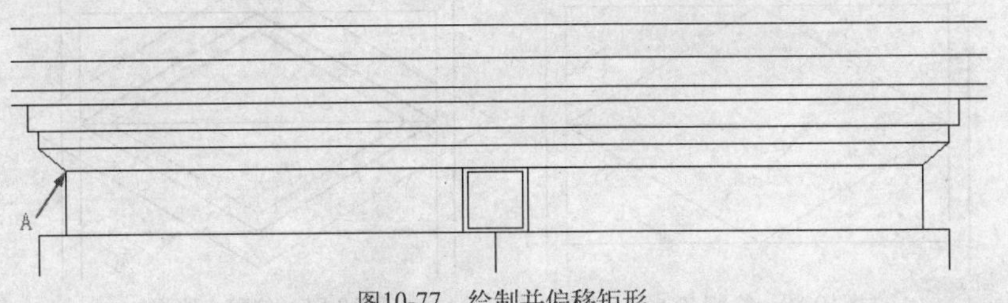

图10-77 绘制并偏移矩形

Step 06 继续激活“矩形”命令，配合“自”功能，在橱柜左边位置绘制一个矩形作为橱柜门，命令行操作如下。

```
命令: _rectang
    指定第一个角点或 [倒角(C)/标高(E)/圆角(F)/厚度(T)/宽度(W)]: _from 基点: <偏移>:
            //激活“自”功能，捕捉如图10-78所示的点A，输入@100,-100 Enter
    指定另一个角点或 [面积(A)/尺寸(D)/旋转(R)]:        //@650,-1570 Enter
```

Step 07 激活“偏移”命令，将绘制的橱柜门向内偏移30个绘图单位，然后激活“直线”命令，在两个矩形的角点位置绘制连线，结果如图10-79所示。

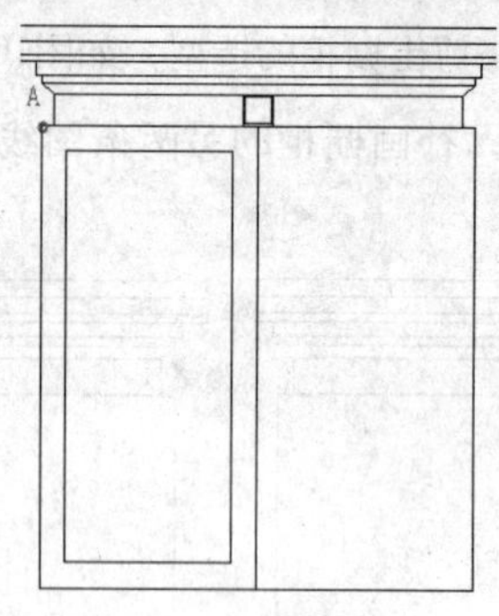

图10-78 绘制矩形

图10-79 偏移矩形并绘制连线

Step 08 激活“分解”命令，将内部的小矩形分解，然后激活“偏移”命令，将分解后的矩形上水平边向下偏移177.5和355个绘图单位。

Step 09 激活“多段线”命令，配合“中点”捕捉和“交点”捕捉功能，绘制多边形，命令行操作如下。

```
命令: _pline
    指定起点:                    //捕捉水平线A的中点
    当前线宽为 0.5
    指定下一个点或 [圆弧(A)/半宽(H)/长度(L)/放弃(U)/宽度(W)]:
                                 //捕捉垂直边B和水平线C的交点
    指定下一点或 [圆弧(A)/闭合(C)/半宽(H)/长度(L)/放弃(U)/宽度(W)]:
                                 //捕捉水平线E的中点
    指定下一点或 [圆弧(A)/闭合(C)/半宽(H)/长度(L)/放弃(U)/宽度(W)]:
                                 //捕捉垂直边D和水平线C的交点
    指定下一点或 [圆弧(A)/闭合(C)/半宽(H)/长度(L)/放弃(U)/宽度(W)]:
                                 //C Enter，闭合图形，结果如图10-80所示
```

Step 10 激活“偏移”命令，将绘制的多边形向内偏移20个绘图单位，向外偏移50个绘图单位，结果如图10-81所示。

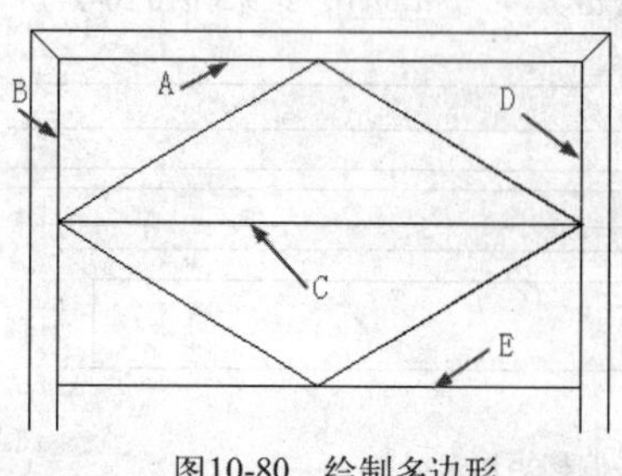

图10-80 绘制多边形

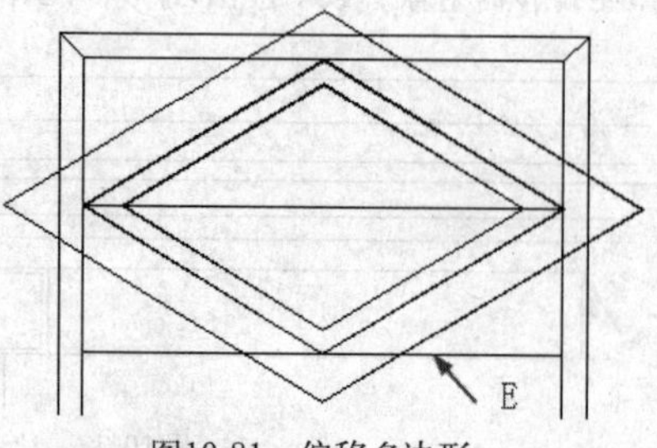

图10-81 偏移多边形

Step 11 激活"修剪"命令，以内部小矩形的边和下方的水平线E作为修剪边，对最外侧的多边形进行修剪，结果如图10-82所示。

Step 12 删除水平边C和E，然后激活"复制"命令，配合"自"功能，将修剪后的图形向下复制，命令行操作如下。

命令: _copy
选择对象:　　　　　　　　　　//选择修剪后的所有多边形对象 Enter
当前设置: 复制模式 = 多个
指定基点或 [位移(D)/模式(O)] <位移>:　　　//捕捉如图10-83所示的端点

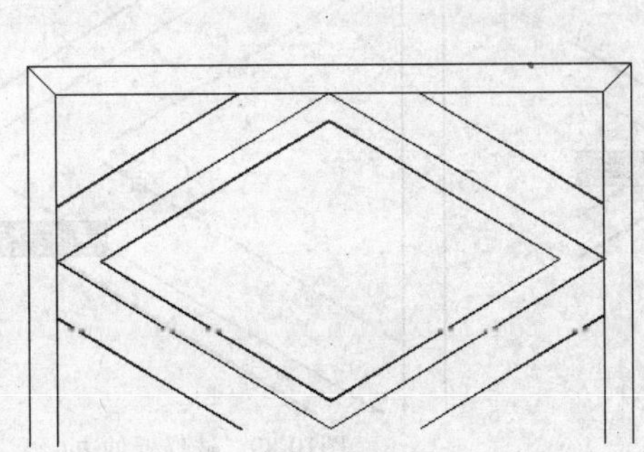
图10-82　修剪图形

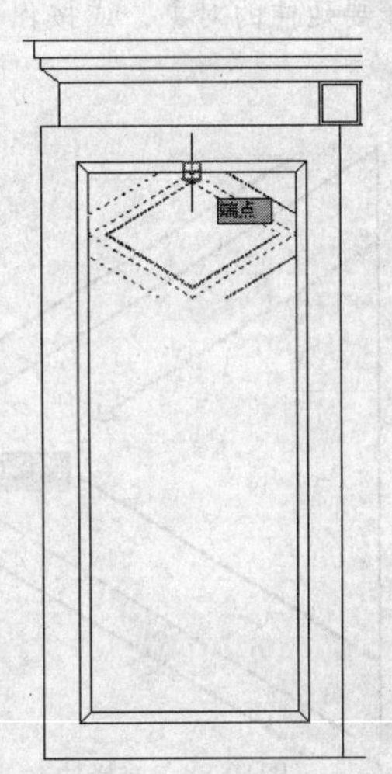

图10-83　捕捉端点

指定第二个点或 <使用第一个点作为位移>: _from 基点: <偏移>
　　//激活"自"功能，捕捉如图10-84所示的端点，输入@0,-30 Enter
指定第二个点或 [退出(E)/放弃(U)] <退出>: _from 基点: <偏移>:
　　//激活"自"功能，捕捉如图10-85所示的端点，输入@0,-30 Enter
指定第二个点或 [退出(E)/放弃(U)] <退出>: _from 基点: <偏移>:
　　//激活"自"功能，捕捉如图10-86所示的端点，输入@0,-30 Enter
指定第二个点或 [退出(E)/放弃(U)] <退出>: // Enter，结束操作，结果如图10-87所示

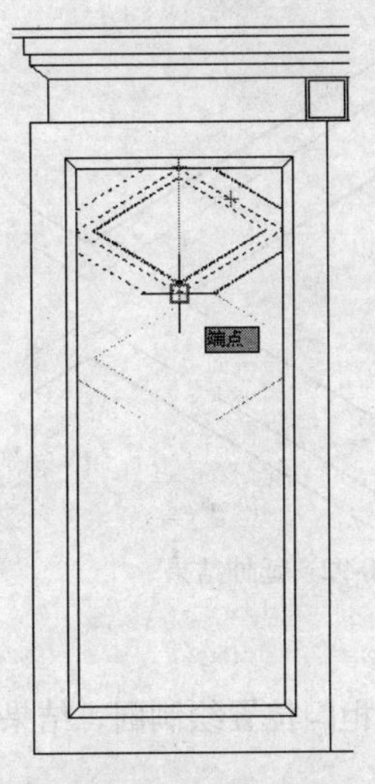

图10-84　捕捉端点

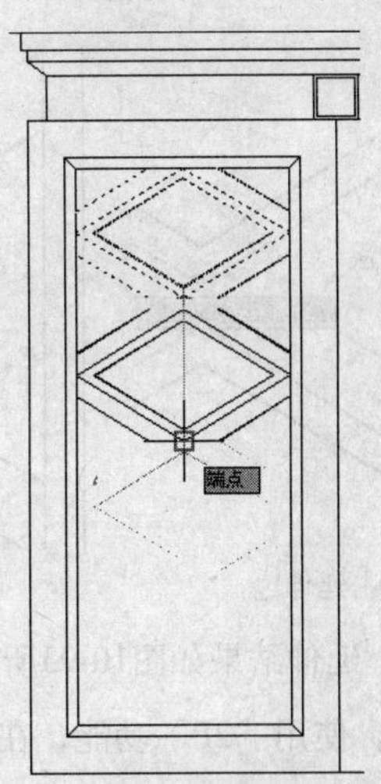

图10-85　捕捉端点

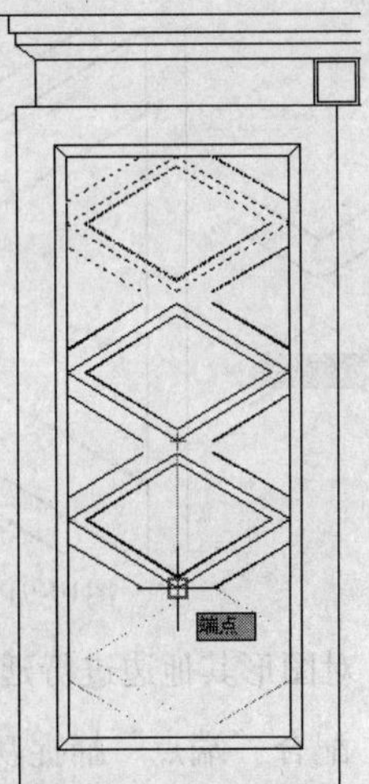

图10-86　捕捉端点

图10-87　复制结果

Step 13 单击“修改”工具栏上的“延伸”按钮，激活“延伸”命令，对图线进行延伸，命令行操作如下。

命令: _extend

当前设置:投影=UCS，边=延伸

选择边界的边...

选择对象或 <全部选择>: //单击如图10-88所示的边 Enter

选择要延伸的对象，或按住 Shift 键选择要修剪的对象，或[栏选(F)/窗交(C)/投影(P)/边(E)/放弃(U)]: //单击如图10-89所示的边 Enter

选择要延伸的对象，或按住 Shift 键选择要修剪的对象，或[栏选(F)/窗交(C)/投影(P)/边(E)/放弃(U)]: // Enter，结束操作

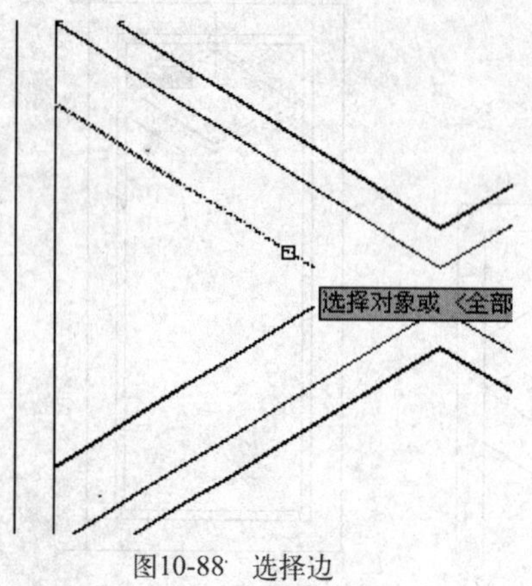

图10-88 选择边

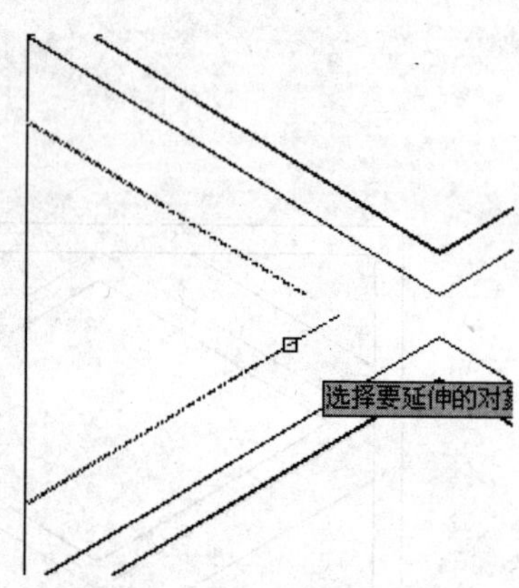

图10-89 选择延伸边

命令: _extend

当前设置:投影=UCS，边=延伸

选择边界的边...

选择对象或 <全部选择>: //单击如图10-90所示的边 Enter

选择要延伸的对象，或按住 Shift 键选择要修剪的对象，或[栏选(F)/窗交(C)/投影(P)/边(E)/放弃(U)]: //单击如图10-91所示的边 Enter

选择要延伸的对象，或按住 Shift 键选择要修剪的对象，或[栏选(F)/窗交(C)/投影(P)/边(E)/放弃(U)]: // Enter，结束操作，延伸结果如图10-92所示

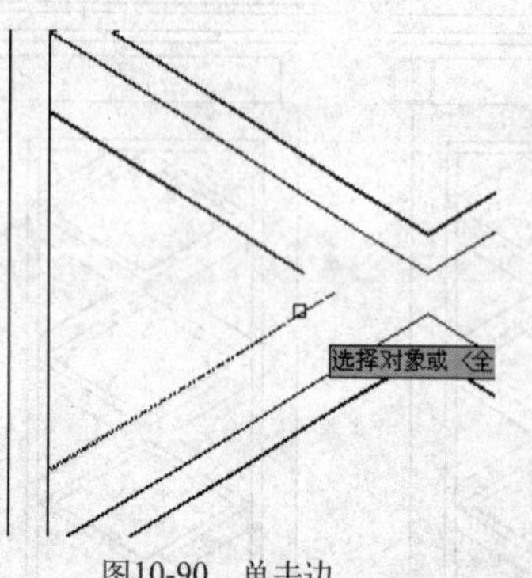

图10-90 单击边

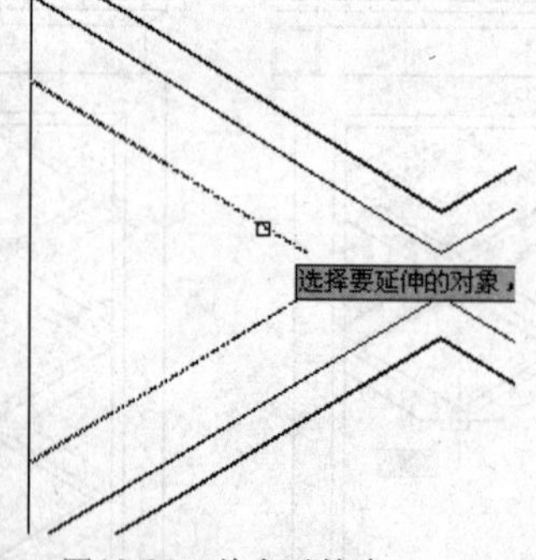

图10-91 单击延伸边

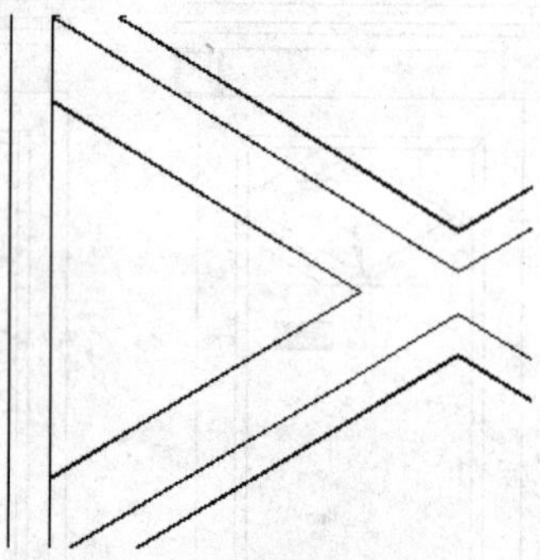

图10-92 延伸结果

Step 14 采用相同的方法，对图形其他边进行延伸，延伸结果如图10-93所示。

Step 15 激活“圆”命令，配合“端点”捕捉功能，使用“2P”功能，在橱柜门位置绘制圆，结果如图10-94所示。

Step 16 激活“圆”命令，在橱柜下方合适位置绘制半径为30的圆，然后激活“多段线”命令，在圆下方绘制橱柜的腿，该操作简单，在此不再详细讲解，读者可自己尝试绘制。

Step 17 激活“偏移”命令，将下水平边向上偏移30和80个绘图单位，然后以橱柜腿为修剪边，对偏移的图线进行修剪。

Step 18 在无任何命令执行的情况下，分别选择橱柜各图线，修改其颜色分别为40号、洋红色和140号颜色，最后使用“镜像”命令，以橱柜中间线为镜像轴，将橱柜左门所有对象镜像到右边位置，完成橱柜的制作，如图10-95所示。

图10-93 延伸其他图线

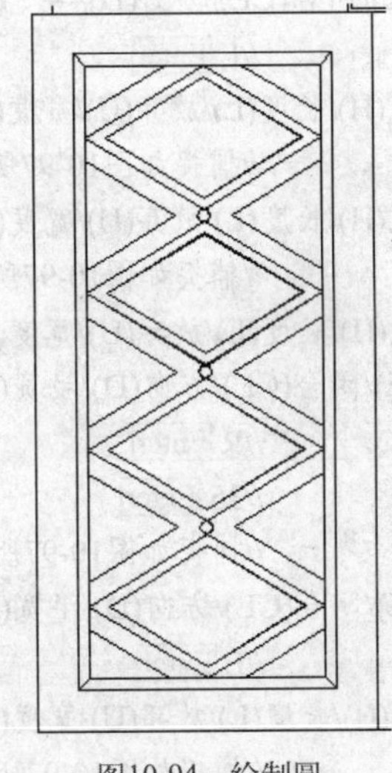

图10-94 绘制圆

图10-95 绘制的橱柜

10.3.3 绘制餐厅欧式立柱

这一节继续绘制餐厅欧式立柱。

操作步骤

Step 01 继续上一节的操作。

Step 02 激活“矩形”命令，在绘图区绘制395×245的矩形作为欧式柱轮廓的辅助线，然后将矩形分解，将右垂直边删除。

Step 03 激活“偏移”命令，将矩形上水平边向下偏移60、80、115、140；将矩形下水平边向上偏移20、30和65；将左垂直边向右偏移60、80、115和125，结果如图10-96所示。

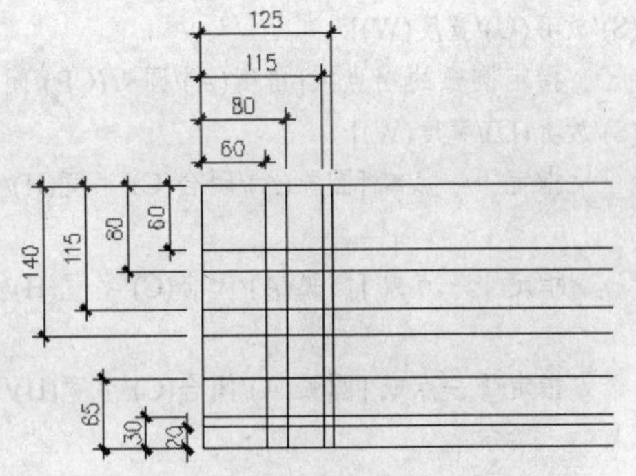

图10-96 绘制矩形并偏移图线

Step 04 激活“多段线”命令，配合“端点”捕捉功能，绘制欧式立柱柱头外轮廓，命令行提示如下。

```
命令: _pline
    指定起点:                                              //捕捉如图10-97所示的端点1
    当前线宽为 0.5
    指定下一个点或 [圆弧(A)/半宽(H)/长度(L)/放弃(U)/宽度(W)]:   //A Enter
```

指定圆弧的端点或[角度(A)/圆心(CE)/方向(D)/半宽(H)/直线(L)/半径(R)/第二个点(S)/放弃(U)/宽度(W)]: //R Enter

指定圆弧的半径: //60 Enter

指定圆弧的端点或 [角度(A)]: //A Enter

指定包含角: //270 Enter

指定圆弧的端点或[角度(A)/圆心(CE)/方向(D)/半宽(H)/直线(L)/半径(R)/第二个点(S)/放弃(U)/宽度(W)]: //捕捉如图10-97所示的端点2

指定圆弧的端点或[角度(A)/圆心(CE)/闭合(CL)/方向(D)/半宽(H)/直线(L)/半径(R)/第二个点(S)/放弃(U)/宽度(W)]: //L Enter

指定下一点或 [圆弧(A)/闭合(C)/半宽(H)/长度(L)/放弃(U)/宽度(W)]: //捕捉如图10-97所示的端点3

指定下一点或 [圆弧(A)/闭合(C)/半宽(H)/长度(L)/放弃(U)/宽度(W)]: //捕捉如图10-97所示的端点4

指定下一点或 [圆弧(A)/闭合(C)/半宽(H)/长度(L)/放弃(U)/宽度(W)]: //A Enter

指定圆弧的端点或[角度(A)/圆心(CE)/闭合(CL)/方向(D)/半宽(H)/直线(L)/半径(R)/第二个点(S)/放弃(U)/宽度(W)]: //R Enter

指定圆弧的半径: //35 Enter

指定圆弧的端点或 [角度(A)]: //捕捉如图10-97所示的端点5

指定圆弧的端点或[角度(A)/圆心(CE)/闭合(CL)/方向(D)/半宽(H)/直线(L)/半径(R)/第二个点(S)/放弃(U)/宽度(W)]: //L Enter

指定下一点或 [圆弧(A)/闭合(C)/半宽(H)/长度(L)/放弃(U)/宽度(W)]: //捕捉如图10-97所示的端点6

指定下一点或 [圆弧(A)/闭合(C)/半宽(H)/长度(L)/放弃(U)/宽度(W)]: //捕捉如图10-97所示的端点7

指定下一点或 [圆弧(A)/闭合(C)/半宽(H)/长度(L)/放弃(U)/宽度(W)]: //A Enter

指定圆弧的端点或[角度(A)/圆心(CE)/闭合(CL)/方向(D)/半宽(H)/直线(L)/半径(R)/第二个点(S)/放弃(U)/宽度(W)]: //捕捉如图10-97所示的端点8

指定圆弧的端点或[角度(A)/圆心(CE)/闭合(CL)/方向(D)/半宽(H)/直线(L)/半径(R)/第二个点(S)/放弃(U)/宽度(W)]: //捕捉如图10-97所示的端点9

指定圆弧的端点或[角度(A)/圆心(CE)/闭合(CL)/方向(D)/半宽(H)/直线(L)/半径(R)/第二个点(S)/放弃(U)/宽度(W)]: //L Enter

指定下一点或 [圆弧(A)/闭合(C)/半宽(H)/长度(L)/放弃(U)/宽度(W)]: //捕捉如图10-97所示的端点10

指定下一点或 [圆弧(A)/闭合(C)/半宽(H)/长度(L)/放弃(U)/宽度(W)]: //捕捉如图10-97所示的端点11

指定下一点或 [圆弧(A)/闭合(C)/半宽(H)/长度(L)/放弃(U)/宽度(W)]: //捕捉如图10-97所示的端点12

指定下一点或 [圆弧(A)/闭合(C)/半宽(H)/长度(L)/放弃(U)/宽度(W)]: //捕捉如图10-97所示的端点13

指定下一点或 [圆弧(A)/闭合(C)/半宽(H)/长度(L)/放弃(U)/宽度(W)]: // Enter，结束绘制

Step 05 选择矩形以及偏移的所有图线，按键盘上的Delete键将其全部删除，绘制完成的欧式立柱轮廓如图10-98所示。

Step 06 激活“镜像”命令，将欧式柱轮廓水平镜像，命令行操作如下。

命令: _mirror

选择对象: //选择绘制的欧式柱轮廓线

指定镜像线的第一点: _from 基点: <偏移>:

//激活“自”功能，捕捉欧式柱轮廓线的上端点，输入@395,0 Enter

指定镜像线的第二点: //@0,1 Enter

要删除源对象吗? [是(Y)/否(N)] <N>: // Enter

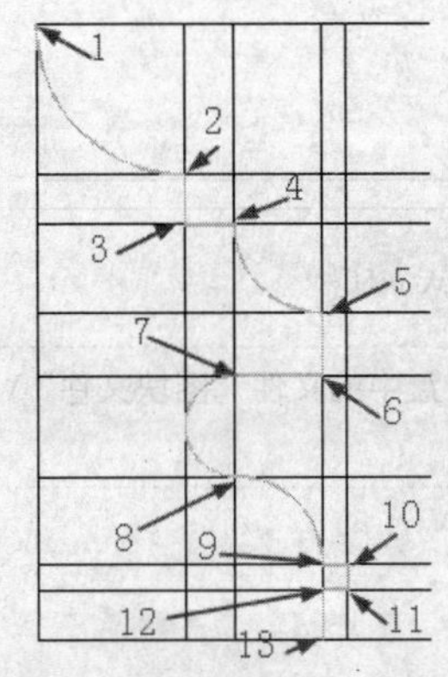

图10-97 绘制欧式柱柱头轮廓

图10-98 删除辅助线

Step 07 激活“直线”命令，配合“端点”捕捉功能，绘制欧式柱的连线，结果如图10-99所示。

图10-99 绘制完成的欧式柱柱头轮廓

Step 08 依照相同的方法，根据图示尺寸，读者可以自己尝试绘制欧式立柱柱础，结果如图10-100所示。

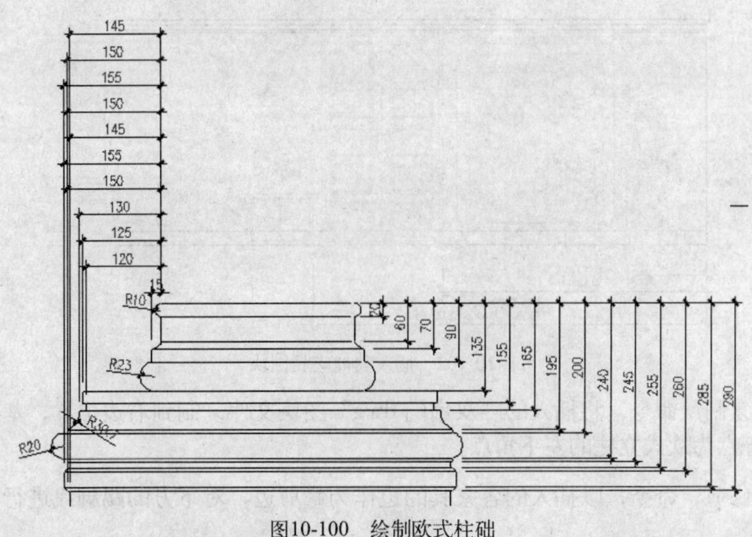

图10-100 绘制欧式柱础

Step 09 使用“矩形”命令绘制300×1420的矩形作为欧式柱身，将其与欧式柱头和柱础组合，并修改各线条的颜色，然后将其移动到别墅一层餐厅右边位置，结果如图10-101所示。

图10-101　绘制欧式立柱

如果读者不想绘制欧式立柱，可以直接将随书光盘中的文件“图块文件”\“欧式立柱.dwg”插入到别墅一层餐厅右边位置。

10.3.4　插入餐厅其他图块文件

这一节向餐厅立面图中插入其他图块文件。

操作步骤

Step 01 继续上一节的操作。

Step 02 在“图层控制”下拉列表中，将“图块层”设置为当前层，激活“插入”命令，选择随书光盘中的文件“图块文件”\“摆件.dwg”，将其插入到餐厅立面图中，命令行操作如下。

```
命令: _insert
    指定插入点或 [基点(B)/比例(S)/旋转(R)]: _from 基点: <偏移>:
            //激活“自”功能，捕捉餐厅左下角点，输入@650,0 Enter
```

Step 03 重复执行“插入”命令，选择随书光盘“图块文件”目录下的“双扇门.dwg”和“小柜.dwg”图块文件，配合“自”功能将其插入到餐厅立面图中，结果如图10-102所示。

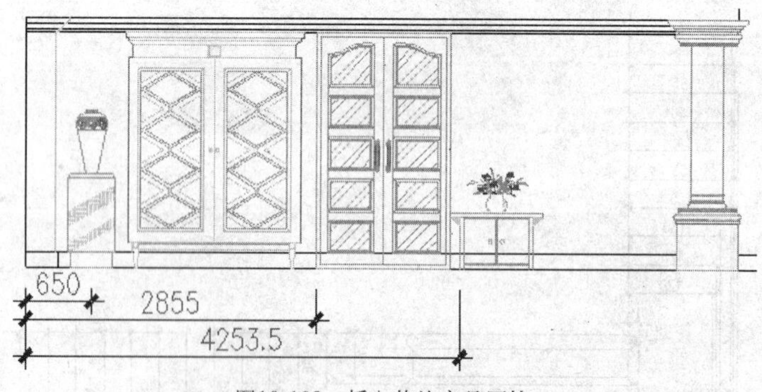

图10-102　插入其他家具图块

Step 04 使用“复制”命令，将插入的“双扇门.dwg”图块文件复制到右边位置，基点为双扇门的右下角点，目标点为欧式立柱的左下角点。

Step 05 激活“修剪”命令，以插入的各家具的边作为修剪边，对下方的踢脚线进行修剪，结果如图10-103所示。

图10-103 修剪踢脚线

Step 06 执行“另存为”命令，将该图形存储为“别墅一层餐厅立面图.dwg”文件。

10.4 绘制别墅一层客厅立面图

这一节继续来绘制如图10-104所示的别墅一层客厅立面图。

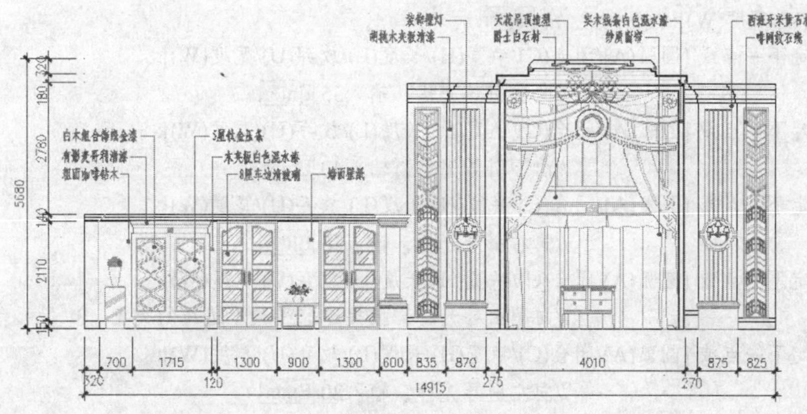

图10-104 别墅一层客厅立面图

10.4.1 绘制客厅立面图轮廓

这一节首先绘制别墅一层客厅立面图轮廓，在绘制别墅一层客厅立面图轮廓时，可以在别墅一层餐厅立面图的基础上绘制。

✎ 操作步骤

Step 01 执行菜单栏中的“文件”|“打开”命令，打开随书光盘中的文件“效果文件”\“第10章”\“别墅一层餐厅立面图.dwg”。

Step 02 执行菜单栏中的“格式”|“图层”命令，在打开的“图层特性管理器”面板中双击“轮廓线”层，将其设置为当前图层。

Step 03 激活“偏移”命令，将客厅最上方的水平图线向下偏移70、120、220、330和400个绘图单位。

Step 04 激活“多段线”命令，配合“正交”功能和“自”功能，绘制客厅立面图欧式柱轮廓，命令行操作如下。

```
命令: _pline
    指定起点:                    //激活“自”功能，捕捉客厅左上角点，输入@1060,0 Enter
    当前线宽为 0.5
```

01 Chapter
02 Chapter
03 Chapter
04 Chapter
05 Chapter
06 Chapter
07 Chapter
08 Chapter
09 Chapter
10 Chapter

指定下一个点或 [圆弧(A)/半宽(H)/长度(L)/放弃(U)/宽度(W)]:
//向下引导光标，捕捉追踪线与下边线的交点
指定下一点或 [圆弧(A)/闭合(C)/半宽(H)/长度(L)/放弃(U)/宽度(W)]:
//向左引导光标，输入30 Enter
指定下一点或 [圆弧(A)/闭合(C)/半宽(H)/长度(L)/放弃(U)/宽度(W)]:
//向下引导光标，捕捉追踪线与下边线的交点
指定下一点或 [圆弧(A)/闭合(C)/半宽(H)/长度(L)/放弃(U)/宽度(W)]:
//向左引导光标，输入40 Enter
指定下一点或 [圆弧(A)/闭合(C)/半宽(H)/长度(L)/放弃(U)/宽度(W)]: //A Enter
指定圆弧的端点或[角度(A)/圆心(CE)/闭合(CL)/方向(D)/半宽(H)/直线(L)/半径(R)/第二个点(S)/放弃(U)/宽度(W)]: //R Enter
指定圆弧的半径: //113.5 Enter
指定圆弧的端点或 [角度(A)]: _from 基点: <偏移>:
//激活“自”功能，捕捉点A，输入@-71.4,-100 Enter
指定圆弧的端点或[角度(A)/圆心(CE)/闭合(CL)/方向(D)/半宽(H)/直线(L)/半径(R)/第二个点(S)/放弃(U)/宽度(W)]: //L Enter
指定下一点或 [圆弧(A)/闭合(C)/半宽(H)/长度(L)/放弃(U)/宽度(W)]:
//向左引导光标，输入35 Enter
指定下一点或 [圆弧(A)/闭合(C)/半宽(H)/长度(L)/放弃(U)/宽度(W)]:
//向下引导光标，输入40 Enter
指定下一点或 [圆弧(A)/闭合(C)/半宽(H)/长度(L)/放弃(U)/宽度(W)]:
//向右引导光标，输入25 Enter
指定下一点或 [圆弧(A)/闭合(C)/半宽(H)/长度(L)/放弃(U)/宽度(W)]:
//向下引导光标，捕捉追踪线与下边线的交点
指定下一点或 [圆弧(A)/闭合(C)/半宽(H)/长度(L)/放弃(U)/宽度(W)]:
//向左引导光标，输入20 Enter
指定下一点或 [圆弧(A)/闭合(C)/半宽(H)/长度(L)/放弃(U)/宽度(W)]:
//向下引导光标，捕捉追踪线与下边线的交点
指定下一点或 [圆弧(A)/闭合(C)/半宽(H)/长度(L)/放弃(U)/宽度(W)]:
//向左引导光标，输入33.6 Enter
指定下一点或 [圆弧(A)/闭合(C)/半宽(H)/长度(L)/放弃(U)/宽度(W)]:
//向下引导光标，捕捉追踪线与下边线的交点
指定下一点或 [圆弧(A)/闭合(C)/半宽(H)/长度(L)/放弃(U)/宽度(W)]:
// Enter，结束操作，结果如图10-105所示

Step 05 激活“复制”命令，以欧式柱轮廓的上端点为基点，以点“@820,0”为目标点，将其向右复制，结果如图10-106所示。

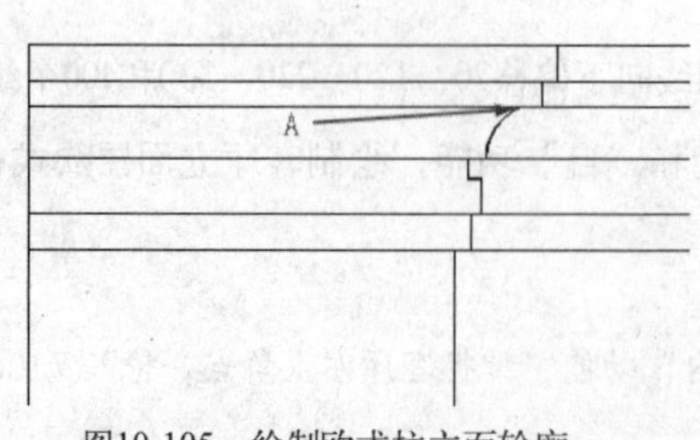

图10-105 绘制欧式柱立面轮廓

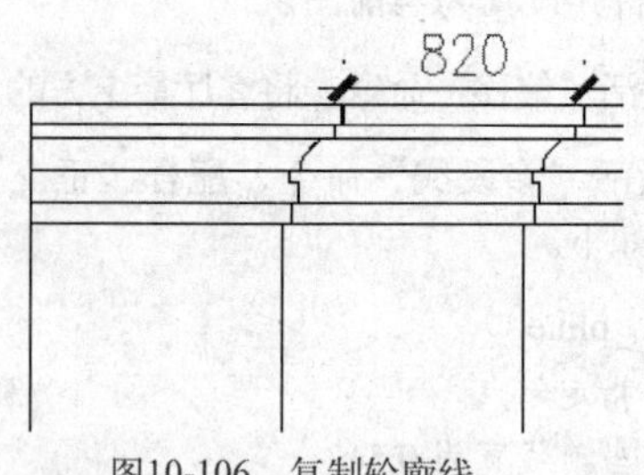

图10-106 复制轮廓线

Step 06 激活“多段线”命令，配合“自”功能和“正交”功能，绘制客厅上部的轮廓线，命令行操作如下。

命令: _pline

指定起点: _from 基点: <偏移>: //激活“自”功能，捕捉点A，输入@32,0 Enter

当前线宽为 0.5

指定下一个点或 [圆弧(A)/半宽(H)/长度(L)/放弃(U)/宽度(W)]:

//向上引导光标，输入180 Enter

指定下一点或 [圆弧(A)/闭合(C)/半宽(H)/长度(L)/放弃(U)/宽度(W)]:

//向右引导光标，输入683 Enter

指定下一点或 [圆弧(A)/闭合(C)/半宽(H)/长度(L)/放弃(U)/宽度(W)]:

//向上引导光标，输入100 Enter

指定下一点或 [圆弧(A)/闭合(C)/半宽(H)/长度(L)/放弃(U)/宽度(W)]:

//向右引导光标，输入100 Enter

指定下一点或 [圆弧(A)/闭合(C)/半宽(H)/长度(L)/放弃(U)/宽度(W)]:

//向上引导光标，输入40 Enter

指定下一点或 [圆弧(A)/闭合(C)/半宽(H)/长度(L)/放弃(U)/宽度(W)]:

// Enter，结束操作，结果如图10-107所示

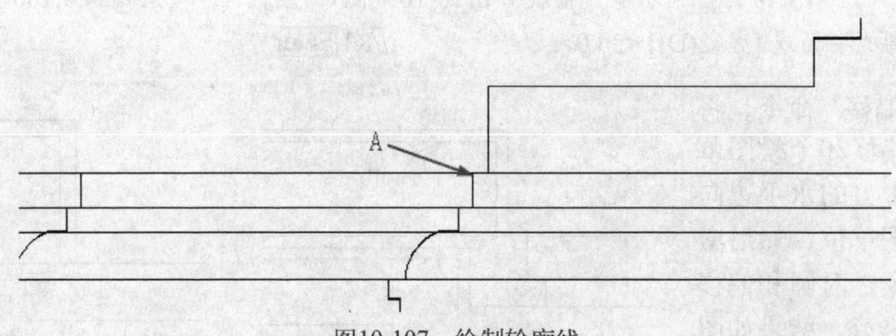

图10-107 绘制轮廓线

Step 07 单击“修改”工具栏上的“偏移”按钮，激活“偏移”命令，将绘制的轮廓线向右偏移20个绘图单位，然后激活“直线”命令，连接两条轮廓线的上端点。

Step 08 再次激活“多段线”命令，配合“自”功能和“正交”功能，绘制客厅门框轮廓线，命令行操作如下。

命令: _pline

指定起点: _from 基点: <偏移>:

//激活“自”功能，捕捉如图10-108所示的点A，输入@300,0 Enter

当前线宽为 0.5

指定下一个点或 [圆弧(A)/半宽(H)/长度(L)/放弃(U)/宽度(W)]:

//向上引导光标，输入5160 Enter

指定下一点或 [圆弧(A)/闭合(C)/半宽(H)/长度(L)/放弃(U)/宽度(W)]:

//向右引导光标，输入4010 Enter

指定下一点或 [圆弧(A)/闭合(C)/半宽(H)/长度(L)/放弃(U)/宽度(W)]:

//向下引导光标，捕捉追踪线与下水平边的交点

指定下一点或 [圆弧(A)/闭合(C)/半宽(H)/长度(L)/放弃(U)/宽度(W)]: // Enter，结束操作

Step 09 激活“偏移”命令，将绘制的门框轮廓线向内偏移20、130和150个绘图单位，然后激活“修剪”命令，以最外边的多段线为修剪边，将内部的水平线修剪掉，结果如图10-108所示。

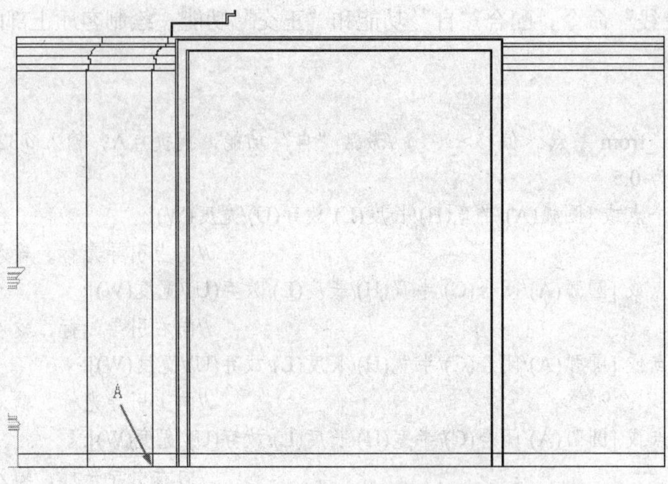

图10-108　绘制客厅门框轮廓线

Step 10 激活“圆”命令，配合“自”功能，在客厅上方位置绘制半径为80的圆，命令行操作如下。

命令: _circle

指定圆的圆心或 [三点(3P)/两点(2P)/切点、切点、半径(T)]: _from 基点: <偏移>:

//激活“自”功能，捕捉如图10-109所示的端点A，输入@34.3,100 Enter

指定圆的半径或 [直径(D)] <30.0>:　　　　//80 Enter

Step 11 激活“偏移”命令，将绘制的圆向外偏移20个绘图单位，将客厅最上方的水平边向上偏移80个绘图单位，然后激活“修剪”命令，对圆和偏移的水平线进行修剪，结果如图10-110所示。

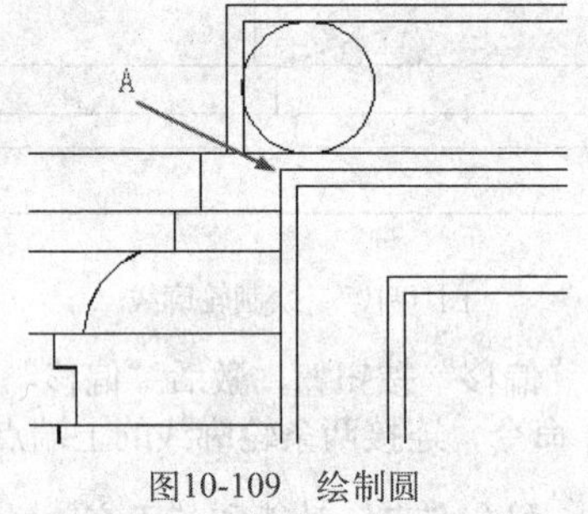

图10-109　绘制圆　　　图10-110　偏移图线并修剪

Step 12 激活“镜像”命令，配合“中点”捕捉功能，以客厅门框上水平边的中点作为镜像轴，将客厅左边的欧式柱轮廓线、圆弧以及上方的图线全部镜像到右边位置，然后对右边图线进行修剪，结果如图10-111所示。

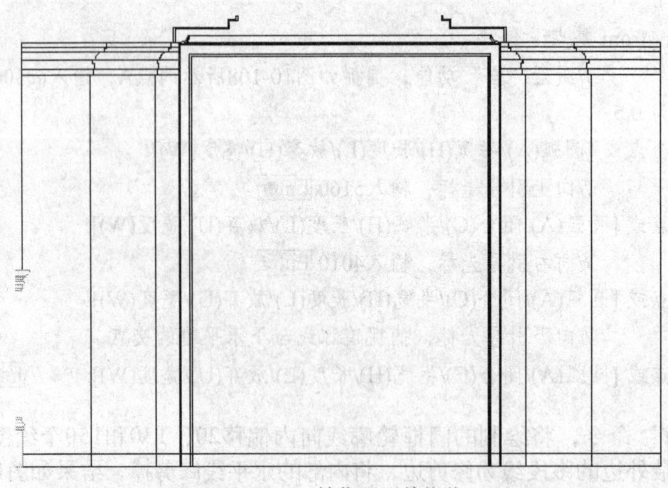

图10-111　镜像图形并修剪

Step 13 激活“直线”命令，配合“端点”捕捉功能，捕捉门框两边图线的端点，补画客厅门框上方的图线，结果如图10-112所示。

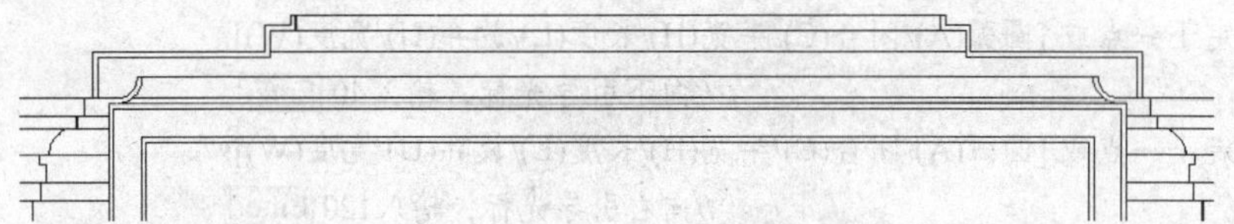

图10-112 补画图线

Step 14 激活“多段线”命令，配合“自”功能，绘制顶部的轮廓线，命令行操作如下。

命令: _pline

指定起点: //捕捉如图10-113所示的点A

当前线宽为 0.5

指定下一个点或 [圆弧(A)/半宽(H)/长度(L)/放弃(U)/宽度(W)]: //A Enter

指定圆弧的端点或[角度(A)/圆心(CE)/方向(D)/半宽(H)/直线(L)/半径(R)/第二个点(S)/放弃(U)/宽度(W)]: //R Enter

指定圆弧的半径: //217.9 Enter

指定圆弧的端点或 [角度(A)]: _from 基点: <偏移>:

//激活“自”功能，捕捉点A，输入@-200,220 Enter

指定圆弧的端点或[角度(A)/圆心(CE)/闭合(CL)/方向(D)/半宽(H)/直线(L)/半径(R)/第二个点(S)/放弃(U)/宽度(W)]: //L Enter

指定下一点或 [圆弧(A)/闭合(C)/半宽(H)/长度(L)/放弃(U)/宽度(W)]:

//向左引导光标，然后由水平线中点引出垂直追踪线，捕捉追踪线的交点

指定下一点或 [圆弧(A)/闭合(C)/半宽(H)/长度(L)/放弃(U)/宽度(W)]:

// Enter，结束操作，结果如图10-113所示

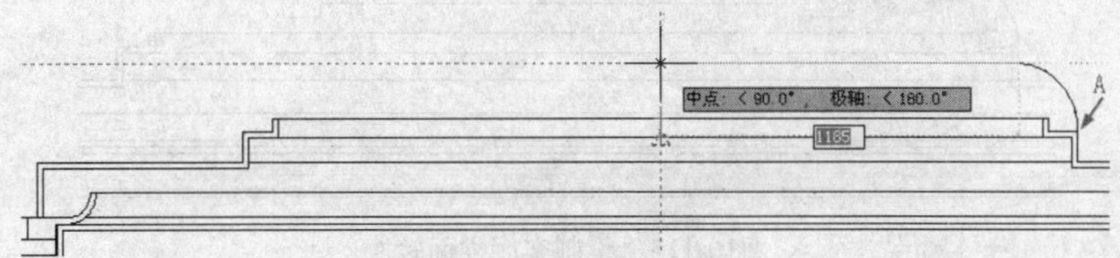

图10-113 绘制顶部轮廓线

Step 15 激活“镜像”命令，配合“中点”捕捉功能，将绘制的轮廓线镜像到左边位置，结果如图10-114所示。

图10-114 镜像顶部轮廓线

Step 16 激活“多段线”命令，配合“自”功能、“端点”捕捉功能和“正交”功能，绘制客厅立面图顶部的轮廓线，命令行操作如下。

命令: _pline

指定起点: _from 基点: <偏移>: //捕捉如图10-115所示的端点，输入@370,0 Enter

当前线宽为 0.5

指定下一个点或 [圆弧(A)/半宽(H)/长度(L)/放弃(U)/宽度(W)]: //向下引导光标，输入90 Enter

01 Chapter
02 Chapter
03 Chapter
04 Chapter
05 Chapter
06 Chapter
07 Chapter
08 Chapter
09 Chapter
10 Chapter

指定下一点或 [圆弧(A)/闭合(C)/半宽(H)/长度(L)/放弃(U)/宽度(W)]:
//向左引导光标，输入50 Enter
指定下一点或 [圆弧(A)/闭合(C)/半宽(H)/长度(L)/放弃(U)/宽度(W)]:
//向下引导光标，输入40 Enter
指定下一点或 [圆弧(A)/闭合(C)/半宽(H)/长度(L)/放弃(U)/宽度(W)]:
//向右引导光标，输入120 Enter
指定下一点或 [圆弧(A)/闭合(C)/半宽(H)/长度(L)/放弃(U)/宽度(W)]:
//向上引导光标，输入40 Enter
指定下一点或 [圆弧(A)/闭合(C)/半宽(H)/长度(L)/放弃(U)/宽度(W)]:
//向右引导光标，输入1500 Enter
指定下一点或 [圆弧(A)/闭合(C)/半宽(H)/长度(L)/放弃(U)/宽度(W)]:
//向下引导光标，输入40 Enter
指定下一点或 [圆弧(A)/闭合(C)/半宽(H)/长度(L)/放弃(U)/宽度(W)]:
//向右引导光标，输入120 Enter
指定下一点或 [圆弧(A)/闭合(C)/半宽(H)/长度(L)/放弃(U)/宽度(W)]:
//向上引导光标，输入40 Enter
指定下一点或 [圆弧(A)/闭合(C)/半宽(H)/长度(L)/放弃(U)/宽度(W)]:
//向左引导光标，输入50 Enter
指定下一点或 [圆弧(A)/闭合(C)/半宽(H)/长度(L)/放弃(U)/宽度(W)]:
//向上引导光标，输入90 Enter
指定下一点或 [圆弧(A)/闭合(C)/半宽(H)/长度(L)/放弃(U)/宽度(W)]:
// Enter，结束操作，结果如图10-115所示

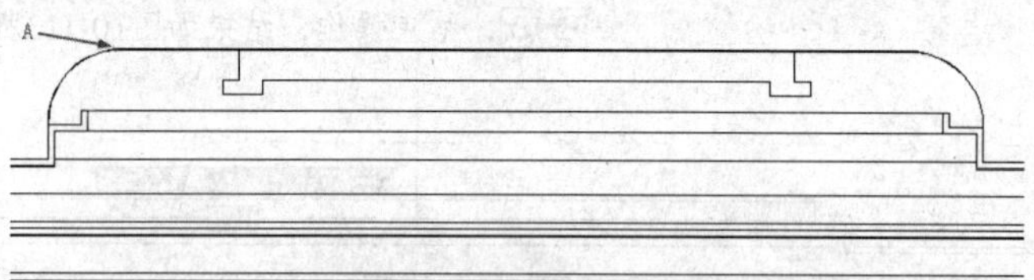

图10-115　绘制客厅立面轮廓

Step 17 激活“偏移”命令，将客厅最下方的水平线向上偏移150、167、213、230、300、320、360、380个绘图单位，然后激活“修剪”命令，对偏移图线进行修剪，修剪出客厅下方的装饰线条轮廓，最后修改其线型和颜色，完成欧式风格别墅一层客厅立面图轮廓的绘制，如图10-116所示。

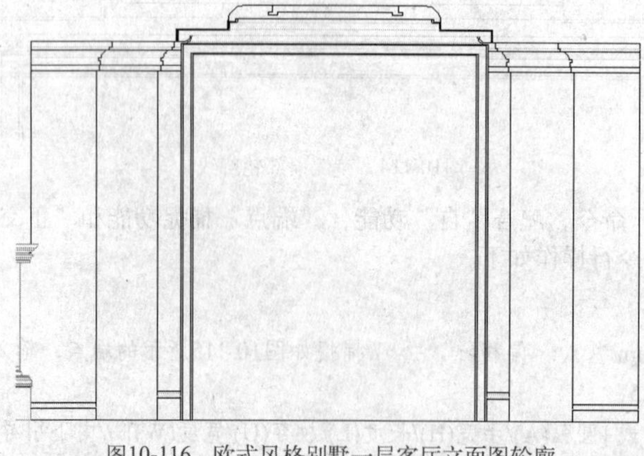

图10-116　欧式风格别墅一层客厅立面图轮廓

10.4.2 插入客厅立面图块

这一节向客厅立面图中插入其他立面图块，对客厅立面图进行完善。

操作步骤

Step 01 在“图层控制”下拉列表中，将“图块层”设置为当前层。

Step 02 单击“绘图”工具栏上的“插入”按钮，激活“插入”命令，同时打开“插入”对话框，单击浏览(B)...按钮，选择随书光盘中的文件“图块文件”\“欧式客厅装饰01.dwg”，单击打开(O)按钮返回到“插入”对话框。

Step 03 使用默认设置，单击确定按钮回到绘图区，配合“中点”捕捉功能，捕捉如图10-117所示的中点，将“欧式客厅装饰01.dwg”图块插入到客厅立柱位置。

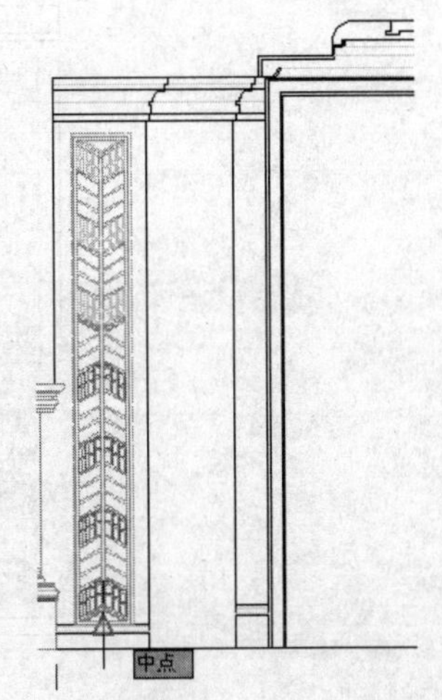

图10-117 捕捉中点

Step 04 继续使用“插入”命令，配合“两点之间的中点”功能，将随书光盘中的文件“图块文件”\“欧式客厅装饰02.dwg”插入到客厅立柱位置，命令行操作如下。

```
命令: _insert
    指定插入点或 [基点(B)/比例(S)/旋转(R)]: _m2p 中点的第一点:
                                  //激活“两点之间的中点”功能，捕捉如图10-118所示的端点A
    中点的第二点:                 //捕捉如图10-118所示的端点B，插入结果如图10-118所示
```

Step 05 继续执行“插入”命令，配合“端点”捕捉功能，捕捉如图10-119所示的端点，将随书光盘中的文件“图块文件”\“欧式装饰大窗帘.dwg”插入到客厅立面图中。

图10-118 捕捉端点A和B

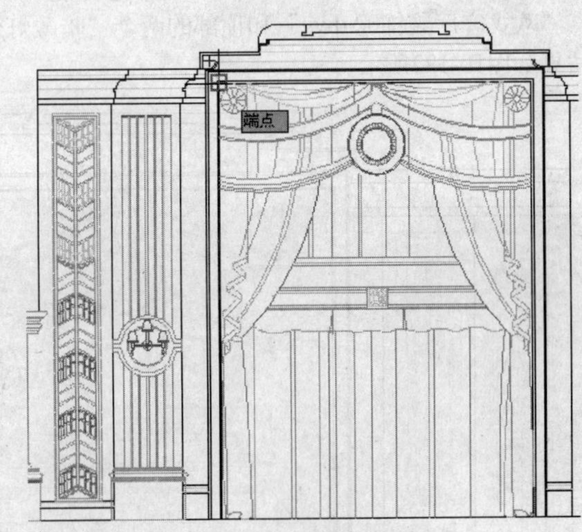

图10-119 插入欧式装饰大窗帘

Step 06 继续执行“插入”命令，配合“中点”捕捉功能，将随书光盘中的文件“图块文件”\“欧式客厅柜.dwg”插入到客厅立面图中，如图10-120所示。

Step 07 继续使用“插入”命令，配合“中点”捕捉和“两点之间的中点”功能，将随书光盘“图块文件”目录下的“暗藏灯管.dwg”和“欧式客厅吊灯.dwg”图块文件插入到客厅立面图上方位置，如图10-121所示。

图10-120 插入欧式客厅柜

图10-121 插入暗藏灯管和吊灯

Step 08 激活“镜像”命令，配合“中点”捕捉功能，将客厅立面图左边的“欧式客厅装饰01.dwg”、“欧式客厅装饰02.dwg”和顶部的两个“暗藏灯管.dwg”图块文件镜像到客厅立面图右边位置，结果如图10-122所示。

图10-122 镜像结果

Step 09 最后使用“分解”命令，将“欧式装饰大窗帘.dwg”图块分解，然后使用“修剪”命令将被“欧式客厅柜.dwg”和“欧式客厅吊灯.dwg”图块挡住的部分修剪掉，完成客厅立面图块的插入。

10.4.3 标注立面图尺寸和材质注解

这一节来标注别墅一层餐厅和客厅立面图尺寸和材质注解。

操作步骤

Step 01 继续上一节的操作。

Step 02 在“图层控制”下拉列表中，将“尺寸层”设置为当前层。

Step 03 执行菜单栏中的“格式”|“标注样式”命令，将“建筑标注”设置为当前标注样式，并设置标注比例为65。

Step 04 将餐厅立面图中的总尺寸标注删除，然后执行菜单栏中的“线性”和“连续”命令，配合“端点”捕捉功能，在餐厅立面图尺寸标注的基础上标注客厅立面图细部尺寸与总尺寸，然后使用“编辑标注”功能对重叠的尺寸进行调整，结果如图10-123所示。

Step 05 在“图层控制”下拉列表中，将“文本层”设置为当前层，然后执行菜单栏中的“格式”|“文字样式”命令，将“仿宋体”设置为当前文字样式。

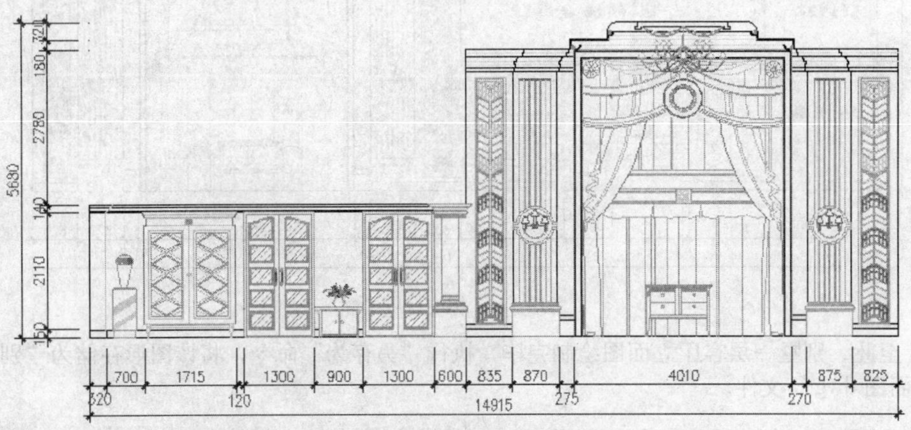

图10-123 标注别墅一层餐厅和客厅立面图尺寸

Step 06 在命令行输入LE激活“引线”命令，输入S按Enter键打开“引线设置”对话框，设置相关参数如图10-124所示。

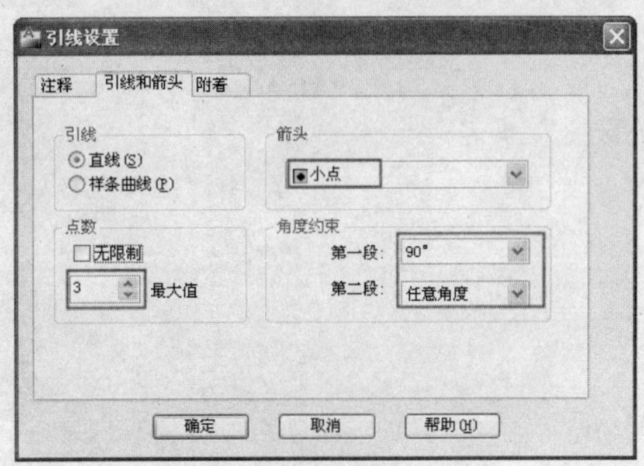

图10-124 设置引线参数

Step 07 单击 确定 按钮回到绘图区，在餐厅左边位置拾取一点，向上引导光标，在合适位置拾取第2点，向左引导光标，在合适位置拾取第3点，按两次Enter键，在打开的“文字格式”编辑器中设置字体、大小等参数，如图10-125所示。

图10-125 “文字格式”编辑器

Step 08 在下方的文本输入框中输入“粗面咖啡钻木”字样，单击“文字格式”编辑器中的 确定 按钮确认，标注第1个材质注解。

Step 09 按Enter键重复执行“引线”命令，使用相同的字体和字体大小，在立面图中标注其他材质注解，标注结果如图10-126所示。

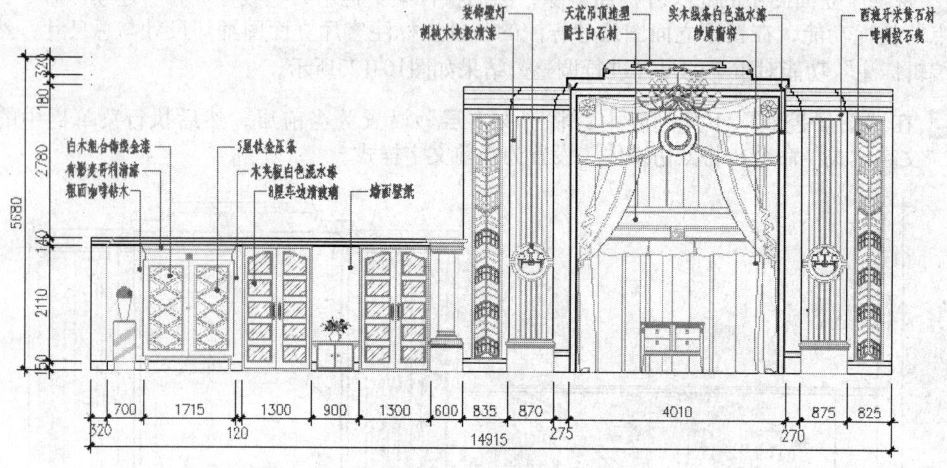

图10-126 标注材质注解

Step 10 至此，别墅一层客厅立面图绘制完毕，执行“另存为”命令，将该图形存储为“别墅一层客厅立面图.dwg”文件。

Chapter 11

欧式风格别墅二层室内设计

在本书的第9章绘制了欧式风格别墅一层室内布置图，本章继续来绘制欧式风格别墅二层室内装修设计图，主要包括室内布置图、吊顶图和装修立面图等。

重点知识导读

- 绘制别墅二层室内布置图
- 绘制别墅二层吊顶图
- 标注别墅二层立面图

11.1 绘制别墅二层室内布置图

这一节来绘制如图11-1所示的别墅二层室内布置图，主要包括绘制墙体结构图、绘制家具布置图、绘制地面材质图、标注布置图尺寸和文字注解等。

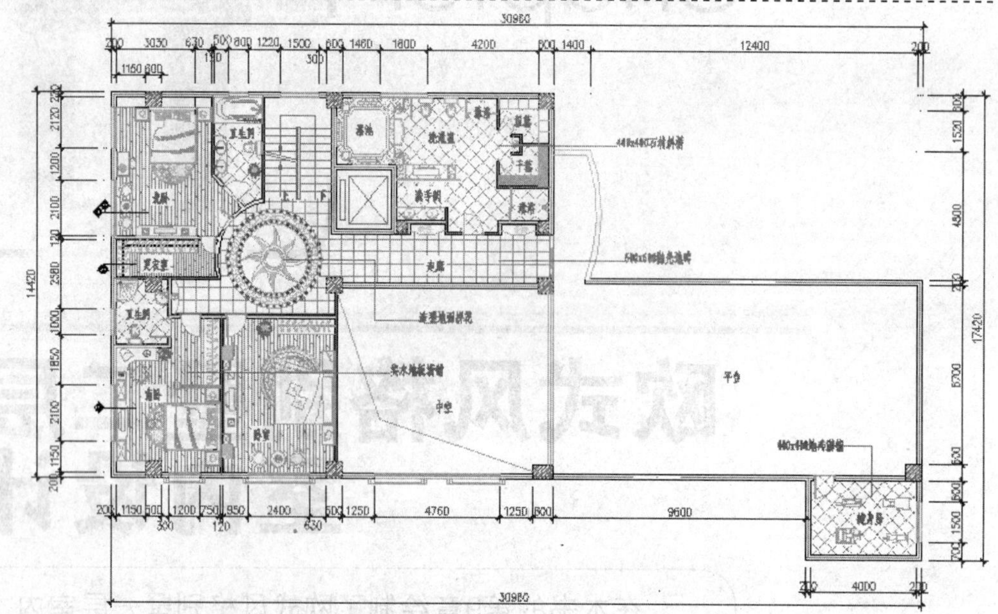

图11-1 欧式风格别墅二层室内布置图

11.1.1 绘制别墅二层墙体轴线

建筑墙体结构图也叫建筑户型图，它是建筑物的主体结构，也是绘制室内装饰装潢设计图的基础。

这一节主要来学习绘制普通住宅墙体结构图，在绘制墙体结构图时，首先需要绘制墙体结构图轴线网，然后在墙体轴线网上创建门洞和窗洞，最后再绘制主墙体、次墙体、创建门、窗、阳台等构件。

操作步骤

Step 01 执行菜单栏中的“文件”|“新建”命令，打开随书光盘中的文件“样板文件”\“装饰装潢绘图样板.dwt”。

Step 02 执行菜单栏中的“格式”|“图层”命令，在打开的“图层特性管理器”面板中双击“轴线层”，将其设置为当前图层。

Step 03 在命令行输入Ltscale，将线型比例暂时设置为1，命令行操作如下。

```
命令: Ltscale                                    // Enter，激活命令
    输入新线型比例因子 <100.0000>:                  //1 Enter
```

Step 04 激活“矩形”命令，在绘图区绘制矩形作为轴线网外轮廓线，命令行操作如下。

```
命令: _rectang
    指定第一个角点或 [倒角(C)/标高(E)/圆角(F)/厚度(T)/宽度(W)]:   //在绘图区拾取一点
    指定另一个角点或 [面积(A)/尺寸(D)/旋转(R)]:                  //@30760,17210 Enter
```

Step 05 单击“修改”工具栏上的“分解”按钮，激活“分解”命令，选择绘制的矩形，按Enter键将绘制的矩形分解。

Step 06 单击“修改”工具栏上的“偏移”按钮，激活“偏移”命令，将矩形上水平边分别向下偏移1248、1490、1840、2190、2431、2710、2965、3440、4190、4750、5110、5150和5370；将矩形下水平边分别向上偏移3000、7820、8920、10300和10340，结果如图11-2所示。

图11-2 偏移水平图线

Step 07 重复执行“偏移”命令，继续将矩形左垂直边分别向右偏移2160、3820、4160、5740、8500、8580和10800，将右垂直边向左偏移4200、14000、14540、15960、16050、18000和19420，结果如图11-3所示。

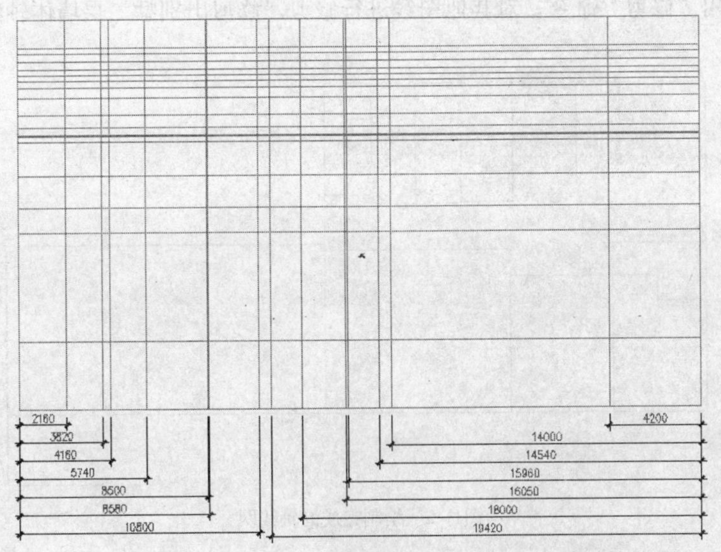

图11-3 偏移垂直图线

Step 08 激活“修剪”命令，在命令行“选择对象:”提示下，单击第2条（由右向左）垂直线，然后按Enter键确认，将该线作为修剪边。

Step 09 继续在命令行“选择要修剪的对象，或按住Shift键选择要延伸的对象，或[栏选(F)/窗交(C)/投影(P)/边(E)/删除(R)/放弃(U)]: *取消*”提示下，在第2条（由下向上）水平线的左端单击，对其进行修剪。

11 Chapter
12 Chapter
13 Chapter
14 Chapter
15 Chapter
16 Chapter

Step 10 继续使用“修剪”命令，以水平线2（由下向上）为修剪边，将垂直线4、7和14（由左向右）的下端修剪掉；以水平边3和6（由下向上）作为修剪边，将垂直线2（由左向右）的两端修剪掉；以垂直线2（由左向右）作为修剪边，将水平线3（由下向上）的右端修剪掉；以垂直线2和7（由左向右）作为修剪边，将水平线4（由下向上）的两端修剪掉；以垂直线7和14（由左向右）作为修剪边，将水平线5（由下向上）的左右两端修剪掉；以水平线8（由上向下）作为修剪边，将垂直线3（由左向右）的下端修剪掉，然后将水平线8（由上向下）删除。

Step 11 继续使用“修剪”命令，以水平线2（由下向上）作为修剪边，将垂直线2（由右向左）的上端修剪掉；以垂直线3（由右向左）作为修剪边，将水平线（由上向下）1~12的右端修剪掉；以水平线15（由上向下）作为修剪边，将垂直线1（由右向左）的上端修剪掉；以水平线12（由上向下）作为修剪边，将垂直线（由右向左）4、5、7、8、9和11的下端修剪掉，结果如图11-4所示。

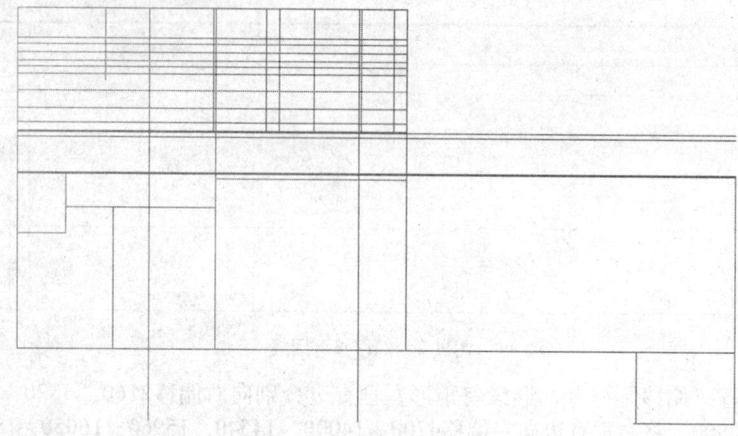

图11-4　修剪图线

Step 12 继续使用“修剪”命令，对其他图线进行修剪，修剪出别墅二层墙体轴线网，结果如图11-5所示。

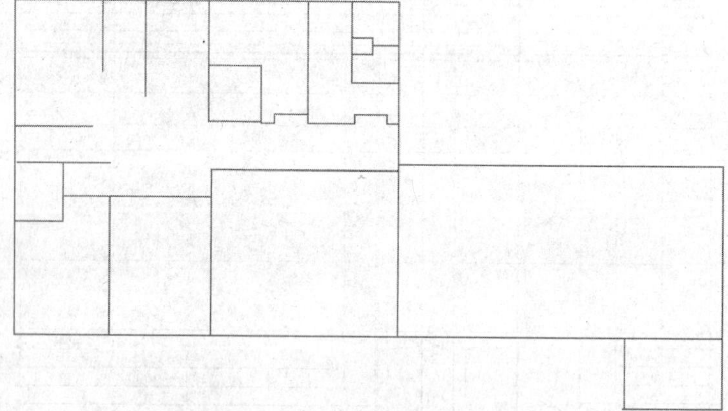

图11-5　绘制完成的轴线网

Step 13 最后执行菜单栏中的“文件”|“另存为”命令，将该图形存储为“别墅二层墙体轴线网.dwg”。

11.1.2 创建门洞和窗洞

这一节继续在绘制好的轴线上创建出门洞和窗洞，创建门洞和窗洞的方法很多，常用的方法有修剪和打断。

✎ 操作步骤

Step 01 继续上一节的操作。

Step 02 执行菜单栏中的“修改”|“偏移”命令，将垂直线A向右偏移560和1360个绘图单位，以创建出辅助线B和C，命令行操作如下。

```
命令: _offset
    当前设置: 删除源=否  图层=源  OFFSETGAPTYPE=0
    指定偏移距离或 [通过(T)/删除(E)/图层(L)] <1800.0>:              //560 Enter
    选择要偏移的对象，或 [退出(E)/放弃(U)] <退出>:                 //选择垂直轴线A
    指定要偏移的那一侧上的点，或 [退出(E)/多个(M)/放弃(U)] <退出>:
                                            //在所选轴线的右侧拾取点，偏移出垂直线B
    选择要偏移的对象，或 [退出(E)/放弃(U)] <退出>:                 // Enter，结束命令
命令:                                        // Enter，重复执行“偏移”命令
    OFFSET当前设置: 删除源=否  图层=源  OFFSETGAPTYPE=0
    指定偏移距离或 [通过(T)/删除(E)/图层(L)] <900.0>:               //1360 Enter
    选择要偏移的对象，或 [退出(E)/放弃(U)] <退出>:                 //选择最左侧的垂直轴线A
    指定要偏移的那一侧上的点，或 [退出(E)/多个(M)/放弃(U)] <退出>:
                                            //在所选轴线的右侧拾取一点，偏移出垂直轴线C
    选择要偏移的对象，或 [退出(E)/放弃(U)] <退出>:           // Enter，结束命令，如图11-6所示
```

Step 03 单击“修改”工具栏上的“修剪”按钮，激活“修剪”命令，以刚偏移出的辅助轴线B和C作为修剪边界，对水平轴线进行修剪，以创建宽度为800的窗洞，然后选择辅助线B和C将其删除，结果如图11-7所示。

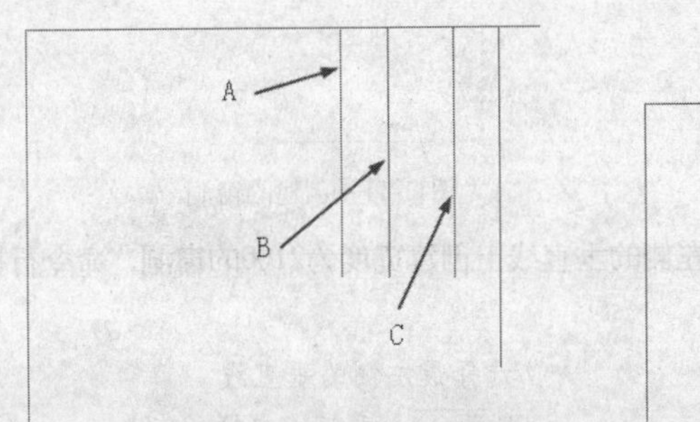

图11-6 偏移图线

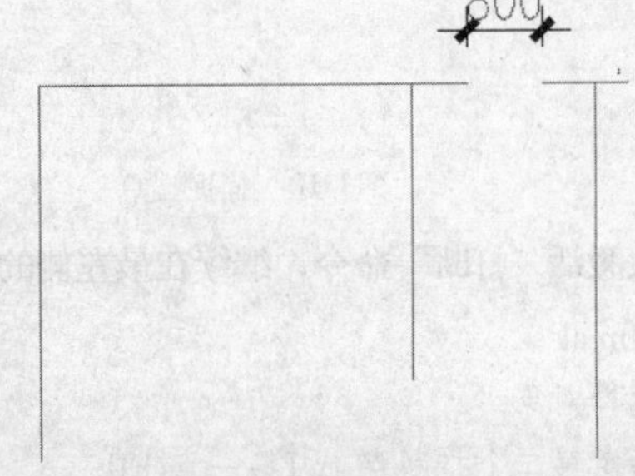

图11-7 修剪图线

Step 04 继续使用“偏移”命令，将垂直线a向右偏移660和2160个绘图单位，以创建出辅助线b和c；将垂直线1向右偏移1760和3560个绘图单位，以创建出辅助线2和3，如图11-8所示。

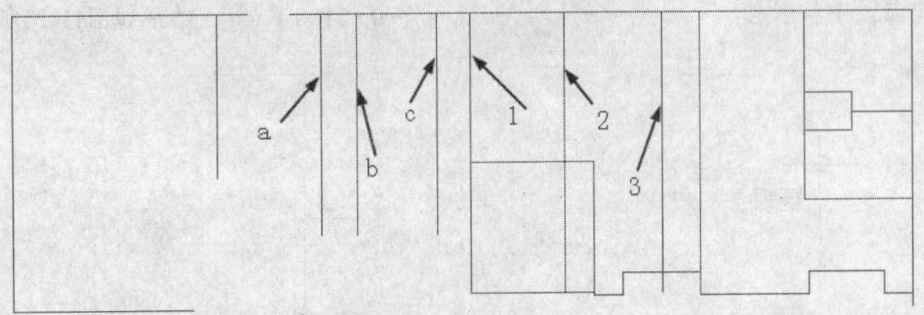

图11-8 偏移图线

Step 05 激活“修剪”命令，以偏移出的垂直辅助线作为修剪边，对水平线进行修剪，以创建宽度为1500和1800个绘图单位的窗洞，然后将垂直辅助线删除，结果如图11-9所示。

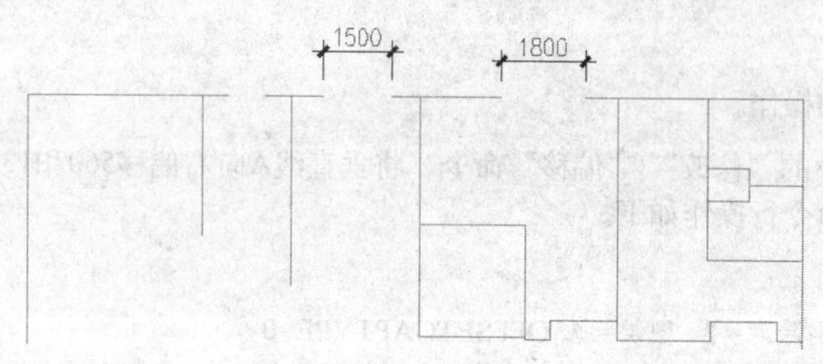

图11-9　修剪窗洞

Step 06 单击“修改”工具栏上的“打断”按钮，激活“打断”命令，在最左侧垂直线上创建宽度为1500个绘图单位的窗洞，命令行操作如下。

```
命令: _break
    选择对象:                              //选择最左侧的垂直线
    指定第二个打断点 或 [第一点(F)]:        //F Enter，重新指定第一断点
    指定第一个打断点:                      //激活“自”功能
    _from 基点:                            //捕捉如图11-10所示的端点
    <偏移>:                                //@0,-510 Enter
    指定第二个打断点:                      //@0,-1500 Enter，结果如图11-11所示
```

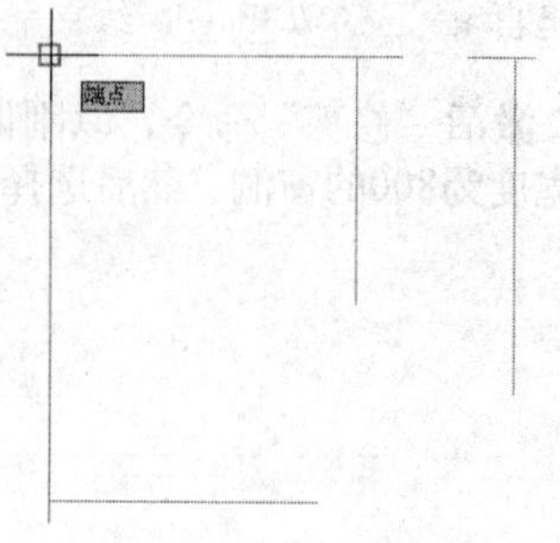

图11-10　捕捉端点

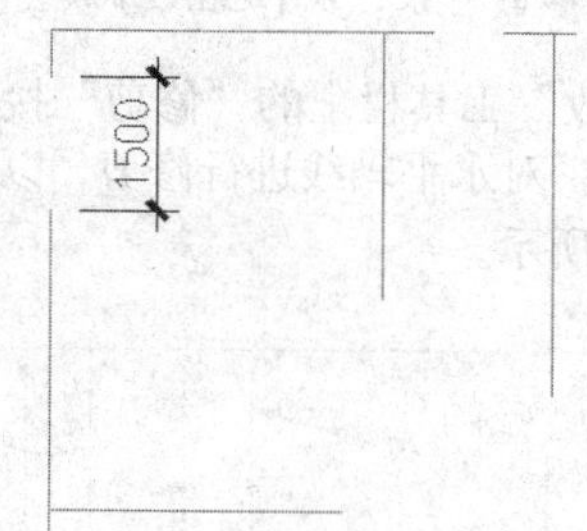

图11-11　创建的窗洞

Step 07 再次激活“打断”命令，继续在最左侧的垂直线上创建宽度为2100的窗洞，命令行操作如下。

```
命令: _break
    选择对象:                              //选择最左侧的垂直线
    指定第二个打断点 或 [第一点(F)]:        //F Enter，重新指定第一断点
    指定第一个打断点:                      //激活“自”功能
    _from 基点:                            //捕捉如图11-12所示的端点
    <偏移>:                                //@0,-1200 Enter
    指定第二个打断点:                      //@0,-2100 Enter，结果如图11-13所示
```

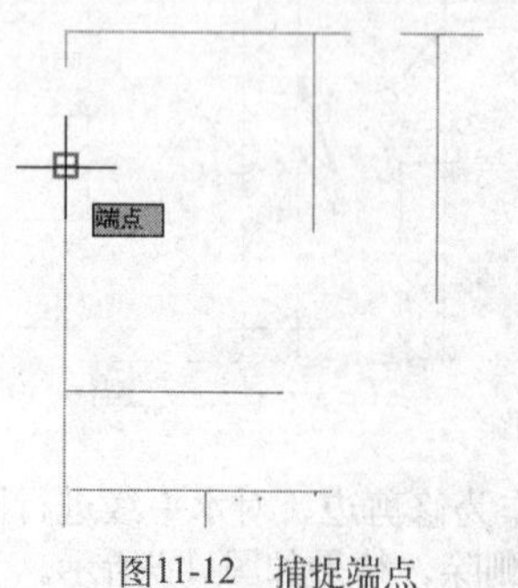

图11-12　捕捉端点

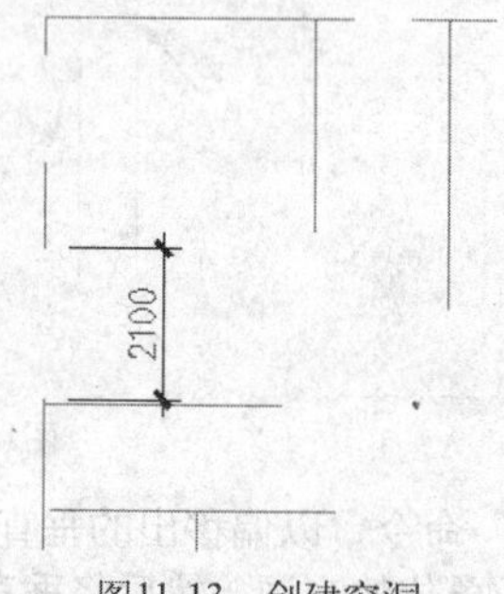

图11-13　创建窗洞

Step 08 参照上述创建门洞和窗洞的方法，综合运用“偏移”、“修剪”和“打断”命令，根据图示尺寸，分别创建其他位置的门洞和窗洞，结果如图11-14所示。

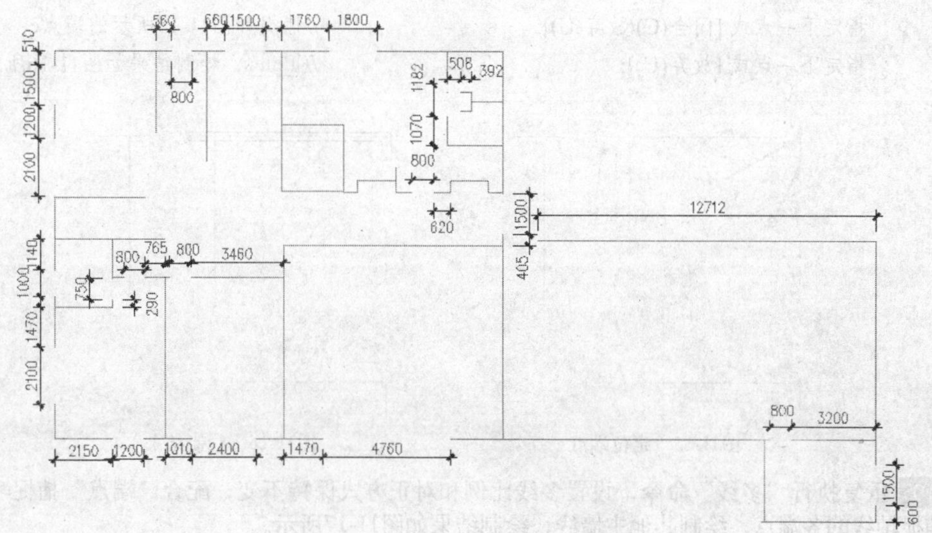

图11-14　创建门洞和窗洞的效果

Step 09 执行“另存为”命令，将该图形存储为“创建门洞和窗洞.dwg”文件。

至此，门洞和窗洞创建完毕，下一小节绘制主墙线和次墙线。

11.1.3 绘制和编辑主、次墙线

在建筑结构图中，建筑物的墙体包括承重墙体和非承重墙体，承重墙体是建筑物的主墙体，它起到了承担建筑物的整体重量和巩固建筑物结构的作用，是建筑物防震、抗压、抗外力的主要墙体。一般情况下，承重墙体的厚度有200mm和240mm两种规格，而非承重墙体是建筑物的次墙体，一般只承担分割建筑物空间的作用，其厚度是承重墙体的一半，即100mm或120mm。

这一节来绘制别墅二层墙体。该别墅二层墙体主要有200mm的主墙体和120mm的次墙体。另外，在建筑物节点位置还有连接墙体结构和支撑整个建筑物的柱。

操作步骤

Step 01 继续上一节的操作。

Step 02 展开“图层”工具栏上的“图层控制”下拉列表，将“墙线层”设置为当前图层。

Step 03 执行菜单栏中的“格式”|“多线样式”命令，将“墙线样式”设置为当前样式。

Step 04 执行菜单栏中的“绘图”|“多线”命令，配合“端点”捕捉功能绘制主墙线，命令行操作如下。

```
命令: _mline
    当前设置: 对正 = 上，比例 = 20.00，样式 = 墙线样式
    指定起点或 [对正(J)/比例(S)/样式(ST)]:            //S Enter
    输入多线比例 <20.00>:                              //200 Enter
    当前设置: 对正 = 上，比例 = 240.00，样式 = 墙线样式
    指定起点或 [对正(J)/比例(S)/样式(ST)]:            //J Enter
    输入对正类型 [上(T)/无(Z)/下(B)] <上>:             //Z Enter
    当前设置: 对正 = 无，比例 = 240.00，样式 = 墙线样式
```

指定起点或 [对正(J)/比例(S)/样式(ST)]: //捕捉如图11-15所示的端点a
指定下一点: //捕捉如图11-15所示的端点b
指定下一点或 [闭合(C)/放弃(U)]: //捕捉如图11-15所示的端点c
指定下一点或 [放弃(U)]: // Enter，绘制结果如图11-16所示

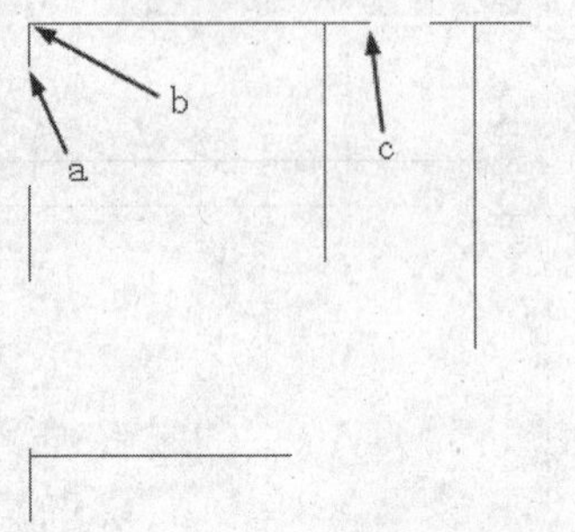

图11-15 定位端点　　图11-16 绘制结果

Step 05 重复执行“多线”命令，设置多线比例和对正方式保持不变，配合“端点”捕捉功能，分别捕捉轴线的各端点，绘制其他主墙线，绘制结果如图11-17所示。

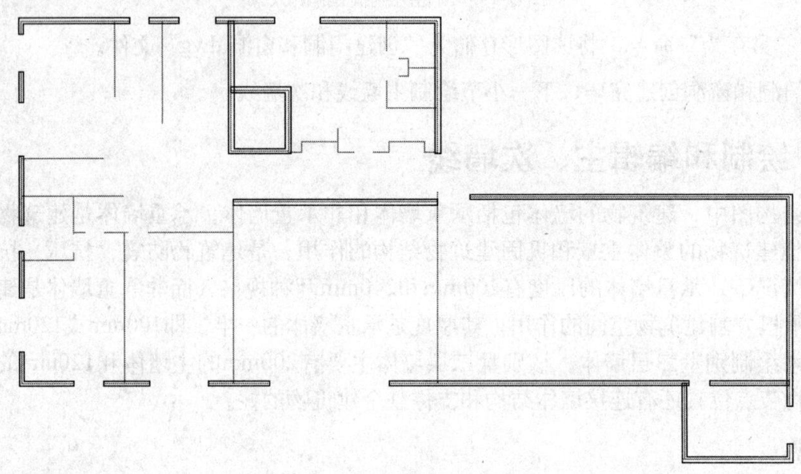

图11-17 绘制其他主墙线

Step 06 继续执行菜单栏中的“绘图”|“多线”命令，配合“端点”捕捉功能绘制次墙线，命令行操作如下。

命令: _mline
当前设置: 对正 = 上，比例 = 20.00，样式 = 墙线样式
指定起点或 [对正(J)/比例(S)/样式(ST)]: //S Enter
输入多线比例 <20.00>: //120 Enter
当前设置: 对正 = 上，比例 = 240.00，样式 = 墙线样式
指定起点或 [对正(J)/比例(S)/样式(ST)]: //J Enter
输入对正类型 [上(T)/无(Z)/下(B)] <上>: //Z Enter
当前设置: 对正 = 无，比例 = 240.00，样式 = 墙线样式
指定起点或 [对正(J)/比例(S)/样式(ST)]: //捕捉如图11-18所示的端点1
指定下一点或 [闭合(C)/放弃(U)]: //捕捉如图11-18所示的端点2
指定下一点或 [闭合(C)/放弃(U)]: //捕捉如图11-18所示的端点3

指定下一点或 [闭合(C)/放弃(U)]: //捕捉如图11-18所示的端点4
指定下一点或 [闭合(C)/放弃(U)]: //捕捉如图11-18所示的端点5
指定下一点或 [闭合(C)/放弃(U)]: //捕捉如图11-18所示的端点6
指定下一点或 [闭合(C)/放弃(U)]: // Enter，绘制结果如图11-19所示

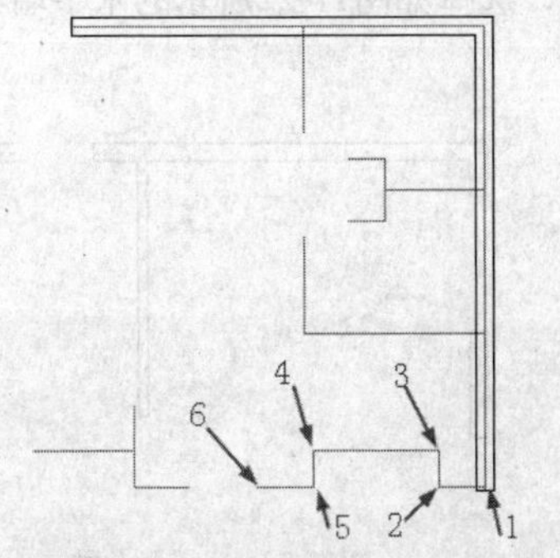

图11-18 捕捉端点

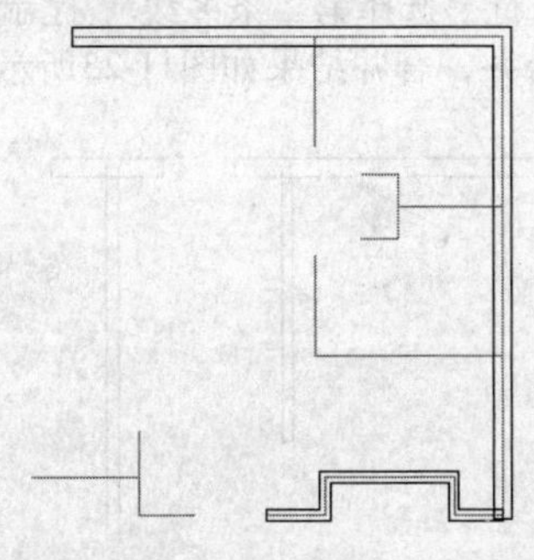

图11-19 绘制次墙线

Step 07 继续执行菜单栏中的“绘图”|“多线”命令，设置多线“比例”为120，配合“端点”捕捉功能绘制其他次墙线，结果如图11-20所示。

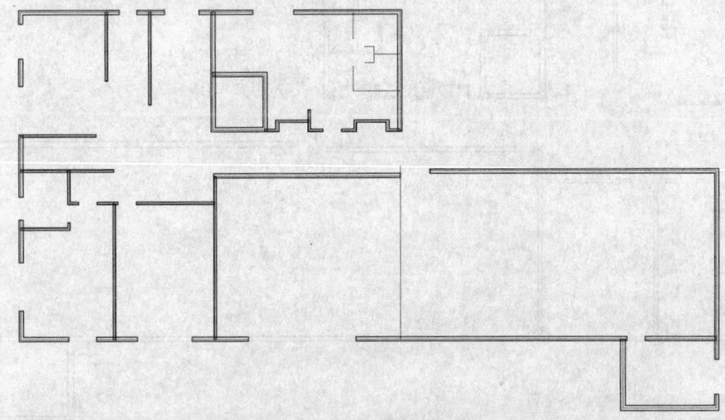

图11-20 绘制其他次墙线

Step 08 继续执行菜单栏中的“绘图”|“多线”命令，设置多线“比例”为100，配合“端点”捕捉功能，补画右上方的次墙线，结果如图11-21所示。

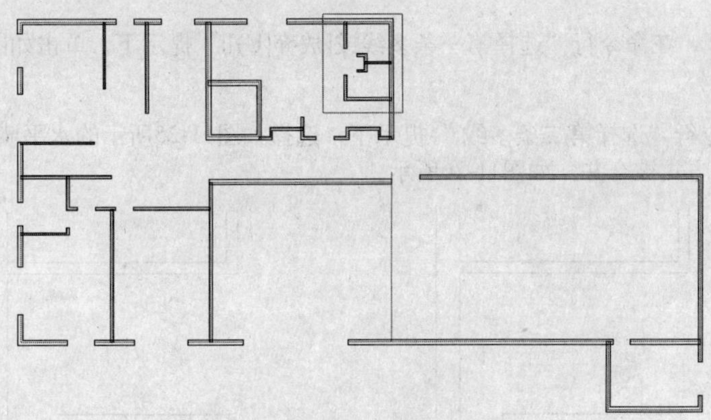

图11-21 补画其他次墙线

Step 09 下面对绘制完成的墙线进行编辑。展开“图层”工具栏上的“图层控制”下拉列表，关闭“轴线层”。

Step 10 执行菜单栏中的“修改”|“对象”|“多线”命令，在打开的“多线编辑工具”对话框中单击“T形合并”按钮，激活“T形合并”功能。

Step 11 返回绘图区，在命令行“选择第一条多线:”提示下，选择如图11-22所示的垂直墙线A。

Step 12 继续在命令行“选择第二条多线:”提示下，选择如图11-22所示的水平墙线B，结果这两条T形相交的多线被合并，合并结果如图11-23所示。

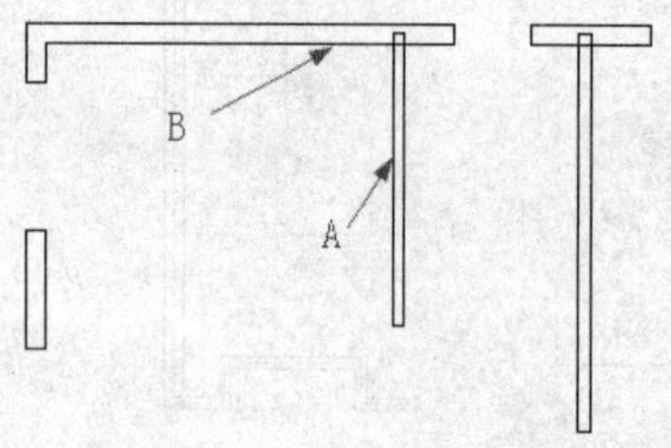

图11-22 选择垂直和水平墙线

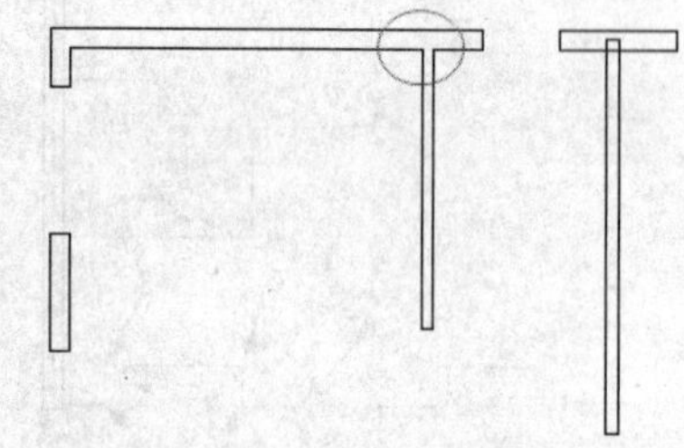
图11-23 T行合并结果

Step 13 采用相同的方法，分别对其他T形墙线进行合并，合并后的结果如图11-24所示。

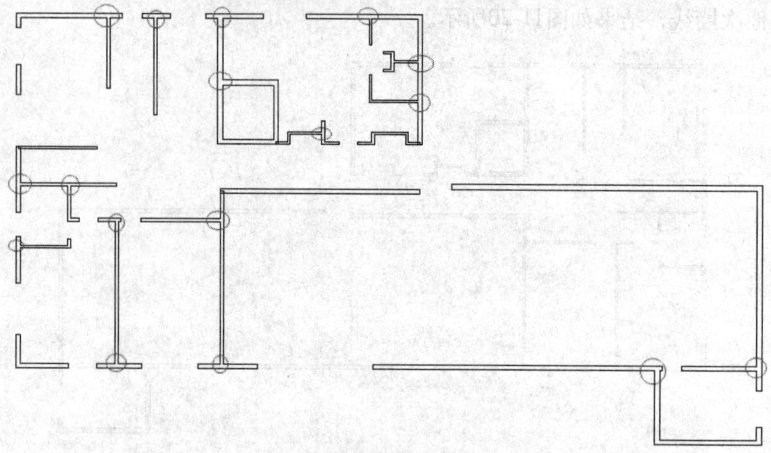
图11-24 T形合并墙线

Step 14 在任一墙线上双击，再次打开“多线编辑工具”对话框，单击 “角点结合”按钮，激活“角点结合”功能。

Step 15 返回绘图区，在命令行“选择第一条多线或[放弃(U)]:”提示下，单击如图11-25所示的垂直墙线A。

Step 16 继续在命令行“选择第二条多线:”提示下，选择如图11-25所示的水平墙线B，结果这两条墙线以角点结合的方式被合并，如图11-26所示。

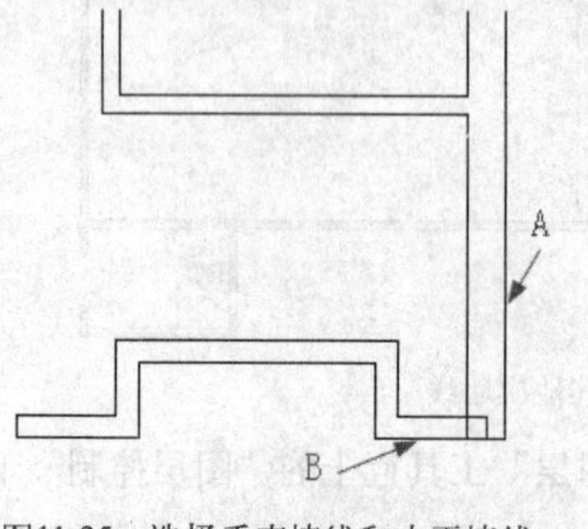

图11-25 选择垂直墙线和水平墙线

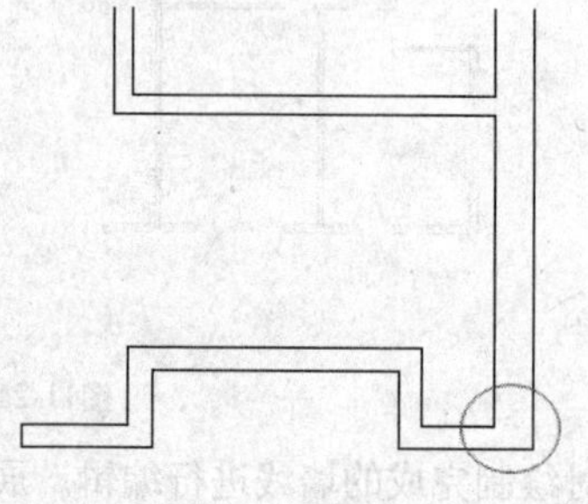
图11-26 角点结合合并结果

Step 17 继续使用“角点结合”功能，对其他墙线角点进行合并，完成墙线的编辑，结果如图11-27所示。

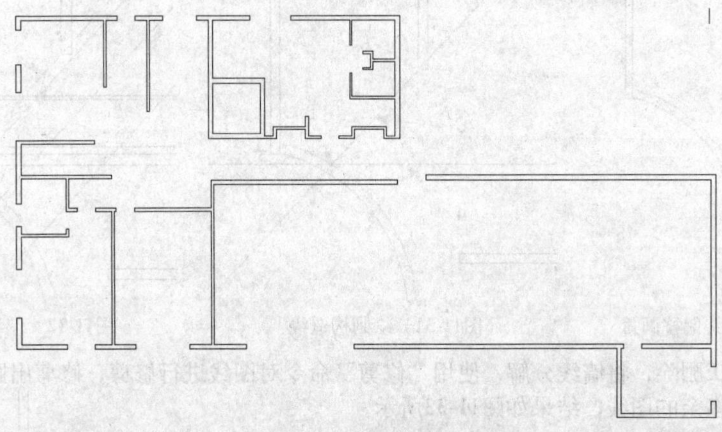

图11-27　编辑后的墙线效果

Step 18 下面继续补画其他墙线。激活“圆”命令，配合“自”功能，绘制半径为2161.9的圆，命令行操作如下。

命令: _circle

指定圆的圆心或 [三点(3P)/两点(2P)/切点、切点、半径(T)]: _from 基点: <偏移>:

//激活“自”功能，捕捉如图11-28所示墙线的端点，输入@2052.9,797.8 Enter

指定圆的半径或 [直径(D)] <53.0>:　　//2161.9 Enter，结果如图11-29所示

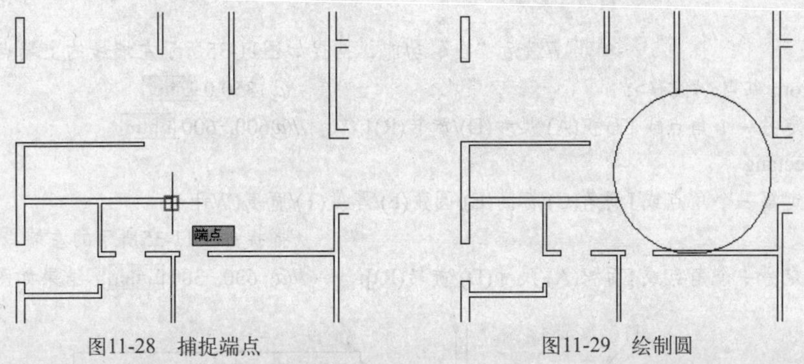

图11-28　捕捉端点　　图11-29　绘制圆

Step 19 激活“修剪”命令，以墙线作为修剪边对圆进行修剪，然后激活“偏移”命令，将修剪后的圆弧向外偏移120个绘图单位，结果如图11-30所示。

Step 20 激活“构造线”命令，配合“端点”捕捉和“自”功能，绘制构造线C和D，命令行操作如下。

命令: _xline

指定点或 [水平(H)/垂直(V)/角度(A)/二等分(B)/偏移(O)]:　　//捕捉如图11-31所示的端点A

指定通过点: _from 基点: <偏移>:

//激活“自”功能，捕捉如图11-31所示的端点B，输入@-788.2,-153.7 Enter

指定通过点:　　// Enter，绘制构造线C

命令: _xline

指定点或 [水平(H)/垂直(V)/角度(A)/二等分(B)/偏移(O)]:　　//H Enter

指定通过点:　　//捕捉如图11-31所示的构造线C与外圆弧的交点D

指定通过点:　　// Enter，绘制构造线E

Step 21 激活“偏移”命令，将构造线C向左偏移120、565和1165个绘图单位，将构造线E向上偏移

120、200、716和796个绘图单位，结果如图11-32所示。

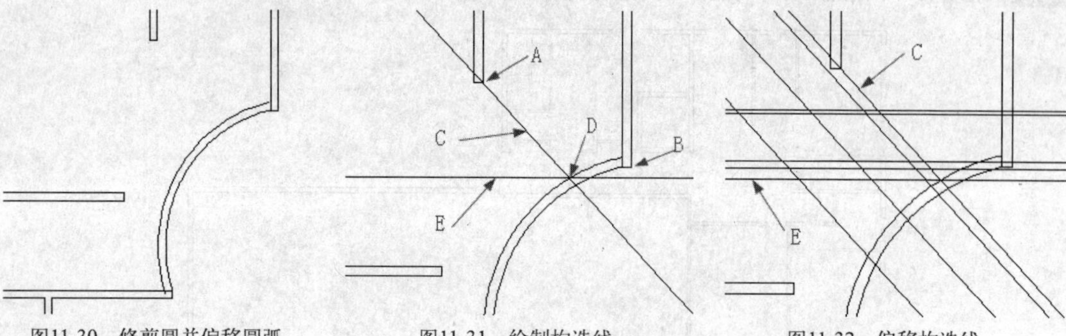

图11-30 修剪圆并偏移圆弧　　图11-31 绘制构造线　　图11-32 偏移构造线

Step 22 将构造线E删除，将墙线分解，使用“修剪”命令对图线进行修剪，修剪出圆弧墙线和倾斜墙线，然后删除多余的图线，结果如图11-33所示。

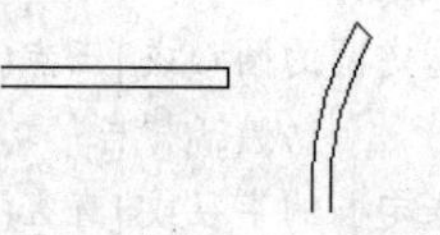

图11-33 修剪图线

Step 23 激活“直线”命令，配合“端点”捕捉和“捕捉追踪”功能，对墙线进行完善，并补画其他墙线，结果如图11-34所示。

Step 24 激活“矩形”命令，配合“自”功能在墙线上绘制柱轮廓，命令行操作如下。

命令: _rectang

指定第一个角点或 [倒角(C)/标高(E)/圆角(F)/厚度(T)/宽度(W)]:

//激活“自”功能，捕捉如图11-35所示左墙线的上端点A

_from 基点: <偏移>: //@1350,0 Enter

指定另一个角点或 [面积(A)/尺寸(D)/旋转(R)]: //@600,-600 Enter

命令: _rectang

指定第一个角点或 [倒角(C)/标高(E)/圆角(F)/厚度(T)/宽度(W)]:

//捕捉如图11-35所示的左墙线的上端点B

指定另一个角点或 [面积(A)/尺寸(D)/旋转(R)]: //@-630,-380 Enter，结果如图11-35所示

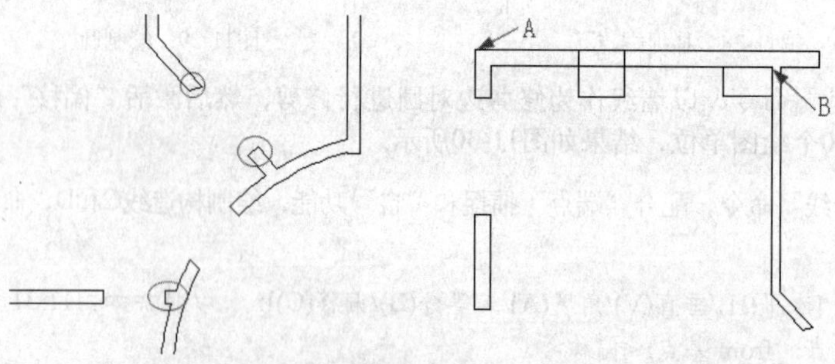

图11-34 补画墙线　　图11-35 绘制柱轮廓

Step 25 激活“复制”命令，配合“端点”捕捉功能，根据图示尺寸，将绘制的两个柱轮廓复制到其他位置，然后激活“修剪”命令，以柱轮廓为修剪边，对墙线进行修剪。

Step 26 在“图层控制”下拉列表中，将“填充层”设置为当前层，激活“图案填充”命令，选择名称为“ANSI31”的图案，设置“比例”为15、对立柱轮廓进行填充，结果如图11-36所示。

Step 27 至此别墅二层主、次墙线绘制完毕，执行“另存为”命令，将该图形存储为“创建别墅二层主、次墙线.dwg”文件。

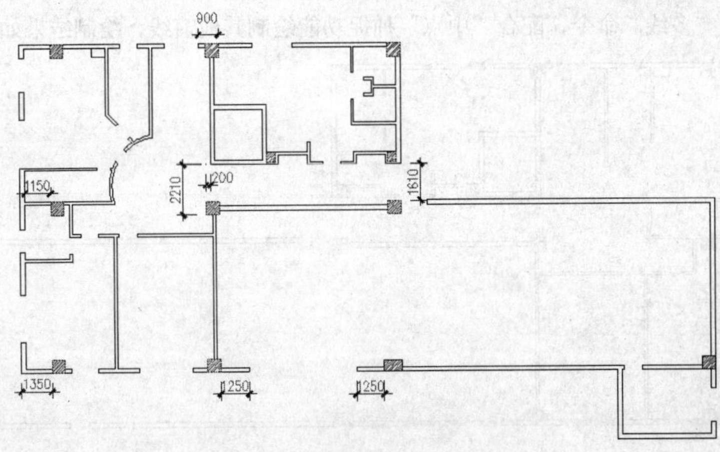

图11-36 复制柱轮廓并修剪墙线

11.1.4 创建门、窗、阳台和楼梯构件

这一节继续来创建别墅二层墙体中的门、窗、阳台和楼梯构件。

操作步骤

Step 01 继续上节操作。

Step 02 展开“图层”工具栏上的“图层控制”下拉列表，将“门窗层”设置为当前图层。

Step 03 执行菜单栏中的“格式”|“多线样式”命令，在打开的“多线样式”对话框中设置“窗线样式”为当前样式。

Step 04 执行菜单栏中的“绘图”|“多线”命令，配合“中点”捕捉和“对象捕捉追踪”功能绘制窗线，命令行操作如下。

```
命令: _mline
    当前设置: 对正 = 上，比例 = 20.00，样式 = 窗线样式
    指定起点或 [对正(J)/比例(S)/样式(ST)]:              //S Enter
    输入多线比例 <20.00>:                               //200 Enter
    当前设置: 对正 = 上，比例 = 240.00，样式 = 窗线样式
    指定起点或 [对正(J)/比例(S)/样式(ST)]:              //J Enter
    输入对正类型 [上(T)/无(Z)/下(B)] <上>:              //Z Enter
    当前设置: 对正 = 无，比例 = 240.00，样式 = 窗线样式
    指定起点或 [对正(J)/比例(S)/样式(ST)]:              //捕捉如图11-37所示的中点
    指定下一点:                        //向左引导光标，捕捉如图11-38所示的中点
    指定下一点或 [放弃(U)]:                             // Enter，结束操作
```

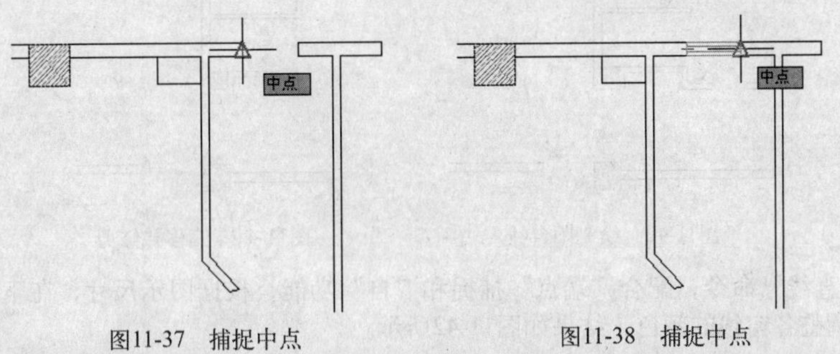

图11-37 捕捉中点　　　　图11-38 捕捉中点

Step 05 继续使用“多线”命令，配合“中点”捕捉功能绘制其他窗线，绘制结果如图11-39所示。

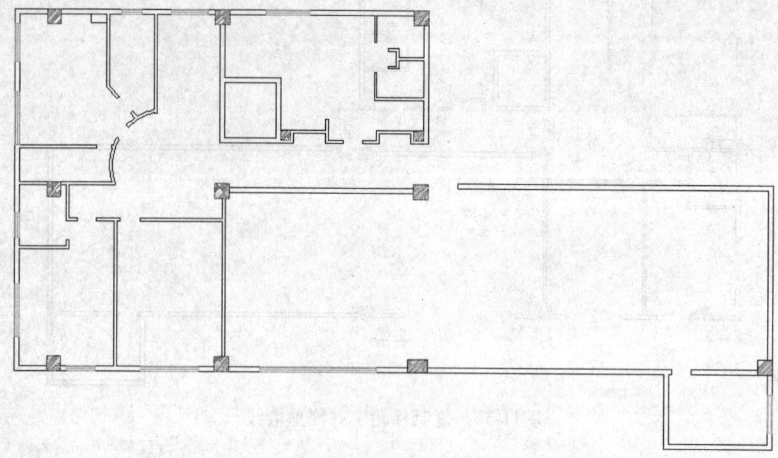

图11-39　绘制其他窗线

Step 06 下面绘制阳台线。激活“多段线”命令，配合“自”功能，绘制右侧的阳台线，命令行操作如下。

命令: _pline

指定起点:　　//捕捉如图11-40所示的墙线的端点A

指定下一个点或 [圆弧(A)/半宽(H)/长度(L)/放弃(U)/宽度(W)]:　　//A Enter

指定圆弧的端点或[角度(A)/圆心(CE)/方向(D)/半宽(H)/直线(L)/半径(R)/第二个点(S)/放弃(U)/宽度(W)]:　　//R Enter

指定圆弧的半径:　　//7200 Enter

指定圆弧的端点或 [角度(A)]: _from 基点: <极轴 关> <对象捕捉追踪 关><偏移>:

//激活“自”功能，捕捉如图11-40所示的端点B，输入@1255.7,-2320 Enter

指定圆弧的端点或[角度(A)/圆心(CE)/闭合(CL)/半宽(H)/直线(L)/半径(R)/第二个点(S)/放弃(U)/宽度(W)]:　　//L Enter

指定下一点或 [圆弧(A)/闭合(C)/半宽(H)/长度(L)/放弃(U)/宽度(W)]:

//向左引导光标，捕捉追踪线与墙线的交点 Enter，结果如图11-40所示

Step 07 激活“偏移”命令，将阳台线向外偏移200个绘图单位，然后激活“修剪”命令，对墙线和阳台线进行修剪，结果如图11-41所示。

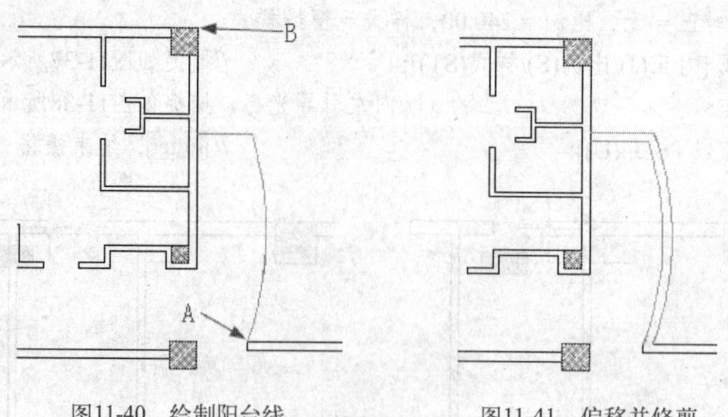

图11-40　绘制阳台线　　图11-41　偏移并修剪

Step 08 激活“直线”命令，配合“端点”捕捉和“自”功能，根据图示尺寸，在下方窗户位置绘制凸窗，然后调整各窗线的颜色，结果如图11-42所示。

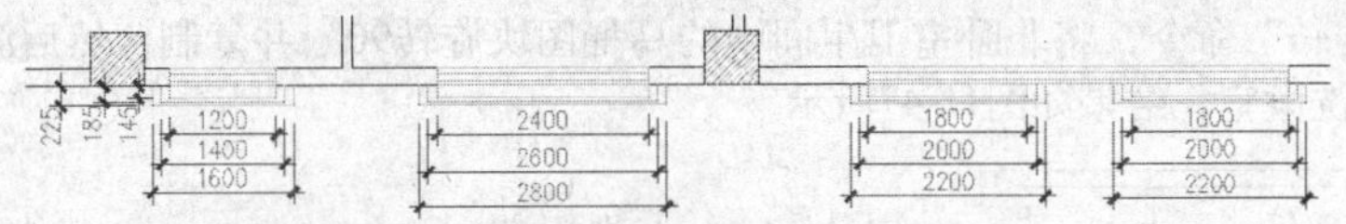

图11-42 绘制凸窗并调整颜色

Step 09 继续使用“直线”命令，配合“端点”捕捉和“自”功能，绘制其他隔断和推拉门，然后使用“插入”命令，将随书光盘“图块文件”目录下的“单开门.dwg”、“别墅二层楼梯.dwg”和“别墅二层电梯.dwg”图块文件插入到门和楼梯、电梯间位置，具体操作和参数设置可参阅本书随书光盘教学视频的讲解，在此不再详细讲述，结果如图11-43所示。

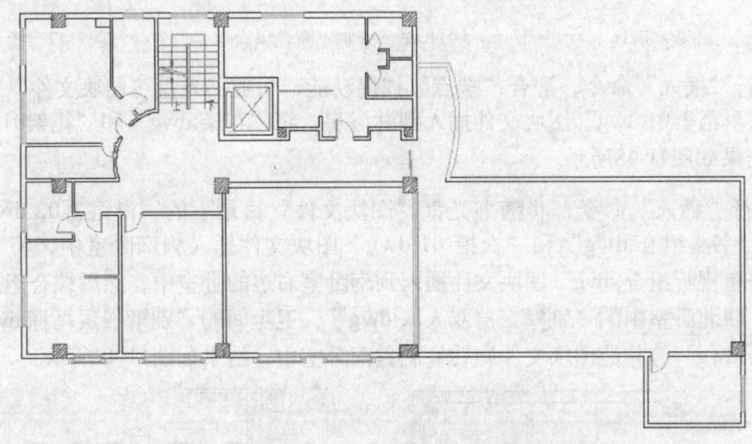

图11-43 插入单开门、楼梯等

Step 10 至此别墅二层门、窗和阳台等构件绘制完毕，执行菜单栏中的“文件”|“另存为”命令，将该图形命名存储为“创建门窗、阳台和楼梯.dwg”文件。

11.1.5 布置别墅二层室内家具

这一节向别墅二层室内布置家具。

操作步骤

Step 01 继续上一节的操作。

Step 02 在“图层控制”下拉列表中，将“家具层”设置为当前图层。

Step 03 激活“插入”命令，将随书光盘“图块文件”目录下的“别墅二层双人床.dwg”、“别墅二层卧室电视.dwg”、“别墅二层休闲椅组合.dwg”和“别墅二层小桌.dwg”图块文件采用默认参数插入到北卧室中；将“别墅二层浴缸.dwg”、“别墅二层洗手池.dwg”、“二层植物.dwg”和“别墅二层马桶.dwg”图块文件，采用默认参数插入到北卧室的卫生间，结果如图11-44所示。

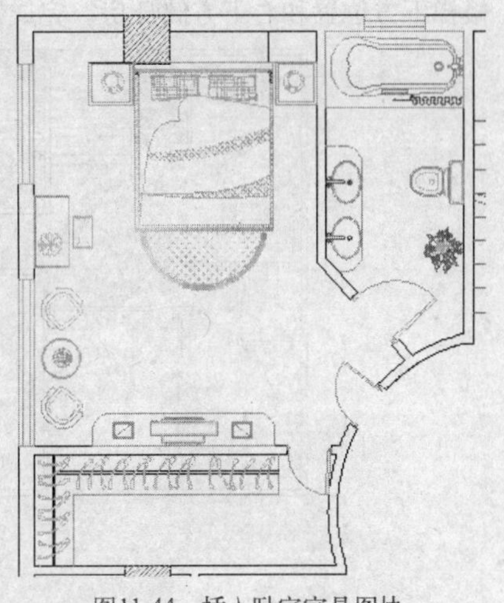

图11-44 插入卧室家具图块

Step 04 重复执行“插入块”命令，将随书光盘“图块文件”目录下的“别墅二层浴池.dwg”、“浴室电视.dwg”、“浴室洗手池.dwg”、“干蒸架.dwg”图块文件采用默认参数插入到右边洗漱室，结果如图11-45所示。

Step 05 激活“矩形”命令，根据图示尺寸，绘制马桶与淋浴室小隔断和湿蒸房坐台，如图11-46所示。

11 Chapter
12 Chapter
13 Chapter
14 Chapter
15 Chapter
16 Chapter

Step 06 激活“旋转”命令，将北卧室卫生间中的马桶图块旋转90°并复制，然后激活“移动”命令，将其移动到洗漱室，结果如图11-47所示。

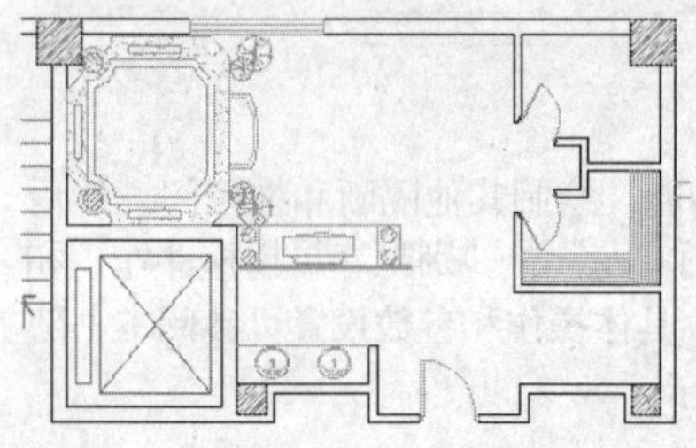

图11-45 插入洗漱室用具

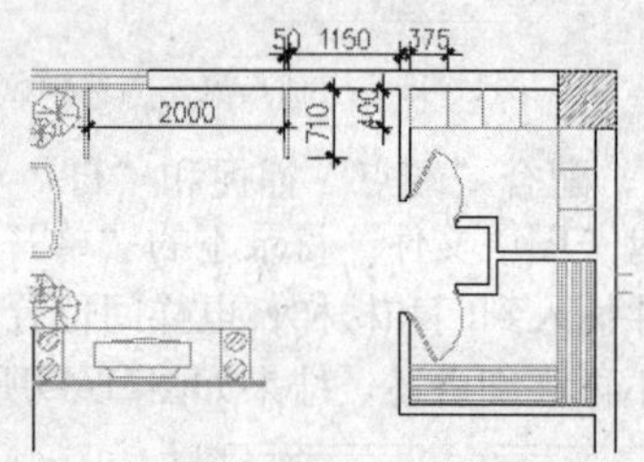

图11-46 绘制隔断和坐台

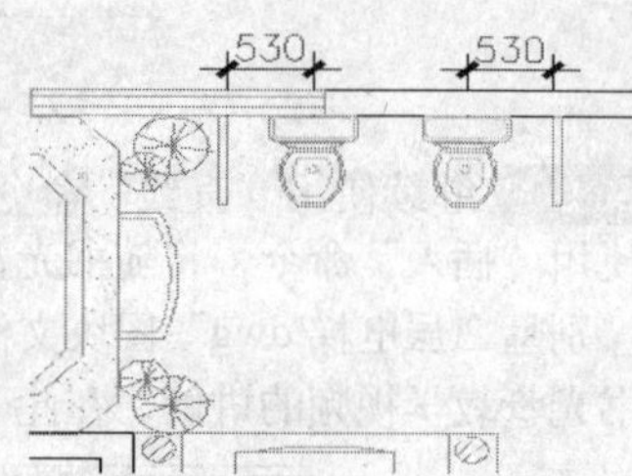

图11-47 插入马桶图块

Step 07 重复执行“插入”命令，配合“端点”捕捉功能，将随书光盘“图块文件”目录下的“淋浴器.dwg”、“淋浴器01.dwg”图块文件插入到淋浴房，将“花架.dwg”和“花架01.dwg”插入到走廊边位置，结果如图11-48所示。

Step 08 继续执行“插入”命令，将随书光盘“图块文件”目录下的“淋浴器02.dwg”、“洗手池03.dwg”、“书桌组合.dwg”和“衣柜-01.dwg”图块文件插入到南卧室中，将“别墅双人床02.dwg”、“卧室视听组合.dwg”图块文件插入到南卧室右边的卧室中，然后综合运用“旋转”和“移动”功能，将北卧室中的“别墅二层双人床.dwg”、卫生间的“别墅二层马桶.dwg”、“别墅二层休闲椅组合.dwg”等其他图块文件旋转复制到南卧室中，结果如图11-49所示。

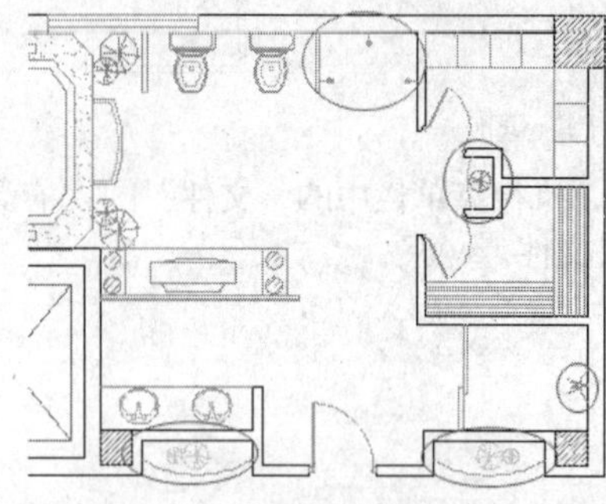

图11-48 布置洗漱室用具

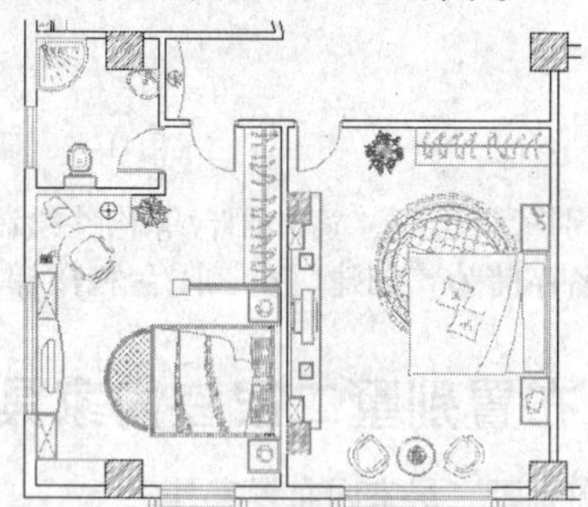

图11-49 布置卧室家具

Step 09 将随书光盘“图块文件”目录下的“别墅地板拼花.dwg”、“健身器材.dwg”分别插入到楼梯下方位置和右下方健身房，完成别墅二层室内家具的布置，结果如图11-50所示。

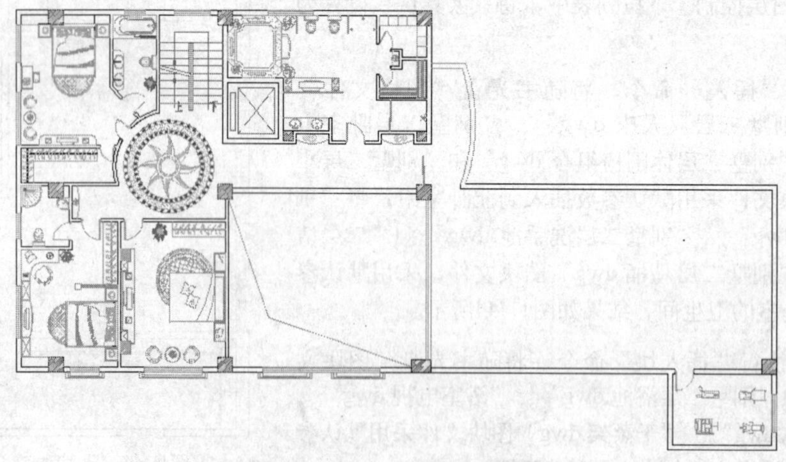

图11-50 别墅二层室内家具布置

Step 10 执行“另存为”命令，将该图形存储为“别墅二层室内家具布置图.dwg”。

11.1.6 绘制别墅二层地面材质图

这一节继续来绘制别墅二层地面材质图。二层地面材质与一层地面材质相同，卧室地面都使用了实木地板铺装，卫生间和洗漱室地面使用了天然大理石材质，而走廊和健身房地面则使用了抛光地砖。

操作步骤

Step 01 继续上一节的操作。

Step 02 在“图层控制”下拉列表中，将“填充层”设置为当前层。

Step 03 使用命令简写L激活“直线”命令，配合捕捉功能分别将各房间两侧门洞连接起来，以形成封闭区域。

Step 04 单击“绘图”工具栏上的“图案填充”按钮，激活“图案填充”命令，在打开的“图案填充和渐变色”对话框中选择名称为“DOLMIT”的图案，并设置“角度”为90°、“比例”为15，其他设置默认。

Step 05 单击“图案填充和渐变色”对话框中的“添加:拾取点”按钮，返回绘图区，在北卧室、更衣室、南卧室以及南卧室右边的卧室地面空白区域上单击，拾取填充区域，填充区域以虚线显示。

Step 06 按Enter键返回到“图案填充和渐变色”对话框，单击 确定 按钮，对这些区域进行填充，结果如图11-51所示。

Step 07 执行菜单栏中的“格式”|“线型”命令，在打开的“线型管理器”对话框中单击 加载(L)... 按钮，打开“加载或重载线型”对话框，选择名称为“DOT2”的线型。

Step 08 单击 确定 按钮，将该线型加载到“线型管理器”对话框中，选择加载的线型，设置其“全局比例因子”为10，单击 当前(C) 按钮将其设置为当前线型。

Step 09 执行“图案填充”命令，打开“图案填充和渐变色”对话框，将“类型”选项设置为“用户定义”选项，勾选“双向”复选框，设置“间距”为400，“角度”为45，其他参数默认。

Step 10 单击“图案填充和渐变色”对话框中的“添加:拾取点”按钮，返回绘图区，分别在洗漱室地面、两个卫生间地面和健身房地面空白区域上单击拾取填充区域，填充区域以虚线显示。

Step 11 按Enter键回到“图案填充和渐变色”对话框，单击 确定 按钮，对这些区域进行填充，填充结果如图11-52所示。

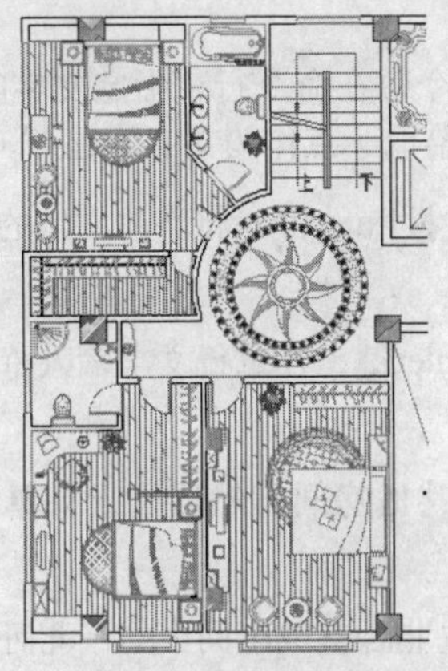

图11-51 填充卧室地面

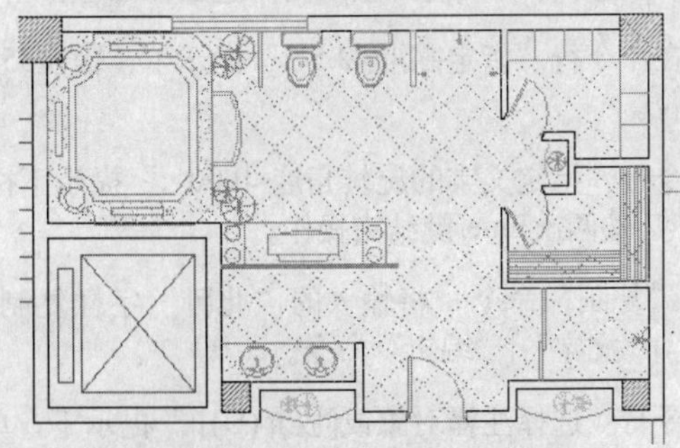

图11-52 填充卫生间和洗漱室地面

Step 12 将当前线型设置为“随层”，继续执行“图案填充”命令，选择“用户定义”选项，勾选“双向”复选框，设置“间距”为600，“角度”为0，其他参数默认。

Step 13 单击“图案填充和渐变色”对话框中的“添加:拾取点”按钮，返回绘图区，在走廊空白区域单击拾取填充区域，填充区域以虚线显示。

Step 14 按Enter键回到“图案填充和渐变色”对话框，单击 确定 按钮，对走廊地面进行填充，完成别墅二层地面材质图的绘制，结果如图11-53所示。

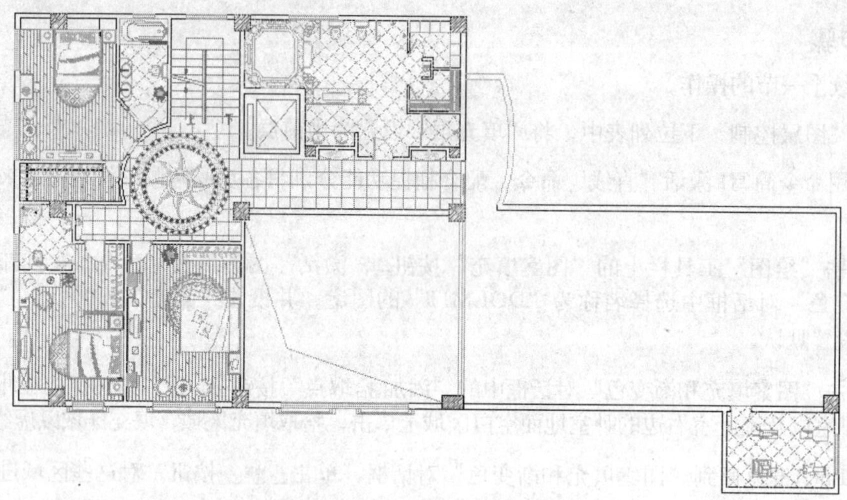

图11-53 别墅二层地面材质图

Step 15 执行“另存为”命令，将该图形存储为“别墅二层地面材质图.dwg”。

11.1.7 标注别墅二层室内布置图

这一节继续来标注别墅二层室内布置图尺寸、材质注解和墙面投影等。

操作步骤

Step 01 继续上一节的操作。

Step 02 执行菜单栏中的“格式”|“图层”命令，在打开的“图层特性管理器”面板中双击“文本层”，将其设置为当前图层。

Step 03 单击“样式”工具栏上的“文字样式”按钮，在打开的“文字样式”对话框中设置“仿宋体”为当前文字样式。

Step 04 执行菜单栏中的“绘图”|“文字”|“单行文字”命令，在命令行“指定文字的起点或[对正(J)/样式(S)]:”提示下，在北卧室房间内适当位置上单击，拾取一点作为文字的起点。

Step 05 继续在命令行“指定高度<2.5>:”提示下，输入350并按Enter键，将当前文字的高度设置为350个绘图单位。

Step 06 在命令行“指定文字的旋转角度<0.00>:”提示下按Enter键，在单行文字输入框中输入“北卧”字样，然后按两次Enter键结束操作。

Step 07 激活“复制”命令，将输入的“北卧”字样复制到其他房间，然后执行菜单栏中的“修改”|“对象”|“文字”|“编辑”命令。

Step 08 在命令行“选择注释对象或[放弃(U)]:”提示下，单击北卧室卫生间中的“北卧”字样，修改其文字内容为“卫生间”，按Enter键确认。

Step 09 再次按Enter键重复执行“编辑”命令，分别单击其他房间的文字注释，并修改其文字内容，完成别墅二层布置图的文字标注，如图11-54所示。

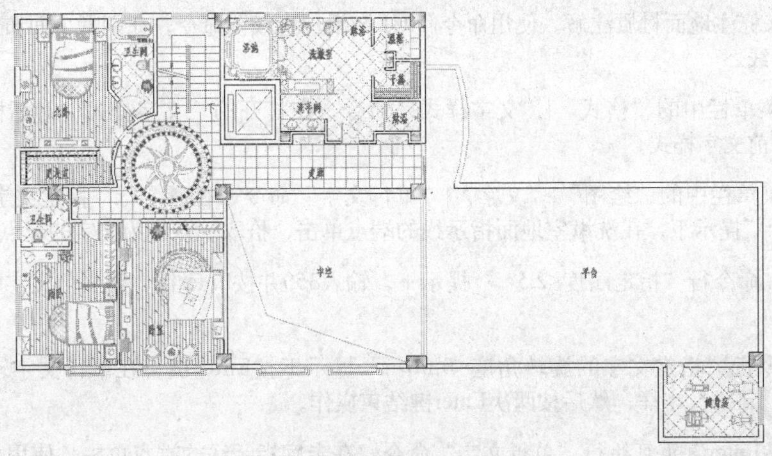

图11-54 标注文字注释

Step 10 选择北卧室中的地面填充图案，使其夹点显示然后右击，选择快捷菜单中的“图案填充编辑”命令。

Step 11 打开“图案填充编辑”对话框，单击右下角的“更多选项”按钮展开其他选项。

Step 12 在“孤岛”选项组中勾选“外部”复选框，然后单击“添加:选择对象”按钮返回到绘图区，在命令行“选择对象或[拾取内部点(K)/删除边界(B)]:”提示下，选择“北卧”文字对象，如图11-55所示。

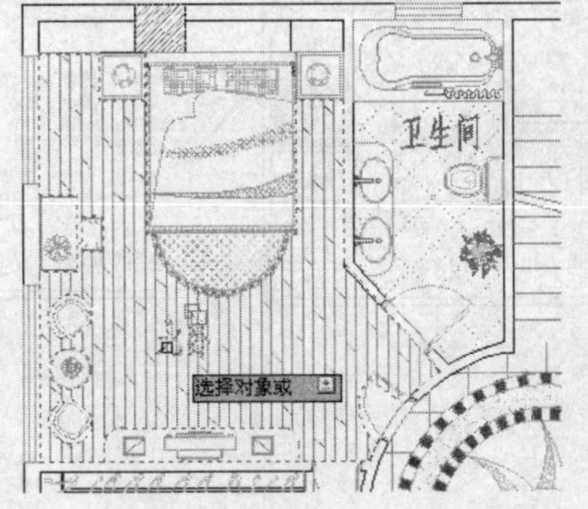

图11-55 选择文字对象

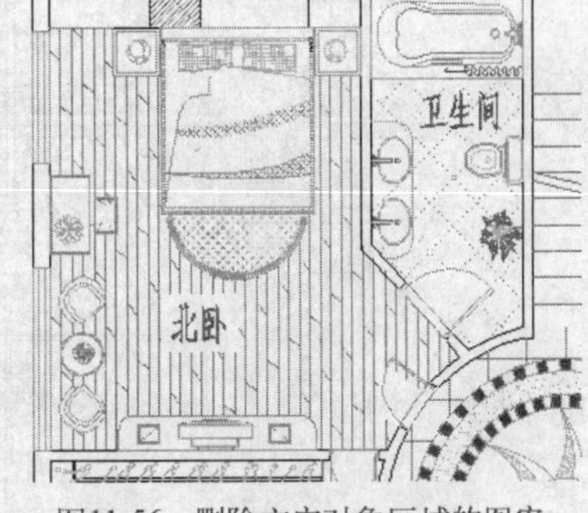

图11-56 删除文字对象区域的图案

Step 13 按Enter键，返回到“图案填充编辑”对话框，单击 确定 按钮确认，结果文字对象区域的填充图案被删除，如图11-56所示。

Step 14 参照步骤1~13的操作，分别对其他房间的地面填充图案进行编辑，将其文字下方的填充图案删除，结果如图11-57所示。

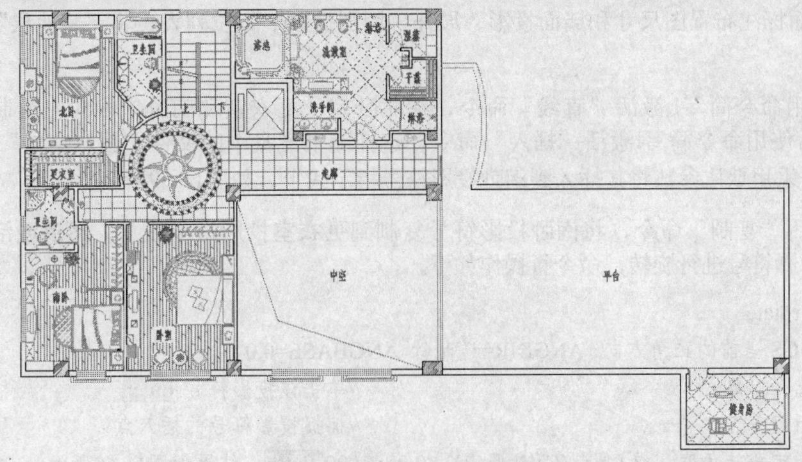

图11-57 修改其他填充图案

Step 15 下面来标注地面材质注解。使用命令简写L激活“直线”命令，在别墅平面布置图中绘制各地面材质指示线。

Step 16 执行菜单栏中的“格式”|“文字样式”命令，在打开的“文字样式”对话框中将“仿宋体”设置为当前文字样式。

Step 17 执行菜单栏中的“绘图”|“文字”|“单行文字”命令，在命令行“指定文字的起点或[对正(J)/样式(S)]:”提示下，在洗漱室地面指示线的端点单击，拾取一点作为文字的起点。

Step 18 继续在命令行“指定高度<2.5>:”提示下，输入350并按Enter键，将当前文字的高度设置为350个绘图单位。

Step 19 在命令行“指定文字的旋转角度<0.00>:”提示下按Enter键，在单行文字输入框中输入“400x400石材斜拼”字样，然后按两次Enter键结束操作。

Step 20 再次按Enter键重复执行“单行文字”命令，在走廊指示线的端点单击，使用相同的文字大小和字体，在该指示线一端输入“600x600抛光地砖”字样，按两次Enter键结束操作。

Step 21 采用相同的方法，在走廊地板拼花指示线一端输入“造型地面拼花”；在卧室地面指示线一端输入“实木地板满铺”；在健身房地面指示线一端输入“400x400地砖满铺”字样，完成别墅二层地面材质的标注，结果如图11-58所示。

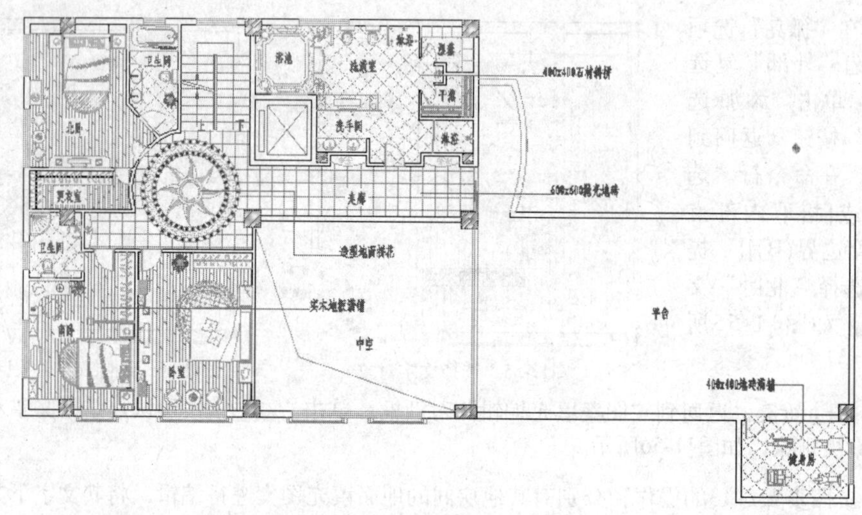

图11-58 地面材质标注结果

Step 22 下面标注布置图尺寸和墙面投影。展开“图层控制”下拉列表，将“其他层”设置为当前图层。

Step 23 使用命令简写L激活“直线”命令，在北卧室、更衣室和南卧室内向左绘制投影符号指示线，然后使用命令简写I激活“插入”命令，选择随书光盘中的文件“图块文件”\“投影符号02.dwg”，采用默认参数将其插入到南卧投影符号指示线上，如图11-59所示。

Step 24 激活“复制”命令，将南卧投影符号复制到更衣室投影指示线上，然后激活“旋转”命令，对该投影符号进行旋转，命令行操作如下。

```
命令: _rotate
    UCS 当前的正角方向: ANGDIR=逆时针  ANGBASE=0.0
    选择对象:                                      //单击该投影符号 Enter
    指定基点:                                      //捕捉投影符号的插入点
    指定旋转角度，或 [复制(C)/参照(R)] <0.0>:  //90 Enter，结果如图11-60所示
```

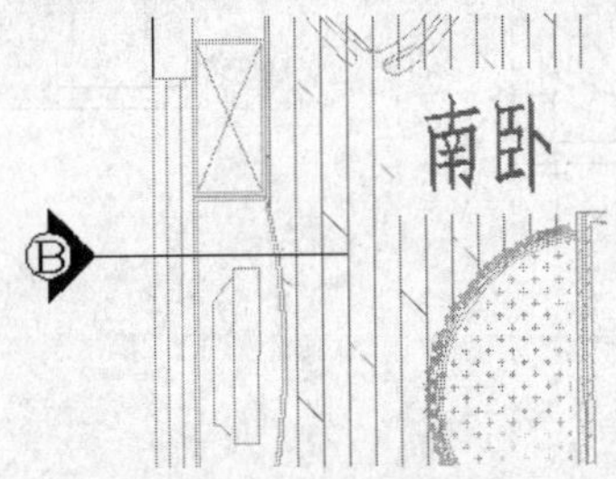

图11-59 插图投影符号

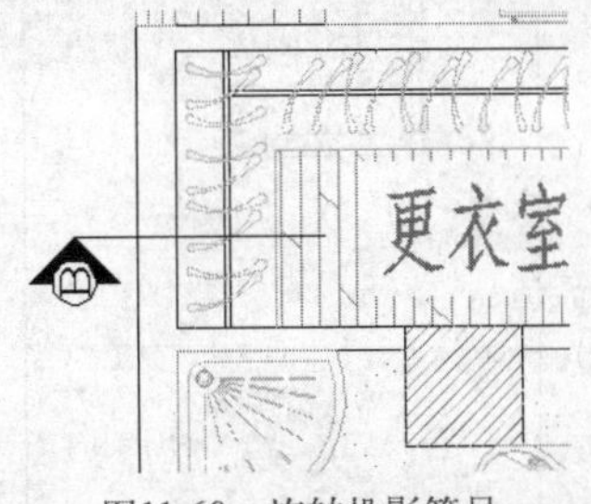

图11-60 旋转投影符号

Step 25 在无任何命令执行的情况下，双击更衣室位置的投影符号，打开“增强属性编辑器”对话框，进入“属性”选项卡，修改“值”为A。

Step 26 继续进入“文字选项”选项卡，修改“旋转”值为0，如图11-61所示。单击确定按钮确认并关闭“增强属性编辑器”对话框，结果更衣室的投影符号属性被更改，如图11-62所示。

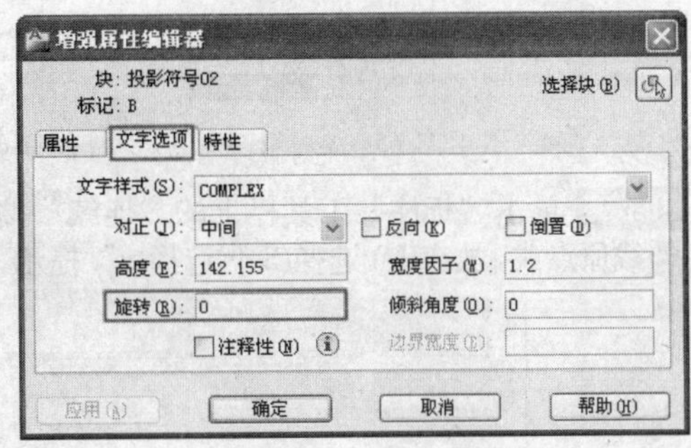

图11-61 修改属性值

Step 27 继续使用“复制”命令将更衣室的投影符号复制到北卧室投影符号指示线上，激活“旋转”命令，使用“旋转复制”功能将该投影符号旋转90°并复制，并将其移动到左边位置，如图11-63所示。

Step 28 双击左边的投影符号打开“增强属性编辑器”对话框，进入“属性”选项卡，修改“值”为D；进入“文字选项”选项卡，修改“旋转”值为0，然后单击确定按钮确认并关闭“增强属性编辑器”对话框，结果该投影符号属性被更改，如图11-64所示。

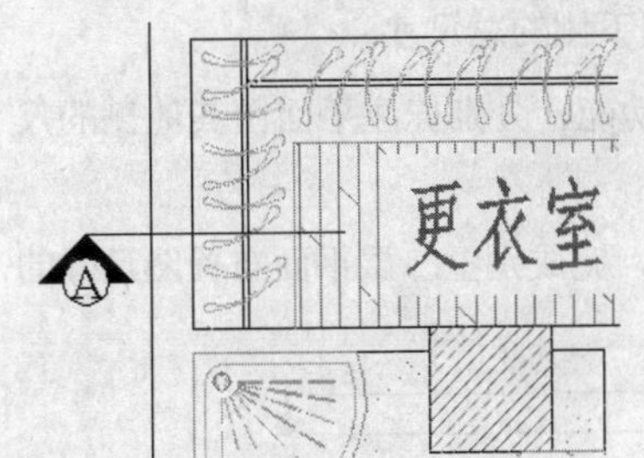

图11-62 修改后的更衣室投影符号

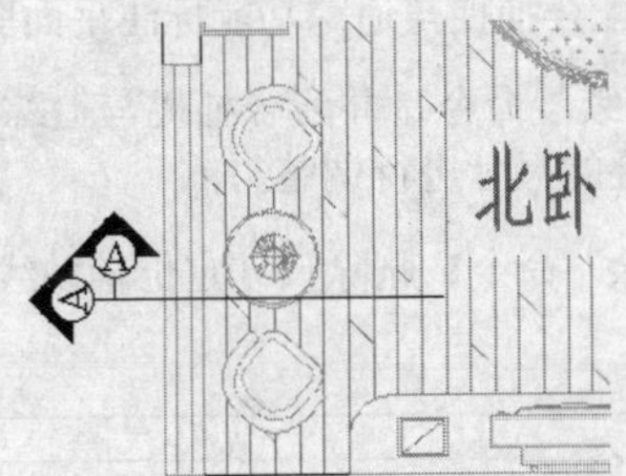

图11-63 旋转并复制投影符号

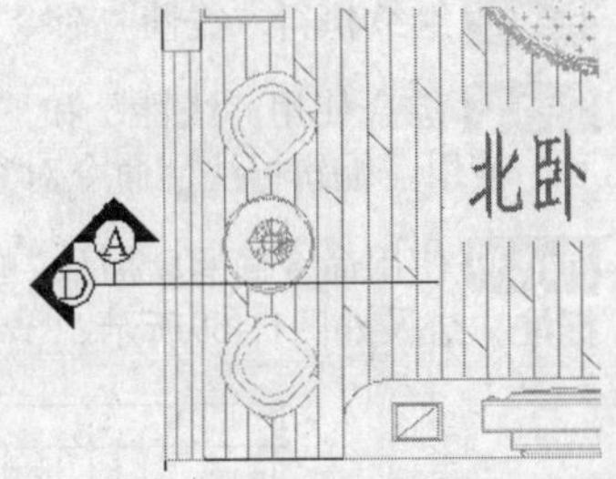

图11-64 修改投影符号属性

Step 29 下面标注别墅二层室内布置图尺寸。在“图层控制”下拉列表中打开“轴线层”，然后设置“尺寸层”为当前图层。

Step 30 执行菜单栏中的“绘图”|“构造线”命令，配合捕捉功能在布置图四周绘制构造线，然后将构造线向外偏移1000个绘图单位作为尺寸定位线。

Step 31 执行菜单栏中的“格式”|“标注样式”命令，将“建筑标注”设置为当前样式，同时修改标注比例为100。

Step 32 单击“标注”工具栏上的按钮，在命令行“指定第一条延伸线原点或<选择对象>:”提示下，由如图11-65所示的点向下引出追踪线，捕捉追踪线与辅助线的交点作为标注界线的起点。

Step 33 在命令行“指定第二条延伸线原点:”提示下，由如图11-66所示的点向下引出追踪线，捕捉追踪线与辅助线的交点作为标注界线的端点。

Step 34 在命令行“指定尺寸线位置或[多行文字(M)/文字(T)/角度(A)/水平(H)/垂直(V)/旋转(R)]:”提示下，向下移动光标，输入800并按Enter键，表示尺寸线距离延伸线原点的距离为800个绘图单位，标注结果如图11-67所示。

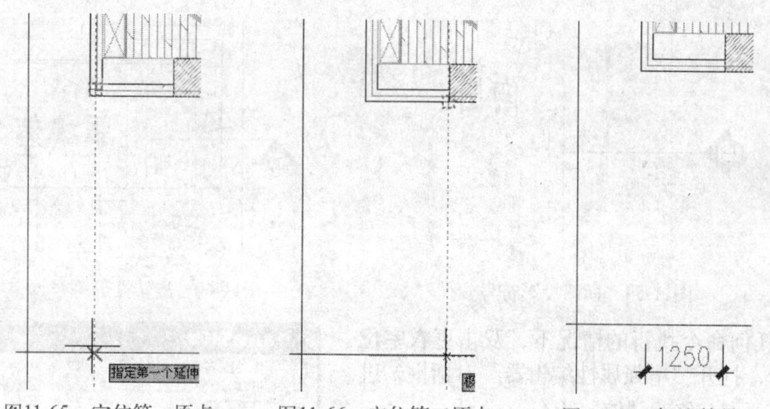

图11-65　定位第一原点　　图11-66　定位第二原点　　图 11-67　标注结果

Step 35 单击“标注”工具栏上的“连续”按钮，激活“连续”命令，在命令行“指定第二条延伸线原点或 [放弃(U)/选择(S)]<选择>:”提示下，分别捕捉其他点标注连续尺寸，如图11-68所示。

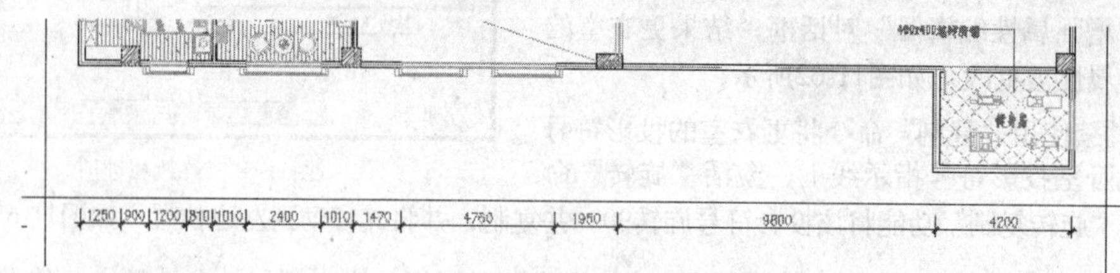

图11-68　标注连续尺寸

Step 36 连续两次按键盘上的Enter键，结束“连续”命令。

Step 37 继续执行“线性”命令，配合捕捉与追踪功能标注平面图下侧的总尺寸。

Step 38 综合使用“线性”和“连续”命令，并配合捕捉与追踪功能，分别标注平面图其他侧的尺寸，使用“编辑标注”命令对重叠的尺寸进行调整。

Step 39 使用命令简写E激活“删除”命令，删除尺寸定位辅助线，完成别墅二层平面布置图尺寸的标注，结果如图11-69所示。

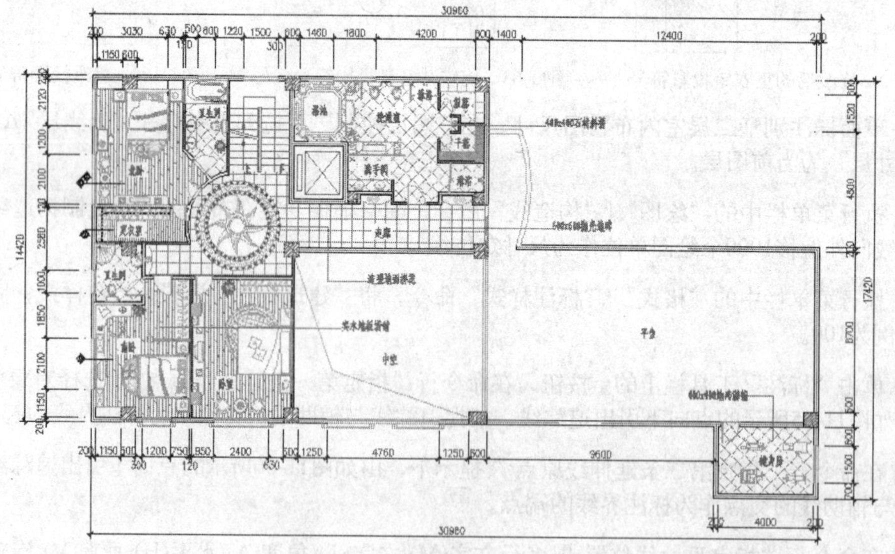

图11-69　标注别墅二层室内布置图

Step 40 使用“另存为”命令，将该图形另存为“标注别墅二层室内布置图.dwg”文件。

11.2 绘制别墅二层吊顶图

这一节继续绘制如图11-70所示的欧式风格别墅二层吊顶图，主要包括吊顶轮廓图、吊顶灯具图以及标注别墅二层吊顶图。

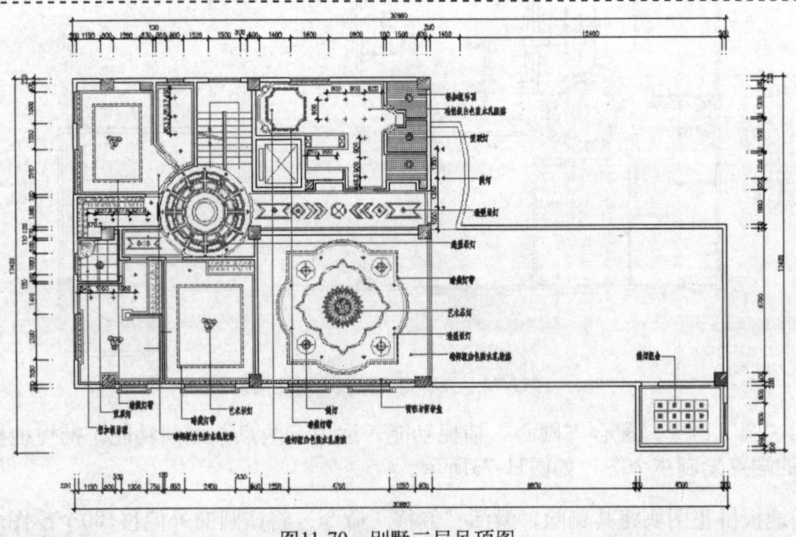

图11-70 别墅二层吊顶图

11.2.1 绘制别墅二层吊顶轮廓图

这一节首先绘制别墅二层吊顶轮廓图，在绘制吊顶轮廓图时，可以在别墅二层墙体结构图的基础上进行绘制。

操作步骤

Step 01 打开随书光盘中的文件“效果文件”\“第11章”\“别墅二层室内家具布置图.dwg”作为当前图形文件。

Step 02 执行菜单栏中的“文件”|“另存为”命令，将该文件另存为“别墅二层吊顶轮廓图.dwg”。

Step 03 在无命令执行的前提下，选择平面图中的文字注解、单开门、双开门、推拉门以及部分家具图块，按Delete键将其删除，结果如图11-71所示。

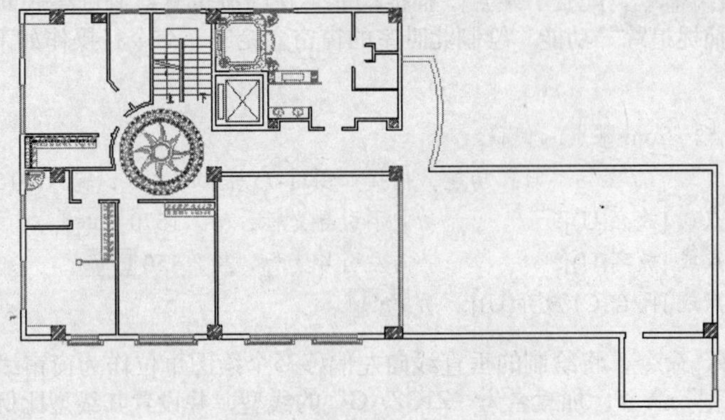

图11-71 删除门和部分家具图块

Step 04 在“图层控制”下拉列表中，将“吊顶层”设置为当前图层。

Step 05 激活“分解”命令，将卧室中的衣柜图块和洗漱室中的浴池图块、电视图块等分解，然后激活“删除”命令，删除浴池图块中的多余图线。

Step 06 在无任何命令执行的情况下，选择所有窗线、卧室衣柜、洗漱室浴池图线、洗漱室电视图线和洗手池图线，将其放入“吊顶层”，结果如图11-72所示。

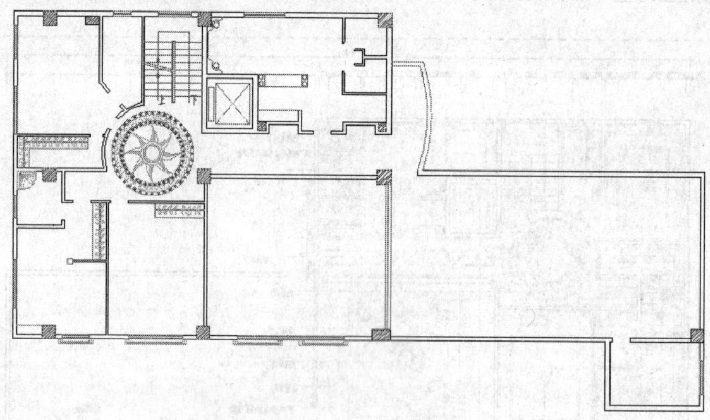

图11-72　分解图块并调整所在图层

Step 07 激活“圆”命令，配合“圆心”捕捉功能，运用“两点”画圆功能。捕捉地板拼花的圆心和弧形墙线的端点绘制一个圆，如图11-73所示。

Step 08 选择地板拼花图块将其删除，激活“偏移”命令，将该圆向外偏移100个绘图单位，然后激活“修剪”命令，以户型图墙线作为修剪边，对两个圆进行修剪，结果如图11-74所示。

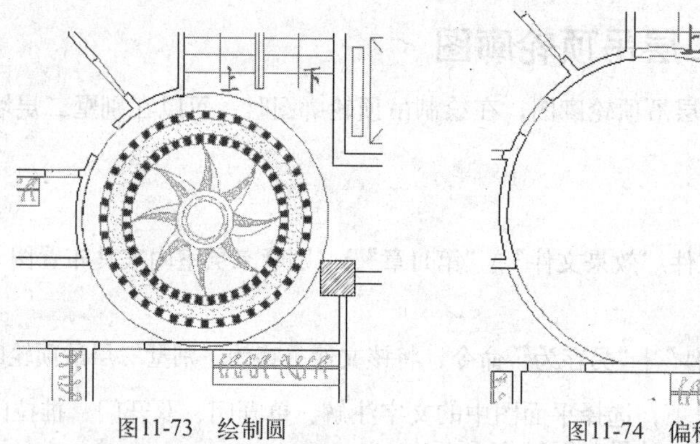

图11-73　绘制圆　　　　图11-74　偏移并修剪圆

Step 09 激活“直线”命令，配合“端点”捕捉功能，在门洞位置绘制过梁底面的轮廓线，然后配合“自”功能和“捕捉追踪”功能，绘制北卧室的窗帘盒轮廓，命令行操作如下。

```
命令: _line
    指定第一点: _from 基点: <偏移>:
                //激活“自”功能，捕捉如图11-75所示的端点，输入@150,0 Enter
    指定下一点或 [放弃(U)]:          //向下引导光标，输入1570 Enter
    指定下一点或 [放弃(U)]:          //向左引导光标，输入150 Enter
    指定下一点或 [闭合(C)/放弃(U)]:  // Enter
```

Step 10 激活“偏移”命令，将绘制的垂直线向左偏移75个绘图单位作为窗帘线，然后执行菜单栏中的“格式”|“线型”命令，加载名为“ZIGZAG”的线型，并设置其线型比例为5。

Step 11 在无任何命令执行的情况下，选择偏移出的窗帘线使其夹点显示，在“线型控制”下拉列表中选择加载“ZIGZAG”线型，并设置线型颜色为洋红色，效果如图11-76所示。

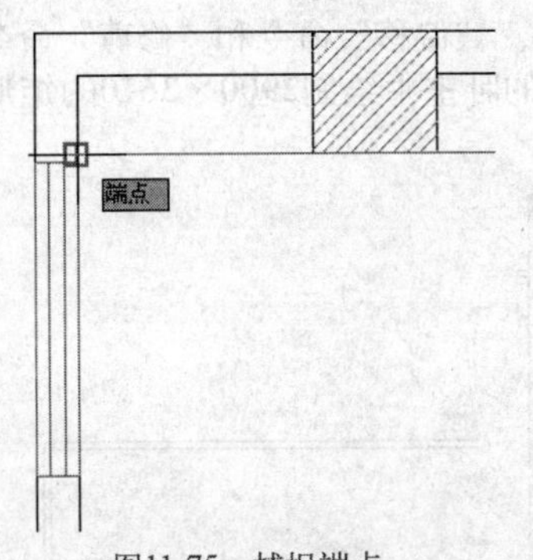

图11-75 捕捉端点

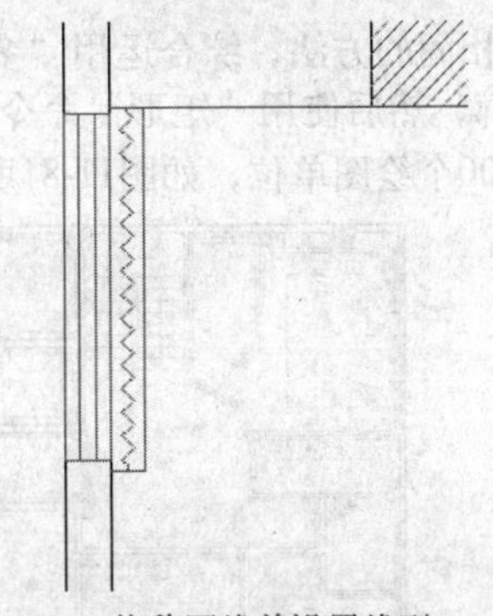

图11-76 偏移图线并设置线型

Step 12 采用相同的方法，继续绘制其他房间的窗帘盒与窗帘线。

Step 13 激活“多段线”命令，配合“端点”捕捉功能，分别捕捉如图11-77所示的北卧室内墙线的端点1、2、3、4、5、6、7、8和9绘制多段线。

Step 14 激活“偏移”命令，将绘制的多段线向内偏移100个绘图单位，并删除源多段线，将如图11-78所示的弧形墙线和倾斜墙线也向内偏移100个绘图单位。

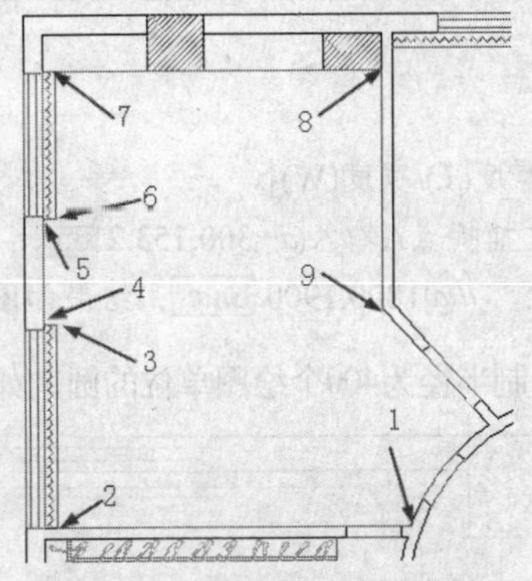

图11-77 捕捉端点绘制多段线

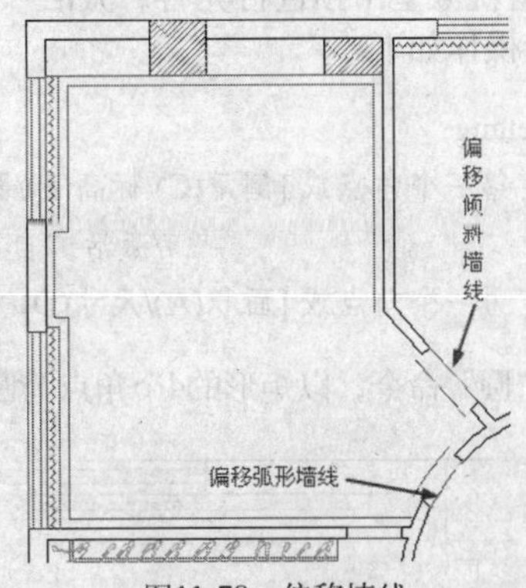

图11-78 偏移墙线

Step 15 激活“延伸”命令，分别对各图线进行延伸，使其形成一个封闭的区域，结果如图11-79所示。

Step 16 激活“矩形”命令，配合“自”功能，根据图示尺寸，在北卧吊顶位置绘制矩形，完成北卧吊顶的绘制，结果如图11-80所示。

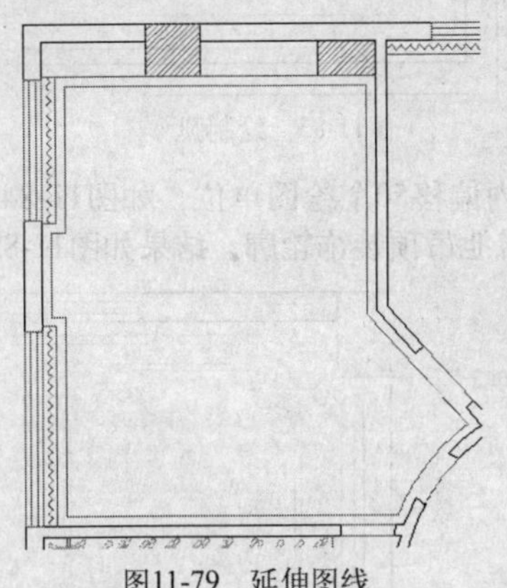

图11-79 延伸图线

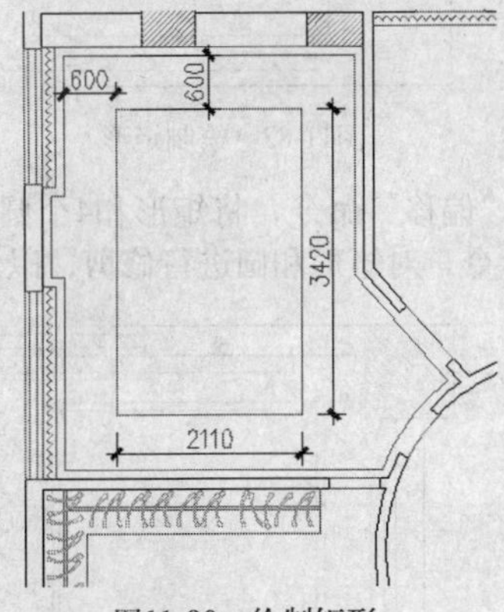

图11-80 绘制矩形

有关“延伸”图线的操作方法，请参阅本书第2章相关内容的讲解或观看随书光盘教学视频的讲解，由于篇幅所限，在此不再详细讲述。

Step 17 依照相同的方法，综合运用“多段线”命令、“偏移”命令和“修剪”命令，绘制其他方法的吊顶轮廓，然后使用“矩形”命令在南卧右边的卧室中绘制2900×3610的矩形，矩形边距离吊顶轮廓为600个绘图单位，如图11-81所示。

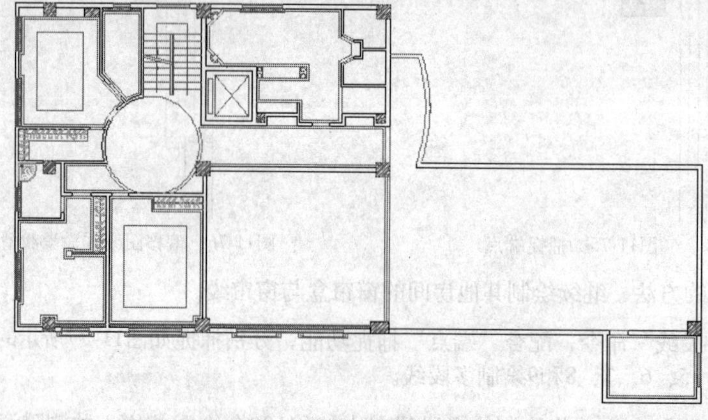

图11-81　绘制其他房间吊顶轮廓

Step 18 下面对洗漱室吊顶进行完善。激活“矩形”命令，配合“自”功能在洗漱室浴池上方绘制矩形，命令行操作如下。

命令: _rectang

指定第一个角点或 [倒角(C)/标高(E)/圆角(F)/厚度(T)/宽度(W)]:

//激活“自”功能，捕捉点A输入@-300,153.2 Enter

指定另一个角点或 [面积(A)/尺寸(D)/旋转(R)]:　//@1800,1900 Enter，结果如图11-82所示

Step 19 激活“圆”命令，以矩形的4个角点为圆心，绘制半径为400个绘图单位的圆，如图11-83所示。

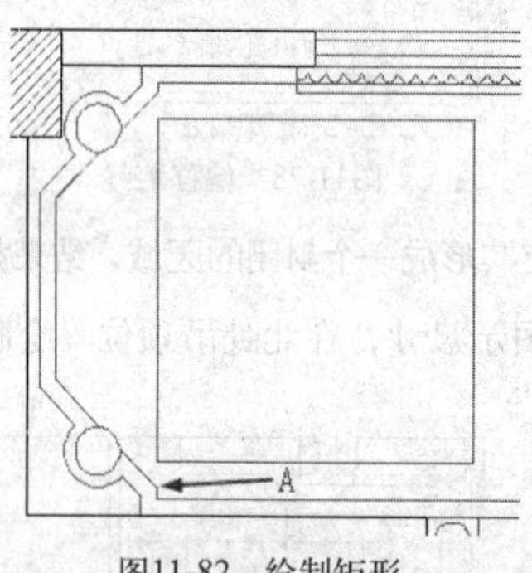

图11-82　绘制矩形

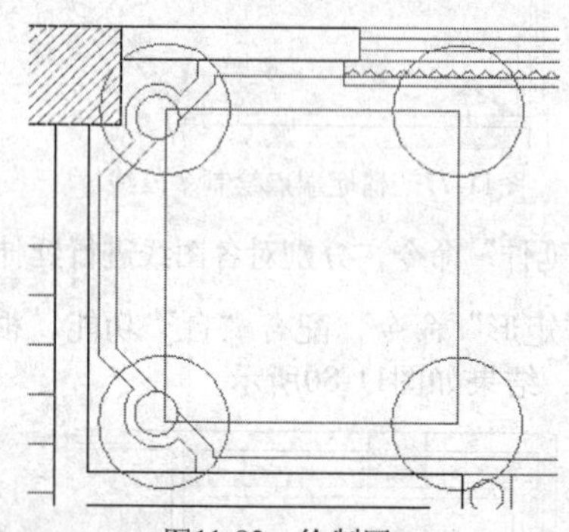

图11-83　绘制圆

Step 20 激活“偏移”命令，将矩形和4个圆分别向内偏移50个绘图单位，如图11-84所示，然后激活“修剪”命令，对矩形和圆进行修剪，以修剪出浴池吊顶装饰轮廓，结果如图11-85所示。

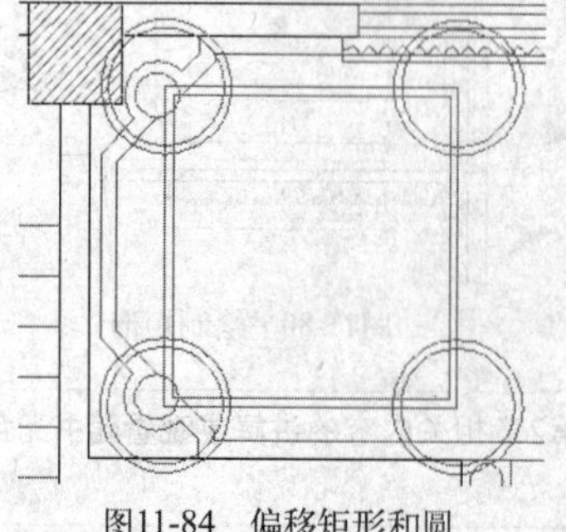

图11-84　偏移矩形和圆

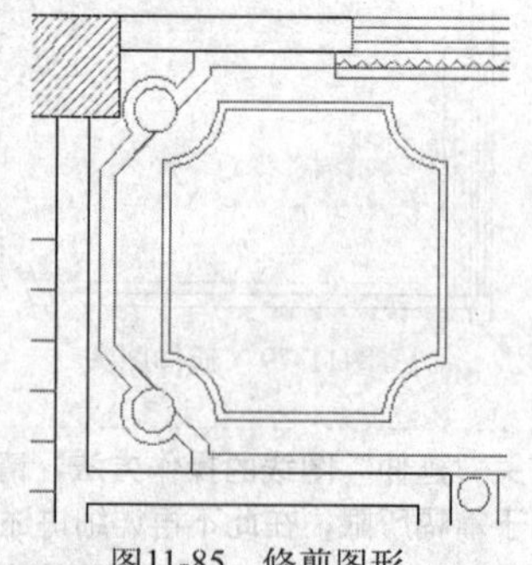

图11-85　修剪图形

Step 21 下面绘制前厅吊顶轮廓图。激活“圆”命令，配合“圆心”捕捉功能，在前厅吊顶位置绘制半径分别为1875、1845、1815、1785、1590、1560、1530、1500、1425、1395、1365、1335、1140、1110、1080、1050、975、945、915、885、600、562.5、468.8和438.8的同心圆，如图11-86所示。

Step 22 激活“直线”命令，配合“圆心”和“象限点”捕捉功能，绘制最外侧圆的垂直直径。

Step 23 激活“旋转”命令，配合“圆心”捕捉功能，对绘制的直径进行旋转复制，命令行操作如下。

```
命令: _rotate
    选择对象:                                        //选择垂直直径 Enter
    指定基点:                                        //捕捉圆心
    指定旋转角度，或 [复制(C)/参照(R)] <330.0>:       //C Enter
    指定旋转角度，或 [复制(C)/参照(R)] <330.0>:       //30 Enter
```

Step 24 激活“偏移”命令，将垂直直径向左偏移37.5个绘图单位，将30°角的直径向右偏移37.5个绘图单位，然后删除源垂直直径和角度为30°的直径，结果如图11-87所示。

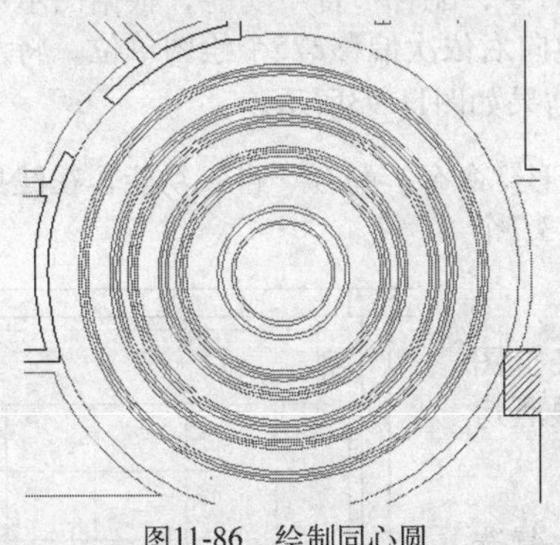

图11-86 绘制同心圆

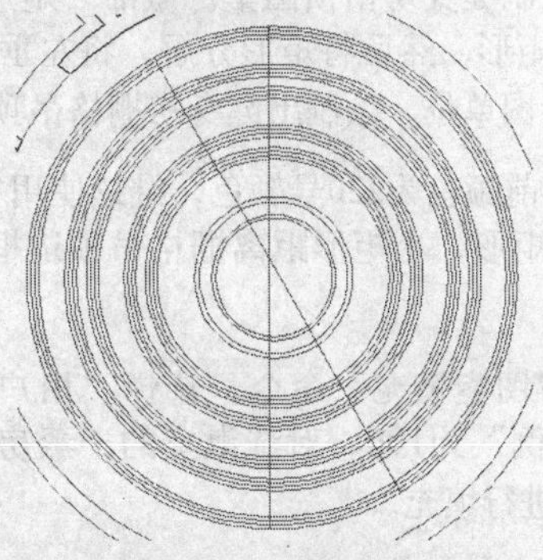

图11-8 偏移直径

Step 25 继续激活“偏移”命令，将垂直直径再次向左偏移30、60和90个绘图单位，将30°角的直径向右偏移30、60和90个绘图单位，结果如图11-88所示。

Step 26 激活“修剪”命令，以半径为1500、1425和1050的圆作为修剪边，对右边的垂直直径和最左边的30°角的直径进行修剪，然后以修剪后的直线作为修剪边，对半径为1875、1500、1425和1050的圆进行修剪，结果如图11-89所示。

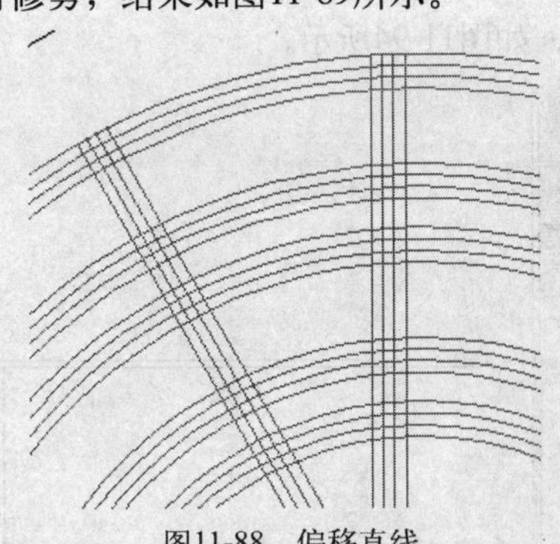

图11-88 偏移直线

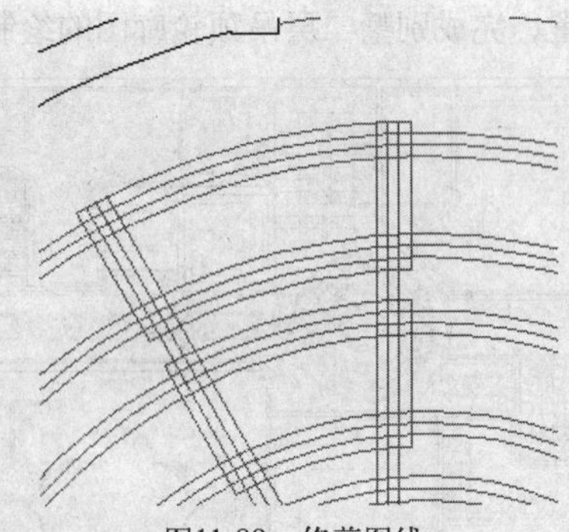

图11-89 修剪图线

Step 27 继续激活“修剪”命令，以半径为1845、1530、1395和1080的圆作为修剪边，对右边第2条垂直直径和左边第2条30°角的直径进行修剪，然后以修剪后的这两条直线作为修剪边，对半径为1845、1530、1395和1080的圆进行修剪，结果如图11-90所示。

Step 28 采用相同的方法，继续激活“修剪”命令，对其他圆和直径进行修剪，修剪结果如图11-91所示。

Step 29 分别选择修剪后的图线，调整线型与颜色，然后激活“阵列”命令，选择“环形”阵列，以同心圆的圆心作为阵列中心，设置“数目”为12，对修剪后的图形进行阵列，完成前厅吊顶图形的绘制，结果如图11-92所示。

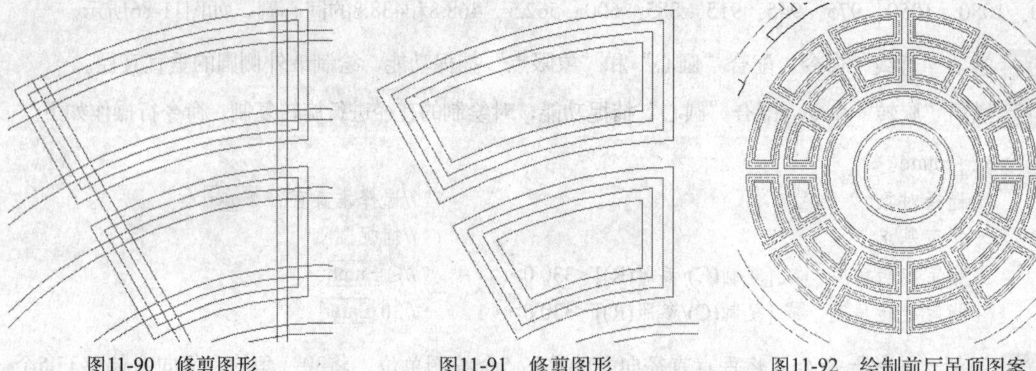

图11-90　修剪图形　　图11-91　修剪图形　　图11-92　绘制前厅吊顶图案

Step 30 下面绘制健身房吊顶图案。激活“矩形”命令，配合“自”功能，根据图示尺寸，在健身房吊顶上绘制矩形，然后将矩形分解，将左垂直边向右依次偏移275个绘图单位，将水平边向下依次偏移500个绘图单位，绘制出健身房栅格吊顶，结果如图11-93所示。

Step 31 设置当前颜色为220号颜色，继续使用“矩形”命令，配合“自”功能，在健身房栅格吊顶中再次绘制小矩形，小矩形距离栅格吊顶边框为13.7个绘图单位。

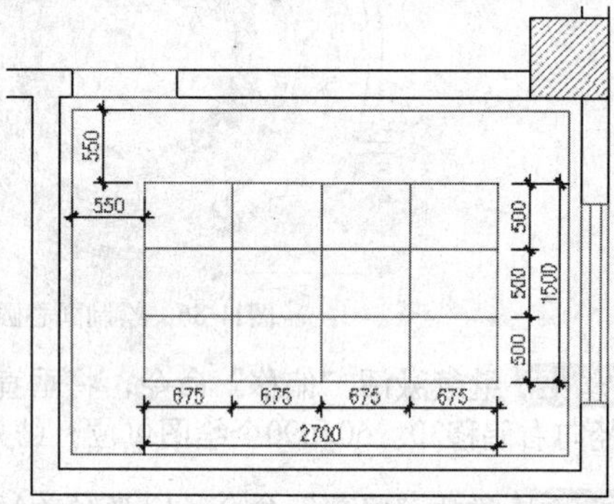

Step 32 激活“图案填充”命令，选择“用户定义”图案，设置“比例”为100，对洗漱室的干蒸房、湿蒸房和淋浴室吊顶进行填充。

Step 33 继续使用“用户定义”图案，勾选“双向”复选框，设置“比例”为300，再对南卧室卫生间吊顶进行用户自定义填充。

图11-93　绘制健身房吊顶图案

Step 34 激活“插入”命令，将随书光盘中的文件“图块文件”\“别墅过道吊顶.dwg”插入到过道吊顶位置，将“别墅大厅吊顶.dwg”图块文件插入到大厅吊顶位置，将“南卧门厅吊顶.dwg”图块文件插入到南卧门厅吊顶位置，完成别墅二层吊顶轮廓图的绘制，如图11-94所示。

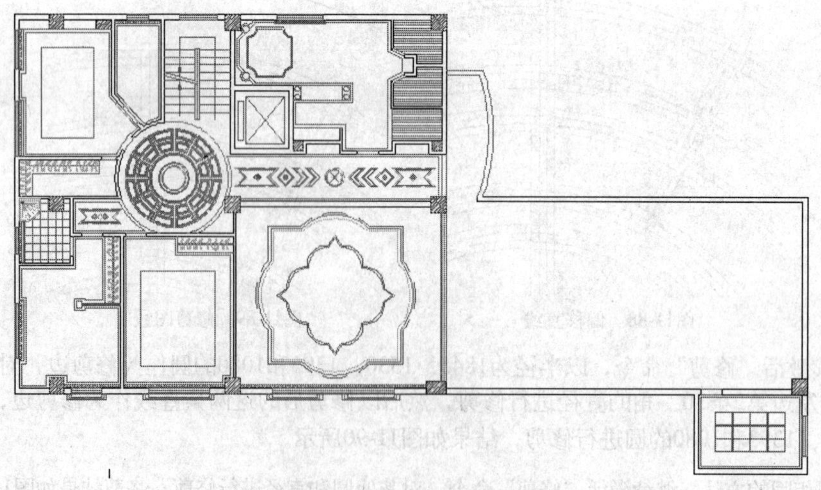

图11-94　别墅二层吊顶轮廓图

Step 35 执行“另存为”命令，将该图形命名另存为“别墅二层吊顶轮廓图.dwg”文件。

11.2.2 绘制别墅二层吊顶灯具图

这一节继续绘制别墅二层吊顶灯具图，在绘制吊顶灯具图时，可以在别墅二层吊顶轮廓图的基础上进行绘制。

操作步骤

Step 01 打开随书光盘中的文件“效果文件”\“第11章”\“别墅二层吊顶轮廓图.dwg”作为当前图形文件。

Step 02 在“图层控制”下拉列表中，将“灯具层”设置为新图层。

Step 03 下面绘制灯带。激活“偏移”命令，将北卧室吊顶中的矩形和南右卧吊顶中的矩形分别向外偏移100个绘图单位，将洗漱室中浴池吊顶图案的外轮廓线向外偏移50个绘图单位。

Step 04 激活“延伸”命令，将偏移后的浴池吊顶图案的外轮廓线进行延伸，使其形成一个封闭的图形。

Step 05 选择北卧吊顶偏移图线、南右卧吊顶偏移图线和浴池吊顶偏移图线，在“线型控制”下拉列表框中选择名称为“DASHED”的线型，并修改图线颜色为220号颜色，以制作灯带，结果如图11-95所示。

Step 06 执行菜单栏中的“格式”|“点样式”命令，在打开的“点样式”对话框中选择点标记，并设置大小，如图11-96所示。

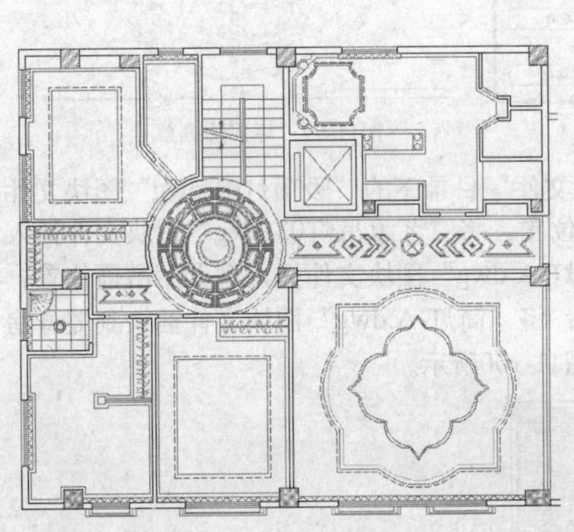

图11-95 绘制灯带

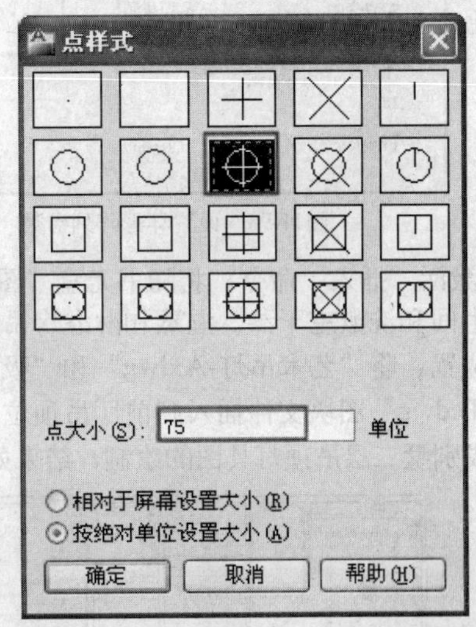

图11-96 设置点样式

Step 07 执行菜单栏中的“绘图”|“点”|“多点”命令，配合“捕捉追踪”功能，由北卧卫生间吊顶水平轮廓线的中点向下引出追踪线，输入450并按Enter键，绘制一个单点。

Step 08 继续由该单点向下引出追踪线，输入853.2并按Enter键，再次绘制一个单点。依照此方法，根据图示尺寸，在吊顶图其他房间和走廊等区域绘制单点作为筒灯，结果如图11-97所示。

Step 09 执行菜单栏中的“绘图”|“点”|“单点”命令，在前厅吊顶图位置绘制一个单点，然后激活“阵列”命令，打开“阵列”对话框，选择“环形阵列”单选按钮，单击“中心点”按钮返回到绘图区，捕捉同心圆的圆心作为阵列中心。

Step 10 系统自动返回到“阵列”对话框，单击“选择对象”按钮返回到绘图区，单击绘制的单点对象，按Enter键再次回到“阵列”对话框，设置其他参数如图11-98所示。

Step 11 单击 确定 按钮确认，对绘制的单点进行阵列，结果如图11-99所示。

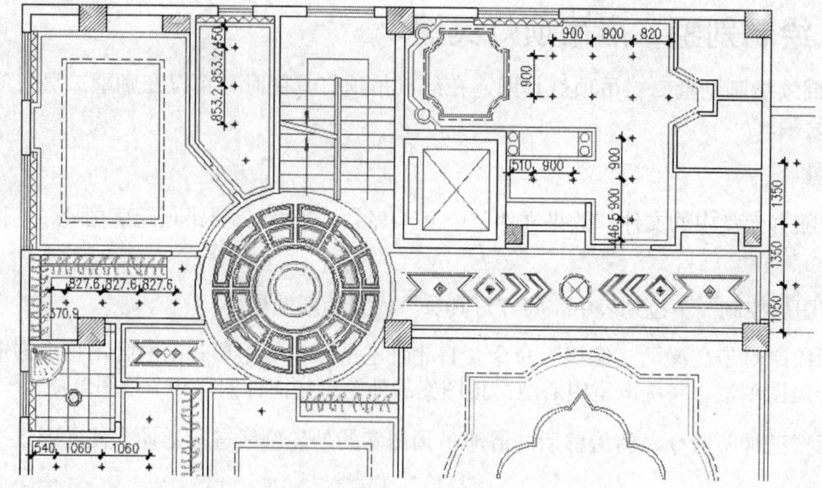

图11-97 绘制单点

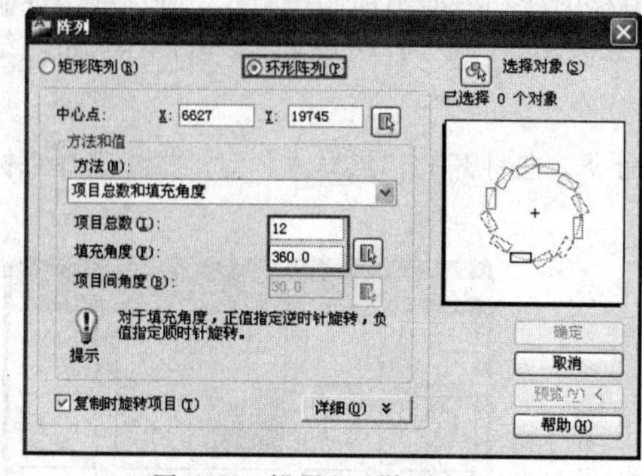

图11-98 设置环形阵列参数

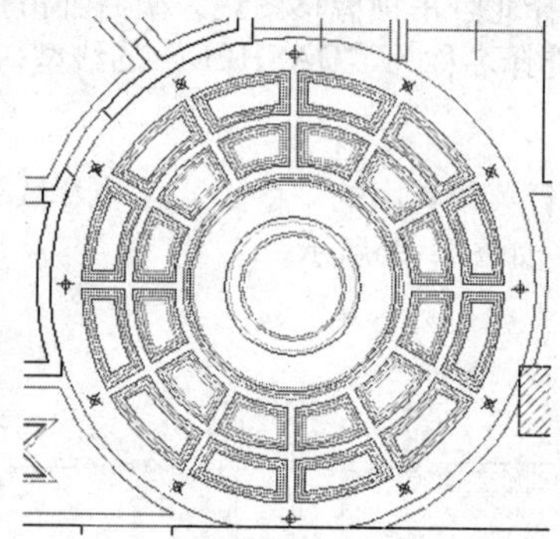

图11-99 环形阵列单点

Step 12 激活“插入”命令，将随书光盘“图块文件”目录下的“吸顶灯01.dwg”图块文件插入到南卧卫生间和洗漱室干蒸、湿蒸和淋浴房吊顶位置；将“艺术吊灯03.dwg”图块文件插入到各卧室吊顶位置；将“艺术吊灯-A.dwg”和“吸顶灯-A.dwg”图块文件插入到大厅吊顶位置；将“艺术吊灯-B.dwg”图块文件插入到前厅吊顶位置；将“筒灯-A.dwg”图块文件插入到健身房吊顶位置，完成别墅二层吊顶灯具图的绘制，结果如图11-100所示。

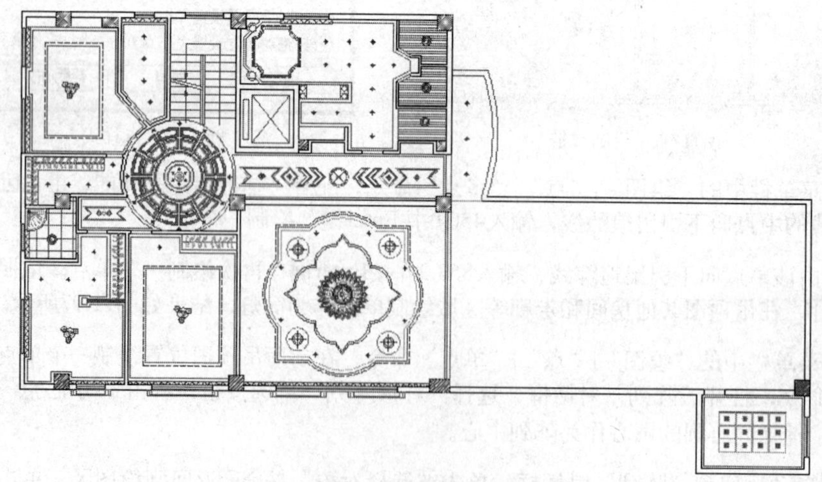

图11-100 插入灯具图块

Step 13 执行“另存为”命令，将该图形命名存储为“别墅二层吊顶灯具图.dwg”文件。

11.2.3 标注别墅二层吊顶图

这一节继续来标注别墅二层吊顶图尺寸和材质注释。

操作步骤

Step 01 继续上一节的操作。

Step 02 在“图层控制”下拉列表中，将“文本层”设置为当前层。

Step 03 执行菜单栏中的“格式”|“文字样式”命令，在打开的“文字样式”对话框中将“仿宋体”文字样式设置为当前样式。

Step 04 在命令行输入LE激活“引线”命令，输入S按Enter键打开“引线设置”对话框，设置引线和箭头如图11-101所示。

Step 05 单击[确定]按钮回到绘图区，在命令行“指定第一个引线点或[设置(S)]<设置>:”提示下，在洗漱室的湿蒸房吊顶上单击拾取一点。

Step 06 继续在命令行“指定下一点:”提示下向右引导光标，在合适位置单击拾取第2点。

Step 07 继续在命令行“指定文字宽度<0>:”提示下按两次Enter键打开“文字格式”编辑器，选择“仿宋体”，并设置文字大小为300，然后在文本框输入“铝扣板吊顶”字样。

Step 08 单击“文字格式”编辑器中的[确定]按钮确认，为湿蒸房吊顶标注材质注释，如图11-102所示。

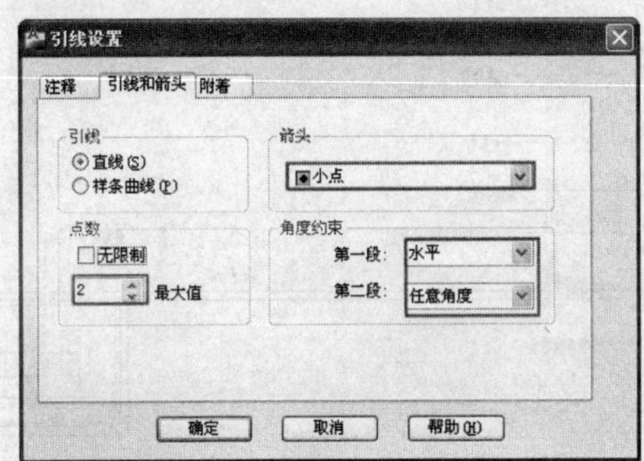

图11-101 设置引线和箭头

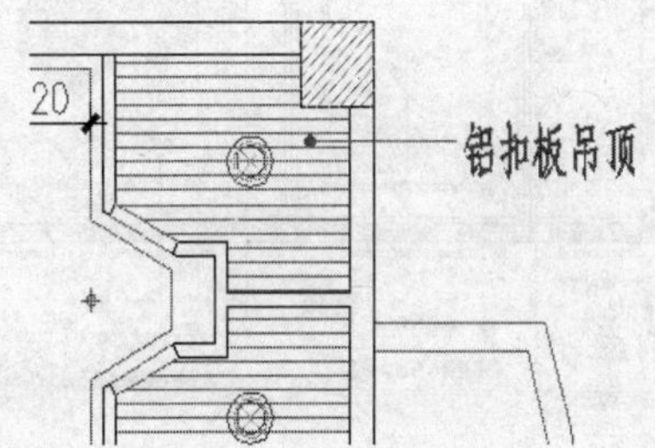

图11-102 标注材质注释

Step 09 再次按Enter键重复执行“引线”命令，继续标注其他房间的文字注解，结果如图11-103所示。

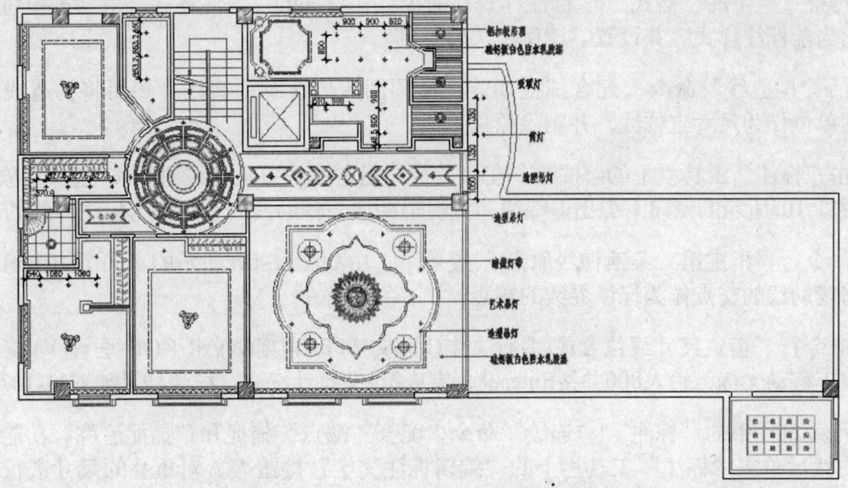

图11-103 标注其他房间文字注释

Step 10 再次执行“引线”命令，在打开的“引线设置”对话框中设置“最大值”为3，设置“角度约束”的“第一段”为“90°”，“第二段”为“任意角度”，其他设置保持不变。

Step 11 单击 确定 按钮回到绘图区，在命令行“指定第一个引线点或[设置(S)] <设置>:”提示下，在大厅窗帘上单击拾取一点。

Step 12 继续在命令行“指定下一点:”提示下向下引导光标，在合适位置单击拾取第2点。

Step 13 继续在命令行“指定下一点:”提示下向右引导光标，在合适位置单击拾取第3点。

Step 14 继续在命令行“指定文字宽度 <0>:”提示下按两次Enter键打开“文字格式”编辑器，选择“仿宋体”，并设置文字大小为300，然后在文本框输入“窗帘与窗帘盒”字样。

Step 15 单击“文字格式”编辑器中的 确定 按钮确认，为窗帘与窗帘盒标注文字注释。

Step 16 再次按Enter键重复执行“引线”命令，继续标注其他房间的文字注解，结果如图11-104所示。

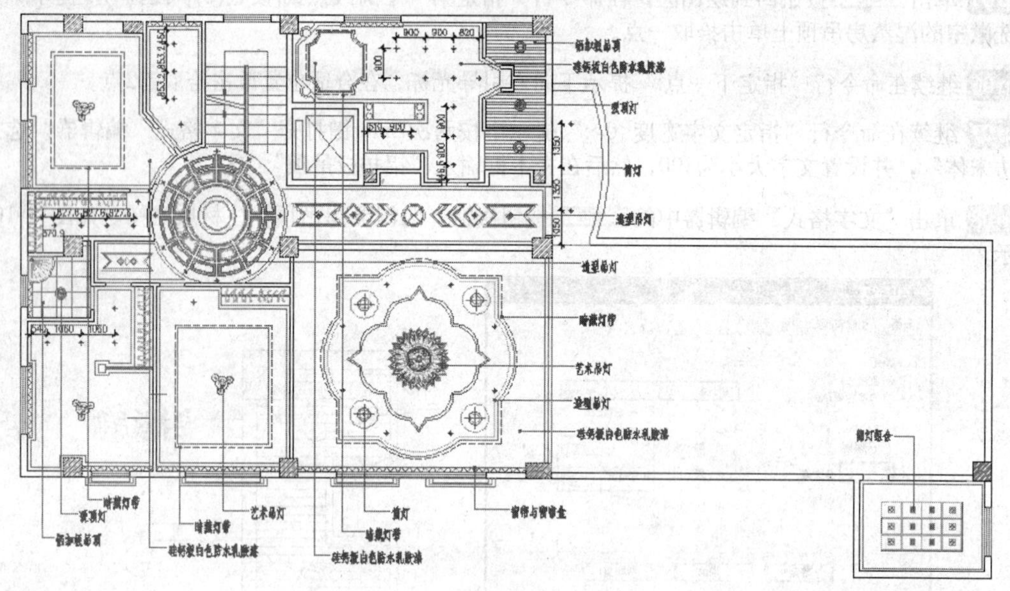

图11-104　标注其他文字注释

Step 17 下面标注尺寸。在“图层控制”下拉列表中，将“尺寸层”设置为当前层。

Step 18 执行菜单栏中的“格式”|“标注样式”命令，在打开的“标注样式”对话框中将“建筑标注”设置为当前标注样式，并设置“比例”为65。

Step 19 激活“构造线”命令，配合捕捉功能在吊顶图四周绘制构造线，然后将构造线向外偏移1000个绘图单位作为尺寸定位线，并删除源构造线。

Step 20 单击“标注”工具栏上的按钮，在命令行“指定第一条延伸线原点或<选择对象>:”提示下，由如图11-105所示的点向下引出追踪线，捕捉追踪线与辅助线的交点作为标注界线的起点。

Step 21 在命令行“指定第二条延伸线原点:”提示下，由如图11-106所示的点向下引出追踪线，捕捉追踪线与辅助线的交点作为标注界线的端点。

Step 22 在命令行“指定尺寸线位置或[多行文字(M)/文字(T)/角度(A)/水平(H)/垂直(V)/旋转(R)]:”提示下，向下移动光标，输入800并按Enter键，完成第1个尺寸标注，标注结果如图11-107所示。

Step 23 执行菜单栏中的“标注”|“连续”命令，配合“端点”捕捉和“捕捉追踪”功能继续标注连续尺寸，然后单击“标注”工具栏上的“编辑标注文字”按钮，对重叠的尺寸进行调整，结果如图11-108所示。

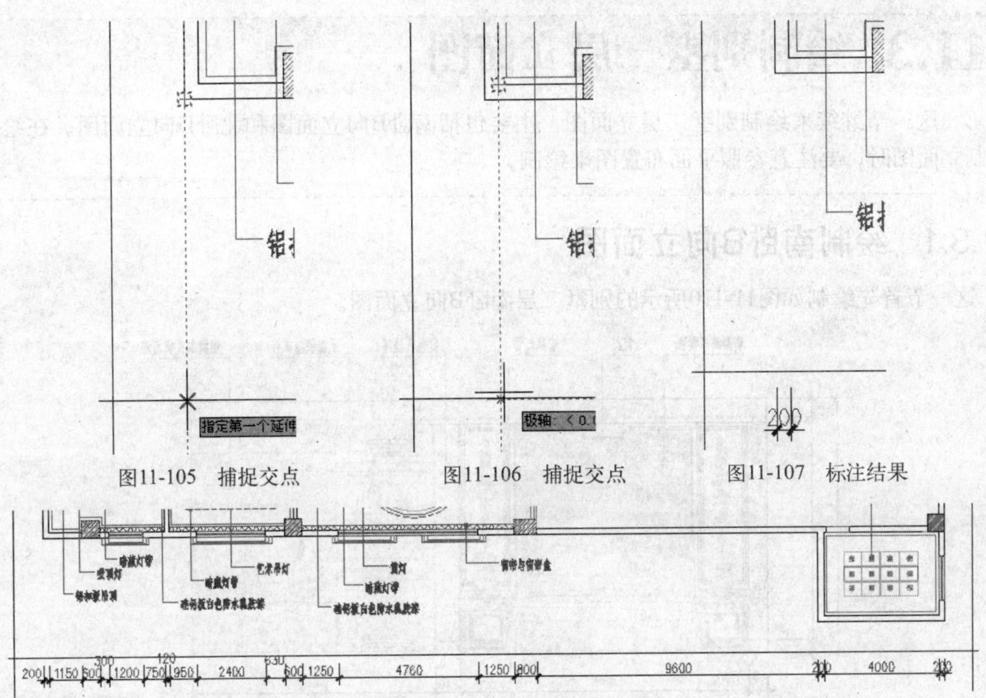

图11-105 捕捉交点　　图11-106 捕捉交点　　图11-107 标注结果

图11-108 标注连续尺寸

Step 24 执行菜单栏中的“标注”|“线性”命令，配合“端点”捕捉功能标注总尺寸。

Step 25 采用相同的方法，综合运用“线性”、“连续”和“编辑标注文字”命令，标注吊顶图其他尺寸并对尺寸进行调整，然后选择标注辅助线将其删除，完成别墅二层吊顶图尺寸的标注，结果如图11-109所示。

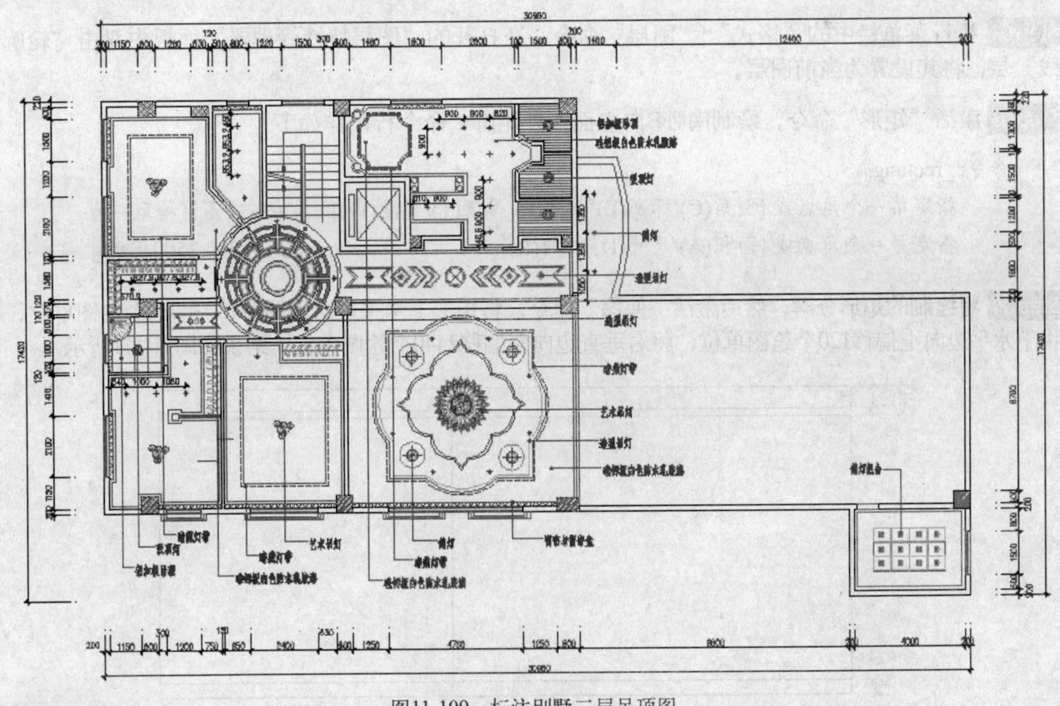

图11-109 标注别墅二层吊顶图

Step 26 最后使用“另存为”命令，将该图形存储为“标注别墅二层吊顶图.dwg”文件。

11.3 绘制别墅二层立面图

这一节继续来绘制别墅二层立面图，主要包括南卧B向立面图和北卧D向立面图。在绘制立面图时，要注意参照平面布置图来绘制。

11.3.1 绘制南卧B向立面图

这一节首先绘制如图11-110所示的别墅二层南卧B向立面图。

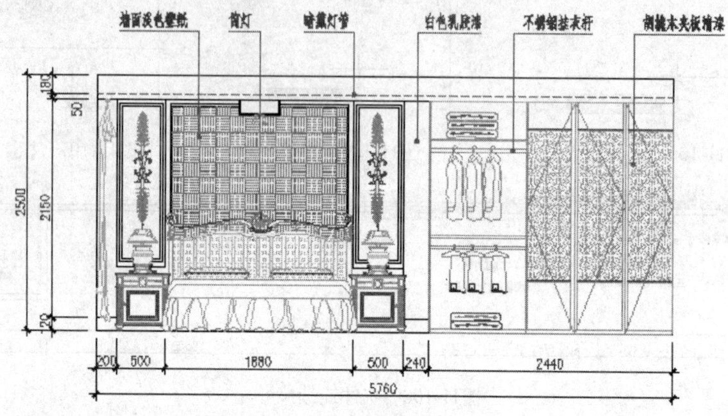

图11-110 别墅二层南卧B向立面图

操作步骤

Step 01 执行菜单栏中的“文件”|“新建”命令，打开随书光盘中的文件“样板文件”\“装饰装潢绘图样板.dwt”。

Step 02 执行菜单栏中的“格式”|“图层”命令，在打开的“图层特性管理器”面板中双击“轮廓线”层，将其设置为当前图层。

Step 03 激活“矩形”命令，绘制南卧B向立面图外轮廓，命令行操作如下。

```
命令: _rectang
    指定第一个角点或 [倒角(C)/标高(E)/圆角(F)/厚度(T)/宽度(W)]:    //在绘图区拾取一点
    指定另一个角点或 [面积(A)/尺寸(D)/旋转(R)]:                  //@5760,2500 Enter
```

Step 04 将绘制的矩形分解，然后激活“偏移”命令，将矩形上水平边向下偏移180和230个绘图单位，将下水平边向上偏移120个绘图单位，将右垂直边向左偏移2440个绘图单位，结果如图11-111所示。

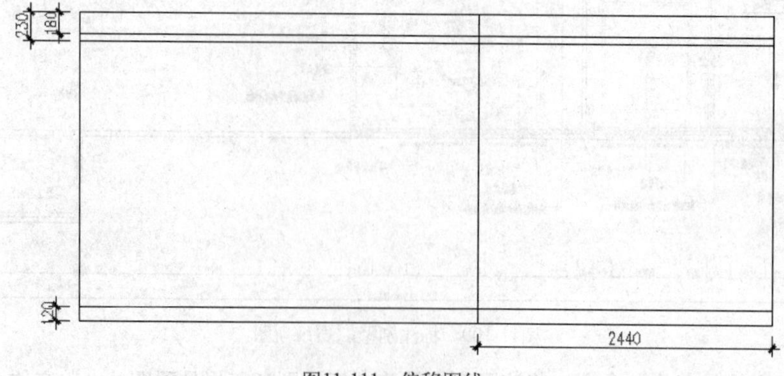

图11-111 偏移图线

Step 05 再次激活“矩形”命令，配合“自”功能绘制立面图的内部轮廓线，命令行操作如下。

命令: _rectang
指定第一个角点或 [倒角(C)/标高(E)/圆角(F)/厚度(T)/宽度(W)]: _from 基点: <偏移>:
//激活“自”功能，捕捉如图11-112所示的端点A，输入@200,0 Enter
指定另一个角点或 [面积(A)/尺寸(D)/旋转(R)]:
//@500,-1640 Enter，结果如图11-112所示

Step 06 再次激活“矩形”命令，配合“自”功能绘制立面图的内部轮廓线，命令行操作如下。

命令: _rectang
指定第一个角点或 [倒角(C)/标高(E)/圆角(F)/厚度(T)/宽度(W)]: _from 基点: <偏移>:
//激活“自”功能，捕捉如图11-113所示的端点B，输入@30,-50 Enter
指定另一个角点或 [面积(A)/尺寸(D)/旋转(R)]: //@440,-1540 Enter，结果如图11-113所示

Step 07 激活“偏移”命令，将绘制的内部小矩形向内偏移20个绘图单位，完成立面图内部轮廓的绘制，结果如图11-114所示。

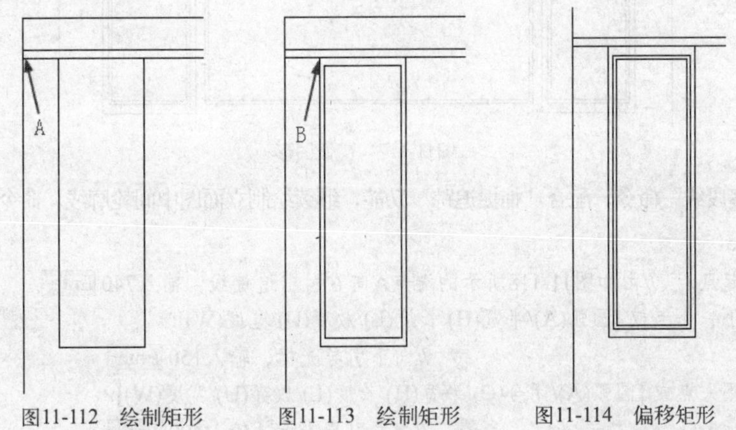

图11-112 绘制矩形　　图11-113 绘制矩形　　图11-114 偏移矩形

Step 08 再次激活“矩形”命令，配合“自”功能绘制立面图内部中间轮廓线，命令行操作如下。

命令: _rectang
指定第一个角点或 [倒角(C)/标高(E)/圆角(F)/厚度(T)/宽度(W)]: _from 基点: <偏移>:
//激活“自”功能，捕捉如图11-115所示的端点A，输入@50,-50 Enter
指定另一个角点或 [面积(A)/尺寸(D)/旋转(R)]: //@1780,-1540 Enter，结果如图11-115所示

Step 09 激活“偏移”命令，将绘制的内部小矩形向内偏移20个绘图单位，完成立面图内部中间轮廓的绘制，结果如图11-116所示。

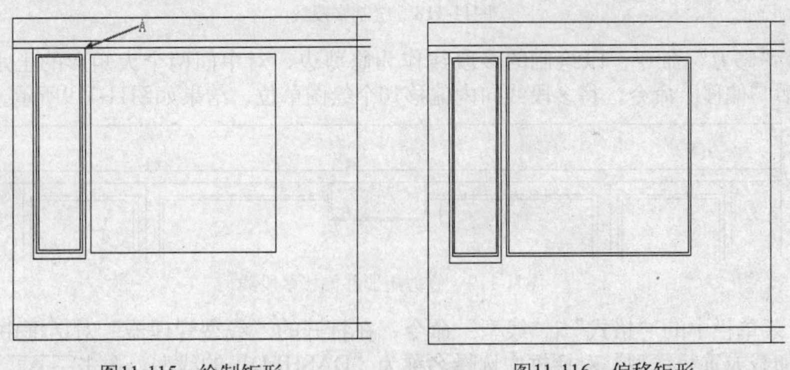

图11-115 绘制矩形　　图11-116 偏移矩形

Step 10 激活“镜像”命令，配合“中点”捕捉功能，将左边3个矩形镜像到右边，命令行操作如下。

命令: _mirror
选择对象: //选择左边3个矩形
选择对象: // Enter
指定镜像线的第一点: //捕捉中间大矩形水平边的中点
指定镜像线的第二点: //@0,1 Enter
要删除源对象吗？[是(Y)/否(N)] <N>: // Enter，结果如图11-117所示

图11-117 镜像图形

Step 11 激活“多段线”命令，配合“捕捉追踪”功能，继续绘制立面图中间轮廓线，命令行操作如下。

命令: _pline
指定起点: //由如图11-118所示的端点A向右引出追踪线，输入740 Enter
指定下一个点或 [圆弧(A)/半宽(H)/长度(L)/放弃(U)/宽度(W)]:
//向下引导光标，输入150 Enter
指定下一点或 [圆弧(A)/闭合(C)/半宽(H)/长度(L)/放弃(U)/宽度(W)]:
//向右引导光标，输入400 Enter
指定下一点或 [圆弧(A)/闭合(C)/半宽(H)/长度(L)/放弃(U)/宽度(W)]:
//向上引导光标，输入150 Enter
指定下一点或 [圆弧(A)/闭合(C)/半宽(H)/长度(L)/放弃(U)/宽度(W)]: // Enter

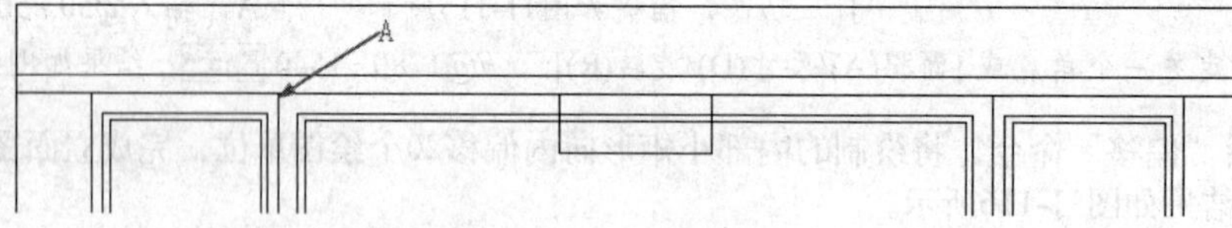

图11-118 绘制多段线

Step 12 激活“修剪”命令，以绘制的多段线作为修剪边，对中间两个大矩形的上水平边进行修剪，然后激活“偏移”命令，将多段线向内偏移10个绘图单位，结果如图11-119所示。

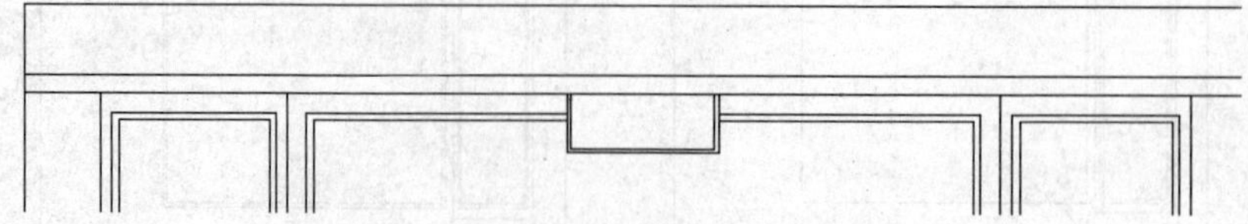

图11-119 修剪矩形并偏移多段线

Step 13 执行菜单栏中的“格式”|“线型”命令，在打开的“线型管理器”对话框中单击 加载(L)... 按钮，在“加载或重载线型”对话框中选择名称为“DASHED”的线型，单击 确定 按钮确认回

到“线型管理器”对话框，设置线型比例因子为3，然后关闭该对话框。

Step 14 在无任何命令执行的情况下，选择立面图中的第2条（由上向下）水平线使其夹点显示，然后在“线型颜色”下拉列表中选择“洋红”，在“线型控制”下拉列表中选择加载的“DASHED”线型，修改该水平线的线型和颜色。

Step 15 按键盘上的Esc键取消夹点显示，完成立面图轮廓线的绘制。

Step 16 下面向立面图中插入相关家具图块。在“图层控制”下拉列表中，将“图块层”设置为当前图层。

Step 17 激活“插入”命令，选择随书光盘中的文件“图块文件”\“别墅二层南卧立面床组合.dwg”。

Step 18 单击 确定 按钮回到绘图区，配合“中点”捕捉和“捕捉追踪”功能，由如图11-120所示的立面图轮廓线A的中点向下引出追踪线，输入940并按Enter键将其插入。

Step 19 继续执行“插入”命令，选择随书光盘中的文件“图块文件”\“别墅二层南卧立面装饰01.dwg”。

Step 20 单击 确定 按钮回到绘图区，配合“中点”捕捉和“捕捉追踪”功能，由如图11-121所示的立面图轮廓线B的中点向下引出追踪线，输入56.5并按Enter键将其插入。

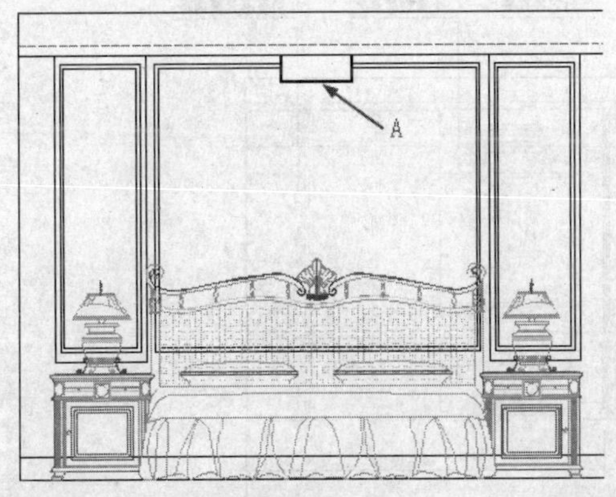

图11-120 插入床组合

图11-121 插入装饰01

Step 21 激活“镜像”命令，配合“中点”捕捉功能，将“别墅二层南卧立面装饰01.dwg”图块文件镜像到右边位置。

Step 22 继续使用“插入”命令，分别选择随书光盘“图块文件”目录下的“别墅二层南卧窗帘.dwg”、“别墅二层南卧衣柜立面.dwg”和“射灯05.dwg”图块文件，采用默认参数将其插入到南卧相关位置。

Step 23 激活“修剪”命令，以插入的图块的边作为修剪边，将被图块挡住的轮廓线修剪掉。

Step 24 下面对南卧立面图填充图案。在“图层控制”下拉列表中，将“填充层”设置为当前层，然后在“线型控制”下拉列表中将“DASHED”的线型设置为当前线型。

Step 25 激活“图案填充”命令，在打开的“图案填充和渐变色”对话框中选择名称为“EARTH”的图案，并设置“比例”为15，其他设置默认。

Step 26 单击该对话框中的“添加:拾取点”按钮返回绘图区，在南卧床组合上方空白区域单击拾取填充区域，填充区域以虚线显示。

Step 27 按Enter键回到“图案填充和渐变色”对话框，单击 确定 按钮进行填充，结果如图11-122所示。

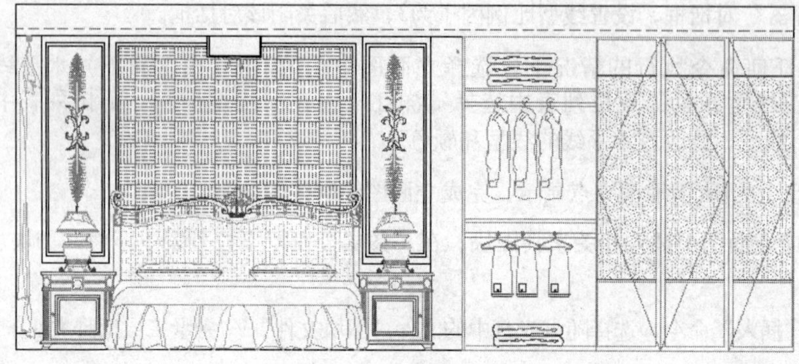

图11-122　南卧立面图

Step 28 下面标注立面图尺寸和材质注释。将“文本层”设置为当前层，将“仿宋体”设置为当前文字样式，依照前面标注文字注释的方法，使用“引线”命令标注南卧立面图材质注释。

Step 29 将“尺寸层”设置为当前层，将“建筑标注”设置为当前标注样式，依照前面标注尺寸的方法，综合运用“线性”、“快速标注”以及“编辑标注文字”等命令标注南卧立面图尺寸，完成别墅二层南卧立面图的绘制，结果如图11-123所示。

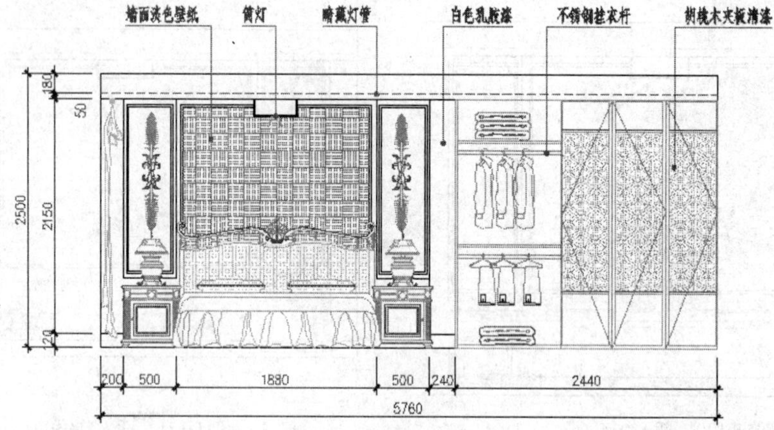

图11-123　标注立面图尺寸和文字注释

Step 30 最后使用“另存为”命令，将该图形命名存储为“绘制别墅二层南卧B向立面图.dwg”文件。

11.3.2 绘制北卧D向立面图

这一节继续绘制如图11-124所示的别墅二层北卧D向立面图。

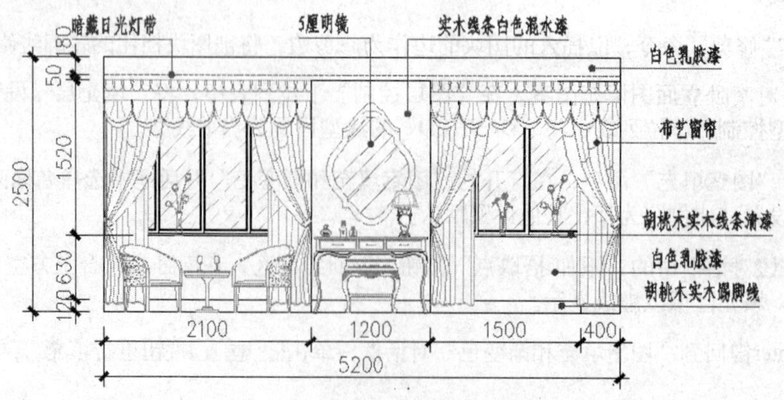

图11-124　别墅二层北卧D向立面图

✎ 操作步骤

Step 01 执行菜单栏中的“文件”|“新建”命令，打开随书光盘中的文件“样板文件”\“装饰装潢绘图样板.dwt”。

Step 02 执行菜单栏中的“格式”|“图层”命令，在打开的“图层特性管理器”面板中双击“轮廓线”层，将其设置为当前图层。

Step 03 激活“矩形”命令，绘制南卧B向立面图外轮廓，命令行操作如下。

```
命令: _rectang
    指定第一个角点或 [倒角(C)/标高(E)/圆角(F)/厚度(T)/宽度(W)]:  //在绘图区拾取一点
    指定另一个角点或 [面积(A)/尺寸(D)/旋转(R)]:                //@5200,2500 Enter
```

Step 04 将绘制的矩形分解，然后激活“偏移”命令，将矩形上水平边向下偏移180和230个绘图单位，将下水平边向上偏移120和750个绘图单位，将右垂直边向左偏移400和1900个绘图单位，将左垂直边向右偏移2100个绘图单位，结果如图11-125所示。

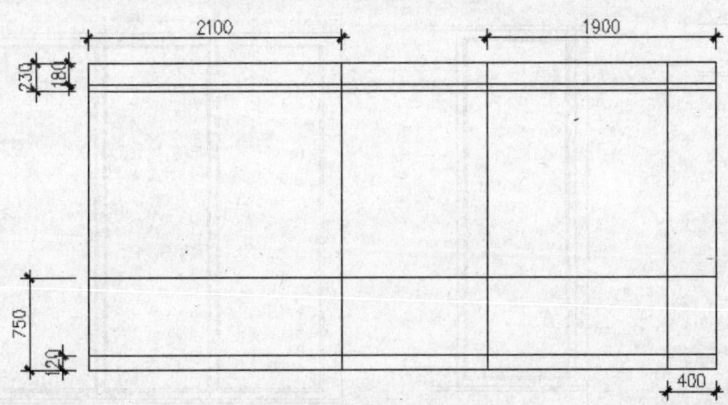

图11-125 偏移图线

Step 05 激活“修剪”命令，以第2条（由上向下）水平边作为修剪边，对第2条和第3条（由左向右）垂直边进行修剪，结果如图11-126所示。

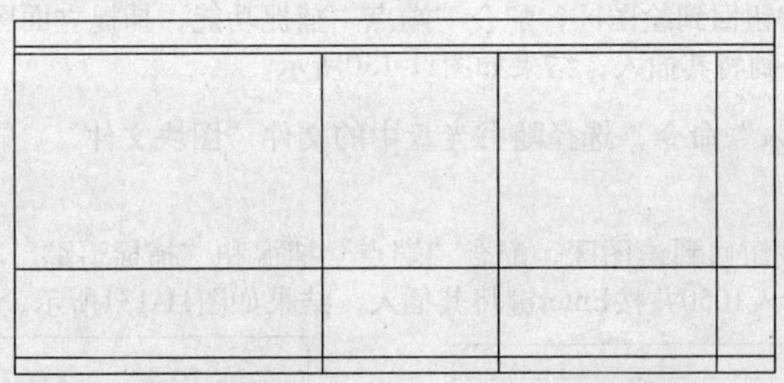

图11-126 修剪图线

Step 06 执行菜单栏中的“格式”|“线型”命令，在打开的“线型管理器”对话框中单击 加载(L)... 按钮，在“加载或重载线型”对话框中选择名称为“DASHED”的线型，单击 确定 按钮确认回到“线型管理器”对话框，设置线型比例因子为3，然后关闭该对话框。

Step 07 在无任何命令执行的情况下，选择立面图中的第2条（由上向下）水平线使其夹点显示，然后在“线型颜色”下拉列表中选择“洋红”，在“线型控制”下拉列表中选择加载的“DASHED”的线型，修改该水平线的线型和颜色。

Step 08 按键盘上的Esc键取消夹点显示，完成立面图轮廓线的绘制。

Step 09 下面绘制立面窗。继续使用“偏移”命令，将第3条（由上向下）水平线向下偏移20个绘图单位，将第4条（由下向上）水平线向上偏移20个绘图单位。

Step 10 激活“矩形”命令，配合“自”功能绘制矩形，命令行操作如下。

命令: _rectang

指定第一个角点或 [倒角(C)/标高(E)/圆角(F)/厚度(T)/宽度(W)]: _from 基点: <偏移>:

//激活“自”功能，捕捉如图11-127所示的端点A，输入@50,0 Enter

指定另一个角点或 [面积(A)/尺寸(D)/旋转(R)]: //@500,-1480 Enter

Step 11 激活“偏移”命令，将绘制的矩形向内偏移30和40个绘图单位，然后激活“直线”命令，配合“端点”捕捉功能，绘制内部两个矩形的角点连线，完成立面窗的绘制，如图11-128所示。

Step 12 使用“分解”命令将立面窗外矩形分解，然后将其左垂直边和上下两条水平边删除。

Step 13 激活“复制”命令，配合“端点”捕捉和“捕捉追踪”功能，以如图11-128所示的矩形左下端点B为基点，将其向右多重复制，复制距离分别为470、940和1410，结果如图11-129所示。

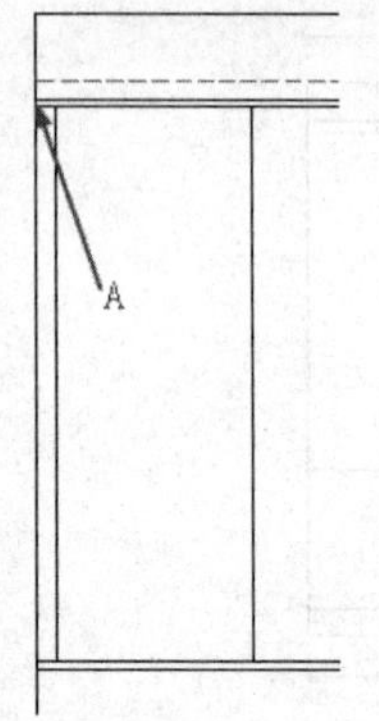

图11-127 绘制矩形

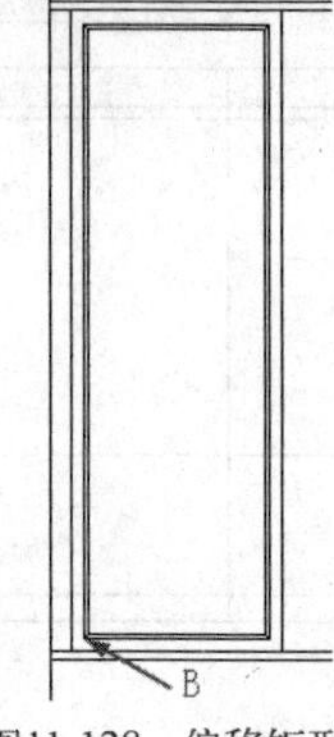

图11-128 偏移矩形

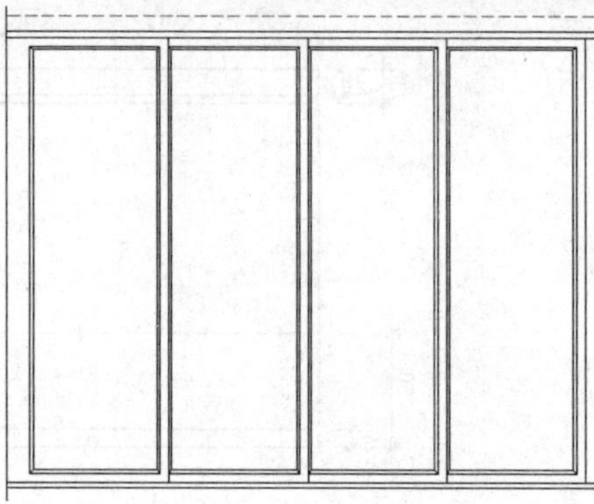

图11-129 复制立面窗

Step 14 下面向立面图中插入图块文件。将“家具层”设置为当前层，激活“插入”命令，选择随书光盘中的文件“图块文件”\“别墅二层北卧D向窗帘.dwg”。

Step 15 单击 确定 按钮回到绘图区，配合“端点”捕捉功能，捕捉立面图第3条（由上向下）水平线的左端点作为插入到将其插入，结果如图11-130所示。

Step 16 继续执行“插入”命令，选择随书光盘中的文件“图块文件”\“别墅二层北卧D向休闲椅.dwg”。

Step 17 单击 确定 按钮回到绘图区，配合“端点”捕捉和“捕捉追踪”功能，由立面图左下角点向右引出追踪线，输入1050并按Enter键将其插入，结果如图11-131所示。

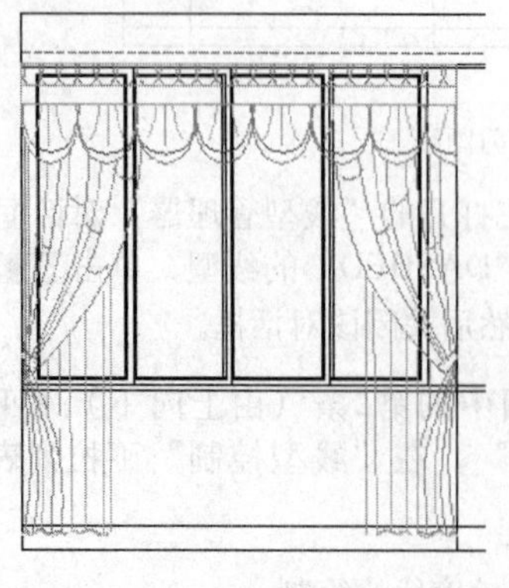

图11-130 插入窗帘

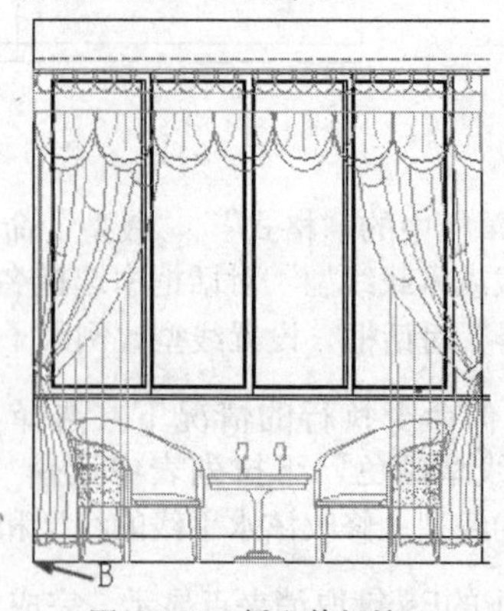

图11-131 插入休闲椅

Step 18 继续执行“插入”命令，选择随书光盘中的文件“图块文件”\“梳妆台组合.dwg”，配合“自”功能，以第2条（由左向右）垂直线的下端点作为参照点，以点“@600,580”作为目标点将其插入，如图11-132所示。

Step 19 继续执行“插入”命令，选择随书光盘“图块文件”目录下的“梳妆坐墩.dwg”图块文件，配合“自”功能，以第2条（由左向右）垂直线的下端点作为参照点，以点“@600,520”作为目标点将其插入，如图11-133所示。

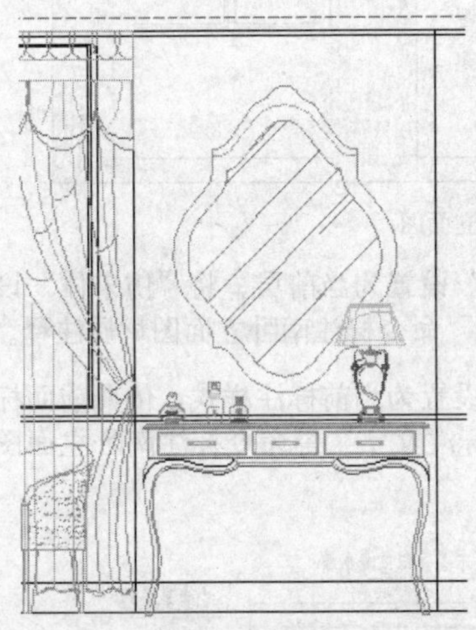

图11-132 插入梳妆台组合

图11-133 插入梳妆坐墩

Step 20 下面填充窗户玻璃。将“填充层”设置为当前层。

Step 21 激活“图案填充”命令，选择名称为“JIS_STN_1E”的填充图案，设置“比例”为200，对立面窗玻璃进行填充，结果如图11-134所示。

Step 22 激活“修剪”命令，以窗帘作为修剪边，将被窗帘挡住的窗户图线修剪掉，并删除其他多余的图线，结果如图11-135所示。

图11-134 填充玻璃

图11-135 修剪窗户

Step 23 激活“复制”命令，将左边的窗户连同窗帘复制到立面图右边位置，并调整大小，使用“修剪”命令对立面图进行修剪完善。

Step 24 继续使用“插入”命令，将随书光盘“图块文件”目录下的“插花.dwg”和“插花01.dwg”图块文件插入到立面图窗户位置，完成别墅二层北卧D向立面图图块的绘制，结果如图11-136所示。

图11-136　北卧D向立面图

Step 25 下面标注立面图尺寸和材质注释。将“文本层”设置为当前层，将“仿宋体”设置为当前文字样式，依照前面标注文字注释的方法，使用“引线”命令标注南卧立面图材质注释。

Step 26 将“尺寸层”设置为当前层，将“建筑标注”设置为当前标注样式，依照前面标注尺寸的方法，综合运用“线性”、“快速标注”以及“编辑标注文字”等命令标注南卧立面图尺寸，完成别墅二层北卧立面图的绘制，结果如图11-137所示。

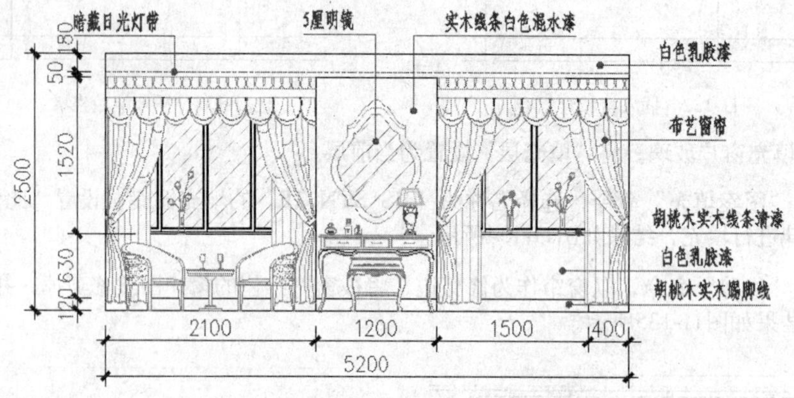

图11-137　标注立面图尺寸和文字注释

Step 27 最后使用“另存为”命令，将该图形命名存储为“绘制别墅二层北卧D向立面图.dwg”文件。

Chapter 12

跃层住宅一层室内设计

随着社会的进步与人们生活水平的不断提高，人们的居住条件也在发生着巨大的变化，人们对居住的需求也不再单单是“一个睡觉的地方”，而是开始追求更高品质的生活，从最初设施简陋的传统平房到现代化程度较高的多层住宅、从设施齐全的高层住宅再到设施豪华的别墅住宅，以及到后来的复式住宅和现在出现的跃层住宅等，都体现了人们追求更完美生活的愿望。

跃层住宅是一种不同于其他住宅的新的住宅建筑形式，跃层住宅一般分两层，其住宅面积宽敞、功能明确且互不干扰，深受现代家庭所喜爱。

本章将通过绘制跃层住宅一层室内装修布置图，学习跃层住宅室内设计的相关技巧与方法。

重点知识导读

- 跃层住宅的特点
- 绘制跃层住宅一层墙体结构图
- 绘制跃层住宅一层室内布置图
- 绘制跃层住宅一层地面材质图
- 标注跃层住宅一层室内布置图
- 绘制跃层住宅一层吊顶图
- 绘制跃层住宅一层客厅与餐厅立面图

12.1 跃层住宅的特点

所谓跃层其实就是指住宅占有上下两层楼面，而上下层之间不通过公共楼梯连通，而采用户内独用小楼梯连接。跃层住宅有“顶层跃层住宅”、“中间层跃层住宅”和“底层跃层住宅”三种类型。

顶层跃层住宅一般是指位于楼层顶端的住宅，常见的有顶层住宅加上阁楼，这类住宅布局形式可以为顶层住宅增加吸引力，同时也能有效增加小区住宅容积率，最主要的一点是，顶层跃层住宅不会对整栋的交通方式、空间布局造成任何影响。中间跃层住宅则有别于顶层跃层住宅，中间跃层住宅要考虑上、下两层住宅的空间以及整栋住宅楼的交通问题，中间跃层住宅类似于复式住宅。而首层跃层住宅则完全有别于其他两种类型的跃层住宅，首层跃层住宅一般都有自己独立的室外花园，同时，首层跃层住宅还有独立的出入口。

跃层住宅最大的特点就是一套住宅占用两个楼层，而这两个楼层之间不通过公共通道连通，在室内用于两层之间交通的专用楼梯连接。另外，跃层住宅面积较大，同时采光也更好于其他类型的住宅。另外，跃层住宅功能分布较明确，同时各房间相互影响较小。如果是一家二代人居住，例如只有年轻父母和儿女，则可以在首层设置公共空间，例如设置起居室、厨房、餐厅、卫生间等，在二层安排私人空间，例如主卧室、书房、儿童房等，如果是一家三代人居住，例如父母、儿女和孙子孙女一起居住，则可以在首层安排父母卧室、儿童房以及公共空间，例如厨房、卫生间等，在二层安排年轻夫妇卧室、书房等。

总之，跃层住宅以其宽敞的空间、良好的采光以及合理的功能空间划分，早已赢得了众多家庭的喜爱，是现在最时兴的居住空间之一。

12.2 绘制跃层住宅一层墙体结构图

这一节首先来绘制如图12-1所示的跃层住宅一层墙体结构图，学习跃层住宅墙体结构图的绘制方法和技巧。

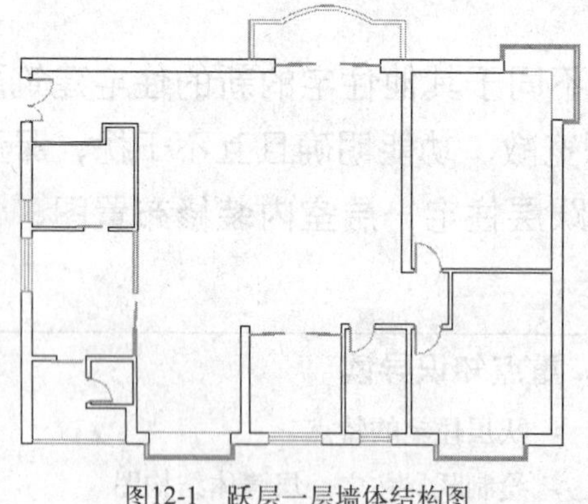

图12-1　跃层一层墙体结构图

12.2.1 绘制跃层住宅一层墙体结构图轴线网

这一节首先来绘制跃层一层墙体结构图轴线网。

操作步骤

Step 01 执行菜单栏中的“文件”|“新建”命令，打开随书光盘中的文件“样板文件”\“装饰装潢

绘图样板.dwt”。

Step 02 执行菜单栏中的“格式”|“图层”命令，在打开的“图层特性管理器”面板中双击“轴线层”，将其设置为当前图层。

Step 03 在命令行输入Ltscale，将线型比例暂时设置为1，命令行操作如下。

```
命令: Ltscale                                   //Enter，激活命令
    输入新线型比例因子 <100.0000>:              //1 Enter
```

Step 04 激活“矩形”命令，在绘图区绘制矩形作为轴线网外轮廓线，命令行操作如下。

```
命令: _rectang
    指定第一个角点或 [倒角(C)/标高(E)/圆角(F)/厚度(T)/宽度(W)]:    //在绘图区拾取一点
    指定另一个角点或 [面积(A)/尺寸(D)/旋转(R)]:                  //@15130,10450 Enter
```

Step 05 单击“修改”工具栏上的“分解”按钮，激活“分解”命令，选择绘制的矩形，按Enter键将绘制的矩形分解。

Step 06 单击“修改”工具栏上的“偏移”按钮，激活“偏移”命令，将矩形上水平边分别向下偏移1680、2200、4600和5730；将矩形下水平边分别向上偏移900、2220和3140；将左垂直边分别向右偏移1770、3150和6270；将右垂直边分别向左偏移3010、4270和6060，结果如图12-2所示。

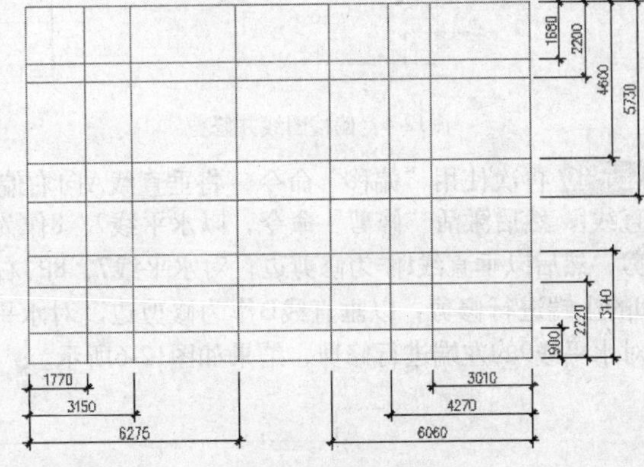

图12-2 偏移图线

Step 07 激活“修剪”命令，以垂直线C作为修剪边，对水平线2的右端进行修剪；以水平线6作为修剪边，对垂直线D、E的上端进行修剪；以水平线5和6作为修剪边，对垂直线G的两端进行修剪；以垂直线G作为修剪边，对水平线6的右端进行修剪；以水平线5作为修剪边，对垂直线F的下端进行修剪；以垂直线F作为修剪边，对水平线5的左端进行修剪；以垂直线C作为修剪边，对水平线4的右端进行修剪；以水平线4作为修剪边，对垂直线C的下端进行修剪；以水平线7、8作为修剪边，对垂直线B的两端进行修剪，结果如图12-3所示。

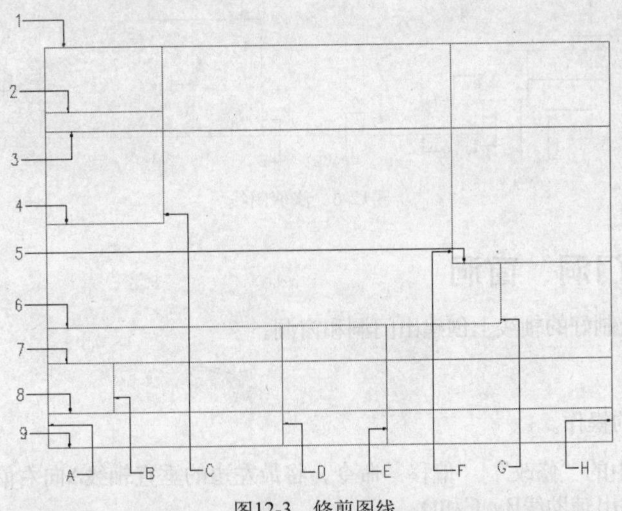

图12-3 修剪图线

Step 08 激活“偏移”命令，将垂直线C向左偏移910个绘图单位，偏移出垂直线a，然后激活“修剪”命令，以水平线2和3作为修剪边，对偏移的垂直线a的两端进行修剪，然后以垂直线a作为修剪边，对水平线2的左端和水平线3的右端进行修剪；以水平线2作为修剪边，对垂直线C的上端进行修剪，结果如图12-4所示。

Step 09 激活“偏移”命令，将垂直线H向左偏移4190个绘图单位，偏移出垂直线b，然后激活“修剪”命令，以水平线6作为修剪边，对偏移的垂直线b的上端进行修剪，然后以垂直线E作为修剪边，对水平线6的左端进行修剪，结果如图12-5所示。

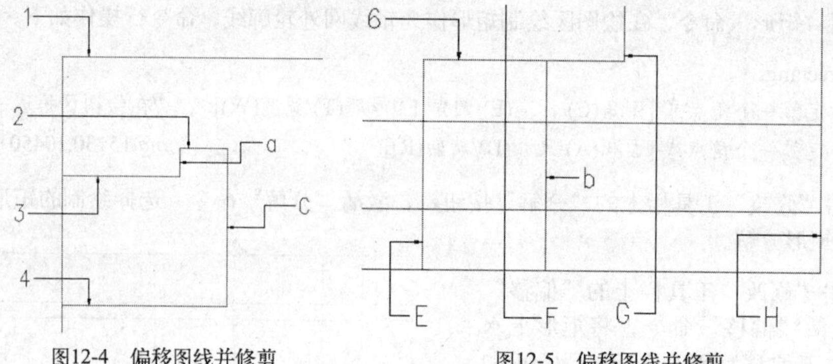

图12-4 偏移图线并修剪

图12-5 偏移图线并修剪

Step 10 再次使用“偏移”命令，将垂直线A向右偏移3020和3105个绘图单位，偏移出垂直线d和垂直线f，然后激活“修剪”命令，以水平线7、8作为修剪边，对偏移的垂直线f的上、下俩端进行修剪，然后以垂直线f作为修剪边，对水平线7、8的右端进行修剪；以水平线8作为修剪边，对垂直线d的上端进行修剪；以垂直线B作为修剪边，对水平线8的左端进行修剪；以垂直线d作为修剪边，对水平线9的左端进行修剪，结果如图12-6所示。

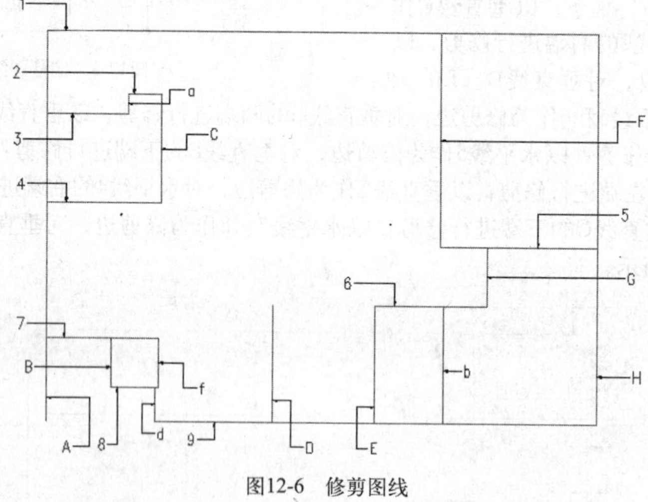

图12-6 修剪图线

12.2.2 创建门洞、窗洞

这一节继续在绘制好的轴线上创建出门洞和窗洞。

操作步骤

Step 01 继续上一节的操作。

Step 02 执行菜单栏中的“修改”|“偏移”命令，将最左边的垂直轴线A向右偏移860、1640和2340个绘图单位，以创建出辅助线B、C和D。

Step 03 单击“修改”工具栏上的“修剪”按钮，激活“修剪”命令，以垂直线B和G作为修剪边界，对水平轴线E进行修剪，以创建宽度为910个绘图单位的门洞；以垂直线C、D作为修剪边，对水平线F进行修剪，以创建出宽度为700个绘图单位的门洞，如图12-7所示。

Step 04 选择偏移的垂直线B、C和D将其删除。

Step 05 继续使用“偏移”命令，将最右边的垂直线Q向左偏移3244.7、4044.7、5150和5900个绘图单位，以创建出垂直线1、2、3和4。

Step 06 激活“修剪”命令，以垂直线1和2作为修剪边，对水平线5进行修剪，以创建宽度为800个绘图单位的门洞；以垂直线3和4作为修剪边，对水平线6进行修剪，以创建宽度为750个绘图单位的门洞，结果如图12-8所示。

Step 07 单击“修改”工具栏上的“打断”按钮，激活“打断”命令，在最左边的垂直线上创建宽度为1260个绘图单位的窗洞，命令行操作如下。

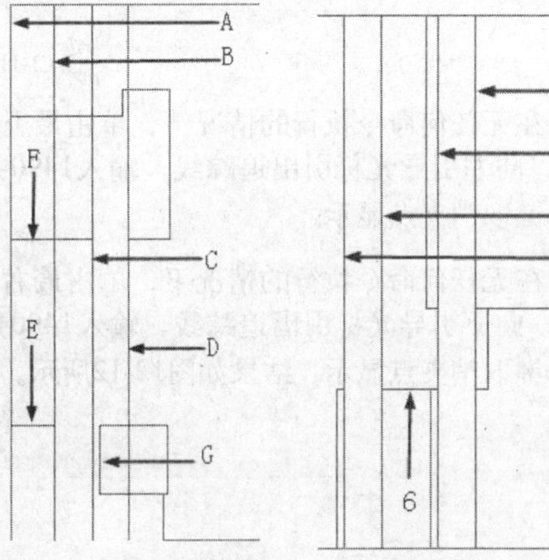

图12-7 偏移图线并修剪　　图12-8 偏移图线并修剪

```
命令: _break
    选择对象:                                  //选择最左边的垂直线
    指定第二个打断点 或 [第一点(F)]:           //F Enter，指定第一断点
    指定第一个打断点:                          //激活“自”功能
    _from 基点:                                //捕捉如图12-9所示的端点
    <偏移>:                                    //@0,-350 Enter
    指定第二个打断点:                          //@0,-1260 Enter，结果如图12-10所示
```

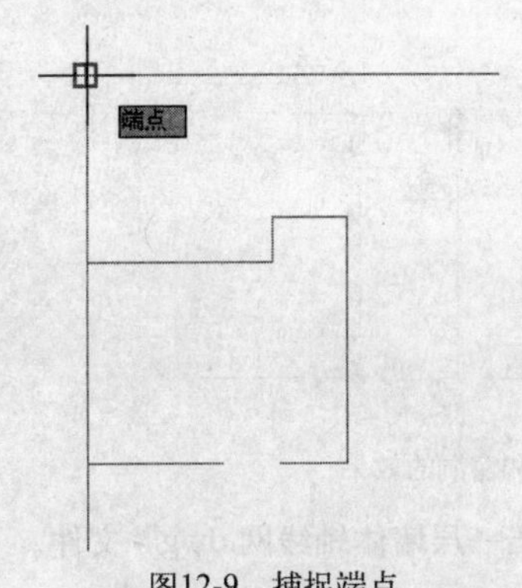

图12-9 捕捉端点

1260

图12-10 创建的窗洞

Step 08 再次激活“打断”命令，在最上方的水平线上创建宽度为3040的窗洞，命令行操作如下。

```
命令: _break
    选择对象:                                  //选择最上方的水平线
    指定第二个打断点 或 [第一点(F)]:           //F Enter，指定第一断点
    指定第一个打断点:                          //激活“自”功能
    _from 基点:                                //捕捉如图12-9所示的端点
    <偏移>:                                    //@7100,0 Enter
    指定第二个打断点:                          //@3040, 0 Enter，结果如图12-11所示
```

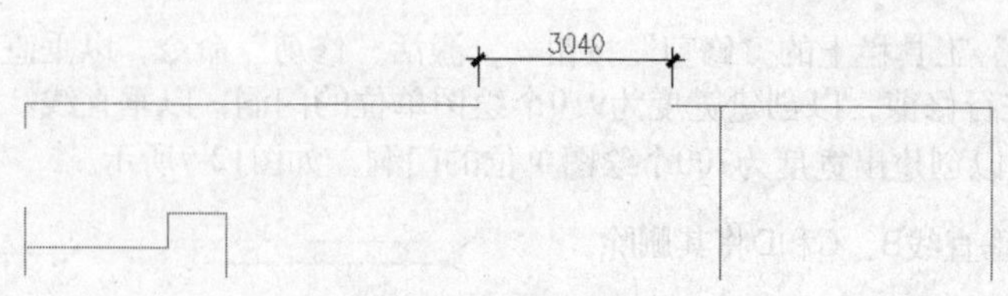

图12-11　创建窗洞

Step 09 在无任何命令执行的情况下，单击最上方的水平线使其夹点显示，单击最右端的夹点进入夹基点，向左引导光标引出追踪线，输入1490并按Enter键，对该线段进行夹点拉伸，然后按键盘上的Esc键取消夹点显示。

Step 10 在无任何命令执行的情况下，单击最右边的垂直线使其夹点显示，单击最上方的夹点进入夹基点，向下引导光标引出追踪线，输入1490并按Enter键，对该线段进行夹点拉伸，然后按键盘上的Esc键取消夹点显示，结果如图12-12所示。

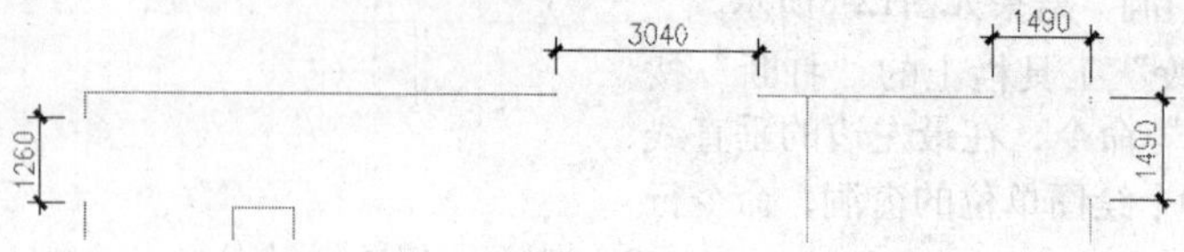

图12-12　夹点拉伸图线

Step 11 参照上述创建门洞和窗洞的方法，综合运用“偏移”、“修剪”、“打断”和夹点拉伸功能，根据图示尺寸，分别创建其他位置的门洞和窗洞，结果如图12-13所示。

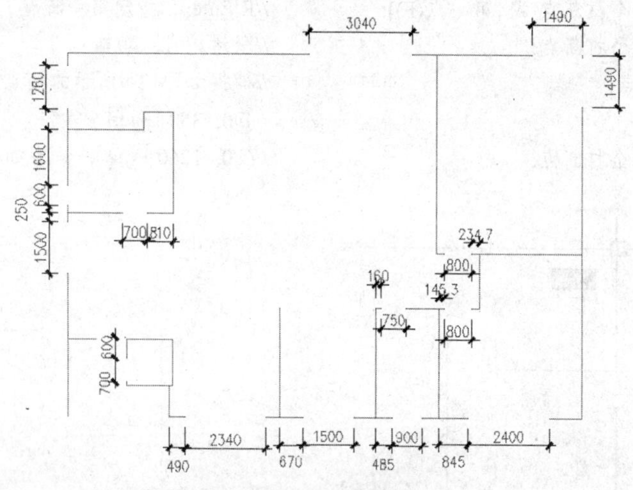

图12-13　创建门洞和窗洞的效果

Step 12 执行“另存为”命令，将该图形存储为“跃层一层墙体轴线网.dwg”文件。

12.2.3　绘制和编辑主、次墙线

这一节继续绘制跃层一层主、次墙体。

操作步骤

Step 01 继续上一节的操作。

Step 02 展开“图层”工具栏上的“图层控制”下拉列表，将“墙线层”设置为当前图层。

Step 03 执行菜单栏中的“格式”|“多线样式”命令，将“墙线样式”设置为当前样式。

Step 04 执行菜单栏中的“绘图”|“多线”命令，配合“端点”捕捉功能绘制主墙线，命令行操作如下。

```
命令: _mline
    当前设置: 对正 = 上，比例 = 20.00，样式 = 墙线样式
    指定起点或 [对正(J)/比例(S)/样式(ST)]:          //S Enter
    输入多线比例 <20.00>:                          //320 Enter
    当前设置: 对正 = 上，比例 = 240.00，样式 = 墙线样式
    指定起点或 [对正(J)/比例(S)/样式(ST)]:          //J Enter
    输入对正类型 [上(T)/无(Z)/下(B)] <上>:          //Z Enter
    当前设置: 对正 = 无，比例 = 240.00，样式 = 墙线样式
    指定起点或 [对正(J)/比例(S)/样式(ST)]:          //捕捉如图12-14所示的端点1
    指定下一点:                                    //捕捉如图12-14所示的端点2
    指定下一点或 [闭合(C)/放弃(U)]:                 //捕捉如图12-14所示的端点3
    指定下一点或 [放弃(U)]:                        // Enter，绘制结果如图12-15所示
```

Step 05 重复执行“多线”命令，设置多线比例和对正方式保持不变，配合“端点”捕捉功能，绘制其他主墙线，绘制结果如图12-16所示。

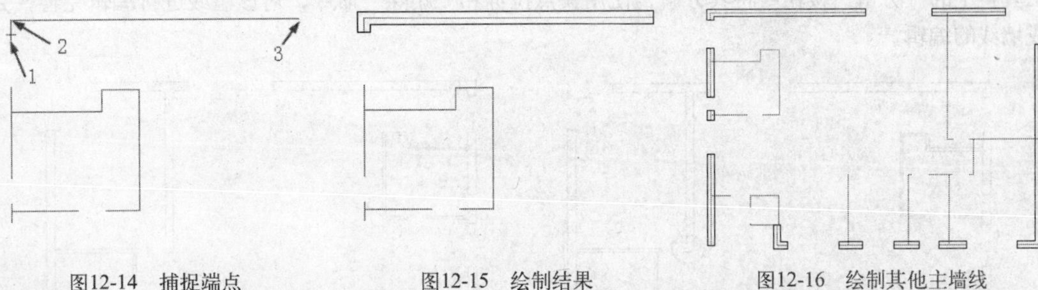

图12-14 捕捉端点　　图12-15 绘制结果　　图12-16 绘制其他主墙线

Step 06 重复执行“多线”命令，设置多线“比例”为100，配合“端点”捕捉功能绘制次墙线，绘制结果如图12-17所示。

Step 07 继续执行“多线”命令，设置多线“比例”为120，配合“端点”捕捉功能绘制其他次墙线，结果如图12-18所示。

Step 08 继续执行“多线”命令，设置多线“比例”为280，配合“端点”捕捉功能绘制其他次墙线，结果如图12-19所示。

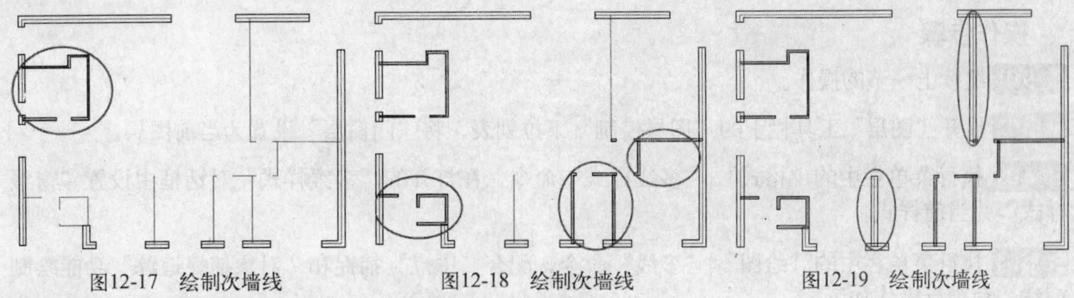

图12-17 绘制次墙线　　图12-18 绘制次墙线　　图12-19 绘制次墙线

Step 09 下面对绘制完成的墙线进行编辑。展开“图层”工具栏上的“图层控制”下拉列表，关闭“轴线层”。

Step 10 执行“修改”|“对象”|“多线”命令，在打开的“多线编辑工具”对话框中单击“T形合并”按钮，激活“T形合并”功能。

Step 11 返回绘图区，在命令行“选择第一条多线:”提示下，选择如图12-20所示的垂直墙线。

Step 12 继续在命令行“选择第二条多线:”提示下，选择如图12-21所示的水平墙线，结果这两条T形相交的多线被合并，合并结果如图12-22所示。

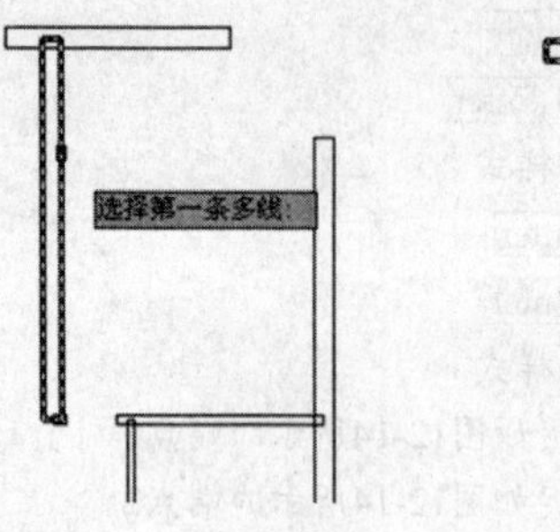

图12-20 选择垂直墙线

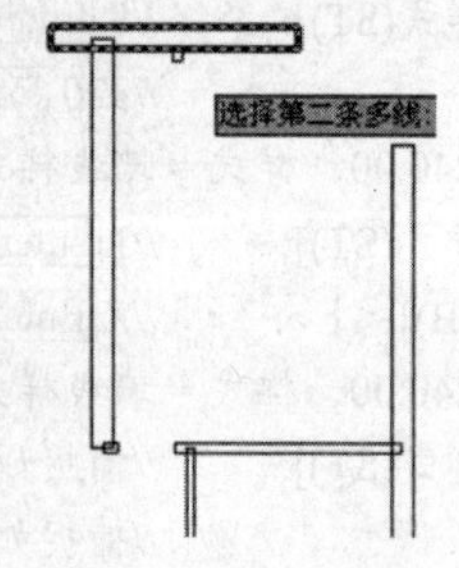

图12-21 选择水平墙线

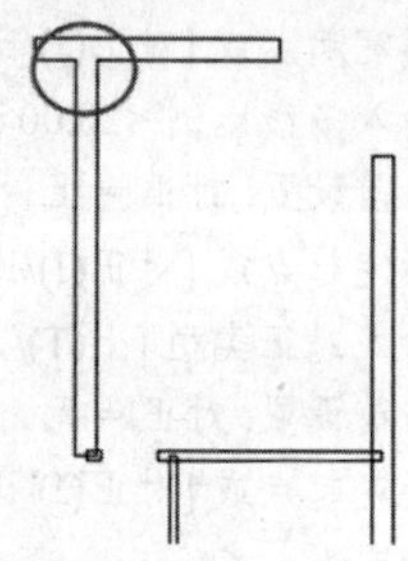

图12-22 T形合并结果

Step 13 采用相同的方法，对T形相交的墙体进行编辑，然后将再次打开“多线编辑工具”对话框，单击“角点结合”按钮，回到绘图区，对如图12-23所示的墙线进行编辑。

Step 14 在无任何命令执行的情况下，单击如图12-24所示的墙线使其夹点显示，然后单击“修改”工具栏上的“分解”按钮将其分解，使用夹点拉伸和“删除”命令，对该墙线进行编辑完善，完成墙线的编辑。

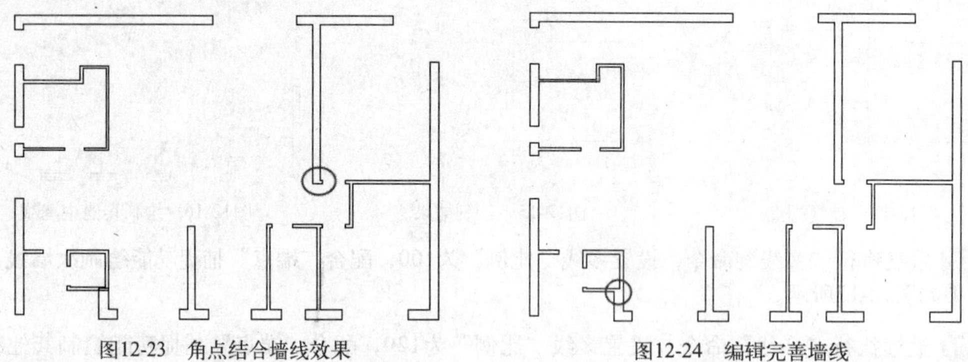

图12-23 角点结合墙线效果　　图12-24 编辑完善墙线

12.2.4 创建门窗、阳台和楼梯构件

这一节继续来创建跃层一层墙体中的门窗、阳台和楼梯构件。

操作步骤

Step 01 继续上一节的操作。

Step 02 展开“图层”工具栏上的“图层控制”下拉列表，将“门窗层”设置为当前图层。

Step 03 执行菜单栏中的“格式”|“多线样式”命令，在打开的“多线样式”对话框中设置“窗线样式”为当前样式。

Step 04 执行菜单栏中的“绘图”|“多线”命令，配合“中点”捕捉和“对象捕捉追踪”功能绘制窗线，命令行操作如下。

```
命令: _mline
    当前设置: 对正 = 上，比例 = 20.00，样式 = 窗线样式
    指定起点或 [对正(J)/比例(S)/样式(ST)]:          //S Enter
    输入多线比例 <20.00>:                          //320 Enter
    当前设置: 对正 = 上，比例 = 240.00，样式 = 窗线样式
```

指定起点或 [对正(J)/比例(S)/样式(ST)]: //J Enter
输入对正类型 [上(T)/无(Z)/下(B)] <上>: //Z Enter
当前设置: 对正 = 无，比例 = 240.00，样式 = 窗线样式
指定起点或 [对正(J)/比例(S)/样式(ST)]: //捕捉如图12-25所示的中点
指定下一点: //向左引导光标，捕捉如图12-26所示的中点
指定下一点或 [放弃(U)]: // Enter，结束操作

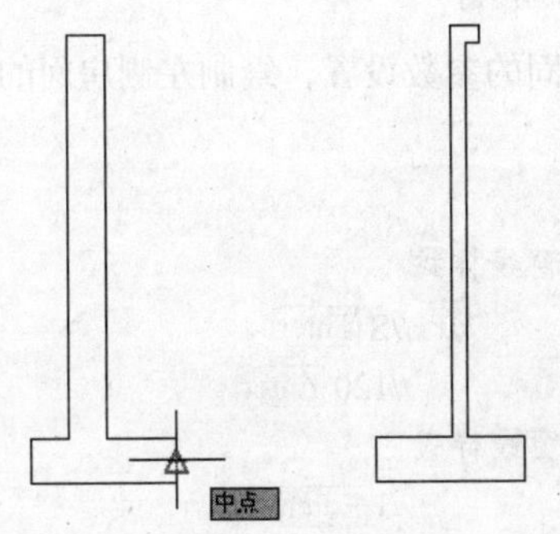

图12-25 捕捉中点

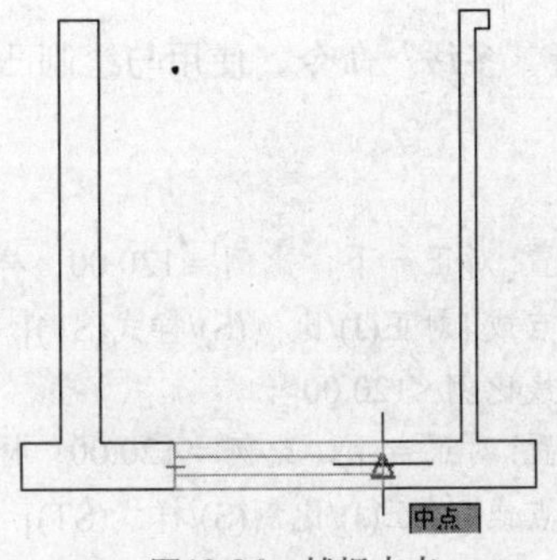

图12-26 捕捉中点

Step 05 继续使用“多线”命令，配合“中点”捕捉功能绘制其他窗线，绘制结果如图12-27所示。

Step 06 下面绘制凸窗。再次执行“多线”命令，绘制下方凸窗，命令行操作如下。

命令: _mline
当前设置: 对正 = 下，比例 = 120.00，样式 = 窗线样式
指定起点或 [对正(J)/比例(S)/样式(ST)]: //S Enter
输入多线比例 <120.00>: //120 Enter
当前设置: 对正 = 下，比例 = 120.00，样式 = 窗线样式
指定起点或 [对正(J)/比例(S)/样式(ST)]: //J Enter
输入对正类型 [上(T)/无(Z)/下(B)] <下>: //B Enter
当前设置: 对正 = 下，比例 = 120.00，样式 = 窗线样式
指定起点或 [对正(J)/比例(S)/样式(ST)]: //捕捉如图12-28所示的墙线的端点

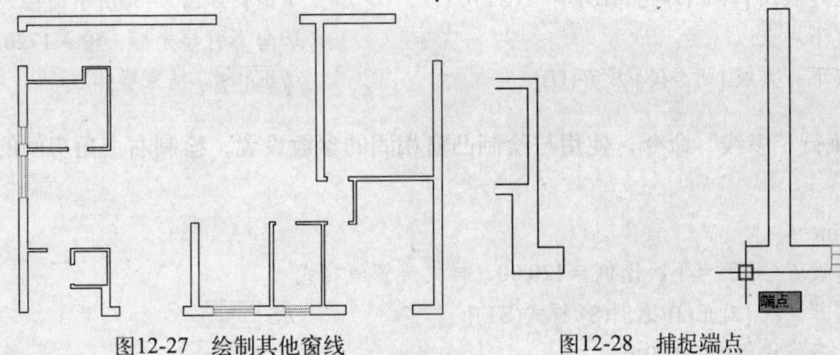

图12-27 绘制其他窗线　　图12-28 捕捉端点

指定下一点: //向下引导光标，输入300 Enter
指定下一点或 [放弃(U)]: //向左引导光标，输入2400 Enter
指定下一点或 [放弃(U)]: //向上引导光标，输入300 Enter
指定下一点或 [闭合(C)/放弃(U)]: // Enter，结束操作

Step 07 继续使用“多线”命令，采用默认的设置，绘制右边另一个凸窗，结果如图12-29所示。

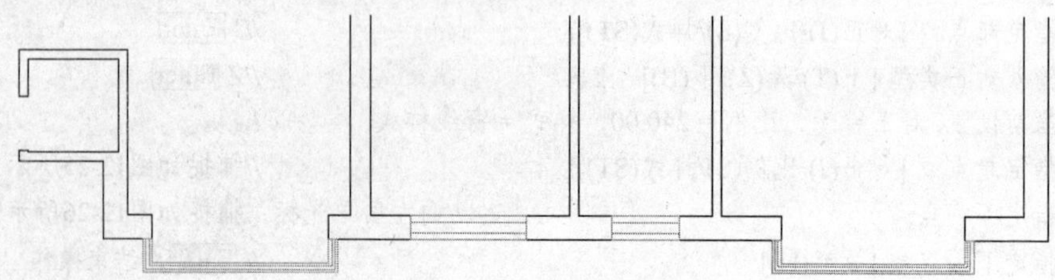

图12-29 绘制的凸窗

Step 08 继续执行“多线”命令，使用与绘制凸窗相同的参数设置，绘制左侧房间的隔断，命令行操作如下。

```
命令: _mline
    当前设置: 对正 = 下，比例 = 120.00，样式 = 窗线样式
    指定起点或 [对正(J)/比例(S)/样式(ST)]:              //S Enter
    输入多线比例 <120.00>:                              //120 Enter
    当前设置: 对正 = 下，比例 = 120.00，样式 = 窗线样式
    指定起点或 [对正(J)/比例(S)/样式(ST)]:              //J Enter
    输入对正类型 [上(T)/无(Z)/下(B)] <下>:               //B Enter
    当前设置: 对正 = 下，比例 = 120.00，样式 = 窗线样式
    指定起点或 [对正(J)/比例(S)/样式(ST)]:              //捕捉如图12-30所示的墙线的端点A
    指定下一点:                                          //向上引导光标，输入800 Enter
    指定下一点或 [闭合(C)/放弃(U)]:                      // Enter，结束操作
命令: _mline
    当前设置: 对正 = 下，比例 = 120.00，样式 = 窗线样式
    指定起点或 [对正(J)/比例(S)/样式(ST)]:              //S Enter
    输入多线比例 <120.00>:                              //120 Enter
    当前设置: 对正 = 下，比例 = 120.00，样式 = 窗线样式
    指定起点或 [对正(J)/比例(S)/样式(ST)]:              //J Enter
    输入对正类型 [上(T)/无(Z)/下(B)] <下>:               //T Enter
    当前设置: 对正 = 下，比例 = 120.00，样式 = 窗线样式
    指定起点或 [对正(J)/比例(S)/样式(ST)]:              //捕捉如图12-30所示的墙线的端点B
    指定下一点:                                          //向下引导光标，输入1720 Enter
    指定下一点或 [闭合(C)/放弃(U)]:                      // Enter，结束操作
```

Step 09 继续执行“多线”命令，使用与绘制凸窗相同的参数设置，绘制右上角房间的阳台线，命令行操作如下。

```
命令: _mline
    当前设置: 对正 = 下，比例 = 120.00，样式 = 窗线样式
    指定起点或 [对正(J)/比例(S)/样式(ST)]:              //S Enter
    输入多线比例 <120.00>:                              //120 Enter
    当前设置: 对正 = 下，比例 = 120.00，样式 = 窗线样式
    指定起点或 [对正(J)/比例(S)/样式(ST)]:              //J Enter
    输入对正类型 [上(T)/无(Z)/下(B)] <下>:               //B Enter
    当前设置: 对正 = 下，比例 = 120.00，样式 = 窗线样式
    指定起点或 [对正(J)/比例(S)/样式(ST)]:              //捕捉如图12-31所示的墙线的端点A
    指定下一点:                                          //向上引导光标，输入340 Enter
```

指定下一点或 [放弃(U)]: //向右引导光标，输入1990 Enter
指定下一点或 [放弃(U)]: //向下引导光标，输入1990 Enter
指定下一点或 [放弃(U)]: //向左引导光标，输入340 Enter
指定下一点或 [闭合(C)/放弃(U)]: // Enter，结束操作

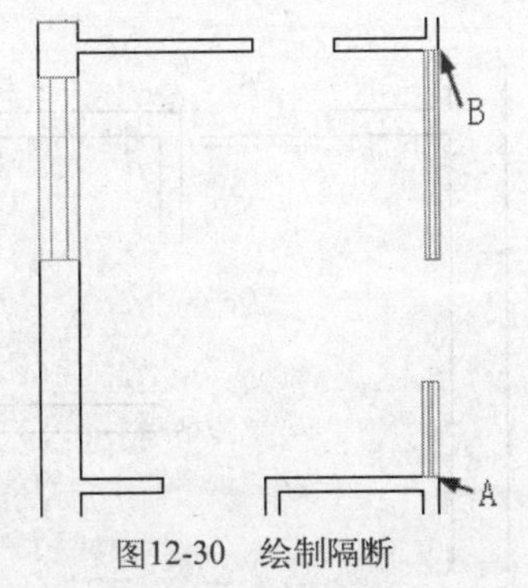

图12-30 绘制隔断

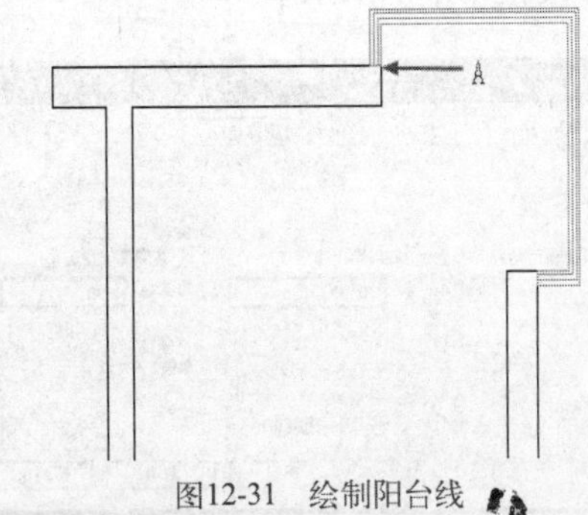

图12-31 绘制阳台线

Step 10 下面继续绘制阳台线。单击“绘图”工具栏上的“多段线”按钮，激活“多段线”命令，配合“自”功能绘制阳台线，命令行操作如下。

命令: _pline
指定起点: _from 基点: <偏移>:
//激活“自”功能，捕捉如图12-32所示的墙线的端点A，输入@680,0 Enter
当前线宽为0.5
指定下一个点或 [圆弧(A)/半宽(H)/长度(L)/放弃(U)/宽度(W)]: //@0,1120 Enter
指定下一点或 [圆弧(A)/闭合(C)/半宽(H)/长度(L)/放弃(U)/宽度(W)]: //@-920,0 Enter
指定下一点或 [圆弧(A)/闭合(C)/半宽(H)/长度(L)/放弃(U)/宽度(W)]: //A Enter
指定圆弧的端点或[角度(A)/圆心(CE)/闭合(CL) /半宽(H)/直线(L)/半径(R)://R Enter
指定圆弧的半径: //2282 Enter
指定圆弧的端点或 [角度(A)]: _from 基点: <偏移>:
//激活“自”功能，捕捉如图12-32所示的墙线的端点B，输入@200,1120 Enter
指定圆弧的端点或[角度(A)/圆心(CE)/方向(D)/半宽(H)/直线(L)/半径(R): //L Enter
指定下一点或 [圆弧(A)/闭合(C)/半宽(H)/长度(L)/放弃(U)/宽度(W)]: //@-920,0 Enter
指定下一点或 [圆弧(A)/闭合(C)/半宽(H)/长度(L)/放弃(U)/宽度(W)]: //@0,-1120 Enter
指定下一点或 [闭合(C)/放弃(U)]: // Enter，结束操作

Step 11 单击“修改”工具栏上的“偏移”按钮，激活“偏移”命令，设置偏移距离为120个绘图单位，将绘制的多段线向内偏移120个绘图单位，以编辑出阳台线，结果如图12-33所示。

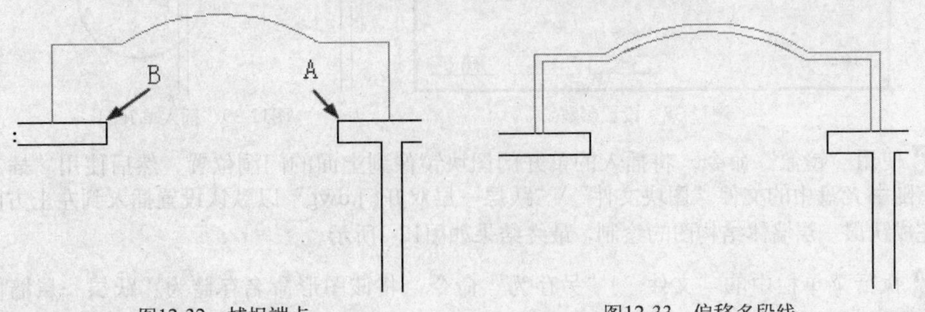

图12-32 捕捉端点　　图12-33 偏移多段线

Step 12 继续激活“多段线”命令，配合“端点”捕捉功能，补画其他窗线，然后激活“矩形”命令，根据门洞的宽度，绘制推拉门，推拉门的宽度为40，长度为门洞的长度。

Step 13 下面插入单开门。单击“绘图”工具栏中的“插入”按钮，打开“插入”对话框，选择随书光盘中的文件“图块文件”\“单开门.dwg”，并设置插入参数如图12-34所示，将“单开门”插入到如图12-35所示的门洞位置。

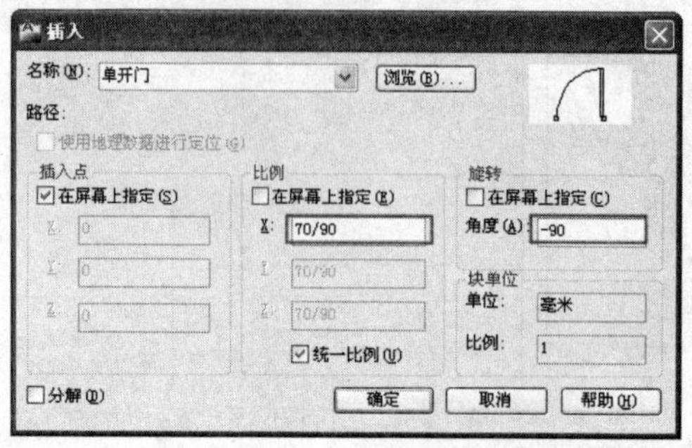

图12-34　设置参数

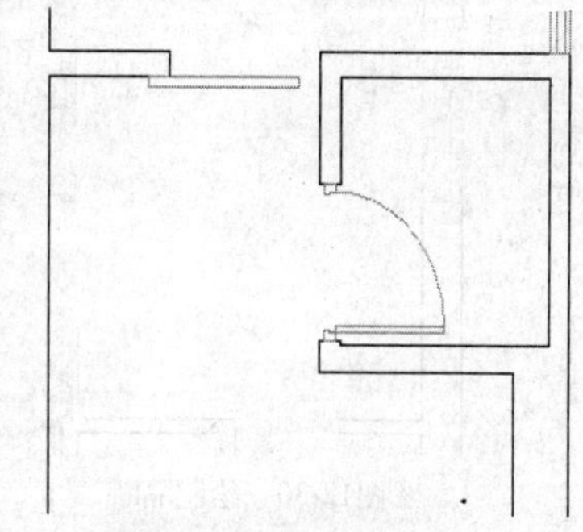

图12-35　插入单开门

Step 14 重复执行“插入块”命令，选择“单开门.dwg”图块文件，设置插入参数如图12-36所示，插入结果如图12-37所示。

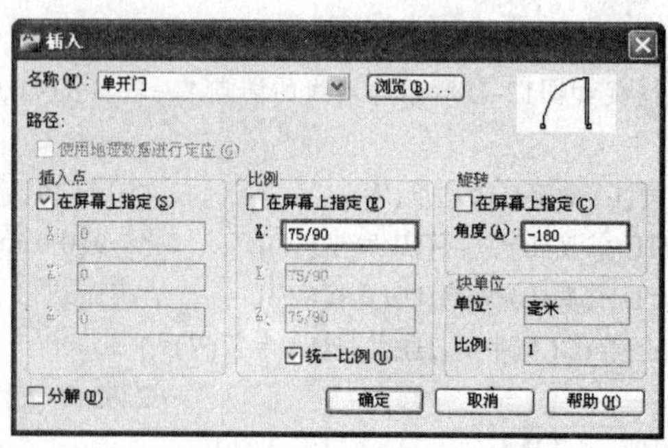

图12-36　设置参数

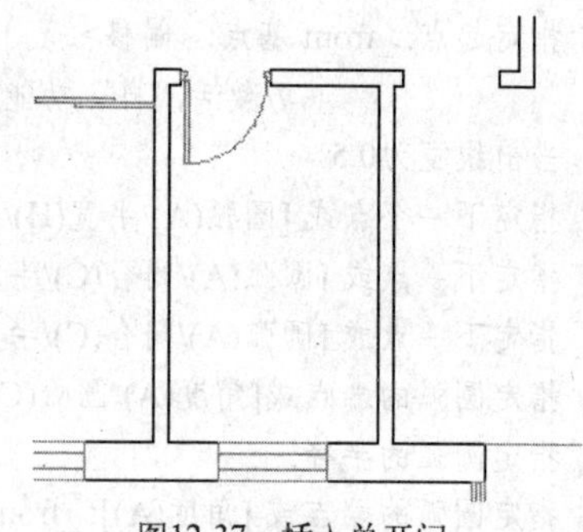

图12-37　插入单开门

Step 15 重复执行“插入块”命令，选择“单开门.dwg”图块文件，设置插入参数如图12-38所示，插入结果如图12-39所示。

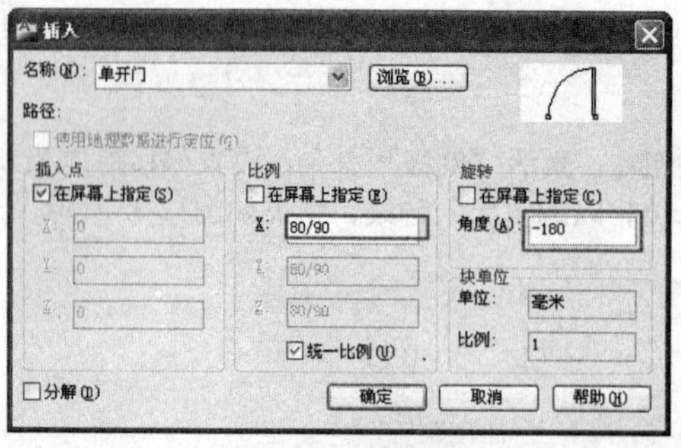

图12-38　设置参数

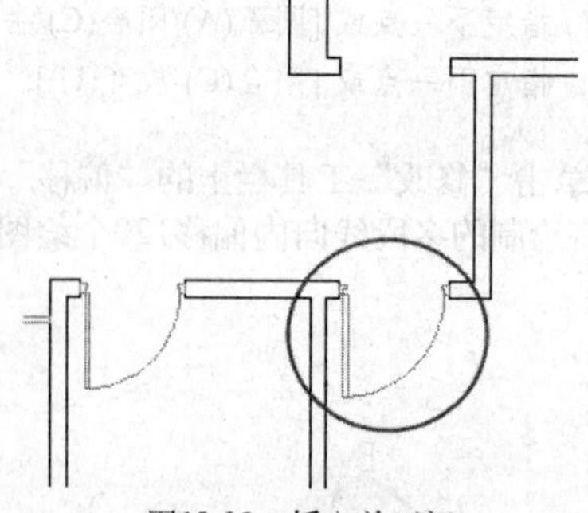

图12-39　插入单开门

Step 16 使用“镜像”命令，将插入的单开门图块镜像到上面的门洞位置，然后使用“插入”命令，将随书光盘中的文件“图块文件”\“跃层一层双开门.dwg”以默认设置插入到左上方门洞位置，完成跃层一层墙体结构图的绘制，最终结果如图12-2所示。

Step 17 执行菜单栏中的“文件”|“另存为”命令，将该图形命名存储为“跃层一层墙体结构图.dwg”文件。

12.3 绘制跃层住宅一层室内布置图

这一节来绘制如图12-40所示的跃层一层室内布置图。

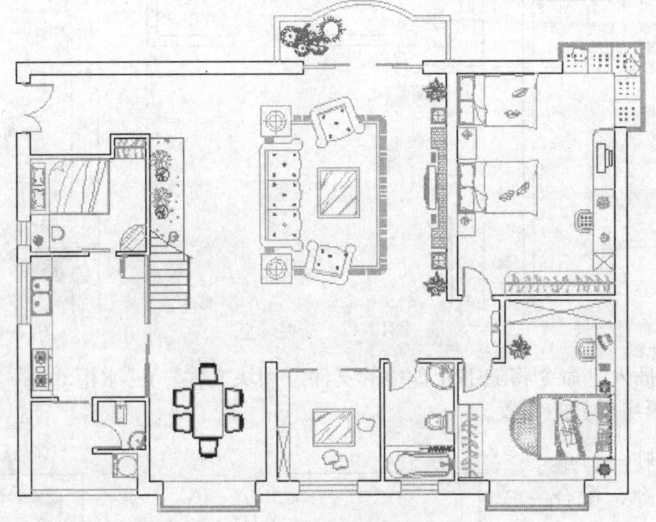

图12-40 跃层一层室内布置图

12.3.1 绘制佣人房、厨房和阳台布置图

这一节首先绘制佣人房、厨房和阳台布置图。

操作步骤

Step 01 执行菜单栏中的“文件”|“打开”命令，打开随书光盘中的文件“效果文件”\“第12章”\“跃层一层墙体结构图.dwg”。

Step 02 执行菜单栏中的“格式”|“图层”命令，在打开的“图层特性管理器”面板中双击“家具层”，将此图层设置为当前图层。

Step 03 单击“绘图”工具栏上的“插入”按钮，在打开的“插入”对话框中单击 浏览(B)... 按钮，选择随书光盘中的文件“图块文件”\“佣人床组合.dwg”。

Step 04 单击 打开(O) 按钮返回“插入”对话框，采用默认参数，单击 确定 按钮回到绘图区，配合“端点”捕捉功能，捕捉佣人房左上墙内角点，将该图块文件插入到佣人房平面图中。

Step 05 重复执行“插入块”命令，选择随书光盘“图块文件”目录下的“佣人房衣柜.dwg”和“佣人房电视.dwg”文件，使用默认设置，将其插入到佣人房平面图中，结果如图12-41所示。

Step 06 下面布置厨房用具。重复执行“插入”命令，配合“自”功能，将随书光盘中的文件“图块文件”\“洗菜池.dwg”插入到厨房，命令行操作如下。

```
命令: _insert
    指定插入点或 [基点(B)/比例(S)/旋转(R)]: _from 基点: <偏移>:
            //激活“自”功能，捕捉如图12-42所示的厨房左上内墙角点，输入@30,-740 Enter
```

Step 07 重复执行“插入”命令，配合“自”功能，将随书光盘中的文件“图块文件”\“燃气灶.dwg”插入到厨房，命令行操作如下。

命令: _insert

指定插入点或 [基点(B)/比例(S)/旋转(R)]: _from 基点: <偏移>:

//激活"自"功能，捕捉如图12-43所示的厨房左下内墙角点，输入@30,690 Enter

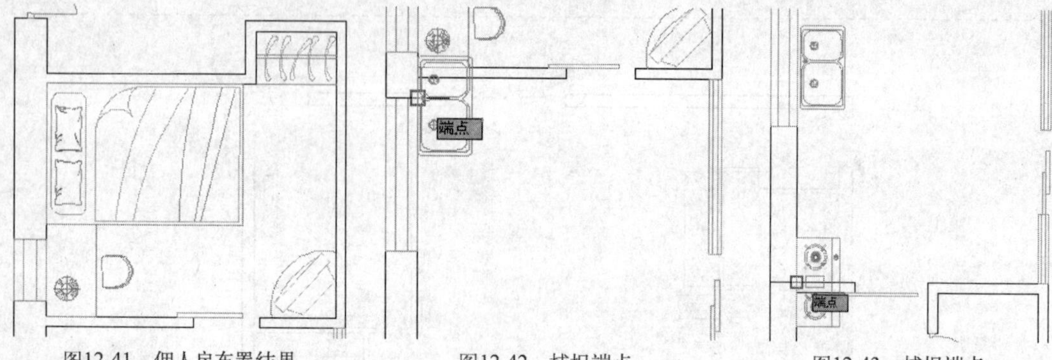

图12-41 佣人房布置结果　　图12-42 捕捉端点　　图12-43 捕捉端点

Step 08 继续使用"插入"命令将随书光盘中的文件"图块文件"\"冰柜.dwg"插入到厨房右上内墙角点位置，完成厨房用具的布置。

Step 09 下面布置阳台。继续执行"插入"命令，配合"端点"捕捉功能，捕捉如图12-44所示的A点和B点，将随书光盘中的文件"图块文件"\"洗手池A.dwg"插入到阳台小卫生间位置，将"洗衣机03.dwg"图块文件插入到阳台位置。

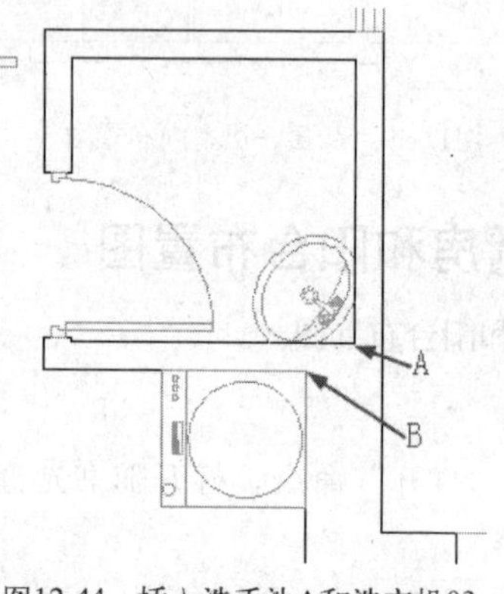

图12-44 插入洗手池A和洗衣机03

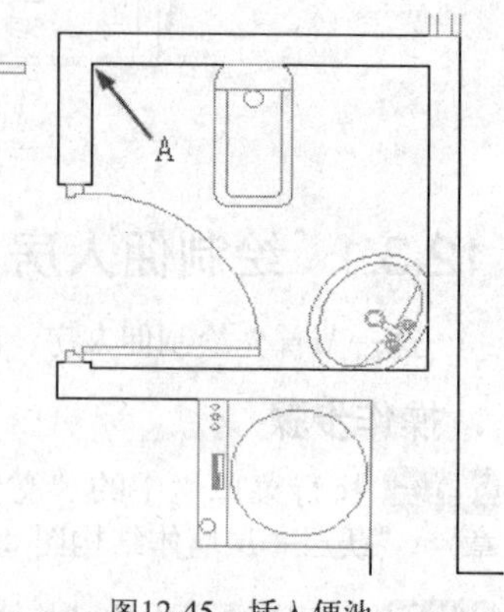

图12-45 插入便池

Step 10 继续执行"插入"命令，配合"自"功能，以如图12-45所示的点A作为参照点，以点"@585,0"作为目标点，将随书光盘中的文件"图块文件"\"便池.dwg"插入到阳台小卫生间位置。

12.3.2 绘制客厅与客房布置图

这一节继续绘制客厅与客房布置图。

操作步骤

Step 01 继续上一节的操作。

Step 02 继续执行"插入"命令，配合"自"功能，以佣人房外墙右上角点为参照点，以点"@0,-100"作为目标点，将随书光盘中的文件"图块文件"\"跃层楼梯.dwg"插入到平面图中。

Step 03 继续执行"插入"命令，配合"自"功能，以"跃层楼梯.dwg"的图块文件的右上角点A为参照点，以点"@1945,-1435"作为目标点，将随书光盘中的文件"图块文件"\"跃层一层沙发组合.dwg"插入到客厅位置，如图12-46所示。

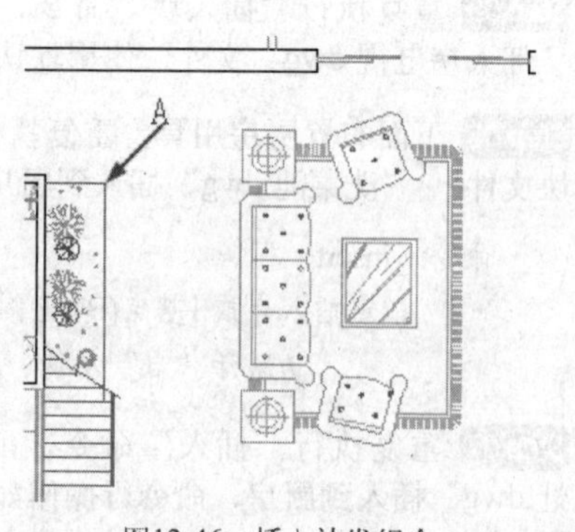

图12-46 插入沙发组合

Step 04 继续使用“插入”命令，配合“自”功能，以客厅内墙右上角点A为参照点，以点“@0,-2904”作为目标点，将随书光盘中的文件“图块文件”\“跃层一层电器组合.dwg”插入到客厅位置，如图12-47所示。

Step 05 下面布置客房。继续使用“插入”命令，配合“自”功能，以客房内墙左上角点A为参照点，以点“@0,-1733”作为目标点，将随书光盘中的文件“图块文件”\“跃层一层客房床组合.dwg”插入到客房位置，如图12-48所示。

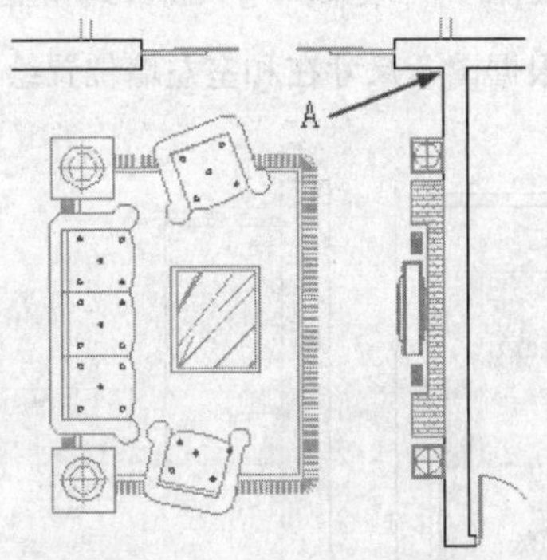

图12-47 插入客厅电器

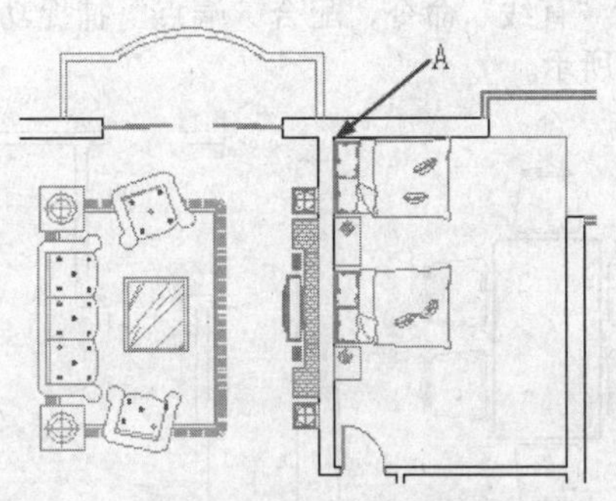

图12-48 插入客房床组合

Step 06 继续执行“插入”命令，配合“端点”捕捉功能，将随书光盘“图块文件”目录下的“客房沙发组合.dwg”、“客房桌椅组合.dwg”和“客房衣柜.dwg”图块文件插入到客房相关位置，完成客房的布置，结果如图12-49所示。

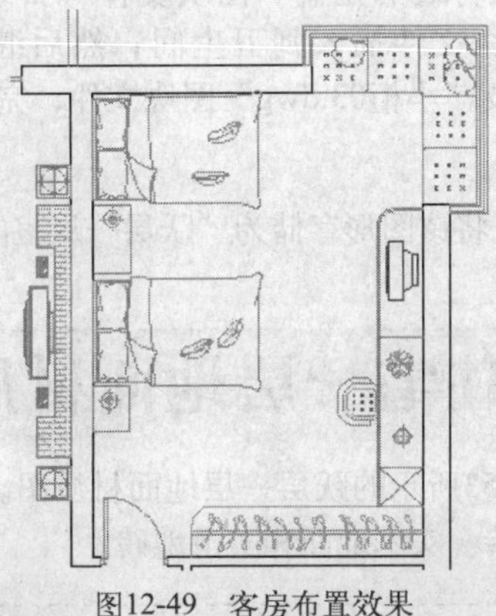

图12-49 客房布置效果

12.3.3 绘制餐厅、和室、卫生间和儿童房布置图

这一节继续来绘制餐厅、和室、卫生间和儿童房布置图。

操作步骤

Step 01 继续上一节的操作。

Step 02 执行“插入”命令，配合“端点”捕捉和“自”功能，将随书光盘中的文件“图块文件”\“跃层餐桌餐椅组合.dwg”插入到餐厅中，命令行操作如下。

```
命令: _insert
    指定插入点或 [基点(B)/比例(S)/旋转(R)]:
                    //激活“自”功能，捕捉如图12-50所示的餐厅内墙左下角点A
    _from 基点: <偏移>:                    //@1480,1768.5 Enter
```

Step 03 继续执行“插入”命令，配合“端点”捕捉功能，分别捕捉儿童房内墙左、右下角点，选择随书光盘“图块文件”目录下的“儿童床组合.dwg”和“儿童房衣柜.dwg”图块文件插入到儿童房中。

Step 04 激活“直线”命令，配合“端点”捕捉和“捕捉追踪”功能，在儿童房书桌旁上方位置绘制一个书柜轮廓图，完成儿童房的布置，结果如图12-51所示。

Step 05 继续执行“插入”命令，配合“自”功能，以和室窗线左上端点A作为参照点，以点“@831,1345”为目标点，将随书光盘中的文件“图块文件”\“矮桌.dwg”插入到和室中。

Step 06 激活“直线”命令，配合“端点”捕捉功能，根据图示尺寸在和室左墙位置绘制橱柜，结果如图12-52所示。

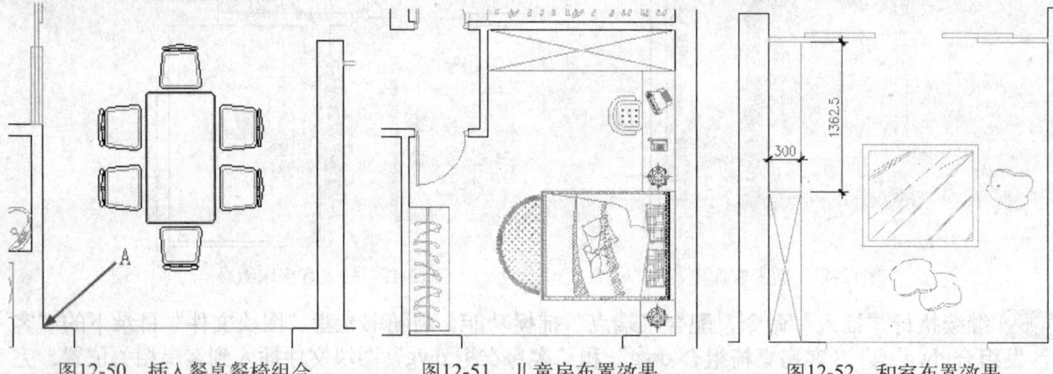

图12-50 插入餐桌餐椅组合　　图12-51 儿童房布置效果　　图12-52 和室布置效果

Step 07 继续使用“插入”命令，将随书光盘“图块文件”目录下的“洗手池B.dwg”、“马桶A.dwg”、“浴缸C.dwg”图块文件插入到卫生间；然后继续向平面图中插入“绿化植物A.dwg”、“绿化植物B.dwg”以及“小柜03.dwg”图块文件，完成跃层一层室内布置图的绘制，结果如图12-40所示。

Step 08 最后使用“另存为”命令，将该图形存储为“跃层一层室内布置图.dwg”文件。

12.4 绘制跃层住宅一层地面材质图

这一节继续来绘制如图12-53所示的跃层一层地面材质图。该材质图比较简单，地面装修材料主要有三种，即抛光地砖、实木地面和防滑地砖。

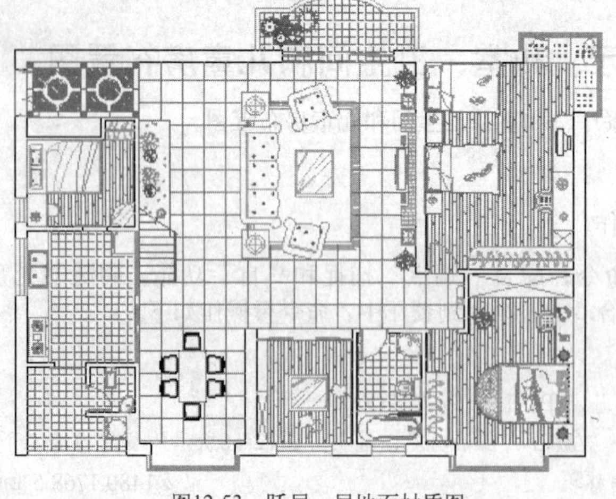

图12-53 跃层一层地面材质图

12.4.1 绘制佣人房、儿童房和客房地面材质图

这一节首先来绘制佣人房、儿童房和客房室地面材质图，这三个房间地面都使用了实木地面铺装。

操作步骤

Step 01 打开随书光盘中的文件“效果文件”\“第12章”\“跃层一层室内布置图.dwg”。

Step 02 执行“图层”命令，在打开的“图层特性管理器”面板中双击“填充层”，将其设置为当前层。

Step 03 使用命令简写L激活“直线”命令，配合对象捕捉功能分别将各房间两侧门洞连接起来，以形成封闭区域。

Step 04 激活“多段线”命令，配合“最近点”捕捉功能，沿儿童房和客房中的家具边缘绘制闭合图形。

Step 05 单击“绘图”工具栏上的“图案填充”按钮，激活“图案填充”命令，在打开的“图案填充和渐变色”对话框中选择名称为“DOLMIT”的图案，并设置“角度”为90°、“比例”为15，其他设置默认。

Step 06 单击“图案填充和渐变色”对话框中的“添加:拾取点”按钮，返回绘图区，分别在佣人房、客房、和室与儿童房地面空白区域上单击，拾取填充区域，填充区域以虚线显示。

Step 07 按Enter键返回到“图案填充和渐变色”对话框，单击确定按钮，为这些区域填充实木地面图案，结果如图12-54所示。

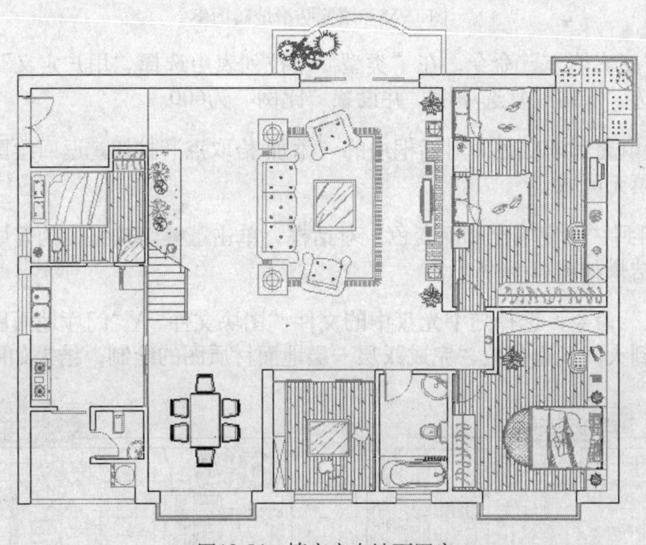

图12-54 填充实木地面图案

12.4.2 绘制厨房、卫生间、阳台、客厅等地面材质图

下面继续绘制厨房、卫生间和阳台地面材质图，厨房、卫生间和阳台地面使用了防滑地砖进行铺装。

操作步骤

Step 01 继续上一节的操作。

Step 02 激活“多段线”命令，配合“捕捉追踪”功能，在厨房沿燃气灶边缘绘制灶台的轮廓线，然后配合“最近点”捕捉功能，沿阳台绿化植物边缘绘制轮廓线。

Step 03 执行“图案填充”命令，在打开的“图案填充和渐变色”对话框中选择名称为“ANGLE”的图案，设置“比例”为30，其他设置默认。

Step 04 单击“图案填充和渐变色”对话框中的“添加:拾取点”按钮返回绘图区，分别在厨房地面、阳台地面和卫生间地面空白区域上单击拾取填充区域，填充区域以虚线显示。

Step 05 按Enter键返回到“图案填充和渐变色”对话框，单击确定按钮，为这些区域填充防滑地砖图案，填充结果如图12-55所示。

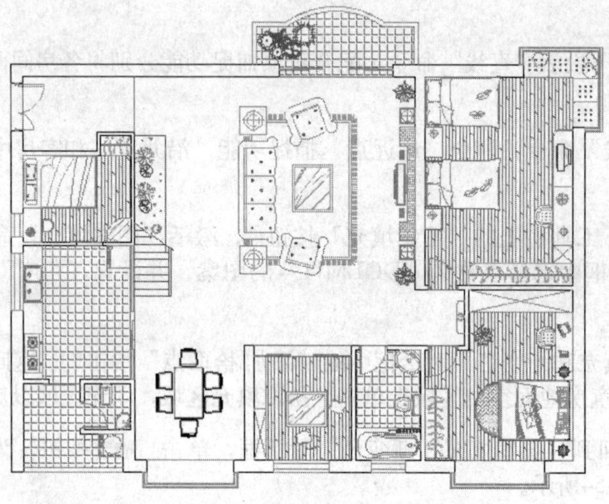

图12-55 填充防滑地砖图案

Step 06 继续执行“图案填充”命令，在“类型”下拉列表中选择“用户定义”选项，在“角度和比例”选项组中勾选“双向”复选项框，并设置“比例”为600。

Step 07 单击“图案填充和渐变色”对话框中的“添加:拾取点”按钮返回绘图区，在客厅地面空白区域上单击拾取填充区域。

Step 08 按Enter键回到“图案填充和渐变色”对话框，单击确定按钮，为客厅、餐厅地面填充抛光地砖图案，填充结果如图12-56所示。

Step 09 激活“插入”命令，选择随书光盘中的文件“图块文件”\“门厅地面图案.dwg”，使用默认设置，将其插入到大门过道位置，完成跃层一层地面材质图的绘制，结果如图12-57所示。

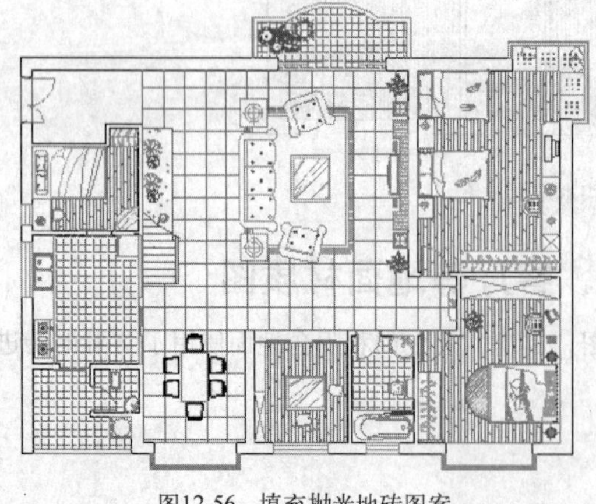

图12-56 填充抛光地砖图案

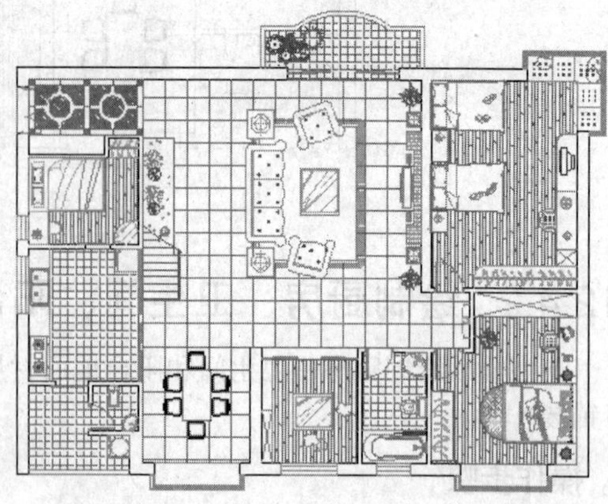

图12-57 插入门厅地面图案

Step 10 至此，跃层一层地面材质图绘制完毕，执行“另存为”命令，将该图形存储为“跃层一层地面材质图.dwg”文件。

12.5 标注跃层住宅一层室内布置图

这一节继续来标注跃层一层室内布置图尺寸、材质注解和墙面投影等，其标注结果如图12-58所示。

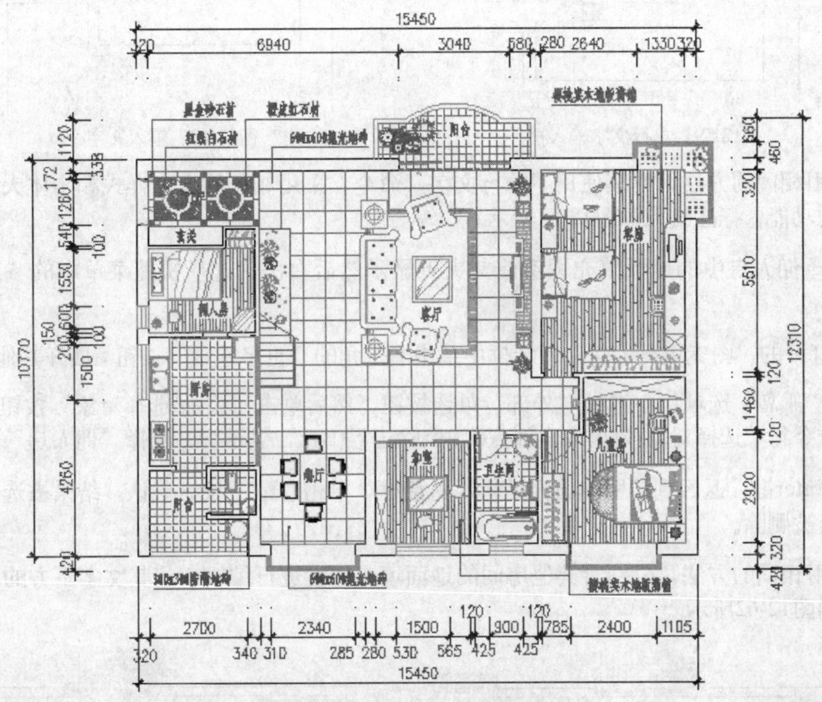

图12-58 标注跃层一层室内布置图

12.5.1 标注房间功能和材质注释

这一节首先来标注跃层一层室内布置图房间功能和材质注释。

✎ 操作步骤

Step 01 打开上一节所存储的“跃层一层地面材质图.dwg”文件。

Step 02 执行菜单栏中的“格式”|“图层”命令，在打开的“图层特性管理器”面板中双击“文本层”，将其设置为当前图层。

Step 03 单击“样式”工具栏上的“文字样式”按钮，在打开的“文字样式”对话框中设置“仿宋体”为当前文字样式。

Step 04 执行菜单栏中的“绘图”|“文字”|“单行文字”命令，在命令行“指定文字的起点或[对正(J)/样式(S)]:”提示下，在左上角的佣人房间内适当位置上单击，拾取一点作为文字的起点。

Step 05 继续在命令行“指定高度<2.5>:”提示下，输入260并按Enter键，将当前文字的高度设置为260个绘图单位。

Step 06 在命令行“指定文字的旋转角度<0.00>:”提示下，按Enter键，此时绘图区会出现一个单行文字输入框，如图12-59所示。

Step 07 在单行文字输入框内输入“佣人房”字样，然后按两次Enter键结束操作，完成对该房间功能的标注，结果如图12-60所示。

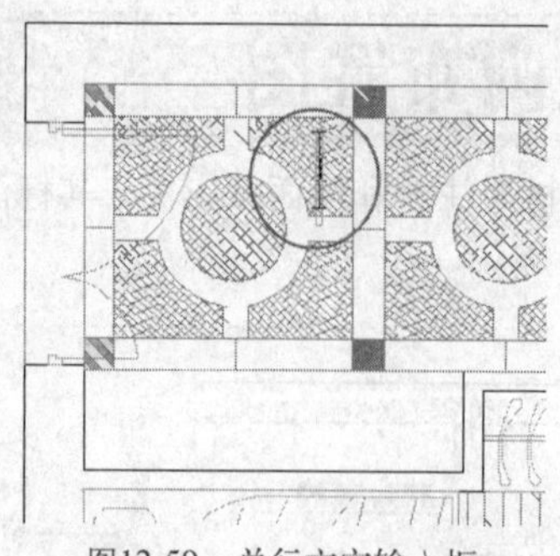

图12-59　单行文字输入框

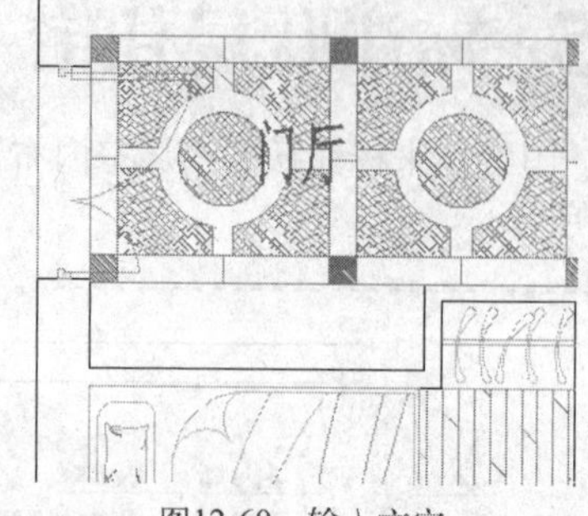

图12-60　输入文字

Step 08 采用相同的方法，继续使用“单行文字”命令，采用相同的文字样式和字体大小，标注其他各房间的功能，标注结果如图12-61所示。

Step 09 选择佣人房中的地面填充图案使其夹点显示然后右击，选择快捷菜单中的“图案填充编辑”命令。

Step 10 在打开的“图案填充编辑”对话框中单击右下角的“更多选项”按钮展开其他选项。

Step 11 在“孤岛”选项组中选择“外部”单选按钮，然后单击“添加:选择对象”按钮返回到绘图区，在命令行“选择对象或[拾取内部点(K)/删除边界(B)]:”提示下，选择“佣人房”文字对象。

Step 12 按Enter键，返回到“图案填充编辑”对话框，单击确定按钮确认，结果被选择文字对象区域的图案被删除。

Step 13 采用相同的方法，分别对其他房间的地面填充图案进行编辑，将其文字下方的填充图案删除，结果如图12-62所示。

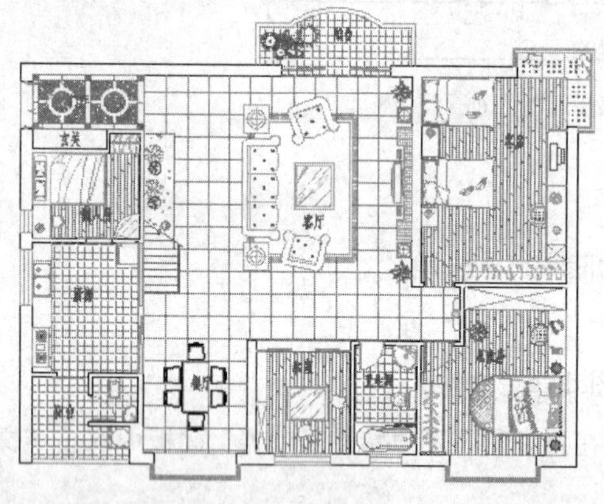

图12-61　标注其他房间功能

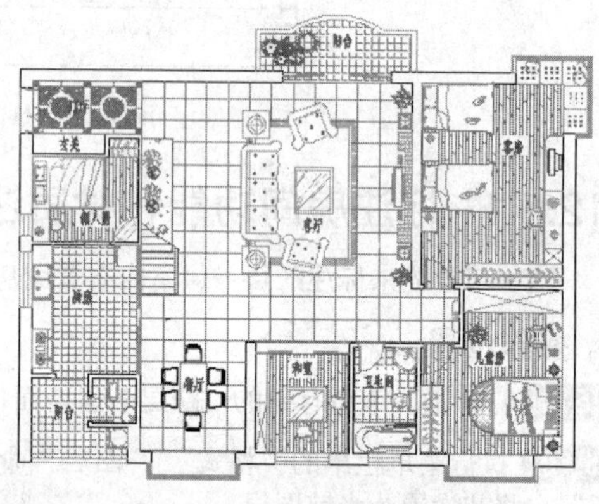

图12-62　编辑填充图案

Step 14 下面来标注地面材质注解。在命令行输入LE激活“快速引线”命令，输入S按Enter键打开“引线设置”对话框，设置其参数如图12-63所示。

Step 15 单击确定按钮关闭该对话框并返回到绘图区，在门厅地面图案左上角图案上拾取一点，向上引导光标，在合适位置拾取第2点，向右引导光标，在合适位置拾取第3点。

Step 16 按键盘上的Enter键，在打开的“文字格式”编辑器中，选择“仿宋体”，并设置字体大小为300，然后输入“黑金砂石材”字样，单击

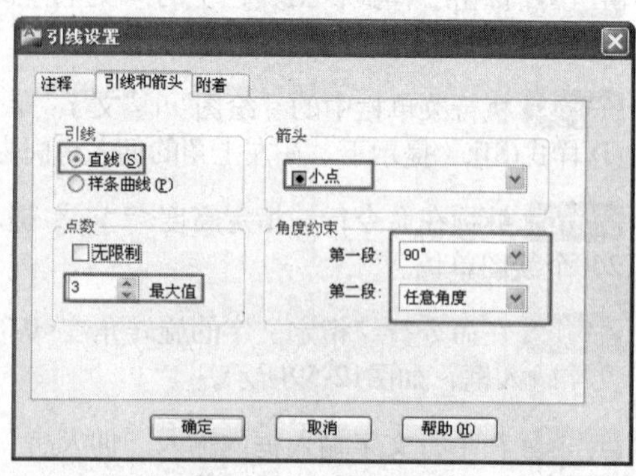

图12-63　设置引线参数

确定按钮确认，完成第1个材质注释的标注。

Step 17 采用相同的方法，继续标注其他材质注释，标注结果如图12-64所示。

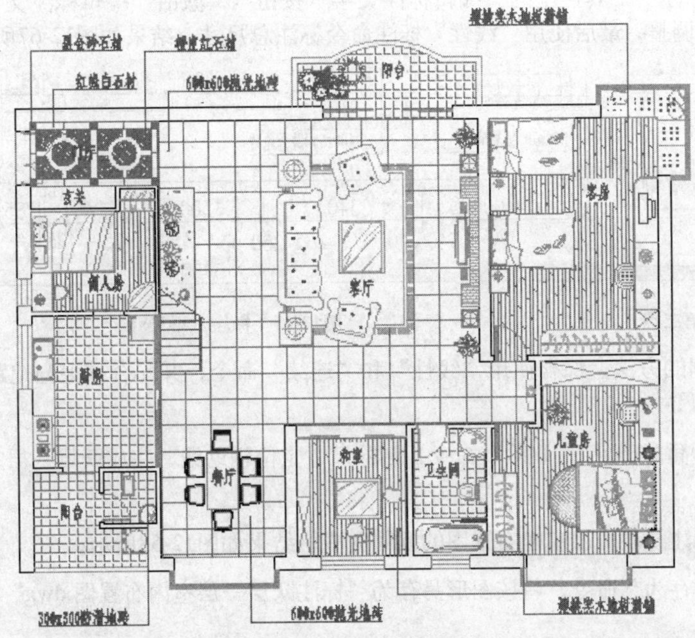

图12-64 标注材质注释

至此，跃层一层房间功能和材质注解标注完毕，下一节将标注跃层一层室内布置图墙面投影符号和尺寸。

12.5.2 标注室内布置图尺寸

这一节继续来标注跃层一层室内布置图尺寸。

操作步骤

Step 01 继续上一节的操作。

Step 02 在“图层控制”下拉列表中，设置“尺寸层”为当前图层。

Step 03 执行菜单栏中的“绘图”|“构造线”命令，配合捕捉功能在布置图四周绘制构造线，然后将构造线向外偏移1000个绘图单位作为尺寸定位线。

Step 04 执行菜单栏中的“格式”|“标注样式”命令，将“建筑标注”设置为当前样式，同时修改标注比例为100。

Step 05 单击“标注”工具栏上的按钮，在命令行“指定第一条延伸线原点或<选择对象>:”提示下，由如图12-65所示的点向下引出追踪线，捕捉追踪线与辅助线的交点作为标注界线的起点。

Step 06 在命令行“指定第二条延伸线原点:”提示下，由如图12-66所示的点向下引出追踪线，捕捉追踪线与辅助线的交点作为标注界线的端点。

Step 07 在命令行“指定尺寸线位置或[多行文字(M)/文字(T)/角度(A)/水平(H)/垂直(V)/旋转(R)]:”提示下，向下移动光标，输入800并按Enter键，标注第1个尺寸线。

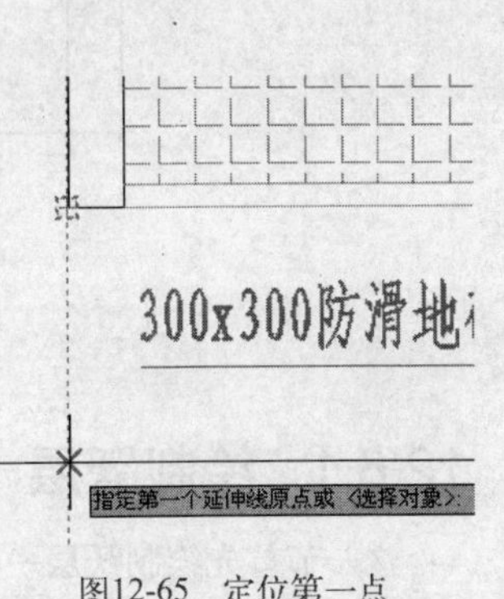

图12-65 定位第一点

Step 08 单击“标注”工具栏上的“连续”按钮，激活“连续”命令，在命令行“指定第二条延伸线原点或[放弃(U)/选择(S)]<选择>:”提示下，分别捕捉其他点标注连续尺寸。

Step 09 单击“标注”工具栏上的“编辑标注文字”按钮，激活“编辑标注文字”命令，对重叠的尺寸标注进行调整，最后使用“线性”标注命令标注总尺寸，结果如图12-67所示。

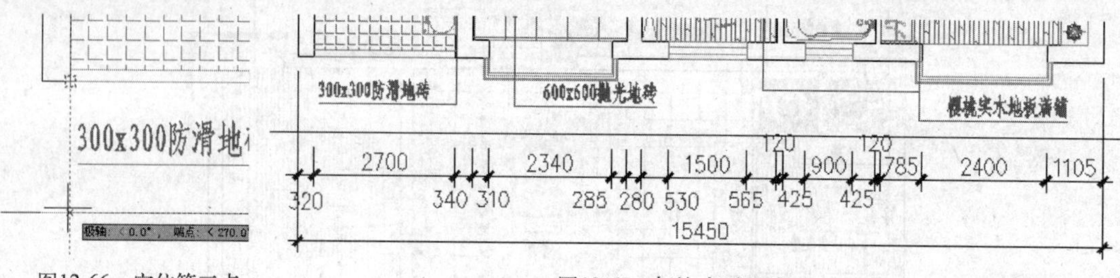

图12-66 定位第二点　　图12-67 标注水平尺寸

Step 10 采用相同的方法，综合使用“线性”和“连续”命令，并配合捕捉与追踪功能，分别标注平面图其他侧面尺寸。

Step 11 使用命令简写E激活“删除”命令，删除尺寸定位辅助线，完成跃层一层室内布置图尺寸的标注。

Step 12 至此，标注跃层一层室内布置图的操作完成，结果如图12-58所示。

Step 13 使用“另存为”命令，将该图形另存为“标注跃层一层室内布置图.dwg”文件。

12.6 绘制跃层住宅一层吊顶图

这一节来绘制如图12-68所示的跃层一层吊顶图。

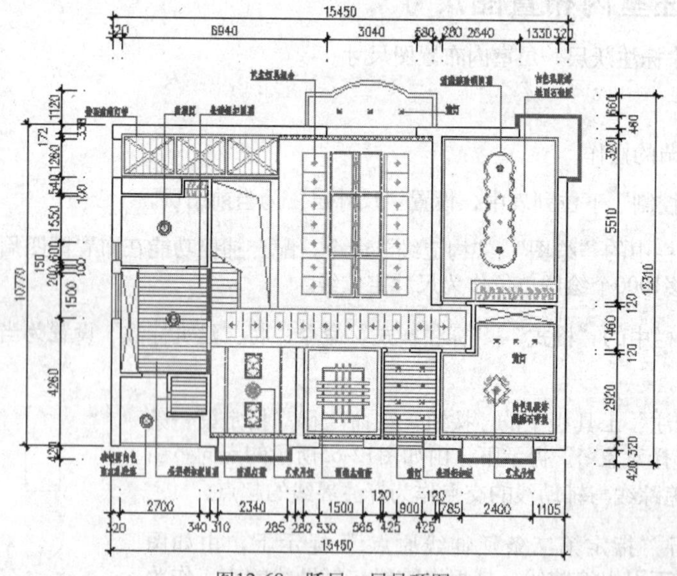

图12-68 跃层一层吊顶图

12.6.1 绘制跃层一层吊顶轮廓图

这一节首先绘制跃层一层吊顶轮廓图。

✎ 操作步骤

Step 01 打开随书光盘中的文件“效果文件”\“第12章”\“标注跃层一层室内布置图.dwg”作为当前图形文件。

Step 02 将“尺寸层”暂时隐藏，执行菜单栏中的“工具”|“快速选择”命令，在打开的“快速选择”对话框中设置各参数如图12-69所示。

Step 03 单击 确定 按钮确认，将室内布置图中的所有文字注释全部选择，然后按键盘上的Delete键将所选对象全部删除。

Step 04 采用相同的方法，将“填充层”中的内容删除，然后在无命令执行的前提下，选择平面图中的单开门、双开门、推拉门以及部分家具图块，按Delete键将其删除，平面图效果如图12-70所示。

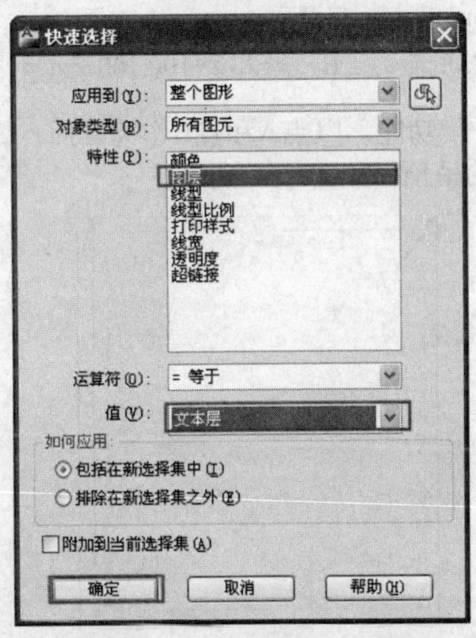

图12-69　设置“快速选择”参数

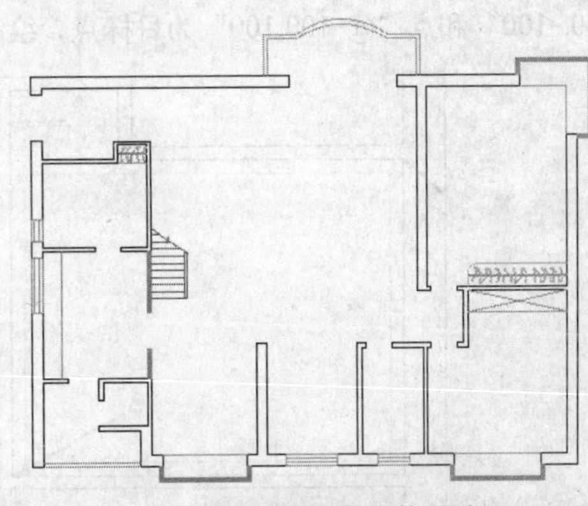

图12-70　删除图块后的平面图

Step 05 继续在无任何命令执行的情况下，选择平面布置图中的窗线、阳台线等，在“图层控制”下拉列表中选择“吊顶层”，将其放入该层。

Step 06 在“图层控制”下拉列表中，将“吊顶层”设置为当前图层，然后激活“多段线”命令，配合“端点”捕捉功能，绘制各房间门洞的过梁底线以及楼梯吊顶轮廓线，结果如图12-71所示。

Step 07 激活“直线”命令，配合捕捉与追踪功能绘制客厅、餐厅、和室、卫生间和儿童房窗帘盒轮廓线，轮廓线与墙线距离为138个绘图单位。

Step 08 激活“偏移”命令，将绘制的窗帘盒轮廓线向内偏移68个绘图单位作为窗帘线，然后选择偏移出的窗帘线，修改其颜色为“洋红色”，修改其线型为“ZIGZAG”，结果如图12-72所示。

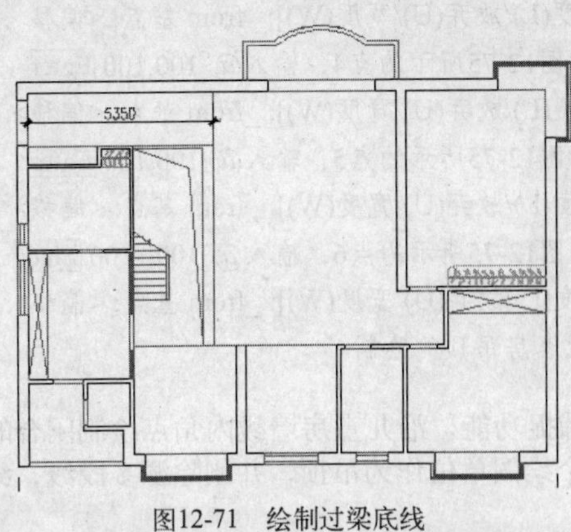

图12-71　绘制过梁底线

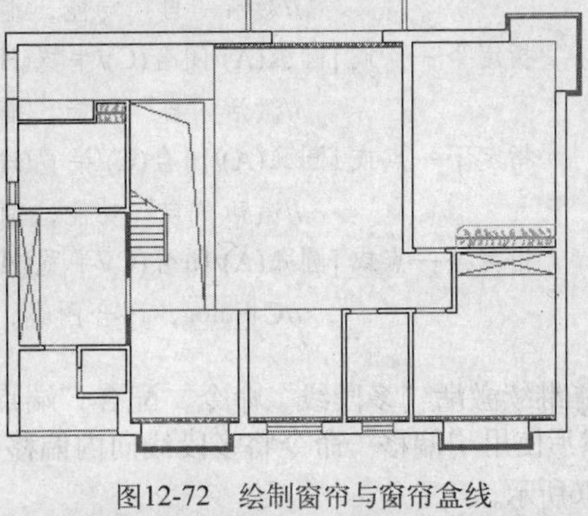

图12-72　绘制窗帘与窗帘盒线

12.6.2 完善跃层一层吊顶轮廓图

这一节继续来完善跃层一层吊顶轮廓图。

操作步骤

Step 01 继续上一节的操作。

Step 02 激活“矩形”命令，配合“自”功能，绘制佣人房吊顶轮廓，命令行操作如下。

命令: _rectang

指定第一个角点或 [倒角(C)/标高(E)/圆角(F)/厚度(T)/宽度(W)]: _from 基点: <偏移>:

//激活“自”功能，捕捉如图12-73所示的点A，输入@100,-100 Enter

指定另一个角点或 [面积(A)/尺寸(D)/旋转(R)]: _from 基点: <偏移>:

//激活“自”功能，捕捉如图12-73所示的点B，输入@-100,100 Enter

Step 03 采用相同的方法，激活“矩形”命令，配合“自”功能，以点A和点B作为参照点，以点“@100,-100”和点“@-100,100”为目标点，绘制和室的吊顶，如图12-74所示。

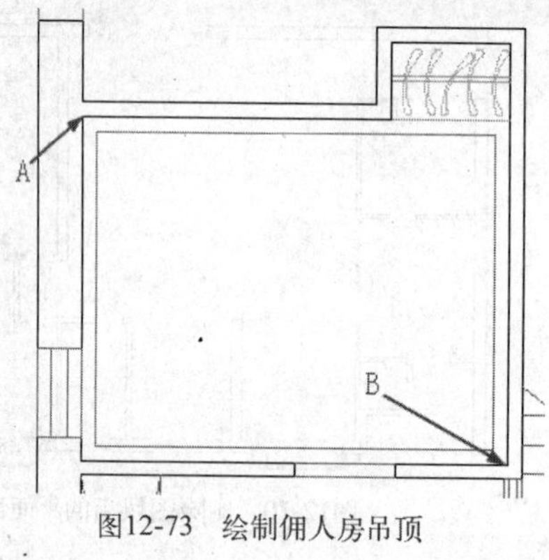

图12-73 绘制佣人房吊顶

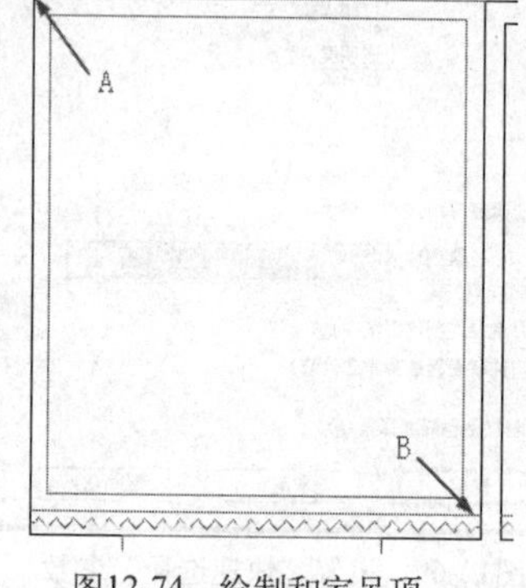

图12-74 绘制和室吊顶

Step 04 激活“多段线”命令，配合“自”功能绘制客房吊顶，命令行操作如下。

命令: _pline

指定起点: _from 基点: <偏移>:

//激活“自”功能，捕捉如图12-75所示的点1，输入@100,-100 Enter

指定下一个点或 [圆弧(A)/半宽(H)/长度(L)/放弃(U)/宽度(W)]: _from 基点: <偏移>:

//激活“自”功能，捕捉如图12-75所示的点2，输入@100, 100 Enter

指定下一个点或 [圆弧(A)/半宽(H)/长度(L)/放弃(U)/宽度(W)]: _from 基点: <偏移>:

//激活“自”功能，捕捉如图12-75所示的点3，输入@-100, 100 Enter

指定下一点或 [圆弧(A)/闭合(C)/半宽(H)/长度(L)/放弃(U)/宽度(W)]: _from 基点: <偏移>:

//激活“自”功能，捕捉如图12-75所示的点4，输入@-100,100 Enter

指定下一点或 [圆弧(A)/闭合(C)/半宽(H)/长度(L)/放弃(U)/宽度(W)]: _from 基点: <偏移>:

//激活“自”功能，捕捉如图12-75所示的点5，输入@-100,100 Enter

指定下一点或 [圆弧(A)/闭合(C)/半宽(H)/长度(L)/放弃(U)/宽度(W)]: _from 基点: <偏移>:

//激活“自”功能，捕捉如图12-75所示的点6，输入@-100,-100 Enter

指定下一点或 [圆弧(A)/闭合(C)/半宽(H)/长度(L)/放弃(U)/宽度(W)]: _from 基点: <偏移>:

//C Enter，闭合图线，完成客房吊顶的绘制

Step 05 继续激活“多段线”命令，配合“端点”捕捉功能，沿儿童房墙线内角点绘制闭合的多段线，然后使用“偏移”命令将多段线向内偏移100个绘图单位作为吊顶，并删除源多段线，结果如图12-76所示。

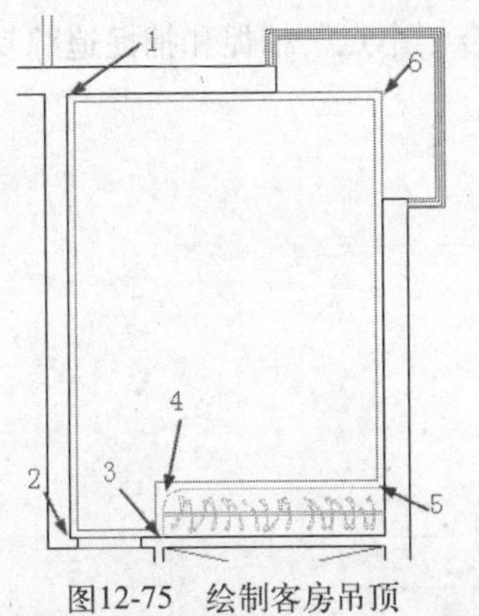

图12-75 绘制客房吊顶

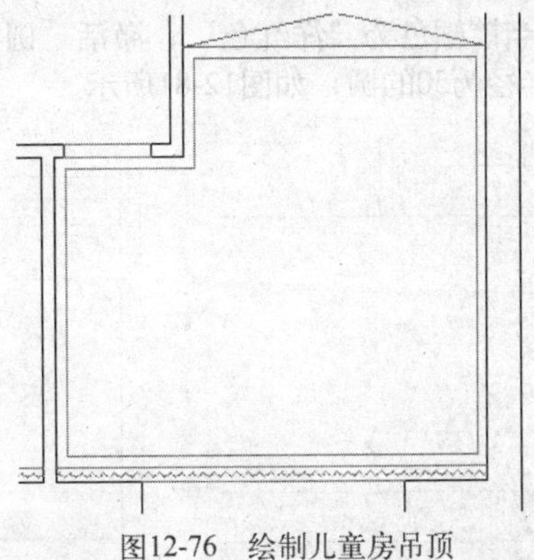
图12-76 绘制儿童房吊顶

Step 06 继续使用“多段线”命令，配合“自”功能绘制过道吊顶轮廓，吊顶轮廓距离墙线为190个绘图单位，结果如图12-77所示。

Step 07 激活“图案填充”命令，选择“用户定义”图案类型，设置“间距”为150，其他设置默认，对厨房、阳台和卫生间吊顶进行填充，结果如图12-78所示。

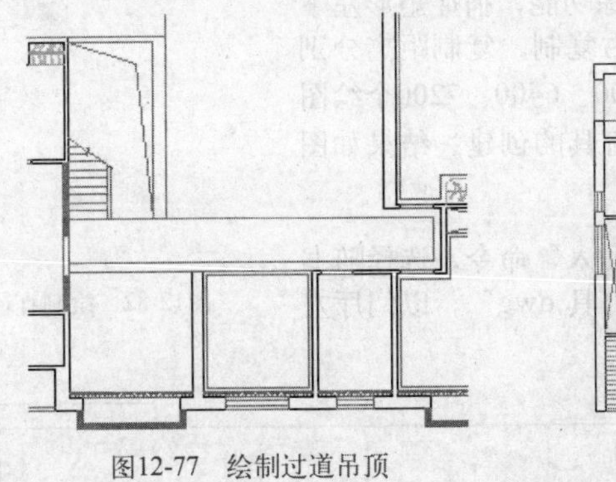
图12-77 绘制过道吊顶

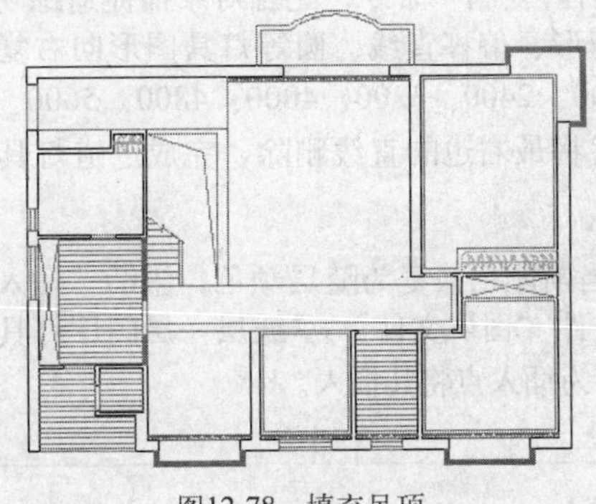
图12-78 填充吊顶

12.6.3 绘制跃层一层吊顶灯具图

这一节继续来绘制跃层一层吊顶灯具图。

操作步骤

Step 01 继续上一节的操作。

Step 02 在“图层控制”下拉列表中，将“灯具图”设置为当前层，并设置当前颜色为141号颜色。

Step 03 激活“矩形”命令，配合“自”功能，在过道吊顶位置绘制矩形，命令行操作如下。

命令: _rectang

指定第一个角点或 [倒角(C)/标高(E)/圆角(F)/厚度(T)/宽度(W)]: _from 基点: <偏移>:

//激活“自”功能，捕捉点A，输入@581.5,-115 Enter

指定另一个角点或 [面积(A)/尺寸(D)/旋转(R)]: //@300,-850 Enter，结果如图12-79所示

Step 04 将绘制的矩形分解，然后激活“偏移”命令，将矩形右垂直边向右偏移240个绘图单位。

Step 05 执行菜单栏中的“格式”|“线型”命令，在打开的“线型管理器”对话框中单击 加载(L)... 按钮，在打开的“加载或重载线型”对话框中加载名称为“DASHED”的线型，并设置其线型比例为10，然后关闭该对话框。

Step 06 在无任何命令执行的情况下，选择偏移出的垂直边使其夹点显示，在“线型控制”下拉列表中选择加载的“DASHED”线型，并设置线型颜色为洋红色，效果如图12-80所示。

Step 07 设置当前颜色为“洋红色”，激活“圆”命令，配合“中点”捕捉和捕捉追踪功能，在矩形中间绘制半径为50的圆，如图12-81所示。

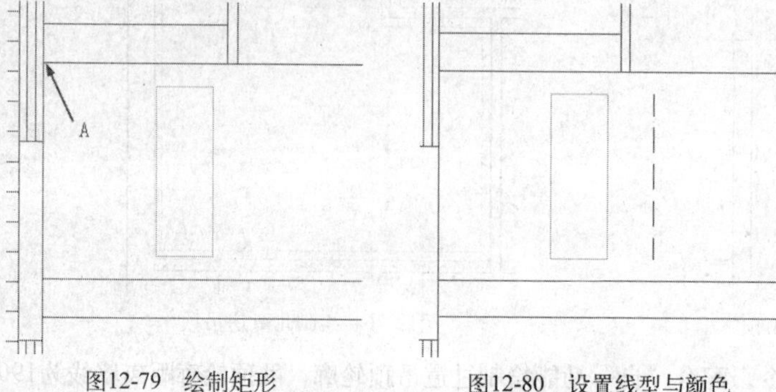

图12-79 绘制矩形　　图12-80 设置线型与颜色

图12-81 绘制圆

Step 08 设置当前颜色为绿色，使用“直线”命令，配合“圆心”捕捉功能通过圆心绘制水平和垂直直线，绘制一个射灯，如图12-82所示。

Step 09 激活“复制”命令，配合对象捕捉追踪功能，捕捉矩形左下角点，将矩形、偏移直线、圆等灯具图形向右复制，复制距离分别为800、1600、2400、3200、4000、4800、5600、6400、7200个绘图单位，最后将最右边的直线删除，完成过道灯具的创建，结果如图12-83所示。

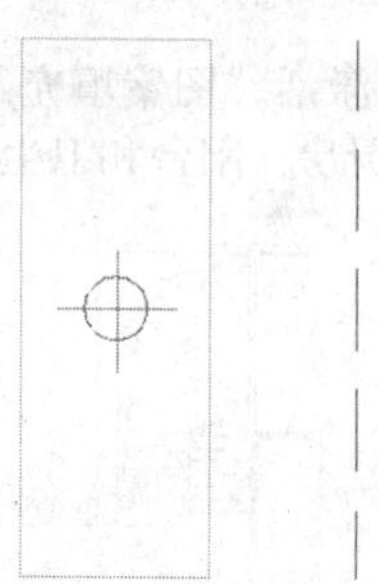

图12-82 绘制直径

Step 10 将当前颜色恢复为随层颜色，激活“插入”命令，选择随书光盘中的文件“图块文件”\“跃层一层门厅灯具.dwg”，以门厅左上内墙角作为插入点将其插入。

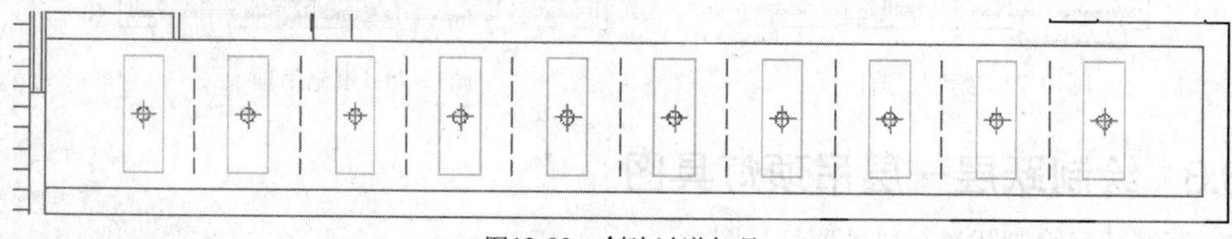

图12-83 创建过道灯具

Step 11 继续使用“插入”命令，将随书光盘“图块文件”目录下的“跃层一层客厅灯具.dwg”图块文件插入到客厅吊顶位置；将“跃层一层和室灯具.dwg”图块文件插入到和室吊顶位置；将“跃层一层客房灯具.dwg”图块文件插入到客房吊顶位置；将“跃层一层餐厅灯具.dwg”图块文件插入到餐厅吊顶位置；将“跃层一层儿童房灯具.dwg”图块文件插入到儿童房吊顶位置，结果如图12-84所示。

Step 12 继续使用“插入”命令，配合捕捉和追踪功能，将随书光盘中的文件“图块文件”\“吸顶灯01.dwg”分别插入到佣人房、厨房和左下方阳台吊顶位置。

Step 13 激活“直线”命令，在卫生间、儿童房和右上方阳台吊顶位置绘制直线作为灯具辅助线。

Step 14 执行菜单栏中的“格式”|“点样式”命令，在打开的“点样式”对话框中选择点样式，并设置参数如图12-85所示。

Step 15 执行菜单栏中的“绘图”|“点”|“定数等分”命令，在命令行“选择要定数等分的对象:”提示下，单击卫生间中的灯具辅助线。

Step 16 继续在命令行“输入线段数目或[块(B)]:”提示下，输入5并按Enter键，在该灯具辅助线上添加4个点。

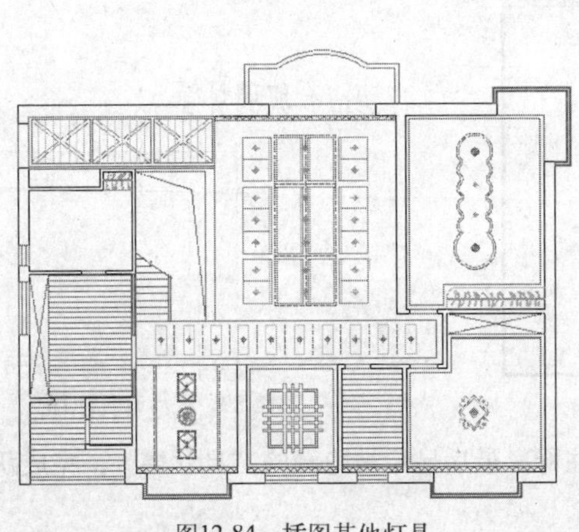

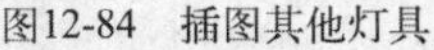

图12-84 插图其他灯具

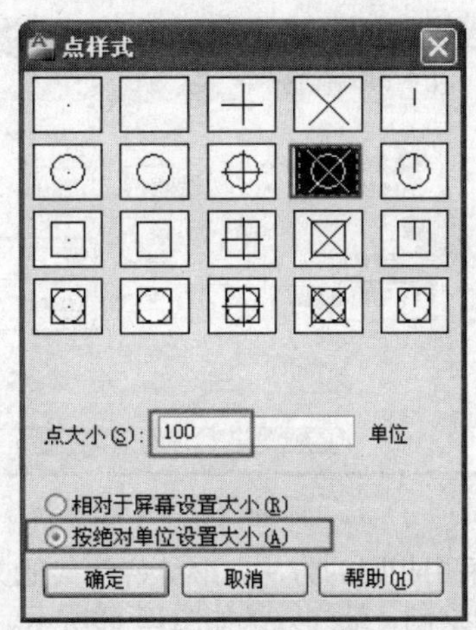

图12-85 设置点样式

Step 17 采用相同的方法，继续在儿童房灯具辅助线和左上方阳台灯具辅助线上各添加3个点，结果如图12-86所示。

Step 18 选择绘制的灯具辅助线将其删除，完成跃层一层灯具图的绘制，结果如图12-87所示。

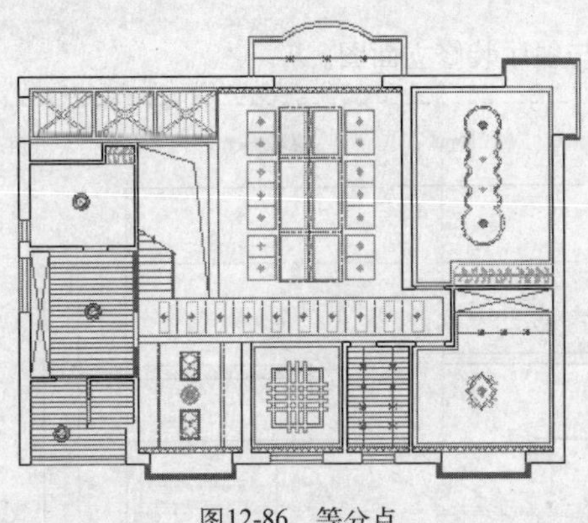

图12-86 等分点

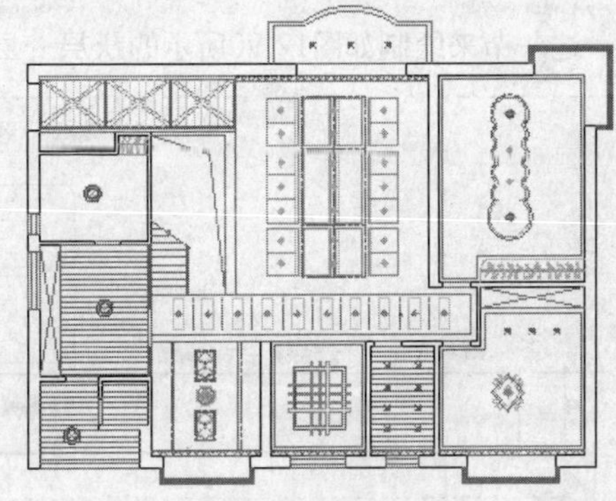

图12-87 删除灯具辅助线

12.6.4 标注跃层一层吊顶图

这一节继续标注跃层一层吊顶图尺寸和材质注释。

操作步骤

Step 01 在“图层控制”下拉列表中，将“文本层”设置为当前层。

Step 02 在命令行输入LE激活“引线”命令，输入S并按Enter键打开“引线设置”对话框，设置引线和箭头如图12-88所示。

Step 03 单击 确定 按钮回到绘图区，在命令行“指定第一个引线点或[设置(S)]<设置>:”提示下，在门厅吊顶上单击拾取一点。

Step 04 继续在命令行“指定下一点:”提示下向上引导光标，在合适位置单击拾取第2点。

Step 05 继续在命令行“指定下一点:”提示下向左引导光标，在合适位置单击拾取第3点。

Step 06 继续在命令行“指定文字宽度<0>:”提示下按两次Enter键打开“文字格式”编辑器，选择“仿宋体”，并设置文字大小为300，然后输入“钻石玻璃灯管”字样。

Step 07 单击“文字格式”编辑器中的 确定 按钮确认，为门厅标注灯具名称，如图12-89所示。

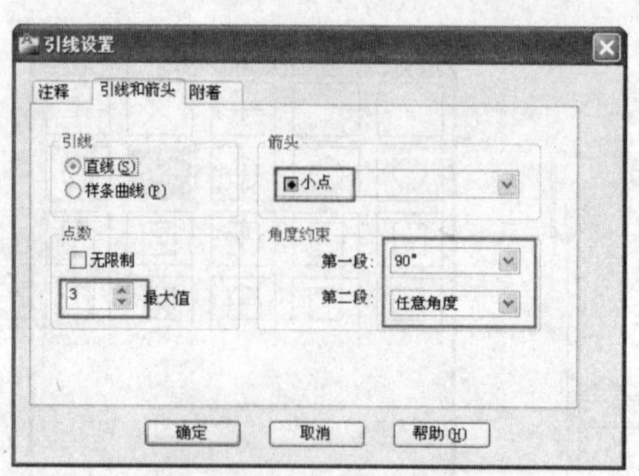

图12-88 设置引线参数

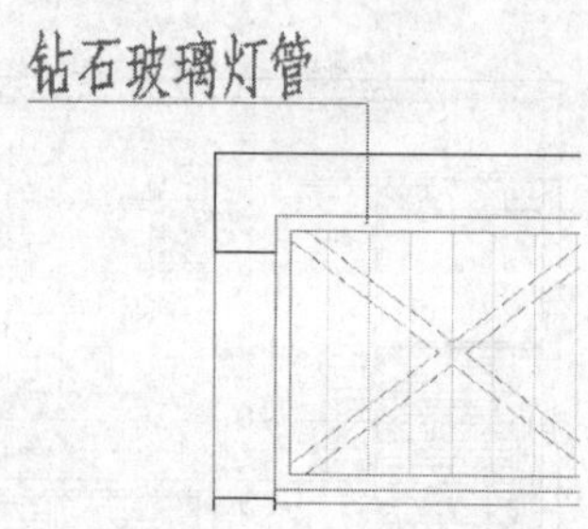

图12-89 标注灯具注释

Step 08 采用相同的方法，继续标注其他文字注释，最后显示被隐藏的“尺寸层”，完成跃层一层吊顶图的绘制，最终效果如图12-68所示。

Step 09 执行“另存为”命令，将该图形命名存储为“跃层一层吊顶图.dwg”文件。

12.7 绘制跃层住宅一层客厅与餐厅立面图

这一节来绘制如图12-90所示的跃层一层客厅与餐厅装修立面图。

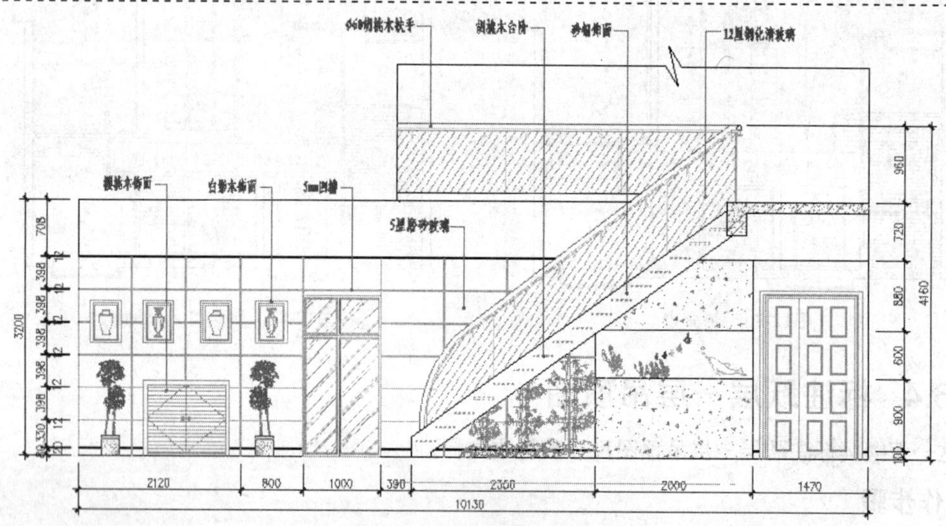

图12-90 跃层一层客厅与餐厅立面图

12.7.1 绘制客厅与餐厅立面图轮廓

这一节首先绘制跃层一层客厅与餐厅立面图轮廓。

操作步骤

Step 01 执行菜单栏中的“文件”|“新建”命令，打开随书光盘中的文件“样板文件”\“装饰装潢绘图样板.dwt”。

Step 02 执行菜单栏中的“格式”|“图层”命令，在打开的“图层特性管理器”面板中双击“轮廓线”层，将其设置为当前图层。

Step 03 激活“矩形”命令，绘制立面图外轮廓，命令行操作如下。

命令: _rectang

指定第一个角点或 [倒角(C)/标高(E)/圆角(F)/厚度(T)/宽度(W)]: //在绘图区拾取一点

指定另一个角点或 [面积(A)/尺寸(D)/旋转(R)]: //@10130,2480 Enter

Step 04 将绘制的矩形分解，然后激活“偏移”命令，将矩形下水平边向上偏移80、100、422和430个绘图单位，将左垂直边向右偏移12个绘图单位，结果如图12-91所示。

图12-91 偏移图线

Step 05 激活“复制”命令，配合坐标输入功能，对偏移距离为422和430的两条水平线进行多重复制，命令行操作如下。

命令: _copy

选择对象: //选择偏移距离为422和430的两条水平线

选择对象: // Enter，结束选择

指定基点或 [位移(D)/模式(O)] <位移>: //捕捉偏移距离为422的水平线的左端点

指定第二个点或 <使用第一个点作为位移>: //@0,420 Enter

指定第二个点或 [退出(E)/放弃(U)] <退出>: //@0,820 Enter

指定第二个点或 [退出(E)/放弃(U)] <退出>: //@0,1230 Enter

指定第二个点或 [退出(E)/放弃(U)] <退出>: //@0,1640 Enter

指定第二个点或 [退出(E)/放弃(U)] <退出>: // Enter，复制结果如图12-92所示

图12-92 复制图线

Step 06 继续激活“复制”命令，配合坐标输入功能，对矩形左垂直边和偏移距离为12的垂直线进行多重复制，命令行操作如下。

命令: _copy

选择对象: //选择左垂直边和偏移距离为12的垂直线

选择对象: // Enter，结束选择

指定基点或 [位移(D)/模式(O)] <位移>: //捕捉左垂直边的下断点

指定第二个点或 <使用第一个点作为位移>: //@702.7, 0 Enter

指定第二个点或 [退出(E)/放弃(U)] <退出>: //@1405.3, 0 Enter

指定第二个点或 [退出(E)/放弃(U)] <退出>: //@2108, 0 Enter

指定第二个点或 [退出(E)/放弃(U)] <退出>: //@2908, 0 Enter

指定第二个点或 [退出(E)/放弃(U)] <退出>: //@3920, 0 Enter

指定第二个点或 [退出(E)/放弃(U)] <退出>: //@4720, 0 Enter
指定第二个点或 [退出(E)/放弃(U)] <退出>: //@5520, 0 Enter
指定第二个点或 [退出(E)/放弃(U)] <退出>: //@6320, 0 Enter
指定第二个点或 [退出(E)/放弃(U)] <退出>: // Enter，复制结果如图12-93所示

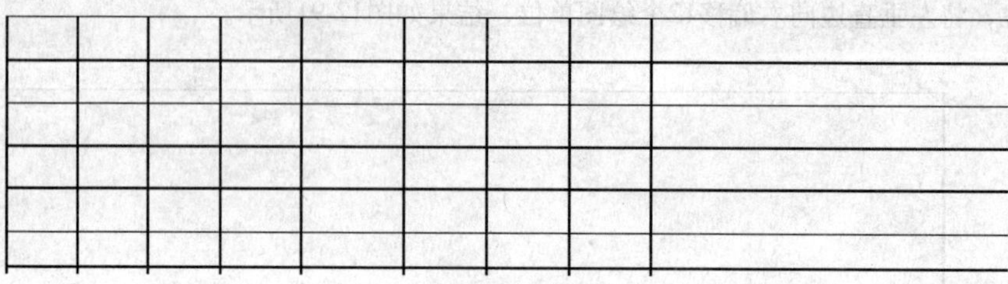

图12-93 复制图线

Step 07 选择复制的图线，在“颜色控制”下拉列表中修改其颜色为53号颜色。

Step 08 再次激活“偏移”命令，将矩形右垂直边向左偏移1470和3470个绘图单位，如图12-94所示。

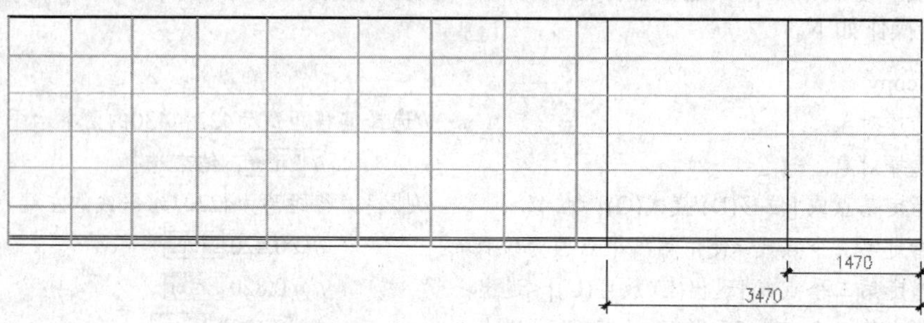

图12-94 偏移图线

Step 09 激活“直线”命令，配合“自”功能与坐标输入功能，绘制直线，命令行操作如下。

命令: _line
指定第一点: _from 基点: <偏移>:
//激活“自”功能，捕捉偏移距离为3470的垂直线的下端点，输入@-2350,0 Enter
指定下一点或 [放弃(U)]: //@0,250.9 Enter
指定下一点或 [放弃(U)]: // Enter，结束操作，绘制垂直线段A

Step 10 激活“构造线”命令，绘制构造线，命令行操作如下。

命令: _xline
指定点或 [水平(H)/垂直(V)/角度(A)/二等分(B)/偏移(O)]: //A Enter
输入构造线的角度 (0.0) 或 [参照(R)]: //35.3 Enter
指定通过点: //捕捉垂直线A的上端点
指定通过点: // Enter，结束操作，如图12-95所示

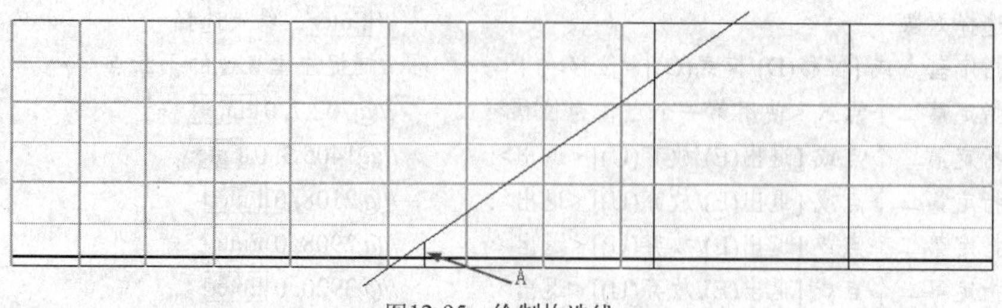

图12-95 绘制构造线

Step 11 激活“偏移”命令，将垂直线A向右偏移250个绘图单位，将构造线向下偏移300个绘图单位，向上偏移772个绘图单位，然后激活“修剪”命令，对垂直线和构造线进行修剪，结果如图12-96所示。

Step 12 执行菜单栏中的“绘图”|“圆弧”|“起点、端点、半径”命令，配合“自”功能绘制圆弧，命令行操作如下。

```
命令: _arc
    指定圆弧的起点或 [圆心(C)]:              //捕捉构造线与水平线B的交点
    指定圆弧的第二个点或 [圆心(C)/端点(E)]: _e
    指定圆弧的端点: _from 基点: <偏移>: //激活“自”功能，捕捉端点A，输入@100,70.8 Enter
    指定圆弧的圆心或 [角度(A)/方向(D)/半径(R)]: _r 指定圆弧的半径:
                                      //1557.3 Enter，结果如图12-97所示
```

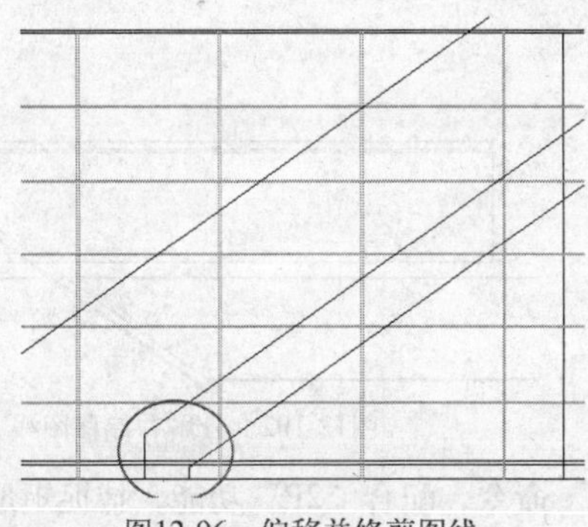
图12-96 偏移并修剪图线

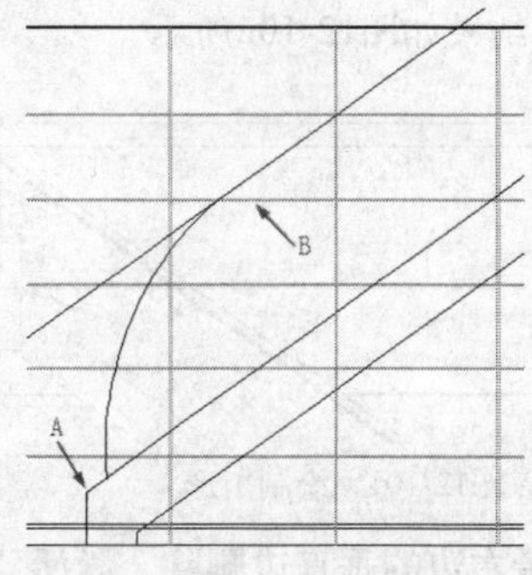

图12-97 绘制圆弧

Step 13 激活“偏移”命令，将圆弧和构造线分别向右偏移65和85个绘图单位，然后激活“修剪”命令，对图线进行修剪，修剪结果如图12-98所示。

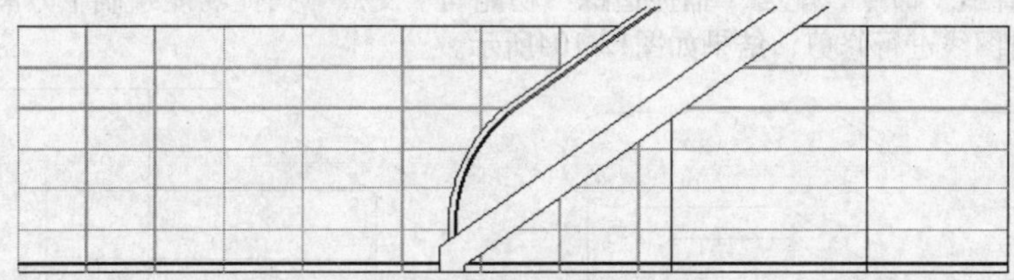
图12-98 偏移图线并修剪图线

Step 14 激活“矩形”命令，以最左侧垂直线的上端点作为起点，以点“@-10130,720”为端点绘制矩形。

Step 15 将矩形分解，激活“偏移”命令，将矩形下水平边向上偏移12个绘图单位，将矩形上水平边向下偏移130和420个绘图单位，将右垂直边向左偏移1550和1800个绘图单位，结果如图12-99所示。

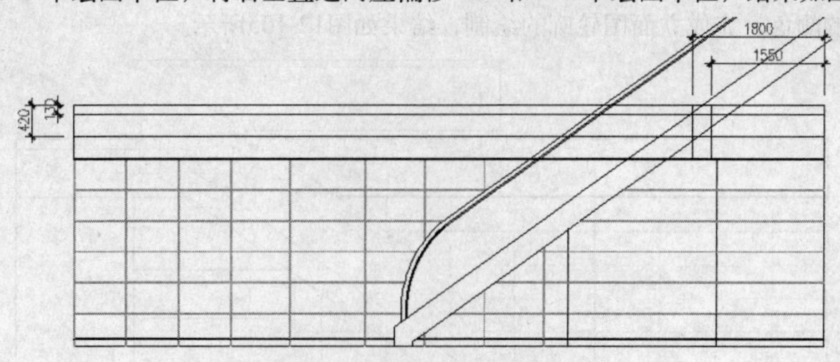

图12-99 绘制矩形并偏移图线

Step 16 激活“修剪”命令，对图线进行修剪，并删除多余的图线，结果如图12-100所示。

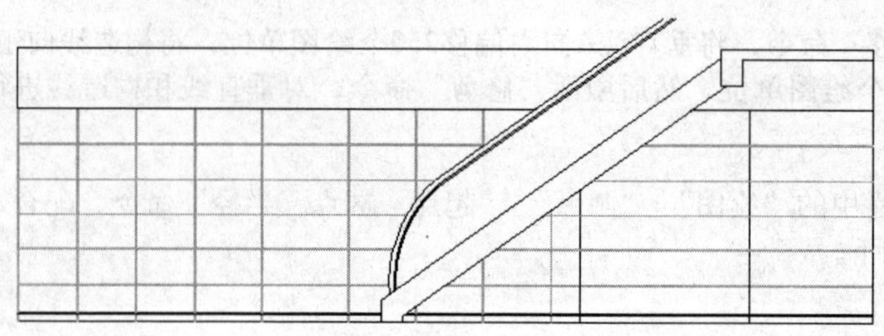

图12-100　修剪图线

Step 17 继续激活“矩形”命令，配合“自”功能，以如图12-101所示的点A作为参照点，以点“@300,0”为起点，以点“@-4397,960”为端点绘制矩形。

Step 18 将矩形分解，激活“偏移”命令，将矩形下水平边向上偏移100个绘图单位，将矩形上水平边向下偏移80、60、110和135个绘图单位，将右垂直边向左偏移15、35和55个绘图单位，向右偏移15个绘图单位，结果如图12-102所示。

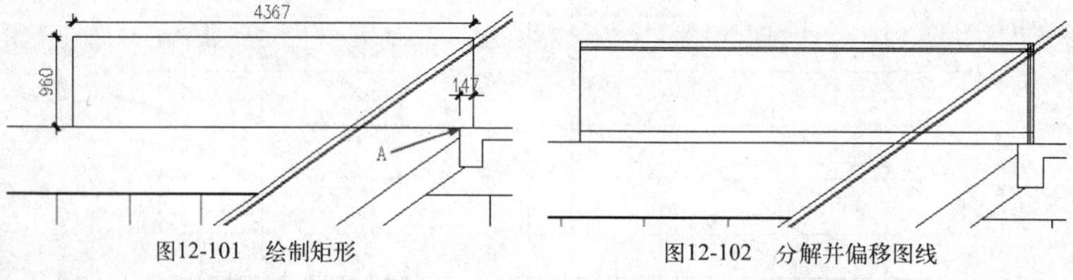

图12-101　绘制矩形　　图12-102　分解并偏移图线

Step 19 将矩形最右边的垂直边删除，激活“圆”命令，配合“2P”功能，捕捉矩形上水平边右端点和偏移距离为60的水平线的右端点绘制圆，然后激活“修剪”命令，对图线进行修剪，结果如图12-103所示。

Step 20 激活“直线”命令，配合“捕捉追踪”功能与“交点”捕捉功能绘制下方图线，然后使用“修剪”命令对图线进行修剪，结果如图12-104所示。

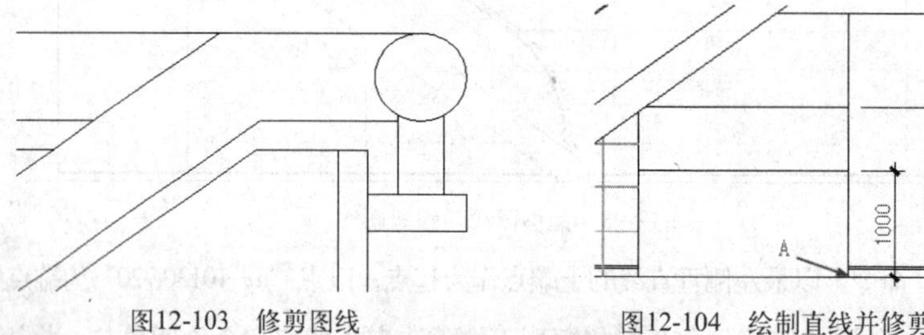

图12-103　修剪图线　　图12-104　绘制直线并修剪图线

Step 21 最后使用“复制”命令，配合“最近点”捕捉功能，将左边的垂直边复制到其他位置，然后修改各图线的颜色，完成立面图轮廓的绘制，结果如图12-105所示。

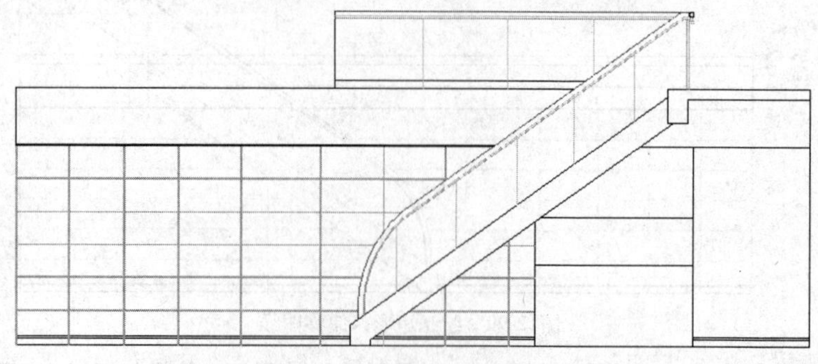

图12-105　客厅与餐厅立面图轮廓

12.7.2 完善客厅与餐厅立面图

这一节继续来完善跃层一层客厅与餐厅立面图。

✎ 操作步骤

Step 01 继续上一节的操作。

Step 02 在“图层控制”下拉列表中，将“家具层”设置为当前层。

Step 03 激活“插入”命令，选择随书光盘中的文件“图块文件”\“跃层一层立面窗.dwg”。

Step 04 单击 确定 按钮回到绘图区，配合“端点”捕捉功能，捕捉如图12-106所示的端点A，将该图块文件插入到立面图中。

Step 05 继续执行“插入”命令，配合“自”功能，以如图12-107所示的角点B作为参照点，以点“@-77.6,0”作为基点，将随书光盘中的文件“图块文件”\“跃层一层立面门.dwg”插入到立面图右边位置。

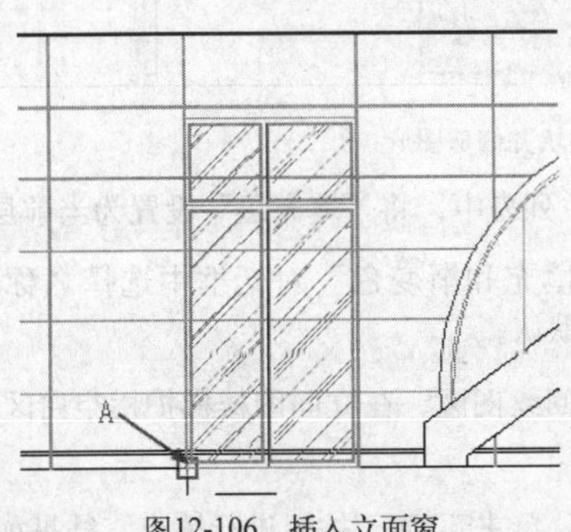

图12-106 插入立面窗

图12-107 插入立面门

Step 06 继续执行“插入”命令，配合“自”功能，以如图12-108所示的端点A作为参照点，以点“@146.7,0”作为基点，将随书光盘中的文件“图块文件”\“跃层一层立面小窗.dwg”插入到立面图左边位置。

Step 07 继续执行“插入”命令，配合“自”功能，以如图12-109所示的端点B作为参照点，以点“@145.3,136.8”作为基点，将随书光盘中的文件“图块文件”\“跃层一层立面图装饰画组件.dwg”插入到立面图左边位置。

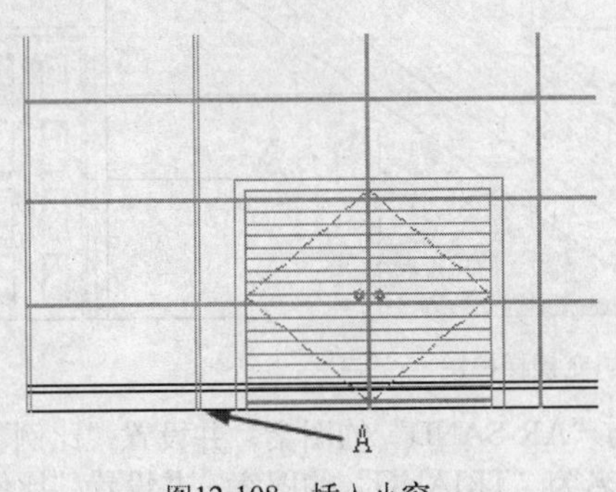

图12-108 插入小窗

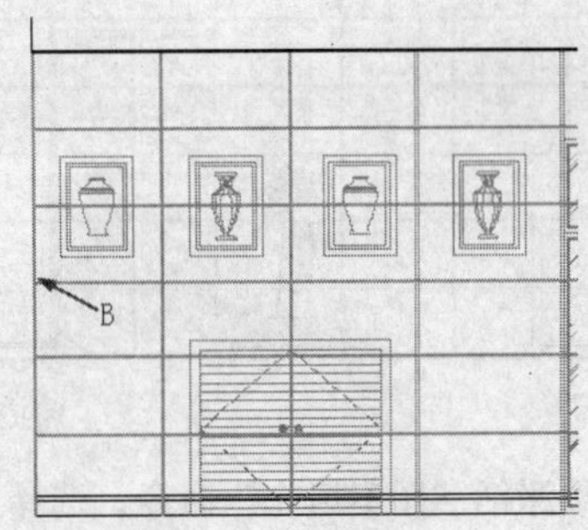

图12-109 插入装饰画

Step 08 继续执行“插入”命令，将随书光盘“图块文件”目录下的“跃层一层立面图植物.dwg”、“跃层一层立面图植物01.dwg”和“金鱼.dwg”图块文件插入到立面图相关位置。

Step 09 激活“镜像”命令，配合“中点”捕捉功能，将“跃层一层立面图植物.dwg”图块文件镜像到小窗右边位置，然后激活“修剪”命令，以插入的图块的边作为修剪边，将被图块挡住的轮廓线修剪掉。

Step 10 激活“矩形”命令，绘制250×20的矩形作为台阶，然后修改该矩形的线型为“DASHED”，并设置线型比例为100。

Step 11 将该楼梯台阶移动到楼梯位置，然后使用“复制”命令将其多重复制，复制高度为180，结果如图12-110所示。

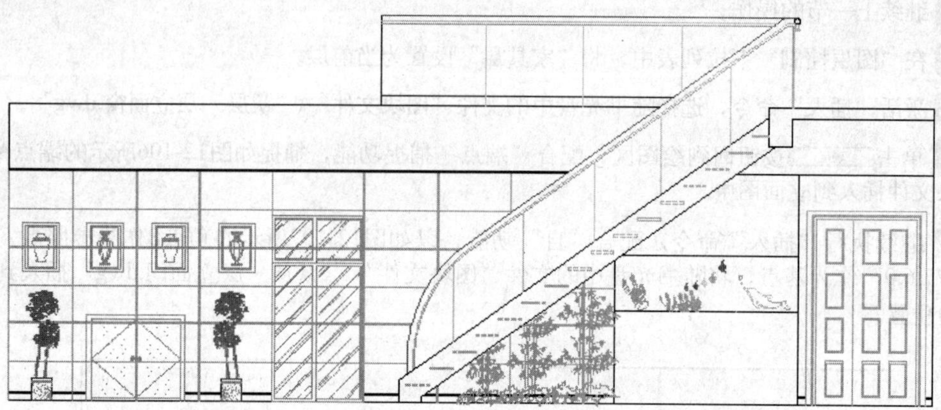

图12-110　插入其他图块并修剪图形

Step 12 下面对立面图填充图案。在“图层控制”下拉列表中，将“填充层”设置为当前层。

Step 13 激活“图案填充”命令，在打开的“图案填充和渐变色”对话框中选择名称为“JIS_STN_2.5”的图案，并设置“比例”为50，其他设置默认。

Step 14 单击该对话框中的“添加:拾取点”按钮返回绘图区，在立面图楼梯护栏空白区域单击拾取填充区域，填充区域以虚线显示。

Step 15 按Enter键回到“图案填充和渐变色”对话框，单击 确定 按钮进行填充，结果如图12-111所示。

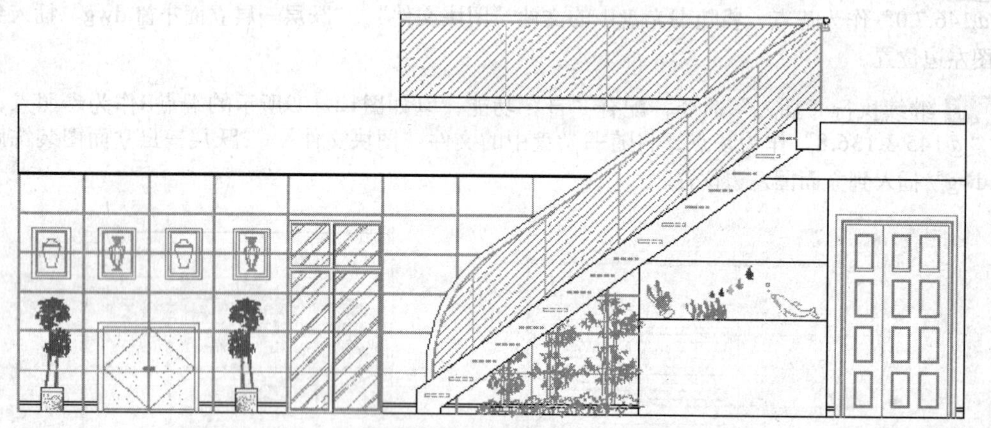

图12-111　填充楼梯护栏

Step 16 继续激活“图案填充”命令，选择名称为“AR-SAND”的图案，并设置“比例”为10，对鱼缸上下两个空白位置进行填充，然后重新选择名为“TRIANG”的图案，并设置“比例”为30，再次对鱼缸上下两个空白位置进行填充。

Step 17 继续激活“图案填充”命令，选择名称为“JIS_LC_20”的图案，并设置“比例”为10，对楼梯右边的截面进行填充，然后重新选择名称为“TRIANG”的图案，并设置“比例”为30，再次对该区域进行填充，完成跃层一层客厅与餐厅立面图的填充，结果如图12-112所示。

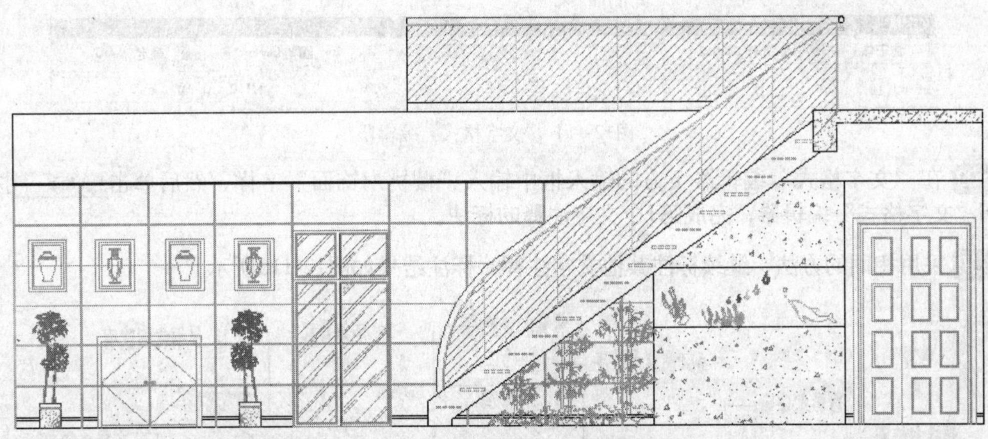

图12-112 填充图案后的客厅与餐厅立面图

12.7.3 标注客厅、餐厅立面图尺寸与文字注释

这一节来标注跃层一层客厅、餐厅立面图尺寸与文字注释。

操作步骤

Step 01 继续上一节的操作。

Step 02 在“图层控制”下拉列表中，将“文本层”设置为当前层。

Step 03 执行菜单栏中的“格式”|“文字样式”命令，在打开的“文字样式”对话框中将“仿宋体”设置为当前文字样式。

Step 04 在命令行输入LE按Enter键激活“引线”命令，在命令行“指定第一个引线点或[设置(S)]<设置>:”提示下输入S并按Enter键，打开“引线设置”对话框，设置参数如图12-113所示。

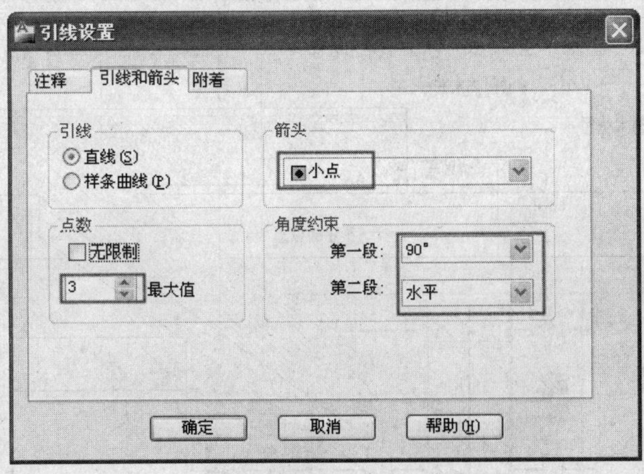

图12-113 设置引线参数

Step 05 单击确定按钮回到绘图区，在命令行“指定第一个引线点或[设置(S)]<设置>:”提示下，在立面图小窗上单击拾取一点作为引线的第1个点。

Step 06 继续在命令行“指定下一点:”提示下，向上引导光标，在合适位置单击鼠标拾取第2点。

Step 07 继续在命令行“指定下一点:”提示下，向左引导光标，在合适位置单击鼠标拾取第3点。

Step 08 继续在命令行“指定文字宽度<0>:”提示下，按两次Enter键打开“文字格式”编辑器，设置参数如图12-114所示。

图12-114 “文字格式”编辑器

Step 09 在“文字格式”编辑器下方的输入框中输入“樱桃木饰面”字样，然后单击 确定 按钮关闭“文字格式”编辑器，完成第1个文字注释的标注。

Step 10 采用相同的方法，继续标注其他文字注释，标注结果如图12-115所示。

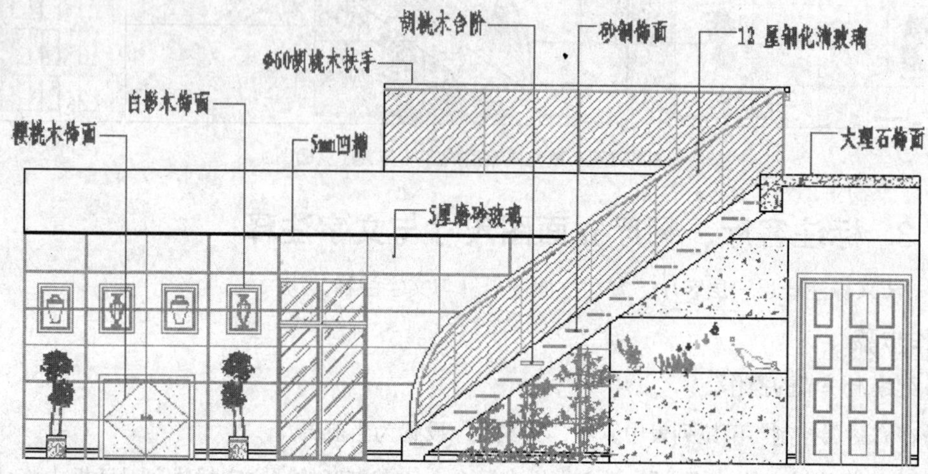

图12-115 标注文字注释结果

Step 11 下面来标注尺寸。将“尺寸层”设置为当前层，将“建筑标注”设置为当前标注样式，依照前面标注尺寸的方法，综合运用“线性”、“快速标注”和“编辑标注文字”等命令标注南卧立面图尺寸，完成跃层一层客厅与餐厅立面图的尺寸标注，结果如图12-116所示。

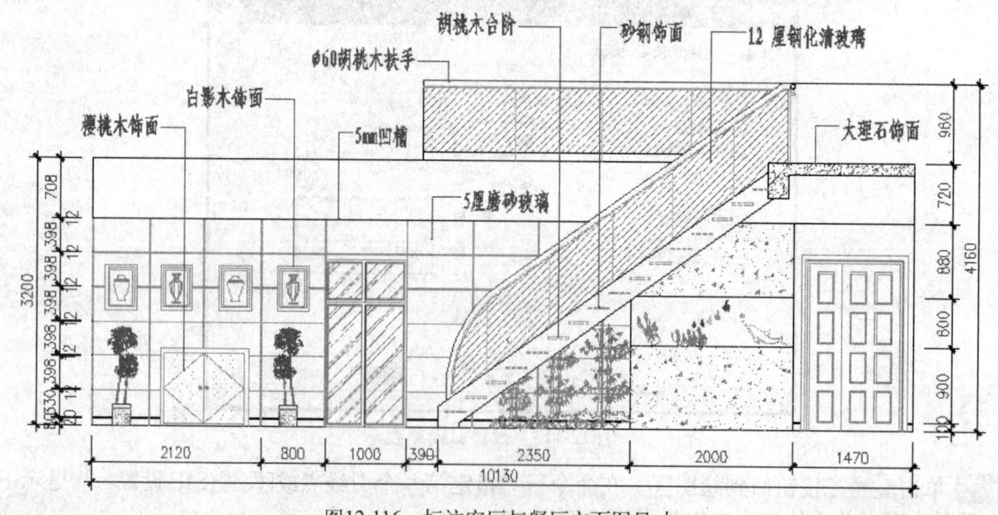

图12-116 标注客厅与餐厅立面图尺寸

Step 12 最后使用“另存为”命令，将该图形命名存储为“绘制跃层一层客厅与餐厅立面图.dwg”文件。

Chapter 13

跃层住宅二层室内设计

在第12章中绘制了跃层住宅一层室内装修布置图，本章将继续绘制跃层住宅二层室内装修布置图，继续学习跃层住宅室内设计的相关技巧与方法。

重点知识导读

- 绘制跃层住宅二层墙体结构图
- 绘制跃层住宅二层室内布置图
- 绘制跃层住宅二层地面材质图
- 标注跃层住宅二层室内布置图
- 绘制跃层住宅二层吊顶图
- 绘制跃层住宅二层灯具图

13.1 绘制跃层住宅二层墙体结构图

这一节首先来绘制如图13-1所示的跃层住宅二层墙体结构图，在绘制跃层住宅二层墙体结构图时，注意参照一层墙体的尺寸和结构。

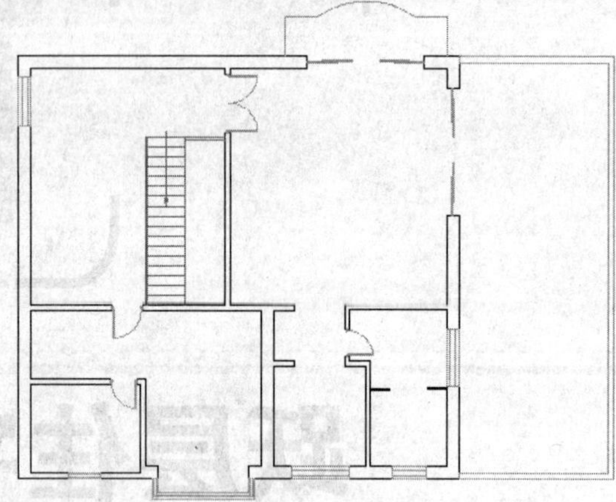

图13-1 跃层二层墙体结构图

13.1.1 绘制跃层住宅二层墙体结构图轴线网

这一节首先来绘制跃层二层墙体结构图轴线网。

操作步骤

Step 01 执行菜单栏中的“文件”|“新建”命令，打开随书光盘中的文件“样板文件”\“装饰装潢绘图样板.dwt”。

Step 02 执行菜单栏中的“格式”|“图层”命令，在打开的“图层特性管理器”面板中双击“轴线层”，将其设置为当前图层。

Step 03 在命令行输入Ltscale，将线型比例暂时设置为1，命令行操作如下。

```
命令: Ltscale                                    // Enter, 激活命令
    输入新线型比例因子 <100.0000>:                //1 Enter
```

Step 04 激活“矩形”命令，在绘图区绘制矩形作为轴线网外轮廓线，命令行操作如下。

```
命令: _rectang
    指定第一个角点或 [倒角(C)/标高(E)/圆角(F)/厚度(T)/宽度(W)]:
                                  //在绘图区拾取一点
    指定另一个角点或 [面积(A)/尺寸(D)/旋转(R)]:
                                  //@11140,10535 Enter, 创建的矩形如图13-2所示
```

Step 05 单击“修改”工具栏上的“分解”按钮，激活“分解”命令，选择绘制的矩形，按Enter键将绘制的矩形分解。

Step 06 单击“修改”工具栏上的“偏移”按钮，激活“偏移”命令，将矩形上水平边分别向下偏移6230、6255，将下水平边分别向上偏移85、2385和2865，偏移出水平线1、2、3、4和5；将左垂直边分别向右偏移3105、5320，将右垂直边分别向左偏移2190、2740和4810，偏移出a、b、c、d和e，结果如图13-3所示。

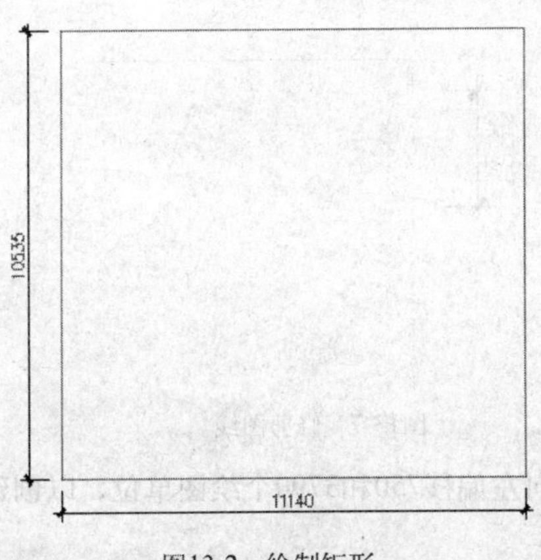

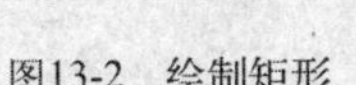

图13-2 绘制矩形

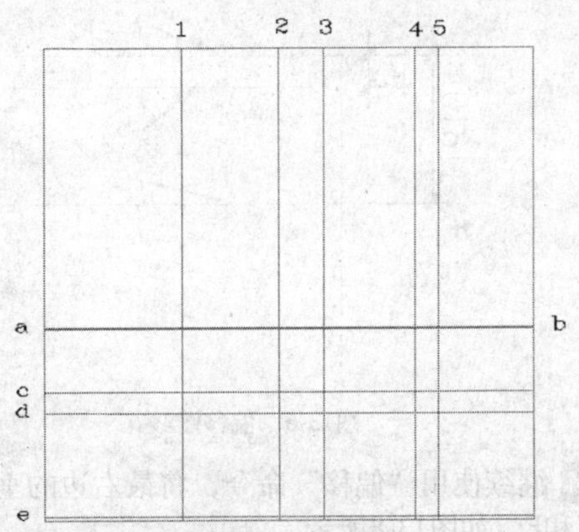

图13-3 偏移图线

Step 07 激活“修剪”命令，以垂直线1作为修剪边，将最下侧的水平线和水平线d的右端修剪掉，将水平线e的左端修剪掉，然后以修剪后的水平线d作为修剪边，将垂直线1的上端修剪掉；以垂直线3作为修剪边，将水平线b和c的左端修剪掉，然后以垂直线5作为修剪边，对水平线c的右端修剪掉，再以修剪后的水平线c作为修剪边，将垂直线5的上端修剪掉，结构如图13-4所示。

Step 08 继续使用“修剪”命令，以垂直线3作为修剪边，将水平线a的右端修剪掉，再以水平线b作为修剪边，将垂直线3的上端修剪掉，以水平线a作为修剪边，将垂直线2的下端修剪掉，以水平线b和c作为修剪边，将垂直线4的上下两端修剪掉，最后以水平线e作为修剪边，对垂直线3和5的下端进行修剪，完成轴线网的绘制，结果如图13-5所示。

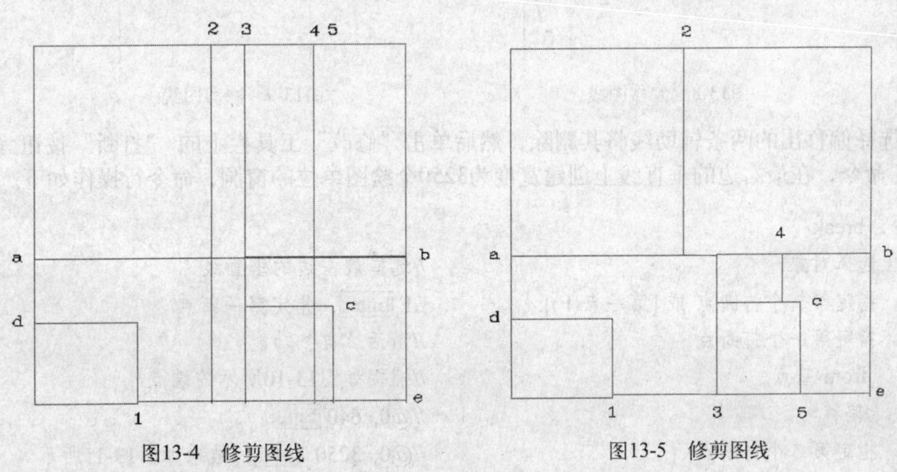

图13-4 修剪图线

图13-5 修剪图线

13.1.2 创建门洞、窗洞

这一节继续在绘制好的轴线上创建出门洞和窗洞。

操作步骤

Step 01 继续上一节的操作。

Step 02 执行菜单栏中的“修改”|“偏移”命令，将最上侧的水平线A向下偏移350和1610个绘图单位，以创建出辅助线B、C，如图13-6所示。

Step 03 单击“修改”工具栏上的“修剪”按钮，激活“修剪”命令，以辅助线B和C作为修剪边界，对最左侧的轴线进行修剪，以创建宽度为1260个绘图单位的窗洞，最后将辅助线B和C删除，结果如图13-7所示。

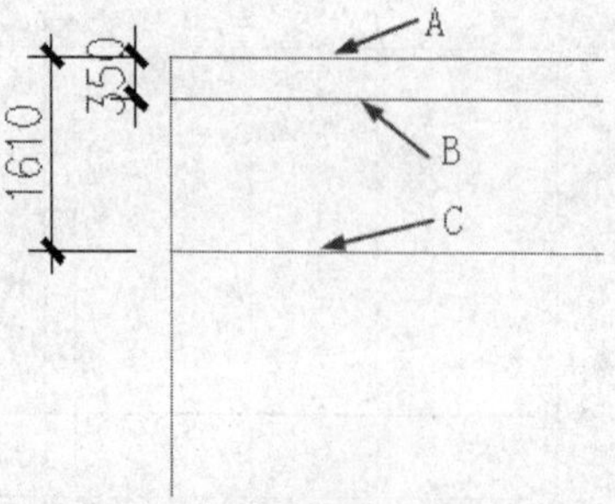

图13-6 偏移图线

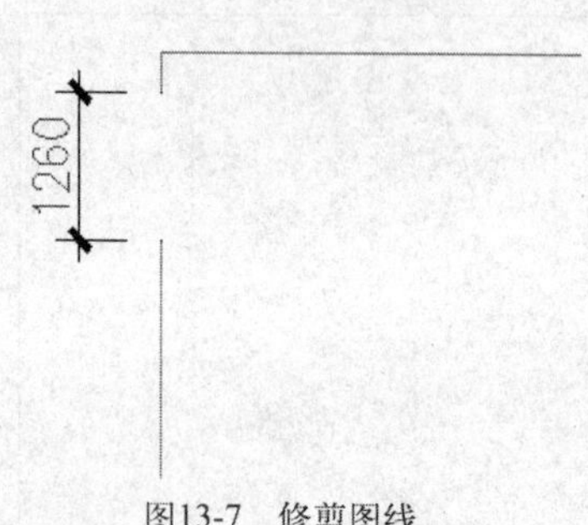

图13-7 修剪图线

Step 04 继续使用“偏移”命令，将最右边的垂直线Q向左偏移750和3790个绘图单位，以创建出垂直线E和F，如图13-8所示。

Step 05 激活“修剪”命令，以垂直线E和F作为修剪边，对最上侧的水平线进行修剪，以创建宽度为3040个绘图单位的门洞，如图13-9所示。

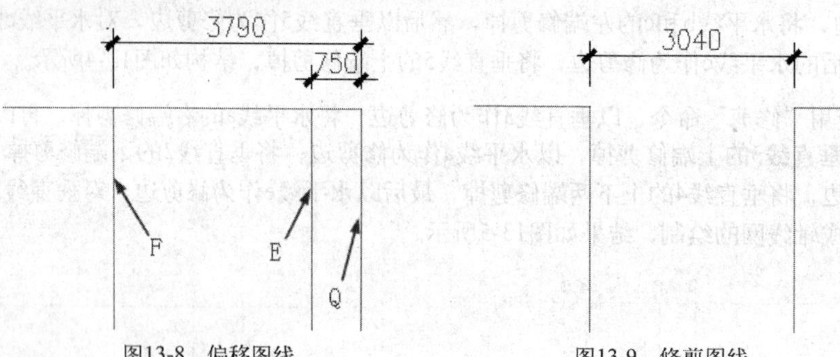

图13-8 偏移图线　　图13-9 修剪图线

Step 06 选择偏移出的两条辅助线将其删除，然后单击“修改”工具栏上的“打断”按钮，激活“打断”命令，在最右边的垂直线上创建宽度为3250个绘图单位的窗洞，命令行操作如下。

```
命令: _break
    选择对象:                          //选择最左边的垂直线
    指定第二个打断点 或 [第一点(F)]:    //F Enter，指定第一断点
    指定第一个打断点:                  //激活“自”功能
    _from 基点:                        //捕捉如图13-10所示的端点
    <偏移>:                            //@0,-640 Enter
    指定第二个打断点:                  //@0,-3250 Enter，结果如图13-11所示
```

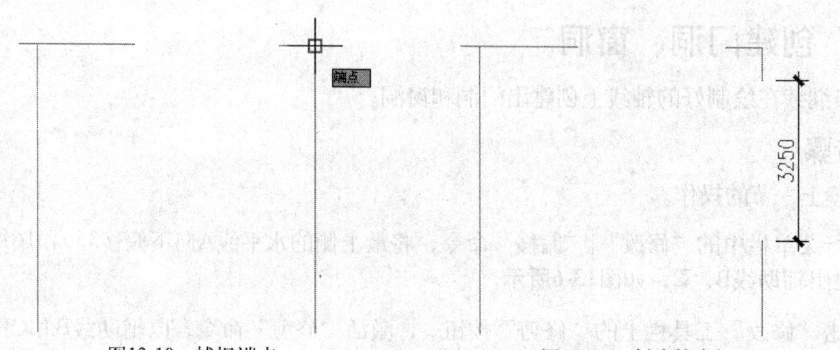

图13-10 捕捉端点　　图13-11 创建的窗洞

Step 07 再次激活“打断”命令，在垂直线A上创建宽度为1500的窗洞，命令行操作如下。

```
命令: _break
    选择对象:                          //选择垂直线A
    指定第二个打断点 或 [第一点(F)]:     //F Enter，指定第一断点
    指定第一个打断点:                   //激活“自”功能
    _from 基点:                        //捕捉垂直线A的上端点
    <偏移>:                            //@0,-280 Enter
    指定第二个打断点:                   //@0,-1500 Enter，结果如图13-12所示
```

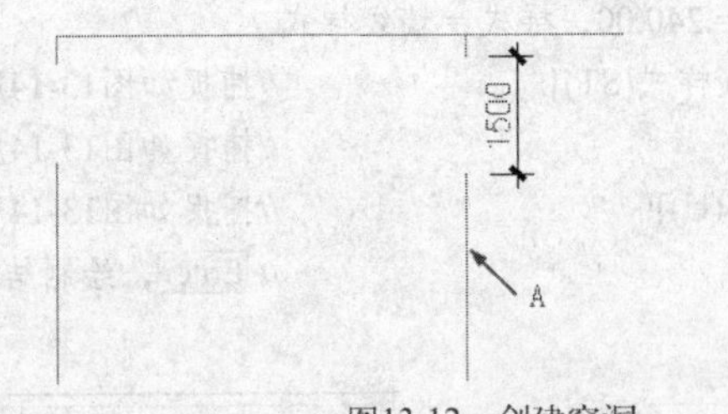

图13-12 创建窗洞

Step 08 参照上述创建门洞和窗洞的方法，综合运用“偏移”、“修剪”和“打断”命令，根据图示尺寸，分别创建其他位置的门洞和窗洞，结果如图13-13所示。

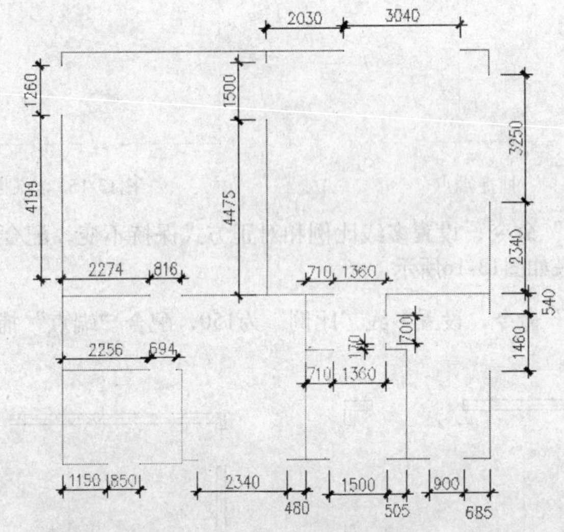

图13-13 创建门洞和窗洞的效果

Step 09 执行“文件”|“另存为”命令，将该图形存储为“跃层二层墙体轴线网.dwg”文件。

13.1.3 绘制和编辑主、次墙线与阳台线

这一节继续绘制跃层二层主、次墙体与阳台线。

操作步骤

Step 01 继续上一节的操作。

Step 02 展开“图层”工具栏上的“图层控制”下拉列表，将“墙线层”设置为当前图层。

Step 03 执行菜单栏中的“格式”|“多线样式”命令，将“墙线样式”设置为当前样式。

Step 04 执行菜单栏中的“绘图”|“多线”命令，配合“端点”捕捉功能绘制主墙线，命令行操作如下。

命令: _mline

当前设置: 对正 = 上，比例 = 20.00，样式 = 墙线样式

指定起点或 [对正(J)/比例(S)/样式(ST)]: //S Enter

输入多线比例 <20.00>: //320 Enter

当前设置: 对正 = 上，比例 = 240.00，样式 = 墙线样式

指定起点或 [对正(J)/比例(S)/样式(ST)]: //J Enter

输入对正类型 [上(T)/无(Z)/下(B)] <上>: //Z Enter

当前设置: 对正 = 无，比例 = 240.00，样式 = 墙线样式

指定起点或 [对正(J)/比例(S)/样式(ST)]: //捕捉如图13-14所示的端点1

指定下一点: //捕捉如图13-14所示的端点2

指定下一点或 [闭合(C)/放弃(U)]: //捕捉如图13-14所示的端点3

指定下一点或 [放弃(U)]: // Enter，绘制结果如图13-15所示

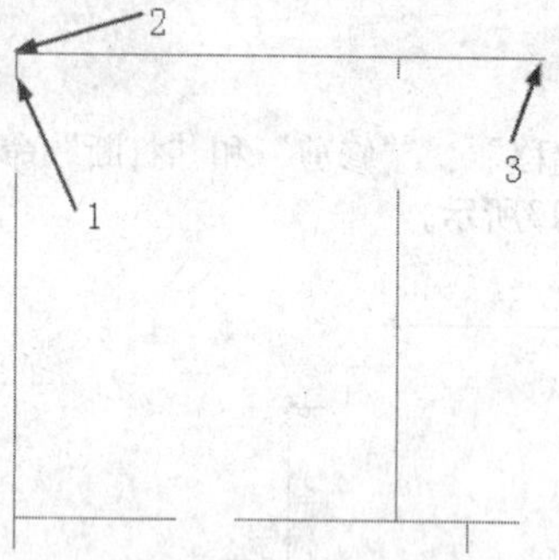

图13-14 捕捉端点

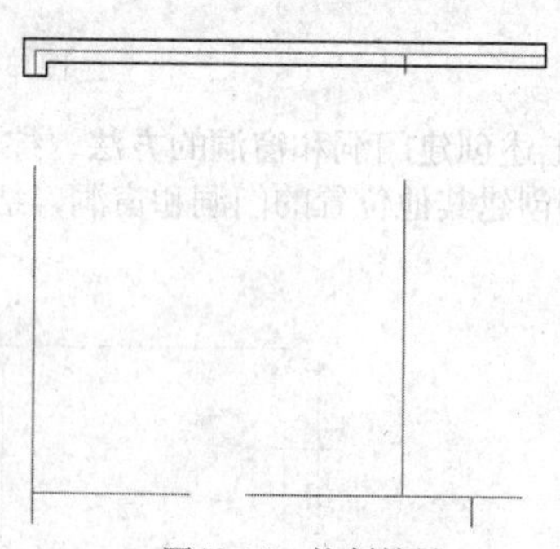

图13-15 绘制结果

Step 05 重复执行“多线”命令，设置多线比例和对正方式保持不变，配合“端点”捕捉功能，绘制其他主墙线，绘制结果如图13-16所示。

Step 06 重复执行“多线”命令，设置多线“比例”为150，配合“端点”捕捉功能，绘制次墙线，绘制结果如图13-17所示。

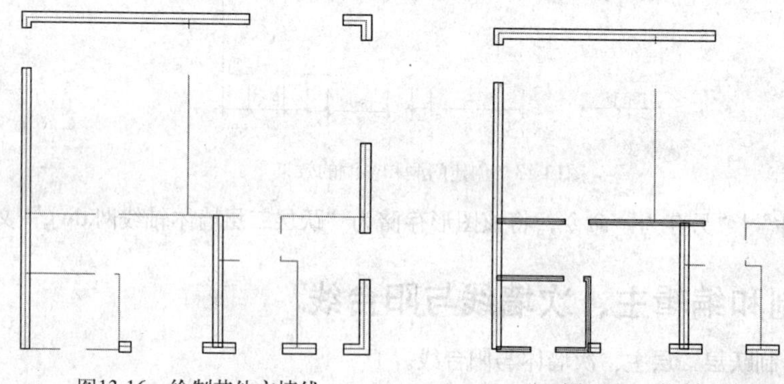

图13-16 绘制其他主墙线　　图13-17 绘制次墙线

Step 07 继续执行“多线”命令，设置多线“比例”为120，配合“端点”捕捉功能绘制其他次墙线，结果如图13-18所示。

Step 08 下面对绘制完成的墙线进行编辑。展开“图层”工具栏上的“图层控制”下拉列表，关闭“轴线层”。

Step 09 执行菜单栏中的“修改”|“对象”|“多线”命令，在打开的“多线编辑工具”对话框中单击如图13-19所示的“T形合并”按钮，激活“T形合并”功能。

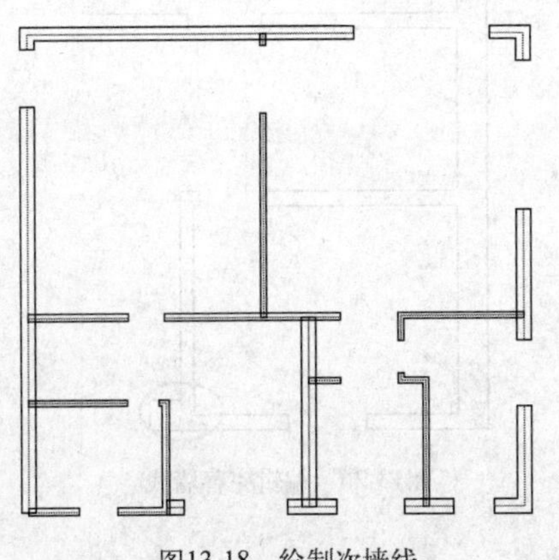

图13-18 绘制次墙线

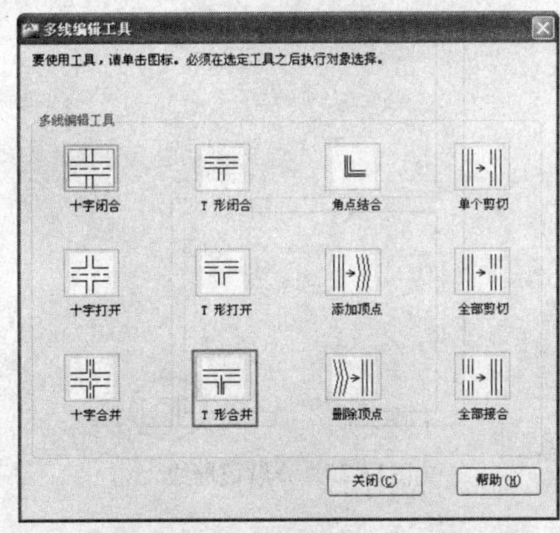

图13-19 选择T形合并

Step 10 返回绘图区，在命令行“选择第一条多线:”提示下，选择如图13-20所示的垂直墙线。

Step 11 继续在命令行“选择第二条多线:”提示下，选择如图13-21所示的水平墙线，结果这两条T形相交的多线被合并，合并结果如图13-22所示。

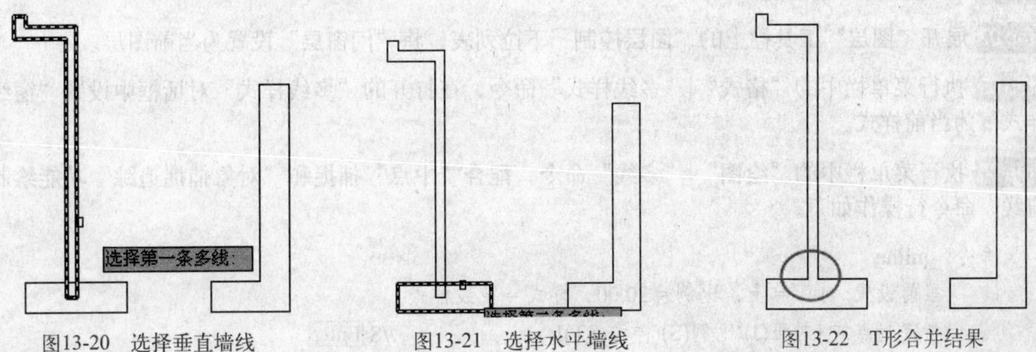

图13-20 选择垂直墙线 图13-21 选择水平墙线 图13-22 T形合并结果

Step 12 采用相同的方法，对其他T形相交的墙体进行编辑。

Step 13 再次打开“多线编辑工具”对话框，单击“角点结合”按钮，回到绘图区，对如图13-23所示的墙线进行编辑，编辑后的结果如图13-24所示。

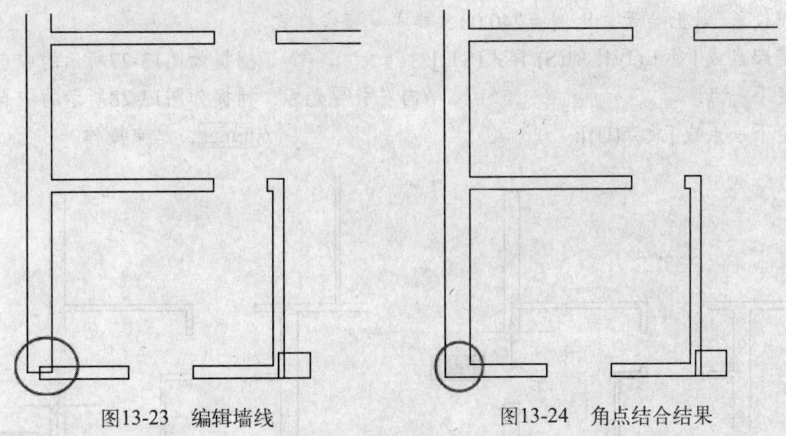

图13-23 编辑墙线 图13-24 角点结合结果

Step 14 在无任何命令执行的情况下，单击如图13-25所示的墙线使其夹点显示，单击“修改”工具栏上的“分解”按钮，将其分解，然后使用夹点拉伸和“删除”命令，对该墙线进行编辑完善，结果如图13-26所示。

11 Chapter
12 Chapter
13 Chapter
14 Chapter
15 Chapter
16 Chapter

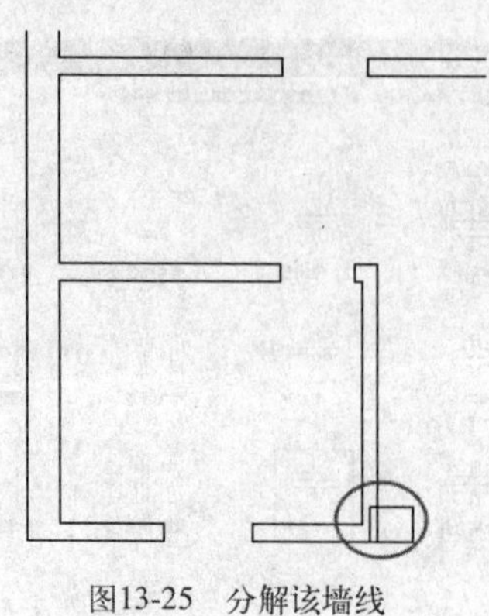
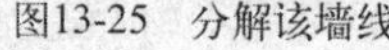

图13-25　分解该墙线

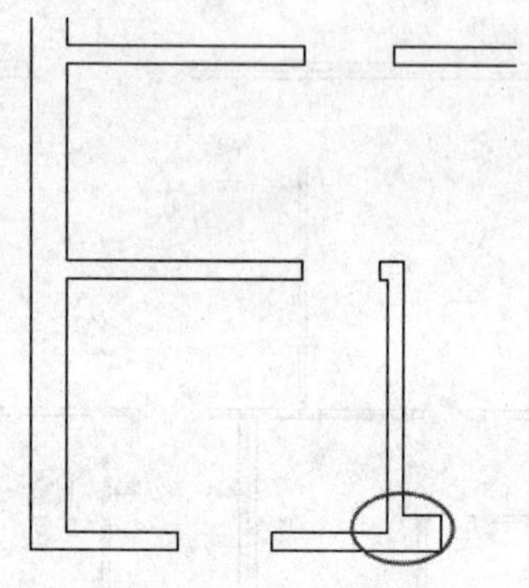

图13-26　编辑完善墙线

13.1.4 创建门窗、阳台和楼梯构件

这一节继续来创建跃层二层墙体中的门窗、阳台和楼梯构件。

操作步骤

Step 01 继续上一节的操作。

Step 02 展开“图层”工具栏上的“图层控制”下拉列表，将“门窗层”设置为当前图层。

Step 03 执行菜单栏中的“格式”|“多线样式”命令，在打开的“多线样式”对话框中设置“窗线样式”为当前样式。

Step 04 执行菜单栏中的“绘图”|“多线”命令，配合“中点”捕捉和“对象捕捉追踪”功能绘制窗线，命令行操作如下。

```
命令: _mline
    当前设置: 对正 = 上，比例 = 20.00，样式 = 窗线样式
    指定起点或 [对正(J)/比例(S)/样式(ST)]:              //S Enter
    输入多线比例 <20.00>:                               //320 Enter
    当前设置: 对正 = 上，比例 = 240.00，样式 = 窗线样式
    指定起点或 [对正(J)/比例(S)/样式(ST)]:              //J Enter
    输入对正类型 [上(T)/无(Z)/下(B)] <上>:              //Z Enter
    当前设置: 对正 = 无，比例 = 240.00，样式 = 窗线样式
    指定起点或 [对正(J)/比例(S)/样式(ST)]:              //捕捉如图13-27所示的中点
    指定下一点:                      //向左引导光标，捕捉如图13-28所示的中点
    指定下一点或 [放弃(U)]:                             //Enter，结束操作
```

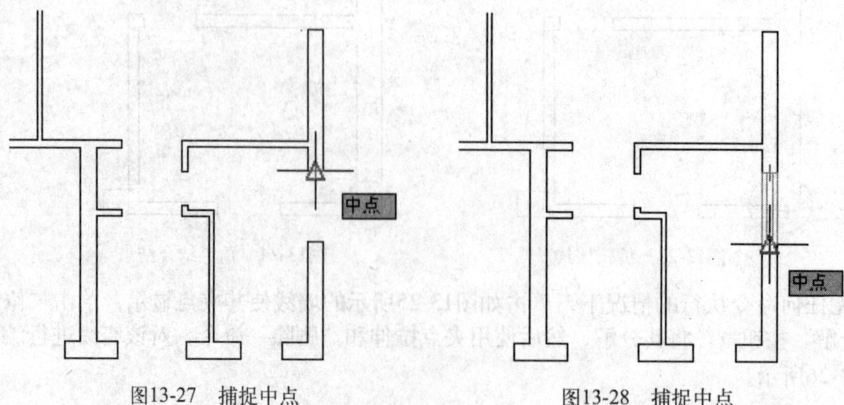

图13-27　捕捉中点　　图13-28　捕捉中点

Step 05 继续使用“多线”命令，配合“中点”捕捉功能绘制其他窗线，绘制结果如图13-29所示。

Step 06 继续使用“多线”命令，设置多线“比例”为150，其他设置默认，配合“中点”捕捉功能绘制左下方的窗线，绘制结果如图13-30所示。

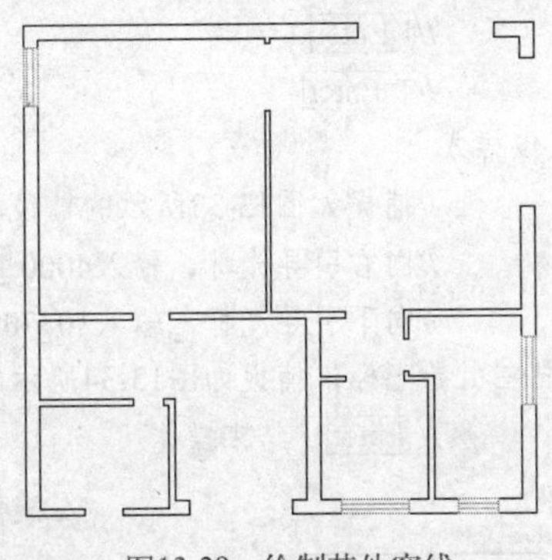
图13-29 绘制其他窗线

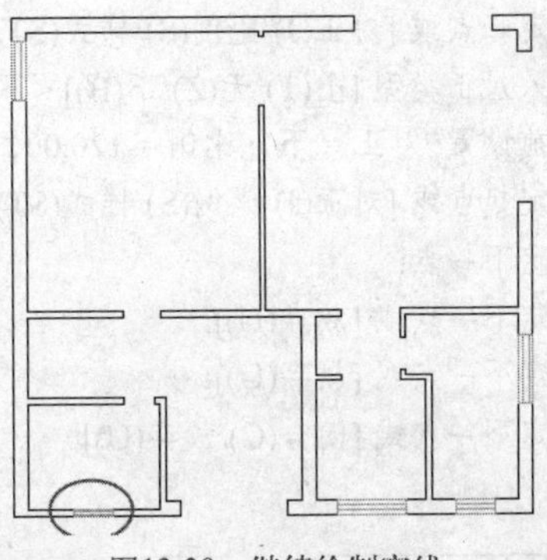
图13-30 继续绘制窗线

Step 07 下面绘制凸窗。再次执行“多线”命令，配合“端点”捕捉和坐标输入功能绘制下方的凸窗，命令行操作如下。

```
命令: _mline
    当前设置: 对正 = 下，比例 = 120.00，样式 = 窗线样式
    指定起点或 [对正(J)/比例(S)/样式(ST)]:          //S Enter
    输入多线比例 <120.00>:                          //150 Enter
    当前设置: 对正 = 下，比例 = 120.00，样式 = 窗线样式
    指定起点或 [对正(J)/比例(S)/样式(ST)]:          //J Enter
    输入对正类型 [上(T)/无(Z)/下(B)] <下>:          //T Enter
    当前设置: 对正 = 下，比例 = 120.00，样式 = 窗线样式
    指定起点或 [对正(J)/比例(S)/样式(ST)]:          //捕捉如图13-31所示的墙线的端点
    指定下一点:                                     //向下引导光标，输入360 Enter
    指定下一点或 [放弃(U)]:                         //向左引导光标，输入2340 Enter
    指定下一点或 [放弃(U)]:                         //向上引导光标，捕捉如图13-32所示的端点
    指定下一点或 [闭合(C)/放弃(U)]:                 // Enter，结束操作
```

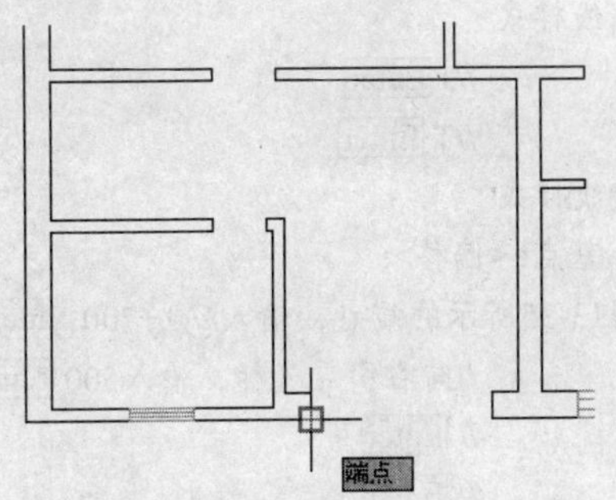

图13-31 捕捉端点

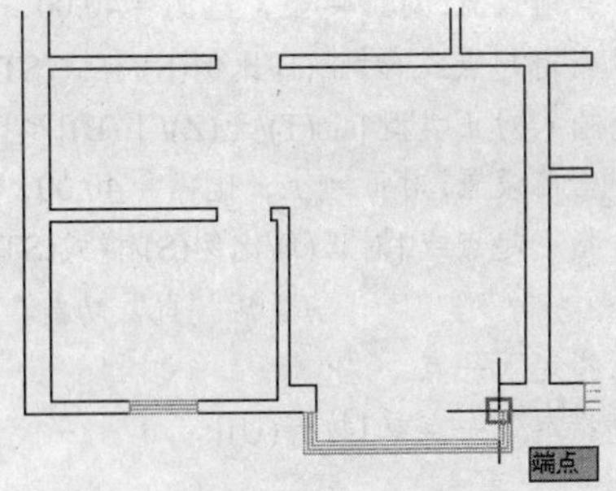

图13-32 捕捉端点

Step 08 执行菜单栏中的“格式”|“多线样式”命令，将“墙线样式”设置为当前样式。

Step 09 继续执行“多线”命令，配合“端点”捕捉和坐标输入功能，绘制右边阳台线，命令行操作如下。

```
命令: _mline
    当前设置: 对正 = 下，比例 = 120.00，样式 = 窗线样式
```

指定起点或 [对正(J)/比例(S)/样式(ST)]: //S Enter
输入多线比例 <120.00>: //150 Enter
当前设置: 对正 = 下，比例 = 120.00，样式 = 窗线样式
指定起点或 [对正(J)/比例(S)/样式(ST)]: //J Enter
输入对正类型 [上(T)/无(Z)/下(B)] <下>: //T Enter
当前设置: 对正 = 下，比例 = 120.00，样式 = 窗线样式
指定起点或 [对正(J)/比例(S)/样式(ST)]: //捕捉如图13-33所示的墙线的端点
指定下一点: //向右引导光标，输入4000 Enter
指定下一点或 [放弃(U)]: //向下引导光标，输入10770 Enter
指定下一点或 [放弃(U)]: //向左引导光标，捕捉如图13-34所示的端点
指定下一点或 [闭合(C)/放弃(U)]: // Enter，结束操作

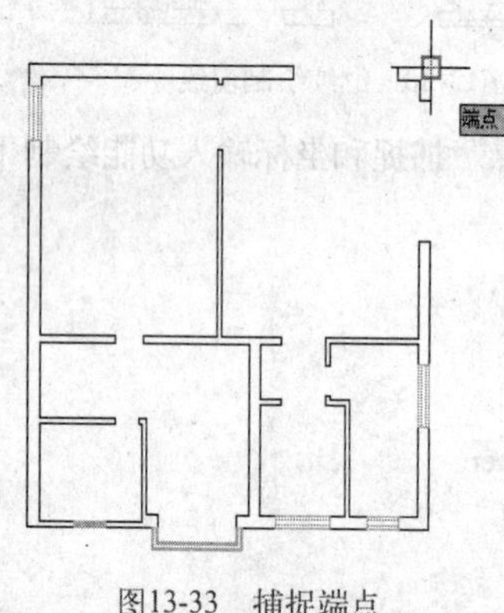

图13-33 捕捉端点

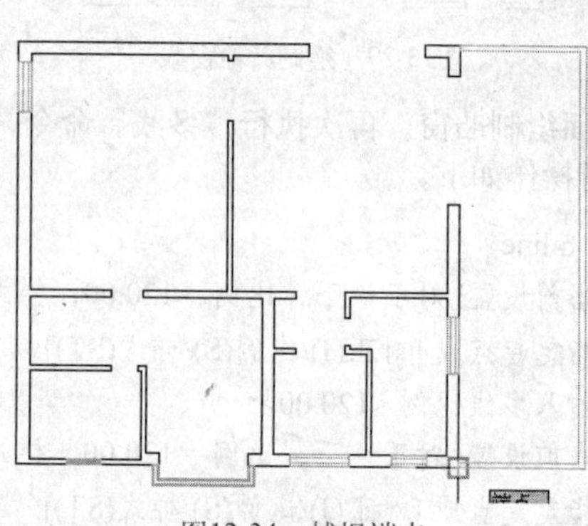
图13-34 捕捉端点

Step 10 在“图层控制”下拉列表中，将“墙线层”设置为当前层，配合“自”功能，补画墙线，命令行操作如下。

命令: _mline
当前设置: 对正 = 上，比例 = 40.00，样式 = 墙线样式
指定起点或 [对正(J)/比例(S)/样式(ST)]: //S Enter
输入多线比例 <40.00>: //40 Enter
当前设置: 对正 = 上，比例 = 40.00，样式 = 墙线样式
指定起点或 [对正(J)/比例(S)/样式(ST)]: //J Enter
输入对正类型 [上(T)/无(Z)/下(B)] <上>: //T Enter
当前设置: 对正 = 上，比例 = 40.00，样式 = 墙线样式
指定起点或 [对正(J)/比例(S)/样式(ST)]: _from 基点: <偏移>:
//激活“自”功能，捕捉如图13-35所示的端点，输入@0,-700 Enter
指定下一点: //向右引导光标，输入500 Enter
指定下一点或 [放弃(U)]: // Enter
命令: // Enter
MLINE
当前设置: 对正 = 上，比例 = 40.00，样式 = 墙线样式
指定起点或 [对正(J)/比例(S)/样式(ST)]: _from 基点: <偏移>:
//激活“自”功能，捕捉如图13-36所示的端点，输入@0,-100 Enter
指定下一点: //向左引导光标，输入500 Enter
指定下一点或 [放弃(U)]: // Enter

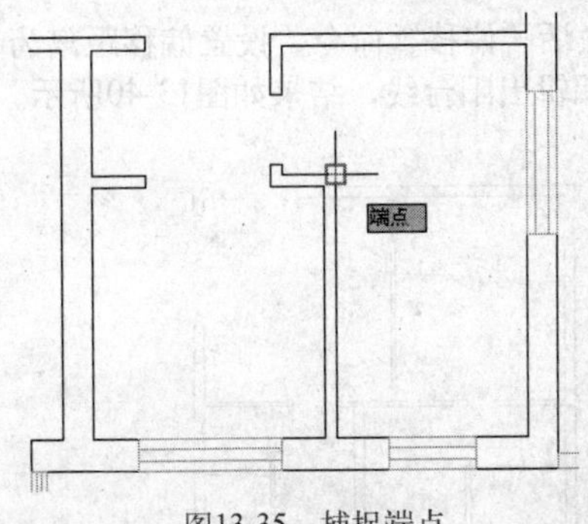

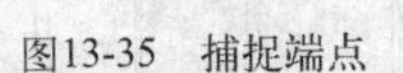
图13-35 捕捉端点

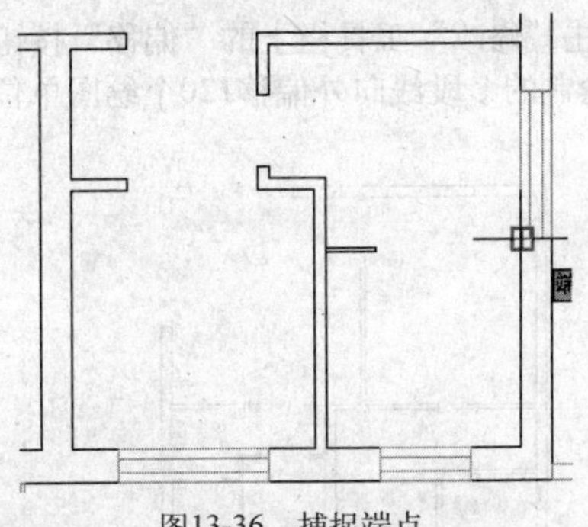
图13-36 捕捉端点

Step 11 在“图层控制”下拉列表中，将“门窗层”设置为当前层。

Step 12 激活“多段线”命令，配合“自”功能和对象捕捉追踪功能，绘制上方阳台线，命令行操作如下。

命令: _pline

指定起点: _from 基点: <偏移>:

//激活“自”功能，捕捉如图13-37所示的端点，输入@-310,0 Enter

当前线宽为 0.5

指定下一个点或 [圆弧(A)/半宽(H)/长度(L)/放弃(U)/宽度(W)]:

//向上引导光标，输入1000 Enter

指定下一点或 [圆弧(A)/闭合(C)/半宽(H)/长度(L)/放弃(U)/宽度(W)]:

//向左引导光标，输入838 Enter

指定下一点或 [圆弧(A)/闭合(C)/半宽(H)/长度(L)/放弃(U)/宽度(W)]: //A Enter

指定圆弧的端点或[角度(A)/圆心(CE)/闭合(CL)/方向(D)/半宽(H)/直线(L)/半径(R)/宽度(W)]:

//R Enter

指定圆弧的半径: //2162 Enter

指定圆弧的端点或 [角度(A)]: _from 基点: <偏移>:

//激活“自”功能，捕捉如图13-38所示的端点，输入@278,1000 Enter

指定圆弧的端点或[角度(A)/圆心(CE)/闭合(CL)/方向(D)/直线(L)/半径(R)/第二个点(S)/宽度(W)]: //L Enter

指定下一点或 [圆弧(A)/闭合(C)/半宽(H)/长度(L)/放弃(U)/宽度(W)]:

//向左引导光标，输入838 Enter

指定下一点或 [圆弧(A)/闭合(C)/半宽(H)/长度(L)/放弃(U)/宽度(W)]:

//向下引导光标，输入1000 Enter

指定下一点或 [圆弧(A)/闭合(C)/半宽(H)/长度(L)/放弃(U)/宽度(W)]:

// Enter，结束操作，绘制的阳台线如图13-39所示

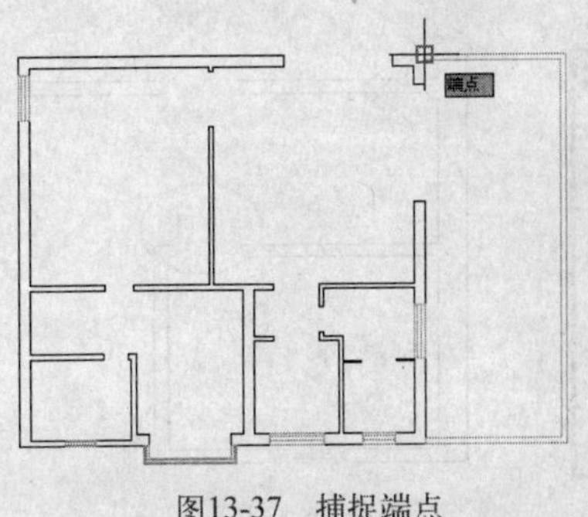

图13-37 捕捉端点

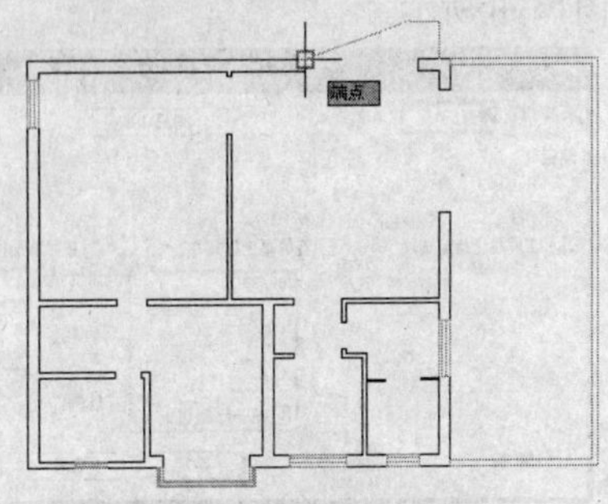

图13-38 捕捉端点

Step 13 单击“修改”工具栏上的“偏移”按钮，激活“偏移”命令，设置偏移距离为120个绘图单位，将绘制的多段线向外偏移120个绘图单位，以编辑出阳台线，结果如图13-40所示。

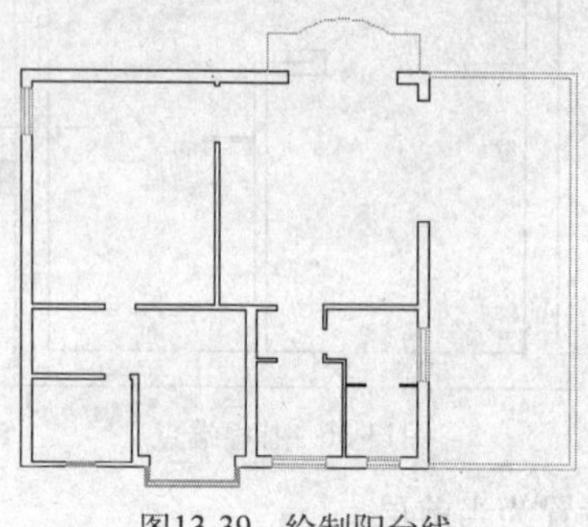
图13-39 绘制阳台线

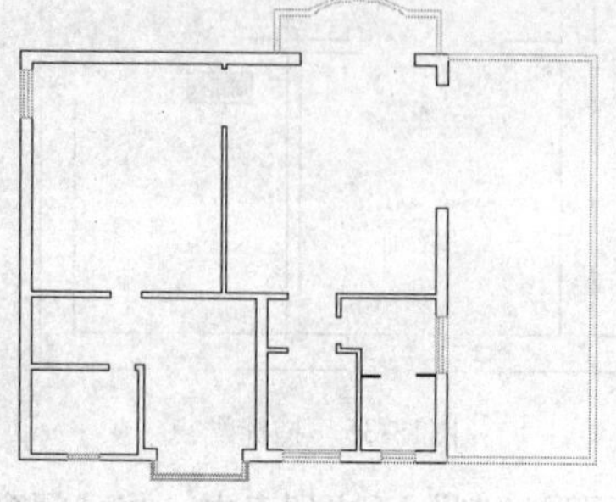
图13-40 偏移阳台线

Step 14 下面插入单开门。单击“绘图”工具栏中的“插入”按钮，打开“插入”对话框，选择随书光盘中的文件“图块文件”\“单开门.dwg”，并设置插入参数如图13-41所示，将“单开门”图块插入到如图13-42所示的门洞位置。

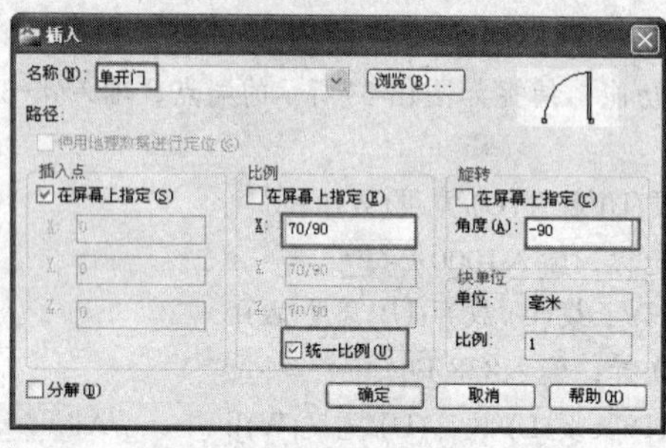

图13-41 设置参数

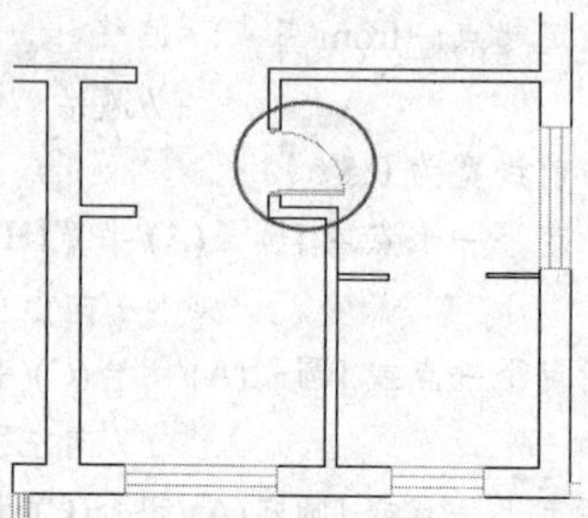
图13-42 插入单开门

Step 15 重复执行“插入块”命令，选择“单开门.dwg”图块文件，设置插入参数如图13-43所示，插入结果如图13-44所示。

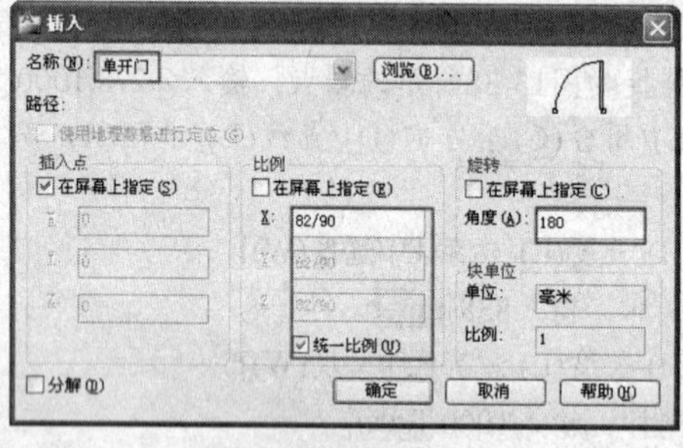

图13-43 设置参数

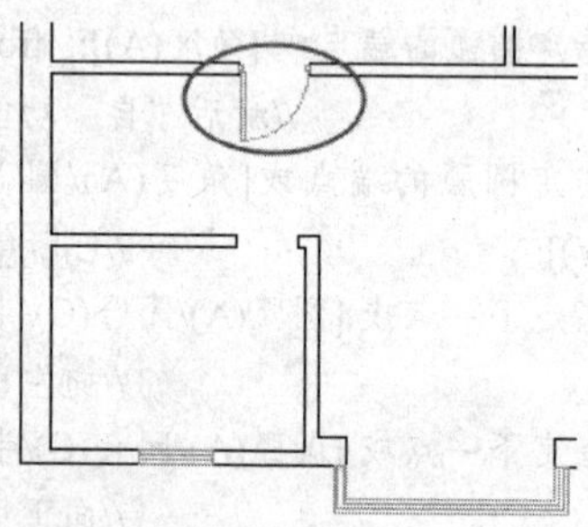
图13-44 插入单开门

Step 16 重复执行“插入块”命令，选择“单开门.dwg”图块文件，设置插入参数如图13-45所示，插入结果如图13-46所示。

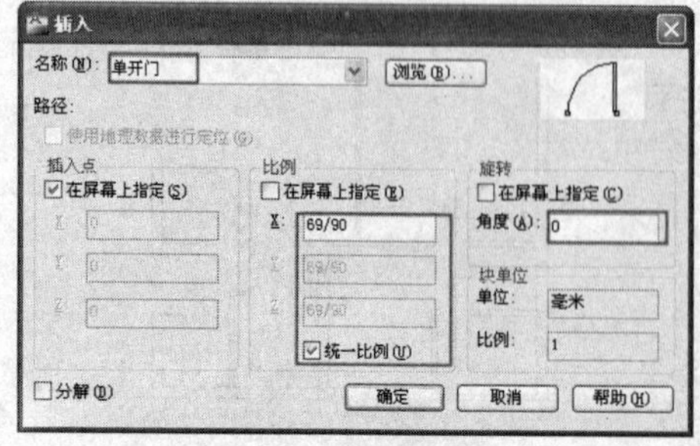

图13-45 设置参数

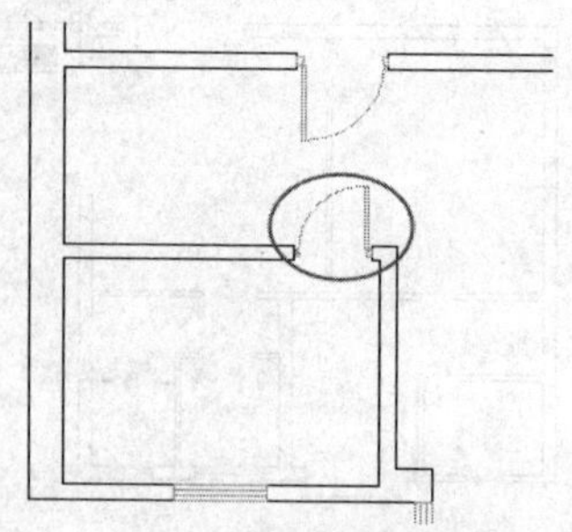
图13-46 插入单开门

Step 17 运用“镜像”命令，将插入的单开门图块进行镜像，并删除源单开门。

Step 18 继续使用“插入”命令，将随书光盘中的文件“图块文件”\“跃层二层双开门.dwg”插入到左上方门洞位置，然后使用“矩形”命令，绘制阳台位置的推拉门，推拉门尺寸自定义，结果如图13-47所示。

Step 19 在“图层控制”下拉列表中，将“楼梯层”设置为当前层，继续使用“插入”命令，将随书光盘中的文件“图块文件”\“跃层二层楼梯.dwg”插入到平面图中，结果如图13-48所示。

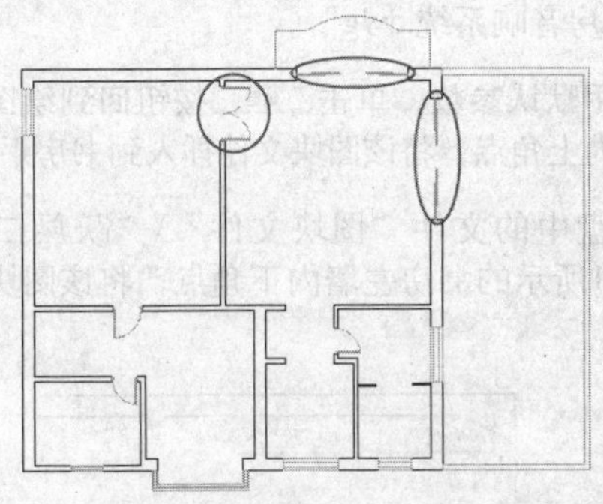
图13-47 插入双开门并绘制推拉门

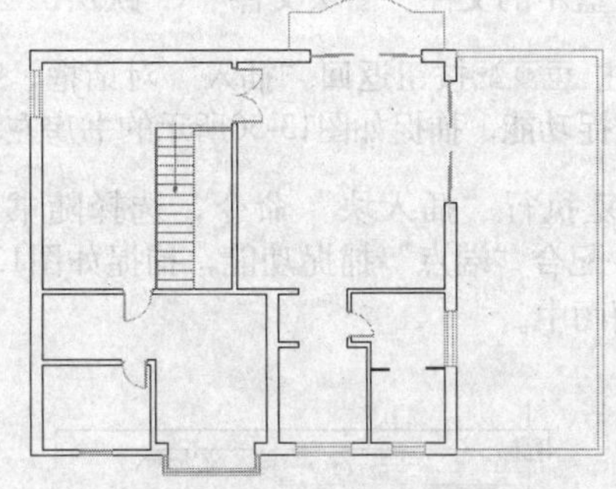
图13-48 插入楼梯

Step 20 至此，跃层二层墙体结构图绘制完毕，最终结果如图13-1所示。

Step 21 执行菜单栏中的“文件”|“另存为”命令，将该图形命名存储为“跃层二层墙体结构图.dwg”文件。

13.2 绘制跃层住宅二层室内布置图

这一节来绘制跃层住宅二层室内布置图，该布置图主要包括书房、卧室、卫生间和露天平台，如图13-49所示。

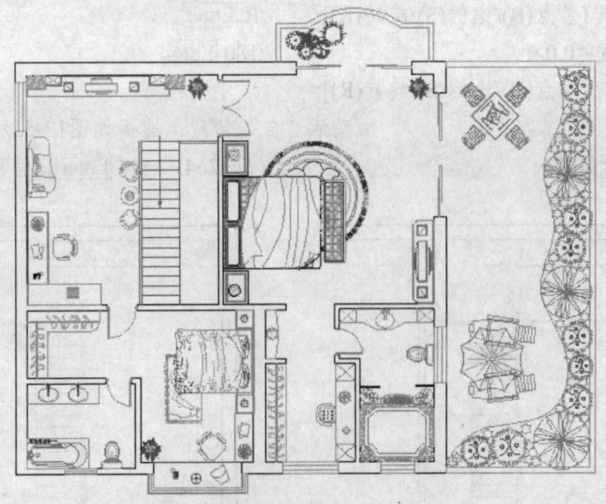
图13-49 跃层二层室内布置图

13.2.1 绘制书房和南卧布置图

这一节首先绘制书房和南卧布置图。

操作步骤

Step 01 执行菜单栏中的“文件”|“打开”命令，打开随书光盘中的文件“效果文件”\“第13章”\“跃层二层墙体结构图.dwg”。

Step 02 执行菜单栏中的“格式”|“图层”命令，在打开的“图层特性管理器”面板中双击“家具层”，将此图层设置为当前图层。

Step 03 单击“绘图”工具栏上的“插入”按钮，在打开的“插入”对话框中单击 浏览(B)... 按钮，选择随书光盘中的文件“图块文件”\“跃层二层书房音响系统.dwg”。

Step 04 单击 打开(O) 按钮返回“插入”对话框，采用默认参数，单击 确定 按钮回到绘图区，配合“端点”捕捉功能，捕捉如图13-50所示的书房左墙内上角点，将该图块文件插入到书房平面图中。

Step 05 重复执行“插入块”命令，选择随书光盘中的文件“图块文件”\“跃层二层书桌组合.dwg”，配合“端点”捕捉功能，捕捉如图13-51所示的书房左墙内下角点，将该图块文件插入到书房平面图中。

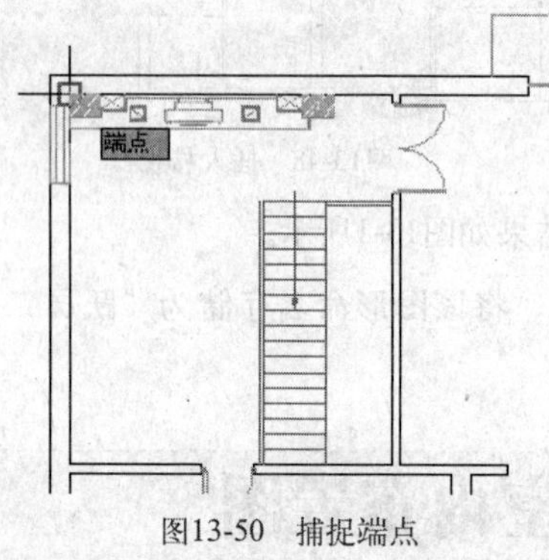

图13-50 捕捉端点

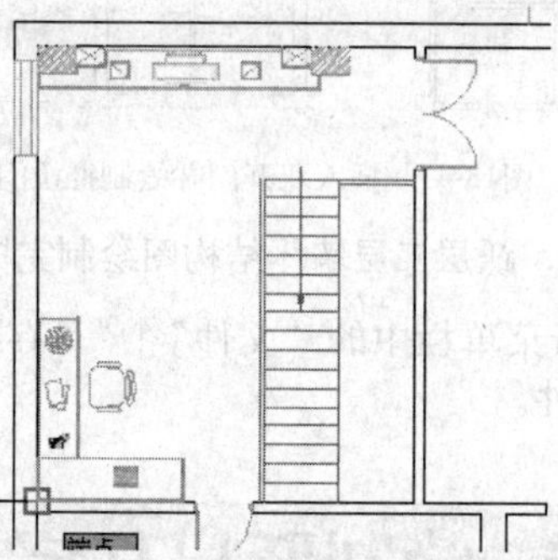

图13-51 捕捉端点

Step 06 重复执行“插入块”命令，选择随书光盘中的文件“图块文件”\“跃层二层书房休闲椅.dwg”，配合“自”功能将其插入到书房中，命令行操作如下。

命令: _insert
指定插入点或 [基点(B)/比例(S)/旋转(R)]: //R Enter
指定旋转角度 <0.0>: //180 Enter
指定插入点或 [基点(B)/比例(S)/旋转(R)]:
//激活“自”功能，捕捉如图13-52所示的楼梯左上端点
_from 基点: <偏移>: // @-264,-1424 Enter，结果如图13-53所示

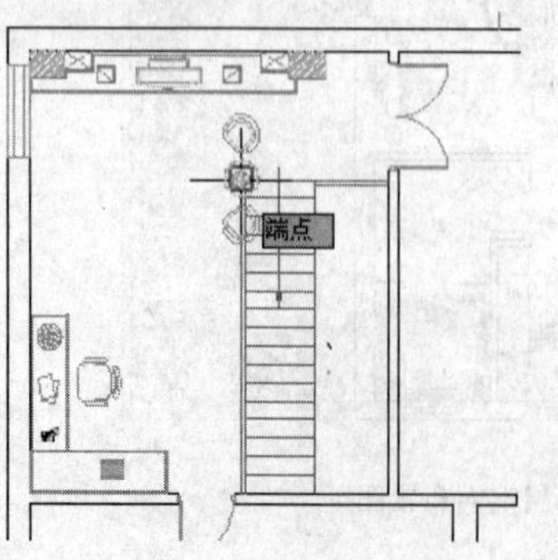

图13-52 捕捉端点

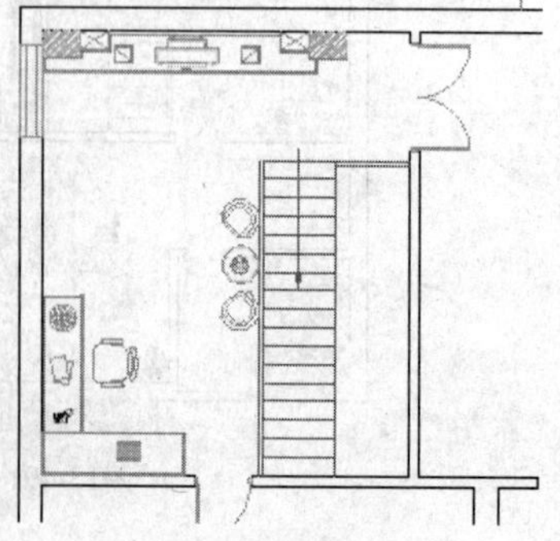

图13-53 插入休息椅

Step 07 重复执行“插入块”命令，选择随书光盘中的文件“图块文件”\“跃层二层书房沙发.dwg”，配合“自”功能将其插入到书房中，命令行操作如下。

命令: _insert

指定插入点或 [基点(B)/比例(S)/旋转(R)]: //R Enter

指定旋转角度 <0.0>: //180 Enter

指定插入点或 [基点(B)/比例(S)/旋转(R)]:

//激活“自”功能，捕捉如图13-54所示的书桌左上端点

_from 基点: <偏移>: //@0,1026 Enter，结果如图13-55所示

Step 08 下面布置南卧。重复执行“插入”命令，配合对象捕捉功能，选择随书光盘中的文件“图块文件”\“跃层二层南卧衣柜.dwg”，捕捉如图13-56所示的端点，将其插入到南卧房。

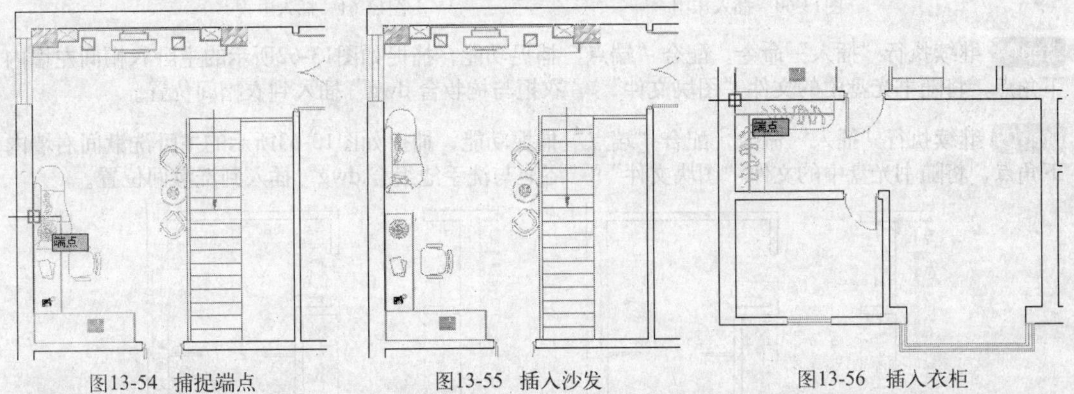

图13-54 捕捉端点　　图13-55 插入沙发　　图13-56 插入衣柜

Step 09 重复执行“插入”命令，配合对象捕捉功能，选择随书光盘中的文件“图块文件”\“跃层二层南卧床组合.dwg”，捕捉如图13-57所示的端点，将其插入到南卧房。

Step 10 重复执行“插入”命令，配合“端点”捕捉功能，捕捉南卧右墙内下角点，将随书光盘中的文件“图块文件”\“跃层二层南卧书桌组合.dwg”插入到南卧，如图13-58所示。

Step 11 重复执行“插入”命令，配合“端点”捕捉功能，捕捉南卧左墙内下角点，将随书光盘中的文件“图块文件”\“跃层二层南卧卫浴组合.dwg”插入到南卧，如图13-59所示。

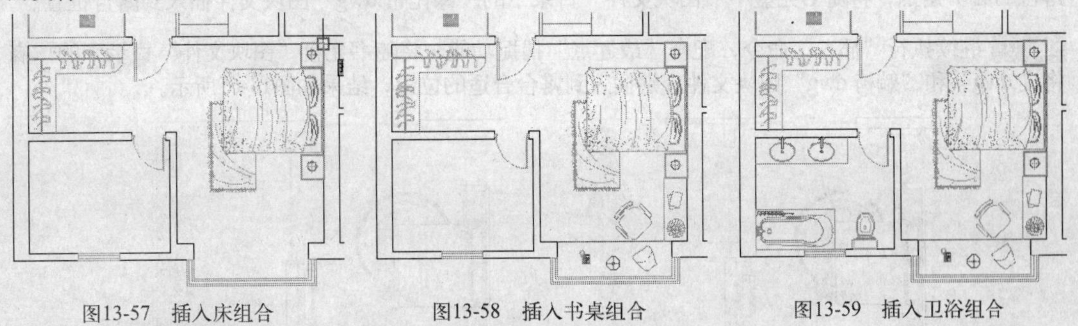

图13-57 插入床组合　　图13-58 插入书桌组合　　图13-59 插入卫浴组合

13.2.2 绘制主卧与露台布置图

这一节继续绘制主卧与露台布置图。

操作步骤

Step 01 继续上一节的操作。

Step 02 继续执行“插入”命令，配合“端点”捕捉功能，捕捉如图13-60所示的主卧左墙内下角点，将随书光盘中的文件“图块文件”\“跃层二层主卧床组合.dwg”插入到主卧位置。

Step 03 继续执行“插入”命令，配合“端点”捕捉功能，捕捉如图13-61所示的主卧右墙内下角点，将随书光盘中的文件“图块文件”\“跃层二层主卧电视.dwg”插入到主卧位置。

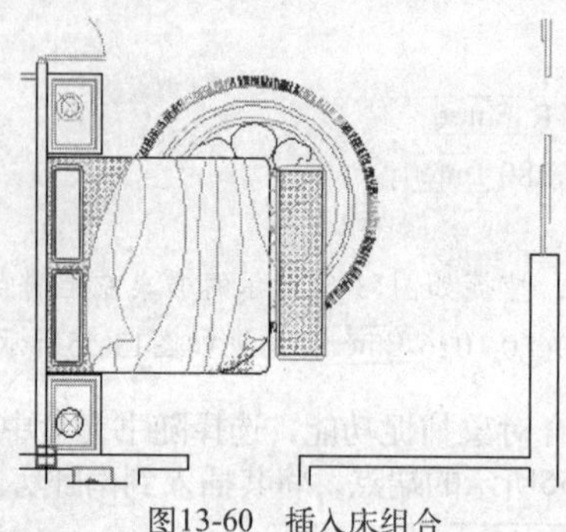

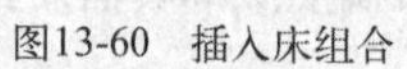
图13-60　插入床组合

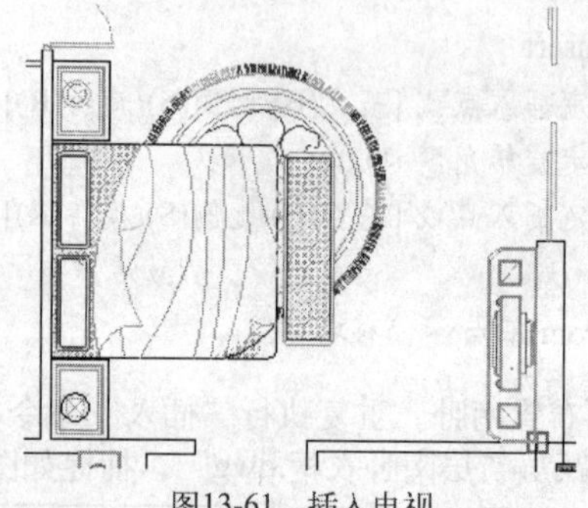
图13-61　插入电视

Step 04 继续执行“插入”命令，配合“端点”捕捉功能，捕捉如图13-62所示的主卧衣帽间左墙内下角点，将随书光盘中的文件“图块文件”\“衣柜与梳妆台.dwg”插入到衣帽间位置。

Step 05 继续执行“插入”命令，配合“端点”捕捉功能，捕捉如图13-63所示的主卧洗漱间右墙内下角点，将随书光盘中的文件“图块文件”\“浴池与洗手池组合.dwg”插入到洗漱间位置。

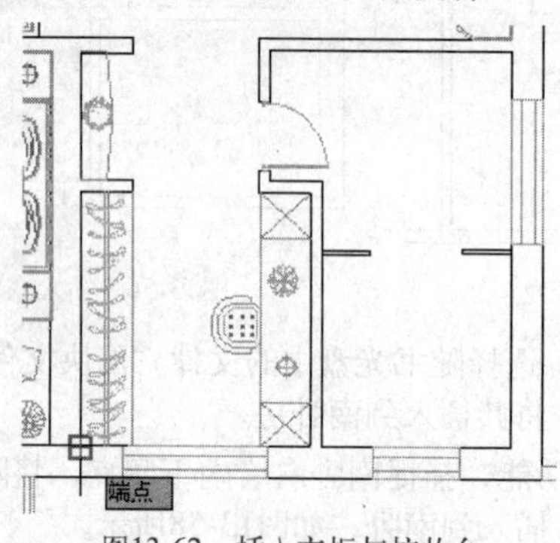

图13-62　插入衣柜与梳妆台

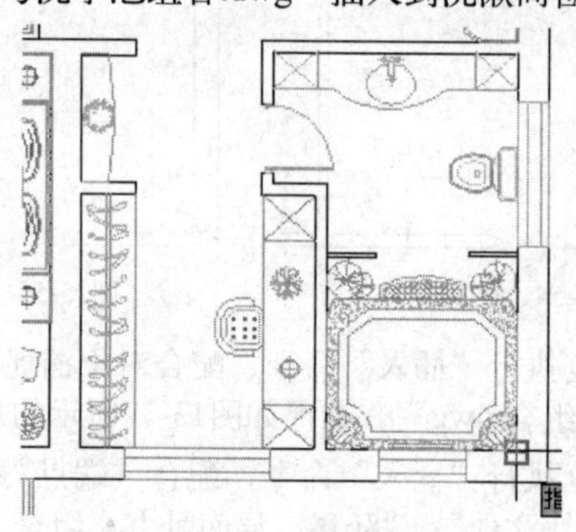
图13-63　插入浴池与洗手池

Step 06 下面来布置露台。继续执行“插入”命令，配合“端点”捕捉功能，捕捉如图13-64所示的露台的右下角点，将随书光盘中“图块文件”目录下的“绿化带.dwg”图块文件插入到露台位置。

Step 07 继续执行“插入”命令，配合“最近点”捕捉功能，将随书光盘“图块文件”目录下的“麻将桌.dwg”和“躺椅.dwg”图块文件分别插入到露台合适的位置，结果如图13-65所示。

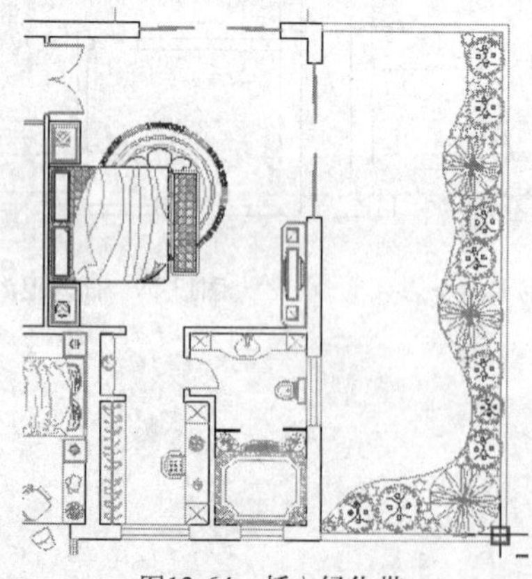
图13-64　插入绿化带

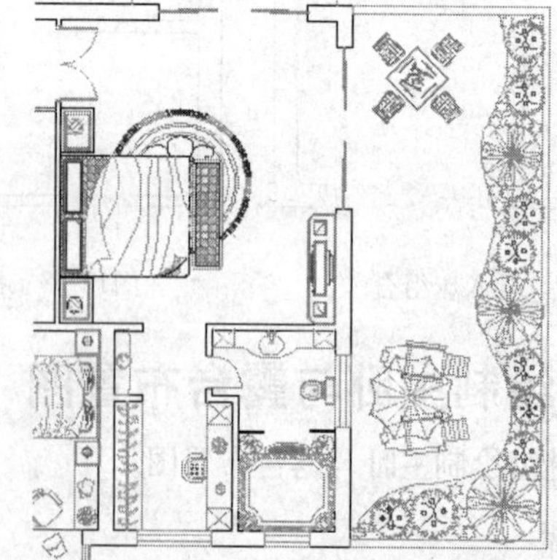
图13-65　插入麻将桌和躺椅

Step 08 使用“插入”命令，将随书光盘中“图块文件”\“绿化植物B.dwg”图块文件插入到主卧北阳台位置，将“二层植物.dwg”图块文件分别插入到书房、南卧和主卧合适位置，完成跃层二层室内布置图的绘制，最终效果如图13-50所示。

Step 09 最后使用“另存为”命令，将该图形存储为“跃层二层室内布置图.dwg”文件。

13.3 绘制跃层住宅二层地面材质图

这一节继续来绘制如图13-66所示的跃层二层地面材质图。该材质图比较简单，地面装修材料主要有三种，即石材、实木地面和防滑地砖。

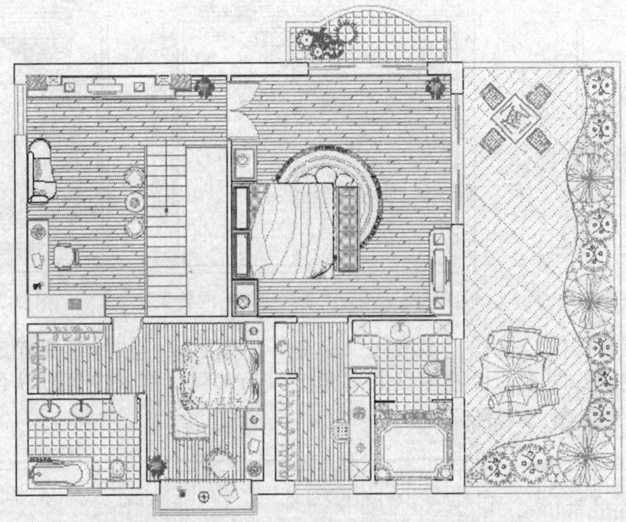

图13-66 跃层二层地面材质图

13.3.1 绘制书房、卧室实木地板材质图

这一节首先来绘制书房、卧室和衣帽间地面材质图，这三个空间地面都使用了实木地面铺装。

操作步骤

Step 01 打开随书光盘中的文件“效果文件”\“第13章”\“跃层二层室内布置图.dwg”。

Step 02 执行“图层”命令，在打开的“图层特性管理器”面板中双击“填充层”，将其设置为当前层。

Step 03 使用命令简写L激活“直线”命令，配合对象捕捉功能分别将各房间两侧门洞连接起来，以形成封闭区域。

Step 04 激活“多段线”命令，配合“最近点”捕捉功能，沿书房家具边缘绘制闭合图形，然后关闭“家具层”，效果如图13-67所示。

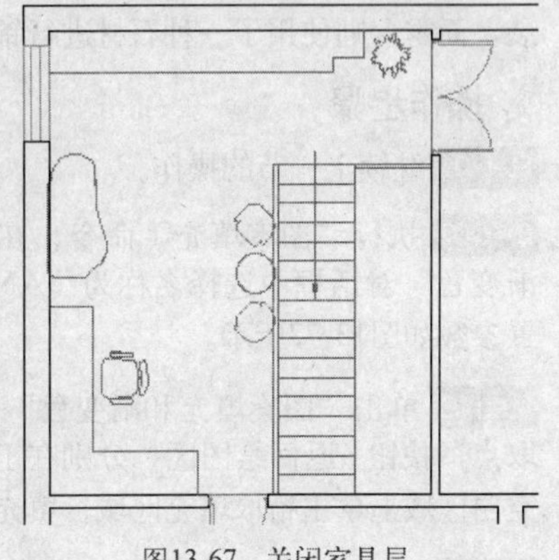

图13-67 关闭家具层

Step 05 单击“绘图”工具栏上的“图案填充”按钮，激活“图案填充”命令，在打开的“图案填充和渐变色”对话框中选择名称为“DOLMIT”的图案，并设置“角度”为0°、“比例”为15，其他设置默认。

Step 06 单击“图案填充和渐变色”对话框中的“添加:拾取点”按钮，返回绘图区，在书房地面空白区域上单击，拾取填充区域，填充区域以虚线显示。

Step 07 按Enter键返回到“图案填充和渐变色”对话框，单击 确定 按钮，为书房地面填充实木地面图案，结果如图13-68所示。

Step 08 取消“家具层”的隐藏状态，效果如图13-69所示。

Step 09 依照步骤4~7的操作，执行“多段线”命令，沿主卧家具边缘绘制轮廓线，然后将“家具层”隐藏，并使用相同的图案和设置对主卧地面进行填充，填充结果如图13-70所示。

图13-68　填充图案

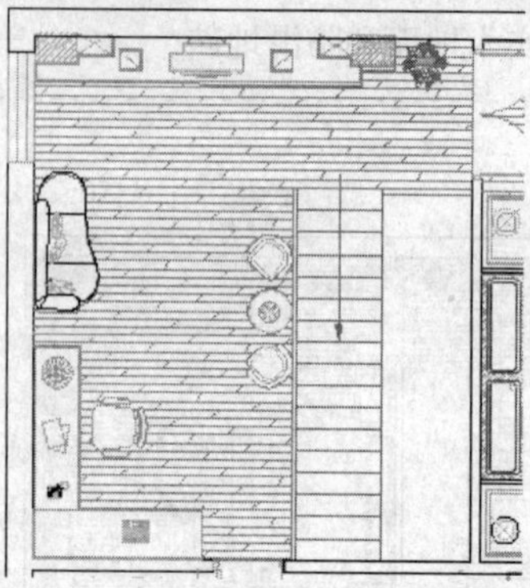

图13-69　显示“家具层”后的效果

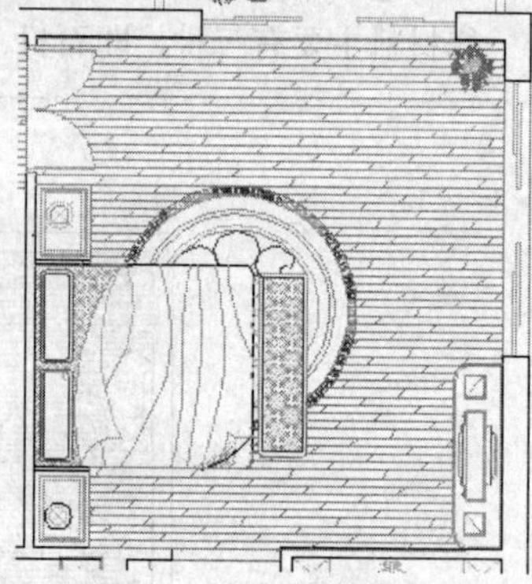

图13-70　填充主卧地面

Step 10 依照步骤4~7的操作，执行“多段线”命令，沿南卧家具边缘绘制轮廓线，然后将“家具层”隐藏，并使用相同的图案，设置图案的“角度”为90°，其他设置默认，对南卧和衣帽间地面进行填充，填充结果如图13-71所示。

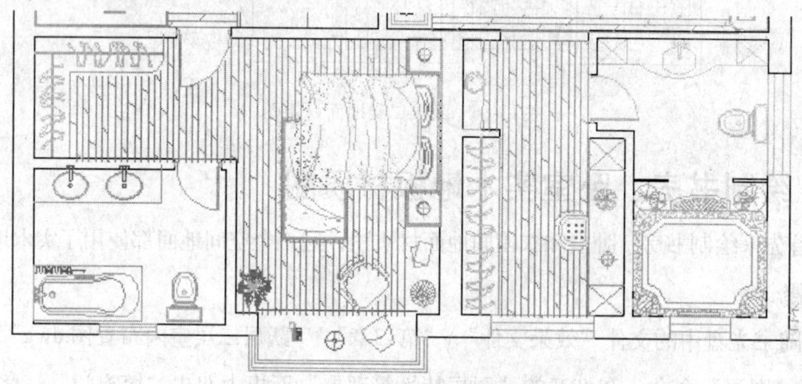

图13-71　填充南卧和衣帽间地面

13.3.2　绘制卫生间、阳台和露台地面材质图

下面继续绘制卫生间、阳台和露台地面材质图，卫生间和阳台地面使用了防滑地砖进行铺装，而露台则使用了一种石材进行铺装。

操作步骤

Step 01 继续上一节的操作。

Step 02 执行“图案填充”命令，在打开的“图案填充和渐变色”对话框中选择名称为“ANGLE”的图案，并设置参数如图13-72所示。

Step 03 单击“图案填充和渐变色”对话框中的“添加:拾取点”按钮返回绘图区，分别在卫生间地面和阳台地面空白区域上单击拾取填充区域，填充区域以虚线显示。

Step 04 按Enter键回到“图案填充和渐变色”对话框，单击 确定 按钮，为这些区域填充防滑地砖图案，填充结

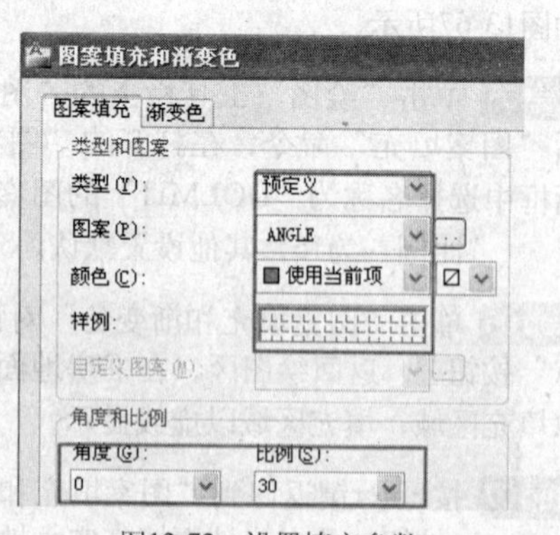

图13-72　设置填充参数

果如图13-73所示。

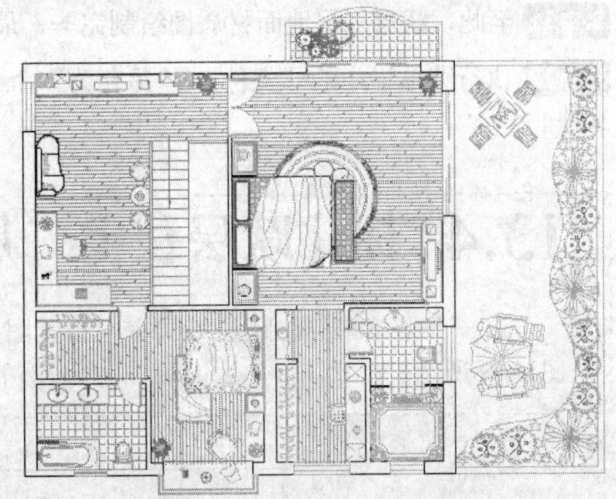

图13-73 填充防滑地砖图案

Step 05 下面填充露台地面石材。执行菜单栏中的“格式”|“线型”命令，在打开的“线型管理器”对话框中加载名称为“DOT”的线型，设置线型比例为100，并将该线型设置为当前线型，如图13-74所示。

Step 06 依照前面的操作，使用“多段线”命令沿楼台图块边缘绘制闭合的多段线，然后将“家具层”暂时隐藏。

Step 07 执行“图案填充”命令，在打开的“图案填充和渐变色”对话框中设置该参数如图13-75所示。

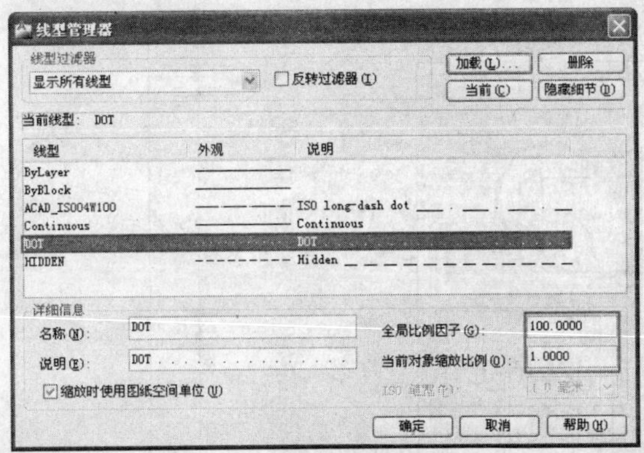

图13-74 加载线型并设置线型比例

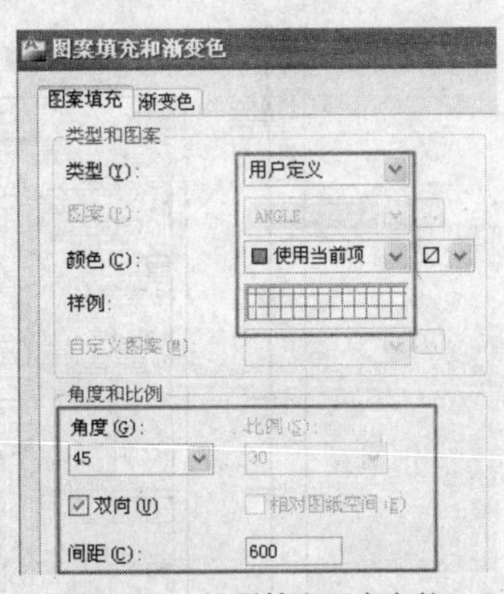

图13-75 设置填充图案参数

Step 08 单击“图案填充和渐变色”对话框中的“添加:拾取点”按钮返回绘图区，在露台空白区域上单击拾取填充区域。

Step 09 按Enter键回到“图案填充和渐变色”对话框，单击确定按钮，为露台填充图案，填充结果如图13-76所示。

Step 10 继续执行“图案填充”命令，选择“用户定义”图案，设置“角度”为45、设置“间距”为200，取消勾选“双向”复选框，再次对露台进行填充，填充结果如图13-77所示。

图13-76 填充露台

图13-77 再次填充露台

Step 11 至此，跃层二层地面材质图绘制完毕，最终结果如图13-66所示。

Step 12 执行菜单栏中的“文件”|“另存为”命令，将该图形存储为“跃层二层地面材质图.dwg”文件。

13.4 标注跃层住宅二层室内布置图

这一节继续来标注跃层二层室内布置图尺寸、材质注解和墙面投影等，其标注结果如图13-78所示。

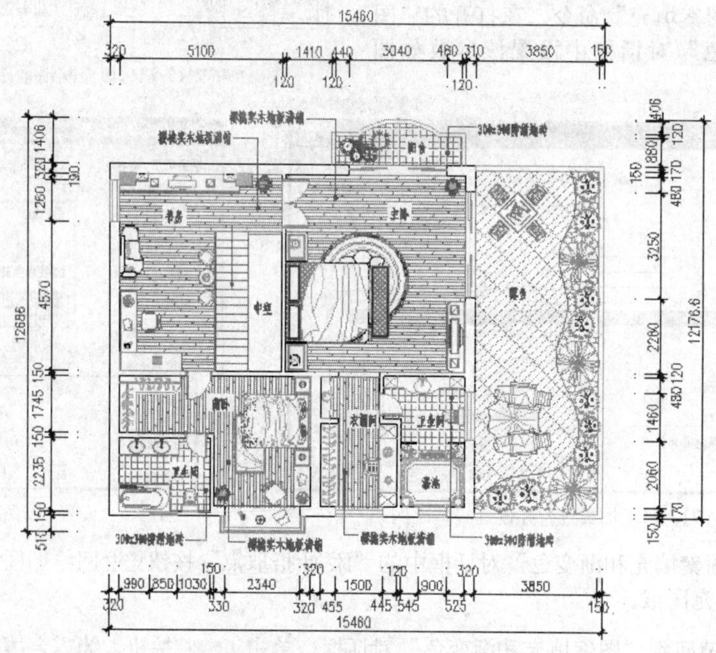

图13-78 标注跃层二层室内布置图

13.4.1 标注房间功能和材质注释

这一节首先来标注跃层二层室内布置图房间功能和材质注释。

操作步骤

Step 01 打开上一节所存储的“跃层二层地面材质图.dwg”文件。

Step 02 执行菜单栏中的“格式”|“图层”命令，在打开的“图层特性管理器”面板中双击“文本层”，将其设置为当前图层。

Step 03 单击“样式”工具栏上的“文字样式”按钮，在打开的“文字样式”对话框中设置“仿宋体”为当前文字样式。

Step 04 执行菜单栏中的“绘图”|“文字”|“单行文字”命令，在命令行“指定文字的起点或[对正(J)/样式(S)]:”提示下，在左上角的书房内适当位置单击，拾取一点作为文字的起点。

Step 05 继续在命令行“指定高度<2.5>:”提示下，输入260并按Enter键，将当前文字的高度设置为260个绘图单位。

Step 06 在命令行“指定文字的旋转角度<0.00>:”提示下，按Enter键，此时绘图区会出现一个单行文字输入框，如图13-79所示。

Step 07 在单行文字输入框内输入“书房”字样，然后按两次Enter键结束操作，完成对该房间功能的标注，结果如图13-80所示。

图13-79 单行文字输入框

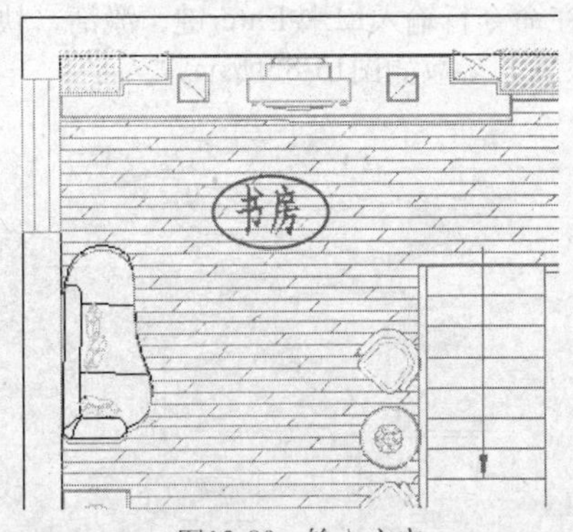

图13-80 输入文字

Step 08 激活“复制”命令，将书房中的文字复制到其他各房间内，然后执行菜单栏中的“修改”|“对象”|“文字”|“编辑”命令，在命令行“选择注释对象或[放弃(U)]”提示下，单击南卧中的文字，文字处于选择状态，如图13-81所示。

Step 09 修改该文字内容为“南卧”，然后按Enter键确认，文字内容被修改，如图13-82所示。

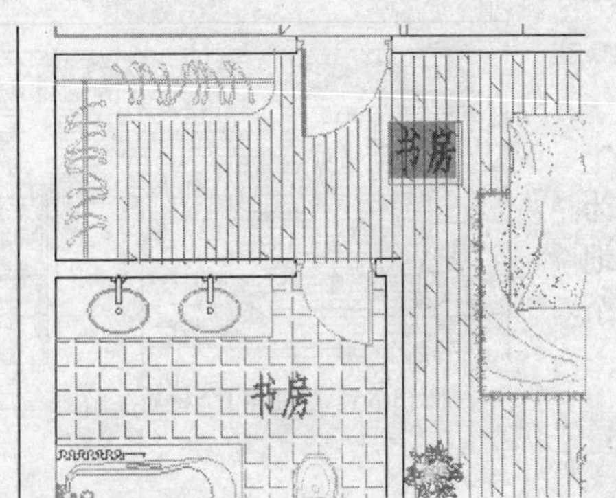

图13-81 选择文字

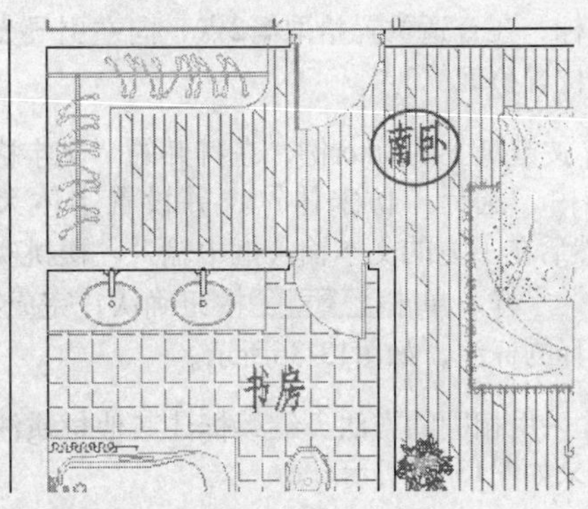

图13-82 修改文字内容

Step 10 继续在命令行“选择注释对象或[放弃(U)]”提示下，分别修改其他房间的文字内容，完成对房间功能的标注。

Step 11 下面继续对文字注释与填充图案进行编辑。在无任何命令执行的情况下，单击书房地面的填充图案使其夹点显示并右击，选择快捷菜单中的“图案填充编辑”命令。

Step 12 在打开的“图案填充编辑”对话框中单击右下角的“更多选项”按钮展开其他选项。

Step 13 在“孤岛”选项组下勾选“外部”复选框，然后单击“添加:选择对象”按钮返回到绘图区，在命令行“选择对象或[拾取内部点(K)/删除边界(B)]:”提示下，选择书房中的“书房”文字对象。

Step 14 按Enter键，返回到“图案填充编辑”对话框，单击[确定]按钮确认，结果被选择文字对象区域的图案被删除，如图13-83所示。

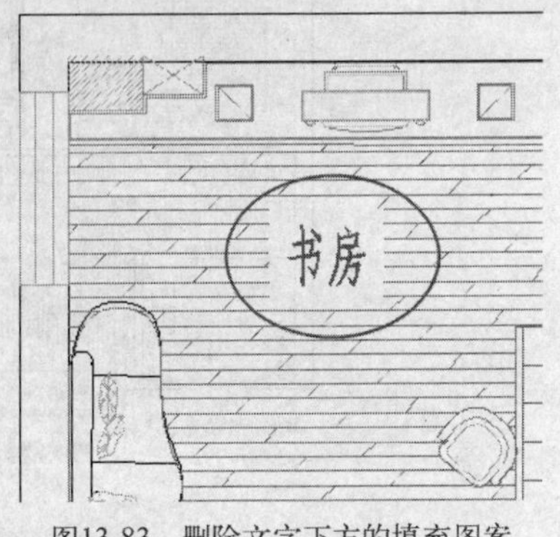

图13-83 删除文字下方的填充图案

Step 15 采用相同的方法，分别对其他房间地面的填充图案进行编辑，将文字下方的填充图案删除，结果如图13-84所示。

Step 16 下面来标注地面材质注解。在“线型控制”下拉列表中将线型设置为随层。

Step 17 在命令行输入LE按Enter键，激活“快速引线”命令，输入S按Enter键打开“引线设置”对话框，设置其参数如图13-85所示。

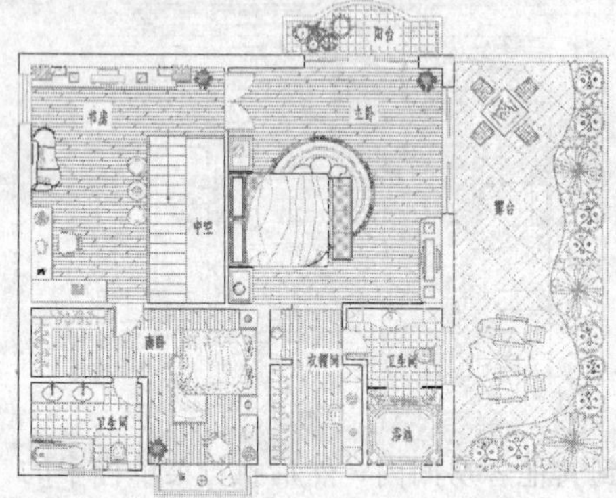

图13-84　编辑其他填充图案

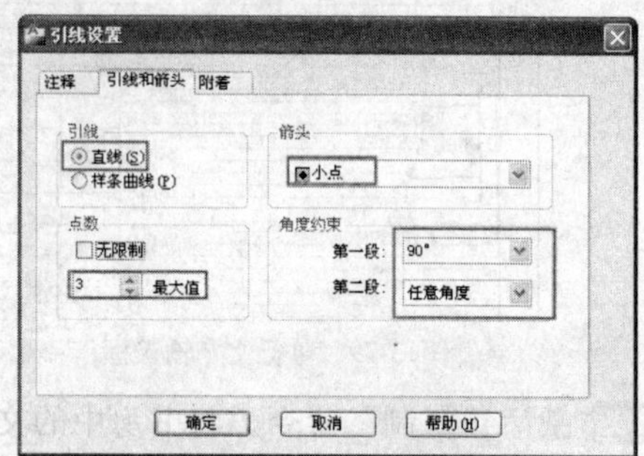

图13-85　设置引线参数

Step 18 单击 确定 按钮关闭该对话框并返回到绘图区，在书房地面图案上单击鼠标拾取一点，向上引导光标，在合适位置拾取第2点，向左引导光标，在合适位置拾取第3点。

Step 19 按键盘上的Enter键，在打开的“文字格式”编辑器中，选择“仿宋体”，并设置字体大小为300，然后在下方的文本输入框中输入“樱桃实木地板满铺”字样，单击 确定 按钮确认，完成第1个材质注释的标注，如图13-86所示。

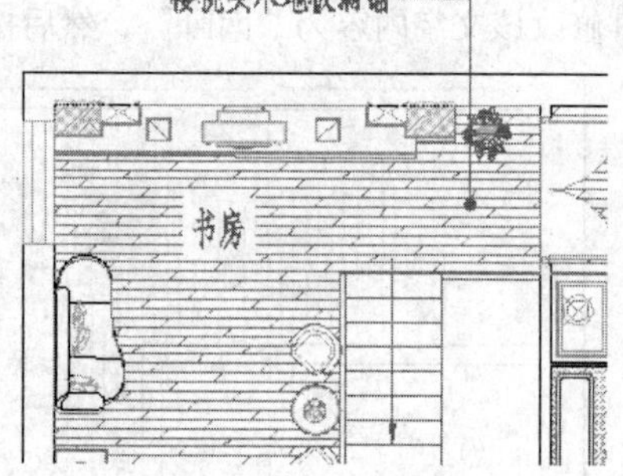

图13-86　标注第1个材质注解

Step 20 采用相同的方法，继续标注其他材质注释，标注结果如图13-87所示。

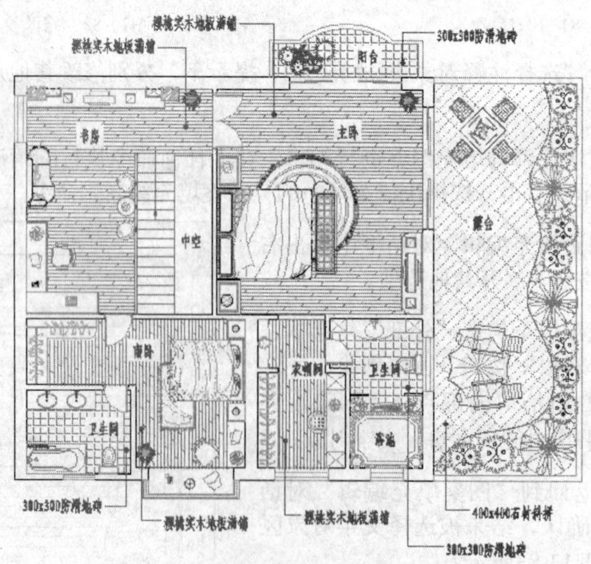

图13-87　标注材质注释

至此，跃层二层房间功能和材质注解标注完毕，下一节将标注跃层二层室内布置图墙面投影符号和尺寸。

13.4.2 标注室内布置图尺寸

这一节继续来标注跃层二层室内布置图尺寸。

操作步骤

Step 01 继续上一节的操作。

Step 02 在“图层控制”下拉列表中，设置“尺寸层”为当前图层。

Step 03 执行菜单栏中的“绘图”|“构造线”命令，配合捕捉功能在布置图四周绘制构造线，然后将构造线向外偏移1000个绘图单位作为尺寸定位线。

Step 04 执行菜单栏中的“格式”|“标注样式”命令，将“建筑标注”设置为当前样式，同时修改标注比例为100。

Step 05 单击“标注”工具栏上的按钮，在命令行“指定第一条延伸线原点或<选择对象>:”提示下，由如图13-88所示的点向下引出追踪线，捕捉追踪线与辅助线的交点作为标注界线的起点。

Step 06 在命令行“指定第二条延伸线原点:”提示下，由如图13-89所示的点向下引出追踪线，捕捉追踪线与辅助线的交点作为标注界线的端点。

Step 07 在命令行“指定尺寸线位置或[多行文字(M)/文字(T)/角度(A)/水平(H)/垂直(V)/旋转(R)]:”提示下，向下移动光标，输入800并按Enter键，标注第1个尺寸线，如图13-90所示。

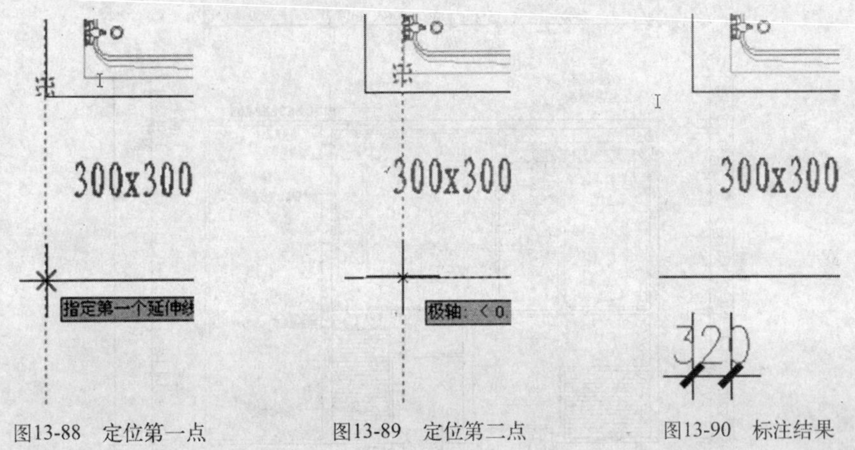

图13-88 定位第一点　　图13-89 定位第二点　　图13-90 标注结果

Step 08 单击“标注”工具栏上的“连续”按钮，激活“连续”命令，在命令行“指定第二条延伸线原点或[放弃(U)/选择(S)]<选择>:”提示下，分别捕捉其他点标注连续尺寸，结果如图13-91所示。

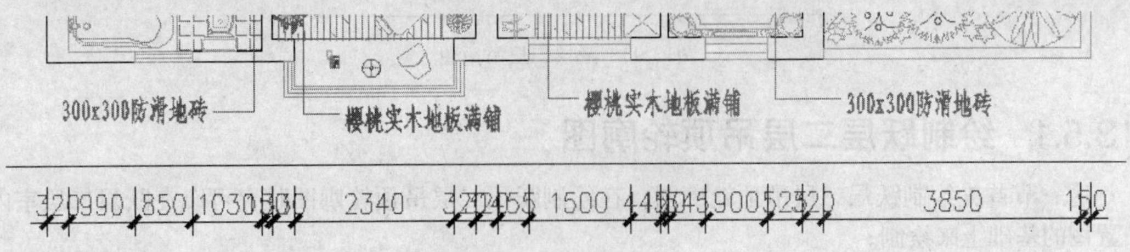

图13-91 标注连续尺寸

Step 09 单击“标注”工具栏上的“编辑标注文字”按钮，激活“编辑标注文字”命令，对重叠的尺寸标注进行调整，使用“线性”标注命令标注总尺寸，结果如图13-92所示。

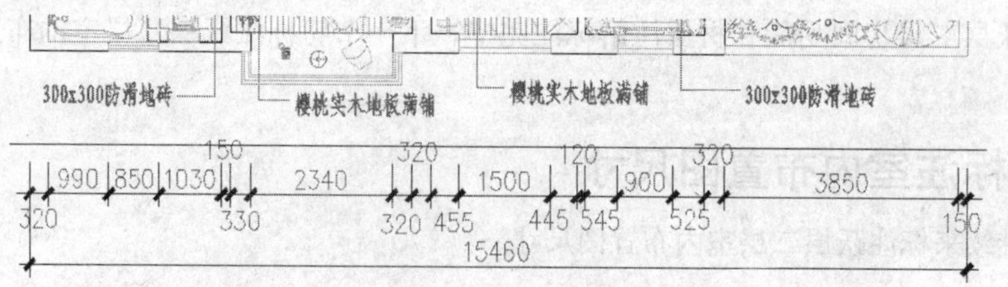

图13-92 编辑标注尺寸并标注总尺寸

Step 10 采用相同的方法，综合使用“线性”和“连续”命令，并配合捕捉与追踪功能，分别标注平面图其他侧面尺寸。

Step 11 使用命令简写E激活“删除”命令，删除尺寸定位辅助线，完成跃层二层室内布置图尺寸的标注。

Step 12 至此，标注跃层二层室内布置图的操作完成，结果如图13-78所示。

Step 13 使用“另存为”命令，将该图形另存为“标注跃层二层室内布置图.dwg”文件。

13.5 绘制跃层住宅二层吊顶图

这一节来绘制如图13-93所示的跃层住宅二层吊顶图。

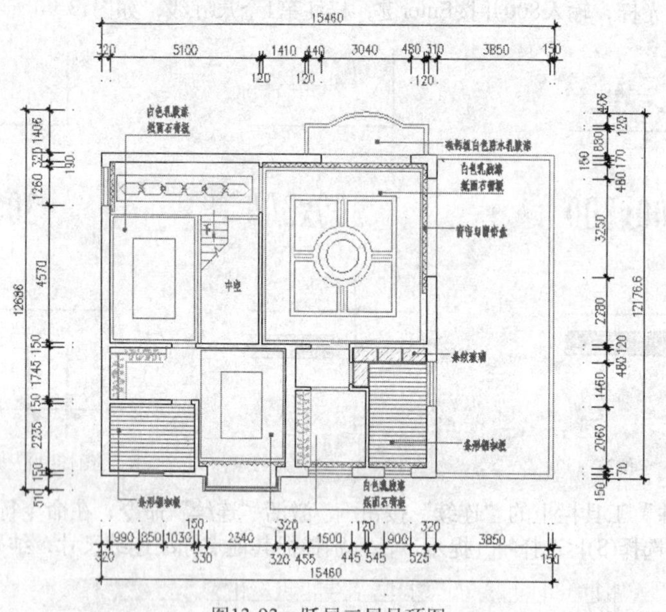

图13-93 跃层二层吊顶图

13.5.1 绘制跃层二层吊顶轮廓图

这一节首先绘制跃层二层吊顶轮廓图，在绘制跃层二层吊顶轮廓图时，可以在跃层二层室内布置图的基础上来绘制。

操作步骤

Step 01 打开随书光盘中的文件“效果文件”\“第13章”\“标注跃层二层室内布置图.dwg”，作为当前图形文件。

Step 02 将“尺寸层”暂时隐藏，执行菜单栏中的“工具”|“快速选择”命令，在打开的“快速选择”对话框中设置各参数如图13-94所示。

Step 03 单击 确定 按钮确认，将室内布置图中的所有文字注释全部选择，然后按键盘上的Delete键将所选对象全部删除。

Step 04 采用相同的方法将“填充层”中的内容删除，然后在无任何命令执行的前提下，选择平面图中的单开门、双开门、推拉门以及部分家具图块，按Delete键将其删除，平面图效果如图13-95所示。

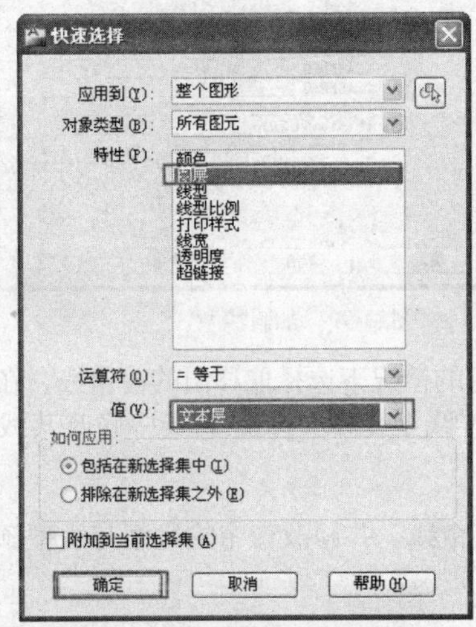

图13-94 设置“快速选择”参数

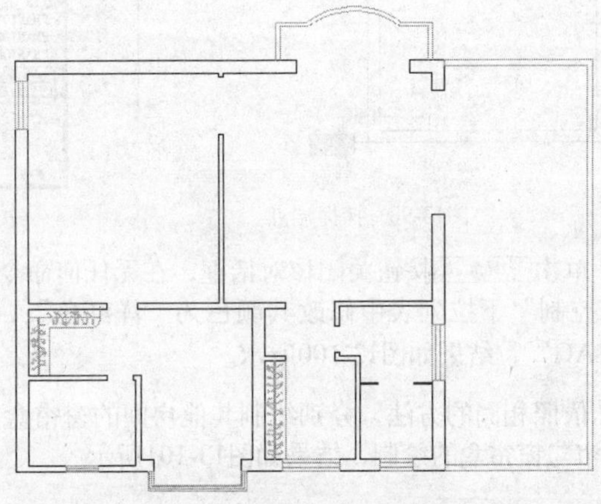

图13-95 删除图块后的平面图

Step 05 继续在无任何命令执行的情况下，选择平面布置图中的窗线、阳台线等，在“图层控制”下拉列表中选择“吊顶层”，将对象放入该层，效果如图13-96所示。

Step 06 在“图层控制”下拉列表中，将“吊顶层”设置为当前图层，然后激活“多段线”命令，配合“端点”捕捉功能，绘制各房间门洞的过梁底线以及楼梯吊顶轮廓线，结果如图13-97所示。

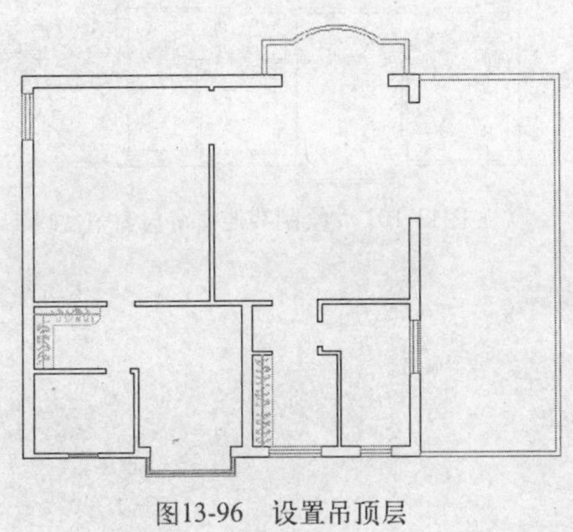

图13-96 设置吊顶层

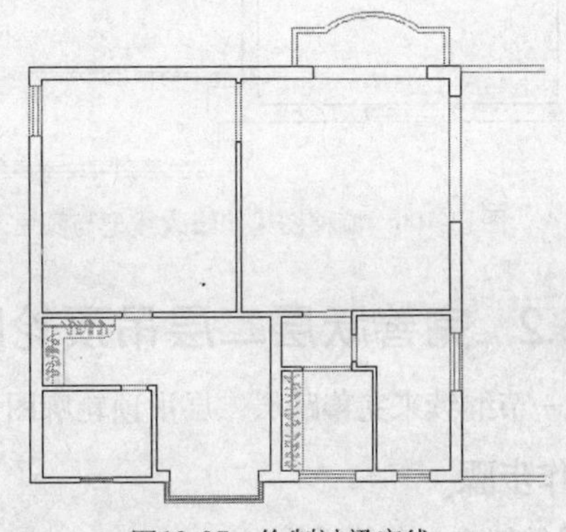

图13-97 绘制过梁底线

Step 07 激活“直线”命令，配合“端点”捕捉功能与“自”功能绘制南卧窗帘盒轮廓线，命令行操作如下。

```
命令: _line
    指定第一点:                    //激活“自”功能，捕捉如图13-98所示的端点
    _from 基点: <偏移>:            //@0,150 Enter
    指定下一点或 [放弃(U)]:        //向右引导光标，捕捉追踪线与右墙线的交点
    指定下一点或 [放弃(U)]:        // Enter
```

Step 08 激活“偏移”命令，将绘制的窗帘盒轮廓线向内偏移75个绘图单位作为窗帘线。

Step 09 执行菜单栏中的“格式”|“线型”命令，在打开的“线型管理器”对话框中单击 加载(L)... 按钮，然后在打开的“加载或重载线型”对话框中选择如图13-99所示的线型。

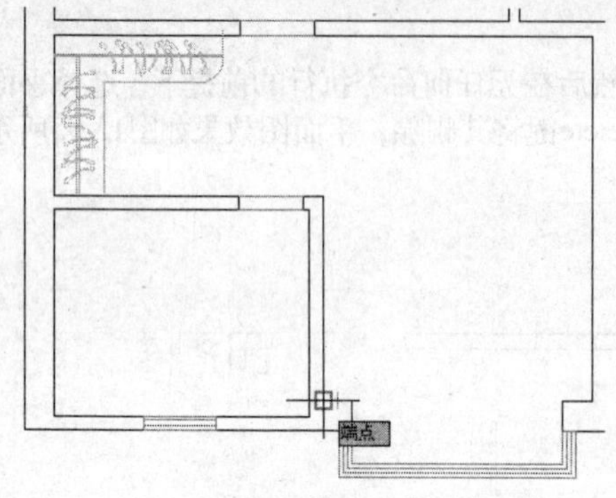

图13-98 捕捉端点

加载或重载线型

文件(F)... acadiso.lin

可用线型

线型	说明
JIS_09_08	2SASEN8
JIS_09_15	2SASEN15
JIS_09_29	2SASEN29
JIS_09_50	2SASEN50
PHANTOM	Phantom
PHANTOM2	Phantom (.5x)
PHANTOMX2	Phantom (2x)
TRACKS	Tracks
ZIGZAG	Zig zag

确定 取消 帮助(H)

图13-99 加载线型

Step 10 单击 确定 按钮关闭该对话框，在无任何命令执行的情况下选择偏移出的窗帘线，在“线型颜色控制”下拉列表中修改其颜色为“洋红色”，在“线型控制”下拉列表中修改其线型为“ZIGZAG”，结果如图13-100所示。

Step 11 依照相同的方法，分别绘制其他房间的窗帘盒与窗帘线，并修改窗帘的线型与线型颜色，完成窗帘与窗帘盒的绘制，结果如图13-101所示。

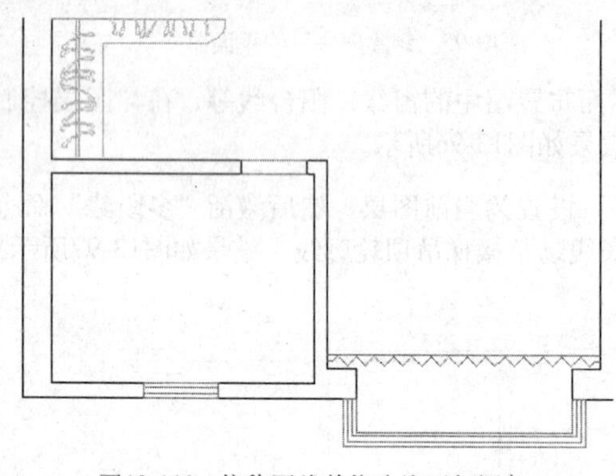

图13-100 偏移图线并修改线型与颜色

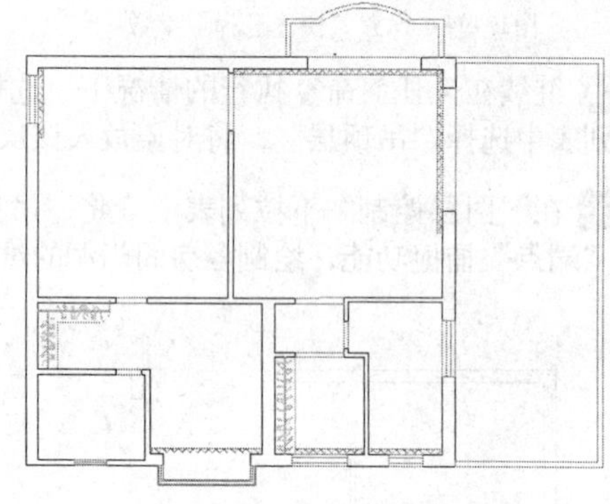

图13-101 绘制其他窗帘与窗帘盒线

13.5.2 完善跃层二层吊顶轮廓图

这一节继续来完善跃层二层吊顶轮廓图。

操作步骤

Step 01 继续上一节的操作。

Step 02 激活“直线”命令，配合“自”功能绘制楼梯位置的吊顶线，命令行操作如下。

```
命令: _line
    指定第一点:                    //激活“自”功能，捕捉如图13-102所示的端点
    _from 基点: <偏移>:            //@0,-120 Enter
    指定下一点或 [放弃(U)]:        //向左引导光标，捕捉追踪线与左墙线的交点
    指定下一点或 [放弃(U)]:        // Enter
```

Step 03 继续激活“直线”命令，配合“自”功能绘制楼梯位置的另一条吊顶线，命令行操作如下。

```
命令: _line
    指定第一点:                     //激活"自"功能，捕捉如图13-103所示的端点
    _from 基点: <偏移>:             //@73, 0 Enter
    指定下一点或 [放弃(U)]:          //向上引导光标，捕捉追踪线与上楼梯吊顶线的交点
    指定下一点或 [放弃(U)]:          // Enter
```

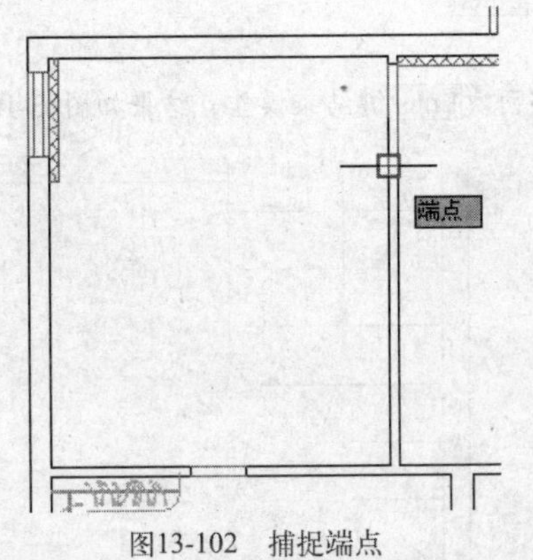

图13-102　捕捉端点

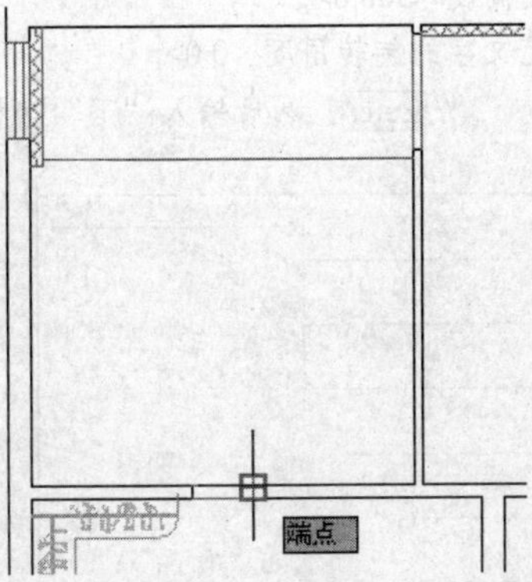

图13-103　捕捉端点

Step 04 激活“偏移”命令，将水平吊顶线向下偏移120个绘图单位，将垂直吊顶线向右偏移120个绘图单位，然后使用“直线”命令绘制楼梯轮廓，如图13-104所示。

Step 05 继续使用“直线”命令绘制楼梯台阶轮廓，台阶距离为250个绘图单位，激活“修剪”命令，对楼梯线进行修剪，结果如图13-105所示。

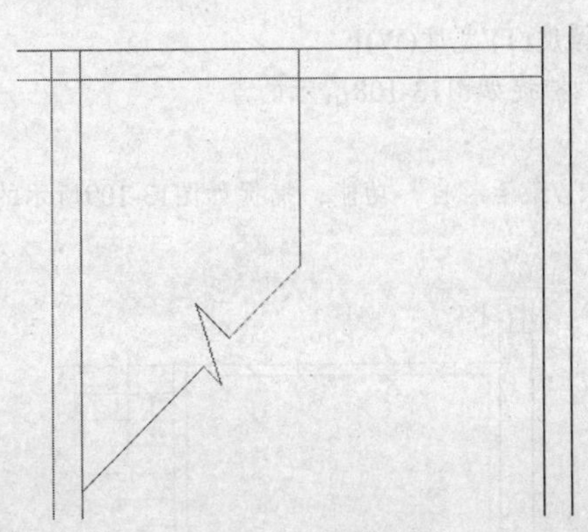

图13-104　绘制楼梯线

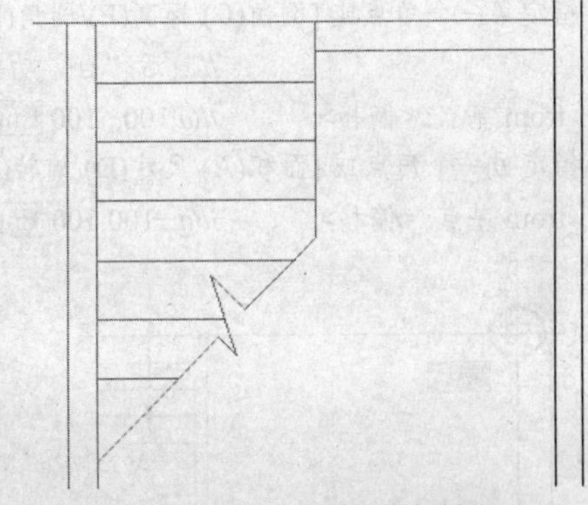

图13-105　完善并修剪楼梯线

Step 06 激活“多段线”命令，绘制楼梯走向指示线，并输入相关文字，命令行操作如下。

```
命令: _pline
    指定起点:                   //在楼梯上方位置拾取一点
    当前线宽为 0.5
    指定下一个点或 [圆弧(A)/半宽(H)/长度(L)/放弃(U)/宽度(W)]:
                                //向下引导光标，在合适位置拾取另一点
    指定下一点或 [圆弧(A)/闭合(C)/半宽(H)/长度(L)/放弃(U)/宽度(W)]:      //W Enter
    指定起点宽度 <0.5>:         //50 Enter
    指定端点宽度 <50.0>:        //0 Enter
    指定下一点或 [圆弧(A)/闭合(C)/半宽(H)/长度(L)/放弃(U)/宽度(W)]:
                                //向下引导光标，在合适位置拾取一点
```

11 Chapter
12 Chapter
13 Chapter
14 Chapter
15 Chapter
16 Chapter

指定下一点或 [圆弧(A)/闭合(C)/半宽(H)/长度(L)/放弃(U)/宽度(W)]:
//Enter，结束操作，结果如图13-106所示

命令: _text
当前文字样式: “仿宋体” 文字高度: 300.0 注释性: 否
指定文字的起点或 [对正(J)/样式(S)]: //在楼梯合适位置拾取一点
指定高度 <300.0>: //300 Enter
指定文字的旋转角度 <0.0>:
// Enter，然后输入“下”字样，按两次Enter键结束操作，结果如图13-107所示

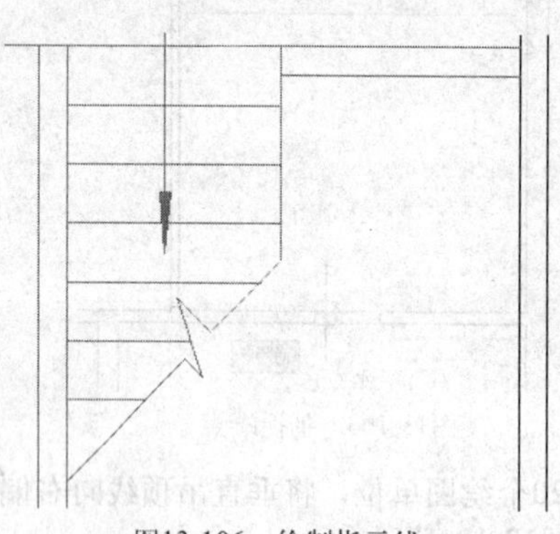
图13-106 绘制指示线

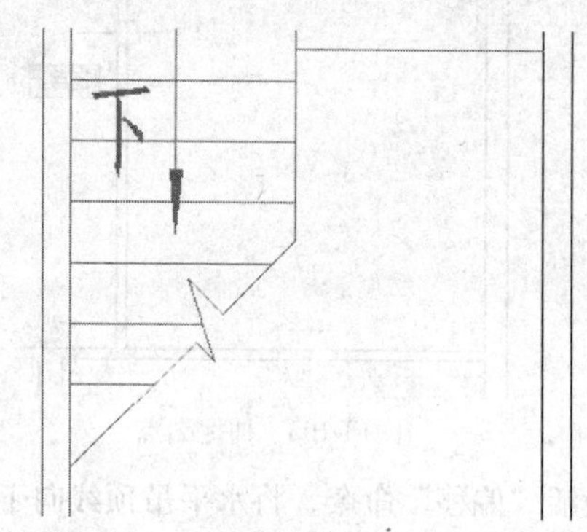

图13-107 输入文字

Step 07 激活“矩形”命令，配合“自”功能，在书房吊顶位置绘制矩形吊顶，命令行操作如下。

命令: _rectang
指定第一个角点或 [倒角(C)/标高(E)/圆角(F)/厚度(T)/宽度(W)]:
//激活“自”功能，捕捉如图13-108所示的点
_from 基点: <偏移>: //@100,-100 Enter
指定另一个角点或 [面积(A)/尺寸(D)/旋转(R)]: //激活“自”功能，捕捉如图13-109所示的端点
_from 基点: <偏移>: //@-100,100 Enter

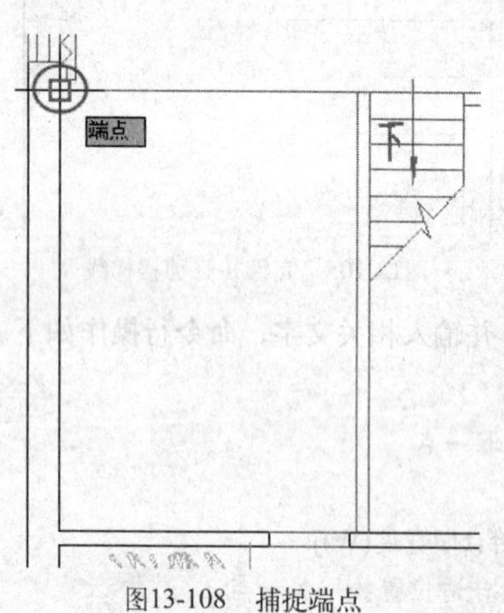

图13-108 捕捉端点

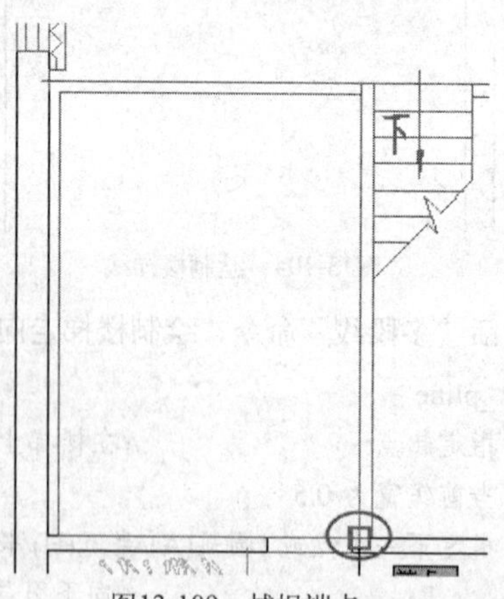

图13-109 捕捉端点

Step 08 激活“偏移”命令，将该矩形向内偏移700个绘图单位，然后依照相同的方法和参数设置，在南卧和主卧吊顶绘制矩形，并将南卧吊顶矩形向内偏移700个绘图单位，将主卧吊顶矩形向内偏移825个绘图单位，结果如图13-110所示。

Step 09 继续使用“偏移”命令将主卧吊顶矩形再次向内偏移975个绘图单位，然后修改该矩形的颜色为“洋红色”，如图13-111所示。

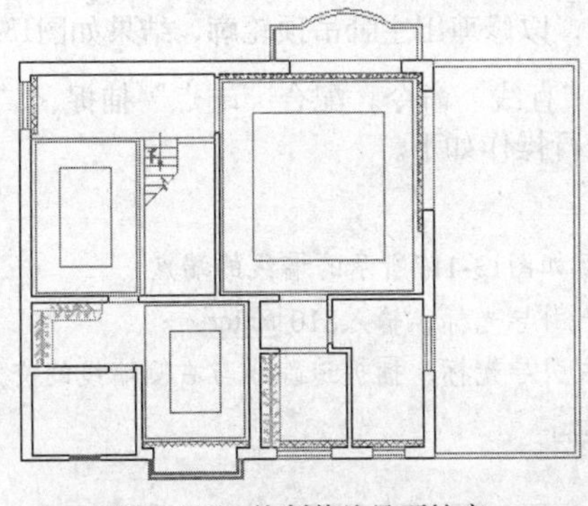
图13-110 绘制其他吊顶轮廓

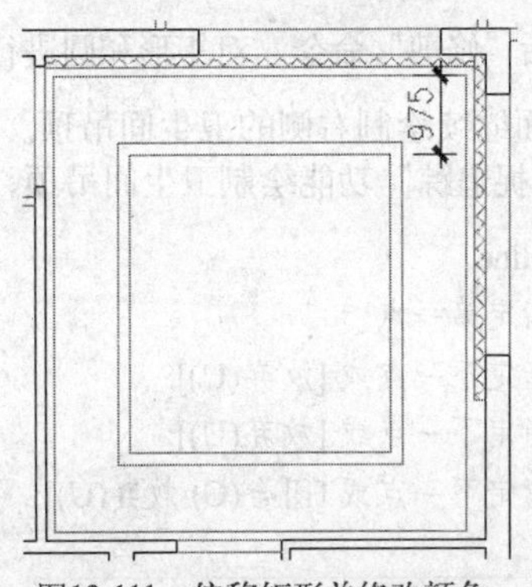

图13-111 偏移矩形并修改颜色

Step 10 激活“分解”命令，将主卧吊顶中的洋红色矩形分解，然后将其左垂直边向右偏移1470个绘图单位，将右垂直边向左偏移1470个绘图单位，将上水平边向下偏移1680个绘图单位，将下水平边向上偏移1680个绘图单位，结果如图13-112所示。

Step 11 继续使用“偏移”命令，再次将该矩形左垂直边向右偏移1590个绘图单位，将右垂直边向左偏移1590个绘图单位，将上水平边向下偏移1800个绘图单位，将下水平边向上偏移1800个绘图单位，然后修改偏移线的颜色为绿色，结果如图13-113所示。

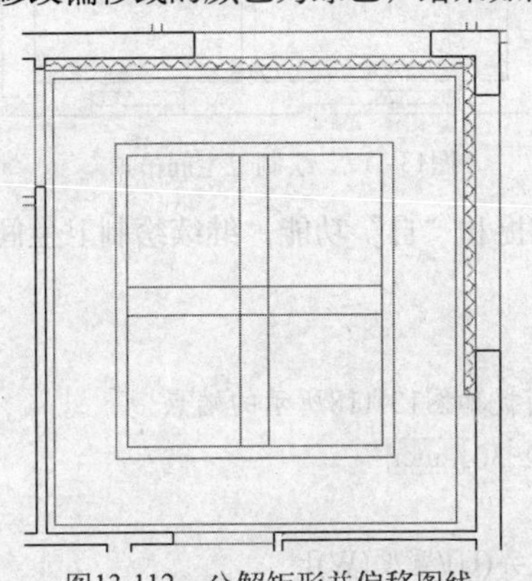
图13-112 分解矩形并偏移图线

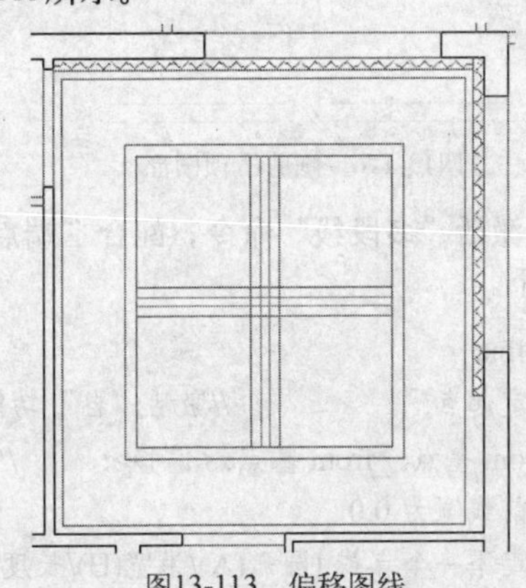
图13-113 偏移图线

Step 12 激活“圆”命令，配合“中点”捕捉和“对象捕捉追踪”功能，分别由矩形的水平边中点和垂直边中点引出追踪线，以追踪线的交点为圆心，绘制半径为1000的圆，并修改该圆的颜色为“洋红”色，结果如图13-114所示。

Step 13 继续激活“圆”命令，配合“圆心”捕捉功能，绘制半径分别为800和540的同心圆，然后修改半径为800的圆的颜色为绿色，修改半径为540的圆的颜色为200号颜色，结果如图13-115所示。

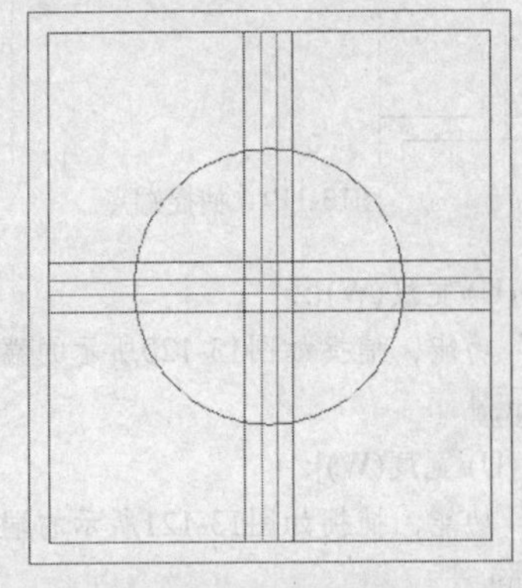
图13-114 绘制圆

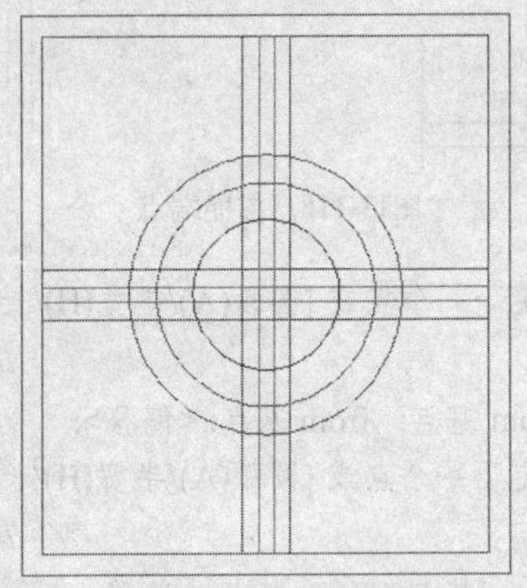
图13-115 绘制同心圆

Step 14 激活“修剪”命令，对矩形和圆进行修剪，以修剪出主卧吊顶轮廓，结果如图13-116所示。

Step 15 下面继续绘制右侧的卫生间吊顶。激活“直线”命令，配合“端点”捕捉、“交点”捕捉和“对象捕捉追踪”功能绘制卫生间吊顶，命令行操作如下。

```
命令: _line
    指定第一点:                          //捕捉如图13-117所示的墙线的端点
    指定下一点或 [放弃(U)]:              //向上引导光标，输入810 Enter
    指定下一点或 [放弃(U)]:              //向右引导光标，捕捉追踪线与右侧墙线的交点
    指定下一点或 [闭合(C)/放弃(U)]:      // Enter
```

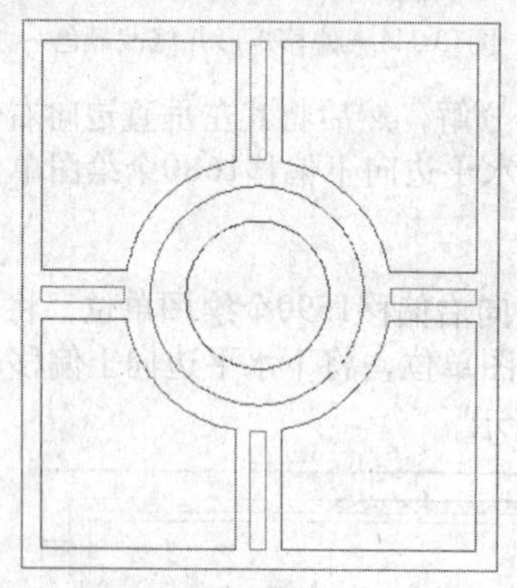

图13-116 修剪吊顶图形

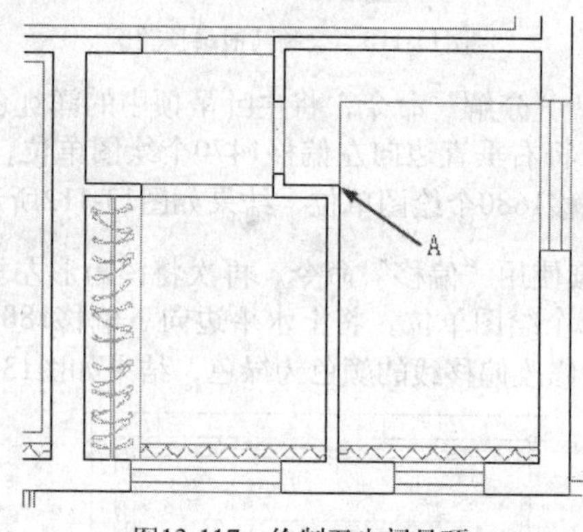

图13-117 绘制卫生间吊顶

Step 16 继续激活“多段线”命令，配合“端点”捕捉和“自”功能，继续绘制卫生间吊顶线，命令行操作如下。

```
命令: _pline
    指定起点:                  //激活“自”功能，捕捉如图13-118所示的端点
    _from 基点: _from 基点: <偏移>:        //@-30,-30 Enter
    当前线宽为 0.0
    指定下一个点或 [圆弧(A)/半宽(H)/长度(L)/放弃(U)/宽度(W)]:
                                //激活“自”功能，捕捉如图13-119所示的端点
    _from 基点: _from 基点: <偏移>:     //@30,-30 Enter
```

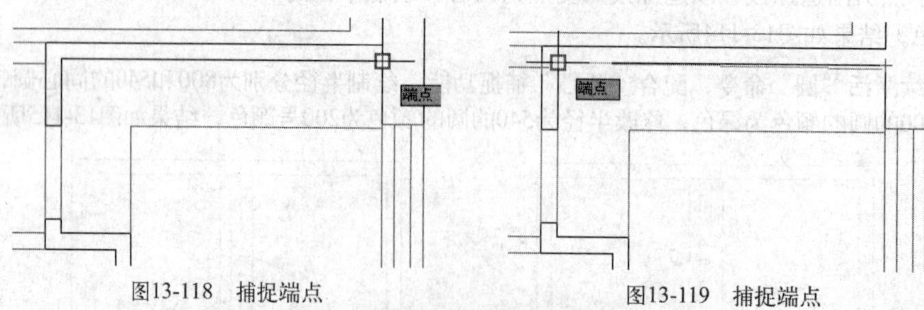

图13-118 捕捉端点　　图13-119 捕捉端点

```
    指定下一个点或 [圆弧(A)/半宽(H)/长度(L)/放弃(U)/宽度(W)]:
                                //激活“自”功能，捕捉如图13-120所示的端点
    _from 基点: _from 基点: <偏移>:     //@30,30 Enter
    指定下一个点或 [圆弧(A)/半宽(H)/长度(L)/放弃(U)/宽度(W)]:
                                //激活“自”功能，捕捉如图13-121所示的端点
    _from 基点: _from 基点: <偏移>:     //@-30,30 Enter
```

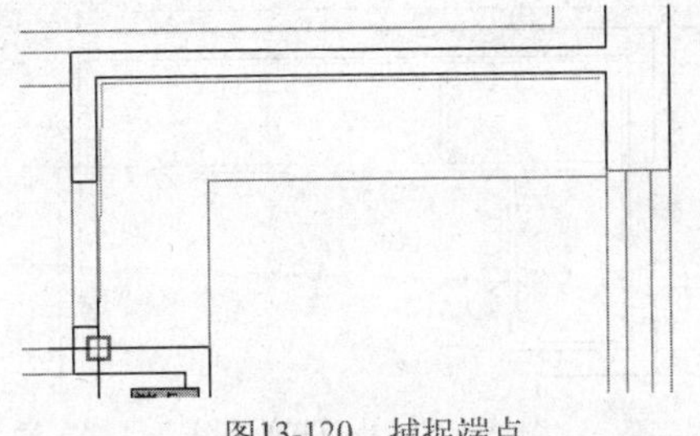

图13-120 捕捉端点

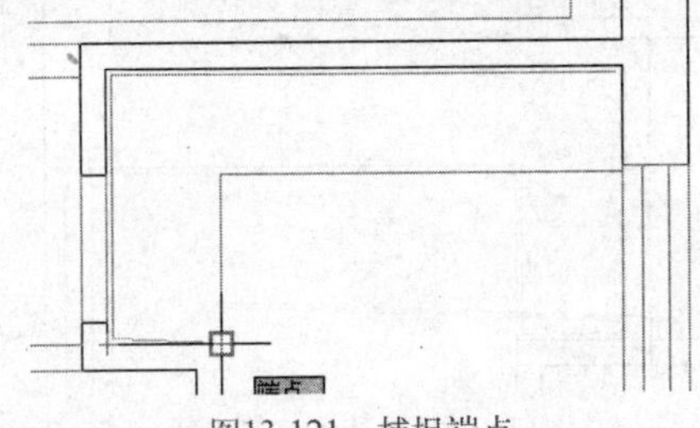

图13-121 捕捉端点

指定下一个点或 [圆弧(A)/半宽(H)/长度(L)/放弃(U)/宽度(W)]:
　　　　//激活 “自” 功能，捕捉如图13-122所示的端点
_from 基点: _from 基点: <偏移>:　　//@-30,30 Enter
指定下一个点或 [圆弧(A)/半宽(H)/长度(L)/放弃(U)/宽度(W)]:
　　　　//激活 “自” 功能，捕捉如图13-123所示的端点
_from 基点: _from 基点: <偏移>:　　//@-30,30 Enter

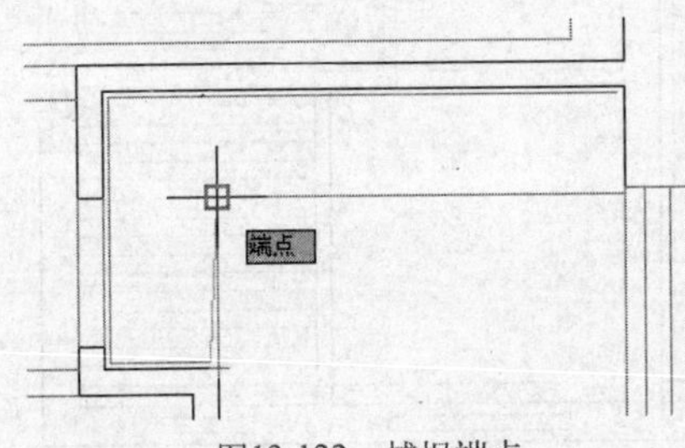

图13-122 捕捉端点

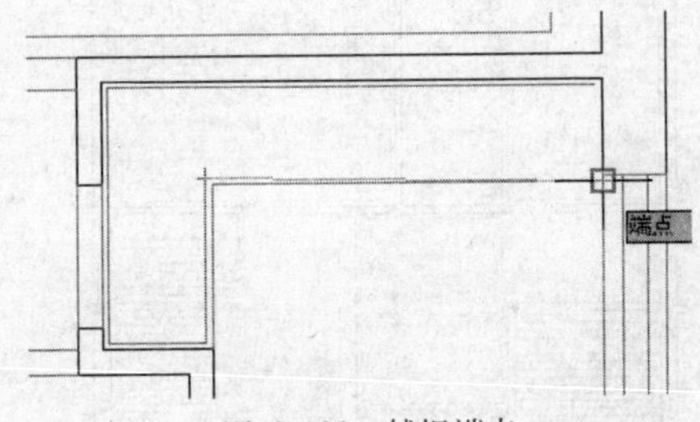

图13-123 捕捉端点

指定下一点或 [圆弧(A)/闭合(C)/半宽(H)/长度(L)/放弃(U)/宽度(W)]:
　　　　//C Enter，闭合图形，结果如图13-124所示

Step 17 激活“直线”命令，配合“自”功能绘制直线，命令行操作如下。

命令: _line
指定第一点:　　//激活 “自” 功能，捕捉如图13-125所示的端点A
_from 基点: <偏移>:　　//@-800,0 Enter
指定下一点或 [放弃(U)]:　　//向下引导光标，捕捉追踪线以下水平边的交点
指定下一点或 [放弃(U)]:　　// Enter

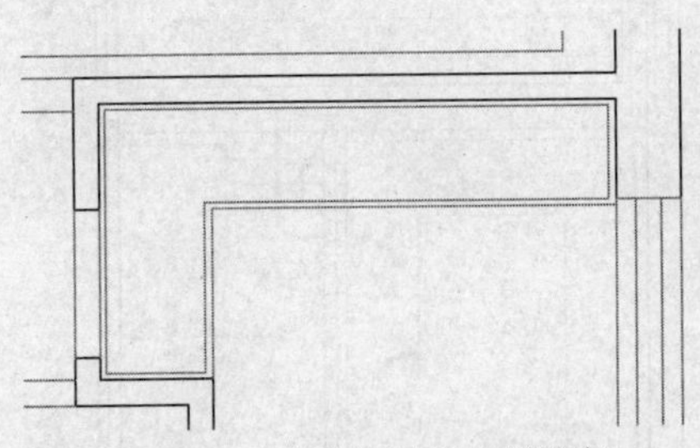

图13-124 绘制卫生间吊顶轮廓

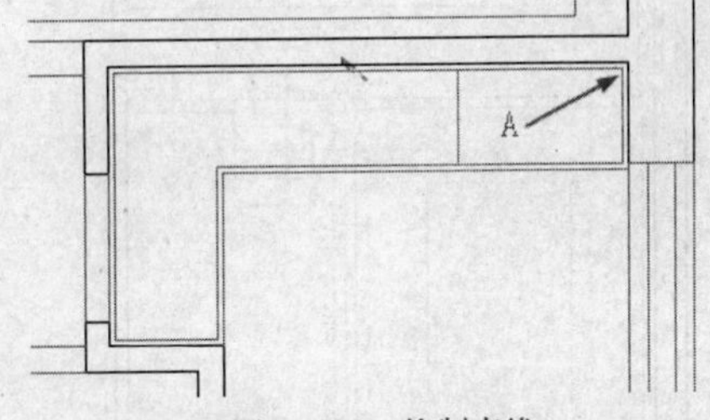

图13-125 绘制直线

Step 18 激活“偏移”命令，将绘制的直线向左偏移30个绘图单位，然后使用“复制”命令，将两条直线向左复制830个绘图单位，结果如图13-126所示。

Step 19 继续使用“直线”命令，配合对象捕捉追踪功能，补画其他两条直线，完成卫生间吊顶图的绘制，结果如图13-127所示。

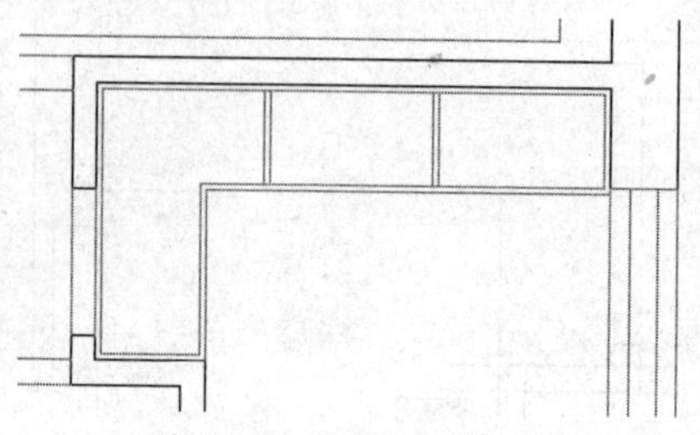

图13-126 偏移和复制直线

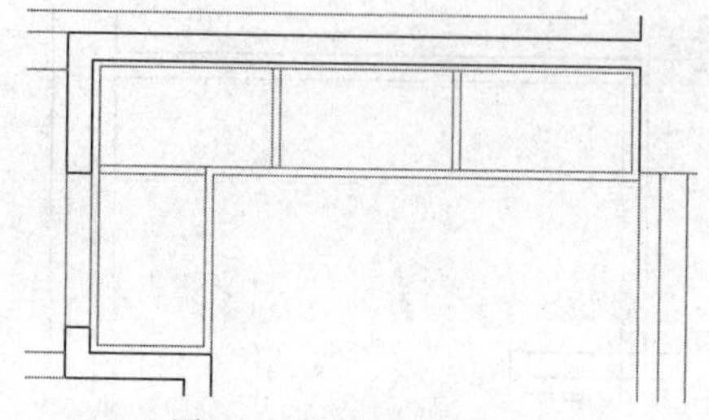

图13-127 补画其他直线

Step 20 下面填充吊顶图。激活“图案填充”命令，选择“用户定义”图案类型，设置“间距”为150，其他设置默认，对两个卫生间吊顶进行填充，如图13-128所示。

Step 21 设置当前颜色为151号颜色，再次激活“图案填充”命令，选择名称为“ANSI32”的图案类型，设置“比例”为30，其他设置默认，继续对右侧卫生间吊顶进行填充，结果如图13-129所示。

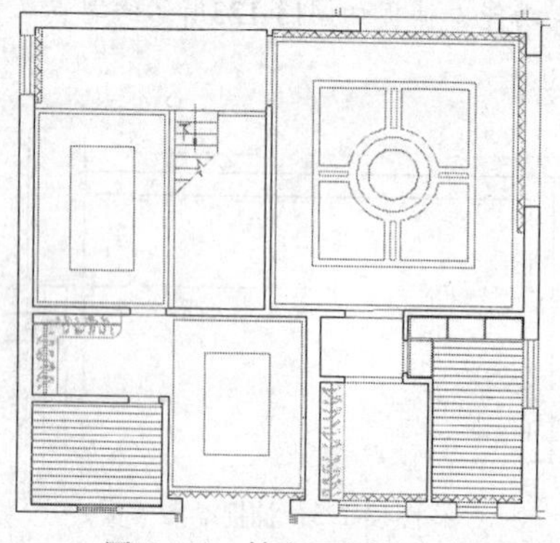

图13-128 填充卫生间吊顶

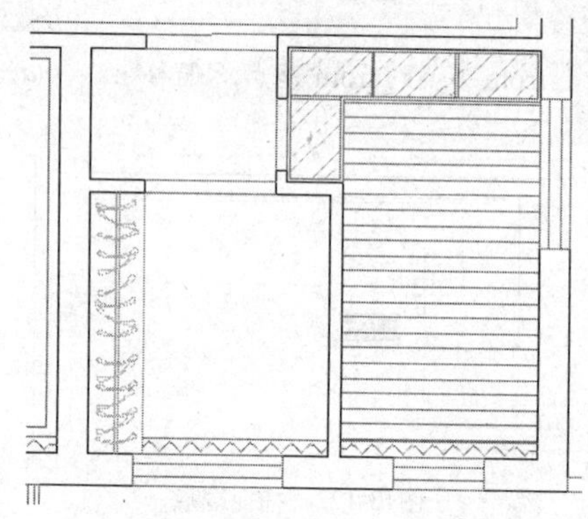

图13-129 继续填充卫生间吊顶

Step 22 激活“插入”命令，配合“端点”捕捉和“自”功能，将随书光盘中的文件“图块文件”\“跃层二层门厅吊顶.dwg”插入到门厅吊顶位置，命令行操作如下。

```
命令: _insert
    指定插入点或 [基点(B)/比例(S)/旋转(R)]:
                            //激活“自”功能，捕捉如图13-130所示的端点
    _from 基点: <偏移>:      //@-235,-430 Enter，插入结果如图13-131所示
```

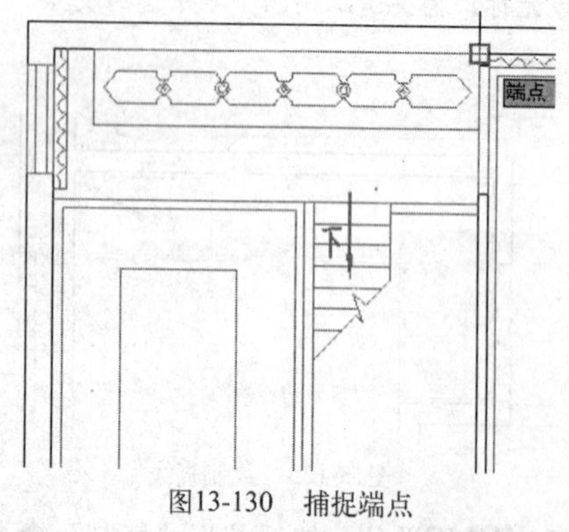

图13-130 捕捉端点

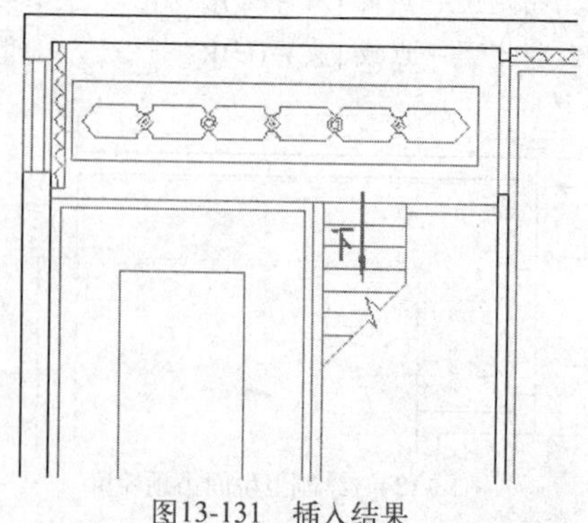

图13-131 插入结果

13.5.3 标注吊顶图尺寸和材质注释

这一节继续来标注跃层二层吊顶图尺寸和材质注释。

✎ 操作步骤

Step 01 继续上一节的操作。

Step 02 在“图层控制”下拉列表中，将“文本层”设置为当前层。

Step 03 执行菜单栏中的“格式”|“文字样式”命令，在打开的“文字样式”对话框中将“仿宋体”设置为当前文字样式。

Step 04 在命令行输入LE按Enter键激活“引线”命令，在命令行“指定第一个引线点或[设置(S)]<设置>:”提示下输入S按Enter键，打开“引线设置”对话框，设置参数如图13-132所示。

Step 05 单击 确定 按钮回到绘图区，在命令行“指定第一个引线点或[设置(S)]<设置>:”提示下，在右边的卫生间吊顶位置单击拾取一点作为引线的第1个点。

Step 06 继续在命令行“指定下一点:”提示下，向右引导光标，在合适位置单击鼠标拾取第2点。

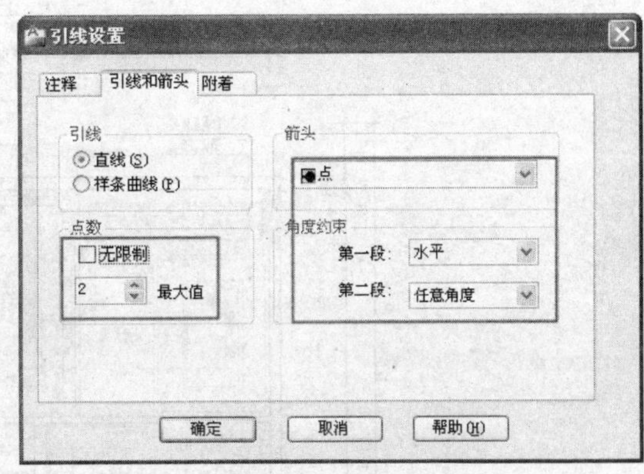

图13-132 设置引线参数

Step 07 继续在命令行“指定文字宽度<0>:”提示下，按两次Enter键打开“文字格式”编辑器，设置参数如图13-133所示。

图13-133 “文字格式”编辑器

Step 08 在“文字格式”编辑器下方的输入框中输入“条形铝扣板”字样，然后单击 确定 按钮关闭“文字格式”编辑器，完成第1个文字注释的标注，如图13-134所示。

Step 09 采用相同的方法，继续标注其他文字注释，标注结果如图13-135所示。

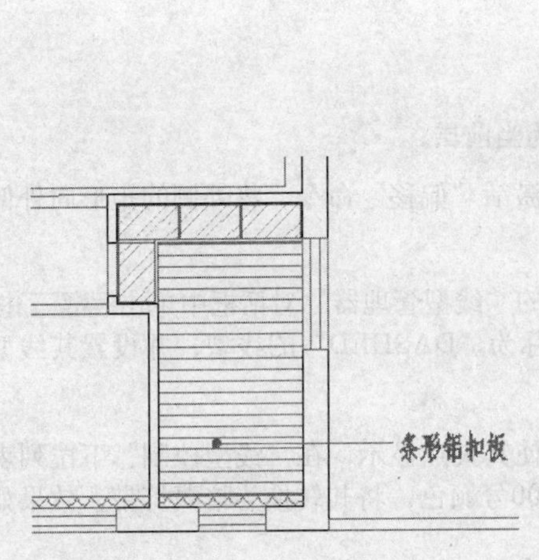

图13-134 标注第1个材质注解

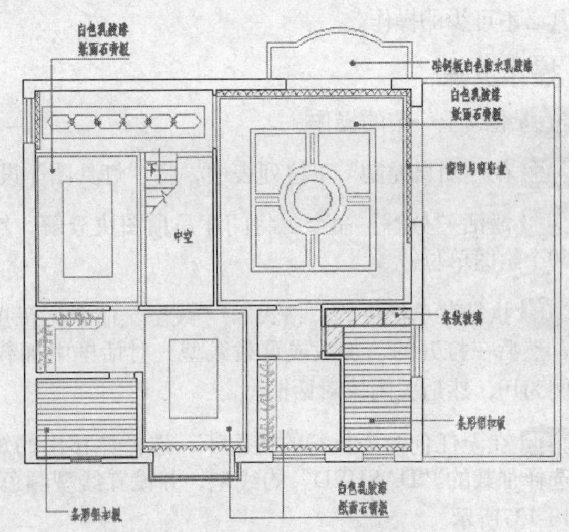

图13-135 标注其他材质注解

Step 10 在“图层控制”下拉列表中取消被隐藏的“尺寸层”，至此，跃层二层吊顶图绘制完毕，最终效果如图13-93所示。

Step 11 使用“另存为”命令，将该图形存储为“跃层二层吊顶图.dwg”文件。

13.6 绘制跃层住宅二层灯具图

这一节继续来绘制如图13-136所示的跃层住宅二层灯具图，该灯具主要有艺术吊灯、射灯和暗藏灯带。

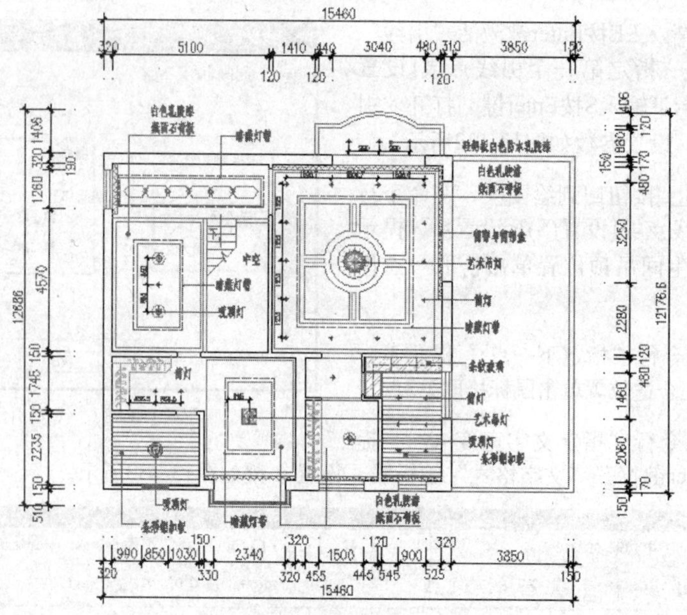

图13-136 跃层住宅二层灯具图

13.6.1 绘制暗藏灯带和灯具定位线

这一节首先来绘制暗藏灯带和灯具定位线，灯具定位线可以帮助用户精确布置灯具，是布置灯具必不可少的操作。

操作步骤

Step 01 继续上一节的操作。

Step 02 在“图层控制”下拉列表中，将“灯具图”设置为当前层。

Step 03 激活“分解”命令，将门厅吊顶图块分解，然后激活“偏移”命令，将外侧的矩形向外偏移60个绘图单位。

Step 04 执行菜单栏中的“格式”|“线型”命令，在打开的“线型管理器”对话框中单击加载(L)...按钮，然后在打开的“加载或重载线型”对话框中加载名称为“DASHED”的线型，并设置其线型比例为10，然后关闭该对话框。

Step 05 在无任何命令执行的情况下，选择偏移出的矩形使其夹点显示，在“线型控制”下拉列表中选择加载的“DASHED”的线型，并设置线型颜色为200号颜色，将其转换为暗藏灯带，效果如图13-137所示。

Step 06 继续使用“偏移”命令，分别将书房矩形吊顶和南卧、主卧矩形吊顶轮廓线向外偏移100个绘图单位。

Step 07 选择偏移的图线，修改其线型均为“DASHED”，将其转换为暗藏灯带，然后修改书房和南卧暗藏灯带的颜色为200号颜色，结果如图13-138所示。

Step 08 继续使用“直线”命令，配合“中点”捕捉和对象捕捉追踪功能在主卧卫生间玻璃吊顶位置绘制直线，然后修改其线型均为“DASHED”，修改颜色为200号颜色，将其转换为暗藏灯带，结果如图13-139所示。

图13-137 绘制门厅暗藏灯带　图13-138 绘制其他暗藏灯带　图13-139 绘制暗藏灯带

Step 09 下面绘制射灯定位辅助线。再次激活“偏移”命令，将主卧吊顶外侧大矩形向内偏移365个绘图单位，然后将其分解，作为主卧射灯定位辅助线，结果如图13-140所示。

Step 10 激活“直线”命令，配合“中点”捕捉功能，在书房吊顶、南卧与南卧衣帽间吊顶、阳台吊顶、主卧卫生间和衣帽间吊顶等位置绘制直线作为灯具辅助定位线，完成灯具定位线的绘制，结果如图13-141所示。

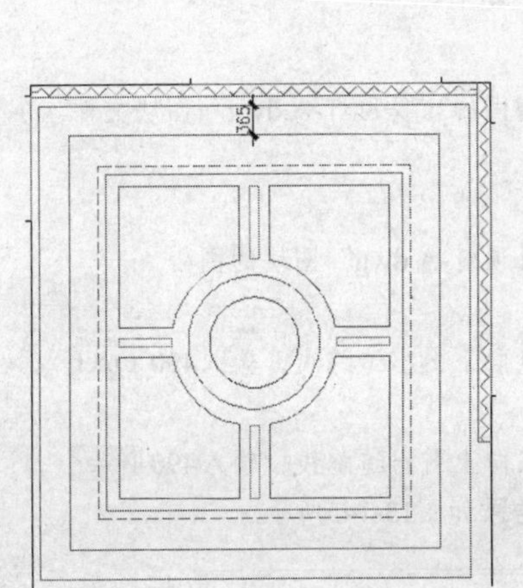

图13-140 创建灯具定位辅助线

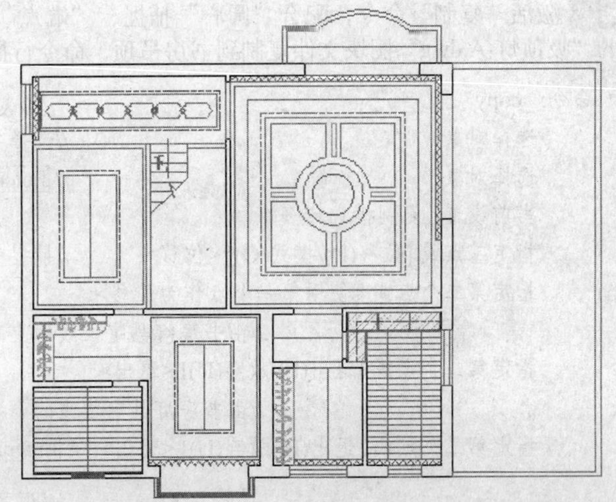

图13-141 绘制暗藏灯带和灯具定位线

13.6.2 设置灯具并标注尺寸和文字注释

这一节继续来向灯具图中插入艺术吊灯、吸顶灯、设置筒灯并标注尺寸和文字注释。

操作步骤

Step 01 继续上一节的操作。

Step 02 激活“插入”命令，选择随书光盘中的文件“图块文件”\“艺术吊灯4.dwg”，配合“圆心”捕捉功能，捕捉主卧吊灯轮廓图的圆心，将其插入到主卧吊顶，结果如图13-142所示。

Step 03 继续使用“插入”命令，选择随书光盘中的文件“图块文件”\“吸顶灯01.dwg”，配合“中点”捕捉功能，捕捉南卧卫生间吊顶中的灯具定位线的中点，将其插入到卫生间吊顶位置，如图13-143所示。

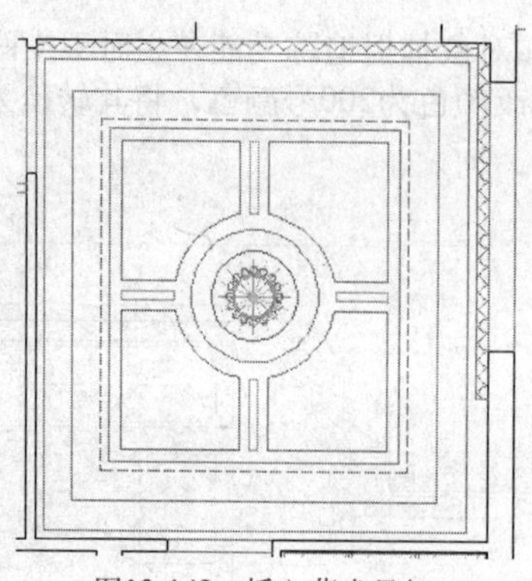

图13-142　插入艺术吊灯

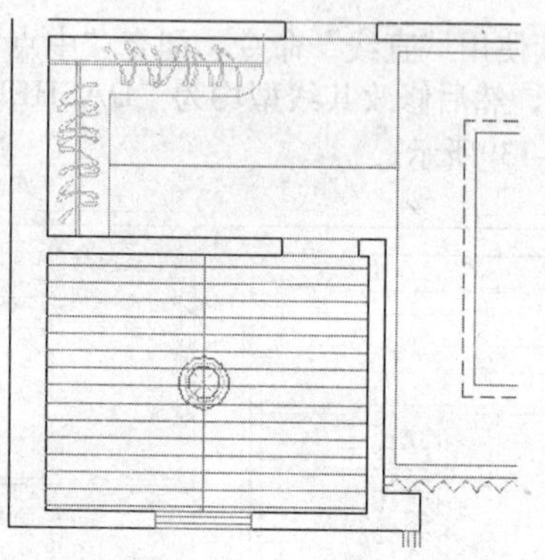

图13-143　插入吸顶灯

Step 04 继续使用“插入”命令，选择随书光盘中的文件“图块文件”\“吸顶灯-A.dwg”，将其插入到主卧衣帽间吊顶位置，命令行操作如下。

```
命令: _insert
    指定插入点或 [基点(B)/比例(S)/旋转(R)]:            //S Enter
    指定 XYZ 轴的比例因子 <1>:                          //0.45 Enter
    指定插入点或 [基点(B)/比例(S)/旋转(R)]:
            //激活“中点”捕捉功能，捕捉衣帽间灯具定位线的中点，结果如图13-144所示
```

Step 05 激活“复制”命令，配合“圆心”捕捉、“端点”捕捉和“对象捕捉追踪”功能，将衣帽间的“吸顶灯-A.dwg”图块文件复制到书房吊顶，命令行操作如下。

```
命令: _copy
    选择对象:                              //选择衣帽间的“吸顶灯-A.dwg”图块文件
    选择对象:                              // Enter
    当前设置: 复制模式 = 多个
    指定基点或 [位移(D)/模式(O)] <位移>:    //捕捉“吸顶灯-A.dwg”图块的圆心
    指定第二个点或 <使用第一个点作为位移>:
                    //由书房灯具定位线的上端点向下引出追踪线，输入490 Enter
    指定第二个点或 [退出(E)/放弃(U)] <退出>:
                    //由书房灯具定位线的下端点向上引出追踪线，输入490 Enter
    指定第二个点或 [退出(E)/放弃(U)] <退出>: // Enter，结果如图13-145所示
```

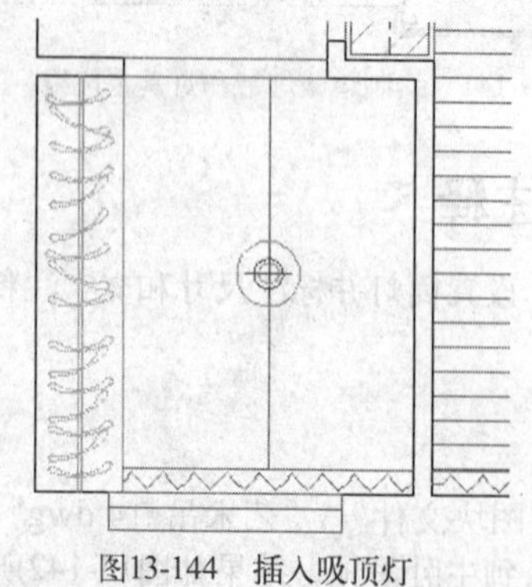

图13-144　插入吸顶灯

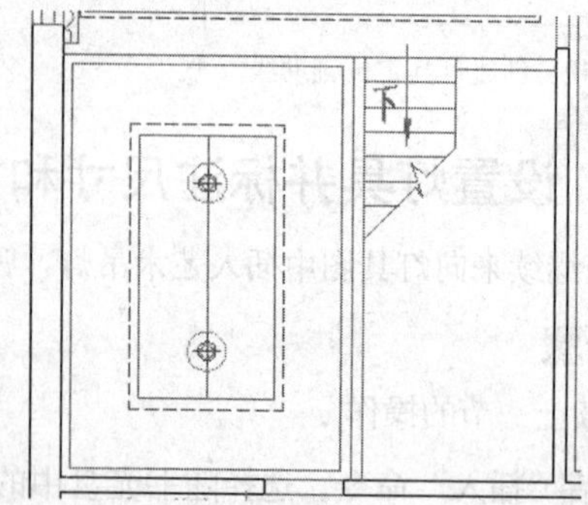

图13-145　复制吸顶灯

Step 06 继续使用“插入”命令，配合“中点”捕捉功能，捕捉南卧吊顶灯具定位线的中点，将随书光盘中的文件“图块文件”\“跃层二层南卧顶灯.dwg”插入到南卧吊顶位置，如图13-146所示。

Step 07 下面设置筒灯。执行菜单栏中的“格式”|“点样式”命令，在打开的“点样式”对话框中选择

点样式，并设置参数如图13-147所示。

Step 08 执行菜单栏中的“绘图”|“点”|“定数等分”命令，在命令行“选择要定数等分的对象:”提示下，单击书房吊顶的灯具定位辅助线。

Step 09 继续在“输入线段数目或[块(B)]:”提示下，输入2按Enter键，将该灯具定位辅助线等分为两段，为其添加1个点作为筒灯，如图13-148所示。

Step 10 再次按Enter键，选择南卧衣帽间的灯具定位辅助线，并输入3按Enter键，为其添加两个点，如图13-149所示。

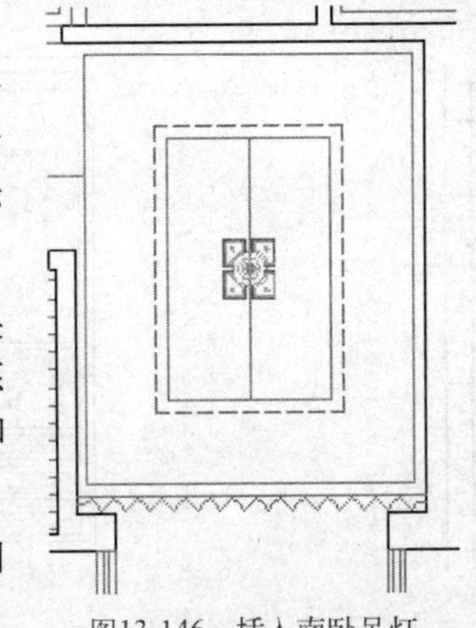

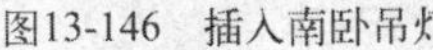

图13-146 插入南卧吊灯

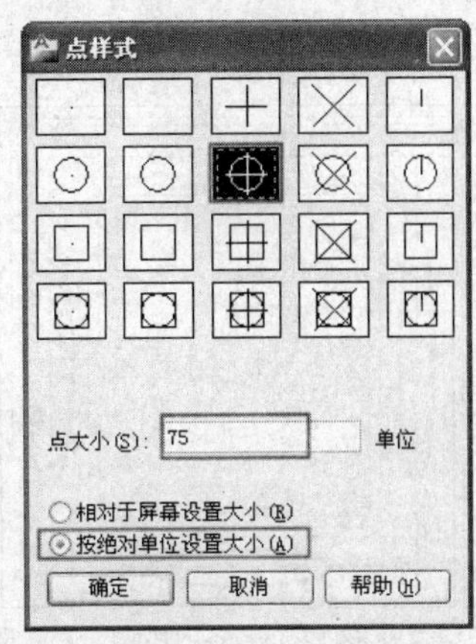

图13-147 设置点样式

Step 11 采用相同的方法，将主卧卫生间两条灯具定位辅助线分别分为4段，并各添加3个点；将主卧衣帽间入口吊顶灯具定位辅助线等分为两段，并添加一个点；将阳台吊顶灯具定位辅助线等分为4段，并添加3个点。

Step 12 继续执行菜单栏中的“绘图”|“点”|“定距等分”命令，在主卧吊顶矩形灯具定位辅助线上添加点，命令行操作如下。

命令: _measure
    选择要定距等分的对象: //选择主卧吊顶矩形灯具定位辅助线上水平边
    指定线段长度或 [块(B)]:   //1506.7 Enter，添加两个点，如图13-150所示

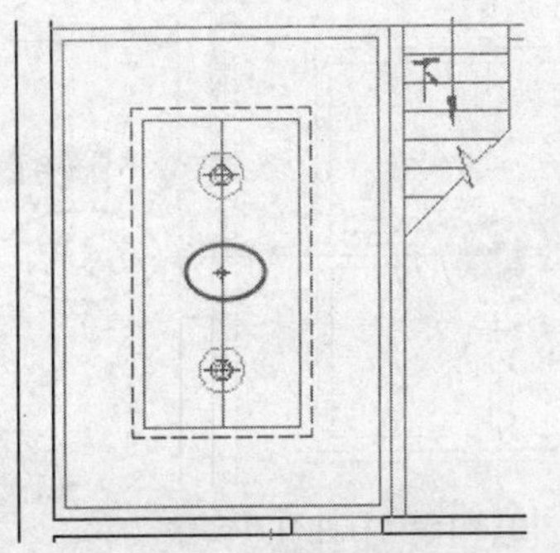

图13-148 添加书房筒灯

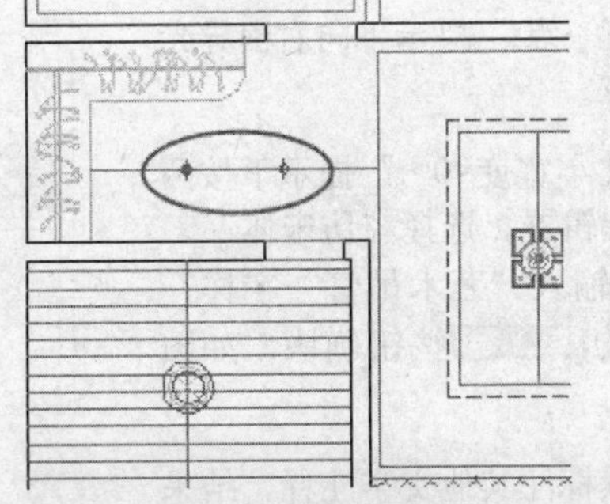

图13-149 添加衣帽间筒灯

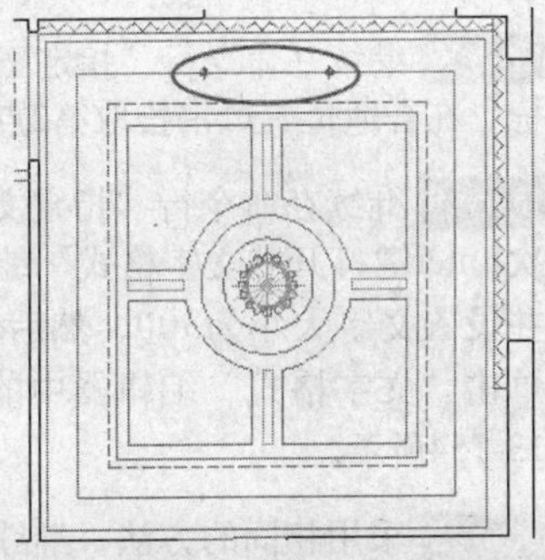

图13-150 定距等分

命令: _measure
    选择要定距等分的对象: //选择主卧吊顶矩形灯具定位辅助线下水平边
    指定线段长度或 [块(B)]:   //1506.7 Enter，添加两个点
命令: _measure
    选择要定距等分的对象: //选择主卧吊顶矩形灯具定位辅助线左垂直边
    指定线段长度或 [块(B)]:   //1235 Enter，添加3个点
命令: _measure
    选择要定距等分的对象: //选择主卧吊顶矩形灯具定位辅助线右垂直边
    指定线段长度或 [块(B)]:   //1235 Enter，添加3个点，结果如图13-151所示

Step 13 继续执行菜单栏中的“绘图”|“点”|“多点”命令，配合“端点”捕捉功能，继续在主卧吊顶矩形灯具定位辅助线的各端点上添加4个点，然后选择所用灯具定位辅助线将其删除，完成灯具的布置，结果如图13-152所示。

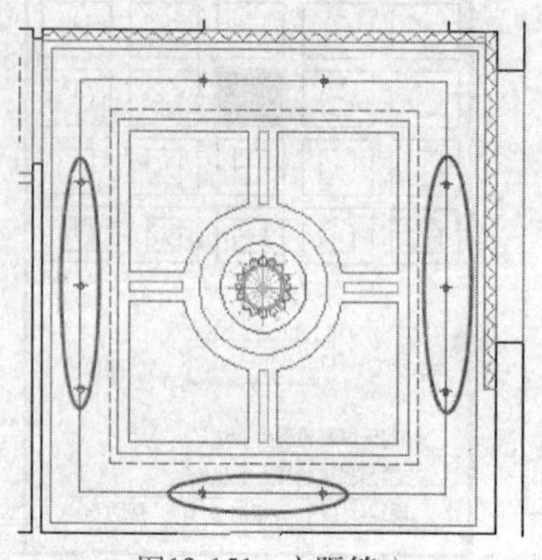
图13-151　定距等分

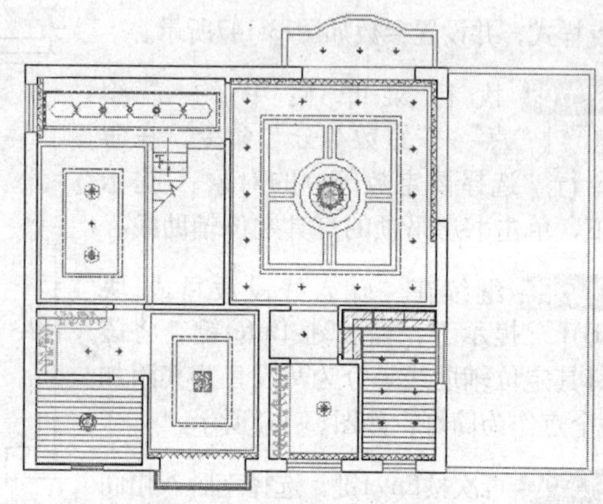
图13-152　布置灯具的结果

Step 14 下面来标注灯具图尺寸和文字注释。在“图层控制”下拉列表中显示被隐藏的“文本层”，并将其设置为当前层。

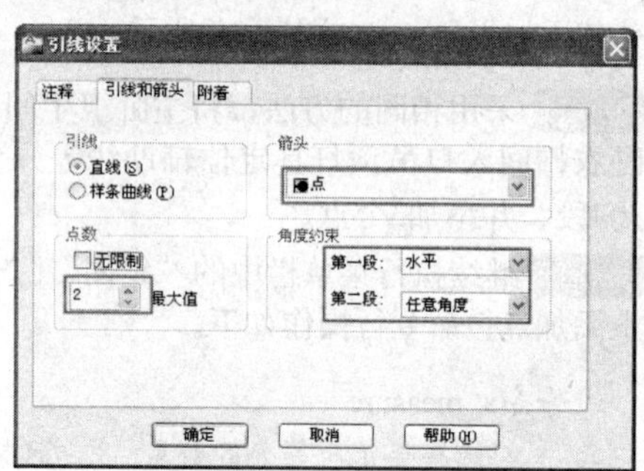

图13-153　设置引线参数

Step 15 在命令行输入LE激活“引线”命令，输入S并按Enter键打开“引线设置”对话框，设置引线和箭头如图13-153所示。

Step 16 单击[确定]按钮回到绘图区，在命令行“指定第一个引线点或[设置(S)] <设置>:”提示下，在主卧艺术吊灯上单击拾取一点。

Step 17 继续在命令行“指定下一点:”提示下向右引导光标，在合适位置单击拾取第2点。

Step 18 继续在命令行“指定文字宽度<0>:”提示下按两次Enter键打开“文字格式”编辑器，选择“仿宋体”，并设置文字大小为300，然后输入“艺术吊灯”字样，单击“文字格式”编辑器中的[确定]按钮确认，如图13-154所示。

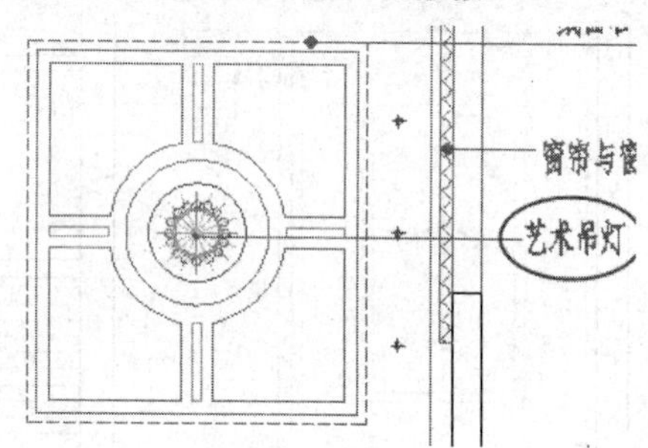

图13-154　标注灯具名称

Step 19 采用相同的方法，继续标注其他文字注释，结果如图13-155所示。

Step 20 下面标注灯具尺寸。显示被隐藏的“尺寸层”，并将其设置为当前层。

Step 21 执行“线性”命令，配合“端点”布置功能标注灯具尺寸，完成跃层二层灯具图的绘制，最终效果如图13-136所示。

最后执行“另存为”命令，将该图形命名存储为“跃层二层灯具图.dwg”文件。

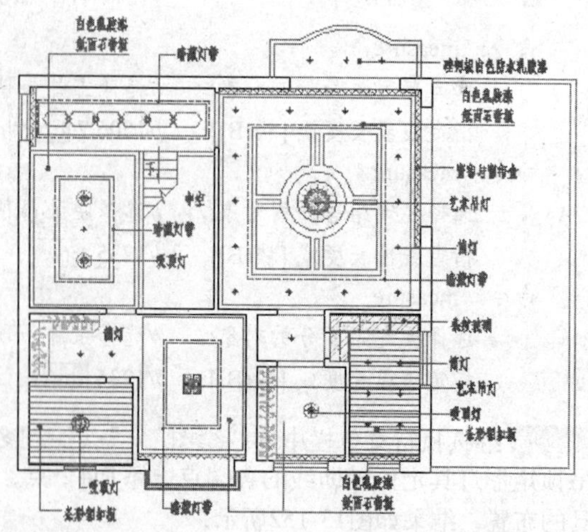
图13-155　标注其他文字注释

Chapter 14

KTV包厢室内设计

KTV包厢属于盈利性质的娱乐场所，是一个较典型的半开放式公共空间，由于KTV包厢使用性质的特殊性，决定了KTV包厢室内设计既不同于住宅室内设计，也不同于一般的公共场所室内设计，KTV包厢室内设计有其独特的室内设计要求。

本章将通过绘制某KTV包厢室内设计图的实例，来学习和了解KTV包厢室内设计的相关知识和设计技巧。

重点知识导读

- KTV包厢室内设计理念
- 绘制KTV包厢平面布置图
- 标注KTV包厢平面布置图
- 绘制KTV包厢天花装修图
- 绘制KTV包厢B向装饰立面图
- 绘制KTV包厢D向装饰立面图

14.1 KTV包厢室内设计理念

KTV包厢属于半开放式公共娱乐场所，为了满足顾客娱乐、放松、无拘无束、畅饮畅叙的环境空间，KTV包厢要相对独立，KTV包厢的布置应为客人提供一个以围为主，围中有透的空间。

KTV包厢的空间是以KTV经营内容为基础，一般分为小包厢、中包厢和大包厢三种类型，必要时可提供特大包厢。小包厢设计面积一般在8~12m²，中包厢设计面积一般在15~20m²，大包厢面积一般在24~30m²，特大包厢面积一般在55m²以上为宜。

比起其他室内装修设计，KTV包厢室内装修十分复杂，不仅涉及到建筑、结构、声学、通风、暖气、照明、音响、视频等多种方面，而且还涉及到安全、实用、环保、文化等多方面问题。在装修设计时，一般要兼顾以下三点。

（1）房间的结构设计

根据建筑学和声学原理，从人体工程学和舒适度来考虑，KTV房间长度和宽度的黄金比例为1:0.618，即如果设计长度为1m，那么宽度至少应考虑在0.6m偏上。

（2）房间的家具设计

在KTV包厢内除包含电视、电视柜、点歌器、麦克风等视听设备外，还应配置沙发、茶几等基本家具，若KTV包厢内设有舞池，还应提供舞台和灯光空间。除此之外，在家具本身上面需要放置的东西有点歌本、摆放的花和花瓶、话筒托盘、宣传广告等。

在装修设计KTV包厢时，还应考虑客人座位与电视荧幕的最短距离，一般最小不得小于3~4m。总之，KTV的空间应具有封闭、隐密、温馨的特征。

（3）房间的隔音设计

隔音是解决“串音”的最好办法，从理论上讲材料的硬度越高隔音效果就越好。最常见的装修方法是轻钢龙骨石膏板隔断墙，在石膏板的外面附加一层硬度比较高的水泥板；或者2/4红砖墙，两边水泥墙面。

除此之外，在装修KTV包厢时，还要兼顾到房间的混响、房间的装修材料以及房间的声学要求等。

14.2 绘制KTV包厢平面布置图

这一节首先来绘制如图14-1所示的KTV包厢平面布置图。在绘制KTV包厢布置图时，注意调用样板文件，同时要注意空间比例关系。

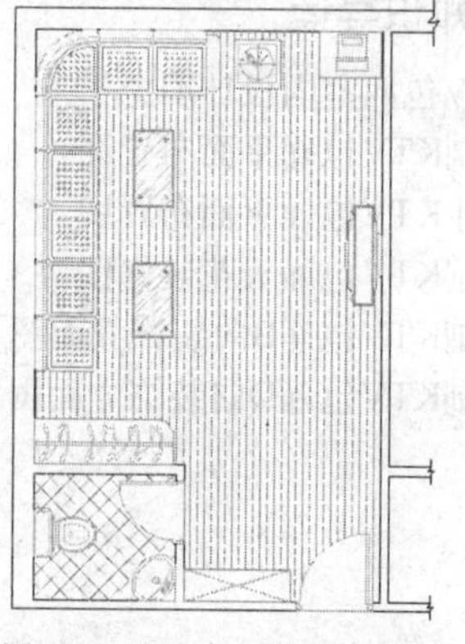

图14-1　KTV包厢平面布置图

14.2.1 绘制KTV包厢墙体轴线图

这一节首先来绘制KTV包厢墙体轴线图。

操作步骤

Step 01 执行菜单栏中的"文件"|"新建"命令，打开随书光盘中的文件"样板文件"\"装饰装潢绘图样板.dwt"作为基础样板，新建空白文件。

Step 02 执行菜单栏中的"格式"|"图层"命令，在打开的"图层特性管理器"面板中双击"轴线层"，将其设置为当前图层，如图14-2所示。

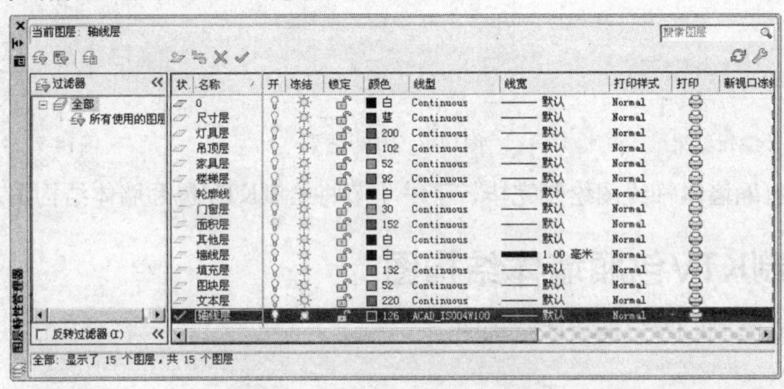

图14-2 "图层特性管理器"面板

Step 03 使用命令简写L激活"直线"命令，绘制相互垂直的两条直线段作为基准线，如图14-3所示。

Step 04 使用命令简写O激活"偏移"命令，将垂直基准线向右偏移1770和4070个单位，将水平基准线向上偏移1500和6470个单位，如图14-4所示。

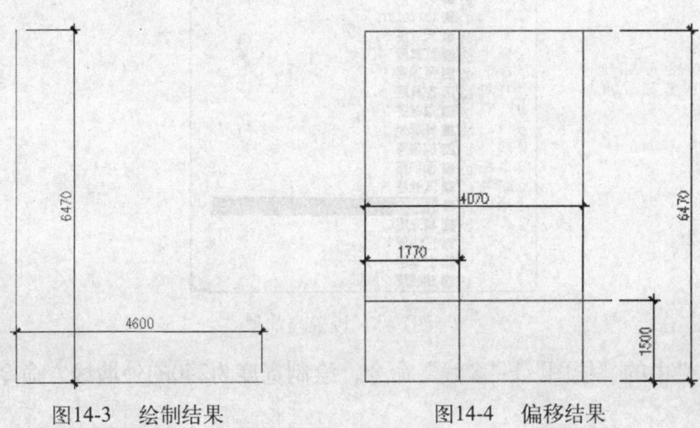

图14-3 绘制结果　　图14-4 偏移结果

Step 05 使用命令简写TR激活"修剪"命令，对偏移出的图线进行修剪，编辑出墙体的结构位置，结果如图14-5所示。

Step 06 使用命令简写BR激活"打断"命令，在轴线上创建门洞，命令行操作如下。

```
命令: BR                              // Enter
  BREAK 选择对象:                     //选择最下侧的水平轴线
  指定第二个打断点 或 [第一点(F)]:    //F Enter
  指定第一个打断点:                   //激活"捕捉自"功能
  _from 基点:                         //捕捉所选轴线的左端点
  <偏移>:                             //@3090,0 Enter
  指定第二个打断点:                   //@850,0 Enter，打断结果如图14-6所示
```

Step 07 重复执行“打断”命令，配合“捕捉自”和“端点”捕捉功能，创建另一位置的门洞，结果如图14-7所示。

图14-5 编辑结果

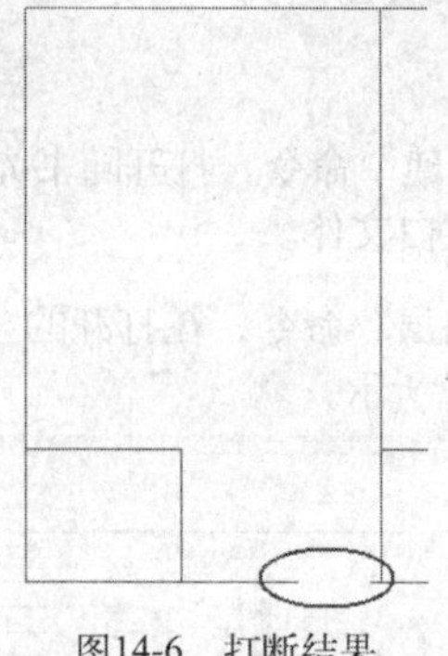
图14-6 打断结果

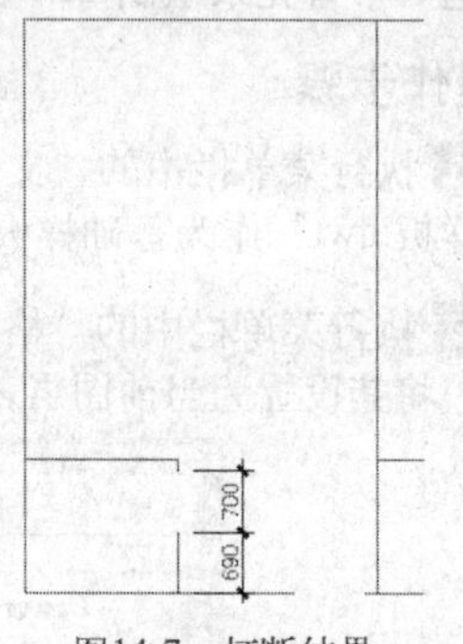

图14-7 打断结果

至此，KTV包厢墙体轴线图绘制完毕，下一小节将绘制KTV包厢墙体结构图。

14.2.2 绘制KTV包厢墙体结构图

这一节继续来绘制KTV包厢墙体结构图。

操作步骤

Step 01 继续上一节的操作。

Step 02 展开如图14-8所示的“图层控制”下拉列表，将“墙线层”设置为当前图层。

图14-8 设置当前层

Step 03 执行菜单栏中的“绘图”|“多线”命令，绘制宽度为240的外墙线，命令行操作如下。

```
命令: _mline
    当前设置: 对正 = 上，比例 = 20.00，样式 = 墙线样式
    指定起点或 [对正(J)/比例(S)/样式(ST)]:   //S Enter
    输入多线比例 <20.00>:                    //240 Enter
    当前设置: 对正 = 上，比例 = 240.00，样式 = 墙线样式
    指定起点或 [对正(J)/比例(S)/样式(ST)]:   //J Enter
    输入对正类型 [上(T)/无(Z)/下(B)] <上>:   //Z Enter
    当前设置: 对正 = 无，比例 = 240.00，样式 = 墙线样式
    指定起点或 [对正(J)/比例(S)/样式(ST)]:   //捕捉最上侧水平轴线的右端点
    指定下一点:                              //捕捉最上侧水平轴线的左端点
    指定下一点或 [放弃(U)]:                  //捕捉最左侧垂直轴线的下端点
    指定下一点或 [闭合(C)/放弃(U)]:          // Enter，绘制结果如图14-9所示
```

Step 04 重复执行“多线”命令，配合“端点”捕捉或“交点”捕捉功能，绘制宽度为100的次墙线，结果如图14-10所示。

Step 05 再次展开“图层控制”下拉列表，将“轴线层”关闭，此时图形的显示效果如图14-11所示。

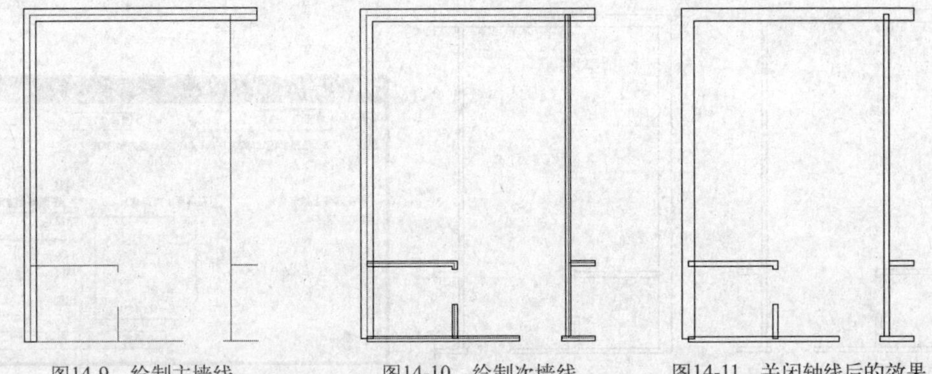

图14-9 绘制主墙线　　图14-10 绘制次墙线　　图14-11 关闭轴线后的效果

Step 06 下面编辑墙线。在绘制的多线上双击，打开“多线编辑工具”对话框，选择如图14-12所示的“T形合并”功能。

Step 07 返回绘图区，依次选择如图14-13和图14-14所示的两条墙线进行合并，结果如图14-15所示。

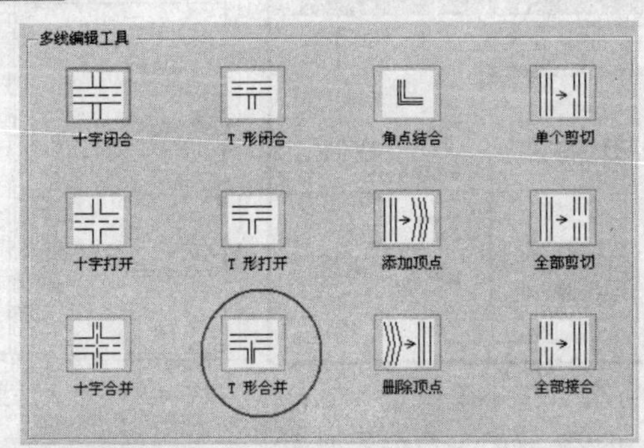

图14-12 选择工具

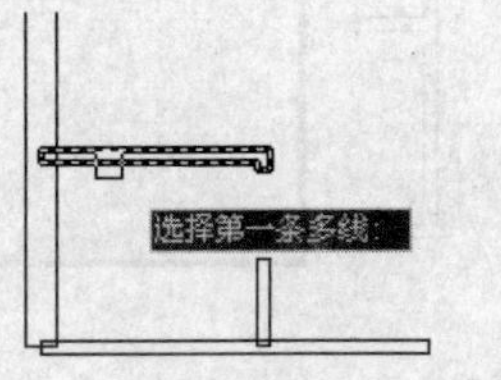

14-13 选择水平墙线

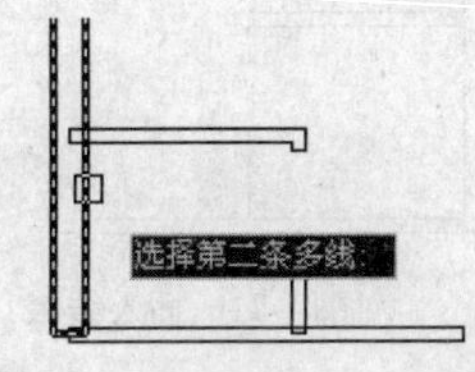

图14-14 选择垂直墙线

Step 08 根据命令行的提示，分别选择其他位置的墙线进行合并，结果如图14-16所示。

Step 09 再次打开“多线编辑工具”对话框，选择如图14-17所示的功能，对拐角位置的墙线进行编辑，结果如图14-18所示。

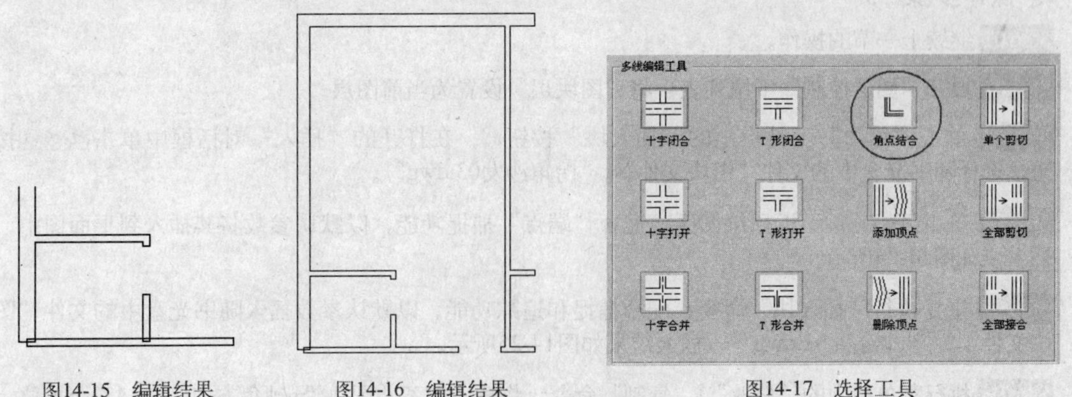

图14-15 编辑结果　　图14-16 编辑结果　　图14-17 选择工具

Step 10 综合使用“分解”、“删除”、“直线”命令，绘制如图14-19所示的折断线。

Step 11 下面来插入单开门图例。展开“图层控制”下拉列表，将“门窗层”设置为当前图层。

Step 12 执行菜单栏中的“插入”|“块”命令，配合“中点”捕捉功能，插入随书光盘中的文件“图块文件”\“单开门.dwg”，设置参数如图14-20所示，插入结果如图14-21所示。

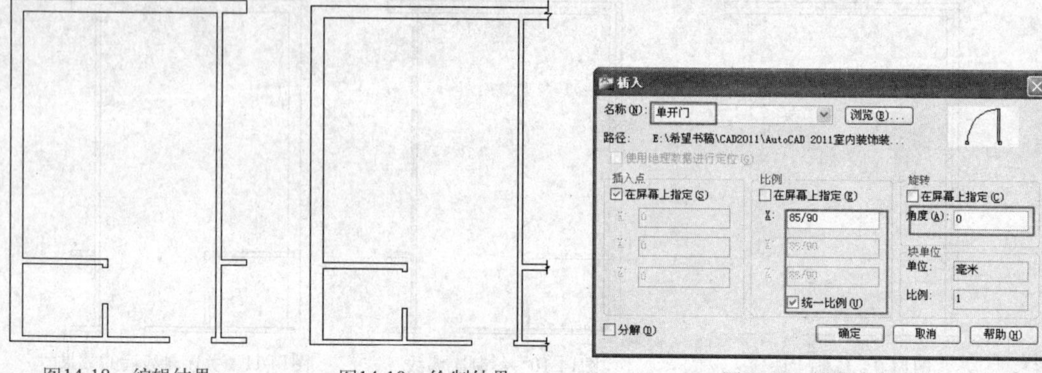

图14-18 编辑结果　图14-19 绘制结果　图14-20 设置参数

Step 13 重复执行“插入块”命令，设置参数如图14-22所示，配合“中点”捕捉功能，为卫生间布置单开门，结果如图14-23所示。

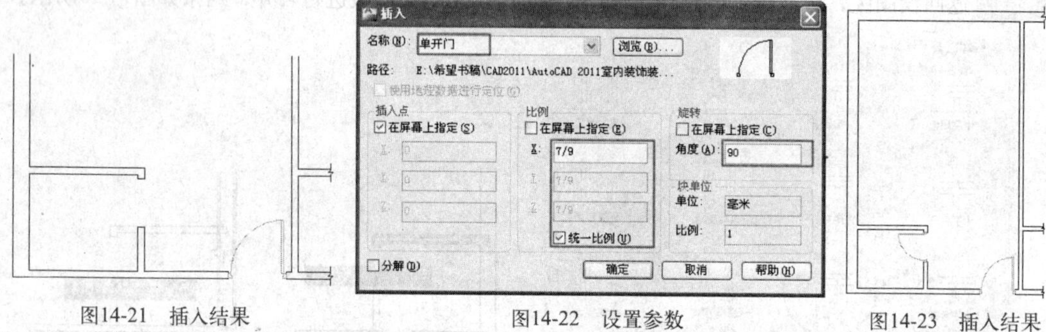

图14-21 插入结果　图14-22 设置参数　图14-23 插入结果

至此，KTV包厢墙体结构图绘制完毕，下一小节将绘制KTV包厢布置图。

14.2.3 绘制KTV包厢家具布置图

这一节继续来绘制KTV包厢家具布置图。

操作步骤

Step 01 继续上一节的操作。

Step 02 展开“图层控制”下拉列表，将“图块层”设置为当前图层。

Step 03 单击“绘图”工具栏上的“插入块”按钮，在打开的“插入”对话框中单击浏览(B)...按钮，选择随书光盘中的文件“图块文件”\“拐角沙发03.dwg”。

Step 04 单击打开(O)按钮返回绘图区，配合“端点”捕捉功能，以默认参数将其插入到平面图中，插入点如图14-24所示。

Step 05 重复执行“插入块”命令，配合捕捉和追踪功能，以默认参数插入随书光盘中的文件“图块文件”\“玻璃茶几02.dwg”，插入结果如图14-25所示。

Step 06 执行菜单栏中的“修改”|“复制”命令，将插入的茶几图块沿y轴负方向复制1450个单位，结果如图14-26所示。

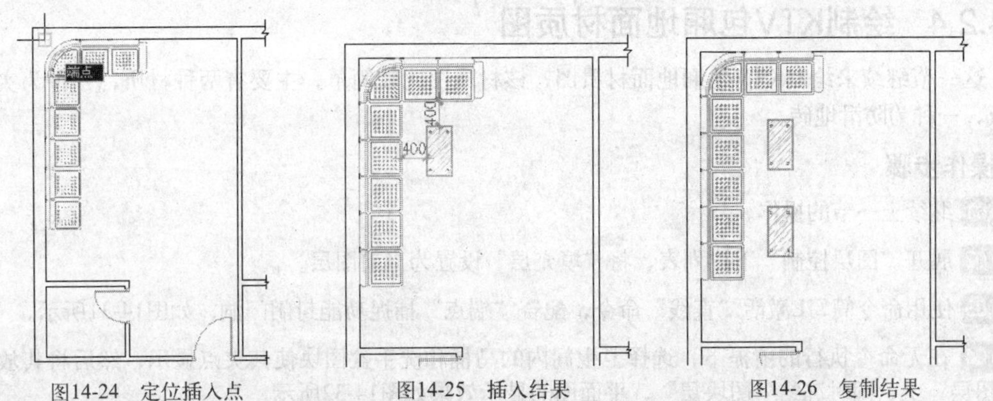

图14-24 定位插入点　　图14-25 插入结果　　图14-26 复制结果

Step 07 使用命令简写I激活“插入块”命令，插入随书光盘中的文件“图块文件”\“马桶02.dwg”，参数设置如图14-27所示。

Step 08 单击 确定 按钮，回到绘图区，配合“中点”捕捉功能捕捉如图14-28所示的中点，将其插入到卫生间。

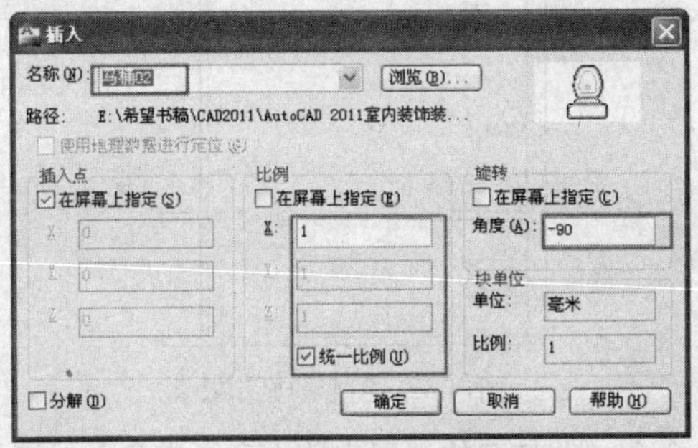

图14-27 设置参数

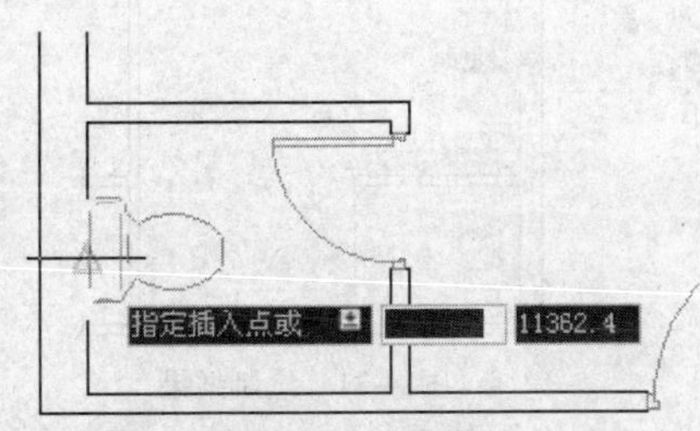

图14-28 捕捉中点

Step 09 使用命令简写I再次激活“插入块”命令，插入随书光盘“图块文件”目录下的“block52.dwg 、block53.dwg 、block54.dwg、 block55.dwg、角形洗手盆.dwg”文件，将其分别插入到KTV平面图中，结果如图14-29所示。

Step 10 使用命令简写PL激活“多段线”命令，在单开门位置绘制宽度为350的鞋柜平面图，结果如图14-30所示。

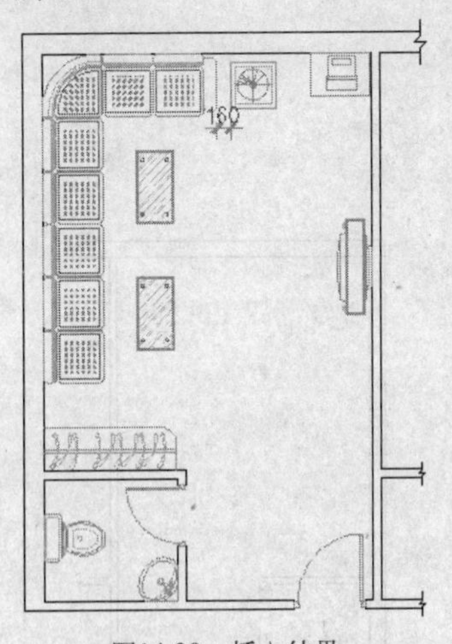

图14-29 插入结果

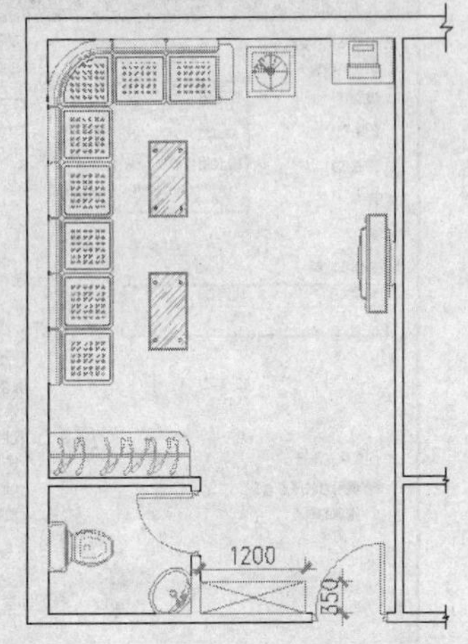

图14-30 绘制结果

至此，KTV包厢墙体家具布置图绘制完毕，下一小节将绘制KTV包厢地面材质图。

14.2.4 绘制KTV包厢地面材质图

这一节继续来绘制KTV包厢地面材质图，该材质图比较简单，主要有两种材质，一种为实木地板，一种为防滑地砖。

操作步骤

Step 01 继续上一节的操作。

Step 02 展开“图层控制”下拉列表，将“填充层”设置为当前图层。

Step 03 使用命令简写L激活“直线”命令，配合“端点”捕捉功能封闭门洞，如图14-31所示。

Step 04 在无命令执行的前提下，选择卫生间内的马桶和洗手盆图块使其夹点显示，然后将其放到“0图层”上，同时冻结“图块层”，平面图的显示效果如图14-32所示。

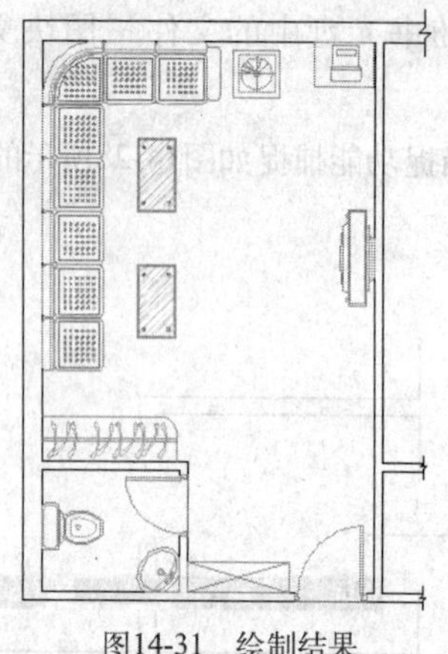
图14-31　绘制结果

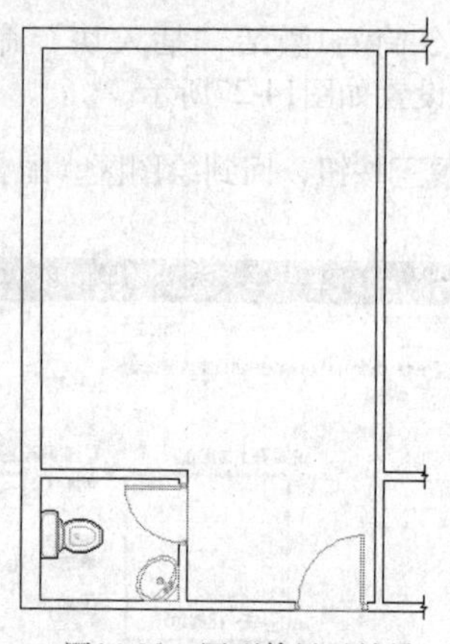
图14-32　图形的显示效果

Step 05 执行菜单栏中的“绘图”|“图案填充”命令，在打开的“图案填充和渐变色”对话框中设置填充图案和参数如图14-33所示。

Step 06 单击“图案填充和渐变色”对话框中的“添加:拾取点”按钮返回绘图区，在卫生间地面空白区域上单击拾取填充区域，填充区域以虚线显示。

Step 07 按Enter键回到“图案填充和渐变色”对话框，单击 确定 按钮，为卫生间地面填充防滑地砖，填充结果如图14-34所示。

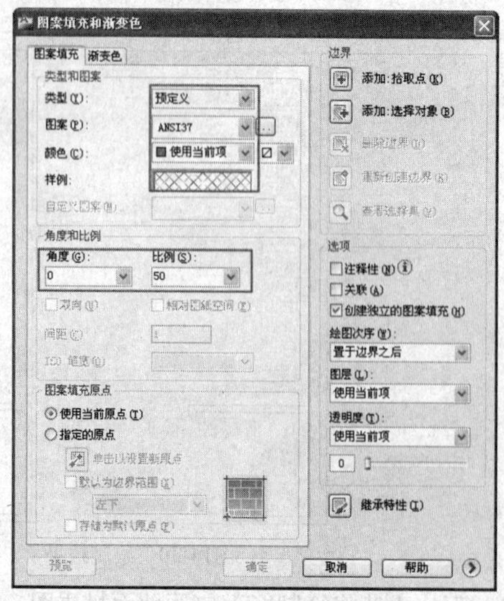

图14-33　设置填充图案与参数

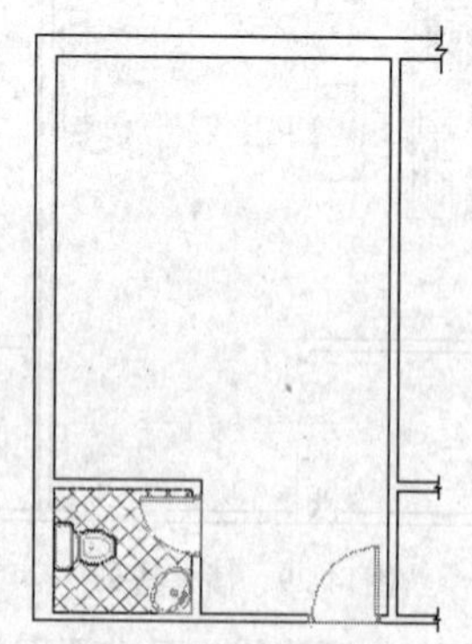
图14-34　填充结果

Step 08 将卫生间内的马桶和洗手盆图块放到“图块层”上，同时解冻该图层，此时平面图的显示效果如图14-35所示。

Step 09 综合使用“多段线”和“矩形”命令，配合对象捕捉功能绘制沙发、茶几、衣柜等图块外边界，然后冻结“图层层”，此时平面图的显示效果如图14-36所示。

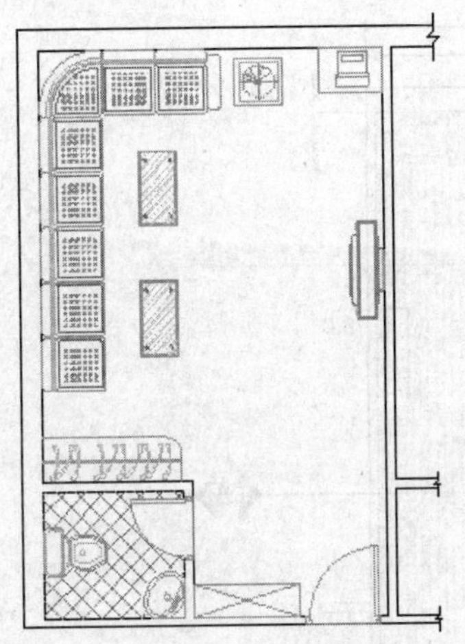

图14-35 平面图的显示效果

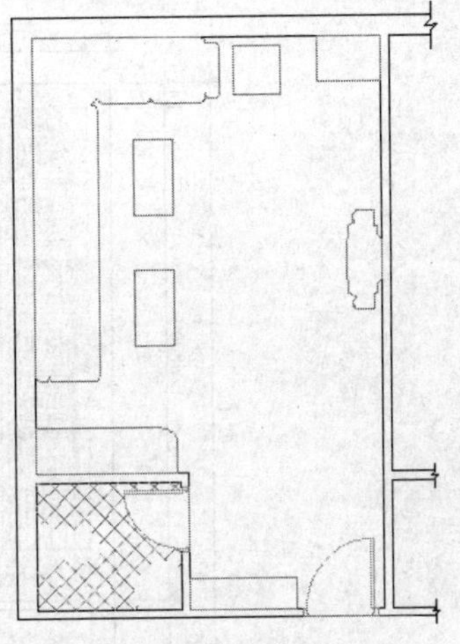

图14-36 绘制边界

Step 10 执行菜单栏中的“绘图” | “图案填充”命令，设置填充图案及参数如图14-37所示。

Step 11 单击“图案填充和渐变色”对话框中的“添加:拾取点”按钮返回绘图区，在KTV包厢地面空白区域单击拾取填充区域，填充区域以虚线显示。

Step 12 按Enter键回到“图案填充和渐变色”对话框，单击 确定 按钮，为KTV包厢地面填充实木地板图案，填充结果如图14-38所示。

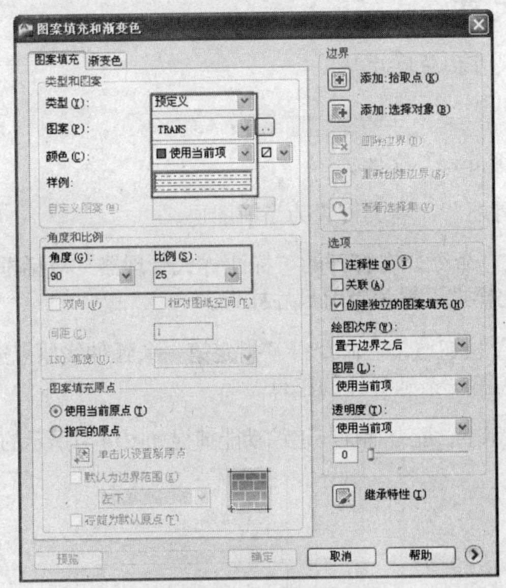

图14-37 设置填充图案

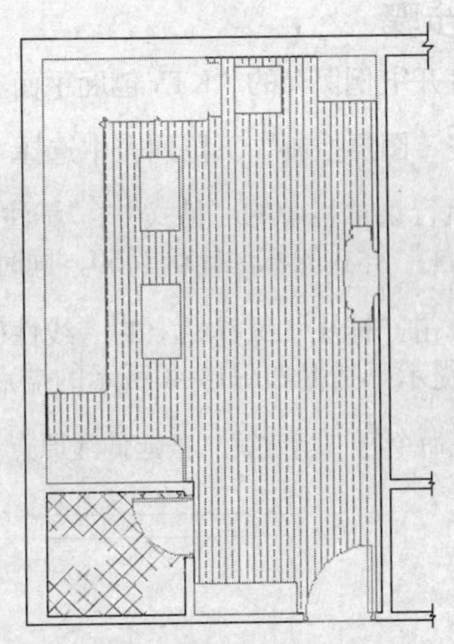

图14-38 填充结果

Step 13 删除图块外边界，然后解冻“图块层”，最终结果如图14-1所示。

Step 14 最后执行“另存为”命令，将该图形命名存储为“KTV包厢平面布置图.dwg”文件。

至此，KTV包厢布置图绘制完毕，下一小节将为布置图标注尺寸、文字与投影符号等内容。

14.3 标注KTV包厢平面布置图

这一节来标注KTV包厢平面布置图尺寸、文字、符号等内容，其标注结果如图14-39所示。

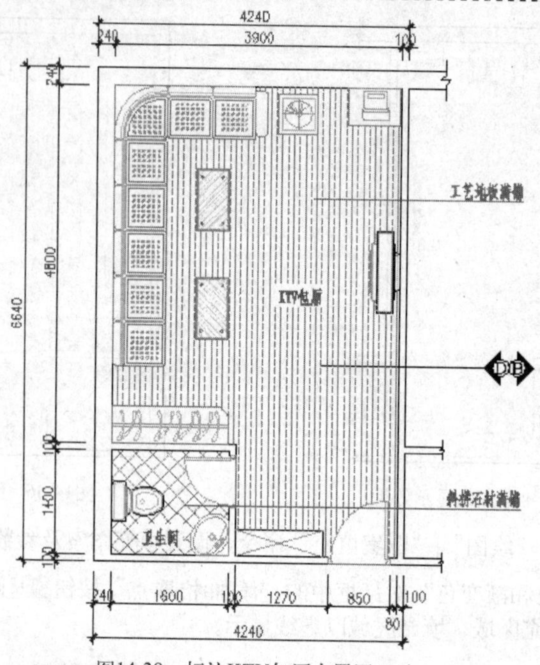

图14-39　标注KTV包厢布置图尺寸

14.3.1　标注KTV包厢布置图尺寸

这一节首先来标注KTV包厢布置图细部尺寸和总尺寸。

操作步骤

Step 01 打开上例保存的“KTV包厢平面布置图.dwg”文件。

Step 02 在“图层控制”下拉列表中选择“尺寸层”，将其设置为当前图层。

Step 03 执行菜单栏中的“格式”|“标注样式”命令，在打开的“标注样式管理器”对话框中修改“建筑标注”样式的标注比例为60，同时将此样式设置为当前尺寸样式。

Step 04 单击“标注”工具栏上的“线性标注”按钮，在命令行“指定第一条延伸线原点或<选择对象>:”提示下捕捉如图14-40所示的端点作为第一条延界线的起点。

Step 05 在命令行“指定第二条延伸线原点:”提示下，配合捕捉与追踪功能捕捉如图14-41所示的端点。

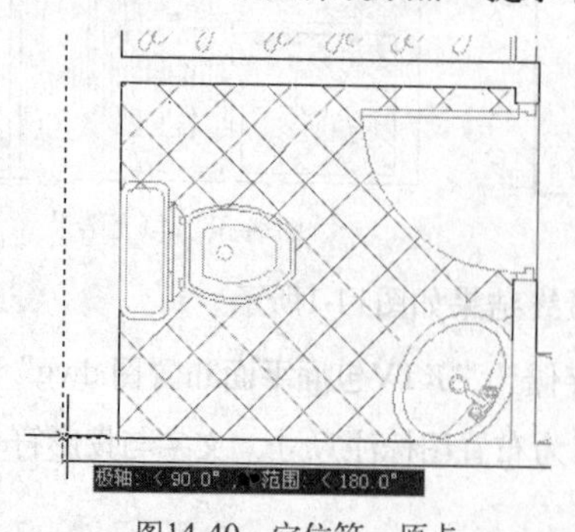

图14-40　定位第一原点

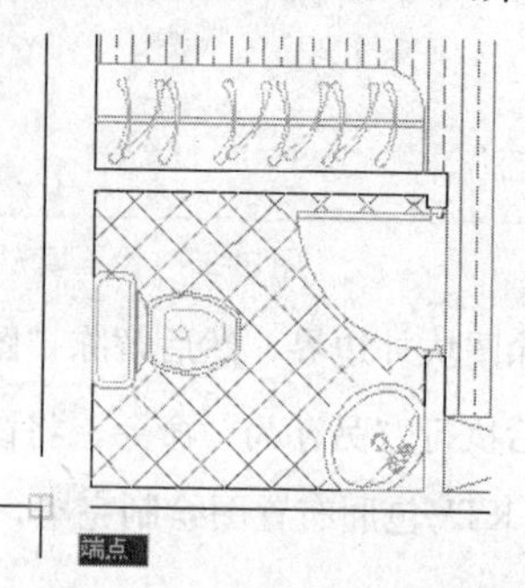

图14-41　定位第二原点

Step 06 在命令行“指定尺寸线位置或[多行文字(M)/文字(T)/角度(A)/水平(H)/垂直(V)/旋转(R)]:”提示下，在适当位置指定尺寸线位置，标注结果如图14-42所示。

Step 07 单击“标注”工具栏上的“连续标注”按钮，激活“连续”命令，配合“端点”捕捉和“对象捕捉追踪”功能标注连续尺寸作为细部尺寸，结果如图14-43所示。

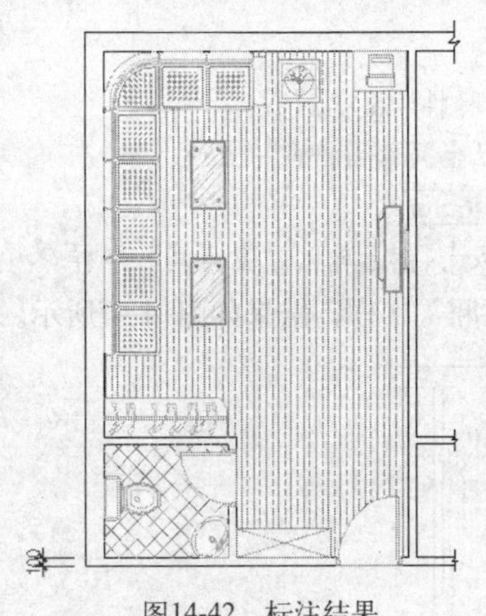

图14-42 标注结果

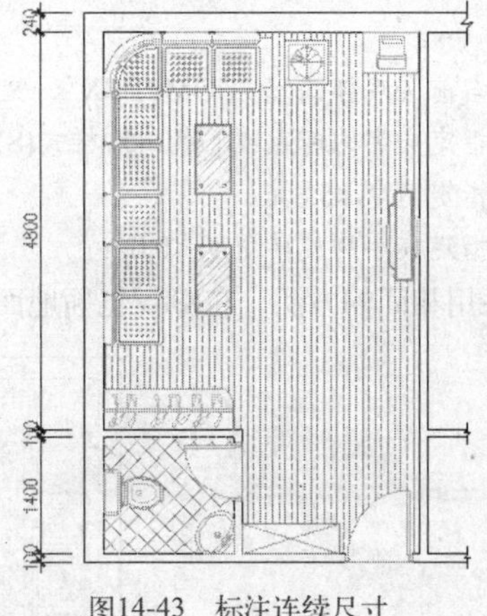

图14-43 标注连续尺寸

Step 08 单击“标注”工具栏上的“线性标注”按钮，标注上侧的总尺寸，标注结果如图14-44所示。

Step 09 参照上述操作，综合使用“线性”和“连续”命令分别标注其他侧的尺寸，标注结果如图14-45所示。

Step 10 执行“编辑标注文字”命令，对右下侧重叠尺寸的标注文字进行调整，结果如图14-46所示。

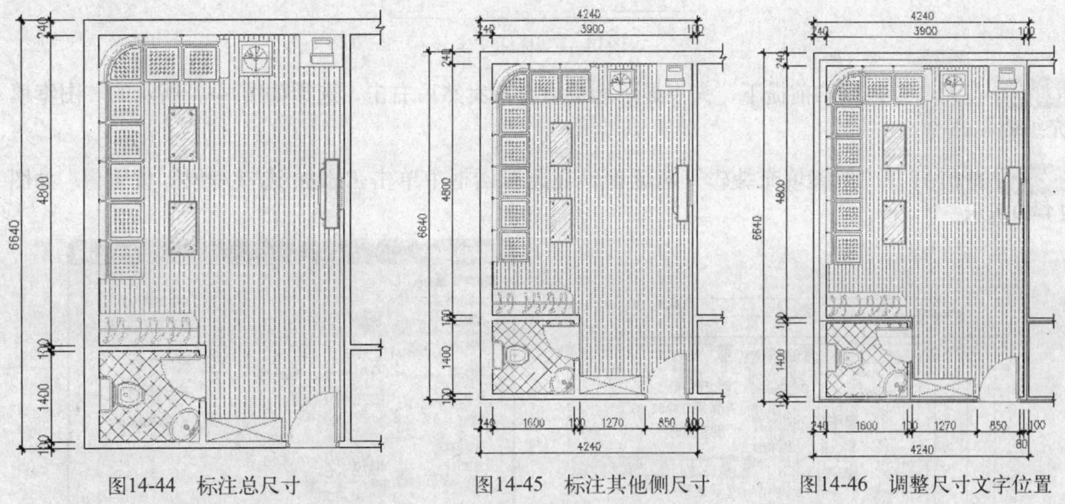

图14-44 标注总尺寸 图14-45 标注其他侧尺寸 图14-46 调整尺寸文字位置

至此，KTV包厢布置图尺寸标注完毕，下一小节将为KTV包厢布置图标注房间功能性和地面材质注解等内容。

14.3.2 标注KTV包厢布置图文字

这一节继续来标注KTV包厢的文字注释。

操作步骤

Step 01 继续上一节的操作。

Step 02 执行菜单栏中的“格式”|“文字样式”命令，将“仿宋体”设置为当前文字样式。

Step 03 在“图层控制”下拉列表中，将“文本层”设置为当前图层。

Step 04 使用命令简写DT激活“单行文字”命令，分别在KTV包厢房间和卫生间标注房间功能性文字注释，命令行操作如下。

```
命令: _text
    当前文字样式: "COMPLEX"  文字高度: 5.6 注释性: 否
    指定文字的起点或 [对正(J)/样式(S)]:        //在卫生间地面拾取一点
    指定高度 <5.6>:                            //180 Enter
    指定文字的旋转角度 <0.0>:                  // Enter，然后输入“卫生间”字样
```

Step 05 采用相同的方法，在KTV包厢地面输入“KTV包厢”字样，结果如图14-47所示。

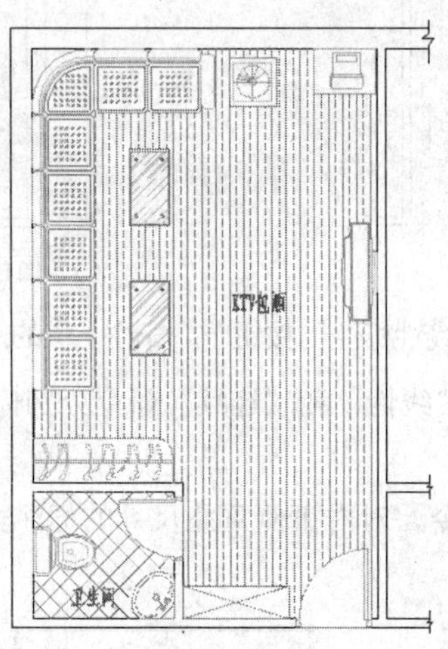

图14-47　标注文字

Step 06 在无命令执行的前提下，夹点显示地板填充图案然后右击，选择如图14-48所示的“图案填充编辑”命令。

Step 07 此时打开“图案填充编辑”对话框，在此对话框中单击“添加:选择对象”按钮，如图14-49所示。

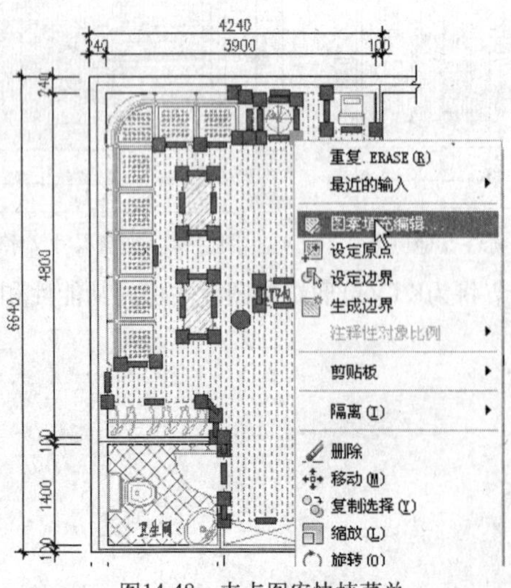

图14-48　夹点图案快捷菜单

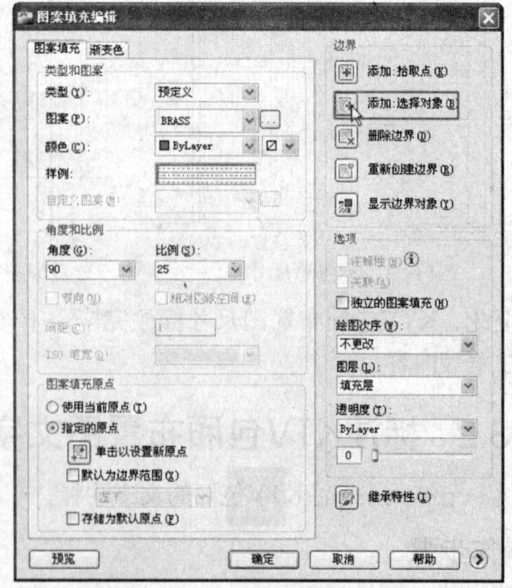

图14-49　“图案填充编辑”对话框

Step 08 返回绘图区，在命令行“选择对象或[拾取内部点(K)/删除边界(B)]:”提示下，选择“KTV包厢”文字对象，如图14-50所示。

Step 09 按Enter键返回“图案填充编辑”对话框，然后单击 确定 按钮，结果文字后面的填充图案被删除，如图14-51所示。

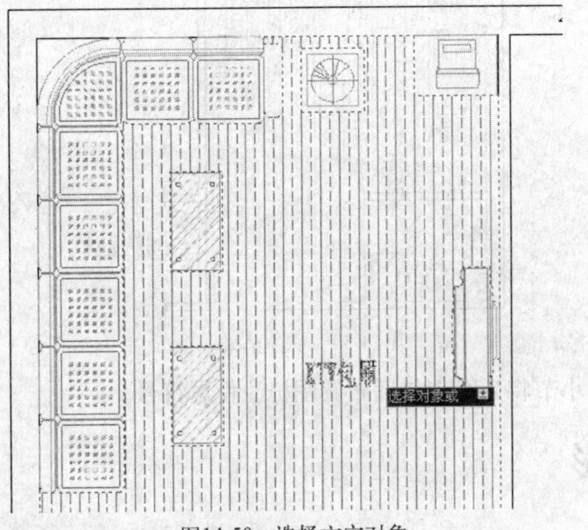

图14-50　选择文字对象

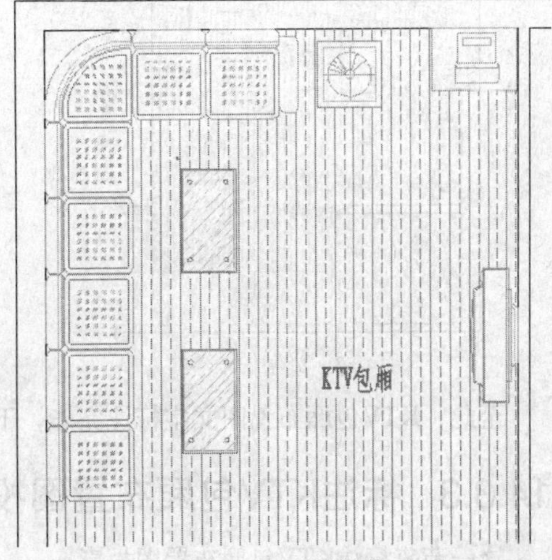

图14-51　编辑结果

Step 10 参照前面的操作步骤，修改卫生间内的填充图案，修改结果如图14-52所示。

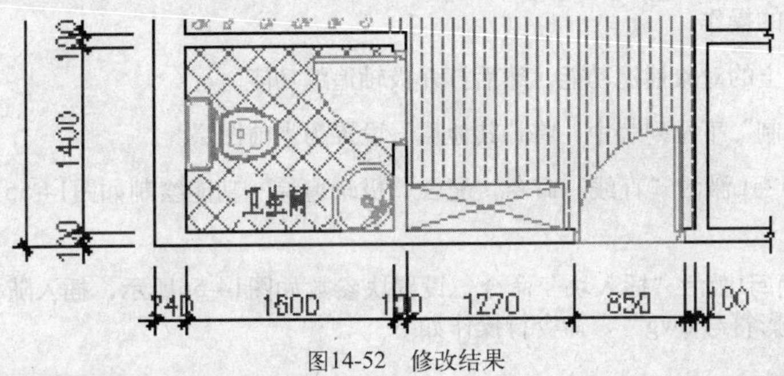

图14-52　修改结果

Step 11 下面标注材质注解。使用命令简写L激活“直线”命令，在KTV包厢平面图右边绘制如图14-53所示的两条文字指示线。

Step 12 使用命令简写DT激活“单行文字”命令，为平面图标注材质注解，命令行操作如下。

```
命令: _text
    当前文字样式: “COMPLEX”  文字高度: 5.6  注释性: 否
    指定文字的起点或 [对正(J)/样式(S)]:        //在卫生间地面拾取一点
    指定高度 <5.6>:                           //180 Enter
    指定文字的旋转角度 <0.0>:                  // Enter，然后输入“斜拼石材满铺”字样
命令: _text
    当前文字样式: “COMPLEX”  文字高度: 5.6  注释性: 否
    指定文字的起点或 [对正(J)/样式(S)]:        //在KTV包厢地面拾取一点
    指定高度 <5.6>:                           //180 Enter
    指定文字的旋转角度 <0.0>:
                          // Enter，然后输入“工艺地板满铺”字样，结果如图14-54所示
```

11 Chapter
12 Chapter
13 Chapter
14 Chapter
15 Chapter
16 Chapter

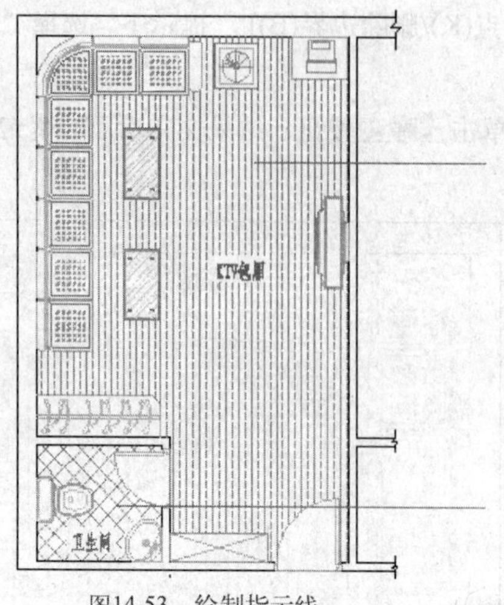

图14-53 绘制指示线

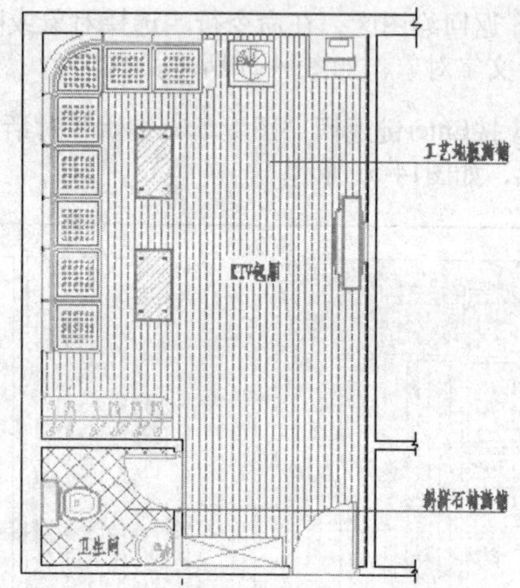

图14-54 标注结果

至此，KTV包厢布置图文字标注完毕，下一小节将为KTV包厢布置图标注投影符号。

14.3.3 标注KTV包厢布置图投影

这一节来标注KTV包厢布置图投影。

操作步骤

Step 01 继续上一节的操作。

Step 02 关闭状态栏上的对象捕捉功能，然后打开极轴追踪功能。

Step 03 在“图层控制”下拉列表中，将“其他层”设置为当前图层。

Step 04 使用命令简写L激活“直线”命令，配合“极轴追踪”功能绘制如图14-55所示的墙面投影指示线。

Step 05 使用命令简写I激活“插入块”命令，设置块参数如图14-56所示，插入随书光盘中的文件“图块文件”\“投影符号.dwg”，命令行操作如下。

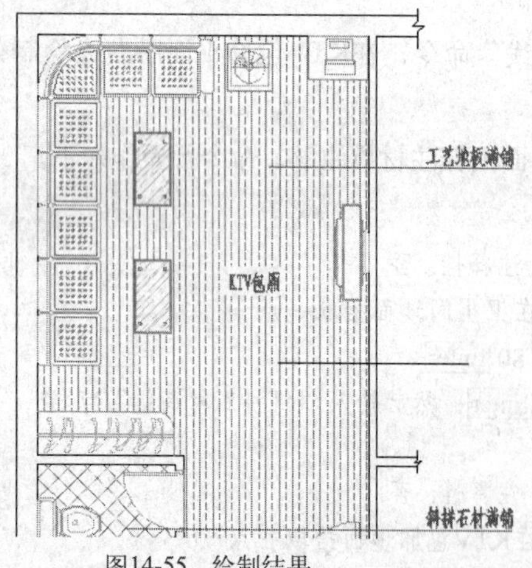

图14-55 绘制结果

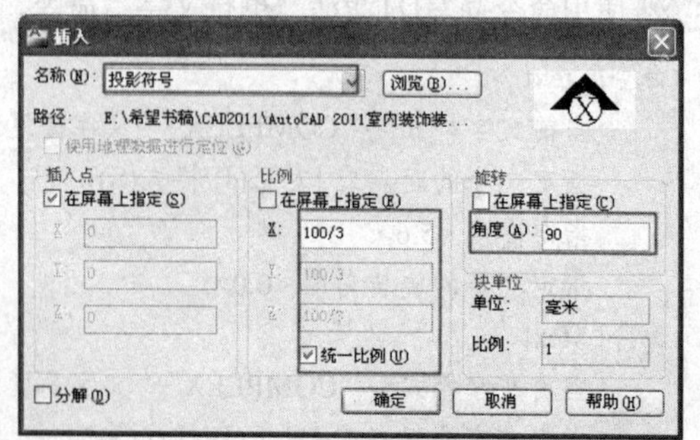

图14-56 设置块参数

```
命令: I                                    // Enter
    INSERT
    指定插入点或 [基点(B)/比例(S)/旋转(R)]:     //捕捉指示线的右端点
```

输入属性值

输入投影符号值: <A>: //D Enter，插入结果如图14-57所示

正在重生成模型。

Step 06 在插入的投影符号属性块上双击，打开如图14-58所示的“增强属性编辑器”对话框。

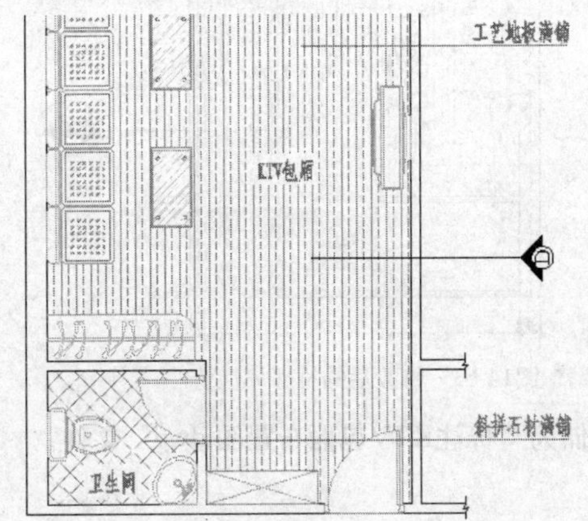

图14-57 插入结果

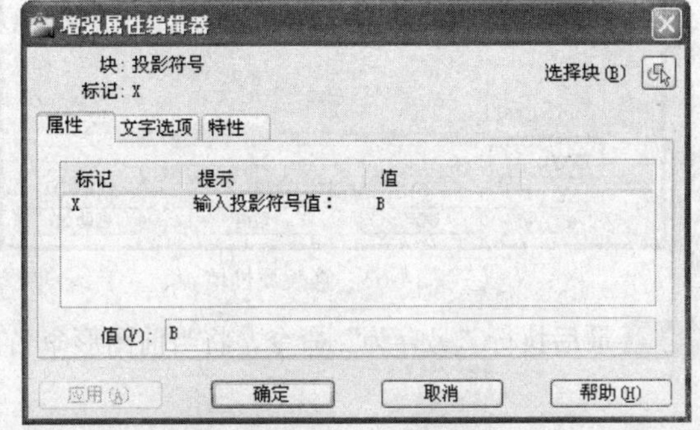

图14-58 “增强属性编辑器”对话框

Step 07 在“增强属性编辑器”对话框中展开“文字选项”选项卡，然后修改属性文字的旋转角度，如图14-59所示，以修改投影符号的旋转角度，结果如图14-60所示。

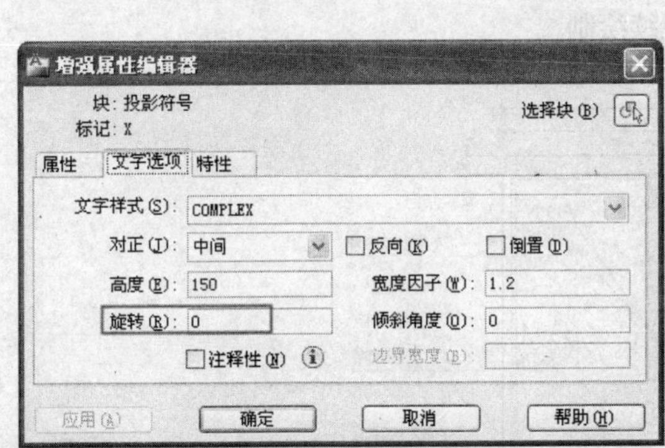

图14-59 修改属性角度

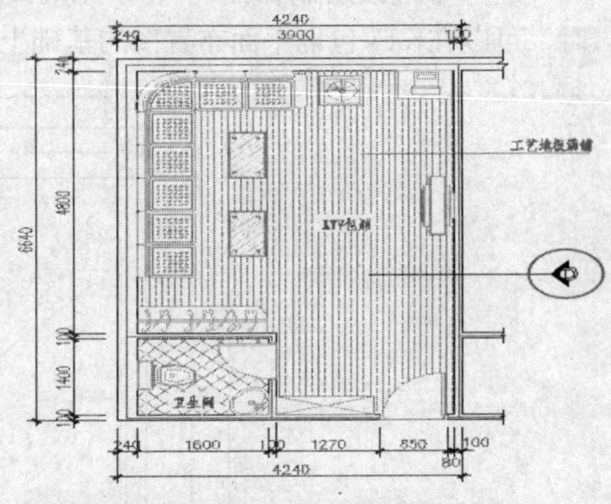

图14-60 修改后的投影符号

Step 08 关闭“增强属性编辑器”对话框，然后执行“镜像”命令，配合“象限点”捕捉功能，对投影符号进行镜像，结果如图14-61所示。

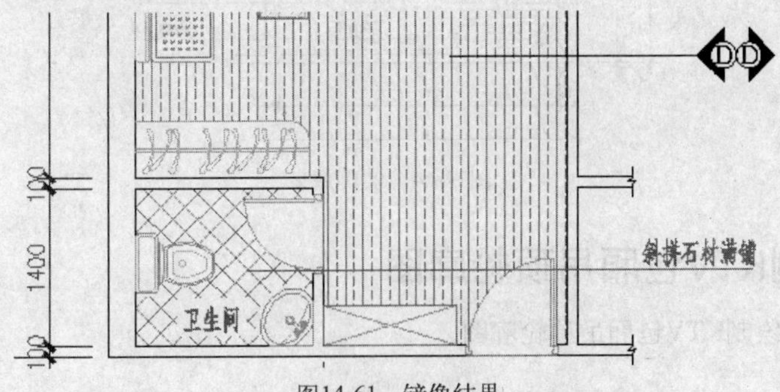

图14-61 镜像结果

Step 09 在镜像出的投影符号上双击，在打开的“增强属性编辑器”对话框中修改其属性值如图14-62所示。

Step 10 单击“确定”按钮关闭该对话框，此时镜像的投影符号的值被修改，如图14-63所示。

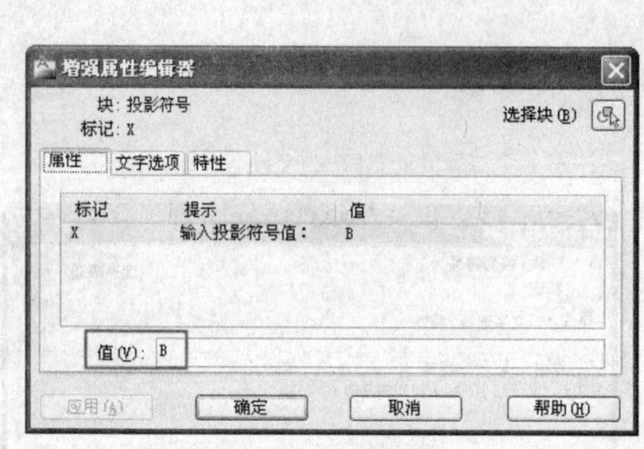

图14-62 修改属性值

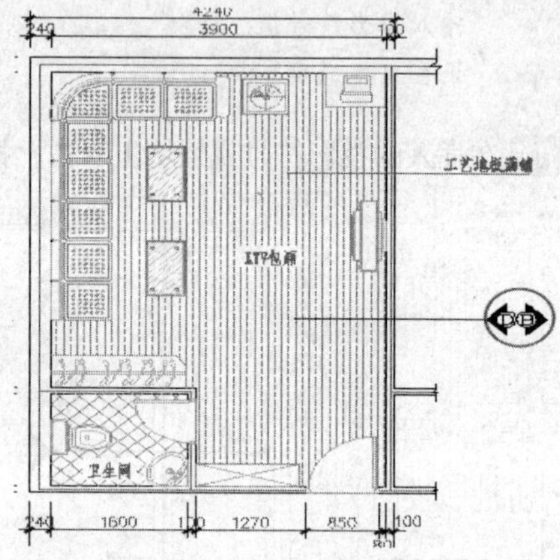

图14-63 修改后的符号属性值

Step 11 最后执行“另存为”命令，将当前图形命名存储为“标注KTV包厢布置图.dwg”文件。

14.4 绘制KTV包厢天花装修图

这一节继续绘制如图14-64所示的KTV包厢天花装修图。在绘制KTV包厢天花装修图时，可以在KTV包厢平面布置图的基础上继续绘制。

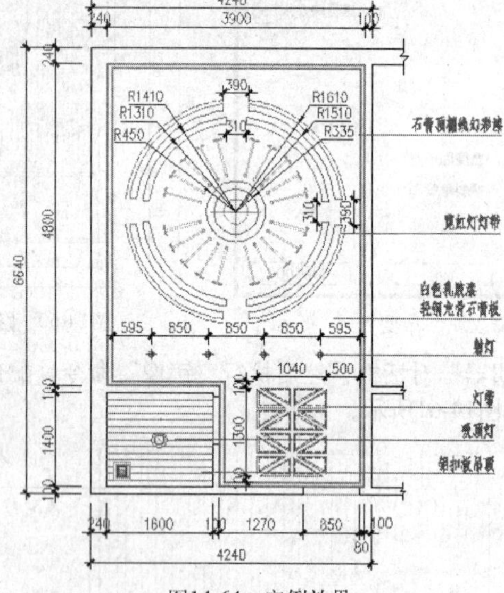

图14-64 实例效果

14.4.1 绘制KTV包厢吊顶轮廓图

这一节首先来绘制KTV包厢吊顶轮廓图。

操作步骤

Step 01 打开上例保存的“标注KTV包厢布置图.dwg”文件。

Step 02 执行菜单栏中的“格式” | “图层”命令，在打开的面板中双击“吊顶层”，将此图层设置为当前图层，并打开“轴线层”，此时图形的显示效果如图14-65所示。

Step 03 使用命令简写E激活“删除”命令，删除不需要的图形对象，结果如图14-66所示。

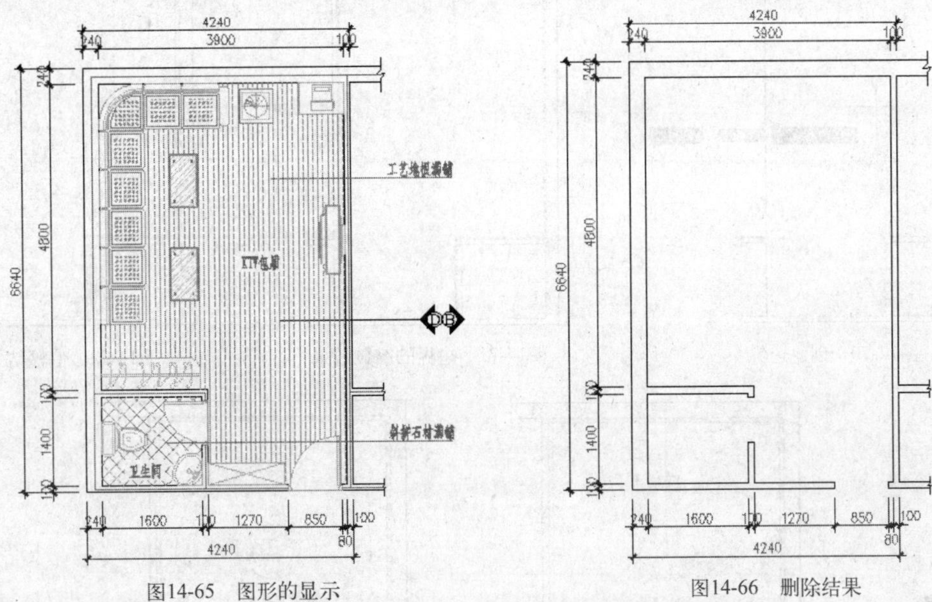

图14-65　图形的显示　　　图14-66　删除结果

Step 04 展开“图层控制”下拉列表，将“尺寸层”关闭，结果如图14-67所示。

Step 05 使用命令简写L激活“直线”命令，配合“端点”捕捉功能绘制门洞位置的轮廓线，结果如图14-68所示。

Step 06 使用命令简写BO激活“边界”命令，在打开的“边界创建”对话框中设置边界类型，如图14-69所示。

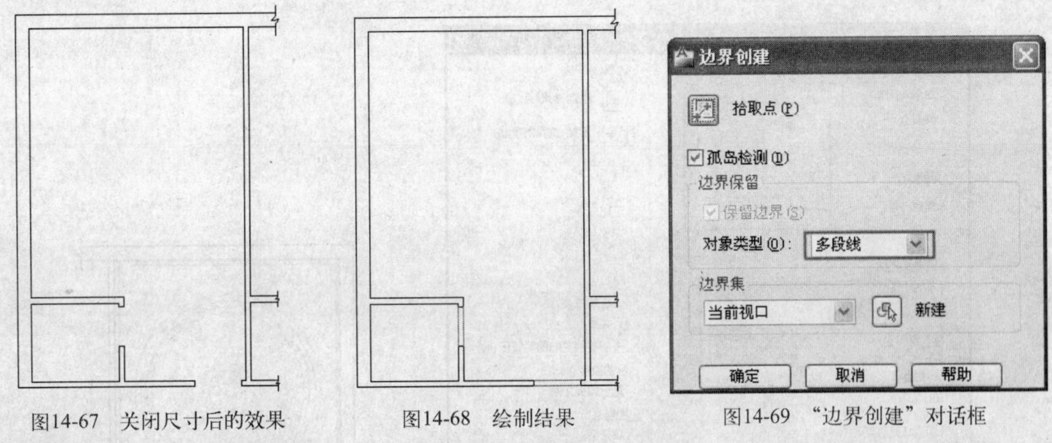

图14-67　关闭尺寸后的效果　　　图14-68　绘制结果　　　图14-69　“边界创建”对话框

Step 07 单击“拾取点”按钮，返回绘图区，根据命令行的提示，在包厢内部单击创建如图14-70所示的边界，边界创建后的突显效果如图14-71所示。

Step 08 使用命令简写O激活“偏移”命令，将刚创建的边界向内偏移20、60和80个单位，作为吊顶轮廓线，偏移结果如图14-72所示。

Step 09 使用命令简写C激活“圆”命令，配合“对象追踪”和“中点”捕捉功能，绘制半径为450和1610的同心圆，结果如图14-73所示。

Step 10 使用命令简写O激活“偏移”命令，将外侧的大圆向内偏移100、200和300个单位，将内侧的小圆向内偏移115个单位，偏移结果如图14-74所示。

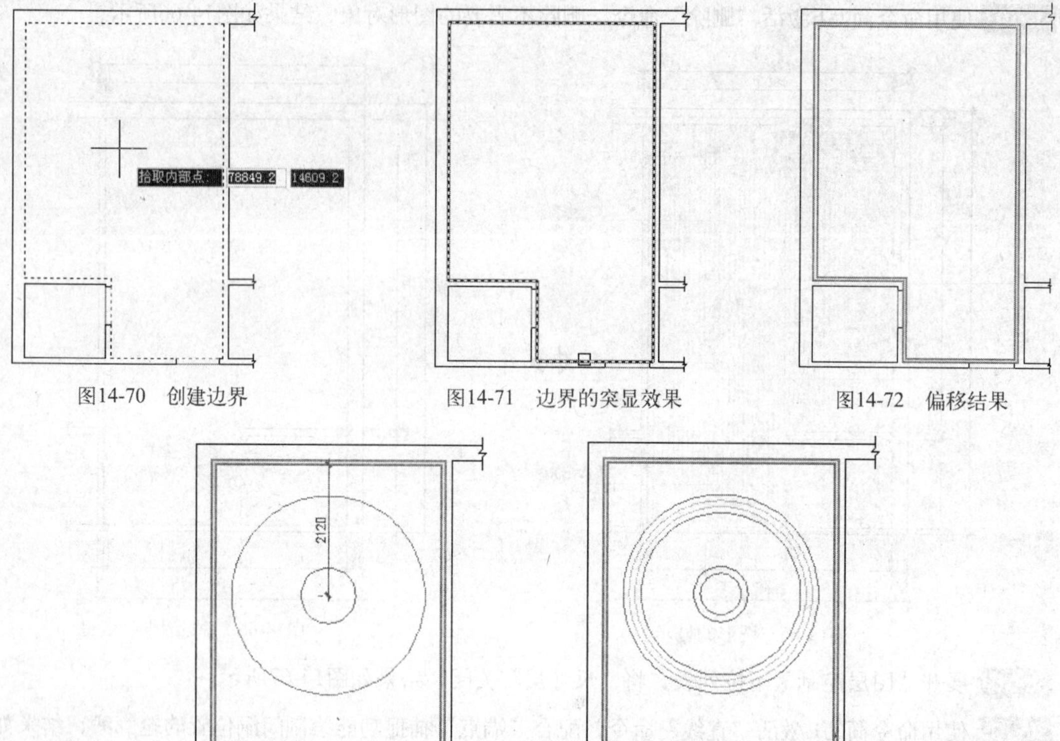

图14-70 创建边界　　图14-71 边界的突显效果　　图14-72 偏移结果

图14-73 绘制同心圆　　图14-74 偏移同心圆

Step 11 使用命令简写H激活“图案填充”命令，设置填充图案与参数如图14-75所示，为卫生间填充铝扣板吊顶图案，填充结果如图14-76所示。

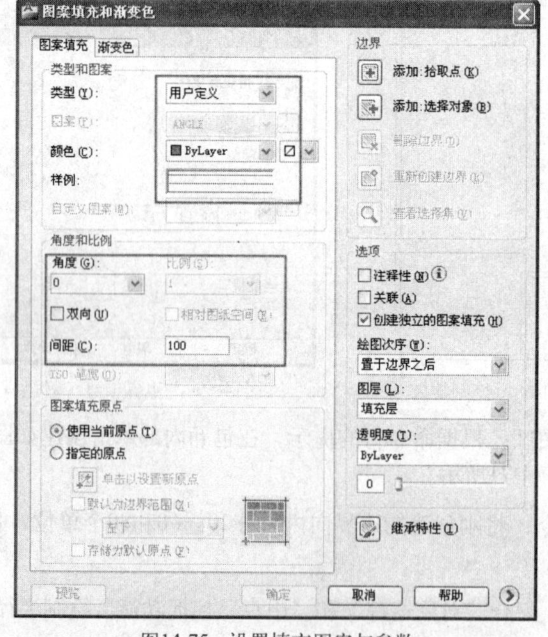

图14-75 设置填充图案与参数

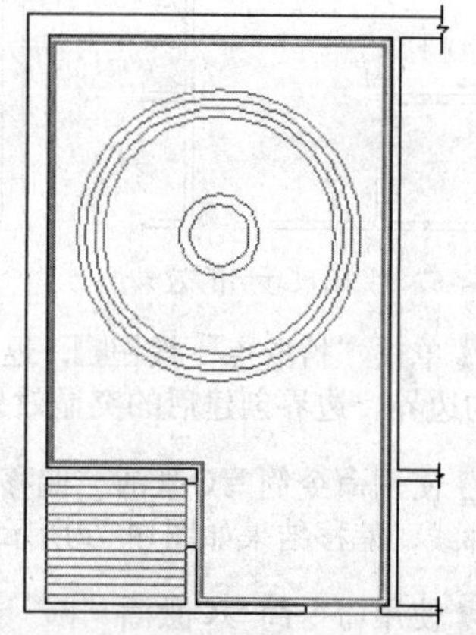

图14-76 填充结果

Step 12 执行菜单栏中的“绘图”|“矩形”命令，配合“自”功能绘制过道位置的矩形吊顶，命令行操作如下。

命令: _rectang

指定第一个角点或 [倒角(C)/标高(E)/圆角(F)/厚度(T)/宽度(W)]: //激活"捕捉自"功能

_from 基点: //捕捉如图14-77所示的端点A

<偏移>: //@500,100 Enter

指定另一个角点或 [面积(A)/尺寸(D)/旋转(R)]: //@1040,625 Enter，绘制结果如图14-77所示

Step 13 执行"直线"命令，配合"端点"捕捉和"中点"捕捉功能绘制矩形的中线和对角线，结果如图14-78所示。

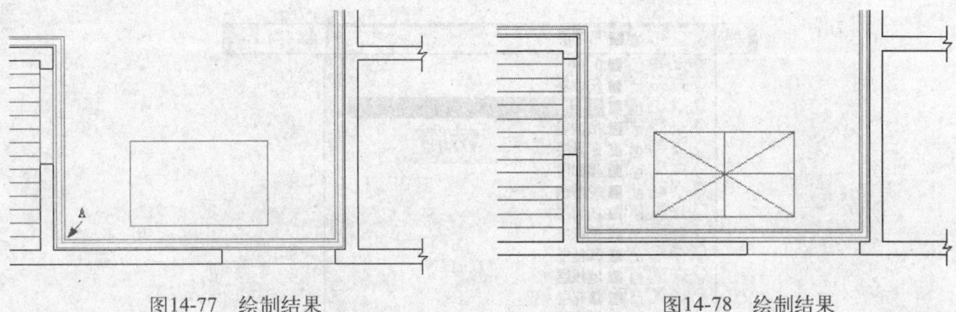

图14-77 绘制结果　　图14-78 绘制结果

Step 14 执行菜单栏中的"修改"|"偏移"命令，将两条中心和对角线对称偏移25个单位，结果如图14-79所示。

Step 15 执行菜单栏中的"绘图"|"边界"命令，分别在如图14-79所示的1、2、3、4、5、6、7、8各区域拾取点，创建8个边界，如图14-80所示。

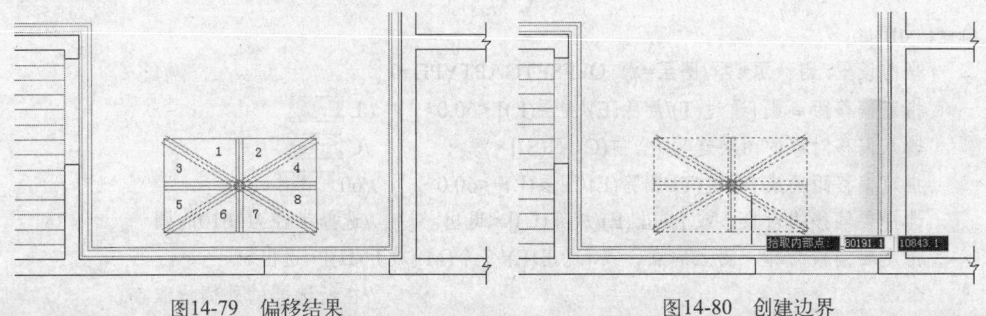

图14-79 偏移结果　　图14-80 创建边界

Step 16 使用命令简写E激活"删除"命令，删除除8条边界外的所有图线，结果如图14-81所示。

Step 17 使用命令简写CO激活"复制"命令，将8条边界沿y轴正方向复制675个单位，结果如图14-82所示。

Step 18 调整视图，使图形完全显示，结果如图14-83所示。

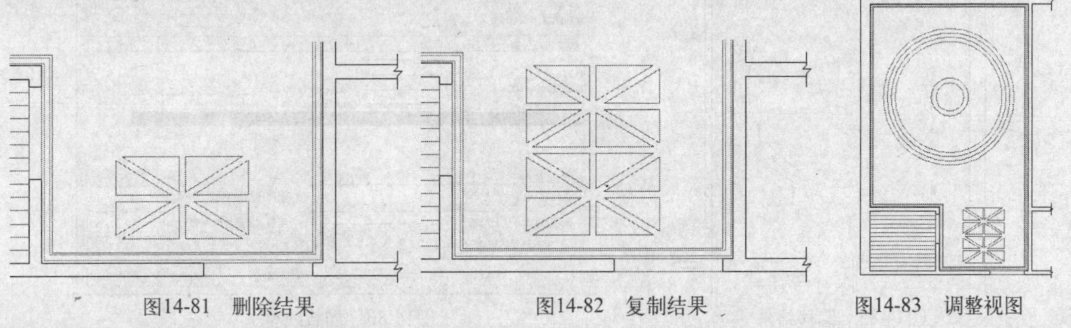

图14-81 删除结果　　图14-82 复制结果　　图14-83 调整视图

至此，KTV包厢吊顶轮廓图绘制完毕，下一小节将绘制包厢吊顶灯带图。

14.4.2 绘制KTV包厢吊顶灯带图

这一节继续来绘制KTV包厢吊顶灯带图。

操作步骤

Step 01 继续上一节的操作。

Step 02 展开"图层控制"下拉列表，将"灯具层"设置为当前图层，如图14-84所示。

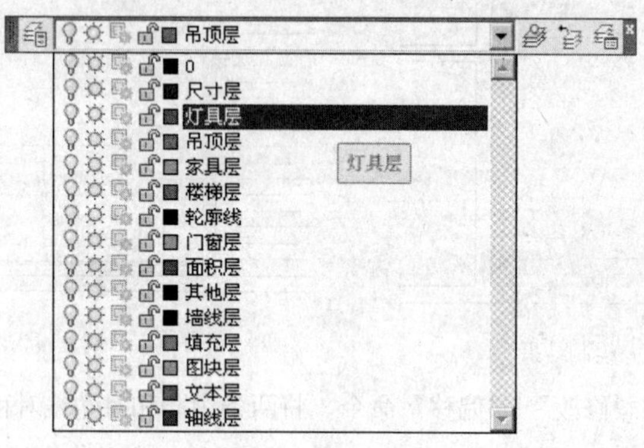

图14-84 设置当前层

Step 03 执行菜单栏中的"修改"|"偏移"命令，将包厢位置的圆形吊顶外轮廓向外偏移60个单位作为灯带，命令行操作如下。

```
命令: _offset
    当前设置: 删除源=否  图层=源  OFFSETGAPTYPE=0
    指定偏移距离或 [通过(T)/删除(E)/图层(L)] <60.0>:        //L Enter
    输入偏移对象的图层选项 [当前(C)/源(S)] <源>:            //C Enter
    指定偏移距离或 [通过(T)/删除(E)/图层(L)] <60.0>:        //60 Enter
    选择要偏移的对象，或 [退出(E)/放弃(U)] <退出>:          //选择半径为1610的圆
    指定要偏移的那一侧上的点，或 [退出(E)/多个(M)/放弃(U)] <退出>:
                                                          //在所选圆的外侧拾取点
    选择要偏移的对象，或 [退出(E)/放弃(U)] <退出>:          // Enter，偏移结果如图14-85所示
```

Step 04 执行菜单栏中的"格式"|"线型"命令，加载"DASHDE"线型，并设置线型比例因子为150，如图14-86所示。

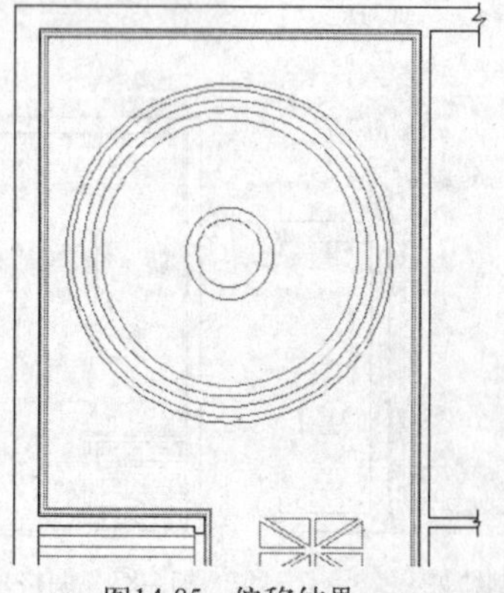

图14-85 偏移结果

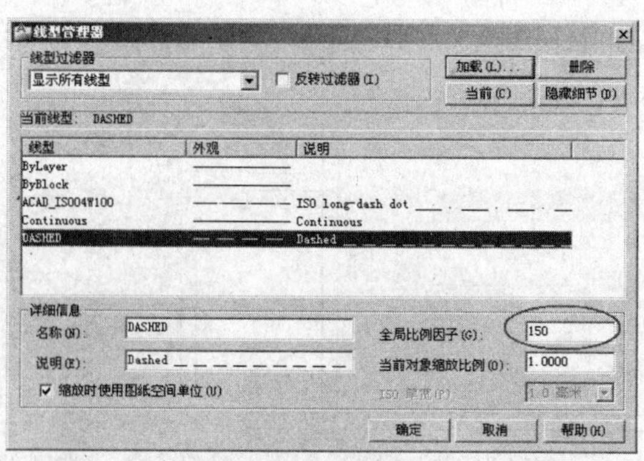

图14-86 加载线型

Step 05 夹点显示偏移出的圆形灯带，然后展开“线型控制”下拉列表，修改其线型为“DASHED”，如图14-87所示，线型修改后的显示效果如图14-88所示 。

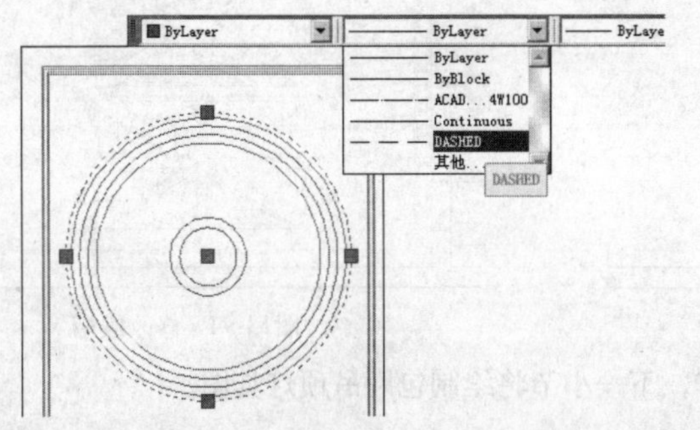

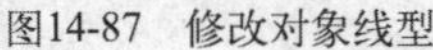
图14-87 修改对象线型

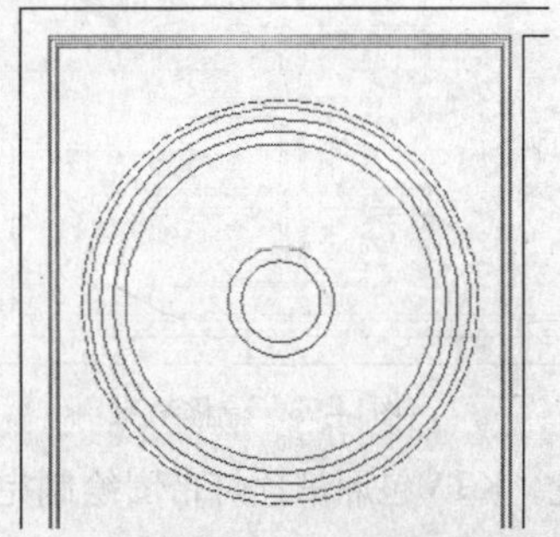
图14-88 修改结果

Step 06 使用命令简写XL激活“构造线”命令，配合“圆心”捕捉功能绘制如图14-89所示的两条构造线。

Step 07 使用命令简写O激活“偏移”命令，将两条构造线对称偏移195和155个绘图单位，并删除源构造线，结果如图14-90所示。

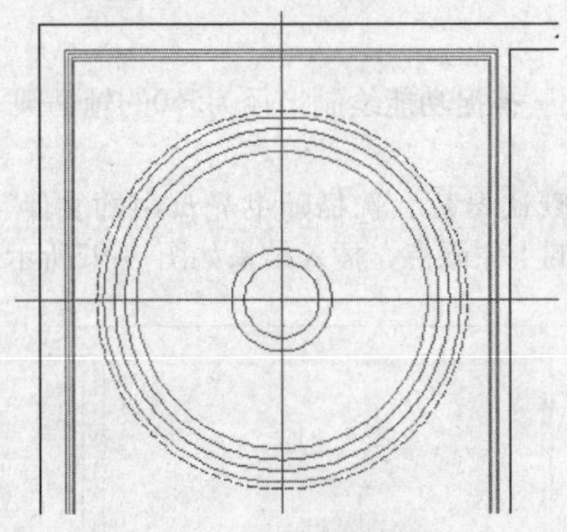
图14-89 绘制构造线

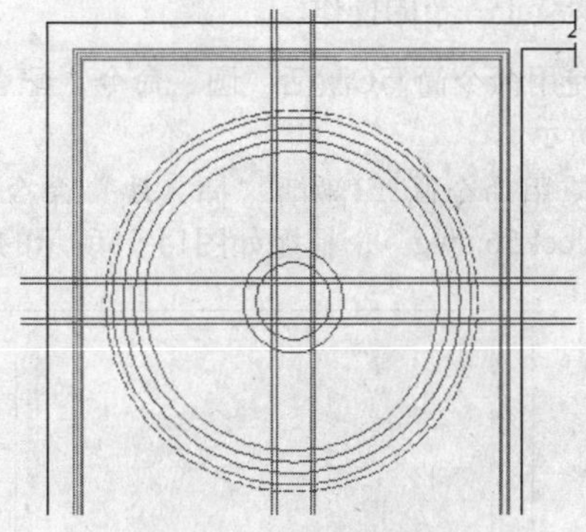
图14-90 偏移构造线

Step 08 使用命令简写TR激活“修剪”命令，对圆形吊顶、灯带和构造线进行修剪，结果如图14-91所示。

Step 09 夹点显示如图14-92所示的8条图线，然后展开“图层控制”下拉列表，将其放到“吊顶层”上。

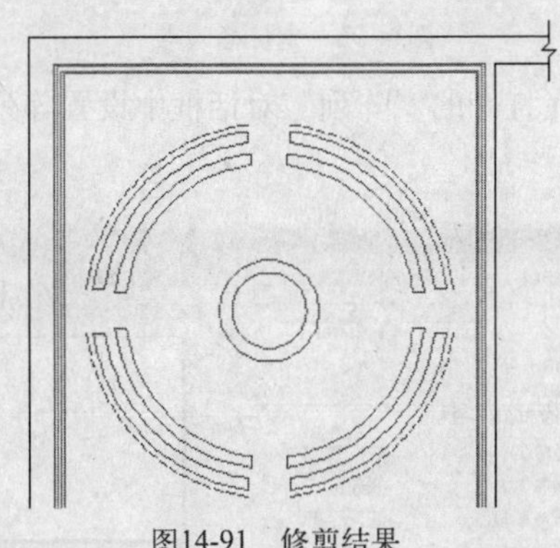
图14-91 修剪结果

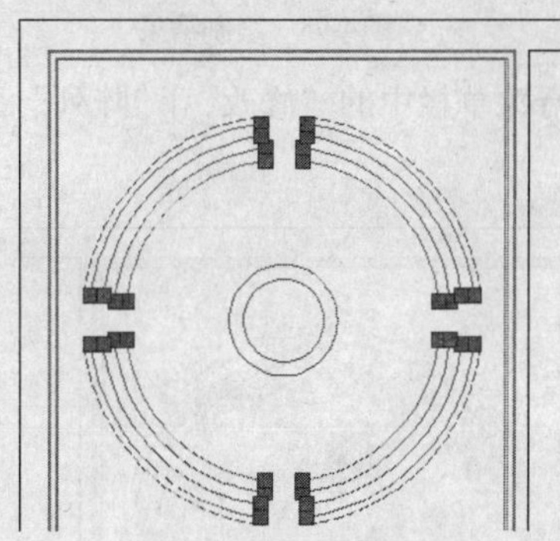
图14-92 夹点效果

Step 10 使用命令简写O激活“偏移”命令，分别将过道位置的8条边界向内移20个单位，作为灯带，结果如图14-93所示。

Step 11 夹点显示刚偏移出的8条灯带，然后修改其线型为“DASHED”线型，结果如图14-94所示。

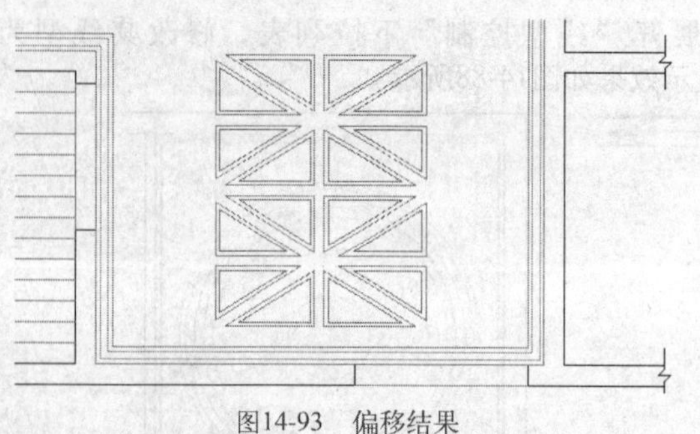

图14-93　偏移结果

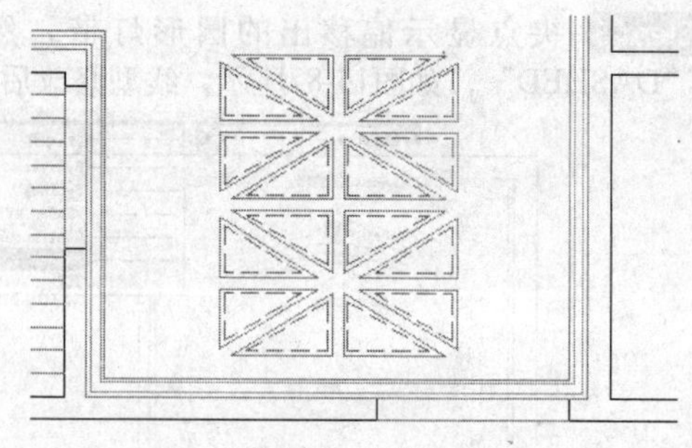

图14-94　修改线型

至此，KTV包厢吊顶灯带图绘制完毕，下一小节将绘制包厢吊顶灯具图。

14.4.3　绘制KTV包厢吊顶灯具图

这一节继续来绘制KTV包厢吊顶灯具图。

操作步骤

Step 01 继续上一节的操作。

Step 02 使用命令简写C激活"圆"命令，配合"圆心"捕捉功能绘制半径为560的辅助圆，结果如图14-95所示。

Step 03 使用命令简写I激活"插入块"命令，采用默认参数，选择随书光盘中的文件"图块文件"\"block56.dwg"，捕捉如图14-96所示的辅助圆的上象限点，插入结果如图14-97所示。

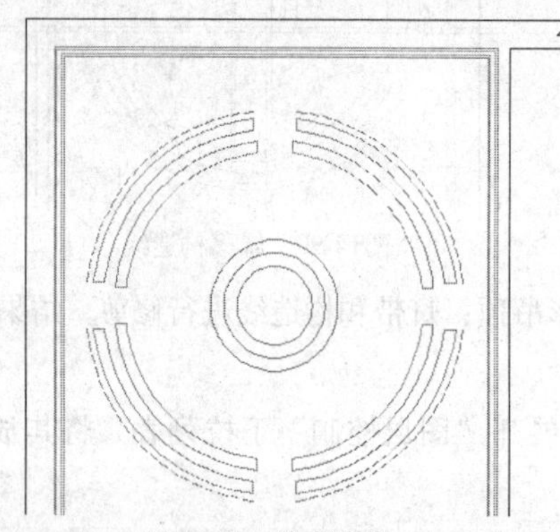

图14-95　绘制结果

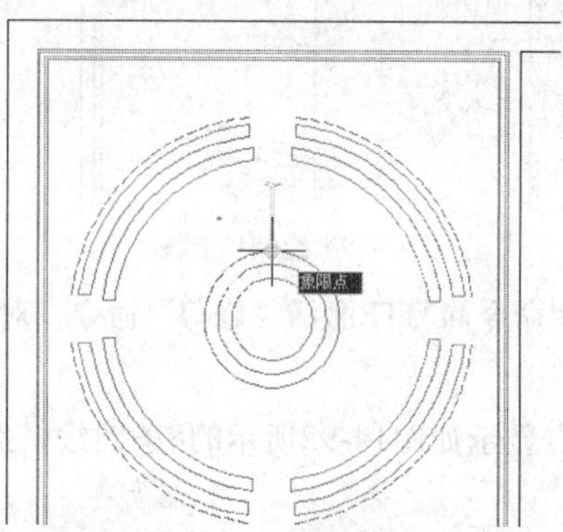

图14-96　定位插入点

Step 04 执行菜单栏中的"修改"|"阵列"命令，在打开的"阵列"对话框中设置阵列参数如图14-98所示。

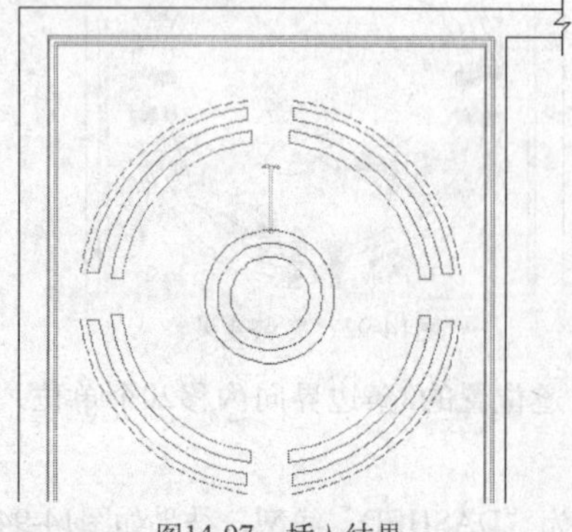

图14-97　插入结果

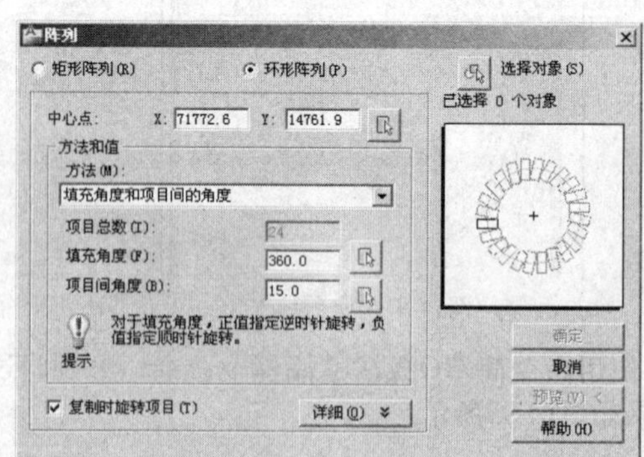

图14-98　设置阵列参数

Step 05 单击“选择对象”按钮返回绘图区，选择插入的图块，然后设置阵列中心点为同心圆的圆心，对刚插入的图块进行阵列，阵列结果如图14-99所示。

Step 06 使用命令简写E激活“删除”命令，删除不需要的图块，结果如图14-100所示。

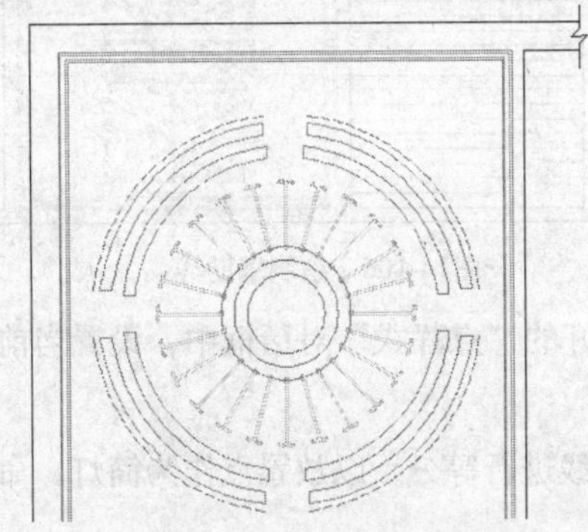
图14-99 阵列结果

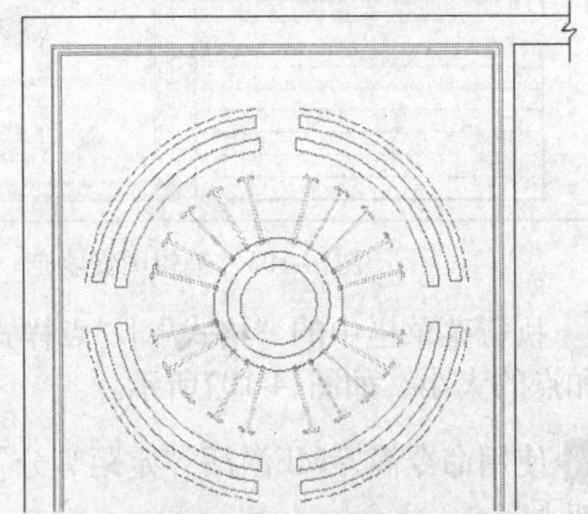
图14-100 删除结果

Step 07 使用命令简写I激活“插入块”命令，采用默认参数，插入随书光盘中的文件“图块文件”\“block57.dwg”，插入点为同心圆的圆心，结果如图14-101所示。

Step 08 重复执行“插入块”命令，选择随书光盘中的文件“图块文件”\“吸顶灯02.dwg”，设置插入参数如图14-102所示。

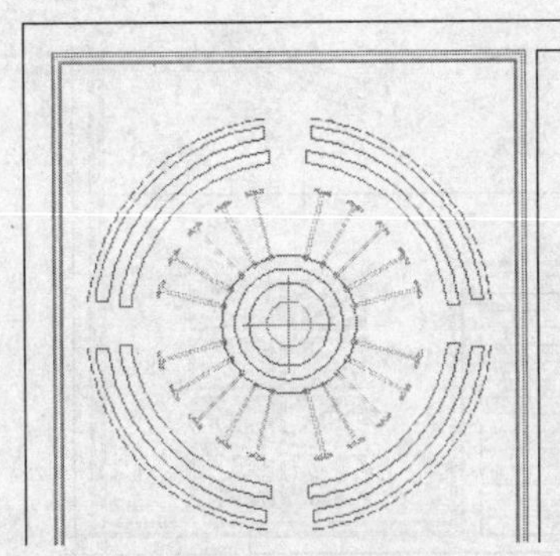
图14-101 插入结果

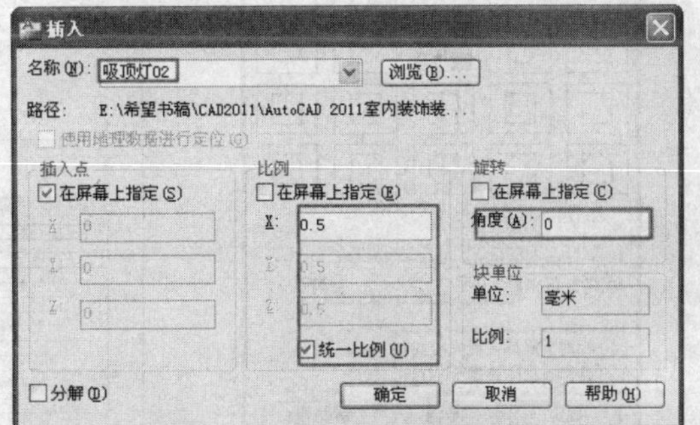

图14-102 设置参数

Step 09 单击 确定 按钮返回绘图区，捕捉如图14-103所示的追踪虚线交点，将其插入到卫生间吊顶位置。

Step 10 重复执行“插入块”命令，采用默认参数，插入随书光盘中的文件“图块文件”\“排气扇.dwg”，并将其放到“图块层”上，结果如图14-104所示。

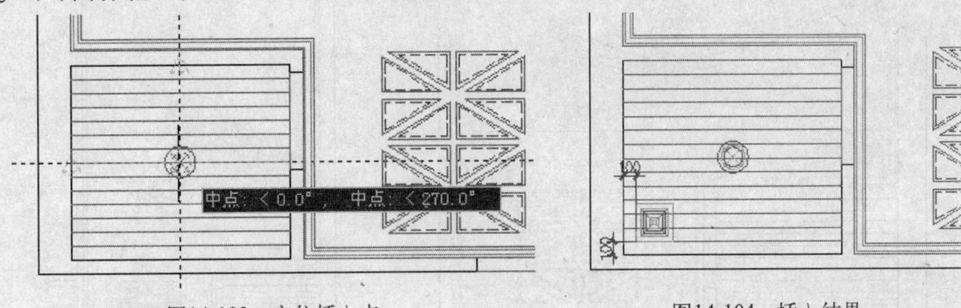

图14-103 定位插入点

图14-104 插入结果

Step 11 下面对卫生间吊顶图案进行编辑。依照前面的操作方法，将插入的排气扇和灯具图块以孤岛的方式排除在填充区域之外，结果如图14-105所示。

Step 12 使用命令简写L激活“直线”命令，配合“延伸”捕捉功能绘制如图14-106所示的辅助线。

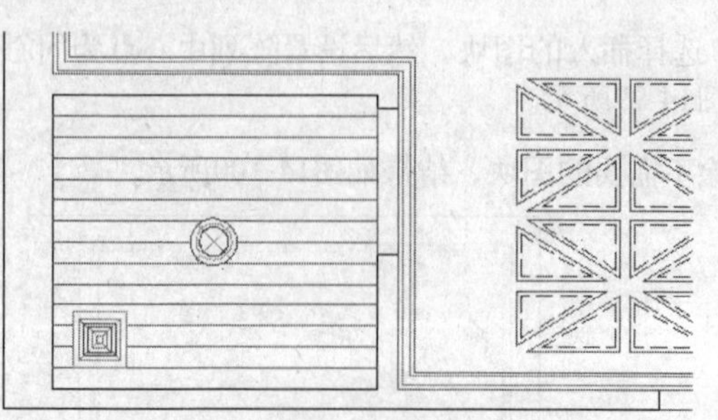

图14-105　编辑图案填充

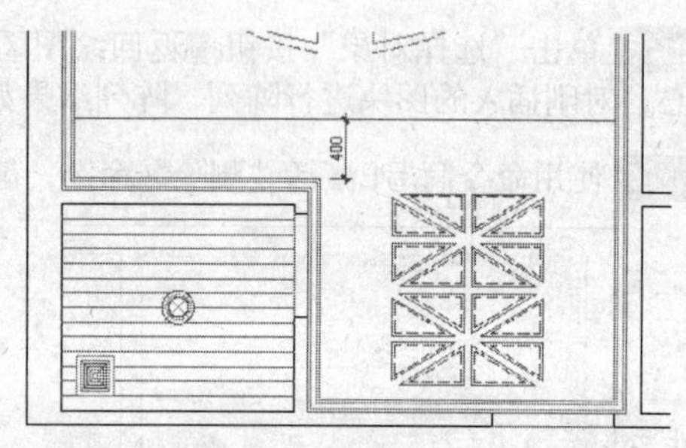

图14-106　绘制辅助线

Step 13 执行菜单栏中的“格式”|“点样式”命令，在打开的“点样式”对话框中，设置当前点的样式和点的大小，如图14-107所示。

Step 14 使用命令简写ME激活“定距等分”命令，将辅助线进行等分，以放置点作为筒灯，命令行操作如下。

```
命令: ME
    MEASURE 选择要定距等分的对象:            //在辅助线的左端单击
    指定线段长度或 [块(B)]:                  //850 Enter，等分结果如图14-108所示
```

点样式
点大小(S): 75.0000 单位
相对于屏幕设置大小(R)
按绝对单位设置大小(A)
确定　取消　帮助(H)

图14-107　“点样式”对话框

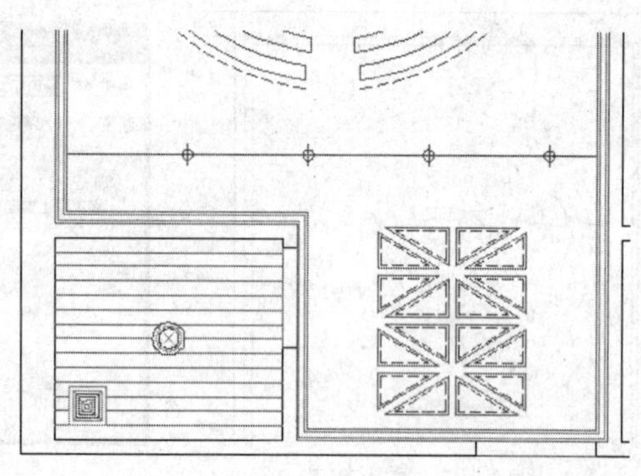

图14-108　等分结果

Step 15 使用命令简写M激活“移动”命令，将4个筒灯水平向左移动215个单位，结果如图14-109所示。

Step 16 使用命令简写E激活“删除”命令，删除定位辅助线，并调整视图，结果如图14-110所示。

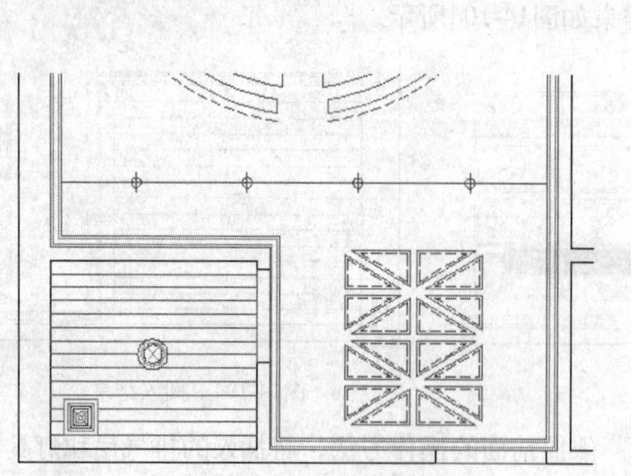

图14-109　移动结果

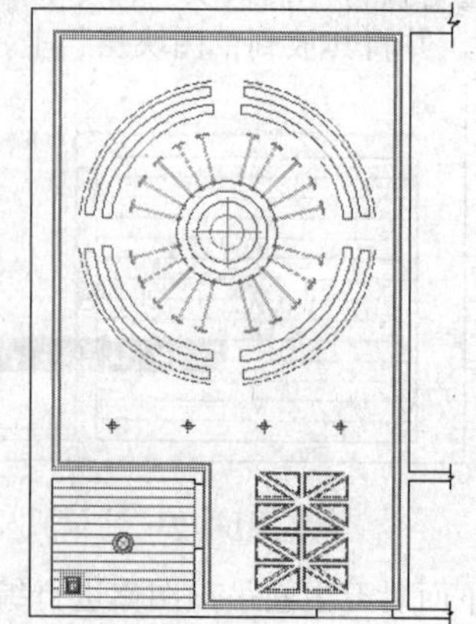

图14-110　删除结果

至此，KTV包厢天花灯具图绘制完毕，下一小节将为包厢天花图标注尺寸及文字。

14.4.4 标注KTV包厢吊顶尺寸与文字

这一节继续来标注KTV包厢吊顶尺寸与文字注解。

操作步骤

Step 01 继续上一节的操作。

Step 02 删除辅助圆，然后在“图层控制”下拉列表中解冻“尺寸层”，并将其设置为当前图层，此时图形的显示结果如图14-111所示。

Step 03 综合使用“线性”和“连续”命令，配合“节点”捕捉等功能，标注如图14-112所示的定位尺寸。

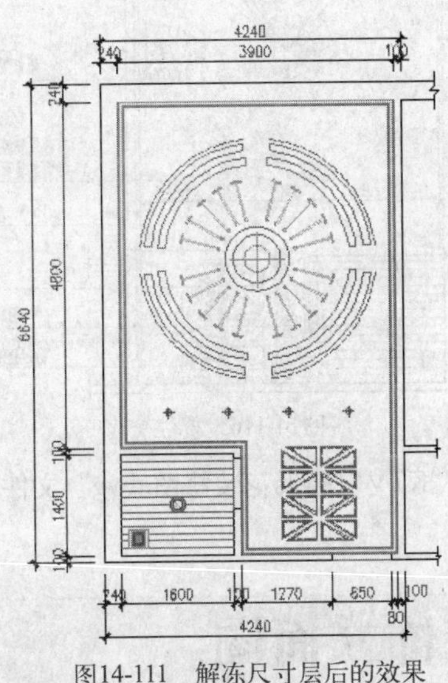

图14-111 解冻尺寸层后的效果

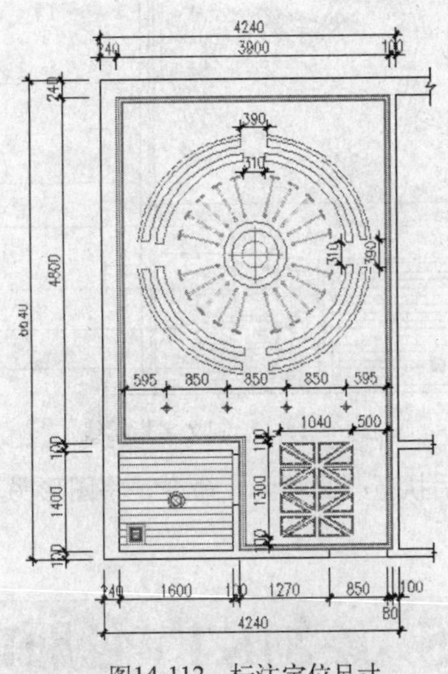

图14-112 标注定位尺寸

Step 04 使用命令简写D激活“标注样式”命令，将“角度标注”设置为当前样式，并修改标注比例如图14-113所示。

Step 05 执行菜单栏中的“标注”|“半径”命令，为圆形吊顶标注半径尺寸，结果如图14-114所示。

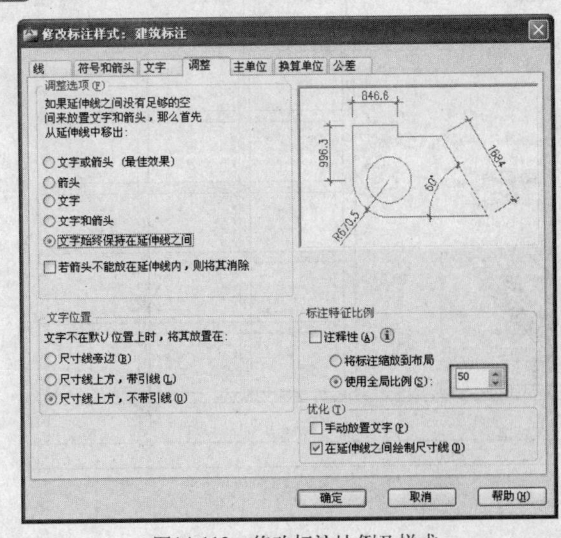

图14-113 修改标注比例及样式

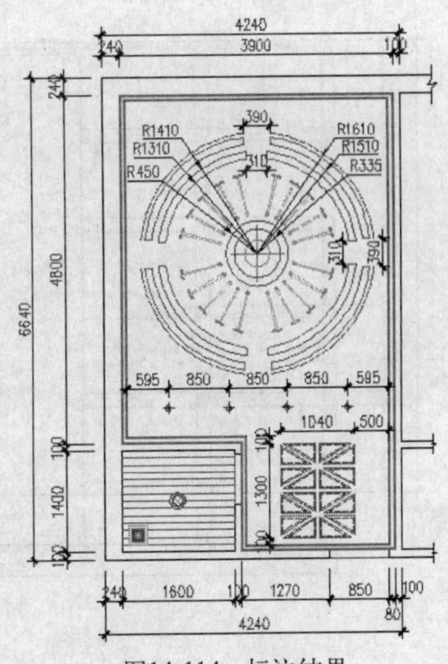

图14-114 标注结果

Step 06 在“图层控制”下拉列表中，将“文本层”设置为当前图层。

Step 07 执行菜单栏中的“格式”|“文字样式”命令，将“仿宋体”设置为当前文字样式。

Step 08 暂时关闭状态栏上的对象捕捉功能。

Step 09 使用命令简写L激活“直线”命令，绘制如图14-115所示的文字指示线。

Step 10 使用命令简写DT激活“单行文字”命令，设置字体高度为180，为天花图标注如图14-116所示的文字注释。

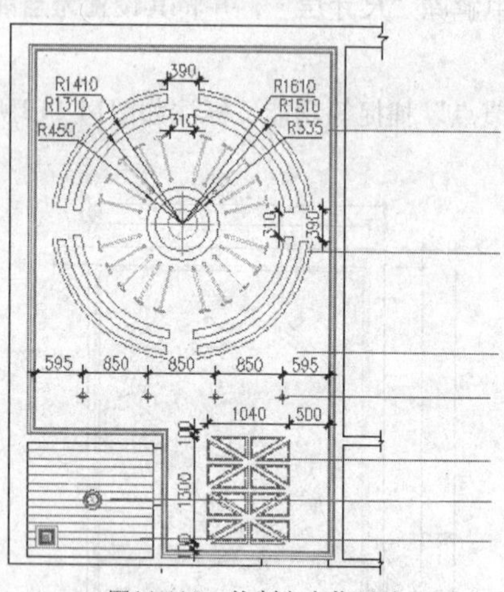

图14-115　绘制文字指示线

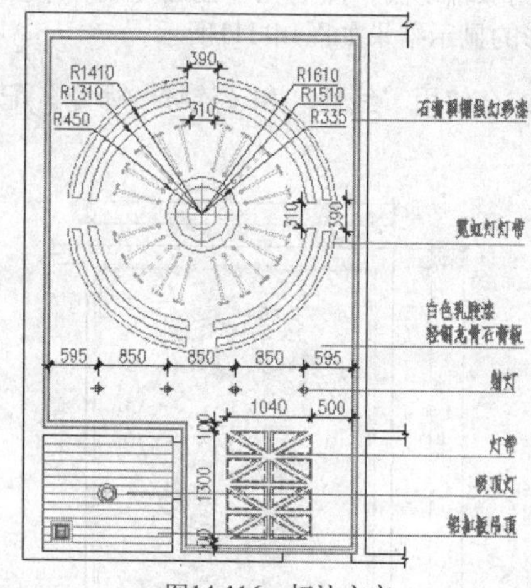

图14-116　标注文字

Step 11 最后执行“另存为”命令，将图形另名存储为“KTV包厢天花装修图.dwg”文件。

14.5 绘制KTV包厢B向装饰立面图

这一节主要来绘制如图14-117所示的KTV包厢B向装饰立面图，学习KTV包厢装修立面图的绘制方法和技巧。

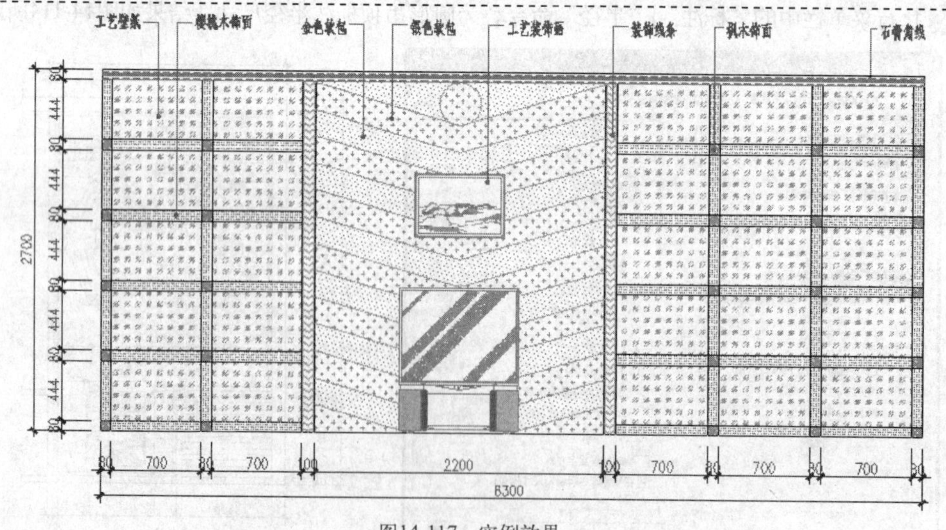

图14-117　实例效果

14.5.1 绘制KTV包厢B向轮廓图

这一节首先来绘制KTV包厢B向轮廓图。

✎ 操作步骤

Step 01 执行菜单栏中的“文件”|“新建”命令，打开随书光盘中的文件“样板文件”\“装饰装潢绘图样板.dwt”作为基础样板，新建空白文件。

Step 02 展开“图层控制”下拉列表，设置“轮廓线”为当前图层。

Step 03 执行菜单栏中的“绘图”|“矩形”命令，绘制长度为6300、宽度为2700的矩形作为立面外轮廓线，如图14-118所示。

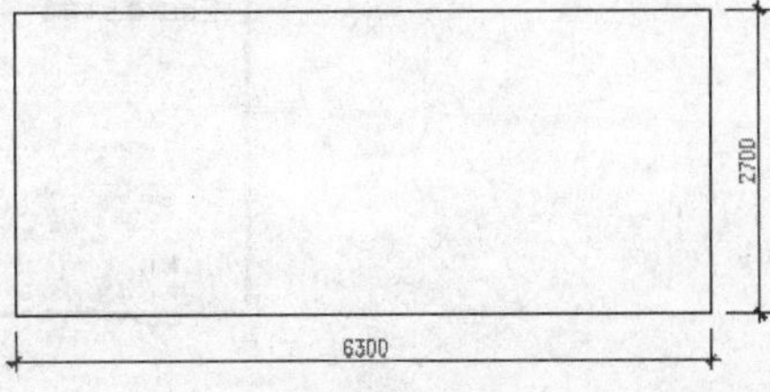

图14-118 绘制结果

Step 04 使用命令简写X激活“分解”命令，将矩形分解为4条独立的线段。

Step 05 继续执行菜单栏中的“修改”|“偏移”命令，分别对矩形的水平边和垂直边进行偏移，以创建内部的图形结构，偏移结果如图14-119所示。

Step 06 执行菜单栏中的“修改”|“修剪”命令，对偏移出的图形进行修剪，结果如图14-120所示。

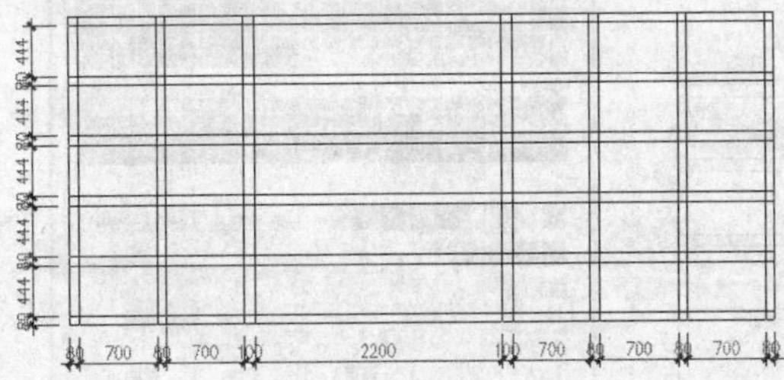

图14-119 偏移结果

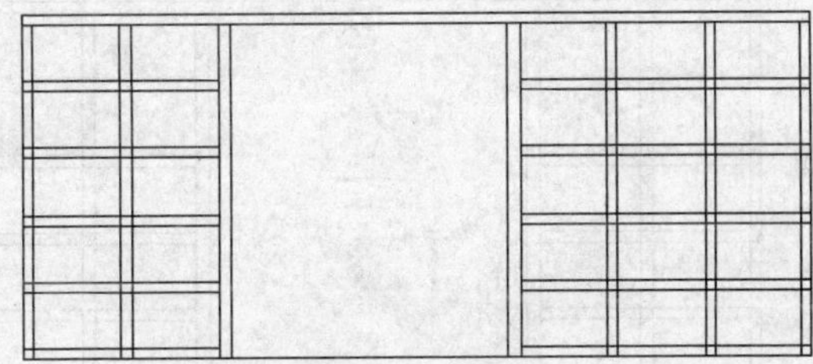

图14-120 修剪结果

Step 07 将“图块层”设置为当前图层，然后使用命令简写I激活“插入块”命令，选择随书光盘中的文件“图块文件”\“更衣柜.dwg”。

Step 08 单击 打开(O) 按钮返回“插入”对话框，配合“两点之间的中点”功能，以默认参数将图块插入到立面图中，命令行操作如下。

```
命令: I
    INSERT忽略块 尺寸箭头 的重复定义。
    指定插入点或 [基点(B)/比例(S)/旋转(R)]:      //激活“两点之间的中点”功能
    _m2p 中点的第一点:                          //捕捉如图14-121所示的端点
    中点的第二点:                    //捕捉如图14-122所示的端点，插入结果如图14-123所示
    正在重生成模型。
```

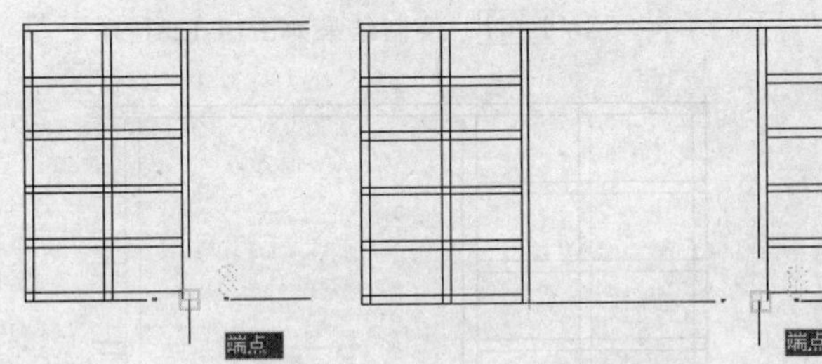

图14-121 捕捉端点　　图14-122 捕捉端点

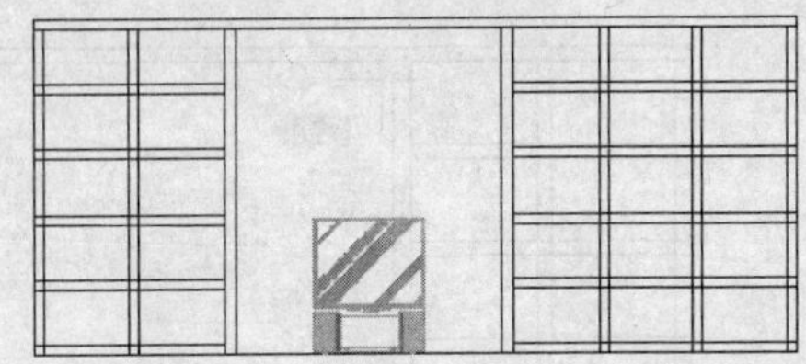

图14-123 插入电视图块

Step 09 使用命令简写I激活“插入块”命令，插入随书光盘中的文件“图块文件”\“装饰画08.dwg”，参数设置如图14-124所示。

11 Chapter
12 Chapter
13 Chapter
14 Chapter
15 Chapter
16 Chapter

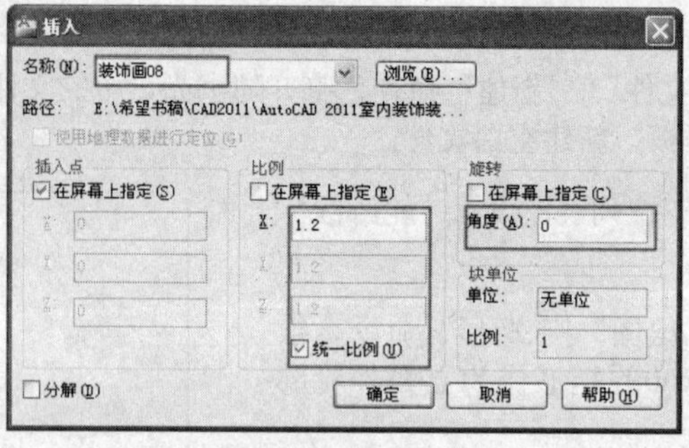

图14-124　插入参数

Step 10 单击 确定 按钮回到绘图区，根据图示尺寸将其插入到立面图中，结果如图14-125所示。

Step 11 执行菜单栏中的“格式”|“颜色”命令，将当前颜色设置为绿色，如图14-126所示。

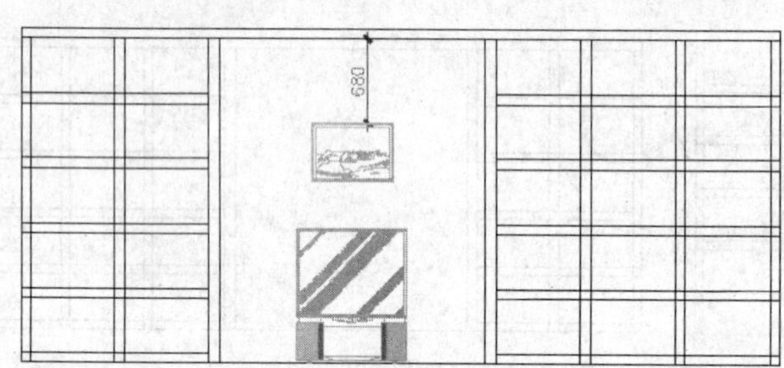

图14-125　插入装饰画图块

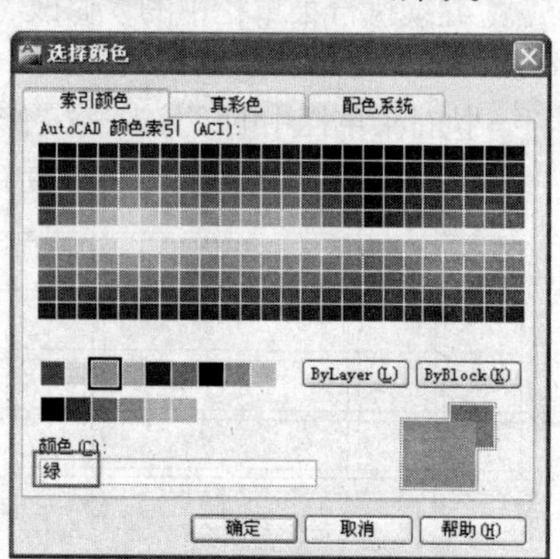

图14-126　设置当前颜色

Step 12 使用命令简写PL激活“多段线”命令，配合“端点”捕捉功能绘制墙面分格线，命令行操作如下。

```
命令: _pline
    指定起点:                                              //捕捉如图14-127所示的端点
    当前线宽为 0.5
    指定下一个点或 [圆弧(A)/半宽(H)/长度(L)/放弃(U)/宽度(W)]:    //W Enter
    指定起点宽度 <0.5>:                                      //0 Enter
    指定端点宽度 <0>:                                        //0 Enter
    指定下一个点或 [圆弧(A)/半宽(H)/长度(L)/放弃(U)/宽度(W)]:        //@1100,-320 Enter
    指定下一点或 [圆弧(A)/闭合(C)/半宽(H)/长度(L)/放弃(U)/宽度(W)]: //@1100,320 Enter
    指定下一点或 [圆弧(A)/闭合(C)/半宽(H)/长度(L)/放弃(U)/宽度(W)]:
                                                    // Enter，绘制结果如图14-128所示
```

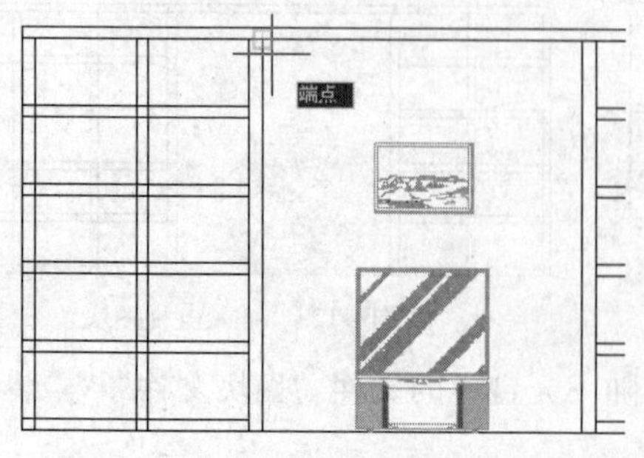

图14-127　捕捉端点

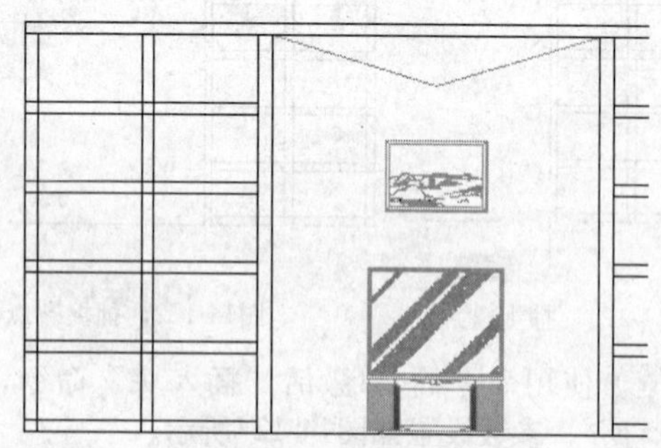

图14-128　绘制结果

Step 13 将刚绘制的多段线沿y轴负方向位移5个单位，然后使用命令简写AR激活“阵列”命令，设置阵列参数如图14-129所示，对刚绘制的多段线进行阵列，阵列结果如图14-130所示。

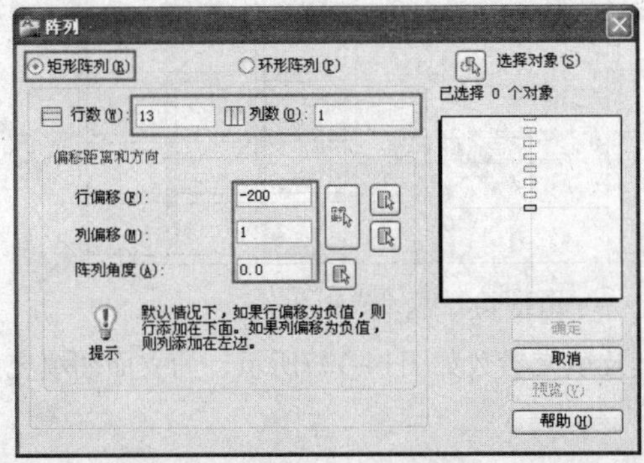

图14-129 设置阵列参数

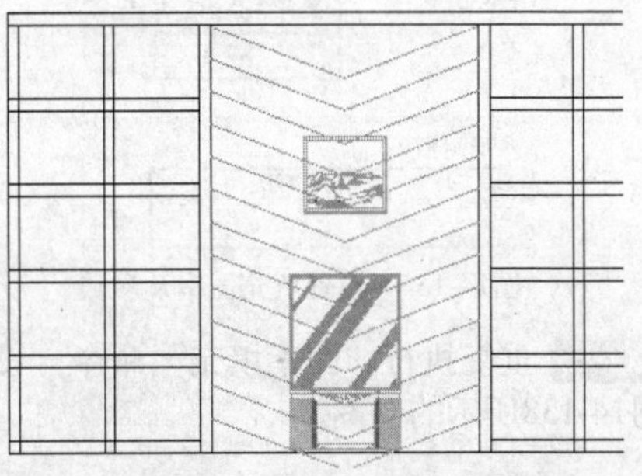

图14-130 阵列结果

Step 14 执行菜单栏中的“修改”|“修剪”命令，对阵列出的多段线进行修剪，结果如图14-131所示。

Step 15 激活“圆”命令，使用“两点画圆”功能，配合“交点”捕捉和极轴追踪功能绘制如图14-132所示的圆。

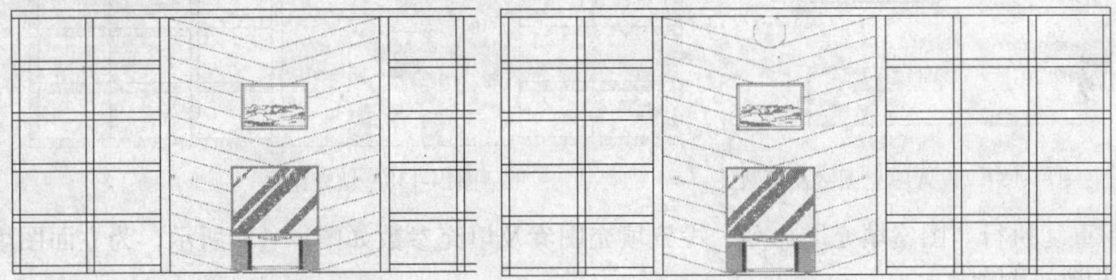

图14-131 修剪结果　　图14-132 绘制结果

至此，KTV包厢B向轮廓图绘制完毕，下一小节将绘制B向墙面装饰线。

14.5.2 绘制KTV包厢B向装饰线

这一节继续来绘制KTV包厢B向墙面装饰线。

操作步骤

Step 01 继续上一节的操作。

Step 02 在“图层控制”下拉列表中，将“填充层”设置为当前图层。

Step 03 使用命令简写H激活“图案填充”命令，设置填充图案及填充参数如图14-133所示，为立面图填充如图14-134所示的图案。

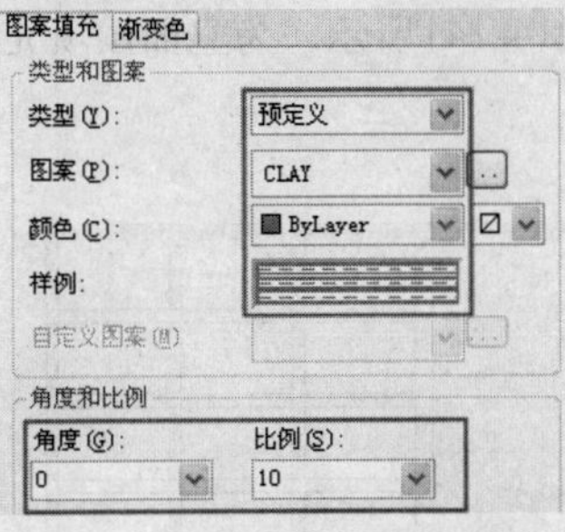

图14-133 设置填充图案及参数

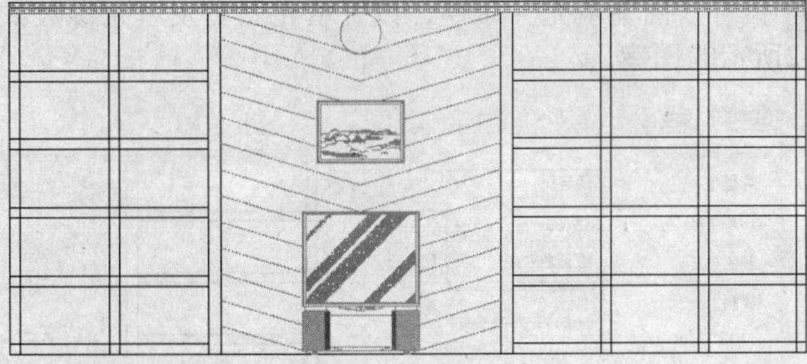

图14-134 填充结果

Step 04 重复执行“图案填充”命令，设置填充图案及填充参数如图14-135所示，为立面图填充如图14-136所示的图案。

图14-135　设置填充图案及参数

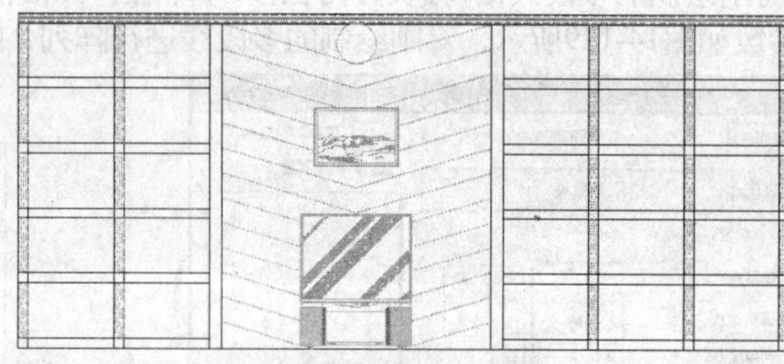

图14-136　填充结果

Step 05 重复执行“图案填充”命令，设置填充图案及填充参数如图14-137所示，为立面图填充如图14-138所示的图案。

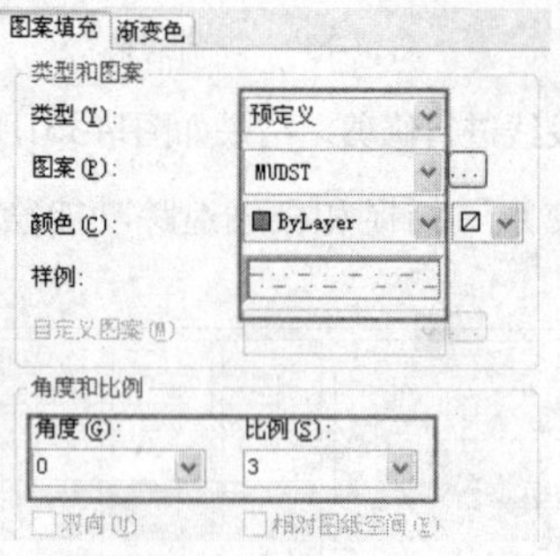

图14-137　设置填充图案及参数

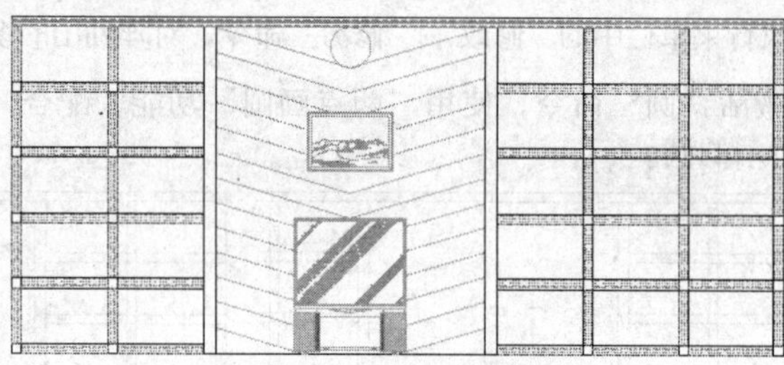

图14-138　填充结果

Step 06 重复执行“图案填充”命令，设置填充图案及填充参数如图14-139所示，为立面图填充如图14-140所示的图案。

图14-139　设置填充图案及参数

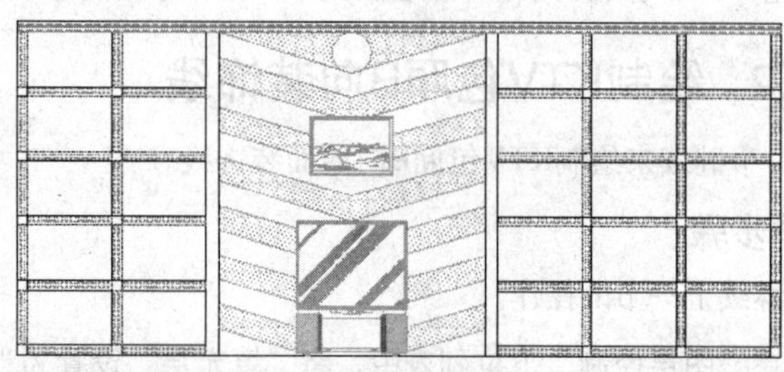

图14-140　填充结果

Step 07 执行菜单栏中的“格式”|“颜色”命令，将当前颜色设置为140号色。

Step 08 执行“图案填充”命令，设置填充图案及填充参数如图14-141所示，为立面图填充如图14-142所示的图案。

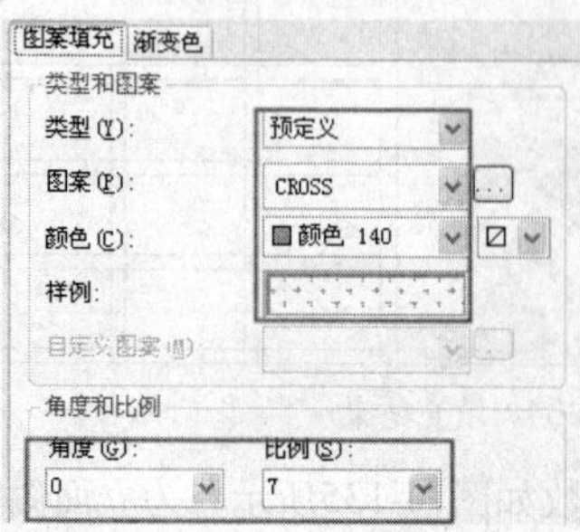

图14-141　设置填充图案及参数

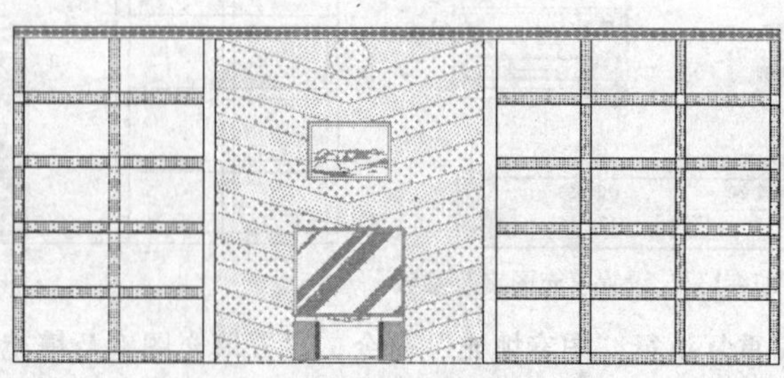

图14-142　填充结果

Step 09 重复执行"图案填充"命令，设置填充图案及填充参数如图14-143所示，为立面图填充如图14-144所示的图案。

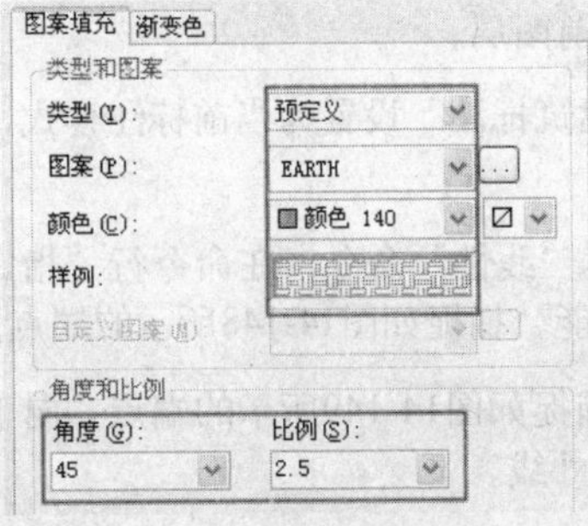

图14-143 设置填充图案及参数

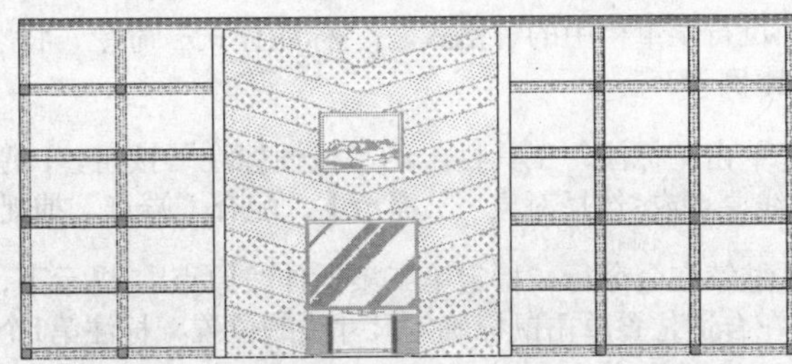

图14-144 填充结果

Step 10 执行菜单栏中的"格式"|"颜色"命令，将当前颜色设置为52号色，然后执行菜单栏中的"格式"|"线型"命令，加载"DOT"线型，并设置线型比例如图14-145所示。

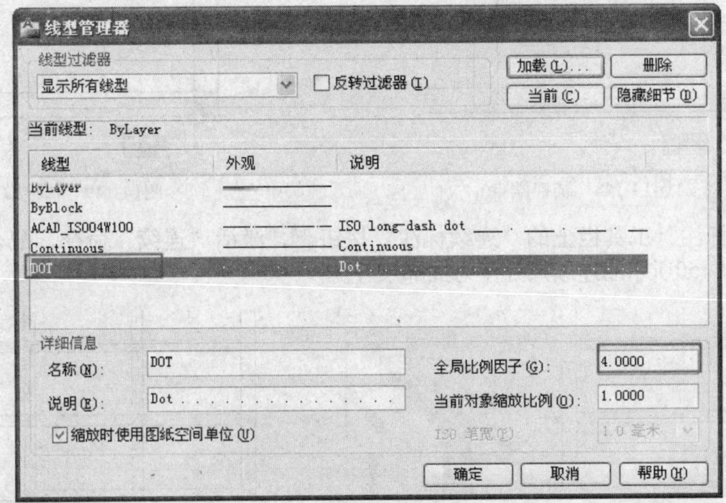

图14-145 设置线型

Step 11 执行"图案填充"命令，设置填充图案及填充参数如图14-146所示，为立面图填充如图14-147所示的图案。

图14-146 设置填充图案及参数

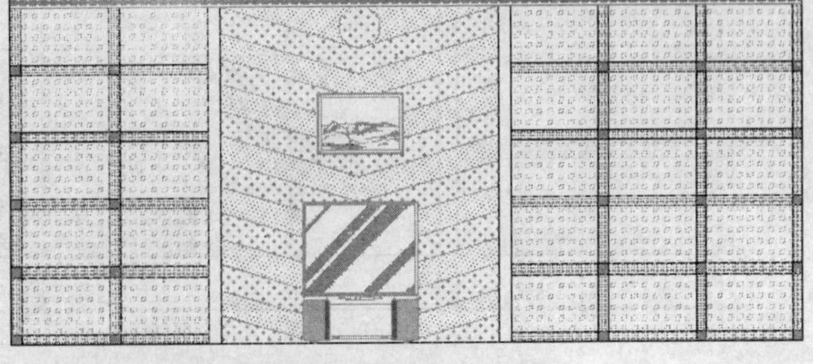

图14-147 填充结果

至此，KTV包厢的墙面装饰线绘制完毕，下一小节将为包厢立面图标注尺寸。

14.5.3 标注KTV包厢B向立面尺寸

这一节继续来标注KTV包厢B向立面图尺寸。

操作步骤

Step 01 继续上一节的操作。

Step 02 在“图层控制”下拉列表中，将“尺寸层”设置为当前图层。

Step 03 执行菜单栏中的“格式”|“标注样式”命令，将“建筑标注”设置为当前标注样式，并修改标注比例为25。

Step 04 单击“标注”工具栏上的“线性标注”按钮，激活“线性”命令，在命令行“指定第一个延伸线原点或<选择对象>:”提示下，配合“端点”捕捉功能，捕捉如图14-148所示的端点。

Step 05 继续在命令行“指定第二条延伸线原点:”提示下，捕捉如图14-149所示的端点，向下引导光标，在合适位置单击鼠标确定尺寸线的位置，标注第1个尺寸线。

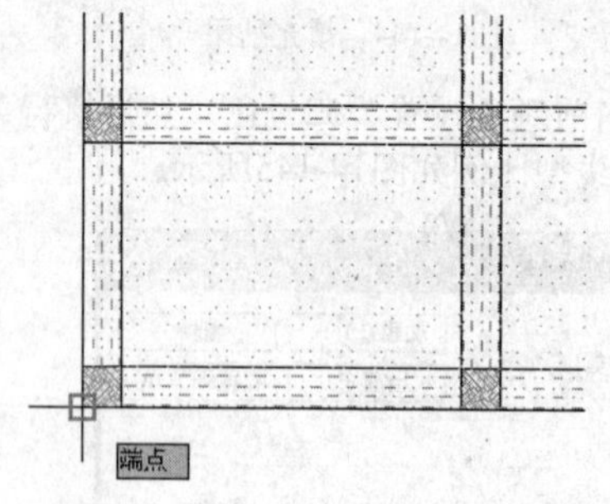

图14-148 捕捉端点

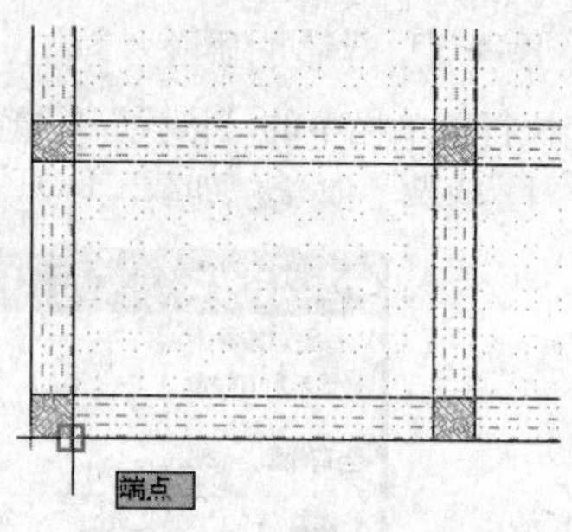

图14-149 捕捉端点

Step 06 单击“标注”工具栏上的“连续标注”按钮，激活“连续”命令，配合捕捉和追踪功能，标注如图14-150所示的连续尺寸作为细部尺寸。

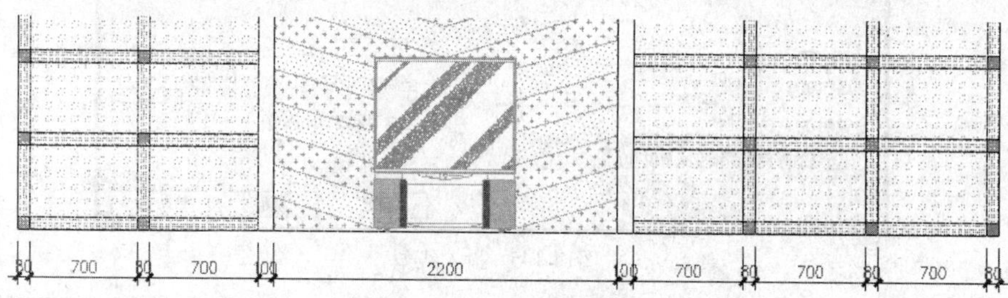

图14-150 标注细部尺寸

Step 07 执行“线性”命令，配合捕捉功能标注总尺寸，标注结果如图14-151所示。

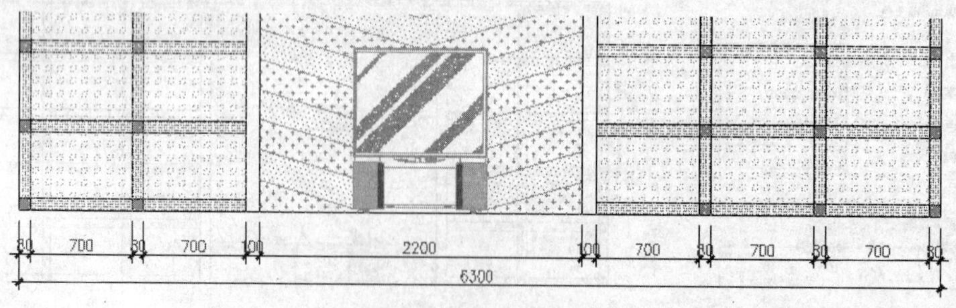

图14-151 标注总尺寸

Step 08 参照上述操作，综合使用“线性”和“连续”命令，配合“端点”捕捉功能标注立面图左侧的尺寸，标注结果如图14-152所示。

至此，KTV包厢B向立面图尺寸标注完毕，下一小节将为B向立面图标注墙面材质注解。

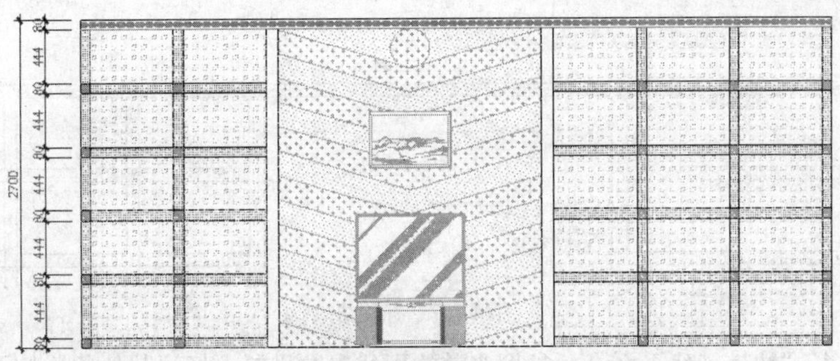

图14-152 标注结果

14.5.4 标注KTV包厢B向材质注解

这一节继续来标注KTV包厢B向材质注释。

操作步骤

Step 01 继续上一节的操作。

Step 02 在"图层控制"下拉列表中，将"文本层"设置为当前图层。

Step 03 使用命令简写D激活"标注样式"命令，修改"引线标注"样式的比例，如图14-153所示，然后将其设置为当前样式，如图14-154所示。

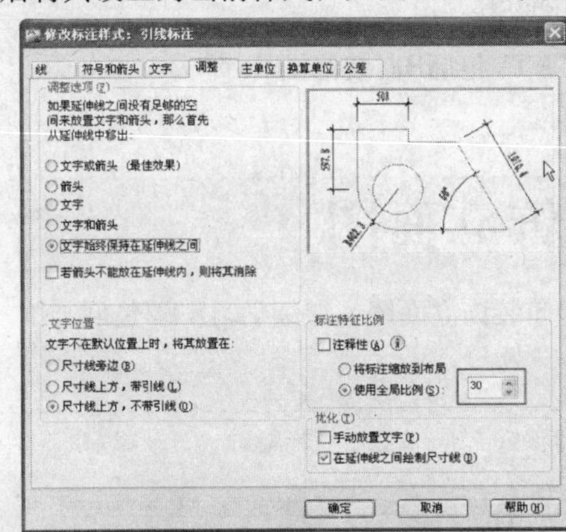

图14-153 修改标注比例

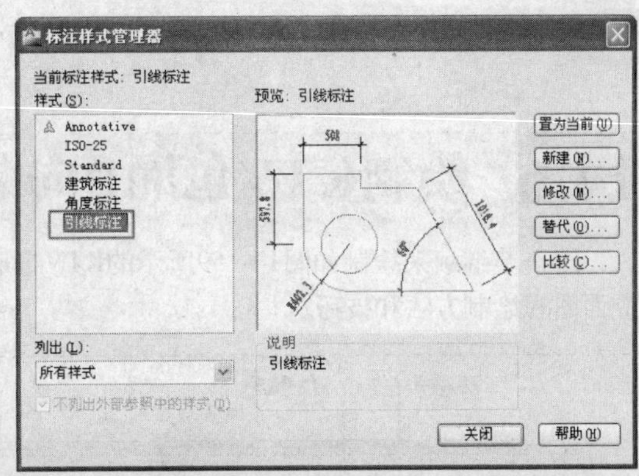

图14-154 设置当前标注样式

Step 04 使用命令简写LE激活"快速引线"命令，设置引线参数如图14-155和图14-156所示。

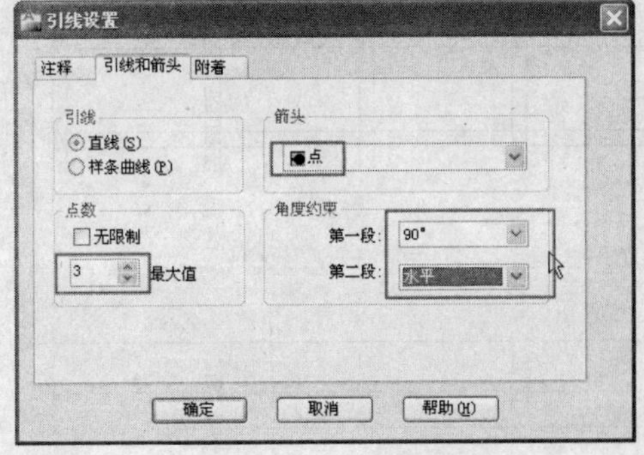

图14-155 设置引线参数

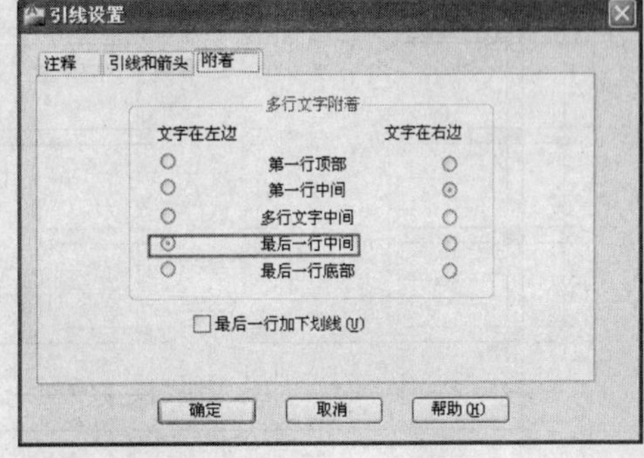

图14-156 设置附着位置

Step 05 单击 确定 按钮，根据命令行的提示指定引线点绘制引线，并输入引线注释，标注结果如图14-157所示。

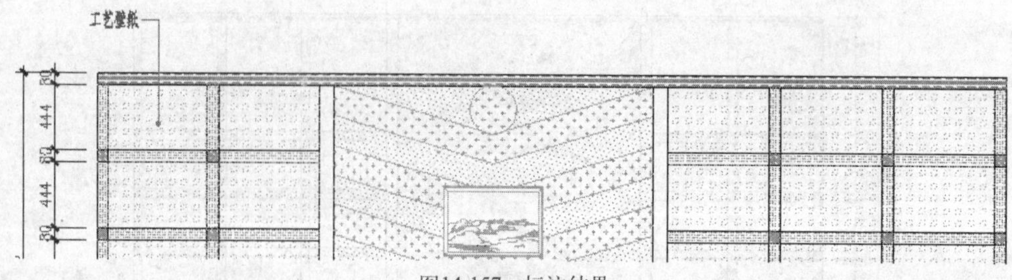

图14-157　标注结果

Step 06 重复执行“快速引线”命令，按照当前的引线参数设置，标注其他位置的引线注释，结果如图14-158所示。

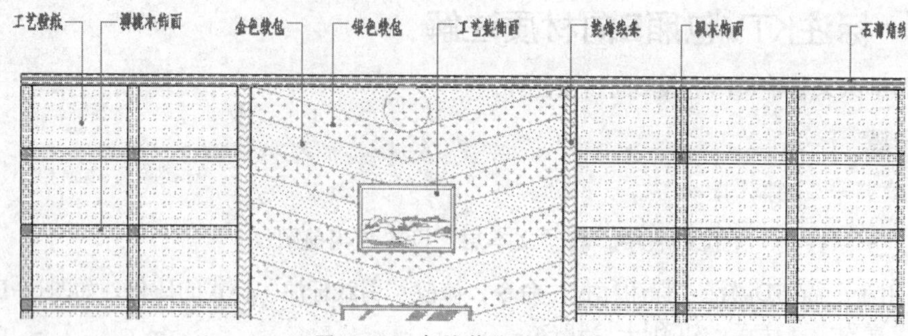

图14-158　标注其他引线注释

Step 07 最后执行“保存”命令，将该图形命名存储为“KTV包厢B向装修图.dwg”。

14.6 绘制KTV包厢D向装饰立面图

这一节继续来绘制如图14-159所示的KTV包厢D向装饰立面图，继续学习KTV包厢装饰立面图的绘制方法和技巧。

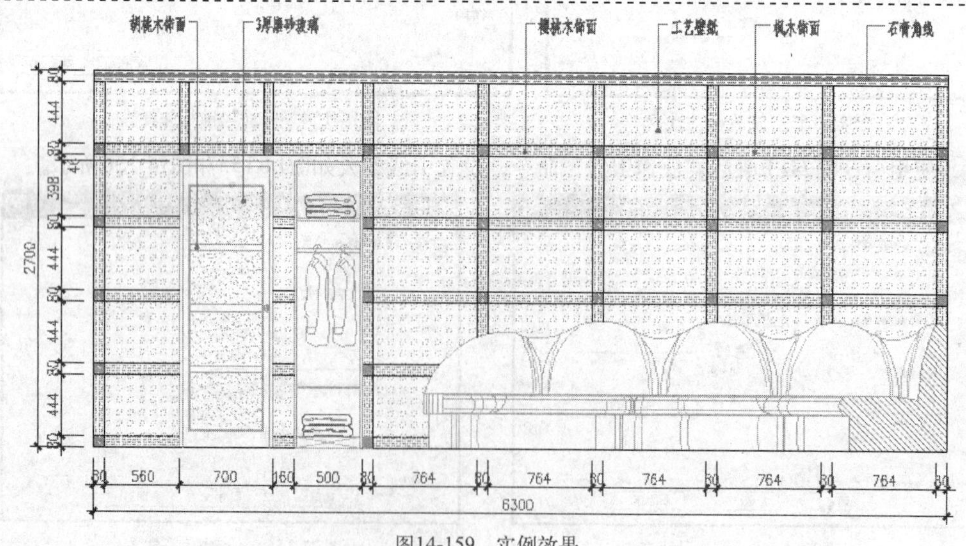

图14-159　实例效果

14.6.1 绘制KTV包厢D向轮廓图

这一节首先来绘制KTV包厢D向立面轮廓图。

操作步骤

Step 01 以随书光盘中的文件“样板文件”\“装饰装潢绘图样板.dwt”作为基础样板，新建空白文件。

Step 02 在“图层控制”下拉列表中，将“轮廓线”设置为当前图层。

Step 03 使用命令简写L激活“直线”命令，绘制长度为6300、高度为2700的两条垂直相交的直线作为基准线，如图14-160所示。

Step 04 使用命令简写O激活“偏移”命令，对两条基准线进行多次偏移，以定位内部的轮廓结构，偏移结果如图14-161所示。

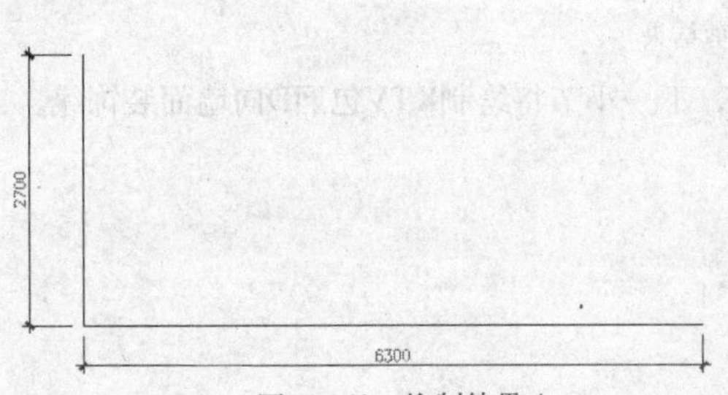

图14-160 绘制结果

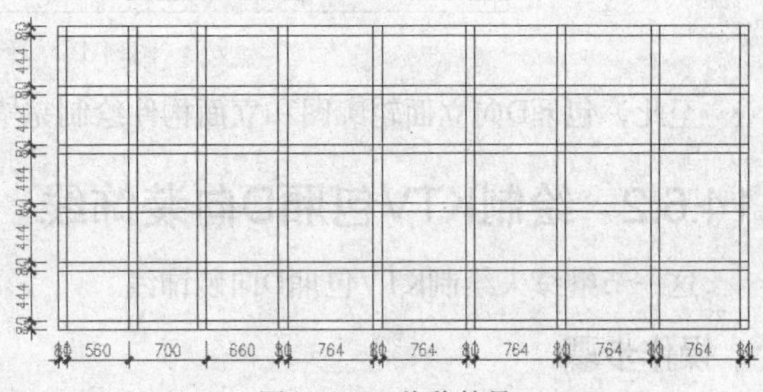

图14-161 偏移结果

Step 05 执行菜单栏中的“修改”|“修剪”命令，对各图线进行修剪，结果如图14-162所示。

Step 06 在“图层控制”下拉列表中，设置“图块层”为当前图层。

Step 07 使用命令简写I激活“插入块”命令，配合“延伸”捕捉功能，以默认设置插入随书光盘中的文件“图块文件”\“立面门05.dwg”，插入结果如图14-163所示。

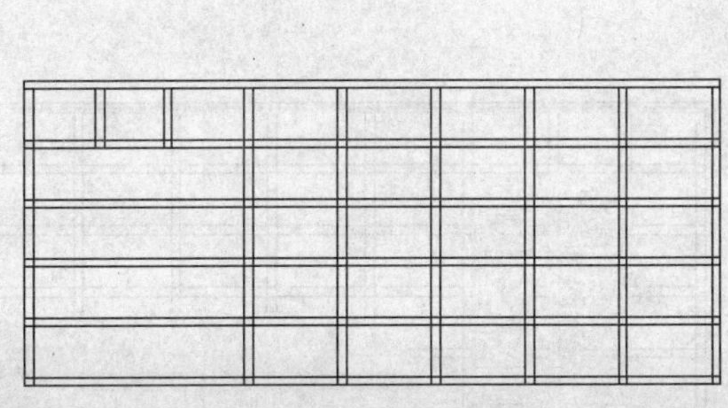

图14-162 修剪结果

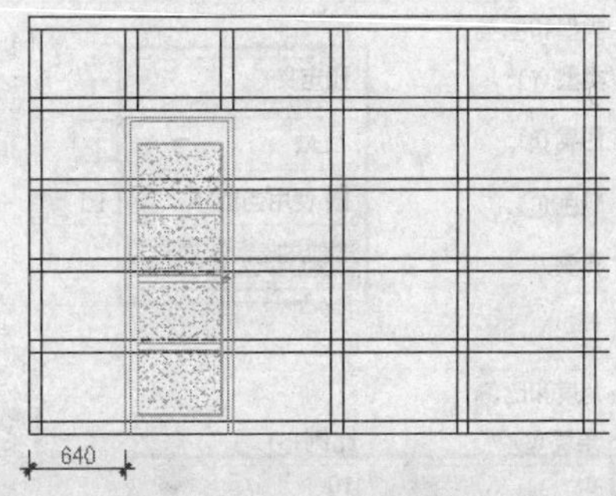

图14-163 插入立面门

Step 08 重复执行“插入块”命令，配合“端点”捕捉功能，以默认参数插入光盘中“图块文件”目录下的“立面衣柜03.dwg”和“立面沙发03.dwg”图块文件，结果如图14-164所示。

图14-164 插入结果

Step 09 执行“修剪”命令，以立面图块外边缘作为边界，对内部的墙面分格线进行修剪，结果如图14-165所示。

图14-165 修剪结果

至此，包厢D向立面轮廓图和立面构件绘制完毕，下一小节将绘制KTV包厢D向墙面装饰线。

14.6.2 绘制KTV包厢D向装饰线

这一节继续来绘制KTV包厢D向装饰线。

操作步骤

Step 01 继续上一节的操作。

Step 02 在“图层控制”下拉列表中，将“填充层”设置为当前图层。

Step 03 使用命令简写H激活“图案填充”命令，设置填充图案及填充参数如图14-166所示，为立面图填充如图14-167所示的图案。

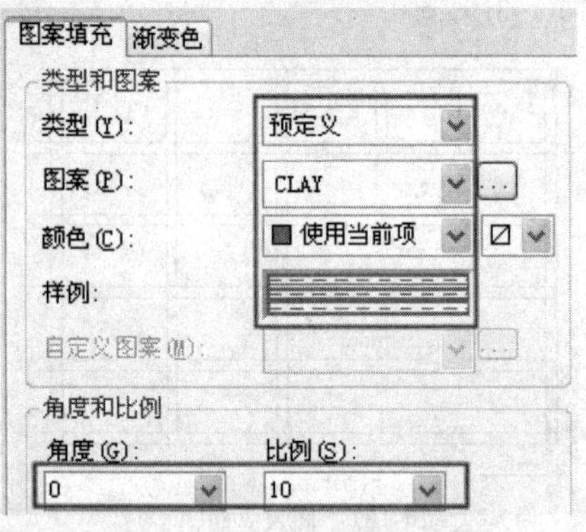

图14-166 设置填充图案及参数

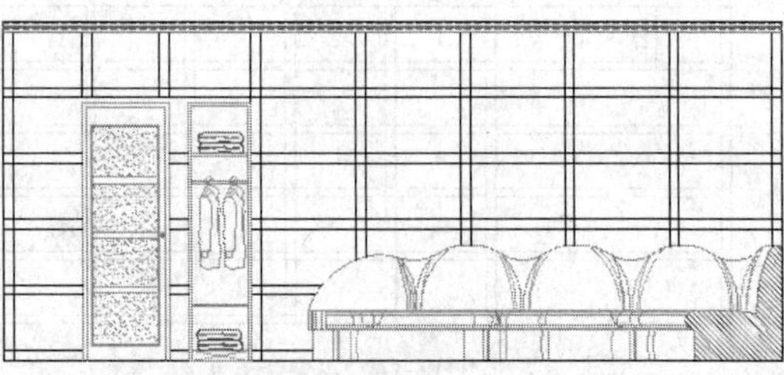

图14-167 填充结果

Step 04 重复执行“图案填充”命令，设置填充图案及填充参数如图14-168所示，为立面图填充如图14-169所示的图案。

图14-168 设置填充图案及参数

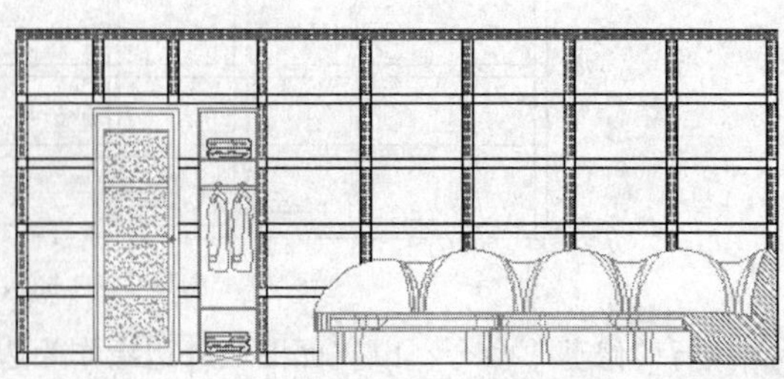

图14-169 填充结果

Step 05 重复执行“图案填充”命令，设置填充图案及填充参数如图14-170所示，为立面图填充如图14-171所示的图案。

图14-170 设置填充图案及参数

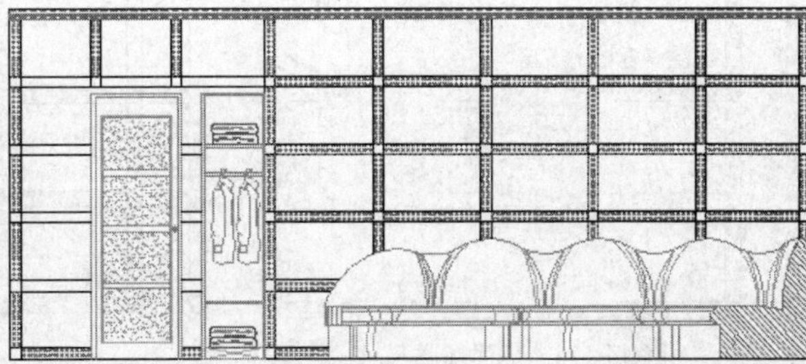

图14-171 填充结果

Step 06 执行菜单栏中的“格式”|“颜色”命令，将当前颜色设置为52号色。

Step 07 执行菜单栏中的“格式”|“线型”命令，加载“DOT”线型，并设置线型比例为4。

Step 08 执行“图案填充”命令，设置填充图案及填充参数如图14-172所示，为立面图填充如图14-173所示的图案。

图14-172 设置填充图案及参数

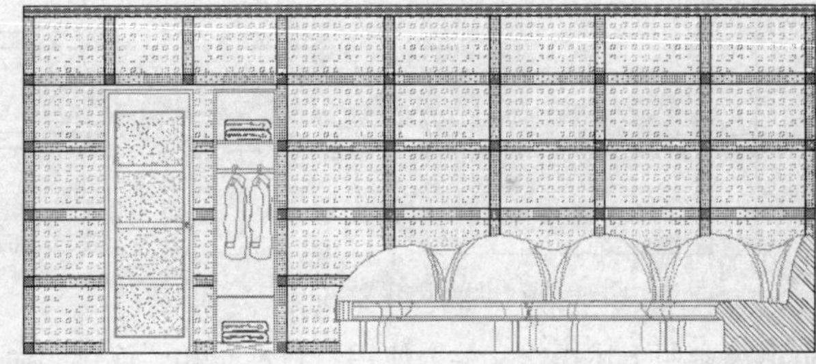

图14-173 填充结果

至此，KTV包厢D向墙面装饰线绘制完毕，下一小节将标注包厢D向立面图尺寸。

14.6.3 标注KTV包厢D向立面尺寸

这一节继续来标注KTV包厢D向立面图尺寸。

操作步骤

Step 01 继续上一节的操作。

Step 02 执行菜单栏中的“格式”|“标注样式”命令，将“建筑标注”设置为当前标注样式，并修改标注比例为25。

Step 03 单击“标注”工具栏上的“线性标注”按钮，激活“线性”命令，配合“端点”捕捉功能，标注如图14-174所示的线性尺寸作为基准尺寸。

Step 04 单击“标注”工具栏上的“连续标注”按钮，激活“连续”命令，配合捕捉和追踪功能，标注如图14-175所示的连续尺寸作为细部尺寸。

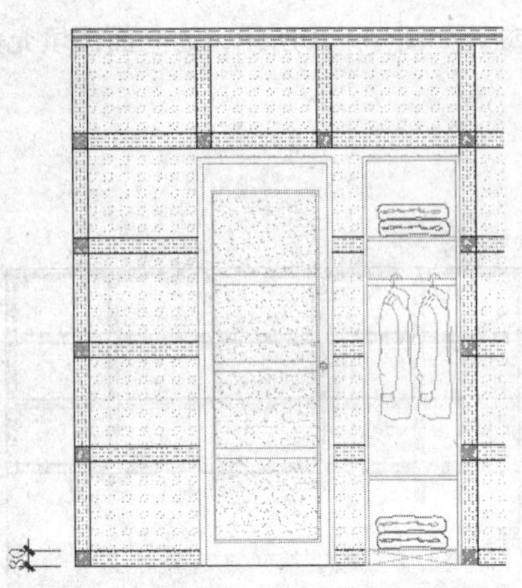

图14-174　标注基准尺寸

图14-175　标注细部尺寸

Step 05 执行“编辑标注文字”命令，对重叠的尺寸文字调整位置，结果如图14-176所示。

Step 06 执行“线性”命令，配合捕捉功能标注总尺寸，标注结果如图14-177所示。

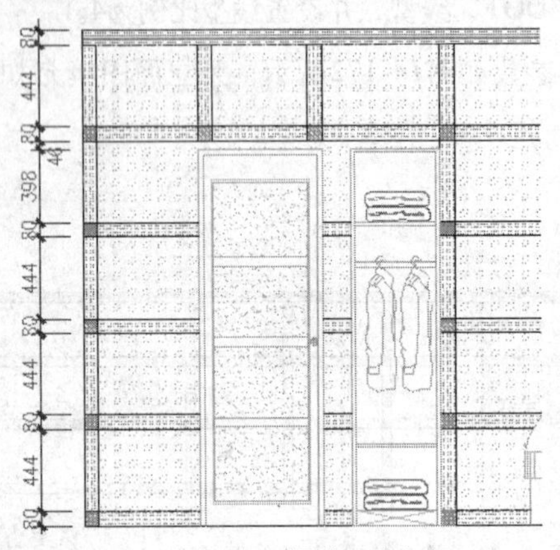

图14-176　调整尺寸文字

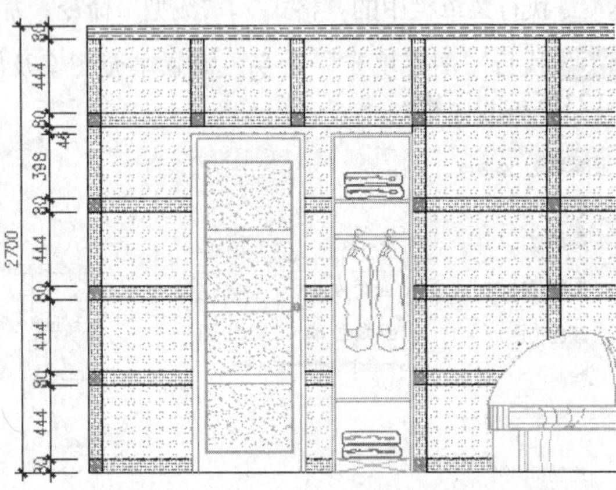

图14-177　标注总尺寸

Step 07 参照上述操作，综合使用“线性”和“连续”命令，配合“端点”捕捉功能标注立面图左侧的尺寸，标注结果如图14-178所示。

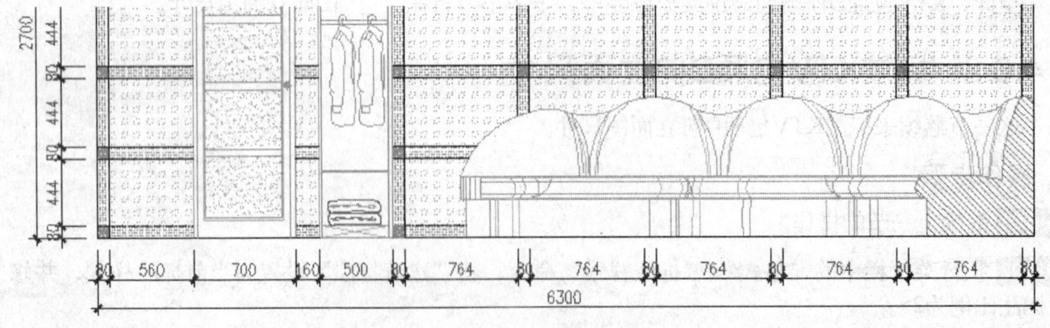

图14-178　标注结果

至此，KTV包厢D向立面图尺寸标注完毕，下一小节将为D向立面图标注墙面材质注解。

14.6.4　标注KTV包厢D向材质注解

这一节继续来标注KTV包厢D向材质注解。

✎ 操作步骤

Step 01 继续上一节的操作。

Step 02 在“图层控制”下拉列表中，将“文本层”设置为当前图层。

Step 03 使用命令简写D激活“标注样式”命令，将“引线标注”样式设置为当前样式，并修改标注比例为30。

Step 04 使用命令简写LE激活“快速引线”命令，设置引线参数如图14-179和图14-180所示。

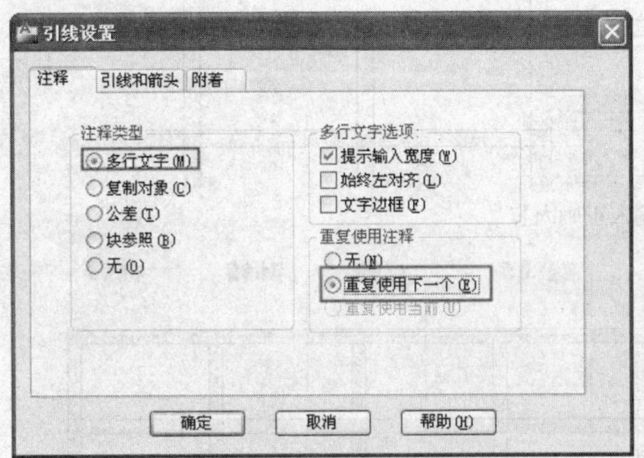

图14-179 设置注释类型

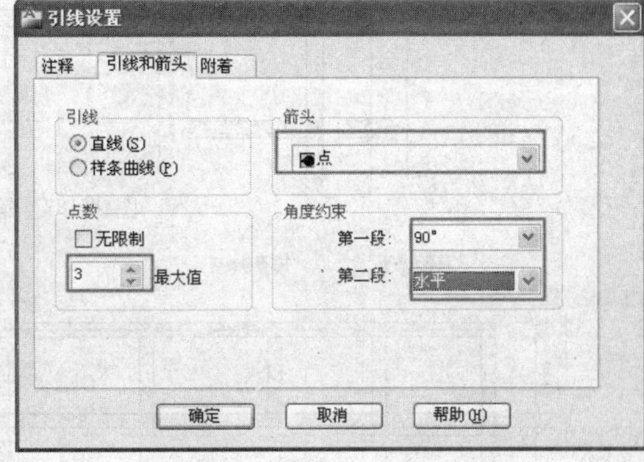

图14-180 设置引线参数

Step 05 单击确定按钮，根据命令行的提示指定引线点绘制引线，并输入引线注释，标注结果如图14-181所示。

Step 06 重复执行“快速引线”命令，按照当前的引线参数设置，标注其他位置的引线注释，结果如图14-182所示。

Step 07 使用命令简写ED激活“编辑文字”命令，根据命令行的提示，选择后续标注的引线注释进行修改，输入正确的内容，如图14-183所示。

Step 08 单击“文字格式”编辑器中的确定按钮，返回绘图区分别选择其他位置的引线注释进行修改，修改后的效果如图14-184所示。

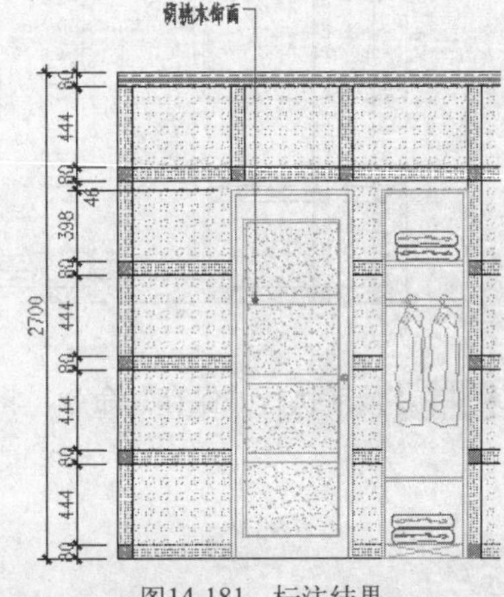

图14-181 标注结果

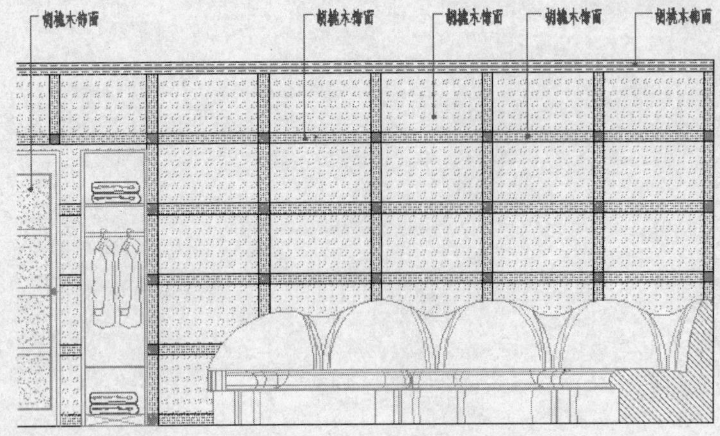

图14-182 标注其他引线注释

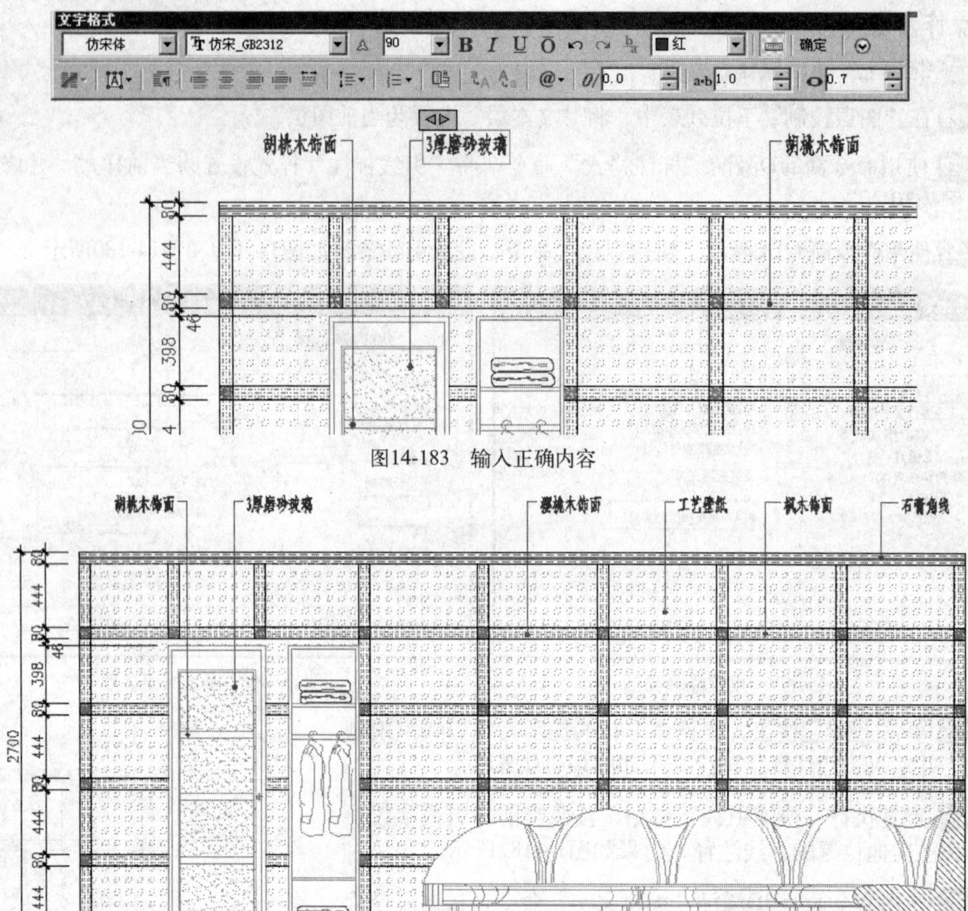

图14-183　输入正确内容

图14-184　修改结果

Step 09 最后执行“保存”命令，将该图形命名存储为“KTV包厢D向装修图.dwg”文件。

Chapter 15

宾馆套房室内设计

在工装室内设计中，宾馆套房的室内设计最接近家装室内设计，但其功能没有家装室内设计那么齐全。另外，宾馆套房功能分区一般包括几个部分，即入口通道区、客厅区、就寝区、卫生间等，这些功能分区可视套房空间的实际大小单独安排或者交叉安排。本章将绘制套房室内装修设计图，学习宾馆套房室内设计的相关方法和技巧。

重点知识导读

- 宾馆套房装修设计理念
- 绘制宾馆套房墙体结构图
- 绘制宾馆套房平面布置图
- 绘制宾馆套房天花装修图
- 绘制宾馆卧房A向立面图
- 绘制宾馆客厅C向立面图

15.1 宾馆套房装修设计理念

宾馆套房也是属于盈利性半开放式公共空间，宾馆套房的装修不同于家庭装修，宾馆套房的功能分区一般包括几个部分，即入口通道区、客厅区、就寝区、卫生间等，这些功能分区可视套房空间的实际大小单独安排或者交叉安排。

在进行宾馆套房的装修设计时，要注意以下三点。

（1）套房设计的人性化

宾馆套房是最接近居住室内设计的空间，但宾馆套房又不像家庭居室装修那样要求功能齐全，因此，如何才能使宾客有宾至如归的感觉，是宾馆套房室内装修设计的重点和难点所在。一般情况下，为了使宾客能有在家的感觉，在进行宾馆套房室内设计时，要重点在细节上下功夫，依靠套房室内环境的设计细节，使其环境更接近于家庭居室环境，具体体现在以下几个方面。

- 入口通道设计。一般情况下，宾馆套房入口通道部分都设有衣柜、酒柜、穿衣镜等，在设计时要注意，柜门要选配高质量、低噪音的滑道或合页，以降低噪音对客人的影响。另外，天花上的灯最好选用带磨砂玻璃罩的节能筒灯，这样不会产生眩光。
- 卫生间设计。宾馆套房卫生间的设计最好选用抽水力大的静音马桶，淋浴的设施不要太复杂，淋浴房要选用安全玻璃，镜子要防雾且镜面要大，这样可以使本来就较小的卫生间，由于镜面反射的缘故显得宽敞。最重要的一点要注意，卫生间地砖要防滑、耐污，淋浴房的地面也要使用防滑材料铺装，以免湿滑对客人身体造成伤害。
- 房间内设计。宾馆套房家具的角最好都是钝角或圆角的，这样不会给年龄小、个子不高的客人带来伤害，电视机应下设可旋转的隔板，因为很多客人看电视时需要调整电视角度，床头灯的选择要精心，要防眩光；电脑上网线路的布置要考虑周到，其插座的位置不要离写字台太远。

（2）套房设计的文化性

宾馆套房室内装修设计中，从家具到摆件再到色彩、装修材料、照明系统等，都可以产生一定的文化内涵，尤其是在陈设设计中，这种文化内涵最易体现，例如墙壁上悬挂的书画、图片、壁挂等，或者摆设瓷器、陶罐、青铜、玻璃器皿、木雕等摆件，这样既可以赋予宾馆套房一定的文化内涵，同时也能表达一定的民族性、地域性、历史性，又有极好的审美价值。

（3）套房设计的风格处理

尽管宾馆套房一般都是标准大小，面积有限，但同样可以在有限的空间内体现多种风格，例如可以通过摆设具有代表性的装饰构件、设置具有明显风格的家具、灯饰等，同时也可以在色彩运用上下功夫，以体现某种风格。

总而言之，宾馆套房设计虽然不像家装那样要求功能齐全，但设计难度在一定程度上来说要比家装设计更难，只有用心体会，注重细节，才能设计出真正给宾客有“家”的感觉的空间。

15.2 绘制宾馆套房墙体结构图

这一节首先来绘制如图15-1所示的宾馆套房墙体结构图，学习宾馆套房墙体结构图的绘制方法和技巧。

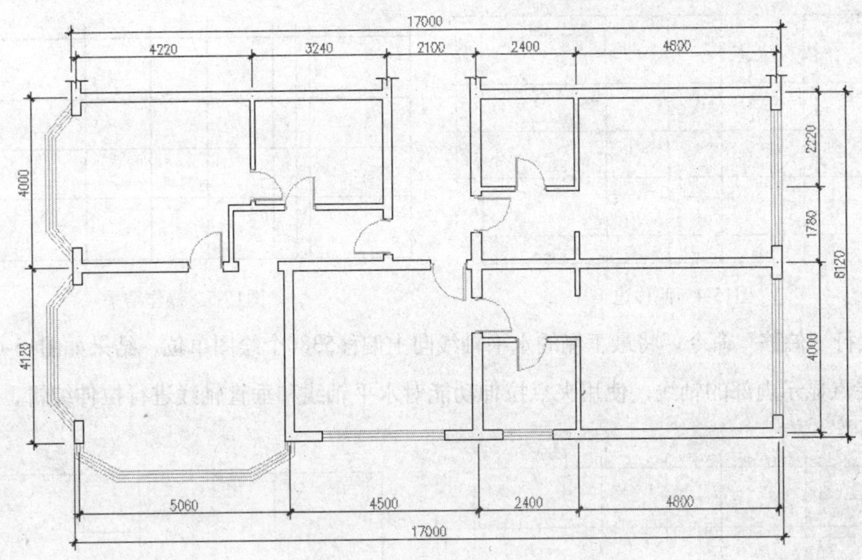

图15-1 宾馆套房墙体结构图

15.2.1 绘制宾馆套房墙体轴线

这一节首先来绘制宾馆套房墙体轴线。

操作步骤

Step 01 执行菜单栏中的“文件”|“新建”命令，以随书光盘中的文件“样板文件”\“装饰装潢绘图样板.dwt”作为基础样板，新建空白文件。

Step 02 执行菜单栏中的“格式”|“图层”命令，在打开的“图层特性管理器”面板中双击“轴线层”，将其设置为当前图层。

Step 03 单击“绘图”工具栏上的“矩形”按钮▭，绘制长度为16760、宽度为8400的矩形作为基准轴线，如图15-2所示。

Step 04 单击“修改”工具栏上的“分解”按钮，将矩形分解为4条独立的线段。

Step 05 单击“修改”工具栏上的“偏移”按钮，将左侧的垂直边向右偏移3700和5060个绘图单位，如图15-3所示。

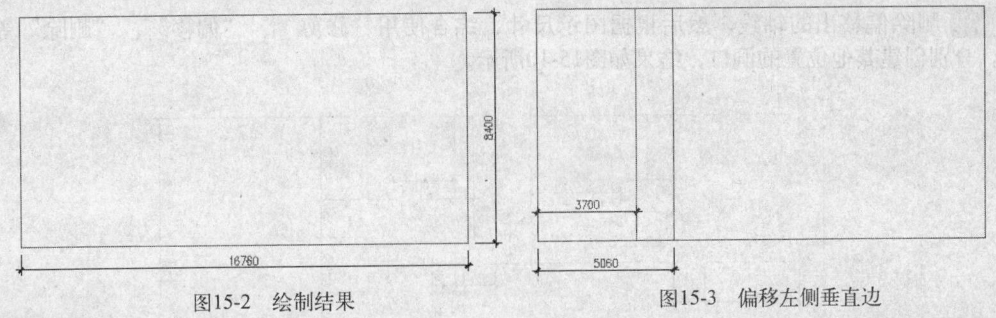

图15-2 绘制结果　　图15-3 偏移左侧垂直边

Step 06 重复执行“偏移”命令，根据图示尺寸，分别对上侧水平边和右侧垂直边进行偏移，以定位内部的轴线，结果如图15-4所示。

Step 07 使用命令简写M激活“移动”命令，将最上侧的水平轴线向下移动400个单位，然后对最左侧的垂直轴线向下夹点拉伸120个绘图单位，结果如图15-5所示。

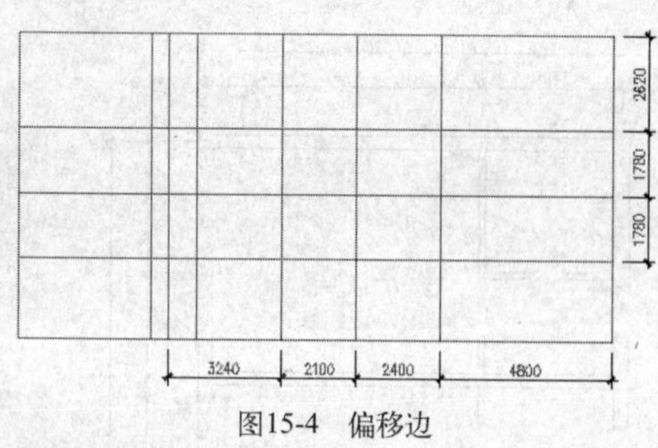

图15-4　偏移边

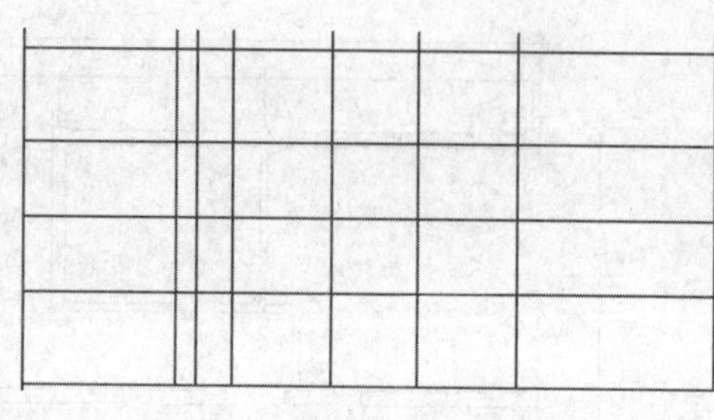
图15-5　操作结果

Step 08 执行“偏移”命令，将最下侧的水平轴线向上偏移5380个绘图单位，结果如图15-6所示。

Step 09 夹点显示内部的轴线，使用夹点拉伸功能对水平轴线和垂直轴线进行拉伸编辑，结果如图15-7所示。

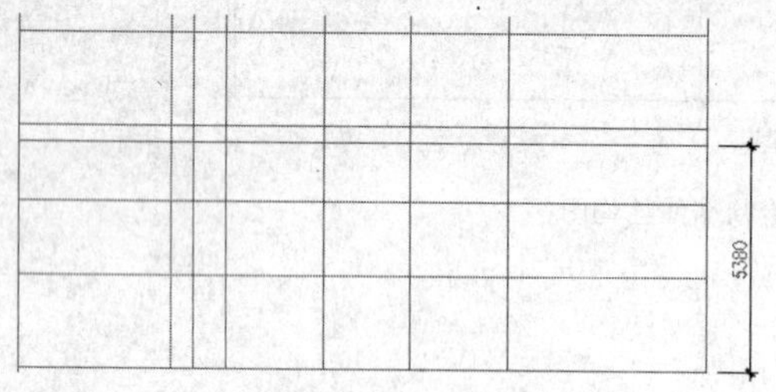

图15-6　偏移结果

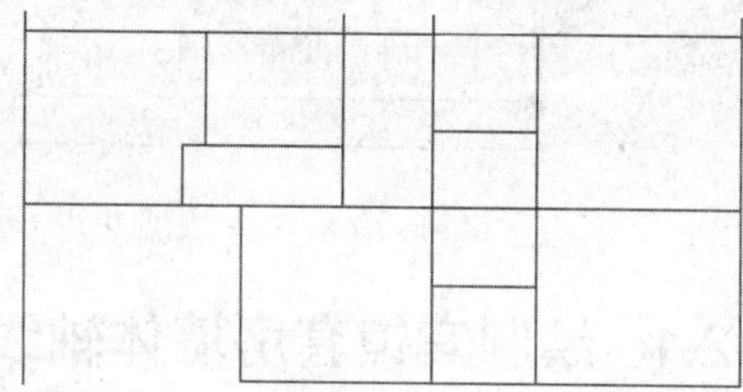
图15-7　编辑结果

Step 10 单击“修改”工具栏上的“偏移”按钮，将最上侧的水平轴线向下偏移400和3530个绘图单位，结果如图15-8所示。

Step 11 单击“修改”工具栏上的“修剪”按钮，激活“修剪”命令，以偏移出的轴线作为边界，对左侧的垂直轴线进行修剪，结果如图15-9所示。

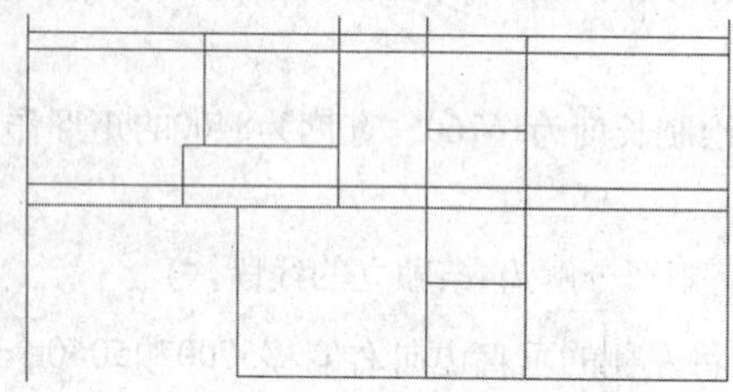
图15-8　偏移结果

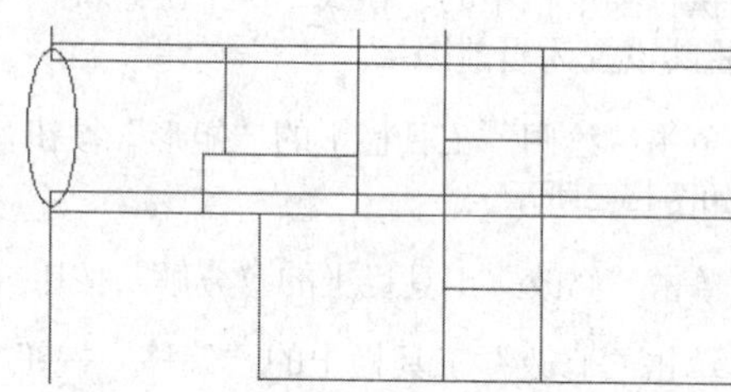
图15-9　修剪结果

Step 12 删除偏移出的轴线，然后根据图示尺寸，综合使用“修剪”、“偏移”、“删除”等命令，分别创建其他位置的洞口，结果如图15-10所示。

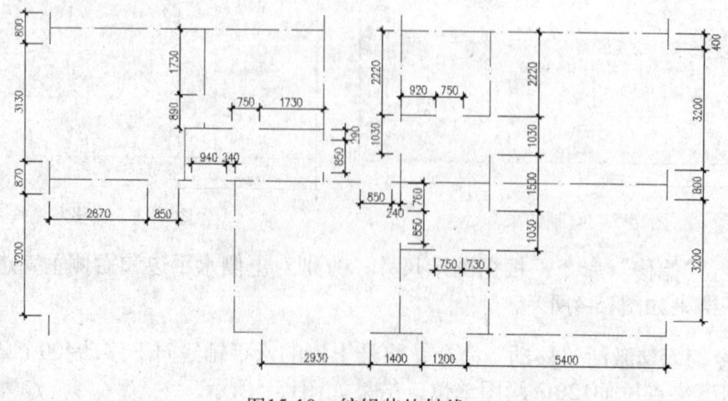

图15-10　编辑其他轴线

Step 13 执行菜单栏中的“格式”|“线型”命令，在打开的“线型管理器”对话框中设置线型比例为60，如图15-11所示，此时轴线图的显示效果如图15-12所示。

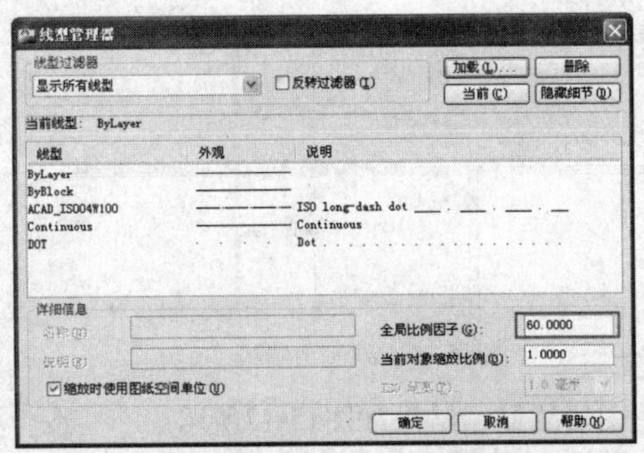

图15-11 设置线型比例

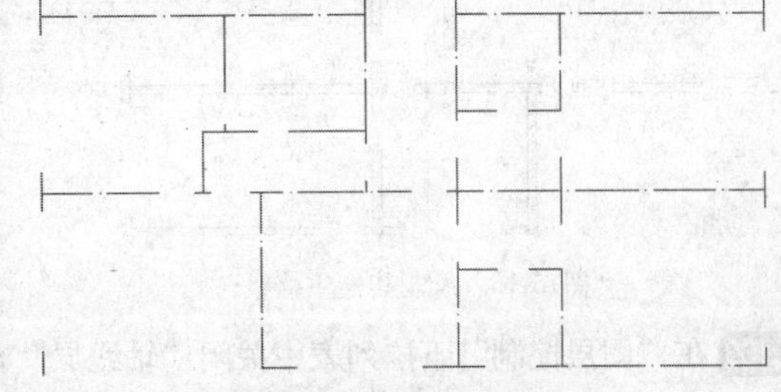

图15-12 轴线图的显示效果

至此，宾馆套房的墙体轴线绘制完毕，下一小节将学习宾馆套房主次墙线的绘制过程。

15.2.2 绘制宾馆套房主次墙线

这一节继续来绘制宾馆套房主次墙线。

操作步骤

Step 01 继续上一节的操作。

Step 02 在“图层控制”下拉列表中，将“墙线层”设置为当前图层。执行菜单栏中的“绘图”|“多线”命令，配合“端点”捕捉功能绘制主墙线，命令行操作如下。

命令: _mline
当前设置: 对正 = 上，比例 = 20.00，样式 = 墙线样式
指定起点或 [对正(J)/比例(S)/样式(ST)]: //S Enter
输入多线比例 <20.00>: //240 Enter
当前设置: 对正 = 上，比例 = 240.00，样式 = 墙线样式
指定起点或 [对正(J)/比例(S)/样式(ST)]: //J Enter
输入对正类型 [上(T)/无(Z)/下(B)] <上>: //Z Enter
当前设置: 对正 = 无，比例 = 240.00，样式 = 墙线样式
指定起点或 [对正(J)/比例(S)/样式(ST)]: //捕捉如图15-13所示的端点1
指定下一点: //捕捉如图15-13所示的端点2
指定下一点或 [闭合(C)/放弃(U)]: //捕捉如图15-13所示的端点3
指定下一点或 [闭合(C)/放弃(U)]: // Enter，绘制结果如图15-14所示

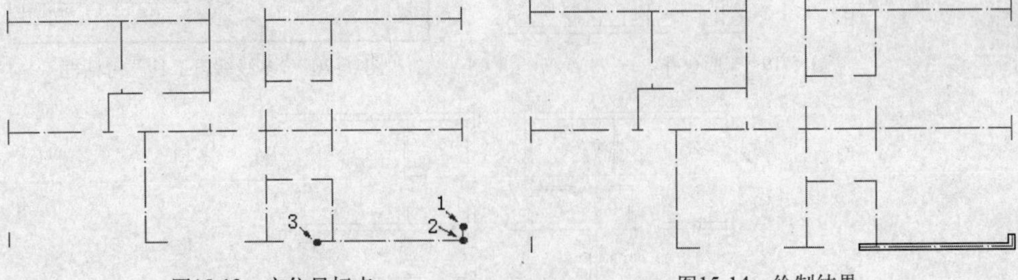

图15-13 定位目标点　　图15-14 绘制结果

Step 03 重复执行“多线”命令，设置多线比例和对正方式保持不变，配合“端点”捕捉功能绘制其他主墙线，结果如图15-15所示。

Step 04 重复执行“多线”命令，设置多线对正方式不变，绘制宽度为120的次墙线，绘制结果如图15-16所示。

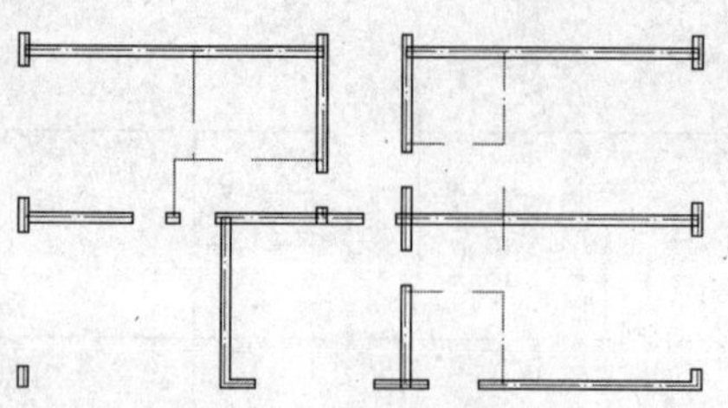
图15-15 绘制其他主墙线

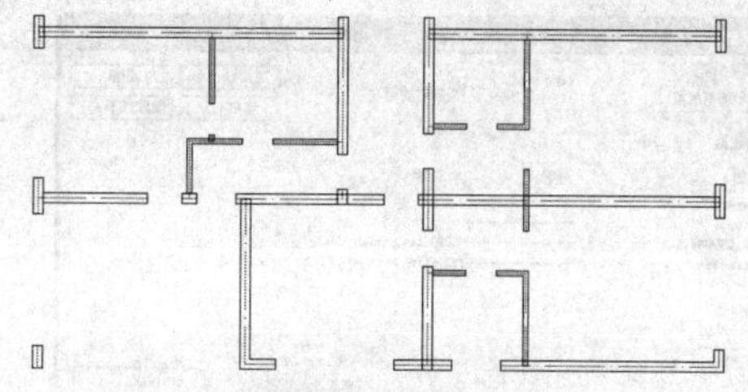
图15-16 绘制次墙线

Step 05 在“图层控制”下拉列表中关闭“轴线层”，图形的显示结果如图15-17所示。

Step 06 执行菜单栏中的“修改”|“对象”|“多线”命令，在打开的“多线编辑工具”对话框中单击如图15-18所示的按钮，激活“T形合并”功能，对T形相交的墙线进行合并，结果如图15-19所示。

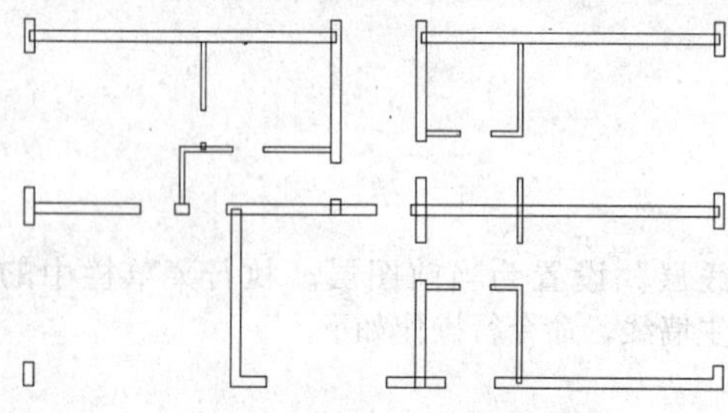
图15-17 关闭轴线后的显示

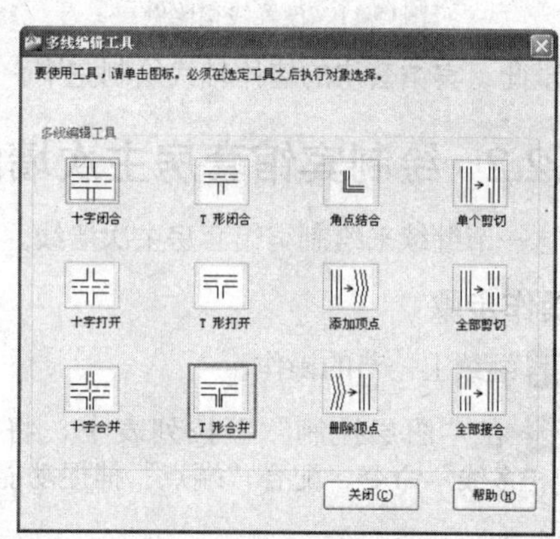

图15-18 “多线编辑工具”对话框

Step 07 重复执行“多线编辑”工具，在打开的对话框中单击如图15-20所示的“十字合并”按钮，对十字相交的墙线进行合并，合并结果如图15-21所示。

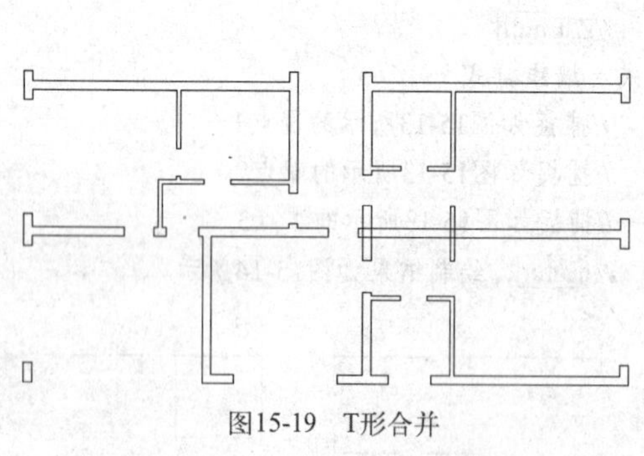
图15-19 T形合并

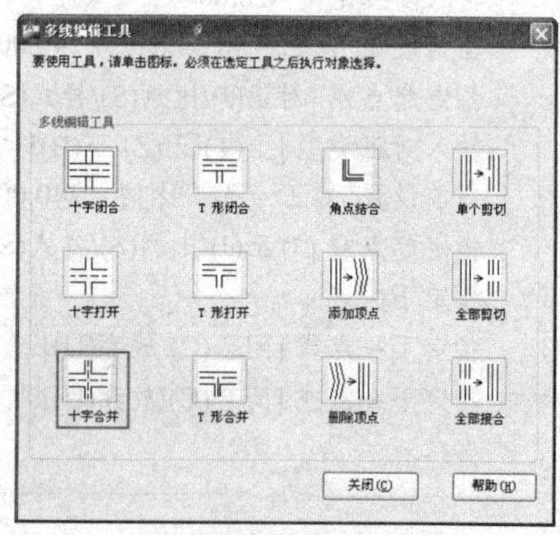

图15-20 “多线编辑工具”对话框

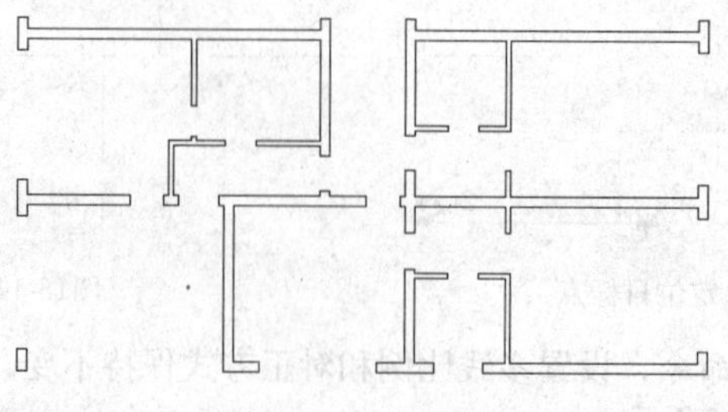
图15-21 十字合并

Step 08 在无命令执行的前提下，夹点显示如图15-22所示的4条墙线，然后执行“分解”命令将其分解。

Step 09 综合使用“删除”、“直线”命令，绘制上端的折断线，结果如图15-23所示。

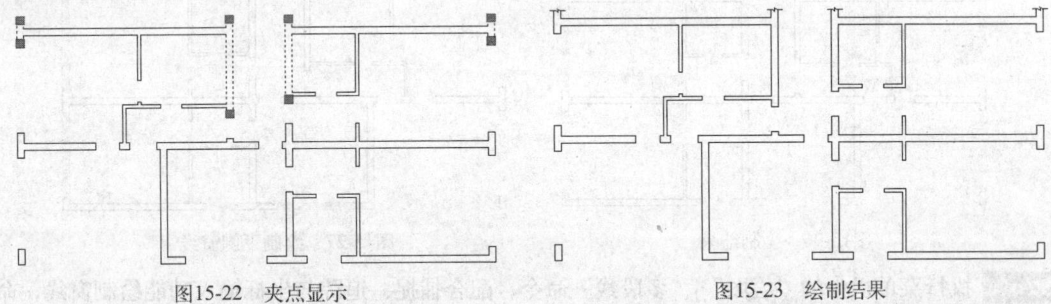

图15-22 夹点显示　　图15-23 绘制结果

至此，宾馆套房平面图中的墙线绘制完毕，下一小节将绘制套房平面图中的平面窗、凸窗等建筑构件。

15.2.3 绘制宾馆套房窗子构件

这一节继续来绘制宾馆套房窗子构件。

操作步骤

Step 01 继续上一节的操作。

Step 02 在“图层控制”下拉列表中，将“门窗层”设置为当前图层。

Step 03 执行菜单栏中的“格式”|“多线样式”命令，在打开的“多线样式”对话框中设置“窗线样式”为当前样式。

Step 04 执行菜单栏中的“绘图”|“多线”命令，配合“中点”捕捉功能绘制窗线，命令行操作如下。

```
命令: _mline
    当前设置: 对正 = 上，比例 = 120.00，样式 = 窗线样式
    指定起点或 [对正(J)/比例(S)/样式(ST)]:              //S Enter
    输入多线比例 <20.00>:                               //240 Enter
    当前设置: 对正 = 上，比例 = 240.00，样式 = 窗线样式
    指定起点或 [对正(J)/比例(S)/样式(ST)]:              //J Enter
    输入对正类型 [上(T)/无(Z)/下(B)] <上>:               //Z Enter
    当前设置: 对正 = 无，比例 = 200.00，样式 = 窗线样式
    指定起点或 [对正(J)/比例(S)/样式(ST)]:              //捕捉如图15-24所示的中点
    指定下一点:                                         //捕捉如图15-25所示的中点
    指定下一点或 [放弃(U)]:                             // Enter，绘制结果如图15-26所示
```

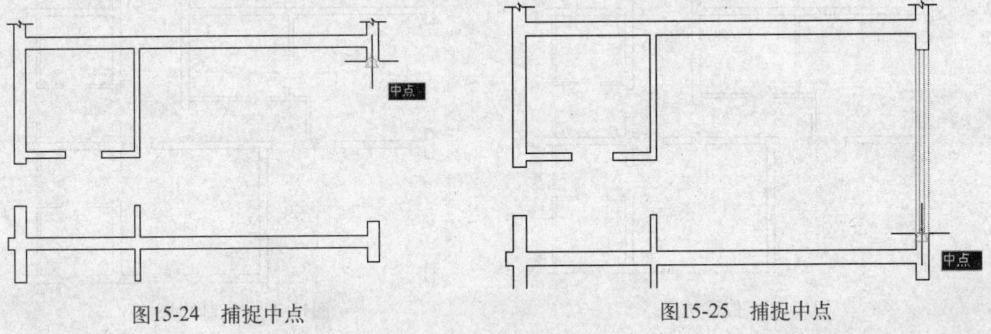

图15-24 捕捉中点　　图15-25 捕捉中点

Step 05 重复上一步骤，设置多线比例和对正方式保持不变，配合“中点”捕捉功能绘制下侧的窗线，结果如图15-27所示。

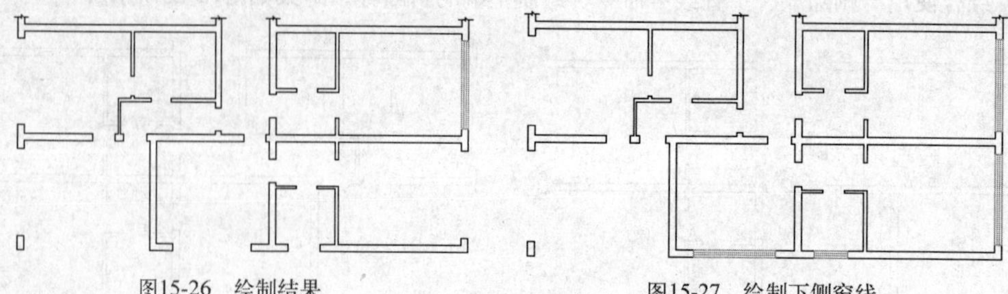

图15-26　绘制结果　　图15-27　绘制下侧窗线

Step 06 执行菜单栏中的“绘图”|“多段线”命令，配合捕捉、追踪与坐标输入功能绘制窗线，命令行操作如下。

```
命令: _pline
    指定起点:                                     //捕捉如图15-28所示的追踪虚线的交点
    当前线宽为 0.5
    指定下一个点或 [圆弧(A)/半宽(H)/长度(L)/放弃(U)/宽度(W)]:   //W Enter
    指定起点宽度 <0.5>:                                      //0 Enter
    指定端点宽度 <0.0>:                                      //0 Enter
    指定下一个点或 [圆弧(A)/半宽(H)/长度(L)/放弃(U)/宽度(W)]:      //@-630,-735.25 Enter
    指定下一点或 [圆弧(A)/闭合(C)/半宽(H)/长度(L)/放弃(U)/宽度(W)]:  //@0,-2289.5 Enter
    指定下一点或 [圆弧(A)/闭合(C)/半宽(H)/长度(L)/放弃(U)/宽度(W)]:  //@630,-735.25 Enter
    指定下一点或 [圆弧(A)/闭合(C)/半宽(H)/长度(L)/放弃(U)/宽度(W)]:
                                        // Enter，绘制结果如图15-29所示
```

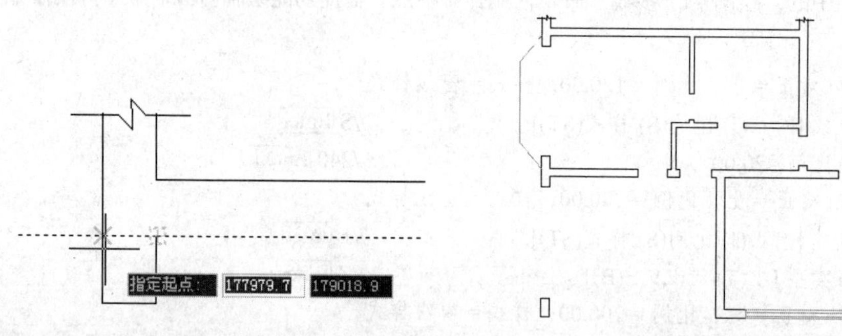

图15-28　捕捉交点　　图15-29　绘制结果

Step 07 执行“偏移”命令，将刚绘制的多段线向右偏移80、160和240个单位，结果如图15-30所示。

Step 08 使用命令简写CO激活“复制”命令，对图15-31所示的窗线进行复制，结果如图15-31所示。

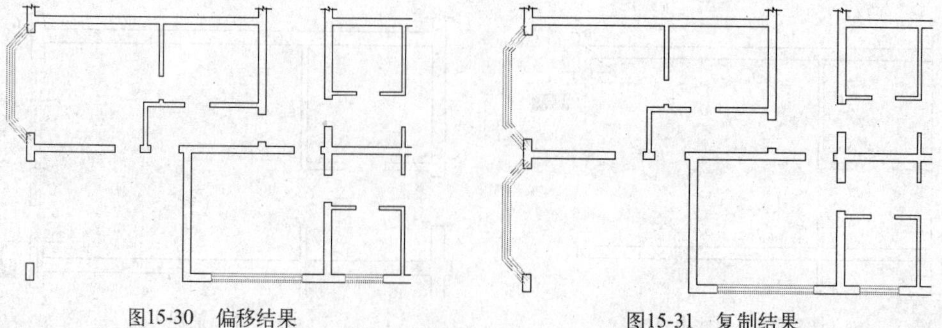

图15-30　偏移结果　　图15-31　复制结果

Step 09 使用命令简写TR激活“修剪”命令，以墙线作为边界，对多段线进行修整完善，结果如图15-32所示。

Step 10 执行“多段线”命令，配合坐标输入和“端点”捕捉功能绘制下侧的窗子外轮廓线，命令行操作如下。

```
命令: _pline
    指定起点:                                                   //捕捉左下角墙线的左下角点
    当前线宽为 0.0
    指定下一个点或 [圆弧(A)/半宽(H)/长度(L)/放弃(U)/宽度(W)]:        //@0,-330 Enter
    指定下一点或 [圆弧(A)/闭合(C)/半宽(H)/长度(L)/放弃(U)/宽度(W)]: //@1020,-570 Enter
    指定下一点或 [圆弧(A)/闭合(C)/半宽(H)/长度(L)/放弃(U)/宽度(W)]: //@3260,0 Enter
    指定下一点或 [圆弧(A)/闭合(C)/半宽(H)/长度(L)/放弃(U)/宽度(W)]: //@1020,570 Enter
    指定下一点或 [圆弧(A)/闭合(C)/半宽(H)/长度(L)/放弃(U)/宽度(W)]: //@0,330 Enter
    指定下一点或 [圆弧(A)/闭合(C)/半宽(H)/长度(L)/放弃(U)/宽度(W)]:
                                                              // Enter，绘制结果如图15-33所示
```

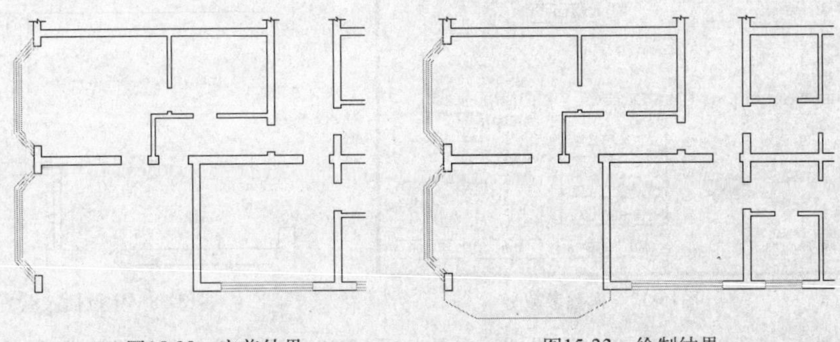

图15-32 完善结果　　　图15-33 绘制结果

Step 11 执行“偏移”命令，将刚绘制的多段线向上偏移80、160和240个单位，结果如图15-34所示。

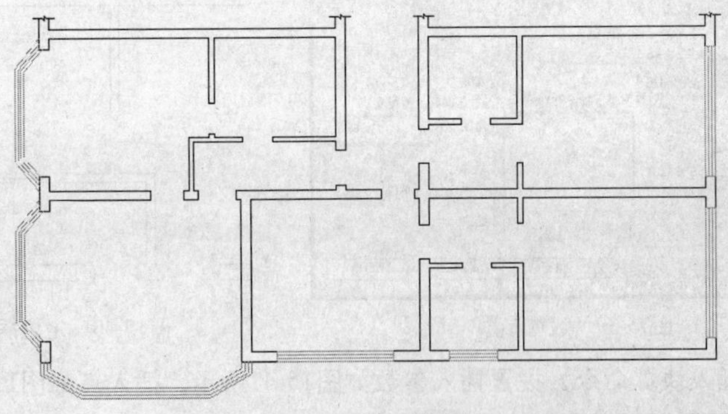

图15-34 偏移结果

至此，宾馆套房平面图中的窗子构件绘制完毕，下一小节将绘制宾馆套房平面门构件的快速绘制技巧。

15.2.4 绘制宾馆套房平面门构件

这一节继续来绘制宾馆套房平面门构件。

✎ 操作步骤

Step 01 继续上一节的操作。

Step 02 单击“绘图”工具栏中的“插入”按钮，选择随书光盘中的文件“图块文件”\“单开门.dwg”，并设置参数如图15-35所示，单击 确定 按钮，回到绘图区，捕捉如图15-36所示的端点将其插入。

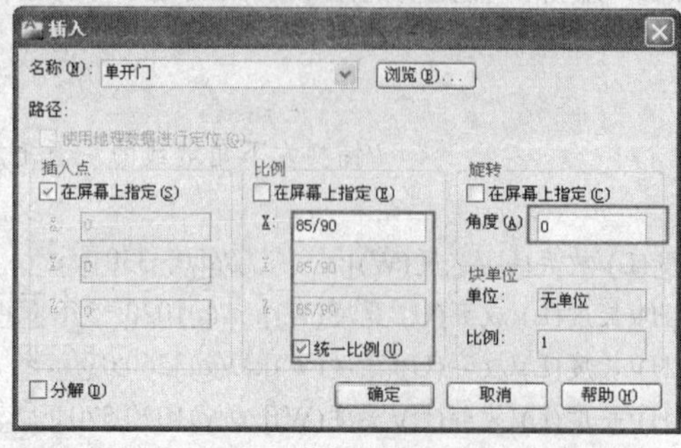

图15-35 设置参数

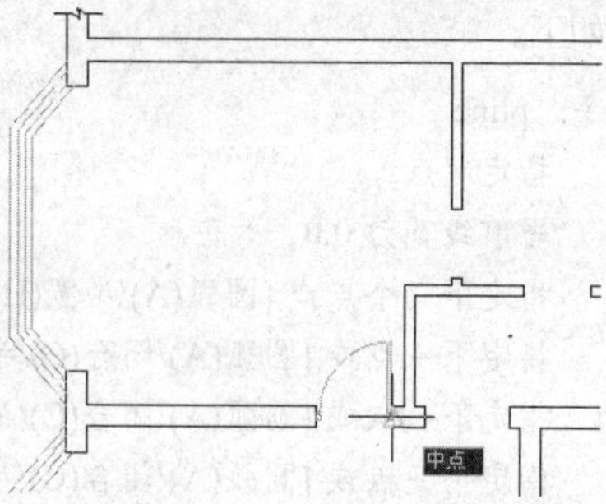

图15-36 定位插入点

Step 03 重复执行“插入块”命令，设置插入参数如图15-37所示，插入点如图15-38所示。

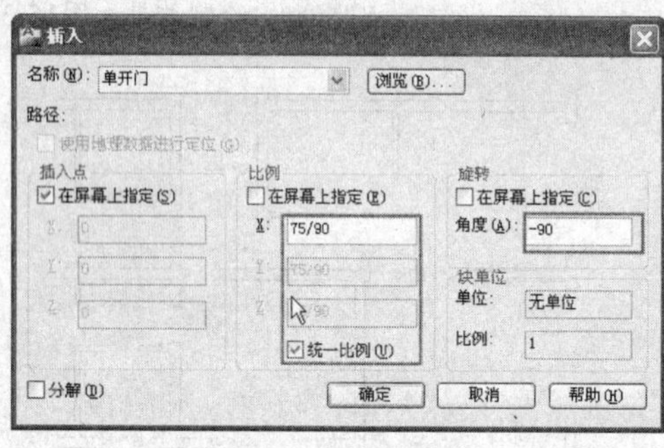

图15-37 设置参数

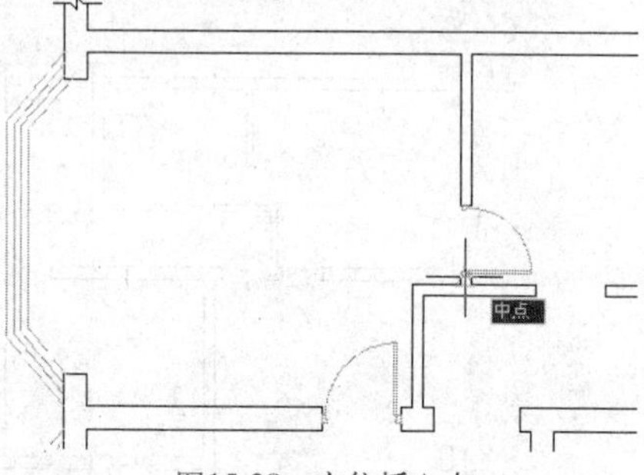

图15-38 定位插入点

Step 04 重复执行“插入块”命令，设置插入参数如图15-39所示，插入点如图15-40所示。

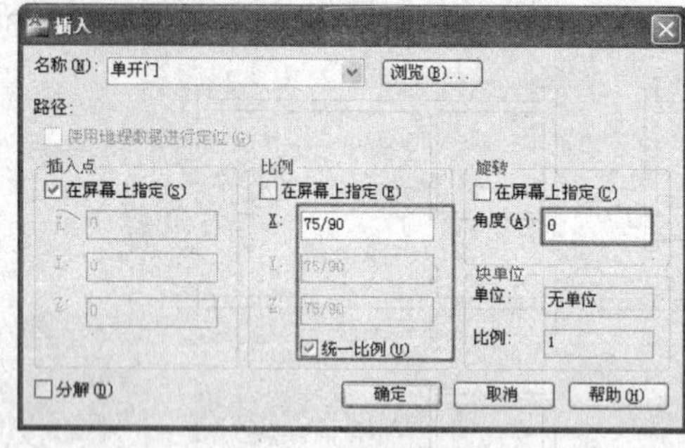

图15-39 设置参数

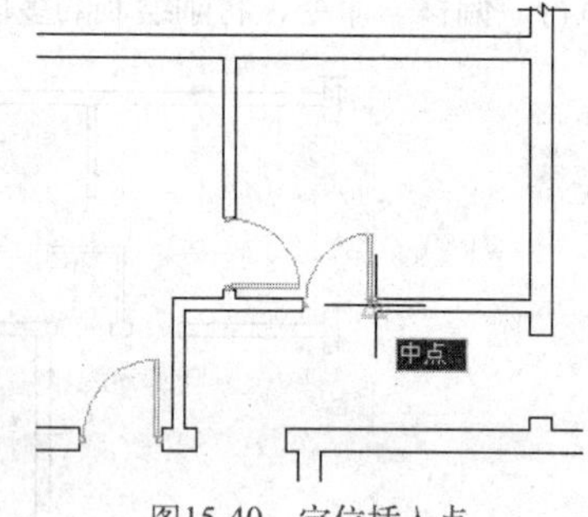

图15-40 定位插入点

Step 05 重复执行“插入块”命令，设置插入参数如图15-41所示，插入点如图15-42所示。

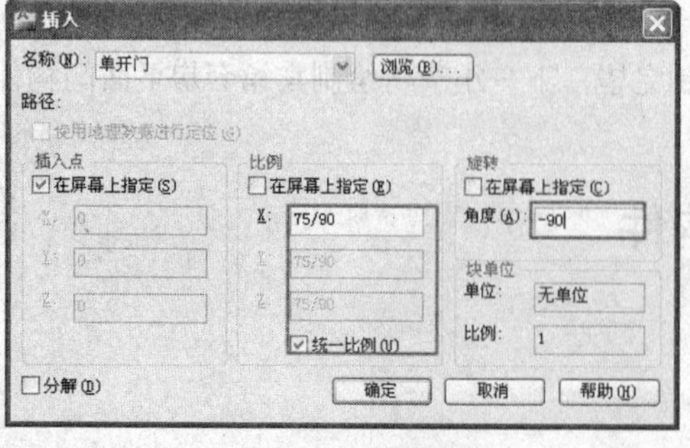

图15-41 设置参数

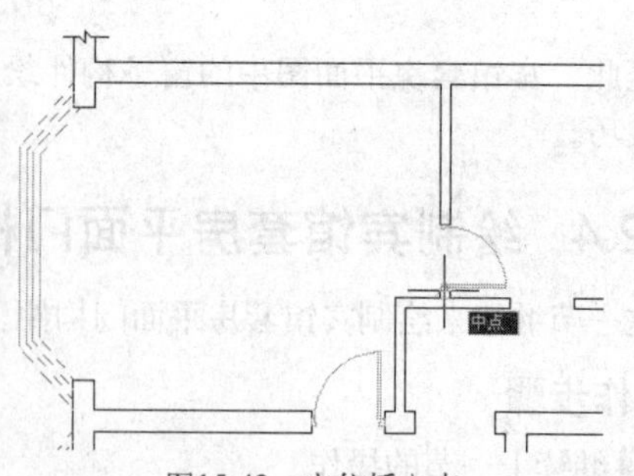

图15-42 定位插入点

Step 06 重复执行“插入块”命令，设置插入参数如图15-43所示，插入点如图15-44所示。

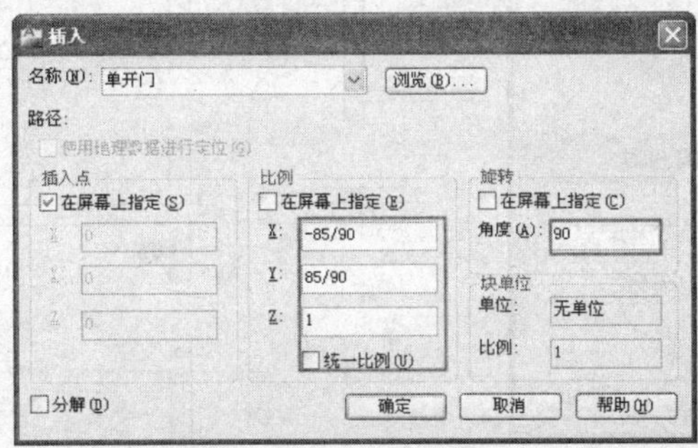

图15-43 设置参数

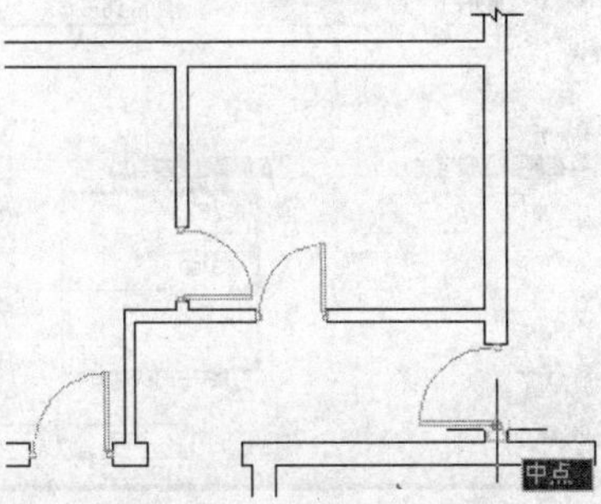

图15-44 定位插入点

Step 07 重复执行“插入块”命令，设置插入参数如图15-45所示，插入点如图15-46所示。

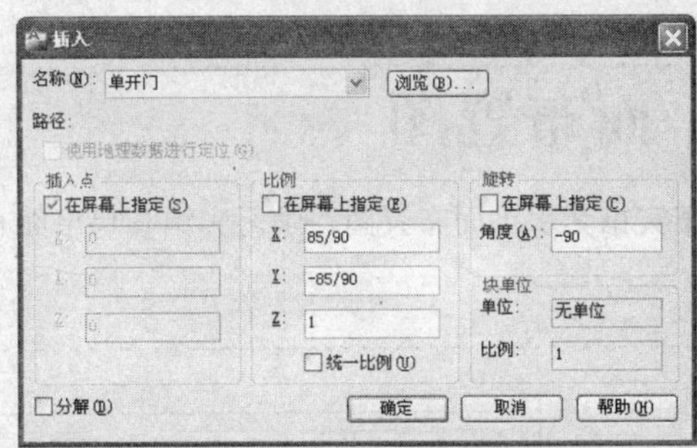

图15-45 设置参数

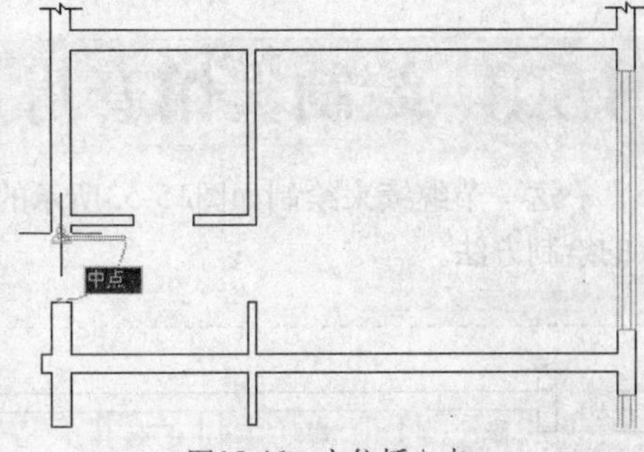

图15-46 定位插入点

Step 08 重复执行“插入块”命令，设置插入参数如图15-47所示，插入点如图15-48所示。

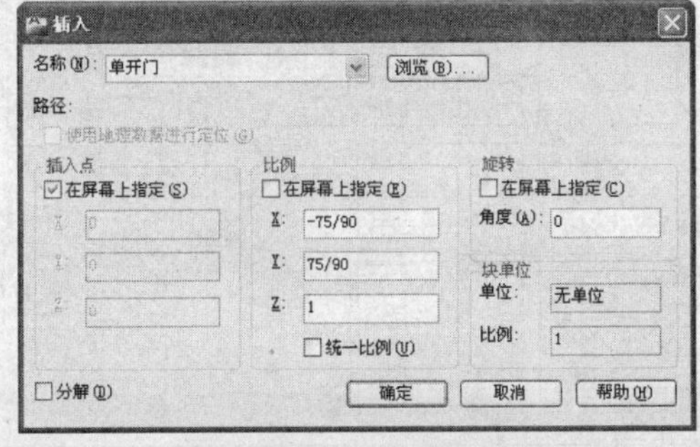

图15-47 设置参数

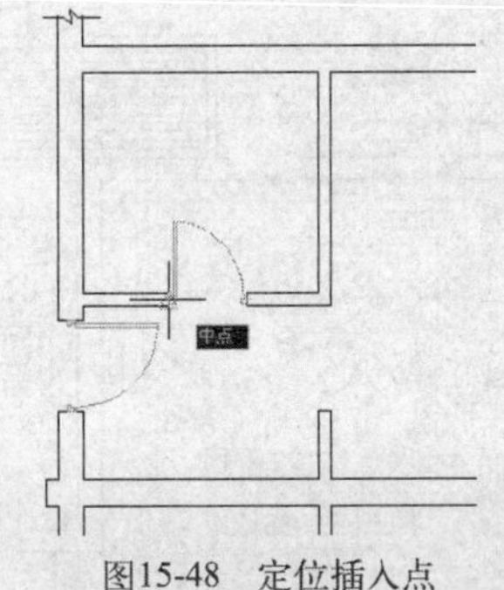

图15-48 定位插入点

Step 09 使用命令简写MI激活“镜像”命令，配合“中点”捕捉功能，选择如图15-49所示的两个单开门图块进行镜像，镜像结果如图15-50所示。

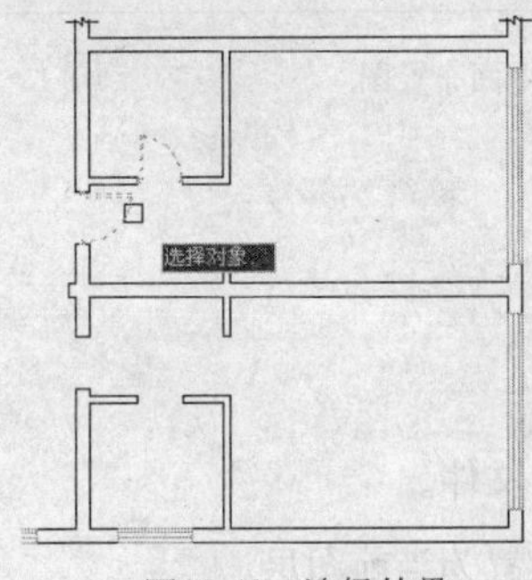

图15-49 选择结果

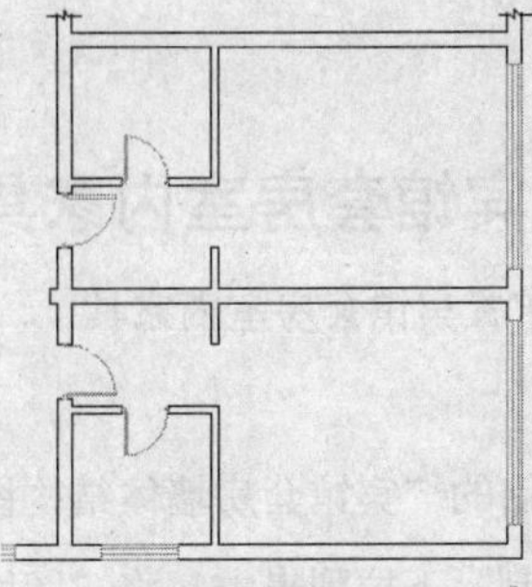

图15-50 镜像结果

Step 10 使用命令简写I激活“插入块”命令，设置插入参数如图15-51所示，插入点如图15-52所示。

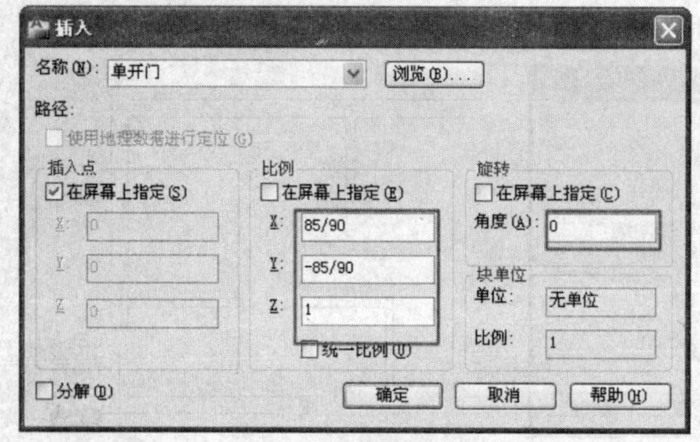

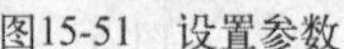

图15-51 设置参数

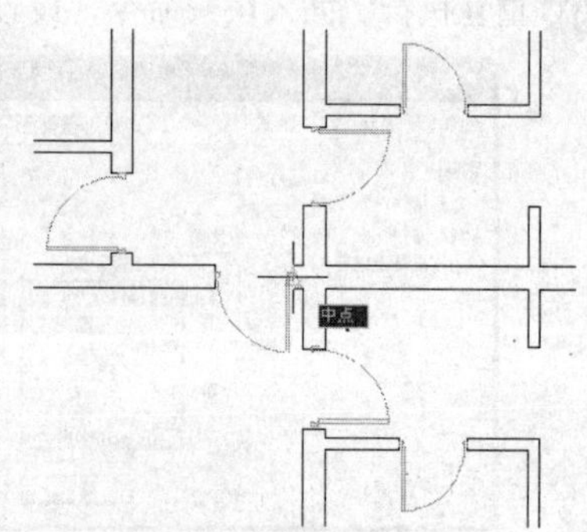

图15-52 定位插入点

Step 11 执行“保存”命令，将该图形命名存储为“宾馆套房墙体结构图.dwg”。

15.3 绘制宾馆套房平面布置图

这一节继续来绘制如图15-53所示的某宾馆套房平面布置图，学习宾馆套房平面布置图的绘制方法。

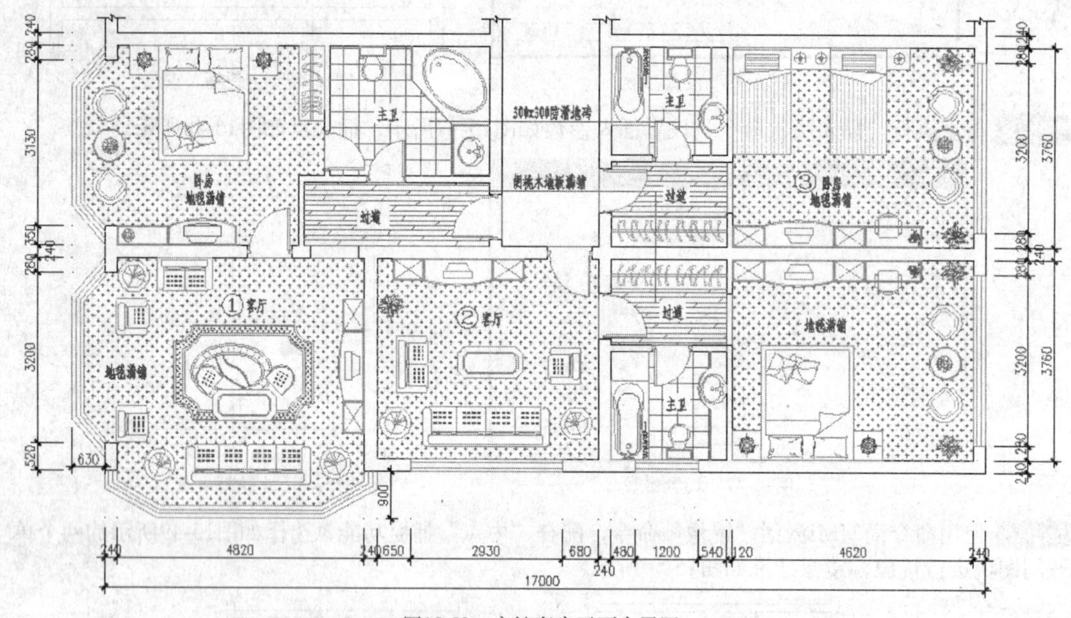

图15-53 宾馆套房平面布置图

15.3.1 布置宾馆套房室内家具

这一节首先来布置宾馆套房室内家具。

操作步骤

Step 01 打开上例存储的“宾馆套房墙体结构图.dwg”文件。

Step 02 在“图层控制”下拉列表中，将“图块层”设置为当前图层。

Step 03 单击“绘图”工具栏上的“插入”按钮，选择随书光盘中的文件“图块文件”\“双人床06.dwg”，单击打开(O)按钮返回“插入”对话框，设置块参数如图15-54所示。

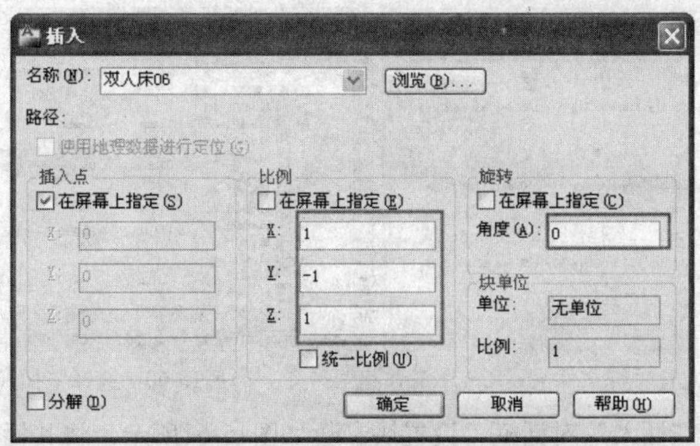

图15-54 设置块参数

Step 04 单击 确定 按钮，将此双人床图块插入到平面图中，命令行操作如下。

命令: _insert
　　指定插入点或 [基点(B)/比例(S)/旋转(R)]:　　//激活“捕捉自”功能
　　_from 基点:　　//捕捉如图15-55所示的端点
　　<偏移>:　　//@1440,0 Enter，插入结果如图15-56所示

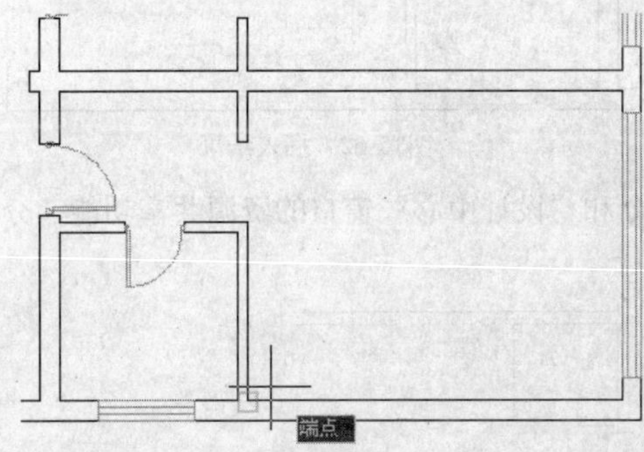

图15-55 捕捉端点

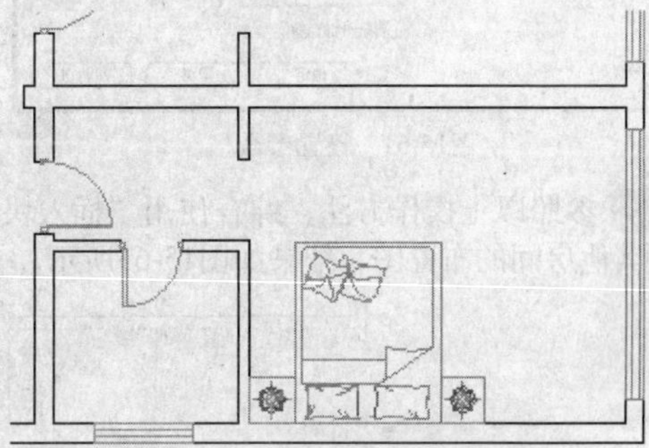

图15-56 插入结果

Step 05 重复执行“插入块”命令，插入随书光盘中的文件“图块文件”\“休闲桌椅.dwg”，参数设置如图15-57所示，插入结果如图15-58所示。

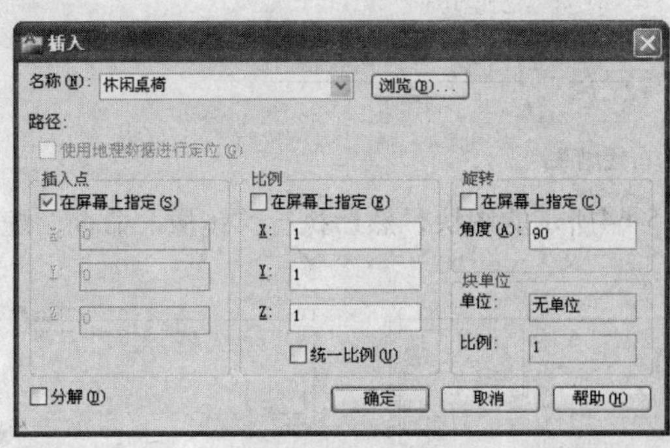

图15-57 设置参数

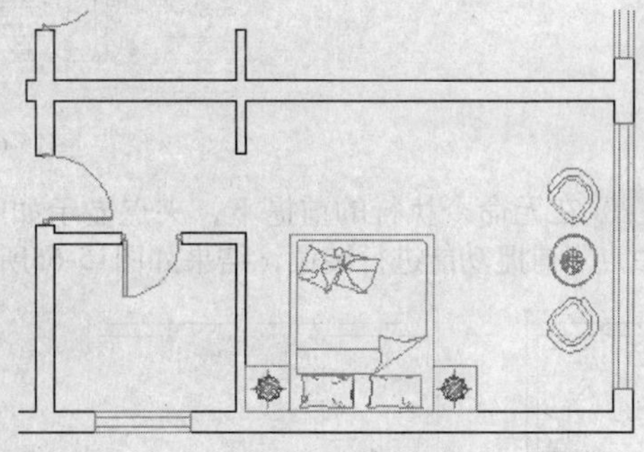

图15-58 插入结果

Step 06 单击“标准”工具栏上的▦按钮，打开“设计中心”窗口，然后在左侧的树状资源管理器栏中定位随书光盘中的“图块文件”文件夹，如图15-59所示。

Step 07 在右侧的窗格中选择“电视及电视柜.dwg”文件，然后右击，选择快捷菜单中的“插入为块”命令，如图15-60所示，将此图形以块的形式共享到平面图中。

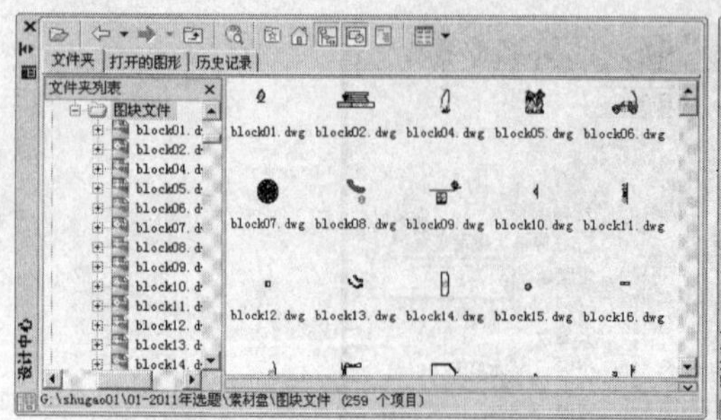

图15-59 定位目标文件夹

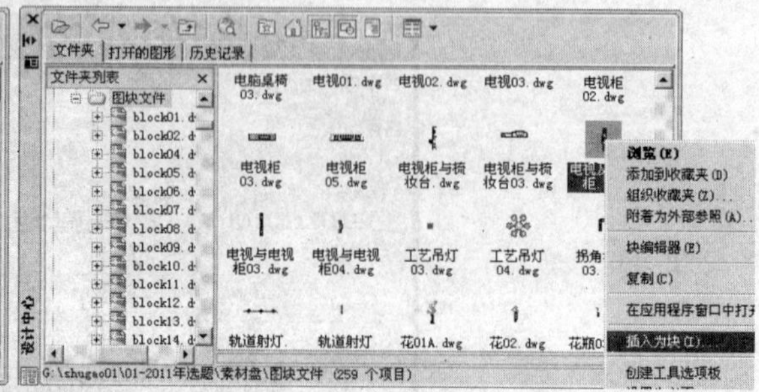

图15-60 选择“插入为块”命令

Step 08 此时系统弹出“插入”对话框，设置块参数如图15-61所示，将其插入到平面图中，插入结果如图15-62所示。

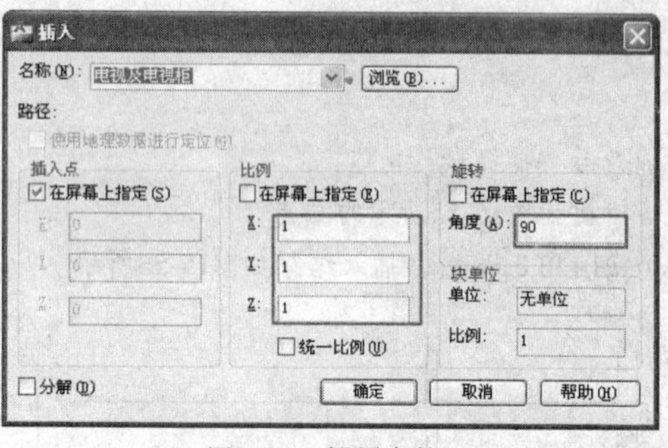

图15-61 设置参数

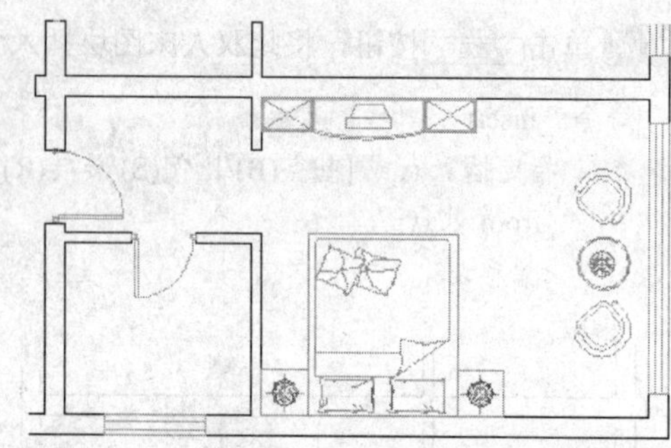

图15-62 插入结果

Step 09 参照以上操作方法，综合使用“插入块”命令和“设计中心”窗口的资源共享功能，分别绘制其他房间的布置图，结果如图15-63所示。

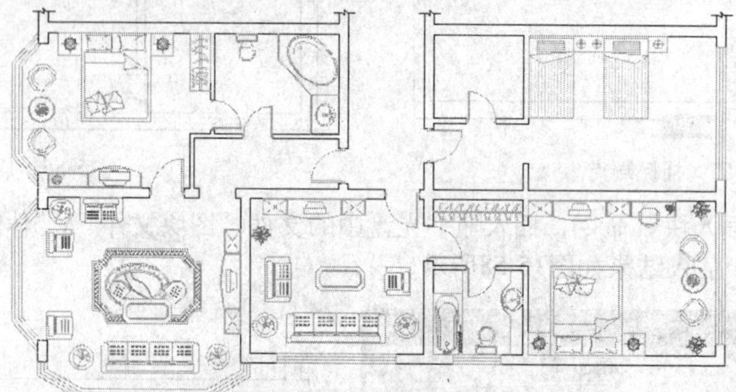

图15-63 布置结果

Step 10 在无命令执行的前提下，夹点显示如图15-64所示的图块，然后执行“镜像”命令，配合“中点”捕捉功能进行镜像，结果如图15-65所示。

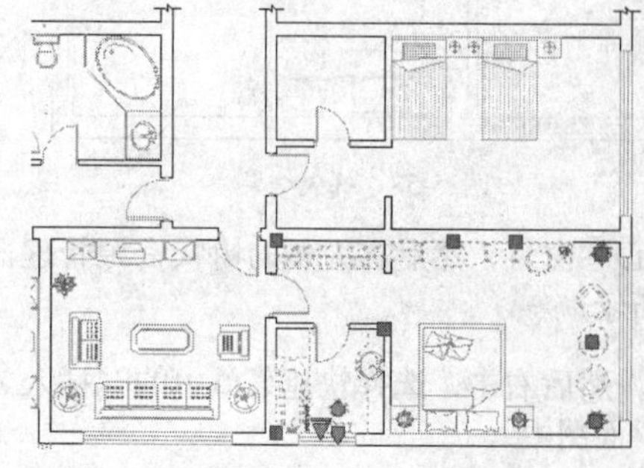

图15-64 夹点对象

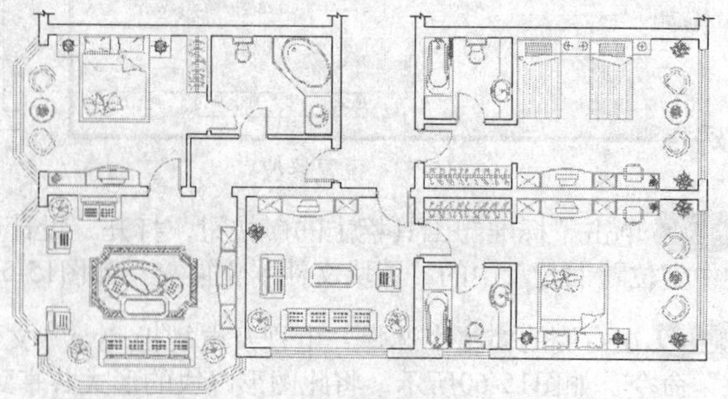

图15-65 镜像结果

至此，宾馆套房家具布置图绘制完毕，下一小节将学习宾馆套房地面材质图的绘制过程和技巧。

15.3.2 绘制套房地面材质图

这一节继续绘制宾馆套房地面材质图。

操作步骤

Step 01 继续上一节的操作。

Step 02 执行菜单栏中的“格式”|“图层”命令，在打开的面板中双击“填充层”，将其设置为当前层。

Step 03 使用命令简写L激活“直线”命令，配合捕捉功能封闭各位置的门洞，结果如图15-66所示。

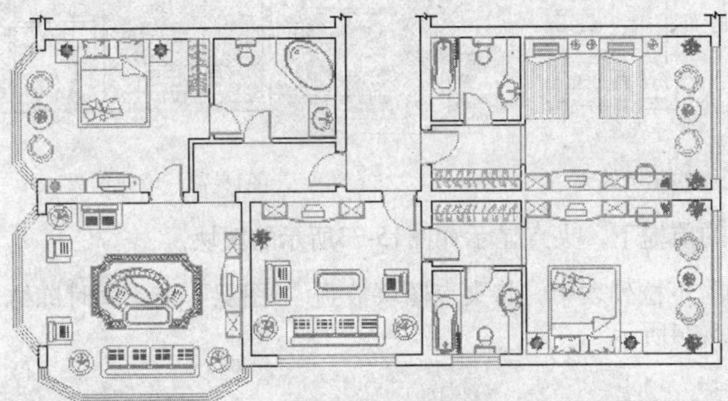

图15-66 绘制结果

Step 04 在无命令执行的前提下，夹点显示如图15-67所示的图块，将其放到“0图层”上，关闭“图块层”，此时平面图的显示效果如图15-68所示。

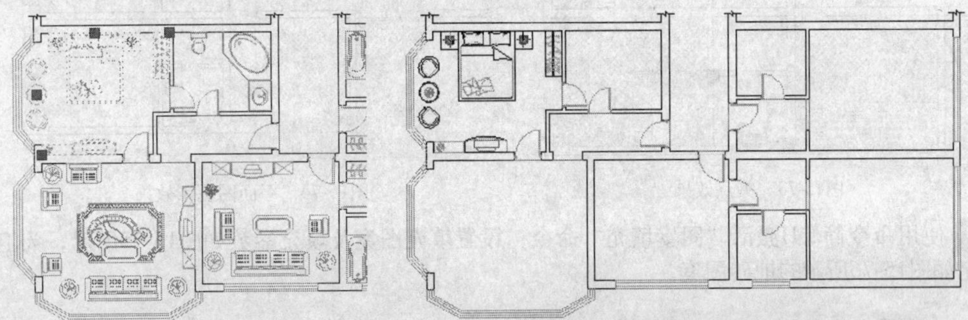

图15-67 夹点效果　　图15-68 平面图的显示效果

Step 05 单击“绘图”工具栏上的▣按钮，设置填充图案及填充参数如图15-69所示，为卧房填充如图15-70所示的地毯图案。

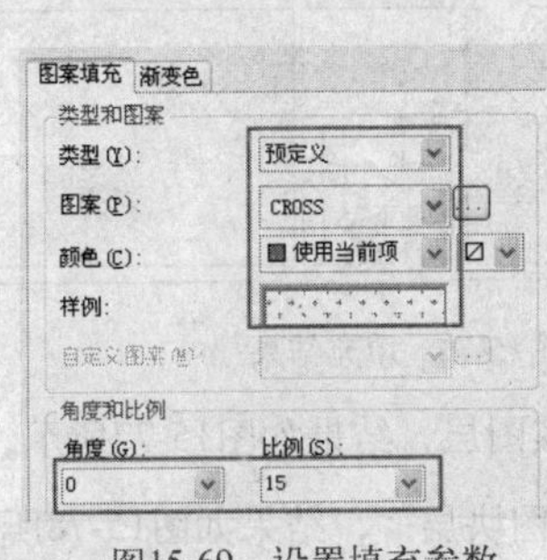

图15-69 设置填充参数

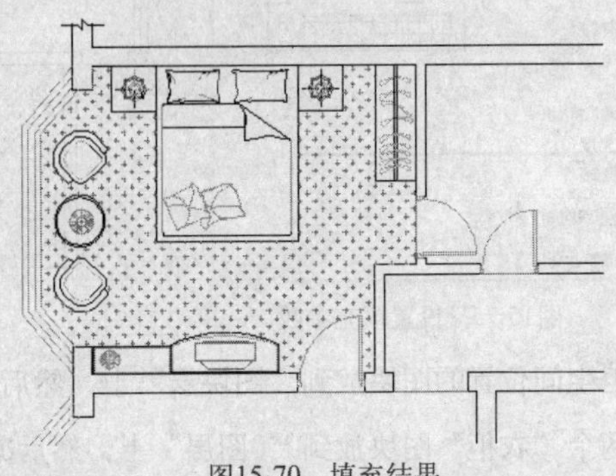

图15-70 填充结果

Step 06 将卧房内的家具图块放到"图块层"上，然后解冻该图层，此时平面图的显示效果如图15-71所示。

Step 07 参照上述操作，按照当前的填充图案与填充参数，分别为其他卧房和客厅填充图案，填充结果如图15-72所示。

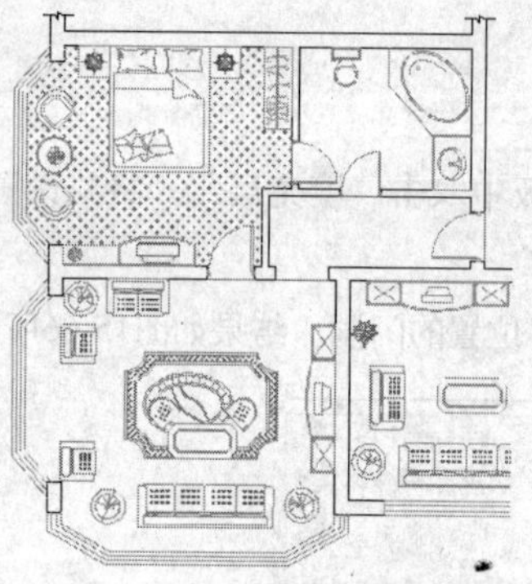

图15-71　平面图的显示效果

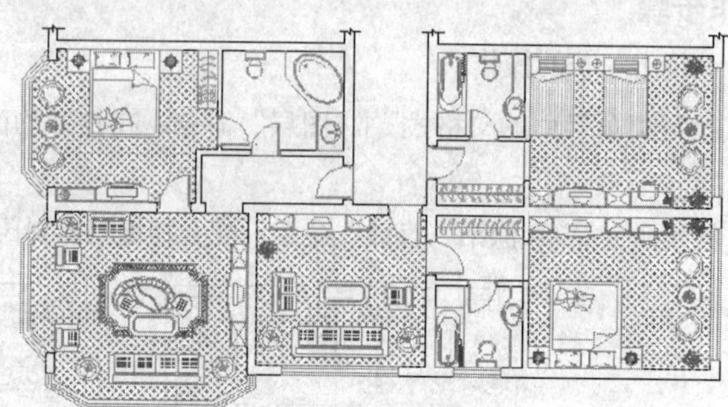

图15-72　填充结果

Step 08 在无命令执行的前提下，夹点显示如图15-73所示的图块。

Step 09 在"图层控制"下拉列表中，将夹点图块放到"0图层"上，同时冻结"图块层"，此时平面图的显示结果如图15-74所示。

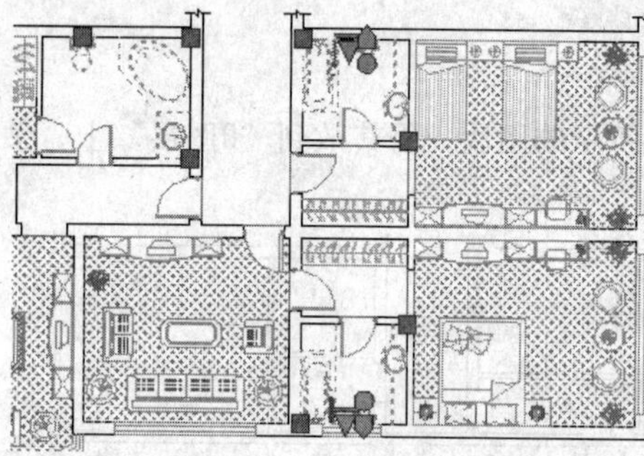

图15-73　夹点效果

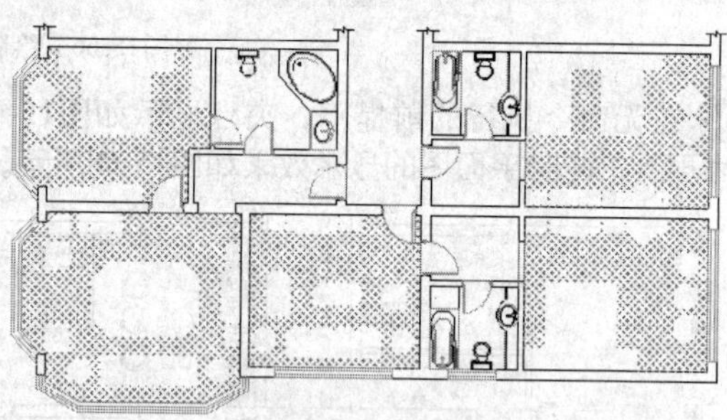

图15-74　平面图显示效果

Step 10 使用命令简写H激活"图案填充"命令，设置填充图案及填充参数如图15-75所示，为卫生间填充如图15-76所示的地砖图案。

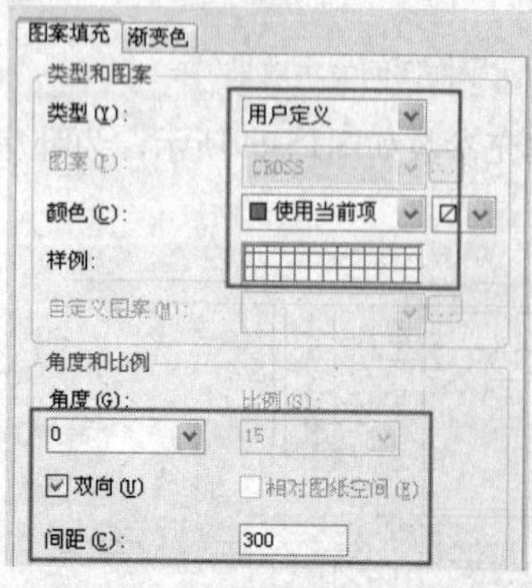

图15-75　设置填充参数

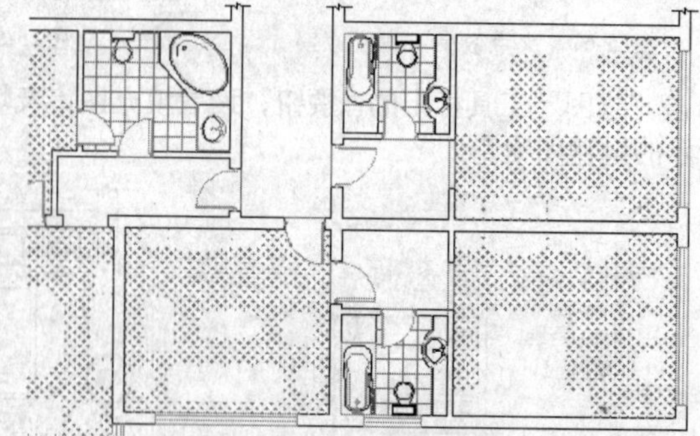

图15-76　填充结果

Step 11 将卫生间位置的图块放到"图块层"上，然后解冻该图层，结果如图15-77所示。

Step 12 将两个"衣柜"图块放到"0图层"上，然后冻结"图块层"，结果如图15-78所示。

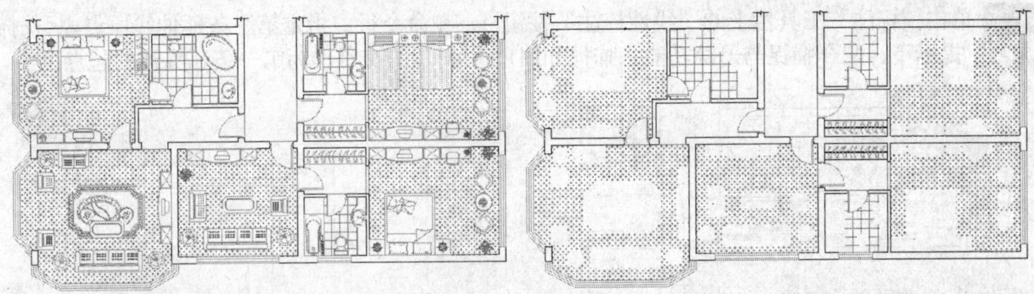

图15-77 平面图的显示效果　　图15-78 操作结果

Step 13 使用命令简写H激活“图案填充”命令，设置填充图案及填充参数如图15-79所示，为过道填充如图15-80所示的地板图案。

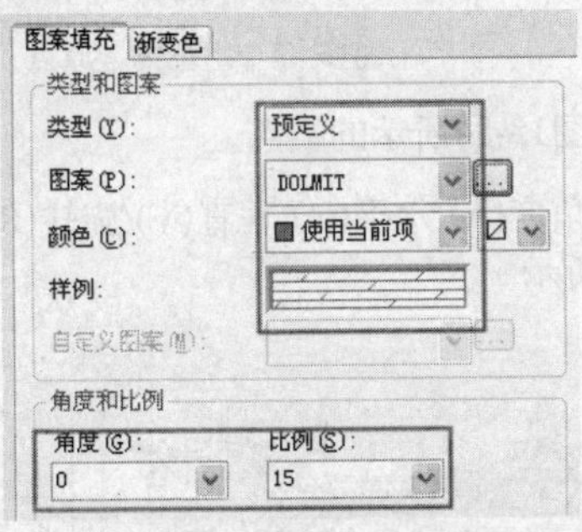

图15-79 设置填充参数

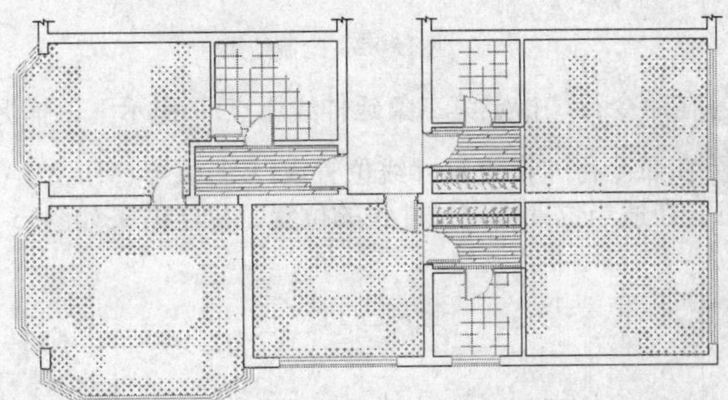

图15-80 填充结果

Step 14 将两个衣柜图块放到“图块层”上，然后解冻该图层，平面图的显示效果如图15-81所示。

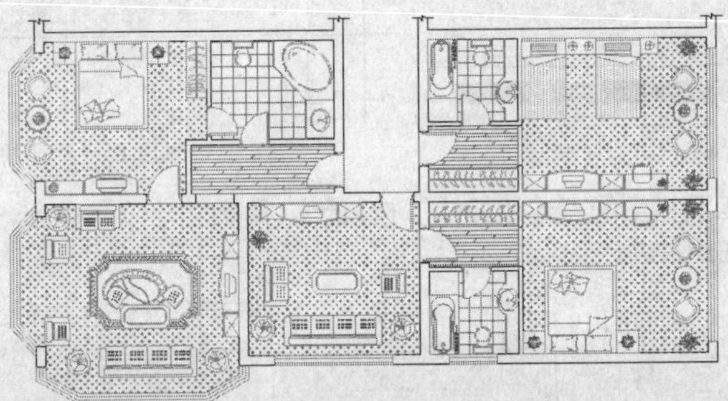

图15-81 平面图的显示效果

至此，宾馆套房地面材质图绘制完毕，下一小节将学习宾馆套房布置图尺寸的标注过程和技巧。

15.3.3 标注套房布置图尺寸

这一节继续来标注宾馆套房布置图尺寸。

操作步骤

Step 01 继续上一节的操作。

Step 02 在“图层控制”下拉列表中选择“尺寸层”，将其设置为当前图层。

Step 03 执行菜单栏中的“格式”|“标注样式”命令，设置“建筑标注”为当前样式，并修改标注比例为60。

Step 04 使用命令简写XL激活“构造线”命令，配合“端点”捕捉功能绘制如图15-82所示的两条构造线作为尺寸定位辅助线。

11 Chapter
12 Chapter
13 Chapter
14 Chapter
15 Chapter
16 Chapter

Step 05 单击“标注”工具栏上的“线性标注”按钮，在命令行“指定第一条延伸线原点或<选择对象>:”提示下，配合捕捉与追踪功能，捕捉如图15-83所示的交点作为第一条延界线的起点。

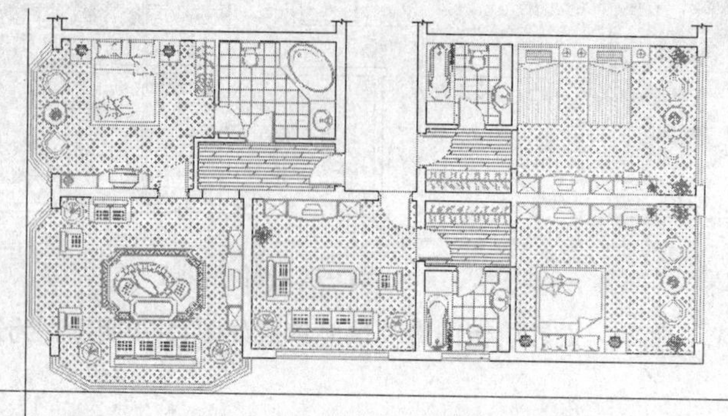
图15-82 绘制结果

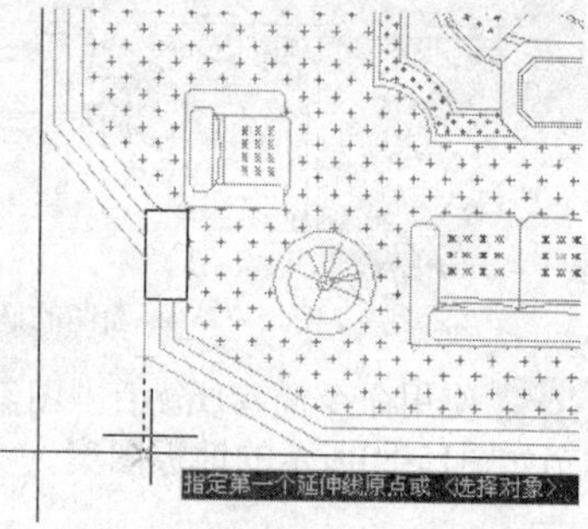

图15-83 定位第一原点

Step 06 在命令行“指定第二条延伸线原点:”提示下，捕捉如图15-84所示的端点。

Step 07 在命令行“指定尺寸线位置或[多行文字(M)/文字(T)/角度(A)/水平(H)/垂直(V)/旋转(R)]:”提示下，在适当位置指定尺寸线的位置，标注结果如图15-85所示。

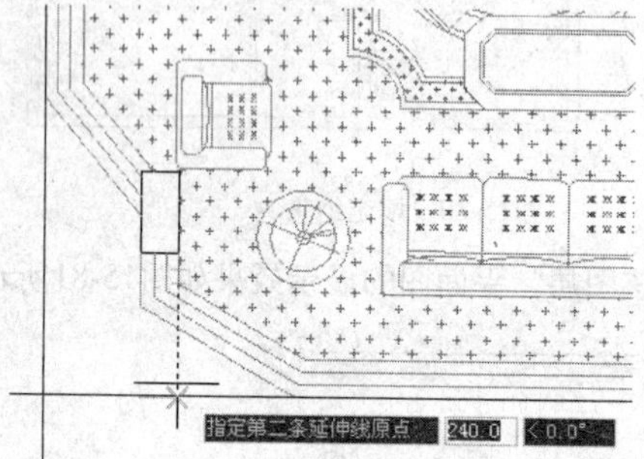

图15-84 定位第二原点

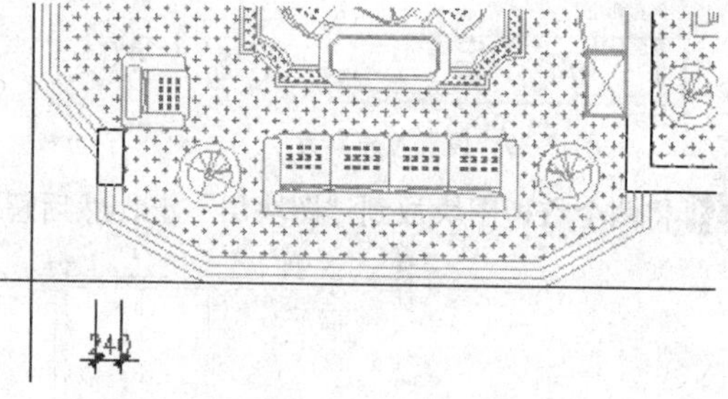

图15-85 标注结果

Step 08 单击“标注”工具栏上的“连续标注”按钮，激活“连续”命令，配合捕捉与追踪功能标注如图15-86所示的细部尺寸。

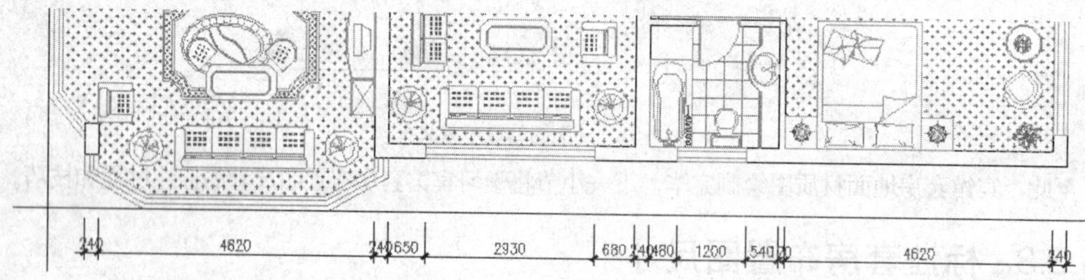

图15-86 标注细部尺寸

Step 09 执行“编辑标注文字”命令，适当调整尺寸文字的位置，结果如图15-87所示。

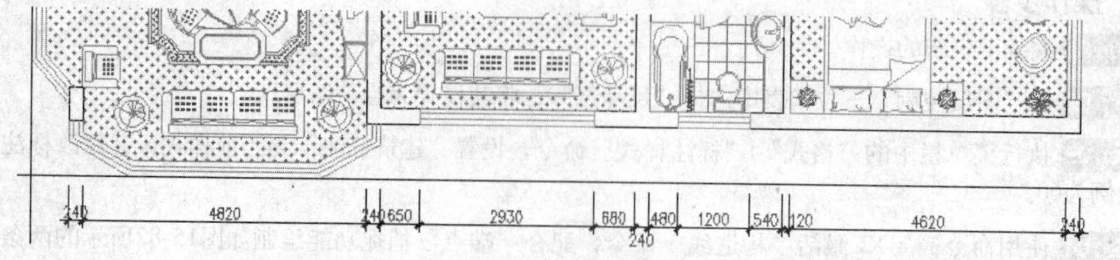

图15-87 调整尺寸文字

Step 10 单击“标注”工具栏上的“线性标注”按钮⊟，配合“端点”捕捉功能标注房间的长尺寸，如图15-88所示。

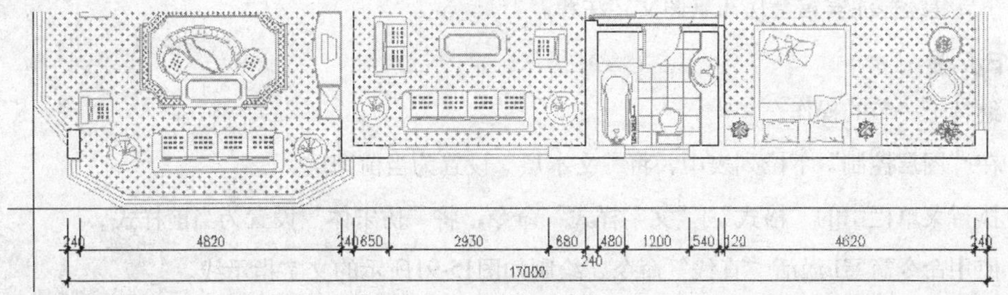

图15-88 标注总尺寸

Step 11 参照上述操作，综合使用“线性”、“连续”、“编辑标注文字”命令，标注其他侧的尺寸，结果如图15-89所示。

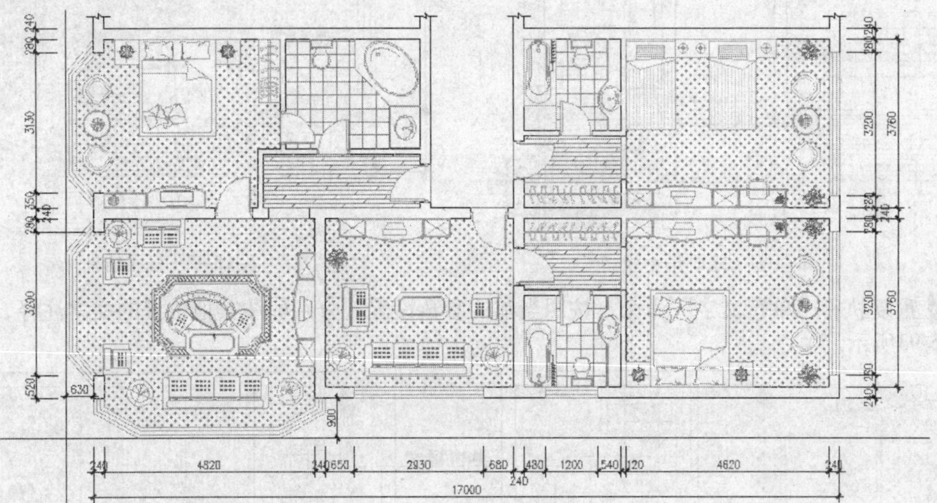

图15-89 标注其他侧尺寸

Step 12 使用命令简写E激活“删除”命令，删除尺寸定位辅助线，结果如图15-90所示。

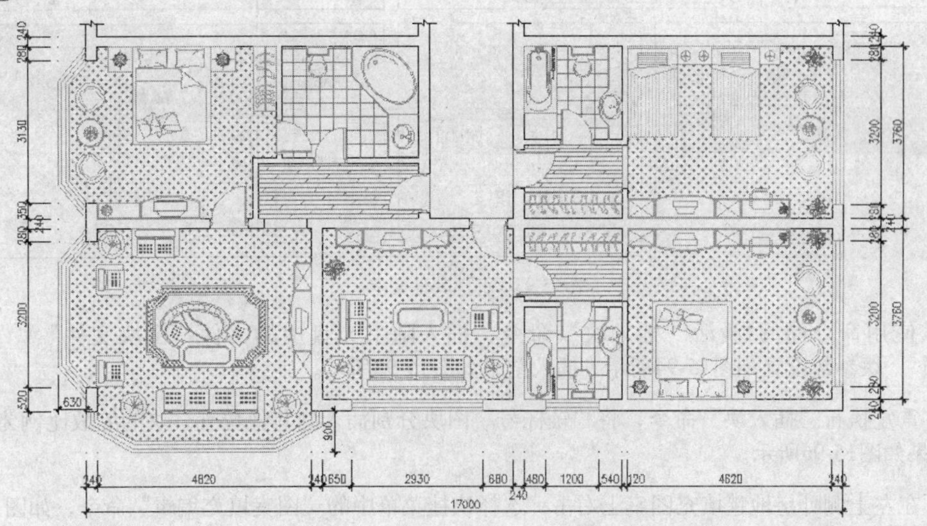

图15-90 删除结果

至此，宾馆套房平面布置图尺寸标注完毕，下一小节为宾馆套房平面布置图标注文字注释。

15.3.4 标注套房布置图文字

这一节继续标注宾馆套房布置图文字注释。

操作步骤

Step 01 继续上一节的操作。

Step 02 在“图层控制”下拉列表中，将“文本层”设置为当前图层。

Step 03 执行菜单栏中的“格式”|“文字样式”命令，将“仿宋体”设置为当前样式。

Step 04 使用命令简写L激活“直线”命令，绘制如图15-91所示的文字指示线。

Step 05 使用命令简写DT激活“单行文字”命令，设置字高为210，标注如图15-92所示的文字注释。

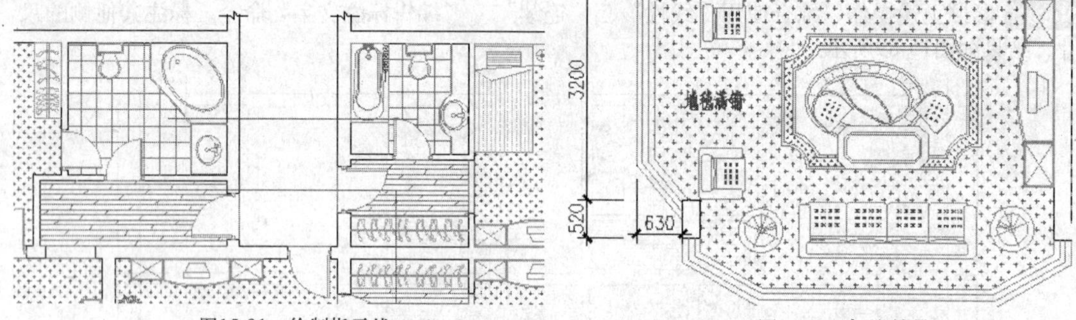

图15-91 绘制指示线

图15-92 标注结果

Step 06 重复执行“单行文字”命令，按照当前的参数设置，分别标注其他位置的文字注释，结果如图15-93所示。

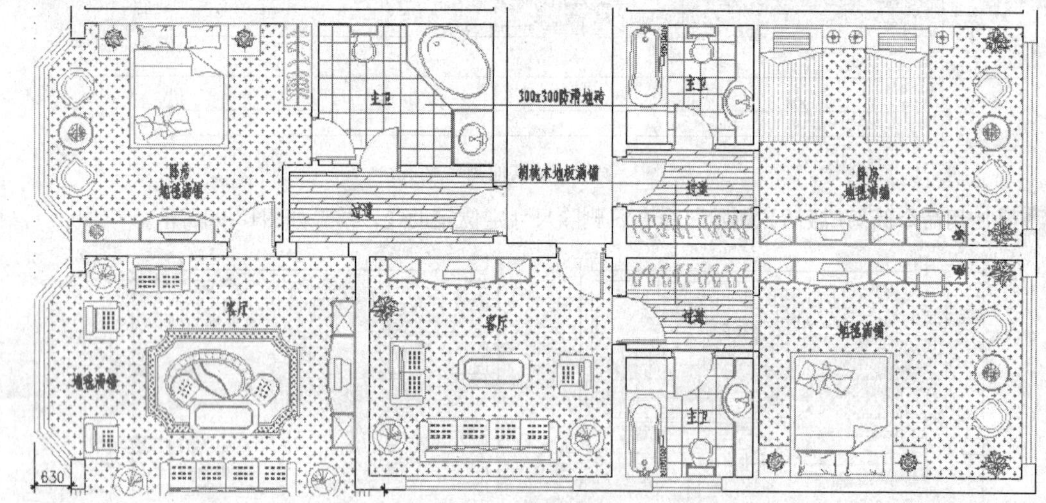

图15-93 标注其他文字

Step 07 使用命令简写I激活“插入块”命令，插入随书光盘中的文件“图块文件”\“轴标号.dwg”，块参数设置如图15-94所示，插入结果如图15-95所示。

Step 08 重复执行“插入块”命令，将“轴标号”图块分别插入到其他位置，块的缩放比例为50，插入结果如图15-96所示。

Step 09 在左上侧卧房地毯填充图案上右击，选择快捷菜单中的“图案填充编辑”命令，如图15-97所示。

Step 10 在打开的“图案填充编辑”对话框中单击“添加:选择对象”按钮，如图15-98所示。

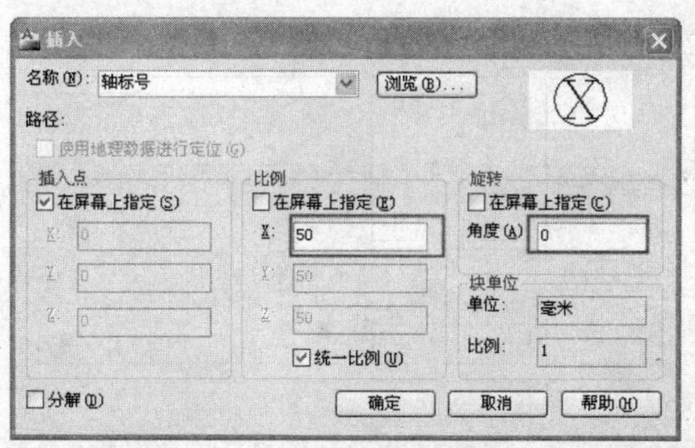

图15-94　设置参数

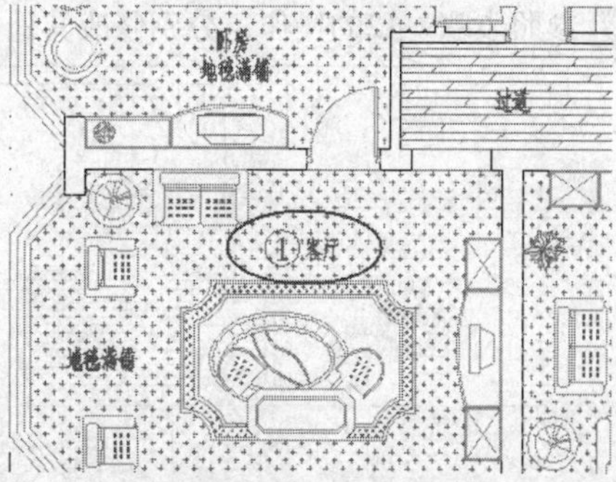

图15-95　插入结果

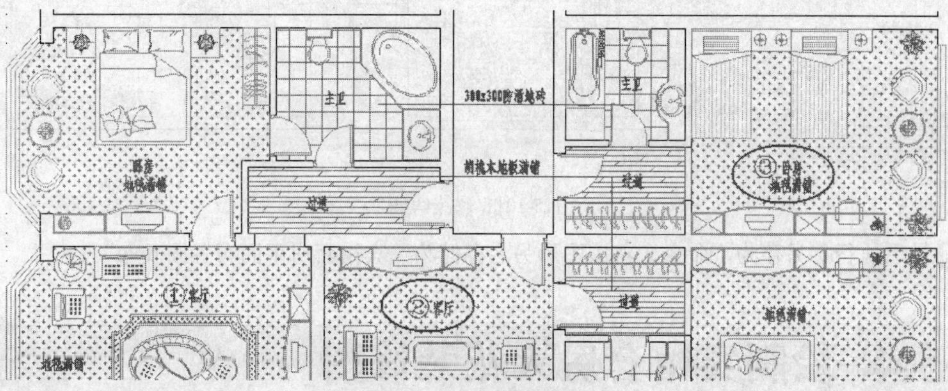

图15-96　插入结果

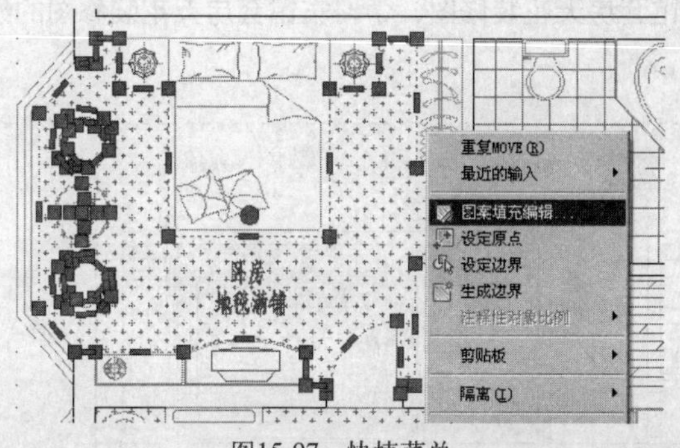

图15-97　快捷菜单

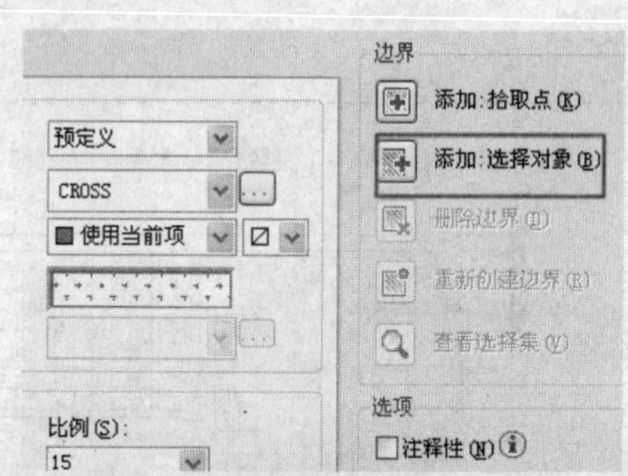

图15-98　“图案填充编辑”对话框

Step 11 返回绘图区，在命令行“选择对象或[拾取内部点(K)/删除边界(B)]:”提示下，选择“卧房”和“地毯满铺”文字对象，如图15-99所示。

Step 12 按Enter键，结果文字后面的填充图案被删除，如图15-100所示。

图15-99　选择文字对象

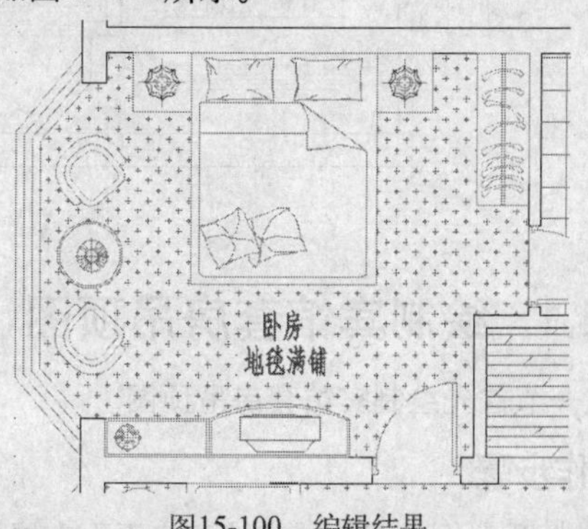

图15-100　编辑结果

11 Chapter
12 Chapter
13 Chapter
14 Chapter
15 Chapter
16 Chapter

Step 13 参照步骤9~12的操作，分别修改其他位置的填充图案，结果如图15-101所示。

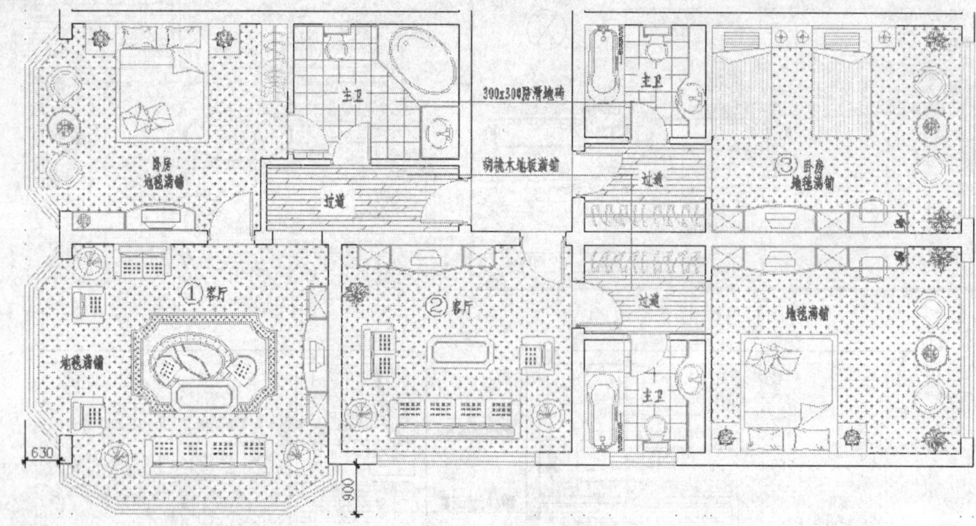

图15-101　修改结果

Step 14 最后执行“另存为”命令，将该图形另名存储为“宾馆套房平面布置图.dwg”。

15.4 绘制宾馆套房天花装修图

这一节继续绘制如图15-102所示的宾馆套房天花装修图，学习宾馆套房天花装修图的绘制方法。

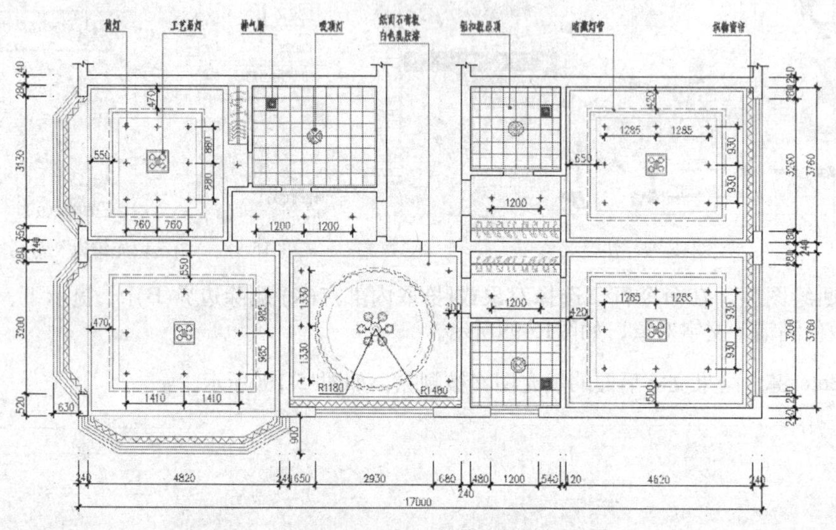

图15-102　宾馆套房天花图

15.4.1 绘制宾馆套房吊顶图

这一节首先绘制宾馆套房吊顶图。

操作步骤

Step 01 打开上例保存的“宾馆套房平面布置图.dwg”文件。

Step 02 执行菜单栏中的“格式”|“图层”命令，在打开的“图层特性管理器”面板中关闭“尺寸层”，然后将“吊顶层”设置为当前图层。

Step 03 执行菜单栏中的“工具”|“快速选择”命令，设置过滤参数如图15-103所示，选择“文本层”上的所有对象，如图15-104所示。

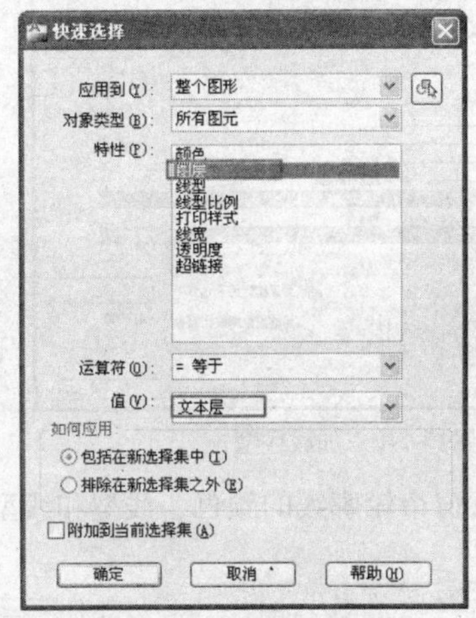

图15-103 设置过滤参数

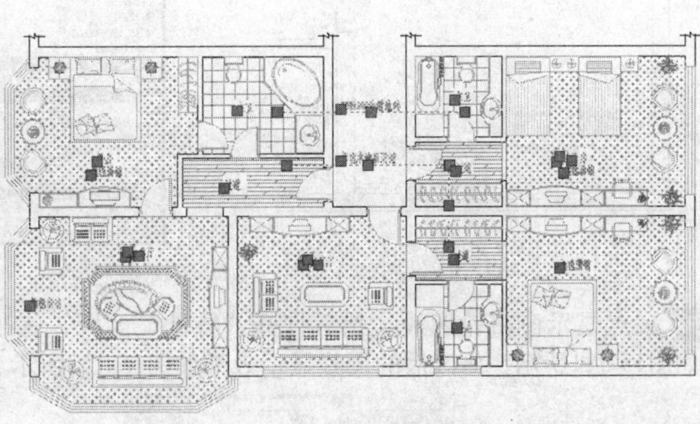

图15-104 选择结果

Step 04 删除所有的夹点对象，然后夹点选择所有位置的窗、衣柜图块，如图15-105所示，将其放到“吊顶层”上。

Step 05 参照上述操作，分别选择“填充层”、“图块层”、“门窗层”上的所有对象，然后将其删除，操作结果如图15-106所示。

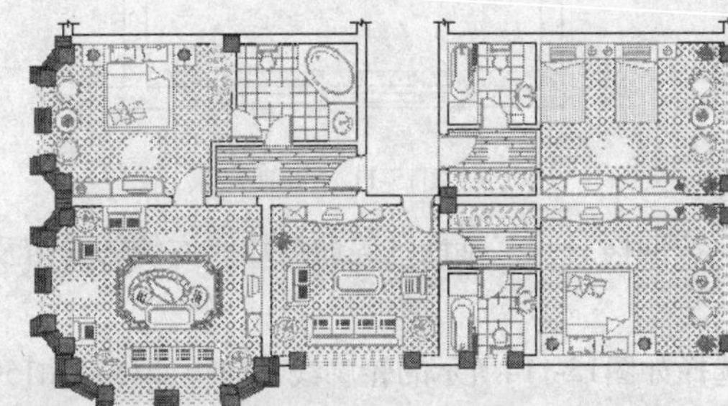

图15-105 夹点效果

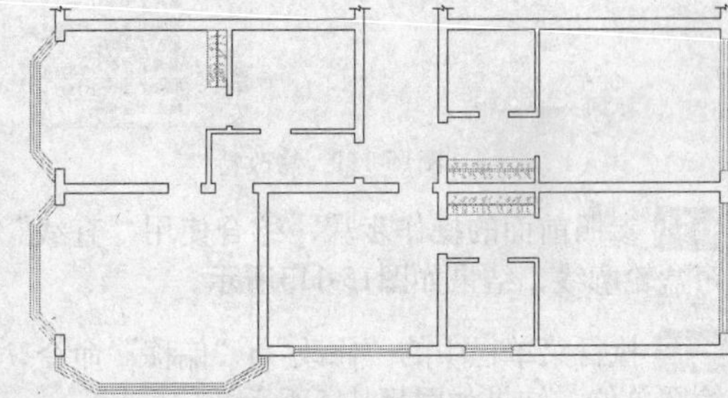

图15-106 操作结果

Step 06 使用命令简写L激活“直线”命令，配合“端点”捕捉功能绘制门窗洞位置的轮廓线，结果如图15-107所示。

Step 07 重复执行“直线”命令，配合捕捉与追踪功能绘制如图15-108所示的水平直线作为窗帘盒轮廓线。

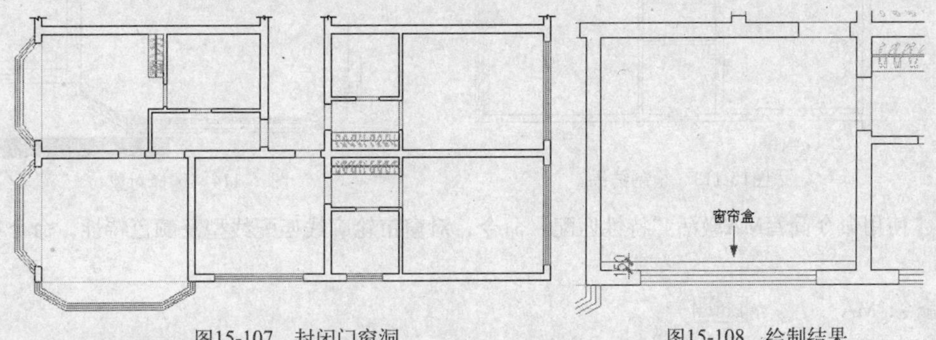

图15-107 封闭门窗洞

图15-108 绘制结果

Step 08 使用命令简写O激活“偏移”命令，将窗帘盒轮廓线分别向下偏移75个绘图单位，作为窗帘，如图15-109所示。

Step 09 使用命令简写LT激活“线型”命令，加载如图15-110所示的两种线型，并设置线型比例为5。

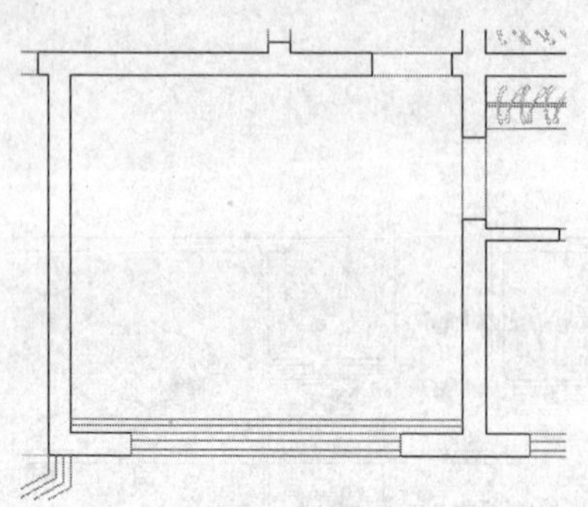

图15-109　偏移结果

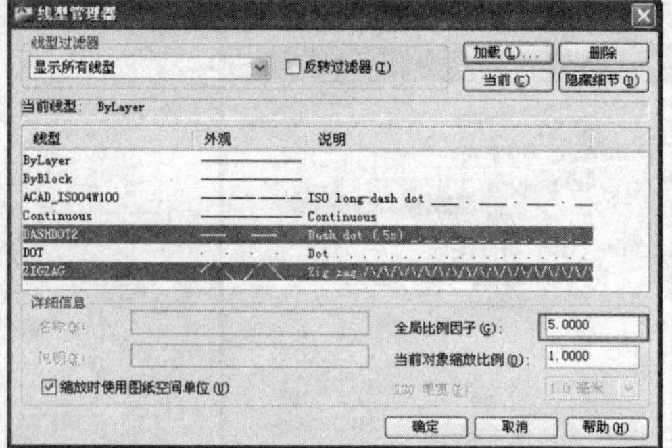

图15-110　加载线型

Step 10 夹点显示窗帘轮廓线，然后打开“特性”面板，修改窗帘轮廓线的颜色、线型和线型比例，如图15-111所示，修改后的图线显示效果如图15-112所示。

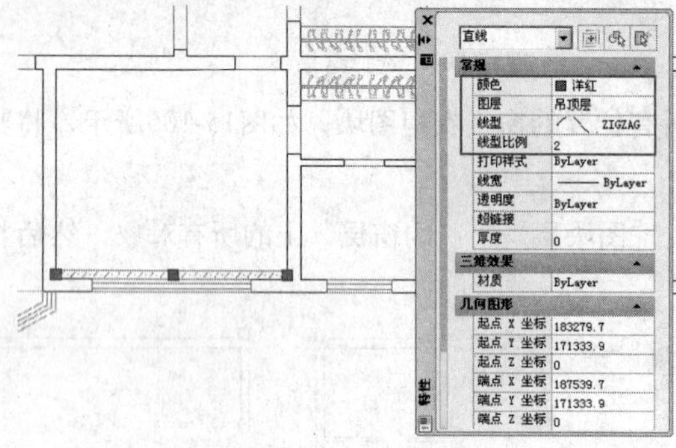

图15-111　修改特性

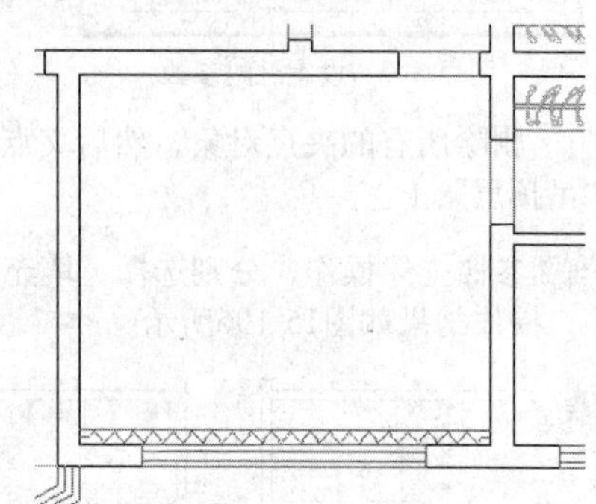

图15-112　修改结果

Step 11 参照前面的操作步骤，综合使用“直线”、“偏移”、“特性”等命令绘制右侧的窗帘及窗帘盒轮廓线，结果如图15-113所示。

Step 12 执行菜单栏中的“修改”|“偏移”命令，选择如图15-114所示的轮廓线，向上偏移75和150个绘图单位，结果如图15-115所示。

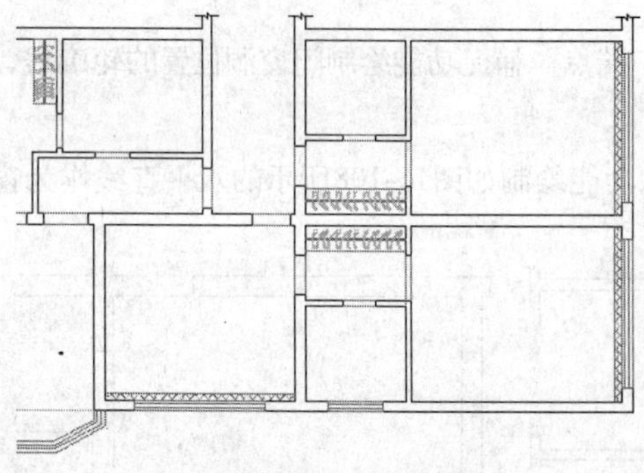

图15-113　绘制结果

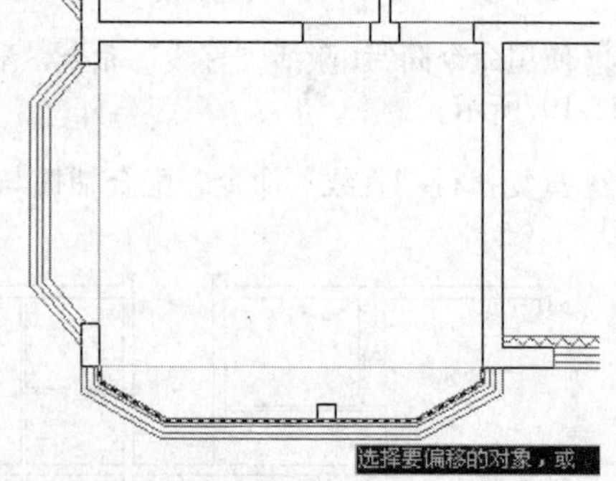

图15-114　选择对象

Step 13 使用命令简写MA激活“特性匹配”命令，对窗帘轮廓线匹配线型及颜色特性，命令行操作如下。

命令：MA　　　　// Enter

MATCHPROP选择源对象:　　　　//选择如图15-116所示的窗帘轮廓线

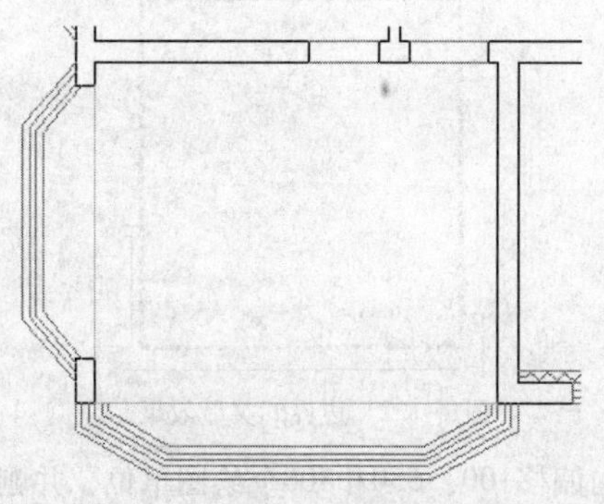

图15-115　偏移结果

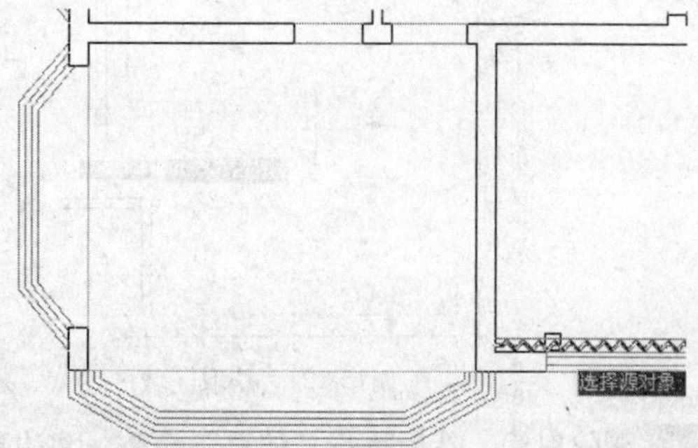

图15-116　选择结果

当前活动设置: 颜色 图层 线型 线型比例 线宽 透明度 厚度 打印样式 标注 文字 填充图案 多段线 视口 表格材质 阴影显示 多重引线

选择目标对象或 [设置(S)]:　　　　//选择如图15-117所示的轮廓线

选择目标对象或 [设置(S)]:　　　　// Enter，匹配结果如图15-118所示

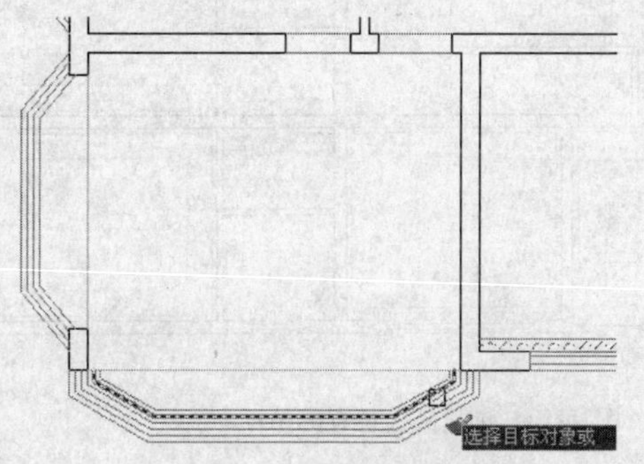

图15-117　选择目标对象

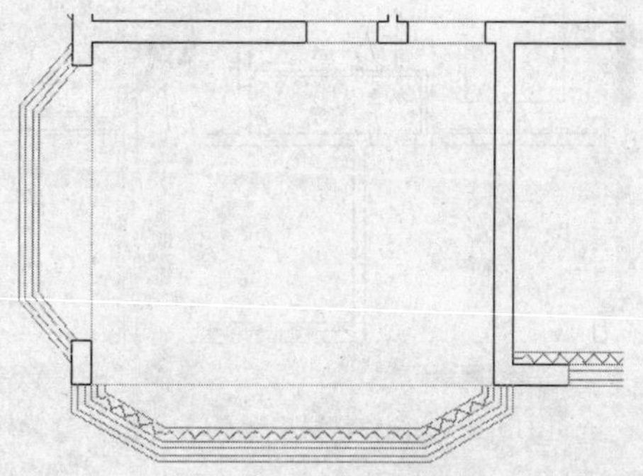

图15-118　匹配结果

Step 14 参照步骤12~13的操作，综合使用“偏移”、“延伸”、“特性匹配”命令绘制其他位置的窗帘及窗帘盒轮廓线，如图15-119所示。

Step 15 执行菜单栏中的“绘图”|“射线”命令，以端点A作为起点，绘制垂直的射线作为辅助线，如图15-120所示。

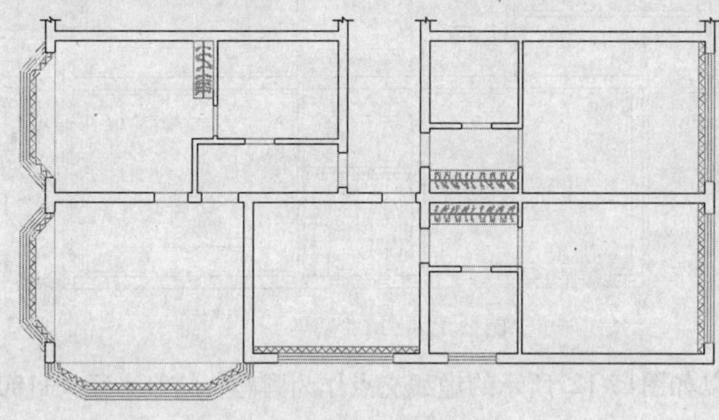

图15-119　绘制结果

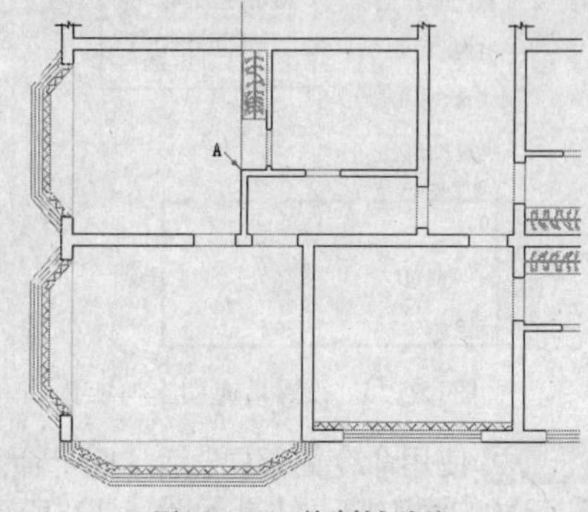

图15-120　绘制辅助线

Step 16 使用命令简写BO激活“边界”命令，在如图15-121所示的区域拾取点，创建一条闭合的多段线边界，边界的突显效果如图15-122所示。

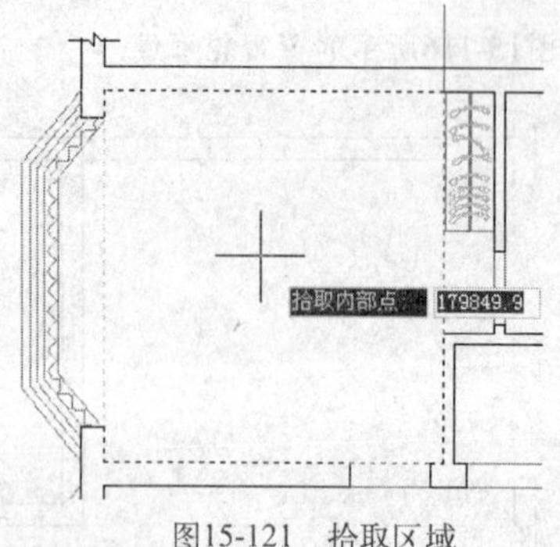

图15-121 拾取区域

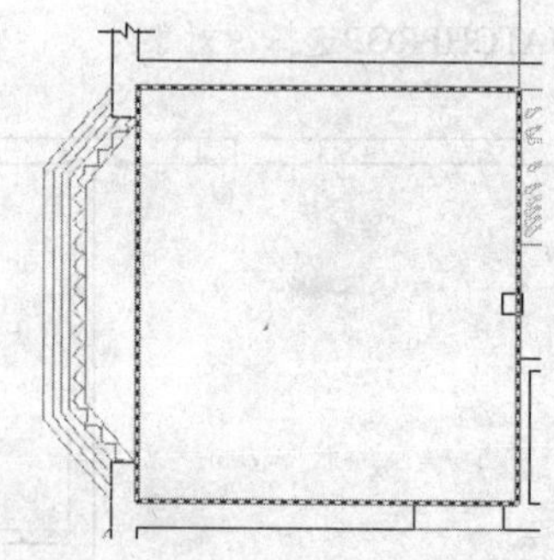

图15-122 边界的突显效果

Step 17 删除射线，然后执行“偏移”命令，将边界向内偏移100、650和800个绘图单位，并删除源边界，结果如图15-123所示。

Step 18 参照前面的操作步骤，综合使用“边界”和“偏移”命令，分别创建其他位置的吊顶结构，结果如图15-124所示。

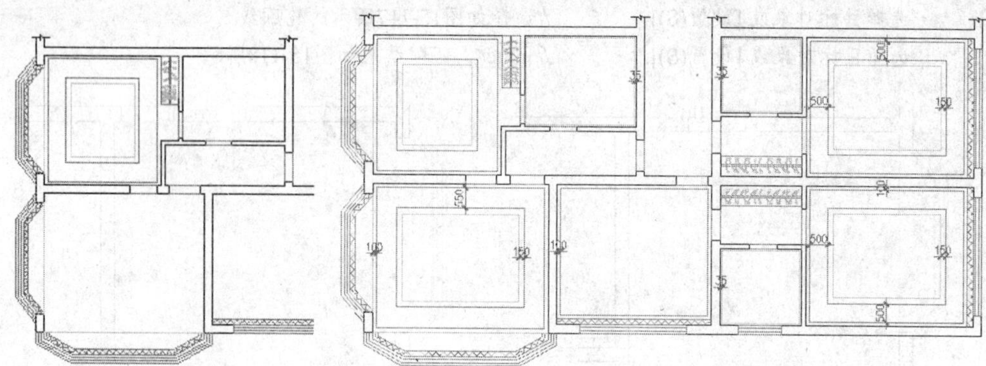

图15-123 偏移结果

图15-124 创建其他位置的吊顶

Step 19 执行菜单栏中的“绘图”|“图案填充”命令，设置填充图案与参数如图15-125所示，为卫生间填充如图15-126所示的吊顶图案。

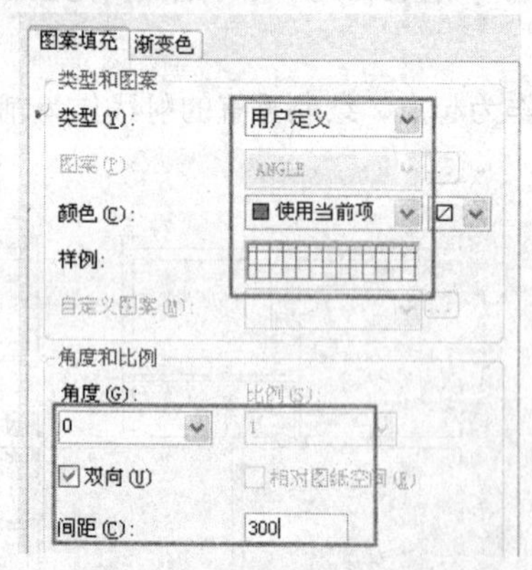

图15-125 设置填充图案与参数

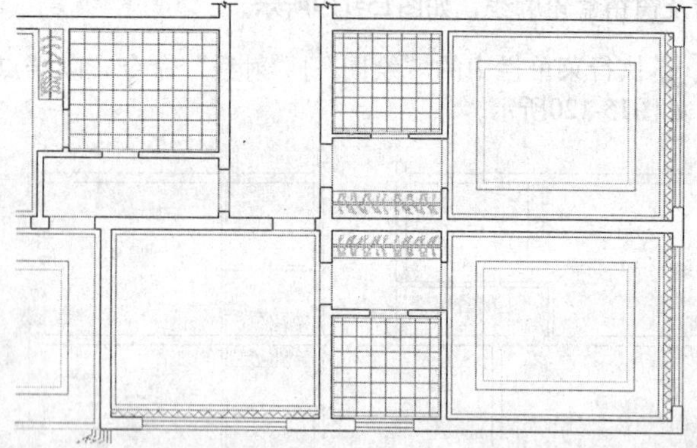

图15-126 填充结果

Step 20 使用命令简写C激活“圆”命令，以如图15-127所示的虚线交点作为圆心，绘制半径为1180和1380的同心圆，结果如图15-128所示。

Step 21 执行菜单栏中的“绘图”|“修订云线”命令，将外侧的大圆转换为修订云线，命令行操作如下。

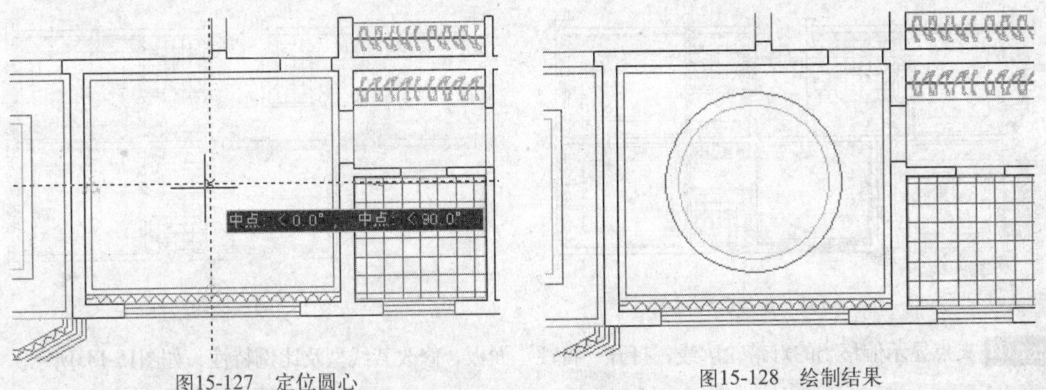

图15-127 定位圆心

图15-128 绘制结果

```
命令: _revcloud
    最小弧长: 175   最大弧长: 175   样式: 普通
    指定起点或 [弧长(A)/对象(O)/样式(S)] <对象>: //A Enter
    指定最小弧长 <15>:                          //175 Enter
    指定最大弧长 <30>:                          //175 Enter
    指定起点或 [弧长(A)/对象(O)/样式(S)] <对象>: //O Enter
    选择对象:                                   //选择外侧的大圆
    反转方向 [是(Y)/否(N)] <否>:                 // Enter，结果如图15-129所示
```

Step 22 使用命令简写I激活“插入块”命令，采用默认参数，插入随书光盘中的文件“图块文件”\“排气扇.dwg”，结果如图15-130所示。

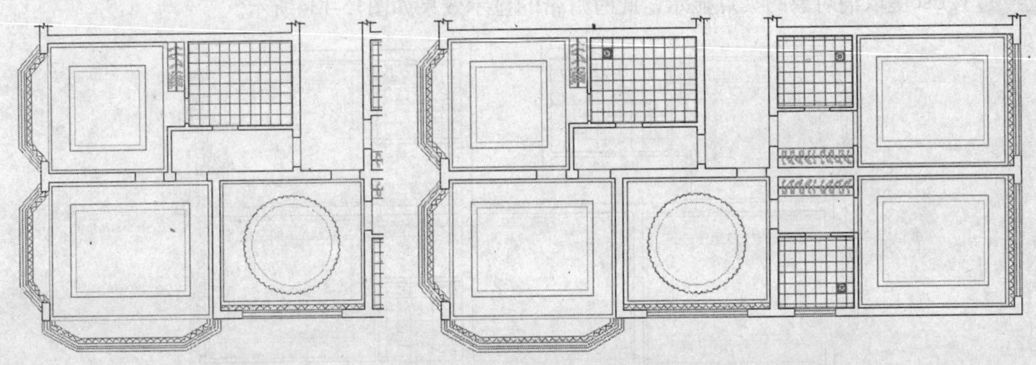

图15-129 操作结果

图15-130 插入结果

至此，宾馆套房天花吊顶图绘制完毕，下一小节学习套房天花灯带和灯具图的绘制过程和技巧。

15.4.2 绘制宾馆套房灯具图

这一节继续来绘制宾馆套房灯具图。

操作步骤

Step 01 继续上一节的操作。

Step 02 在“图层控制”下拉列表中，将“灯具层”设置为当前图层。

Step 03 执行菜单栏中的“修改”|“偏移”命令，将如图15-131所示的矩形吊顶1、2、3、4分别向外偏移80个绘图单位，将圆形吊顶O向外偏移30个绘图单位作为灯带，并将偏移出的灯带放到“灯具层”上，偏移结果如图15-132所示。

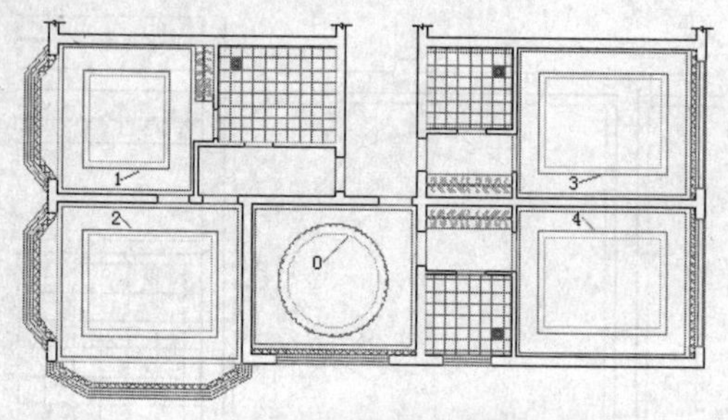

图15-131　定位偏移对象

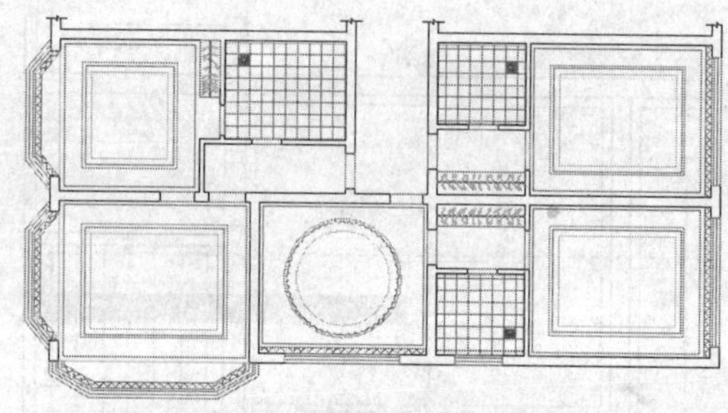

图15-132　偏移结果

Step 04 夹点显示偏移出的灯带轮廓线，打开“特性”面板，修改其线型及比例特性，如图15-133所示。

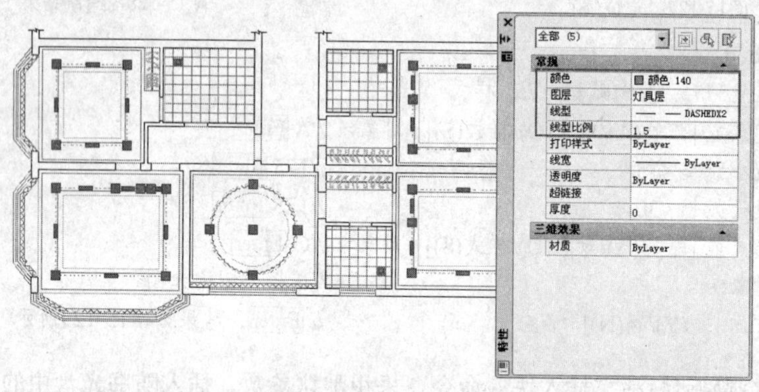

图15-133　修改对象特性

Step 05 按Esc键取消对象的夹点显示，此时灯带的显示效果如图15-134所示。

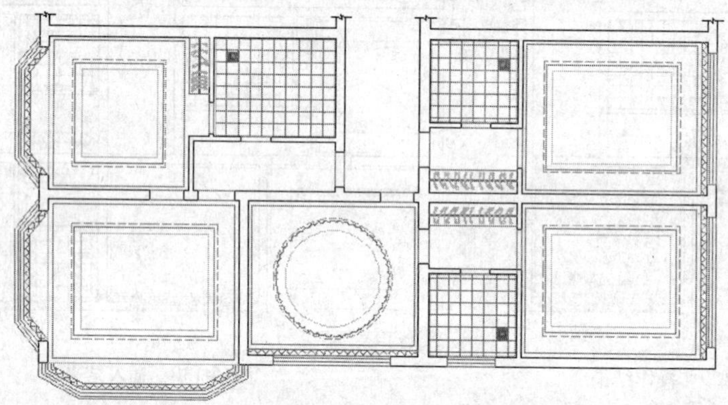

图15-134　对象的显示效果

Step 06 单击“绘图”工具栏上的按钮，选择随书光盘中的文件“图块文件”\“艺术吊顶03.dwg”。

Step 07 单击确定按钮，采用默认设置，配合捕捉与追踪功能，捕捉如图15-135所示的追踪虚线的交点，将“艺术吊顶03.dwg”图块文件插入到吊顶图中，结果如图15-136所示。

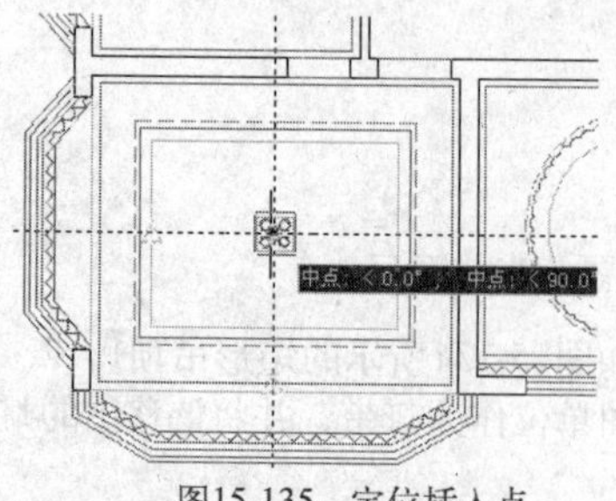

图15-135　定位插入点

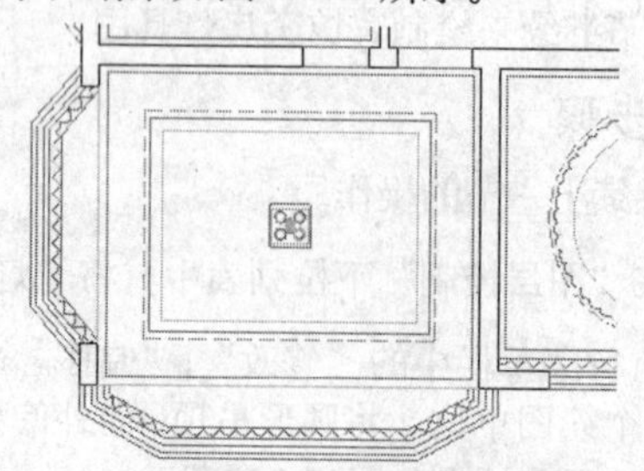

图15-136　插入结果

Step 08 使用命令简写CO激活“复制”命令，配合“中点”捕捉和“对象追踪”功能，将插入的灯具图块分别复制到其他位置上，结果如图15-137所示。

Step 09 重复执行“插入块”命令，采用默认参数，插入随书光盘中的文件“图块文件”\“艺术吊顶04.dwg”，插入点为如图15-138所示的圆心。

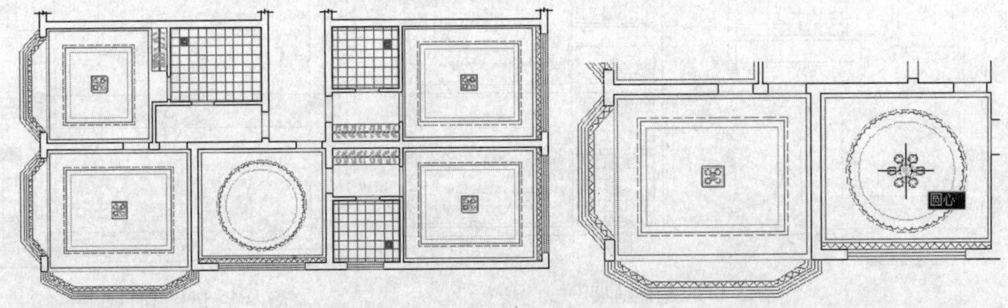

图15-137 复制结果　　图15-138 定位插入点

Step 10 重复执行“插入块”命令，选择随书光盘中的文件“图块文件”\“吸顶灯.dwg”，设置缩放比例为0.8，捕捉如图15-139所示的追踪虚线的交点将其插入。

Step 11 再次执行菜单栏中的“修改”|“复制”命令，配合“中点”捕捉和“对象追踪”功能，将刚插入的吸顶灯图块复制到其他位置上，结果如图15-140所示。

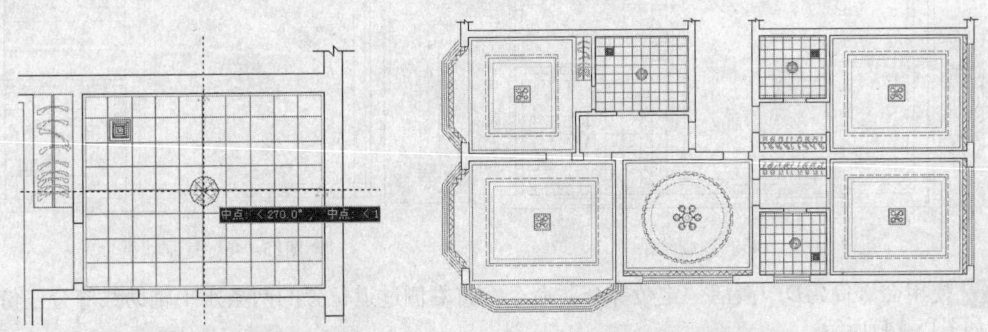

图15-139 定位插入点　　图15-140 复制结果

Step 12 使用命令简写O激活“偏移”命令，将内侧的矩形吊顶分别向内偏移200个绘图单位，作为辅助矩形，如图15-141所示。

Step 13 使用命令简写L激活“直线”命令，配合“中点”捕捉、“延伸”捕捉和“极轴追踪”功能绘制如图15-142所示的三条直线作为辅助线。

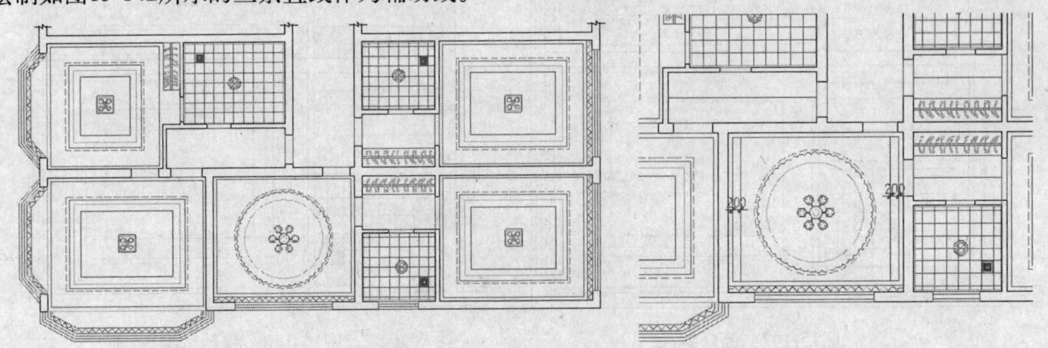

图15-141 偏移结果　　图15-142 绘制结果

Step 14 执行菜单栏中的“绘图”|“点”|“多点”命令，配合“中点”捕捉和“端点”捕捉功能绘制如图15-143所示的点作为筒灯。

Step 15 使用命令简写CO激活“复制”命令，窗口选择如图15-144所示的两个筒灯，将其对称复制1330个绘图单位，结果如图15-145所示。

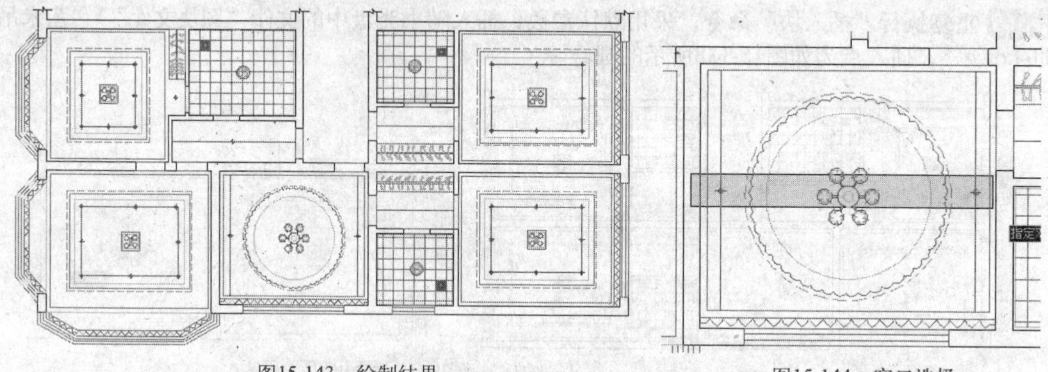

图15-143　绘制结果　　图15-144　窗口选择

Step 16 重复执行“复制”命令，将过道位置的筒灯A对称复制1200个绘图单位，结果如图15-146所示。

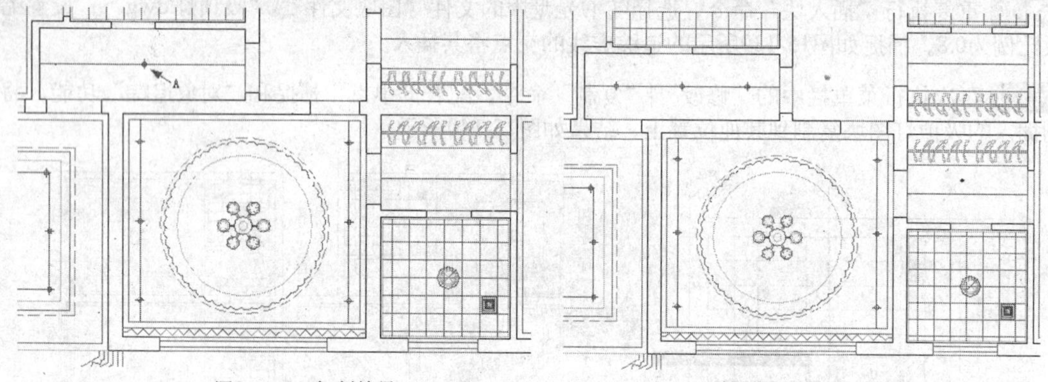

图15-145　复制结果　　图15-146　复制结果

Step 17 使用命令简写DIV激活“定数等分”命令，将右侧过道位置的两条水平辅助线等分三份，结果如图15-147所示。

Step 18 使用命令简写M激活“移动”命令，分别将两组等分点向两侧移动230个单位，结果如图15-148所示。

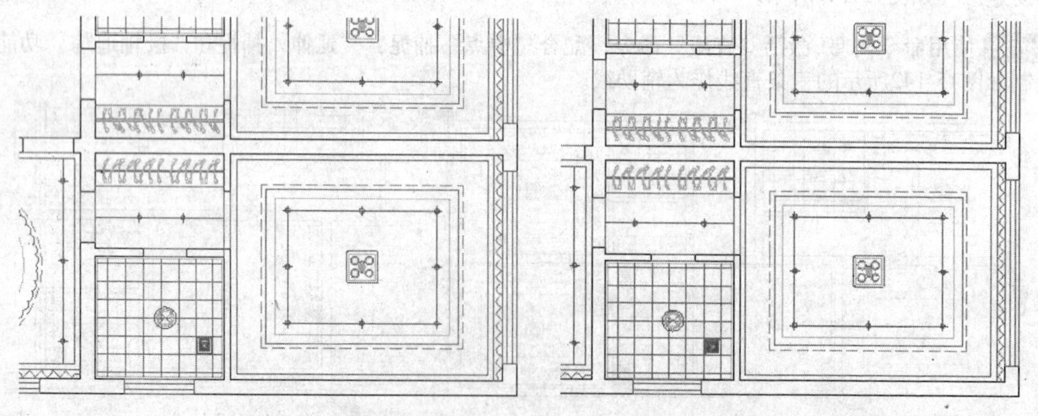

图15-147　等分结果　　图15-148　移动结果

Step 19 使用命令简写E激活“删除”命令，删除辅助线，完成灯具图的绘制，结果如图15-149所示。

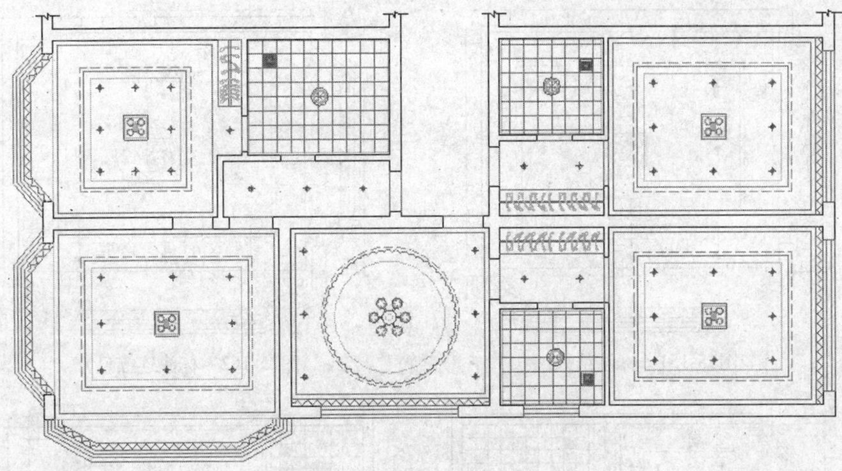

图15-149 删除辅助线后的效果

至此，宾馆套房天花灯具图绘制完毕，下一小节将学习宾馆套房天花图尺寸的具体标注过程和技巧。

15.4.3 标注套房天花图尺寸

这一节将标注套房天花图尺寸。

操作步骤

Step 01 继续上一节的操作。

Step 02 在“图层控制”下拉列表中取消“尺寸层”的隐藏，并将其设置为当前图层，此时图形的显示结果如图15-150所示。

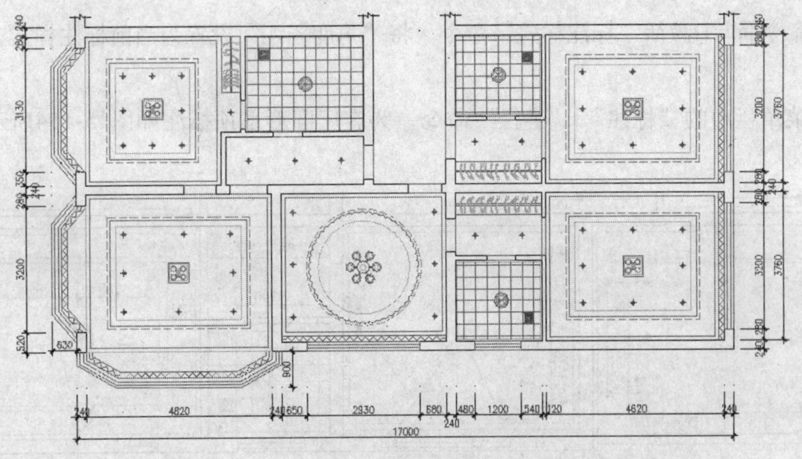

图15-150 图形显示效果

Step 03 执行菜单栏中的“标注”|“线性”命令，配合“节点”捕捉功能标注如图15-151所示的灯具定位尺寸。

Step 04 单击“标注”工具栏上的“连续标注”按钮，配合“节点”捕捉功能标注如图15-152所示的连续尺寸。

Step 05 重复使用“线性”和“连续”命令，配合“端点”捕捉、“节点”捕捉等功能分别标注其他位置的尺寸，结果如图15-153所示。

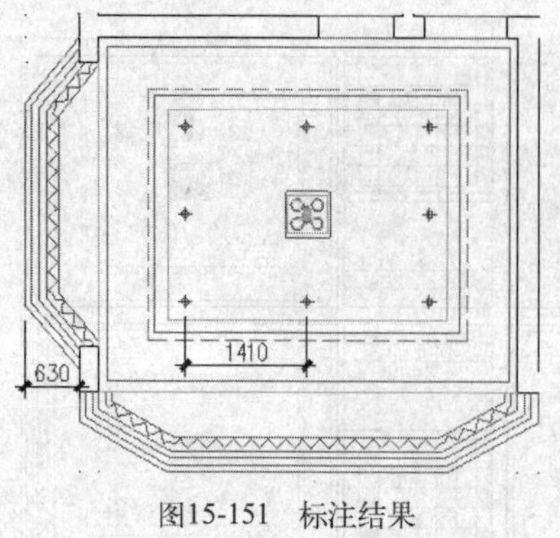

图15-151　标注结果

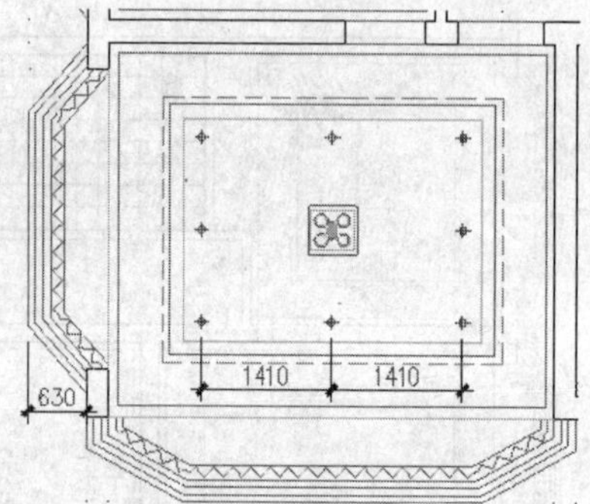

图15-152　标注连续尺寸

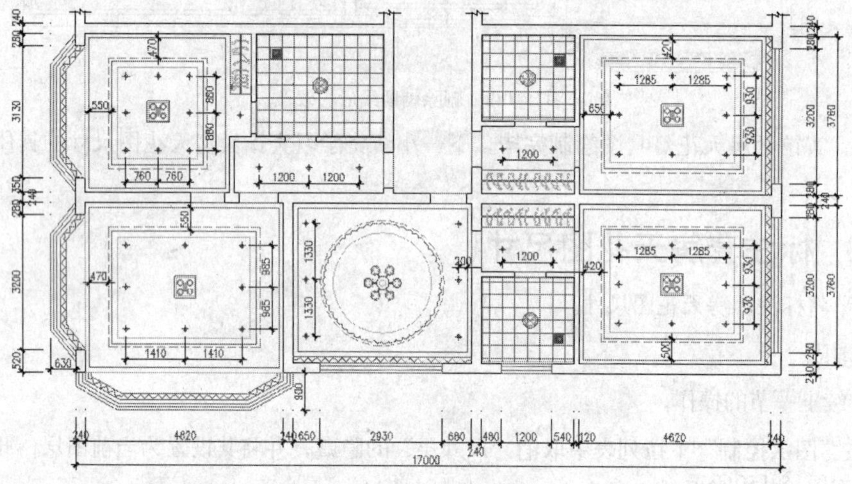

图15-153　标注结果

Step 06 使用命令简写D激活“标注样式”命令，将“角度标注”设置为当前标注样式，并修改标注比例为60。

Step 07 执行菜单栏中的“标注”|“半径”命令，为客厅圆形吊顶标注如图15-154所示的半径尺寸。

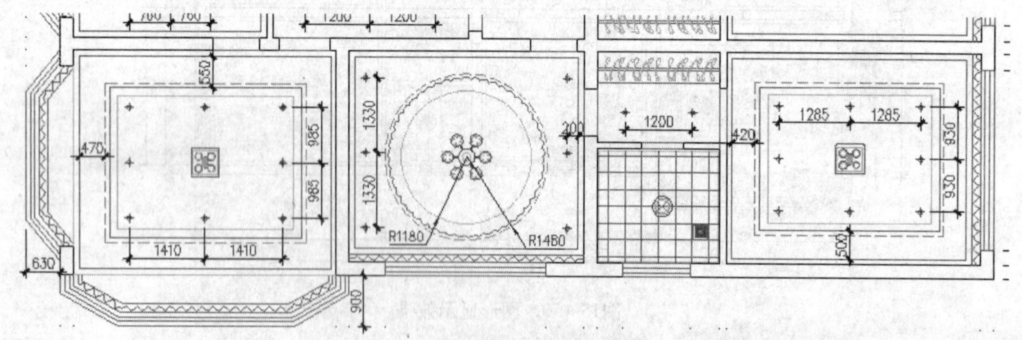

图15-154　标注半径尺寸

至此，宾馆套房天花图尺寸标注完毕，下一小节将学习宾馆套房天花图文字的具体标注过程和技巧。

15.4.4　标注套房天花图文字

这一节继续标注宾馆套房天花图文字注释。

操作步骤

Step 01 继续上一节的操作。

Step 02 在“图层控制”下拉列表中，将“文本层”设置为当前图层。

Step 03 执行菜单栏中的“标注”|“标注样式”命令，在打开的“标注样式管理器”对话框中修改“引线标注”的比例为70，同时将其设置为当前样式。

Step 04 使用命令简写LE激活“快速引线”命令，设置引线参数如图15-155和15-156所示。

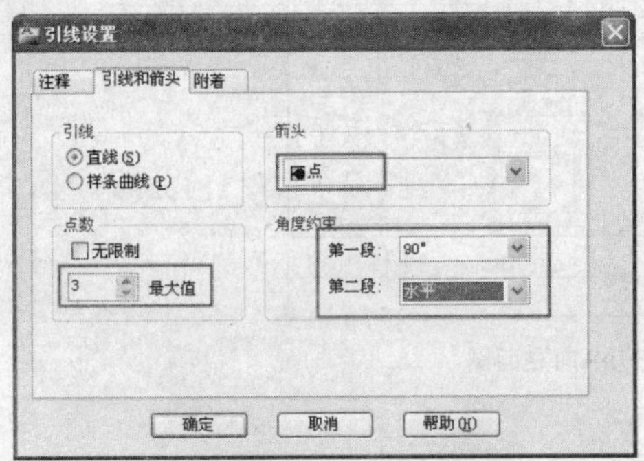

图15-155 设置引线和箭头

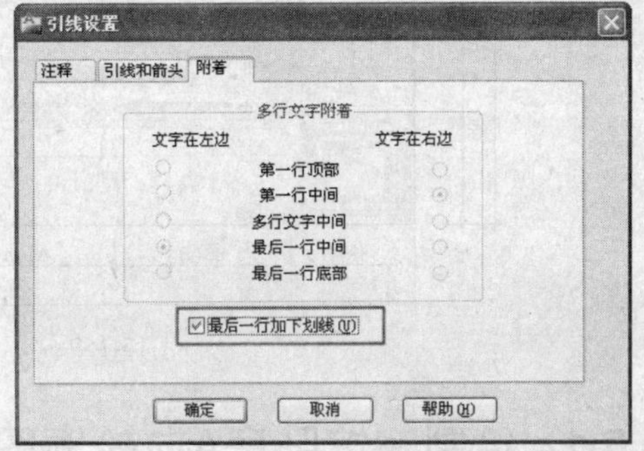

图15-156 设置附着位置

Step 05 单击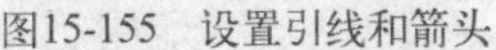按钮回到绘图区，在天花图的筒灯上拾取一点，向上引导光标，在适合位置拾取第2点，继续向左引导光标，在合适位置拾取第3点，然后按两次Enter键打开“文字格式”编辑器，设置参数如图15-157所示。

图15-157 设置“文字格式”编辑器参数

Step 06 在下方的文本输入框中输入“筒灯”文字内容，为天花图标注第1个引线注释。

Step 07 重复执行“快速引线”命令，按照当前的参数设置，分别标注其他位置的引线注释，结果如图15-158所示。

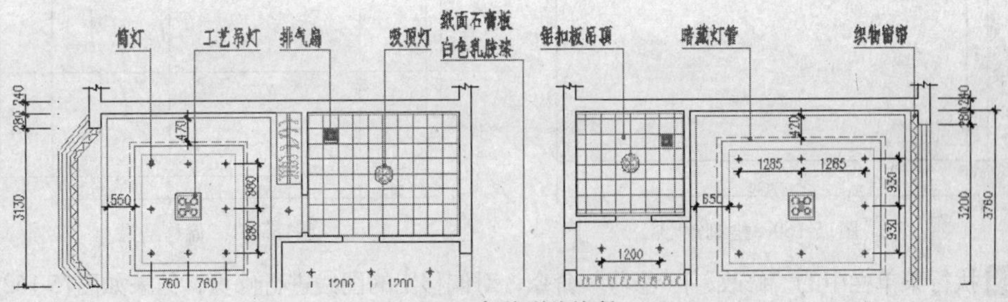

图15-158 标注引线注释

Step 08 至此，宾馆套房天花装修图绘制完毕，最终效果如图15-102所示。

Step 09 最后执行“另存为”命令，将当前图形命名存储为“宾馆套房天花装修图.dwg”文件。

15.5 绘制宾馆卧房A向立面图

这一节继续来绘制如图15-159所示的套房1号卧房A向立面图，学习宾馆卧房A向立面图的绘制方法和技巧。

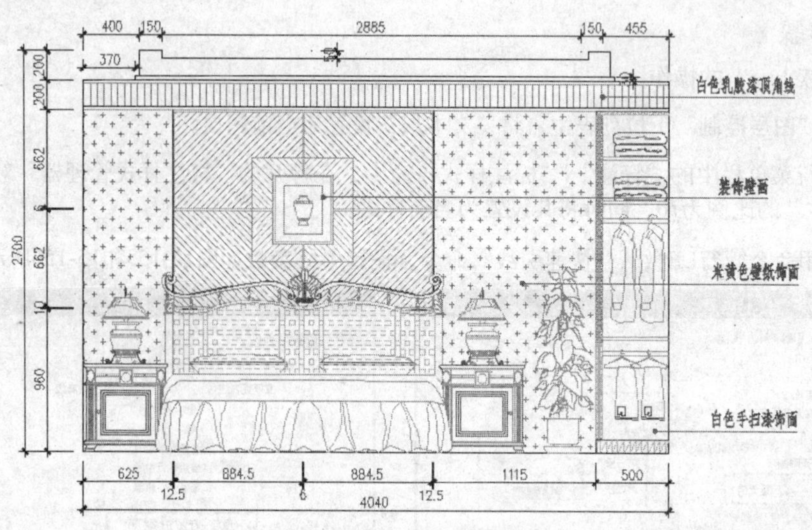

图15-159　宾馆卧房A向立面图

15.5.1　绘制宾馆卧房A向轮廓图

这一节首先来绘制宾馆卧房A向立面轮廓图。

操作步骤

Step 01 以随书光盘中的文件“样板文件”\“装饰装潢绘图样板.dwt”作为基础样板，新建空白文件。

Step 02 在“图层控制”下拉列表中，设置“轮廓线”为当前图层。

Step 03 执行菜单栏中的“绘图”|“矩形”命令，绘制如图15-160所示的矩形作为卧房外轮廓线。

Step 04 将矩形分解，然后执行“偏移”命令，根据图示尺寸对矩形的4条边进行偏移，如图15-161所示。

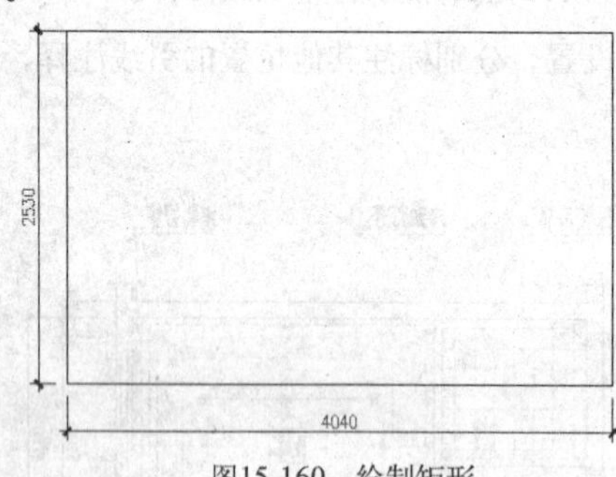

图15-160　绘制矩形

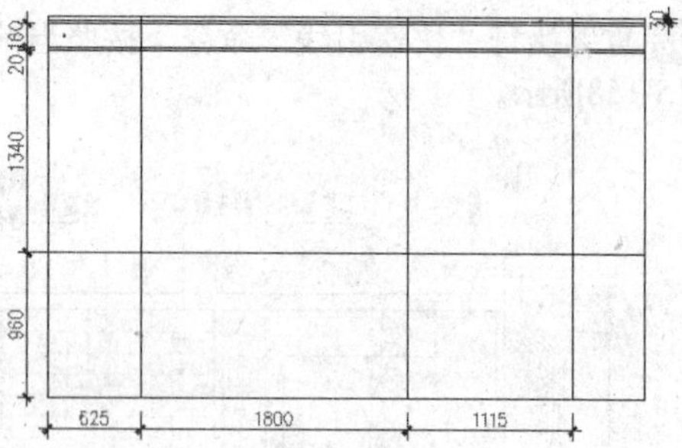

图15-161　偏移结果

Step 05 执行菜单栏中的“修改”|“修剪”命令，对偏移出的图线进行修剪，结果如图15-162所示。

Step 06 执行菜单栏中的“修改”|“拉长”命令，将最上侧的水平轮廓线两端缩短425个绘图单位，命令行操作如下。

```
命令: _lengthen
    选择对象或 [增量(DE)/百分数(P)/全部(T)/动态(DY)]:   //DE Enter
    输入长度增量或 [角度(A)] <0.0>:、                  //-425 Enter
    选择要修改的对象或 [放弃(U)]:                       //在最上侧的水平轮廓线左端单击
    选择要修改的对象或 [放弃(U)]:                       //在最上侧的水平轮廓线右端单击
    选择要修改的对象或 [放弃(U)]:                       // Enter，结果如图15-163所示
```

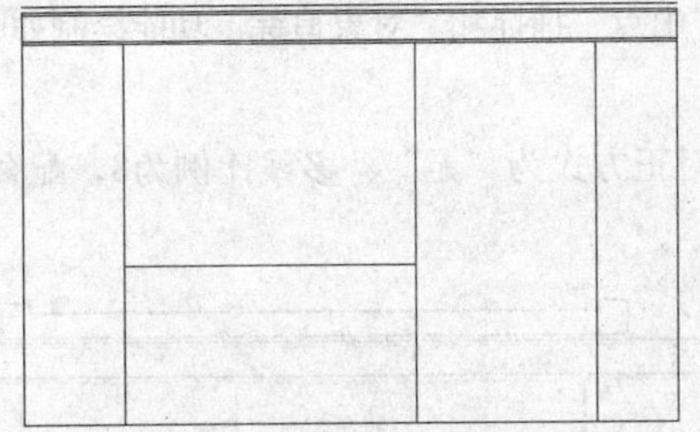
图15-162　修剪结果

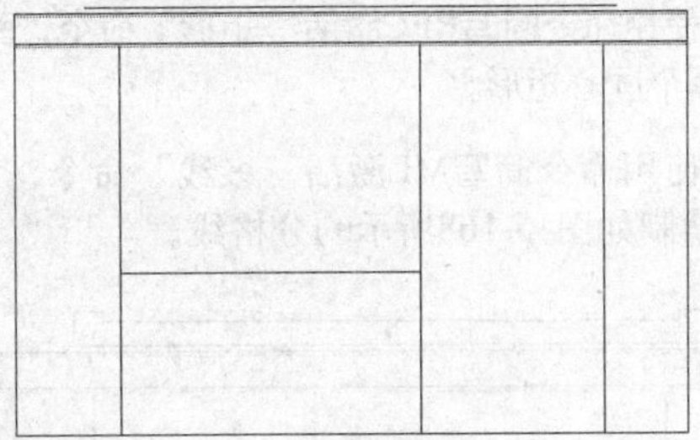
图15-163　缩短结果

Step 07 执行菜单栏中的“绘图”|“直线”命令，配合坐标输入功能绘制上侧的吊顶轮廓线，命令行操作如下。

```
命令: _line
    指定第一点:                               //激活“捕捉自”功能
    _from 基点:                               //捕捉最上侧水平轮廓线的左端点
    <偏移>:                                   //@0,-30 Enter
    指定下一点或 [放弃(U)]:                   //@0,30 Enter
    指定下一点或 [放弃(U)]:                   //@30,0 Enter
    指定下一点或 [闭合(C)/放弃(U)]:           //@0,170 Enter
    指定下一点或 [闭合(C)/放弃(U)]:           //@150,0 Enter
    指定下一点或 [闭合(C)/放弃(U)]:           //@0,-50 Enter
    指定下一点或 [闭合(C)/放弃(U)]:           //@2940,0 Enter
    指定下一点或 [闭合(C)/放弃(U)]:           //@0,50 Enter
    指定下一点或 [闭合(C)/放弃(U)]:           //@150,0 Enter
    指定下一点或 [闭合(C)/放弃(U)]:           //@0,-170 Enter
    指定下一点或 [闭合(C)/放弃(U)]:           //@30,0 Enter
    指定下一点或 [闭合(C)/放弃(U)]:           //@0,-30 Enter
    指定下一点或 [闭合(C)/放弃(U)]:           // Enter，绘制结果如图15-164所示
```

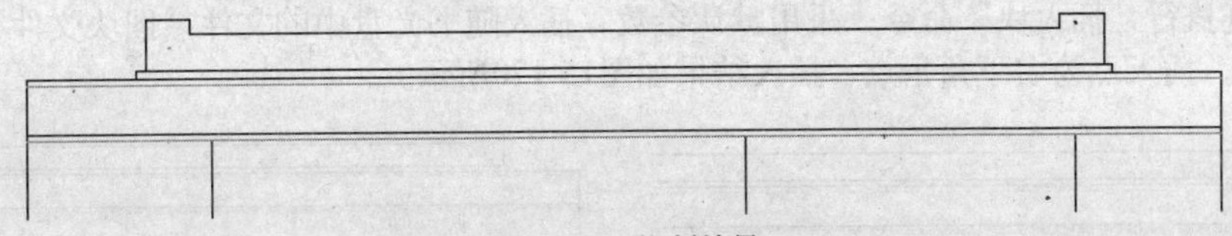
图15-164　绘制结果

Step 08 使用命令简写BO激活“边界”命令，打开“边界创建”对话框，单击“拾取点”按钮返回绘图区，在如图15-165所示的区域单击创建边界。

Step 09 使用命令简写O激活“偏移”命令，将边界向内偏移12.5个单位，结果如图15-166所示。

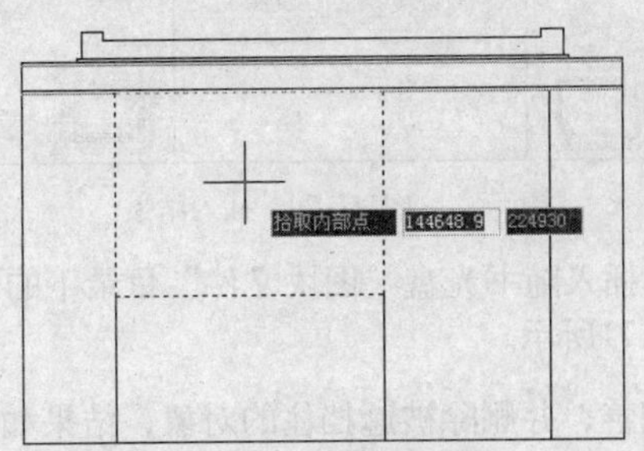

图15-165　创建边界

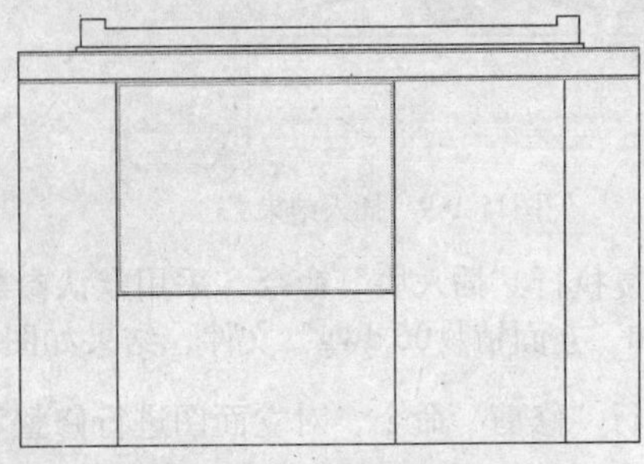
图15-166　偏移边界

Step 10 使用命令简写REC激活“矩形”命令，配合“中点”捕捉和“对象追踪”功能绘制如图15-167所示的两个同心矩形。

Step 11 使用命令简写ML激活“多线”命令，设置对正方式为“无”、多线比例为8，配合中点捕捉功能绘制如图15-168所示的分格线。

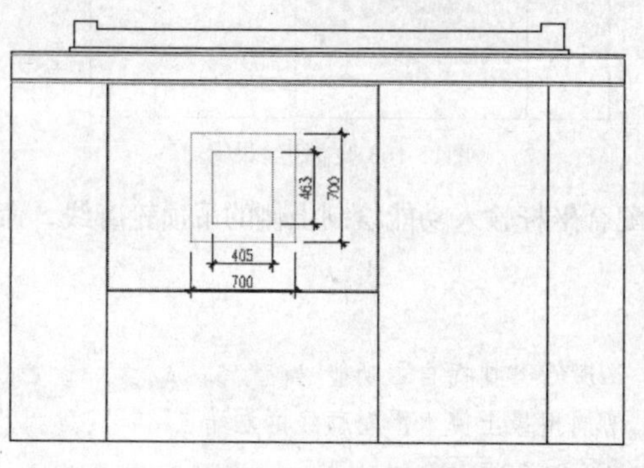

图15-167　绘制结果

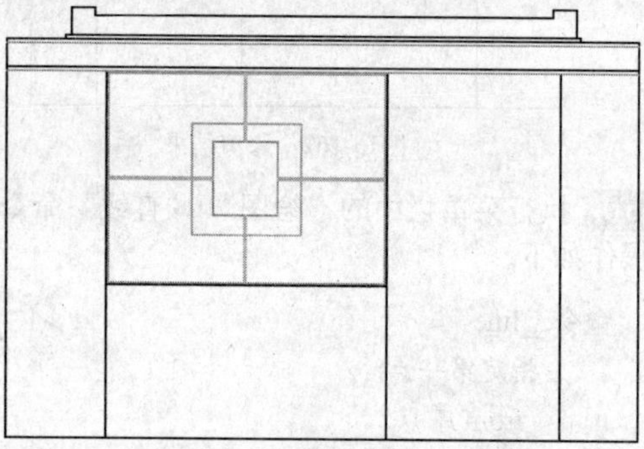

图15-168　绘制结果

至此，宾馆卧房A向轮廓图绘制完毕，下一小节将学习A墙面构件图的绘制过程和技巧。

15.5.2　绘制宾馆卧房A向构件图

这一节继续绘制宾馆卧房A向构件图。

操作步骤

Step 01 继续上一节的操作。

Step 02 在“图层控制”下拉列表中，将“图块层”设置为当前图层。

Step 03 使用命令简写I激活“插入块”命令，选择随书光盘中的文件“图块文件”\“立面床05.dwg”。

Step 04 单击 确定 按钮返回绘图区，以默认参数将其插入到立面图中，插入点为左下角的角点，插入结果如图15-169所示。

Step 05 重复执行“插入块”命令，采用默认参数，插入随书光盘中的文件“图块文件”\“立面衣柜06.dwg”，插入点为右下角角点，插入结果如图15-170所示。

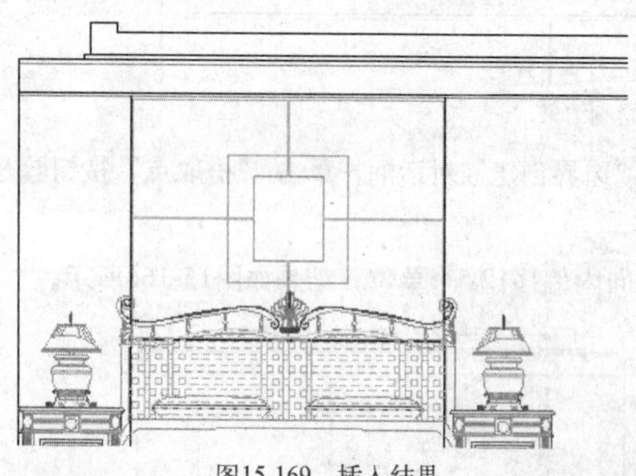
图15-169　插入结果

图15-170　插入结果

Step 06 重复执行“插入块”命令，采用默认参数，插入随书光盘“图块文件”目录下的“装饰画05.dwg”和“立面植物06.dwg”文件，结果如图15-171所示。

Step 07 执行“修剪”命令，对立面图进行修整和完善，并删除被遮挡住的对象，结果如图15-172所示。

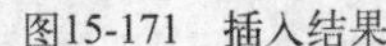

图15-171 插入结果

图15-172 修剪结果

至此，宾馆卧房A向墙面构件图绘制完毕，下一小节将学习卧房A向墙面装饰线的具体绘制过程和技巧。

15.5.3 绘制宾馆卧房A向装饰线

这一节继续绘制宾馆卧房A向装饰线。

操作步骤

Step 01 继续上一节的操作。

Step 02 在“图层控制”下拉列表中，将“填充层”设置为当前层。

Step 03 使用命令简写H激活“图案填充”命令，在打开的“图案填充与渐变色”对话框中设置填充图案及填充参数如图15-173所示。

Step 04 单击“图案填充和渐变色”对话框中的“添加:拾取点”按钮，返回绘图区，在立面图墙面空白位置单击拾取填充区域。

Step 05 按Enter键返回到“图案填充和渐变色”对话框，单击确定按钮，为立面图墙面填充图案，结果如图15-174所示。

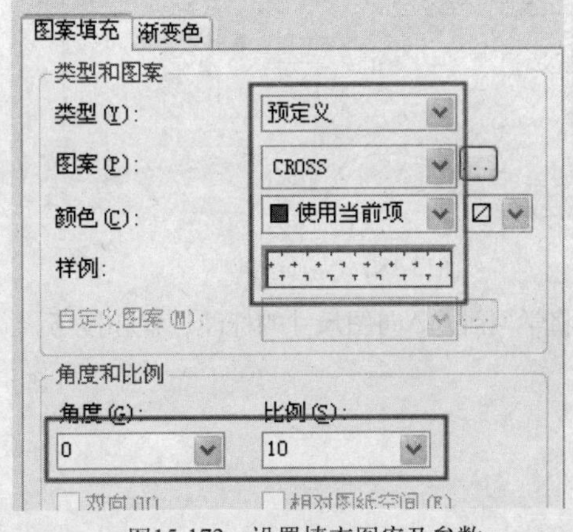

图15-173 设置填充图案及参数

图15-174 拾取填充区域

Step 06 重复执行“图案填充”命令，依照前面的操作方法，设置填充图案及填充参数如图15-175所示，为立面图填充如图15-176所示的图案。

Step 07 重复执行“图案填充”命令，设置填充图案及填充参数如图15-177所示，为立面图填充如图15-178所示的图案。

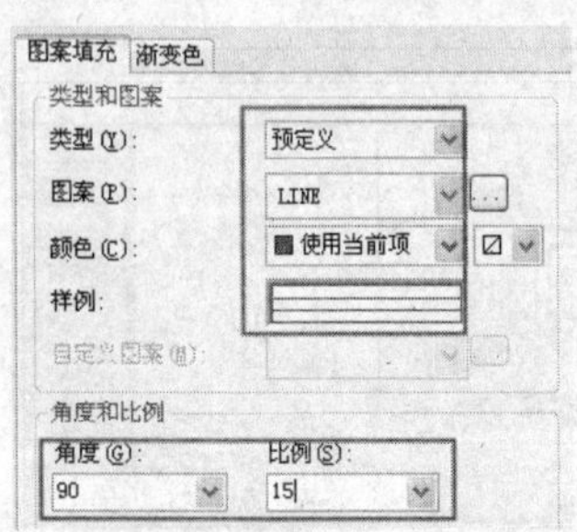

图15-175 设置填充图案及参数

图15-176 填充结果

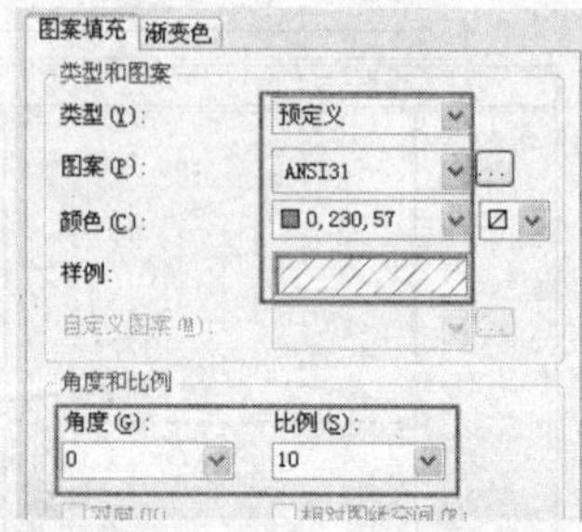

图15-177 设置填充图案及参数

Step 08 重复执行“图案填充”命令，设置填充图案及填充参数如图15-179所示，为立面图填充如图15-180所示的图案。

图15-178 填充结果

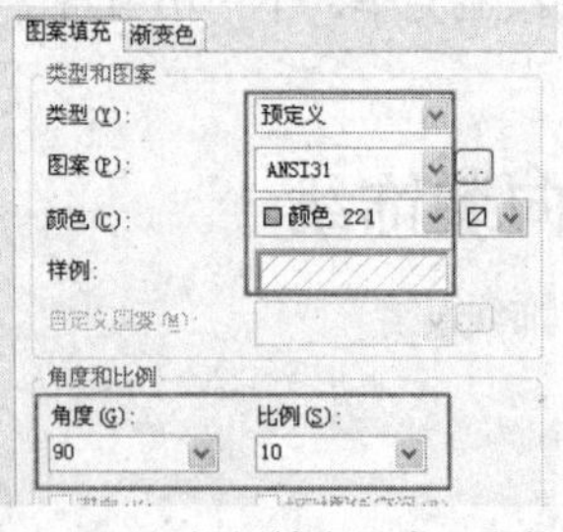

图15-179 设置填充图案及参数

图15-180 填充结果

Step 09 将后续填充的两种图案分解，然后执行“镜像”命令，配合“中点”捕捉功能进行镜像，结果如图15-181所示。

Step 10 执行“修剪”和“删除”命令，对镜像后的图案进行修整和完善，结果如图15-182所示。

图15-181 镜像结果

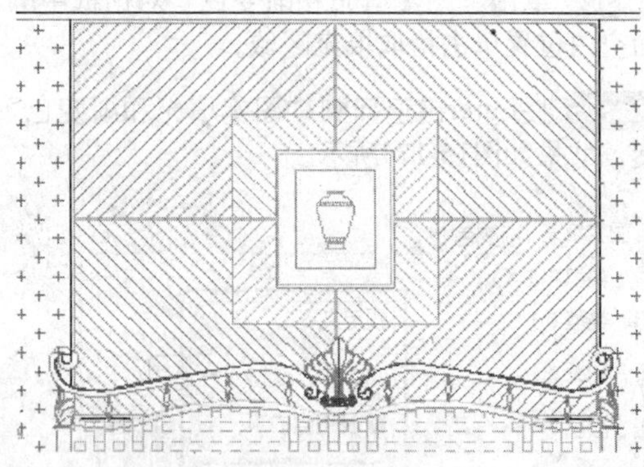

图15-182 完善结果

至此，宾馆卧房A向墙面装饰线绘制完毕，下一小节将学习卧房A向图尺寸的标注过程和技巧。

15.5.4 标注宾馆卧房A向图尺寸

这一节继续标注宾馆卧房A向立面图尺寸。

操作步骤

Step 01 继续上一节的操作。

Step 02 在“图层控制”下拉列表中，将“尺寸层”设置为当前图层。

Step 03 执行菜单栏中的“格式”|“标注样式”命令，将“建筑标注”设置为当前样式，并修改标注比例为22。

Step 04 单击“标注”工具栏上的“线性标注”按钮⊟，配合“端点”捕捉功能标注如图15-183所示的线性尺寸作为基准尺寸。

图15-183 标注基准尺寸

Step 05 单击“标注”工具栏上的“连续标注”按钮⊞，配合捕捉和追踪功能，标注如图15-184所示的连续尺寸作为细部尺寸。

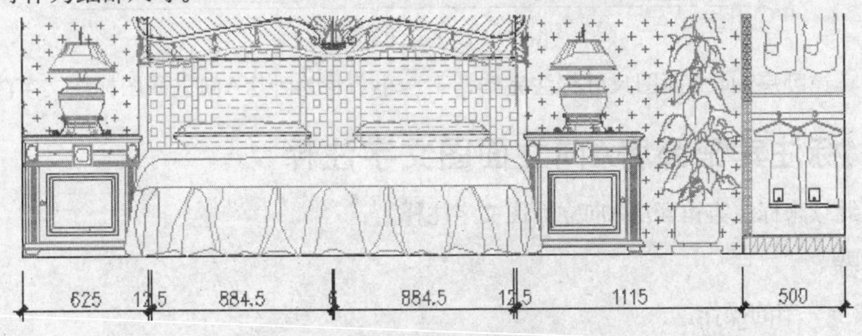

图15-184 标注连续尺寸

Step 06 执行“编辑标注文字”命令，对重叠的尺寸文字进行调整，结果如图15-185所示。

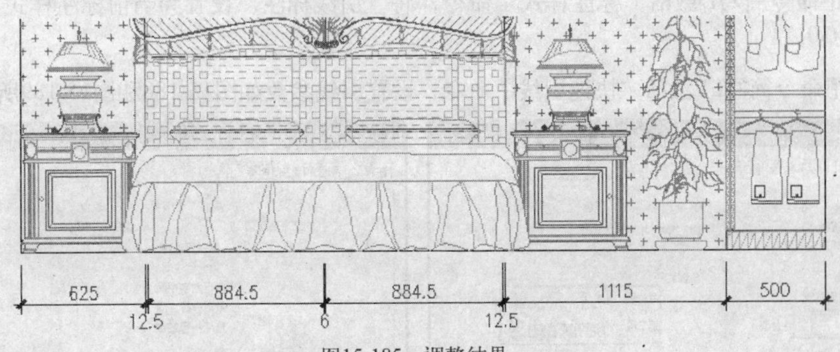

图15-185 调整结果

Step 07 单击“标注”工具栏上的“线性标注”按钮⊟，配合捕捉功能标注如图15-186所示的总尺寸。

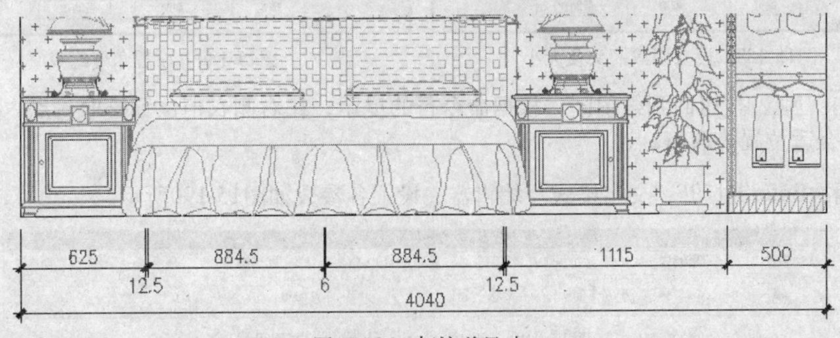

图15-186 标注总尺寸

Step 08 参照上述操作，综合使用“线性”、“连续”、“编辑标注文字”等命令，标注其他侧的尺寸，结果如图15-187所示。

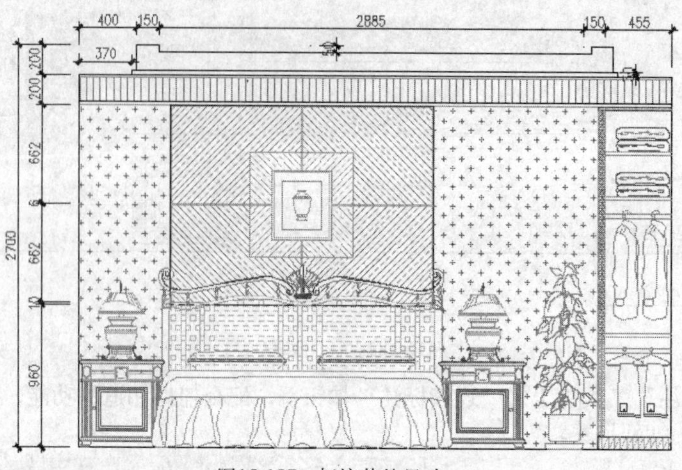

图15-187 标注其他尺寸

至此，宾馆卧房A向立面图尺寸标注完毕，下一小节将为卧房A向立面图标注文字注释。

15.5.5 标注宾馆卧房A向立面图文字注释

这一节继续来标注宾馆套房A向立面图文字注释。

操作步骤

Step 01 继续上一节的操作。

Step 02 使用命令简写LA激活“图层”命令，设置“文本层”为当前图层。

Step 03 使用命令简写D激活“标注样式”命令，将“引线标注”设置为当前标注样式，同时修改标注比例为30。

Step 04 使用命令简写LE激活“快速引线”命令，设置引线参数如图15-188和图15-189所示。

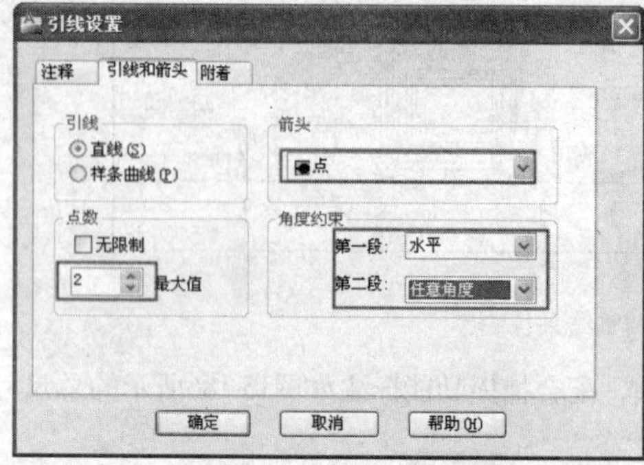

图15-188 设置引线箭头及大小

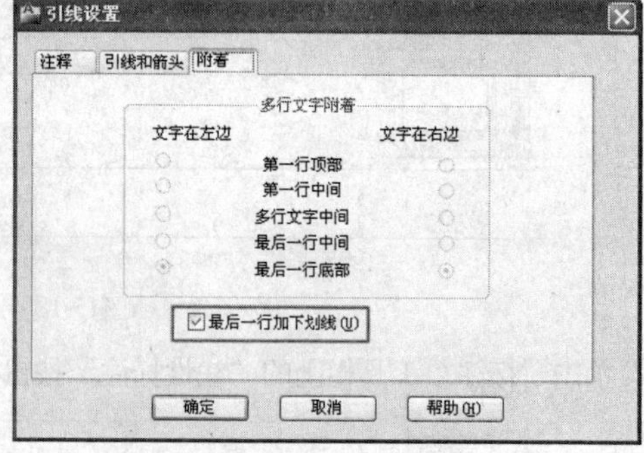

图15-189 设置角度约束

Step 05 单击 确定 按钮回到绘图区，根据命令行的提示，在右侧衣柜位置拾取一点，然后向右引导光标，在合适位置拾取第2点。

Step 06 按两次Enter键打开“文字格式”编辑器，设置各参数如图15-190所示。

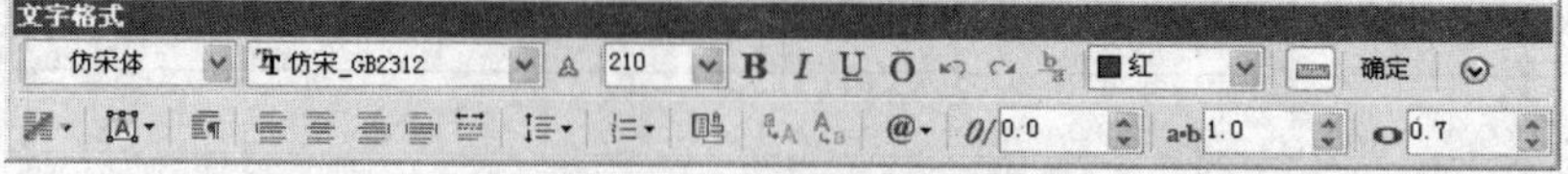

图15-190 设置“文字格式”编辑器

Step 07 在下方的文本输入框中输入“白色手扫漆饰面”字样，单击[确定]按钮确认，标注第1个文字注释。

Step 08 重复执行“快速引线”命令，按照当前的引线参数设置，标注其他位置的引线注释，结果如图15-191所示。

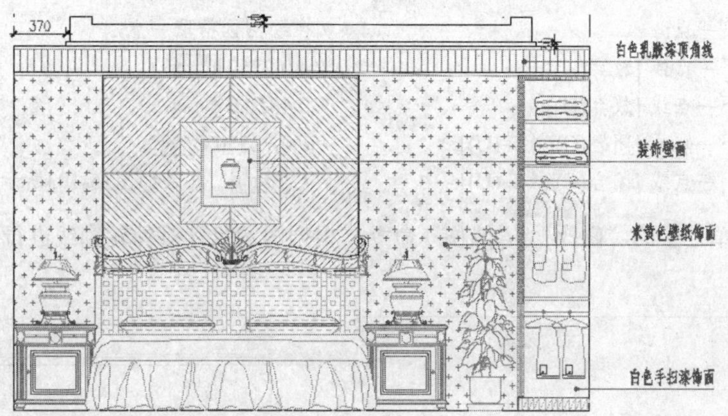

图15-191 标注其他引线注释

Step 09 调整视图，使立面图全部显示，最终结果如上图15-159所示。

Step 10 最后执行“另存为”命令，将该图形命名存储为“宾馆卧房A向立面图.dwg”文件。

15.6 绘制宾馆客厅C向立面图

这一节继续来绘制如图15-192所示的宾馆套房客厅C向装饰立面图，继续学习宾馆套房客厅C向装饰立面图的绘制过程和技巧。

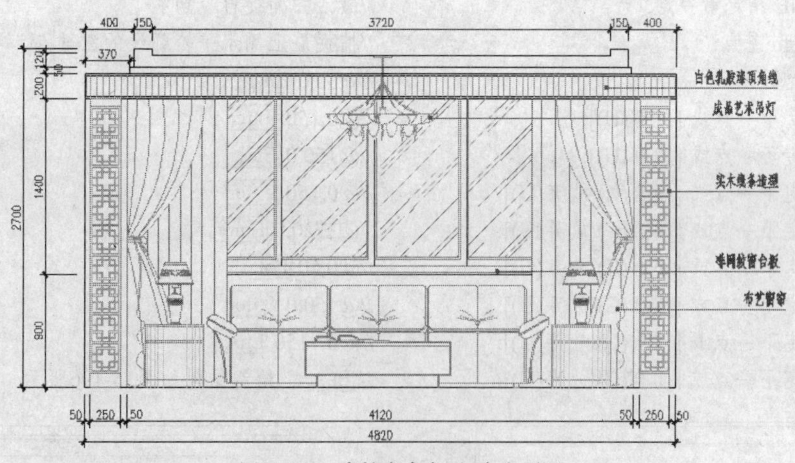

图15-192 宾馆套房客厅C向立面图

15.6.1 绘制客厅C向墙面轮廓图

这一节首先来绘制宾馆客厅C向墙面轮廓图。

操作步骤

Step 01 以随书光盘中的文件“样板文件”\“装饰装潢绘图样板.dwt”作为基础样板，新建空白文件。

11 Chapter
12 Chapter
13 Chapter
14 Chapter
15 Chapter
16 Chapter

Step 02 在“图层控制”下拉列表中，设置“轮廓线”为当前图层。

Step 03 执行菜单栏中的“绘图”|“直线”命令，配合坐标输入功能绘制墙面外轮廓线，命令行操作如下。

```
命令: _line
    指定第一点:                          //在绘图区拾取一点
    指定下一点或 [放弃(U)]:              //@0,2550 Enter
    指定下一点或 [放弃(U)]:              //@4820,0 Enter
    指定下一点或 [闭合(C)/放弃(U)]:      //@0,-2550 Enter
    指定下一点或 [闭合(C)/放弃(U)]:      // C Enter，结果如图15-193所示
```

Step 04 执行菜单栏中的“修改”|“偏移”命令，根据图示尺寸对外轮廓线进行偏移，结果如图15-194所示。

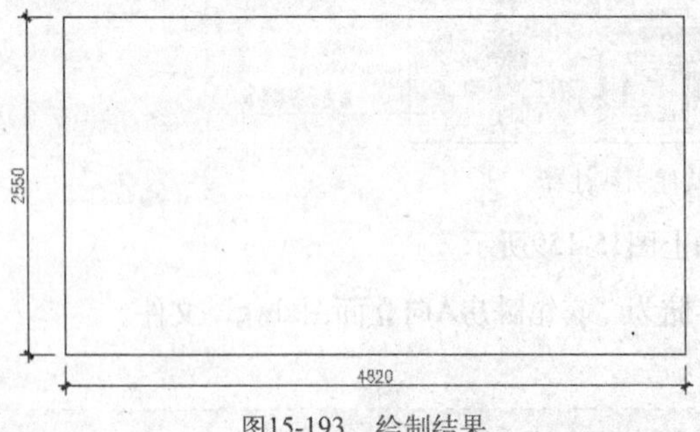

图15-193　绘制结果

图15-194　偏移结果

Step 05 执行菜单栏中的“修改”|“修剪”命令，对偏移的各图线进行修剪，结果如图15-195所示。

Step 06 使用命令简写L激活“直线”命令，配合坐标输入功能绘制吊顶轮廓线，命令行操作如下。

```
命令: L                                  // Enter
    LINE 指定第一点:                     //激活“捕捉自”功能
    _from 基点:                          //捕捉最上侧水平轮廓线的左端点
    <偏移>:                              //@30,0 Enter
    指定下一点或 [放弃(U)]:              //@0,150 Enter
    指定下一点或 [放弃(U)]:              //@150,0 Enter
    指定下一点或 [闭合(C)/放弃(U)]:      //@0,-50 Enter
    指定下一点或 [闭合(C)/放弃(U)]:      //@3720,0 Enter
    指定下一点或 [闭合(C)/放弃(U)]:      //@0,50 Enter
    指定下一点或 [闭合(C)/放弃(U)]:      //@150,0 Enter
    指定下一点或 [闭合(C)/放弃(U)]:      //@0,-150 Enter
    指定下一点或 [闭合(C)/放弃(U)]:      // Enter，绘制结果如图15-196所示
```

图15-195　修剪结果

图15-196　绘制结果

Step 07 在“图层控制”下拉列表中，将“填充层”设置为当前图层。

Step 08 使用命令简写H激活“图案填充”命令，在打开的“图案填充和渐变色”对话框中设置填充图案与参数如图15-197所示。

Step 09 单击“图案填充和渐变色”对话框中的“添加:拾取点”按钮，返回绘图区，在立面图墙面空白位置单击拾取填充区域。

Step 10 按Enter键返回到“图案填充和渐变色”对话框，单击 确定 按钮，为立面图墙面填充图案，结果如图15-198所示。

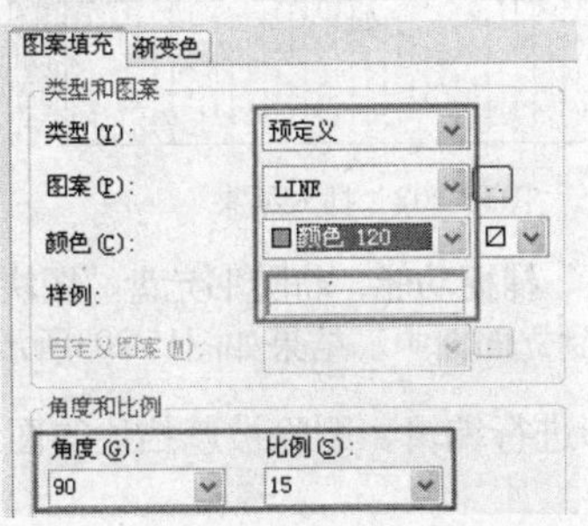

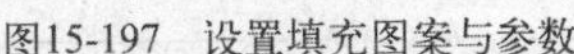

图15-197 设置填充图案与参数

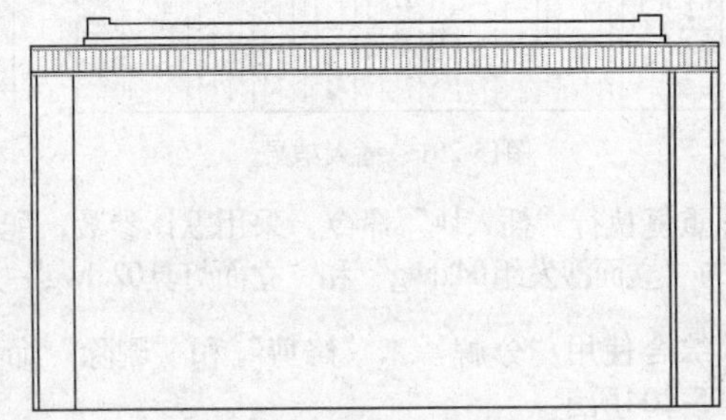

图15-198 填充结果

至此，套房客厅C向墙面轮廓图绘制完毕，下一小节将学习客厅C向墙面构件图的绘制过程和技巧。

15.6.2 绘制客厅C向立面构件图

这一节继续绘制客厅C向立面构件图。

操作步骤

Step 01 继续上一节的操作。

Step 02 在“图层控制”下拉列表中，将“图块层”设置为当前图层。

Step 03 使用命令简写I激活“插入块”命令，选择随书光盘中的文件“图块文件”\“block58.dwg”，采用默认参数，配合“端点”捕捉功能，捕捉左下角点，将该图块插入到立面图中，如图15-199所示。

Step 04 执行菜单栏中的“修改”|“镜像”命令，配合“中点”捕捉功能，将插入的图块镜像到立面图右边位置，结果如图15-200所示。

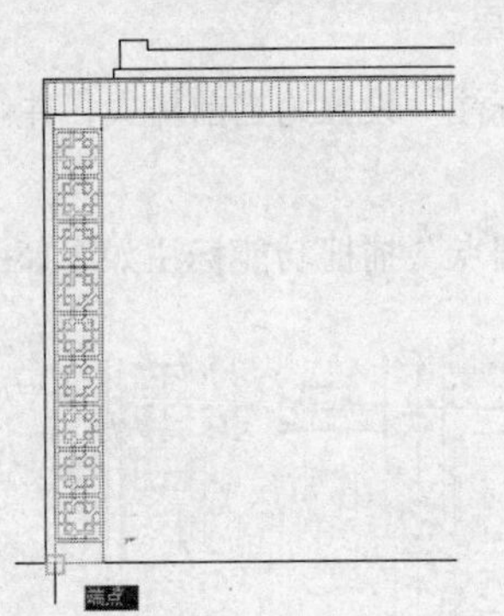

图15-199 插入“block58.dwg”文件

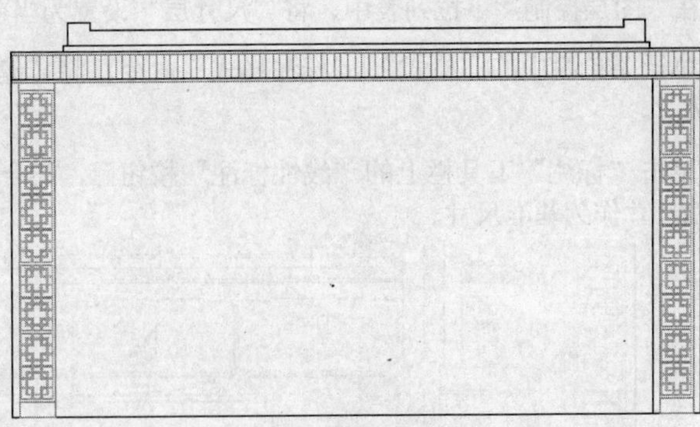

图15-200 镜像图块文件

Step 05 重复执行“插入块”命令，采用默认参数，配合“中点”捕捉功能将随书光盘中的文件“图块文件”\“窗帘与沙帘02.dwg”插入到如图15-201所示的立面图中。

Step 06 激活“偏移”命令，将最下侧的水平轮廓线向上偏移900个单位。

Step 07 继续执行“插入块”命令，配合“中点”捕捉功能，以偏移出的轮廓线中点作为插入点，将随书光盘中的文件“图块文件”\“立面窗05.dwg”插入到立面图中，结果如图15-202所示。

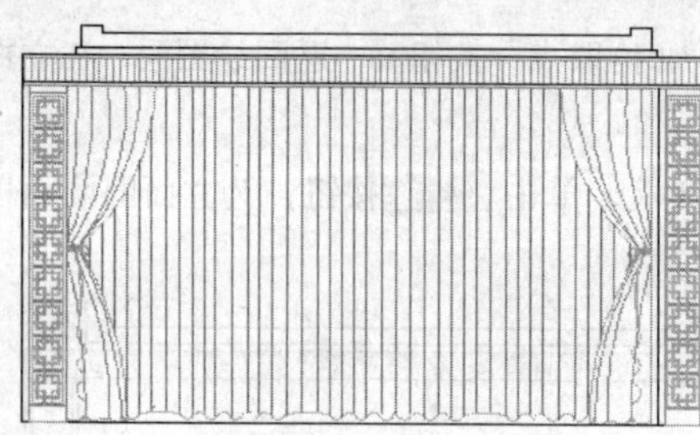
图15-201 插入结果

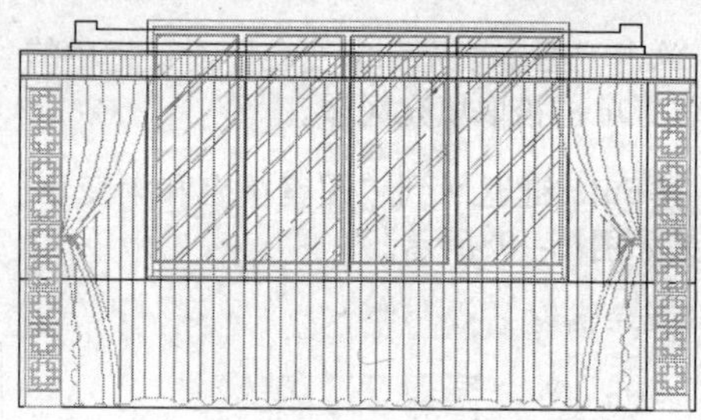
图15-202 插入结果

Step 08 重复执行“插入块”命令，采用默认参数，配合“中点”捕捉功能，将随书光盘“图块文件”目录下的“立面沙发组04.dwg”和“立面灯具02.dwg”文件插入到立面图中，结果如图15-203所示。

Step 09 综合使用“分解”、“修剪”和“删除”命令对图形进行编辑，删除被遮挡住的图线，结果如图15-204所示。

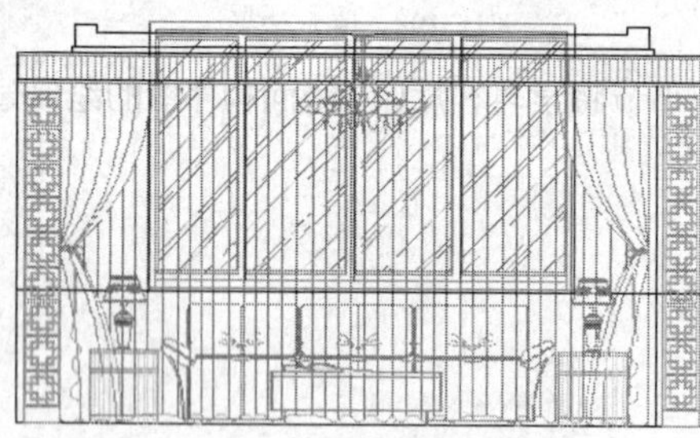
图15-203 插入结果

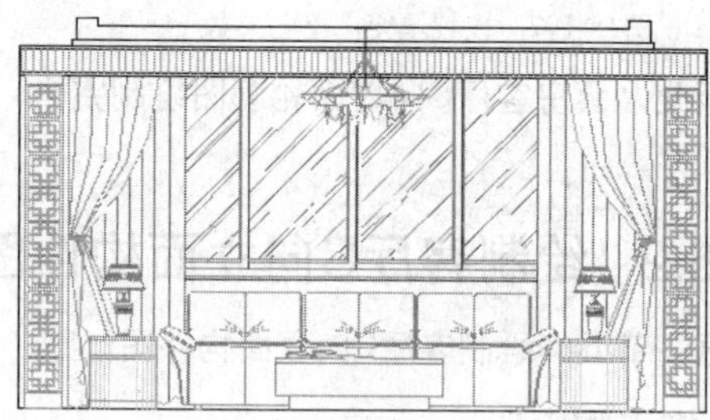
图15-204 修剪图形后的结果

至此，套房客厅C向立面构件图绘制完毕，下一小节将学习客厅C向立面图尺寸的标注过程和技巧。

15.6.3 标注客厅C向立面图尺寸

这一节继续标注客厅C向立面图尺寸。

操作步骤

Step 01 继续上一节的操作。

Step 02 在“图层控制”下拉列表中，将“尺寸层”设置为当前图层。

Step 03 执行菜单栏中的“格式”|“标注样式”命令，将“建筑标注”设置为当前样式，并修改标注比例为22。

Step 04 单击“标注”工具栏上的“线性标注”按钮，配合“端点”捕捉功能标注如图15-205所示的线性尺寸作为基准尺寸。

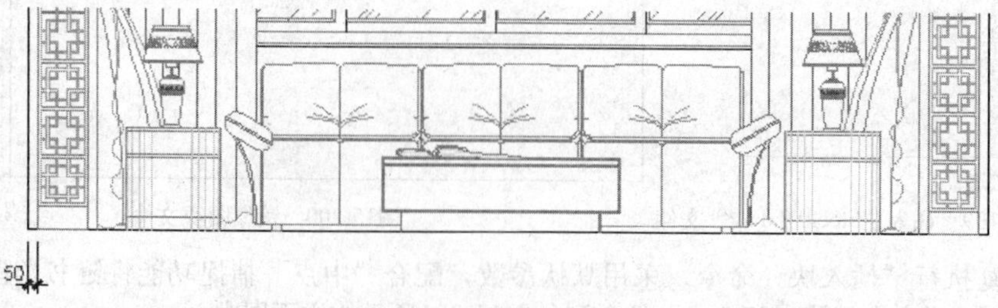

图15-205 标注基准尺寸

Step 05 单击“标注”工具栏上的“连续标注”按钮，配合捕捉和追踪功能标注如图15-206所示的连续尺寸作为细部尺寸。

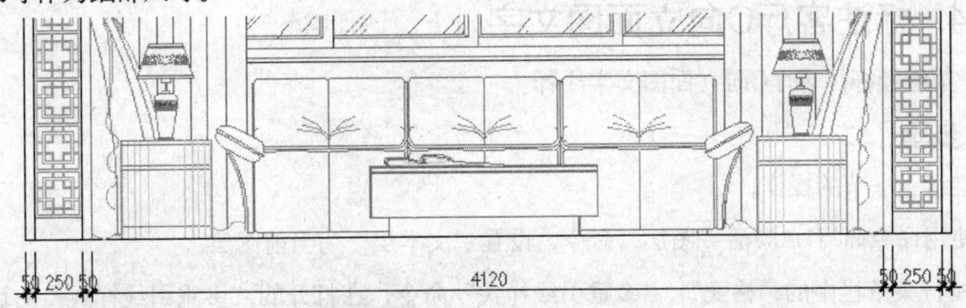

图15-206 标注连续尺寸

Step 06 执行“编辑标注文字”命令，对重叠的尺寸文字进行调整，结果如图15-207所示。

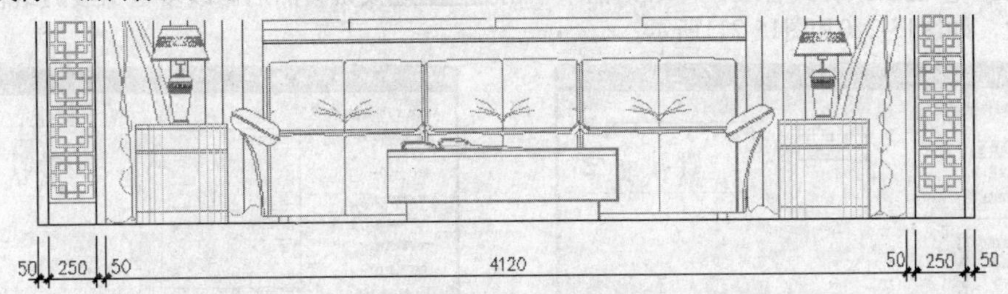

图15-207 协调结果

Step 07 单击“标注”工具栏上的“线性标注”按钮，配合捕捉功能标注如图15-208所示的总尺寸。

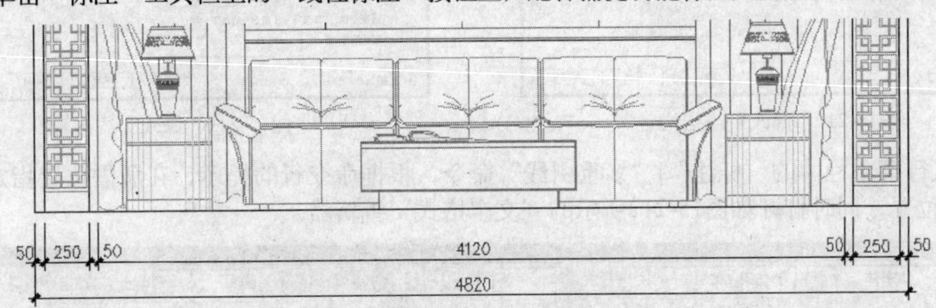

图15-208 标注总尺寸

Step 08 参照上述操作，综合使用“线性”、“连续”、“编辑标注文字”等命令，标注其他侧的尺寸，结果如图15-209所示。

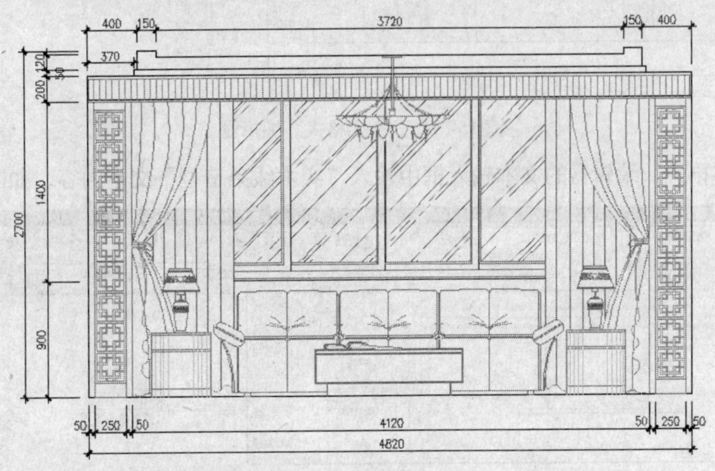

图15-209 标注其他尺寸

至此，宾馆客厅C向立面图尺寸标注完毕，下一小节将为客厅C向立面图标注文字注释。

15.6.4 标注客厅C向立面图文字

这一节继续标注客厅C向立面图文字注释。

操作步骤

Step 01 继续上一节的操作。

Step 02 使用命令简写LA激活"图层"命令，设置"文本层"为当前图层。

Step 03 执行菜单栏中的"格式"|"多重引线样式"命令，在打开的"多重引线样式"对话框中将"多重引线样式"设置为当前样式。

Step 04 在"多重引线样式管理器"对话框中单击 修改(M)... 按钮，然后修改多重引线的结构参数和内容参数，如图15-210和图15-211所示。

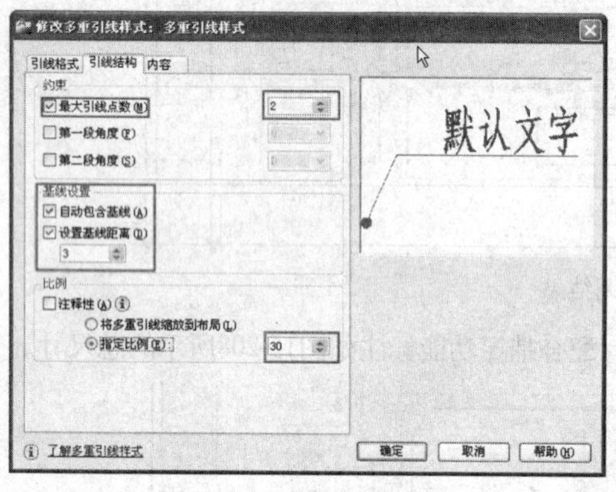

图15-210 修改引线结构

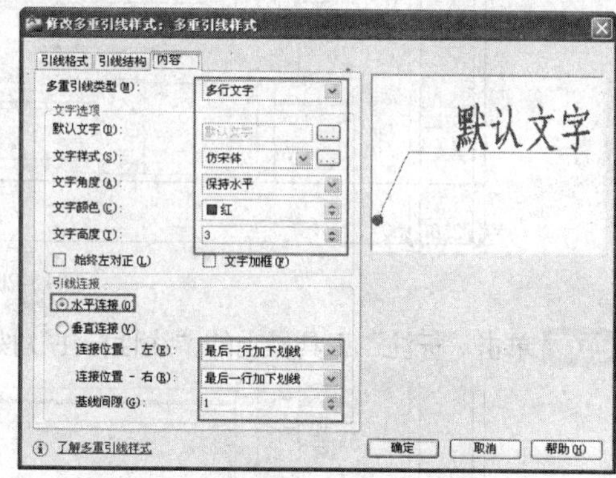

图15-211 修改引线内容

Step 05 执行菜单栏中的"标注"|"多重引线"命令，根据命令行的提示，在所需位置指定引线箭头和基线位置，同时打开如图15-212所示的"文字格式"编辑器。

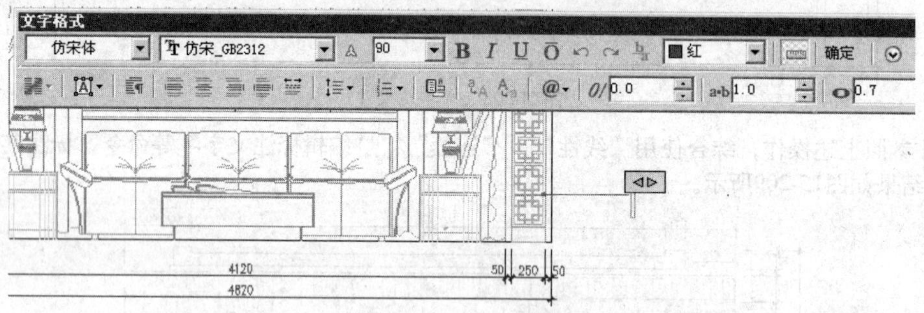

图15-212 "文字格式"编辑器

Step 06 在"文字格式"编辑器的文本输入框中输入"实木线条造型"文本内容，如图15-213所示。

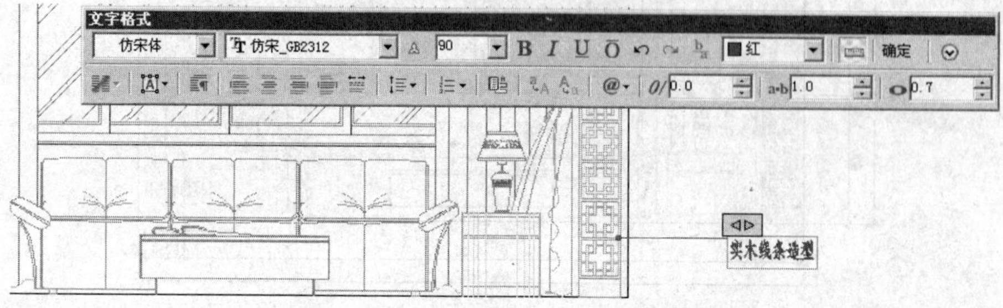

图15-213 输入文字v

Step 07 单击“确定”按钮确认并关闭“文字格式”编辑器，完成第1个引线注释。

Step 08 重复执行“多重引线”命令，按照当前的参数设置，分别标注其他位置的引线注释，结果如图15-214所示。

图15-214 标注其他注释

Step 09 至此，宾馆客厅C向立面图绘制完毕，最后执行“另存为”命令，将该图形命名存储为“宾馆客厅C向立面图.dwg”文件。

读·书·笔·记

Chapter 16

室内设计图纸的打印输出

AutoCAD室内装饰装潢设计图纸的打印输出，是AutoCAD室内装饰装潢设计中的重要内容，也是每一位设计人员必须掌握的基本操作知识。本章将重点介绍有关设计图纸打印输出的相关知识。

重点知识导读

- 配置绘图仪设备
- 自定义图纸尺寸
- 添加打印样式表
- 打印页面的设置
- 图形的预览与打印
- 在模型空间内简单出图
- 在图纸空间内精确出图
- 以多种视口精确出图

16.1 配置绘图仪设备

在AutoCAD中，通过“绘图仪管理器”命令不仅可以配置绘图仪设备，同时还可以定义和修改图纸尺寸等。

下面通过配置“MS-Windows BMP（非压缩DIB）”型号的打印机，首先配置绘图仪设备的相关操作。

Step 01 执行菜单栏中的“文件”|“绘图仪管理器”命令，打开“Plotters”窗口，在该窗口中可以配置绘图仪，如图16-1所示。

图16-1 “Plotters”窗口

Step 02 在此对话框中双击“添加绘图仪向导”图标，打开如图16-2所示的“添加绘图仪-简介”对话框。

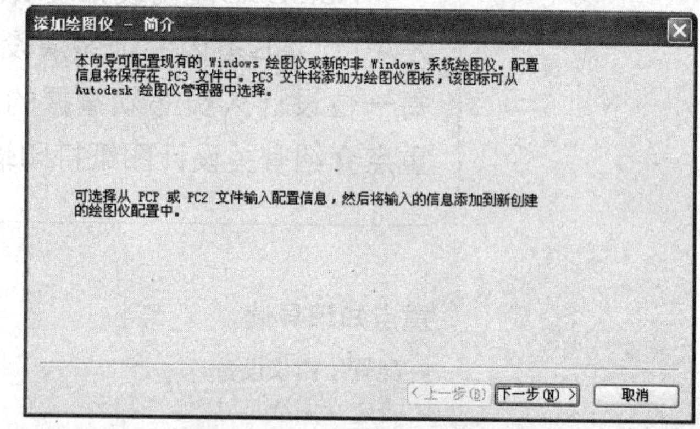

图16-2 添加绘图仪简介

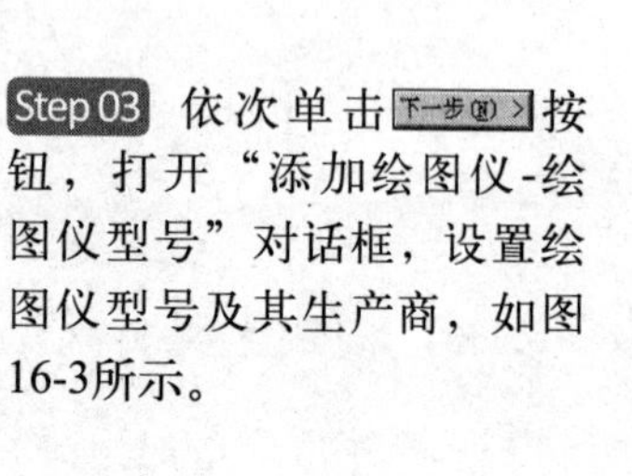

Step 03 依次单击下一步(N)>按钮，打开“添加绘图仪-绘图仪型号”对话框，设置绘图仪型号及其生产商，如图16-3所示。

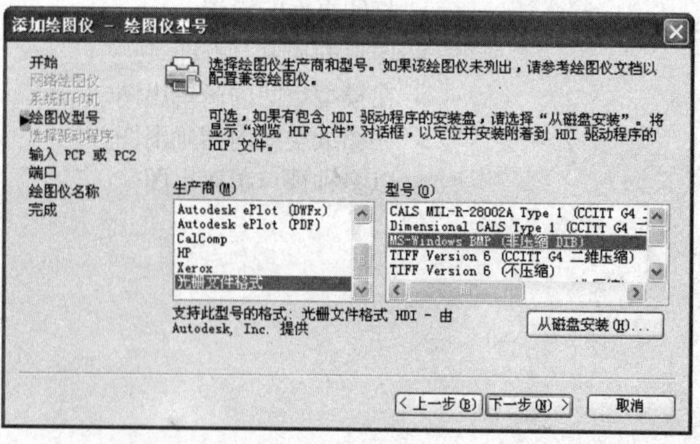

图16-3 绘图仪型号

Step 04 依次单击[下一步(N)>]按钮，直至打开“添加绘图仪-完成”对话框，如图16-4所示。

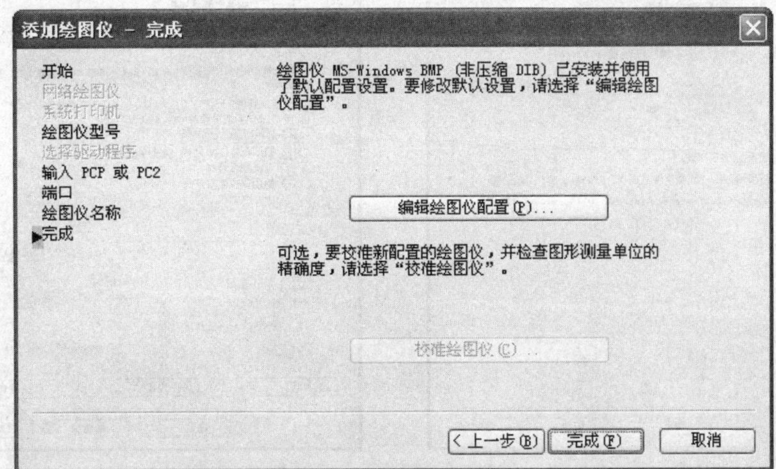

图16-4 完成绘图仪的添加

Step 05 单击[完成(F)]按钮，至此就添加了一个绘图仪，添加的绘图仪将自动出现在“Plotters”窗口内，如图16-5所示。

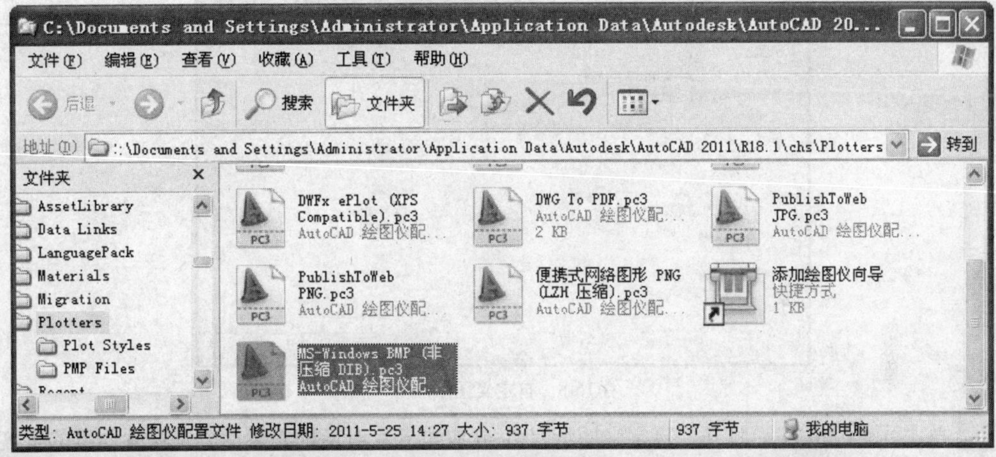

图16-5 添加的绘图仪

16.2 自定义图纸尺寸

每一款型号的绘图仪都自配有相应规格的图纸尺寸，但有时这些图纸尺寸与打印图形很难匹配，需要用户重新定义图纸尺寸。

下面学习图纸尺寸的定义过程。

Step 01 继续上一节的操作。

Step 02 在“Plotters”窗口中，双击“MS Window BMP（非压缩DIB）”图标，打开如图16-6所示的“绘图仪配置编辑器- MS-Windows BMP（非压缩DIB）”对话框。

Step 03 在该对话框中展开“设备和文档设置”选项卡，单击“自定义图纸尺寸”选项，打开“自定义图纸尺寸”选项组，如图16-7所示。

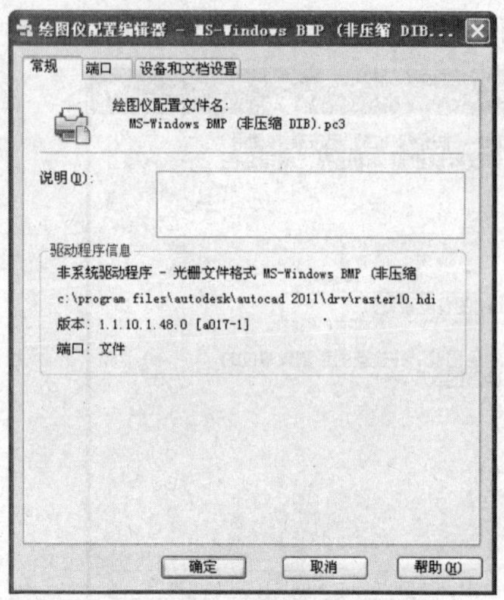

图16-6 “绘图仪配置编辑器”对话框

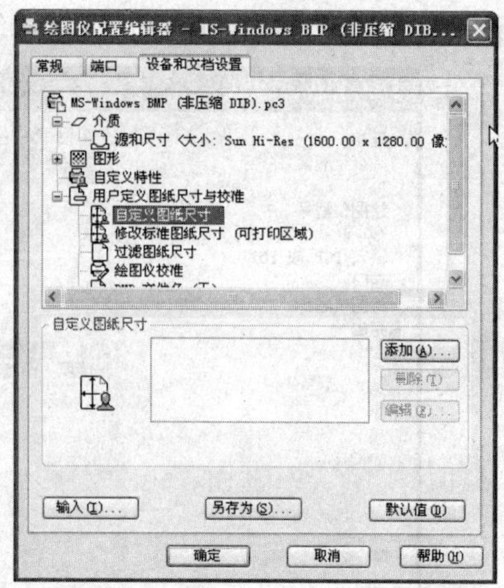

图16-7 打开“自定义图纸尺寸”选项组

Step 04 单击添加(A)...按钮，此时系统打开如图16-8所示的“自定义图纸尺寸-开始”对话框，开始自定义图纸的尺寸。

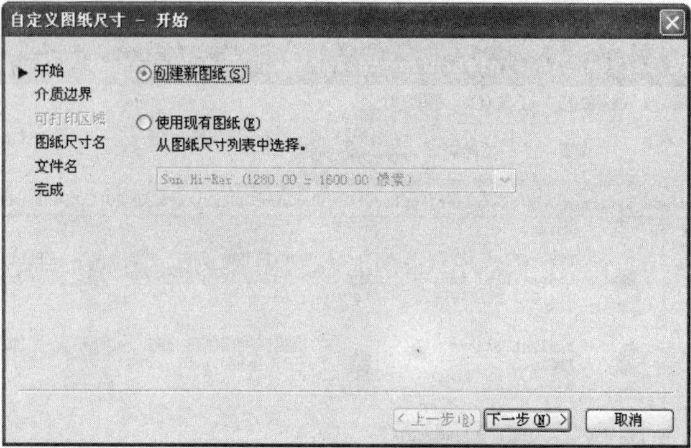

图16-8 自定义图纸尺寸

Step 05 单击下一步(N) >按钮，打开“自定义图纸尺寸-介质边界”对话框，然后分别设置图纸的宽度、高度以及单位，如图16-9所示。

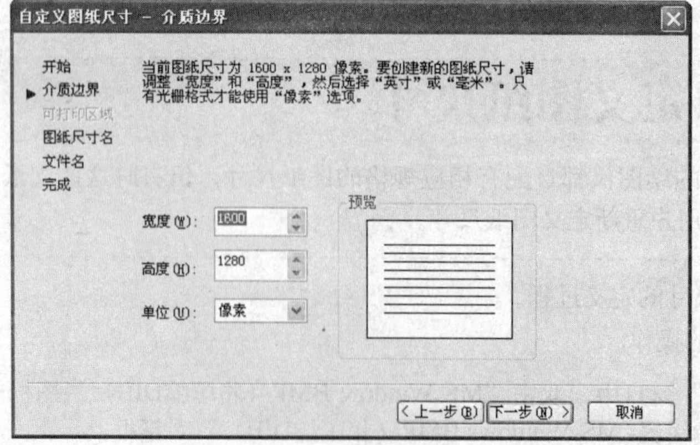

图16-9 设置图纸尺寸

Step 06 依次单击下一步(N) >按钮，直至打开如图16-10所示的“自定义图纸尺寸-完成”对话框，完成图纸尺寸的自定义过程。

Step 07 单击完成(F)按钮，结果新定义的图纸尺寸自动出现在“自定义图纸尺寸”选项组中，如图16-11所示。

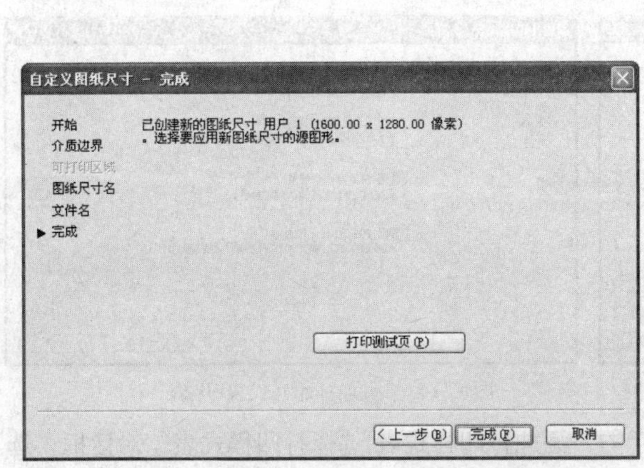

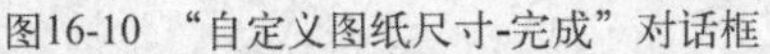
图16-10 “自定义图纸尺寸-完成”对话框

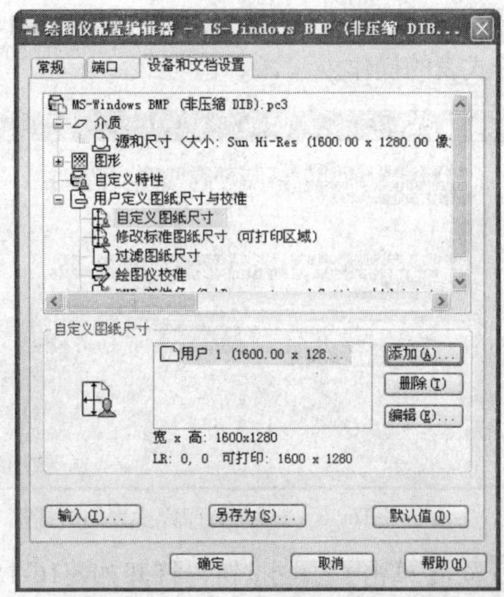

图16-11 图纸尺寸的定义结果

Step 08 如果用户需要将此图纸尺寸进行保存，可以单击另存为(S)...按钮；如果用户仅在当前使用一次，可以直接单击确定按钮，结束命令即可。

16.3 添加打印样式表

打印样式主要用于控制图形的打印效果，修改打印图形的外观。通常一种打印样式只控制输出图形某一方面的打印效果，要让打印样式控制一张图纸的打印效果，就需要有一组打印样式，这些打印样式集合在一块称为打印样式表，而“打印样式管理器”命令就是用于创建和管理打印样式表的工具。

下面通过添加名为“ctb01”的颜色相关打印样式表，学习“打印样式管理器”命令的使用方法和技巧。

Step 01 执行菜单栏中的“文件”|“打印样式管理器”命令，打开如图16-12所示的“Plot Styles”窗口。

图16-12 “Plot Styles”窗口

Step 02 在此对话框中双击“添加打印样式表向导”图标，打开如图16-13所示的“添加打印样式表”对话框。

Step 03 单击 下一步(N) 按钮，打开如图16-14所示的“添加打印样式表-开始”对话框，开始配置打印样式表的操作。

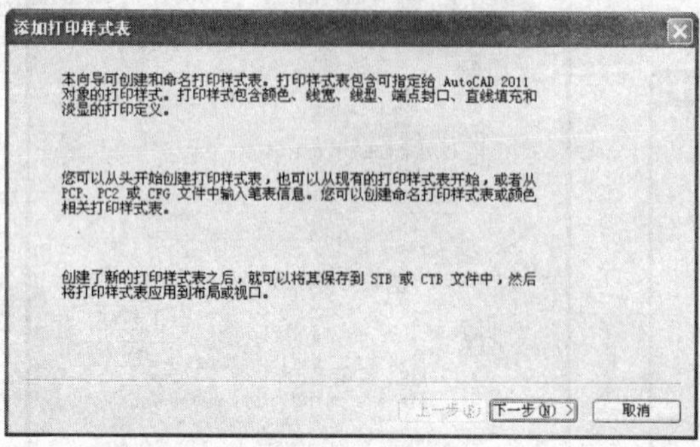

图16-13 “添加打印样式表”对话框

图16-14 “添加打印样式表-开始”对话框

Step 04 单击 下一步(N) 按钮，打开如图16-15所示的“添加打印样式表-选择打印样式表”对话框，选择打印样表的类型。

Step 05 单击 下一步(N) 按钮，打开如图16-16所示的“添加打印样式表-文件名”对话框，为打印样式表命名。

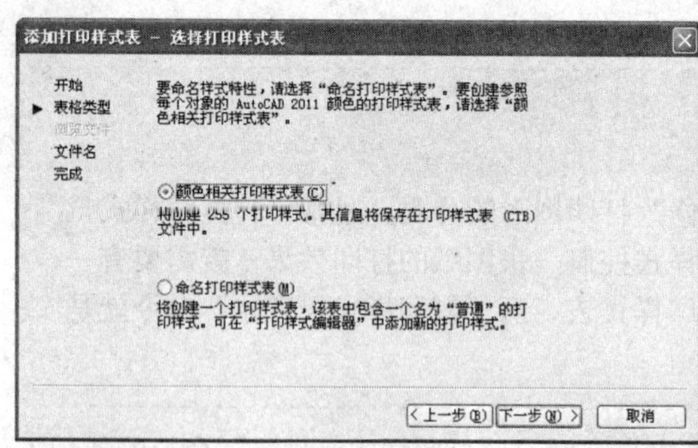

图16-15 “添加打印样式表-选择打印样式表”对话框

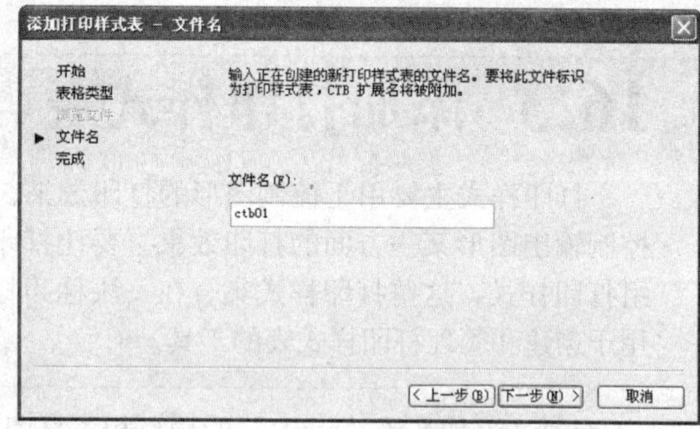

图16-16 “添加打印样式表-文件名”对话框

Step 06 单击 下一步(N) 按钮，打开如图16-17所示的“添加打印样式表-完成”对话框，完成打印样式表各参数的设置。

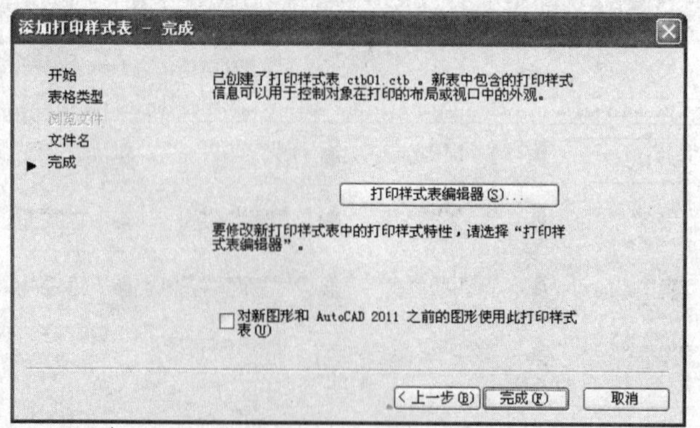

图16-17 “添加打印样式表-完成”对话框

Step 07 单击 完成 按钮，即可添加设置的打印样式表，新建的打印样式表文件图标显示在“Plot Styles”窗口中，如图16-18所示。

11 Chapter
12 Chapter
13 Chapter
14 Chapter
15 Chapter
16 Chapter

图16-18 “Plot Styles”窗口

16.4 打印页面的设置

在配置好打印设备后，下一步就是设置图形的打印页面。使用AutoCAD提供的“页面设置管理器”命令，用户可以非常方便地设置和管理图形的打印页面。

Step 01 执行“页面设置管理器”命令后，系统打开如图16-19所示的“页面设置管理器”对话框，此对话框主要用于设置、修改和管理当前的页面设置。

Step 02 在此对话框中单击 新建(N)... 按钮，可弹出如图16-20所示的“新建页面设置”对话框，用于为新页面命名。

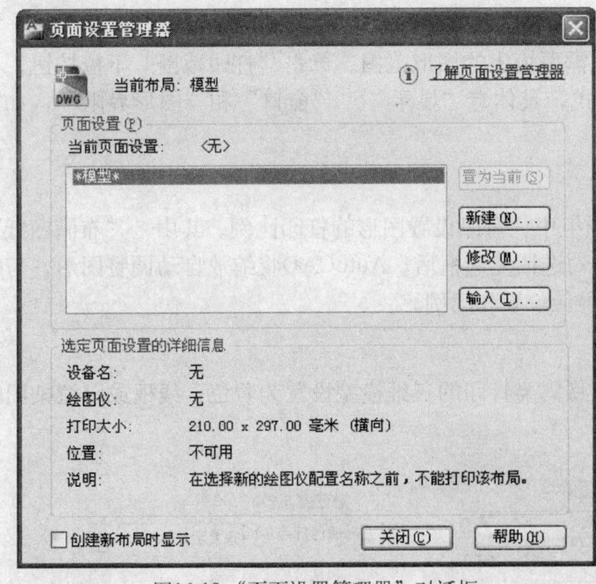

图16-19 “页面设置管理器”对话框

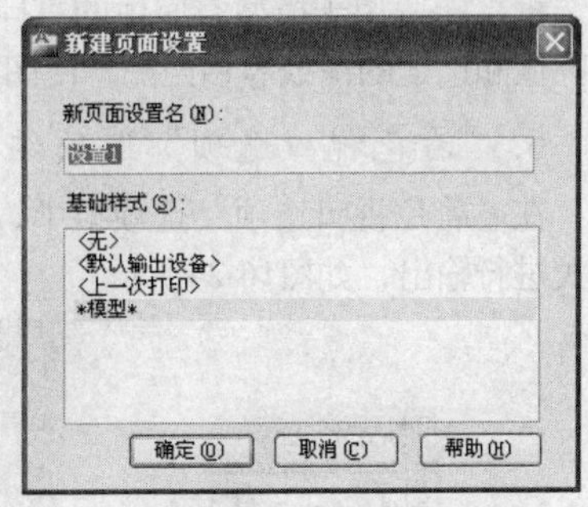

图16-20 “新建页面设置”对话框

Step 03 单击 确定(O) 按钮，打开如图16-21所示的“页面设置-模型”对话框，在此对话框中可以进行打印设备的配置、图纸尺寸的匹配、打印区域的选择以及打印比例的调整等操作。

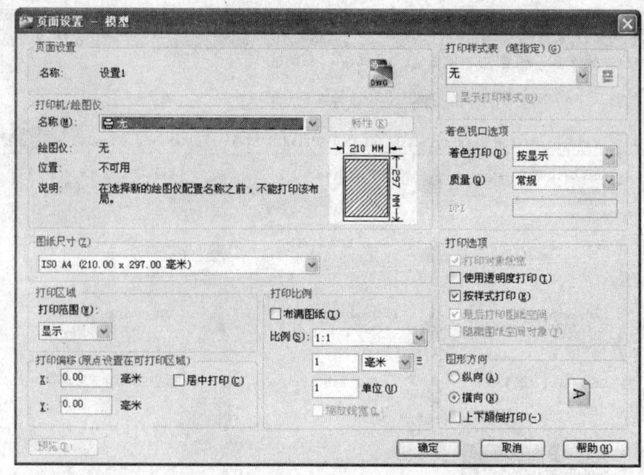

图16-21 “页面设置-模型”对话框

1. “打印机/绘图仪”选项组

在“打印机/绘图仪”选项组中，主要用于配置绘图仪设备，单击“名称”下拉按钮，在展开的下拉列表中选择Windows系统打印机或AutoCAD内部打印机（“.Pc3”文件）作为输出设备。

如果用户在此选择了“.pc3”文件打印设备，AutoCAD会创建出电子图纸，即将图形输出并存储为网络上可用的“.dwf”格式的文件。AutoCAD提供了两类用于创建“.dwf”文件的“.pc3”文件，分别是“ePlot.pc3”和“eView.pc3”。前者生成的“.dwf”文件较适合于打印，后者生成的文件则适合于观察。

2. “图纸尺寸”下拉列表

“图纸尺寸”下拉列表用于配置图纸幅面，展开此下拉列表，在其中包含了选定打印设备可用的标准图纸尺寸。

当选择了某种幅面的图纸时，该列表右上角则出现所选图纸及实际打印范围的预览图像，将光标移到预览区中，光标位置会显示出精确的图纸尺寸以及图纸的可打印区域的尺寸。

3. 设置打印区域

在“打印区域”选项组中，可以设置需要输出的图形范围。单击“打印范围”下拉按钮，在该下拉列表中包含3种打印区域的设置方式，具体有“显示”、“窗口”和“图形界限”，如图16-22所示。

4. “打印比例”选项组

在如图16-23所示的“打印比例”选项组中，可以设置图形的打印比例。其中，“布满图纸”复选框仅能适用于模型空间中的打印，当勾选该复选框后，AutoCAD将缩放自动调整图形，与打印区域和选定的图纸等相匹配，使图形取最佳位置和比例。

5. “着色视口选项”选项组

在“着色视口选项”选项组中，可以将需要打印的三维模型设置为着色、线框或以渲染图的方式进行输出，如图16-24所示。

图16-22 打印范围

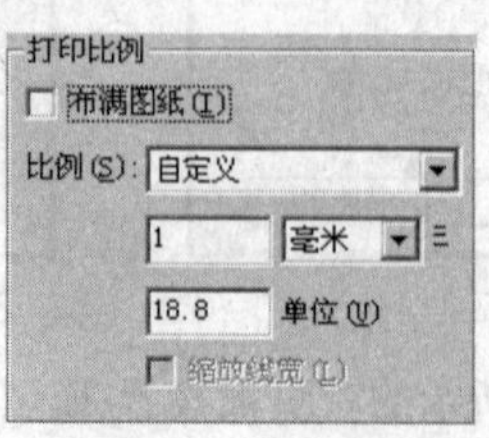

图16-23 打印比例

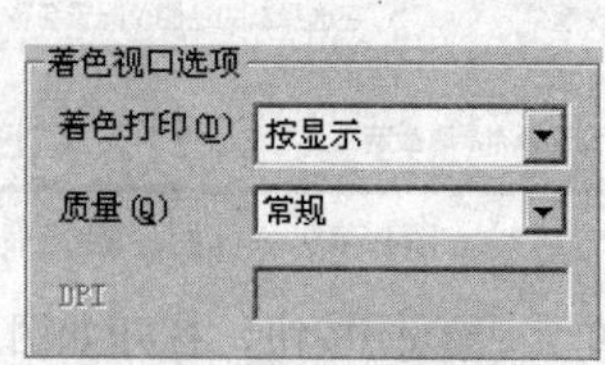

图16-24 着色视口选项

11 Chapter
12 Chapter
13 Chapter
14 Chapter
15 Chapter
16 Chapter

6.“图形方向”选项组

在如图16-25所示的“图形方向”选项组中，可以调整图形在图纸上的打印方向。在右侧的图纸图标中，图标代表图纸的放置方向，图标中的字母A代表图形在图纸上的打印方向，共有“纵向”、“横向”和“反向”打印3种打印方向。

在如图16-26所示的选项组中，可以设置图形在图纸上的打印位置。默认设置下，AutoCAD从图纸左下角打印图形。打印原点处在图纸左下角，坐标为（0,0），用户可以在此选项组中重新设定新的打印原点，这样图形在图纸上将沿x轴和y轴移动。

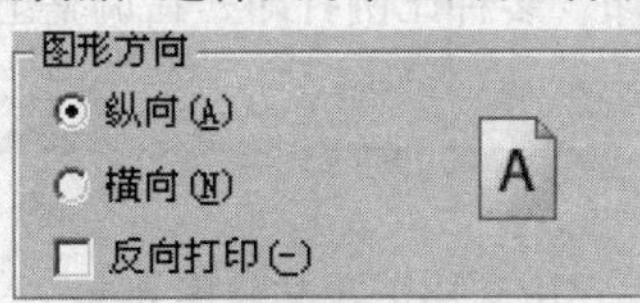

图16-25 图形方向

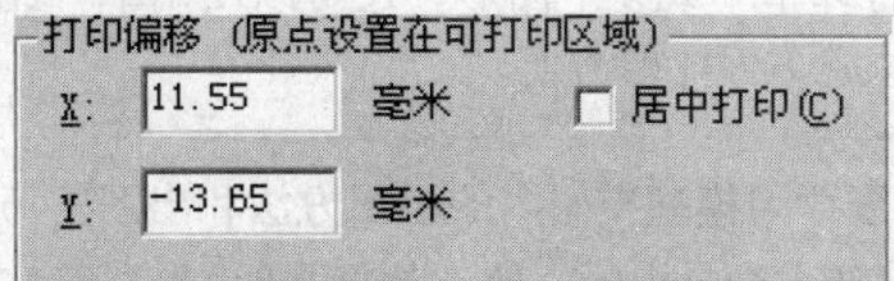

图16-26 打印偏移

16.5 图形的预览与打印

“打印”命令主要用于打印或预览当前已设置好的页面布局，也可直接使用此命令设置图形的打印布局。

执行“打印”命令主要有以下几种方式。

- 执行菜单栏中的“文件”|“打印”命令。
- 单击“标准”工具栏上的按钮。
- 在命令行中输入Plot按Enter键。
- 按下组合键Ctrl+P。
- 在“模型”选项卡或“布局”选项卡上右击，选择快捷菜单中的“打印”命令。

激活“打印”命令后，可打开如图16-27所示的“打印-模型”对话框。在此对话框中，具备“页面设置管理器”对话框中的参数设置功能，用户不仅可以按照已设置好的打印页面进行预览和打印图形，还可以在对话框中重新设置、修改图形的打印参数。

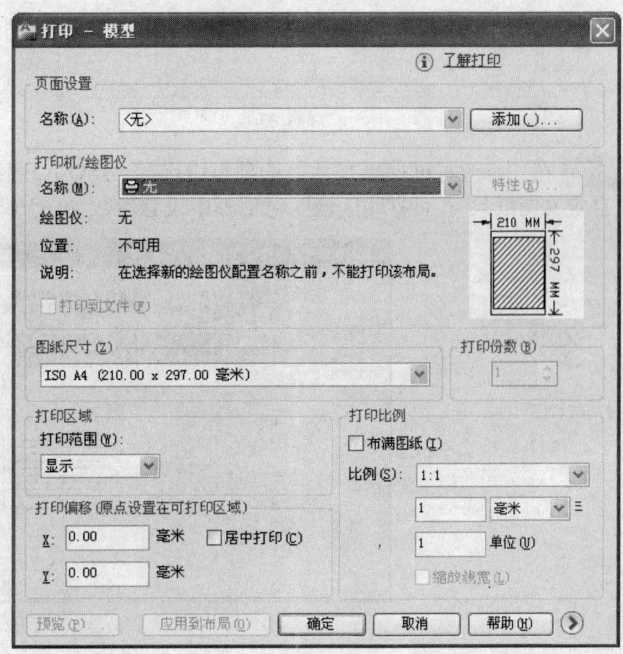

图16-27 “打印-模型”对话框

单击“预览(P)...”按钮，可以提前预览图形的打印结果，单击“确定”按钮，即可对当前的页面设置进行打印。

“打印预览”命令主要用于对设置好的打印页面进行预览和打印，执行此命令主要有以下几种方式。

- 执行菜单栏中的“文件”|“打印预览”命令。
- 单击“标准”工具栏上的按钮。
- 在命令行输入Preview按Enter键。

16.6 在模型空间内简单出图

AutoCAD为用户提供了两种操作空间，即模型空间和布局空间。模型空间是图形设计的主要操作空间，它与绘图输出不直接相关，仅属于一个辅助的出图空间，可以打印一些要求比较低的图形。

布局空间则是图形打印的主要操作空间，它与打印输出密切相关，用户不仅可以在此空间内打印单个或多个图形，还可以使用单一比例打印、多种比例打印，在调整出图比例和图形位置方面比较方便。

下面主要学习模型空间内的出图方法和出图技巧。

Step 01 打开随书光盘中的文件"效果文件"\"第15章"\"宾馆套房天花装修图.dwg"，如图16-28所示。

Step 02 执行菜单栏中的"文件"|"绘图仪管理器"命令，在打开的对话框中双击"DWF6 ePlot"图标，打开"绘图仪配置编辑器- DWF6 ePlot.pc3"对话框。

Step 03 在此对话框中激活"设备和文档设置"选项卡，选择"修改标准图纸尺寸（可打印区域）"选项，如图16-29所示。

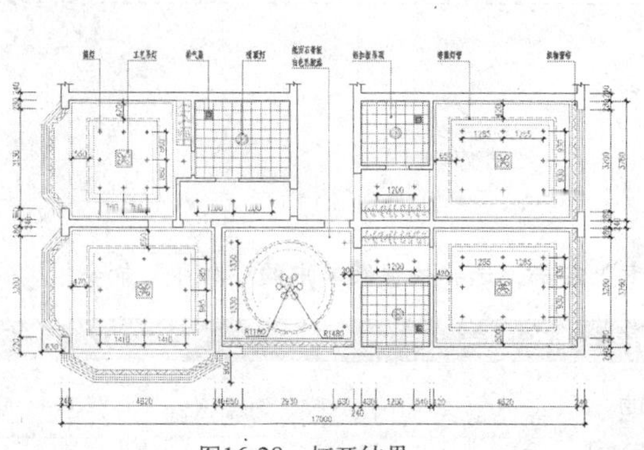

图16-28 打开结果

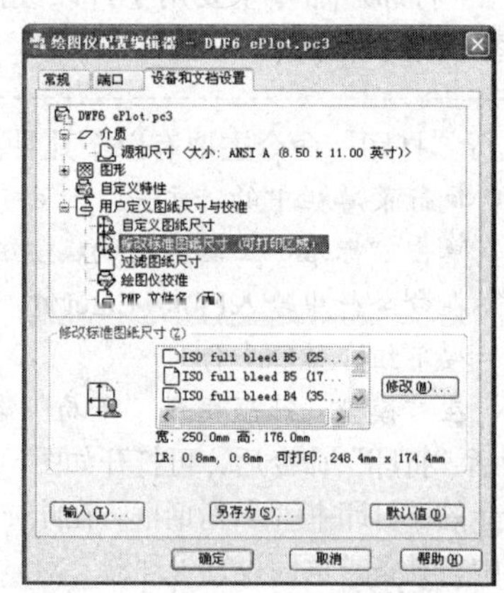

图16-29 "设备和文档设置"选项卡

Step 04 在"修改标准图纸尺寸"选项组中选择"ISO A3图纸尺寸"，单击修改(M)...按钮，在打开的"自定义图纸尺寸-可打印区域"对话框中设置参数如图16-30所示。

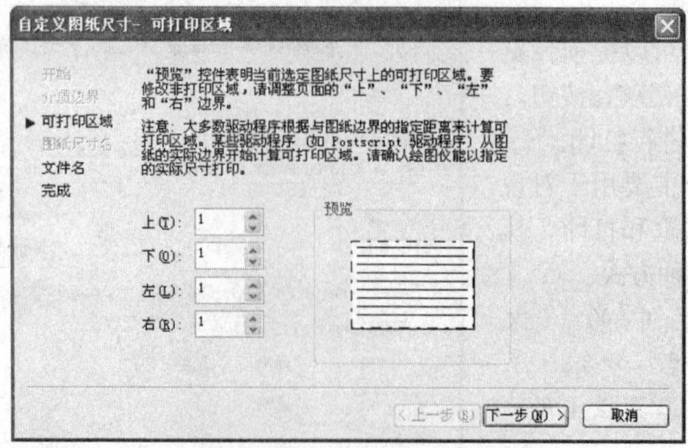

图16-30 修改图纸打印区域

Step 05 依次单击下一步(N) >按钮，在打开的"自定义图纸尺寸-完成"对话框中，列出了所修改后的标准图纸的尺寸，如图16-31所示。

Step 06 单击完成按钮系统返回“绘图仪配置编辑器-DWF6 ePlot.pc3”对话框，然后单击另存为(S)...按钮，将当前配置进行保存，如图16-32所示。

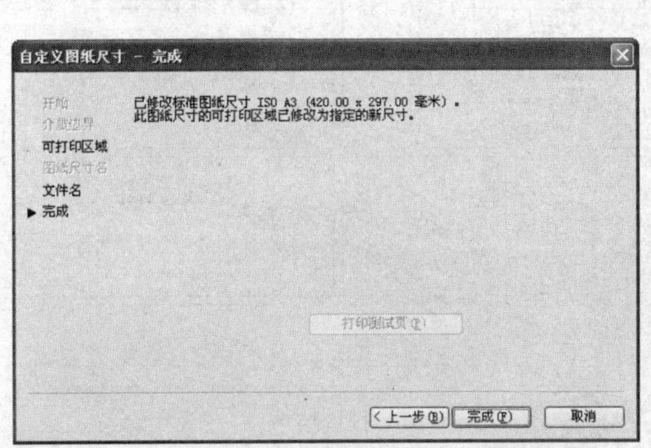

图16-31 “自定义图纸尺寸-完成”对话框

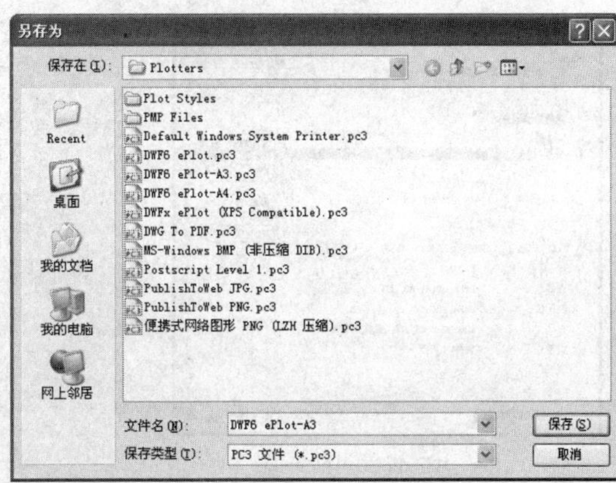

图16-32 “另存为”对话框

Step 07 单击保存(S)按钮返回“绘图仪配置编辑器-DWF6 ePlot.pc3”对话框，然后单击确定按钮，结束命令。

Step 08 执行菜单栏中的“文件”|“页面设置管理器”命令，在打开的对话框中单击新建(N)...按钮，为新页面命名，如图16-33所示。

Step 09 单击确定按钮，打开“页面设置-模型”对话框，设置打印机的名称、图纸尺寸、打印偏移、打印比例和图形方向等页面参数，如图16-34所示。

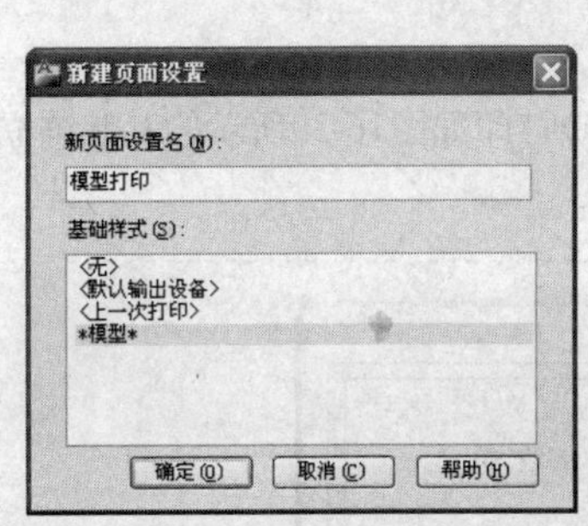

图16-33 为新页面命名

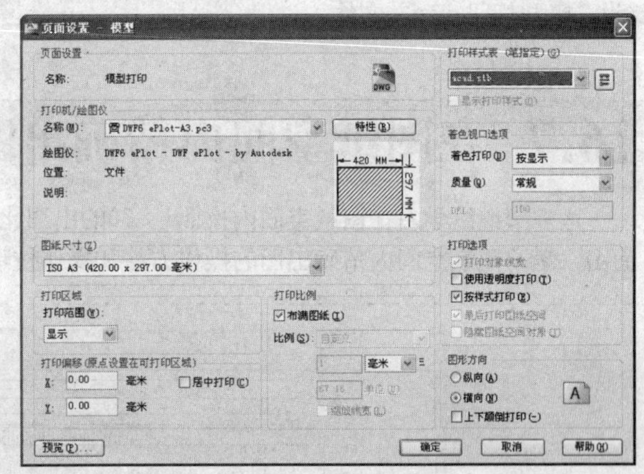

图16-34 设置页面参数

Step 10 单击“打印范围”下拉按钮，在展开的下拉列表中选择“窗口”选项，如图16-35所示。

图16-35 窗口打印

Step 11 系统自动返回绘图区，在命令行“指定第一个角点、对角点等”操作提示下，捕捉图框的两个对角点。

Step 12 当指定打印区域后，系统自动返回“页面设置-模型”对话框，单击确定按钮，返回“新建页面设置”对话框，将刚创建的新页面置为当前，如图16-36所示。

Step 13 执行菜单栏中的"文件"|"打印预览"命令，对当前图形进行打印预览，预览结果如图16-37所示。

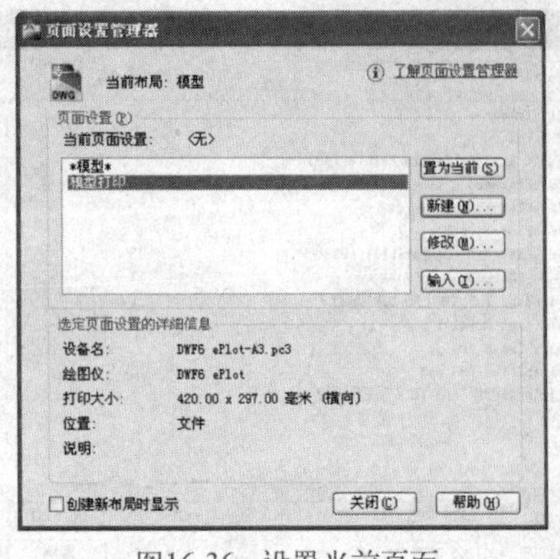

图16-36 设置当前页面

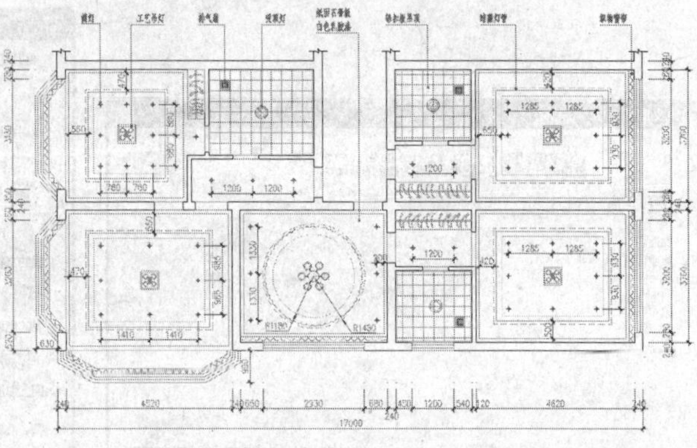

图16-37 预览结果

Step 14 单击右键，在弹出的快捷菜单中选择"打印"命令，打开"浏览打印文件"对话框，在此对话框内设置打印文件的保存路径及文件名，如图16-38所示。

Step 15 单击 保存 按钮，系统弹出"打印作业进度"对话框，等此对话框关闭后，打印过程即可结束。

Step 16 最后使用"另存为"命令，将当前图形另名存储为"模型打印.dwg"文件。

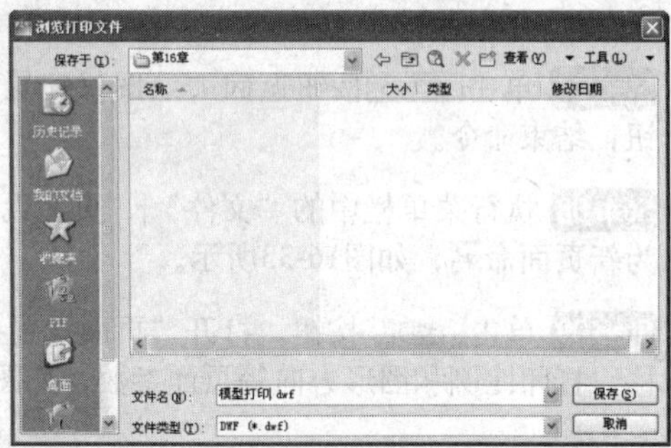

图16-38 保存打印文件

16.7 在图纸空间内精确出图

这一节继续学习在图纸空间内按照1：30的出图比例精确打印如图16-39所示的某装饰立面图，学习图纸空间内精确出图的操作方法和操作技巧。

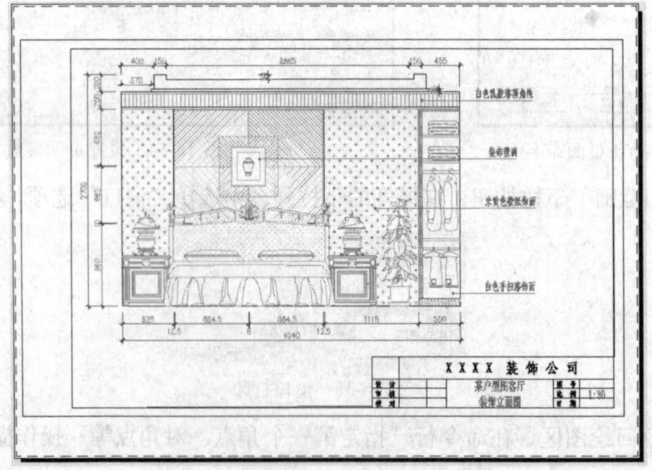

图16-39 打印效果

Step 01 打开随书光盘中的文件"效果文件"\"第15章"\"宾馆卧房A向立面图.dwg"，如图16-40所示。

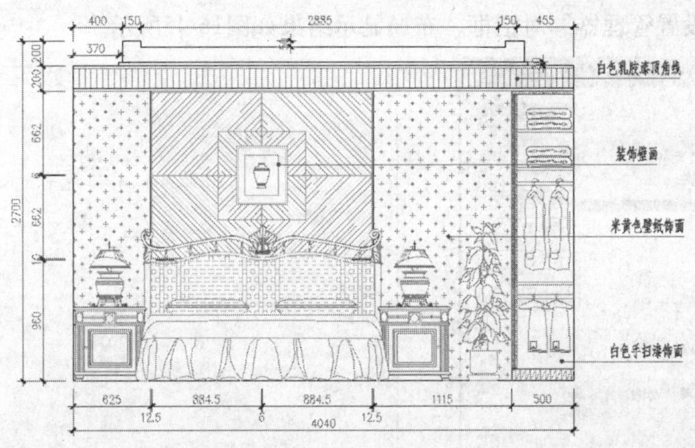

图16-40　打开结果

Step 02 单击绘图区下方的布局1标签，进入“布局1”图纸空间，如图16-41所示。

Step 03 使用命令简写E激活“删除”命令，删除系统自动产生的视口。

Step 04 执行菜单栏中的“文件”|“页面设置管理器”命令，在打开的“页面设置管理器”对话框中单击新建(N)...按钮，为新页面命名，如图16-42所示。

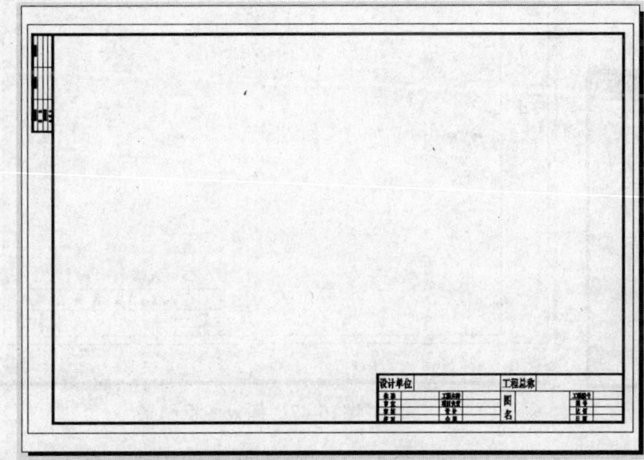

图16-41　进入布局空间

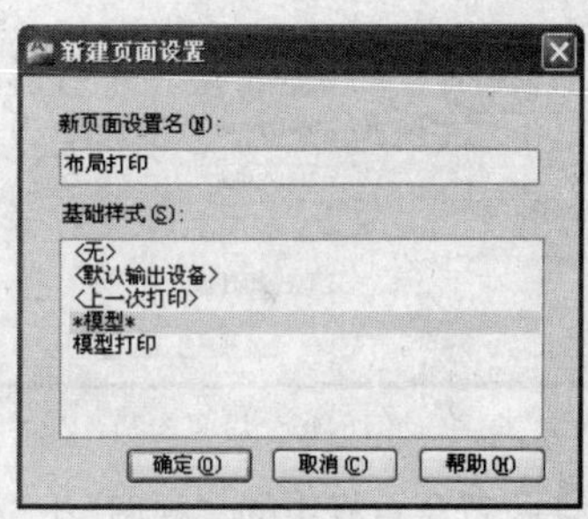

图16-42　设置新页面

Step 05 单击确定按钮，在打开的“页面设置-布局打印”对话框中设置打印机名称、图纸尺寸、打印比例和图形方向等页面参数，如图16-43所示。

图16-43　设置打印页面

Step 06 单击确定按钮返回“页面设置管理器”对话框，将创建的新页面置为当前，如图16-44所示。

Step 07 关闭“页面设置管理器”对话框，布局显示结果如图16-45所示。

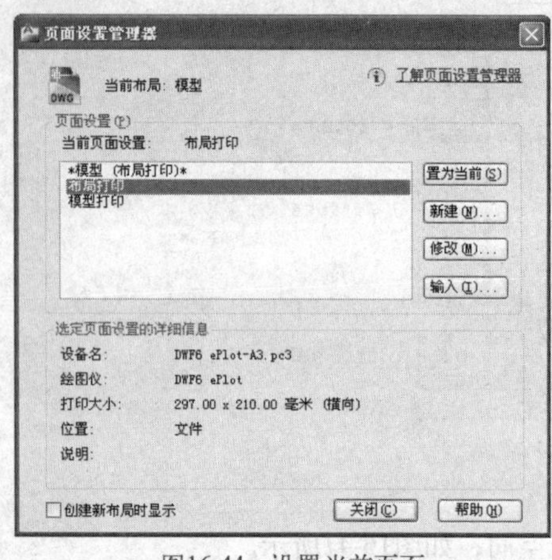

图16-44 设置当前页面

图16-45 当前布局效果

Step 08 将“0图层”设置为当前图层，使用命令简写I激活“插入块”命令，插入随书光盘中的文件“图块文件”\“A4-H.dwg”，参数设置如图16-46所示，插入结果如图16-47所示。

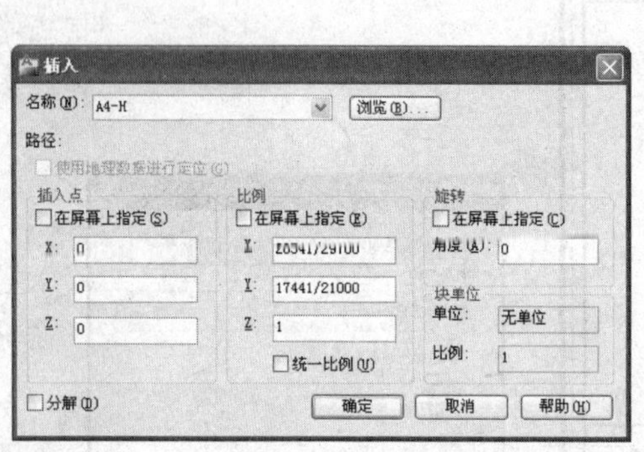

图16-46 设置参数

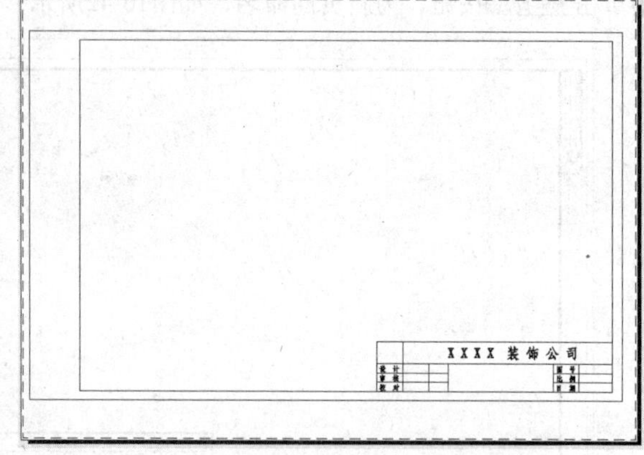

图16-47 插入图框结果

Step 09 执行菜单栏中的“视图”|“视口”|“多边形视口”命令，分别捕捉图框内边框的角点，创建多边形视口，结果如图16-48所示。

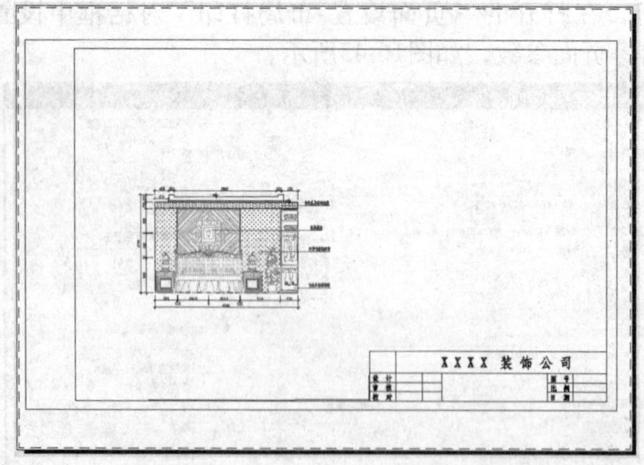

图16-48 创建多边形视口

Step 10 单击状态栏中的图纸按钮，激活刚创建的视口，视口边框线变为粗线状态，如图16-49所示。

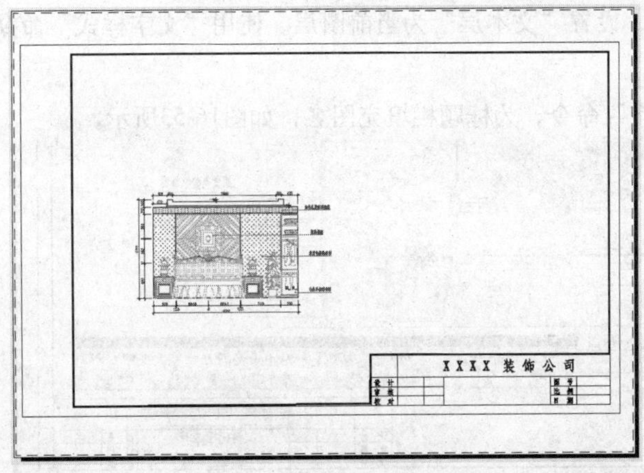

图16-49 激活视口

Step 11 打开“视口”工具栏，在工具栏右侧的列表框中调整比例，如图16-50所示。

图16-50 调整比例

Step 12 接下来使用“实时平移”工具调整视图，结果如图16-51所示。

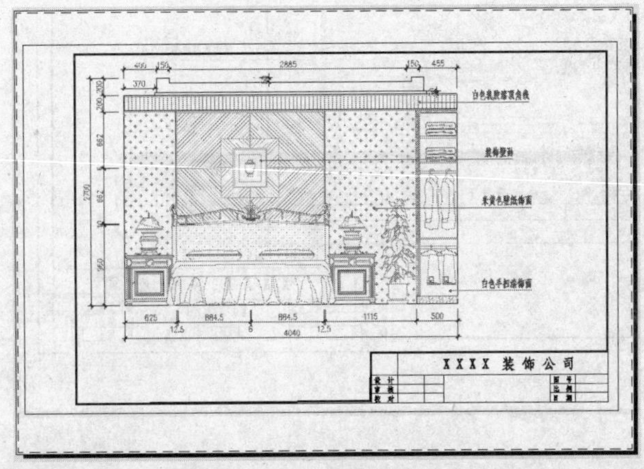

图16-51 调整图形位置

Step 13 单击状态栏上的模型按钮返回图纸空间，并使用“窗口缩放”工具调整视图如图16-52所示。

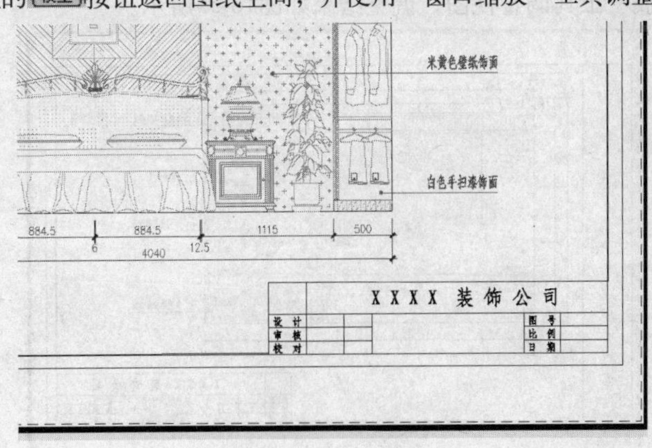

图16-52 调整视图

Step 14 返回图纸空间，设置“文本层”为当前图层。使用“文字样式”命令，将“宋体”设置为当前样式。

Step 15 使用“多行文字”命令，为标题栏填充图名，如图16-53所示。

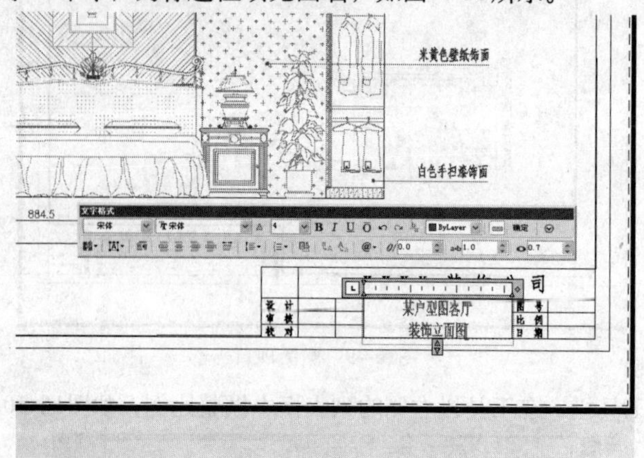

图16-53 填充图名

Step 16 重复执行“多行文字”命令，设置文字样式和对正方式不变，为标题栏填充出图比例，如图16-54所示。

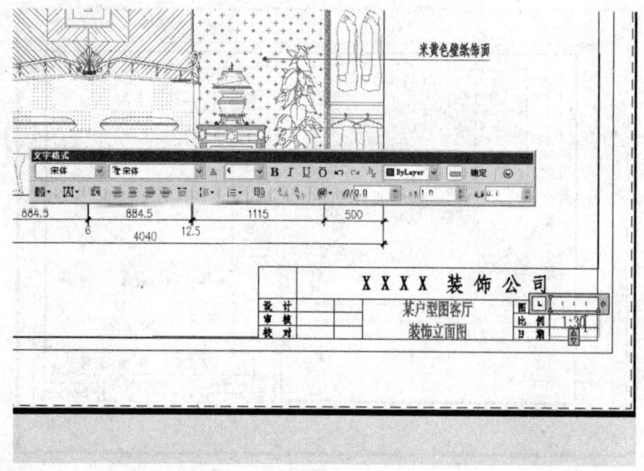

图16-54 填充比例

Step 17 使用“全部缩放”工具调整视图，调整结果如图16-55所示。

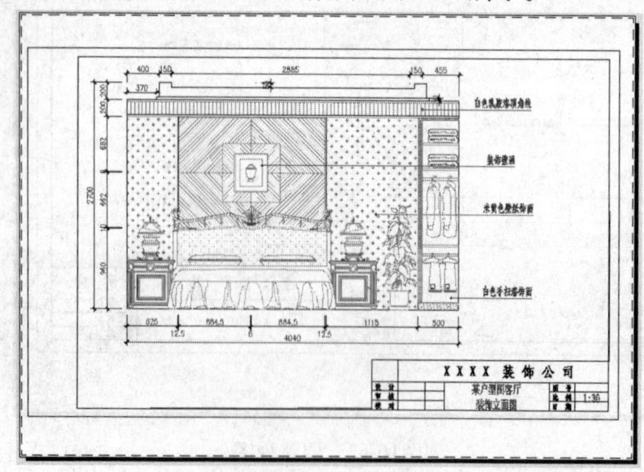

图16-55 调整视图

Step 18 执行菜单栏中的“文件”|“打印”命令，打开如图16-56所示的“打印-模型”对话框。

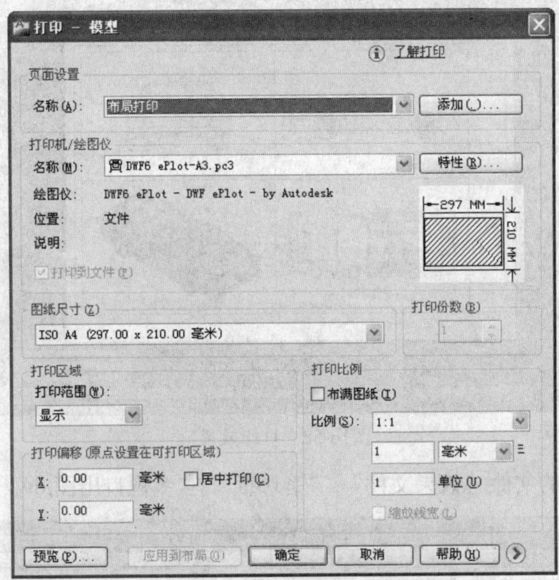

图16-56 “打印-模型”对话框

Step 19 单击 预览(P)... 按钮，对图形进行打印预览，效果如图16-39所示。

Step 20 按Esc键退出预览状态，返回“打印-布局1”对话框。

Step 21 单击 确定 按钮，在打开的“浏览打印文件”对话框中设置打印文件的保存路径及文件名，如图16-57所示。

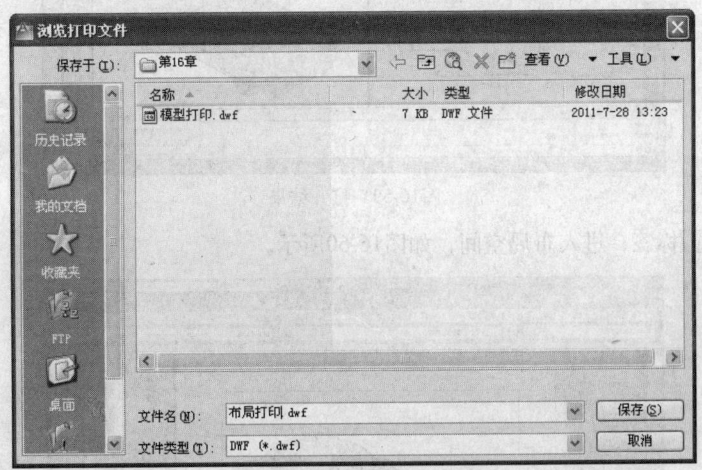

图16-57 “浏览打印文件”对话框

Step 22 单击 保存... 按钮，可将此平面图输出到相应图纸上。

Step 23 最后将当前图形另名存储为“布局打印.dwg”文件。

16.8 以多种视口精确出图

这一节继续学习在布局空间内打印如图16-58所示的模型的多个视图的方法，主要学习多视口的出图方法和出图技巧。

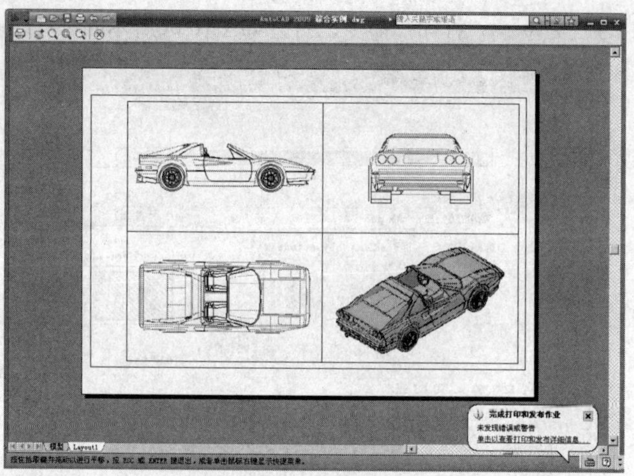

图16-58　打印效果

Step 01 打开随书光盘中的文件“效果文件”\“第16章”\“多视口出图.dwg”，如图16-59所示。

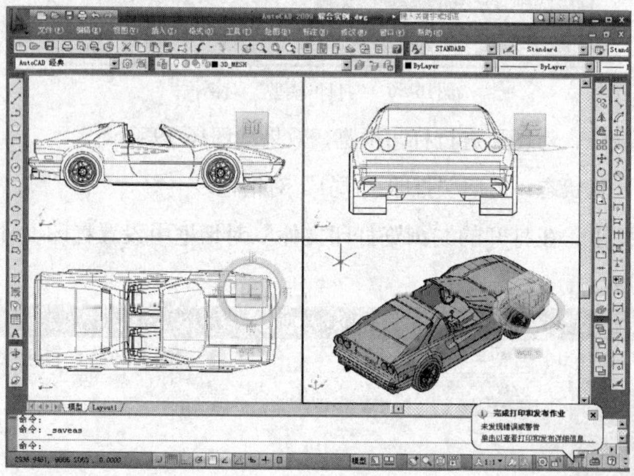

图16-59　打开结果

Step 02 单击布局1标签，进入布局空间，如图16-60所示。

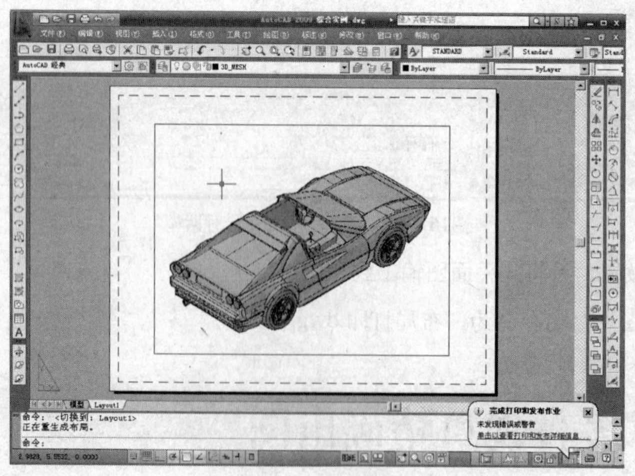

图16-60　进入布局

Step 03 使用命令简写E激活“删除”命令，删除系统自动产生的矩形视口。

Step 04 执行菜单栏中的“文件”|“页面设置管理器”命令，在弹出的“页面设置管理器”对话框中单击新建(N)...按钮，为新页面命名，如图16-61所示。

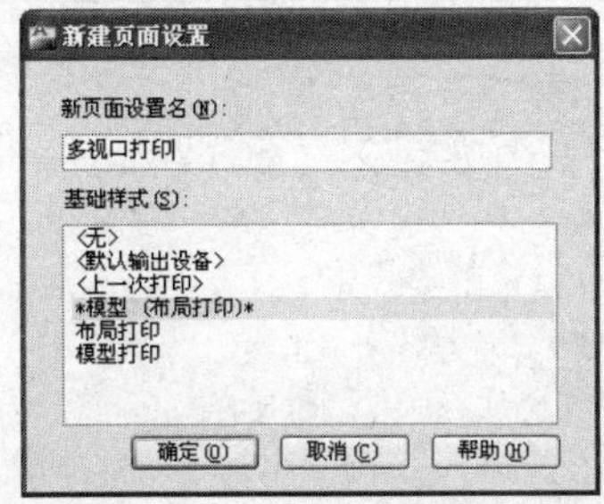

图16-61 为新页面命名

Step 05 单击确定按钮，打开“页面设置-模型”对话框，设置打印机名称、图纸尺寸、打印比例和图形方向等页面参数，如图16-62所示。

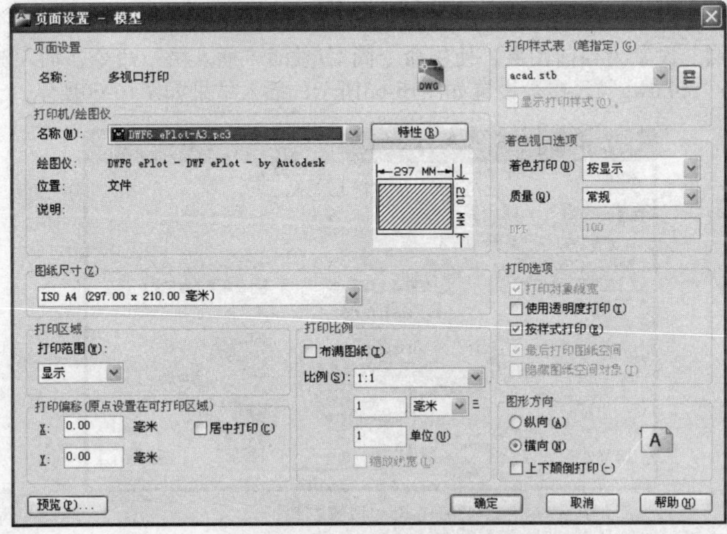

图16-62 设置打印页面

Step 06 单击确定按钮返回“页面设置管理器”对话框，将创建的新页面置为当前，如图16-63所示。

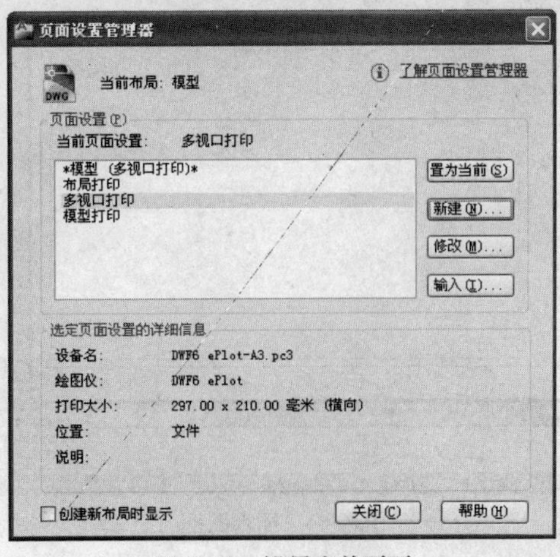

图16-63 设置当前页面

Step 07 关闭“页面设置管理器”对话框，返回布局空间，页面设置后的布局显示如图16-64所示。

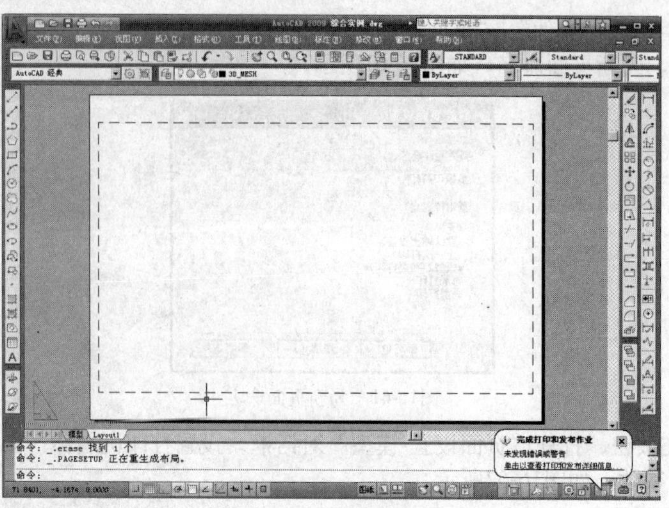

图16-64　布局显示

Step 08 将“0图层”设置为当前图层。使用命令简写I激活“插入块”命令，插入随书光盘中的文件“图块文件”\“A4.dwg”，参数设置如图16-65所示，插入结果如图16-66所示。

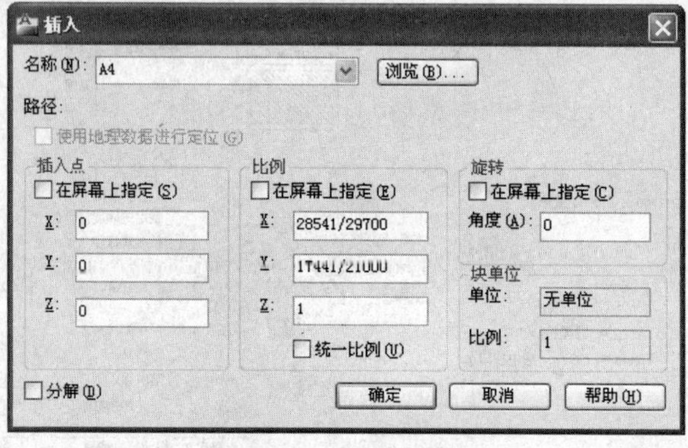

图16-65　设置参数

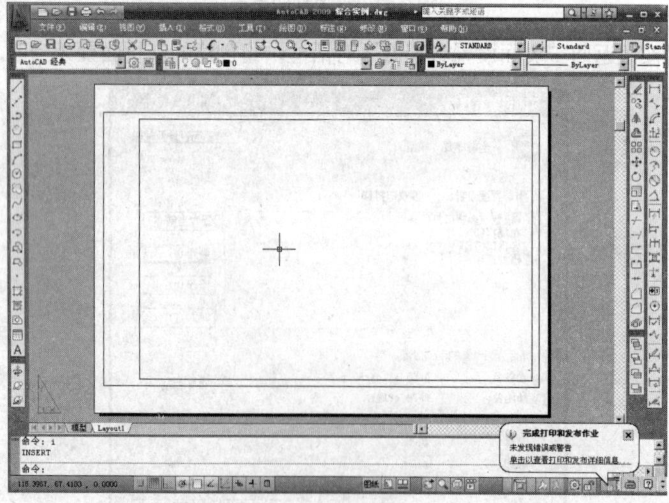

图16-66　插入图框

Step 09 执行菜单栏中的“绘图”|“矩形”命令，配合“中点”捕捉功能在图框的内侧绘制4个等大矩形，结果如图16-67所示。

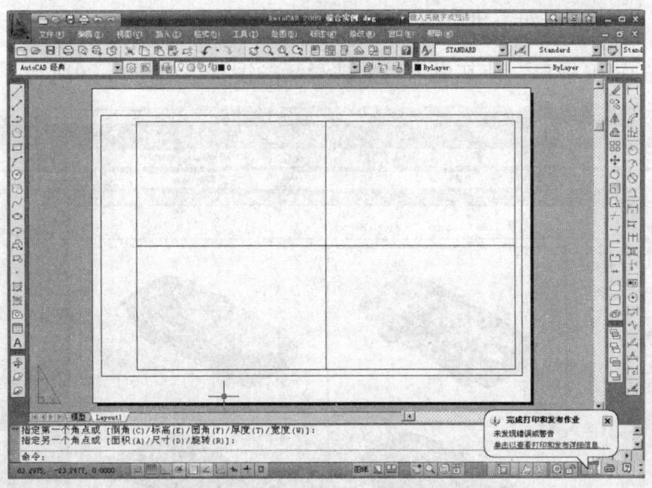

图16-67 绘制矩形

Step 10 执行菜单栏中的“视图”|“视口”|“对象”命令，选择左上侧的矩形，将其转换为矩形视口，纳入需要打印的图形，如图16-68所示。

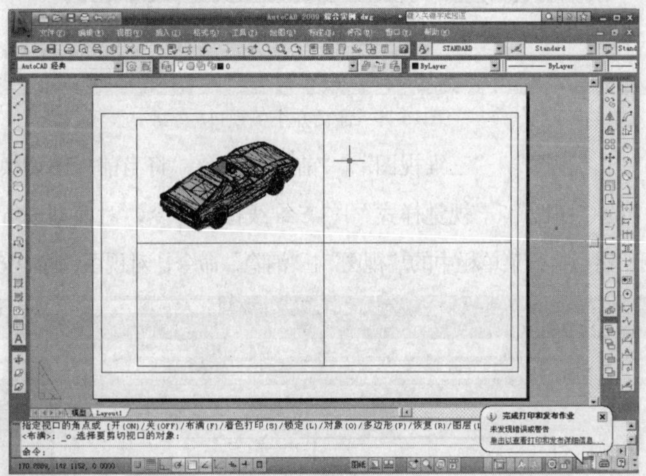

图16-68 创建矩形视口

Step 11 重复上一步骤，分别将其他3个矩形转换为矩形视口，如图16-69所示。

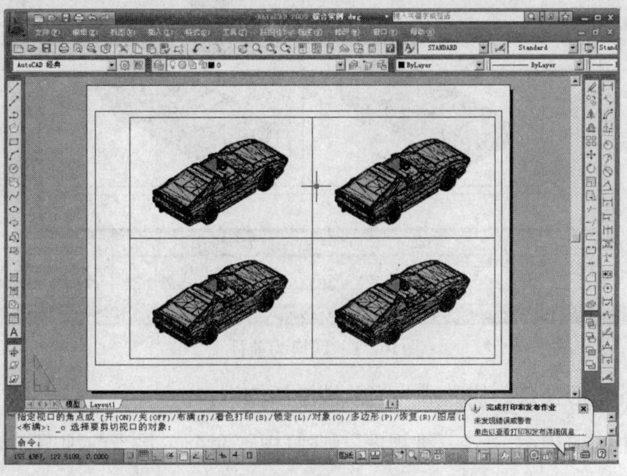

图16-69 创建矩形视口

Step 12 单击状态栏上的图纸按钮，进入浮动式的模型空间。

Step 13 单击左上角的矩形视口，使其成为当前被激活的视口，如图16-70所示。

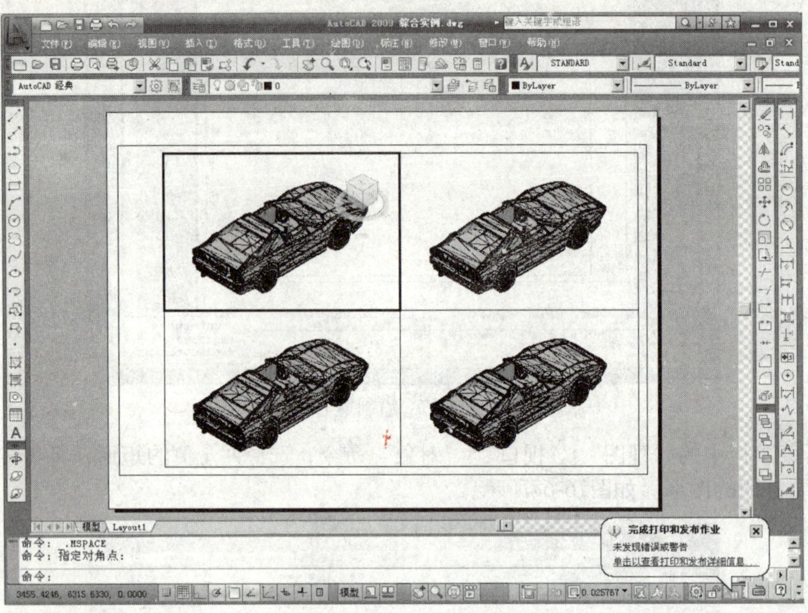

图16-70　激活左上侧视口

Step 14 执行菜单栏中的“视图”|“三维视图”|“前视”命令，将当前视图切换为前视图。

Step 15 执行菜单栏中的“视图”|“视觉样式”|“二维线框”命令，对模型进行线框着色。

Step 16 适当调整视图，然后执行菜单栏中的“视图”|“消隐”命令，对视图消隐，效果如图16-71所示。

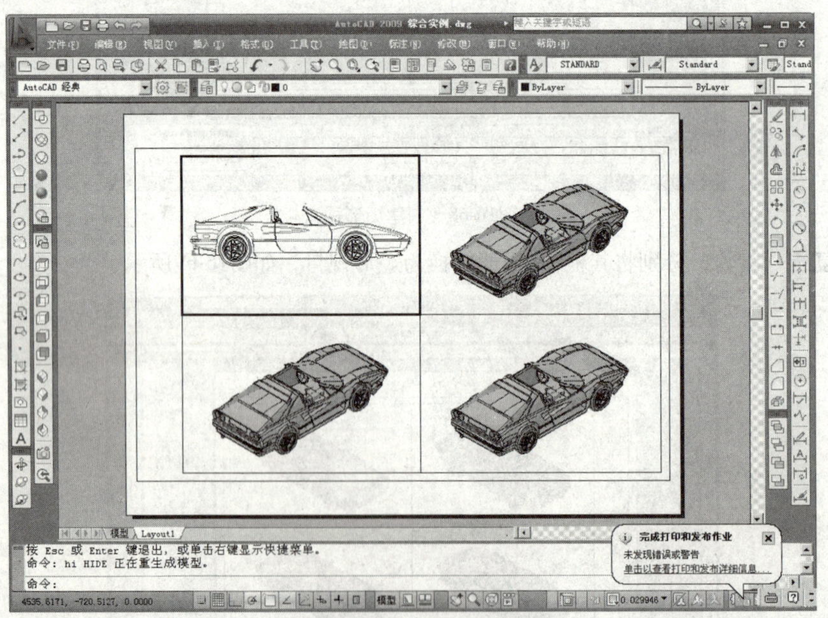

图16-71　切换为前视图

Step 17 单击左下角的矩形视口，使其成为当前被激活的视口。

Step 18 执行菜单栏中的“视图”|“三维视图”|“俯视”命令，将当前视图切换为俯视图。

Step 19 执行菜单栏中的“视图”|“视觉样式”|“二维线框”命令，对模型进行线框着色。

Step 20 适当调整视图，然后执行菜单栏中的“视图”|“消隐”命令，对视图消隐，效果如图16-72所示。

Step 21 单击右上角的矩形视口，使其成为当前被激活的视口。

Step 22 执行菜单栏中的“视图”|“三维视图”|“左视”命令，将当前视图切换为左视图。

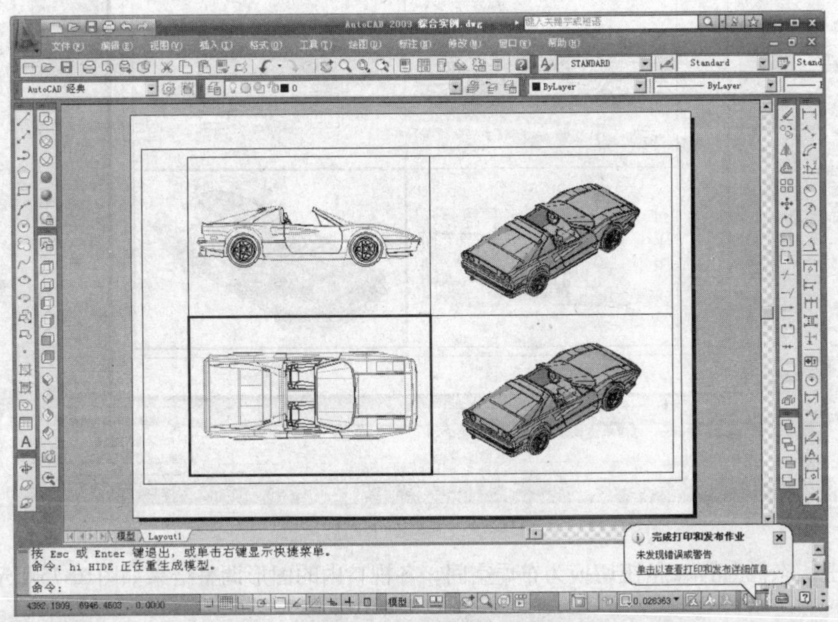

图16-72 切换为俯视图

Step 23 执行菜单栏中的“视图”|“视觉样式”|“二维线框”命令，对模型进行线框着色。

Step 24 适当调整视图，然后执行菜单栏中的“视图”|“消隐”命令，对视图消隐，效果如图16-73所示。

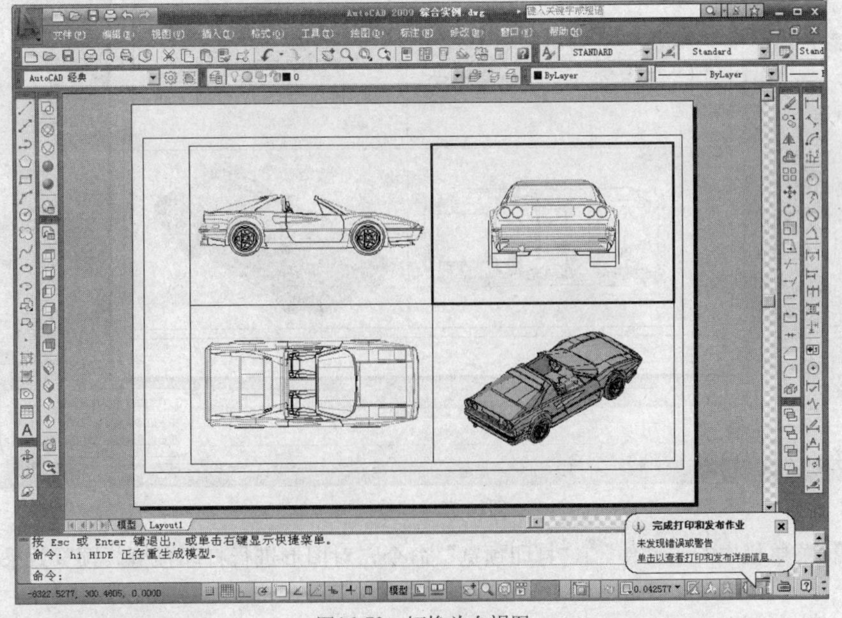

图16-73 切换为左视图

Step 25 激活右下角的矩形视口，然后使用“窗口缩放”功能调整视图，结果如图16-74所示。

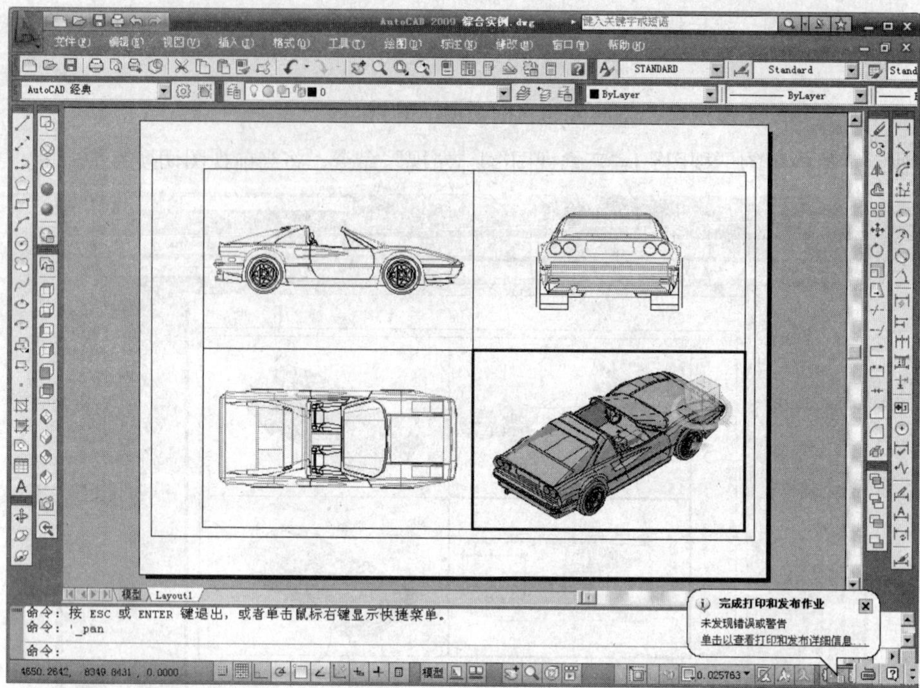

图16-74　调整右下侧视口

Step 26 单击状态栏上的模型按钮切换为布局空间，各视口内的图形调整结果如图16-75所示。

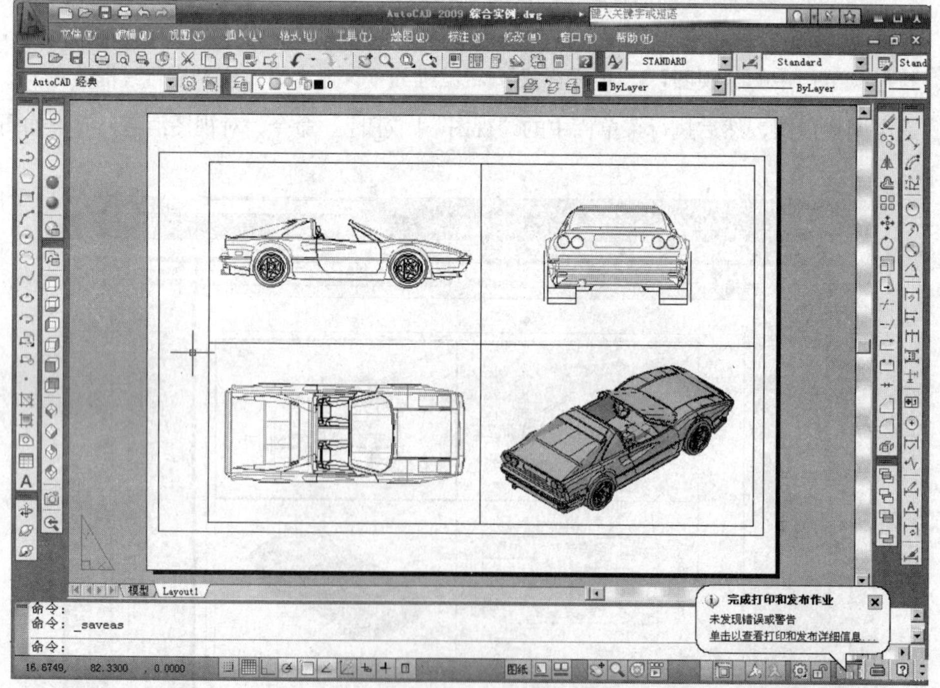

图16-75　调整结果

Step 27 执行菜单栏中的“文件”|“打印预览”命令，对图形进行打印预览，预览效果如图16-58所示。

Step 28 单击右键，选择快捷菜单中的“打印”命令，在打开的“浏览打印文件”对话框中设置打印文件的保存路径及文件名，如图16-76所示。

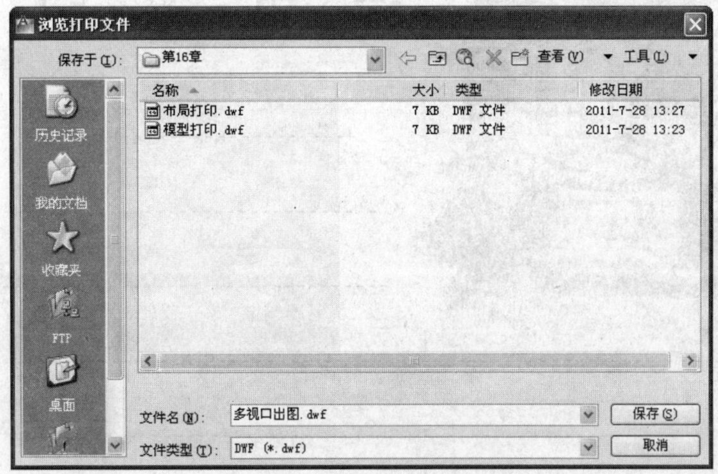

图16-76 保存打印文件

Step 29 单击保存按钮，即可进行打印图形。

Step 30 最后使用“另存为”命令，将当前图形另名存储为“多视口出图.dwg”文件。

读·书·笔·记